建筑工程施工手册

杨　波　主编

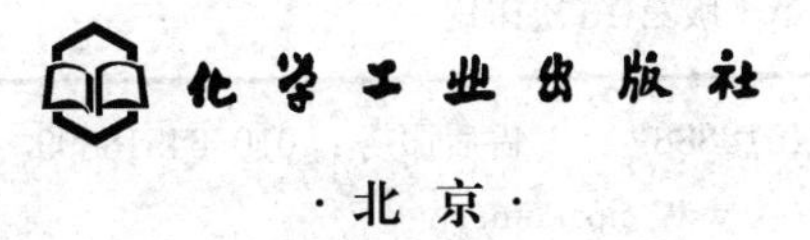

·北京·

图书在版编目（CIP）数据

建筑工程施工手册/杨波主编. -北京：化学工业出版社，2011.10（2020.10 重印）

ISBN 978-7-122-12143-1

Ⅰ.建… Ⅱ.杨… Ⅲ.建设工程-工程施工-技术手册 Ⅳ.TU7-62

中国版本图书馆 CIP 数据核字（2011）第 171583 号

责任编辑：李军亮　　文字编辑：余纪军

责任校对：蒋　宇　　装帧设计：尹琳琳

出版发行：化学工业出版社（北京市东城区青年湖南街 13 号 邮政编码 100011）

印　　装：三河市航远印刷有限公司

850mm×1168mm 1/32 印张 23½ 字数 685 千字

2020 年 10 月北京第 1 版第 18 次印刷

购书咨询：010-64518888　　售后服务：010-64518899

网　　址：http://www.cip.com.cn

凡购买本书，如有缺损质量问题，本社销售中心负责调换。

定　价：68.00 元

前　言

《建筑工程施工手册》全书共十七章。内容以量大面广的一般工业与民用建筑，包括相应的附属构筑物的施工技术为主，同时适当介绍了各工种工程的常用材料和施工机具。

本手册从施工的准备工作，施工测量开始讲起，先后介绍了土方工程、爆破工程、地基与基础工程、砌体工程、脚手架工程及垂直运输、钢筋混凝土工程、预应力混凝土工程、结构安装工程、装饰装修工程、防水工程、防腐蚀工程、保温隔热工程等工程的具体实施过程，实施方法，实施技术，最后还介绍了一些施工管理方面的知识如：施工管理和工程建设监理。

由于建筑施工技术是一项较为复杂的学科，并同其他专业有较密切联系，施工工艺、操作方法又随着施工条件、对象和使用的原材料的不同而经常变化，新的施工工艺和机具也日新月异，本手册中仅有选择地着重介绍我国建筑施工中采用过而又比较有成效和典型意义的施工方法，以及近几年来出现的新技术、新工艺、新材料、新机具等快速施工经验，希望为从事现场施工的建筑施工人员提供一份实用的参考资料。编写上尽量做到简明扼要，采取文字与图表相结合的方式，以便于使用、查找。对于有关施工中的技术问题，一般查表看图即可。

本手册不同于一般的建筑工程施工手册，一般的建筑工程施工手册只是强调施工中的技术，而忽略了建筑工程中重要的一项即施工管理，试想在一个建筑工程中，如果没有良好的管理，没有良好的规划，那么即使施工技术炉火纯青，那又怎么样呢，结果还是不能完成一个优秀建筑工程，所以本手册重点介绍的施工管理也是非常有必要引起施工者的注意的。

同时，本手册在总结我国建筑施工经验的基础上，系统地介绍了各工种工程传统的基本施工方法和施工要点，也介绍了近年来应用日广的新技术和新工艺。目的是给广大施工人员，特别是基层施工技术人员提供一本资料齐全、查找方便的工具书。但是由于编者的施工实践经验有限，了解的方法和资料积累不全，本手册中难免有不足之处，请广大读者批评指正。

本书由杨波主编，参加本书编写的还有徐峰、陈家芳、楚宜民、马建民、徐伟平、倪国栋、王菊英、傅秀丽、范荣国、韩靖玉、曹海波、魏金营、冯宪民、王亚平、赵志龙、王金水、赵宏莉、田杰、孙松平、潘江静、陶冶、杨宏伟、赵莉、陈群、陈铭、林森、陈俊辉、许彬、王新华、赵学鹏、杨昌明、满维龙、徐寅生、周同政、吕超、高群钦、李春亮、汪时武、丁浩、陈安宇。

本手册编写和审查过程中，得到各省市基建单位的大力支持和帮助，我们表示衷心的感谢。如您在使用本手册时遇到什么问题，可与本书编辑联系：qdlea2004@163. com。

编　者

目　录

第一章　施工准备工作

第一节　各项施工准备

一、施工准备工作的意义和要求

建筑施工是一项综合性、复杂性的生产活动，它涉及大量材料的供应，多种机械设备的使用，诸多专业化施工班组的组织安排与配合协调等，而且还要处理许多复杂的施工技术难题。因此充分做好施工准备工作，对于加快施工进度，提高工程质量，降低工程成本，都将起到重要的作用。实践证明，凡是施工准备工作做得愈充分，考虑愈周到，实际施工就愈顺利，施工速度就愈快，经济效益就愈好。反之，如果忽视施工准备工作，仓促开工，必然会造成现场混乱，进度迟缓，物资浪费，质量低劣，甚至被迫停工、返工，造成不应有的损失。因此，在施工前，必须坚持做好各项准备工作。

施工准备工作，不仅是指开工前的准备工作，而且贯穿于整个施工过程中。拟建工程开工前，施工准备工作是为工程正式开工创造必要的条件；而工程开工后，继续做好各项施工准备工作，是使施工顺利进行和工程圆满完成的重要保证。

为了确保施工准备工作的有效实施，应做到以下几点。

① 建立施工准备工作责任制。按施工准备工作计划将责任落实到有关部门和人，同时明确各级技术负责人在施工准备工作中应负的责任。

② 建立施工准备工作检查制度。施工准备工作不但要有计划、有分工，而且要有布置、有检查，以利于经常督促，发现薄弱环节，不断改进工作。

③ 坚持按基本建设程序办事，严格执行开工报告制度。

单位工程的开工，在做好各项施工准备工作后，应写出开工报告（参见表 1-1），经申报上级批准后，才能开工。

表 1-1 工程开工报告

申请开工施工单位： 编号：

<table>
<tr><td>工程名称</td><td></td><td>工程地点</td><td></td><td>建设单位</td><td></td><td>设计单位</td><td></td></tr>
<tr><td>工程结构</td><td></td><td>建筑面积</td><td></td><td>层数</td><td></td><td>建筑造价</td><td></td></tr>
<tr><td rowspan="2">工程简要内容</td><td rowspan="2" colspan="4"></td><td colspan="2">申请开工日期</td><td></td></tr>
<tr><td>批准</td><td>负责人</td><td></td></tr>
<tr><td rowspan="3">施工准备工作情况</td><td rowspan="3" colspan="4"></td><td rowspan="3">会签</td><td>××科</td><td></td></tr>
<tr><td>××科</td><td></td></tr>
<tr><td>⋮</td><td></td></tr>
</table>

施工准备工作的范围包括两个方面：一个是阶段性的施工准备，它是指工程开工前的各项准备工作，这带有全局性。没有这一准备，工程既不能顺利开工，也做不到连续施工，大型工程更是如此。另一个方面是工程作业条件的施工准备，它是为某一项单位工程，或某一个施工阶段，或某个分部分项工程或某个施工环节所做的施工准备，这是局部性的，也是经常性的。一般说来，冬雨季施工准备属于作业条件的施工准备。

每项工程施工准备工作的内容，视该工程本身及其具备的条件而异。有的比较简单，有的却十分复杂。例如，只有一个单项工程的施工项目和包含多个单项工程的群体项目；一般小型项目和规模庞大的大中型项目；新建项目和改扩建项目；在未开发地区兴建的项目和在已开发区内所需各种条件大多已具备的地区的项目等，都因工程的特殊需要和特殊条件而对施工准备提出各不相同的具体要求。因此，需根据具体工程的需要和条件，按照施工项目的规划来确定准备工作的内容，并拟订具体的、分阶段的施工准备工作实施计划，才能充分地而又恰如其分地为施工创造一切必要条件。一般工程必需的准备工作内容见图 1-1 所示。

为此，我们要在时间上、内容上、步骤上进行合理安排，既要重视开工前的各项准备，又要重视施工中的准备，两方面的工作都要做好。务必做到：条件具备再开工，准备充分再作业，不搞无准备的施工。

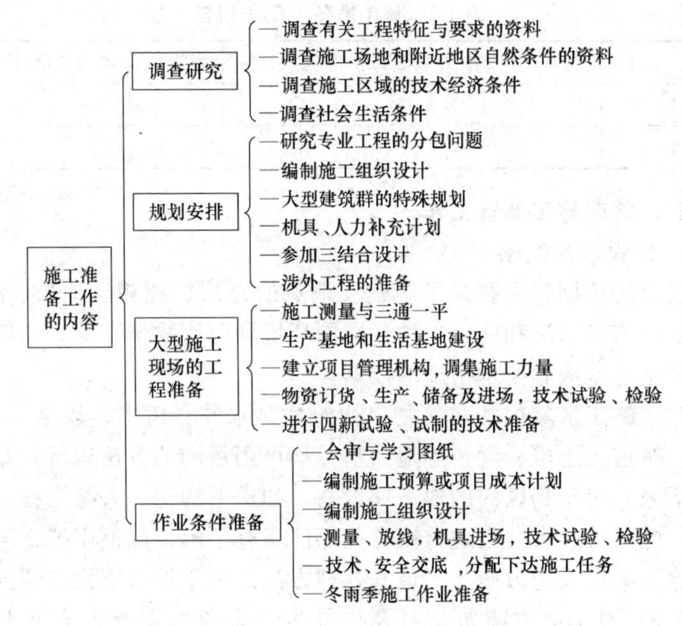

图 1-1　施工准备工作的内容系统图

开工前的施工准备工作，分前期准备和后期准备两个阶段进行。前期施工准备工作又分为实地勘察、收集资料与技术资料的准备；后期的施工准备又包含现场施工准备、劳动力及物资准备。

二、施工准备工作的实施

将施工准备工作的内容，逐项确定完成日期，落实具体负责人。单位工程施工准备工作的内容包括如下。

① 现场障碍物清理及场地平整。

② 临时设施的搭建。

③ 暂设水电管线的安装。

④ 场内交通道路。

⑤ 排水沟的修筑以及人工降低地下水位。

⑥ 材料、机具设备及劳动力进场。

⑦ 加工订货及设备的落实。

施工准备工作计划表格的格式见表 1-2。

表 1-2　施工准备工作计划表

序号	项目	准备工作内容	做法要求	完成日期	负责人	涉及单位	备注

三、前期施工准备工作

1. 建设场地勘察

建设场地勘察主要是了解建设地点的地形、地貌、地质、水文、气象以及市场状况和施工条件，周围环境和障碍物情况等。一般可作为确定施工方法和技术措施的依据。

对于施工区域内的建筑物、构筑物、水井、树木、坟墓、沟渠、电杆、车道、土堆、青苗等地面物，均可用目测的方法进行，并详细记录下来；对于场区内的地下埋设物，如地下沟道、人防工程、地下水管、电缆等，可向当地村镇有关部门调查了解，以便于拟定障碍物的拆除方案以及土方施工和地基处理方法。关于地方资源的调查内容见表 1-3；对于地方建筑材料及构件生产企业的调查内容见表 1-4；当地自然条件调查见表 1-5；水电调查的内容和目的见表 1-6；建设地区交通调查的内容和目的见表 1-7；社会劳动力和生活设施调查见表 1-8。

表 1-3　地方资源条件调查表

序号	材料名称	产地	储藏量	质量	开采量	出厂价	开发费	运距	单位运价	备注
1										
⋮										
⋮										

表 1-4　地方建筑材料及构件生产企业调查表

序号	企业名称	产品名称	单位	规格	质量	生产能力	生产方式	出厂价格	运距	运输方式	单位运价	备注
1	⋮											
⋮	⋮											
⋮	⋮											

表 1-5 建筑场址自然条件调查表

项目	调 查 内 容	调查目的
气温	1. 年平均、最高、最低温度，最冷、最热月份的逐日平均温度 2. 冬、夏季室外计算温度 3. ≤－3℃、0℃、5℃的天数、起止时间	1. 确定防暑降温的措施 2. 确定冬季施工措施 3. 估计混凝土、砂浆强度
雨(雪)	1. 雨季起止时间 2. 月平均降雨(雪)量、最大降雨(雪)量、一昼夜最大降雨(雪)量 3. 全年雷暴日数	1. 确定雨期施工措施 2. 确定工地排水、防洪方案 3. 确定工地防雷设施
风	1. 主导风向及频率(风玫瑰图) 2. ≥8 级风的全年天数、时间	1. 确定临时设施的布置方案 2. 确定高空作业及吊装的技术安全措施
地形	1. 区域地形图:1/10000～1/25000 2. 工程位置地形图:1/1000～1/2000 3. 该地区城市规划图 4. 经纬坐标桩、水准基桩位置	1. 选择施工用地 2. 布置施工总平面图 3. 场地平整及土方量计算 4. 了解障碍物及其数量
地质	1. 钻孔布置图 2. 地质剖面图:土层类别、厚度 3. 物理力学指标;天然含水量、孔隙比、塑性指数、渗透系数、压缩试验及地基土强度 4. 地层的稳定性:断层滑块、流沙 5. 最大冻结深度 6. 地基土破坏情况，钻井、古墓、防空洞及地下构筑物	1. 土方施工方法的选择 2. 地基土的处理方法 3. 基础施工方法 4. 复核地基基础设计 5. 拟定障碍物拆除方案
地震	地震等级	确定对基础的影响、注意事项
地下水	1. 最高、最低水位及时间 2. 水的流速、流向、流量 3. 水质分析，水的化学成分 4. 抽水试验	1. 基础施工方案选择 2. 降低地下水的方法 3. 拟定防止侵蚀性介质的措施
地面水	1. 临近江河湖泊距工地的距离 2. 洪水、平水、枯水期的水位、流量及航道深度 3. 水质分析 4. 最大最小冻结深度及结冻时间	1. 确定临时给水方案 2. 确定施工运输方式 3. 确定水工工程施工方案 4. 确定工地防洪方案

表1-6　水、电、蒸汽等条件调查表

序号	项目	调查内容	调查目的
1	供排水	1. 工地用水与当地现有水源连接的可能性、可供水量、接管地点、管径、材料、埋深、水压、水质及水费；至工地距离，沿途地形、地物状况 2. 自选临时江河水源的水质、水量、取水方式、至工地距离，沿途地形、地物状况，自选临时水井的位置、深度、管径、出水量和水质 3. 利用永久性排水设施的可能性，施工排水的去向、距离和坡度，有无洪水影响，防洪设施状况	1. 确定施工及生活供水方案 2. 确定工地排水方案和防洪设施 3. 拟定供排水设施的施工进度计划
2	供电与电信	1. 当地电源位置，引入的可能性，可供电的容量、电源、导线截面和电费，引入方向，接线地点及其至工地距离，沿途地形、地物的状况 2. 建设单位和施工单位自有的发、变电设备的型号、台数和容量 3. 利用邻近电信设施的可能性，电话、电报局等至工地的距离，可能增设电信设备、线路的情况	1. 确定施工供电方案 2. 确定施工通信方案 3. 拟定供电、通信设施的施工进度计划
3	供气（汽）	1. 蒸汽来源，可供蒸汽量，接管地点，管径、埋深、至工地距离，沿途地形地物状况，蒸汽价格 2. 建设、施工单位自有锅炉的型号、台数和能力，所需燃料和水质标准 3. 当地或建设单位可能提供的压缩空气、氧气的能力，至工地距离	1. 确定施工及生活用气的方案 2. 确定压缩空气、氧气的供应计划

表1-7　交通运输条件调查表

序号	项目	调查内容	调查目的
1	铁路	1. 邻近铁路专用线、车站至工地的距离及沿途运输条件 2. 站场卸货线长度，起重能力和贮存能力 3. 装载单个货物的最大尺寸、重量的限制 4. 运费、装卸费和装卸力量	1. 选择施工运输方式 2. 拟定施工运输计划
2	公路	1. 主要材料产地至工地的公路等级，路面构造宽度及完好情况，允许最大载重量，途经桥涵等级和允许最大载重量 2. 当地专业运输机构及附近村镇能提供的装卸、运输能力，汽车、畜力、人力车的数量及运输效率，运费、装卸费 3. 当地有无汽车修配厂，修配能力和至工地距离	1. 选择施工运输方式 2. 拟定施工运输计划

续表

序号	项目	调查内容	调查目的
3	航运	1. 货源、工地至邻近河流、码头渡口的距离，道路情况 2. 洪水、平水、枯水期时通航的最大船只及吨位,取得船只的可能性 3. 码头装卸能力,最大起重量,增设码头的可能性 4. 渡口渡船的能力,同时可载汽车、马车数，每日次数,能为施工提供的能力 5. 运费、渡口费、装卸费	1. 选择施工运输方式 2. 拟定施工运输计划

表 1-8 社会劳动力和生活设施调查表

序号	项目	调查内容	调查目的
1	社会劳动力	1. 少数民族地区的风俗习惯 2. 当地能提供的劳动力人数、技术水平和来源 3. 上述人员的生活安排	1. 拟定劳动力计划 2. 安排临时设施
2	房屋设施	1. 必须在工地居住的单身人数和户数 2. 能作为施工用的现有的房屋栋数,每栋面积,结构特征,总面积、位置,水、暖、电、卫设备状况 3. 上述建筑物的适宜用途,用作宿舍、食堂、办公室的可能性	1. 确定现有房屋为施工服务的可能性 2. 安排临时设施
3	周围环境	1. 主副食品供应,日用品供应,文化教育、消防治安等机构能为施工提供的支援能力 2. 邻近医疗单位至工地的距离,可能就医情况 3. 当地公共汽车、邮电服务情况 4. 周围是否存在有害气体,污染情况,有无地方病	安排职工生活基地,解除后顾之忧

2. 收集资料

在编制施工组织设计时，除现场进行调查收集资料外，为弥补原始资料的不足，有时还可借助一些相关的参考资料来作为编制依据。这些参考资料可利用现有的施工定额、施工手册、施工组织设计实例或通过平时施工实践活动来获得。

以下一些资料可向当地县、镇气象部门调查。如收集不到有关的具体资料时，可参考表 1-9、表 1-10 和表 1-11，作为确定冬、夏、雨季施工的依据。

表 1-9　各地区全年雨季参考资料

地　区	雨季起止日期	月数
长沙、株洲、湘潭	2月1日～8月31日	7
南昌	2月1日～7月31日	6
汉口	4月1日～8月15日	4.5
上海、成都、昆明	5月1日～9月30日	5
重庆、宜宾	5月1日～10月31日	6
长春、哈尔滨、佳木斯、牡丹江、开远	6月1日～8月31日	3
大同、侯马	7月1日～7月31日	1
包头、新乡	8月1日～8月31日	1
沈阳、葫芦岛、北京、天津、大连	7月1日～8月31日	2
齐齐哈尔、富拉尔基、宝鸡、绵阳、德阳、温江、太原、西安、洛阳、郑州	7月1日～9月15日	2.5

表 1-10　全年有效作业日参考资料

地　区	全年		季度							
			Ⅰ		Ⅱ		Ⅲ		Ⅳ	
	土建	安装	土建	安装	土建	安装	土建	安装	土建	安装
四川、云南、贵州	290	300	70	71	72	75	77	80	70	75
长江以南	280	300	65	70	73	75	73	80	69	75
长江以北	275	280	52	60	77	72	79	80	67	68
青海、甘肃	260	260	44	40	76	78	78	80	62	62
长城以北	250	260	35	40	74	78	78	80	63	62
长春以北、新疆	240	260	29	40	80	78	77	80	54	62
东南沿海	275	280	65	60	71	72	71	80	68	68

表 1-11　全年冬季天数参考资料

分区	平均温度	冬季起止日期	天数
第一区	－1℃以内	12月1日～2月16日 12月28日～3月1日	74～80
第二区	－4℃以内	11月10日～2月18日 11月25日～3月21日	96～127
第三区	－7℃以内	11月1日～3月20日 11月10日～3月31日	131～151
第四区	－10℃以内	10月20日～3月25日 11月1日～4月5日	141～168
第五区	－14℃以内	10月15日～4月5日 4月15日	173～183

3. 技术资料准备

技术资料的准备即通常所说的室内准备（内业准备），其内容一般包括如下几点。

（1）图纸会审

图纸会审是施工前的一项极为重要的技术准备工作。会审的目的主要有两个：一是事先认真阅读图纸，了解设计意图、工程质量标准，新结构、新技术、新材料、新工艺的技术要求及图纸间内在的联系；二是在熟悉图纸及有关资料的基础上，通过有设计、建设、施工等单位参加的会审，将有关问题发现并解决在施工之前，真正做到"按图施工"。图纸会审的主要内容如下。

① 设计图纸是否符合国家有关技术规范，是否符合实用经济、美观大方的原则。

② 图纸本身及说明是否完整、清晰，图纸的尺寸、轴线、标高、各种管线等是否准确，各种图纸（平、立、剖、节点大样，结构配筋图、水电安装图等）之间是否有矛盾。

③ 施工单位的技术水平、技术设备能否满足结构方案和建筑装饰的要求，保证工程质量和安全。

④ 图纸上选用的各种材料、配件、构件能否保证采购，其规格、型号、性能、质量、数量上能否满足设计要求。

⑤ 对设计中的不明确或疑问处，请设计人员做必要的解释。

⑥ 图纸上是否贯彻就地取材、因材设计的原则，如果没有，可在会审时提出合理化建议。

⑦ 若设计或建设单位在图纸发出后，由于情况有变需做某些方面的更改，其变动部分在图纸会审时一并解决。

图纸会审应有通过充分协商后统一形成的图纸会审纪要，并由参加会审单位盖章。这些应视为施工图的组成部分，在工程施工中也应遵守。

（2）编制施工组织设计

施工组织设计是规划和指导施工活动的重要技术经济文件。编制施工组织设计，是建筑工程施工前的必要准备工作，是科学合理组织施工生产和加强企业管理的一项重要措施。

(3) 编制施工图预算和施工预算

根据会审后的施工图和批准的施工组织设计，预算人员便可编制施工图预算和施工预算。它是施工管理和实行经济核算的一项重要措施。

四、后期施工准备工作

施工现场的准备即后期施工准备，也就是通常所说的室外准备(外业)。它一般包括以下内容。

1. 拆除障碍物

这一工作通常由建设单位完成，但有时也委托施工单位完成。拆除时，一定要摸清情况，尤其是原有障碍物复杂、资料不全时，应采取相应的措施，防止发生事故。

架空电线、埋地电缆、自来水管、污水管、煤气管道等的拆除，都应与有关部门取得联系并办好手续后才可进行，一般最好由专业公司、单位来拆除。场内的树木需报请园林部门批准后方可砍伐。房屋只要在水源、电源、气源等截断后即可进行拆除。坚实、牢固的房屋等可采用定向爆破方法拆除，一般应经主管部门批准，由专业施工队进行。

2. 建立测量控制网

这项工作是确定建筑物平面位置和高程的关键环节。施工前应按总平面图的要求，将规划确定的水准点和红线桩引至现场，做好固定和保护装置。并按一定的距离布点，组成测量控制网。高层及大型工程应该设置固定标准桩和水准点，或建立标高控制网。通常此项工作由专业测量队完成，但施工单位还需根据施工的具体需要做一些加密网点等补充工作。

3. 临时设施的搭设

现场所需临时设施，应报请规划、市政、消防、交通、环保等有关部门审查批准。根据施工组织设计的要求，除利用现场旧有建筑外，还应搭建一批临时建筑，如警卫室、工人休息室、宿舍、办公室、厨房、食堂、仓库、吸烟室、厕所等。但均应按批准的图纸搭建，不得乱搭乱建，并尽量利用永久建筑物，减少临时设施搭设量。而这些临时设施，应在正式工程施工前做好。

为了施工方便和行人的安全，应用围墙将施工用地围护起来。围墙的形式和材料应符合市容管理的有关规定和要求，并在主要出入口设置标牌，标明工地名称、施工单位、工地负责人等。

4．施工队伍的准备

基本施工队伍的确定，要根据现有的劳动组织情况及施工组织设计的劳动力需用量计划确定。建立与工程规模相应的组织机构。包括行政、技术、材料、计划等管理人员，并与建设单位密切联系，共同解决一些大的问题；基本施工人员的组织应根据工程的特点，选择恰当的劳动组织形式，处理好土建施工队伍与专业施工队伍的配备关系，在土建施工中一般以混合施工队形式较好，并注意技工与普工的比例关系。如需使用外包施工队时，必须按各企业的审批手续办。在使用外包队之前，要进行技术考核，对达不到技术标准的，质量没有保证的不得使用。若把外包施工队作为基本施工队伍时，必须经企业主管部门批准。

在施工前，企业还应做好职工的培训工作，进行劳动纪律和施工安全教育，不断提高其业务技术水平，使职工能遵守劳动时间、坚守工作岗位、遵守操作规程、保证工程质量、保证施工工期、保证安全生产、服从调动、爱护公物。

5．物资器材准备

物资器材准备是保证工程顺利施工的基础，必须在各分部分项工程施工前准备就绪。应根据工程需要，确定需用量计划，及时组织货源，办理订货手续，安排运输和贮备，特别是对特殊的材料、构件应提早准备，使其满足连续施工的需要。

材料、构件分期分批进场时，应根据有关规定做好检查验收，对于重要部位使用的材料以及对质量有怀疑的材料，应做好抽样检验鉴定工作。对于进场的各种材料、构件，应按施工平面图指定的位置进行堆放。

进场的机构设备，必须经过检查验收，根据需要做好基础、轨道或操作棚，接通动力和照明线路，提前保养、试运转，达到台台完好。

6．“三通一平”工作

在施工现场范围内，修通道路，接通水源、电源，平整施工场地的工作称为“三通一平”。这项工作应根据施工组织设计的规划来进行。它分为全场性“三通一平”和单位工程“三通一平”。前者必须有计划、分阶段进行，后者必须在施工前完成。

① 道路通。按施工组织设计的要求修筑好施工现场的临时运输道路。应尽可能利用原有道路或结合正式工程的永久性道路位置，修整路基和临时路面。现场道路应适当起拱（向道路两侧形成一定坡度），路边应做好排水沟，排水沟深度一般不小于0.4m，底宽不小于0.3m。现场道路的宽度，单行路为4m，最窄不得小于3.5m，双行路宽度为7m，施工现场的道路最好形成循环道路。要保证做到现场道路通畅和防滑。

② 电通。供电包括施工用电和生活用电两部分。这项工作应注意电源的获得和现场供电线路的布置。根据各种施工机械设备用电量及照明用电量，计算选择配电变压器，与供电部门联系，按施工组织设计的要求，架设好连接电力干线的工地内外临时供电线路及通信线路。尽可能做到使用方便，总的供电线路最短。还需考虑断电情况下自行发电的工作，以确保施工的顺利进行。

③ 水通（或叫管网通）。包括施工工地的临时施工用水、供热等管线的敷设，以及施工现场红线内的排水系统布置，并按平面图的要求安装好消火栓。其中上水管网的敷设应尽量采用正式工程的管网线路，以节省临时设施费用；施工现场的排水沟要依场地的地势，做出不少于1.5‰的坡度。

高层建筑工地应设置高压泵，大型工程中应有高压泵房和蓄水池，不允许直接接自来水管。这项工作应与解决临时水、电源同时进行。

④ 平整场地。平整场地需先做“场平设计”。因为施工场地的自然地貌常常是起伏不平的，不能满足建设要求，如不先平整，施工机具、材料及预制构件等进场也是不方便的。

平整场地前应清除地上障碍物和地下埋设物。在平整时往往会碰到地上的、地下的障碍物，例如坟墓、旧建筑、高压线、地下管线等，应由建设单位与有关部门协调做出妥善处理。

全场性的平整场地，是按设计总平面图中确定的标高进行的，通过测量，计算挖土及填土数量，从而设计调配方案。尽量做到挖填平衡、就近调运，以节约费用。单位工程平整场地，是在全场性平地的基础上，按设计规定的计划标高，分期分批平整（详见第三章中的第二节）。

现在所讲的“三通一平”实际上已不再是狭义的概念，而是一个广义的概念。实际做的有“四通一平”，即水通、电通、路通、通信通，场地平整。随着地域的不同和生活要求的不断提高，还有蒸汽、煤气等的畅通，使“三通一平”工作更完善。

第二节　技术准备

一、熟悉和审查施工图纸

熟悉和审查施工图纸是技术准备工作的重要内容，是组织施工的前提和基础，并为编制施工组织设计提供基本依据。这一工作通常分施工单位自审、图纸会审和签认现场洽商变更三个阶段进行，所形成的资料作为指导施工、竣工验收、绘制竣工图和竣工结算的依据。审查的重点如下。

① 施工图是否完整齐全，是否符合国家有关工程设计规范和工程施工规范的要求，是否符合城市总体规划的要求。

② 建筑图与结构图、给排水图、电气施工图、设备安装图等各专业施工图纸之间是否有矛盾。

③ 施工图纸本身是否有矛盾和错误，图纸与设计说明书是否相一致。

④ 基础设计与地基处理方案是否与建造地点的工程地质和水文资料相一致，建筑物与地下构筑物或地下管网之间是否有矛盾。

⑤ 掌握拟建工程的建筑和结构形式及特点，复核主要承重结构或构件的强度、刚度和稳定性是否满足施工要求；对于施工难度大、技术要求高的分部分项工程，要在现有施工技术和管理水平的基础上制定详细的施工技术方案。

⑥ 施工图对于建筑设备、专业施工及加工订货有何特殊要求。

⑦ 熟悉工业项目的生产工艺流程和技术要求，审查设备安装图

和与其相配套的土建图纸在坐标、标高等尺寸关系上是否一致，土建施工的质量标准如何满足设备安装的工艺和精度要求。

二、自然环境资料

施工现场所在地区的地形、地质、水文、气象等资料是制定施工方案的重要参考依据，其中包括以下内容。

（1）地形情况

其包括地形起伏变化、河流、交通、拟建项目附近的建筑物情况等。

（2）地质情况

其包括地层构造、土的性质与类别、土的承载力、抗震设防烈度等。

（3）水文情况

其包括地下水的质量、含水层厚度、地下水的流向和流速及地下水的最高和最低水位等。

（4）气象条件

其包括气温、季风风向、风速、雨量、积雪量、冻结深度、雨季及冬季的期限等。要利用自然环境安排好施工，要遵循自然规律，创造良好的施工条件，避免造成损失和浪费。

三、技术文件编制

其包括编制施工组织设计，编制特殊工程施工和复杂设备安装的施工技术方案，拟订推广应用新材料新技术新工艺计划，编制施工图概算和施工预算等。

四、测量控制点

将坐标点、水准点引进施工现场，以此作为施工放线的依据。并可根据需要按建筑总平面图测量控制网，按设计标高测定自然地坪高程图。

第三节 建筑工地临时设施

一、工地临时房屋设施

1. 一般要求

① 结合施工现场具体情况，统筹规划，合理布置。

a. 布点要适应施工生产需要，方便职工工作生活。

b. 不能占据正式工程位置，留出生产用地和交通道路。

c. 尽量靠近已有交通线路，或即将修建的正式或临时交通线路。

d. 选址应注意防洪水、泥石流、滑坡等自然灾害，必要时应采取相应的安全防护措施。

② 认真执行国家严格控制非农业用地的政策，尽量少占或不占农田，充分利用山地、荒地、空地或劣地。

③ 尽量利用施工现场或附近已有的建筑物。

④ 必须搭设的临时建筑，应因地制宜，利用当地材料和旧料，尽量降低费用。

⑤ 符合安全防火要求。

2. 临时房屋设施分类及参考指标

(1) 生产性临时设施

生产性临时设施是直接为生产服务的，如临时加工厂、现场作业棚、机修间等，参考指标见表1-12、表1-13、表1-14。

表1-12　临时加工厂所需面积参考指标

序号	加工厂名称	年产量		单位产量所需建筑面积	占地总面积/m^2	备　注
		单位	数量			
1	混凝土搅拌站	m^3 m^3 m^3	3200 4800 6400	0.022(m^2/m^3) 0.021(m^2/m^3) 0.020(m^2/m^3)	按砂石堆场考虑	400L搅拌机2台 400L搅拌机3台 400L搅拌机4台
2	临时性混凝土预制厂	m^3 m^3 m^3 m^3	1000 2000 3000 5000	0.25(m^2/m^3) 0.20(m^2/m^3) 0.15(m^2/m^3) 0.125(m^2/m^3)	2000 3000 4000 小于6000	生产屋面板和中小型梁柱板等,配有蒸养设施
3	半永久性混凝土预制厂	m^3 m^3 m^3	3000 5000 10000	0.6(m^2/m^3) 0.4(m^2/m^3) 0.3(m^2/m^3)	9000～12000 12000～15000 15000～20000	
4	木材加工厂	m^3 m^3 m^3	15000 24000 30000	0.0244(m^2/m^3) 0.0199(m^2/m^3) 0.0181(m^2/m^3)	1800～3600 2200～4800 3000～5500	进行原木、大方加工

续表

序号	加工厂名称	年产量 单位	年产量 数量	单位产量所需建筑面积	占地总面积/m^2	备注
4	综合木工加工厂	m^3	200	0.30(m^2/m^3)	100	加工门窗、模板、地板、屋架等
		m^3	500	0.25(m^2/m^3)	200	
		m^3	1000	0.20(m^2/m^3)	300	
		m^3	2000	0.15(m^2/m^3)	420	
	粗木加工厂	m^3	5000	0.12(m^2/m^3)	1350	加工屋架、模板
		m^3	10000	0.10(m^2/m^3)	2500	
		m^3	15000	0.09(m^2/m^3)	3750	
		m^3	20000	0.08(m^2/m^3)	4800	
	细木加工厂	万·m^2	5	0.0140(m^2/万·m^2)	7000	加工门窗、地板
		万·m^2	10	0.0114(m^2/万·m^2)	10000	
		万·m^2	15	0.0106(m^2/万·m^2)	14300	
	钢筋加工厂	t	200	0.35(m^2/t)	280~560	加工、成型、焊接
		t	500	0.25(m^2/t)	380~750	
		t	1000	0.20(m^2/t)	400~800	
		t	2000	0.15(m^2/t)	450~900	
	现场钢筋调直或冷拉			所需场地(长×宽)		
	拉直场			70~80×3~4(m^2)		包括材料及成品堆放
	卷扬机棚			15~20(m^2)		3~5t电动卷扬机1台
	冷拉场			40~60×3~4(m^2)		包括材料及成品堆放
	时效场			30~40×6~8(m^2)		包括材料及成品堆放
	钢筋对焊			所需场地(长×宽)		包括材料及成品堆放，寒冷地区应适当增加
	对焊场地			30~40×3~4(m^2)		
	对焊棚			15~24(m^2)		
5	钢筋冷加工			所需场地(m^2/台)		
	冷拔、冷轧机			40~50		
	剪断机			30~50		
	弯曲机ϕ12以下			50~30		
	弯曲机ϕ40以下			60~70		
6	加工(一般铁件)			所需场地(m^2/台) 年产500t为10 年产1000t为8 年产2000t为6 年产3000t为5		按一批加工数量计算
7	石灰消化 贮灰池			5×3=15(m^2)		每2个贮灰池配1套淋灰池和淋灰槽，每600kg石灰可消化1m^3石灰膏
	石灰消化 淋灰池			4×3=12(m^2)		
	石灰消化 淋灰槽			3×2=6(m^2)		
8	沥青锅场地			20~24(m^2)		台班产量1~1.5t/台

表 1-13　现场作业棚所需面积参考指标

序号	名　　称	单位	面积/m^2	备　　注
1	木工作业棚	m^2/人	2	
2	电锯房	m^2	80	
	电锯房	m^2	40	
3	钢筋作业棚	m^2/人	3	
4	搅拌棚	m^2/台	10～18	
5	卷扬机棚	m^2/台	6～12	
6	烘炉房	m^2	30～40	占地面积为建筑面积的 2～3 倍
7	焊工房	m^2	20～40	86.3～91.4cm 圆锯 1 台
8	电工房	m^2	15	小圆锯 1 台
9	白铁工房	m^2	20	占地面积为建筑面积的 3～4 倍
10	油漆工房	m^2	20	
11	机、钳工修理房	m^2	20	
12	立式锅炉房	m^2/台	5～10	
13	发电机房	m^2/kW	0.2～0.3	
14	水泵房	m^2/台	3～8	
15	空压机房(移动式)	m^2/台	18～30	
	空压机房(固定式)	m^2/台	9～15	

表 1-14　现场机运站、机修间、停放场所需面积参考指标

序号	施工机械名称	所需场地/(m^2/台)	存放方式	检修间所需建筑面积	
				内容	数量/m^2
	一、起重、土方机械类			10～20 台设 1 个检修台位(每增加 20 台增设 1 个检修台位)	200(增 150)
1	塔式起重机	200～300	露天		
2	履带式起重机	100～125	露天		
3	履带式正铲或反铲，拖式	75～100	露天		
4	铲运机，轮胎式起重机				
5	推土机，拖拉机，压路机	25～35	露天		
	汽车式起重机	20～30	露天或室内		
	二、运输机械类		一般情况下室内不小于10%	每 20 台设 1 个检修台位(每增加 20 台增设 1 个检修台位)	170(增 160)
6	汽车(室内)	20～30			
	(室外)	40～60			
7	平板拖车	100～150			
	三、其他机械类				
8	搅拌机，卷扬机，电焊机，电动机，水泵，空压机，油泵，少先吊等	4～6	一般情况下室内占 30%露天占 70%	每 50 台设 1 个检修台位(每增加 50 台增设 1 个检修台位)	50(增 50)

注：1. 露天或室内视气候条件而定，寒冷地区应适当增加室内存放。
2. 所需场地包括道路、通道和回转场地。

(2) 物资贮存临时设施

物资贮存临时设施专为某一项在建工程服务，一方面要做到能保证施工的正常需要，另一方面又不宜贮存过多，以免加大仓库面积，积压资金。其参考指标见表1-15、表1-16。

表1-15 仓库面积计算所需数据参考指标

序号	材料名称	单位	储备天数 n	每平方米贮存量 P	堆置高度 m	仓库类型
1	钢材	t	40～50	1.5	1.0	露天
	工槽钢	t	40～50	0.8～0.9	0.5	露天
	角钢	t	40～50	1.2～1.8	1.2	露天
	钢筋(直筋)	t	40～50	1.8～2.4	1.2	露天
	钢筋(盘筋)	t	40～50	0.8～1.2	1.0	棚或库约占20%
	钢板	t	40～50	2.4～2.7	1.0	露天
	钢管 ϕ200以上	t	40～50	0.5～0.6	1.2	露天
	钢管 ϕ200以下	t	40～50	0.7～1.0	2.0	露天
	钢轨	t	20～30	2.3	1.0	露天
	铁皮	t	40～50	2.4	1.0	库或棚
2	生铁	t	40～50	5	1.4	露天
3	铸铁管	t	20～30	0.6～0.8	1.2	露天
4	暖气片	t	40～50	0.5	1.5	露天或棚
5	水暖零件	t	20～30	0.7	1.4	库或棚
6	五金	t	20～30	1.0	2.2	库
7	钢丝绳	t	40～50	0.7	1.0	库
8	电线电缆	t	40～50	0.3	2.0	库或棚
9	木材	m^3	40～50	0.8	2.0	露天
	原木	m^3	40～50	0.9	2.0	露天
	成材	m^3	30～40	0.7	3.0	露天
	枕木	m^3	20～30	1.0	2.0	露天
	灰板条	千根	20～30	5	3.0	棚
10	水泥	t	30～40	1.4	1.5	库
11	生石灰(块)	t	20～30	1～1.5	1.5	棚
	生石灰(袋装)	t	10～20	1～1.3	1.5	棚
	石膏	t	10～20	1.2～1.7	2.0	棚
12	砂、石子(人工堆置)	m^3	10～30	1.2	1.5	露天
	砂、石子(机械堆置)	m^3	10～30	2.4	3.0	露天
13	块石	m^3	10～20	1.0	1.2	露天
14	红砖	千块	10～30	0.5	1.5	露天

续表

序号	材料名称	单位	储备天数 n	每平方米贮存量 P	堆置高度 m	仓库类型
15	耐火砖	t	20～30	2.5	1.8	棚
16	黏土瓦、水泥瓦	千块	10～30	0.25	1.5	露天
17	石棉瓦	张	10～30	25	1.0	露天
18	水泥管、陶土管	t	20～30	0.5	1.5	露天
19	玻璃	箱	20～30	6～10	0.8	棚或库
20	卷材	卷	20～30	15～24	2.0	库
21	沥青	t	20～30	0.8	1.2	露天
22	液体燃料润滑油	t	20～30	0.3	0.9	库
23	电石	t	20～30	0.3	1.2	库
24	炸药	t	10～30	0.7	1.0	库
25	雷管	t	10～30	0.7	1.0	露天
26	煤	t	10～30	1.4	1.5	露天
27	炉渣	m³	10～30	1.2	1.5	露天
28	钢筋混凝土构件	m³				
	板	m³	3～7	0.14～0.24	2.0	露天
	梁、柱	m³	3～7	0.12～0.18	1.2	露天
29	钢筋骨架	t	3～7	0.12～0.18	—	露天
30	金属结构	t	3～7	0.16～0.24	—	露天
31	铁件	t	10～20	0.9～1.5	1.5	露天或棚
32	钢门窗	t	10～20	0.65	2	棚
33	木门窗	m²	3～7	30	2	棚
34	木屋架	m³	3～7	0.3	—	露天
35	模板	m³	3～7	0.7	—	露天
36	大型砌块	m³	3～7	0.9	1.5	露天
37	轻质混凝土制品	m³	3～7	1.1	2	露天
38	水、电及卫生设备	t	20～30	0.35	1	棚、库各占 1/4
39	工艺设备	t	30～40	0.6～0.8	—	露天占 1/2
40	各种劳保用品	件		250	2	库

表 1-16 按系数计算仓库面积参考资料

序号	名称	计算基数 m	单位	系数 φ	备注
1	仓库(综合)	按年平均全员人数(工地)	m²/人	0.7～0.8	陕西省一局统计手册
2	水泥库	按当年水泥用量的40%～50%	m²/t	0.7	黑龙江、安徽省用
3	其他仓库	按当年工作量	m²/万元	2～3	低限为四川省用,高限为黑龙江、安徽省用

续表

序号	名称	计算基数 m	单位	系数 φ	备注
4	五金杂品库	按年建安工作量计算时	m^2/万元	0.2～0.3	原华东院施工组织设计手册
	五金杂品库	按年平均在建建筑面积计算时	m^2/百 m^2	0.5～1	原华东院施工组织设计手册
5	土建工具库	按高峰年(季)平均全员人数	m^2/人	0.1～0.2	建研院、原一机部一院资料
6	水暖器材库	按年平均在建建筑面积	m^2/百 m^2	0.2～0.4	建研院、原一机部一院资料
7	电气器材库	按年平均在建建筑面积	m^2/百 m^2	0.3～0.5	建研院、原一机部一院资料
8	化工油漆危险品库	按年建安工作量	m^2/万元	0.1～0.15	
9	三大工具堆场	按年平均在建建筑面积	m^2/百 m^2	1～2	
	（脚手架、跳板、模板）	按年建安工作量	m^2/万元	0.5～1	

(3) 行政生活福利临时设施

行政生活福利临时设施是专为工作人员服务的。如办公室、宿舍、食堂、医务室、俱乐部等，其参考指标见表 1-17。

表 1-17 行政生活福利临时设施建筑面积参考指标

临时房屋名称	指标使用方法	参考指标/(m^2/人)	备注
一、办公室	按干部人数	3～4	1. 本表根据收集到的全国有代表性的企业、地区的资料综合 2. 工区以上设置的会议室已包括在办公室指标内
二、宿舍	按高峰年(季)平均职工人数(扣除不在工地住宿人数)	2.5～3.5	
单层通铺		2.5～3	
双层床		2.0～2.5	
单层床		3.5～4	
三、家属宿舍		16～25m^2/户	
四、食堂	按高峰年平均职工人数	0.5～0.8	
五、食堂兼礼堂	按高峰年平均职工人数	0.6～0.9	
六、其他合计	按高峰年平均职工人数	0.5～0.6	
医务室	按高峰年平均职工人数	0.05～0.07	
浴室	按高峰年平均职工人数	0.07～0.1	
理发室	按高峰年平均职工人数	0.01～0.03	
浴室兼理发室	按高峰年平均职工人数	0.08～0.1	

续表

临时房屋名称	指标使用方法	参考指标/(m²/人)	备　注
俱乐部	按高峰年平均职工人数	0.1	3. 家属宿舍应以施工期长短和离基地情况而定，一般按高峰年职工平均人数的10%～30%考虑
小卖部	按高峰年平均职工人数	0.03	
招待所	按高峰年平均职工人数	0.06	
托儿所	按高峰年平均职工人数	0.03～0.06	
子弟小学	按高峰年平均职工人数	0.06～0.08	
其他公用	按高峰年平均职工人数	0.05～0.10	
七、现场小型设施			4. 食堂包括厨房、库房，应考虑在工地就餐人数和几次进餐
开水房		10～40	
厕所	按高峰年平均职工人数	0.02～0.07	
工人休息室	按高峰年平均职工人数	0.15	

二、临时道路

临时道路的参考指标见表1-18～表1-21。

表1-18　简易公路技术要求表

指标名称	单位	技术标准
设计车速	km/h	≤20
路基宽度	m	双车道6～6.5；单车道4.4～5；困难地段3.5
路面宽度	m	双车道5～5.5；单车道3～3.5
平面曲线最小半径	m	平原、丘陵地区20；山区15；回头弯道12
最大纵坡	%	平原地区6；丘陵地区8；山区9
纵坡最短长度	m	平原地区100；山区50
桥面宽度	m	木桥4～4.5
桥涵载重等级	t	木桥涵7.8～10.4(汽-6～汽-8)

表1-19　各类车辆要求路面最小允许曲线半径

车辆类型	路面内侧最小曲线半径/m			备注
	无拖车	有一辆拖车	有两辆拖车	
小客车、三轮汽车	6	—	—	
一般二轴载重汽车：单车道	9	12	15	
双车道	7	—	—	
三轴载重汽车、重型载重汽车、公共汽车	12	15	18	
超重型载重汽车	15	18	21	

表 1-20　临时道路路面种类和厚度

路面种类	特点及其使用条件	路基土	路面厚度/cm	材料配合比
级配砾石路面	雨天照常通车，可通行较多车辆，但材料级配要求严格	砂质土	10～15	体积比： 黏土∶砂∶石子＝1∶0.7∶3.5 重量比： 1. 面层：黏土 13%～15%，砂石料 85%～87% 2. 底层：黏土 10%，砂石混合料 90%碎（砾）
		黏质土或黄土	14～18	
碎（砾）石路面	雨天照常通车，碎（砾）石本身含土较多，不加砂	砂质土	10～18	碎（砾）石＞65%，当地土壤含量≤35%
		砂质土或黄土	15～20	
碎砖路面	可维持雨天通车，通行车辆较少	砂质土	13～15	垫层：砂或炉渣 4～5cm 底层：7～10cm 碎砖 面层：2～5cm 碎砖
		黏质土或黄土	15～18	
炉渣或矿渣路面	可维持雨天通车，通行车辆较少，当附近有此项材料可利用时	一般土	10～15	炉渣或矿渣 75%，当地土 25%
		较松软时	15～30	
砂土路面	雨天停车，通行车辆较少，附近不产石料而只有砂时	砂质土	15～20	粗砂 50%，细砂、粉砂和黏质土 50%
		黏质土	15～30	
风化石屑路面	雨天不通车，通行车辆较少，附近有石屑可利用	一般土壤	10～15	石屑 90%，黏土 10%
石灰土路面	雨天停车，通行车辆少，附近产石灰时	一般土壤	10～13	石灰 10%，当地土壤 90%

表 1-21　路边排水沟最小尺寸

边沟形状	最小尺寸/m		边坡坡度	适用范围
	深	底宽		
梯形	0.4	0.4	1∶1～1∶1.5	土质路基
三角形	0.3	—	1∶2～1∶3	岩石路基
方形		0.3	1∶0	岩石路基

第四节　季节性施工准备

我国地域辽阔，气候复杂，东西南北殊异，气温和雨水对建筑施工的质量、工期、成本和安全都有重要影响，特别是建筑施工多露天作业，季节性影响很大，给施工生产增加了很多困难。因此，做好周密的施工计划和充分的施工准备，是克服季节影响，保持均衡生产的有效措施。

一、雨季施工准备工作

不少施工现场，由于缺乏妥善的排水设施，以致平时施工用水漫流，特别是雨季排水紊乱，地面积水、泥泞，使施工环境恶化，不仅影响工作效率，延误工期，而且会导致土质软化，边坡坍塌，地基承载力降低，工程质量下降，甚至发生各种安全事故，造成重大损失。因此，在组织现场施工时应做好施工排水和雨季从事建筑施工的各项准备工作。

1. 现场排水

(1) 地面截水

① 贯彻先地下、后地上的原则，要根据工程情况，有条件的要结合正式工程预先做好正式下水道。在做基础的同时，根据自然排水的流向，配合将外线工程（包括雨水管线及水管线）做好。对湿陷性黄土和膨胀土地区，防水更为重要。

② 结合总平面图利用自然地形确定排水方向，找出坡度。并视施工现场大小设计与开挖临时纵横排水沟，排水沟应按规定放坡。

③ 排水沟如不能通往泄水处时，可选择远离建筑物的地点挖集水池（或集水井），用水泵外抽，但对其他建筑物不得有影响。

④ 布置的排水路线需横过马路时，应埋置横管，防止向路面上溢水。

⑤ 现场邻近高地时，高地边沿应挖截水沟，防止雨水侵入现场。傍山的工地要结合正式防洪沟考虑防洪和排洪问题，拦截场外施工水流进入现场。同时还要在雨季前做好对危石的处理，防止滑坡或塌方。对现场排水应随时保证畅通，可设专人负责，定期疏通。

⑥ 要防止地面水排入地下室、基础、地沟及室内，应在雨季前将其封死。

(2) 排除坑内积水

基坑开挖时，地下水和地表水的渗入会造成积水，施工时遇雨天也会造成基坑积水。为防止水泡塌方，在挖方前应做好土方施工的排水方案，并准备相应的设备，以保证顺利开挖。浅基础或水量不大的基坑，一般在挖方时保持坑底有一定的排水坡度，并在低处挖沟引水，每 30～40m 设一个集水井于基坑范围之外。井底应低于集水沟1m 左右，或深于抽水泵进水阀的高度。井壁可用竹、木、砖等简易办法临时加固（见图 1-2），并且利用水泵或人力将水抽出坑外。如为渗水性土的基坑，应将出水管适当引得远一些，以防抽出水再渗回坑内。在渗水性较强的土层中，抽水时可能使邻近基坑的水位相应降低，可利用这种条件，同时安排几个基坑一起施工。

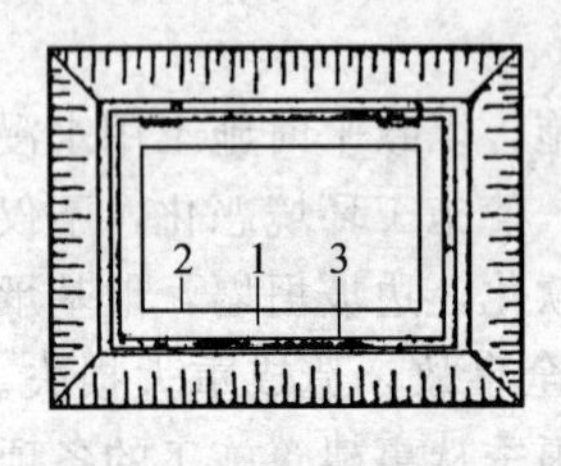

图 1-2 坑内明沟排水

1—排水沟；2—集水井；3—基础外缘线

随着基坑的挖深，排水沟和集水井也应逐级向下挖深（见图 1-3），这就是分层开挖明沟排水。

排水沟与集水井应经常保持一定高差，一般集水井底比排水沟底要低 0.7～1.0m，排水沟底比挖土面低 0.5m 以上，沟底要有2%～5%的纵坡。当基坑挖至设计标高后，井底应低于坑底 1～2m，并铺设 30cm 左右的碎石或粗砂滤水层，以防抽水时将土粒搅动带走。

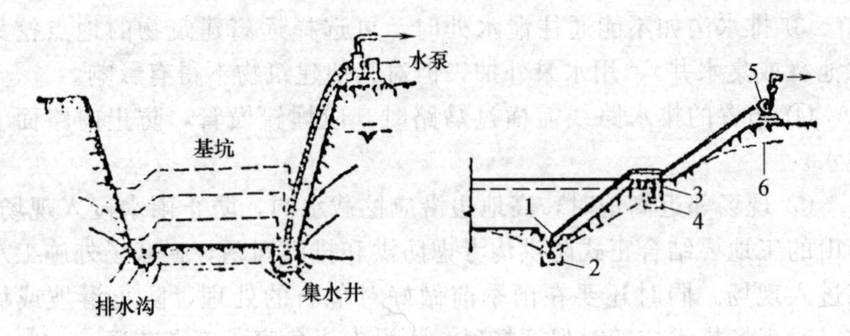

图 1-3 分层开挖明沟排水

1—底层排水沟；2—底层集水井；3—二层排水沟；4—二层集水井；5—水泵；6—水位降低线

排水明沟的截面积多采用梯形，在地形限制下和岩石地段可用矩形。梯形明沟常用边坡值见表1-22。各种构造的明沟最大容许流速和粗糙系数见表1-23。

表1-22　梯形明沟边坡值

土的类别与铺砌情况	边坡值 $1:m$	土的类别与铺砌情况	边坡值 $1:m$
砂质黏土	1:1.50～1:2.00	风化岩土	1:0.25～1:0.50
黏土、亚黏土	1:1.25～1:1.50	岩石	1:0.10～1:0.25
砾石土、卵石土	1:1.25～1:1.50	砖石或混凝土铺砌	1:0.50～1:1.00
半岩性土	1:0.50～1:1.00		

表1-23　明沟最大容许流速和粗糙系数

明沟构造	最大容许流速/(m/s)	粗糙系数/n
细沙、中沙、轻亚黏土	0.5～0.6	0.030
粗沙、亚黏土、黏土	1.0～1.5	0.030
黏土(有草皮护面)	1.6	0.025
软质岩石(石灰岩、砂岩:页岩)	4.0	0.017
干砌毛(卵)石	2.0～3.0	0.020
浆砌毛(卵)石	3.0～4.0	0.017
混凝土、各种抹面	4.0	0.013
浆砌砖	4.0	0.015 (0.017)

注：1. 当水深 h 小于0.4m或大于1m时，表中流速应乘以下列系数：$h<0.4$m：0.85；$h\geqslant1.0$m：1.25；$h\geqslant2.0$m：1.40。

2. 最小容许流速不小于0.4m/s。

3. 明沟通过坡度较大地段，其流速超过表中规定时，应在该地段设置跌水或消力槽。

4. 浆砌砖明沟采用次质砖时 $n=0.017$。

明沟排水法设备简单，排水方便，多用于水流量大但颗粒不被带走的粗粒土层，也可用于渗水量不大的黏性土，但不宜用于细砂土和粉砂土。

(3) 明沟计算

在一般情况下，明沟的流量、流速可按以下公式计算：

$$Q=Av \tag{1-1}$$

$$v=C\sqrt{Ri} \tag{1-2}$$

式中　Q——明沟的流量，m^3/s；

A——明沟水流有效面积，m^2；

v——流速，m/s；

C——流速系数，与粗糙系数、水力半径有关，由表1-24查得；

R——水力半径，m，即明沟有效面积与明沟湿润边总长度之比值，常用明沟的R值，见表1-25；

i——明沟纵坡度。

表1-24　流速系数C值

R \ n	0.013	0.015	0.017	0.020	0.025	0.030
0.10	54.3	45.1	38.1	30.6	22.4	17.3
0.12	55.8	46.5	39.5	32.6	23.5	18.3
0.14	57.2	47.8	40.7	33.0	24.5	19.1
0.16	58.4	48.9	41.8	34.0	25.4	19.9
0.18	59.5	49.8	42.7	34.8	26.2	20.6
0.20	60.4	50.8	43.6	35.7	26.9	21.3
0.22	61.3	51.7	44.4	36.4	27.6	21.9
0.24	62.1	52.5	45.2	37.1	28.3	22.5
0.26	62.9	53.2	45.9	37.8	28.8	23.0
0.28	63.6	54.0	46.5	38.4	29.4	23.5
0.30	64.3	54.6	47.2	39.0	29.9	24.0
0.35	65.8	56.0	48.6	40.3	31.1	25.1
0.40	67.1	57.3	49.8	41.5	32.2	26.0
0.45	68.4	58.4	50.9	42.5	33.1	26.9
0.50	69.5	59.5	51.9	43.5	34.0	27.8
0.55	70.4	60.5	52.8	44.4	34.8	28.5
0.60	71.4	61.4	53.7	45.2	35.5	29.2
0.65	72.2	62.2	54.5	45.9	36.2	29.8
0.70	73.0	63.0	55.2	46.6	36.9	30.4

表1-25　常用明沟的水力半径R值　　m

水深 h /m	梯形明沟（1:m，底宽400，超高100）		矩形明沟（宽B，超高100）		水深 h /m	梯形明沟（1:m，底宽400，超高100）		矩形明沟（宽B，超高100）	
	m=1	m=1.5	B=400	B=600		m=1	m=1.5	B=400	B=600
0.3	0.17	0.17	0.12	0.15	1.0	0.43	0.47	0.17	0.23
0.4	0.21	0.22	0.13	0.17	1.1	0.45	0.52	0.17	0.24
0.5	0.24	0.26	0.14	0.19	1.2	0.51	0.56	0.17	0.24
0.6	0.29	0.30	0.15	0.20	1.3	0.54	0.60	0.17	0.24
0.7	0.32	0.35	0.16	0.21	1.4	0.58	0.64	0.18	0.25
0.8	0.36	0.39	0.16	0.22	1.5	0.62	0.68	0.18	0.25
0.9	0.40	0.43	0.16	0.23					

【例】 已知梯形明沟底宽 $B=0.4$m，边坡值为 1∶1.5，水深 $h=0.6$m，土质为黏性土，$n=0.030$，纵坡度 $i=0.5\%$，试计算明沟的流速和流量。

解：由题意知：水流有效面积 $A=0.4\times0.6=0.24$ (m²)。查表 1-25 得 $R=0.30$，查表 1-24 得 $C=24.0$，则

流速　$v=24.0\times\sqrt{0.30\times0.005}=0.93$ (m/s)

流量　$Q=0.24\times0.93=0.223$ (m³/s)

基坑抽水有两种办法：一种是涌水量较小的排水，可采用人力提水桶、手摇泵或水龙车等将水排出；另一种是涌水量较大或暴雨灌坑的排水，应采用动力水泵，一般有机动、电动、真空、虹吸泵等。选用水泵时，一般按水泵的排水量是基坑涌水量的 1.5～2 倍；当涌水量 $Q<20$m³/h 时，可用膜式泵或手摇水泵；当涌水量 $Q=20\sim60$m³/h，可用膜式泵或离心式水泵；当涌水量 $Q>60$m³/h 时，采用离心式水泵。应参照水泵的技术性能及适用条件确定合理的排水方案。

2. 运输道路的维护

现场道路和排水应结合施工总平面图统一安排，争取先做正式道路，作为施工的运输干线。做正式道路有困难或不能修正式道路时，应做好临时道路，对于临时道路有如下要求。

① 不论做什么样的路面，路基起拱高度均应按设计规定，路基两旁要做排水沟，路旁要碾实，路基易受冲刷的部分可采取用石块堆置的办法加固，主要路面可铺焦渣、石灰渣、砾石等渗水防滑材料，保持道路畅通无阻。

② 砂性土壤区，渗水、排水能力强的土质，可不铺临时路面，而重型车辆通行地区可加做路面。

③ 为了使干线上减少泥泞淤滑，凡黏土焦渣路或黏土碎石路与高级路面交接处可修 10～15m 长的一段碎石截泥道，将车辆轮胎上的泥土截在该段路上。

④ 临时道路可向两侧起拱 5‰，道路两侧做好排水沟。

⑤ 道路维护是一项经常而重要的工作，需指定专人负责，对不平路面或积水处，应抓紧晴天及时修好。

3. 原材料、成品、半成品

① 水泥。水泥应按不同品种、标号、出厂日期和厂家分别堆放。雨季更应遵守“先收先发，后收后发”的原则，避免久存的水泥受潮影响活性。

尽量堆放在正式房屋内，要做到绝对不使水泥因雨受潮。雨季前要检查库房，防止渗漏，四周排水沟提前做好；处于低洼地区的库房，要把垛台适当加高。散装水泥库也要保证不漏不灌。

露天堆垛要砌砖平台，高度不少于50cm，四周设排水沟，垛底铺油毡，用苫布覆盖封好。

② 砂石、炉渣应尽量集中大堆堆置，并应堆置于地势较高地区，排水要有出路。

③ 石灰应随到随淋，使用期长的淋灰池可搭雨棚。

④ 砖要尽可能大堆码放，四周注意排水，堆高不超过1.5m。

⑤ 钢、木门窗，加工铁活和加气块等怕潮湿的材料可架高、苫盖或堆放室内。

⑥ 构件及大模板的堆放场地要平整坚实，有排水措施，插放、靠放架要检查加固，必要时可打灰土砌地龙墙，要防止因下沉造成倒塌事故。

⑦ 要适当储备苫布、塑料布、油毡等防雨材料，以及排水需用的水泵及有关器材。

4. 其他准备工作

① 施工进度安排上采取晴雨结合的办法。晴天多完成室外工程，雨季多安排室内项目施工，在保证主体工程施工的前提下，多为雨天创造工作空间。对于现场工棚、仓库、食堂、宿舍等大小型暂设工程应在雨季前整修完毕，要保证不塌、不漏和周围不积水。

② 做好物资的供应和储备工作，雨期前多贮存一些必要的物质，以减少雨期运输量，节约施工费用。

③ 雨季到来之前，宜完成基础工程，做好基础回填。如果必须在雨季施工基础、管沟，要严防土方坍塌事故，以免造成损失和伤亡。

④ 雨季要加强检查现场各种电气设备的接零、接地保护措施是否牢靠，漏电保护装置是否灵敏，各种电线绝缘接头是否良好，有损

坏的要及时调换。

⑤ 各种露天使用的现场机电设备（配电盘、闸箱、电焊机、水泵等）都应有防雨措施。检查照明线有无混线、漏电，线杆有无埋设不牢、腐蚀等情况。电气设备应选择较高的干燥处布置。如有问题要及时处理，保证正常供电。雨天不宜露天焊接作业。

⑥ 雨季到来之前，对脚手架、高车架的下脚埋深及塔基、地锚、缆风绳等应进行一次全面检查，每次大风雨后也要及时复查，检查中发现松动、腐蚀情况应及时做好处理。

⑦ 采取有效技术措施，防止雨季施工的砂浆及混凝土增大含水量。

⑧ 塔式起重机、高于15m的高车架或其他临时设施，施工中的高层建筑大模板等，应有避雷装置，并经常进行检查。

⑨ 雨季施工要注意现场防滑及高处作业安全措施。例如马道必须钉好防滑条。

⑩ 现场临时用水的贮水构筑物、白灰池、防洪疏水沟等设施，应注意防止漏水，并应与建筑物保持一定的安全距离：一般地区应不小于12m；自重湿陷性黄土地区应不小于20m；搅拌站与建筑物的距离应不小于10m。现场临时排水的集水坑距建筑物四周的距离是：一般地区不小于15m；自重湿陷性黄土地区材料堆放应防止阻碍雨水排泄，需要浇水润湿和冲洗的建筑材料应堆放在距基坑边沿5m以外。

⑪ 为确保工程质量，需采取相应措施，如防止砂浆、混凝土水分增加，钢筋生锈及粉刷面被冲刷，回填土泥泞等。因此，必须制定有效的技术组织措施。

⑫ 加强气象预报工作，每日上班后、下班前，要及时掌握气象预报情况，便于采取措施，做好防风雨、防雷暴工作。

⑬ 加强对职工的思想教育，保证雨期施工的顺利进行，防止各种意外事故的发生。

二、冬季施工准备工作

冬季是建筑施工质量和安全事故的多发性季节。特别是我国三北（东北、西北、华北）地区，每年都有较长的低温、负温天气（见表1-26）。较低的气温，对工程施工的质量、工期、安全和成本都有重要的影响。

表 1-26　我国主要城市气象参数表

城市名称	海拔高度/m	夏季气压/kPa	温度/℃				相对湿度/%(月平均)		夏季平均风速/(m/s)		冬季日平均温度≤+5℃期间		降水量/mm			最大冻土深度/cm
			月平均		极端				气象台测定数值	折成距地面2m处数值	平均温度/℃	延续时间/d	年总量	日最大量	时最大量	
			最冷	最热	最高	最低	最冷	最热								
齐齐哈尔	145.9	98.74	−19.3	22.6	39.9	−35.4	69	74	3.4	2.0	−10.0	178	433.2	77.3	31.9	225
哈尔滨	171.7	98.48	−19.7	22.5	35.4	−38.1	72	78	3.3	1.7	−9.6	176	526.6	94.9	59.1	197
牡丹江	241.4	97.84	−18.8	21.7	35.6	−38.0	69	78	2.0	1.2	−9.2	177	545.9	114.3	62.5	189
海拉尔	612.9	93.52	−27.1	19.7	36.4	−43.6	76	72	3.0	1.8	−16.8	208	323.0	49.4		220
长春	236.8	97.75	−16.9	22.7	36.4	−36.6	68	79	3.7	2.1	−9.8	175	571.6	126	>59.8	169
延吉	176.8	98.62	−14.4	21.4	36.4	−32.4	58	82	2.3	1.4	−8.4	179	525.9	105.3	>36.4	>197
沈阳	41.0	100.03	−12.7	24.5	35.7	−30.5	63	78	3.0	1.5	−6.1	151	675.2	118.9	42.6	139
大连	93.5	99.42	−5.4	24.2	34.4	−21.1	56	85	4.2	2.5	−1.7	128	671.1	149.4	67.8	98
呼和浩特	1063.0	88.92	−19.2	27.85	35.2	−31.2	52	64	1.3	0.7	−7.4	165	416.5	114.0	16.2	225
北京	52.3	100.13	−4.7	26.1	40.6	−27.4	41	77	1.9	1.1	−1.3	124	584.0	212.2	57.6	169
石家庄	81.8	99.54	−2.7	26.8	42.7	−19.8	48	75	1.3	0.7	−0.7	110	581.7	200.2	92.9	52
济南	51.6	99.83	−1.4	27.6	40.5	−16.7	49	51	2.5	1.4	−0.0	90	723.7	298.4	61.1	44
青岛	16.8	100.39	−2.7	25.6	36.9	−17.2	64	85	2.9	1.7	−0.5	111	835.8	234.1		42
太原	777.9	91.90	−6.5	23.4	38.4	−24.6	46	73	2.1	1.2	−3.3	135	494.5	183.5	32.9	74
哈密	737.9	92.07	−10.4	26.7	41.2	−26.1	57	37	2.9	1.7	−5.2	139	29.2	18.9	4.2	112
乌鲁木齐	653.5	93.47	−15.2	25.7	40.9	−32.0	78	38	3.4	2.1	−8.2	154	194.6	36.3	9.4	162
银川	1111.5	88.32	−9.1	23.3	35.0	−24.3	57	65	1.6	0.9	−4.5	141	205.2	64.2	18.2	100

敦煌	1138.7	87.94	—9.1	24.9	40.8	—24.6	50	43	2.0	1.2	—4.4	137	29.2	11.5		129
兰州	1517.2	84.28	—7.3	22.0	36.7	—21.7	55	62	1.1	0.7	—2.9	136	331.5	50.0	15.3	103
天水	1131.7	88.07	—3.0	22.5	37.2	—16.5	61	74	1.0	0.6	—0.2	120	580.1	88.1	40.2	41
拉萨	3658.0	65.22	—2.4	15.2	27.0	—16.5	28	68	1.6	1.0	0.0	146	463.3	41.6	21.6	26
西安	396.9	95.91	—0.8	26.8	41.7	—18.7	63	71	2.2	1.3	0.5	99	584.4	69.8	39.4	24
延安	957.6	90.00	—6.5	22.8	38.0	—21.7	51	74	1.7	1.0	—2.4	135	606.1	84.1	50.8	75
福州	84.0	99.67	10.3	28.8	39.0	—1.1	72	77	2.7	1.7		2	1280.8	159.6	56.4	
杭州	7.2	100.49	3.5	28.5	38.9	—9.6	76	81	1.6	1.0	3.2	55	1223.9	189.3	59.2	5
上海	4.5	100.54	3.1	28.1	38.2	—9.1	73	82	3.0	1.7	3.1	59	1039.3	204.4	71.2	8
南京	8.9	100.39	1.9	28.2	40.5	—13.0	71	81	2.3	1.4	2.2	71	1013.4	160.6	68.2	
赣州	123.8	99.10	8.0	29.7	39.3	—4.2	72	70	2.0	1.2		18	1395.3	200.8	44.8	
南昌	46.7	99.90	5.1	29.7	40.6	—7.6	72	76	2.5	1.5	3.8	38	1483.8	188.1	50.2	
景德镇	46.3	99.90	4.5	28.7	41.8	—10.9	75	80	1.8	1.1	4.0	46	1612.3	211.1	46.8	
汉口	23.3	100.18	2.9	28.8	38.7	—17.3	75	80	2.6	1.6	2.0	59	1203.1	261.7	98.6	
											（武汉）	（武汉）				
长沙	44.9	99.70	5.1	29.3	39.8	—9.5	77	75	2.5	1.2	2.6	38	1450.2	192.5	82.5	4
广州	6.3	100.49	13.1	28.3	37.6	0.1	68	84	1.9	1.2	—	0	1622.5	253.6	63.0	
南宁	72.2	99.61	12.9	28.4	39.0	—1.0	72	81	1.9	1.1	—	0	1306.8	127.5	87.2	
桂林	166.7	98.57	8.2	28.3	38.5	—4.5	68	79	1.6	1.0	—	15	1820.5	204.6	50.7	
贵阳	1071.2	88.78	5.0	23.9	35.4	—7.8	76	78	1.9	0.9	4.0	43	1128.3	113.5	63.2	
遵义	843.9	91.14	4.4	25.4	37.0	—6.5	81	78	0.9	0.6	3.7	48	1140.1	141.3	75.7	
重庆	260.6	97.35	7.6	28.6	40.4	—0.9	81	76	1.6	0.9	—	9	1098.9	109.3	33.6	
西昌	1590.7	83.37	9.1	22.8	35.9	—3.4	52	76	0.8	0.5	—	7	989.2	104.9	31.9	

冬季施工的特点主要表现在以下几点。

① 天寒地冻，土方施工困难，砂浆和混凝土也易受冻结冰。

② 采暖设备、锅炉、电器设备增加。

③ 为防冻而设置的保温材料，如草席、棉垫、锯末、芦苇板、油毡、棉麻毡等易燃物等用量大量增加。

④ 气候干燥，各种材料的含水率低，极易引起火灾。

⑤ 处于负温下的给水、排水管网和消防设施容易发生冻结和冻裂，不仅影响生产、生活，而且一旦发生火灾，不能及时扑救。

⑥ 寒潮的到来，伴随有大风大雪，增加脚手架及各种设施的风荷、雪荷。

⑦ 受冻路面、脚手架、马道、过桥表面光滑，工人操作，行动不便，特别是高空作业，容易发生事故。

⑧ 冬季施工，由于工作人员衣着较多，手脚不灵便，潜藏着不安全因素。

冬季施工应采取的措施如下。

① 合理安排冬季施工项目。由于冬季施工条件差、技术要求高，致使施工费用增加。因此，应尽量安排费用增加不多的项目在冬季施工，如吊装、打桩、室内装修等；不安排费用增加较多又不易保证施工质量的项目在冬季施工，如土方、基础、外装修、屋面防水等。

② 落实各种热源的供应工作。如热源（包括正式热源、临时热源，炉灶等）设备和保温材料的贮存和供应、司炉培训工作，并提前做好消烟除尘工作等，以保证施工顺利进行。

③ 提前做好冬季施工材料（如煤、草帘、席子、苇箔、荆笆以及化学抗冻剂等）的需用计划和储备工作。

④ 做好现场临时设施（如机棚、灰池、供水和供气管线等）的保温防冻工作。特别是给水排水管线等，要深埋地下，外露部分用草绳或石棉绳等包扎好，以免受冻炸裂。

⑤ 在冬季到来前，贮存足够的材料、构件等，以节约冬季运输费用。对于冬季施工所需的特殊材料，如促凝剂、保温材料等，尤应尽早准备好。

⑥ 对脚手架的梯道、马道、过桥等人员行走部位要钉防滑条，

发现损坏要及时修理好。大雪过后，要及时清扫积雪，并检查脚手架各部位是否有松动、下沉现象。要防止道路积雪和冻结。

⑦ 做好完工部位的保护。如基础完成后应及时回填土至基础顶面同一高度，砌完一层墙后及时将楼板安装完毕，室内装修应一层一室一次完成，室外装修则力求一次完成。如停工应停到一整齐部位，地面要进行保温防冻。对一层地面、室外台阶、散水及管线沟道要提前插入做好，并做好防冻保温。

⑧ 做好室内施工项目的保温。如先完成供热系统、安装好门窗玻璃等，以保证室内其他项目能顺利施工。

⑨ 加强现场火源管理，特别是锅炉、电焊气割、取暖炉、易燃材料等重要部位，要注意防火。使用天然气、煤气时要防止爆炸，同时要防止一氧化碳和煤气中毒。要加强现场消火栓、消防设施、供水管路的保护，落实防火措施。

⑩ 冬季施工昼夜温差较大，为保证施工质量，应做好测温工作，防止砂浆、混凝土在达到临界强度以前遭受冻结而破坏。

⑪ 从事高处作业的人员，衣着要灵便，系好安全带，严格遵守安全操作规程。

⑫ 加强安全教育，建立健全安全保障体系，做好冬季施工的组织工作和思想准备。

三、夏季施工准备工作

夏天天气炎热，同样不利于建筑工程施工，在高温期间，一定要做好各种防暑降温工作。

其主要措施如下。

① 据测定，人体最舒适的环境温度是20～28℃，如果气温在30～35℃时劳动，就会汗流浃背，神疲力乏；当气温接近40℃时，就无法工作。所以当南方夏季高温时，除早晚尚可进行施工作业外，一般白天的露天作业应予停止。

② 气温过高，水分蒸发很快，土壤过于干燥，挖土困难，填土也不易压实，因此要尽量设法维持土壤中合适的含水量，特别是碾压土宜保持在最优含水量时压实，其压实功能最好。对于失水较多的土壤，可采用多种加水措施。

③ 砂浆和混凝土施工时，应特别注意在拌制、运输和施工中的水分蒸发问题，严防脱水。一般应通过观测、计算，适当增加拌和用水量，并在运输和施工中尽可能采取覆盖、遮阳等措施，并及时喷雾、洒水养护。对砌筑用的砖，也要充分浇水润湿，严禁干砖上墙。

第二章　施工测量

普通测量学是研究地球表面局部区域的形状和大小，用测量仪器和工具，确定该区域地面点位的科学。其主要任务有三：

一是将局部区域的地貌（指地面的形状、大小、高低起伏的变化情况等）和地面上的地物（指建筑物、构筑物[1]及天然的河流、湖泊、池塘、大树等），按一定的比例尺测绘成地形图，作为土建工程规划、设计的依据；

二是将规划、设计好的总平面图中各建（构）筑物的位置，标定到地面上，作为施工的依据。工程上也叫放样，是土建工程开工前的一项重要准备工作；

三是在施工及使用过程中，也常需要通过测量对某些工程的质量进行检查。

可见，任何土建工程，无论是兴建房屋、道路、桥梁，还是安装给水、排水、煤气管线等，从规划、设计到建造，甚至使用期间的维修，都需要进行测量工作。

土建工程从开工到竣工的测量工作，归纳如下。

(1) 开工前要进行的测量工作

① 建立施工场地的测量控制。

② 场地的平整测量。

③ 建（构）筑物的定位、放线测量等。

(2) 施工过程中要进行的测量工作

① 构（配）件安装时的定位测量和标高测量。

② 施工质量（如墙、柱的垂直度、地坪的平整度等）的检验测量。

---

[1] 建筑物指供人们生活居住、劳动或其他活动的场所，如住宅、学校、医院、办公楼、影剧院及工厂车间、仓库等。构筑物则指人们一般不在其中生活、生产的结构物，如水池、烟囱、挡土墙等。

③ 某些重要工程的基础沉降观测。

④ 为编制竣工图，随时需要积累资料而必须进行的测量工作。

(3) 完工阶段要进行的测量工作

① 全面进行一次竣工图测量。

② 配合竣工验收检查工程质量的测量。

总之，施工测量的任务就是将设计图纸上的建（构）筑物测设到地面上，以便施工。

施工测量是指导工程施工、确保工程质量的重要手段，故施工技术人员必须用高度负责的态度，科学的精神来对待这一工作。施测前要先检验校正测量仪器，同时要认真阅读规划、设计图纸和有关技术资料，弄清设计意图及要求；仔细核对各部分的尺寸和标高，如有不明确或发现有差错的地方，应找原设计人员询问并核对修正。施测过程中，要按有关规范要求，确保施测精度，否则必须重测。由于施工现场人多、车多、机具多，尤其在上、下都施工的地段和高空作业地区，要特别注意施测时的安全防护工作，以免发生工伤事故或损坏测量仪器、工具。对测量的标志要采取有效措施加以保护，以免丢失或遭碰撞移位。

第一节　施工测量的基本工作

施工测量有三项基本工作：即测设已知水平距离、测设已知水平角和测设已知高程的点。

一、测设已知水平距离

根据要求精度的不同，有两种方法。

1. 一般方法

按一般精度要求，根据现场已定的起点和方向线，将需要测设的直线长度用钢尺量出，定出直线的端点。如测设的长度超过一个尺段的长，则仍应分段丈量。在测设的两点间应往返丈量距离，如相差在容许范围内，则取往返丈量结果的平均值作为要测设的水平距离，并将端点位置加以调整。

量距的精度是采用“往返丈量法”求得“相对误差”来衡量的。

例如丈量 AB 两点间的水平距离由 A 向 B 量距一次，称为“往测”，然后再由 B 向 A 量距一次，称为“返测”，合称“往返丈量”。取往返测所得结果之差，与往返测结果的平均值之比，称为“量距相对误差”，按下式衡量距离测量的精度是否合格：

$$\text{量距相对误差}=\frac{\text{往返丈量结果之差}}{\text{往返丈量结果平均值}}<\text{量距容许误差} \tag{2-1}$$

量距容许误差一般规定见表 2-1。

表 2-1　量距容许误差表

地形情况	容许误差
量距方便地区	$\frac{1}{3000}$
量距中等困难地区	$\frac{1}{2000}$
量距困难地区	$\frac{1}{1000}$

量距结果，如符合式（2-1）要求，则精度为合格，取往返测结果平均值，作为两点间的水平距离。如不合格，则应重测，到满足精度要求为止。

丈量距离常用的记录手簿见表 2-2：

表 2-2　距离测量手簿

工程名称　北门大桥工地　　天气　晴、微风　　测量×××
日　　期　1996 年 7 月 15 日　　仪器　钢尺 012　　记录×××

测线		分段丈量长度/m		总长度/m	平均长度/m	精度	备注
		整尺段/nl	零尺段/l'				
AB	往	7×50	36.537	386.537	386.498	$\frac{1}{4892}$	量距方便地区
	返	7×50	36.458	386.458			

2. 精密方法

前述用钢尺量距的一般方法精度不高，一般只能达到 $\frac{1}{1000}\sim\frac{1}{5000}$。土建工程中，有时需要更高的量距精度，如控制网的边长，二级导线量距相对误差，即要求达到$\frac{1}{10000}$。这类距离的丈量，需用精密量距的方法。

直线定向需用经纬仪，指挥在已定的方向线上，钉设“传距桩”若干个，两桩间的距离略小于一个整尺段的长。在各桩顶上分别钉一小白铁片，上划十字标记，十字线的纵线在测线方向线上，横线则与方向线垂直，十字交点为各分段点的正确点位。各桩间距离总和为需测设的长度。

① 用水准测量法，往返各观测一次，将 A、B 及各传距桩 a、b、c…的桩顶高程测出。如往返观测两相邻桩顶的高差，差值不超过5～10mm，则取两者的平均值，作为两相邻桩顶的高差，记入手簿表 2-3“高差”栏。

② 精密量距由五人合作，其中前、后尺手各一人，前、后读尺员各一人，测温度及记录一人。丈量时前尺手应使钢尺某一分划线正对 a 桩十字线交点，同时使 A 桩十字线交点能在后尺手所持钢尺首端有毫米分划的尺段内。当两人均对好桩顶分划线时，即呼“好”，前、后读尺员立即分别将两桩点处的尺读数读出（后读尺员应估读至0.5mm），将结果记入手簿“前尺读数”及“后尺读数”栏。

③ 前尺手另换一刻划线，对正 a 桩十字线交点，同上述方法，再量 Aa 的距离一次。如此共量三次，如三次丈量的结果较差（不超过 2mm），则取三次“尺段长度”的平均值，作为 Aa 尺段的距离。否则，必须重测，至满足要求为止。

④ 每测一个尺段，应由记录员测一次温度（应估读至0.5℃）记入手簿“温度”一栏。

⑤ 将钢尺移至 ab 及以后各尺段，同法测得各尺段的距离至全线丈量完毕作为“前半测回”。立即由 B 向 A 将各尺段的距离按前述方法丈量一次，称为“后半测回”。两个“半测回”合称“一个测回”。一般精密量距至少应测两个测回。相对误差应达到$\frac{1}{5000}$～$\frac{1}{10000}$。

钢尺经一定时间使用后，或使用时外界条件（如拉力、气温等）的变化，都会使尺长伸缩而产生误差。故应定期进行尺长鉴定，将钢尺送计量检定单位检定。

上述精密量距使用的钢尺应先进行检定，根据检定后的尺长方程式，做如下三方面的改正计算。

a. 尺长改正。设一钢尺经检定在标准拉力和标准温度之下，实长为 l'（m），如其名义长度为 l（m），两者常不相等，差值为 Δl_d（m），称为“尺长改正数”，即

$$\Delta l_d = l' - l \text{ (m)} \tag{2-2}$$

平均每量 1m 的尺长改正数为

$$\Delta l_{d1} = \frac{\Delta l_d}{l'} = \frac{l' - l}{l'} \text{ (m/m)} \tag{2-3}$$

显然，钢尺的实长大于名义长度时，尺长改正数为正；实长小于名义长度时则为负。

b. 温度改正。钢尺检定时的标准温度设为 t_0（℃）。如使用时的温度为 t（℃），由于温度变了，尺长也将产生伸长或缩短。设钢尺的线膨胀系数为 α（一般为 0.0000125），则一整尺段 l 的“温度改正数”为

$$\Delta l_t = \alpha (t - t_0) l \tag{2-4}$$

c. 倾斜改正。如图 2-1 所示，l 为 A、B 两点间的倾斜距离，两点高差为 h，水平距离为 l_0。l 与 l_0 之差，称为“倾斜改正数”Δl_h。

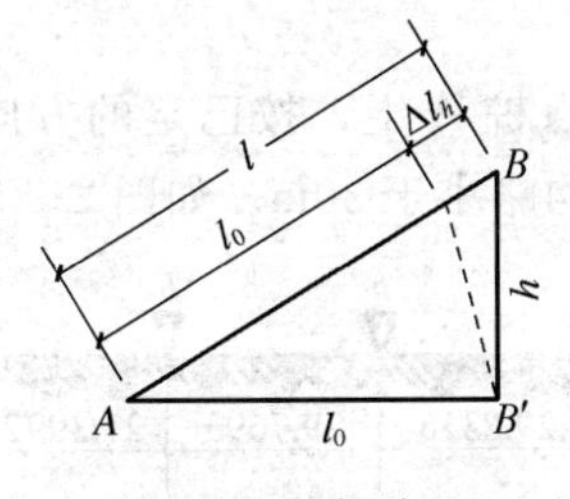

图 2-1　几何关系

即

$$\Delta l_h = l - l_0$$

由图 2-1 的几何关系

$$\Delta l_h = l - l_0 = l - \sqrt{l^2 - h^2}$$

$$=l-(l^2-h^2)^{\frac{1}{2}}$$

$$=l\left[1-\left(1-\frac{h^2}{l^2}\right)^{\frac{1}{2}}\right]$$

将式中$\left(1-\frac{h^2}{l^2}\right)^{\frac{1}{2}}$项展开，并代入原式，则

$$\Delta l_{\mathrm{h}}=l\left[1-\left(1-\frac{h^2}{2l^2}-\frac{h^4}{8l^4}-\cdots\right)\right]$$

$$=l\left[\frac{h^2}{2l^2}+\frac{h^4}{8l^4}+\cdots\right]=\frac{h^2}{2l}+\frac{h^4}{8l^3}+\cdots$$

一般情况下 h 较小，故式中第二项以后均甚小，略去后误差不大。故

$$\Delta l_{\mathrm{h}}\approx\frac{h^2}{2l} \tag{2-5}$$

由图 2-1 可见水平距离

$$l_0=l-\Delta l_{\mathrm{h}}\approx l-\frac{h^2}{2l}=l+\left(-\frac{h^2}{2l}\right) \tag{2-6}$$

即倾斜改正数总是负值。

【例 2-1】 试测设设计长度为 87m 的直线。使用钢尺的名义长度为 30m，尺长改正数为＋0.002m，标准温度为＋20℃，标准拉力为 50N，用弹簧测力计施加标准拉力。问如何测设？

测设步骤如下。

① 置经纬仪于起点桩 A 上，按已定的方向定向，指挥钉设传距桩 a、b，使每段距离均略小于 30m。如图 2-2 所示。

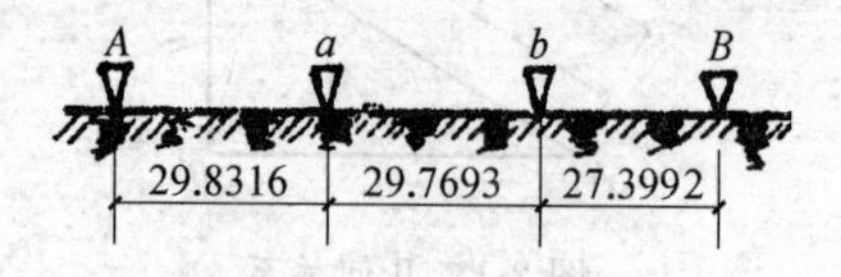

图 2-2 测设示意图

② 用精密量距法并作改正计算后得 Aa、ab 的精确长度，分别为 29.8316m 和 29.7693m，均记入手簿（见表 2-3）。

③ 求得设计长度与测设的距离之差

87.000－(29.8316＋29.7693)＝27.3991 (m)

表 2-3　精密测设水平距离手簿

钢尺编号 G006　尺长改正数 +0.002　标准温度 +20℃　日期 1996.6.7
名义长度 30m　膨胀系数 0.0000125　标准拉力 50N　地点 轧钢厂工地

尺段	次数	前尺读数/m	后尺读数/m	尺段长度/m	温度/℃	高差/m	温度改正/mm	尺长改正/mm	倾斜改正/mm	改正尺长/m
Aa	1	29.8975	0.0650	29.8325	+14.5	+0.124	−2.1	+2.0	−0.3	29.8316
	2	29.9095	0.0780	29.8315						
	平均			29.8320						
ab	1	29.8220	0.0520	29.7700	+16.5	−0.145	−1.3	+2.0	−0.4	29.7693
	2	29.8320	0.0640	29.7680						
	平均			29.7690						
bB	1	27.4711	0.0720	27.3991	+15.5	+0.107	−1.5	+1.8	−0.2	27.3992
	2	27.4571	0.0580	27.3991						
	平均			27.3991						

④ 用精密方法测设 bB 段之长为 27.3991m，钉设 B 桩，桩顶白铁皮上作临时标记。

⑤ 再用精密量距法丈量 bB 段的距离，并作改正计算，得 bB 段的改正尺长为 27.3992m（见表 2-3）。说明测设的 bB 段多了 0.1mm。故应将 B 桩上标记向 b 方向内移 0.1mm。则 AB 的总长即为欲测设的水平距离 87.0000m。

二、测设已知水平角

地面上已定出角的一条边，需要测设另一条边，使其水平夹角等于已知角 β。也按要求精度的不同，有下述两种方法。

1. 一般方法

用于精度要求不高时。测设步骤如下。

① 如图 2-3 所示，在 O 点安置经纬仪，对中、整平、盘左（正镜）后视 A 点，读水平角 β'。

② 顺时针转动望远镜，当水平角读数为 $\beta'+\beta$ 时，在视线 OB' 方向上标定一点 B'。

③ 为了消除仪器误差的影响，盘右（倒镜）后视 A 点，顺时针转动望远镜，同法在地面上标定 B'' 点，使 $OB''=OB'$。

④ 如 B' 与 B'' 重合，则 $\angle AOB'$ 角即为欲测设的 β 角。

⑤ 如 B' 与 B'' 两点不重合，则取 $B'B''$ 连线的中点 B，$\angle AOB$ 即为欲测设的 β 角。

2. 精密方法

对于精度要求较高时，测设步骤如下。

① 如图 2-4 所示，先用一般方法测设 $\angle AOB$ 为欲测设的 β 角。

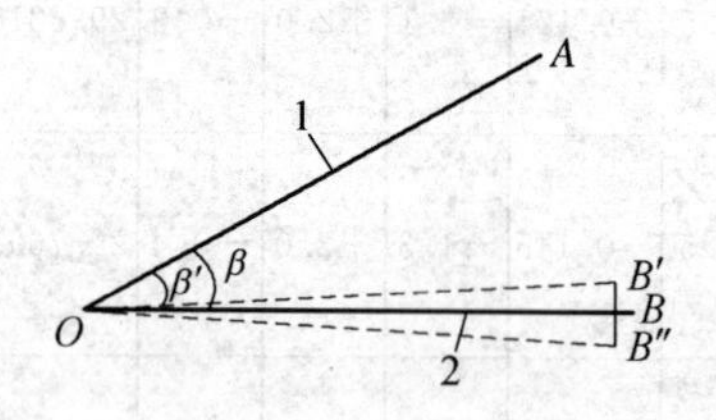

图 2-3 一般方法

1—已知方向；2—放出的另一边

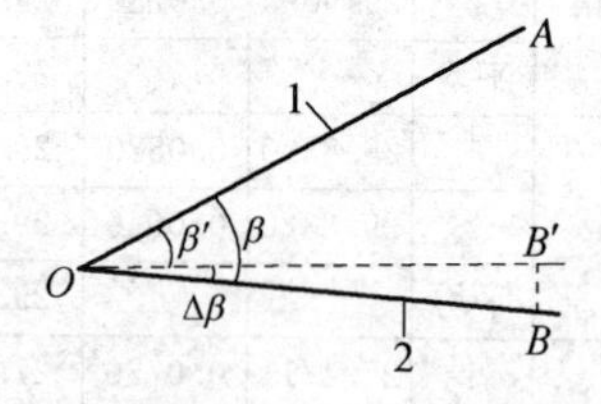

图 2-4 精密方法

1—已知方向；2—放出的另一边

② 用经纬仪测出 $\angle AOB'$ 的角值为 β'。

则
$$\beta-\beta'=\Delta\beta \tag{2-7}$$

③ 为了精确设置 β 角，过 B' 点作 BB' 垂直于 OB'，并精密量取
$$BB'=OB'\tan\Delta\beta \tag{2-8}$$

或
$$BB'=OB'\frac{\Delta\beta}{\rho} \tag{2-9}$$

式中 ρ 为一弧度角的秒数（$\rho=206'265''$）。

则 $\angle AOB$ 即为欲测设的 β 角。

三、测设已知高程的点

根据某水准点（或已知高程的点），可测设一点，使其高程为已知值。方法如下。

① 如图 2-5 所示，A 为水准点（或已知高程的点 H_A），需在 B 点处测设一点 C，使其高程 H_C 为设计高程。可置水准仪约处于 AB 的中点，整平仪器后，后视 A 点上的立尺，得尺读数为 a。

② 在 B 点处钉一大木桩，转动水准仪的望远镜，前视靠 B 桩的立尺，使尺缓缓上、下移动，当尺读数恰为
$$b=H_A+a-H_C \tag{2-10}$$

时，尺底 C 点的高程即为设计高程 H_C。

③ 施测时，若前视读数大于 b，表示尺底低于欲测设的设计高程点，可将尺慢慢提升至符合要求为止；反之应降低尺底。

【例 2-2】 如图 2-6 所示，欲测设一个基坑的高程，使坑底标高为设计标高 105.762m。当基坑开挖到一定深度时，施工员要在坑壁测设一水平桩 B，使桩顶标高比坑底设计高程高 0.500m。如已知 A 点高程 $H_A=107.958$m，水准仪后视 a 点的尺读数为 $a=1.364$m，试求 B 点的前视读数 b。

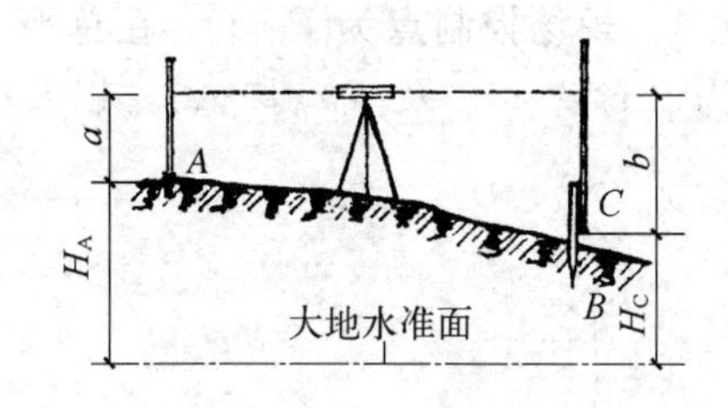

图 2-5　测设高程方法

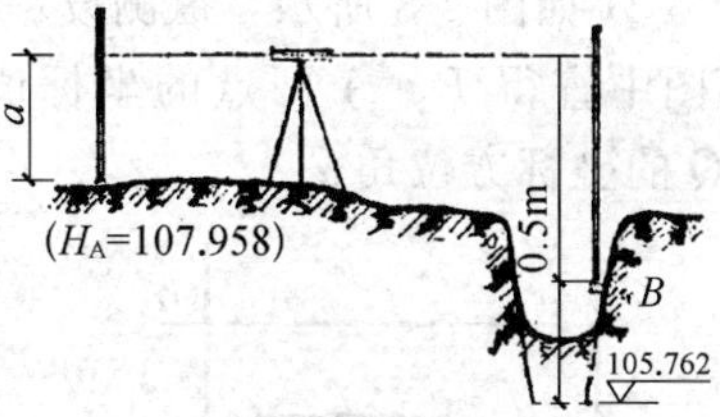

图 2-6　测设基坑的高程

施测如下：

① 先求 B 点的测设高程

$$H_B=105.762+0.500=106.262\ (\text{m})$$

② 由公式（2-10），B 点的前视读数为

$$b=H_A+a-H_B=107.958+1.364-106.262=3.060\ (\text{m})$$

③ 在基坑壁靠尺的底部钉一个水平桩 B。施工员可告知土方工继续开挖基坑，当坑底在水平桩 B 的表面以下 0.500m 深时停止开挖，则坑底即达到设计标高。

四、测设点的平面位置

在施工现场，需要测设各种建（构）筑物的特征点，常用的方法有四种。施工人员可根据现场具体情况灵活选用。

1. 直角坐标法

其适于现场已设有方格网作控制的情况。测设步骤如下。

① 如图 2-7 所示，G_1、G_2、G_3、G_4 为现场已测设的方格网点。现欲放一建筑物的轴线交点 A 于场地上。从建筑总平面设计图纸查

得 G_2 及 A 点的坐标值，两者之差为 Δx 及 Δy。

② 置经纬仪于 G_2，照准 G_3 在 G_2G_3 方向线上，精密测设 $G_2a=\Delta x$，得 a 点。

③ 置经纬仪于 a，测设 $\angle G_2aA=90°$。在 aA 方向线上，测设 $aA=\Delta y$，则 A 点即为需测设的轴线交点。

2. 极坐标法

当现场量距方便且欲测设的点在现场控制点附近时，宜用此法。测设步骤如下。

① 如图 2-8 所示，欲测设一点 A，现场控制点为 P、Q。在总平面图中查得 P、A 两点的坐标值为（x_P，y_P）及（x_A，y_A），以及 PQ 的坐标方位角 α_{PQ}。

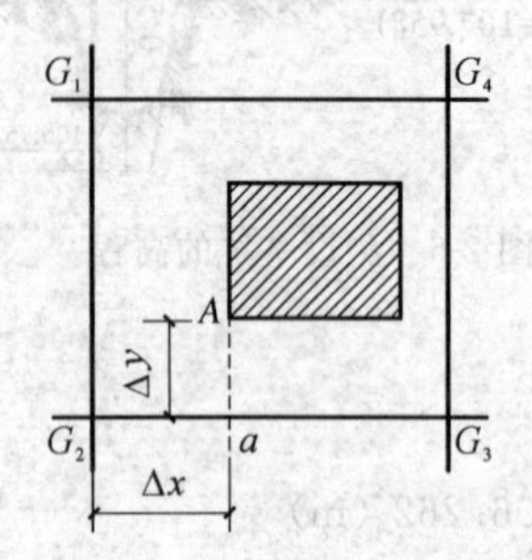

图 2-7　直角坐标法

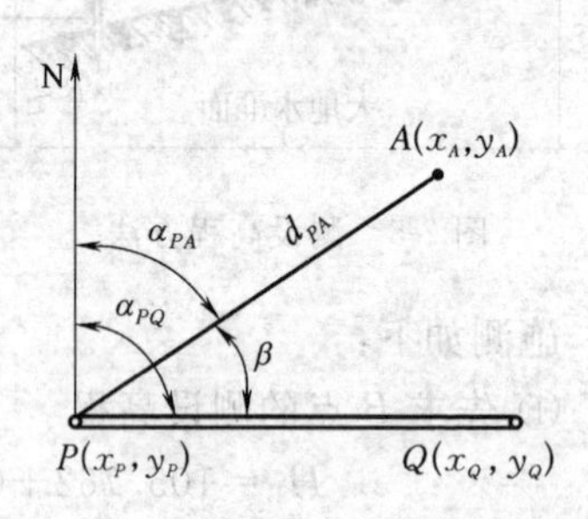

图 2-8　极坐标法

② 用下式计算 PA 的坐标方位角 α_{PA}

即
$$\alpha_{PA}=\arctan\frac{y_A-y_P}{x_A-x_P} \tag{2-11}$$

故 PA 与 PQ 的夹角是：

$$\beta=\alpha_{PQ}-\alpha_{PA} \tag{2-12}$$

而 PA 的水平距离应为

$$d_{PA}=\frac{y_A-y_P}{\sin\alpha_{PA}} \tag{2-13}$$

③ 置经纬仪于 P 点，测设 $\angle APQ=\beta$，在 PA 方向线上，测设 $PA=d_{PA}$，则 A 点即为欲测设的点。

3. 角度交会法

其适用于不便量距或测设点远离控制点的地方。对于一般小型建筑物或管线的定位，也可采用此法。

① 如图 2-9 所示，欲测设一点 A，P、Q 为现场控制点。仿上法，由公式（2-11）根据 A、P、Q 点的坐标值（x_A，y_A）、（x_P，y_P）及（x_Q，y_Q），计得 PA、QA 与 PQ 的夹角 β_1 及 β_2。

② 用两架经纬仪分别置于 P、Q 两控制点，各测设$\angle APQ=\beta_1$、$\angle AQP=\beta_2$。

③ 指挥一人持一测针，在两方向线交会处移动，当两经纬仪均同时看到测针尖端，且均位于两经纬仪十字丝交点处时，A 点即为欲测设的点。

4. 距离交会法

从控制点到设测点的距离若不超过测距尺的长度（又无经纬仪测角）时，可用距离交会法来测定。测设步骤如下。

① 如图 2-10 所示，欲测设一点 A，现场控制点为 P、Q。仿上法，根据 A、P、Q 点的坐标值，用公式（2-11）、式（2-12）、式（2-13），分别计得 PA 及 QA 的水平距离 d_{PA} 及 d_{QA}。

② 以 P、Q 两点为圆心，d_{PA} 及 d_{QA} 为半径，分别在地面画弧，则两弧的交点即为欲测设的 A 点。

此法只需用钢尺，测设方法也简便，但不如以上三种方法精密。

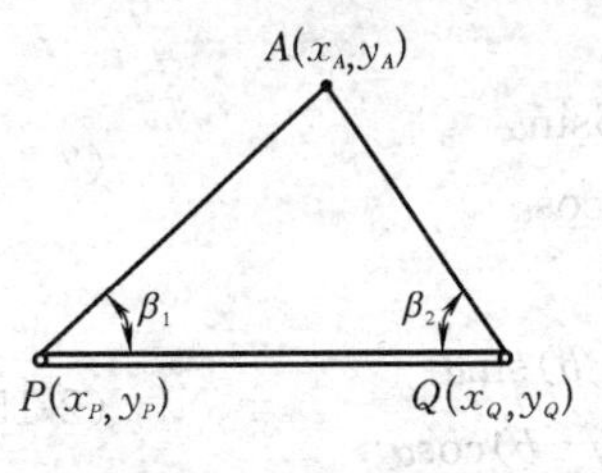

图 2-9　角度交会法

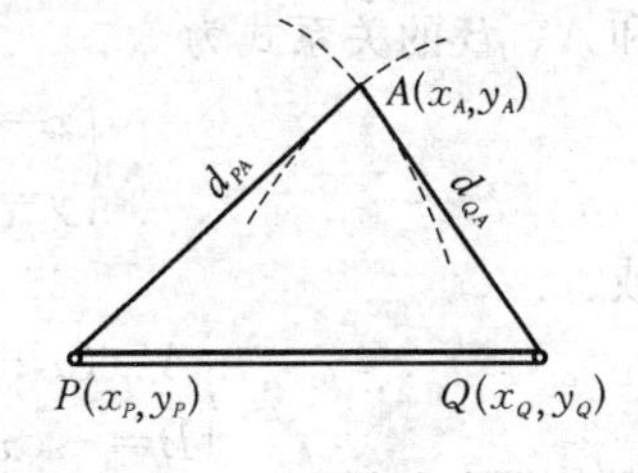

图 2-10　距离交会法

第二节　施工控制测量

一、坐标系统

1. 施工坐标系统

施工坐标系统是为总平面图的设计而确定的独立坐标系统。坐标轴的方向与设计建筑物的方向平行，坐标原点假设在总平面图的西南角上，使所有建筑物坐标皆为正值。

有些建筑物因受区域地形的限制，不同区域建筑物的轴线方向不相同，故应设相应的不同施工坐标系。

2. 大地测量坐标系统

大地测量坐标系统是进行国家大地测量或城市、厂矿企业为进行勘测设计所采用的平面直角坐标系统。测量坐标系统与施工坐标系统之间关系的数据由设计书给出。若总平面图的设计是采用大地测量坐标系统进行的，则大地测量坐标系统即为施工坐标系统。

3. 坐标转换

在建立施工测量控制网和进行建筑物定位时，若确定的坐标系统与施工坐标系统方向不一致时，应进行坐标换算。如图 2-11 所示，两坐标系的旋向相同，设施工坐标系（$AO'B$）的纵轴 $O'A$ 在测量坐标系（XOY）内的方位角为 α，施工坐标系原点 O' 在测量坐标系内的坐标值为 a、b，则 P 点在两坐标系统内的 x、y 和 A、B 的关系式为

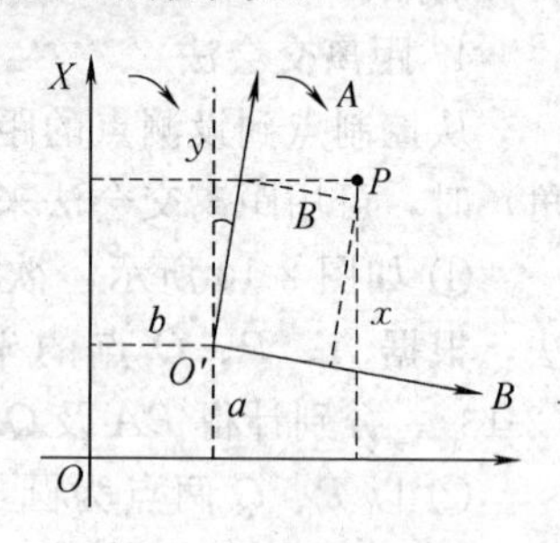

图 2-11　坐标转换

$$\begin{cases} x=a+A\cos\alpha-B\sin\alpha \\ y=b+A\sin\alpha+B\cos\alpha \end{cases} \tag{2-14}$$

或

$$\begin{cases} A=(x-a)\cos\alpha+(y-b)\sin\alpha \\ B=-(x-a)\sin\alpha+(y-b)\cos\alpha \end{cases} \tag{2-15}$$

二、主轴线的测设

为方便建筑物的放线，应先在建筑场地上测设主轴线，作为细部放线的依据。其布设的形式有：三点直线形、三点直角形、四点丁字形、五点十字形、矩形等。但无论采取何种形式，主轴线的点数不得少于 3 个。同时为了便于应用直角坐标法进行房屋的放线，主轴线要与建筑物的轴线平行。

1. 根据原有建筑物测设主轴线

（1）延长直线法

延长直线法适用于拟建工程与原有建筑有一共同轴线的情形。如图 2-12 所示，拟建建筑物的轴线 AB 恰在原有建筑物的轴线 MN 的延长线上，距原有建筑物的距离为 d。现要求测设出拟建建筑物 $ABCD$ 的位置。做法是：首先将原有建筑物的 MN 轴线延长，在延长线上取 $NA=d$，$AB=$拟建建筑物的设计长度，定出 A、B 点；然后在 A、B 两点分别置经纬仪测设垂线，并在垂线上取$AC=BD=$拟建物的设计跨度；最后丈量 CD 长度作检校。

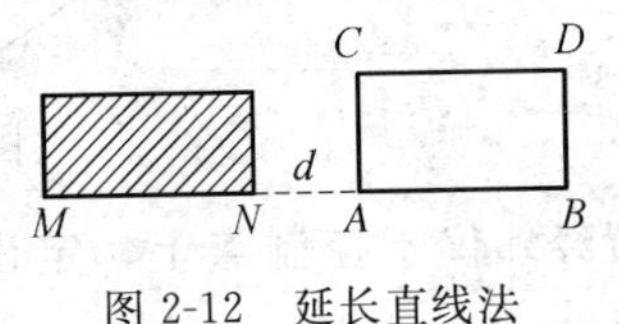

图 2-12　延长直线法

（2）直角坐标法

直角坐标法适用于拟建工程与原有建筑轴线互相垂直的情形。如图 2-13 所示，按上法测设 N'，在 N'点置经纬仪测设 MN 的垂线，截取 $N'A=l$ 定出 A 点，再按上法进行，即可确定 $ABCD$ 的位置。

（3）平行线法

平行线法适用于拟建建筑物的主轴线平行于已有道路的中心线，如图 2-14 所示。测法是先找出道路中心线，再用经纬仪测设直角，根据设计给定的关系及建筑物的尺寸，即可测出拟建建筑物的轴线。

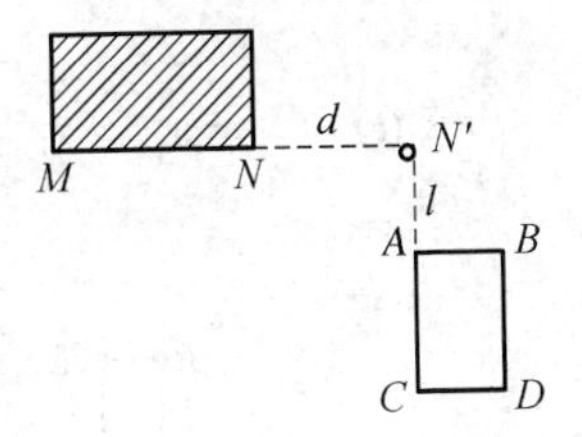

图 2-13　直角坐标法

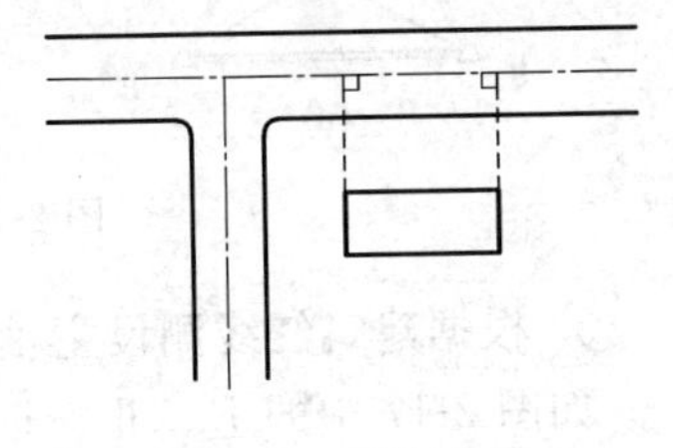
图 2-14　平行线法

2. 根据控制点测设主轴线

（1）极坐标法

极坐标法适用于控制点较密，且靠近待测设主轴线点，量距方便的情形。如图 2-15 所示，测法是先将测量控制点Ⅰ、Ⅱ、Ⅲ的坐标换算成施工坐标系坐标，并计算出测设元素 β_1、s_1、β_2、s_2、β_3、s_3。

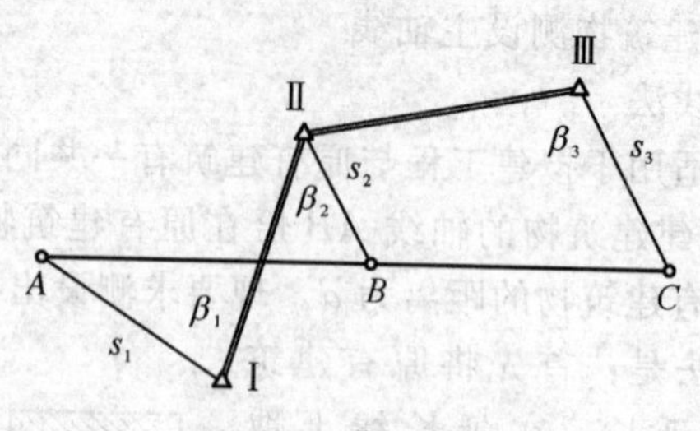

图 2-15　极坐标法

置经纬仪于控制点上，定出主轴线点 A、B 和 C 的位置，即得主轴线。

（2）角度交会法

角度交会法适用于控制点较少，且不便量距的情形。如图 2-16 所示，Ⅰ、Ⅱ、Ⅲ为控制点，A、B、C 为待测主轴线点。测法是先算出测设元素即交会角度，置经纬仪于Ⅰ、Ⅱ上交会出 A、B、C 点，并在Ⅲ点上进行检核。

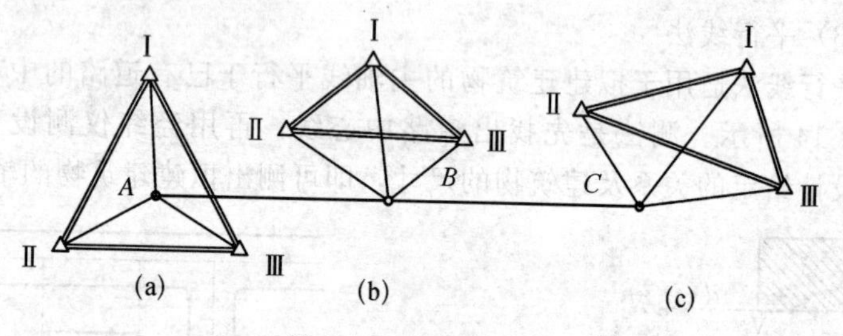

图 2-16　角度交会法

3. 根据建筑红线测设主轴线

如图 2-17 中的Ⅰ、Ⅱ、Ⅲ三点为规划部门给定的测设场地的边界点，其连线Ⅰ-Ⅱ、Ⅱ-Ⅲ称为建筑红线。由于建筑红线与建筑物的主轴线平行或垂直，因此可用直角坐标法或平行线法来测设主轴线 AO、OB，当 A、O、B 三点在地面上用标桩标定后，应在 O 点安置经纬仪，检查∠AOB 是否为 90°，主

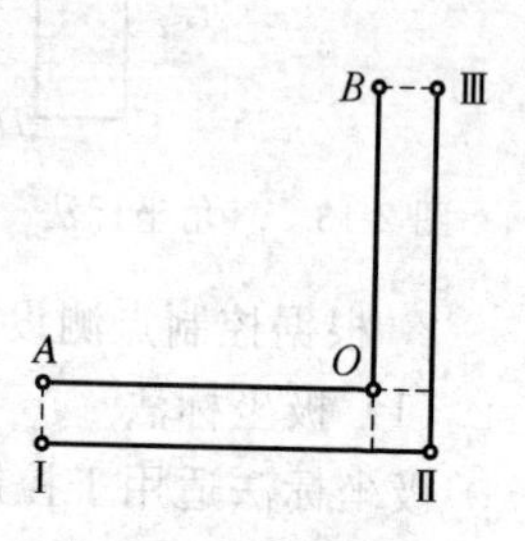

图 2-17　根据建筑红线测设主轴线

轴线 OA、OB 的长度要进行实量检核。并对主轴线的交角和长度的误差做合理的调整。

4. 主轴线的实地标定和调整

(1) 实地标定

主轴线是整个建筑场地的坚强控制，无论采用何种方法测定，都必须在实地埋设永久性标桩。同时在投点埋设标桩时，务必使点位居桩顶的中部，以便改点时，有较大活动余地。此外在选定主轴点的位置和实地埋标时，应掌握桩顶的高程。一般的桩顶面高于地面设计高程 0.3m 为宜。否则可先埋设临时木桩，待场地平整以后，进行归化改点时，再换成永久性的标桩。

(2) 调整

① 点位调整。无论采用何种方法确定主轴线的点位，一般不会与设计位置正好相符，故须利用控制点进行调整。方法是：先让测设点与控制点构成简单的典型图形，如三角形中插入一点［如图 2-16 (a)］、固定角中插入一点［如图 2-16 (b)］等。然后进行三角测量和平差计算，求得主轴点实测坐标值，并将其与设计坐标进行比较，根据它们的坐标差，将实测点与设计点的相对位置展绘于透明纸上，在实地以测量控制点定向进行改化至设计位置。一般要求主轴线定位点的点位相对于测量控制点的误差不得大于 5cm。

② 方向调整。主轴点放到实地上，并非严格在一条直线上，必须进行调整。其方法是：先在轴线的交点上安置经纬仪，观测轴线交角 β（见图 2-18），测角中误差不超过 $\pm 2.5''$。若交角不为 180°，则应按下式计算改正值 δ：

$$\delta=\frac{ab}{a+b}\left(90^\circ-\frac{\beta}{2}\right)\frac{1}{\rho} \tag{2-16}$$

式中 $\rho=206'265''$。

然后将各点位置按同一改正值 δ 沿横向移动，使之在一直线上，

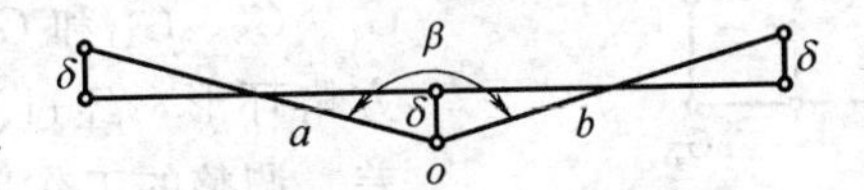

图 2-18　主轴线方向调整

若$\beta<180°$，δ为正值，则中间点往上移，两端点往下移，反之亦然。调整以后仍应以同样的方法进行检查交角，其结果与180°之差不应超过±5″，否则仍需继续调整，直至符合要求。

三、建筑方格网的测设

建筑场地常用的控制方法为建筑方格网，测设方格网时应注意：方格网边应与主要建筑物的轴线或街道中心线平行；方格网交点即为控制点，应考虑施工时不易受到损毁，以便长期保存，且要接近需控制的建筑物，相邻两控制点应能互相透视。

1. 建筑方格网的测设方法

（1）方格网的初步定位

方格网的定位一般根据主轴线来实行，因此在方格网定位以前，先在场地上测出主轴线，再以此为基础，将方格点的设计位置进行初步放样。要求初放的点位误差（相对于方格网起算点）不大于5cm。初步放样的点位用木桩临时标定，然后再埋设永久桩。若方格点所在位置地面标高与场地设计标高相差很大，或与其他点暂不通视，这时应在方格点设计位置的初测点埋设临时标桩。

（2）方格网点的坐标测定

方格网点实地定位后，一般采用导线测量法或三角测量法来确定各点的坐标值。

① 导线测量法。对于大型的建筑场地，一般先测设两条互相垂直的纵横主轴线，然后按施工进度和精度要求分期分区进行导线测量。如图2-19所示，G_1—G_9为纵轴，G_1—G_4为横轴，测设方法先在主轴线上定出G_2、G_3、G_5、G_{12}、G_{13}、G_{14}、G_{15}、G_{16}等点。作为方格网的起算数据，然后根据这些已知点各作与主轴线垂直方向线相交定出中间各结点G_6、G_7、G_8、G_{10}和G_{11}等，构成五个方格环形，经过测角、量距、平差、调整的工作后成为Ⅰ级方格网。再作出分点、中间点的加密

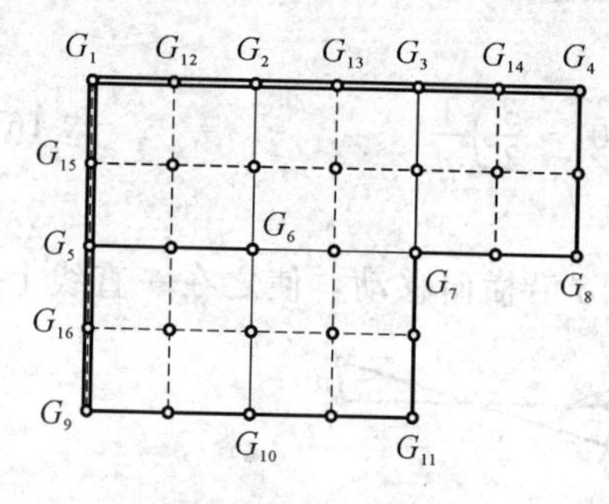

图2-19　大型场地导线测量法

作为Ⅱ级方格点，这就形成一个有 31 个点的建筑方格网，分别确定其坐标值。

对于建筑场地面积不大，一般先测设方格网中心轴线。如图 2-20 所示，AB 为纵轴，CD 为横轴，中心交点为 O，轴线测设调整后，再测设方格网，从轴线端点定出 G_1、G_2、G_3 和 G_4 点，组成大方格，通过测角、量边、平差、调整后构成一个四个环形的Ⅰ级方格网，然后根据大方格边上点位，定出边上的内分点和交会出方格中的中间点，作为Ⅱ级点，分别求其坐标值。

对于小型建筑场地，可以一次全面布网，如图 2-21 所示为四个环形导线网，根据主轴线 ABC、DBE 定出方格点初步位置后，即进行精密量距、测角、按四个环形平差，求出各点坐标值。

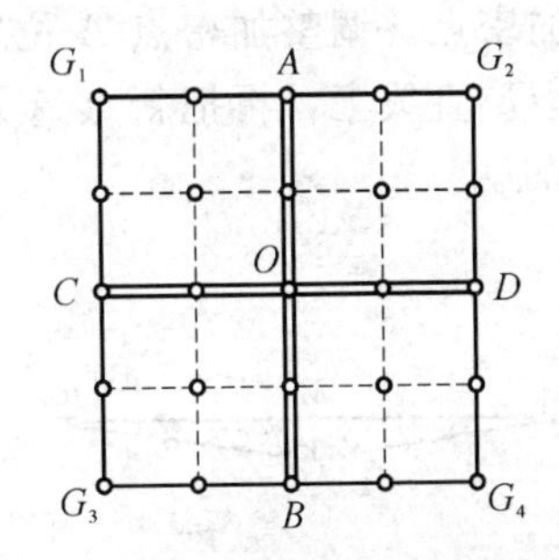

图 2-20　中型场地导线测量法

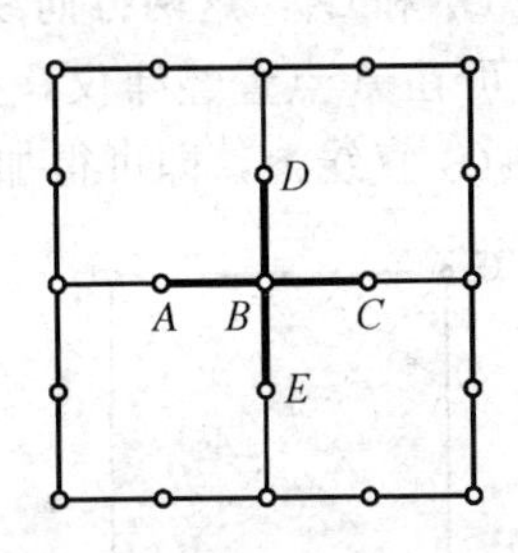

图 2-21　小型场地导线测量法

② 三角测量法。采用三角测量法测设方格网有两种形式：一是附和在主轴线上的小三角网，如图 2-22 所示，为中心六边形的三角网附和在主轴线 AOB 上。二是将三角网或三角锁附和在起算边上。

(3) 方格网点的归化改正

方格网点经实测和平差计算后的实际坐标往往与设计坐标不一致，则需要在标桩的标板上进行调整，其调整方法是：先计算出方格点的实际坐标与设计坐标差 Δx 和 Δy。然后以实际点位至相邻点在标桩的标板上的方向线来定向，用三角尺在定向边上量出 Δx、Δy，如图 2-23 所示，并根据其数值推出设计坐标轴线，其交点即为方格点正式点位。标定后，将原点位消去。

2. 方格网的加密和最后检查

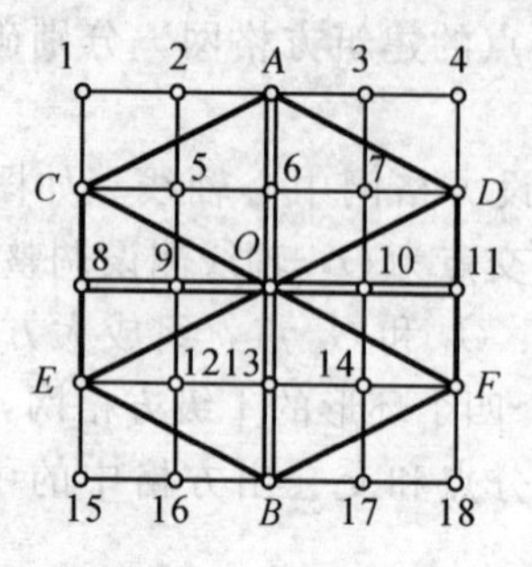

图 2-22 三角测量法

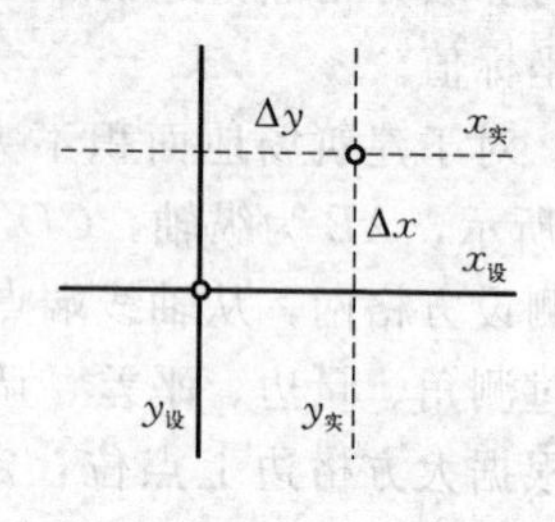

图 2-23 方格网点改正

(1) 方格网的加密

① 方向交会法。如图 2-24 所示，在方格点 G_1 和 G_2 上置经纬仪瞄准 G_4 和 G_3，这两方向线交点 A 即为加密点。调整加密点 A 位置时，可在 A 点置经纬仪，把 A 点调到 G_1G_4 直线上，再把新点 A 调到 G_2G_3 直线上，即可得加密点的准确位置。

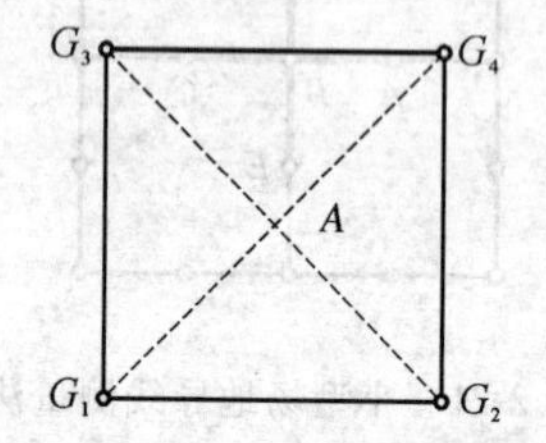

图 2-24 方向交会法加密

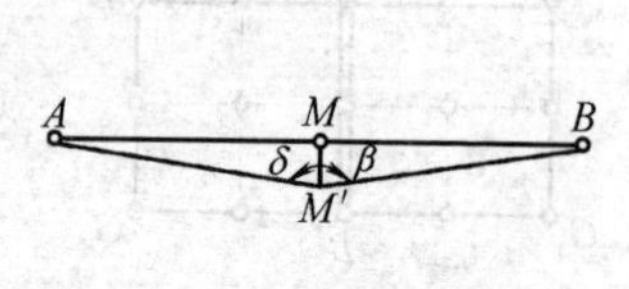

图 2-25 直线内分点法加密

② 直线内分点法。在一条方格边上的中间点加密方格点时，如图 2-25 所示，在 A 或 B 点置经纬仪，视准另一端点 B 或 A，然后按设计要求沿仪器视线精密丈量距离定出点 M，由于定线偏差得 M'。置经纬仪于 M'，测定 $AM'B$ 的角度 β，求偏差值 δ，按 δ 值进行调整得加密点的准确位置 M。计算公式为：

$$\delta=\frac{s\Delta\beta}{2\rho} \tag{2-17}$$

式中 s——AM' 的距离；

$\Delta\beta=180°-\beta$；$\rho=206'265''$。

(2) 方格网的检查

在完成建筑方格网的归化改正和加密之后，应进行全面检查，检查时可隔点设站测量角度，并实量几条边的长度，其检查结果应满足表 2-4 的要求。若个别超出规定，应再进行调整。

表 2-4　测回数及测量限差的规定

仪器类别	测回数	测角中误差/(″)	半测回归零差/(″)	一测回中 2C 变动范围/(″)	各测回方向较差/(″)
T_3	2	±4	6	8	5
T_2, T_{k-2}	4	±4	8	12	8
010	2	±8，±10	8	12	8

四、房屋定位测设

1. 基础放线

根据场地的控制点，先将外墙轴线的交点用木桩测定于地上，并在桩顶钉上小钉作标志。待外墙轴线测定后，再根据建筑平面图，将内部开间所有轴线都测出来，然后检查轴线距离，其误差不得超过轴线长度的$\frac{1}{2000}$。最后根据中心轴线，用石灰在地上撒出基槽开挖边线，以便施工。若同一建筑区各建筑物的纵横边线在同一直线上，相邻建筑物定位时，必须进行校核调整，使纵向或横向边线的相对误差在 5cm 内。

2. 龙门板的设置

开挖基槽时，轴线桩会被挖掉，为了便于施工，常在基槽外的安全地方钉设龙门板（见图 2-26），钉设的具体步骤和要求如下。

① 在建筑物四角与隔墙两端外边 1.0～1.5m 处钉设龙门桩。龙门桩要钉得竖直、牢固、木桩侧面与基槽平行。

② 在每个龙门桩上测设高程线，即±0 标高线或比±0 高或低一定的数值线。对同一建筑物最好只用一个标高。若地形起伏较大，选用两个标高时，一定要标注清楚，以免使用时发生错误。

③ 沿龙门桩上测设的高程线钉设龙门板。龙门板标高的测定容差为±5mm。

④ 用经纬仪将墙、柱中心线投到龙门板顶面上，并钉好中心钉，容差为±5mm。

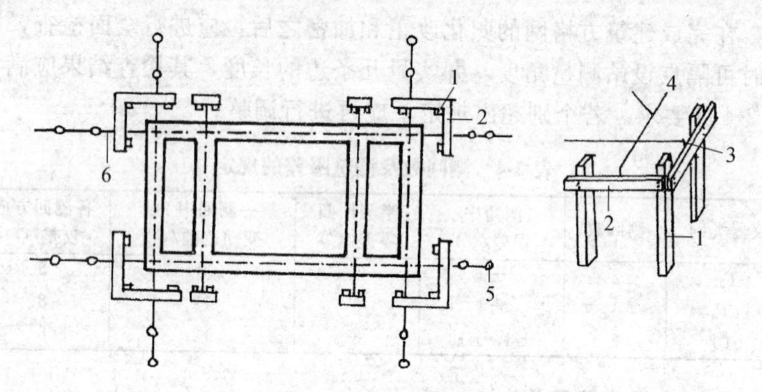

图 2-26 龙门板的设置

1—龙门柱；2—龙门板；3—轴线钉；4—线绳；5—引桩

⑤ 用钢尺沿龙门板顶面检查中心钉的间距，其相对误差不应超过$\frac{1}{2000}$。经检核合格后，以中心钉为准，将墙宽、基槽宽标在龙门板上。

⑥ 根据基槽上口宽度拉线撒出基槽开挖白灰线。

3. 轴线控制桩（引桩）的测设

由于龙门板所用工、料较多，对施工尤其是机械开槽不方便，而且又不容易保存，故可采用在基槽外各轴线的延长线上测设引桩的方法，如图 2-26 所示。其做法是：根据已测设好的主轴线测设各轴线交点中心桩，并钉好中心钉；在测设中心桩的同时，也在槽边外 2～4m 处测设轴线桩即控制桩，并钉好中心钉或在原有建筑物上涂上红漆；最后根据中心桩拉上小线，量出基槽上口宽度，撒出开槽的白灰线。

五、高程控制测量

1. 高程控制测量的基本要求

① 高程控制点的点位不能变动。埋设基本水准点的点数不少于 3 个，且点间距离以 50～100m 为宜，高程应用二等水准测定。

② 水准点的观测应在水准点埋设两周后进行，且应在仪器显像清晰、稳定后方能观测。

③ 观测中应遵守表 2-5 的规定。

表 2-5　水准测量的规则

等级	水准视线长度/m	测站前后视距离之差不得大于/m	两水准点间前后视累差不得大于/m	视线距地面的高度不小于/m
Ⅱ	50	1	3	0.5
Ⅲ	65	2	5	0.3
Ⅳ	80	4	10	0.3

④ 观测使用的仪器应符合表 2-6 的要求。

表 2-6　水准仪应满足的要求

等级	望远镜放大率不小于	水准管分划值不大于	备　注
Ⅱ	40	12″/2mm	有符合水准器的为 30″/2mm
Ⅲ	24～30	15″/2mm	
Ⅳ	20	25″/2mm	

2. 观测方法

观测方法采用中丝测高法，三丝读数。每一测站的观测程序可按“后前前后”进行，即：

① 按中丝和视距丝在后视尺黑色面上读数；

② 按中丝和视距丝在前视尺黑色面上读数；

③ 按中丝在前视尺红色面上读数；

④ 按中丝在后视尺红色面上读数。

每测站观测的结果都要直接记录于规定格式的手簿中，不得记于其他纸张上再转抄。每站观测结束后，应马上进行计算和检核。各项检核数值都在允许范围内时，仪器方可搬到下一站观测。

第三节　施工过程测量

一、混凝土结构施工测量

1. 基础施工测量

(1) 杯形基础施工测量

① 基础定位。如图 2-27 所示的 A、A'、1、$1'$等点为基础中心线端点，即在矩形控制网上测定基础中心线与矩形边的交点。若没有埋设固定标志的基础中心线端点，应根据矩形边上相邻的两个距离指标

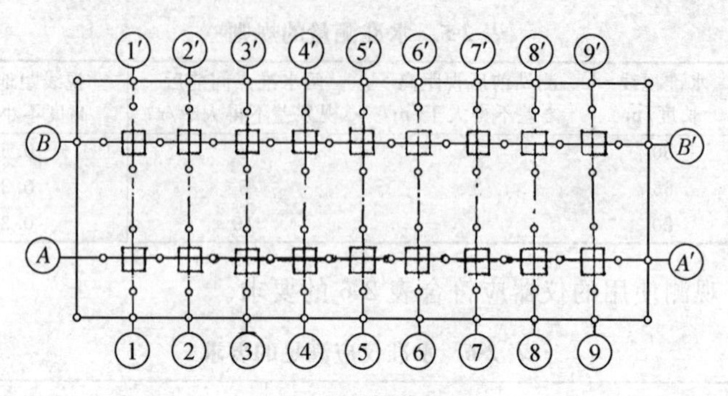

图 2-27　基础定位

桩，以内分法测定，距离闭合差应进行配赋，不得根据一点测定。然后将经纬仪安置于 A 和 1 点，分别瞄准 A'和 $1'$，则 $A—A'$和 $1—1'$线的交点，就是桩基的中心，再根据基础平面图和大样图的尺寸进行放线，用白灰在实地标出基坑开挖的边线。在离基槽开挖口 0.5～1.0m 处按轴线位置钉上四个定位桩，桩顶上钉小钉标出中线方向和距离。以同样的方法定出其他的基础。

② 基坑抄平。基槽开挖接近至设计标高时，在基础土坑的四壁或者坑底边沿及中央打入小木桩，在木桩上引测同一高程的标点，从这些小木桩向下挖同一深度，修套坑底后即可打垫层。

③ 支模。基础垫层打好后，根据柱基定位桩在垫层上放出基础中心线，并弹上墨线标明，作为支模板的依据。模板的上口可以由坑边定位桩直线拉线，用水准仪引测模板的上口使之正好符合设计标高。在杯底支模时，应注意使实际浇灌出来的杯底顶面比原设计的标高略低 3～5cm，以便拆模后填高修平杯底。

④ 杯口中线投点。在柱基拆模后，根据矩形控制网上柱中心线端点，用经纬仪把柱中线投到杯口顶面，并弹出墨线，以备柱子吊装时使用。常用的方法有：一是将仪器安置在柱中心线的一个端点，照准另一端点而将中线投到杯口上；二是将仪器置于中线上的适当位置，照准控制网上柱基中心线两端点，采用正倒镜法进行投点。

(2) 现浇混凝土柱基础施工测量

现浇混凝土柱基中线投点、抄平、挖土、浇筑混凝土、弹中线等过程与杯形基础相同，只是没有杯口，基础上配有钢筋，拆模后在露出的钢筋上抄出标高点，以供柱身支模板时定标高用。

（3）钢柱基础施工测量

① 垫层中线投点和抄平。垫层混凝土凝固后，应进行中线点投测，由于基坑较深，投测中线时经纬仪必须置于基坑旁，照准矩形控制网上基础中心线的两端点，用正倒镜法，先将经纬仪中心导入中心线内，而后进行投点，并弹出墨线，绘出地脚螺栓固定架的位置，然后在固定架外框四角处测出四点标高，以便用来检查并整平垫层混凝土面，使之符合设计标高，便于固定架的安装。如基础过深，从地面上引测基础底面标高，标尺不够长时可采用挂钢尺法。

② 固定架中线投点和抄平。固定架是用钢材制作的，用来固定地脚螺栓及其他埋设件的框架，如图 2-28 所示。根据垫层上的中心线和所画的位置将其安置在垫层上，然后根据在垫层上测定的标高点找平地脚，将高的地方混凝土凿去一些，低的地方垫上小块钢板并与底层钢筋网焊牢，使其符合设计标高。

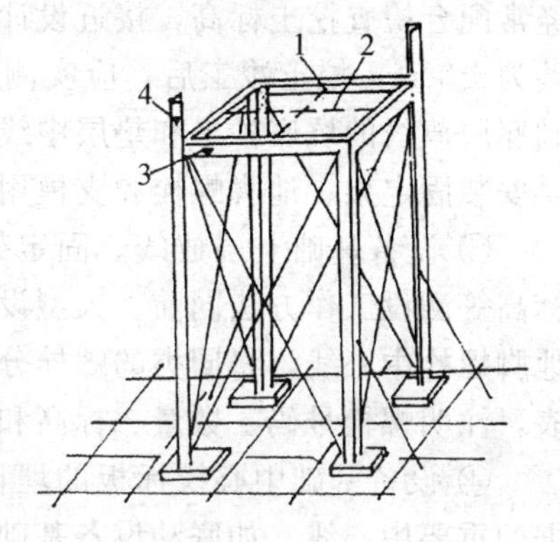

图 2-28 固定架安置

1—固定架中心投点；2—拉线；3—横梁抄平位置；4—标高点

固定架安置好后，用水准仪测出四根横梁的标高，容差为−5mm，满足要求后，应将固定架与底层钢筋网焊牢，并加焊钢筋支撑，若为深基固定架则应在其脚下浇筑混凝土，使其稳固。然后再用经纬仪将中线投点于固定架横梁上，并作好标志，其容差为±1～±2mm。

③ 地脚螺栓安装和标高测量。根据上述测得中心点，将地脚螺栓安放在设计位置上。为了准确测设地脚螺栓的标高，在固定架的斜对角焊两根小角钢，引测同一数值的标高点并刻绘标志，其高度略低于地脚螺栓的设计标高。然后在两角钢的标点处拉一细钢丝，便于控制螺栓的安置高度。安好螺栓后，测螺栓第一丝扣的标高，允许偏高

＋5～＋25mm。

④ 支模和浇筑混凝土的测量。支模测量与混凝土杯形基础相同。浇筑混凝土时，应保证地脚螺栓位置及标高的正确，若发现问题，应及时处理。

(4) 设备基础施工测量

① 基础定位。中小型设备基础定位的测设方法与厂房基础定位相同；大型设备基础定位，应先根据设计图纸编绘中心线测设图，然后据此施测。

② 基坑开挖与基础底层放线。测量工作和容差按下列要求进行：根据厂房控制网或场地上其他控制点测定挖土范围线，测量容差为±5cm；标高根据附近水准点测设，容差为±3cm；在基坑挖土中应经常配合检查挖土标高，接近设计标高1m时，应全面测设标高，容差为±3cm；挖土竣工后，应实测挖土标高，容差为±2cm。设备基础底层放线的坑底抄平和垫层中线投点的测设方法同前。测设成果可供安装固定架、地脚螺栓和支模用。

③ 设备基础上层放线。固定架投点、地脚螺栓安装抄平及模板标高等测设工作方法同前。大型设备基础应先绘制地脚螺栓图，绘出地脚螺栓中心线，将同类的螺栓分区编号，并在图旁附地脚螺栓标高表，注明螺栓号码、数量、标高和混凝土标高，作为施测的依据。

④ 设备基础中心线标板的埋设与投点。作为设备安装和砌筑依据的重要中心线，如联动设备基础的生产轴线；重要设备基础的主要纵横中心线；结构复杂的工业炉基纵横中心线、环形炉及烟囱的中心位置等，均应按规定埋设牢固的标板。

标板的形式和埋设如图2-29所示，在基础混凝土未凝固前，将标板埋设在中心线位置，且露出基础面3～5mm，至基础的边缘50～80mm；若设备中心线通过基础凹形部分或地沟时，则埋设50mm×50mm的角钢或100mm×50mm的槽钢。设备中线投点与柱基中线投点的方法相同。

(5) 基础施工与竣工测量的容差

① 基础工程各工序中心线及标高测设的容差，应符合表2-7的规定。

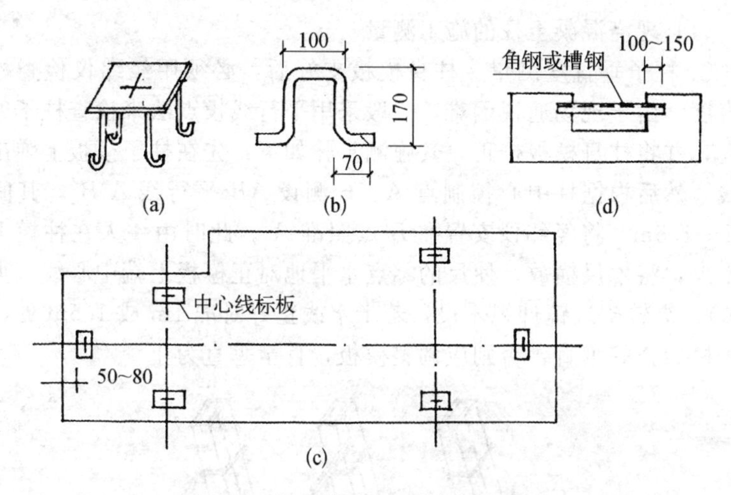

图 2-29　设备基础中心线标板的埋设

表 2-7　基础中心线及标高测量容差　mm

项目	基础定位	垫层面	模板	螺栓
中心线端点测设	±5	±2	±1	±1
中心线投点	±10	±5	±3	±2
标高测设	±10	±5	±3	±3

注：测设螺栓及模板标高时，应考虑预留高度。

② 基础标高的竣工测量容差应符合表 2-8 的规定。

表 2-8　基础竣工标高测量容差　mm

杯口底标高	钢柱、设备基础面标高	地脚螺栓标高	工业炉基面
±3	±2	±3	±3

③ 基础中心线竣工测量容差应符合下列规定：根据厂房内、外控制点测设基础中心线的端点，其容差为±1mm；基础面中心线投点容差应符合表 2-9 的规定。

表 2-9　基础竣工中心线投点容差　mm

连续生产线上设备基础	预埋螺栓基础	预留螺栓孔基础	基础杯口	烟囱、烟道、沟槽
±2	±2	±3	±3	±5

2. 柱子施工测量

(1) 现浇混凝土柱的施工测量

① 柱子垂直度测量。柱身模板支好后，必须用经纬仪检查柱子垂直度。由于现场通视困难，一般采用平行线投点法来检查柱子的垂直度，并将柱身模板校正。其施测步骤如下：先在柱子模板上弹出中心线，然后根据柱中心控制点 A、B 测设 AB 平行线 $A'B'$，其间距为 1～1.5m，将经纬仪安置在 B'点照准 A'。此时由一人在柱模上端持木尺，将木尺横放，使尺的零点水平地对正模板上端中心线（见图 2-30），纵转望远镜仰视木尺，若十字线正好对准 1m 或 1.5m 处，则柱子模板正好垂直，否则应调整模板，直至垂直为止。

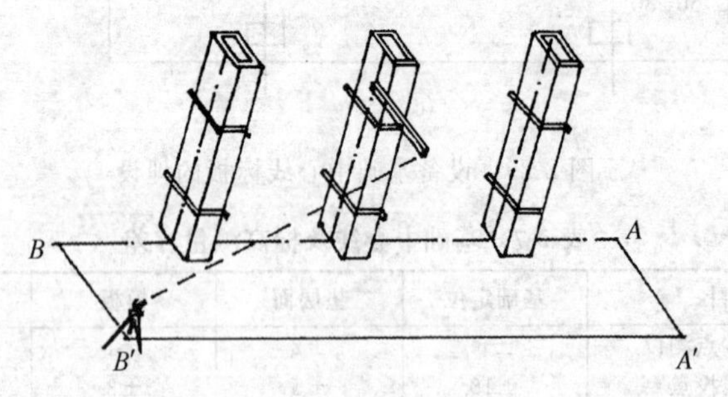

图 2-30 现浇柱垂直校正

柱子模板校正后，选择不同行列的两三根柱子，从柱子下面已测好的标高点，用钢尺沿柱身往上量距，引测两三个同一高程的点于柱子上端模板上，然后在平台模板上设置水准仪，以引上的任一标高为后视，施测柱顶模板标高，再闭合于另一标高点以资校核。平台模板支好后，必须用水准仪检查平台模板的标高和水平情况，其操作方法与柱顶模板抄平相同。

② 柱中心线投点与高层标高引测。第一层柱子和平台混凝土浇筑完成后，应将中线及标高引测到第一层平台上，作为第二层柱子、平台支模的依据，以此类推至以上各层。中线引测方法：将经纬仪安置于柱中心线端点上，照准柱子下端的中心线点，仰视向上投点。若经纬仪与柱子之间距离过近，仰角大不便投点时，可将中线端点用正倒镜法向外延长至便于测设的地方。纵横中心线投点容差：当柱高在 5m 以下时为±3mm，5m 以上时为±5mm。标高引测方法：用钢尺

沿柱身量距向上引测，标高测量容差为±5mm。

(2) 预制钢筋混凝土柱的安装测量

① 柱子垂直校正测量。对于小型柱子，可用大垂球作垂直校正，其方法是：在三脚架上悬挂大垂球，待垂球稳定后，一人在线绳后面，以垂线为准，用眼睛对准柱子所弹的中心墨线，指挥吊装人员调整柱身位置，使垂线与柱上中心墨线重合或平行，此时柱子即处于垂直位置。

对于中型等截面柱子，可用两台经纬仪校正。一台安置在纵轴线一侧，一次可校正几根柱子；一台安置在吊装柱的横轴中心线上，距柱约为柱高的 1.5 倍，一次校一根柱子。校正方法是：经纬仪望远镜瞄准柱底中线，逐渐抬高望远镜观测柱身上的中心墨线，如有偏差，指挥吊装人员调节牵绳或支撑木杆，使柱子垂直。

对于中型变截面柱子，用两台经纬仪分别安置在吊装柱子的纵横轴线上，距柱约为柱高 1.5 倍的地方进行校正，每次校正一根，校正方法同上。

对于大型柱子，应在杯底中心安放垫片或使杯底中心拱起，便于柱子在杯内转动，方便校正，校正原理与中型柱子相同。

② 柱子垂直测量容差。无论是哪一类型的柱子，其垂直容许误差为：柱高 10m 以内，容差为≤±10mm；柱高 10m 以上，容差为 $\frac{H}{1000}<25\text{mm}$（$H$ 为柱子高度）。

二、砌筑工程施工测量

1. 基础施工测量

(1) 基槽抄平

基槽开挖后一般按龙门板上的标高线控制开挖深度，当挖至接近槽底设计标高时，应用水准仪在槽壁上测设一些水平的小木桩，使木桩顶面离槽底的设计标高为一固定值。依据这些小木桩清理槽底和打基础垫层。标高点的测量容差为±10mm。

(2) 垫层中线投测

垫层打好后，根据龙门板上的轴线钉或引桩，用经纬仪把轴线投测到垫层上去，再用墨线在垫层上弹出中心线和基础边线，并依此进行施工。

（3）基础线杆的设置

基础线杆又称基础皮数杆，设置方法是：先在立杆处打一木桩，用水准仪在木桩测面抄出一条高于垫层标高某一数值的水平线，然后将线杆上相同的一条标高线对齐木桩上的水平线，用钉将线杆与木桩钉牢，根据此线杆作为砌筑基础的标高。

（4）防潮层抄平与轴线投测

当基础墙砌到差一层砖为±0 标高时，应用水准仪测设防潮层的标高，其测量容差为±5mm。防潮层做好后，根据龙门板上的轴线钉或引桩进行投点，其投点容差为±5mm。然后将墙轴线和墙边线用墨线弹到防潮层面上，并将这些线延伸，并画到基础墙的立面上。

2. 墙体皮数杆的设置

皮数杆是砌筑砖墙的依据，一般设置在建筑的拐角和内墙处，如图 2-31。为了施工方便，当采用内脚手架时，皮数杆立在墙外边；当采用外脚手架时，皮数杆立在墙里边。皮数杆的标高测设和立法与基础线杆相同，其测量容差为±3mm。

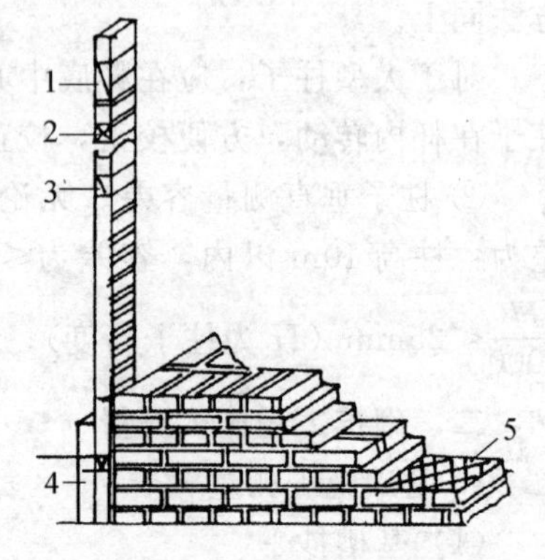

图 2-31 皮数杆的设置

1—楼板；2—窗口过梁；3—窗口出砖；4—木桩；5—防潮层

3. 多层建筑物的轴线投测和标高传递

（1）在轴线投测

在多层建筑墙体砌筑过程中，为保证建筑物轴线位置正确、墙身垂直，可用经纬仪把轴线投测到各层楼板边缘或柱顶上。其做法是：将经纬仪安置在控制桩上，后视在墙底部已弹出的轴线，仰起望远镜在楼板边缘或柱顶上标出一点，用倒镜再标出另一点，其投点容差为±5mm。即得轴线的正确位置。要求每层楼面投测长轴 1～2 条，短轴 2～3 条，然后根据投测上来的轴线，在楼板上分间弹线，再用钢尺实量各轴线间距作校核，其相对误差不得大于$\frac{1}{2000}$，经校核合格后，即可开始该层施工。

为保证测设质量，使用的仪器一定要经检验校正，安置仪器要严格对中和调平度盘，并防止投点仰角过大。

(2) 标高传递

为了使楼板、门窗口、层高等工程的标高符合设计要求，须由下层楼板向上层传递标高。通常有3种方法：一是利用皮数杆传递高程，皮数杆上有门窗口、过梁、楼板等标高，每砌好一层楼后，可逐层往上接递；二是利用钢尺直接丈量，在标高精度要求较高时，可用钢尺沿某一墙角自±0起向上直接丈量，把标高传递上去；三是吊钢尺法，如在楼梯间吊上钢尺，用水准仪读数，把下层标高传到上层。

三、装修施工测量

在每层施工至窗口以前，应测设+30cm或+50cm的标高线，并在所有的内外墙上弹墨线，作为安装门窗、地面抹灰和室内装修标准的依据。地面抹灰及楼面抄平，测量容差为±3mm；阳台、走廊、圈梁模板抄平，测量容差为±5mm。

第四节 建（构）筑物的沉降观测

建（构）筑物在施工过程中，由于上部结构对基础的荷载逐渐加大，或投入使用后上部活荷载引起震动（如工业厂房投产后机器运转的震动），以及地基长期受地下水浸蚀等种种原因，造成建（构）筑物产生沉降现象。若沉降量过大或各部分沉降不均，将会使建（构）筑物产生倾斜、裂缝，严重的甚至会造成倒塌事故。故对一些重要建（构）筑物，特别是高层建筑或高耸构筑物，必须在施工过程中作沉降观测。直到竣工交付使用后还应观测一定时期，至沉降稳定为止，以便发现问题，及时与有关方面采取补救措施，以保证工程的稳定与安全。

一、建（构）筑物的沉降观测

1. 布设专用水准点

为保证沉降观测成果的精确，应布设专供观测用的水准点（或用附近的国家高级水准点）。布设专用水准点要求如下。

① 水准点应设于稳定地点，必须远离公路、铁路、地下管线及滑坡地带至少 5m 以外，要确保不受施工机具及车辆的损伤，并不得选点在低洼易积水处。

② 为便于相互检查、核对，水准点应不少于 3 个。

③ 应接近观测点，距建（构）筑物一般在 100m 范围内。

④ 为防止冰冻影响，水准点埋深至少应在冰冻线以下 0.5m 处。

水准点埋设后，顶部必须加盖保护。其构造形式与一般四等水准点相同。

2. 布设沉降观测点

在建（构）筑物上应布设沉降观测点，点位及数量必须能反映建（构）筑物的沉降情况。一般应在下述位置处布点。

① 地质情况变化交界处。

② 沉降缝、伸缩缝或抗震缝的两侧。

③ 基础的直线段每距 15～30m 处。

④ 建（构）筑物的基础转角处、纵横墙交接处、柱基及新旧建筑的基础连接处。

⑤ 烟囱、水塔、油罐、高炉等高耸的圆形构筑物，应在基础对称轴线上布点。

观测点的构造可分两类：

一类是在墙面上设置的观测点。如图 2-32 所示，用混凝土预制，尺寸与标准黏土砖尺寸相同，砌墙时按布点位置砌入墙体内即可。如为钢结构建（构）筑物，则可将角钢焊接于钢结构的布点位置上；

另一类是基础上的观测点。如图 2-33（a）所示，在 ϕ20 圆头铆钉下焊一圆钢片，用水泥砂浆埋设于基础顶面的布点位置上。如观测点需保存较长时间，则应加盖保护，可用图 2-33（b）所示的观测点，布设于基础顶面的布点位置上。

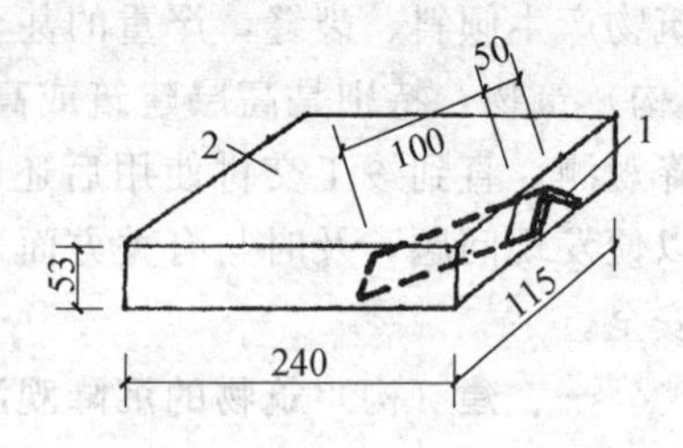

图 2-32 在墙面上设置观测点

1—20×20×4 角钢；2—混凝土预制块

3. 观测

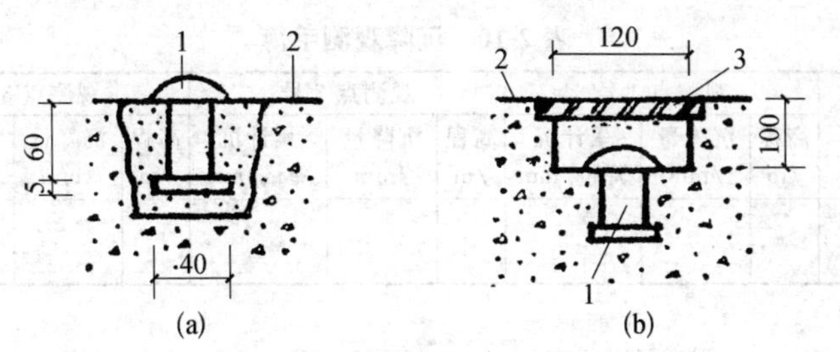

图 2-33 基础上的观测点

1—ϕ20 圆头铆钉；2—基础表面；3—保护盖

标志埋设稳定后，即可开始观测。以后每加一次较大荷载（如每砌高一个楼层、柱或屋架等较重结构物或设备安装后等）都应进行一次沉降观测。又如工程中途停工时间较长，应在停工前及复工时各观测一次。基础周围遇大量积水或暴雨之后，以及周围有大量挖方或有较大震动时，均应做沉降观测。

竣工交付使用后，仍应继续观测一定时间。初时可每月观测一次，以后随沉降速度的减缓，可延长至 3 个月观测一次，直到沉降量不超过 1mm，即认为沉降稳定，方可停止观测。

沉降观测一般按三等或四等水准测量要求进行，大型重要建筑或高层建筑，应尽可能按二等水准测量做沉降观测。沉降观测时应注意如下几点。

① 前、后视的视线长应相等，可用皮尺量定。

② 视线长度不得超过 50m。

③ 前、后视应使用同一根水准尺。

④ 在每一测站上测完各沉降观测点后，应回到原水准点，再观测该点一次，两次读数之差，不得超过 1mm，否则应重做观测，至满足要求为止。

⑤ 尽可能做到观测人员固定、仪器及水准尺固定、水准点固定、观测方法及路线固定，以保证观测成果的精度。

沉降观测成果应及时录入观测手簿，格式见表 2-10。

根据观测成果，以日期为横坐标，荷载及累计沉降量为纵坐标，可绘成沉降量与日期及荷载关系曲线图，如图 2-34 所示。该图直观地显示各观测点的沉降变化情况。

表 2-10 沉降观测手簿

日期	荷载/t	观测点 1 号			观测点 2 号			观测点 3 号		
		高程/m	沉降量/mm	累计沉降量/mm	高程/m	沉降量/mm	累计沉降量/mm	高程/m	沉降量/mm	累计沉降量/mm

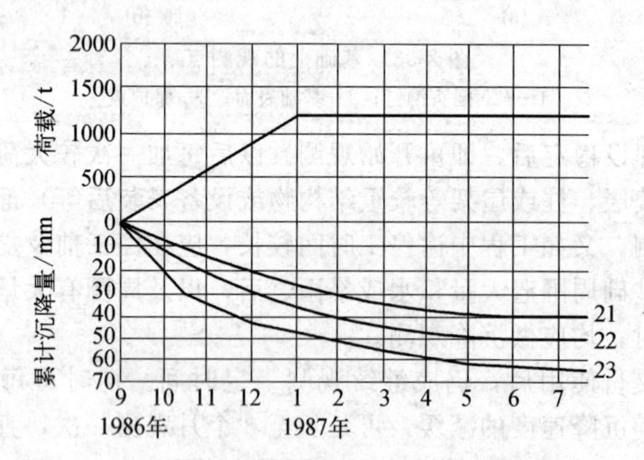

图 2-34 沉降量与日期及荷载关系曲线图

二、建（构）筑物的倾斜观测

1. 建筑物的倾斜观测

如图 2-35 所示，在建筑物的顶部墙面上做一标记 P，置经纬仪于 A 点（A 点距墙脚的距离，应大于建筑物的高度 H）。整平仪器后，盘左及盘右照准点 P，俯下镜管，投射 P 点于墙脚得点 Q。5～7 天后重行观测，如投射点 Q 移到 Q' 点，说明建筑物产生倾斜，量得 $QQ'=a$，则建筑物的倾斜度为

$$i=\frac{a}{H} \tag{2-18}$$

以后，每经过一定时间，再重复观测，若 a 继续增大，说明建筑物仍在继续倾斜中。

建筑物的倾斜观测时应取互相垂直的两个墙面，同时观测其倾斜度，用如图 2-36 所示的位移合成法，求得建筑物倾斜的方向和总的倾斜度。图中 a 为一个墙面方向的倾斜尺寸，b 为与之垂直的另一墙

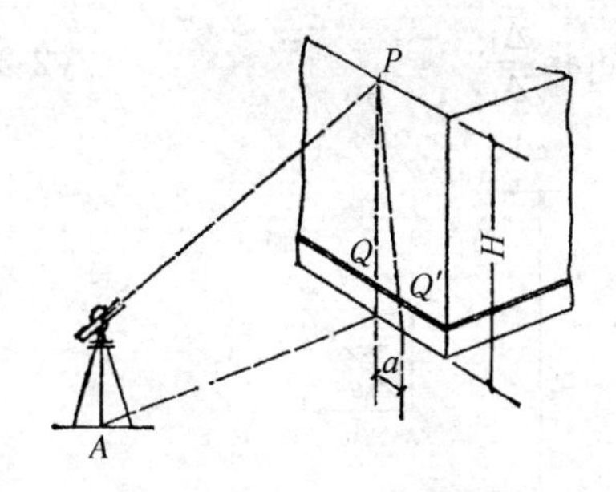

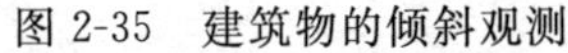
图 2-35　建筑物的倾斜观测

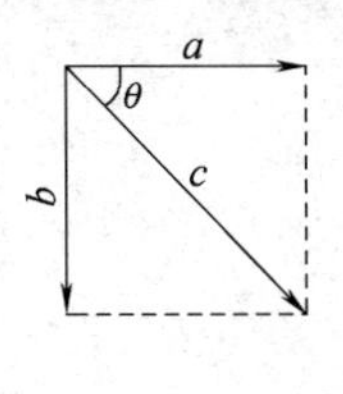

图 2-36　位移合成法

面方向的倾斜尺寸，c 为建筑物的总倾斜方向和尺寸。由商高定理

$$c=\sqrt{a^2+b^2} \tag{2-19}$$

建筑物的总倾斜度为

$$i=\frac{c}{H} \tag{2-20}$$

c 的倾斜方向与 a 方向的夹角

$$\theta=\arctan\frac{b}{a} \tag{2-21}$$

2. 圆形构筑物的倾斜观测

一些圆形构筑物，如烟囱、水塔、筒仓等的倾斜观测，如图 2-37 所示，可在靠近烟囱底部地面上平稳地安置一块大木枋，在垂直于木枋的方向上，距烟囱底大于烟囱高度 H 处，安置一架经纬仪，将烟囱顶 A、A'点，投测到大木枋上，得 a、a'点，求得 aa'的中点 c；同法将烟囱底 B、B'点投测到大木枋上，得 b、b'点，亦求得 bb'的中点 d，则 cd 之长为烟囱顶部中心偏离底部中心的偏心距 Δ_1。又在与大木枋垂直方向靠烟囱底部另放一大木枋，同法测得该方向烟囱顶部的偏心距 Δ_2。则烟囱的总倾斜值 Δ 亦用位移合成法求得：

$$\Delta=\sqrt{(\Delta_1)^2+(\Delta_2)^2} \tag{2-22}$$

故烟囱的倾斜度为

$$i=\frac{\Delta}{H} \tag{2-23}$$

Δ 的方向即为烟囱的总倾斜方向，倾角

$$\theta = \arctan\frac{\Delta_2}{\Delta_1} \tag{2-24}$$

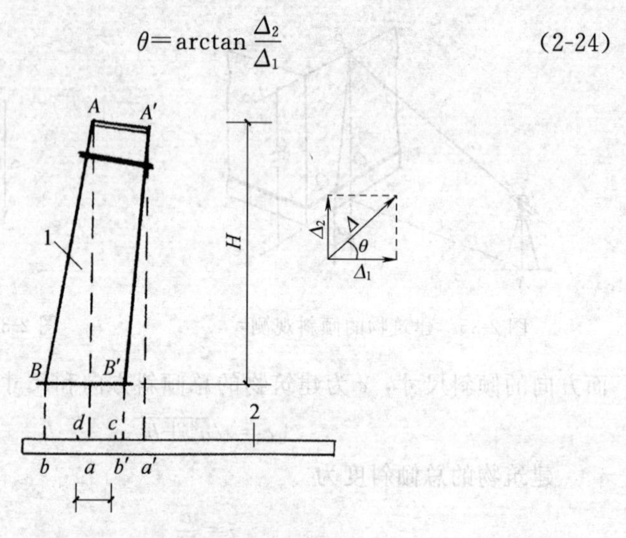

图 2-37 圆形构筑物的倾斜观测

1—烟囱；2—大木枋

三、建（构）筑物的裂缝观测

建（构）筑物的表面如出现裂缝时，应立即进行裂缝观测。常用方法有下述两种。

① 如图 2-38（a）所示，在裂缝上用石膏粉做一个圆形标记，直

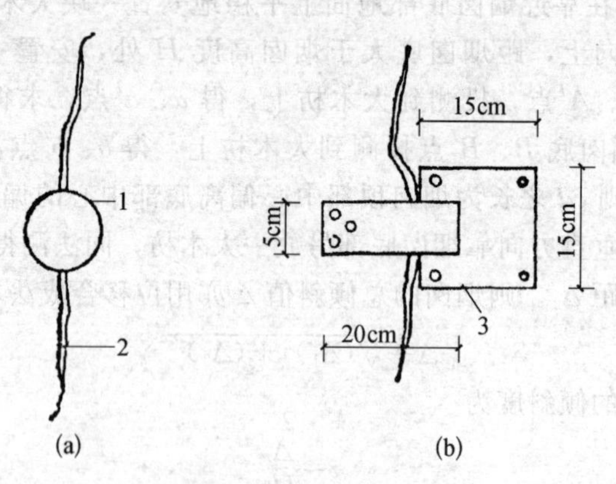

图 2-38 裂缝观测

1—石膏标记；2—裂缝；3—白铁标记

径5～8cm，厚约1cm，经一定时间，如石膏标记也裂缝，说明建(构)筑物的裂缝在继续发展。

② 如图2-38(b)所示，在裂缝两侧各装一块白铁片，尺寸如图。左边的一片，一端固定在墙面上，一端搭接在裂缝右边的白铁片上，可以左右滑动，装好后，在两块白铁片表面涂上红色油漆。如裂缝继续发展，白铁片将被拉开，在右边铁片上露出一段未涂漆的部分，可量出裂缝发展的宽度。

观测裂缝，应详细记录观测日期、裂缝部位、裂缝尺寸(包括长宽和深度)、设置标记日期、标志编号、裂缝发展情况、观测人员姓名等。同时，应附一草图，供分析研究造成裂缝的原因和制定处理方案时参考。

第五节　建筑物的变形观测

1. 倾斜观测

① 外墙面垂直水平面的建筑物倾斜观测。先要在外墙面上设置上、下两观测点，且须位于同一垂直视准面内。如图2-39所示，M、N为观测点，若建筑物发生倾斜，MN将由垂直线变为倾斜线。观测时，将经纬仪置于离建筑物的距离大于建筑物高度处，瞄准上观测点M，用正倒镜法向下投点得N'，若N'与N不重合，说明建筑物有倾斜，以a表示N'与N间的距离，a即为建筑物的倾斜值。若以H表示建筑物高度，则倾斜度为：

$$i=\frac{a}{H}$$

对高层建筑物的倾斜观测，必须在互成垂直的两个方向上进行。

② 外墙有收分的构筑物(如烟囱、水塔等)的倾斜观测，如图2-40所示。先在构筑物底部放一块木板，木板要放平放稳。用经纬仪将顶部边缘两点A、A'投影至木板上并取其中点A_0，再将底部边缘两点B、B'也投影到木板上并取中点B_0，A_0、B_0间的距离a即为顶部中心偏离底部中心的距离。以同样方法测出与其相垂直另一方向上的中心偏距b。再用矢量叠加原理，可得构筑物总偏心距即倾斜

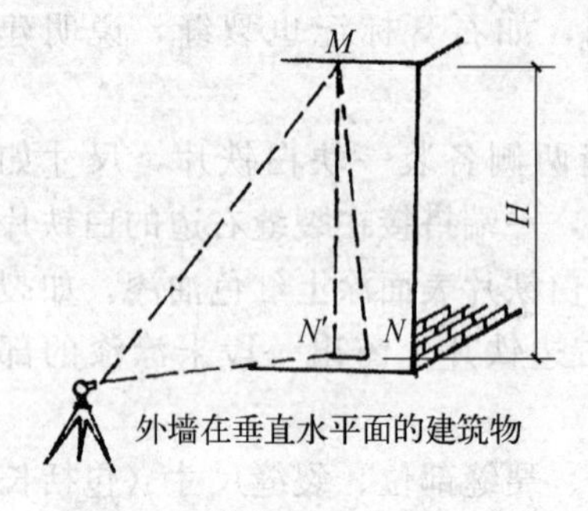

图 2-39 外墙面垂直水平面的建筑物倾斜观测

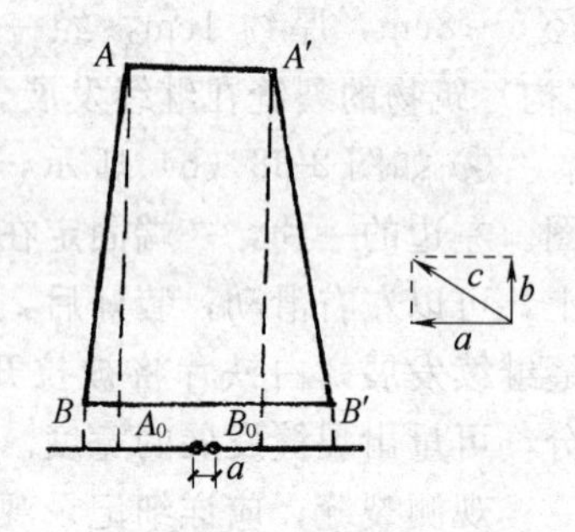

图 2-40 外墙有收分的构筑物倾斜观测

值为：

$$c=\sqrt{a^2+b^2}$$

那么倾斜度为：

$$i=\frac{c}{H}$$

2. 位移观测

观测建筑物在水平面产生的位移，须在其纵横两方向上设置观测点和控制点。若位移方向已知，则只在此方向上进行观测即可。观测点与控制点位于同一直线上，控制点至少埋设三个，相邻点间的距离要大于 30m，如图 2-41 所示，A、B、C 为控制点，M 为观测点。在 A 点第一次所测的角度为 β_1，第二次所测角度为 β_2，则建筑物的位移为：

$$\delta=\frac{\beta_2-\beta_1}{\rho}$$

式中　$\rho=206'265''$。

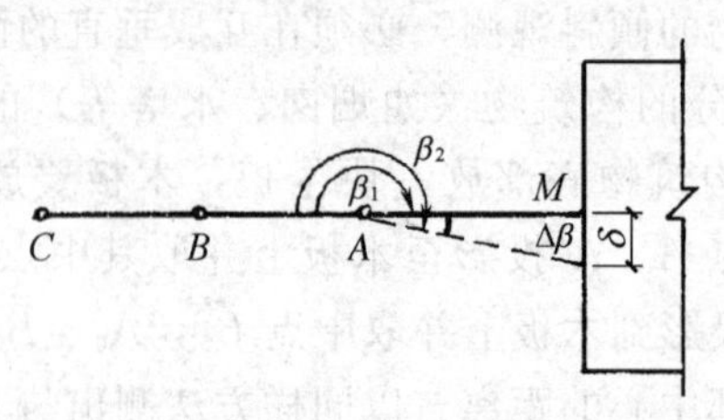

图 2-41 位移观测

位移测量的容差为±3mm，应反复进行评定。

3. 裂缝观测

当发现建筑物有裂缝时，除了要增加沉降观测的次数外，应立即进行裂缝变化的观测。其观测标志常用的有三种：一是石膏板标志。用厚10mm，宽50～80mm的石膏板条（长度视裂缝大小而定），牢固地与裂缝两边钉在一起，当裂缝继续发展时，石膏板也随之裂开，从而观察裂缝发展的情况。二、三是金属棒标志和白铁芯标志，分别见图2-42和图2-43。这两种形式是通过测量裂缝之间的相对距离，来观察裂缝发展的情况。

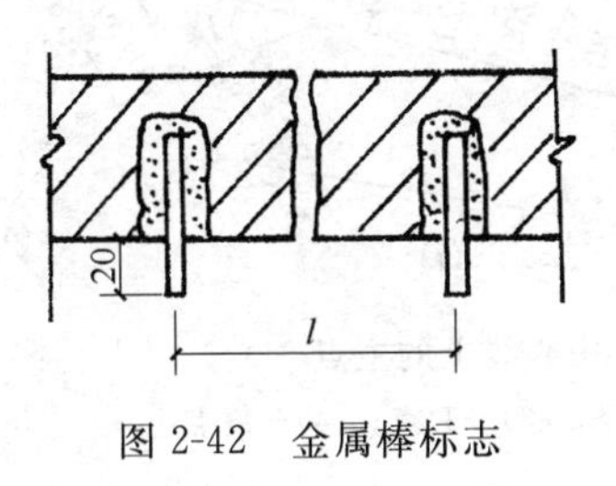

图2-42 金属棒标志

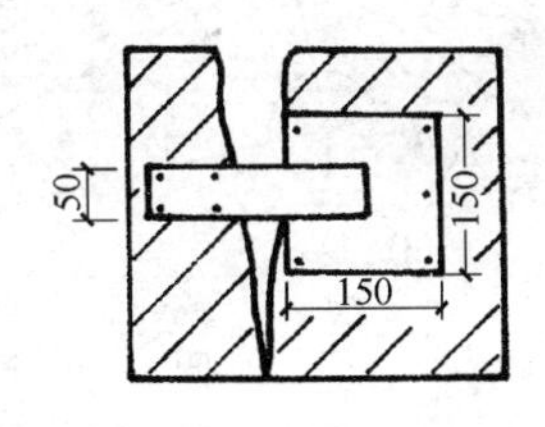

图2-43 白铁芯标志

第六节 线路测量

线路是管道、渠系及道路线路的总称。在城乡建设或厂矿企业中，需要敷设道路及各种管线（包括给水、排水、热力、煤气、输油、电力及电信等），其建设过程也要经过勘测、设计及施工几个阶段。勘测阶段包括踏勘、选线、中线测量、纵横断面测量，绘制线路平面图。经设计阶段进行纸上定线后，再测设到地面上做定线测量及施工放线测量。在施工过程中，同样需要做一些测量工作，如线路土石方开挖标高的检查、线路坡度及曲线的检查，桥（涵）、挡土墙、护坡等人工构造物的结构定位和标高的检查以及竣工测量，都属于线路测量工作。

一、测设线路中心线

1. 测设线路中心线上的主点

应根据现场预先测定的控制网点，在图上查出中心线的起点、转折点（称为线路的主点）与控制网点的关系，用极坐标法即可测设这些主点到地面上。

如图 2-44 所示，1、2、3、4 是现场已有的导线点，A、B、C、D、E 为拟测设的一段线路的主点。在导线点 1 可根据设计图查算得 β_1、d_1 及 β_2、d_2，用极坐标法即可测设 A、B 两主点。同样，可在导线点 2 测设主点 C，在导线点 3，测设主点 D 及 E。

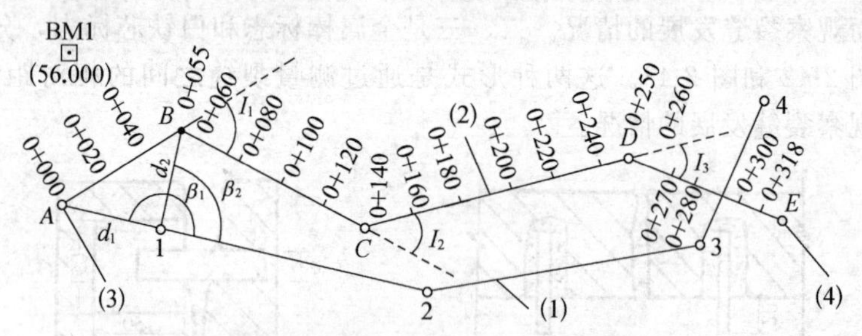

图 2-44 测设线路中心线上的主点

(1)—导线；(2)—测设的线路；(3)—起点；(4)—终点

如现场有已建成的建筑物，亦可用直角坐标法来确定线路的主点。如图 2-45 所示，可利用已建成建筑物的边 AB，从图纸上查得管线主点 I，用直角坐标法测设所需要的数据 a 及 b，从而可放出点 I。

测设管沟中心线的精度要求，如表 2-11 所列。

测设道路中心线的精度要求，如表 2-12 所列。

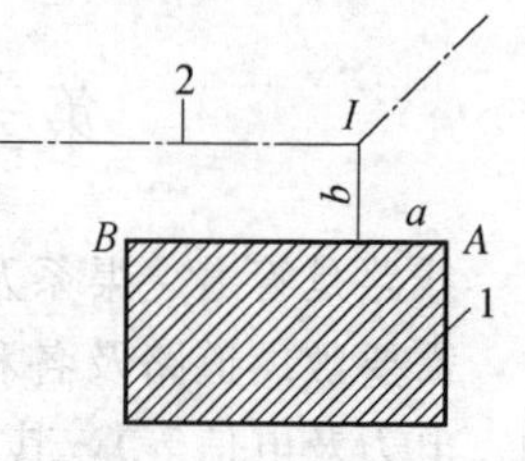

图 2-45 用直角坐标法确定线路的主点

1—建成的房屋；2—测设的管线

表 2-11 管沟线路定位测量的容许误差

测设内容	点位容许误差/mm	测角容许误差(′)
厂房内部管线	7	±1.0
厂区内地上和地下管道	30	±1.0
厂区外架空管道	100	±1.0
厂区外地下管道	200	±1.0
厂区内输电线路	100	±1.0
厂区外输电线路	300	±1.0

表 2-12　路线定位测量的容许误差

路线类别		点位容许误差/mm	测角容许误差(′)
公路	厂区内	50	±4.0
	厂区外	300	±15.0
铁路	厂区内	30	±1.5
	厂区外	200	±7.0

2. 测设里程桩和加桩

里程桩是线路从起点开始，每距 20m（或 30m、50m）钉设的一个桩位。各桩的编号即用该桩与起点桩的距离（米数）来编定。起点桩编号为 0＋000，“＋”号前为 km（即千米）数。故第一个里程桩应编号为 0＋020，以后依次编号为 0＋040、0＋060…。如某桩的桩号为 1＋876.4，表示该桩距起点桩 0＋000 的距离为 1876.4m。在地形变化较大处，应钉设“加桩”，故加桩的桩号常为零星数字。如图 2-44 所示的线路中心线，0＋270 即为加桩，表示该处地形较复杂，不能仍距离 20m 钉设里程桩，而增加了一个距 0＋260 为 10m 的加桩。测设里程桩或加桩时，量距的相对误差应不超过 1/2000。

各桩的桩号应用红油漆书写在朝向起点桩一侧的桩壁上。

里程桩的测设方法，是以两主点桩的连线为方向线，用经纬仪定线，钢尺一般量距法来测设一段 20m（或 30m、50m）的水平距离，在端点处钉设里程桩。加桩即在方向线上，视地形变化较大的地方钉设木桩，再用钢尺一般量距法测定该桩与前一里程桩的水平距离（有时地形变化复杂，加桩可不止一个），最后计算出各加桩的桩号。

3. 测定转折点处的折角

如图 2-44 所示，B、C、D 三个转折点处均有一折角。例如 B 点处的折角 I_1，即是 AB 延长线与 BC 线的夹角。

折角 I_1 的测定方法，是置经纬仪于 B 点，盘左（正镜）后视 A 点，度盘对 0，倒镜（盘右）得 AB 的延长线，再前视 C 点，读水平角即为折角 I_1 的度数。同法可测 I_2、I_3 等折角的角度。

由图 2-44 可见，折角 I_1 从线路前进方向看为右偏角，I_2 则为左偏角，I_3 又为右偏角。折角测量的记录手簿如表 2-13 所示。

表 2-13 线路中心线折角测量记录手簿

工程名称 ××厂专用公路　　天气 晴间多云　　测量 ×××
日　　期 1996.8.27　　仪器 J_6-03　　记录 ×××

桩号	间距/m	折角		备注
		左偏	右偏	
0+055			63°41′24″	I_1
	85.00			
0+140		37°16′06″		I_2
	110.00			
0+250			31°08′40″	I_3
	68.00			
0+318				

4. 测绘线路的纵断面图

主点桩、里程桩（包括加桩）测设完毕，即可测绘出其线路的纵断面图。

5. 线路地面横断面图的测绘

以各里程桩为中心，在垂直于中线方向的左、右两侧，各测 5～10m 宽地带的地貌变化点。以横坐标表示水平距离，纵坐标表示高程，即可绘制该里程桩的横断面图。施测时常用下述两种方法。

(1) 用水准仪测量

先用图 2-46 所示的方向架，将铁脚插入中心线某里程桩处的地面，从 A 端小钉观测，旋转方向架使 B 端小钉与中线上前（或后）一里程桩上所插花杆在一直线上，C、D 两小钉的连线即为该中心桩处横断面的方向。由另一人在 C 点观测，指挥持尺人在 CD 方向线上地貌起伏变化点处立尺，用测中心线里程桩高程的水准仪，同时测出立尺点的高程，并量出该点与中心线里程桩的水平距离，连同观测地表的地质情况，一并记入横断面测量手簿（表 2-14）。一侧施测完毕，同法换到 D 点处观测另一侧地貌变化情况，也记入手簿。

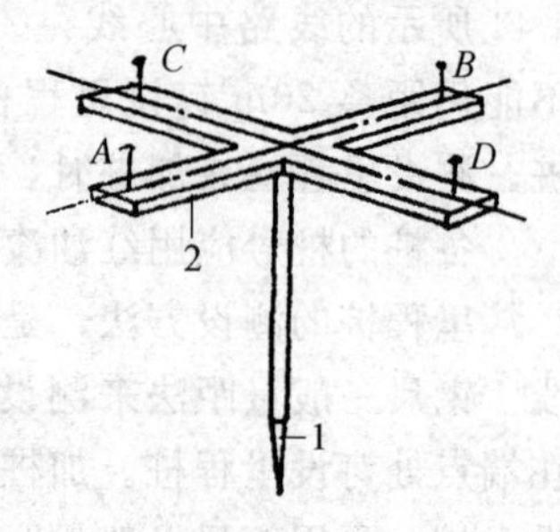

图 2-46 方向架
1—铁脚；2—方向架

根据表 2-14 的记录，以横坐标表示水平距离，纵坐标表示高程，可绘出各桩位的原地面横断面图。如图 2-47 所示，即为 0+020 桩的

表 2-14 线路横断面测量记录手簿

工程名称 ××厂专用公路	天气 晴间多云	测量 ×××
日　期 1996.8.27	仪器 S_3-002	记录 ×××

左侧地形$\left(\frac{\text{高差}}{\text{水平距离}}\right)$	高程 中心桩号	右侧地形$\left(\frac{\text{高差}}{\text{水平距离}}\right)$
平(砂土)	$\frac{156.671}{0+000}$	平(砂土)
平(黏土)	$\frac{156.732}{0+020}$	$\frac{\text{平}}{1.50}$(土)、$\frac{-0.32}{0.80}$(石)、$\frac{-1.16}{2.70}$(石)
⋮	⋮	⋮

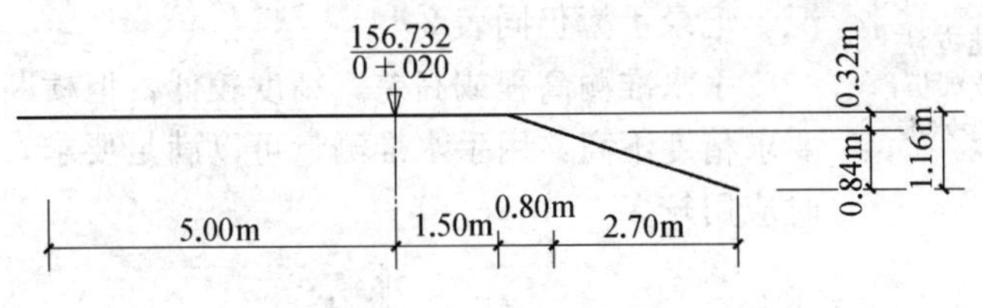

图 2-47　0＋020 桩的横断面

横断面图。为便于计算横断面面积、水平距离和高程，绘图时均宜用同一比例尺。

(2) 用手水准测量

手水准是一种简易测高程的仪器，如图 2-48 所示。图 (a) 为它的全貌。由目镜处可见到如图 (b) 的像。当镜管水平时，气泡在反射镜上的像，恰被十字线的横线平分，这时视线亦为水平。

手水准用手持观测，不易稳定镜管。可用图 2-49 所示的支架板

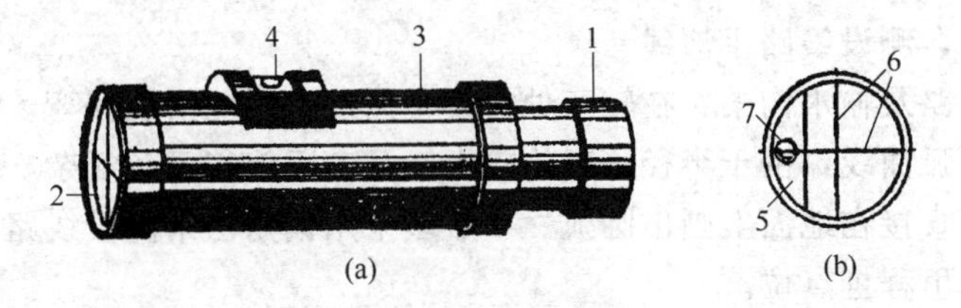

图 2-48　手水准

1—目镜；2—物镜；3—镜管；4—水准管；5—反射镜；6—十字线；7—气泡

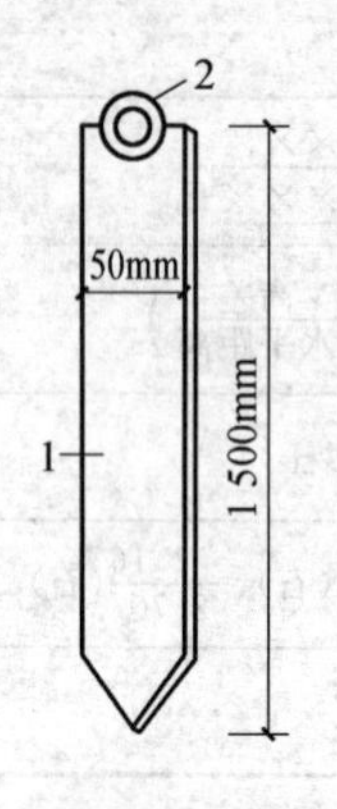

图 2-49 立手水准方法
1—支架板；2—手水准

立于地面，板的上端半圆形缺口处放置手水准，观测较为方便。

用手水准测量横断面上地貌变化点的高差如图 2-50 所示。先置方向架于中线里程桩处，测出与中线垂直的横断面方向，在两端边界点处各立花杆一支。移去方向架，换置手水准的支架板，使手水准视线水平，观测地貌变化点处的立尺，仿水准仪测高差方法，可求出各立尺点与中心桩处的地面高差。水平距离仍用皮尺量得。一侧测完，倒转手水准，同法测另一侧断面。图 2-50 为用手水准测 0＋020 断面的情况。记录手簿仍同表 2-14。

手水准测高程或高差，精度较低，但横断面测量要求精度不高，用手水准测量可以满足要求，故实测时应用较多。

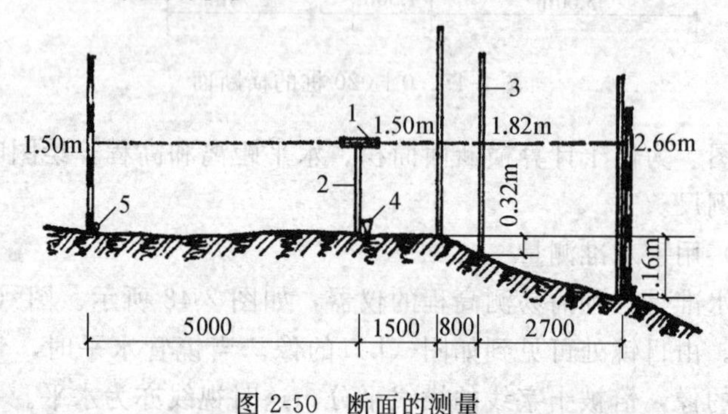

图 2-50 断面的测量
1—手水准；2—支架板；3—水准尺；4—中心桩；5—边界桩

二、测设线路平曲线

道路及输水沟渠，在转弯处需设平曲线，不能折线拐弯。平曲线多用圆弧曲线，由于半径一般均较大，且实际地貌又较复杂，故不能用半径直接在地面上画出圆弧。一般多采用偏角法来测设线路圆弧曲线上的里程桩点位。

1. 圆弧曲线的组成要素

如图 2-51 所示，为圆弧曲线的组成要素。图中

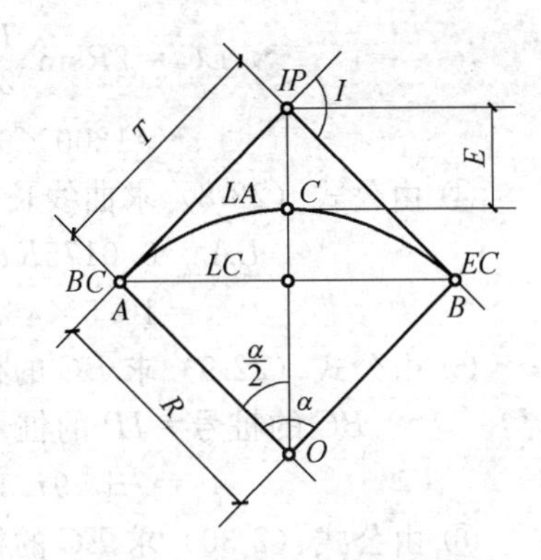

O——圆心；
R——半径；
T——切线长；
LA——曲线长；
LC——长弦；
E——外距；
BC——曲线起点；
EC——曲线终点；
I——折角；
IP——转折点。

图 2-51　圆弧曲线的组成要素

各要素间有如下的数学关系：

$$T=R\tan\frac{I}{2} \tag{2-25}$$

$$E=R\sec\frac{I}{2}-R=R\left(\sec\frac{I}{2}-1\right) \tag{2-26}$$

$$LC=2R\sin\frac{I}{2} \tag{2-27}$$

$$LA=\frac{\pi}{180}RI=0.0175RI \tag{2-28}$$

$$BC\text{ 的桩号}=IP\text{ 的桩号}-T \tag{2-29}$$

$$EC\text{ 的桩号}=BC\text{ 的桩号}+LA \tag{2-30}$$

【例】 一圆弧曲线 IP 桩号为 7+856.47，折角 $I=46°45'$，设选用半径 $R=600$m，试计算圆弧曲线的各要素。

解：

① 由公式（2-25）求切线长

$$T=R\tan\frac{I}{2}=600\times\tan\frac{46°45'}{2}=600\times0.43222=259.33\text{m}$$

② 由公式（2-26）求外距

$$E=R\left(\sec\frac{I}{2}-1\right)=600\times\left(\sec\frac{46°45'}{2}-1\right)$$
$$=600\times0.8941=536.5\text{m}$$

③ 由公式（2-27）求长弦

$$LC = 2R\sin\frac{I}{2} = 2\times600\times\sin\frac{46°45'}{2}$$

$$= 1200\times0.39675 = 476.10\text{m}$$

④ 由公式（22-8）求曲线长

$$LA = 0.0175RI = 0.0175\times600\times46°45'$$

$$= 10.5\times46.75 = 490.88\text{m}$$

⑤ 由公式（22-9）求 BC 的桩号

$$BC\text{的桩号} = IP\text{的桩号} - T = (7+856.47) - 259.33$$

$$= 7+597.14$$

⑥ 由公式（2-30）求 EC 的桩号

$$EC\text{的桩号} = BC\text{的桩号} + LA = (7+597.14) + 490.88$$

$$= 7+1088.02$$

2. 用总偏角法测设圆弧曲线

图 2-52 所示为一圆弧曲线。一般 BC 及 EC 的桩号多为零星数字，为了调整曲线上的桩号为整桩号（即 20m 的整倍数），故曲线的首、尾两段也常为零星数字的弧长。这样调整后，中间的各段弧长均为 20m。设首、尾两段弧长分别为 l_1 及 l_2，所对的圆心角分别为 θ_1 及 θ_2；中间 20m 的弧长为 l，其所对的圆心角为 θ，由几何学关系可得

$$\left.\begin{aligned} \theta_1 &= \frac{l_1}{R}\times\frac{180°}{\pi}\times60' = 3439\frac{l'}{R}(') \\ \theta_2 &= 3439\frac{l_2}{R}(') \\ \theta &= 3439\frac{l}{R}(') \end{aligned}\right\} \tag{2-31}$$

图中由 BC 点到曲线上各桩点所夹弧的总偏角分别为：

$$\left.\begin{aligned} i_1 &= \frac{\theta_1}{2} \\ i_2 &= \frac{\theta_1+\theta}{2} \\ i_3 &= \frac{\theta_1+2\theta}{2} \\ &\cdots \end{aligned}\right\} \tag{2-32}$$

各段圆弧所对的弦长分别为

$$\left.\begin{aligned} c_1 &= 2R\sin\frac{\theta_1}{2} \\ c_2 &= 2R\sin\frac{\theta_2}{2} \\ c &= 2R\sin\frac{\theta}{2} \end{aligned}\right\} \tag{2-33}$$

测设时，如图 2-53 所示，在 BC 桩上安置经纬仪，后视转折点 IP，测设$\angle BA1=i_1$，在方向线 A_1 上测设 $A_1=c_1$，即可放出点 1。同法测设$\angle BA2=i_2$，自点 1 测设 1、$2=c$，与方向线 $A2$ 交会出点 2。如法放出曲线上各里程桩号。施测时，量距误差不得大于$\frac{1}{2000}$，测角误差不得大于 $1'$。

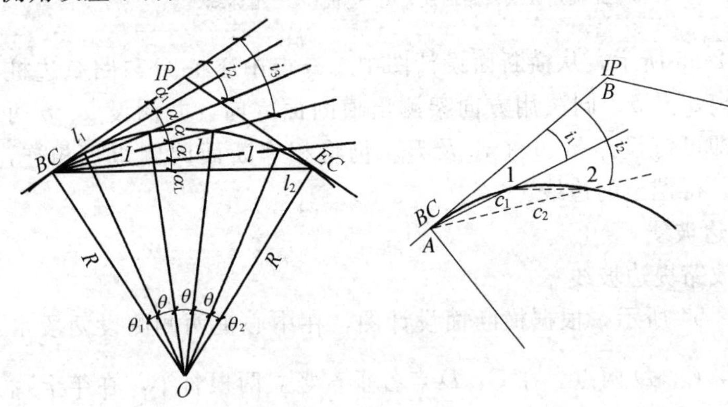

图 2-52　圆弧曲线　　图 2-53　测设方法

三、线路的施工放线

1. 钉边桩

(1) 路堤填土边桩的测设

如图 2-54 所示，从设计线路的横断面上，查得中心桩 O 与路堤边桩的水平距离 a 及 b，用方向架测出横断面的方向，由中心桩向两侧测设水平距离 a 及 b，即可钉设左右两边桩 A、B。将相邻断面同侧边桩相连，划上灰线，即得填土的边线。

(2) 路堑挖土边桩的测设

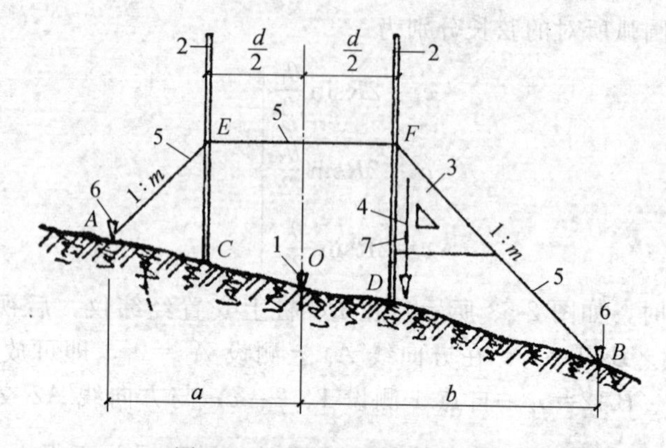

图 2-54　路堤填土边桩的测设

1—中心桩；2—竹竿；3—边坡板；4—垂球线；
5—路堤边坡线及路面线；6—边桩；7—指标线

如图 2-55 所示，从横断面设计图中，查得中心桩 O 与路堑边桩的水平距离 a 及 b，同法用方向架测出横断面方向，并测设 a、b 两段距离，即可钉设路堑边桩 A 及 B。仍将相邻断面同侧边桩相连，划上灰线，得挖土的边线。

2. 放边坡线

(1) 放路堤边坡线

如图 2-54 所示，根据横断面设计图，在中心桩两侧测设两段水平距离$\frac{d}{2}$得 C、D 两点。在 C、D 点各垂直竖立两根竹竿，在竿上找出 E、F 两点，在两点间系一水平麻线，使麻线中点到地面中心桩的铅垂距离等于设计中心填土高度。再用麻线连接 EA 及 FB（A、B 为已放好的边桩），即为路堤边坡线。

亦可按图 2-55 所示的方法，不先钉边桩，在找到竹竿上 E、F 两点后，用图 2-56 所示的坡度板（选边坡 1∶m 符合设计要求的一块），将顶点 f 靠竹竿上的 F 点，fg 边靠竹竿 FD，当竹竿垂直，坡度板上的垂线球尖端亦正对板上的指标线，则斜边 fh 即为 1∶m 的坡度线，将 F 点处的麻线沿 fh 边延长，与地面交于 B 点，亦可钉设边桩 B，FB 即为放出的路堤边坡线。同法放出 EA 边坡线，并钉设

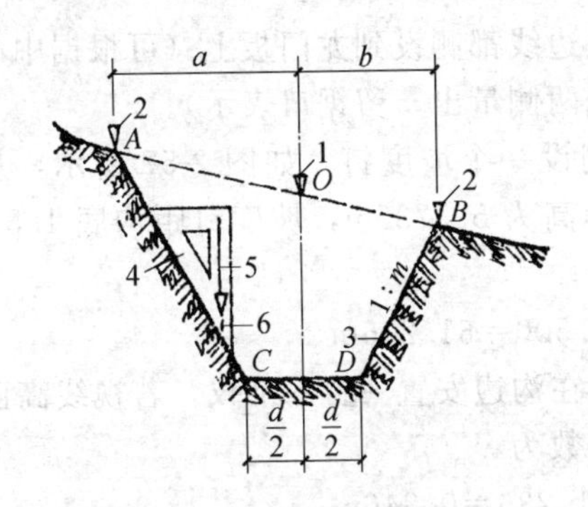

图 2-55 放路堤边坡线的方法

1—中心桩；2—边桩；3—路堑边坡线；4—边坡板；5—垂球线；6—指标线

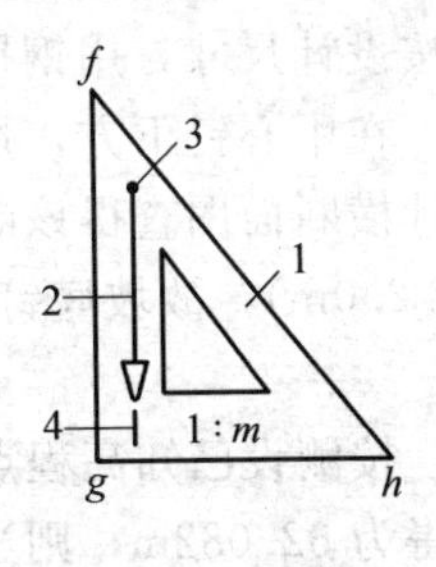

图 2-56 坡度板

1—坡度板；2—垂球；3—小钉；4—指标线

边桩 A。

(2) 放路堑边坡线

如图 2-55 所示，在钉设边桩 A、B 后，即由工人进行开挖，施工员应随时用边坡板检验开挖边坡的坡度。当选用符合设计要求的一块边坡板，斜边靠挖出的边坡，垂球线尖端也正对指标线时，表示开挖的边坡恰为设计边坡 $1:m$。到满足开挖深度时检查底宽 CD 是否符合设计要求，如不符合应予复查调整。

3. 测设管沟线路的龙门架

为了掌握引水沟渠的沟底坡度，或安装输水及其他管道的位置和标高，可测设龙门架。如图 2-57 所示，在沟槽开挖前，沿沟管线路中心线，每距 20m 测设一副龙门架，用经纬仪将管道中心线，测设到龙门板上，并钉一颗中心钉。同时，将断面边桩位置测设到龙门板上，留一个锯口表

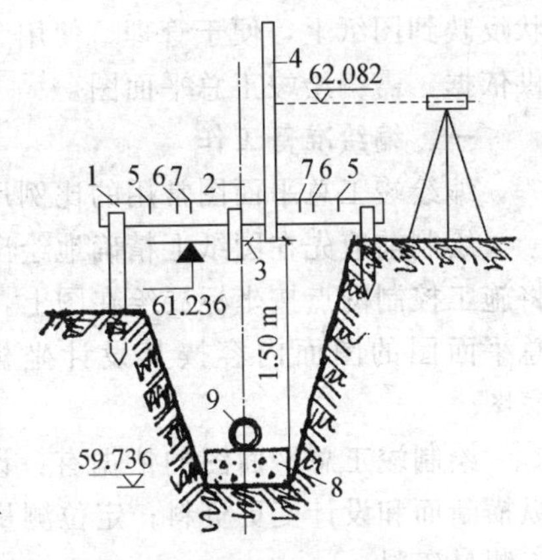

图 2-57 测设管沟线路的龙门架

1—龙门板；2—中心钉；3—坡度钉；4—水准尺；5—开挖线；6—沟底边线；7—垫层边线；8—混凝土垫层；9—管道

示开挖线。并将沟底边线、垫层边线都测设到龙门板上（可根据中心钉按设计尺寸，用钢尺在中心线两侧量出，留锯口表示）。

在中心钉下方，用水准仪测设一个坡度钉，如图 2-57 所示，从设计横断面图查得该断面沟底标高为 59.736m，坡度钉距沟底 1.5m（或 2.0m），故坡底钉的高程为

$$59.736+1.500=61.236\text{m}$$

按测设已知高程点的方法，在沟边安置一台水准仪，若视线高已求得为 62.082m，则当水准尺读数为

$$62.082-61.236=0.846\text{m}$$

时，沿尺底钉一小钉，则钉的高程即为 61.236m。挖沟（或安装管道）时，沿坡度钉向下量 1.50m，即为沟底（或管底）的正确高程。

第七节　竣工总平面图的编绘

工业与民用建筑工程虽都是根据总平面图进行施工，但在施工过程中由于种种原因会改变设计建筑物的位置，或由于施工误差等使得建筑物的竣工位置与设计位置不完全一致。因此，为了将竣工后的现状反映到图纸上，便于管理、使用和维修，也为今后的改扩建工程提供依据，需编绘竣工总平面图。

一、编绘准备工作

编绘竣工总平面图常用的比例尺为 1∶1000～1∶500。

绘制前应先在图纸上精确地绘出坐标方格网，并以此为依据，也将施工控制网点按坐标展绘在图上，然后再根据坐标方格网，将设计总平面图的图面内容按其设计坐标，用铅笔展绘于图纸上，作为底图。

绘制竣工总平面图的依据有：设计总平面图、单位工程平面图、纵横断面和设计变更资料；定位测量、施工测量、施工复核测量及竣工测量资料。

凡按设计坐标定位施工的工程，应以测量定位资料为依据，按设计坐标和标高绘制。建筑物的拐角、起止点、转折点应根据坐标数据展点成图，对建筑物附属部分，如无设计坐标，可用相对尺寸绘制。

若原设计有变更，则应根据变更的资料绘制。对有竣工测量资料的工程，若竣工测量资料与设计值之比差不超过所规定的定位容差时。按设计编绘，否则按竣工测量编绘。

展绘竣工位置时的要求：对厂房应使用黑色墨线绘出该工程的竣工位置，并应在图上注明工程名称、坐标和标高及有关说明。对各种地上、地下管线，应用各种不同颜色的墨线绘出其中心位置，注明转折点及井位的坐标、高程及有关说明。没有设计变更的工程墨线绘制的竣工位置，与按设计原图用铅笔绘的底图位置应该重合。若坐标及标高与设计比较有小的出入，其误差须在容差之内。

竣工总平面图应随着施工进展，逐步绘出，将底图上的铅笔线都绘成为墨线。竣工工程位置展绘以坐标方格网为依据，展点对临近的方格而言，其容差为±0.3mm。

二、现场测绘工作

对于未能及时提供建筑物的设计坐标，而在现场指定施工位置的工程；无法在设计图上推算坐标和标高，但仅有相对地物的尺寸放线施工的工程；多次变更设计，而又无法查对资料的工程；以及现场尚保留的大型临时设施、围墙和绿化等，这些在绘制竣工总平面图时，应进行现场实测，对外作业实测时，先在现场绘出草图，然后根据实测资料和草图，完成竣工总平面图。

三、编绘注意事项

① 对于大型企业和较复杂的工程，若将厂区地上、地下所有建筑物和构筑物都绘在一张总平面上，这样会使图面线条密集，不易辨认，应进行分类编绘。一般可分为：综合竣工总平面图，包括一切建筑物、构筑物、主要管线、道路、竖向布置和绿化等；工业管线竣工总平面图和厂区铁路、公路竣工总平面图。

② 编绘建筑工程竣工总平面图最好边施工边编绘。随工程竣工，及时绘制，可避免资料遗失，又可考核和反映施工进度。若发现有问题，可及时到现场查对，使竣工图能真实地反映实际情况。

③ 竣工总平面图的图面内容和图例，一般应与设计图一致，若图例不足，可以补充编制，但必须加图例说明。

第三章　土方工程

第一节　概　述

一、土方施工特点

一切建筑物或构筑物的施工过程，首先是土（石）方工程的施工。它是建筑工程施工中的主要工程之一。土方工程包括各种土的挖掘、填筑、运输，以及排水、降水、土壁支撑等准备工作和辅助工作。在一般工业与民用建筑工程中，最常见的土方工程有：场地平整；基坑（槽）、地下室及管沟开挖与回填；地坪填土与碾压；路基、护坡填筑以及各种回填土等。

土方工程施工具有以下特点。

① 面广量大，劳动繁重。在建筑工程中，尤其是比较大型的建筑项目的场地平整，土方施工面积很大。其土方工程量可达几万甚至几十万，几百万立方米以上。劳动强度很高，工作繁重。

② 施工条件复杂。土方施工大部为露天作业，有些土方工程又往往是在施工条件不完全具备的情况下施工，因而在工程施工中难以确定的因素较多，条件复杂。尤其要受到地区、气候、水文、地质、人文历史等条件的影响，给施工带来很大困难，有时甚至会影响到施工的正常进行。

③ 施工费用低，但需投入的劳力和时间较多。对于因受条件制约，难以组织机械化施工的土方工程又常常会影响后续工程的施工。

二、土方施工设计的原则

根据土方施工的特点，要做好土方工程施工，首先要详尽分析和校核各项技术资料，尤其要做好现场勘察、地面清理、地下障碍物的清除，以及土方机械进场道路，土方搬运去向等。在大城市施工时更要注意对环境的污染。其次，由于土方工程量比较大，要尽可能采用机械化和半机械化施工，采用一些行之有效的新工艺、新工具，以代替或减轻繁重的体力劳动。第三，要合理安排施工计划，拟定合理施工方案，充分作好准备，避开雨季施工，否则要作好防洪排水的准备，确保工程质量，取得较好的经济效果。

在施工前，一定要制定出以技术经济分析为依据的施工设计。土方的施工设计应做到以下几点。

① 要选择适宜的施工方案和效率高、费用低的施工机械。

② 要合理进行土方的调配，使总的土方量达到最少。

③ 要合理选用和组织施工机械，保证施工机械发挥最大的使用效益。

④ 在土方施工前要选择好运输道路，做好排水、降水、土壁支撑等一切准备和辅助工作。

⑤ 编制施工计划要充分注意季节性。土方施工应尽量避免在冬季和雨季施工。

⑥ 对施工中可能遇到的问题，如：流沙、边坡稳定、古墓、枯井、古河道、人防设施等要进行技术分析，并提出解决措施。

⑦ 施工中一定要有确保安全施工的措施。

三、土的工程分类

土的工程分类方法较多，有的按普氏 16 级分类，有的分为六级，也有的分为八类或十类。经常采用的是作为建筑工程的地基土，其分为：黏性土、砂土、碎石土、岩石、人工填土五类。另一种是按照施工开挖的难易程度，即按土的坚硬程度和开挖方法及使用工具，将土分为八类，故在建筑安装工程统一劳动定额中是按八类土分类的。现将八类分类法综合列于表 3-1 中。

四、土的可松性

土都具有一定的可松性。即在自然状态下，经过开挖后，其体积因松散而增大，虽以后经回填压实，仍不能恢复成原来的体积。

土方工程量的计算是以自然状态下的体积来计算的，所以在土方回填、土方调配、计算土方机械生产率及运输工具数量的时候，必须考虑土的可松性。土的可松性程度可用可松性系数表示。土的可松性系数分为两种，一种为最初可松性系数，它表示土由自然状态经开挖成为松散土时体积增大的程度。另一种为最终可松性系数，它是表示

表 3-1 土的工程分类表

土的分类	土的级别	土的名称	开挖方法及工具
一类土（松软土）	Ⅰ	略有黏性的砂土、粉土腐殖土及疏松的种植土，泥炭（淤泥）	用锹，少许用脚蹬用板锄挖掘
二类土（普通土）	Ⅱ	潮湿的黏性土和黄土，含有建筑材料碎屑，碎石卵石的堆积土和种植土	用锹、条锄挖掘，需用脚蹬，少许用镐
三类土（坚土）	Ⅲ	中等密实的黏性土和黄土，含有碎石、卵石或建筑材料碎屑的潮湿的黏性土和黄土	主要用镐、条锄，少许用锹
四类土（砂砾坚土）	Ⅳ	坚硬密实的黏性土或黄土，含有碎石、砾石（体积在10%～30%，重量在25kg以下石块）的中等密实黏性土或黄土；硬化的重盐土；软泥灰岩	全部用镐、条锄挖掘，少许用撬棍挖掘
五类土（软石）	Ⅴ～Ⅵ	硬的石炭纪黏土；胶结不紧的砾岩；软的、节理多的石灰岩及贝壳石灰岩；坚实的白垩；中等坚实的页岩、泥灰岩	用镐或撬棍、大锤挖掘，部分使用爆破方法
六类土（次坚石）	Ⅶ～Ⅸ	坚硬的泥质页岩；坚硬的泥灰岩；角砾状花岗岩；泥炭质石灰岩；黏土质砂岩；云母页岩及砂质页岩；风化的花岗岩、片麻岩及正常岩；滑石质的蛇纹岩；密实的石灰岩；硅质胶结的砾岩；砂岩；砂质石灰质页岩	用爆破方法开挖，部分用风镐
七类土（坚石）	Ⅹ～ⅩⅢ	白云岩；大理石；坚实的石灰岩、石灰质及石英质的砂岩；坚硬的砂质页岩；蛇纹岩；粗粒正常岩；有风化痕迹的安山岩及玄武岩；片麻岩、粗面岩；中粗花岗岩；坚实的片麻岩，粗面岩；辉绿岩；玢岩；中粗正常岩	用爆破方法开挖
八类土（特坚石）	ⅩⅣ～ⅩⅥ	坚实的细粒花岗岩；花岗片麻岩；闪长岩；坚实的玢岩；角闪岩、辉长岩、石英岩；安山岩、玄武岩；最坚实的辉绿岩；石灰岩及闪长岩；橄榄石质玄武岩；特别坚实的辉长岩、石英岩及玢岩	用爆破方法开挖

注：土的级别为相当于一般16级土石分类级别。

自然土开挖经回填压实后土体积的增大程度。计算公式如下：

$$K_S=\frac{V_2}{V_1};\ K'_S=\frac{V_3}{V_1}$$

式中 K_S——最初可松性系数：松土为1.08～1.17，普通土为1.14～1.24，坚土为1.24～1.30；

K'_S——最终可松性系数：松土为1.01～1.03，普通土为

1.02～1.05，坚土为1.04～1.07；

V_1——土在天然状态下的体积，m^3；

V_2——土经开挖后的松散体积，m^3；

V_3——土经回填压实后的体积，m^3。

由上式看出，最初可松性系数一定大于最终可松性系数；即

$$K_S > K'_S$$

其比值也一定小于1；即$\frac{K'_S}{K_S}<1$。它实际是反映开挖后土体的压实率的大小。压实率越大，土质越松散，开挖越容易。反之，压实率越小，土质越坚硬，开挖越困难。施工中决不可忽视土的可松性。

第二节　土石方的工程量计算

在土石方工程施工之前，必须计算土石方的工程量。但各种土石方工程的外形有时很复杂，而且不规则。一般情况下，都是将其假设或划分成为一定的几何形状，并采用具有一定精度而又和实际情况近似的方法进行计算。

一、基坑、基槽土方量计算

基坑土方量可按立体几何中有关柱体（由两个平行的平面做底的一种多面体）的体积公式计算。如图3-1所示，土方的体积（工程量）可按式（3-1）计算。

$$V=\frac{H}{6}(A_1+4A_0+A_2) \tag{3-1}$$

式中　H——基坑深度，m；

A_1，A_2——基坑上、下的底面积，m^2；

A_0——基坑中截面面积，m^2。

基槽路堤管沟的土方工程量，可以沿长度方向分段后，再用同样方法计算（图3-2）。即：

$$V_i=\frac{L_i}{6}(A_1+4A_0+A_2) \tag{3-2}$$

式中　V_i——第i段的土方量，m^3；

L_i——第 i 段的长度，m。

将各段土方量相加，即得总土方量：

$$V=\sum V_i \tag{3-3}$$

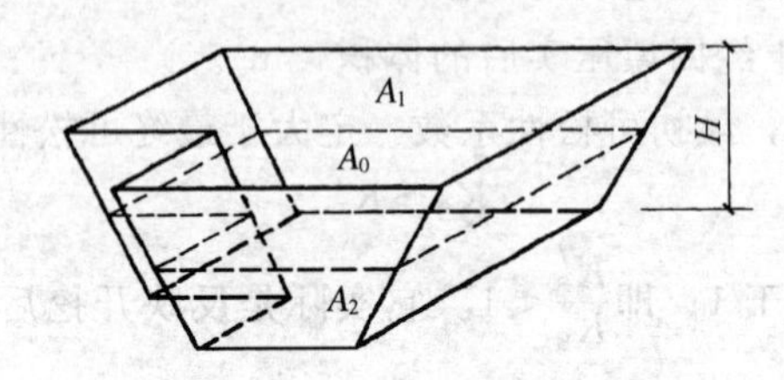

图 3-1 基坑土方量计算

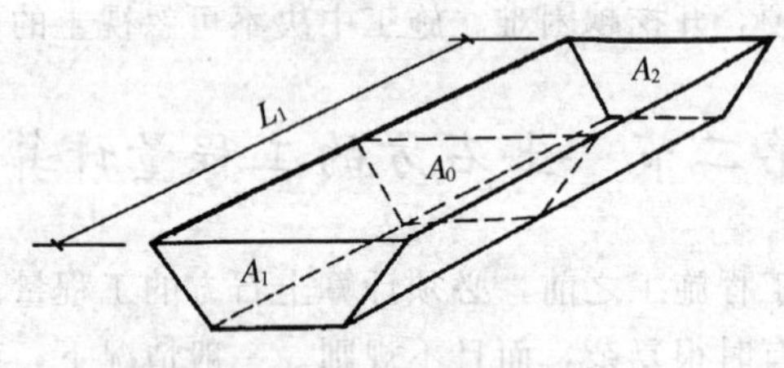

图 3-2 基槽土方量计算

二、场地平整的土石方量计算

场地平整是将需进行建筑施工范围内的自然地面改造成施工所要求的设计平面，通常是挖高填低。由于建筑施工的性质、规模、施工期限以及技术力量等条件的不同，并考虑到基坑（槽）开挖的要求，场地平整施工有以下三种方案：

先平整整个场地，后开挖建筑物基坑（槽）。可为大型土方机械提供较大的工作面，提高生产率，减少工作间的相互干扰，但工期较长。适用于场地的挖填土方量较大的工程；

先开挖建筑物基坑（槽），后平整场地。可加快施工速度，也能减少重复挖填土方的数量。适用于地形平坦的场地；

边场地平整，边开挖基坑（槽）。根据现场施工的具体条件，划分不同施工区，有的先平整场地，有的则先开挖基坑（槽）。

场地平整为施工中的一项重要内容，施工程序一般为：现场勘察→清理地面障碍物→标定整平范围→设置水准基点→设置方格网，测量标高→计算土方挖填工程量→平整土方→场地碾压→验收。

场地平整前，必须确定场地的设计标高（一般由设计单位在总图竖向设计中确定），计算挖方、填方工程量，确定挖填方的平衡调配方案，并选择土方机械，拟定施工方案。

1. 场地设计标高的确定

场地设计标高是进行场地平整和土方量计算的依据，也是总图规划和竖向设计的依据。应结合现场的具体条件，反复进行技术经济比较，合理地确定场地的设计标高。其确定原则是：满足建筑规划和生产工艺的要求；充分利用地形（如分区或分台阶布置），尽量减少挖填方数量；力求挖填方平衡，使土方运输费用最少；要有一定的泄水坡度（≥2‰），满足排水要求；要考虑最高洪水位的影响。

如设计文件对场地设计标高无明确规定和特殊要求，可参照下述步骤和方法确定。

(1) 初步计算场地设计标高 H_0

初步计算场地设计标高的原则是场地内挖填方平衡，即场地内挖方总量等于填方总量。如图 3-3 所示，将场地地形图划分成边长 10～40m 的若干个方格（或利用地形图的方格网），各方格角点自然地面标高确定的方法有：当地形平坦时，可根据地形图上相邻两条等高线的标高，用插入法求得；地形起伏大（用插入法有较大误差）或无地

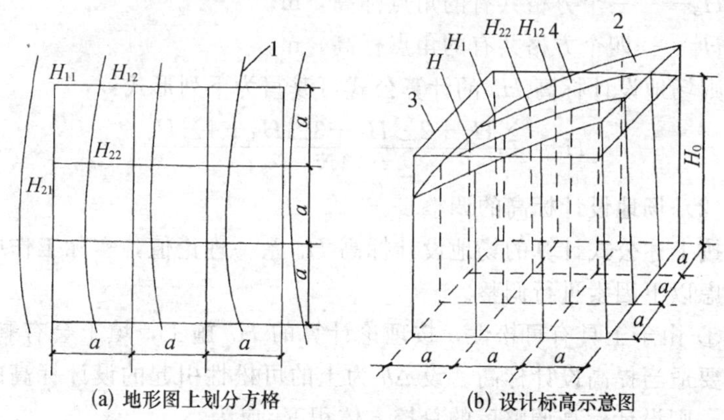

(a) 地形图上划分方格　　(b) 设计标高示意图

图 3-3　场地设计标高计算简图

1—等高线；2—自然地面；3—设计标高平面；

4—自然地面与设计标高平面的交线（零线）

形图时，可在现场用木桩打好方格网，然后用仪器直接测出。

按照场地内土方在平整前和平整后相等的原则，场地设计标高可按式（3-4）计算：

$$H_0 N a^2 = \sum\left(a^2 \frac{H_{11}+H_{12}+H_{21}+H_{22}}{4}\right)$$

$$H_0 = \frac{\sum(H_{11}+H_{12}+H_{21}+H_{22})}{4N} \tag{3-4}$$

式中 H_0——所计算的场地设计标高，m；

a——方格边长，m；

N——方格数；

H_{11}，H_{12}，H_{21}，H_{22}——任意一个方格的四个角点标高，m。

从图 3-3 可见，H_{11}系一个方格的角点标高，H_{12}和 H_{21}系相邻两个方格的公共角点标高，H_{22}系相邻的四个方格的公共角点标高。如果将所有方格的四个角点相加，则类似 H_{11}这样的角点标高加一次，类似 H_{12}和 H_{21}的角点标高需加两次，类似 H_{22}的角点标高要加四次。如令

H_1——一个方格独有的角点标高，m；

H_2——两个方格共有的角点标高，m；

H_3——三个方格共有的角点标高，m；

H_4——四个方格共有的角点标高，m。

则场地设计标高 H_0 的计算公式可改写为下列形式：

$$H_0 = \frac{\sum H_1 + 2\sum H_2 + 3\sum H_3 + 4\sum H_4}{4N} \tag{3-5}$$

（2）场地设计标高的调整

按上述公式计算的场地设计标高 H_0 系一理论值，实际工作中还需考虑以下因素进行调整。

① 由于土具有可松性，按理论计算的 H_0 施工，填土会有剩余，因此要适当提高设计标高。设 Δh 为土的可松性引起的设计标高的增加值，则设计标高调整后的总挖方体积 V'_W应为：

$$V'_W = V_W - F_W \Delta h$$

总填方体积为：V'_T。

$$V'_T = V'_W K'_S = (V_W - F_W \Delta h) K'_S$$

此时，填方区的标高也应与挖方区一样，提高 Δh，即：

$$\Delta h = \frac{V'_T - V_T}{F'_T} = \frac{(V_W - F_W \Delta h) K'_S - V_T}{F'_T}$$

经移项整理简化得（当 $V_T = V_W$）：

$$\Delta h = \frac{V_W (K'_S - 1)}{F'_T + F_W K'_S} \tag{3-6}$$

所以考虑土的可松性后，场地设计标高应调整为：

$$H'_0 = H_0 + \Delta h \tag{3-7}$$

式中　V_W，V_T——按初定场地设计标高（H_0）计算得出的总挖方、总填方体积，m^3；

F_W，F'_T——按初定场地设计标高（H_0）计算得出的挖方区、填方区总面积，m^2；

K'_S——土的最终可松性系数。

② 借土或弃土的影响。由于场地内大型基坑挖出的土方、修筑路堤填高的土方、边坡挖填方量不等，或经过经济比较而将部分挖方就近弃于场外（简称弃土），部分填方就近从场外取土（简称借土）等，均会引起挖填土方量的变化，导致设计标高降低或提高。

为简化计算，场地设计标高的调整可按下列近似公式确定，即：

$$H''_0 = H'_0 \pm \frac{Q}{Na^2} \tag{3-8}$$

式中　Q——假定按初定场地设计标高（H_0）平整后多余或不足的土方量，m^3；

N——场地方格数；

a——方格边长，m。

③ 由于受设计标高以上的各种填方工程（如场区上填筑路堤）的用土量，或者设计标高以下的挖方工程（如开挖河道、水池、基坑）的挖土量的影响，使设计标高降低或提高，调整方法同上。

上述②、③两项可根据具体情况计算后加以调整，而①项的影响因素可在场地土方量计算前修正。

（3）考虑泄水坡度对角点设计标高的影响

按上述计算及调整后的场地设计标高进行场地平整后，则整个场地将处于同一个水平面。但实际施工中由于有排水的要求，平整后的场地表面均应有一定的泄水坡度。平整场地的表面坡度应符合设计要求，如设计无要求时，一般应向排水沟方向做成不小于2‰的泄水坡度。所以，还要根据场地要求的泄水坡度，最后计算出场地内各方格角点（或任意点）实际施工时的设计标高。场地单向泄水及双向泄水时，场地各方格角点的设计标高求法如下。

① 单向泄水时，将已经调整的设计标高（H''_0）作为场地中心线（与排水方向垂直的中心线）的标高［图 3-4（a)］，场地内任意一点的设计标高则为：

$$H_{ij}=H''_0 \pm Li \tag{3-9}$$

式中 H_{ij}——场地内任意一点的设计标高，m；

L——该点至场地中心线的距离，m；

i——场地单向泄水坡度（不小于2‰）；

±——该点比经调整的设计标高（H''_0）高则取“+”，反之取“-”。

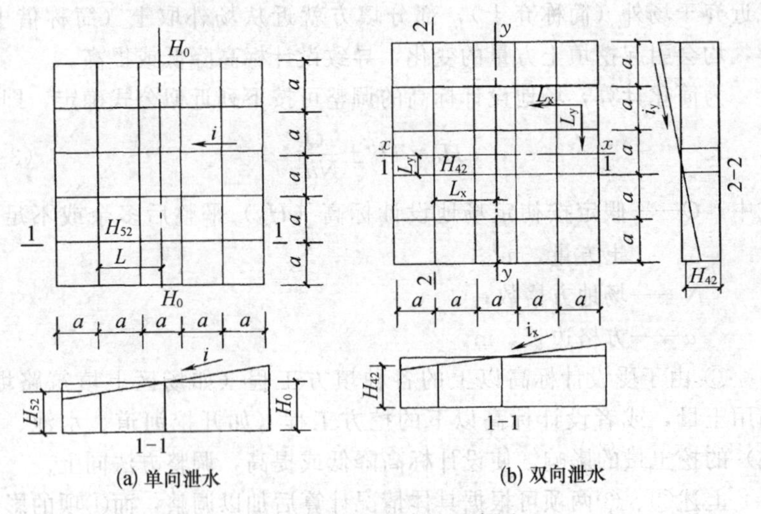

图 3-4 场地泄水坡示意图

② 双向泄水时，则将已经调整的设计标高（H''_0）作为场地纵横

方向的中心点的标高［图 3-4（b）］，场地内任意一点的设计标高为：

$$H_{ij}=H_0''\pm L_x i_x \pm L_y i_y \tag{3-10}$$

式中　L_x，L_y——该点沿 x-x、y-y 方向距场地中心线的距离，m；

　　i_x，i_y——该点沿 x-x、y-y 方向的泄水坡度。

注意：如果不考虑土的可松性影响和余亏土的影响，则计算场地内任意一点的设计标高时，应将调整的设计标高（H_0''）替换为初定场地设计标高（H_0）。

2. 场地土石方量的计算

场地平整土方量计算方法，通常有方格网法和断面法两种。

（1）方格网法

方格网法计算精度较高，适合地形平缓和台阶宽度较大的地区采用。所谓方格网法，是将需平整的场地划分为边长相等的方格，分别计算各方格的土方量并加以汇总，得出总的土方量的方法。计算步骤一般为：确定场地的设计标高；计算方格角点的挖填深度；计算方格土方量；计算边坡土方量；汇总土方量并进行平衡等。当经计算的填方和挖方不平衡时，则根据需要进行设计标高的调整，并重复以上计算步骤，重新计算土方量。

① 划分方格网并计算场地各方格角点的施工高度。根据已有地形图（或按方格测量）划分方格网，尽量与测量的纵、横坐标网对应，方格边长根据地形复杂情况取 10～50m，地形简单取小值，地形复杂取大值，一般采用 20m×20m 或 40m×40m。将设计标高和自然标高分别标注在方格角点的右上角和右下角。将自然地面标高与设计标高的差值，即各角点的施工高度（挖或填），填在方格网的左上角，挖方为（－），填方为（＋）。

各方格角点的施工高度（即挖、填方高度）按式（3-11）计算：

$$h_{ij}=H_{ij}-H_{ij}' \tag{3-11}$$

式中　h_{ij}——该角点的施工高度（即挖、填方高度）。以“＋”为填方高度，以“－”为挖方高度，m；

　　H_{ij}——该角点的设计标高，m；

　　H_{ij}'——该角点的自然地面标高，m。

② 确定零线。当同一方格的四个角点的施工高度均为“＋”或

“－”时，该方格内的土方则全部为填方或挖方；如果一个方格中一部分角点的施工高度为“＋”，而另一部分为“－”时，此方格中的土方一部分为填方，另一部分为挖方。这时，要先确定挖、填方的分界线，称为零线。

确定零线时，要先确定相邻的一挖一填的两角点间方格边线上的零点（此点既不挖也不填），方格网中各相邻边线上的零点间连线即为零线。

方格边线上的零点位置可按式（3-12）计算（图 3-5）：

$$x=\frac{ah_1}{h_1+h_2} \tag{3-12}$$

式中 h_1，h_2——相邻两角点填、挖方施工高度（以绝对值代入），m。h_1 为填方角点的填方高度，h_2 为挖方角点的挖方高度；

a——方格边长，m；

x——零点所划分方格边长的数值（即零点至某计算基点的距离），m。

③ 计算各方格的土方量。由于零线通过方格的部位不同，将方格划分成四种情况。计算场地土方量时，先求出各方格的挖、填方土方量和场地周围边坡的挖、填方土方量，把挖、填方土方量分别加起来，就得到场地挖、填方的总土方量。

全填或全挖方格土方量计算：用平均高度计算土方量，如图 3-6 所示。

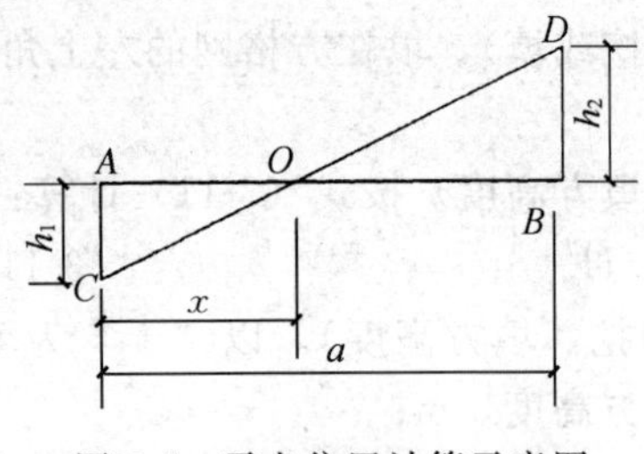

图 3-5 零点位置计算示意图

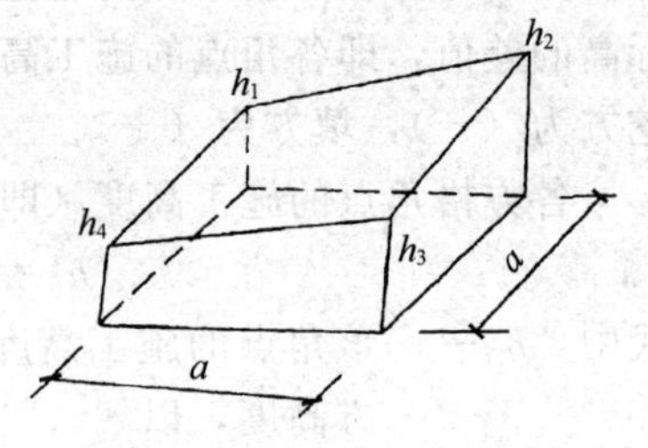

图 3-6 全挖（全填）方格

$$V=\frac{a^2}{4}(h_1+h_2+h_3+h_4) \tag{3-13}$$

式中　　V——挖方或填方的体积，m^3；

h_1，h_2，h_3，h_4——方格角点挖、填高度，以绝对值代入，m。

两挖两填方格土方量计算：用三角棱锥体平均截面法分别计算填方和挖方土方量，如图 3-7 所示。其挖方部分土方量为：

$$V=\frac{a^2}{4}\left[\frac{h_1^2}{h_1+h_4}+\frac{h_2^2}{h_2+h_3}\right] \tag{3-14}$$

填方部分土方量为：

$$V=\frac{a^2}{4}\left[\frac{h_3^2}{h_2+h_3}+\frac{h_4^2}{h_1+h_4}\right] \tag{3-15}$$

三挖一填或三填一挖方格土方量计算：如图 3-8 所示，方格内三挖一填时，填方部分土方量为：

$$V_{填}=\frac{a^2}{6}\left[\frac{h_4^3}{(h_1+h_4)(h_2+h_3)}\right] \tag{3-16}$$

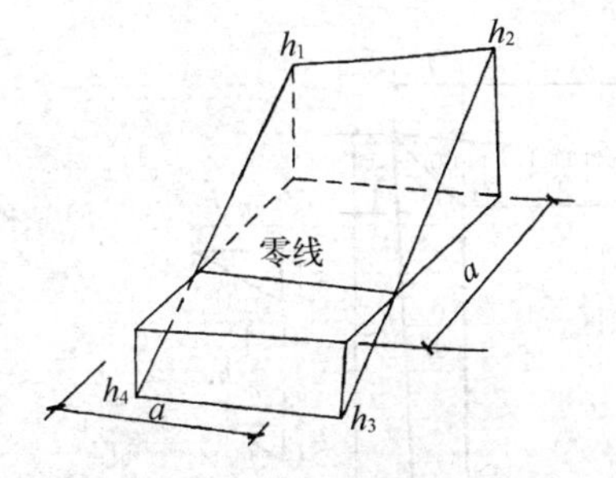

图 3-7　两挖两填方格

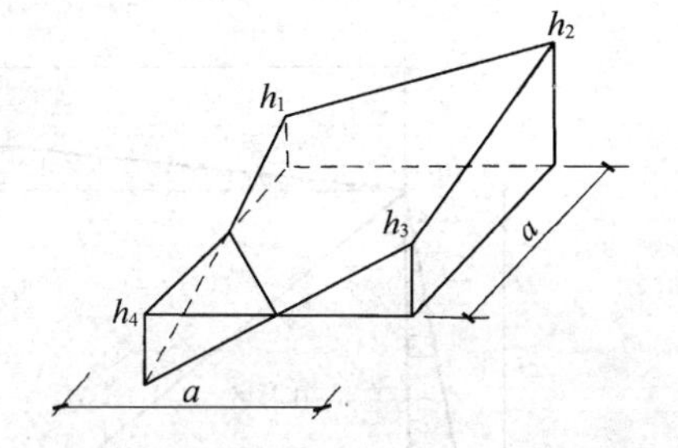

图 3-8　三挖一填（或三填一挖）方格

挖方部分土方量为：

$$V_{挖}=\frac{a^2}{6}(2h_1+h_2+3h_3-h_4)+V_{填} \tag{3-17}$$

反之，方格内三填一挖时，其挖方部分的土方量按公式（3-16）计算，填方部分的土方量按公式（3-17）计算。

一挖一填方格土方量计算：一挖一填方格是指方格的一个角点为挖方，一个角点为填方，另

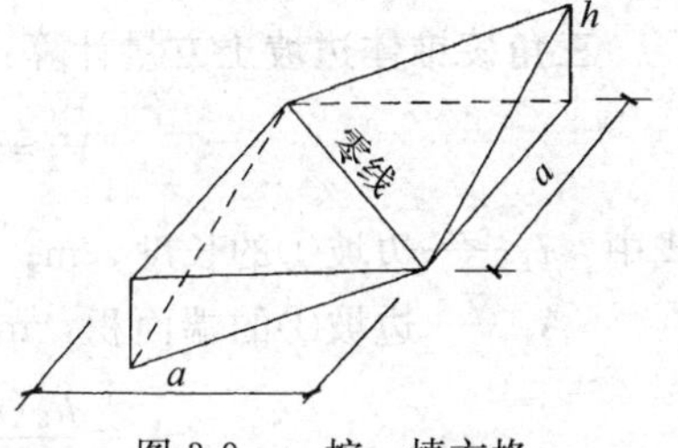

图 3-9　一挖一填方格

外两个角点为零点（零线为方格的对角线）时的情况。如图 3-9 所示，其挖（填）土方量为：

$$V=\frac{1}{6}a^2h \tag{3-18}$$

④ 计算边坡土方量。确定了零线后，就将所要平整的场地划分为填方区和挖方区，为了保证场地四周土壁的稳定，必须设置边坡。边坡土方量的计算，如图 3-10 所示，首先根据规范或设计文件中规定的边坡坡度系数，画出挖方区和填方区的边坡；然后，将这些边坡划分为若干几何形体，从图中可知，场地平整的边坡基本上分为三种近似的几何形体（三角棱锥体、三角棱柱体和由两个三角棱锥组成的阴角或阳角土体）；再分别计算其体积，最后将各分段计算的结果相加，求出边坡土方的挖、填方土方量。图 3-10 所示为边坡土方量分段计算示例。

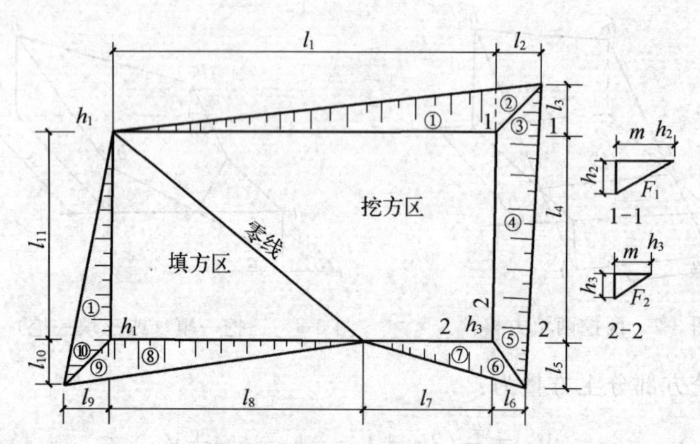

图 3-10 边坡土方量分段计算示例

三角棱锥体边坡土方量计算：如图 3-10 所示。

$$V_1=\frac{1}{3}A_1l_1 \tag{3-19}$$

式中 l_1——边坡①的长度，m；

A_1——边坡①的端面积，m²，即：

$$A_1=\frac{h_2(mh_2)}{2}=\frac{mh_2^2}{2} \tag{3-20}$$

式中 h_2——角点的挖土高度，m；

m——边坡的坡度系数。

三角棱柱体边坡土方量计算：如图 3-10 所示。

$$V_4=\frac{A_1+A_2}{2}l_4 \tag{3-21}$$

在两端横截面面积相差很大的情况下。则：

$$V_4=\frac{l_4}{6}(A_1+4A_0+A_2) \tag{3-22}$$

式中 l_4——边坡④的长度，m；

A_1，A_2，A_0——边坡④两端及中部的横截面面积，m^2，算法同上。

关于场地四个角处的土方量，实际上是由 2 个三角棱锥体所组成，但其两个坡面的交点不好确定，为简化计算一般取平面成正方形计算，即 2 个三角棱锥体的长度均取方格角点挖填深度乘以坡度系数求得。

⑤ 汇总平衡土方量。将以上所计算的各方格土方量和挖方区、填方区的边坡土方量，按挖填方分别进行汇总，即获得场地平整的挖方量和填方量。

⑥ 设计标高的调整。以上计算求得的 H_0 和 H_{il}，是一个仅考虑了场地泄水坡度后的理论上的设计标高，但是对土的可松性、设计标高以下的挖方或设计标高以上的填方，以及土方边坡等因素均未加以考虑，因此据此设计标高求出的挖填方量可能不会相等，必然出现余土或亏土，若不另设弃土区或取土区而要在场地内自行平衡时，就必须调整设计标高。出现余土时，则必须将原设计标高提高 Δh 以减少挖方量，反之则必须将设计标高下降 Δh 以增加挖方量。设计标高调整值的计算公式见前述场地设计标高的调整。

（2）断面法

断面法计算较简便，但精确度较低。适用于路堑、路基等线形工程，地形起伏变化较大、自然地面复杂的地区，或者挖填深度较大、截面又不规则的地区，计算步骤如下。

① 划分横断面。根据地形图（或直接测量）及竖向设计图，将要计算的场地划分横断面 AA'、BB'、CC'、…，如图 3-11 所示。划

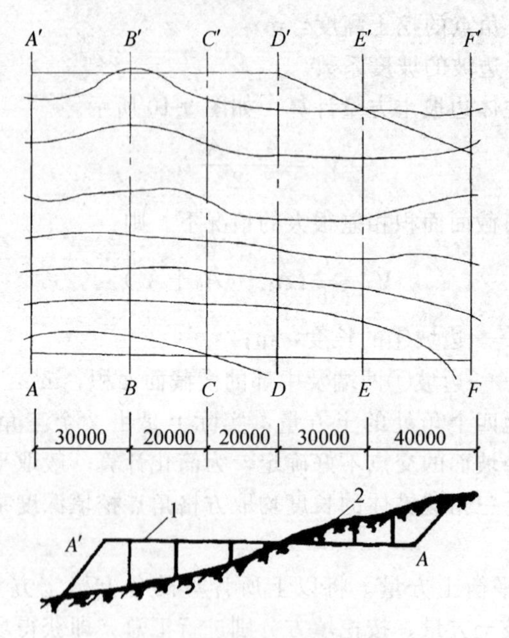

图 3-11 划分横截面示意图

1—设计地面；2—自然地面

分原则是尽量使其垂直于等高线，或垂直于建筑物的边长。横断面之间的间距可不等，在地形变化复杂的情况下，一般为 10m、20m 或 50m，但最大不大于 100m。

② 画断面图形。按比例（水平为 1∶200～1∶500，垂直为 1∶100～1∶200）绘制每个横断面的自然地面和设计地面的轮廓线。设计地面轮廓线与自然地面轮廓线之间即为填方或挖方的截面。

③ 计算断面面积。按表 3-2 面积计算公式，计算每个断面的填方或挖方截面积。

④ 计算土方工程量。根据所求断面面积即可计算土方工程量。设各断面面积分别为 A_1、$A_2 \cdots A_n$，相邻两端面间的距离依次为 L_1、$L_2 \cdots L_n$，则所求土方工程量为：

$$V=\frac{A_1+A_2}{2}L_1+\frac{A_2+A_3}{2}L_2+\cdots+\frac{A_{n-1}+A_n}{2}L_n \tag{3-23}$$

表 3-2　常用断面面积计算公式

图　示	面积计算公式
h_n　$1:m$　b	$A=h_n(b+mh_n)$
h　$1:m_1$　$1:m_2$　b	$A=h\left[b+\dfrac{h(m_1+m_2)}{2}\right]$
h_1　$1:m$　$1:m$　h_2　b	$A=b+\dfrac{(h_1+h_2)}{2}+mh_1h_2$
h_1　h_2　h_3　h_4　a_1　a_2　a_3　a_4　a_5	$A=h_1\dfrac{a_1+a_2}{2}+h_2\dfrac{a_2+a_3}{2}+h_3\dfrac{a_3+a_4}{2}+h_4\dfrac{a_4+a_5}{2}$
h_0　h_1　h_2　h_3　h_4　h_5　h_6　h_n　a　a　a　a　a　a　a	$A=\dfrac{a}{2}(h_0+2h+h_n)$ $h=h_1+h_2+h_3+h_4+h_5+h_6$

用断面法计算土方量时，边坡土方量已包括在内。

⑤ 汇总。按表 3-3 格式汇总全部土方工程量，并应考虑可松性系数。

表 3-3　土方量汇总表

断面	填方面积 /m^2	挖方面积 /m^2	断面间距 /m	填方体积 /m^3	挖方体积 /m^3
$A—A'$					
$B—B'$					
$C—C'$					
……					
合计					

第三节 土方工程的准备与辅助工作

土方工程的准备工作及辅助工作是保证土方工程顺利进行必不可少的，在编制土方工程施工方案时应作周密、细致的设计。在土方工程施工前、施工过程中乃至施工后，都要认真执行所制定的有关措施，进行必要的监测，并根据施工中实际情况的变化及时调整实施方案。

一、土方工程施工前的准备工作

土方工程施工前应做好下述准备工作。

① 场地清理：包括清理地面及地下各种障碍。在施工前应拆除旧房和古墓，拆除或改建通信、电力设备、地下管线及地下建筑物，迁移树木，去除耕植土及河塘淤泥等。

② 排除地面水：场地内低洼地区的积水必须排除，同时应注意雨水的排除，使场地保持干燥，以利土方施工。

地面水的排除一般采用排水沟、截水沟、挡水土坝等措施。

③ 修筑好临时道路及供水、供电等临时设施。

④ 做好材料、机具及土方机械的进场工作。

⑤ 做好土方工程测量、放线工作。

⑥ 根据土方施工设计做好土方工程的辅助工作，如边坡稳定、基坑（槽）支护、降低地下水位等。

二、土方边坡及其稳定

土方边坡坡度以其高度 H 与其底宽 B 之比表示。边坡可做成直线形、折线形或踏步形（图 3-12）。

$$土方边坡坡度=\frac{1}{H/B}=\frac{1}{m} \tag{3-24}$$

式中，$m=H/B$，称为坡度系数。

施工中，土方边坡坡度的留设应考虑土质、开挖深度、开挖方法、施工工期、地下水水位、坡顶荷载及气候条件等因素。根据《土方和爆破工程施工及验收规范》（GBJ 201—83）规定：当地下水水位低于基底，在湿度正常的土层中开挖基坑或管沟，如敞露时间不

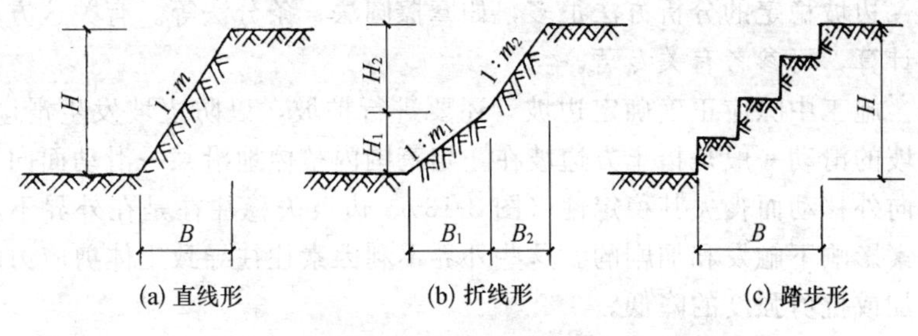

图 3-12　土方边坡

长，可挖成直壁不加支撑，但挖方深度不宜超过下述规定：

密实、中密的砂土和碎石类土（填充物为砂土）　1.00m

硬塑、可塑的粉土及粉质黏土　1.25m

硬塑、可塑的黏土和碎石类土（填充物为黏性土）　1.50m

坚硬的黏性土　2.00m

当土的湿度、土质及其他地质条件较好且地下水位低于基底时，深度超过上述规定但在5m以内不加支撑的基坑或管沟，其边坡的最大允许坡度不得超过表3-4的规定。

表3-4　深度在5m的基坑（槽）、管沟边坡的最陡坡度（不加支撑）

土的类别	边坡坡度(高∶宽)		
	坡顶无荷载	坡顶有静载	坡顶有动载
中密的砂土	1∶1.00	1∶1.25	1∶1.50
中密的碎石类土(充填物为砂土)	1∶0.75	1∶1.00	1∶1.25
硬塑的粉土	1∶0.67	1∶0.75	1∶1.00
中密的碎石类土(充填物为黏性土)	1∶0.50	1∶0.67	1∶0.75
硬塑的粉质黏土,黏土	1∶0.33	1∶0.50	1∶0.67
老黄土	1∶0.10	1∶0.25	1∶0.33
软土(经井点降水后)	1∶1.00	—	—

注：1. 静载指堆土或材料等，动载指机械挖土或汽车运输作业等。静载或动载距挖方边缘的距离应保证边坡和直立壁的稳定，堆土或材料应距挖方边缘0.8m以外，高度不超过1.5m。

2. 当有成熟施工经验时，可不受本表限制。

一般情况下，应对土方边坡作稳定分析，即在一定开挖深度及坡顶荷载下，选择合适的边坡坡度，使土体抗剪切破坏有足够的安全度，而且其变形不应超过某一容许值。

边坡稳定的分析方法很多，如摩擦圆法、条分法等。有关这方面的计算，可参考有关专著。

施工中除应正确确定边坡，还要进行护坡，以防边坡发生滑动。土坡的滑动一般是指土方边坡在一定范围内整体地沿某一滑动面向下和向外移动而丧失其稳定性（图 3-13）。边坡失稳往往是在外界不利因素影响下触发和加剧的。这些外界不利因素往往导致土体剪应力的增加或抗剪强度的降低。

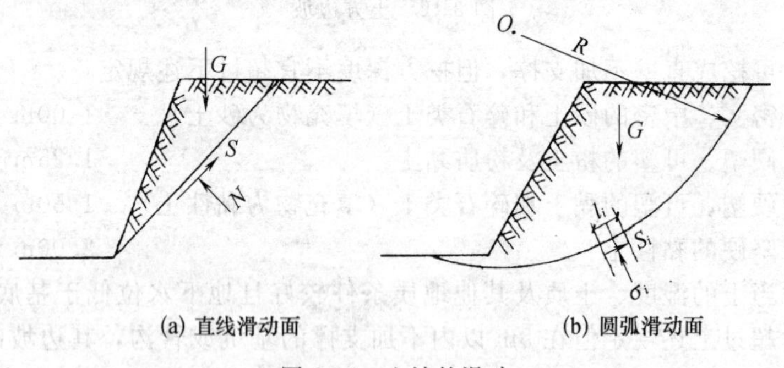

图 3-13　土坡的滑动

土体的下滑在土体中产生剪应力，引起下滑力增加的因素主要有：坡顶上堆物、行车等荷载；雨水或地面水渗入土中使土的含水量提高而使土的自重增加；地下水的渗流产生一定的动水压力；土体竖向裂缝中的积水产生侧向静水压力等。引起土壤抗剪强度降低的因素主要是：气候的影响使土质松软；土体内含水量增加而产生润滑作用；饱和的细砂、粉砂受振动而液化等。

因此，在土方施工中，要预估各种可能出现的情况，采取必要的措施护坡防坍，特别要注意及时排除雨水、地面水，防止坡顶集中堆荷及振动。必要时可采用钢丝网细石混凝土（或砂浆）护坡面层。如是永久性土方边坡，则应做好永久性加固措施。

三、基坑（槽）支护

开挖基坑（槽）时，如地质条件及周围环境许可，采用放坡开挖是较经济的。但在建筑稠密地区施工，或有地下水渗入基坑（槽）时，往往不可能按要求的坡度放坡开挖，就需要进行基坑（槽）支护，以保证施工的顺利和安全，并减少对相邻建筑、管线等的不利影响。

基坑（槽）支护结构的主要作用是支撑土壁，此外，钢板桩、混凝土板桩及水泥土搅拌桩等围护结构还兼有不同程度的隔水作用。

基坑（槽）支护结构的形式有多种，根据受力状态可分为横撑式支撑、板桩式支护结构、重力式支护结构，其中，板桩式支护结构又分为悬臂式和支撑式。

1. 横撑式支撑

开挖较窄的沟槽，多用横撑式土壁支撑。横撑式土壁支撑根据挡土板的不同，分为水平挡土板式［图 3-14（a)］和垂直挡土板式［图 3-14（b)］两类，前者挡土板的布置又分间断式和连续式两种。湿度小的黏性土挖土深度小于 3m 时，可用间断式水平挡土板支撑；对松散、湿度大的土壤可用连续式水平挡土板支撑，挖土深度可达 5m。对松散和湿度很高的土可用垂直挡土板式支撑，挖土深度不限。

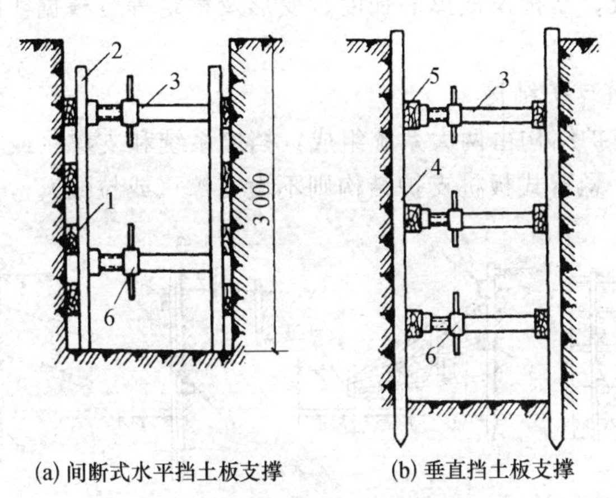

图 3-14　横撑式支撑

1—水平挡土板；2—立柱；3—工具式横撑；
4—垂直挡土板；5—横楞木；6—调节螺栓

支撑所承受的荷载为土压力。土压力的分布不仅与土的性质、土坡高度有关，且与支撑的形式及变形亦有关。由于支撑多为随挖、随铺、随撑，支撑构件的刚度不同，撑紧的程度又难于一致，故作用在支撑上的土压力不能按库仑或朗肯土压力理论计算。实测资料表明，作用在木板支撑上的土压力的分布很复杂，也很不规则。实际使用上常按图 3-15 所示几种简化图形进行计算。

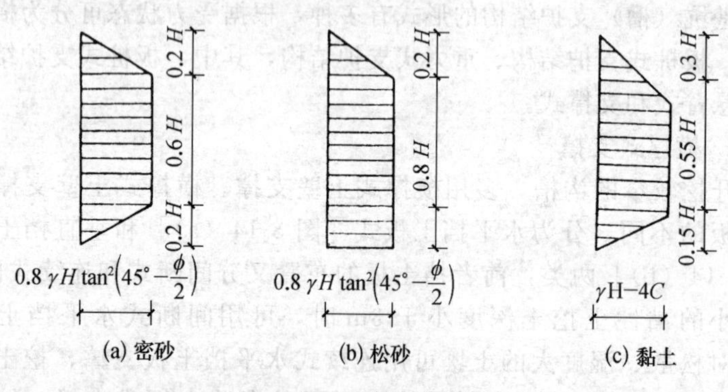

图 3-15　支撑计算简图

挡土板、立柱及横撑的强度、变形及稳定等可根据实际布置情况进行结构计算。

2. 板桩支护结构

板桩支护结构由两大系统组成：挡墙系统和支撑（或拉锚）系统（图 3-16）。悬臂式板桩支护结构则不设支撑（或拉锚）。

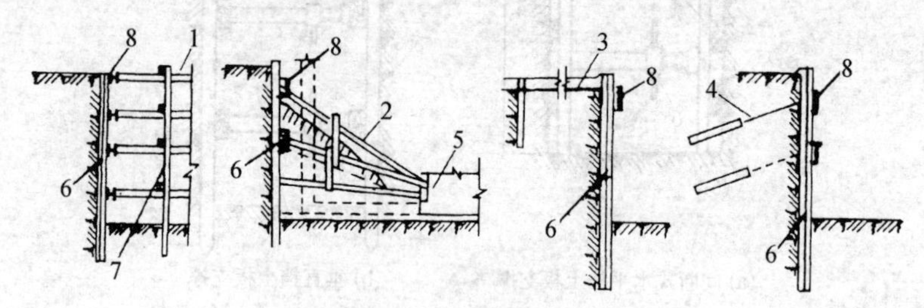

图 3-16　板桩结构

1—钢支撑；2—斜撑；3—拉锚；4—土锚杆；5—先施工的基础；6—板桩墙；7—竖撑；8—围檩

挡墙系统常用的材料有型钢、钢板桩、钢筋混凝土板桩、钢筋混凝土灌注桩、地下连续墙，少量采用木材。

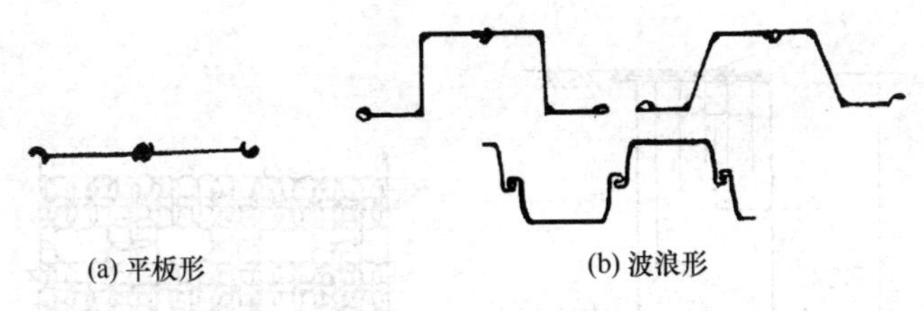

图 3-17　常用钢板桩

钢板桩有平板形和波浪形（图 3-17）两种。钢板桩通过锁口互相连接，形成一道连续的挡墙。由于锁口的连接，使钢板桩之间连接牢固，形成整体。同时，也具有较好的隔水能力。钢板桩截面积小，易于打入，U 形、Z 形等波浪式钢板桩截面抗弯能力较好。施工完毕后还可拔出重复使用。

支撑系统一般采用大型钢管、H 型钢或格构式钢支撑，也可采用现浇钢筋混凝土支撑。拉锚系统材料一般用钢筋、钢索、型钢或土锚杆。根据基坑开挖的深度及挡墙系统的截面性能可设置一道或多道支撑（或拉锚）。基坑较浅，挡墙具有一定刚度时，可采用悬臂式挡墙而不设支撑或拉锚。

支撑或拉锚与挡墙系统通过围檩、压顶梁等连接成整体。

3. 重力式围护结构

深层水泥土搅拌桩围护结构是近年来发展起来的重力式围护结构，它由搅拌桩机将水泥和土强行搅拌，形成柱状的水泥土搅拌桩，水泥土柱状加固体连续，搭接形成重力挡墙，具有挡土支护能力。由于水泥土的渗透系数很小，一般不大于 10^{-7} cm/s，故它兼有隔水作用。它适用于 4～6m 深的基坑，最大可达 7m 左右。

水泥土围护结构其墙体通常布置成格栅式（图 3-18），要求相邻桩搭接不小于 20cm，格栅的截面置换率（加固土面积与总面积之比）为 0.6～0.8。墙体宽度 B、插入深度 D 根据基坑开挖深度 h_0 估算，一般 $B=(0.6\sim0.8)h_0$，$D=(0.8\sim1.2)h_0$。

水泥土重力式围护结构设计主要包括整体稳定、抗倾覆及抗滑移。

图 3-19 是水泥土重力式围护结构的计算图式。

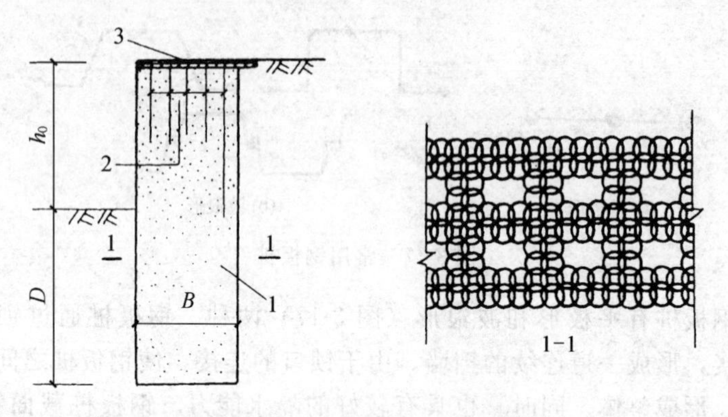

图 3-18　水泥土重力式围护结构

1—水泥土搅拌桩；2—插筋；3—混凝土面层

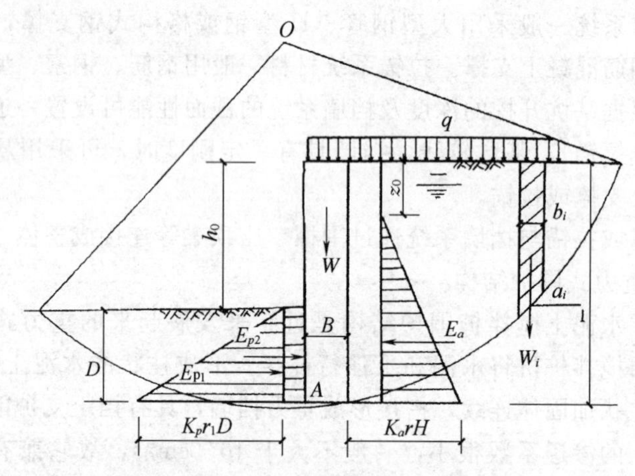

图 3-19　水泥土围护结构计算图式

整体稳定采用圆弧滑动法，按下式验算：

$$K_0=\frac{\sum_{i=1}^{n}c_i l_i+\sum_{i=1}^{n}(q_i b_i+w_i)\cos\alpha_i\tan\varphi_i}{\sum_{i=1}^{n}(q_i b_i+w_i)\sin\alpha_i} \tag{3-25}$$

式中　l_i——第 i 条土条沿滑弧面的弧长，$l_i=b_i/\cos\alpha_i$，m；

q_i——第 i 条土条地面荷载，kN/m；

b_i——第 i 条土条宽度，m；

w_i——第 i 条土条重量，kN；

α_i——第 i 条土条滑弧中点的切线与水平线夹角，(°)；

c_i，φ_i——分别为第 i 条土条，沿滑弧面处的土的内聚力，kPa，和摩擦角，(°)；

K_0——整体稳定安全系数，$K_0 \geqslant 1.1$。

最危险滑弧一般在墙底以下 0.5～1m 处，当墙底下土层很差时，应增大插入深度，直至 K_0 值增大为止。

抗倾覆安全度按式（3-26）验算，墙体绕前趾 A 的稳定力矩由被动土压力 E_{p1}、E_{p2} 及墙体自重产生，倾覆力矩由地面堆载 q、主动土压力 E_a 产生。

$$K_1 = \frac{E_{p1}\dfrac{D}{3}+E_{p2}\dfrac{D}{2}+W\dfrac{B}{2}}{(E_a-K_aqH)\dfrac{(H-z_0)}{3}+K_aq\dfrac{H^2}{2}} \tag{3-26}$$

式中　E_a——扫墙背土及地面堆截产生的墙背主动土压力，kN/m；

E_{p1}，E_{p2}——墙前被动土压力，kN/m；

q——地面堆载，kN/m²；

W——墙体自重，kN/m，$W=r_0BH$；

r_0——水泥土重力密度，kN/m³；

K_1——抗倾覆安全系数，$K_1 \geqslant 1.3 \sim 1.5$。

其他符号意义见图 3-19。

抗滑移安全度按式（3-27）验算：

$$K_2 = \frac{W\tan\varphi_0 + C_0B + E_p}{E_a} \tag{3-27}$$

式中　φ_0，C_0——墙底处土层的抗剪强度指标，kPa，(°)；

E_p——被动土压力，kN/m，$E_p = E_{p1} + E_{p2}$；

K_2——墙底抗滑移安全系数，$K_2 \geqslant 1.2 \sim 1.3$。

其他符号意义同上。

除了上述三项主要验算内容，设计时还应考虑抗渗、墙体结构强度及格栅形布置的格栅内“谷仓土”压力对围护结构的作用。

深层水泥土搅拌桩施工通常采用深层搅拌桩机。图 3-20（a）是

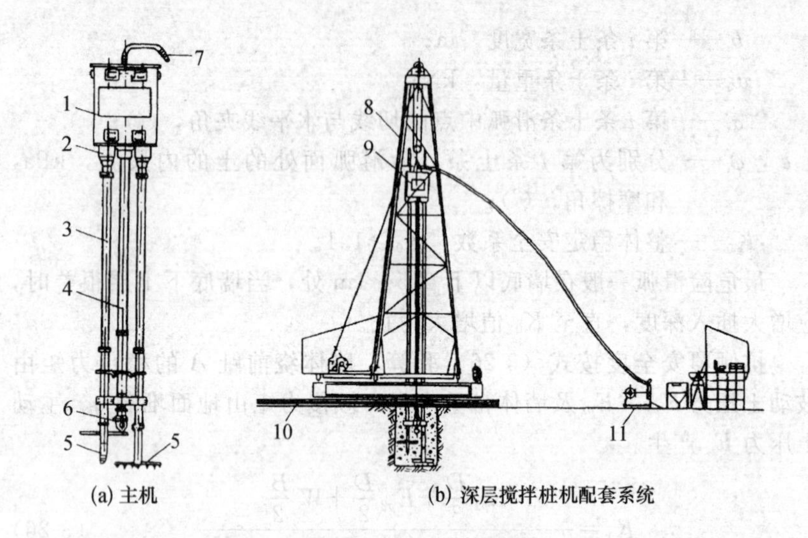

图 3-20 深层搅拌桩机

1—电机；2—减速器；3—搅拌轴；4—中心输浆管；5—搅拌叶；6—注浆球阀；7—输浆口；8—塔架；9—主机；10—行走轨道；11—灰浆泵

深层搅拌桩机的主机，它由双搅拌轴、中心输浆管及动力电机组成。在施工中将该主机悬挂于吊车或塔架上［图 3-20（b）］，启动电机，使搅拌轴旋转，并带动搅拌叶旋转切削土体，同时在输浆管中喷出水泥浆，使水泥浆与土搅拌，形成具有一定强度的水泥土。通常掺入12%（相当于土的重力密度）水泥的水泥土，其 28d 无侧限抗压强度可比原状土提高几十倍至几百倍。

深层搅拌桩在施工中一般采用二次搅拌工艺，即预搅沉钻—喷浆提钻搅拌—复搅沉钻—复搅（喷浆）提钻。喷浆搅拌时提升速度不宜大于 0.5m/min。

围护墙体应确保整体性，施工中应采用连续搭接施工方法，严格控制桩位和桩身垂直度以确保足够的搭接长度。相邻桩施工间歇时间不宜大于 10h。此外喷浆速度应与提升速度相配合，确保水泥喷浆量在桩身范围内均匀分布。

水泥土的水泥掺入量通常为 12%～15%（单位土体水泥掺入量：土的重力密度），水灰比 0.45～0.50，水泥土 28d 无侧限抗压强

度 q_u 为 0.8～1.2MPa。

第四节　土方工程的机械化施工

土方工程的施工，应尽可能采用机械化作业，以减轻繁重的体力劳动，提高劳动效率，加快施工进度。

土方工程施工机械种类繁多，常用的有：推土机、铲运机、单斗挖土机、多斗挖土机、装载机和各种碾压夯实机械等。

随着液压技术的发展，土方机械已逐步由机械传动转为液压传动，使机械的结构简单，轻便灵活。向大功率、多功能方面发展。

在工业及民用建筑土方施工中，应用最多的是推土机、铲运机和单斗挖土机，现就这几种机械类型的适用范围及施工方法介绍如下。

一、推土机施工

1. 适用范围

推土机实际上是在拖拉机的前部装有推土铲刀的机械。根据推土铲刀的操纵机构不同，推土机可分为索式和液压式两种。根据行走机构不同分为履带式和轮胎式。索式推土机的铲刀靠本身重量切入土中。液压式推土机是以油压操纵，可以强制铲刀切入土中，推土效率高。同时液压式推土机除了可以自行升降推土铲刀外，还可以调整推土铲刀的角度，因此具有更大的灵活性。

推土机能单独地进行挖土、运土和卸土工作，具有结构简单、操纵灵活、运转方便、所需工作面小、生产效率高、行驶速度快、易转移的特点。适用于施工现场清理、场地平整、开挖深度不大的基坑及沟槽的回填土等。它还可配合铲运机进行助铲、配合挖土机堆积余土和创造工作面。此外，将铲刀卸下后，还可以作为牵引无动力装置的土方机械，如拖式铲运机、羊足碾、松土机等。推土机适用场地平整、开挖一类至三类土。经济运距在 100m 以内，当运距为 30～60m 时，效率最高。

目前我国生产的履带式推土机主要有：东方红 60、移山 80、T_1-100、T_2-100、上海 120、上海 240、TY180、TY320 等；轮胎式推土机有 TL60 等。

2. 提高推土机生产效率的方法

提高推土效率主要是缩短推土时间和铲刀满土。应尽量采用最大切土深度，增大铲刀前的土体体积；减少推土过程中土的散落流失；并以较高速度把土运到卸土地点。常用的施工方法有以下几种。

① 下坡堆土。推土机顺地面坡度沿下坡方向切土与推土，以借助机械本身的重力作用增加推土能力和缩短推土时间。一般可以提高生产效率30%～40%，但推土坡度应在15°以内。

② 槽形推土。推土机重复多次在一条作业线上切土和推土，使地面逐渐形成一条浅槽，以减少土从铲刀两侧流散，可以增加推土量10%～30%。

③ 并列推土。平整场地的面积较大时，可用2～3台推土机并列作业。刀距相距15～30cm。一般两机并列推土可增大推土量15%～30%；但平均运距不宜超过50～70m。不宜小于20m。

④ 多铲集运。在硬质土中，切土深度不大，可以采用多次铲土，分批集中，一次推送的方法，以便有效地利用推土机的功率，缩短运土时间。

此外，还可以在铲刀两侧附加侧板，以增加铲刀前的推土量。

二、铲运机施工

1. 适用范围

铲运机主要由牵引动力机械如拖拉机和铲运斗两大部分组成（如图3-21所示）。铲运机在切土过程中，铲刀下落，边行走边卸土，将土逐渐装满铲斗后提刀关闭斗门，很适用于较长距离的土料运送。

图 3-21 铲运机示意图

根据构造不同，铲运机按行走的机构分为拖式铲运机和自行式铲运机，按铲斗操纵系统又可分为液压式和索式两种。自行式铲运机的动力与铲运斗组装在一起，成为一个独立完整的整机。高速特大斗容量的轮胎式液压铲运机大多采用自行式。

铲运机的最大特点是能连续独立完成铲、装、运、卸作业以及填筑和压实等工作。对行驶道路要求低，行驶速度快、操纵灵活，生产效率高。很适用于大面积场地平整、大型基坑开挖。铲运机宜开挖含水量不超过 27%的松土和普通土，坚硬土要进行预松后才能开挖。但不适于在砾石层和冻土带及沼泽区施工。

一般铲运机的斗容量为 1.5～6m^3。自行式铲运机的经济运距为 800～1500m，拖式铲运机以不超过 600m 为宜。当运距为 200～350m 时，效率最高，运距愈长生产率愈低，因此在规划铲运机的运行路线时，应力求符合经济运距的要求。

2. 铲运机运行路线

铲运机运行路线应根据填方、挖方区的分布情况并结合当地具体条件进行合理选择。一般有以下两种形式。

(1) 环形路线

根据铲土与卸土相对位置不同［图 3-22 (a)、(b)］，可分为两种情况：一种情况是第一次循环只完成一次铲土和卸土。另一种情况是当挖填交替且相互之间距离又不大时，则可以采用大环形路线［图 3-22 (c)］，一个循环可完成多次铲土和运土工作，从而减少铲运机的转变次数，提高工作效率。

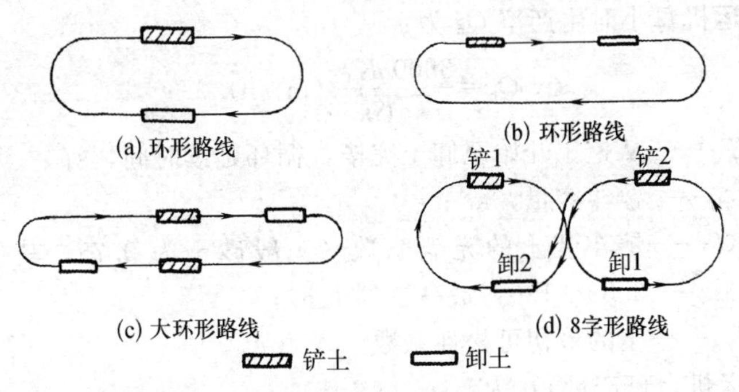

图 3-22　铲运机运行路线图

采用环形路线，为了防止机件单侧磨损，应每隔一定时间按顺、反时针方向交换行驶，避免仅向一侧转变。

(2) 8 字形路线

8字形运行路线是铲土、卸土在两个作业面上进行[图3-22(d)]，每一个循环可以完成两次作业，既缩短运行时间又减少了转弯次数和环形路线开行对机件的单侧磨损。很适用于地形起伏不大、土坑较长的路基填筑以及坡度较大的场地平整。

3. 铲运机施工方法

为了提高铲运机的生产效率，可根据施工条件采用下列方法。

① 下坡铲土。是利用铲运机下坡时的重力增大牵引力，使铲斗切土加深，缩短铲土时间。可提高生产率25%左右。一般地面坡度以3°～9°为宜。

② 跨铲法。在较坚硬的土内挖土时，采用预留土埂、间隔铲土的方法。间隔铲土可减少向外散土，铲土埂时又增加了两个自由面，阻力减少，铲土容易，可提高效率10%左右。土埂高度应不大于300mm，宽度不大于拖拉机两履带间净距为宜。

③ 助铲法。在地势平坦、土质坚硬的土层中，可用推土机助铲以加大切土深度和缩短铲土时间，可提高生产率30%左右。一般每3～4台铲运机配合一台推土机助铲，推土机在助铲的空隙时间可兼作松土或平整工作，为铲运机创造条件。

4. 铲运机生产效率计算

铲运机每小时生产率 Q_h 为：

$$Q_h=\frac{3600qK_C}{T_CK_S}\ (m^3/h) \tag{3-28}$$

式中 T_C——从挖土开始至卸土完毕，循环延续时间，s；

q——铲斗容量，m^3；

K_C——铲斗装土的充盈系数（一般砂土为0.75，其他土为0.85～1.0，最高达到1.3）；

K_S——土的最初可松性系数。

铲运机台班产量 Q_d 为：

$$Q_d=8Q_hK_B\ (m^3/台班) \tag{3-29}$$

式中 K_B——时间利用系数（一般为0.8～0.9）。

三、单斗挖土机施工

单斗挖土机在土方工程施工中应用最为广泛。按其工作装置不同可分为：正铲、反铲、拉铲和抓铲（图 3-23）。按其行走装置可分为履带式、轮胎式两类。其传动方式有机械传动和液压传动。由于液压传动具有很大优越性，发展很快，已基本取代了机械传动。

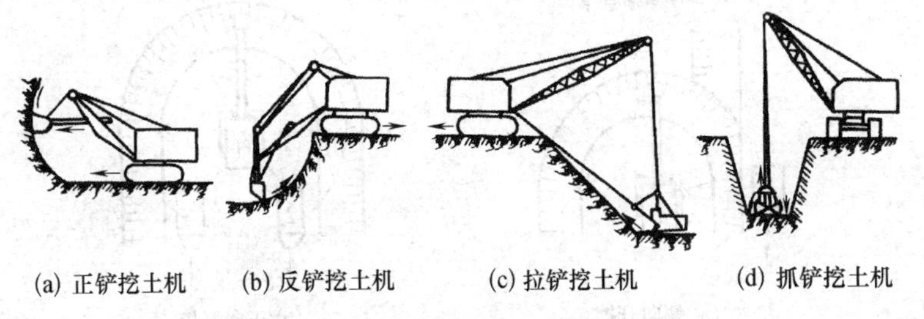

图 3-23　挖土机的工作简图

单斗挖土机挖掘能力强、工效快、通用性好，既可以用于开挖基槽（坑）、河道、沟渠等，更换工作装置后还可以进行起重、安装、浇筑、打桩、夯实等多种作业。

在建筑工地上，常用的挖土机型号为：W_1-50 及 W_1-100，W_1-200，其斗容量为 0.5m^3、1.0m^3、2.0m^3。

采用机械挖土时，由于不能准确地挖至设计标高，往往会使基槽土遭受振动，因此，要预留 200～300mm 土层由人工清理。

1. 正铲挖土机施工

正铲挖土机一般仅用于开挖停机面以上的土。其挖土特点是机械前进行驶，铲斗由下向上强制切土。其挖掘力大，生产效率高，适用于含水量不大于 27%的Ⅰ～Ⅳ类土壤，它可直接往自卸汽车上卸土，进行土的外运工作。

正铲挖土机的作业方式根据挖土机的运行路线与运输车辆的相对位置不同，有侧向开挖和正向开挖两种。

侧向开挖，就是挖土机沿前进方向挖土，运输车辆停在停机面上或停机面下进行侧面装土。此法挖土机向汽车上卸土时，铲臂的回转角度小，一般不超过 90°，而且汽车或其他运输车辆行驶方便，生产效率高，被普遍采用［图 3-24（a)］。

正向开挖，就是挖土机沿前进方向挖土，运输车辆停在正铲的后面装土。此法开挖的工作面较大，但回转角度大，装车时间长，生产

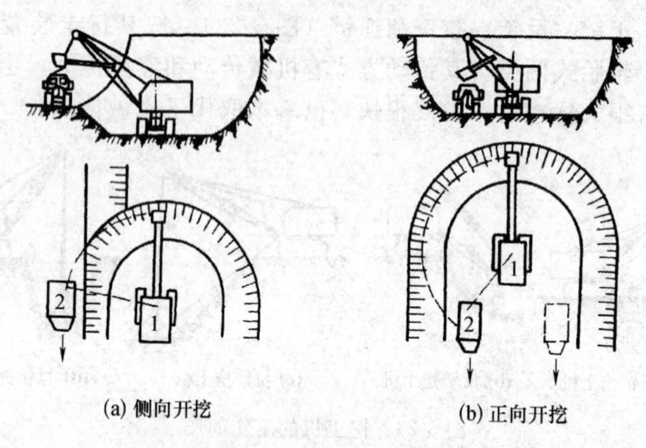

图 3-24 正铲挖土机开挖方式

1—正铲挖土机；2—自卸汽车

效率低。运输车辆要倒车开入，一般只用于开挖土作面狭小且较深的基坑［图 3-24（b)］。

2. 反铲挖土机施工

反铲挖土机是开挖停机面以下的土壤，不需设置进出口通道。其工作特点是机械后退行驶，铲斗由上向下强制切土。适用于开挖Ⅰ～Ⅳ级土壤，深度不大于 4m 的基坑、基槽和管沟。也适用于含水量较大的泥泞及地下水位以下的土壤开挖，挖出的土可直接甩在基坑两侧，也可直接卸在汽车上运走。

反铲挖土机的作业方式有沟端开挖和沟侧开挖两种。

沟端开挖，就是挖土机停在沟端，向后倒退着挖土，汽车停在两旁装土［图 3-25（a)］。此法的优点是挖土方便，开挖的深度可达到最大挖土深度 H。当基坑宽度超过 1.7 倍的最大挖土半径时，就要分次开挖或按之字形路线开挖。

沟测开挖，就是挖土机沿沟槽一侧直线移动，边走边挖［图 3-25（b)］。此法挖土宽度和深度较小，边坡不易挖制。由于机身停在沟边工作，边坡稳定性差，因此在无法采用沟端开挖方式或挖出的土不需运走时采用。

3. 拉铲挖土机施工

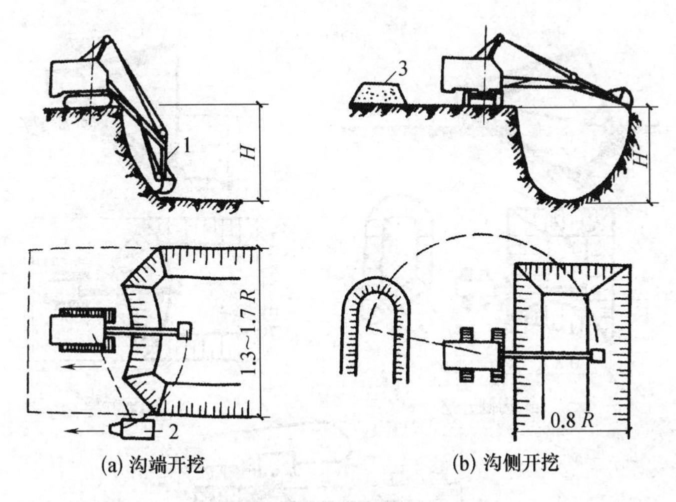

(a) 沟端开挖　(b) 沟侧开挖

图 3-25　反铲挖土机开挖方式

1—反铲挖土机；2—自卸汽车；3—弃土堆

拉铲挖土机是在起重臂上用钢丝绳悬挂铲斗，挖土时将铲斗甩出去，利用铲斗的自重作用使铲斗切入土中，然后靠收紧和放松钢丝绳拉土和卸土。但拉铲挖土不能直接装车。适用于开挖Ⅰ～Ⅲ级土壤的基坑、基槽和管沟及含水量较大的泥土。

拉铲挖土机的作业方式基本与反铲挖土机相似，也可分为沟端开挖和沟侧开挖（图 3-26）。这两种开挖方式都有边坡留土较多的缺点，需要大量的人工清理。如挖土宽度较小又要求沟壁整齐时，可采用三角形挖土法［图 3-26（c)］，拉铲按之字形移位，与开挖沟槽的边缘成 45°角左右。本法拉铲的回转角度小，边坡开挖整齐，生产效率较高。

4. 抓铲挖土机施工

抓铲挖土机的抓铲（图 3-27）能在回转半径范围内开挖基坑上任何位置的土方，并可在任何高度上卸土堆于坑基附近或直接装车运走。抓铲挖土机主要适用于开挖土质比较松软、施工面狭窄的深基坑、沟槽、沉井等工程。尤其适用水中挖土和清理河泥。

5. 挖土机与汽车配套计算

在组织土方工程机械化综合施工时，必须使挖土机和汽车的台数

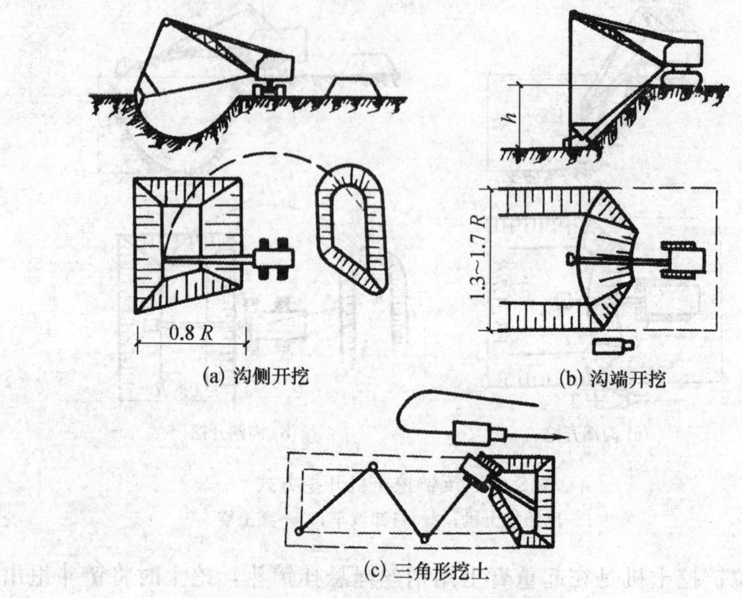

(a) 沟侧开挖　(b) 沟端开挖
(c) 三角形挖土
图 3-26　拉铲挖土机开挖方式

相互配套，协调工作。其计算方法如下。

(1) 挖土机数量的确定

挖土机的数量 N，应根据土方量大小、工期长短、经济效果按下式计算：

$$N=\frac{Q}{P}\times\frac{1}{TCK}\text{（台）} \qquad (3\text{-}30)$$

式中 Q——土方量，m^3；

P——挖土机生产率，m^3/台班；

T——工期，工日；

C——每天工作班数；

K——时间利用系数（0.8～0.9）。

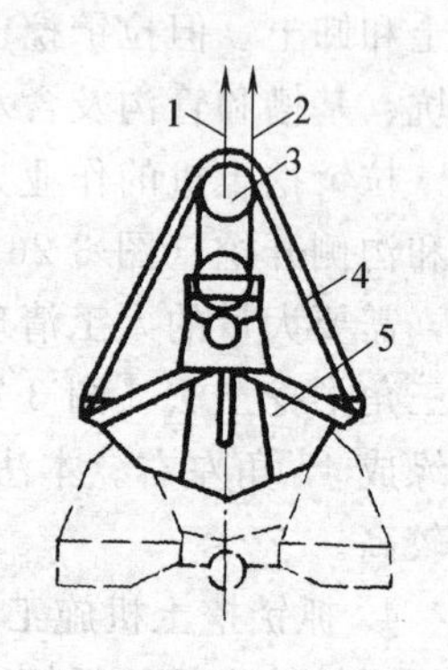

图 3-27　抓铲土斗工作示意
1—起升索；2—闭合索；3—滑轮；4—拉杆；5—斗瓣

挖土机生产率 P，可查定额手册求得。也可按下式计算：

$$P=\frac{8\times3600}{t}q\,\frac{K_C}{K_S}K_B\text{（}m^3\text{/台班）} \qquad (3\text{-}31)$$

式中　t——挖土机每次循环作业延续时间，s，即每挖一斗的时间。对 W_1-100 正铲挖土机为 25～40s，对 W_1-100 拉铲挖土机为 45～60s；

q——挖土机斗容量，m^3；

K_S——土的最初可松性系数；

K_C——土斗的充盈系数，可取 0.8～1.1；

K_B——工作时间利用系数，一般为 0.7～0.9。

在实际工作中，如挖土机的数量（N）已定时，也可按式（3-30）来计算工期（T）。

（2）自卸汽车配合数量计算

用挖土机挖土时，土方常用自卸汽车配套运输。

自卸汽车载重量 Q_1 应与挖土机斗容量保持一定的倍数关系，一般汽车载重量以装 3～5 斗土的重量为宜。

自卸汽车的数量 N'，应保证挖土机能连续工作，可按下式计算：

$$N'=\frac{T_s}{t_1} \tag{3-32}$$

式中　T_s——自卸汽车每一工作循环的延续时间，min；

t_1——自卸汽车每次装车时间，min。

$$t_1=nt \tag{3-33}$$

式中　n——自卸汽车每车装土次数；

$$n=\frac{Q_1}{q\dfrac{K_C}{K_S}r} \tag{3-34}$$

式中　t，q，K_S，K_C——与式（3-31）相同；

r——实土容重（一般取 1.7t/m^3）；

Q_1——自卸汽车载重量，t。

土方工程除了实现综合机械化施工以外，还应组织流水施工，以充分发挥机械效能，加速工程施工进度。

四、填方与压实

1．土方填料选择与填筑方法

为了确保填方的强度和稳定性，必须正确选择填方土料与填筑方法。

碎石类土、砂土、爆破石碴及含水量符合压实要求的黏性土，可作为无限制使用的填料；对含有大量的有机物、石膏、水溶性硫酸盐含量大于5%的土壤、冻结或液化状态的泥炭、黏土或粉状砂质黏土等，一般不能作为填土之用。

填方应分层进行，并尽量采用同类土填筑。如采用不同土壤填筑时，应将透水性较大的土层置于透水性较小的土层之下，不能将各种土混杂一起使用。在倾斜的山坡上填土时应将斜坡改成阶梯状，以防回填土横向滑移。

填土必须具有一定的密实度。以避免建筑物产生不均匀沉陷。实践证明，当每层填土厚30cm，压实至20cm时，可达95%的密实度。

利用填土作为地基时，可用压实系数 D_y 进行检验。

$$D_y(\text{压实系数})=\frac{\text{控制干容重}(r_d)}{\text{最大干容重}(r)}$$

如砧石和框架结构在地基的主要受力范围内的填土压实系数 D_y 应大于0.96，而在地基主要受力层范围以下，D_y 为0.93～0.96。

在实际填土施工时，土的实际干容重大于或等于规定干容重（r_d）时，即认为符合质量要求。

2. 填方压实影响因素及压实方法

填方压实质量与诸多因素有关，其中主要影响因素为：压实机的压实功、土的含水量以及每层铺土厚度。

当含水量一定，在开始压实时，土的容重会急剧增加，土的密度与压实功成直线变化，当逐步接近土壤的最大密实度时，所作功虽然增加，但土的密度却没有多大变化，所以压实遍数太多并没有多大必要。

含水量过大或过小都不能很好压实填土，应于最佳含水量时才可获得最大密实度。因为较干燥的土料，由于土颗粒之间的摩擦阻力减少，从而影响压实。当含水量超过一定限制时，土颗粒之间完全由水填充而呈饱和状态，夯击力不能有效地作用于土颗粒上，因而也得不到较高压实效果。

每层填土厚度应小于压实机械压土时的压实影响深度。施工时，每层最优铺土厚度和实压遍数，可根据填料性质、对密度的要求和选用压实机的性能等确定。一般用平碾（如压路机等）每层铺土厚度为200～300mm，每层压实6～8遍；羊足碾时为200～350mm，每层压实8～16遍；蛙式打夯机为200～250mm，每层夯实3～4遍。

第五节　基坑（槽）施工

土石方工程的施工工艺过程包括：开挖、运输、填筑与压实等。其施工方法有人工、机械化、半机械化和爆破四种。施工中采用何种开挖方法应根据基坑（槽）的特点、规模、形式、深度、土质、地下水位、周围环境以及工期等条件综合考虑选择。在土方施工中，对中小型工程的基坑（槽）、管沟，由于宽度较窄土方量少，宜采用人工开挖或人工配合小型挖土机施工。对大型基坑工程一般均应优先考虑选用机械化施工，以加快施工进度。

基坑（槽）的施工，首先应进行房屋定位和标高引测，做好建筑物的放线工作。

一、定位与放线

1. 定位

所谓定位，就是根据建筑总平面图、房屋建筑平面图和基础平面图，以及设计给定的定位依据和定位条件，将拟建房屋的平面位置、高程用经纬仪和钢尺正确地标定在地面上。

建筑物的定位，可根据测量控制点、建筑基线（或建筑红线）、总平面图中的方格网轴线、原有房屋的相对位置等，用经纬仪和钢尺定出拟建房屋的位置。一般是先定建筑物外墙轴线交点处的角桩。其桩顶钉入小钉，对应的钉子之间用线绳连接，即为墙的轴线。因角桩在基坑（槽）挖土时无法保留，必须将轴线延长到槽外安全地点，并做好标志。其方法有设置龙门板和轴线控制桩（又称引桩、保险桩）两种形式。

基坑的定位放线一般用控制桩或控制点法；基槽的定位放线多采用龙门板法。龙门板的设置，一般是在建筑物各角点、分隔墙轴线两端，距基槽开挖边线外1.5～2.5m处（根据槽深和土质而定）钉设龙门桩，要钉得竖直、牢固，桩的外侧面应与基槽平行。然后根据现场内的水准点，用水准仪将室内地坪标高（±0.000）测设在每个龙门桩上，用红铅笔划出，根据此线把龙门板钉在龙门桩上，使龙门板顶面正好为±0.000。若地面高低变化较大，这样做有困难时，也可将龙门板顶面钉得比±0.000 高或低一个整数的高程。龙门板钉好后，在角桩上架设经纬仪将建筑物的轴线引测到龙门板上，进行细部测设，并钉中心钉（轴线钉）标志，以作为各施工阶段中控制轴线位置的依据。

对于一些外形或构造简单的建筑物，目前多不钉设龙门板，而是在各轴线的延长线上钉轴线控制桩（又称引桩或保险桩）。其作用及设立方法与龙门板基本相同。

2. 放线

放线就是根据定位控制桩或控制点、基础平面图和剖面图、底层平面图以及坡度系数和工作面等在实地用石灰撒出基坑（槽）上口的开挖边线。

房屋定位和标高引测后，根据基础的底面尺寸、埋置深度、土壤类别、地下水位的高低及季节性变化等不同情况，考虑施工需要，确定是否需要留工作面、放坡、增加降排水设施和设置支撑。实际施工中，根据直立壁不加支撑、直立壁加支撑和留工作面以及放坡等各种情况确定出挖土边线尺寸，用经纬仪配合钢尺划出基础边线，即可进行放线工作。

放灰线时，用平尺板紧靠于线旁，用装有石灰粉末的长柄勺，沿平尺板撒灰，即为基础开挖边线。

二、基坑（槽）开挖

开挖基坑（槽）按规定的尺寸合理确定开挖顺序和分层开挖深度，连续地进行施工，尽快地完成。土方开挖施工要求标高、断面准确，土体应有足够的强度和稳定性，所以在开挖过程中应随时注意检查。为防止边坡发生塌方或滑坡，根据土质情况及坑（槽）深度，一般距基坑上部边缘 2m 以内不得堆放土方和建筑材料，或沿坑边移动运输工具和机械，在此距离外堆置高度不应超过 1.5m，否则，应验算边坡的稳定性。在坑边放置有动载的机械设备时，也应根据验算结果，离开坑边较远距离。挖出的土除预留一部分用作回填外，不得在场地内任意堆放，应把多余的土运到弃土地区，以免妨碍施工。

当开挖基坑（槽）的土体含水量大且不稳定，或边坡较陡、基坑较深、地质条件不好时，应采取加固措施。挖土应自上而下水平分段分层进行，每 3m 左右修整一次边坡，到达设计标高后，再统一进行一次修坡清底，检查底宽和标高，要求坑底凹凸不超过 2.0cm。深基坑一般采用“分层开挖，先撑后挖”的开挖原则。

为了防止基底土（特别是软土）受到浸水或其他原因的扰动，基坑（槽）挖好后，应立即验槽做垫层，否则，应在基底标高以上预留 15～30cm 厚的土层，待下道工序开始时再行挖去。如采用机械挖土，为防止超挖，破坏地基土，应根据机械种类，在基底标高以上预留一层土进行人工清槽。使用铲运机、推土机时，预留土层厚度为 15～20cm，使用单斗挖土机时为 20～30cm。挖土不得挖至基坑（槽）的设计标高以下，如个别处超挖，应用挖出的土方填补，并夯实到要求的密实度。如用原土填补不能达到要求的密实度时，可用碎石类土填补，并仔细夯实。重要部位如被超挖时，可用低强度等级的混凝土填补。

基坑开挖时，应对平面控制桩、水准点、基坑平面位置、水平标高、边坡坡度等经常进行检查。

在软土地区开挖基坑（槽）时，还应符合下列规定。

① 施工前必须做好地面排水和降低地下水位工作，地下水位应降低至基坑底以下 0.5～1.0m 后，方可开挖。降水工作应持续到回填完毕。

② 施工机械行驶道路应填筑适当厚度的碎石或砾石，必要时应铺设工具式路基箱（板）或梢排等。

③ 相邻基坑（槽）开挖时，应遵循先深后浅或同时进行的施工顺序，并应及时做好基础。

④ 在密集群桩上开挖基坑时，应在打桩完成后间隔一段时间，再对称挖土。在密集群桩附近开挖基坑（槽）时，应采取措施防止桩基位移。

⑤ 挖出的土不得堆放在坡顶上或建（构）筑物附近。

深基坑开挖过程中，随着土的挖除，下层土因逐渐卸载而有可能回弹，尤其在基坑挖至设计标高后，如搁置时间过久，回弹更为显著。如弹性隆起在基坑开挖和基础工程初期发展很快，它将加大建筑物的后期沉降。因此，对深基坑开挖后的土体回弹，应有适当的估计，如在勘察阶段，土样的压缩试验中应补充卸荷弹性试验等。还可以采取结构措施，在基底设置桩基等，或事先对结构下部土质进行深层地基加固。施工中减少基坑弹性隆起的一个有效方法是把土体中有效应力的改变降低到最少。具体方法有加速建造主体结构，或逐步利用基础的重量来代替被挖去土体的重量。

三、基坑（槽）检验与处理

基坑（槽）挖至基底设计标高并经清理后，施工单位必须会同勘察、设计单位、监理单位和业主共同进行验槽，合格后才能进行基础工程施工。

一般设计依据的地质勘察资料取自拟建建筑物地基的有限一些点，无法准确反映钻孔之间的土质变化情况，只有在土方开挖后才能确切地了解。为了使建（构）筑物有一个比较均匀的下沉，即不允许建（构）筑物各部分间产生较大的不均匀沉降，必须对地基进行严格的检验。核对地质资料，检查地基土与工程地质勘察报告、设计图纸要求是否相符，有无破坏原状土结构或发生较大的扰动现象。如果实际土质与设计地基土不符或有局部特殊土质（如松软、太硬，有坑、沟、墓穴等）情况，则应由结构设计人提出地基处理方案，处理后经有关单位签署后归档。

验槽主要凭施工经验，以观察为主，而对于基底以下的土层不可见部位，要先辅以钎探、夯实配合共同完成。

1. 钎探

钎探是用锤将钢钎打入坑底以下的土层内一定深度，根据锤击次数和入土难易程度来判断土的软硬情况及有无墓穴、枯井、土洞、软弱下卧土层等。

钢钎的打入分人工和机械两种。

人工打钎时，钢钎用直径22～25mm的钢筋制成，钎尖呈60°尖锥状，长2.5～3.0m（入土部分长1.5～2.1m），每隔30cm有一个刻度。打钎用的锤重 8～10lb（1lb＝0.4536kg），锤击时的自由下落高度为 50～70cm。用打钎机打钎时，其锤重约 10kg，锤的落距为 50cm。

先绘制基坑（槽）平面图，在图上根据要求确定钎探点的平面位置，并依次编号绘制成钎探点平面布置图。按钎探点平面布置图标定的钎探点顺序号进行钎探施工。

打钎时，同一工程应钎径一致、锤重一致、用力（落距）一致。每贯入 30cm（通常称为一步），记录一次锤击数，每打完一个孔，填入钎探记录表内。钎探点的记录编号应与注有轴线号的钎探点平面布置图相符。最后整理成钎探记录。

钎孔的间距、布置方式和钎探深度，应根据基坑（槽）的大小、形状、土质的复杂程度等确定，一般可参考表 3-5。

表 3-5　钎孔布置

槽宽/cm	排列方式	图示	间距/m	钎探深度/m
＜80	中心一排		1.0～2.0，视地层复杂情况定	1.2
80～200	两排错开			1.5
＞200	梅花形			2.1
柱基	梅花形			≥1.5，并不浅于短边宽度

打钎完成后，要从上而下逐“步”分析钎探记录情况，再横向分析各钎孔相互之间的锤击次数，将锤击次数过多或过少的钎孔，在钎探点平面布置图上加以圈注，以备到现场重点检查。钎探后的孔要用砂灌实。

2. 观察验槽

① 检查基坑（槽）的位置、尺寸、标高和边坡等是否符合设计

要求。

② 根据槽壁土层分布情况及走向，可初步判断全部基底是否已挖至设计所要求的土层，特别要注意观察土质是否与地质资料相符。

③ 检查槽底是否已挖至老土层（地基持力层）上，是否需继续下挖或进行处理。

④ 对整个槽底土进行全面观察：土的颜色是否均匀一致；土的坚硬程度是否均匀一致，有无局部过软或过硬异常情况；土的含水量情况，有无过干过湿；在槽底行走或夯拍，有无震颤现象，有无空穴声音等。

⑤ 验槽的重点应选择在柱基、墙角、承重墙下或其他受力较大的部位。如有异常部位，要会同设计等有关单位进行处理。

3. 地基局部处理

验槽时发现的各种异常，在探明原因和范围后，由工程设计人员作出处理方案，由施工单位进行处理。地基局部处理的原则是使所有地基土的硬度一致，压缩性一致，避免使建筑物产生不均匀沉降。常见的处理方法可概括为“挖、填、换”三个字。

一般常见问题的处理方法详见第二章有关内容。

四、土方的填筑与压实

建筑工程的填土，主要有地基填土、基坑（槽）或管沟回填、室内地坪回填、室外场地回填平整等。对地下设施工程（如地下结构物、沟渠、管线沟等）的两侧或四周及上部的回填土，应先对地下工程进行各项检查，办理验收手续后方可回填。

填土必须具有一定的密实度，以避免建筑物的不均匀沉降及填土区的塌陷。为使填土满足强度、变形和稳定性方面的要求，施工时应根据填方的用途，正确选择填方土料和填筑压实方法。

1. 土料的选用

填方所用土料应符合设计要求。若设计无要求时，则应符合下列规定。

碎石类土、砂土（使用细、粉砂时应取得设计单位同意）和爆破石碴，可用作表层以下的填料，但最大粒径不得超过每层铺填厚度的2/3（当使用振动碾时，不得超过每层铺填厚度的3/4）。铺填时，大块料不应集中，且不得填在分段接头处或填方与山坡连接处。填方内有打桩或其他特殊工程时，块（漂）石填料的最大粒径不应超过设计要求。

含水量符合压实要求的黏性土，可用作各层填料。

淤泥和淤泥质土一般不能用作填料，但在软土地区，经过处理，含水量符合压实要求后，可用于填方中的次要部位。

含有大量有机质的土，吸水后容易变形，承载能力降低；含水溶性硫酸盐大于5%的土，在地下水的作用下，硫酸盐会逐渐溶解消失，形成孔洞，影响土的密实性。这两种土以及冻土、膨胀土等均不应作为填土。

碎块草皮和有机质含量大于8%的土，只能用于无压实要求的填方。

含有盐分的盐渍土中仅中、弱两类盐渍土，一般可以使用，但填料中不得含有盐晶、盐块或含盐植物的根茎。

不得使用冻土、膨胀土作填料。

但在场地平整过程中，除修建房屋和构筑物的地基填土外，其余各部分填方所用的土，则不受此限制。

2. 基底处理

在土方填筑前，应清除填方基底上的树根、草皮、垃圾和坑穴中的积水、淤泥和杂物等，验收基底标高。填土区如遇有地下水或地面滞水时，必须设置排水措施，以保证施工顺利进行。

在建筑物和构筑物地面下的填方或厚度小于0.5m的填方，应清除基底上的草皮、垃圾和软弱土层。填方地面坡度陡于1/5时，应将基底挖成阶梯形，阶高0.2～0.3m，阶宽不小于1m。

当填方基底为耕植土或松土时，应将基底充分夯实或碾压密实。在水田、沟渠、池塘或含水量很大的松软土上填方前，应根据实际情况采用排水疏干、挖除淤泥换土或抛填块石、砂砾、矿渣、掺石灰或翻松晾晒等方法处理后再进行填土。

3. 填筑方法及要求

（1）人工填土方法

① 用手推车送土，以人工用铁锹、耙、锄等工具进行回填土。

② 从场地最低部分开始，由一端向另一端自下而上分层铺填。每层虚铺厚度，用人工木夯夯实时，不大于20cm；用打夯机械夯实时不大于25cm。

③ 深浅坑（槽）相连时，应先填深坑（槽），相平后与浅坑全面分层填夯。如果分段填筑，交接处应填成阶梯形。墙基、地沟及管道回填应在两侧用细土同时均匀回填、夯实，防止中心线位移。

④ 人工夯填土，用60～80kg的木夯或铁夯、石夯，由4～8人拉绳，两人扶夯，举高不小于0.5m，一夯压半夯，按次序进行。

⑤ 较大面积人工回填用打夯机夯实。两机平行作业时其间距不得小于3m，在同一夯打路线上，前后间距不得小于10m。

（2）机械填土方法

1）推土机填土

① 填土应由下而上分层铺填，每层虚铺厚度不宜大于30cm。大坡度堆填土，不得居高临下，不分层次，一次堆填。

② 推土机运土回填，可采取分堆集中，一次运送方法，分段距离为10～15m，以减少运土漏失量。

③ 土方推至填方部位时，应提起一次铲刀，成堆卸土，并向前行驶0.5～1.0m，利用推土机后退时将土刮平。

④ 用推土机来回行驶进行碾压，履带应重叠一半。

⑤ 填土程序宜采用纵向铺填顺序，从挖土区段至填土区段，以40～60cm距离为宜。

2）铲运机填土

① 铲运机铺土时，铺填土区段长度不宜小于20m，宽度不宜小于8m。

② 铺土应分层进行，每次铺土厚度不大于30～50cm（视所用压实机械的要求而定），每层铺土后，利用空车返回时将地面刮平。

③ 填土程序一般尽量采取横向或纵向分层卸土，以利行驶时初步压实。

3）汽车填土

① 自卸汽车为成堆卸土，需配以推土机推土、摊平。

② 每层的铺土厚度不大于30～50cm（随选用的压实机具而定）。

③ 填土可利用汽车行驶作部分压实工作，行车路线必须均匀分布于填土层上。

④ 汽车不能在虚土上行驶，卸土推平和压实工作必须采取分段交叉进行。

4. 填土压实方法

填土的压实方法一般有以下几种：碾压法、夯实法和振动压实法以及利用运土工具压实。对于大面积填土工程，多采用碾压和利用运土工具压实。较小面积的填土工程，则宜用夯实工具进行压实。

填方施工前，必须根据工程特点、填料种类、设计要求的压实系数和施工条件等合理地选择压实机械和压实方法，确保填土压实质量。

(1) 碾压法

碾压法是利用压路机械的滚轮的压力压实土壤，使其达到所需的密实度，此法多用于大面积填土工程。碾压机械一般有平碾（压路机）、羊足碾和振动碾。平碾对砂类土和黏性土均可压实；羊足碾在砂土中使用会使土颗粒受到“羊足”较大的单位压力后向四周移动，从而使土的结构遭到破坏，因此只宜压实黏性土；振动碾是一种振动和碾压同时作用的高效能压实机械，适用于爆破石碴、碎石类土、杂填土或粉质黏土的大型填方。

碾压机械的碾压方向应从填土两侧逐渐压向中心，碾迹应有15～20cm 的重叠宽度。机械开行速度不宜过快，一般不应超过下列规定：平碾、振动碾 2km/h，羊足碾 3km/h，否则会影响压实效果。

(2) 夯实法

夯实法是利用夯锤自由下落的冲击力来夯实土壤，主要用于小面积回填土。夯实法分人工夯实和机械夯实两种。

人工夯土用的工具有木夯、石夯、石硪等。夯实机械有蛙式打夯机、内燃夯土机和夯锤等。其中蛙式打夯机轻巧灵活，构造简单，在小型土方工程中应用最广，多用于夯打灰土和回填土。夯锤是借起重机悬挂一重锤进行夯土的夯实机械，适用于夯实砂性土、湿陷性黄土、杂填土以及含有石块的填土。

夯实法的优点是，可以夯实较厚的土层。采用重型夯土机（如1t 以上的重锤）时，其夯实厚度可达 1～1.5m。但对木夯、石硪或蛙式打夯机等夯土工具，其夯实厚度则较小，一般均在200mm以内。

(3) 振动压实法

振动压实法是将振动压实机放在土层的表面，借助振动设备使压实机械振动，土壤颗粒在振动力作用下发生相对位移而达到紧密状态。此法用于振实非黏性土效果较好。

(4) 利用运土工具压实

利用运土工具压实，是一种比较经济合理的方法。利用铲运机、推土机进行压实，当铺土厚度为0.2～0.3m时，在最佳含水量的条件下，压4遍就可以接近最大密度。此外还可以利用运土的自卸汽车进行压实。利用运土工具压实，应合理地组织，使运土工具的行驶路线能大体均匀地分布在填土的全部面积上，并达到要求的重复行驶遍数。

5. 影响填土压实质量的因素

填土压实质量与许多因素有关，其中主要影响因素为：压实功、土的含水量以及每层铺土厚度。

(1) 压实功的影响

填土压实后的密度与压实机械在其上所施加的功有一定的关系。当土的含水量一定，则在开始压实时，土的密度急剧增加，待到接近土的最大密度时，压实功虽然增加许多，而土的密度则变化甚小。在实际施工中，对于砂土只需碾压或夯击两三遍，对粉质黏土只需三四遍，对粉土或黏土只需五六遍。此外，松土不宜用重型碾压机械直接滚压，否则土层有强烈起伏现象，效率不高。如果先用轻碾压实，再用重碾压实就会取得较好效果。

(2) 含水量的影响

在同一压实功条件下，填土的含水量对压实质量有直接影响。较为干燥的土，由于土颗粒之间的摩擦阻力较大，因而不易压实。当含水量超过一定限度时，土颗粒之间的孔隙由水填充而呈饱和状态，压实功不能有效的作用在土颗粒上，同样不能得到较好的压实效果。只有当填土具有适当含水量时，水起了润滑作用，土颗粒之间的摩擦阻力减小，土才易被压实。每种土都有其最佳含水量。土在这种含水量条件下，使用同样的压实功进行压实，所得到的密度最大。各种土的最佳含水量和最大干密度可参考表3-6。工地简单检验黏性土的方法一般是以手握成团、落地开花为适宜。为了保证填土在压实过程中的最佳含水量，当土过湿时，应予翻松晾干，也可掺入同类干土或吸水性土料；当土过干时，则应洒水湿润。

表 3-6　土的最佳含水量和最大干密度参考表

项次	土的种类	变动范围		项次	土的种类	变动范围	
		最佳含水量/%(质量比)	最大干密度/(g/cm³)			最佳含水量/%(质量比)	最大干密度/(g/cm³)
1	砂土	8～12	1.80～1.882	3	粉质黏土	12～15	1.85～1.954
2	黏土	19～23	1.58～1.70	4	粉土	16～22	1.61～1.80

注：1. 表中土的最大干密度应根据现场实际达到的数字为准；

2. 一般性的回填可不作此项测定。

(3) 铺土厚度的影响

土在压实功的作用下，其应力随深度增加而逐渐减小，影响深度与压实机械、土的性质和含水量等有关。铺土厚度应小于压实机械压土时的作用深度，铺得过厚，要压很多遍才能达到规定的密实度；铺得过薄，同样要增加机械的总压实遍数。最优的铺土厚度应能使土方压实而机械的功耗最少。铺土厚度和压实遍数可参考表 3-7 选用。在表中规定的压实遍数范围内，轻型压实机械取大值，重型的取小值。

表 3-7　填土施工时分层厚度及压实遍数

压实机具	每层铺土厚度/mm	每层压实遍数/遍	压实机具	每层铺土厚度/mm	每层压实遍数/遍
平碾	250～300	6～8	柴油打夯机	200～250	3～4
振动夯实机	250～350	3～4	人工打夯	<200	3～4

上述三方面影响因素之间是互相关联的。为了保证压实质量，提高压实机械的生产率，重要工程应根据土质和所选用的压实机械在施工现场进行压实试验，以确定达到规定密实度所需的压实遍数、铺土厚度及最优含水量。

第六节　土石方工程质量标准与安全技术

一、质量标准

① 柱基、基坑、基槽和管沟基底的土质必须符合设计要求，并

严禁扰动基底土层。

② 填方的基底处理，必须符合设计要求或施工规范规定。

③ 平整场地的表面坡度应符合设计要求，如设计无要求时，排水沟方向的坡度不应小于2‰。平整后的场地表面应逐点检查。检查点为每100～400m² 取一点，但不应少于10点；长度、宽度和边坡均为每20m取1点，每边不应少于1点。

④ 土方开挖工程质量检验标准参见相关验收规范。

⑤ 填方柱基、坑基、基槽、管沟回填的土料必须符合设计要求和施工规范规定，并经验收后方可填入。

⑥ 土方回填前应清除基底的垃圾、树根等杂物，抽除坑穴积水、淤泥，验收基底标高。如在耕植土或松土上填方，应在基底压实后再进行。

⑦ 填方和柱基、基坑、基槽、管沟的回填，必须按规定分层夯压密实。取样测定压实后土的干密度，90%以上符合设计要求，其余10%的最低值与设计值的差不应大于0.08g/cm³，且不应集中。

土的实际干密度可用“环刀法”测定。其取样组数：柱基回填取样不少于柱基总数的10%，且不少于5个；基槽、管沟回填每层按长度20～50m取样一组；基坑和室内填土每层按100～500m² 取样一组；场地平整填土每层按400～900m² 取样一组，取样部位应在每层压实后的下半部。

⑧ 填方结束后，应检查标高、边坡坡度、压实系数等，检查标准应符合验收规范中的规定。

二、土方工程的安全事项

1. 基坑开挖

① 基坑开挖时，两人操作间距应大于3.0m，不得对头挖土；挖土面积较大时，每人工作面不应小于6m²。挖土应由上而下，分层分段按顺序进行，严禁先挖坡脚或逆坡挖土，或采用底部掏空塌土方法挖土。

② 基坑开挖深度超过1.5m时，应根据土质和深度严格按要求放坡。不放坡开挖时，需根据水文、地质条件及基坑深度计算确定临时支护方案。

③ 基坑开挖深度超过 2.0m 时，必须在坑顶边沿设两道护身栏杆，夜间加设红灯标志。

④ 基坑边缘堆土、堆料或沿挖方边缘移动运输工具和机械，一般应距基坑上部边缘不少于 2m，弃土堆置高度不应超过 1.5m，重物距边坡距离，汽车不小于 3m，起重机不小于 4m。

⑤ 基坑开挖时，应随时注意土壁变动情况，如发现有边坡裂缝或部分坍塌现象，施工人员应立即撤离操作地点，并应及时分析原因，采取有效措施处理。如进行支撑或放坡，并注意支撑的稳固和土壁的变化。

⑥ 深基坑开挖采用支护结构时，为保证操作安全，在施工中应加强观测，发现异常情况，及时进行处理，雨后更应加强检查。

⑦ 深基坑上下应先挖好阶梯或支撑靠梯，或开斜坡道，采取防滑措施，禁止踩踏支撑上下。基坑四周应设安全栏杆或悬挂危险标志。

⑧ 基坑（槽）挖土使用吊装设备吊土时，起吊后，坑内操作人员应立即离开吊点的垂直下方，坑内人员应戴安全帽。人工吊运土方时，应检查起吊工具、绳索是否牢靠。卸土堆应离开坑边至少 2m，以防造成坑壁塌方。

⑨ 用手推车运土，应先平整好道路，并尽量采取单行道，以免碰撞。卸土回填，不得放手让车自动翻转；用翻斗车运土时，运输道路的坡度、转弯半径应符合有关安全规定，两车间距不得小于 10m，装土和卸土时，两车间距不得小于 1.0m。

⑩ 已挖完或部分挖完的基坑，在雨后或冬季解冻前，应仔细观察边坡土质情况，如发现异常，应及时处理或排除险情后方可继续施工。

⑪ 在雨期开挖基坑，应距坑边 1m 远处挖截水沟或筑挡水堤，防止雨水灌入基坑或冲刷边坡，造成边坡失稳塌方。当基坑底部位于地下水位以下时，基坑开挖应采取降低地下水位措施。雨期在深坑内操作应先检查土方边坡支护措施。

⑫ 当基坑较深或晾槽时间很长时，为防止边坡失水疏松或地表水冲刷、浸润影响边坡稳定，应采用塑料薄膜或抹砂浆覆盖或挂铁丝

网，抹砂浆或砌石、草袋（水泥编织袋）装土堆压等方法保护。

2. 机械挖土

① 大型土方工程施工前，应编制土方开挖方案、绘制土方开挖图，确定开挖方式、顺序、边坡坡度、土方运输方式与路线，弃土堆放地点以及安全技术措施等以保证挖掘、运输机械设备安全作业。

② 机械行驶道路应平整、坚实，必要时底部应铺设枕木、钢板或路基箱垫道，防止作业时道路下陷；在饱和软土地段开挖土方应先降低地下水位，防止设备下陷或基土产生侧移。

③ 机械挖土应分层进行，合理放坡，防止塌方、溜坡等造成机械倾翻、掩埋等事故。

④ 多台挖掘机在同一作业面的机间距应大于 10m。多台挖掘机在不同台阶同时开挖，应验算边坡稳定，上下台阶挖掘机前后应相距 30m 以上，挖掘机离下部边坡应有一定的安全距离，以防造成翻车事故。

⑤ 铲运机的开行道路应平坦，其宽度应大于机身 2m 以上。在坡地行走，上下坡度不得超过 25°，横坡不得超过 6°。铲斗与机身不正时，不得铲土。多台机在一个作业区作业时，前后距离不得小于 10m，左右距离不得小于 2m。铲运机上下坡道时，应低速行驶，不得中途换挡，下坡时严禁脱挡滑行。禁止在斜坡上转弯、倒车或停车。

⑥ 机械施工区域禁止无关人员进入场地内。土石方爆破时，人员及机械设备应撤离至安全地带。挖掘机、装载机卸土，应待整机停稳后进行，不得将铲斗从运输汽车驾驶室顶部越过；装土时任何人都不得停留在装土车上。

⑦ 土方施工机械操作和汽车装土行驶要听从现场指挥，所有车辆必须严格按规定的开行路线行驶，防止撞车。

⑧ 在有支撑的基坑中挖土时，必须防止碰坏支撑，在坑沟边使用机械挖土时，应计算支撑强度，危险地段应加强支撑。

⑨ 夜间作业，机上及工作地点必须有充足的照明设施，在危险地段应设置明显的警示标志和护栏。

⑩ 冬季、雨期施工，运输机械和行驶道路应采取防滑措施，以

保证行车安全。

⑪ 遇七级以上大风、雷雨、大雾天时，各种挖掘机应停止作业，并将臂杆降至30°～45°。

3. 土方回填

① 基坑（槽）和管沟回填前，应检查坑（槽）壁有无塌方迹象，下坑（槽）操作人员要戴安全帽。

② 基坑回填应分层进行，基础或管道、地沟回填应防止造成两侧压力不平衡，使基础或墙体位移或倾倒。

③ 在填土夯实过程中，要随时注意边坡土的变化，对坑（槽）沟壁有松土掉落或塌方的危险时，应采取适当的支护措施。

④ 用推土机回填，铲刀不得超出坡沿，以防倾覆。陡坡地段推土需设专人指挥，严禁在陡坡上转弯。

⑤ 坑（槽）及室内回填，用车辆运土时，应对跳板、便桥进行检查，以保证交通道路畅通安全。车与车的前后距离不得小于5m。用手推车运土回填，不得放手让车自动翻转卸土。

⑥ 基坑（槽）回填土时，支撑（护）的拆除，应按回填顺序，从下而上逐步拆除，不得全部拆除后再回填，以免使边坡失稳，更换支撑时必须先装新的，再拆除旧的。

⑦ 蛙式打夯机使用前应对各部件进行认真检查，电机及接线头应有良好绝缘。夯土时应由两人操作，一人操纵机械，一人拉持电缆，操作人员应穿绝缘胶鞋、戴绝缘手套。操作时，打夯机前进方向严禁站人，多台机同时作业，应相距5m以上。停用或停电时应切断电源。

⑧ 压路机启动前应先检查油路和传动装置、制动器是否完好，非作业人员应远离作业区，先鸣号，后开行。两台以上压路机同时作业时，其间距应大于3m，在坡道上禁止纵队行驶。在新填土上碾压，应从中间向两侧碾压，且应离开填土边缘0.5m以上，上下坡时禁止换挡和滑行。工作结束应将机械止动，压路机应停放在平坦稳固地方。

第四章　爆破工程

石方工程多用爆破方法施工。此外，施工现场树根等障碍物的清除，冻土的开挖和改建工程中拆毁旧的结构或构筑物、基坑支护结构中的钢筋混凝土支撑等也用爆破。爆破是利用炸药爆炸时产生的大量的热和极高的压力破坏岩石或其他物体。由于施工费用低及爆破技术的发展，爆破作业在基本建设中的应用越来越广。

第一节　概　　述

把炸药埋置在地下深处时，引爆炸药以后，由于原来体积很小的炸药在极短时间内，通过化学变化立刻转化为气体状态，体积增加千百倍，产生极大的压力、冲击力和很高的温度，使周围的介质（土、石等）受到不同程度的破坏，这就叫爆破。爆破时最靠近炸药处的土石受的压力最大，对于可塑的土壤，便被压缩成孔腔；对于坚硬的岩石，便会被粉碎。炸药的这个范围称为压缩圈或破碎圈。

在压缩圈以外的介质受到的作用力虽然减弱了些，但足以破坏土石的结构，使其分裂成各种形状的碎块。这个范围称之为破坏圈或松动圈。在破坏圈以外的介质，因爆破的作用力已微弱到不能使之破坏，而只能产生震动现象，这个范围称之为震动圈。以上爆破作用的范围，可以用一些同心圆表示，叫做爆破作用圈（图 4-1）。

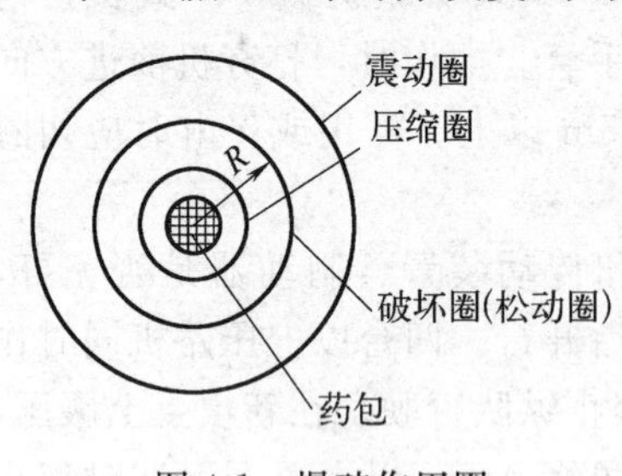

图 4-1　爆破作用圈

在压缩圈和破坏圈内为破坏范围，它的半径称为破坏半径或药包的爆破作用半径，以 R 表示。如果炸药埋置深度大于爆破作用半径，炸药的作用不能达到地表。反之，药包爆炸必然破坏地表，并将部分

（或大部分）介质抛掷出去，形成一个爆破坑，其形状如漏斗，称之为爆破漏斗，如图 4-2 所示。如果炸药埋置深度接近破坏圈或松动圈的外围，爆破作用没有余力可以使破坏的碎块产生抛掷运动，只能引起介质的松动，而不能形成爆破坑，这叫做松动爆破，如图 4-3 所示。

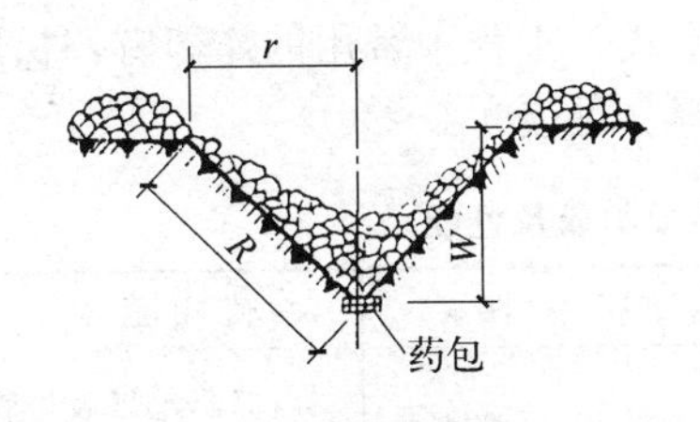

图 4-2　爆破漏斗

r——漏斗半径；R——爆破作用半径；
W——最小抵抗线（药包埋置深度）

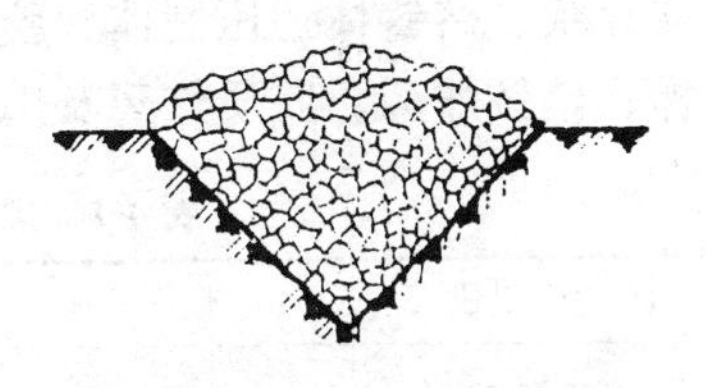

图 4-3　松动爆破

爆破漏斗的大小，随介质的性质、炸药包的性质和大小、药包的埋置深度（或称最小抵抗线）而不同。爆破漏斗的大小一般以爆破作用指数 n 表示：

$$n=\frac{r}{W} \tag{4-1}$$

式中　r——漏斗半径；
　　W——最小抵抗线。

当爆破作用指数 n 等于 1，称为标准抛掷漏斗；n 小于 1，称为减弱抛掷漏斗；n 大于 1，称为加强抛掷漏斗。爆破作用指数 n 用于计算药包量，决定漏斗大小和药包距离等参数。

第二节　爆破材料

爆破材料主要包括炸药和起爆材料。炸药又分为起爆药和破坏药两种。起爆材料包括雷管、导火索和传爆线等。

一、工程炸药

火药（我国四大发明之一）的发明和应用，对人类社会起了十分重要的推动作用。人们第一次有可能利用大量廉价的能源代替人力劳动，创造幸福生活与物质财富，这个荣誉应属于我们祖国。它到13世纪才由丝绸之路经阿拉伯传入欧洲，直到18～19世纪初，由于化学工业的发展，西方才出现了不同的炸药新品种。

炸药的种类很多，按炸药的物理状态，有液体、固体、粉末状、鳞片状、熔铸体、压制体和胶质等形式。工程中常用的炸药有：梯恩梯、硝铵炸药、胶质炸药及黑火药等。见表4-1～表4-3。

表4-1 黑火药主要组成及性能

化学组成	性能	特性	使用范围
硝酸钾75%～78%； 硫黄10%～12%； 木炭10%～15%	密度：0.9～1.0g/cm³ 爆力：65ml 爆炸猛度低，遇火花或热到280℃即爆炸，并产生大量有毒气体	易溶于水，吸湿性强，受潮后不能使用；敏感性强，易燃烧，火星可以点燃，敲打、摩擦易引起爆炸	内部药包爆破松软岩石和土层；开采料石或制作导火索。不宜作裸露爆破药包；在有瓦斯或矿尘危险的工作面，不准使用

常用以下几个指标表示炸药的爆炸性能。

① 爆力与猛度。爆力是指炸药破坏一定量介质（土或岩石）的能力，常以铅铸扩孔试验法来确定爆力。猛度是指炸药破坏一定量介质使之成为细块的能力，也就是衡量炸药猛烈的程度。可用铅柱压缩试验法测定。

② 氧平衡。即炸药在爆炸分解时的氧化情况。如炸药本身的含氧量恰好等于其中可燃物完全氧化时所需的氧，这时称为零氧平衡。如含氧量不足，可燃物不能完全氧化，则产生有害气体一氧化碳，这时称为负氧平衡。如含氧量过多，将炸药所放出的氮也氧化成有害气体二氧化氮，这时称为正氧平衡。无论是负氧平衡还是正氧平衡，都会带来两大害处：一是热能量减少，威力降低，影响爆破效果；二是生成有毒气体。

③ 安定性。安定性即炸药在长期贮存中，保持其化学物理性能不变的能力。包括物理安定性和化学安定性两个方面。物理性质包括吸湿、结块、挥发、渗油、老化、冻结和耐水等。化学性质是指炸药的原有化学成分及爆炸能力。

表 4-2 几种常用国产硝铵炸药性能

炸药名称	组成成分/%				密度/(g/cm^3)	爆力/ml	猛度/mm	殉爆距离/cm	抗水性	适用范围
	硝酸铵	梯恩梯	木粉	其他物质						
1 号高威力铵梯	65.3	5	铝粉 4	黑索金 24 硬脂酸钙 0.7	1.0～1.1	450	13～21	9	良好	无瓦斯地下或露天用
1 号岩石铵梯	83.0	14	3	—	0.95～1.05	350	13	9	差	无瓦斯地下或露天用
2 号岩石铵梯	85.0	11	4	—	0.95～1.05	320	12	8	差	无瓦斯地下或露天用
2 号岩石抗水铵梯	85.0	11	3.2	沥青 0.4 石蜡 0.4	0.95～1.05	320	12	8	好	无瓦斯地下或露天用
1 号露天铵梯	82.0	10	8	—	0.8～1.0	300	11	5	差	露天爆破用
2 号露天铵梯	86.0	5	9	—	0.8～1.0	280	9	4	差	露天爆破用
3 号露天铵梯	88.0	3	9	—	0.8～1.0	260	8	3	差	露天爆破用
4 号露天铵梯	85.0	—	15	—	0.9	260～280	8	2	差	露天爆破用
1 号煤矿铵梯	68.0	15	2	食盐 15	0.9～1.05	290	12	6	差	有瓦斯危险矿井用
2 号煤矿铵梯	71.0	10	4	食盐 15	0.9～1.05	250	10	5	差	有瓦斯危险矿井用
3 号煤矿铵梯	67.0	10	3	食盐 20	0.9～1.05	240	10	5	差	有瓦斯危险矿井用
14 号低密度铵梯	68.0	硝酸铵 11	14	硝化甘油、硝化乙二醇 7	0.65～0.75	330～350	7～8	3～5	差	无瓦斯地下或露天用
低量硝化铵梯	78.5	12.5	2	硝化甘油 6 防水剂 1	0.95～1.05	370	16	15	良好	无瓦斯地下或露天用
粒状二萘炸药	88.0	—	—	二硝基萘 12	1.05	360	14	4	良好	无瓦斯地下或露天用

注：硝酸铵为氧化剂；木粉、铝粉为可燃剂，铝粉作可燃剂可提高炸药威力；梯恩梯、黑索金、硝化甘油、硝化乙二醇、二硝基萘为敏感剂；食盐为消焰剂；沥青、石蜡、硬脂酸钙为抗水剂。

表 4-3 铵油、铵松蜡炸药的组成与爆炸性能

组成与性能		炸药名称				
		铵油炸药			铵松蜡炸药	
		1号	2号	3号	1号	2号
组成/%	硝酸铵	0.2±1.5	92±1.5	94.5±1.5	91±1.5	91±1.5
	柴油	4±1.0	1.8±0.5	5.5±1.5	—	1.5±0.5
	木粉	4±0.5	6.2±1.0	—	6.5±1.0	5±0.5
	松香	—	—	—	1.7±0.3	1.7±0.3
	石蜡	—	—	—	0.8±0.2	0.8±0.2
水分/%不大于		0.25	0.80	0.80	0.25	0.25
密度/(g/cm³)		0.9～1.0	0.8～0.9	0.8～1.0	0.9～1.0	0.9～1.0
性能	猛度/mm 不小于	12	钢管 18	钢管 18	12	12
	爆力/ml 不小于	300	250	250	300	310
	殉爆距离/cm 浸水前不小于	5	—	—	5	5
	浸水后不小于	—	—	—	4	2
	爆速/(m/s)不低于	3300	钢管 3800	钢管 3800	3200	3300
包装		六盒一箱(体积 607mm×367mm×280mm),每箱净重 31.2kg				
有效使用期		8个月				

注：1. 普通硝化甘油炸药，在零上 8～10℃会冻结，冻结后非常危险，受轻微撞击或摩擦会引起爆炸。

2. 耐冻硝化甘油炸药，在零下 15℃能冻结，冻结后同样很危险，在储存及使用时，必须严格遵守有关安全规定。

④ 敏感性。敏感性即炸药在外界能量作用下引起爆炸反应的难易程度。

⑤ 殉爆距离。殉爆距离即爆炸的药包引起相邻药包起爆的最大间隔（m）。

二、起爆炸药

起爆炸药都是很猛烈的炸药，一般用它们制造雷管、导爆线和起爆药包等。它具有下列特点。

① 对简单的激发冲量很敏感。例如受到冲击、摩擦或接触火焰及电能等即能起爆。

② 爆炸速度增加很快，而易于由燃烧转变为爆轰。

③ 具有很大的化学安定性。

④ 具有很好的松散性和压缩性。常用的起爆炸药名称和性质如表 4-4 所示。

表 4-4 起爆炸药的爆炸性能

炸药名称	爆燃点/℃	爆速/(m/s)	爆热/(kJ/kg)	爆温/℃	生成气体量/(L/kg)	爆力/ml	猛度/mm	适用范围
雷汞 $Hg(CNO)_2$	160～165	5050	1549	4180	311	—	—	雷管正起爆药
迭氮铅 $Pb(N_3)_2$	327	5300	1590	4030	308	—	—	雷管正起爆药
史蒂酚酸铅 $C_6H(NO_2)_3O_2Pb$	270	4800	1616	2100	—	—	—	雷管正起爆药
特屈儿 $C_6H_2(NO_2)_3NCH_3$	195～220	7200	4564	3900	—	380	20～22	雷管副起爆药
黑索金 $C_3H_6N_3(NO_2)_3$	230	8300	5861	3850	900	520	29	雷管副起爆药，传爆线
泰安 $C(CH_2ONO_2)_4$	245	8400	5861	4010	800	500	25	雷管副起爆药，传爆线

三、起爆器材

1. 导火索

导火索是用来起爆火雷管和黑火药的起爆材料。其性能见表 4-5。

表 4-5　导火索技术指标、质量要求及检验方法

构造	技术指标	质量要求	检验方法	适用范围
内部为黑火药芯，外面依次包缠棉线和黄麻(或亚麻)、涂沥青、包纸等，外面再用棉线缠紧，涂以防潮剂，索头亦涂有防潮剂	外径：5.2～5.8mm 药芯直径不小于2.2mm 燃速：100～125s/m（缓燃导火索为180～210s/m） 喷火强度：不低于50mm	1. 粗细均匀，无折伤、变形、受潮、发霉、严重油污、剪断处散头等现象 2. 包裹严密，纱线编织均匀，外观整洁，包皮无松开破损 3. 在存放温度不超过40℃、通风、干燥条件下，保证期为2年	1. 在1m深静水中浸泡4h后，燃速和燃烧性能正常 2. 燃烧时无断火、过火、外壳燃烧及爆声 3. 使用前做燃速检查，先将原来的导火索头剪去50～100mm，然后根据燃速将导火索剪到所需的长度，两端须平整，不得有毛头，检查两端药芯是否正常	可用于无瓦斯或矿尘爆炸危险的工作面

注：每盘长250±2m。内包装塑料袋，外包装纸箱，每箱1000m。

2. 导爆索

其又名传爆线，外表与导火索相同，但传爆速度快，其技术指标等见表4-6。

表 4-6　导爆索技术指标、质量要求及检验方法

构造	技术指标	质量要求	适用范围
芯药用爆速高的烈性黑索金制成，以棉线纸条为包缠物，并涂以防潮剂，表面涂以红色。索头涂有防潮剂	外径：4.8～6.2mm 爆速：不低于6506m/s 抗拉强度：≮306kg 点燃：用火焰点燃时不爆燃、不起爆（应用8号火雷管起爆） 起爆性能：2m长的导爆索能完全起爆一个200g的压装梯恩梯药块	1. 外观无破损、折伤、药粉撒出、松皮、中空现象。扭曲时不折断，炸药不散落。无油脂和油污 2. 在0.5m深的水中浸24h，仍能传爆可靠 3. 在−28～50℃内不失起爆性能 4. 在温度不超过40℃、通风、干燥条件下，保证期为2年	用于一般爆破作业中直接起爆2号岩石炸药；用于深孔爆破和大量爆破药室的引爆。并可用于几个药室同时准确起爆，不用雷管。不宜用于有瓦斯、矿尘的作业面及一般炮孔法爆破

注：每卷长50±0.5m。内包装每卷用塑料袋包装，外包装用木箱，每箱500m。

3. 导爆管

其由普通热塑性塑料制成，外径约3mm，内径约1.35mm，内壁

涂有一层以奥克托今为主体的混合炸药。它不同于塑料导爆索，因为它工作时炸药在管内反应，管体不爆炸，对环境无破坏效应。当它被激发后，管内炸药剧烈反应，产生发光的冲击波，并以2000m/s的速度稳定地传递爆炸能量。关于导爆管的技术指标、质量要求参见表4-7。

表4-7　导爆管技术指标、质量要求

构造	技术指标	质量要求	适用范围
在半透明软塑料管内壁涂薄薄一层胶状高能混合炸药（主药为黑索金或奥克托金），涂药量为16±1.6mg/m	外径：$\left(3.0\pm^{0.1}_{0.2}\right)$mm 内径：(1.4±0.1)mm 爆速：(1650～1950±50)m/s 抗拉力：25℃时不低于70N；50℃时不低于50N；－40℃时不低于100N 耐静电性能：在30kV、30PF、极距10cm条件下，1min不起爆 耐温性：(＋50±5)℃，(－40±5)℃时起爆、传爆可靠	1. 表面有损伤（孔洞、裂口等）或管内有杂物者不得使用 2. 传爆雷管在连接块中能同时起爆8根塑料导爆管 3. 在火焰作用下，不起爆 4. 在80m深水处经48h后，起爆正常 5. 卡斯特落锤10kg，150cm落高的冲击作用下，不起爆	适用于无瓦斯、矿尘的露天、井下、深水、杂散电流大和一次起爆多数炮孔的微差爆破作业中，或上述条件下的瞬发爆破或秒延期爆破

① 火雷管。即普通雷管，是用导火线点燃来起爆药包时用的，它的构造如图4-4所示。

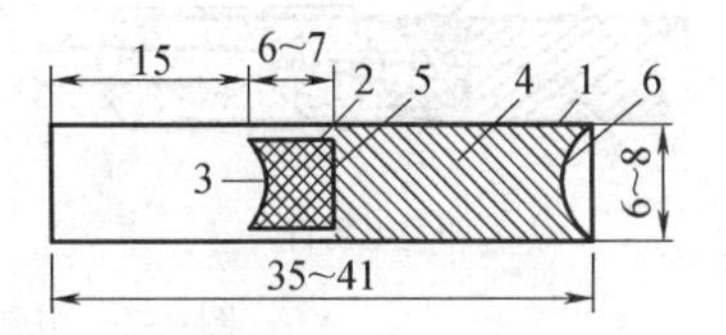

图4-4　火雷管的构造（单位：mm）
1—管壳；2—金属加强帽；3—帽孔；4—副装药；5—正装药；6—窝槽

雷管外壳为纸管或金属管，内装起爆药，底部做成对称窝槽（聚能穴），使冲击波通过凹面时因折射而集中，增加起爆效果。其另一端开口，以便插入导火线。火雷管的规格性能见表4-8。火雷管的敏感度大，受撞击、摩擦、热和火花作用时，都会引起爆炸。操作时应小心谨慎。

② 电雷管。电雷管是由普通雷管和电力引火装置所组成。电雷管通电后，电阻丝发热，使发火剂点燃，立即引起正起爆药爆炸的叫即发电雷管，见图4-5（a），当电力引火装置与正起爆药之间放上一段缓燃剂时为迟发电雷管，见图4-5（b），迟发电雷管又分延期电雷管和毫秒电雷管。

表 4-8　火雷管的规格及性能

雷管号码	6号	8号	8号
雷管壳材料	铜、铝、铁	铜、铝、铁	纸
管壳(外径×全长)/mm	6.6×35	6.6×40	7.8×45
加强帽(外径×全长)/mm	6.16×6.5	6.16×6.5	6.25～6.32×6
特性	遇撞击、摩擦、搔扒、按压、火花、热等影响会发生爆炸；受潮容易失效		
点燃方法	利用导火索		
试验方法	外观检查：有裂口、锈点、砂眼、受潮、起爆药浮出等不能使用 振动试验：振动 5min 不允许爆炸、撒药，加强帽移动 铅板炸孔：5mm 厚的铅板(6 号用 4mm 厚)，炸穿孔径不小于雷管外径		
适用范围	用于一般爆破工程，但在有沼气及矿尘较多的坑道工程不宜使用		
包装	内包装为纸盒，每盒 100 发；外包装为木箱，每箱 50 盒 5000 发		
有效保证期	2年		

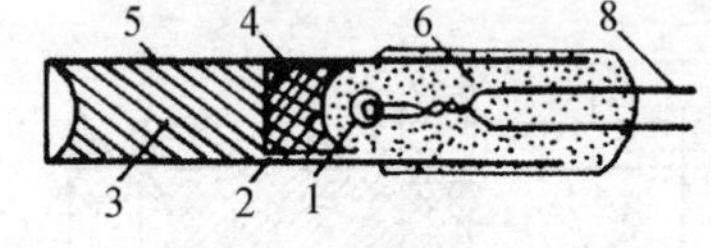

(a) 即发电雷管

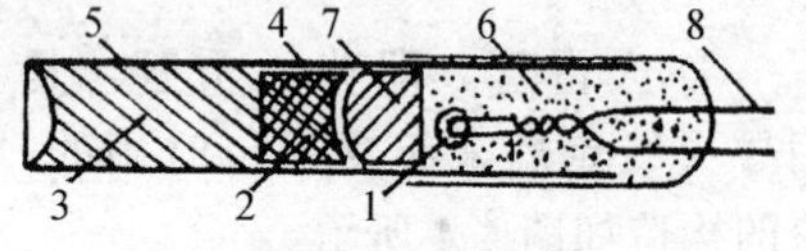

(b) 延期和毫秒电雷管

图 4-5　电雷管的构造示意图

1—电气点火装置；2—正装药；3—副装药；4—加强帽；5—管壳；6—密封胶和防潮涂料；7—缓燃剂；8—脚线

即发、延期及毫秒电雷管的规格、性能见表 4-9～表 4-11。

四、起爆方式

1. 火花起爆

火花起爆法是通过点燃导火索起爆火雷管以引爆药包。导火索的长度按炮工撤离到安全区及点炮数目所需时间来确定。火花起爆设备简单，操作方便。缺点是比较危险，为了安全，一次不能同时点燃很多根导火线。因而不可能一次使大量的药包同时爆炸。并且由于火线燃烧会产生有毒气体。仅适用于小规模爆破。

表 4-9　即发电雷管的规格及主要性能

<table>
<tr><td colspan="2" rowspan="2">项　　目</td><td colspan="2">紫铜雷管</td><td colspan="2">铝铁雷管</td><td>纸雷管</td></tr>
<tr><td>6 号</td><td>8 号</td><td>6 号</td><td>8 号</td><td>8 号</td></tr>
<tr><td colspan="2">规格(直径×长)/mm</td><td>6.6×35</td><td>6.6×40</td><td>6.6×35</td><td>6.6×40</td><td>7.8×45</td></tr>
<tr><td colspan="2">脚线长度/mm</td><td>750～1200</td><td>1000～1600</td><td>1500</td><td>2000</td><td>2500</td></tr>
<tr><td rowspan="4">性能</td><td>电阻/Ω</td><td>0.85～1.2</td><td>0.90～1.25</td><td>0.95～1.35</td><td>1.05～1.45</td><td>1.15～1.55</td></tr>
<tr><td>齐发性</td><td colspan="5">20 发串联齐爆(通以 1.2A 电流)</td></tr>
<tr><td>安全电流</td><td colspan="5">0.05A(康铜桥丝);0.02A(镍铬桥丝)</td></tr>
<tr><td>发火电流</td><td colspan="5">0.5～1.5A</td></tr>
<tr><td colspan="2">检验方法</td><td colspan="5">外观检查:金属壳雷管表面有绿色斑点和裂缝、皱痕或起爆药浮出;纸壳雷管表面有松裂,管底起爆药有碎裂以及脚线有扯断者,均不能使用
导电检查:用小型电阻表检查电阻,同一线路中,雷管电阻差≯0.2Ω
震动试验:震动 5min,不允许爆炸、结构损坏、断电、短路
铅板炸孔:5mm 厚的铅板(6 号用 4mm 厚),炸穿孔径不小于雷管外径</td></tr>
<tr><td colspan="2">适用范围</td><td colspan="5">用于一切爆破工程起爆炸药、导爆索及导爆管,但在有瓦斯及矿尘爆炸危险的坑道工程不宜使用</td></tr>
<tr><td colspan="2">包装</td><td colspan="5">内包装纸盒,每盒 100 发;外包装木箱,每箱 10 盒 1000 发</td></tr>
<tr><td colspan="2">有效保证期</td><td colspan="5">2 年</td></tr>
</table>

表 4-10　迟发秒电雷管的规格及主要性能

<table>
<tr><td>延期时间/s</td><td>4</td><td>6</td><td>8</td><td>10</td><td>12</td></tr>
<tr><td>导火线长度/mm</td><td>26.0～26.5</td><td>39.0～39.5</td><td>52.0～52.5</td><td>65.5～66.0</td><td>77.5～78.0</td></tr>
<tr><td>管体长度/mm</td><td>63</td><td>76</td><td>90</td><td>102</td><td>114</td></tr>
<tr><td>管壳段数(段)</td><td>1 或 2</td><td>1 或 2</td><td>2</td><td>2</td><td>2</td></tr>
<tr><td>性能</td><td colspan="5">除有延期时间的要求外,其他性能与即发电雷管相同,串联试验时,不要求齐爆,但要求全爆</td></tr>
<tr><td>适用范围</td><td colspan="5">用于没有沼气、爆炸气体及矿尘较多的坑道和各种爆破工程,特别适于几个雷管先后爆炸时使用,如炮孔法分层爆炸</td></tr>
</table>

注：迟发秒电雷管的号码、管壳分段、检验方法、包装、保证期与即发电雷管相同。

表 4-11 迟发毫秒电雷管的规格及主要性能

项目		铝镁雷管	铁雷管	纸雷管
		8号	8号	8号
段数		1～30	1～15	1～5
脚线长度/mm		3000	2000	2000
性能	电阻/Ω	1.6～20	1.5～3.5	4.0～6.0
	齐发性	20发(铝镁管为30发)串联齐爆通以1.5A电流应瞬时全爆		
	安全电流	0.1A直流电流通5min不爆炸		
	发火电流	0.7～1.0A		
检验方法		导电检查:用不大于0.05A的直流电检查雷管是否导通,不导通的不能使用铅板炸孔;5mm厚的铅板,炸穿孔径不小于雷管外径		
适用范围		适用于大面积爆破作业,成组或单发起爆各种猛性药包。不能用于沼气爆炸的作业面		
包装		金属管包装每盒50发,外包装木箱每箱500发;纸管每盒100发,外包装木箱,每箱1000发		
有效保证期		2年		

2. 电力起爆

电力起爆是通电后，灼热的电桥点燃引燃剂（图4-6），使电雷管爆炸而引起药包的爆炸。与火花起爆比较，电力起爆的优点是：改善了工作条件，能远距离操作，且可用仪表检测电雷管和起爆网路的质量，因此，不仅操作安全可靠，而且能分段或同时起爆大规模的药包群。

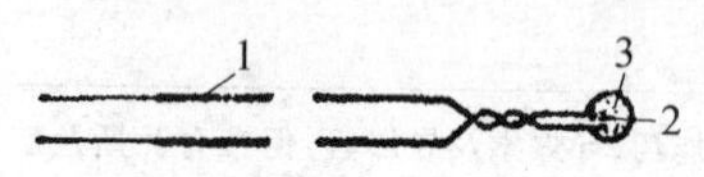

图4-6 电雷管的电气点火装置
1—脚线；2—电桥丝；3—滴状引燃剂

电力起爆，其主要工作有：导线和电雷管的检查；制作起爆药包；计算和敷设电爆网路；接通电源等。

电爆网路的计算和敷设比较费事，电爆网路常用联结形式有串联法、并联法、串并联法、并串联法等，串联法又有单式串联和复式串联之分。其计算公式、适用条件和特点见表4-12。常用电线电阻值见表4-13。

3. 传爆线起爆

传爆线的爆速很高，因此可以利用它使群药包在瞬间同时发生爆炸。当采用延长药包或在大的洞室药包中利用传爆线，不仅可以增加爆炸速度，而且能保证炸药的爆炸完全，从而可以提高炸药的爆炸效果。

表 4-12 常用电爆网路联结的计算公式

名称	联接形式	网路计算公式		适用条件和特点
串联法	单式串联电路： 电源 主线 端线 雷管 药室	$R=R_{主}+R_{支}+nr+R'$ $I_{准}=i$ $E=RI=(R_{主}+R_{支}+nr+R')i$ $I=\frac{E}{R_{主}+R_{支}+nr+R'}\geqslant i$	(4-2) (4-3) (4-4) (4-5)	1. 适用于爆破数量不多，炮孔分散，电源、电流不大的小规模爆破 2. 接线简便，检查线路较易，导线消耗较少，需准爆电流小 3. 易发生拒爆现象，一个雷管发生故障，便切断整个电线路。复式电线路可克服所有电雷管准爆的可靠性差的缺点 4. 可用放炮器、干电池、蓄电池作起爆电源
	复式串联电路：	$R=R_{主}+\frac{1}{2}(R_{支}+nr)+R'$ $I_{准}=2i$ $E=RI=2i\left[R_{主}+\frac{1}{2}(R_{支}+nr)+R'\right]$ $I=\frac{E}{R_{主}+\frac{1}{2}(R_{支}+nr)+R'}\geqslant 2i$	(4-6) (4-7) (4-8) (4-9)	

续表

名称	联接形式	网路计算公式		适用条件和特点
并联法	电源 主线 端线	$R=R_{主}+\frac{1}{m}(R_{支}+r)+R'$ $I_{准}=mi$ $E=RI=mi\left[R_{主}+\frac{1}{m}(R_{支}+r)+R'\right]$ $I=\frac{E}{R_{主}+\frac{1}{m}(R_{支}+r)+R'}\geqslant mi$	(4-10) (4-11) (4-12) (4-13)	1. 适用于炮孔集中、电源容量较大及起爆少量电雷管时应用 2. 导线电流消耗大，需较大截面主线 3. 联接较复杂，检查不便 4. 与串联相比，不易发生拒爆，但若分支线电阻相差较大时，可能产生不同时爆破或拒爆
串并联法	电源 主线 端线	$R=R_{主}+\frac{1}{m}(R_{支}+nr)+R'$ $I_{准}=mi$ $E=RI=mi\left[R_{主}+\frac{1}{m}(R_{支}+nr)+R'\right]$ $I=\frac{E}{R_{主}+\frac{1}{m}(R_{支}+nr)+R'}\geqslant mi$	(4-14) (4-15) (4-16) (4-17)	1. 适用于每次爆破的炮孔、药包组很多，且距离较远，或全部并联、电流不足时，或采取分层迟发布置药室使用 2. 需要的电流容量比并联小 3. 线路计算和敷设复杂 4. 同组中的电流互不干扰。各分支线路电阻宜接近平衡或基本接近

续表

名称	联接形式	网路计算公式		适用条件和特点
并串联法	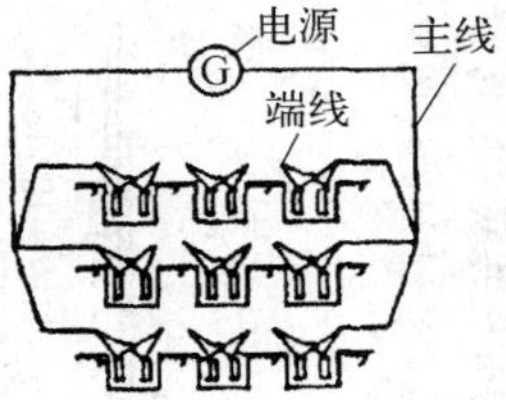 电源 主线 端线	先算出每一分支线路的电阻： $R_i=\frac{nr}{N}+R_{2i}$ 然后以其中最大的分支线路电阻（$R_{最大}$）为标准，则电爆网路计算： $R=R_{主}+\frac{1}{N}R_{最大}+R'$ $I_{准}=nN_i$ $E=RI=nNi\left(R_{主}+\frac{1}{N}R_{最大}+R'\right)$ $I=\frac{E}{R_{主}+\frac{1}{N}R_{最大}+R'}\geqslant nNi$	(4-18) (4-19) (4-20) (4-21) (4-22)	1. 适用于一次起爆多数药包，且药室距离很长时，或每个药室设两个以上的电雷管而又要求进行迟发起爆时使用 2. 可采用较小的电源容量和较低的电压 3. 线路计算和敷设较复杂 4. 电爆网路可靠性较串联强，但有一个雷管拒爆时，仍将切断一个分组的线路
表中符号	公式中： R——电爆网路中的总电阻，Ω； $I_{准}$——电爆网路分支线路的准爆电流，A； I——电爆网路中所需总的准爆电流，A； E——电源电压或所需电源的电压，V； $R_{主}$——主线的电阻，Ω； $R_{支}$——端线、联接线、区域线的电阻，Ω； R'——电源的内电阻，Ω，当用照明线路或动力线路时，可忽略不计； n——线路中雷管的数目，个； r——每个雷管的电阻，Ω，一般常用 $r=1.5\Omega$ 计算； m——为并联分支线路的组数（图例为 $m=3$）； i——通过每个电雷管所需的准爆电流，A，交流电为 2.5A；直流电为 2.0A； $R_{最大}$——电阻平衡后各分支线路中最大的电阻，Ω； R_i——第 i 分支线路的电阻，Ω； N——每药室并联雷管数目，个； R_{2i}——第 i 分支线路上端线、联接线、区域线的电阻，Ω； R——电爆网路中的总电阻，Ω，常用的电线电阻值如表 4-13，作计算时参考			

注：串并联法和并串联法两种电爆网路都要求各分支线路的电阻基本相同，否则要进行电阻平衡。

表 4-13 常用电线电阻值（每千米长的欧姆数）

截面积/mm^2	股数/单股直径/mm	铝芯线电阻/Ω	铜芯线电阻/Ω
0.75	1/0.98	38.1	23.3
1.00	1/1.13	28.6	17.5
1.50	1/1.37	19.0	11.7
2.50	1/1.76	11.4	7.0
8.00	7/1.20	3.51	2.19
14.00	7/1.60	2.00	1.25
16.00	7/1.68	1.84	1.09
25.00	7/2.11	1.17	0.70

传爆线起爆法的主要优点是在药包中不需要放雷管，装药和堵塞等操作比较安全；准爆性能较好。它的缺点是成本高，传爆线仅用于深孔爆破和大爆破等比较重要的工程中，常与电气起爆并用，以保证准爆。

传爆线的连接方法有分段并联（图 4-7）和并簇联（图 4-8）两种。传爆线连接时，其相互的接头对保证准爆有决定意义，因此应该重视接头方法。通常使用搭接法，接头应如图 4-9、图 4-10 所示（图中尺寸单位为 cm）。

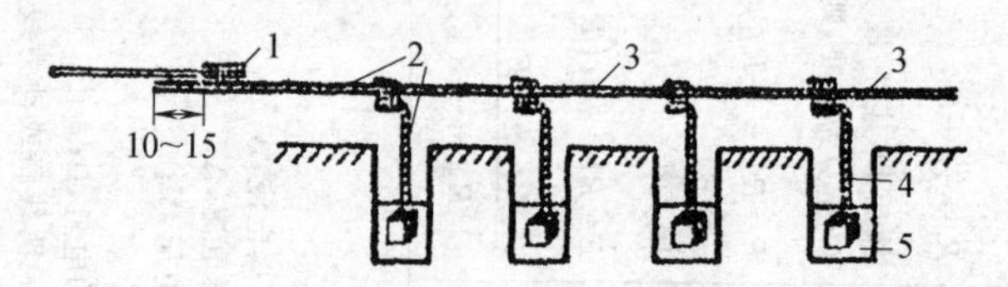

图 4-7 传爆线的分段并联

1—雷管；2—传爆线；3—主线；4—支线；5—药室

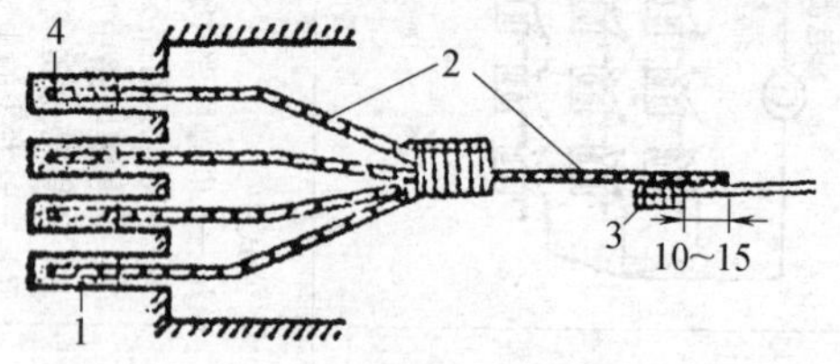

图 4-8 传爆线的并簇联

1—炮眼；2—传爆线；3—雷管；4—药包

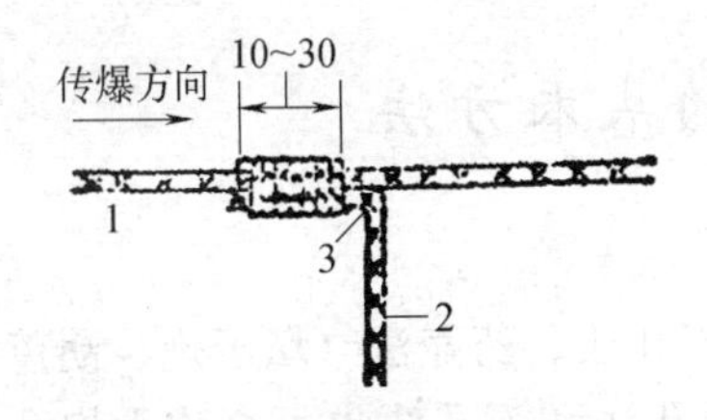

图 4-9　支线与主线连接

1—主线；2—支线；

3—搭接（用细麻绳或胶布扎紧）

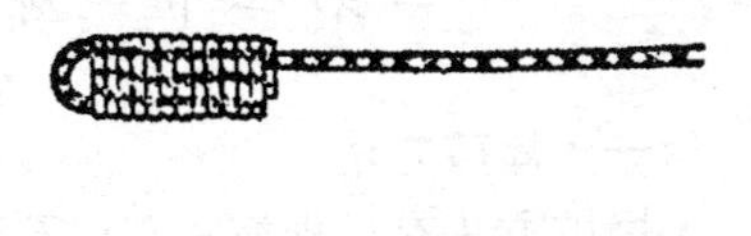

图 4-10　传爆线在药包内卷成起爆束

4. 起爆药卷的制作

其就是将火雷管或电雷管装入药卷内。这要在专门的加工场所进行制作该次爆破所需数量的起爆药卷，不得事先做成成品备用。制作起爆药卷要用威力较大、新出厂的炸药。已做好的起爆药卷应小心妥善保管，不得振动，也不得将火线雷管和电雷管拔出。其制作步骤如下。

① 解开药卷的一端，使包皮纸敞开（如药卷底部有凹槽时，应解开非凹槽一端的包皮纸）。

② 将药卷捏松，然后用直径 5mm、长 10～12cm 的木棍轻轻插入药卷中央后抽出，将火线雷管或电雷管插入孔内。

③ 火线雷管插入孔内的深度，对于硝化甘油炸药只需将雷管全部放在药内就行，对于其他炸药，雷管应插入药卷的 1/3～1/2，以保证起爆效果。

④ 收拢包皮纸，用细麻绳绑扎，绑扎时要注意扎紧扎牢，细麻绳应当绑扎在导火线的部分，以保证雷管和药卷绑扎良好，不致脱离。如药包用于潮湿处，则应进行防潮处理。防潮剂可用沥青、石蜡等。防潮剂的温度一般控制在 60～90℃。对于硝铵炸药粉，也有装入塑料袋中，涂抹黄油作为防潮、防水处理的。

对起爆间隔时间不同的起爆药卷，应以记号分别标志（火花起爆时，以导火线长短调整时间；电力起爆时，应取用即发或延期电雷管），以免在装药时混乱不清。起爆药卷装错，必然影响爆破效果，甚至造成事故。电雷管电阻差值大于 0.25Ω 的，也要注意分开，并设标志。

第三节　爆破的基本方法

一、爆破方法

爆破方法有：裸露法、浅孔法、深孔法、药壶法（坛子炮、葫芦炮）、洞室法和控制爆破等。其中：浅孔法和深孔法也可合称为炮孔法；药壶法、洞室法属中、大型爆破，一般建筑施工用得不多；控制爆破有：定向爆破、边线控制爆破（光面爆破、预裂爆破）、拆除爆破等。

1. 裸露爆破法

其又名表面爆破法。它是将药包直接置于被爆破体的表面进行爆破。适用于地面孤石的炸除和巨石的二次爆破（改炮）。药包应设置在孤石或巨石的中部、凹槽处或裂缝发育部位，药包厚度不宜大于底面宽度，为提高爆破效果，药包底部可做成集中爆力穴（聚能穴）（见图 4-11）；雷管底应朝岩石表面；并用草皮、湿土及不燃烧的柔性物覆盖药包，覆盖厚度应大于药包高度。也可用粉状硝铵炸药敷3～5cm 厚于岩石表面，可比集中药包节省炸药 15%～20%。当用1 个药包，可用火花起爆；多个药包、相互距离较近且一次起爆时，不得采用火花起爆，应采用导爆索或电力起爆。裸露爆破法的优点：不需钻炮孔，准备工作少，操作简单迅速；缺点：炸药量消耗大，一般比炮孔法多 3～5 倍，且破碎的岩石飞散较远。

2. 浅孔爆破法

其属于小规模爆破。炮孔深度为 0.5～5m，孔径有 35mm、45mm、50mm、75mm 几种。炮孔通常用风钻钻设或人工用锤、钢钎打成。炮孔下部装药（多为延长药包），上部堵塞。浅孔爆破法操作简单，爆落石块较均匀。但爆破单位体积岩石的钻孔工作量大，不够经济。浅孔爆破法适用于基坑（槽）、管沟、平整边坡等的爆破，也可用于小型采石场开采石料、松动冻土以及为大爆破开导洞、药室。

浅孔爆破法开挖基坑（槽）、管沟时，炮孔深度不应超过坑（槽）上口宽度的 1/2，深度大应采用分层爆破。浅孔爆破法常采用台阶式布置（梯段布置），见图 4-12。炮孔可布置成梅花形或对称形，应尽量利用临空面较多的地形，以提高爆破效果。炮孔方向应尽量与临空面平行，或成 30°～45°角，以免爆炸力由孔口逸散。浅孔爆破法的有关参数见表 4-14。

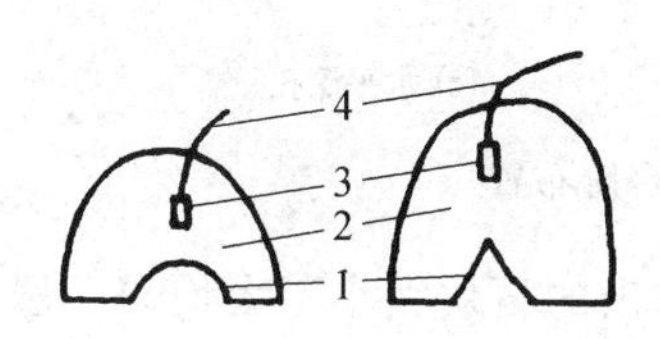

图 4-11 聚能穴裸露药包

1—聚能穴；2—药包；

3—雷管；4—导火线

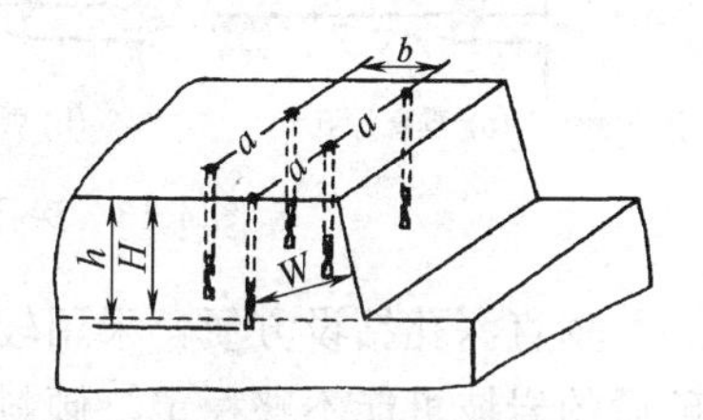

图 4-12 浅孔爆破

台阶式开挖布置

表 4-14 浅孔爆破法的爆破参数

参数	计算公式	说明
孔深 l	$l=(1.1\sim1.15)H$ $l=H$ $l=(0.85\sim0.95)H$	坚硬岩石 中等坚硬岩石 松软岩石
最小抵抗线 W	$W=(0.35\sim1.00)H$	
孔距 a	$a=(1.4\sim2.0)W$ $a=(0.8\sim2.0)W$ 或 $(1.2\sim1.4)W$ $a=(1.8\sim2.0)W$	火雷管起爆 电雷管起爆 微差爆破
行距 b	$b=(0.8\sim1.2)W$	W 为第一排炮孔的最小抵抗线
炮眼直径 ϕ	常用的有：$\phi35$、$\phi42$、$\phi45$、$\phi50$	与炮眼深度有关，与自由面数有关
堵塞要求	$l_{堵}=\frac{1}{3}l$	

注：H 为台阶（梯段）高度，m。

3. 深孔爆破法

是指炮孔深大于 5m，孔径大于 75mm 的爆破。炮孔通常用钻机（例如：潜孔钻、液压履带钻机等）钻设。

在台阶式（梯段）布置中，分为：垂直深孔、倾斜深孔及水平深孔三种，如图 4-13 所示。

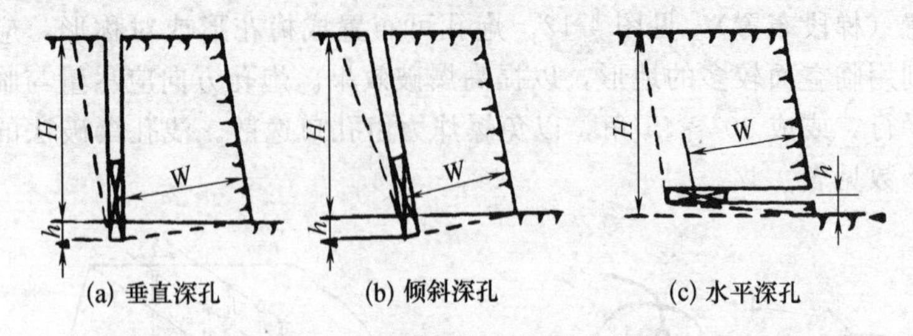

图 4-13 深孔爆破法的台阶布置

垂直深孔钻设方便，采用较多，但炸出的石块大小不太均匀，爆破后的岩坡可能不够稳定。倾斜深孔炸出的石块较均匀，爆破后岩坡也较稳定，但要钻设斜孔，施工较困难。水平深孔爆破后的石块堆积较集中，但钻孔困难，较少采用。

深孔爆破法多数情况下采用垂直深孔，孔径常用 80～200mm；梯段高度 5～20m；超钻深度 Δh 采用 $(0.1\sim0.3)W$，梯段高度高，岩石较坚硬，取大值，中等坚硬岩石取小值。

炮孔堵塞长度 C 的大小，取决于堵塞质量要求的高低，为避免出现冲天炮而损失能量，堵塞长度 C 应大于最小抵抗线 W。

深孔爆破最小抵抗线 W 值的选用，宜由现场爆破试验而定。初步估算，可参考下式：

$$W=\sqrt{\frac{\frac{\pi}{4}D^2 l\Delta}{qmH}} \tag{4-23}$$

式中 W——最小抵抗线，m；

D——炮孔直径，m；

Δ——装药密度，kg/m^3；

l——装药长度，m；

q——单位岩石用药量，kg/m^3；

m——炮孔密度系数，一般为 0.8～1.2；

H——梯段高度，m。

深孔爆破法采用多排炮孔布置，在平面上以布置成等边三角形为原则，见图 4-14。

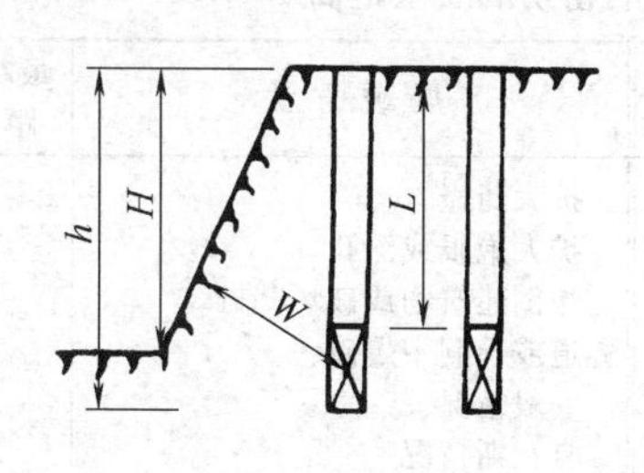

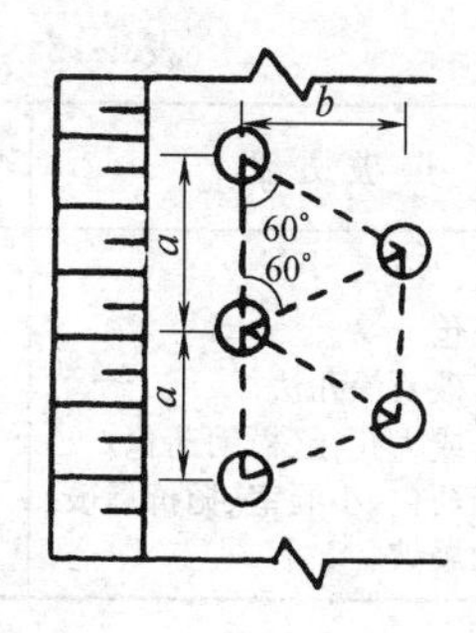

图 4-14　多排孔药包布置

炮孔的间距　　$a=(0.7\sim1.2)\ W$　　(4-24)

或　　$a=1.41W\sqrt{0.5(1+n^2)}$　　(4-25)

炮孔的排距　　$b=a\sin 60°\cong0.87a$　　(4-26)

每一炮孔的炸药量　$Q=qaHW$　　(4-27)

上述各式符号同前。

为使爆破后岩石尺寸较均匀，可在深孔内采用分段装药，称为分段装药深孔爆破法。

二、有关爆破安全技术的几个问题

1. 飞石安全距离 R_p

$$R_p=K_A\times20n^2W \tag{4-28}$$

式中　R_p——飞石安全距离，m；

K_A——与地形、地质、天气及药包埋置深度有关的安全系数，一般采用 1.0～1.5；风速大而又顺风时采用 1.5～2.0；定向爆破或抛掷爆破在最小抵抗线方向，采用 1.50；山间或垭口地形采用 1.5～2.0。

其他符号同前。

同时，所采用的最小安全距离还不得小于表 4-15 所列数值。

2. 爆破地震作用对建筑物的安全距离 R_C

爆破必须考虑爆破地震作用是否会破坏周围已有的建筑物，建筑物的破坏指倾倒、裂开或滑动。建筑物质量一定的情况下，如受到爆破振动引起的加速度大，即说明所受的力大，建筑物破坏的可能性就大。因此，可根据振动所产生的加速度值，定出破坏标准。建筑物受

表 4-15 不受飞石击伤的安全距离

爆破方法	最小安全距离/m	爆破方法	最小安全距离/m
露天爆破：		扩大药壶	50
裸露药包	300	扩大炮眼或深孔	100
炮眼爆破及深孔法	200	炸倒建筑物或破坏基础	100
药室法或大孔径(松动药包)	200	隧道或导洞中爆破：	
大药壶药包，小洞室(抛掷爆破)	400	一般情况	100
峒室大爆破	400	有瓦斯情况	200

到爆破振动时，每一点不但有加速度，在一定振动频率下还有相应的振动速度 v 和振幅 A。由于观测设备的不同，有的不观测加速度而观测和它有关的振动速度 v 和振动幅度 A，并由此定出容许值。对于混凝土结构，振动速度容许值的参考值为：

$v=11\sim16\text{cm/s}$ 细微开裂

$v=16\sim23\text{cm/s}$ 中等开裂

$v>23\text{cm/s}$ 最大开裂

对于重型结构，破坏时的振幅临界值可为 $A=0.1\text{cm}$。当无试验设备时，建筑物距爆破点的安全距离 R_C 可由下式估算：

$$R_C=K_C\alpha\sqrt[3]{Q} \tag{4-29}$$

式中 R_C——建筑物距爆破点的安全距离，m；

α——依爆破作用指数 n 而定的系数，见表 4-16；

K_C——依所保护的建筑物地基土壤而定的系数，见表 4-17；

Q——炸药量，kg。

表 4-16 系数 α 的数值 $\left(\alpha\approx\frac{1}{\sqrt[3]{n}}\right)$

爆破条件	α	备注
药壶爆破 $n\leqslant0.5$	1.2	在地面上爆破时，地震作用不予考虑
爆破指数 $n=1$	1.0	
$n=2$	0.8	
$n\geqslant3$	0.7	

爆破时通常采用群炮，当药包不同时起爆时，就会降低地震波的作用，如果延缓时间在 2s 以上，可按每次起爆的药包量计算。若同

表 4-17　系数 K_C 的数值

被保护建筑物区的土壤	K_C	备　注
坚硬致密岩石	3.0	药包在水中和含水土层中时，系数值应增加 0.5～1 倍
坚硬破裂岩石	5.0	
砾石、碎石、土壤	7.0	
砂土	8.0	
黏土	9.0	
回填土	15.0	
流沙、煤层	20.0	

时起爆的各爆点距防护建筑物的距离之差不大于 10%，则可认为距离相同，Q 值为一次起爆的炸药总重量；如各爆点距离之差超过 10%，则采取以距离为权重的加权平均法，算出等效距离和等效药量。

3. 殉爆安全距离

为保证贮存库内一处炸药发生爆炸，不致引起库内另一处炸药发生爆炸所需的殉爆距离 r_s 可按下式估算：

$$r_s = K_s \sqrt{Q} \tag{4-30a}$$

式中　r_s——殉爆安全距离，m；

K_s——由炸药种类及爆破条件所决定的系数，由表 4-18 查出；

Q——炸药重量，kg。

如果在仓库内贮存不同种类的炸药，则殉爆安全距离由下式计算：

$$r_s = \sqrt{Q_1 K_{s_1}^2 + Q_2 K_{s_2}^2 + \cdots + Q_n K_{s_n}^2} \tag{4-30b}$$

式中　Q_1，Q_2，$\cdots Q_n$——不同品种炸药重量，kg；

K_{s_1}，K_{s_2}，$\cdots$ K_{s_n}——由炸药种类及爆破条件所决定的不同品种炸药的系数，查表 4-18。

雷管和炸药要分开存放，当确定装有雷管的单独库房（箱堆）到炸药库房（药堆）的安全距离 r 时，应将雷管作为主动炸药，按下式计算：

$$r = 0.06 \sqrt{N} \tag{4-31}$$

式中　r——雷管仓库到炸药仓库间的殉爆距离，m；

N——雷管个数。

表 4-18　殉爆安全距离的 K_S 值

主动药包		被动药包			
		硝铵类炸药		40%以上胶质炸药	
		裸露	埋藏	裸露	埋藏
硝铵类炸药	裸露	0.25	0.15	0.35	0.25
	埋藏	0.15	0.10	0.25	0.15
40%以上胶质炸药	裸露	0.50	0.30	0.70	0.50
	埋藏	0.30	0.20	0.50	0.30

注：1. 裸露安置在表面的药包，适用于储藏炸药的轻型建筑及裸露堆积于空台的炸药。

2. 埋藏的药包适用于爆炸材料在防护墙内贮存的情况。

或查表 4-19。

表 4-19　雷管仓库到炸药仓库间的殉爆安全距离

仓库内的雷管数目/个	到炸药仓库的安全距离/m	仓库内的雷管数目/个	到炸药仓库的安全距离/m
1000	2.0	75000	16.5
5000	4.5	100000	19.5
10000	6.0	150000	24.0
15000	7.5	200000	27.0
20000	8.5	300000	33.0
30000	10.0	400000	38.0
50000	13.5	500000	43.0

4. 空气冲击波的危害半径

空气冲击波的危害半径 R_B(m)，可按下式计算：

$$R_B = K_B\sqrt{Q}$$

式中　Q——药包重量，kg；

K_B——与装药条件和破坏程度有关的系数，其值由表 4-20 确定。防止空气冲击波对人身危害时，K_B 采用 15，一般最少为 5～10。

5. 瞎炮的处理

由于起爆方面的原因使药包拒爆，称为瞎炮，应力求预先防止。但一旦在爆破工作中发现瞎炮时，就要安全有效地及时处理。

瞎炮存在的迹象一般有以下几种。

① 在药包爆破范围内，地表有裂缝，而无松动或抛掷现象。

表 4-20 系数 K_B 值

破坏程度	安全级别	K_B 值	
		裸露药包	全埋入药包
完全无损	1	50～150	10～50
偶然破坏玻璃	2	10～50	5～10
玻璃全坏，门窗局部破坏	3	5～10	2～5
隔墙门窗板棚破坏	4	2～5	1～2
砖石木结构破坏	5	1.5～2	0.5～1.0
全部破坏	6	1.5	—

② 炮孔内或平洞、竖井附近有残留电线，未爆轰的传爆线等。

③ 药包间留有显著的间隔现象等。

在处理瞎炮之前，建议如下。

① 在装药爆破工作面发现有瞎炮后，立即设置警示标牌；在该地点附近，不得进行任何与处理瞎炮无关的工作。

② 一般应规定由原装药爆破人员当班处理。如有特殊原因，交下一班人员处理时，必须详细地作好交班工作。在比较复杂的情况下，应仔细研究和制定处理方案。

③ 需要再行爆破时，要利用警报、广播等方式预先通知附近的工作人员，并做好警戒和管理工作，这一点对明挖和露天扬弃爆破尤为重要。

④ 经过测量，证明瞎炮中电雷管电阻正常后，应立即将线头短接。如相邻药包起爆后改变了瞎炮的最小抵抗线，应考虑瞎炮再爆时的飞石危险，并采取相应的安全措施。

⑤ 目前工程爆破多使用硝铵炸药，对于处理瞎炮，相对来说较为安全。如处理胶质炸药时，事先要仔细考虑它的不安全因素，特别小心地处理。

处理瞎炮，除了裸露药包和某些很浅的炮孔，可用表面爆破以外，目前采用的方法，有以下几种。

① 重新连线起爆法：通过爆破线路电桥测定，证明药包内电雷管的电阻正常，在这种情况下，此法较为安全和方便。

② 钻平行辅助炮孔装药爆破法：辅助炮孔的数目及位置，应根据具体情况研究决定。辅助炮孔和拒爆炮孔间的距离，钻孔方向等应

严格掌握好。

③ 掏出炮泥法：利用竹制或有色金属制的掏勺小心地掏取炮泥后，再装起爆药包爆破。

④ 用水冲洗法：如孔中为散装的粉状硝铵炸药而堵塞物又较松散，可利用较细管子接低压水，冲洗出炮泥和炸药。

对于深孔和峒室药包的瞎炮处理，有条件时应尽量采用重新连线起爆法或其他认为可靠的办法。峒室大爆破对瞎炮的处理，需要从导洞（平洞或竖井）清除堵塞物取出起爆体时，需注意经过附近药包爆破后，导洞可能错动，清理过程中有可能产生坍方，清除时应有安全措施；清理到药室附近处，更要小心。取出起爆体后，炸药等应妥善处理。

瞎炮的处理工作，是一件严肃而细致的工作，必须谨慎从事。处理后，要认真总结经验教训，并积极研究改进技术安全措施。

第四节 特种爆破技术

一、定向爆破

定向爆破是一种加强抛掷爆破。即在一定的条件下，使爆裂的介质朝着预定的方向集中抛掷，达到筑坝、填坑或挖成一定断面渠道的目的。

定向爆破主要是使抛掷爆破的最小抵抗线方向符合预期的抛掷方向，并且在最小抵抗线的方向再人为地造成定向坑，利用聚能效应，作为保证定向的主要手段。这样就能使抛掷更集中，准确性更高。造成定向坑的办法，在大多数情况下，都是利用辅助药包，让它在主药包起爆前先爆，形成一个起定向坑作用的爆破漏斗。为了避免辅助药包起爆后的爆破岩石回落到定向坑内，一般应在辅助药包起爆 2～3s 后起爆主药包。如果有天然的凹面，也可不用辅助药包。

图 4-15（a）是用定向爆破筑坝或填平洼坑。药包埋设在一侧的山坡上（也有从两侧爆破的）；而图 4-15（b）是定向爆破挖渠，在梯形渠底两边埋辅助药包，中间埋主药包，辅助药包先起爆，创造定向坑，由于时间相差很少，两边爆破物尚未落下时，主药包起爆，把

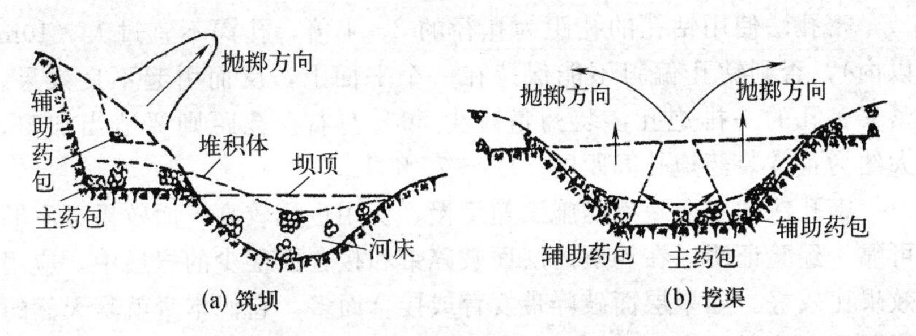

图 4-15　定向爆破筑坝挖渠示意图

岩块（连同两边辅助药包的爆碎物）一齐抛向两岸，再稍加整理，即成渠道断面。

定向爆破的装药量可用前面的加强抛掷爆破药包公式计算。

式中 θ 为山坡与水平面的夹角，其上限应小于 90°。计算时应恰当选择 n 值，如 n 过小，抛掷距离达不到要求，n 值过大，则耗药量大，堆积物分散。据经验当抛掷率为 60%时，可参考表 4-21 选取，同排上下左右同时起爆时的药包应取相同的 n 值。

表 4-21　山坡坡度角 θ 与 n 值的关系表

θ 值	20°～30°	30°～45°	45°～70°	70°以上
n 值	1.5～1.75	1.25～1.50	1.00～1.25	0.75～1.00

二、边线控制爆破

1. 密孔法

为了保证获得设计要求的断面形状，避免超挖或欠挖；或者为了建筑物的修复与改建，需要用爆破拆除一部分而保留其余部分，都要进行边线控制爆破。

密孔法（图 4-16）也称防震孔法。它是沿着设计的开挖线钻一排（或两排）很密的钻孔，在这些钻孔中都不装药，其目的是为了造成一个薄弱面，靠这个面反射一部分爆震波，从而减轻对非开挖部分的围岩或建筑物的破坏作用，同时，也控制了开挖的轮廓。

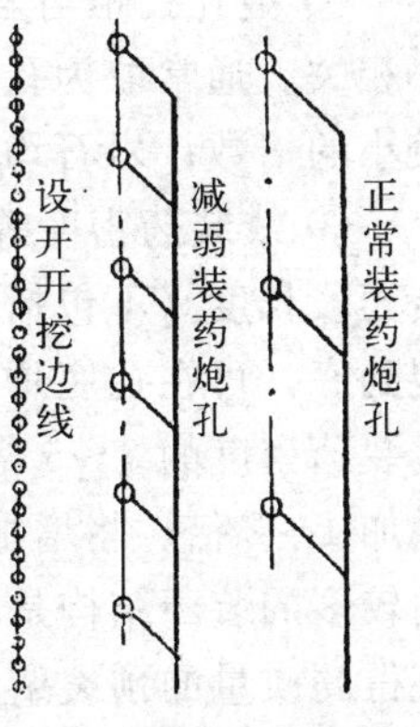

图 4-16　密孔法示意图

密孔法使用钻孔的孔距为孔径的2～4倍，孔深不宜过大（10m以内），否则钻孔偏斜不能保持在一个平面上，反而引起不良效果。紧靠密孔的一排炮孔，装药量减少50%左右，孔距则要适当加密，大约为正常装药炮孔间距的50%～75%。

密孔法的主要缺点是施工速度慢，费用也比较高，而效果又不够可靠。经验证明，在均质的层面破碎带和接合面很少的岩层中，应用效果比较好。如果层面破碎带发育或接合面多，它们本身就是天然的薄弱面，这时用密孔法效果就不显著。有时反而促进了岩体的剪切破坏。

2. 预裂法

预裂爆破是一种常用于大劈坡和开挖深槽控制设计边线的爆破。它的特点是在开挖区爆破前，根据岩石特点，沿设计开挖线先炸出一条宽1～4cm的裂缝面。试验表明，这个缝面可将爆破开挖区传来的冲击波能量削减70%，减轻保留区的震动，切断爆区裂缝向保留区扩展，保证设计边坡的稳定和平整。

预裂爆破施工的技术要求如下。

① 炮孔直径随钻进机具而异，通常为50～200mm。浅孔爆破用较小的孔径，深孔爆破用较大的孔径。为避免爆破时炸碎炮孔孔壁，采用不耦合装药，药卷直径要小于炮孔直径，孔径与药包直径之比称为不耦合系数，其值通常采用2～4。

② 炮孔孔距与岩石特性、装药情况、缝壁平整度要求和孔径大小相关。通常取为孔径的8～12倍。孔径小取较大的倍数，孔径大取较小的倍数；岩石均匀完整取较大的倍数，岩石破碎取较小的倍数。

③ 线装药密度等于全孔装药重（扣除底部增加的装药量）除以装药段长度（不包括堵塞长度）。考虑到孔底部夹制作用大，为保证裂到底，可在孔底增加装药量，孔深大于10m时，底部增加的药为线装药密度的3～5倍；孔深5～10m时，增加2～3倍；3～5m时，增加1～2倍。将增加的药量均匀摊到孔底1～2m的长度上。目前使用较多的装药结构是将药包分散绑扎在传爆线上组成药串的形式，可获得高质量的预裂壁面。分散药包的相邻间距不应大于50cm和不大于药包和殉爆距离。

④ 根据不耦合原理，药包应尽可能放置于孔的中间，避免与孔壁接触。孔口留 1m 不装药，用粗砂或钻屑作堵塞材料，不捣实，自然填至孔口。

⑤ 预裂缝与松动爆破最后一排孔的距离如下。如果开挖区采取大孔径、大药径爆破法，到接近预裂缝的区段，应减小孔径或药径，或采取不耦合爆破（不耦合系数大于 2）。最后一排孔到预裂缝的距离以 0.75～1.2m 较适宜。

3. 光面法

光面爆破是一种用于开挖地下工程的控制爆破。其施工方法是沿设计开挖线布置小孔径、密间距的周边炮孔，采用空隙装药，进行弱震爆破，炸除松动炮孔和周边孔间保护层的岩石，形成光面。它的作用和预裂爆破的成缝机理颇为相似。其施工的主要技术措施如下所述。

① 边孔直径 d 宜在 50mm 以内，其孔距大体为孔径的 16 倍，孔距与最小抵抗线之比 a/W，宜在 0.75～0.95 内，岩石的牢固系数越小取值越大，反之，取值越小。但 W 以不超过 0.8m 为宜。

② 边孔装药量较一般爆破装药量少一倍以上，以保证弱震效果。既可连续装药，也可间隔装药，形成空隙药包结构。前者先在孔底装一筒标准药卷，其余用 25mm 的细药卷；后者装一节 0.25kg 的药卷，再每隔 10～20cm 装 0.1kg 的细药卷，可将药卷绑在竹片上。为减少炸药威力，可在 2 号岩石炸药内掺入 15% 的锯木屑，这时可连续装药。

③ 曲线段的周边孔孔距应加密到 0.2m，并采用间孔装药，以控制曲线轮廓。为保证爆后洞壁平整，光面爆破对周边孔的钻孔精度要求甚高，施钻时应采取措施，防止钻孔偏离。

④ 光面爆破的起爆程序与预裂爆破不同，光面爆破洞挖作业是先掏槽（1～2 孔段），次崩落（3～8 孔段），后周边（9～12 孔段），如图 4-17 所示。段内同时起爆，段与段间分段延期起爆。

与常规爆破方法比较，光面爆破的钻孔长度和炸药用量都较大，但由于减少了超欠挖量，围岩稳定性好，减少了临时支护、灌浆和衬砌工程量，从而使洞室工程的总投资大为减少。

三、拆除爆破

1. 基础（底板）爆破

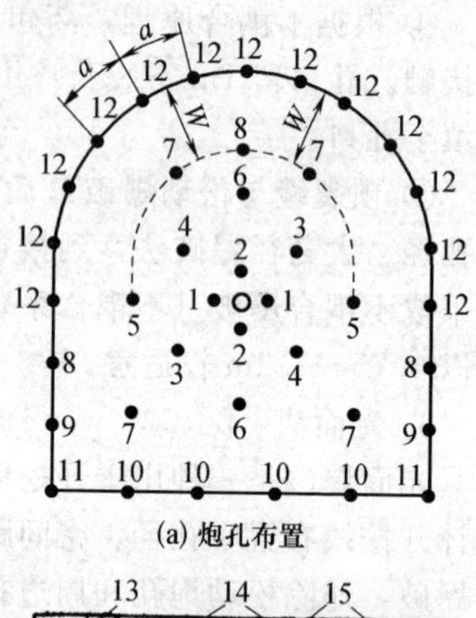

图 4-17 光面爆破洞挖布孔图
1～12—炮孔孔段编号；13—堵塞物
14—药卷；15—空隙

有切割式爆破和非切割式爆破两种。切割式爆破是将基础拆除一部分、保留一部分。一般采取沿切割面密布炮孔［图 4-18（a）］，炮孔深度为基础（底板）厚的 0.8～0.9 倍，最小抵抗线为炮孔深的 0.5～0.7 倍，并要深浅一致，互相平行，在两端布置 1～2 个导向孔，炮孔间距 a 为（0.8～1.0）W，在各炮孔内装药或间隔装药，同时起爆，爆破裂缝将沿着炮孔连线形成较整齐的爆破面。采用多排爆破时，排距应随距离临空面的增大而递减，如第一排为 a，则第二、三、四……排分别为（0.8～0.9）a、（0.65～0.8）a、（0.52～0.72）a……每排炮距、深度要一致，一般宜分排依次起爆，一次起爆不超过两排。当基础较厚时应分层爆破，每层不宜超过 1.5m，炮孔深度为每层厚的 0.8～0.9 倍。当炮孔深度大于（1.5～2.0）W时，可以分层装药，以防爆破力过度集中，但层数不宜超过三层。每层内放一个电雷管，装药量从上到下，分配为 0.3q、0.3q、0.4q（q 为总装药量），通过导爆索将各层药同时引爆。当水平布置炮孔时，应有 0.2～0.4m厚的保护层。

非切割式爆破基础是根据基础尺寸、形状采取单排或多排布置［图 4-18（b）］有方格形和三角形，炮孔间距根据基础尺寸及需龟裂碎块尺寸要求而定，一般为 0.1～0.5m，排距取等于抵抗线长度，采取间隔装药，每孔药 50～100g。

爆破前，应按基础埋深将周围的土壤全部挖除，在基础顶部及四周用草袋装土覆盖，四周用木挡板加以防护（距基础边缘不小于 0.5m。靠近钢结构或需留用部分，须用砂袋加以保护，其厚度不小

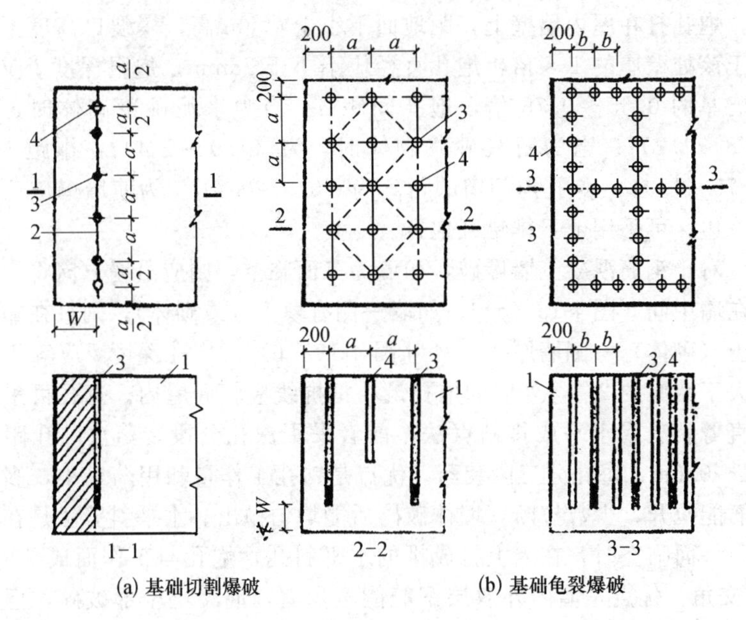

图 4-18 基础爆破

1—钢筋混凝土基础；2—切割面顶线；3—装药炮孔（主炮孔）；

4—不装药炮孔（导向炮孔）

（a=350～500mm；b=100～200mm）

于 0.5m）。

爆破单位体积基础所需要的用工、用料可参考表 4-22。

表 4-22 爆破 $1m^3$ 基础所耗用的材料、人工表

类别	硝铵炸药单位消耗量/kg	雷管/个	导火索/m	风钻钢/kg	人工/工日
砖砌基础	0.30～0.45	3～4	3～4	0.25～0.35	2.0
石砌基础	0.40～0.55	3～4	3～5	0.30～0.40	2.5
混凝土基础	0.50～0.65	4～5	4～6	0.40～0.50	3.0
钢筋混凝土基础	0.60～0.70	5～6	5～7	0.50～0.60	4.0

注：砖砌基础系用石灰砂浆砌筑，如用水泥砂浆砌筑，则按石砌基础计算。

2. 墙体爆破

墙体爆破多用炮孔法（或辅以裸露药包），爆前将门窗及屋顶拆除，炮孔打在屋内墙壁上，距地面不小于0.5m高，爆裂口高度不宜小于该处壁厚的1.5倍，炮孔直径应不小于28mm，炮眼深度l应等于墙厚的0.65～0.75倍，炮孔间距a：当为水泥砂浆砌体时，为(0.8～1.2)l；当为石灰砂浆砌体时，为(1.0～1.4)l，排距b=(0.75～1.0)l，炮孔与门窗的距离为(0.5～0.7)l。为使墙爆破后倒向一边，可采用上下排错开炮孔。

对于钢筋混凝土墙爆破，如墙为三面临空，则应沿墙方向将炮孔打在墙中间［图4-19(a)］，如墙一侧有填土（或砌体），则打在靠近填土（砌体）一侧墙厚1/3处［图4-19(b)］。炮孔深度l应等于或稍大于墙厚的2/3，外墙的炮孔最小抵抗线应朝向屋内。打孔可采取竖直劈裂法或水平成排斜劈法，前者采用深孔分段装药法，孔距为0.4～0.6m，每孔分三段装药，优点是钻孔工作量和用药量小，多数钢筋能拉开，少数拉断，墙体破碎后能均匀抛出。水平斜劈法是在主要面一面临空时，在墙上打成排的水平斜孔，炮孔与工作面成60°～70°交角，优点是墙内外双层钢筋能全暴露，混凝土全部破碎，但钻孔工作量及用药量均较大。

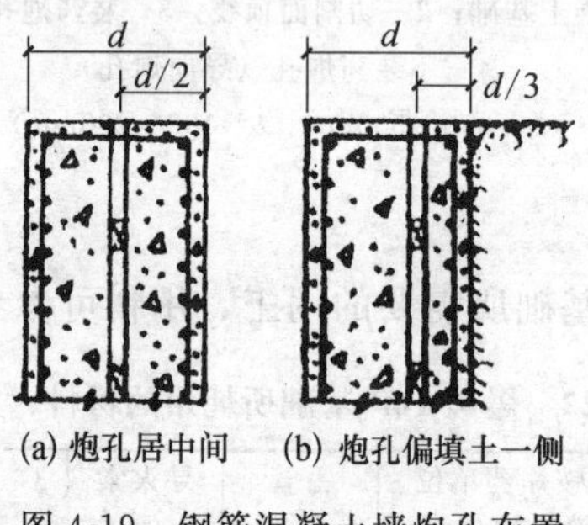

(a) 炮孔居中间　(b) 炮孔偏填土一侧

图4-19　钢筋混凝土墙炮孔布置

可用松动药包计算公式计算的炮孔装药量，q值按表4-23采用。装药宜采用小直径药卷，炮孔堵塞长度不宜小于最小抵抗线长度。

3. 柱爆破

砖石砌体柱可打成11～22cm见方的炮孔（或直径10～22cm的圆孔），炮孔深度L为1/2柱宽，间距a=(1.0～1.5)L，排距b=(0.75～1.0)L。钢筋混凝土柱，如四面临空，炮孔深度为2/3柱宽，

间距 a 为 2/3～3/4 柱宽，采取直线布置在柱中心，并避开钢筋。尺寸大于 75cm 的柱，采用双排孔，孔距 1.5W，排距 10～15cm（图 4-20）。对两面临空的外框架柱，布孔相同，但应在柱两侧砖墙上布置两排孔，使之先爆，在柱两侧创造出新的临空面。

装药量比同样材料墙砌体的消耗量增加 25％。

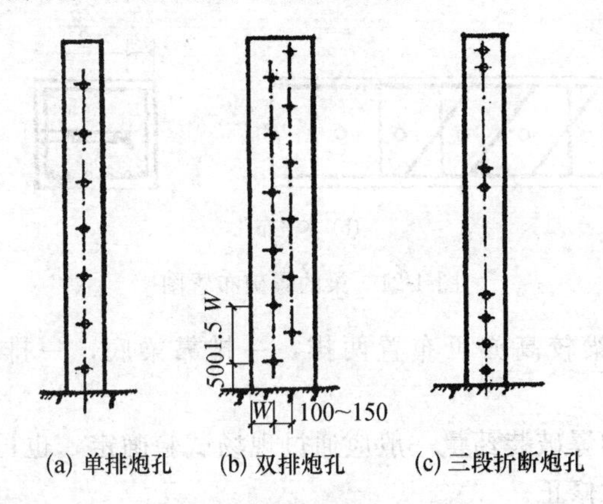

图 4-20　柱炮孔布置图

表 4-23　建筑物墙壁爆破的硝铵炸药消耗量

墙厚/m	孔深/m	硝铵炸药消耗量 q /(kg/m^3)			
		石灰砂浆砌体	水泥砂浆砌体	混凝土墙体	钢筋混凝土墙体
0.45	0.30	2.00	2.20	2.40	2.60
0.50	0.35	1.80	1.98	2.16	2.34
0.60	0.40	1.50	1.65	1.80	1.95
0.70	0.45	1.30	1.43	1.56	1.69
0.80	0.55	1.00	1.10	1.20	1.30
0.90	0.60	0.90	0.99	1.08	1.17

装药量比同样材料墙砌体的消耗量增加 25％。

4. 梁爆破

一般钢筋混凝土梁可在梁顶面沿梁长度方向打一排或两排炮孔［图 4-21 (a)］，深度 L 为梁高的 2/3，间距为 (1.0～1.5)L，采用两层装药，每层药卷内放一个雷管，能使混凝土全部破碎。由于梁有较多弯起钢筋，可采用水平布置一排炮孔，位置偏于梁底部位［图 4-

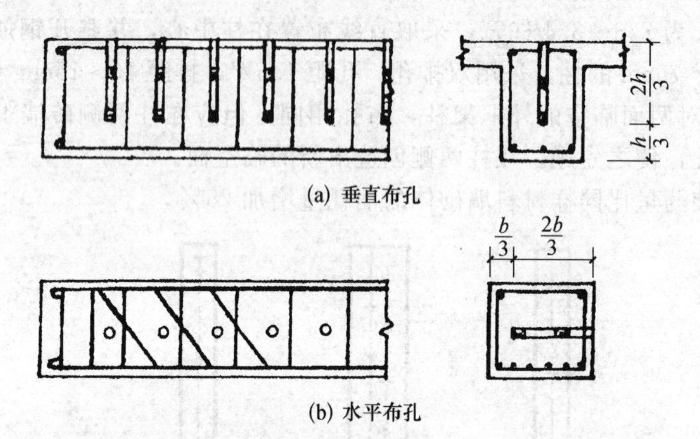

(a) 垂直布孔

(b) 水平布孔

图 4-21 梁的爆破布置图

21 (b)]。如梁较高亦可布置两排，一排靠梁底，一排居中，交错布孔。

关于梁的爆破装药量一般应通过现场试验确定，也可参考表4-24选取并试爆后修正。

表 4-24 爆破体的单位耗药量经验参考数值

爆破结构类别	爆破体条件		耗药量 q /(g/m³)
爆破混凝土结构时	材质较差(无空洞)		110～150
	材质较好	单排切割式爆破	170～180
		非切割式爆破	160～200
爆破钢筋混凝土结构时	布筋较粗密		350～400
	布筋稀少或梁、柱等多面临空小截面构件		270～340
爆破块石混凝土结构时	较密实		120～160
	有空隙		170～210

5. 板爆破

板可采取分割式爆破，将板爆割成能搬运的一些长条或方块。应在预定的分割线上布置一排炮孔，炮孔深度 L 一般为 0.6～1.0 倍板厚，孔距 a 取 1.5～2.0L。计算药量按松动爆破公式，取最小抵抗线 $W=a$。

6. 烟囱爆破

在砖烟囱的根部，布置几排成梅花形交错炮孔［图 4-22 (a)］。

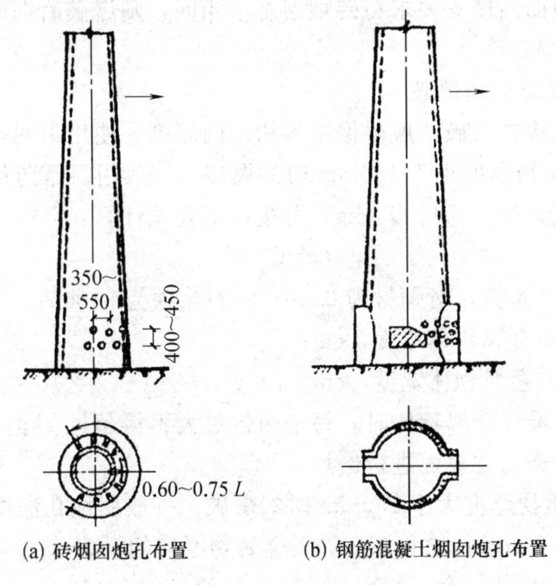

(a) 砖烟囱炮孔布置　(b) 钢筋混凝土烟囱炮孔布置

图 4-22　烟囱爆破

爆破范围应大于或等于筒身爆破截面处外周长 L 的 60%～75%，炮孔位置按放倒方向两侧均匀排列，高度距地面一般为 0.7～1.0m。烟囱内堆积物爆破前应予清除。钻孔分上下两排交错排列，孔径一般为 40～50mm；孔距与孔平均装药量视砖烟囱壁厚而定（见表 4-25）、雷管分两组引爆，相隔时间控制在 1/10s 左右，雷管为并联电路。起爆时，破坏烟囱围壁的一半以上，使重心落入被破坏空隙处，靠烟囱本身自重定向翻倒 90°塌落，散落范围约成 60°角，散落半径约等于烟囱实际放倒高度的 1.2～1.3 倍。

表 4-25　烟囱壁厚与孔距和装药量

烟 囱 壁 厚	一砖半厚	二砖厚	三砖半厚	三砖厚
水平孔距/mm	350～400	400～450	450～500	500～550
每孔平均装药量/kg	0.23～0.26	0.31～0.37	0.40～0.45	0.48～0.50

钢筋混凝土烟囱爆破［图 4-22（b)］，宜先在烟道口的两侧开两个梯形或楔形孔洞，使筒身靠三或四块板体支撑（应做强度核算）。爆破时，在倾倒方向前侧两个板体上布孔，孔距 200～300mm。爆破

范围、距地面高度等要求与砖烟囱基本相同，则爆破后烟囱将向一侧倾翻90°倒塌。

7. 金属结构物爆破

金属结构物爆破一般根据结构物不同厚度，使用不同药量。

① 金属物厚度小于150mm时的爆破。一般用裸露药包，如炸角钢，槽钢或钢板，药量Q（kg）可按以下公式计算：

$$Q=Ct^2B \tag{4-32}$$

式中 C——系数，对钢材为0.0077；对生铁为0.005；

t——金属物体厚度，cm；

B——金属物体宽度，cm。

在室内爆炸金属物体时，每个药包最大不得超过2kg，药包应紧贴地捆绑在金属物表面进行爆炸。

② 金属物厚度大于150mm时的爆破。一般用炮孔法爆炸，炮孔直径为30～35mm；炮孔深度等于金属物厚度的1/2～3/4，炮孔间距为孔深的1.0～1.5倍。

每一个炮孔的药量可按下式计算：

$$Q=1.5L^3\ (\text{kg}) \tag{4-33}$$

式中 L——炮孔深度，m。

③ 金属容器爆破。一般用水压爆破法，在容器内装满清水，将防水药包用棍子悬挂在水中心，位于水深的2/3处。药包重量可按表4-26估算。对长方形箱子解体，可同时用两个药包悬挂在容器各一半面积水中进行爆炸。

表4-26 金属容器爆破炸药需用量

箱板厚度/mm	药包重量/kg	箱板厚度/mm	药包重量/kg
15	0.7	25	1.0
20	0.8		

④ 铆接结构爆破。爆破铆接钢结构，一般用较长的条形药包放在铆钉排上爆炸，药量可用下式计算：

$$Q=Ct^2l\ (\text{kg}) \tag{4-34}$$

或 $$Q=ql\ (\text{kg}) \tag{4-35}$$

式中　C——系数，为 0.0077；

t——钢板厚度，cm；

l——铆钉排长度，cm；

q——铆接钢结构每 1cm 长所需的药量，kg。

第五节　爆破工程的安全技术

安全在爆破工程中具有重大的意义，这是因为爆破作业一旦出了事故，将会造成重大的伤亡和破坏，所以必须引起高度重视，严格执行安全操作规程。

1. 飞石安全距离

一般抛掷爆破个别飞石安全距离可按以下公式计算：

$$R_F = K_F \times 20n^2W \tag{4-36}$$

式中　R_F——个别飞石的安全距离，m；

K_F——与地形、地质、气候及药包埋置深度有关的安全系数，一般取用 1.0～1.5；定向或抛掷爆破正对最小抵抗线方向时采用 1.5；风速大且顺风时，或山间、垭口地形时，采用 1.5～2.0；

n——爆破作用指数；

W——最小抵抗线长度，m。

计算出的最小安全距离不得小于表 4-27 所列数值。

表 4-27　爆破飞石的最小安全距离

爆破方法	最小安全距离/m
药壶、浅孔爆破、大孔径松动爆破	200
二次爆破、抛掷爆破	400
深孔爆破、深孔药壶爆破	300
浅孔爆破法扩大药壶	50
深孔爆破法扩大药壶	100
小洞室爆破	400
直井爆破、平洞爆破	300
边线控制爆破	200
拆除爆破、一般导洞与隧道中爆破	100
基础龟裂爆破	50

2. 爆破地震作用对建筑物影响的安全距离

建筑物防爆破地震波影响的安全距离可按下式计算：

$$R_C = K_C \alpha \sqrt[3]{Q} \qquad (4-37)$$

式中 R_C——爆破点距建筑物的距离，m；

K_C——依据所保护的建筑物地基土而定的系数，见表 4-28；

α——依爆破作用而定的系数，由表 4-29 查得；

Q——一次起爆的炸药总重量，kg。

表 4-28 K_C值

被保护建筑物地基的土	K_C 值	被保护建筑物地基的土	K_C 值
坚硬密致的岩石	3.0	黏土	9.0
坚硬有裂隙的岩石	5.0	回填土	15.0
砾石、碎石土	7.0	流砂、煤层	20.0
砂土	8.0		

注：药包布置在水中或含水土中时，K_C 值应增加 0.5～1.0 倍。

表 4-29 系数 α 的数值

爆破指数 n	α 值	爆破指数 n	α 值
≤0.5	1.2	2.0	0.8
1.0	1.0	≥3.0	0.7

注：在地面上爆破时，地面震动作用可不予考虑。

3. 殉爆安全距离

为保证不使仓库内一处贮存的炸药爆炸，而引起仓库内另一处贮存的炸药发生爆炸的殉爆安全距离，一般可按下式计算：

$$R_s = K_s \sqrt{Q} \qquad (4-38)$$

式中 R_s——殉爆安全距离，m^2；

K_s——由炸药种类及爆破条件所决定的系数，可由表 4-30 查得；

Q——炸药重量，kg。

如在仓库内贮存有数种不同种类的炸药，则殉爆安全距离可由下式计算：

$$R_s = \sqrt{Q_1 K_{s1}^2 + Q_2 K_{s2}^2 + \cdots\cdots + Q_n K_{sn}^2} \qquad (4-39)$$

式中 Q_1，Q_2，…，Q_n——不同品种炸药的重量，kg；

K_{s1}，K_{s2}，…，K_{sn}——由炸药种类及爆破条件所决定的系数，由表4-31查得。

在药库中，雷管与炸药必须分开贮存，雷管仓库到炸药仓库的安全距离可按下式计算：

$$R=0.06\sqrt{n} \tag{4-40}$$

式中　R——雷管库到炸药库的安全距离，m；

n——贮存雷管数目。

表 4-30　系数 K_s 的数值

主动药包		被动药包			
		硝铵类炸药		40%以上胶质炸药	
		裸露	埋藏	裸露	埋藏
硝铵类炸药	裸露	0.25	0.15	0.35	0.25
	埋藏	0.15	0.10	0.25	0.15
40%以上胶质炸药	裸露	0.50	0.30	0.70	0.50
	埋藏	0.30	0.20	0.50	0.30

注：1. 裸露安置在表面的药包，适用于储藏炸药的轻型建筑及裸露堆积于空台的炸药的情况。

2. 埋藏的药包适用于爆炸材料在防护墙内贮存的情况。

3. 当殉爆炸药由不同种类炸药所组成，计算安全距离时应根据炸药中对殉爆具有最大敏感的炸药来选择 K_s 的数值。

亦可由表 4-31～表 4-33 直接查出雷管仓库到炸药仓库、其他建筑物到炸药仓库以及运输炸药工具之间的安全距离。

表 4-31　雷管仓库到炸药仓库间的殉爆安全距离

仓库内的雷管数目	到炸药仓库的安全距离/m	仓库内的雷管数目	到炸药仓库的安全距离/m
1000	2.0	75000	16.5
5000	4.5	100000	19.0
10000	6.0	150000	24.0
15000	7.5	200000	27.0
20000	8.5	300000	33.0
30000	10.0	400000	38.0
50000	13.5	500000	43.0

注：如条件许可时，一般安全距离不小于 25m。

表 4-32　爆破材料仓库的安全距离

项　目	单位	炸药库容量/t				
		0.25	0.5	2.0	8.0	16.0
距有爆炸性的工厂	m	200	250	300	400	500
距民房、工厂、集镇、火车站	m	200	250	300	400	450
距铁路线	m	50	100	150	200	250
距公路干线	m	40	60	80	100	120

表 4-33　爆炸用品运输工具相隔最小距离

运输方法	单　位	汽　车	马　车	驮　运	人　力
在平坦道路	m	50	20	10	5
上下山坡	m	300	100	50	6

4. 爆破毒气的安全距离

爆破时有毒气体的影响范围，一般按下式计算：

$$R_g = K_g \sqrt[3]{Q} \tag{4-41}$$

式中　R_g——爆破毒气的安全距离，m；

K_g——系数，根据有关试验资料统计，一般取 K_g 的平均值为 160；下风时，K_g 值乘 2；

Q——爆破总炸药量，t。

5. 空气冲击波的安全距离

爆破防空气冲击波的安全距离可按下式计算：

$$R_B = K_B \sqrt{Q} \tag{4-42}$$

式中　R_B——空气冲击波的安全距离（亦即空气冲击波的危害半径），m；

K_B——与装药条件和破坏程度有关的系数，其值可由表 4-34 查得；

Q——药包总重量，kg。

考虑建筑物允许的冲击波极限超压 ΔP_B 值，计算爆破空气冲击波的安全距离 R_B，可按下式计算：

当 $n>1$ 时

$$R_B = \frac{2(1+n^2)}{\sqrt{\Delta P_B}} \sqrt{Q} \tag{4-43}$$

当 $n\leqslant 1$ 时

$$R_B=\frac{4n^2}{\sqrt{\Delta P_B}}\sqrt{Q} \tag{4-44}$$

式中　ΔP_B——建筑物允许冲击波极限超压值；对建筑物小于 0.002MPa，对人员小于 0.01MPa；

n——爆破作用指数。

表 4-34　系数 K_B 的数值

爆破破坏程度	安全级别	K_B 值	
		裸露药包	全埋入药包
安全无损	1	50～150	10～50
偶然破坏玻璃	2	10～50	5～10
玻璃全坏，门窗局部破坏	3	5～10	2～5
隔墙、门窗、板棚破坏	4	2～5	1～2
砖石和木结构破坏	5	1.5～2	0.5～1.0
全部破坏	6	1.5	—

注：1. 防止空气冲击波对人身危害时，K_B 值采用 15，一般最少用 5～10。

2. 对露天松动爆破可不考虑空气冲击波的影响。对露天加强松动爆破，K_B 值可取 0.5～1.0 进行计算。

空气冲击波的危害范围受地形因素的影响，在峡谷地形进行爆破，沿沟的纵深或沟的出口方向应增大 50%～100%；在山坡一侧进行爆破对山后影响较小，可减少 30%～70%。冲击波对建筑物的影响见表 4-35。冲击波对人员的影响见表 4-36。

表 4-35　空气冲击波对建筑物的影响

破坏等级	建筑物破坏程度	冲击波超压 ΔP_B/MPa
1	砖木结构完全破坏	>0.20
2	砖墙部分倒塌或缺裂，土房倒塌，木结构建筑物破坏	0.10～0.20
3	木结构梁柱倾斜，部分折断，砖木结构屋顶掀掉，墙部分移动或裂缝，土墙裂开或局部倒塌	0.05～0.10
4	木隔板墙破坏，木屋架折断，顶棚部分破坏	0.03～0.05
5	门窗破坏，屋面瓦大部分掀掉，顶棚部分破坏	0.015～0.03
6	门窗部分破坏、玻璃破碎，屋面瓦部分破坏，顶棚抹灰脱落	0.007～0.015
7	玻璃部分破坏，屋面瓦部分翻动，顶棚抹灰部分脱落	0.002～0.007

6. 瞎炮处理

通过点爆而未能爆炸的药包称为瞎炮。产生瞎炮不仅达不到预期

表 4-36 空气冲击波对人员的影响

损伤等级	损伤程度	冲击波超压 ΔP_B/MPa
轻微	轻微的挫伤	0.02～0.03
中等	听觉器官损伤，中等挫伤骨折等	0.03～0.05
严重	内脏严重挫伤，可引起死亡	0.05～0.10
极严重	可大部分死亡	＞0.10

的爆破效果，造成材料、劳力和时间的损失，而且会严重影响现场施工人员的人身安全。因瞎炮处置不当而造成伤亡事故是屡见不鲜的。所以，正确分析瞎炮产生的原因，研究有效的处理办法，十分必要。

现场施工人员可通过如下一些迹象来检查瞎炮：炮孔外有残留的导火索，炮孔或平洞、竖井附近有残留电线或未爆轰的传爆线；炮孔附近地表有裂缝，而无明显的松动或抛掷现象；炮孔或药室间有明显未爆落的间隔。瞎炮产生的原因主要是爆破器材失效或损伤，例如雷管、炸药、导火索、传爆线超过有效期失效；雷管脚线脱落或接触不良；炸药受潮（非防水炸药）遇水；导火索或传爆线药芯折断；接线错误或起爆电流、电压不足。此外，也有由于制度不严，操作不当，工作疏忽，而时常发生的瞎炮事故。为避免瞎炮发生，关键在于做好预防检查工作。使用爆破器材时应认真查对使用的有效期，认真进行质量检查，选择合理安全可靠的起爆网路，仔细地进行网路敷设，起爆前应全面检查网路情况，在爆破以后，安全检查人员应提前进场进行检查，发现瞎炮后立即设置明显的标记，制定处理方案，由炮工进场当班处理，当时间延误需由下一班处理时，应仔细做好交班工作。

工地上常用以下几种方法处理瞎炮。

① 距瞎炮炮孔 30～60cm，钻平行辅助炮孔，装药爆破。辅助炮孔的位置和方向应严格掌握。

② 通过检验证明雷管的电阻正常，所用炸药无失效的可能，则宜重新接线起爆。

③ 若分析炸药失效，且原用炸药敏感度不高，则可将炮泥掏出，再装起爆药包爆破。

④ 散装的粉状硝铵炸药可用低压水冲出炮泥和炸药，对于不防水的包装炸药也可灌水浸泡，使其失效，再予以清除。

⑤ 对于深孔和洞室爆破的瞎炮处理，尽量采用重新接线起爆。洞室爆破若属起爆体内的问题，应小心清除堵塞物，取出起爆体进行检查处理，要注意邻近药包爆破后引起药室和导洞变形及错动，谨防洞顶垮塌。

7. 爆破作业的其他安全措施

① 爆破器材在运输中不得抛掷、撞击，严防明火接近，起爆材料和炸药应分开运输、贮存和保管，贮存地点应有足够的殉爆安全距离。

② 在可能的范围内减小孔距、孔深，选择较小的爆破作用指数，减少装药，以减小抛掷距离和飞石数量。同时通过布孔和起爆程序的调整，改变最小抵抗线的方向，避免最小抵抗线正对居民区、重要建筑物、主要施工机械设备以及其他重要设施，例如变电站、配电房、高压线路、压缩空气站等。

③ 在消除和减轻地震波对地面和地下建筑物及其地基的危害方面，可采用分段延期、毫秒微差起爆。前者减少一次起爆药量，后者兼有调整震动周期，使地震波相互干扰的作用；也可以在保护的建筑物及其地基面对药包方向的外缘打防震孔、挖防震槽或进行预裂爆破，以减轻和截阻爆区传来的地震波。

④ 避免裸露爆破。采用埋藏式爆破，不仅节约了单位耗药量，而且对减少飞石、减轻空气冲击波有重要作用。除此而外，采用气幕防震，利用气泡压缩变形吸收能量，减轻水冲击波对被保护目标的破坏，作用也十分明显。

⑤ 对飞石防护，除采用上述有关措施外，还可以采用拱式、壳体式、挡板式、链式以及填土覆盖等防护措施。在平地开挖宽度不大于4m的槽子采用拱式或壳体式覆盖最合理，它们可随施工的进展沿槽线移动。挡板式覆盖机动灵活，可以设在高于爆破对象的天然或人工的支撑上，并距爆破对象表面不小于0.3～0.5m，但爆前架设、爆后拆除费时、费工。网式、链式覆盖轻而架设简便，对房屋和建筑物进行防护是有效的，但不能避免漏网小块飞石。浅孔爆破时，在孔口加压土包，大量爆破时，填土覆盖被保护的建筑物是行之有效的。只不过后者覆土填筑和清除工作量大，要有一定的机械设备或具有足够

的劳动力。

应当指出，在进行爆破过程中，从爆破器材的运输、贮存以至爆破后的场地检查和清理，都必须遵守有关的安全规程。遇有特殊情况，除经上级批准外，不得违背安全规程。而且应事先和经常对掌管爆破的施工人员和工人进行安全教育。

第五章　地基与基础工程

第一节　概　　述

一、地基与基础

任何建筑物都得建造在土层（或岩层）上，建筑物受到的各种荷载最终都将传递到该土层中去。一般以室内地坪标高（±0.000）分界，室内地坪以上称为建筑物的上部结构，室内地坪以下称为建筑物的基础，而与建筑物基础接触、受建筑物影响的那部分土层称为该建筑物的地基。

一般说，建筑物上部结构强度大、变形小，而地基土则强度低、变形大，因此要通过设置一定结构形式和尺寸的基础，承上启下，来解决这个矛盾。基础受上部结构传递的荷载和地基反力的共同作用，基础底面的反力反过来又是地基承受的荷载，使地基产生应力与变形。如果地基应力超过地基土层的允许值（承载力），或地基土层的变形超过基础、上部结构的允许幅度，则建筑物的上部结构和基础必须作相应的改变，或改变上部结构的形式、布置，或提高其刚度，或改变基础形式、扩大基础尺寸；当然，也可对地基土层进行处理，提高其承载能力、减少其压缩变形；所以，建筑物的上部结构、基础和地基三者，虽然功能各有不同，研究方法相异，但在荷载作用下，三者却是彼此联系、相互制约、共同工作的整体；从这一整体概念出发，才能较好地解决地基处理与基础工程的有关问题。

二、地基处理与基础工程的重要性

地基基础工程是建筑物的“根”，其重要性是不言而喻的。随着我国基本建设的发展，建设用地日趋紧张，许多建筑物不得不建造在地质条件不良、过去认为不宜利用的建筑场地上。而大（型）、重（型）、高（层）建筑和有特殊要求的建筑物日渐增多，对地基的要求越来越高，需要进行地基处理的工程数量多、技术难度大。用于地基处理与基础工程的费用在工程建设投资中占有相当大的比重。地基条件的不定因素较多，地基处理与基础工程施工的风险大，对于工程建设投资、工期、质量的控制，常起着决定性的影响。

三、地基基础的类型

地基基础的类型有（见图 5-1）如下几类。

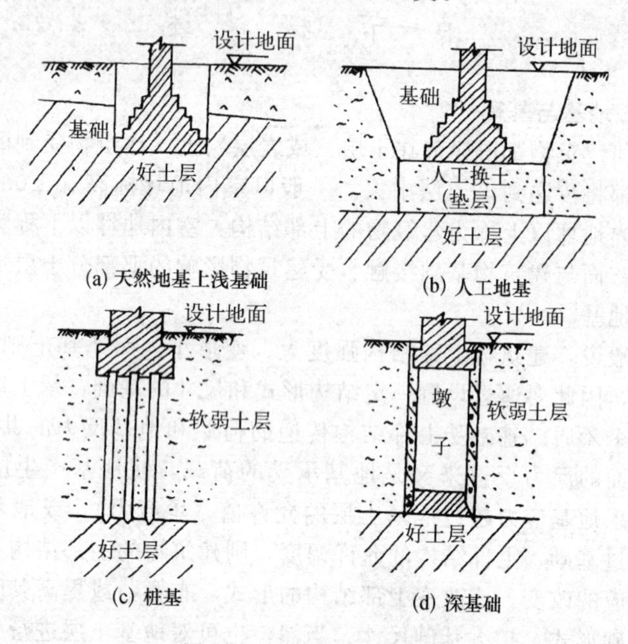

图 5-1 地基基础的类型

① 地基内部都是良好土层，或上部有较厚的良好土层，一般将基础直接做在天然土层上，基础埋置深度小，可用普通方法施工，称为“天然地基上的浅基础”，或称为“天然地基”。

② 对地基上部软弱土层进行加固处理，提高其承载能力，减少其变形，基础做在这种经过人工加固的土层上，称为“人工地基”。

③ 在地基中打桩，基础做在桩上，建筑物的荷载由桩传到地基深处的坚实土层，或由桩与地基土层接触面的摩擦力承担，这种基础称为“桩基础”。

④ 用特殊的施工手段和相应的基础形式（如地下连续墙、沉井、

沉箱等）把基础做在地基深处承载力较高的土层上，称为“深基础”。

本书重点论述前两种类型地基基础工程的施工。

四、地基处理方法的分类和适用范围

地基处理方法的分类可有多种。如按时间可分为临时处理和永久处理；按处理深度可分为浅层处理和深层处理；按处理对象土层特性可分为砂性土处理和黏性土处理，饱和土处理和非饱和土处理；按地基处理的作用机理来分类，可参考表5-1所示。各种地基处理方法的主要适用范围和加固效果可参考表5-2。

表5-1　地基处理方法分类

分类	处理方法	原理及作用	适用范围
换土垫层法	机械碾压法 重锤夯实法 平板振动法	挖除浅层软弱土，分层碾压或夯实来压实土，按回填的材料可分为砂垫层、碎石垫层、灰土垫层、二灰垫层和素土垫层等。它可提高持力层的承载力，减少沉降量、消除或部分消除土的湿陷性和胀缩性、防止土的冻胀作用以及改善土的抗液化性	机械碾压法常适用于基坑面积宽大和开挖土方量较大的回填土方工程，一般适用于处理浅层软土地基、湿陷性黄土地基、膨胀土地基和季节性冻土地基 重锤夯实法一般适用于地下水位以上稍湿的黏性土、砂土、湿陷性黄土、杂填土以及分层填土地基 平板振动法适用于处理无黏性土或黏粒含量少和透水性好的杂填土地基
深层密实法	强夯法 挤密法 （砂桩挤密法） （振动水冲法） （灰土、二灰或土桩挤密法） （石灰桩挤密法） 粉体喷射搅拌法	强夯法系利用强大的夯击功，迫使深层土液化和动力固结而密实 挤密法系通过挤密或振动使深层土密实。并在振动挤密过程中，回填砂、砾石、灰土、土或石灰等，形成砂桩、碎石桩、灰土桩、二灰桩、土桩或石灰桩，与桩间土一起组成复合地基，从而提高地基承载力、减少沉降量、消除或部分消除土的湿陷性，改善土的抗液化性 粉体喷射搅拌法是以生石灰或水泥等粉体材料，利用粉体喷射机械，以雾状喷入地基深部，由钻头叶片旋转，使粉体加固料与原位软土搅拌均匀，使软土硬结，可提高地基承载力、减少沉降量、加快沉降速率和增加边坡稳定性	强夯法一般适用于碎石土、砂土、杂填土及黏性土、湿陷性黄土及人工填土，对淤泥质土经试验证明施工有效时方可使用 砂桩挤密法和振动水冲法一般适用于杂填土和松散砂土，对软土地基经试验证明加固有效时方可使用 灰土、二灰或土桩挤密法一般适用于地下水位以上，深度为5～10m的湿陷性黄土和人工填土 粉体喷射搅拌法和石灰桩挤密法一般都适用于软土地基

续表

分类	处理方法	原理及作用	适用范围
排水固结法	堆载预压法 真空预压法 降水预压法 电渗排水法	通过布置垂直排水井，改善地基的排水条件，及采取加压、抽气、抽水和电渗等措施，以加速地基土的固结和强度增长，提高地基土的稳定性，并使沉降提前完成	适用于处理厚度较大的饱和软土和冲填土地基，但需要具有预压的荷载和时间等条件。对于厚的泥炭层则要慎重对待
化学加固法	灌浆法 混合搅拌法 (高压喷射浆法) (深层搅拌法)	通过注入水泥或化学浆液，或将水泥等浆液进行喷射或机械拌和等措施，使土粒胶结，用以改善土的性质，提高地基承载力，增加稳定性，减少沉降，防止渗漏	适用于处理砂土、黏性土、湿陷性黄土及人工填土的地基。尤其适用于对已建成的由于地基问题而产生工程事故的托换技术
加筋法	土工织物 加筋土 树根桩 碎石桩 (包括砂桩)	在软弱土层建造树根桩或碎石桩，或在人工填土的路堤或挡墙内铺设土工织物、网带、钢条、尼龙绳或玻璃纤维等作为拉筋，使这种人工复合的土体，可承受抗拉、抗压、抗剪和抗弯作用，借以提高地基承载力，增加地基稳定性和减少沉降	土工织物适用于砂土、黏性土和软土 加筋土适用于人工填土的路堤和挡墙结构 树根桩适用于各类土 碎石桩(包括砂桩)适用于黏性土，对于软土，经试验证明施工有效时方可采用
热学法	热加固法 冻结法	热加固法是通过渗入压缩的热空气和燃烧物，并依靠热传导，而将细颗粒土加热到适当温度，如温度在100℃以上，则土的强度就会增加，压缩性随之降低 冻结法是采用液体氮，或二氧化碳膨胀的方法，或采用普通的机械制冷设备与一个封闭式液压系统相连接，而使冷却液在里面流动，从而使软而湿的土进行冻结，以提高土的强度和降低土的压缩性	热加固法适用于非饱和黏性土、粉土和湿陷性黄土 冻结法适用于各类土。对于临时性支承和地下水控制；特别在软土地质条件，开挖深度大于7～8m，以及低于地下水位的情况下，是一种普遍而有用的施工措施

表 5-2 各种地基处理方法的主要适用范围和加固效果

按处理深浅分类	序号	处理方法	对各类软弱地基适用情况						加固效果				最大有效处理深度/m
			淤泥质土	人工填土	黏性土		无黏性土	湿陷性黄土	降低压缩性	提高抗剪性	形成不透水性	改善动力特性	
					饱和	非饱和							
浅层加固	1	换土垫层法	0	0	0	0		0	0	0		0	3
	2	机械碾压法		0		0	0	0	0	0			3
	3	平板振动法		0		0	0	0	0	0			1.5
	4	重锤夯实法		0		0	0	0	0	0			1.5
	5	土工织物法	0		0				0	0			
深层加固	6	强夯法		0	慎重	0	0	0	0	0		0	30
	7	砂桩挤密法	慎重	0	0	0	0		0	0		0	20
	8	振动水冲法	慎重	0	0	0	0		0	0		0	30
	9	灰土(土、二灰)桩挤密法		0		0		0	0	0		0	20
	10	石灰桩挤密法	0		0	0			0	0			20
	11	粉体喷射搅拌法	0		0	0			0	0			
	12	砂井(袋装砂井、塑料板排水)堆载预压法	0		0				0	0			20
	13	真空预压法	0		0				0	0			20
	14	降水预压法	0		0				0	0			30
	15	电渗排水法	0		0				0	0			20
	16	水泥灌浆法					0		0	0	0	0	20
	17	硅化法			0		0	0	0	0	0	0	20
	18	电动硅化法	0		0				0	0	0		
	19	碱液灌浆法						0	0	0			
	20	高压喷射注浆法	0	0	0	0	0		0	0	0		40
	21	深层搅拌法	0	0	0	0	0		0	0	0		20
	22	热加固法				0		0	0	0			15
	23	冻结法	0	0	0	0	0	0		0	0		

地基处理与基础工程均属于隐蔽工程，必须严格施工质量检测，如实填写施工记录，认真做好分项、分部工程施工质量检验和质量等级评定工作，并经建设（监理）、质量监督、设计、施工单位的联合验收签证，才可进行后续工程的施工。

第二节 地基处理

一、砂垫层和砂石垫层

砂垫层和砂石垫层是将基础下一定范围内的土层挖去，然后回填以强度较大的砂或碎石等，并夯实至密实，以起到提高地基承载力，减小沉降量，加速软弱土层的排水固结，防止冻胀和消除膨胀土的胀缩等作用。该垫层适用于处理透水性强的软弱黏性土地基，但不宜用于湿陷性黄土地基和不漏水黏性土地基。

1. 构造要求

砂垫层和砂石垫层的厚度一般根据垫层底面处土的自重应力与附加应力之和不大于同一标高处软弱土层的容许承载力确定。垫层厚度一般不宜大于3m，也不宜小于0.5m。垫层宽度除要满足应力扩散的要求外，还要根据垫层侧面土的容许承载力来确定，以防止垫层向两边挤出。一般情况下，垫层的宽度应沿基础两边各放出200～300mm，如果侧面地基土的土质较差时，还要适当增加。

2. 材料要求

砂和砂石垫层所用材料，宜采用中砂、粗砂、砾砂、碎（卵）石、石屑等。如采用其他工业废粒料作为垫层材料，检验合格方可使用。在缺少中、粗砂和砾砂的地区可采用细砂，但宜同时掺入一定数量的碎（卵）石，其掺入量应符合垫层材料含石量不大于50%。所用砂石材料，不得含有草根、垃圾等有机杂物，含泥量不应超过5%（用作排水固结地基时不应超过3%），碎石或卵石最大粒径不宜大于50mm。

3. 施工要点

① 施工前应先行验槽。浮土应清除，边坡必须稳定，防止塌方。基坑（槽）两侧附近如有低于地基的孔洞、沟、井和墓穴等，应在未做垫层前加以填实。

② 砂和砂石垫层底面宜铺设在同一标高上，如深度不同时，基土面应挖成踏步或斜坡搭接。搭接处应注意捣实，施工应按先深后浅的顺序进行。分段铺设时，接头处应做成斜坡，每层错开0.5～1.0m，并应充分捣实。

③ 人工级配的砂石垫层，应将砂石拌和均匀后，再行铺填捣实。捣实砂石垫层时，应注意不要破坏基坑底面和侧面土的强度。在基坑底面和侧面应先铺设一层厚 150～200mm 的松砂，只用木夯夯实，不得使用振捣器，然后再铺砂石垫层。

④ 垫层应分层铺设，然后逐层振密或压实，每层铺设厚度、砂石最佳含水量及操作要点见表 5-3，分层厚度可用样桩控制。施工时应将下层的密实度经检验合格后，方可进行上层施工。

表 5-3　砂和砂石垫层每层铺筑厚度及最优含水量

项次	捣实方法	每层铺筑厚度/mm	施工时最优含水量/%	施工说明	备注
1	平振法	200～250	15～20	用平板式振捣器往复振捣	
2	插振法	振捣器插入深度	饱和	1. 用插入式振捣器 2. 插入间距可根据机械振幅大小决定 3. 不应插至下卧黏性土层 4. 插入振捣器完毕后所留的孔洞，应用砂填实	不宜使用于细砂或含泥量较大的砂所铺筑的砂垫层
3	水撼法	250	饱和	1. 注水高度应超过每次铺筑面 2. 钢叉摇撼捣实，插入点间距为 100mm 3. 钢叉分四齿，齿的间距 80mm，长 300mm，木柄长 90mm，重 40N	湿陷性黄土、膨胀土地区不得使用
4	夯实法	150～200	8～12	1. 用木夯或机械夯 2. 木夯重 400N，落距 400～500mm 3. 一夯压半夯，全面夯实	
5	碾压法	250～350	8～12	60～100kN 压路机往复碾压	1. 适用于大面积砂垫层 2. 不宜用于地下水位以下的砂垫层

注：在地下水位以下的垫层，其最下层的铺筑厚度可比上表增加 50mm。

⑤ 在地下水位高于基坑（槽）底面施工时，应采取排水或降低地下水位的措施，使基坑（槽）保持无积水状态。如用水撼法或插入振动法施工时，应有控制地注水和排水。冬季施工时，应注意防止砂石内水分冻结。

4. 质量检查

(1) 环刀取样法

在捣实后的砂垫层中用容积不小于 200cm^3 的环刀取样，测定其干土密度，以不小于该砂料在中密状态时的干土密度数值为合格。如中砂一般为 1.55～1.60g/cm^3。若系砂石垫层，可在垫层中设置纯砂检查点，在同样的施工条件下取样检查。

(2) 贯入测定法

检查时先将表面的砂刮去 30mm 左右，用直径为 20mm，长 1250mm 的平头钢筋举离砂层面 700mm 自由下落，或用水撼法使用的钢叉举离砂层面 500mm 自由下落。以上钢筋或钢叉的插入深度，可根据砂的控制干土密度预先进行小型试验确定。

二、灰土垫层

灰土垫层是将基础底面下一定范围内的软弱土层挖去，用按一定体积比配合的石灰和黏性土拌和均匀，在最优含水量情况下分层回填夯实或压实而成。适用于处理 1～4m 厚的软弱土层。

1. 构造要求

灰土垫层厚度确定原则同砂垫层。垫层宽度一般为灰土顶面基础砌体宽度加 2.5 倍灰土厚度之和。

2. 材料要求

灰土的土料，宜采用就地基坑（槽）挖出的土，但不得含有有机杂质，使用前应过筛，其粒径不得大于 15mm。用作灰土的熟石灰应过筛，粒径不得大于 5 mm。熟石灰中不得夹有未熟化的生石灰块，也不得含有过多的水分。灰土的配合比一般为 2∶8 或 3∶7（石灰∶土）。

3. 施工要点

① 灰土垫层施工前须先行验槽，如发现坑（槽）内有局部软弱土层或孔穴，应挖出后用素土或灰土分层填实。

② 施工时，应将灰土拌和均匀，颜色一致，并适当控制其含水量。

现场检验方法是用手将灰土紧握成团，两指轻捏即碎为宜，如土料水分过多或不足时，应晾干或洒水润湿。灰土拌好后及时铺好夯实，不得隔日夯打。

③ 灰土的分层虚铺厚度，应按所使用夯实机具参照表 5-4 选用。每层灰土的夯打遍数，应根据设计要求的干土密度在现场试验确定。

表 5-4　灰土最大虚铺厚度

夯实机具种类	重量/kN	虚铺厚度/mm	备　注
石夯、木夯	0.4～0.8	200～250	人力送夯，落距 400～500mm，一夯压半夯
轻型夯实机械	—	200～250	蛙式打夯机、柴油打夯机
压路机	60～100	200～300	双轮

④ 垫层分段施工时，不得在墙角、柱基及承重窗间墙下接缝。上下两层灰土的接缝距离不得小于 500mm，接缝处的灰土应注意夯实。

⑤ 在地下水位以下的基坑（槽）内施工时，应采取排水措施。夯实后的灰土，在 3d 内不得受水浸泡。灰土地基打完后，应及时修建基础和回填基坑（槽），或作临时遮盖，防止日晒雨淋，刚打完或尚未夯实的灰土，如遭受雨淋浸泡，则应将积水及松软灰土除去并补填夯实；受浸湿的灰土，应在晾干后再夯打密实。冬季施工不得用冻土或夹有冻块。

4. 质量检查

灰土垫层的质量检查，宜用环刀取样，测定其干土密度。质量标准可按压实系数 λ_e 鉴定，一般为 0.93～0.95。λ_e 为土在施工时实际达到的干土密度 ρ_d 与室内采用击实试验得到的最大干土密度 ρ_{dmax} 之比。

如设计对灰土质量标准提出要求，可按表 5-5 规定执行。如用贯入仪检查灰土质量时，应先进行现场试验以确定贯入度的具体要求。

表 5-5　灰土质量要求

土料种类	粉土	粉质黏土	黏性土
灰土最小干密度/(g/cm³)	1.55	1.50	1.45

三、碎砖三合土垫层

碎砖三合土是用石灰、砂或黏性土、碎砖（石）和水拌匀后分层铺设夯实而成。配合比（体积比）除设计有特殊要求外，一般采用1∶2∶4或1∶3∶6（消石灰∶砂或黏性土∶碎砖或石）。

1. 材料要求

石灰用未粉化的生石灰块，使用时临时加水化开；砂用中砂、粗砂或沙泥。砂或黏性土（砂泥）中不得含有草根、贝壳等有机杂物；碎砖可用一般废断砖打碎后加以使用，其粒径应为20～60mm，并不得夹有杂物。

2. 施工要点

① 垫层铺设前应先行验槽。坑（槽）有积水时，应采取措施排水和清除泥浆。

② 预先拌好灰浆，其稠度要适当，谨防浆水分离，然后将碎砖与灰浆拌和均匀后铺入基坑（槽）内，铺设厚度可在坑（槽）壁上分层标出样桩控制，第一层为220mm，其余各层为200mm，每层应分别夯实至150mm。

③ 垫层夯实可采用人力夯或机械夯。夯打应密实，表面应平整，如发现三合土太干，可补浇灰浆并随浇随打。铺好后的三合土不得隔日夯打。

④ 垫层分层铺设至设计标高后进行最后一遍夯打时，应浇浓灰浆。待表面灰浆略微晾干后，再铺上一层薄砂土或炉渣并整平夯实。表面平整度的允许偏差不得大于20mm。

⑤ 夯打完的三合土，如因雨水冲刷或积水使表层灰浆破坏时，可在排出积水后，重新浇浆夯打坚实。

四、碎石和矿渣垫层

碎石或矿渣垫层是用碎石或矿渣分层铺设碾压或振捣密实而成。因碎石和矿渣有足够的强度，变形模量大，稳定性好，而且垫层本身还可以起排水层的作用，以加速下部软弱土层的固结，因而是目前国内常用的一种地基加固方法。

1. 材料要求

碎石要求质地坚硬，粒径为5～40mm的自然级配碎石，含泥量不得大于5%。矿渣垫层当大面积铺填时，多采用高炉混合矿渣（即破碎后不经筛分的不分级矿渣），最大粒径不得超过200mm；小面积铺填时，可用粒径为 20～60mm 的分级矿渣，其泥土及有机质含量不得超过 5%。

2. 施工要点

① 基坑（槽）开挖后须先行验槽。在基坑（槽）底部及四周应设置一层 15～30mm 厚的砂垫层，以防止基坑（槽）表层软弱土与碎石或矿渣在压力作用下相互挤入引起沉陷。砂料应采用中、粗砂，含泥量不大于 5%，然后再分层铺设碎石或矿渣垫层。当软弱土厚度不同时，垫层应做成阶梯形，见图 5-2，但两垫层的高差不得大于 1m，同时阶梯须符合 $b>2h$ 的要求，砂垫层可用平板式振捣器振实。

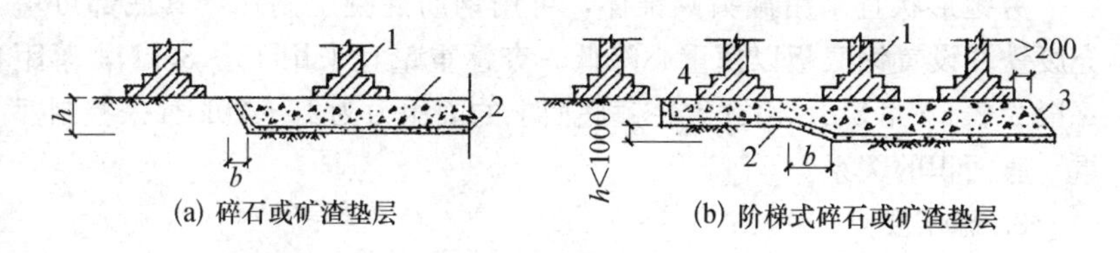

图 5-2　碎石或矿渣垫层

1—基础；2—砂垫层；3—碎石或矿渣垫层；4—砂或混凝土挡墙

② 碎石或矿渣垫层的压实方法可用碾压法或平振法。碾压法系采用重 80～120kN 压路机或用拖拉机牵引 50kN 重的平碾分层碾压，每层铺设厚度为 200～300mm，用人工或推土机推平后，往返碾压 4～6 遍，每次碾压均与前次碾压轮迹重叠半个轮宽，碾压时应适当洒水湿润以利密实。平振法仅适用于小面积垫层的压实，系用功率大于 1.5kW，频率为 2000 次/min 以上的平板式振捣器往复振捣，每层铺设厚度为 200～250mm，振捣时间不少于 60s，振捣遍数由试验确定，一般振 3～4 遍，做到交叉、错开、重叠。施工时按铺设面积大小，以总的振捣时间来控制碎石或矿渣分层振实的质量。

五、重锤夯实

重锤夯实是用起重机械将特制的重锤，提升到一定高度后，利用自由下落时的冲击能来夯实基土表面，使其形成一层较为均匀的硬壳层，重锤夯实适用于处理地下水位 0.8m 以上稍湿的湿陷性黄土、黏性土、砂性土、杂填土和分层填土地基。但当夯击振动对邻近的建筑物、设备以及施工中的砌筑工程或浇筑混凝土等产生有害影响时，或地下水位高于有效夯实深度以及在有效深度内存在软黏土层时，不宜采用。

1. 机具设备

(1) 起重机械

起重机械可采用履带式起重机、打桩机、龙门式起重机或自制的桅杆式起重机等。起吊设备的起重能力，当直接用钢索悬吊夯锤时，应大于夯锤重量的3倍；当采用脱钩夯锤时，应大于夯锤重量的1.5倍。

(2) 夯锤

夯锤形状宜采用截头圆锥体，可用钢筋混凝土制作，其底部可填充废铁并设置钢底板以使重心降低。夯锤重量宜采用15～30kN，落距一般为2.5～4.5m。由锤重在锤底面上的静压力为15～20kPa来控制锤重与底面积的关系。

2. 施工要点

① 重锤地基夯实前，应在现场进行试夯，选定夯锤重量、底面直径和落距，以便确定停夯标准。当最后两遍平均夯沉量对于黏性土和湿陷性黄土为10～20mm；对于砂性土为5～10mm时即可停夯。通过试夯可确定夯实遍数，一般试夯6～10遍，施工时可适当增加1～2遍。

② 采用重锤夯实分层填土地基时，每层的虚铺厚度一般相当于锤底直径，夯击遍数由试夯确定，试夯层数不宜少于两层。

③ 基坑（槽）的夯实范围应大于基础底面。开挖时坑（槽）每边比设计宽度加宽不小于0.3m，坑（槽）边坡应适当放缓。夯实前坑（槽）底面应高出设计标高，预留土层的厚度可为试夯的总下沉量加50～100mm。

④ 夯实施工前，应检查基坑（槽）中土的含水量，并根据试夯结果决定是否需要加水，以保证地基土在最佳含水量下夯实。坑（槽）加水则需待水全部渗入土中一昼夜后方可夯击。如土的表层含水量过大，夯击成软塑状态时，可采取铺撒吸水材料（如干土、碎砖、生石灰等）、换土或其他有效措施处理。分层填土时，应取用含水量为最佳含水量的土料。如土料含水量太低，宜加水至最佳含水量。每层土铺填后应及时夯实。在基坑（槽）周边应作好排水设施，防止向坑（槽）

灌水。

⑤ 在大面积基坑（槽）内夯击时，应按一夯挨一夯顺序进行［图5-3（a）］。同一夯位应连夯两遍，下一循环的夯位，应与前一循环错开1/2锤底直径，落锤应平稳，夯位准确。在独立柱基基坑内夯击时，可采用先周边后中间［图5-3（b）］或先外后里的跳打法［图5-3（c）］进行。基坑（槽）底面的标高不同时，应按先深后浅的顺序逐层夯实。

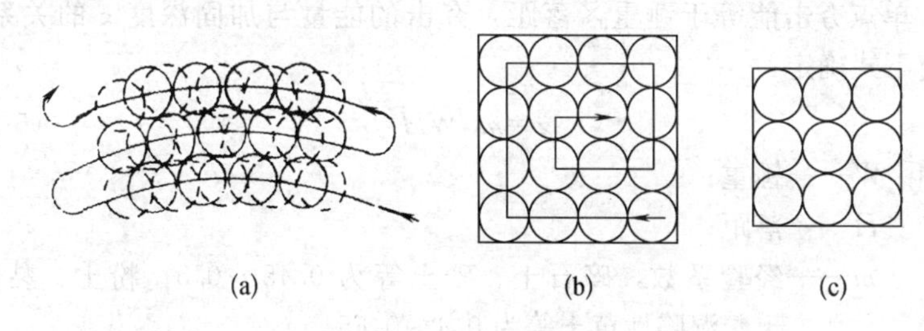

图5-3　夯打顺序

⑥ 夯击过程中，应随时检查坑（槽）壁有无坍塌的可能，必要时应采取防护措施。夯实完后，应将基坑（槽）表面拍实至设计标高。冬季施工时，必须保证地基在不冻的状态下进行夯击。

3. 质量检查

检查施工记录，除应符合试夯最后下沉量的规定外，还应检查基坑（槽）表面的总下沉量，以不小于试夯总下沉量的90%为合格。也可采用在地基上选点夯击检查最后下沉量。夯击检查点数，每一单独基础至少应有1点；基槽每30m^{2}应有一点；整片地基每100m^{2}不得少于2点。检查后如质量不合格，应进行补夯，直到合格为止。

六、强夯地基

强夯法是将很重的锤（一般为100～400kN）从高处（一般为6～40m）自由落下，给地基以冲击力和振动，从而提高地基土的强度并降低其压缩性。强夯适用范围广，可用于碎石土、砂土、黏性土、湿陷性黄土及杂填土地基的施工。

1. 机具设备

起重机宜选用起重能力在150kN以上的履带式起重机或其他专用起重设备，夯锤起吊应符合提升高度的要求并有足够的安全措施。自动脱钩装置应具有足够强度，且施工灵活。夯锤可用钢材制作，或用钢板为外壳，内部焊接骨架后灌筑混凝土制成。夯锤底面可圆形或方形，锤底面积取决于表层土质，对砂土一般为3～4m^2；对黏性土不宜小于6m^2。夯锤中宜设置若干上下贯通的气孔。

2. 强夯施工的技术参数

(1) 单点夯击能

单点夯击能等于锤重×落距，夯击的能量与加固深度z的关系，可由下式确定：

$$z=m\sqrt{WH} \tag{5-1}$$

式中 W——锤重；

H——落距；

m——经验系数，碎石土、砂土等为0.45～0.5；粉土、黏性土、湿陷性黄土等为0.4～0.45。

锤重不宜小于80kN，落距不宜小于6m，我国所用的锤重为80～250kN，个别可达400kN，落距8～25m。

(2) 夯击点布置

一般按正方形或梅花形网格排列。其间距可根据夯击坑的形状、孔隙水压力变化情况及建筑物基础结构特点确定，一般为5～15m。按上面形式和间距布置的夯击点，依次夯击完成为第一遍。第二次选用已夯点间隙，依次补点夯击为第二遍，以下各遍均在中间补点，最后一遍低能满夯，锤印应彼此搭接，表面平整。图5-4为某工程强夯区夯击点布置图，其最大特点是给吊机留有通道，当全部夯点夯完后，夯坑可一次填平。

(3) 夯击击数和夯击遍数

各个夯击点的夯击数应符合土的体积竖向压缩最大而侧向移动最小，或最后两击沉降量（或最后两击沉降量之差）小于试夯确定的数值。一般为3～10击。

夯击遍数一般为2～5遍。对于细颗粒多、透水性弱的土层或有特殊要求的工程，夯击遍数可适当增加。

(4) 两遍之间的间歇时间和平均夯击能

间歇时间取决于孔隙水压力的消散，一般为1～4周。地下水位较

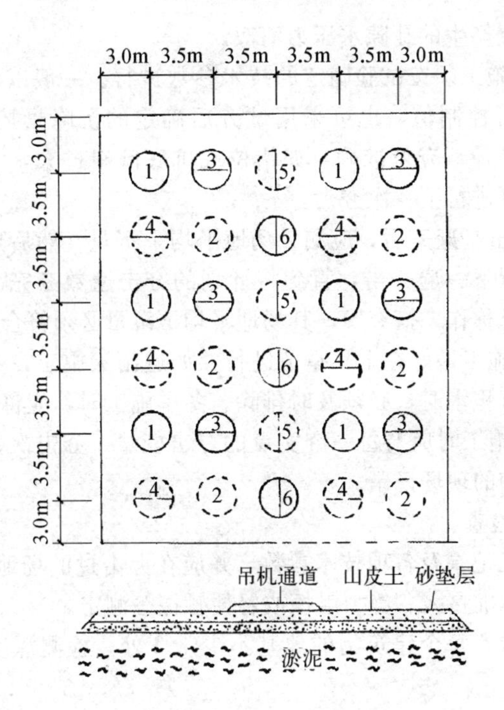

图 5-4　夯点布置图

低和地质条件较好的场地可采用连续夯击。

平均夯击能在一般情况下，砂土可取 500～1000kJ/m²，黏性土可取 1500～3000kJ/m²。

3. 施工要点

① 强夯前应进行地基勘察，在施工现场选取一个平面尺寸不小于 20m×20m 且地质条件具有代表性的试验区。在试验区内进行详细的原位测试，取原状土样测定有关数据；并选取合适的一组或多组技术参数进行试夯。通过对试夯前后试验结果对比分析，确定正式施工时的技术参数。

② 预先估计强夯后可能产生的平均地面变形，并以此确定地面高程，用推土机平整场地。对地下水位较高不利于施工或表层为饱和黏性土时，可铺填 0.5～2.0m 厚的中（粗）砂、砂砾或片石等材料，其目的是在地表形成硬层，可用以支承起重设备、确保机械通行、施工，

又可便于强夯产生的孔隙水压力消散。

③ 强夯施工须按试验确定的技术参数进行。一般以各个夯击点的夯击数为施工控制值，也可采用试夯后确定的沉降量控制。夯击时，落锤应保持平稳，夯位准确，如错位或坑底倾斜过大，宜用砂土将坑底整平，才可进行下一次夯击。

④ 每夯击一遍完后，应测量场地平均下沉量，然后用土将夯坑填平，方可进行下一遍夯击，直到将计划的夯击遍数夯完为止。最后一遍为满夯（也称作“搭夯”），其场地平均下沉量必须符合要求。

⑤ 强夯施工最好在干旱季节进行，如遇雨天施工，夯击坑内或夯击过的场地有积水时，必须及时排除。冬季施工时，应将冻土击碎。

⑥ 强夯施工时应对每一夯实点的夯击能量、夯击次数和每次夯沉量等做好详细的现场记录。

4. 质量检查

检查施工记录及各项技术参数，并应在夯击过的场地选点做检验。一般可采用标准贯入、静力触探或轻便触探等测定。

检查点数，每个建筑物的地基不少于 3 处，检测深度和位置按设计要求确定。

七、土和灰土挤密桩

土和灰土挤密桩是在形成的桩孔中，回填土或灰土加以夯实而成，桩间挤密土和填夯的桩体组成人工“复合地基”。适用于地下水位以上深度为 5～10m 的湿陷性黄土、素填土或杂填土地基。

1. 构造要求

桩身直径以 300～600mm 为宜，根据当地的常用成孔机械型号和规格确定；桩孔宜按等边三角形布置［图 5-5（a）］，可使桩周土的挤密效果均匀。桩距 D 按有效挤密范围，可取 2.5～3.0 倍桩直径，地基的挤密面积应每边超出基础宽度的 0.2 倍；桩顶一般设 0.5～0.8m 厚的土或灰土垫层［图 5-5（b）］。桩孔的最少排数，土桩不少于 2 排，灰土桩不少于 3 排。

2. 施工要点

① 施工前，应在现场进行成孔、夯填工艺和挤密效果试验。并确定分层填料的厚度、夯击次数和夯实后的干土密度等要求。

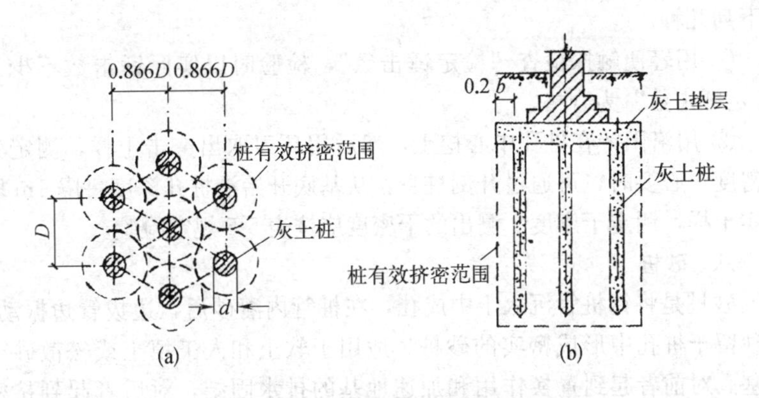

图 5-5 灰土桩及灰土垫层布置

d——灰土桩径；D——桩距（2.5～3d）；b——基础宽

② 土和灰土桩填料的质量及配合比要求同灰土垫层。填料的含水量，如超过最佳值的±3%时，宜予晾干或洒水润湿。

③ 开挖基坑时，应预留 200～300mm 土层，然后在坑内进行桩的施工，基础施工前再将已搅动的土层挖去。桩的成孔可选用下列方法。

a. 沉管法。用柴油机或振动打桩机将带有特制桩尖的钢制桩管打入地层至设计深度，然后缓慢拔出桩管即成桩孔。

b. 爆扩法。用钻机或洛阳铲等打成小孔，然后装药，爆扩成孔。

c. 冲击法。用冲击钻机将 0.6～3.2t 锥形锤头提升 0.5～2.0m 高度后自由落下，反复冲击使土层成孔，可冲成孔径 500～600mm。

④ 桩的施工顺序应先外排后里排，同排内应间隔 1～2 孔，成孔达到要求深度后，应立即清底夯实，夯击次数不少于 8 次，然后根据确定的分层回填厚度和夯击次数及时逐次回填土或灰土夯实。

⑤ 回填桩孔用的夯锤最大直径应比桩孔直径小 100～160mm，锤重不宜小于 1kN，锤底面静压力不宜小于 20kPa，夯锤形状宜呈抛物线锥形体或下端尖角为 30°的尖锥形，以便夯击时产生足够的水平挤压力使整个桩孔夯实。夯锤上端宜成弧形，以便填料能顺利下落。

3. 质量检查

土和灰土桩夯填的质量，应采用随机抽样检查。抽样检查的数量，应不少于桩孔数的 2%，同时每台班至少应抽查 1 根。常用的检查方法有下列几种。

① 用轻便触探检查“检定锤击数”，检验时以实际锤击数不少于“检定锤击数”为合格。

② 用洛阳铲在桩孔中心挖土，然后用环刀取出夯击土样，测定其干密度。必要时，可通过开剖桩身，从基底开始沿桩孔深度每隔 1m 取夯实土样，测定干密度。测出的干密度应按表 5-5 规定检验。

八、砂桩

砂桩是将钢桩管沉入土中成孔，在桩管内灌砂后，边拔管边振动，使砂留于桩孔中形成密实的砂桩。适用于软土和人工填土或松散砂土地基。对前者起到置换作用和加速地基的排水固结，对后者起到挤密和振密周围土体作用。

1. 材料要求

砂桩宜用中粗混合砂，粒径以 0.3～3mm 为宜，含泥量不大于5%。在对砂桩成型没有足够约束力的软弱黏性土中，可以使用砂和角砾混合料。砂的含水量，在饱和土中施工时，可采用饱和状态；在非饱和的并能形成直立桩孔孔壁的土层中用捣实法施工时，可采用7%～9%。

2. 构造要求

砂桩直径一般为 300mm 左右，最大可达 500～700mm，间距为1.8～4倍桩直径，如仅为加速地基排水固结，间距可达 4～5m。桩深度应达到压缩层下限处，如在压缩层范围内有密实的下卧层，则只加固软弱上层部分。如砂桩用于处理易振动液化的饱和松散砂土时，桩深度应达到可能发生液化的砂层底部。砂桩布置可采用正三角形或正方形，其平面尺寸在宽度及长度方向最外排桩轴线至基础边缘距离应不小于 1.5 倍桩直径或 1/10 桩有效长度。桩顶应铺设一层 300～500mm 厚度砂垫层或砂和碎石混合料垫层。

3. 施工要点

① 砂桩施工应从外围或两侧向中间进行，砂桩成孔可采用振动沉管或锤击沉管等方法，振动沉管时宜用活瓣式桩靴。

② 砂桩的灌砂量，可按桩孔体积和砂在中密状态时的干密度计算，实际灌砂量（不包括水重）不得少于计算的 95%。

③ 施工时，在基底标高以上宜预留 0.5～1.0m 的土层，待打完桩后再将预留土层挖至设计标高。如坑底不够密实，可辅以人工夯实或机械压实。

④ 砂桩施工完毕后，地面垫层要分层铺设，用平板振动器振实。若地面很软不能保证施工机械正常行驶和操作时，可在砂桩施工前铺设垫层。

4. 质量检查

桩身及桩与桩之间挤密土的质量，均可用标准贯入或轻便触探检验，亦可用锤击法检查其密实度和均匀性，以不小于设计要求的数值为合格。

九、预压地基

预压地基是对软土地基施加压力，使其排水固结来达到加固地基的目的。为加速软土的排水固结，通常可在软土地基内设置竖向排水体（即砂井），铺设水平排水垫层。预压适用于软土和冲填土地基的施工。其施工方法有加载预压、砂井加载预压及砂井真空降水预压等。其中砂井加载预压具有固结速度快、施工工艺简单、效果好等特点，使用最为广泛。

1. 材料要求

制作砂井的砂，宜用中、粗砂，含泥量不宜大于 3%。排水砂垫层的材料宜采用透水性好的砂料，其渗透系数一般不低于 10^{-2}mm/s，同时能起到一定的反滤作用，也可在砂垫层上铺设粒径为 5～20mm 的砾石作为反滤层。

2. 构造要求

砂井的直径和间距主要取决于黏土层的固结特性和工期的要求。砂井直径一般为 200～500mm，间距为砂井直径的 6～8 倍。袋装砂井直径一般为 70～120mm，井距一般为 1.0～2.0m。砂井深度的选择和土层分布、地基中附加应力的大小、施工工期等因素有关。当软黏土层较薄时，砂井应贯穿黏土层；黏土层较厚但间有砂层或砂透镜体时，砂井应尽可能打到砂层或透镜体；当黏土层很厚又无砂透水层时，可按地基的稳定性以及沉降所要求处理的深度来确定。砂井平面布置形式一般为等边三角形或正方形，布置范围一般比基础范围稍大为好。砂垫层的平面范围与砂井范围相同，厚度一般为0.3～0.5m，如砂料缺乏时，可采用连通砂井的纵横砂沟代替整片砂垫层（图5-6）。

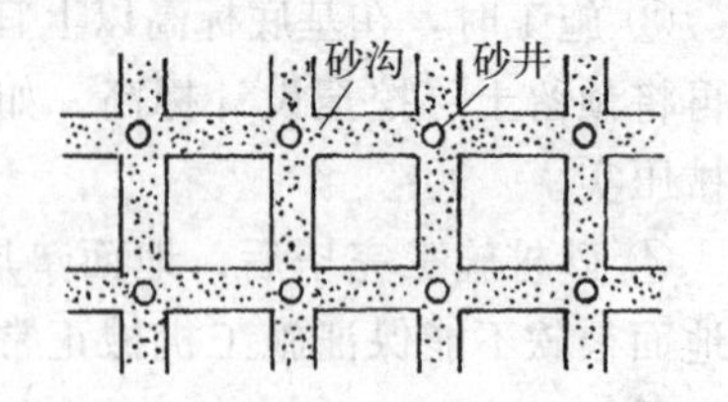

图5-6 砂沟排水构造

3. 施工要点

① 砂井施工机具、方法与打砂桩相同。排水垫层施工方法与砂垫层和砂石垫层地基相同。当采用袋装砂井时，砂袋应选用透水性和耐水性好以及韧性较强的麻布、再生布或聚丙烯编织布制作。当桩管沉入预定深度后插入砂袋（袋内先装入200mm厚砂子作为压重），通过漏斗将砂子填入袋中并捣固密实，待砂灌满后扎紧袋口，往管内适量灌水（减小砂袋与管壁的摩擦力）拔出桩管，此时袋口应高出井口500mm，以便埋入水平排水砂垫层内，严禁砂井全部深入孔内，造成与砂垫层不连接。

② 砂井堆载预压的材料一般可采用土、砂、石和水等。堆载的顶面积不小于基础面积，堆载的底面积也应适当扩大，以保证建筑物范围内的地基得到均匀加固。

③ 地基预压前，应设置垂直沉降观察点、水平位移观测桩、测斜仪以及孔隙水压力计，以控制加载速度和防止地基发生滑动。其设置数量、位置及测试方法，应符合设计要求。

④ 堆载应分期分级进行，并严格控制加荷速率，保证在各级荷载下地基的稳定性。对打入式砂井地基，严禁未待因打砂井而使地基减小的强度得到恢复就进行加载。

⑤ 地基预压达到规定要求后，方可分期分级卸载。但应继续观测地基沉降和回弹情况。

十、振冲地基

振冲地基是利用振冲器水冲成孔，分批填以砂石骨料形成一根根桩体（称碎石桩法），桩体与原地基构成复合地基，以提高地基的承载力，减少地基的沉降和沉降差。碎石桩还可用来提高土坡的抗滑稳定性和土体的抗剪强度。适用于加固松散砂土地基，黏性土和人工填土地基经试验证明加固有效时也可使用。前者用振冲法除有使松砂变密的振冲挤密功效外，还有着以紧密的桩体材料置换一部分地基土的振冲置换作用；而对后者仅有振冲置换的作用。若仅利用振冲器和水冲过程，使砂土结构重新排列挤密而不必另加砂石填料称为振冲挤密法，仅适用于处理松砂地基。

1. 材料要求

桩体所用填料可就地取材，凡碎（卵）石、角（圆）砾、砾砂、粗（中）砂、矿渣、碎砖或其他无侵蚀性和性能稳定的硬粒料都能利用。其最大粒径与振冲器的外径和功率有关，一般不大于50mm，含泥量不超过10%，且不得含有黏土块。作为抗液化加固的排水桩，宜采用粒径5～50mm级配合适的硬粒料。

2. 构造要求

桩直径按振冲机具选用，一般为700～1200mm，间距为1.5～2.5m。如地基有相对硬层且埋藏深度不大，宜将桩伸到相对硬层；如果软弱土层厚度很大时，桩只能贯穿部分软弱土层，其长度取决于设计建筑物的容许沉降量。一般桩长不宜短于4m，但当桩长大于7m时，制桩工效将显著降低。桩位布置形式宜采用等边三角形和正方形，前者主要用于大面积满堂加固，后者主要用于单独基础、条形基础等小面积加固。加固范围依基础形式而定，一般可参见表5-6。

表5-6　加固范围

基础形式	加固范围
单独	不超出基底面积
条形	不超出或适当超出基底面积
板式、十字交叉、浮筏、柔性基础	建筑物平面外轮廓线范围内满堂加固，轮廓线外加2～3排保护桩

3. 机具设备

振冲施工应具备下列主要机具。

① 振冲器：宜采用带潜水电机的振冲器，其功率、振动力、振动频率等参数，可按加固的孔径大小、达到的土体密实度选用。

② 起重机械：起重能力和提升高度均应符合施工和安全要求，起重能力一般为80～150kN。

③ 水泵及供水管道：供水压力宜大于0.5MPa，供水量宜大于

$20m^3/h$。

④ 控制设备：控制电流操作台，附有150A以上容量的电流表（或自动记录电流计）、500V电压表等。

⑤ 加料设备：可采用翻斗车、手推车或皮带运输机等，其能力须符合施工要求。

4. 施工要点

① 施工前应先通过现场振冲试验，确定成孔施工合适的水压、水量、成孔速度、填料方法、达到土体密实度时振冲器电机的电流控制值以及需要的加固时间等。

② 振冲前，应按设计图定出冲孔中心位置并编号。用吊机将振冲器对准桩位，开水开电。检查水压、电压和振冲器的空载电流值是否正常。

③ 启动吊机使振冲器以1～2m/min的速度在土层中徐徐下沉。每贯入0.5～1.0m，宜悬留振冲5～10s扩孔，待孔内泥浆溢出时再继续贯入。当造孔接近加固深度时，振冲器应在孔底适当停留并减小射水压力，以便排除泥浆进行清孔。造孔也可采用将振冲器以1～2m/min的速度连续沉至设计加固深度以上300～500mm时，将振冲器往上提到孔口，提升速度可增至5～6m/min，再同法沉至孔底。如此往复1～2次，最后一次将振冲器停留在设计加固深度以上300～500mm处，借循环水使孔内泥浆变稀，排泥清孔1～2min后，将振冲器提出孔口。

④ 注意振冲器在下沉过程中的电流值不得超过电机的额定值。万一超过，必须减速下沉，或者暂停下沉，或者向上提升一段距离，借助高压水冲松土层后再继续下沉。在开孔过程中，要记录振冲器经各深度的电流值和时间，电流值的变化定性反映出土的强度变化。

⑤ 地基内成孔后，接着要往孔内加填料。制桩方式为将振冲器提出洞口或向上提升1m左右，往孔内倒入0.15～$0.5m^3$的填料，然后下降振冲器使填料振实。如此往复自下而上制作桩体至孔口，制桩步骤见图5-7。制桩时也可不将振冲器提出孔口，采用边把振冲器缓慢向上提升，边在孔口连续加料，自下而上制作桩体直到孔口。该种方式效率虽高，就黏性土地基，桩体质量不易保证。

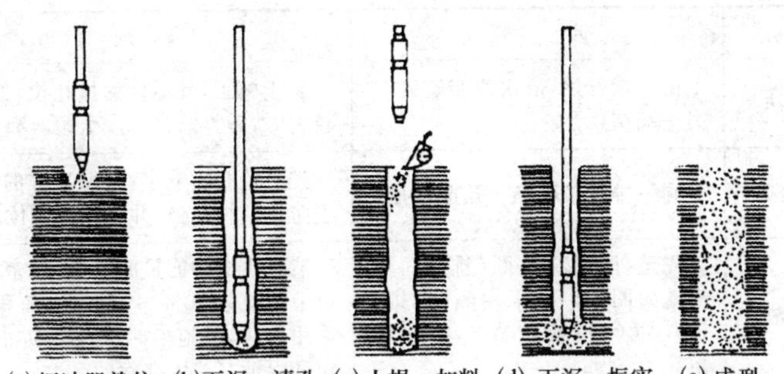

图 5-7　振冲法制桩施工工艺

⑥ 填料的密实度，以振冲器工作电流达到规定值为控制标准。如在某深度电流达不到规定值，则需提起振冲器继续往孔内倒一批填料，然后再下降振冲器继续进行振密。如此重复操作，直到该深度的电流达到规定值为止。在振密过程中，宜保持小水量补给，以降低孔内泥浆比重，有利于填料下沉，使填料在水饱和状态下，便于振捣密实。

⑦ 振冲地基施工时桩顶部约 1m 范围内的桩体密实度很难达到要求，一般应将该段桩体挖去，或用振动碾压使之压实。经过表层处理后的复合地基上面一般要铺一层厚 300～500mm 的碎石垫层。垫层经压实后再在上面做基础。

⑧ 利用原地砂土冲振挤密施工时，其顺序与碎石桩法成孔相同。当振冲器到达设计加固深度以上 300～500mm 时，减小水压，继续使其下沉至加固深度以下 500mm 处，留振 10～15s，然后以 1～2m/min 速度上提振冲器，每提升 300～500mm，留振 10～15s，并观察电机工作电流变化，当电流达到规定值时即为合适留振时间，再继续上提、留振，直至地面。

⑨ 振冲施工可在原地面定位造孔，也可在基坑（槽）中定位造孔。孔位上部有硬层时，应先挖孔后振冲。振冲造孔方法可照表 5-7 选用。

表 5-7 振冲造孔方法的选择

造孔方法	步 骤	优 缺 点
排孔法	由一端开始，依次逐步造孔到另一端结束	易于施工，且不易漏掉孔位，但当孔位较密时，后打的桩易发生倾斜和位移
跳打法	同一排孔采取隔一孔造一孔	先后造孔影响小，易保证桩的垂直度，但防止漏掉孔位，并应注意桩位准确
围幕法	先造外围 2～3 圈（排）孔，然后造内圈（排）。采用隔圈（排）造一圈（排）或依次向中心区造孔	能减少振冲能量的扩散，振密效果好，可节约桩数 10%～15%，大面积施工常采用此法，但施工时应注意防止漏掉孔位和保证其位置准确

⑩ 冬季施工应将表层冻土破碎后造孔。每班施工完毕后应将供水管和振冲器水管内积水排净，以免冻结影响施工。

5. 质量检查

① 振冲成孔中心与设计定位中心偏差不得大于 100mm；完成后的桩顶中心与定位中心偏差不得大于 0.2 倍桩孔直径。

② 振冲效果应在砂土地基完工半个月或黏性土地基完工一个月后方可检验。检验方法可采用载荷试验、标准贯人、静力触探及土工试验等方法来检验桩的承载力，以不小于设计要求的数值为合格。对于抗液化的地基，尚应进行孔隙水压力试验。

十一、深层搅拌地基

深层搅拌法系利用水泥、石灰等材料作为固化剂，通过特制的深层搅拌机械，在地基深处就地将软土和固化剂（浆液或粉体）强制搅拌，固化剂和软土产生一系列物理—化学反应，使软土硬结成具有一定强度的优质地基。加固形式根据要求有柱状、壁状和块状三种。

1. 水泥喷浆深层搅拌法

(1) 机具设备

搅拌施工机具由深层搅拌机（包括动力系统、输浆管、搅拌头等）及配套机械（如灰浆拌制机、集料斗、灰浆泵和电气控制柜等）组成。搅拌机有中心管喷浆和叶片喷浆两种方式。前者水泥是从两根搅拌轴之间的另一根管子输出，适用于多种固化剂，除纯水泥浆外，还可用水泥砂浆，甚至掺入工业废料等组成的粗粒固化剂；后者是使水泥浆从叶片上若干小孔喷出，使水泥浆与土体混合较均匀，但因喷浆孔小易被浆液堵塞，仅适用于纯水泥浆作固化剂。

(2) 加固形式和范围

① 柱状。每间隔一定的距离打设一根搅拌桩，即成为柱状加固形式，适用于加固独立柱基础和条形基础。

② 壁状。将相邻搅拌桩部分重叠搭接即成为壁状加固形式（图 5-8）。适用于深基坑开挖时软土边坡加固以及对不均匀沉降较敏感的条形基础。

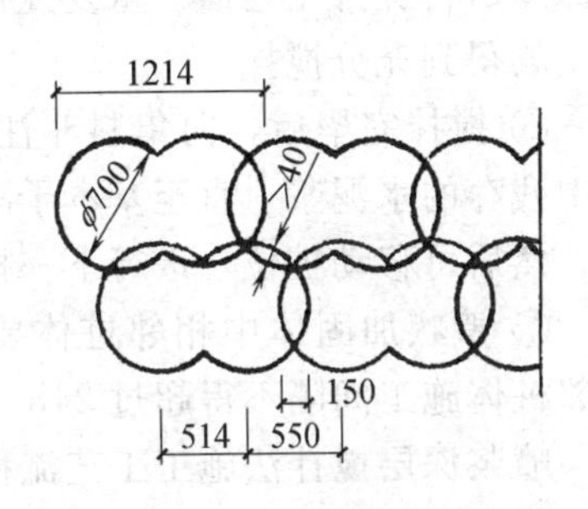

图 5-8　桩的搭接示意图

③ 块状。将壁状加固体各行搭接形成一片，即成块状加固形式。适用于上部有较大荷载以及软土地区开挖深基坑时，防止坑底隆起和封底。

搅拌桩的桩身长度、桩数和加固范围应按设计确定。

(3) 施工工艺

① 施工前，用起重机（或塔架）悬吊深层搅拌机于桩位并对中，检查搅拌机的垂直度。

② 启动搅拌机电机，放松起重机钢丝绳，使搅拌机沿导向架搅拌切土下沉，下沉速度由电机电流监测表控制。工作电流不应大于70A。如下沉速度太慢，可从输浆系统补给清水以利钻进。注意软土应完全预搅切碎，以利于同水泥浆均匀搅拌。

③ 深层搅拌机下沉到一定深度时，即开始按设计确定的配合比拌制水泥浆。拌制前应先筛除水泥中的结块，并在灰浆拌制机中不断搅动，以防止水泥浆发生离析，待压浆前才缓慢倒入集料斗中。

④ 搅拌机下沉至设计深度后，开启灰浆泵将水泥浆压入地基中。边喷浆边旋转提升，控制喷浆和搅拌提升速度，应严格按设计确定的数据，误差不得大于±100mm/min。压浆阶段不允许发生断浆现象，输浆管道不得发生堵塞。

⑤ 搅拌机提升至顶面标高，集料斗中的水泥浆应正好排空。为使水泥浆与软土搅拌均匀，可再次将搅拌机边旋转边沉入土中，至加固深度后再提升至地面。重复搅拌时的下沉和提升速度，应保证每一深度均得到充分搅拌。

⑥ 搅拌完毕后，向集料斗注入清水，开启灰浆泵，清洗全部管路中残存的水泥浆，直至基本干净，并将黏附在搅拌头的软土清洗干净。然后可移动桩位，进行下一根桩的施工。

⑦ 壁状加固体中相邻桩体要搭接时，每一施工段宜连续施工，相邻桩体施工间隔不得超过 24h。

喷浆深层搅拌法施工工艺流程见图 5-9。

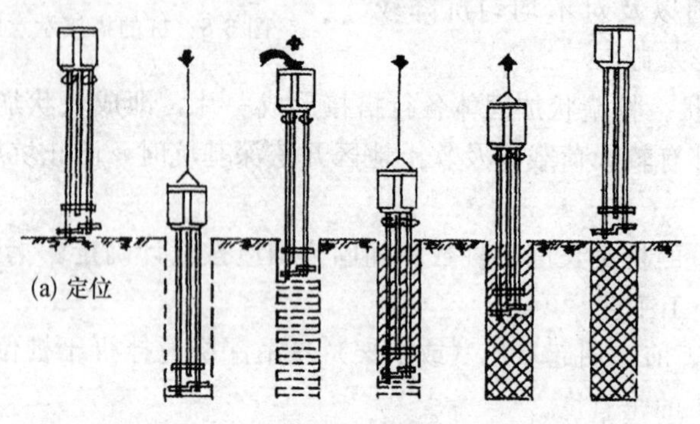

图 5-9 深层搅拌法施工工艺流程

2. 粉体喷射搅拌法

(1) 机具设备

施工机具由钻机、粉体发送器、空气压缩机和搅拌钻头等组成。钻机是粉体喷射搅拌法施工的成柱机械，具有正向钻进，反转提升的功能。灰粉从叶片上若干小孔喷出，凭借钻头叶片的搅拌作用与软土混合。钻头直径一般为 500mm，其形式应保证反转提升时，对桩中土体有压密作用，而不是使灰、土向地面翻升而降低桩体质量。粉体发送器是定时定量发送粉体材料的设备，粉体喷射以空气压缩机作为风源。

(2) 材料要求

粉体材料可用石灰或水泥。石灰应是细磨的，最大粒径不得大于2mm，以防搅拌过程中桩体内石灰聚集。石灰应尽量纯净无杂质。石灰中氧化钙和氧化镁的总和不得少于85%，其中氧化镁含量最好不低于80%。生石灰粉的流性指数不应低于70%。水泥灰粉不得结块，使用前应过筛。

(3) 构造要求

搅拌桩的排列，一般呈等边三角形布置，有时也可按正方形布置。搅拌桩根数、桩长、间距及加固范围应根据基础尺寸、软土层厚度要求的承载力大小由设计确定。一般情况下，桩体应伸至软土层底部。

(4) 施工工艺

① 施工前，应按照加固工程的地质条件，通过室内试验，找出最佳粉体掺入量；并根据施工时钻机的提升速度、转数、搅拌钻头的类型，选用合适的粉体发送量。

② 施工时，将钻机钻头对准桩位，搅拌轴保持垂直。

③ 启动搅拌钻机，钻头边旋转边钻进。钻进时应喷射压缩空气，可使钻进顺利，负载扭矩小，并防止喷射口堵塞。随着钻头钻进，准备加固的土体在原位受到搅动。

④ 当钻至设计标高后应停钻，然后启动搅拌机，钻头呈反向边旋转边提升，同时通过粉体发送器将加固粉体料喷入被搅动的土体中，使土体与粉体料进行充分拌和。提升速度应由加固体所需粉体料和发送器输出的粉体数量关系确定。

⑤ 当钻头提升至距离地面300～500mm时，发送器停止向孔内喷粉，以防粉粒溢出地面。钻头提升至地面，成桩结束。基础施工时，应挖去表土至桩顶。粉体喷射搅拌施工工艺见图5-10。

3. 质量检查

可采取将固结体挖出直接检查质量，或用钻机在固结体上垂直钻取芯样以检查加固体内部的均匀程度。对粉喷搅拌桩还可进行现场荷载试验，得出的桩体强度应满足设计要求。

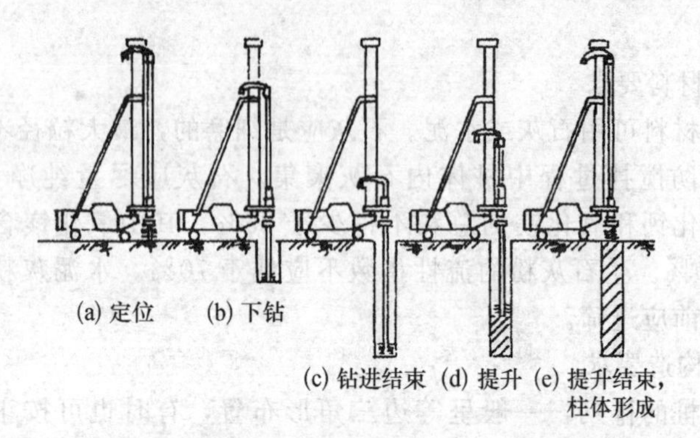

图 5-10 粉体喷射搅拌法施工工艺流程

第三节 浅 基 础

天然地基上的浅基础是指建造在未经人工处理过的地基上、埋深较浅的基础（一般埋深小于 4～5m）。它施工简单，不需要复杂的施工设备，因此可以缩短工期、降低工程造价。故在基础设计时，应首先考虑采用天然地基上的浅基础。

一、刚性基础

刚性基础是指用抗压强度较高的抗拉、抗弯强度较低的材料建造的基础。通常所用的材料有混凝土、毛石混凝土、砖、毛石、灰土和三合土等。一般可用五层及五层以下（三合土则适合于四层或四层以下）的民用建筑和墙承重的轻型厂房。

(1) 构造要求

如图 5-11 所示，刚性基础断面形式有矩形、阶梯形、锥形等。基础底面宽度应符合下式要求：

$$B \leqslant B_0 + 2H\tan\alpha \tag{5-2}$$

式中 B_0——基础顶面的砌体宽度，m；

H——基础高度，m；

$\tan\alpha$——基础台阶的宽高比，可按表 5-8 选用。

(2) 施工要点

① 混凝土基础。混凝土应分层进行浇捣，对阶梯形基础，每一

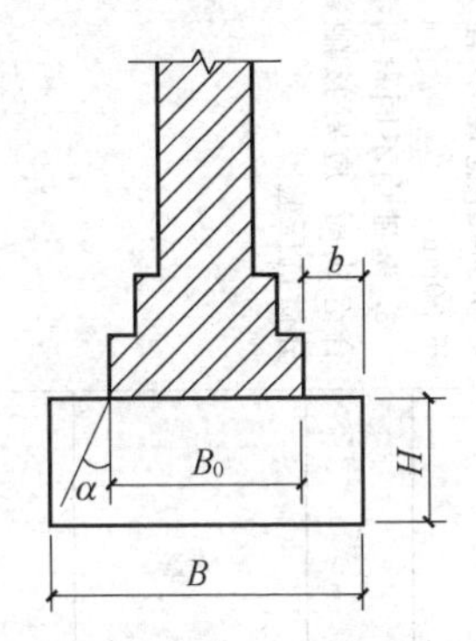

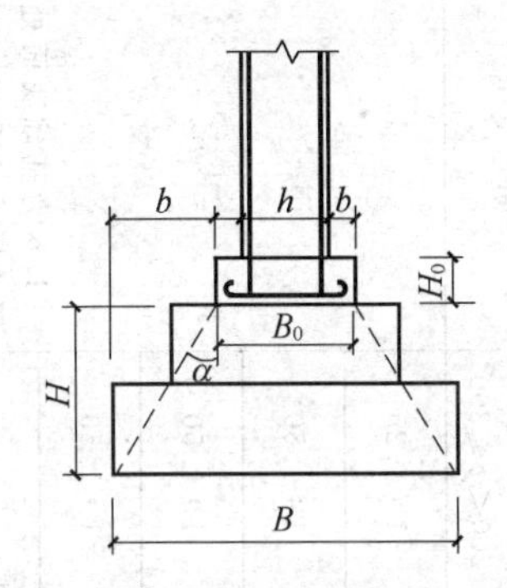

图 5-11　刚性基础构造示意图

阶高内应整分浅捣层；对锥形基础，其斜面部分的模板要逐步地随捣随安装，并需注意边角处混凝土的密实。单独基础应连续浇筑完毕。浇捣完毕，水泥终凝后，混凝土外露部分要加以覆盖和浇水养护。

② 毛石混凝土基础。所掺用的毛石数量不应超过基础体积的25%。毛石尺寸不得大于所浇筑部分的最小宽度的1/3，且不大于300mm。毛石的抗压极限强度不应低于300kg/cm²。施工时先铺一层100～150mm厚的混凝土打底，再铺毛石，每层厚200～250mm，最上层毛石的表面上，应有不小于100mm厚的保护层。

(3) 其他基础

砖基础同砌体工程，灰土、三合土同灰土垫层、三合土垫层。

二、杯形基础

杯形基础一般用于装配式钢筋混凝土柱下，所用材料为钢筋混凝土。如图5-12所示（见208页）。

1. 构造要求

① 柱的插入深度 H_1 一般可按表5-9选用，且应满足锚固长度的要求，一般为20倍的纵向受力筋的直径，同时考虑吊装时的稳定性要求，插入深度应大于0.05倍的柱长（吊装时的柱长）。

② 基础的杯底、杯壁厚度可根据表5-10选用。

③ 杯壁配筋可按表5-11及图5-13进行。

表 5-8 刚性基础台阶宽高比的容许值

基础名称	质量要求		台阶宽高比的容许值			备注
			$p \leqslant 100$	$100 < p \leqslant 200$	$200 < p \leqslant 300$	
混凝土基础	C10 号混凝土		1∶1.00	1∶1.00	1∶1.25	1. p 为基础底面处的平均压力(MPa) 2. 阶梯形毛石基础的每阶伸出宽度不宜大于 20cm 3. 基础由不同材料叠合组成时,应对接触部分做抗压验算
	C7.5 号混凝土		1∶1.00	1∶1.25	1∶1.50	
毛石混凝土基础	C7.5～C10 号混凝土		1∶1.00	1∶1.25	1∶1.50	
砖基础	砖不低于 MU7.5 号	M5 号砂浆	1∶1.50	1∶1.50	1∶1.50	
		M2.5 号砂浆	1∶1.50	1∶1.50		
毛石基础	M2.5～M5 号砂浆		1∶1.25	1∶1.50		
	M1 号砂浆		1∶1.50			
灰土地基	体积比为 3∶7 或 2∶8 的灰土,其干质量密度(g/cm^3):轻亚黏土 1.50;亚黏土 1.50;黏土 1.45		1∶1.25	1∶1.50		
三合土地基	体积比为:石灰∶砂∶骨料＝1∶2∶4～1∶3∶6,每层虚铺厚 220mm,夯至 150mm		1∶1.50	1∶1.20		

表 5-9　柱的插入深度

矩形或工字形柱				单肢管柱	双管柱	备　注
$h<500$	$500\leqslant h<800$	$800\leqslant h\leqslant 1000$	$h>1000$			
$H_1=(1\sim1.2)h$	$H_1=h$	$H_1=0.9h$ $\geqslant800$	$H_1=0.8h$ $\geqslant1000$	$H_1=1.5D$ $\geqslant500$	$H_1=(1/3\sim2/3)h$ $h_A=(1.5\sim1.8)h_B$	1. h 为截面长边尺寸；D 为柱的外直径；h_A 为双肢桩整个外截面长边尺寸；h_B 为双肢柱整个截面短边尺寸 2. 柱轴心受压或小偏心受压时，H_1 可适当减小，偏心距 $e_0>2h$（或 $e_0>2D$）时，H_1 应适当加大

表 5-10　基础的杯底厚度及杯壁厚度　mm

柱截面长边尺寸 h	杯底厚度 a_1	杯壁厚度 t	备　注
$h<500$	$\geqslant150$	150～200	1. 双肢柱的 a_1 值可适当加大 2. 当有基础梁时，基础梁下的杯壁厚度应满足其支承宽度的要求 3. 柱子插入杯口部分的表面应尽量凿毛，柱子与杯口之间的空隙应用细石混凝土（比基础混凝土标号高一级）充填密实，其强度达到基础设计标号的 70%以上时，方能进行上部吊装
$500\leqslant h<800$	$\geqslant200$	$\geqslant200$	
$800\leqslant h<1000$	$\geqslant200$	$\geqslant300$	
$1000\leqslant h<1500$	$\geqslant250$	$\geqslant350$	
$1500\leqslant h\leqslant2000$	$\geqslant300$	$\geqslant400$	

表 5-11　杯壁配筋　mm

轴心或小偏心受压 $0.5\leqslant t/h_1\leqslant0.65$			
柱截面长边尺寸	$h<1000$	$1000\leqslant h<1500$	$1500\leqslant h\leqslant2000$
钢筋网直径	8～10	10～12	12～16

2. 施工要点

① 杯口浇筑应注意杯口模板的位置，应从四周对称浇筑，以防杯口模板被挤向一侧。

② 基础施工时在杯口底应留出 50mm 的细石混凝土找平层。

③ 施工高杯口基础时，由于最上一级台阶较高，可采用后安装杯口模板的方法施工。

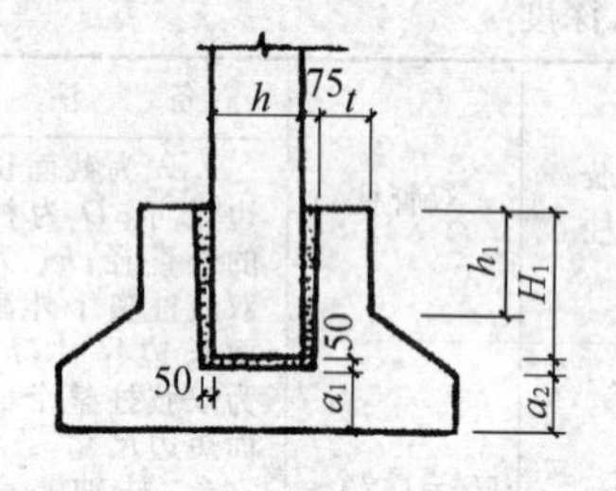

图 5-12 杯形基础构造示意图

$t \geqslant 200$（轻型柱可用 150）；

$a_1 \geqslant 200$（轻型柱可用 150）；$a_2 \geqslant a_1$

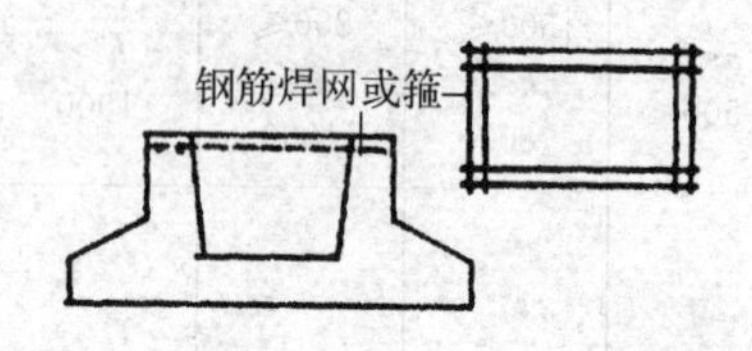

图 5-13 杯壁内配筋示意图

三、无筋倒圆台基础

无筋倒圆台基础是杯形基础的变形，如图 5-14 所示。

1. 构造要求

① 基底小圆的直径 d 宜等于或略大于杯口长边。

② 基底斜面倾角的大小，一般为 30°～45°，土质好倾角宜大些。

③ 基础外圆直径 D 不宜超过 3.5m，基础边缘的厚度 δ 不宜小于 50mm，基础厚不宜小于 500mm，杯底厚度 h' 不宜小于 300mm。

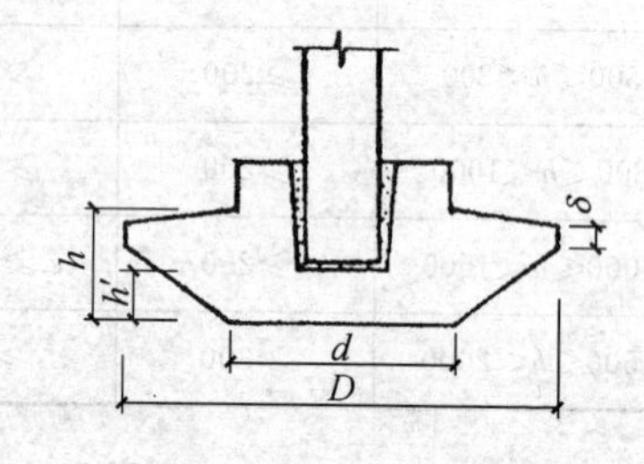

图 5-14 无筋倒圆台基础示意图

④ 基础混凝土标号不宜小于 C20。

⑤ 杯口要求做法与一般杯形基础相同。

2. 施工要点

① 挖土胎一般用二次放线三次挖土完成。即第一次放基础面大圆线，挖大圆面基坑后，第二次放基底小圆线，挖小圆基坑，然后挖大小圆间斜面基坑，土胎尺寸要求准确无误。

② 因土胎代模，要求确保基底尺寸，保护土胎不受扰动，不积水，挖好基坑后当天浇筑混凝土。

③ 杯口模板在浇混凝土时要压实，以防浮起。

④ 混凝土要分层浇筑，其要求与杯形基础相同。

四、筏形基础

筏形基础由钢筋混凝土底板、梁等整体组合而成，适用于有地下室或地基承载力较低的情况。如图5-15所示。

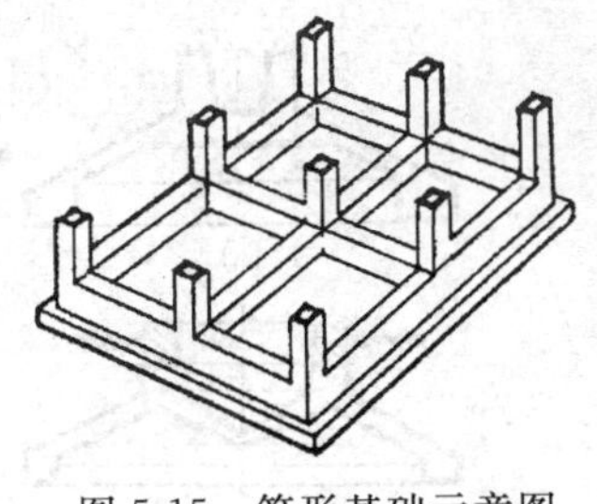

图 5-15　筏形基础示意图

1. 构造要求

① 一般宜设C10素混凝土垫层，每边伸出基础不少于100mm。

② 底板厚度不小于200mm。

③ 梁截面由计算确定，但高出底板的顶面不小于300mm，梁宽不得小于250mm。

2. 施工要点

① 如地下水位过高，应先采取措施降低地下水位。

② 筏形基础的施工，应根据不同情况确定施工方案。一般是先浇筑垫层，然后放轴线，定出梁、柱位置，再绑扎底板、梁的钢筋和柱子的锚固筋，浇筑底板混凝土，在底板上再支梁模板，继续浇筑梁上部分的混凝土。

③ 做好施工缝止水和沉降观测。

五、壳体基础

壳体基础可用于一般工业与民用建筑柱基（烟囱、水塔、料仓等）基础。它是利用壳体结构的稳定性将钢筋混凝土做成壳体，减小基础厚度加在基础底面，在提高承载力的同时，降低基础的造价。图5-16是几种典型的壳体形式。

1. 构造要求

① 壳面倾角。可根据表5-12和图5-16确定。组合壳体内外角度的匹配取为$\alpha_1 \approx \alpha - 10°$；$\varphi_1 \geqslant \alpha$。

② 壳壁厚度。一般可按表5-13选定，但不得小于80mm。壳壁与其他结构部分（杯壁、上环梁等）的结合部位应适当加厚，加厚的最大厚度不小于0.5倍的壳壁厚。

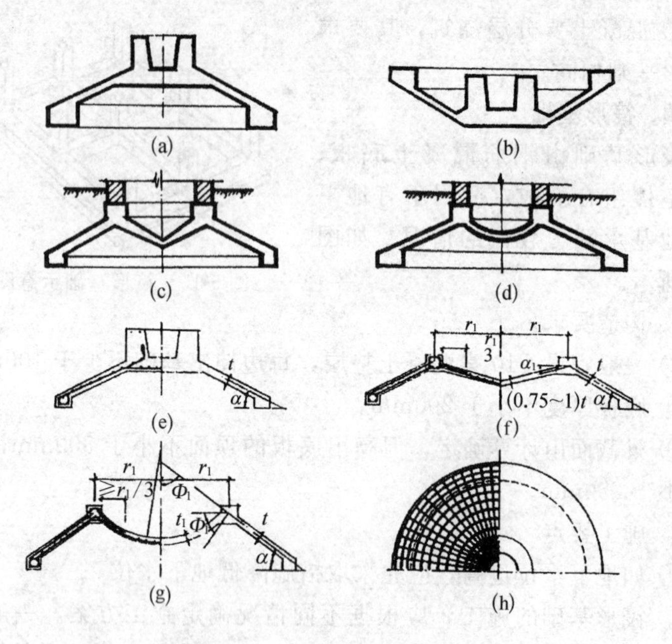

图 5-16　壳体基础构造示意图

表 5-12　壳面倾角

壳体类别	α	α_1	φ_1
正圆锥壳	30°～40°		
内倒锥壳		20°～30°	
内倒球壳			30°～40°

表 5-13　壳壁厚度

壳体形式	基底水平面的最大净反力/MPa			备注
	≤150	150～200	200～250	
正圆锥壳	(0.05～0.06)R	$\alpha\geqslant32°$时，(0.06～0.08)R		表中正圆锥壳壳壁厚度系按不允许出现裂缝要求确定的，不能满足规定时，应根据使用要求进行抗裂度或裂缝宽度验算。R 为基础水平投影面最大半径；t 为正圆锥壳的壳壁厚度；t_1 为内倒球壳壳厚度
内倒球壳	(0.03～0.05)r_1	(0.05～0.06)r_1	(0.06～0.07)r_1	
内倒锥壳	边缘最大厚度等于 $0.75t\sim t$，中间厚度不小于 0.5 倍的边缘厚度			

③ 边梁截面。如图5-17所示，应满足下列各式的要求。

$$h \geqslant t; b=(1.5 \sim 2.5)t \tag{5-3}$$

$$A_h \geqslant 1.3tI_b \tag{5-4}$$

④ 构造钢筋的配置。一般壳体基础构造钢筋如表5-14所列。在壳壁厚度大于150mm的部位和内倒锥（或内倒球）壳距边缘不小于$r_1/3$的范围内，均应配置双层构筋。内倒球壳边缘附近环向钢筋和底层径向钢筋应适当加强。

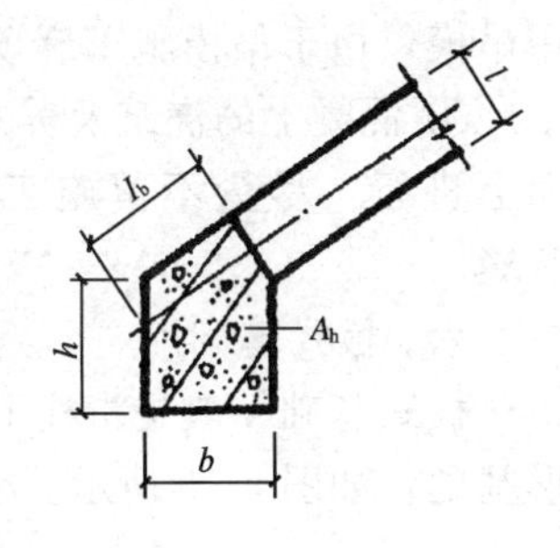

图5-17　边梁截面示意图

表5-14　壳体基础的构造钢筋

配筋部位		壳壁厚度/mm				备注
		<100	100～200	200～400	400～600	
正圆锥壳径向		ϕ6@200	ϕ8@250	ϕ10@250	ϕ12@300	1. 径向构造钢筋上端伸入杯壁或上环梁内，并满足锚固长度要求 2. 内倒锥壳构造筋按边缘最大厚度选用
内倒锥壳	径向		ϕ8@200	ϕ10@200	ϕ12@250	
	环向		ϕ8@200	ϕ10@200	ϕ12@250	
内倒球壳	径向		ϕ8@200	ϕ10@200		
	环向		ϕ8@200	ϕ10@200		

⑤ 对钢筋和混凝土的要求。混凝土标号不宜低于C20，作为建筑物基础时不宜低于C30。钢筋宜采用Ⅰ、Ⅱ级钢筋，钢筋保护层不小于30mm。

2. 施工要点

① 壳体基础是空间结构，以薄壁、曲面的高强材料取得较大的刚度和强度，因此对施工质量更应严格要求。同时要注意结构几何尺寸的准确，加强放线的校核工作，且要保证混凝土振捣密实。

② 土胎开挖施工，第一次挖平壳体顶部标高或倒壳上部边梁标高部分的土体；第二次放出壳顶及底部尺寸，然后进行开挖。施工偏差不宜超过10～15mm。挖土后应尽快抹10～20mm厚的水泥砂浆垫层（较大工程可采用50～80mm厚的细石混凝土垫层）。

③ 绑扎钢筋与支模，钢筋绑扎做木胎模，预制成罩形网以便运

往现场安装；对于大型壳体，应在现场绑扎。对于倒壳的施工经常须用吊模，由于吊模施工麻烦，可采用二次浇筑的方法避免吊模。

④ 混凝土的浇筑及养护，混凝土的浇筑应按水平层次顺序自下而上进行，尽量不留施工缝，同时加强浇筑后的养护，减少收缩裂缝。

六、板式基础

板式基础一般是指柱下钢筋混凝土单独基础和墙下钢筋混凝土条形基础，如图 5-18 所示。

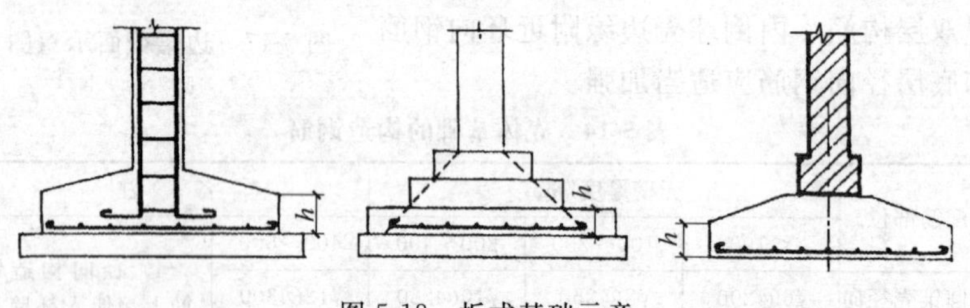

图 5-18 板式基础示意

1. 构造要求

① 锥形基础边缘高度 h 一般不小于 20cm；阶梯形基础的每阶高度 h_1 一般为 30～50cm。

② 垫层厚度一般为 10cm。

③ 底板受力钢筋的最小直径不宜小于 8mm，间距不宜大于 200mm。当有垫层时钢筋保护层的厚度不宜小于 35mm，无垫层时不宜小于 70mm。插筋的数目及直径应与柱内纵向受力钢筋相同。

④ 混凝土标号不低于 C15。

2. 施工要点

① 垫层混凝土宜用表面振捣器进行振捣，要求垫层表面平整，垫层干硬后弹线，铺放钢筋网，垫钢筋网的水泥块厚度应等于混凝土保护层的厚度。

② 基础混凝土应分层浇捣。对于阶梯形基础，每一台阶高度内应整分浇捣层，在浇捣上台阶时，要注意防止下台阶表面混凝土溢起，每一台阶表面应基本抹平。对于锥形基础，应注意锥体斜面坡度的正确，斜面部分的模板应随混凝土浇捣分段支设，模板切勿上浮，

边角处的混凝土必须捣实。基础上有插筋时，要保证插筋位置正确，不要因浇捣混凝土而位移。

第四节　桩　基　础

一、静力压桩

静力压桩的方法有锚杆静压、液压千斤顶加压、绳索系统加压等，凡非冲击力沉桩均为静力压桩。适用于软弱土层。

1. 静力压桩施工

压桩机应根据土质情况配足额定重量。

桩顶、桩身和送桩的中心线应重合。

施工前，应对成品桩进行外观及强度检验，接桩用焊条或半成品硫黄胶泥应有产品合格证书，硫黄胶泥半成品应每100kg做一组试件（3件）。压桩用压力表、锚杆规格及质量也应进行检查。

压桩过程中应检查压力、桩垂直度、接桩间歇时间、桩的连接质量及压入深度。重要工程应对电焊接桩的接头做10%的探伤检查。

检查压力目的在于检查压桩是否正常。

接桩间歇时间对硫黄胶泥必须控制，间歇时间过短，硫黄胶泥强度未达到，容易被压坏，接头处有薄弱部位，甚至断桩。浇注硫黄胶泥时间必须快，慢了硫黄胶泥在容器内结硬，浇注入连接孔内不易均匀流滴，质量不易保证。

压入桩（预制混凝土方桩、先张法预应力管桩、钢桩）的桩位偏差，必须符合表5-15的规定。斜桩倾斜度的偏差不得大于倾斜角正切值的15%（倾斜角是指桩的纵向中心线与垂直线间的夹角）。

2. 静力压桩质量检验标准

静力压桩质量检验标准应符合表5-16的规定。

桩体质量检验数量不应少于总数的20%，且不应少于10根。对混凝土预制桩检验数量不应少于总桩数的10%，且不得少于10根。每个柱子承台下不得少于1根。

承载力检验数量为总桩数的1%，且不应少于3根，当总桩数少于50根时，不应少于2根。

表 5-15　预制桩（钢桩）桩位的允许偏差　　mm

项	项　目	允许偏差
1	盖有基础梁的桩： (1) 垂直基础梁的中心线 (2) 沿基础梁的中心线	 100＋0.01H 150＋0.01H
2	桩数为 1～3 根桩基中的桩	100
3	桩数为 4～16 根桩基中的桩	1/2 桩径或边长
4	桩数大于 16 根桩基中的桩： (1) 最外边的桩 (2) 中间桩	 1/3 桩径或边长 1/2 桩径或边长

注：H 为施工现场地面标高与桩顶设计标高的距离。

表 5-16　静力压桩质量检验标准

项	序	检查项目	允许偏差或允许值		检查方法
			单位	数值	
主控项目	1	桩体质量检验	按基桩检测技术规范		按基桩检测技术规范
主控项目	2	桩位偏差	见表 5-15		用钢尺量
主控项目	3	承载力	按基桩检验技术规范		按基桩检测技术规范
一般项目	1	成品桩质量：外观	表面平整，颜色均匀，掉角深度＜10mm，蜂窝面积小于总面积 0.5％		直观
一般项目	1	外形尺寸	见表 5-19		见表 5-19
一般项目	1	强度	满足设计要求		查产品合格证书或钻芯试压
一般项目	2	硫黄胶泥质量(半成品)	设计要求		查产品合格证书或抽样送检
一般项目	3	接桩　电焊接桩：焊缝质量	见表 5-21		见表 5-21
一般项目	3	接桩　电焊结束后停歇时间	min	＞1.0	秒表测定
一般项目	3	接桩　硫黄胶泥接桩：胶泥浇注时间	min	＜2	秒表测定
一般项目	3	接桩　浇注后停歇时间	min	＞7	秒表测定
一般项目	4	电焊条质量	设计要求		查产品合格证书
一般项目	5	压桩压力(设计有要求时)	%	±5	查压力表示数
一般项目	6	接桩时上下节平面偏差	mm	＜10	用钢尺量
一般项目	6	接桩时节点弯曲矢高	mm	＜1/1000l	用钢尺量，l 为两节桩长
一般项目	7	桩顶标高	mm	±50	水准仪

其他主控项目应全部检查，对一般项目可按总桩数的20%抽查。

二、先张法预应力管桩

1. 先张法预应力管桩施工

施工前应检查进入现场的成品桩，接桩用电焊条等质量。

根据地质条件、桩型、桩的规格选用合适的桩锤。

桩打入时应符合以下规定。

① 桩帽或送桩帽与桩周围的间隙应为5～10mm。

② 锤与桩帽、桩帽与桩之间应加弹性衬垫。

③ 桩锤、桩帽或送桩应与桩身在同一中心线上。

④ 桩插入时的垂直度偏差不得超过0.5%。

打桩顺序应按下列规定执行。

① 对于密集的桩群，自中间向两个方向或向四周对称施打。

② 当一侧毗邻建筑物时，由毗邻建筑物处向另一方向施打。

③ 根据桩底标高，宜先深后浅。

④ 根据桩的规格，宜先大后小，先长后短。

桩停止锤击的控制原则如下。

① 桩端（指桩的全断面），位于一般土层时，以控制桩端设计标高为主，贯入度可作参考。

② 桩端达到坚硬、硬塑的黏性土、中密以上粉土、砂土、碎石类土、风化岩时，以贯入度控制为主，桩端标高可作参考。

③ 贯入度已达到而桩端标高未达到时，应继续锤击3阵，按每阵10击的贯入度不大于设计规定的数值加以确认。

施工过程中应检查桩的贯入情况、桩顶完整状况、电焊接桩质量、桩体垂直度、电焊后的停歇时间。重要工程应对电焊接头做10%的焊缝探伤检查。

2. 先张法预应力管桩质量检验标准

先张法预应力管桩质量检验标准应符合表5-17的规定。

桩体质量检验数量不应少于总桩数的20%，且不应少于10根，每个柱子承台下不得少于1根。

承载力检验数量不应少于总桩数的1%，且不应少于3根，总桩数少于50根时，不应少于2根。

表 5-17 先张法预应力管桩质量检验标准

项	序	检查项目	允许偏差或允许值		检查方法
			单位	数值	
主控项目	1	桩体质量检验	按基桩检测技术规范		按基桩检测技术规范
	2	桩位偏差	见表 5-15		用钢尺量
	3	承载力	按基桩检测技术规范		按基桩检测技术规范
一般项目	1	成品桩质量：外观	无蜂窝、露筋、裂缝、色感均匀、桩顶处无孔隙		直观
		桩径	mm	±5	用钢尺量
		管壁厚度	mm	±5	用钢尺量
		桩尖中心线	mm	<2	用钢尺量
		顶面平整度	mm	10	用水平尺量
		桩体弯曲		<1/1000l	用钢尺量，l为桩长
	2	接桩：焊缝质量	见表 5-21		见表 5-21
		电焊结束后停歇时间	min	>1.0	秒表测定
		上下节平面偏差	min	<10	用钢尺量
		节点弯曲矢高		<1/1000l	用钢尺量，l为两节桩长
	3	停锤标准	设计要求		现场实测或查沉桩记录
	4	桩顶标高	mm	±50	水准仪

其他主控项目应全部抽查，对一般项目可按总桩数 20％抽查。

三、混凝土预制桩

1. 混凝土预制桩施工

混凝土桩在现场预制时，应对原材料、钢筋骨架、混凝土强度进行检查。采用工厂生产的成品桩时，桩进场后应进行外观检查及尺寸检查。

预制桩钢筋骨架质量检验标准应符合表 5-18 的规定。

桩锤的选用应根据地质条件、桩型、桩的密集程度、单桩承载力及施工条件等决定。

混凝土预制桩打入时间规定、打桩顺序及桩停止锤击的控制原则同先张法预应力管桩。

表 5-18　预制桩钢筋骨架质量检验标准　mm

项	序	检查项目	允许偏差或允许值	检查方法
主控项目	1	主筋距桩顶距离	±5	用钢尺量
	2	多节桩锚固钢筋位置	5	用钢尺量
	3	多节桩预埋铁件	±3	用钢尺量
	4	主筋保护层厚度	±5	用钢尺量
一般项目	1	主筋间距	±5	用钢尺量
	2	桩尖中心线	10	用钢尺量
	3	箍筋间距	±20	用钢尺量
	4	桩顶钢筋网片	±10	用钢尺量
	5	多节桩锚固钢筋长度	±10	用钢尺量

施工过程中应对桩体垂直度、沉桩情况、桩顶完整状况、接桩质量等进行检查。对电焊接桩，重要工程应做10%的焊缝探伤检查。

对长桩或总锤击数超过500击的桩，应符合桩体强度及28d龄期的两项条件才能锤击。

2. 混凝土预制桩质量检验标准

混凝土预制桩的质量检验标准应符合表5-19的规定。

桩体质量检验数量不应少于总桩数的10%，且不得少于10根。每个柱子承台下不得少于1根。

承载力检验数量不应少于总桩数的1%，且不应少于3根，当总桩数少于50根时，不应少于2根。

其他主控项目应全部检查，一般项目按总桩数20%抽查。

四、钢桩

1. 钢桩施工

施工前应检查进入现场的成品钢桩。成品钢桩的质量检验标准应符合表5-20的规定。

钢桩的沉桩同先张法预应力管桩。

H形钢桩断面刚度较小，锤重不宜大于4.5t级（柴油锤），且在锤击过程中桩架前应有横向约束装置，防止横向失稳。

表 5-19 混凝土预制桩的质量检验标准

项	序	检查项目	允许偏差或允许值		检查方法
			单位	数值	
主控项目	1	桩体质量检验	按基桩检测技术规范		按基桩检测技术规范
	2	桩位偏差	见表 5-15		用钢尺量
	3	承载力	按基桩检测技术规范		按基桩检测技术规范
一般项目	1	砂、石、水泥、钢材等原材料（现场预制时）	符合设计要求		查出厂质保文件或抽样送检
	2	混凝土配合比及强度（现场预制时）	符合设计要求		检查称量及查试块记录
	3	成品桩外形	表面平整，颜色均匀，掉角深度＜10mm，蜂窝面积小于总面积 0.5%		直观
	4	成品桩裂缝（收缩裂缝或起吊、装运、堆放引起的裂缝）	深度＜20mm，宽度＜0.25mm，横向裂缝不超过边长的一半		裂缝测定仪，该项在地下水有浸蚀地区及锤击数超过 500 击的长桩不适用
	5	成品桩尺寸：横截面边长 桩顶对角线差 桩尖中心线 桩身弯曲矢高 桩顶平整度	mm mm mm mm	±5 ＜10 ＜10 ＜1/1000l ＜2	用钢尺量 用钢尺量 用钢尺量 用钢尺量，l 为桩长 用水平尺量
	6	电焊接桩：焊缝质量	见表 5-21		见表 5-21
		电焊结束后停歇时间 上下节平面偏差 节点弯曲矢高	min mm 	＞1.0 ＜10 ＜1/1000l	秒表测定 用钢尺量 用钢尺量，l 为两节桩长
	7	硫黄胶泥接桩：胶泥浇注时间	min	＜2	秒表测定
		浇注后停歇时间	min	＞7	秒表测定
	8	桩顶标高	mm	±50	水准仪
	9	停锤标准	符合设计要求		现场实测或查沉桩记录

表 5-20　成品钢桩质量检验标准

项	序	检查项目	允许偏差或允许值		检查方法
			单位	数值	
主控项目	1	钢桩外径或断面尺寸：桩端 桩身		±0.15%D ±1%D	用钢尺量，D 为外径或边长
	2	矢高		<1/1000l	用钢尺量，l 为桩长
一般项目	1	长度	mm	+10	用钢尺量
	2	端部平整度	mm	≤2	用水平尺量
	3	H 形钢桩的方正度 $h>300$ $h<300$	mm mm	$T+T'\leqslant 8$ $T+T'\leqslant 6$	用钢尺量，h、T、T' 见图示
	4	端部平面与桩中心线的倾斜值	mm	≤2	用水平尺量

表 5-21　钢桩施工质量检验标准

项	序	检查项目	允许偏差或允许值		检查方法
			单位	数值	
主控项目	1	桩位偏差	见表 5-15		用钢尺量
	2	承载力	按基桩检测技术规范		按基桩检测技术规范
一般项目	1	电焊接桩焊缝： (1) 上下节端部错口 (外径≥700mm) (外径<700mm) (2) 焊缝咬边深度 (3) 焊缝加强层高度 (4) 焊缝加强层宽度	 mm mm mm mm mm	 ≤3 ≤2 ≤0.5 2 2	 用钢尺量 用钢尺量 焊缝检查仪 焊缝检查仪 焊缝检查仪
		(5) 焊缝电焊质量外观	无气孔，无焊瘤，无裂缝		直观
		(6) 焊缝探伤检验	满足设计要求		按设计要求
	2	电焊结束后停歇时间	min	>1.0	秒表测定
	3	节点弯曲矢高		<1/1000l	用钢尺量，l 为两节桩长
	4	桩顶标高	mm	±50	水准仪
	5	停锤标准	满足设计要求		用钢尺量或沉桩记录

钢管桩如锤击沉桩有困难，可在管内取土以助沉。

持力层较硬时，H形钢桩不宜送桩。

施工过程中应检查钢桩的垂直度、沉入过程、电焊连接质量、电焊后的停歇时间、桩顶锤击后的完整状况。电焊质量除常规检查外，应做10%的焊缝探伤检查。

2. 钢桩施工质量检验标准

钢桩施工质量检验标准应符合表5-21的规定。

承载力检验数量不应少于总桩数的1%，且不应少于3根，当总桩数少于50根时，不应少于2根。

其他主控项目应全部检查，一般项目可按总桩数20%抽查。

五、混凝土灌注桩

1. 混凝土灌注桩施工

施工前应对混凝土组成材料、钢筋等进行检查。钢筋笼的质量检验标准应符合表5-22的规定。

表5-22 混凝土灌注桩钢筋笼质量检验标准 mm

项	序	检查项目	允许偏差或允许值	检查方法
主控项目	1	主筋间距	±10	用钢尺量
	2	长度	±100	用钢尺量
一般项目	1	钢筋材质检验	设计要求	抽样送检
	2	箍筋间距	±20	用钢尺量
	3	直径	±10	用钢尺量

混凝土灌注桩按其成孔方法不同，分有泥浆护壁钻孔灌注桩、套管成孔灌注桩、干作业成孔灌注桩、人工挖孔灌注桩。

混凝土灌注桩的桩位偏差必须符合表5-23的规定。桩顶标高至少要比设计标高高出0.5m。

每浇注50m^{3}混凝土必须有1组试件，小于50m^{3}的桩，每根桩必须有1组试件。

施工过程中应对成孔、清渣、放置钢筋笼、灌注混凝土等进行全过程检查，人工挖孔桩尚应复验孔底持力层土（岩）性。

2. 混凝土灌注桩质量检验标准

表 5-23　灌注桩的平面位置和垂直度的允许偏差

序号	成孔方法		桩径允许偏差/mm	垂直度允许偏差/%	桩位允许偏差/mm	
					1～3 根、单排桩基垂直于中心线方向和群桩基础的边桩	条形桩基沿中心线方向和群桩基础的中间桩
1	泥浆护壁钻孔桩	D≤1000mm	±50	<1	D/6，且不大于 100	D/4，且不大于 150
		D>1000mm	±50		100+0.01H	150+0.01H
2	套管成孔灌柱桩	D≤500mm	−20	<1	70	150
		D>500mm			100	150
3	干成孔灌注桩		−20	<1	70	150
4	人工挖孔桩	混凝土护壁	+50	<0.5	50	150
		钢套管护壁	+50	<1	100	200

注：1. 桩径允许偏差的负值是指个别断面。
2. 采用复打、反插法施工的桩，其桩径允许偏差不受上表限制。
3. H 为施工现场地面标高与桩顶设计标高的距离，D 为设计桩径。

混凝土灌注桩质量检验标准应符合表 5-24 的规定。

表 5-24　混凝土灌注桩质量检验标准

项	序	检查项目	允许偏差或允许值		检查方法
			单位	数值	
主控项目	1	桩位	见表 5-23		基坑开挖前量护筒，开挖后量桩中心
	2	孔深	mm	+300	只深不浅，用重锤测，或测钻杆、套管长度，嵌岩桩应确保进入设计要求的嵌岩深度
	3	桩体质量检验	按基桩检测技术规范。如钻芯取样，大直径嵌岩桩应钻至桩尖下 50cm		按基桩检测技术规范
	4	混凝土强度	设计要求		试件报告或钻芯取样送检
	5	承载力	按基桩检测技术规范		按基桩检测技术规范

续表

项	序	检查项目	允许偏差或允许值		检查方法
			单位	数值	
一般项目	1	垂直度	见表 5-23		测套管或钻杆，或用超声波探测，干施工时吊垂球
	2	桩径	见表 5-23		井径仪或超声波检测，干施工时用钢尺量，人工挖孔桩不包括内衬厚度
	3	泥浆比重(黏土或砂性土中)	1.15～1.20		用比重计测，清孔后在距孔底 50cm 处取样
	4	泥浆面标高(高于地下水位)	m	0.5～1.0	目测
	5	沉渣厚度：端承桩 摩擦桩	mm mm	≤50 ≤150	用沉渣仪或重锤测量
	6	混凝土坍落度：水下灌注 干施工	mm mm	160～220 70～100	坍落度仪
	7	钢筋笼安装深度	mm	±100	用钢尺量
	8	混凝土充盈系数	>1		检查每根桩的实际灌注量
	9	桩顶标高	mm	+30 −50	水准仪，需扣除桩顶浮浆层及劣质桩体

桩体质量检验数量不应少于总桩数的 20%，且不应少于 10 根，对成桩质量较低的灌注桩，检验数量不应少于总桩数的 30%，且不应少于 20 根。每个柱子承台下不得少于 1 根。

承载力检验数量不应少于总桩数的 1%，且不应少于 3 根。当总桩数少于 50 根时，不应少于 2 根。成桩质量较低的灌注桩应采用静载荷试验的方法进行检验。

其他主控项目及一般项目应全部检查。

第五节　沉　井

一、沉井类型

建筑工程中常用的沉井类型有圆形、方形、矩形和日字形等。

二、沉井的制作

1. 刃脚施工

刃脚下应造脚模或用垫木，可按地基土承载力和沉井重量加施工荷载经计算确定。小沉井可用砂石作垫层或在地基中挖成深1m左右的刃脚形槽坑，用砖砌成模，内壁用1∶3水泥砂浆抹平；较重大的沉井在软土地基上常用垫木，垫木的数量按垫木底面的压力不大于$1kg/cm^2$计算。

2. 井壁施工

① 除高度不大的沉井外，一般井壁应分节制作。

② 用砂石垫层或砖模的沉井，第一节混凝土的灌注高度宜为1.5～2m，一次连续灌完，并在其达到设计强度的70%以后，才可灌注第二节混凝土。

③ 灌注混凝土时应沿着井壁四周对称进行，避免混凝土面高低相差悬殊，压力不均而产生基底不均匀沉陷。

3. 质量要求

沉井外壁应平滑，砖石砌筑的外表可抹一层水泥砂浆。尺寸允许偏差见表5-25。

表5-25　沉井制作尺寸允许偏差

偏差名称		允许偏差/mm
断面尺寸	长、宽	±50
	曲线部分的半径	±25
	两对角线的差异	±75
井壁厚度	钢筋混凝土、混凝土、毛石混凝土、砌砖	±15
	砌石	±30

三、沉井下沉

1. 一次下沉或分节下沉

沉井深度不大时，可采用一次下沉，以简化施工程序，缩短工期。如沉井重量大、重心高，下沉前容易引起倾斜，必须根据地基承载力进行详细验算。其最大灌注高度不宜大于12cm；分节下沉，每节的制作高度的确定，应保证沉井的稳定性，并应有一定的重量使其顺利下沉，第一节混凝土或砌体砂浆达到其设计强度的100%以后，其余各节达到70%以后才可入土下沉。

2. 验算沉降系数

沉井的下沉主要靠自重来克服土对沉井外壁的摩擦阻力，不排水下沉时，沉井自重的计算应扣除水的浮力。

$$沉降系数\ K=\frac{沉井重量}{摩擦阻力+支承反力}\geqslant 1.15 \tag{5-5}$$

土对沉井外壁的摩擦阻力可由试验资料确定，无试验资料时，参考表5-26，沉井在分节制作分节下沉时，其沉降系数因各层土质不同而不同，故验算就分层进行。

表5-26　沉井外壁摩擦阻力

土的名称	摩擦阻力/(t/m²)	土的名称	摩擦阻力/(t/m²)	备　注
黏性土	2.5～5.0	砂砾石	1.5～2.0	1. 在砾石或卵石层中不宜用泥浆润滑套 2. 本表适用于30m以内的浅沉井
砂类土	1.2～2.5	软土	1.0～1.2	
砂卵石	1.8～3.0	泥浆套	0.3～0.5	

3. 挖土下沉

(1) 撤除垫木

撤除时，应将垫木分组、编号对称地进行；先撤除内壁下部的垫木，其次对于矩形沉井，应先撤除短边下的垫木，最后撤除定位垫木。撤除垫木时，刃脚处应回填砂类卵石，随撤随填，夯打密实。

(2) 机械挖土

① 抓斗挖土。单孔的沉井，抓斗挖掘井底中央部分的土，形成锅底，在砂或砾石类土中，当锅底比刃脚低1～1.5m时，沉井即可靠自重下沉；在黏质土或紧密土中，应配以射水管松土。沉井有多个井孔时，每个井孔应配一个挖斗，做到均匀下沉，各井孔内土面高差不宜大于0.5m。

② 水力冲土。用高压水枪将泥土冲挖，流入预先设置的泥浆坑，由水力吸泥机将泥浆吸到弃土处。进入泥浆坑的泥浆量和渗入的水量，应与水力吸泥机的泥浆量保持平衡。冲挖黏性土时，宜使喷嘴接近90°的角度冲刷立面，将立面底部冲成缺口，冲土应从泥浆坑向周

表 5-27　使用泥浆机除土时各种土的适宜泥浆稠度

土的名称	天然状态土的容重/(kg/m³)	土粒密度	泥浆中水量相当于土体积的倍数	按体积计的泥浆稠度 C_V	按重量计的泥浆稠度 C_W	泥浆密度
松散细砂	1.250	2.6	4～6	10.7～7.4	23.8～17.2	1.17～1.12
松散中砂	1.350	2.6	6～7	8.0～6.9	18.4～16.2	1.13～1.11
密实细砂	1.450	2.6	7～8	7.4～6.5	17.2～15.3	1.12～1.10
密实中砂	1.550	2.6	8～9	7.0～6.3	16.2～14.7	1.11～1.10
紧密粗砂	1.650	2.6	10～12	6.0～5.0	14.2～12.1	1.10～1.08
松软黏土和砂黏土	1.700	2.2	4～8	16.1～8.8	30.0～17.6	1.19～1.11
中密黏土和砂黏土	1.750	2.3	8～10	8.7～7.1	18.0～15.0	1.10～1.09
密实黏土和砂黏土	1.800	2.4	4.5～8	14.3～8.6	28.6～18.3	1.20～1.12
坚硬黏土	1.900	2.6	8～12	8.3～5.7	19.2～13.7	1.14～1.09
坚隔土（含砾石）	1.500	2.7	15～18	3.6～3.0	9.1～7.7	—
中密实的砾石	1.700	2.7	18～20	3.4～3.0	8.6～7.8	—
密实大块砾石	1.900	2.7	20～25	3.4～2.7	8.6～7.0	—
胶结的砾石	2.200	2.7	25～30	3.2～2.6	8.0～7.0	—
黑钙土	1.200	1.8	3～6	18.2～10.1	28.6～16.7	1.15～1.08
紧密的植物质土	1.600	2.0	3～6	21.1～11.8	34.8～21.0	1.21～1.12
软石	2.400	2.6	30～40	3.0～2.2	7.4～5.6	—
备注	C_V 为干泥的体积占泥浆体积的百分比；C_W 为干泥的重量占泥浆重量的百分比					

围刃角进行，并沿刃角留出护道对称分层冲挖。

水力冲填的主要设备包括吸泥器、吸泥管、扬泥管和高压水管。吸入泥浆所需的高压水流量约与泥浆量相等，吸入的泥浆和高压水混合以后的稀释泥浆，在管内的流速不应超过 2～3m/s，喷嘴处的高压水流速为 30～50m/s。各种土成为泥浆吸入时的合适稠度见表 5-27。

4．沉井施工质量标准

下沉完毕的沉井，其允许偏差应符合表 5-28 标准。

表 5-28　沉井下沉允许偏差

<table>
<tr><th>项次</th><th colspan="2">项目</th><th>允许偏差/mm</th><th>备　注</th></tr>
<tr><td>1</td><td colspan="2">刃脚平均标高</td><td>±100</td><td rowspan="5">H 为下沉总深度；L 为最高与最低两角间的距离</td></tr>
<tr><td>2</td><td>底面中心</td><td>$H>10m$</td><td>$H/100$</td></tr>
<tr><td>3</td><td>位置偏移</td><td>$H\leqslant10m$</td><td>100</td></tr>
<tr><td>4</td><td>刃脚底面</td><td>$L>10m$</td><td>$L/100$ 且不大于 300</td></tr>
<tr><td>5</td><td>高差</td><td>$L\leqslant10m$</td><td>100</td></tr>
</table>

5．沉井的封底

(1) 沉井干封底

当沉井基底土在全部挖至设计标高，检查符合下沉稳定后，将井内积水排干，清除浮土杂物，先将新老混凝土表面打毛刷净，再灌筑封底混凝土。在软土中封底时宜分格分段对称进行，防止沉井不均匀下沉。为保证底板不受破坏，在封底混凝土未达到设计强度前，应从井内底板以下集水坑中不间断抽水。

(2) 沉井水下封底

应尽可能将井底浮泥清除干净，并铺碎石垫层，新老混凝土接触面应冲刷干净。灌筑水下混凝土应沿沉井全部面积不间断地进行，至少养护 7～10d。当水下封底混凝土达到设计强度后，方可从井内抽水。

第六章　砌体工程

第一节　砌筑砂浆

砌筑砂浆是用于砌筑砖、石、砌块等砌体的一种砂浆，按胶凝材料分为水泥砂浆、水泥混合砂浆、石灰砂浆。

一、砌筑砂浆的原材料要求

1. 水泥

水泥应按品种、标号、出厂日期分别堆放，并保持干燥。如遇水泥标号不明或出厂日期超过 3 个月等情况时，应经过试验鉴定，并根据鉴定结果使用。不同品种的水泥，不得混合使用。

2. 砂

砂浆用砂宜采用中砂，并应过筛，不得含有草根等杂物。

水泥砂浆和强度等级等于或大于 M5 的水泥混合砂浆，砂的含泥量不应超过 5%；强度等级小于 M5 的水泥混合砂浆，砂的含泥量不应超过 10%；采用细砂的地区，砂的含泥量可经试验后酌情放大。

3. 石灰

(1) 建筑生石灰

建筑生石灰是以碳酸钙为主要成分的原料，在低于烧结温度下经煅烧而成。分为优等品、一等品、合格品。其技术指标应符合表 6-1 的规定。

表 6-1　建筑生石灰的技术指标

项　目	钙质生石灰			镁质生石灰		
	优等品	一等品	合格品	优等品	一等品	合格品
CaO+MgO 含量(不小于)	90	85	80	85	80	75
未消化残渣含量(5mm 圆孔筛余)/%,(不大于)	5	10	15	5	10	15
CO_2/%,(不大于)	5	7	9	6	8	10
产浆量/(L/kg),(不小于)	2.8	2.3	2.0	2.8	2.3	2.0

(2) 建筑生石灰粉

建筑生石灰粉是以建筑生石灰为原料，经研磨所制得，其技术指标应符合表 6-2 的规定。

表 6-2 建筑生石灰粉技术指标

项目		钙质生石灰粉			镁质生石灰粉		
		优等品	一等品	合格品	优等品	一等品	合格品
CaO＋MgO 含量/%,(不小于)		85	80	75	80	75	70
CO_2 含量/%,(不大于)		7	9	11	8	10	12
细度	0.90mm 筛筛余/%,(不大于)	0.2	0.5	1.5	0.2	0.5	1.5
	0.125mm 筛筛余/%,(不大于)	7.0	12.0	18.0	7.0	12.0	18.0

4. 石灰膏

生石灰熟化成石灰膏时，应用网过滤，并使其充分熟化，熟化时间不得少于 7 天，生石灰粉熟化时，熟化时间不得少于 1 天。沉淀池中贮存的石灰膏，应防止干燥、冻结和污染。严禁使用脱水硬化的石灰膏。

5. 粉煤灰

粉煤灰是从煤粉炉烟道中收集的粉末，作为砂浆掺和料的粉煤灰成品应满足表 6-3 中Ⅲ级的要求。

表 6-3 粉煤灰技术指标

序号	指标	级别		
		Ⅰ	Ⅱ	Ⅲ
1	细度(0.045mm 方孔筛筛余)/%,不大于	12	20	45
2	需水量比/%,不大于	95	105	115
3	烧失量/%,不大于	5	8	15
4	含水量/%,不大于	1	1	不规定
5	三氧化硫/%,不大于	3	3	3

6. 有机塑化剂

砂浆中掺入的有机塑化剂，应符合相应的产品标准和说明书的要求。当对其质量不能确定时，应通过试验鉴定后，方可使用。水泥石灰砂浆中掺入有机塑化剂时，石灰用量最多减少一半；水泥砂浆中掺入有机塑化剂时，砌体抗压强度较水泥混合砂浆砌体降低 10%。水泥黏土砂浆中，不得掺入有机塑化剂。

7. 水

拌制砂浆应采用不含有害物质的洁净水，其水质标准可参照混凝土拌和用水的标准。

8. 外加剂

外加剂须根据砂浆的性能要求、施工及气候条件，结合砂浆中的材料及配合比等因素，经试验后确定外加剂的品种和用量。

二、砌筑砂浆的强度

1. 砂浆的强度等级

砂浆的强度等级是在标准养护条件下，28 天龄期的试块抗压强度，分 M15、M10、M7.5、M5、M2.5、M1、M0.4 七个等级。

2. 试块取样

施工中进行砂浆试验取样时，应在搅拌机出料口、砂浆运送车或砂浆槽中至少从 3 个不同部位随机集取。

每一楼层或 250m^3 砌体中的各种强度等级的砂浆每台搅拌机应至少检查一次，每次至少应制作一组试块（每组 6 块）。如砂浆强度等级或配合比变更时，还应制作试块。基础砌体可按一个楼层计。

3. 强度要求

① 同品种、同强度等级砂浆各组试块的平均强度不小于 $f_{m,k}$。

② 任意一组试块的强度不小于 0.75$f_{m,k}$。

具体数值见表 6-4。

表 6-4　砌筑砂浆强度等级

强度等级	龄期 28 天抗压强度/MPa	
	各组平均值不小于	最小一组平均值不小于
M15	15	11.25
M10	10	7.5
M7.5	7.5	5.63
M5	5	3.75
M2.5	2.5	1.88
M1	1.0	0.75
M0.4	0.4	0.3

注：砂浆强度按单位工程内同品种、同强度等级砂浆为同一验收批。当单位工程中同品种、同强度等级砂浆按取样规定，仅有一组试块时，其强度不应低于 $f_{m,k}$。

③ 当砂浆试块采用自然养护时，其抗压强度应按表 6-5、表 6-6、表 6-7 进行换算。

表 6-5 用 325 号、425 号普通硅酸盐水泥拌制的砂浆强度增长表

龄期/天	不同温度下的砂浆强度百分率(以在 20℃时养护 28 天的强度为 100%)							
	1℃	5℃	10℃	15℃	20℃	25℃	30℃	35℃
1	4	6	8	11	15	19	23	25
3	18	25	30	36	43	48	54	60
7	38	46	54	62	69	73	78	82
10	46	55	64	71	78	84	88	92
14	50	61	71	78	85	90	94	98
21	55	67	76	85	93	98	102	104
28	59	71	81	92	100	104	—	—

表 6-6 用 325 号矿渣硅酸盐水泥拌制的砂浆强度增长表

龄期/天	不同温度下的砂浆强度百分率(以在 20℃时养护 28 天的强度为 100%)							
	1℃	5℃	10℃	15℃	20℃	25℃	30℃	35℃
1	3	4	5	6	8	11	15	18
3	8	10	13	19	30	40	47	52
7	19	25	33	45	59	64	69	74
10	26	34	44	57	69	75	81	83
14	32	43	54	66	79	87	93	98
21	39	48	60	74	90	96	100	102
28	44	53	65	83	100	104	—	—

表 6-7 用 425 号矿渣硅酸盐水泥拌制的砂浆强度增长表

龄期/天	不同温度下的砂浆强度百分率(以在 20℃时养护 28 天的强度为 100%)							
	1℃	5℃	10℃	15℃	20℃	25℃	30℃	35℃
1	3	4	6	8	11	15	19	22
3	12	18	24	31	39	45	50	56
7	28	37	45	54	61	68	73	77
10	39	47	54	63	72	77	82	86
14	46	55	62	72	82	87	91	95
21	51	61	70	82	92	96	100	104
28	55	66	75	89	100	104	—	—

三、砌筑砂浆的配合比设计

砂浆的配合比应采用重量比，并应最后由试验确定。如砂浆的组成材料（胶凝材料、掺和料、集料）有变更，其配合比应重新确定。

下面介绍一下水泥砂浆、水泥混合砂浆配合比设计中的一些基本步骤，在以下步骤中考虑了砂浆中掺加粉煤灰的情况，若施工中不掺加粉煤灰，则在第四步确定砂用量 Q_s 后，省略第五步，从第六步继续向下进行。

1. 确定砂浆的配制强度

试配砂浆时，应按设计强度等级提高 15%，以保证砂浆强度的平均值不低于设计强度等级。

$$f_p = 1.15 f_m \tag{6-1}$$

式中　f_p——砂浆试配强度，MPa；

f_m——砂浆强度等级，MPa。

2. 确定水泥用量

根据砂浆试配强度 f_p 和水泥强度等级计算每立方米砂浆的水泥用量：

$$Q_{co} = \frac{f_p}{\alpha f_{co}} \times 1000 \tag{6-2}$$

式中　Q_{co}——每立方米砂浆中的水泥用量，kg；

α——经验系数，其值见表 6-8；

f_{co}——水泥强度等级，MPa，为水泥标号的 1/10。

表 6-8　经验系数 α 值

水泥标号	砂浆强度等级				
	M10	M7.5	M5	M2.5	M1
525	0.885	0.815	0.725	0.584	0.412
425	0.931	0.855	0.758	0.608	0.427
325	0.999	0.915	0.806	0.643	0.450
275	1.048	0.957	0.839	0.667	0.466
225	1.113	1.012	0.884	0.698	0.486

3. 确定石灰膏用量

根据计算得出的水泥用量计算每立方米砂浆中的石灰膏用量：

$$Q_{po} = 350 - Q_{co} \tag{6-3}$$

式中　Q_{po}——每立方米砂浆中石灰膏用量，kg；

350——经验系数，在保证砂浆和易性的条件下，其范围在

250～350之间。

所用石灰膏在试配时的稠度应为12cm。

4. 确定砂用量 Q_s

含水率为0的过筛净砂，每立方米砂浆用0.9m³砂子，含水率为2%的中砂，每立方米砂浆中的用砂量为1m³。含水率大于2%的砂，应酌情增加用砂量。

5. 确定粉煤灰用量

① 确定取代水泥率并据此计算每立方米粉煤灰砂浆中的水泥用量

$$Q'_{co}=Q_{co}(1-K) \tag{6-4}$$

式中 Q'_{co}——每立方米粉煤灰砂浆水泥用量，kg；

Q_{co}——每立方米不掺粉煤灰砂浆的水泥用量，kg；

K——水泥取代率，%，见表6-9。

表6-9 砂浆中粉煤灰取代水泥率及超量系数

砂浆品种		砂浆强度等级				
		M1	M2.5	M5	M7.5	M10
水泥石灰砂浆	K/%		15～40		1.0～2.5	
	δ_m		1.2～1.7		1.1～1.5	
水泥砂浆	K/%		25～40	20～30	15～25	10～20
	δ_m		1.3～2.0		1.2～1.7	

② 确定石灰膏取代率并据此计算每立方米粉煤灰砂浆中的石灰膏用量

$$Q'_{po}=Q_{po}(1-K_1) \tag{6-5}$$

式中 Q'_{po}——每立方米粉煤灰砂浆中的石灰膏用量，kg；

Q_{po}——每立方米不掺粉煤灰砂浆中的石灰膏用量，kg；

K_1——石灰膏取代率，%，此取代率可通过实验确定，但不宜超过50%。

③ 确定粉煤灰超量系数并据此计算每立方米粉煤灰砂浆中的粉煤灰用量

$$Q_f=\delta_m[(Q_{co}-Q'_{co})+(Q_{po}-Q'_{po})] \tag{6-6}$$

式中 Q_f——每立方米粉煤灰砂浆中的粉煤灰用量，kg；

δ_m——粉煤灰超量系数，见表 6-9。

其他符号同前。

④ 确定砂用量。根据粉煤灰用量及水泥、石灰膏用量的调整，算出粉煤灰超出水泥部分的体积，并扣除同体积的砂用量，最后确定每立方米粉煤灰砂浆中的砂用量：

$$Q_s' = Q_s - \left(\frac{Q_{co}'}{\rho_{co}} + \frac{Q_{po}'}{\rho_{po}} + \frac{Q_f}{\rho_f} - \frac{Q_{co}}{\rho_{co}} - \frac{Q_{po}}{\rho_{po}}\right)\rho_s \tag{6-7}$$

式中　Q_s'——每立方米粉煤灰砂浆中砂用量，kg；

Q_s——每立方米不含粉煤灰砂浆中的砂用量，kg；

ρ_{co}，ρ_{po}，ρ_f，ρ_s——分别为水泥、石灰膏、粉煤灰、砂子的相对密度。

其他符号同前。

6. 确定水用量

通过试拌，以满足砂浆的强度和流动性要求来确定用水量。

通过以上计算所得到的配合比需经过试配进行必要的调整，得到符合要求的砂浆，这时所得到的配合比才能作为施工配合比。

砂浆配合比计算举例：

【例 1】 用 325 号普通硅酸盐水泥（$f_{co}=32.5$MPa），含水率为 2%的中砂，配制 M5 水泥砂浆，计算砂浆配合比。

解： ① 砂浆配制强度

$$f_p = 1.15 f_m = 1.15 \times 5 = 5.75\text{MPa}$$

② 每立方米砂浆水泥用量

$$Q_{co} = \frac{f_p}{\alpha f_{co}} \times 1000 = \frac{5.75}{0.806 \times 32.5} \times 1000 = 220\text{kg}$$

③ 每立方米砂浆的砂用量

含水率为 2%的中砂，用量为 $1m^3$。

取砂的堆密度为 $1500kg/m^3$，则砂子用量 Q_s：

$$Q_s = 1 \times 1500 = 1500\text{kg}$$

砂浆重量配合比：

水泥：砂子＝220：1500≈1：6.82

【例 2】 用 425 号水泥（$f_{co}=42.5$MPa），含水率为 0 的中砂，

配制 M7.5 水泥石灰混合砂浆，计算砂浆配合比。

解： ① 砂浆配制强度

$$f_p = 1.15 f_m = 1.15 \times 7.5 = 8.63\text{MPa}$$

② 每立方米砂浆水泥用量

$$Q_{co} = \frac{f_p}{\alpha f_{co}} \times 1000 = \frac{8.63}{0.855 \times 42.5} \times 1000 = 237.5\text{kg}$$

③ 每立方米石灰膏用量

$$Q_{po} = 350 - Q_{co} = 350 - 237.5 = 112.5\text{kg}$$

④ 每立方米砂浆中砂用量

含水率为 0 的砂，每立方米砂浆砂用量为 0.9m^3，取砂的堆密度为 1600kg/m^3，则砂的用量为：

$$Q_s = 0.9 \times 1600 = 1440\text{kg}$$

该种砂浆重量配合比为：

水泥：石灰膏：砂子＝237.5：112.5：1440＝1：0.47：6.06

【例 3】 用 425 号水泥（f_{co}＝42.5MPa），含水率为 2％的中砂，配制 M5 水泥混合砂浆，粉煤灰取代水泥率 K＝10％，取代石膏率 K_1＝50％，粉煤灰超量系数 δ_m＝1.5，计算砂浆配合比。

解： ① 每立方米不掺粉煤灰砂浆水泥用量

$$Q_{co} = \frac{1.15 f_m}{\alpha f_{co}} = \frac{1.15 \times 5}{0.758 \times 42.5} \times 1000 = 178\text{kg}$$

② 每立方米不掺粉煤灰砂浆石灰膏用量

$$Q_{po} = 350 - Q_{co} = 350 - 178 = 172\text{kg}$$

③ 每立方米粉煤灰砂浆水泥用量

$$Q'_{co} = Q_{co}(1 - K) = 178(1 - 10\%) = 160\text{kg}$$

④ 每立方米粉煤灰砂浆石灰膏用量

$$Q'_{po} = Q_{po}(1 - K_1) = 172(1 - 50\%) = 86\text{kg}$$

⑤ 每立方米粉煤灰砂浆中粉煤灰用量

$$\begin{aligned} Q_f &= \delta_m[(Q_{co} - Q'_{co}) + (Q_{po} - Q'_{po})] \\ &= 1.5[(178 - 160) + (172 - 86)] = 156\text{kg} \end{aligned}$$

⑥ 每立方米粉煤灰砂浆中的砂用量

$$Q'_s = Q_s - \left(\frac{Q'_{co}}{\rho_{co}} + \frac{Q'_{po}}{\rho_{po}} + \frac{Q_f}{\rho_f} - \frac{Q_{co}}{\rho_{co}} - \frac{Q_{po}}{\rho_{po}}\right)\rho_s$$

其中 Q_s 为不掺粉煤灰砂浆的砂用量，含水率为 2%的中砂，则用砂量为 $1m^3$，设其堆密度为 $1500kg/m^3$，则 $Q_s=1500kg$。另取 $\rho_{co}=3.1$、$\rho_{po}=2.9$、$\rho_f=2.2$、$\rho_s=2.62$，则可得 Q_s'为：

$$Q_s'=1500-\left(\frac{160}{3.1}+\frac{86}{2.9}+\frac{156}{2.2}-\frac{178}{3.1}+\frac{172}{2.9}\right)\times 2.62=1096.35kg$$

砂浆重量配合比为：

水泥：石灰膏：粉煤灰：砂子＝160：86：156：1407

＝1：0.54：0.98：8.79

四、砂浆的制备与使用

1. 砂浆的制备

① 砂浆的制备必须按试验室给出的砂浆配合比进行，严格计量措施，其各组成材料的重量误差应控制在以下范围之内。

a. 水泥、有机塑化剂、冬季施工中掺用的氯盐等不超过±2%。

b. 砂、石灰膏、粉煤灰、生石灰粉等不超过±5%。其中，石灰膏使用时的用量，应按试配时的稠度与使用的稠度予以调整，即用计算所得的石灰膏用量乘以换算系数，该系数见表 6-10。同时还应对砂的含水率进行测定，并考虑其对砂浆组成材料的影响。

表 6-10　石灰膏不同稠度时的换算系数

石灰膏稠度/mm	120	110	100	90	80	70	60	50	40	30
换算系数	1.00	0.99	0.97	0.95	0.93	0.92	0.90	0.88	0.87	0.86

② 砂浆搅拌时应采用机械拌和。现国内使用的砂浆搅拌机一般多为 200L 和 325L 两种容量型号，而按卸料方式可分为活门卸料式和倾翻卸料式。

③ 搅拌砂浆时，应先加入水泥和砂，干拌均匀，再加入石灰膏和水，搅拌均匀即成。

若砂浆中掺入粉煤灰，则应先加入水泥、砂和粉煤灰以及部分水，干拌均匀，再加入石灰膏和水，搅拌均匀即成。

水泥砂浆和水泥石灰砂浆中掺用微沫剂时，微沫剂掺量应事先通过试验确定，一般为水泥用量的 0.5/10000～1.0/10000（微沫剂按 100%纯度计）。微沫剂宜用不低于 70℃的水稀释至 5%～10%的浓度。

微沫剂溶液应随拌和水加入搅拌机内。稀释后的微沫剂溶液，存放时间不宜超过 7 天。此外，砂浆中掺加微沫剂时，必须采用机械拌和。

④ 砂浆的搅拌时间，自投料完算起，不得少于 1.5min，其中掺加微沫剂的砂浆为 3～5min。

⑤ 砂浆制备完成后应符合下列要求。

a. 设计要求的种类和强度等级。

b. 施工验收规范规定的稠度，见表 6-11。

表 6-11　砌筑砂浆的稠度

项　次	砌 体 种 类	砂浆稠度/mm
1	烧结普通砖砌体	70～90
2	轻集料混凝土小型砌块砌体	60～90
3	烧结多孔砖、空心砖砌体	60～80
4	烧结普通砖平拱式过梁 空斗墙、筒拱 普通混凝土小型空心砌块砌体 加气混凝土砌块砌体	50～70
5	石砌体	30～50

c. 良好的保水性能（分层度不宜大于 30mm）。

2. 砂浆的使用

砂浆拌成后和使用时，均应盛入贮灰器内。如砂浆出现泌水现象，应在砌筑前再次拌和。

砂浆应随拌随用。水泥砂浆和水泥混合砂浆必须分别在拌成后 3h 和 4h 内使用完毕；如施工期间最高气温超过 30℃，必须分别在拌成后 2h 和 3h 内使用完毕。

第二节　砌砖工程

一、材料要求

1. 砌筑用砖

砖的品种主要有烧结普通砖、蒸压灰砂砖和粉煤灰砖，其规格一般为 240mm×115mm×53mm（长×宽×厚），外观等级见表 6-12 至

表 6-14，强度等级与相应的强度指标见表 6-15 至表 6-17。

表 6-12　烧结普通砖的外观等级

项　目	指标/mm	
	一等	二等
(1) 尺寸允许偏差不大于：		
长度	±5	±7
宽度	±4	±5
厚度	±3	±3
(2) 二个条面的厚度相差不大于	3	5
(3) 弯曲不大于	3	5
(4) 完整面不得少于	一条面和一顶面	一条面或一顶面
(5) 缺棱掉角的三个破坏尺寸不得同时大于	20	30
(6) 裂纹的长度不大于：		
大面上宽度方向及其延伸到条面上的长度	70	110
大面上长度方向及其延伸到顶面上的长度和条顶面上的水平裂纹的长度	100	150
(7) 杂质在砖面上造成的凸出高度不大于	5	5
(8) 混等率(指本等级中混入该等级以下各等级产品的百分数)不得超过	10%	15%

注：凡有下列缺陷之一者，不能称为完整面：

(1) 缺棱掉角在条顶面上造成的破坏面同时大于 10mm×20mm 者；

(2) 裂缝宽度超过 1mm 者；

(3) 有黑头、雨淋及严重沾底者。

表 6-13　蒸压灰砂砖的等级指标

项　目	指标/mm	
	一等	二等
(1) 允许尺寸偏差：		
a. 长度	±2	±3
b. 宽度	±2	±3
c. 厚度	±2	±3
(2) 对应厚度差不大于	2	3
(3) 缺棱掉角的最小破坏尺寸不大于	20	30
(4) 完整面不少于	一条面和一顶面	一条面或一顶面
(5) 裂纹的长度不大于：		
a. 大面上宽度方向(包括延伸到条面)	50	90
b. 大面上长度方向(包括延伸到顶面)以及条顶面上水平方向	90	120
(6)混等率(不符合(1)～(5)项指标的砖所占的百分数)不大于	10%	15%

注：凡有下列缺陷之一者，不能称为完整面：

(1) 缺棱尺寸或掉角的最小尺寸大于 8mm；

(2) 灰球、黏土团、草根等杂物造成破坏面的两个尺寸同时大于 10mm×20mm；

(3) 有气泡、麻面、龟裂等缺陷。

表 6-14　粉煤灰砖的外观等级

项　目	指标/mm	
	一等	二等
(1) 尺寸允许偏差：		
长度	±3	±4
宽度	±3	±4
厚度	±3	±3
(2) 对应厚度差不大于	3	4
(3) 缺棱掉角的最小破坏尺寸不大于	20	30
(4) 完整面不少于	一条面和一顶面	一条面或一顶面
(5) 裂纹长度不大于：		
大面上宽度方向的裂纹(包括延伸到条面上的长度)	70	100
其他裂纹	100	130
(6) 混等率(指本等级中混入该等级以下各等级产品的百分数)不大于	15%	20%

注：在条面或顶面上破坏面的两个尺寸同时大于 10mm 和 20mm 者为非完整面。

表 6-15　烧结普通砖的强度指标

强度等级	抗压强度/MPa		抗折强度/MPa	
	五块平均值不小于	单块最小值不小于	五块平均值不小于	单块平均值不小于
MU20	20	14	4.0	2.6
MU15	15	10	3.1	2.0
MU10	10	6.0	2.3	1.3
MU7.5	7.5	4.5	1.8	1.1

注：若试验结果数值中，有一项达不到强度等级要求的四个指标之一者，应予降级。

表 6-16　蒸压灰砂砖的强度指标

强度等级	抗压强度/MPa		抗折强度/MPa	
	10 块平均值不小于	单块最小值不小于	10 块平均值不小于	单块平均值不小于
MU20	20	15	4.0	2.8
MU15	15	11.5	3.1	2.1
MU10	10	7.5	2.3	1.4

表 6-17　粉煤灰砖的强度指标

强度等级	抗压强度/MPa		抗折强度/MPa	
	10 块平均值不小于	0.7 最小值+0.3 次小值不小于	10 块平均值不小于	0.7 最小值+0.3 次小值不小于
MU15	15	10	3.1	2.0
MU10	10	6.0	2.3	1.3
MU7.5	7.5	4.5	1.8	1.1

注：强度等级值以蒸汽养护 1 天的强度为准。

砌筑时，砖的品种、强度等级必须符合设计要求，并应规格一致。用于清水墙、柱表面的砖，尚应边角整齐、色泽均匀。普通砖砌筑时应提前浇水湿润，含水率（以水重占干砖重的百分数计）宜为10%～15%；灰砂砖、粉煤灰砖含水率宜为5%～8%。

2. 砌筑砂浆

砂浆的品种主要有水泥砂浆和水泥石灰砂浆，其强度等级常用的有M10、M7.5、M5和M2.5等，相应的强度指标和重量配合比见表6-18、表6-19。

表6-18　砌筑砂浆的强度指标

强度等级	抗压极限强度/MPa	强度等级	抗压极限强度/MPa
M10	10.0	M5	5.0
M7.5	7.5	M2.5	2.5

施工时，砂浆的品种、强度等级必须符合设计要求，砂浆稠度可按表6-20的规定执行。拌制砂浆所用的水泥品种和标号，应根据砌体部位和所处环境来选择。不同品种的水泥，不得混合使用。

表6-19　砂浆配合比

砂浆品种 / 强度等级 / 水泥标号	水泥砂浆				水泥石灰砂浆			
	M10	M7.5	M5	M2.5	M10	M7.5	M5	M2.5
425	1:5.5	1:6.7	1:8.6	1:13.6	1:0.3:5.5	1:8.6:6.7	1:1:0.6	1:2.2:13.6
325	1:4.8	1:5.7	1:7.1	1:11.5	1:0.1:4.8	1:0.3:5.7	1:0.7:7.1	1:1.7:11.5
275		1:5.2	1:6.8	1:10.5		1:0.2:5.2	1:0.6:6.8	1:1.5:10.5

表6-20　砖砌体的砂浆稠度

项次	砖砌体种类	砂浆稠度/cm	项次	砖砌体种类	砂浆稠度/cm
1	实心砖墙、柱	7～10	3	空心砖墙、柱	6～8
2	实心砖平拱式过梁	5～7	4	空斗墙、筒拱	5～7

所用生石灰的等级指标见表6-21。生石灰在灰池中加水熟化成为石灰膏，熟化时间不应少于7天。贮存在灰池中的石灰膏应防止干燥、冻结和污染，拌制时严禁使用脱水硬化的石灰膏。

表 6-21 生石灰等级指标

项　目	钙质生石灰			镁质生石灰		
	一等	二等	三等	一等	二等	三等
有效氧化钙加氧化镁含量不小于/%	85	80	70	80	75	65
未消化残渣含量(5mm 圆孔筛的筛余)不大于/%	7	11	17	10	14	20

注：硅、铝、铁氧化物含量之和大于5%的生石灰，有效氧化钙加氧化镁含量指标分别为：一等≥75%，二等≥70%，三等≥60%；未消化残渣含量指标与镁质生石灰相同。

砂宜采用中砂，使用前应过筛，并不得含有草根等杂物。水泥砂浆和强度等级大于或等于 M5 的水泥混合砂浆，砂的含泥量不得超过 5%；强度等级小于 M5 的水泥混合砂浆，含泥量不得超过 10%。水应采用无有害物质的洁净水。

砂浆搅拌宜采用机械拌和。拌和时间自投料完算起，不得少于 1.5min。若采用人工拌和时，应先将水泥与砂干拌均匀，再加入其他外掺料拌和。砂浆拌成后和使用时，均应盛入贮灰斗内。如砂浆出现渗水现象，应在砌筑前再次拌和。

砂浆应随拌随用。水泥砂浆和水泥混合砂浆必须分别在拌成后 3h 和 4h 内使用完毕，如施工期间最高气温超过 30℃，必须分别在拌成后 2h 和 3h 内使用完毕，否则砂浆的强度和黏着力将受影响。

二、砖墙施工

1. 实心砖墙的砌法

实心砖墙是用普通砖和砂浆砌筑而成，其厚度一般为半砖（115mm）、一砖（240mm）、一砖半（365mm）和二砖（490mm）等。

实心砖墙常用的砌筑形式有一顺一丁、梅花丁、三顺一丁和全顺等（图 6-1）。砌筑时应上下错缝，内外搭砌。

砖墙的转角处，为使各皮间竖缝相互错开，可在外角处砌 3/4 砖（图 6-2）。

在砖墙的丁字交接处，应分皮相互砌通，内角相交处竖缝错开 1/4 砖长，并在横墙端头处加砌 3/4 砖（图 6-3）。

砖墙的十字交接处，应分皮相互砌通，交角处的竖缝错开 1/4 砖长（图 6-4）。

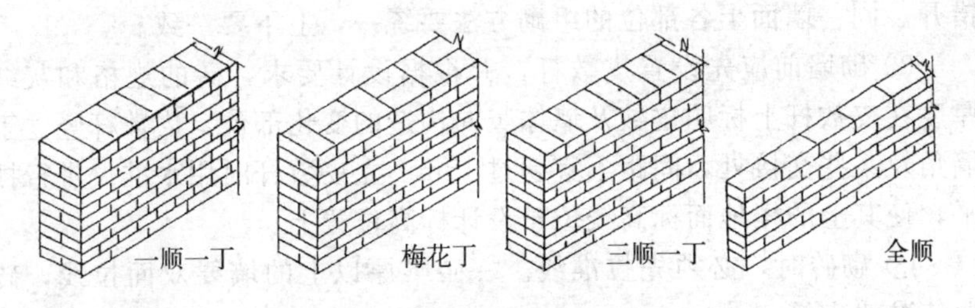

图 6-1　实心砖墙砌筑形式

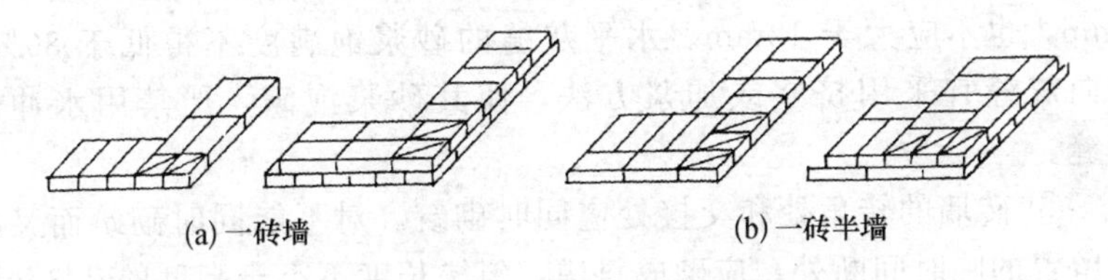

图 6-2　砖墙转角处一顺一丁砌法

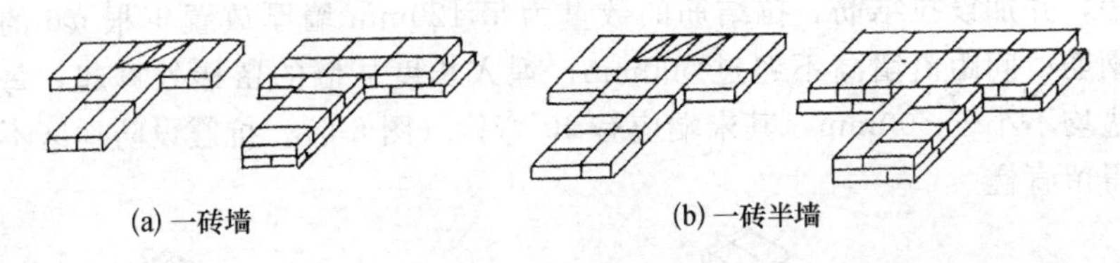

图 6-3　丁字交接处一顺一丁砌法

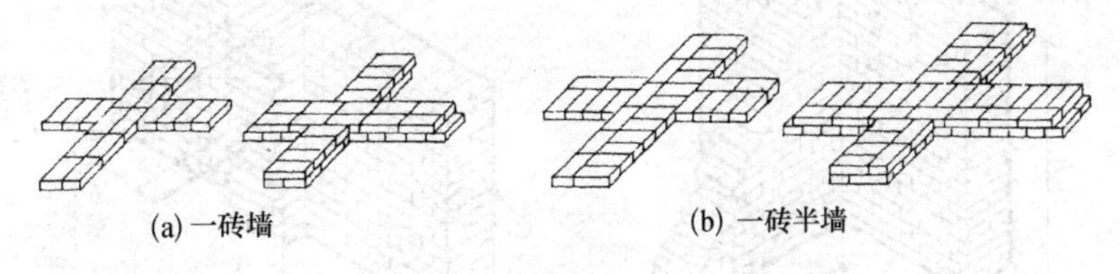

图 6-4　十字交接处一顺一丁砌法

2. 砖墙施工要点

① 砌筑前，先根据砖墙位置定出墙身轴线及边线。开始砌筑时先要进行摆砖，排出灰缝宽度。摆砖时应注意门窗位置、砖垛等对灰缝的影响，同时要考虑窗间墙的组砌方法，务必使各皮砖的竖缝相互

错开。同一墙面上各部位的组砌方法要统一，上下要一致。

② 砌墙前应先设置皮数杆，并根据设计要求，砖的规格和灰缝厚度在皮数杆上标明皮数及墙体竖向构造的变化部位。皮数杆竖立于墙角及某些交接处，间距不宜超过15m。立皮数杆时用水准仪进行抄平，使其上的楼地面标高线位于设计标高位置上。

③ 砌砖时，必须先拉准线。一砖半厚以上的墙要双面拉线，砖块依准线砌筑。

④ 砖墙的水平灰缝和竖向灰缝宽度一般为10mm，但不应小于8mm，也不应大于12mm。水平灰缝的砂浆饱满度不得低于80%，竖向灰缝宜采用挤浆或加浆方法，使其砂浆饱满，严禁用水冲浆灌缝。

⑤ 砖墙的转角处和交接处应同时砌筑。对不能同时砌筑而又必须留置的临时间断处，应砌成斜槎，斜槎长度不小于高度的2/3（图6-5）。如留斜槎有困难时，除转角处外，也可留直槎，但必须做成阳槎，并加设拉结筋。拉结筋的数量为每120mm墙厚放置1根Φ6的钢筋；间距沿墙高不超过500mm；埋入长度从墙的留槎处算起，每边均不小于500mm，其末端应有90°弯钩（图6-6）。抗震设防地区不得留直槎。

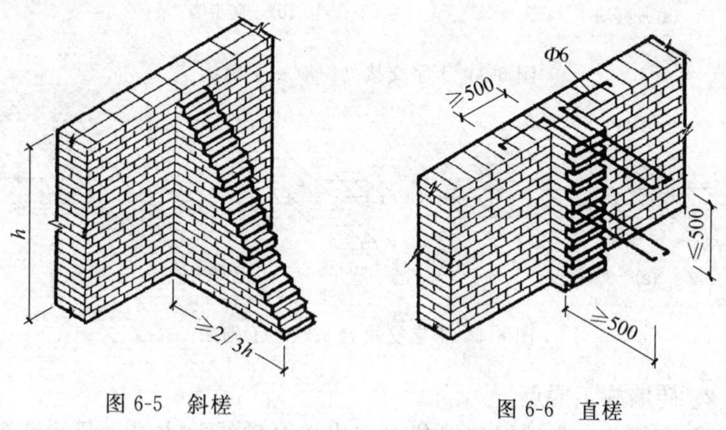

图6-5　斜槎

图6-6　直槎

⑥ 隔墙与墙如不同时砌起而又不留成斜槎时，可于墙中引出阳槎，并在墙的灰缝中预埋拉结筋，其构造与上述相同，但每道不少于

2根（图6-7）。抗震设防地区的隔墙，除应留阳槎外，还应设置拉结筋。

⑦ 纵横墙均为承重墙时，在丁字交接处留槎，可在接槎下部约1/3接槎高处砌成斜槎，上部留成直槎，并加设拉结筋（图6-8）。

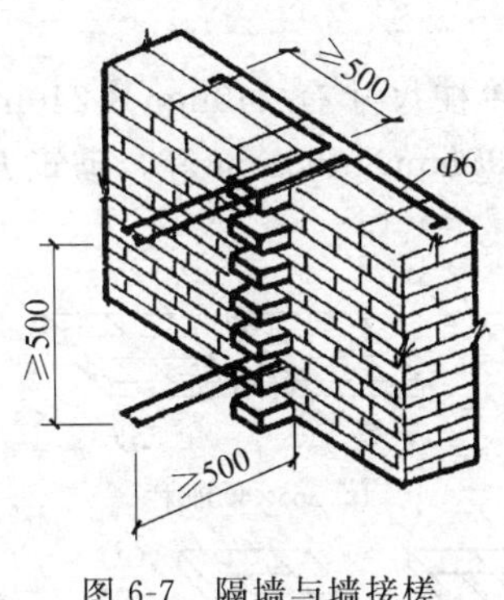

图6-7 隔墙与墙接槎

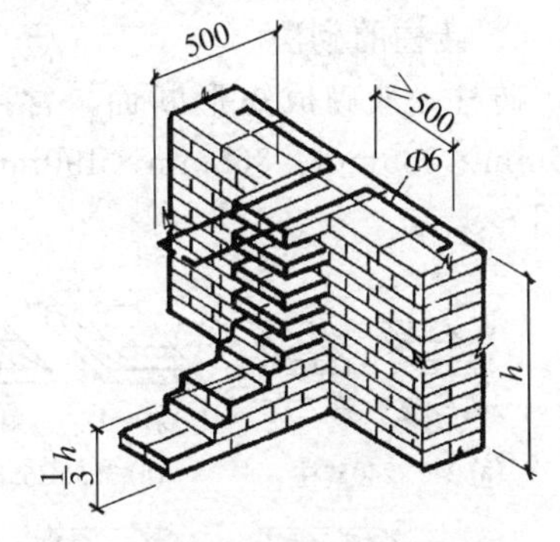

图6-8 承重墙丁字交接处接槎

⑧ 砖墙接槎时，必须将接槎处的表面清理干净，浇水润湿，并应填实砂浆，保持灰缝平直。

⑨ 每层承重墙的最上1皮砖，应用丁砌层整砖砌筑。在梁或梁垫的下面，砖砌体的阶台水平面上以及砖砌体的挑出层（挑檐、腰线等）中，也应用丁砌层整砖砌筑。宽度小于1m的窗间墙，应选用整砖砌筑。

⑩ 隔墙和填充墙的顶面与上层结构接触处宜用侧砖或立砖斜砌挤紧。

⑪ 若施工时需在砖墙中留置过人洞，其侧边离交接处的墙面不应小于500mm，洞口顶部宜设置过梁。

⑫ 砖墙相邻工作段的高度差，不得超过一个楼层的高度，也不宜大于4m。工作段的分段位置应设在伸缩缝、沉降缝、防震缝或门窗洞口处。砖墙临时间断处的高差，不得超过一步脚手架的高度。砖墙每天砌筑高度以不超过1.8m为宜。

⑬ 下列墙体或砖墙有关部位不得设置脚手眼。

a. 半砖墙。

b. 砖过梁上与过梁成60°角的三角形范围内。

c. 宽度小于 1m 的窗间墙。

d. 梁或梁垫下及其左右各 500mm 的范围内。

e. 砖墙的门窗洞口两侧 180mm 和转角处 430mm 的范围内。

三、砖柱施工

1. 砖柱的砌法

砖柱一般砌成矩形断面，常用的砖柱尺寸有 240mm×240mm、365mm×365mm、365mm×490mm、490mm×490mm 等，砌筑方法见图 6-9。

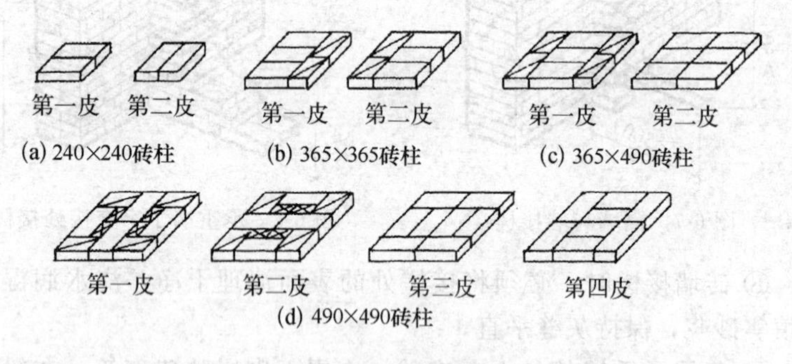

图 6-9 砖柱砌筑法

砌筑砖柱时，应使柱面上下皮的竖缝相互错开 1/2 砖或 1/4 砖长，在柱心无通天缝，少砍砖，并尽量利用 1/2 砖。严禁先砌四周后填心的包心砌法。

2. 砖柱施工要点

① 单独的砖柱砌筑时，可立固定的皮数杆，也可用流动皮数杆检查高低情况。当几个砖柱在同一直线上时，可先砌两头的砖柱，然后拉通线，依线砌中间部分的砖。

② 砖柱水平灰缝和竖向灰缝的宽度以及对砂浆饱满度的要求同砖墙。

③ 隔墙与柱如不同时砌筑而又不留斜槎时，可于柱中引出阳槎，或于柱灰缝中预埋拉结筋，其构造与砖墙相同，但每道不少于 2 根。

④ 砖柱每天砌筑高度不宜大于 1.8m，宜选用整砖筑砌。砖柱上不得留置脚手眼。

四、砖垛施工

砖垛的砌法应使垛与墙身逐皮搭接，切不可分离砌筑，搭接长度至少1/2砖长。砖垛根据错缝需要，可加砌3/4砖或1/2砖。图6-10所示为一砖墙附有不同尺寸砖垛的砌法。

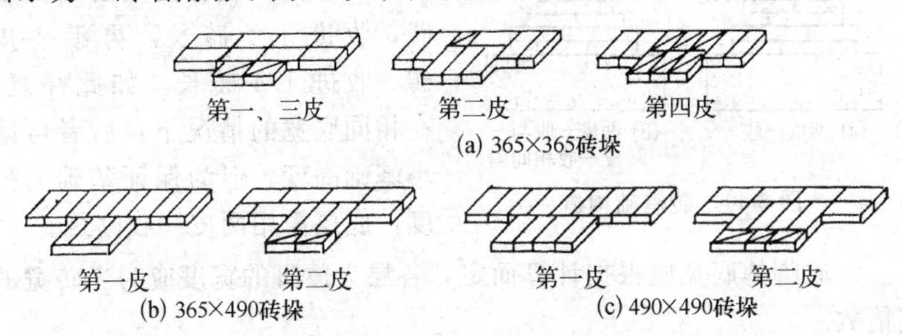

图6-10　一砖墙附砖垛砌法

砖垛施工时，应使墙与垛同时砌起。其他施工要点与砌墙、砖柱中相同。

五、砖基础施工

1. 砖基础的材料要求

砖基础用普通黏土砖与水泥混合砂浆砌成。因砖的抗冻性差，对砂浆与砖的强度等级，根据地区的寒冷程度和地基土的潮湿程度有不同的要求。砖基础所用材料的最低强度应符合表6-22的要求。

表6-22　基础用砖、石料及砂浆最低强度等级

基土的潮湿程度	黏土砖		混凝土砌块	石材	混合砂浆	水泥砂浆
	严寒地区	一般地区				
稍潮湿的	MU10	MU10	MU5	MU20	M5	M5
很潮湿的	MU15	MU10	MU7.5	MU20	—	M5
含水饱和的	MU20	MU15	MU7.5	MU30	—	M7.5

注：1. 石材的重度不应低于18kN/m³。

2. 地面以下或防潮层以下的砌体，不宜采用空心砖。当采用混凝空心砌块砌体时，其孔洞应采用强度等级不低于C15的混凝土灌实。

3. 各种硅酸盐材料及其他材料制作的块体，应根据相应材料标准的规定选择采用。

2. 砖基础的构造

砖基础下部通常加以扩大，形成所谓大放脚。为保证基础外挑部分在基底反力作用下不致发生剪切破坏，大放脚有两皮一收和两皮一

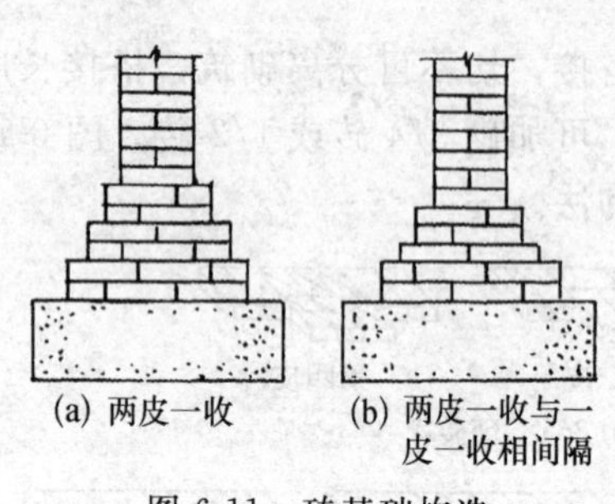

图 6-11 砖基础构造

收与一皮一收相间隔两种砌筑形式（图 6-11)。两皮一收是每砌两皮砖长，收进 1/4 砖长；两皮一收与一皮一收相间隔是砌两皮砖，收进 1/4 砖长，再砌一皮砖，收进 1/4 砖长，如此往复。在相同底宽的情况下，后者可减小基础高度，但为保证基础的强度，底层需用两皮一收砌筑。

大放脚的底宽应根据计算而定，各层大放脚的宽度应为半砖宽的整倍数。

大放脚下面一般需设置垫层。垫层材料可用 2∶8 或 3∶7 的灰土，也可用 1∶2∶4 或 1∶3∶6 的碎砖三合土。防潮层可用 1∶2.5 水泥防水砂浆在离室内地面下一皮砖处设置，厚度约 20mm。

大放脚一般采用一顺一丁砌法。竖缝要错开，要注意丁字及十字接头处砖块的搭接，在这些交接处，纵横墙要隔皮砌通。大放脚的最下一皮及每层的上面一皮应以丁砌为主。

图 6-12 和图 6-13 所示为二砖半底宽大放脚两皮一收的分皮砌法。

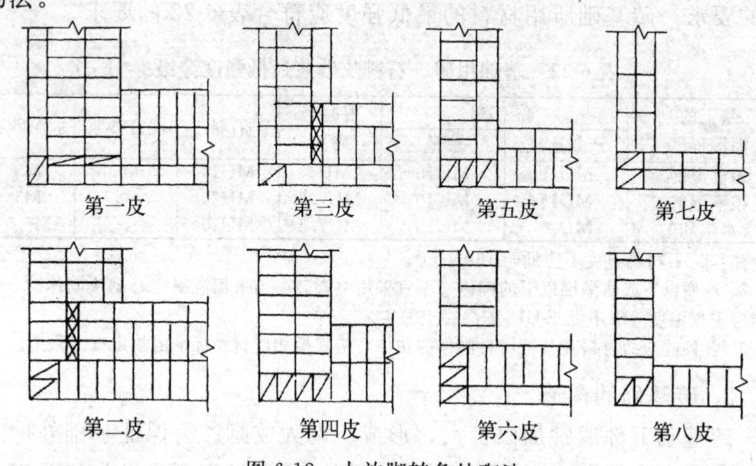

图 6-12 大放脚转角处砌法

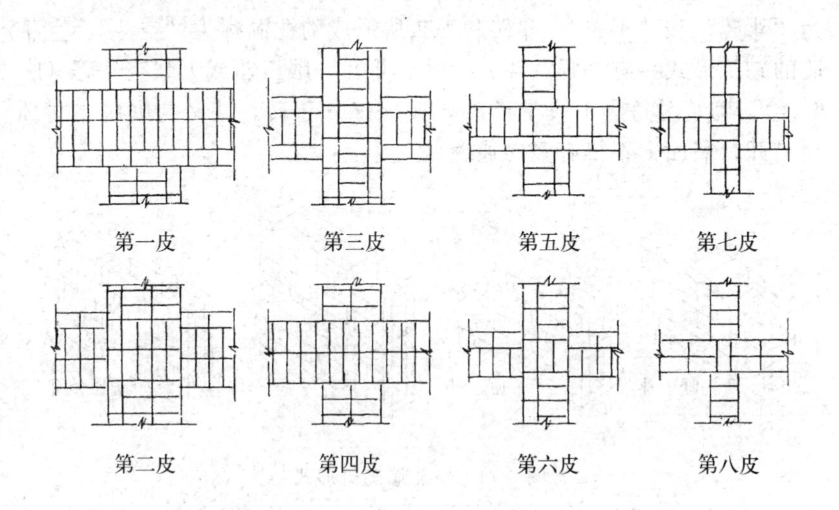

图 6-13 大放脚十字交接处砌法

3. 砖基础施工要点

① 砌筑前，应将垫层表面的浮土及垃圾清除干净。

② 基础施工前，应在主要轴线部位设置引桩，以控制基础、墙身的轴线位置，并从中引出墙身轴线，而后向两边放出大放脚的底边线。砌筑前可在垫层转角、交接及高低踏步处预先立好基础皮数杆，并标明砖皮数，退台情况及防潮层位置等。

③ 砌基础时可先在转角及交接处砌几层砖，然后在其间拉准线砌中间部分。内外墙砖基础应同时砌起，如不能同时砌起时应留置斜槎，斜槎长度不应小于高度的 2/3。

④ 有高低台的砖基础，应从低处砌起，在其接头处由高台向低台搭接。如设计无要求，搭接长度不应小于基础扩大部分的高度。

⑤ 砌完基础后，应及时回填。回填土要在基础两侧同时进行，并分层夯实。

六、空斗墙施工

1. 空斗墙的砌法

空斗墙是用普通砖平砌和侧砌相结合的方法来砌筑的。垂直于墙面的平砌砖称为“眠砖”；平行于墙面和垂直于墙面的侧砌砖分别称为“斗砖”和“丁砖”。斗砖和丁砖所形成的孔洞称为“空斗”。空斗墙的砌筑形式，有一眠一斗、一眠二斗、一眠三斗或无眠空斗等（图6-14）。砌筑时每隔1块斗砖必须砌1～2块丁砖，斗砖与眠砖之间必须错开，墙面上不得有竖向通缝。

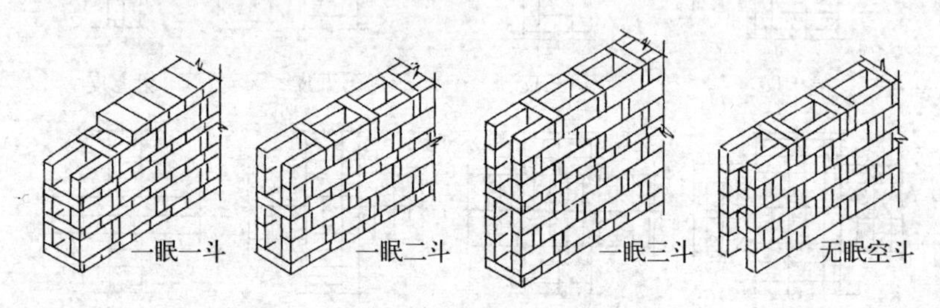

图 6-14 空斗墙砌筑形式

空斗墙转角处，应砌成实心砖墩，并相互错缝搭接。空斗墙与空斗墙丁字交接处，应分层相互砌通，并在交接处砌成实心墙，有时需加半砖填心。图6-15和图6-16分别为一眠三斗空斗墙在转角和丁字交接处的砌法。

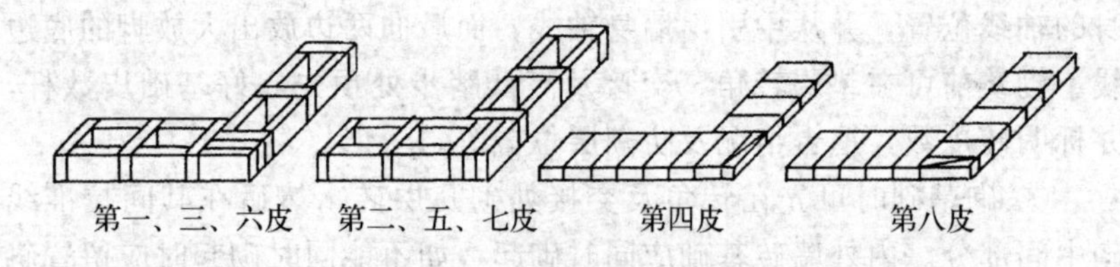

图 6-15 空斗墙转角砌法

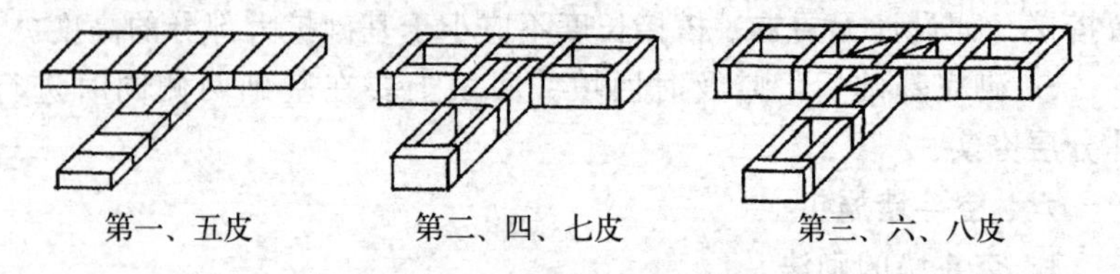

图 6-16 空斗墙丁字交接处砌法

2. 空斗墙施工要点

① 空斗墙应用整砖砌筑。砌筑前应试摆，不够整砖处，可加砌丁砖，不得砍凿斗砖。

② 空斗墙应采用水泥混合砂浆或石灰砂浆砌筑。其水平灰缝厚度和竖向灰缝宽度一般为 10mm，但不得小于 7mm，也不得大于 13mm。

③ 在有眠空斗墙中，眠砖层与丁砖接触处，除两端外，其余部分不应填塞砂浆（图 6-17）。

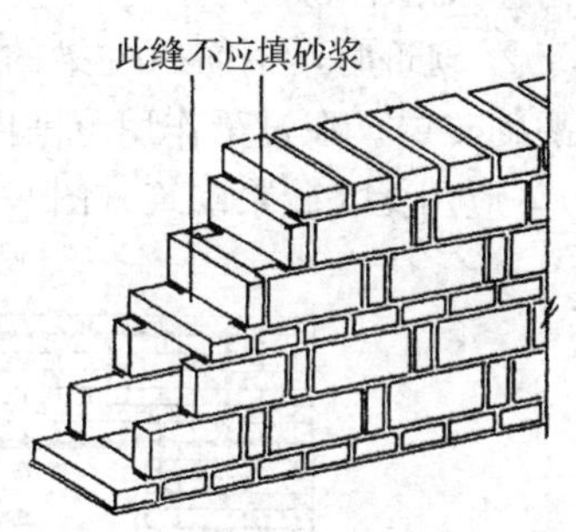

图 6-17 一眠二斗空斗墙示意图

④ 空斗墙上留置的洞口，必须在砌筑时留出，严禁砌完后再行砍凿。

⑤ 在空斗墙的下列部位，应砌成实砌体（平砌或侧砌）。

a. 墙的转角处和交接处。

b. 室内地坪以下的全部砌体。

c. 室内地坪和楼板面上 3 皮砖部分。

d. 三层房屋外墙底层窗台标高以下部分。

e. 楼板、圈梁、格栅和檩条等支承面下 2～4 皮砖的通长部分。砂浆的强度等级不得低于 M2.5。

f. 梁和屋架支承处按设计要求的部分。

g. 壁柱和洞口的两侧 240mm 范围内。

h. 屋檐和山墙压顶下的 2 皮砖部分。

i. 楼梯间的墙、防火墙、挑檐以及烟道和管道较多的墙。

j. 作填充墙时，与框架拉结筋的连接处。

k. 预埋件处。

空斗墙与实砌体的竖向连接处，应相互搭砌。

七、砖过梁施工

1. 钢筋砖过梁

钢筋砖过梁又名平砌式过梁，用普通砖平砌。其施工要点如下。

① 砌筑前，在过梁底处支设模板，模板上应铺设 30mm 厚的

1∶3水泥砂浆层，将直径为 6～8mm 的钢筋埋入砂浆层中。钢筋一般配置 3 根，两端伸入支座砌体内不应小于 240mm，并向上弯成 90°方钩埋入墙的竖缝内。

② 砌筑时，钢筋砖过梁的最下一皮砖应砌丁砌层，接着向上逐层平砌砖层。在过梁作用范围内（不少于 6 皮砖或 1/4 过梁跨度范围内），应用 M5 砂浆砌筑（图 6-18）。

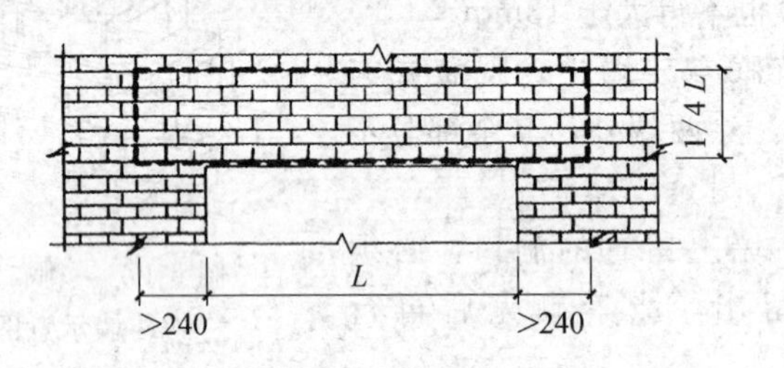

图 6-18 钢筋砖过梁

③ 砖过梁底部的模板，应在灰缝砂浆强度达到设计强度的 50%以上时，方可拆除。

2. 平拱式过梁

平拱式过梁由普通砖侧砌而成，其高度有 240mm、300mm 和 370mm 等，厚度等于墙厚。应用 MU7.5 以上的砖，不低于 M5 砂浆砌筑。其施工要点如下。

① 砌筑前，先在过梁底处支设模板，模板中部应有 1%的起拱，在模板面上画出砖及灰缝位置，务使砖的块数为单数。

② 砌筑时，在拱脚两边的墙端应砌成斜面，斜面的斜度一般为 1/4～1/6。应从两边对称向中间砌，正中一块应挤紧，拱脚下面应伸入墙内不小于 20mm（图 6-19）。

③ 过梁的灰缝应砌成楔形缝。灰缝的宽度，在过梁底面不应小于 5mm；在过梁顶面不应大于 15mm。砖过梁底部的模板，应在灰缝砂浆强度达到设计强度的 50%以上方可拆除。

3. 弧拱式过梁

弧拱式过梁的构造与平拱基本相同，只是外形呈圆弧形。其施工要点与平拱式基本类似，所不同之处在于砌筑时，模板应根据设计要求做成圆弧形；灰缝砌成放射状，下部灰缝宽度不宜小于 5mm，上部灰缝宽度不宜大于 25mm（图 6-20）。

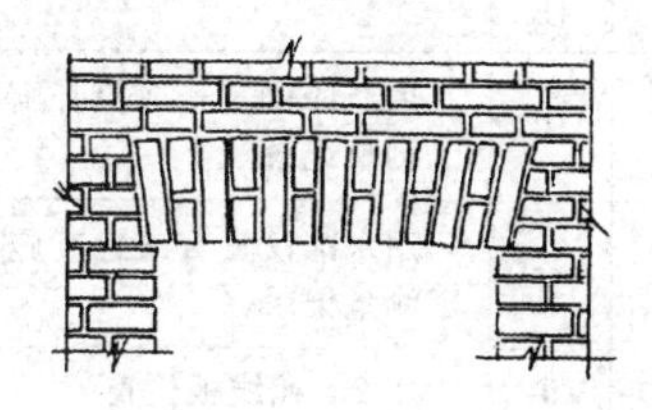
图 6-19　平拱式过梁

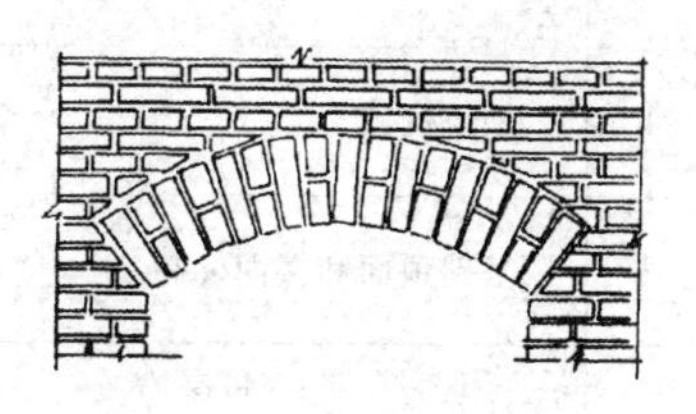
图 6-20　弧拱式过梁

八、砖墙面勾缝

砖墙面勾缝应做到横平竖直、深浅一致、搭接平整并压实抹光，不得有丢缝、开裂和黏结不牢等现象。其施工要点如下。

① 勾缝前，应清除墙面黏结的砂浆、泥浆和杂物等，并洒水湿润。

② 开凿瞎缝，并对缺棱掉角的部位用与墙面相同颜色的砂浆修补整齐。

③ 脚手眼内应清理干净并洒水湿润，再用与原墙相同的砖块补砌严密。

④ 墙面勾缝一般采用加浆勾缝，并宜采用细砂拌制的 1∶1.5 水泥砂浆。砖墙的墙面也可采用原浆勾缝，但必须随砌随勾，灰缝光滑密实。

⑤ 如无设计要求，砖墙勾缝宜采用凹缝或平缝，凹缝深度一般为 4～5mm；空斗墙勾缝应采用平缝。

⑥ 勾缝完毕后，应清扫墙面。

九、砖砌体允许偏差

砌筑砖砌体时，其表面的平整度、垂直度、灰缝厚度及砂浆饱满度等，均应按规范规定随时进行检查并校正。在砌筑完基础或每一楼层后，应校核砌体的轴线和标高，在允许偏差范围内，其偏差可在基础顶面或楼面上校正。

砖砌体的尺寸和位置的允许偏差，不应超过表 6-23 的规定。

表 6-23 砖砌体的尺寸和位置的允许偏差

项次	项目			允许偏差/mm			检验方法
				基础	墙	柱	
1	轴线位移			10	10	10	用经纬仪复查或检查施工测量记录
2	基础顶面和楼面标高			±15	±15	±15	用水准仪复查或检查施工测量记录
3	墙面垂直度	每层		—	5	5	用2m托线板检查
		全高	小于或等于10	—	10	10	用经纬仪或吊线和尺检查
			大于10	—	20	20	
4	表面平整度	清水墙、柱		—	5	5	用2m直尺和楔形塞尺检查
		混水墙、柱		—	8	8	
5	水平灰缝平直度	清水墙		—	7	—	拉10m线和尺检查
		混水墙		—	10	—	
6	水平灰缝厚度(10皮砖累计数)			—	±8	—	与皮数杆比较，用尺检查
7	清水墙游丁走缝			—	20	—	吊线和尺检查，以每层第一皮砖为准
8	外墙上下窗口偏移			—	20	—	用经纬仪或吊线检查以底层窗口为准
9	门窗洞口宽度(后塞口)			—	±5	—	用尺检查

第三节 砌石工程

一、砌筑用石

1. 强度

石材按强度分 MU100、MU80、MU60、MU50、MU40、MU30、MU20、MU15 和 MU10 九个等级，石砌体选用的石块，其强度等级应不低于 MU20。

2. 石材分类

石材分毛石和料石。毛石又分乱毛石（指形状不规则的石块）、平毛石（指形状不规则，但有两个面大致平行的石块）。毛石砌体所用的毛石应呈块状，其中部厚度不宜小于15cm。

料石按其加工面的平整程度分为细料石、半细料石、粗料石和毛料石四种，其加工要求见表6-24。各种砌筑用料石的宽度、厚度均不宜小于20cm，长度不宜大于厚度的4倍。料石加工的允许偏差见表6-25。

表6-24　料石各面的加工要求

项次	料石种类	外露面及相接周边的表面凹入深度	叠砌面和接砌面的表面凹入深度
1	细料石	不大于2mm	不大于10mm
2	半细料石	不大于10mm	不大于15mm
3	粗料石	不大于20mm	不大于20mm
4	毛料石	稍加修整	不大于25mm

注：1. 相接周边的表面系指叠砌面、接砌面与外露面相接处20～30mm范围内的部分。

2. 如设计对外露面有特殊要求，应按设计要求加工。

表6-25　料石加工允许偏差

项次	料石种类	允许偏差	
		宽度、厚度/mm	长度/mm
1	细料石、半细料石	±3	±5
2	粗料石	±5	±7
3	毛料石	±10	±15

注：如设计有特殊要求，应按设计要求加工。

3. 石材的加工

(1) 修边打荒

修边打荒是将不方正的荒料作粗略的修打，达到粗略的平直，加工顺序是在两次弹线修边后再行打荒。打荒是把石材的凸处作粗略凿打，侧重于顶面、底面和两侧面，正面一般不加打凿。

(2) 粗打

粗打要求达到边角面基本平整，正面不平的部分要基本凿平，凿点距离在12～15mm，凹凸处高低差不超过15mm，凿打顺序是沿着修边的表面边沿进行。

(3) 一遍錾凿

一遍錾凿是在粗打的基础上进行的。凿点距离 8～10mm，要求达到凿点分布均匀，露明部分的边、棱角、面平直方正。

(4) 二遍錾凿

二遍錾凿要求达到边、角、棱、面平直方整，不得有掉棱缺角和扭曲，叠砌面要符合灰缝的要求。凿点的距离在 6mm 左右，表面平整用 30cm 直尺检查，低凹处不超过 3mm，正面直视不见凹窟。

(5) 一遍剁斧

一遍剁斧要用剁斧基准线法，沿着基准线顺序进行，控制每 100mm 内有 40～50 条斧痕，要求达到表面平整度在 100mm 内，低凹部分不超过 3mm，边棱必须方直，角、面必须平整。

(6) 二遍剁斧

二遍剁斧操作与一遍剁斧一致，但要求斧痕方向与一遍剁斧相垂直，在 100mm 内有 70～80 条斧痕，表面平整度在 100mm 内，低凹部分不超过 2mm，棱、角、面较一遍剁斧更细致方整。

(7) 特种加工

特种加工是对各种加工操作方法的综合应用，具体造型和加工要求由设计定。

(8) 磨光

一般的磨光经粗磨和细磨即可。磨光的坯料必须选择色泽均匀，没有裂痕，气孔、晶洞的石材，以保证加工效果良好。

二、砌筑用砂浆

砂浆要求与砖砌体基本相同，用于墙体的强度等级应不低于 M2.5，用于基础的砂浆强度等级应不低于 M5，稠度 30～50mm。

三、石砌体的施工

石砌体的石材应质地坚实，无风化剥落和裂纹，用于清水墙、柱表面的石材，尚应色泽均匀。石块的使用要大小搭配，不可先用大块后用小块。

石材表面的泥垢、水锈等杂质，砌筑前应清除干净。

砌筑前根据设计要求，在砌筑部位放出石砌体的中心线及边线，有坡度要求的砌体，应立好坡度门架。

放线后，将皮数杆立于石砌体的转角处和交接处，在皮数杆之间挂线、准备砌筑。

1. 毛石基础的砌筑

毛石基础断面形状有矩形、阶梯形和梯形。基础顶面宽应比墙基宽度大 200mm。阶梯形基础每阶高度不小于 300mm，每阶伸出宽度不宜大于 200mm，如图 6-21 所示。

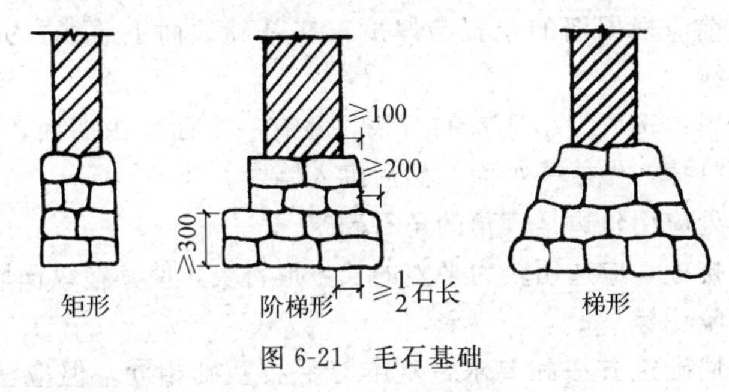

图 6-21　毛石基础

毛石基础的扩大部分可单面挂线，用直尺控制另一面，以上应双面挂线，按线砌筑。

毛石基础第一皮石块应坐浆，即在开始砌筑前先铺砂浆 30～50mm，然后选用较大较整齐的石块，大面朝下，放稳放平。从第二皮开始，应分皮卧砌，并应上下错缝，内外搭砌，不得采用外面侧立石块中间填心的砌法。

石块间较大的空隙应先填塞砂浆，后用碎石块嵌塞，不得采用先摆碎石块，后塞砂浆或干填碎石块的方法。

毛石基础最好设置拉结石，每皮内每隔 2m 设置一块。拉结石长度，如基础宽度等于或小于 400mm，应等于基础宽度，如基础宽度大于 400mm，可用两块拉结石内外搭接，搭接长度不应小于 150mm，且其中一块长度不小于基础宽度的 2/3。

灰缝厚度 20～30mm，砂浆应饱满，石块间不得有相互接触现象。

阶梯形毛石基础，上阶的石块应至少压砌下阶石块的 1/2。

毛石基础的最上一皮，宜选用较大的毛石砌筑，第一皮及转角处，交接处和洞口处，应选用较大的平毛石砌筑。

有高低台的毛石基础，应从低处砌起，并由高台向低台搭接，搭接长度不小于基础高度。

毛石基础转角处和交接处应同时砌筑，对不能同时砌筑而又必须留置的临时间断处，应砌成斜槎。

毛石基础每日的砌筑高度，不应超过 1.2m。

2. 毛石墙的砌筑

砌筑前应根据墙的位置与厚度，在基础顶面上放线，并立皮数杆，挂上线。

从石料中选取大小适宜的石块，并有一个面作为墙面，如没有，则将凸部打掉，做成一个面，然后砌入墙内。

转角处应用角边是直角的角石砌筑。

丁字接处，应选用较为平整的长方形石块，使其在纵横墙中上下皮能相互咬住槎。

毛石墙砌筑方法和要求，基本与毛石基础相同，但应注意以下情况。

① 整个墙体应分皮砌筑，每皮高 300～400mm；每个楼层的最上一皮，宜选用较大的毛石砌筑。

② 毛石墙必须设置拉结石。拉结石应均匀分布，相互错开，一般每 0.7m² 墙面至少应设置一块，且同皮内的中距不应大于 2m。拉结石的长度，如墙厚等于或小于 400mm，应等于墙厚，墙厚大于 400mm，可用两块拉结石内外搭接，搭接长度不应小于 150mm，且其中一块长度不应小于墙厚的 2/3。

③ 每砌一步架，要大致找平一次，砌至楼层高度时，应全面找平，以达到顶面平整。

3. 毛石与砖的组合墙的砌筑

在毛石和实心砖的组合墙中，毛石砌体与砖砌体应同时砌筑，并每隔 4～6 皮砖用 2～3 皮丁砖与毛石砌体拉结砌合，

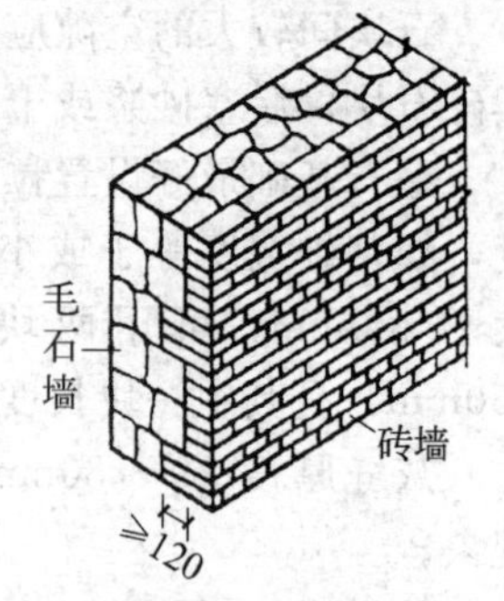

图 6-22　毛石与砖墙组合

如图 6-22 所示。两种砌体间的空隙用砂浆填满。

毛石墙和砖墙的相接转角处和交接处应同时砌筑。转角处应自纵墙（或横墙）每隔 4～6 皮砖高度引出不小于 120mm 与横墙（或纵墙）相接，交接处应自纵墙每隔 4～6 皮砖高度引出不小于 120mm 与横墙相接，如图 6-23、图 6-24 所示。

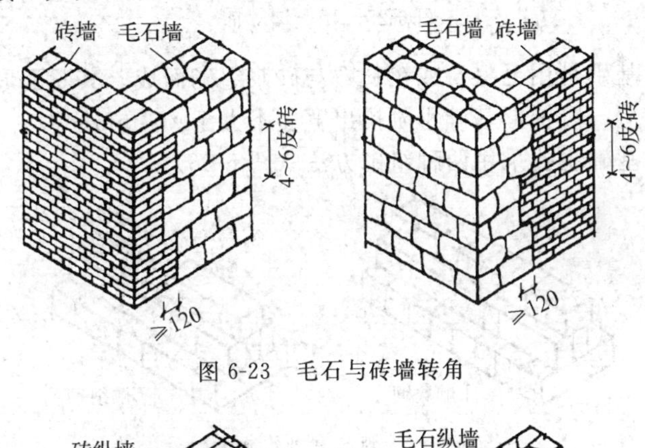

图 6-23　毛石与砖墙转角

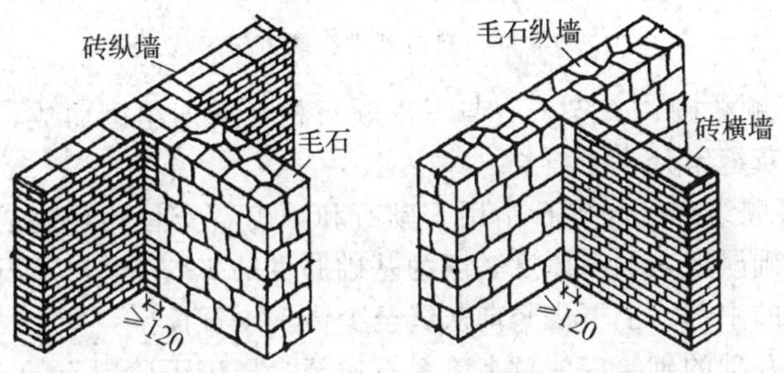

图 6-24　毛石与砖墙丁接

4. 挡土墙的砌筑

挡土墙的砌筑除与上述几种墙体的砌法相同外，还应注意毛石的中部厚度不宜小于 200mm，每砌 3～4 皮为一个分层高度，每个分层高度宜找平一次，外露面的灰缝厚度不得大于 40mm，两个分层高度间的错缝不得小于 80mm。砌筑挡土墙，应按设计要求收坡或收台，并设置泄水孔。挡土墙立面如图 6-25 所示。

5. 料石砌体

(1) 料石基础的砌筑

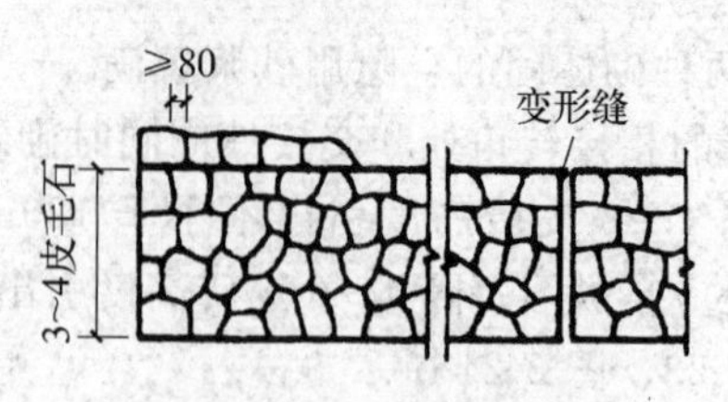

图 6-25　挡土墙立面

料石基础是用毛料石或粗料石与砂浆组砌而成。其断面形式有矩形和阶梯形，阶梯形基础每阶挑出宽度不大于 200mm。

料石基础主要采用两种组砌方法（图 6-26）：

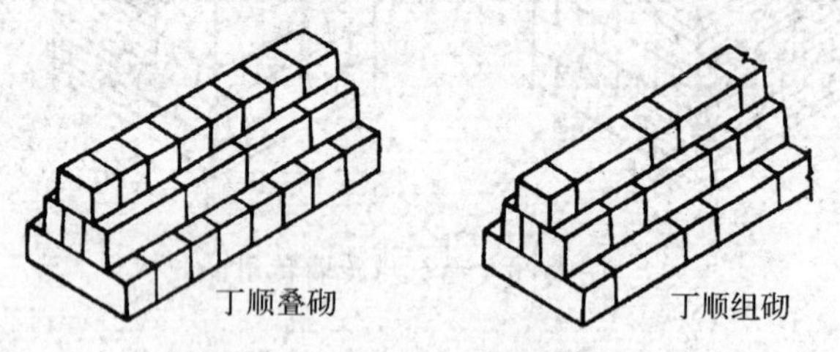

图 6-26　料石基础组砌方法

① 丁顺叠砌：一皮丁石与一皮顺石相互叠加组砌而成，先丁后顺，竖向灰缝错开 1/4 石长。

② 丁顺组砌：同皮石中用丁砌石和顺砌石交替相隔砌成。丁石长度为基础厚度，顺石厚度一般为基础厚度的 1/3，上皮丁石应砌于下皮顺石的中部、上下皮竖向灰缝至少错 1/4 石长。

料石基础的砌筑应注意上阶料石应至少压砌下阶料石的 1/3；灰缝厚度不宜大于 20mm，砌筑时，砂浆铺设厚度应略高于规定灰缝厚度 6～8mm，其余与毛石基础砌法相同。

（2）料石墙的砌筑

料石墙是用料石（各种料石均可）与砂浆组砌而成。

料石墙的组砌方法主要有三种（图 6-27）：

① 丁顺叠砌：与料石基础中方法相同。

② 丁顺组砌：也与料石基础中的方法相同。

③ 全顺叠砌：每皮石均用顺砌石砌筑，设有丁砌石。上下皮竖向灰缝相互错开 1/2～1/3 石长。

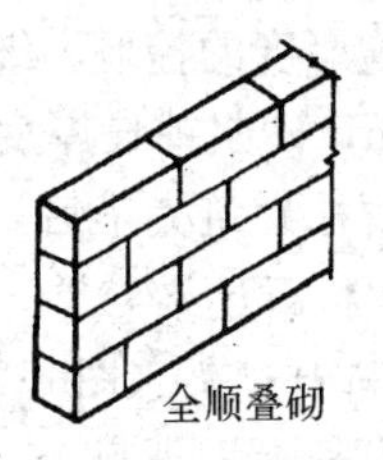

图 6-27 料石墙的组砌

料石还可以与毛石或砖砌成组合墙。料石与毛石的组合墙，除丁砌石与外皮顺砌石外，其他部分可用毛石砌筑。料石与砖的组合墙与毛石与砖的组合墙基本相同。

料石墙砌筑时应注意灰缝厚度的把握，细料石墙不宜大于 5mm，半细料石墙不宜大于 10mm，粗料石和毛料石墙不宜大于 20mm，砂浆铺设厚度应略高于规定灰缝厚度，其高出厚度，细料石、半细料石墙宜为 3～5mm，粗料石、毛料石墙宜为 6～8mm。其余砌法同毛石墙的砌筑方法。

（3）料石柱的砌筑

料石柱是用半细料石或细料石与砂浆砌筑而成。料石柱有整石柱和组砌柱两种，整石柱是用与柱断面相同断面的石材上下组砌而成，组砌柱每皮由几块石材组砌而成，如图 6-28 所示。

石柱砌筑前，应先在柱基础上弹出柱身边线和中心线，整石柱的石块应在其四侧弹出石块中心线。清理干净叠砌面。

砌整石柱前，先在柱基面上抹一层砂浆厚约 10mm，再将石块对准中心线砌好，以后各皮砌筑前均应先铺好砂浆，再将石块对准中线砌好，石块若有偏斜，可用铜片或铝片在灰缝内垫平。

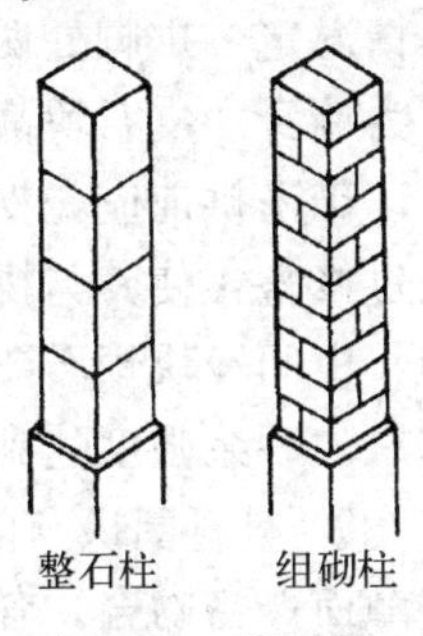

图 6-28 料石柱的组砌

砌组砌柱时，应按规定的组砌方法逐皮砌筑，竖向灰缝相互错开，不得使用垫片。

砌筑时，应随时用线坠检查柱身的垂直度，如有偏斜应立即拆除重砌，不得用敲击方法纠偏。

灰缝厚度的控制：细料石柱不宜大于 5mm，半细料石柱不宜大于 10mm，砂浆铺设厚度应略高于规定灰缝厚度 3～5mm。

料石柱砌筑完毕后，应加强保护，严禁碰撞。

（4）料石过梁与拱

① 料石过梁（图 6-29）。料石过梁厚度应为 200～450mm，两端伸入墙内长度不小于 250mm，窗间墙宽应大于 600mm，洞口净跨度不宜大于 1.2m。过梁宽度与墙厚相同，可用双拼，过梁底面应粗加工，以安装门窗。

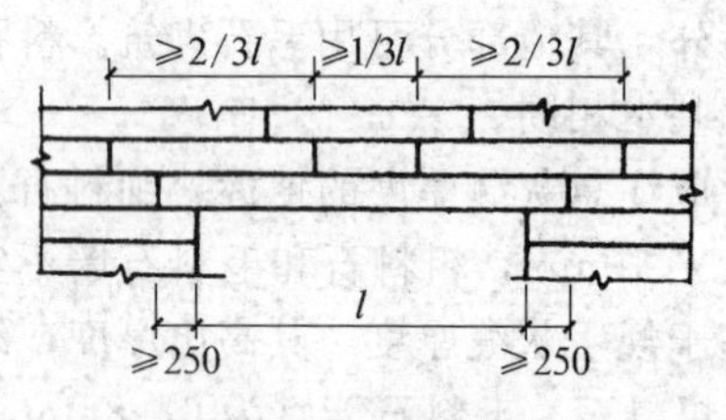

图 6-29 料石过梁

料石过梁砌筑时，在墙顶铺浆，放上过梁后垫稳，过梁上面正中的一块应砌上不小于 1/3 过梁长的石块，在其两边应砌上不小于 2/3 过梁长的石块。

② 料石平拱（图 6-30）。平拱所用料石要加工成楔形，斜度按具体情况定，拱脚处两边石块坡度以 60°为宜，拱厚度与墙身相同，高度为墙身二皮石块高，拱石块数为单数。

砌平拱前应先支设模板，在模板上画出石块位置，拱脚处斜面应经过修整，使其与拱的石块相吻合。砌筑时，应从两边对称地向中间砌，中间一块锁石要挤紧。砂浆强度不应低于 M10，灰缝厚度 5mm 左右。砂浆强度达到设计强度 70%以上时才能拆模。

③ 料石圆拱（图 6-31）。料石圆拱所用石块要进行细加工，使其接触面严密吻合，各块形状及尺寸要符合设计要求。砌筑时应先支模板，在模板上面留出石块位置，先从拱脚两端开始向中间对称砌筑，正中一块拱冠石要对中挤紧。砂浆强度不应低于 M10，灰缝厚度 5mm。砌筑过程中要经常注意校核各部位保证位置正确，石块对称。

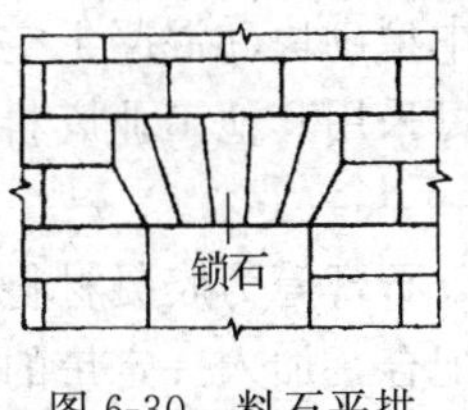

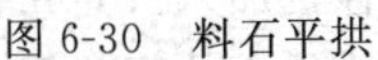
图 6-30　料石平拱

图 6-31　料石圆拱

砂浆强度大于设计强度 70%以上时才能拆模。

(5) 石墙勾缝

石墙面勾缝形式有平缝、平凹缝、平凸缝、半圆凹缝、半圆凸缝和三角凸缝等（图 6-32)。设计无特殊要求时，墙面应采用凸缝或平缝。

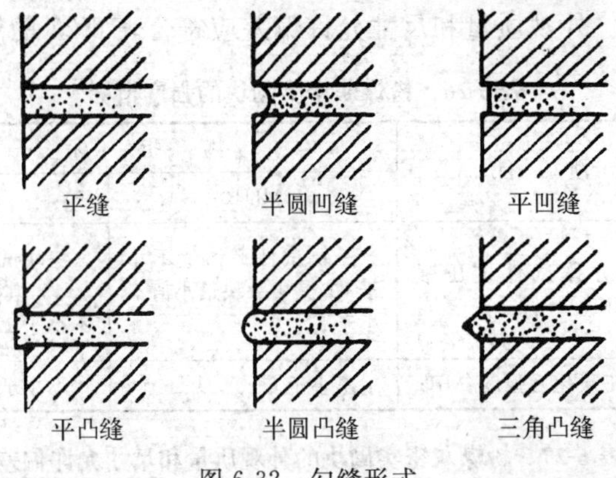

图 6-32　勾缝形式

设计要求勾缝时，应在砌体砂浆初凝开始，将原灰缝勾刮 25mm 深，并将松散的砂浆刮去，用清水湿润，然后将嵌缝砂浆嵌压入缝内，做成设计要求的勾缝形式。嵌缝应沿砌合时的自然缝进行，做到均匀一致，深浅厚度相同，搭接平整。

勾缝完毕后，应及时清扫好墙面。

第四节　砌块工程

一、中型砌块墙

1. 材料要求

中型砌块墙是以粉煤灰硅酸盐密实中型砌块和混凝土空心中型砌块为主要墙体材料和砂浆砌筑而成，也可采用其他工业废料制成的密实或空心中型砌块。

粉煤灰密实砌块是以粉煤灰、石灰、石膏等为胶凝材料，以煤渣或矿渣、石子等为骨料，按一定的比例配合，加入一定量的水，经搅拌、振动成型、蒸汽养护而成。粉煤灰砌块的主体规格尺寸为：

长度：1180mm、880mm、580mm、430mm

高度：380mm

厚度：240mm、200mm、190mm、180mm

粉煤灰密实砌块的强度等级一般为 MU10 和 MU15，其强度指标见表 6-26。外观质量和尺寸允许偏差应符合表 6-27 的规定。

表 6-26 粉煤灰密实砌块的强度指标

项次	项目	指标	
		MU10	MU15
1	立方体试件抗压强度/MPa	三块试件平均值不小于10,其中一块最小值不小于8	三块试件平均值不小于15,其中一块最小值不小于12
2	人工炭化后强度/MPa	不小于6	不小于9

表 6-27 粉煤灰密实砌块的外观质量和尺寸允许偏差

项次	项目	指标
1	表面疏松	不允许
2	贯穿面棱的裂缝	不允许
3	直径大于50mm的灰团、空洞、爆裂和突出高度大于20mm的局部凸起部分	不允许
4	翘曲/mm	不大于10
5	条面、顶面相对两棱边高低差/mm	不大于8
6	缺棱掉角深度/mm	不大于50
7	尺寸的允许偏差：	
	长度/mm	+5、−10
	高度/mm	+5、−10
	宽度/mm	±8

混凝土空心砌块是以普通混凝土为原料，可采用人工立模抽芯成型工艺成型。其规格尺寸、孔型及空心率应根据当地采用的原材料性能、生产和施工条件，结合构件强度验算和建筑功能要求等因素综合考虑，合理设计。若无试验根据时，可参照表 6-28 及图 6-33 进行产品设计。

表 6-28　混凝土空心中型砌块的构造尺寸参考表

项次	项　目	孔型		
		单排孔	单排圆孔	多排孔
1	空心率/%	50～60	40～50	35～45
2	壁厚 δ/mm	25～35	25～30	25～35
3	肋距 h/mm	10δ～12δ	d+(30～40)	

注：d 为圆孔直径。

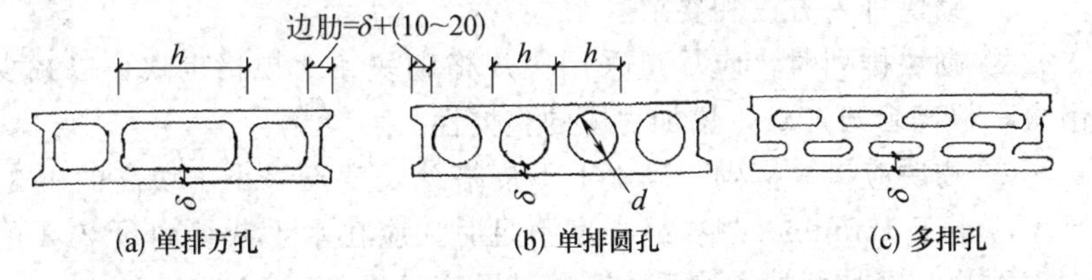

图 6-33　混凝土空心中型砌块构造

表 6-29　混凝土空心中型砌块的强度指标、外观质量和尺寸允许偏差

项次	项　目	指　标
1	主规格砌块块体抗压强度	随机抽取 3 块主规格砌块的平均抗压强度不得低于砌块强度等级
2	副规格砌块块体抗压强度	随机抽取 3 块副规格砌块的平均抗压强度不得低于砌块强度等级的 95%
项次	项　目	外观质量和尺寸允许偏差/mm
3	长度	+5,−10
4	高度	+5,−10
5	厚度	+5,−3
6	壁、肋厚	+5,−3
7	大面的不平整翘曲	+5,−5
8	每面两对角线之差	10
9	表面疏松	不允许
10	贯穿面棱裂缝	不允许

混凝土空心中型砌块的强度等级一般为 MU25、MU20、MU15 和 MU10。其强度指标、外观质量和尺寸允许偏差应符合表 6-29 的规定。

中型砌块的两侧面宜参照图 6-34 设置封闭灌浆槽，空心砌块的上端应封顶。

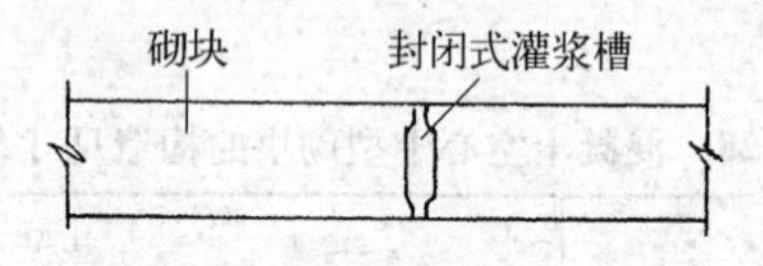

图 6-34 封闭式灌浆槽图

砌体的砌筑砂浆强度等级一般为 M15、M10、M5 和 M2.5。地面或防潮层以下的砌体，砌筑砂浆应采用强度等级不低于 M5 的水泥砂浆。

2. 砌块排列方法和要求

① 砌块排列时，应尽量采用主规格砌块和大规格砌块，以减少吊次，提高台班产量，增加房屋的整体性。

② 砌块应错缝搭砌，砌块上下皮搭缝长度不得小于块高的 1/3，且不应小于 150mm。当搭缝长度不足时，应在水平灰缝内设 2Φ4 的钢筋网片，网片两端离该垂直灰缝的距离不得小于 300mm。

③ 纵横墙交接处，应分皮咬槎砌筑（图 6-35）。砌块墙与后砌半砖隔墙交接处，应在沿墙高每 800mm 左右的水平缝内设 2Φ4 的钢筋网片（图 6-36）。

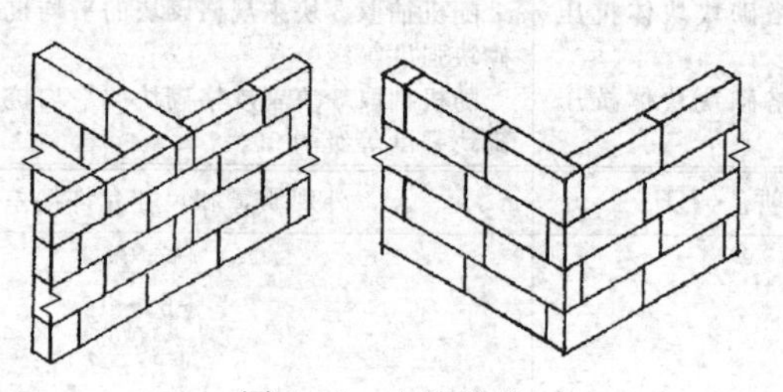

图 6-35 砌块搭接

④ 为增加空心砌块墙的整体刚度，可在其外墙转角处、楼梯间四角的砌体空洞内，设置不少于 1Φ12 的竖向钢筋，并贯通全部墙身高度，锚固于基础和楼屋盖圈梁内，钢筋接头应尽量绑扎或焊接，绑

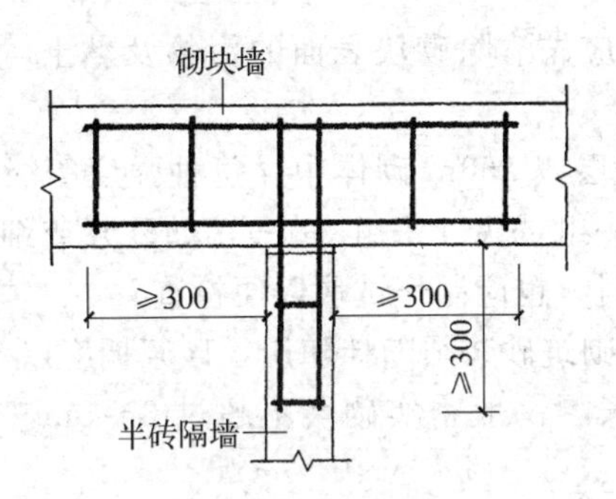

图 6-36　砌块墙与后砌半砖隔墙交接处钢筋网片布置示意图

扎搭接长度不应小于 35d（d 为钢筋直径），并随砌随在孔内用强度等级为 C20 的细石混凝土浇捣密实，次闪灌孔高度应比砌块顶面低 100mm 左右。

3. 施工准备

① 砌块的垂直运输和安装就位一般用塔架、轻型塔吊或台灵架等，吊装砌块的夹具可采用剪刀摩擦式、剪刀单齿式或多齿式夹具，灌垂直缝可采用工具式模板，铺水平灰缝可采用平面铺灰器，切割密实砌块可用切割机。

② 砌块堆放地点宜布置在起重设备的回转半径范围内，堆放场地要压实、平整并做好排水，砌块应保持干净，避免黏结泥土、脏物。

③ 砌块应垂直堆放，空心砌块堆放高度以一皮为宜，开口端向下放置。密实砌块应上下皮交叉叠放，顶面二皮叠成阶梯形，堆放高度不宜超过 3m；采用集装架时，堆垛高度不宜超过 3 格，集装架的净距不小于 200mm。

④ 砌块装卸和运输应平稳，避免冲击，布置起重设备时应考虑其起吊有效高度和回转半径，缆风绳应尽量避开在建建筑物。

4. 施工要点

① 砌块砌筑前，应在基础平面和楼层平面按砌块设计排列图，放出第一皮砌块的轴线、边线和洞口线，对于空心砌块还应放出分块线。

② 砌筑前，应先清除砌块表面的污物及黏土，并对砌块作外观检查。

③ 在每一楼层或250m砌体中，每种强度等级的砂浆或细石混凝土应至少制作一组试块（每组3块），如砂浆或细石混凝土强度等级或配合比变更时，也应制作试块以便检查。

④ 砌筑时，砌筑砂浆须随拌随用，砂浆稠度以50～70mm为宜，铺灰长度不宜过长，一般密实砌块不超过3～5m，空心砌块不超过2～3m。

⑤ 墙体砌筑应从转角处或定位砌块处开始，内外墙同时砌筑，纵横墙交接处应交错搭砌，每个楼层砌完后应复核标高，如有误差应找平校正。

⑥ 砌块墙在相邻施工段之间或临时间断处的高度差不得超过一个楼层，并应留阶梯形斜槎，附墙垛应与墙体同时交错搭砌。

⑦ 砌块墙砌筑应做到横平竖直，墙体表面平整清洁，砂浆饱满，灌缝密实，水平灰缝和垂直灰缝一般为15～20mm（不包括灌浆槽），当垂直灰缝大于30mm时，应用强度等级为C20的细石混凝土灌实。

⑧ 墙体经校正平直、灌垂直缝后，随即进行水平和垂直缝的勒缝（原浆勾缝），勒缝不得碰撞或撬动，如发生移动，应重新铺筑，预制板、梁、圈梁安装时必须坐浆。

⑨ 设计规定的洞口、沟槽、管道和预埋件等，一般应于砌筑时预留或预埋。空心砌块墙体不得打凿通长沟槽。

⑩ 当采用退榫法砌筑时，砌块就位时的榫面不得高出砂浆表面，内外墙面的榫孔不得贯通。

⑪ 常温施工时，砌块及空心砌块的抽筋孔应提前浇水湿润，湿润程度以砌块表面呈现水影为准。

⑫ 墙体抹灰以喷涂为宜，抹灰前应将墙面清除干净，并在前一天洒水湿润；门窗框与墙的交接处应分层填嵌密实，室内墙面的阻角和门口侧壁的阻角处，如设计对护角无规定时，可用水泥混合砂浆抹出护角，高度不低于1.5m。外墙窗台、雨篷、压顶等应做好流水坡度和滴水线槽，外墙勾缝应用水泥砂浆，不宜做凸缝。

⑬ 冬季施工时砌块不得浇水湿润，也不得使用被水浸后受冻的

砌块，砌块砌筑前，应先清除冰碴等冻结物。对砌筑好的砌体要覆盖保温，避免受冻，在解冻期应对砌体进行观察和检查，当发现裂缝、不均匀下沉等情况时，应分析原因，并立即采取措施消除或减弱其影响。

⑭ 雨天施工不得使用过湿的砌块，以避免砂浆流淌，影响砌体质量；雨后施工时，应复核砌体垂直度。

5. 质量检查

① 龄期为28天，标准养护的同强度等级砂浆或细石混凝土的平均强度不得低于设计强度等级。其中任意一组试块的最低值，对于砂浆不低于设计强度等级的75%，对于细石混凝土不低于设计强度等级的85%。

② 组砌方法应正确，不应有通缝，转角处和交接处的斜槎应通顺，密实。

③ 墙面应保持清洁，勾缝密实，深浅一致，横竖缝交接处应平整，预埋件、预留孔洞的位置应符合设计要求。

④ 砌体的允许偏差和检查方法见表6-30。

表6-30　粉煤灰砌块砌体允许偏差和外观质量标准表

<table>
<tr><th>项次</th><th colspan="3">项　　目</th><th>允许偏差/mm</th><th>检验方法</th></tr>
<tr><td>1</td><td colspan="3">轴线位置</td><td>10</td><td>用经纬仪、水平仪复查或检查施工记录</td></tr>
<tr><td>2</td><td colspan="3">基础或楼面标高</td><td>±15</td><td>用经纬仪、水平仪复查或检查施工记录</td></tr>
<tr><td rowspan="3">3</td><td rowspan="3">垂直度</td><td colspan="2">每楼层</td><td>5</td><td>用吊线法检查</td></tr>
<tr><td rowspan="2">全高</td><td>10m以下</td><td>10</td><td>用经纬仪或吊线尺检查</td></tr>
<tr><td>10m以上</td><td>20</td><td>用经纬仪或吊线尺检查</td></tr>
<tr><td>4</td><td colspan="3">表面平整</td><td>10</td><td>用2m长直尺和塞尺检查</td></tr>
<tr><td rowspan="2">5</td><td colspan="2" rowspan="2">水平灰缝平直度</td><td>清水墙</td><td>7</td><td rowspan="2">灰缝上口处用10m长的线拉直并用尺检查</td></tr>
<tr><td>混水墙</td><td>10</td></tr>
<tr><td>6</td><td colspan="3">水平灰缝厚度</td><td>+10、−5</td><td>与线杆比较，用尺检查</td></tr>
<tr><td>7</td><td colspan="3">垂直缝宽度</td><td>+10、−5
>30用细石混凝土</td><td>用尺检查</td></tr>
<tr><td>8</td><td colspan="3">门窗洞口宽度(后塞框)</td><td>+10、−5</td><td>用尺检查</td></tr>
<tr><td>9</td><td colspan="3">清水墙面游丁走缝</td><td>2</td><td>用吊线和尺检查</td></tr>
</table>

二、小型砌块墙

1. 材料要求

小型砌块墙是以混凝土空心小型砌块为主要墙体材料与砂浆砌筑而成。混凝土空心小型砌块是以水泥、砂、碎石或卵石为原料，加水搅拌，经振动、加压或冲压成型以及养护而制成。所用碎石或卵石的最大粒径不应大于砌块最小壁肋厚度的二分之一。

混凝土承重空心小型砌块的规格尺寸见表 6-31，其强度等级一般为 MU10、MU7.5、MU5 和 MU3.5，非承重砌块的强度等级为 MU3.0，各强度等级砌块的强度指标应符合表 6-32 的规定。

表 6-31 混凝土承重小型砌块的规格尺寸表 mm

项次	砌块名称	外形尺寸			最小壁、肋厚度
		长	宽	高	
1	主规格砌块	390	190	190	30
2	辅助规格砌块	290	190	190	30
		190	190	190	30
		90	190	190	30

注：1. 对于非抗震设防地区，混凝土小型砌块的壁、肋厚度可允许采用 27mm。

2. 非承重砌块的宽度可以为 90～190mm，最小壁、肋厚度可以减少为 20mm。

3. 混凝土小型砌块的空心率、孔洞形状，是否封底或半封底以及有无端槽等，可视各地区具体情况而定。

表 6-32 混凝土空心小型砌块的强度指标

项次	砌块类别	强度等级	抗压强度/MPa	
			五块平均值不小于	单块最小值不小于
1	承重砌块	MU10	10	8.0
		MU7.5	7.5	6.0
		MU5	5	4.0
		MU3.5	3.5	2.8
2	非承重砌块	MU3.0	3.0	2.5

注：1. 当五块平均值或单块最小值中，有一项达不到要求时，应降低强度等级使用。

2. 砌块养护龄期不足 28 天者，不宜出厂。

混凝土空心小型砌块的外观质量、尺寸允许偏差和有关的技术要求，可参见表 6-33。

表 6-33 混凝土空心小型砌块的质量标准表

项次	项 目	质量要求或允许偏差
1	干缩率(%)：	
	用于清水外墙	<0.05
	用于承重墙	<0.06
	用于非承重内墙、隔墙	<0.08
2	抗渗性(用于清水外墙)/mm	试件抗渗试验，2h 内水柱降低值小于 100
3	抗冻性(用于寒冷地区)/%	经 15 次冻融循环后，试件强度损失小于 25
4	尺寸允许偏差：	
	长度/mm	+3、-3
	宽度/mm	+3、-3
	高度/mm	+3、-4
	壁、肋厚	+3、-2
5	侧面凹凸/mm	<3
6	缺棱掉角/mm	长度或宽度不超过 30，深度不超过 20，且不超过二处
7	裂缝	不允许有贯穿壁、肋的竖向裂缝

墙体所用材料的强度等级除应满足设计要求外，对室内地面以下的墙体，应采用不低于 M5 的水泥砂浆砌筑；对 5 层及 5 层以上的民用房屋底层，墙体砌块的强度等级不低于 MU7.5、砂浆强度等级不低于 M5。

2. 施工准备

① 砌块运到现场后，应按不同规格和强度等级分别整齐堆放，堆垛上应设标志，堆放场地必须平整，并做好排水。砌块的堆置高度不宜超过 1.6m，堆垛之间保持适当的通道。

② 砌筑墙体前，必须根据砌块尺寸和灰缝厚度计算皮数和排数，以保证砌体尺寸符合设计要求。

③ 砌块一般不宜浇水，但在气候特别干燥炎热时，可在砌筑前稍加水湿润。不得使用龄期不足 28 天的砌块进行砌筑。

3. 施工要点

① 砌筑时，应先清除砌块表面污物，尽量选择主规格砌块，从转角或定位处开始，内外墙同时砌筑。砌筑时应对孔错缝搭砌。个别情况如无法对孔砌筑时，可错孔砌筑，但其搭接长度不得小于

90mm，如不能保证时，可在灰缝设拉结钢筋。砌块应底面朝上砌筑（反砌），纵横墙应交错搭砌。承重墙体不得采用砌块与黏土砖等混合砌筑。墙体砌筑高度每天不宜大于1.8m。

② 墙体的临时间断处应砌成斜槎，斜槎长度不应小于高度的2/3。如留斜槎有困难时，除转角外，也可砌成直槎，但必须采用拉结网片或其他措施，以保证连接牢靠。

③ 砌筑砂浆必须搅拌均匀，随拌随用，一般应在4h内使用完毕。墙体灰缝应做到横平竖直，全部灰缝均应填铺砂浆。水平灰缝的砂浆饱满程度不得低于90%，竖直灰缝的砂浆饱满程度不得低于60%，严禁用水冲浆浇灌灰缝。砌体水平灰缝的厚度和竖直灰缝的宽度应控制在8～12mm。埋设的拉结钢筋或网片，必须放置在砂浆层中。

④ 在墙体的下列部位，应用混凝土填实。

a. 底层室内地面以下墙体全部用强度等级不低于C10的混凝土填实。

b. 楼板支承处如无圈梁时，板下应砌一皮实心砌块或用强度等级为C15混凝土填实一皮砌块。

c. 次梁支承处应设置预制垫块或用强度等级为C15的混凝土填实，其宽度不应小于400mm，高度不应小于190mm。

d. 挑梁的悬挑长度大于或等于1.2m时，其支承处的内外墙交接处5个孔洞内应用强度等级为C15的混凝土填实，填实高度不小于600mm。

⑤ 为增加房屋的整体刚度，对5～6层房屋，应在其四大角及外墙转角处，各用强度等级为C15的混凝土填实三个孔洞以构成芯柱；对6层以上的房屋，尚应适当加强。

钢筋混凝土芯柱施工，应遵守下列规定。

a. 在楼、地面砌筑第一皮砌块时，在芯柱位置侧面应预留孔，浇灌混凝土前，必须清除芯柱孔洞内的杂物和底部毛边，并用水冲洗干净，校正钢筋位置并绑扎固定。

b. 芯柱钢筋应与基础或基础梁的预埋钢筋搭接。上下楼层的钢筋可在圈梁上部搭接，搭接长度不应小于35d（d为钢筋直径）。

c. 芯柱混凝土应在砌完一个楼层高度后连续浇灌，为保证芯柱混凝土密实，浇灌前，应先注入适量的水泥浆，混凝土坍落度应不小于 50mm，并定量浇灌。每浇灌 400～500mm 高度应捣实一次，或边浇灌边捣实，不得在灌满一个楼层高度后再捣实。

d. 芯柱混凝土应与圈梁同时浇灌，在芯柱位置，楼板应留缺口，以保证芯柱连成整体。

⑥ 在每一楼层或 $250m^2$ 的墙体中，对每种强度等级的砂浆和混凝土，至少制作一组试块（每组 3 块）。如砂浆和混凝土强度等级或配合比变更时，也应制作试块以便检查。

⑦ 需要移动已砌好的砌块时，应清除原有砂浆，重铺砂浆砌筑。

⑧ 对骨架房屋的填充墙和石砌的隔墙，沿墙高每隔 600mm，应与承重墙或柱预留的 2Φ6 钢筋或钢筋网片拉结，钢筋伸入墙内的长度不得小于 600mm。

⑨ 当框架的填充墙砌至最后一皮（即梁底）时，可用实心砌块揳紧。

⑩ 对设计规定的洞口、管道、沟槽和预埋件等，应在砌筑时预留或预埋，不得在砌好的墙体上打凿。

⑪ 对墙体表面的平整度和垂直度，灰缝的均匀程度及砂浆饱满程度等，应随时检查并校正所发现的偏差。在砌完每一楼层后，应校核墙体的轴线尺寸和标高。在允许范围内的轴线和标高的偏差，可在楼板面上予以校正。

⑫ 雨天施工应有防雨措施，不得使用湿砌块。雨后施工时，应复核墙体的垂直度。

⑬ 在墙体的下列部位不得设置脚手眼。

a. 过梁上部与过梁成 60°角的三角形范围内。

b. 宽度小于 800mm 的窗间墙。

c. 门窗洞口两侧 200mm 和墙体交接处 400mm 的范围内。

d. 梁或梁垫下及其左右各 500mm 的范围内。

e. 设计规定不允许设脚手眼的部位。

4. 质量检查

砌体的允许偏差和外观质量标准应符合表 6-34 的规定。

表 6-34 砌体的允许偏差和外观质量标准

<table>
<tr><th>序号</th><th colspan="3">项　目</th><th>允许偏差/mm</th><th>检查方法</th></tr>
<tr><td>1</td><td colspan="3">轴线位移</td><td>10</td><td rowspan="2">用经纬仪，水平仪复查或检查施工记录</td></tr>
<tr><td>2</td><td colspan="3">基础或楼面标高</td><td>±15</td></tr>
<tr><td rowspan="3">3</td><td rowspan="3">垂直度</td><td colspan="2">每层</td><td>5</td><td>用吊线法检查</td></tr>
<tr><td rowspan="2">全高</td><td>10m 以下</td><td>10</td><td rowspan="2">用经纬仪或吊线尺检查</td></tr>
<tr><td>10m 以上</td><td>20</td></tr>
<tr><td rowspan="2">4</td><td rowspan="2">表面平整</td><td colspan="2">清水墙、柱</td><td>5</td><td rowspan="2">用 2m 靠尺检查</td></tr>
<tr><td colspan="2">混水墙、柱</td><td>8</td></tr>
<tr><td rowspan="2">5</td><td rowspan="2">水平灰缝平直度</td><td colspan="2">清水墙 10m 以内</td><td>7</td><td rowspan="2">用拉线和尺量检查</td></tr>
<tr><td colspan="2">混水墙 10m 以内</td><td>10</td></tr>
<tr><td>6</td><td colspan="3">水平灰缝厚度(连续五皮砌块累加数)</td><td>±10</td><td rowspan="3">用尺量检查</td></tr>
<tr><td>7</td><td colspan="3">垂直灰缝宽度(连续五皮砌块累计数，包括凹面深度)</td><td>±15</td></tr>
<tr><td>8</td><td colspan="3">门窗洞口宽度(后塞框)</td><td>±5</td></tr>
</table>

第五节　砌体工程的质量控制与安全技术措施

一、砌体工程的质量控制

1. 砌筑砂浆的质量控制

① 砂浆的组成材料如水泥、砂、水、掺和料和外加剂等，必须符合规范要求。

② 严格掌握配合比，配合比必须采用重量比。

③ 计量必须准确，达到施工规范要求。

④ 砂浆搅拌必须均匀。

⑤ 使用微沫剂时应严格控制好用量。

2. 砌砖工程的质量控制

为将砌体工程中影响砌体质量的通病控制在最低限度，应注意以下几点。

① 砖的质量，必须符合规范要求。

② 砌体砂浆必须密实饱满，水平灰缝砂浆饱满度不低于 80%，为此，应尽量采用“三一”砌砖法，并在砌筑前将砖润好，严禁干砖

上墙。

③ 外墙转角处严禁留直槎，其他留槎处也应符合施工规范要求。为此，应在安排施工组织计划时，对留槎处作统一考虑，尽量减少留槎，留槎时严格按施工规范要求施工。

④ 砌体的组砌形式必须正确，应使操作者明白，正确的组砌形式不仅使墙体美观，更主要的是为了满足砌体强度的要求。

应将非整砖分散砌于墙中，考虑到打制七分头砖质量不能保证，可采用专制七分头砖，以尽量减少砌体中通缝出现的机会。

⑤ 砌体中预埋拉结筋的规格、数量、长度均应符合设计要求和施工规范的规定；构造柱留置数量、位置等均应正确，大马牙槎先退后进，杂物清理干净，这些都要求工程技术人员加强管理，做好隐蔽验收记录。

⑥ 砖砌体尺寸、位置的允许偏差和检验方法见表 6-35。

表 6-35　砖砌体尺寸和位置的允许偏差

项次	项　目			允许偏差/mm			检验方法
				基础	墙	柱	
1	轴线位移			10	10	10	用经纬仪复查或检查施工测量记录
2	基础顶面和楼面标高			±15	±15	±15	用水准仪复查或检查测量记录
3	墙面垂直度	每层		—	5	5	用 2m 托线板检查
		全高	小于或等于 10m	—	10	10	用经纬仪或吊线和尺检查
			大于 10m	—	20	20	
4	表面平整度	清水墙、柱		—	5	5	用 2m 直尺和楔形塞尺检查
		混水墙、柱		—	8	8	
5	水平灰缝平直度	清水墙		—	7	—	拉 10m 线和尺寸检查
		混水墙		—	10	—	
6	水平灰缝厚度(10 皮砖累计数)			—	±8	—	与皮数杆比较，用尺检查
7	清水墙游丁走缝			—	20	—	吊线和尺检查，以每层第一皮砖为准
8	外墙上下窗口偏移			—	20	—	用经纬仪或吊线检查，以底层窗口为准
9	门窗洞口宽度(后塞口)			—	±5	—	用尺检查

3．砌石工程的质量控制

砌石工程与砌砖工程有相似之处，也有其不同特点，与砖砌体相同，石砌体材料如石材、砂浆等必须符合规范要求。另外，石砌体砌筑还需注意以下几点。

① 进材料时就应注意拉结石的储备。砌筑时，必须保证拉结石尺寸、数量、位置符合施工规范的要求。

② 要注意大小石块搭配使用，立缝要小，大块石间缝隙用小石块堵塞。

③ 砌筑时跟线砌筑，控制好灰缝厚度，每天砌筑高度不超过1.2m或一步架高度。

④ 掌握好勾缝砂浆配合比，宜用中粗砂，勾缝后早期应洒水养护。

⑤ 石砌体尺寸、位置的允许偏差和检验方法见表6-36。

4．砌块工程的质量控制

砌块建筑与一般砖石建筑有许多共同之处，但由于砌块自身材料的特点，与一般砖石结构的施工要求有所不同。在砌块施工中应严格遵守有关施工规范与规程的规定，并应特别注意以下几点。

① 砌体材料的质量必须合格。砌筑用的砌块、砂浆及其各组成材料必须符合设计要求和施工规范的规定。

② 应特别注意砌块出厂到砌筑的时间，必须保证砌块的龄期达到一个月左右，同时，对设计采取的一些构造措施在施工中应给予特别的注意，这样就会对防止墙体开裂起到良好的作用。

③ 应掌握好砌块的润水。混凝土空心砌块一般不需润水，天气干热时，可适当润水。加气混凝土砌块可提前适当润水。粉煤灰砌块则应在砌筑前1～2天充分润水，并根据气候情况控制好砌块湿度，砌筑时应保持湿润，但也不能过湿。

④ 混凝土小型空心砌块砌筑时必须遵守反砌原则，水平灰缝砂浆饱满度按净面积计不小于90％。

⑤ 混凝土小型空心砌块芯柱施工应特别注意。钢筋必须按设计要求设置，浇注混凝土时必须保证芯柱贯通，必须分层浇注并捣实，严禁浇满一个楼层后再捣实。另外，应事先计算好每个柱芯的混凝土

表 6-36 石砌体的尺寸和位置的允许偏差

项次	项目		允许偏差/mm								检验方法
			毛石砌体		料石砌体						
					毛料石		粗料石		半细料石	细料石	
			基础	墙	基础	墙	基础	墙	墙、柱	墙、柱	
1	轴线位移		20	15	20	15	15	10	10	10	用经纬仪或拉线和尺量检查
2	基础和墙砌体顶面标高		±25	±15	±25	±15	±15	±15	±10	±10	用水准仪和尺量检查
3	砌体厚度		+30 −0	+20 −10	+30 −10	+20 −10	+15 −0	+10 −5	+10 −5	+10 −5	用尺量检查
4	墙面垂直度	每层 全高	— —	20 30	— —	20 30	— —	10 25	7 20	5 15	用经纬仪或吊线和尺量检查
5	表面平整度	清水墙、柱 混水墙、柱	— —	20 20	— —	20 20	— —	10 15	7 —	5 —	细料石：用 2m 靠尺和楔形塞尺检查 其他：用两直尺垂直于灰缝拉 2m 线和尺量检查
6	清水墙水平灰缝平直度		—	—	—	—	—	10	7	5	拉 10m 线和尺量检查

用量，通过计量控制柱芯混凝土的贯通。

⑥ 中型砌块应严格按排列图施工，施工中注意灰缝搭接不要超过规范和规程的规定。

⑦ 严禁使用各种断裂砌块。

⑧ 混凝土小型空心砌块、加气混凝土砌块、粉煤灰砌块的砌体尺寸、位置允许偏差和检验方法见表6-37、表6-38及表6-39。

表6-37 混凝土小型空心砌块砌体的允许偏差

项次	项目			允许偏差/mm	检查方法
1	轴线位移			10	用经纬仪、水平仪复查或检查施工记录
2	基础或楼面标高			±15	
3	垂直度	每层		5	用吊线法检查
		全高	10m以下	10	用经纬仪或吊线和尺检查
			10m以上	20	
4	表面平整	清水墙、柱		5	用2m靠尺检查
		混水墙、柱		8	
5	水平灰缝平直度	清水墙10m以内		7	用拉线和尺量检查
		混水墙10m以内		10	
6	水平灰缝厚度(连续五皮砌块累计数)			±10	用尺量检查
7	垂直灰缝宽度(连续五皮砌块累计数，包括凹面深度)			±15	
8	门窗洞口宽度(后塞框)			±5	用尺量检查

表6-38 加气混凝土砌块砌体结构尺寸和位置的允许偏差

项次	项目	允许偏差/mm	检查方法
1	砌体厚度	±4	用尺量
2	基础顶面和楼面标高	±15	用水平仪、经纬仪复查或检查施工记录
3	轴线位移	5	
4	墙面垂直度 (1) 每层 (2) 全高	 5 10	 用吊线法检查 用经纬仪或吊线尺量检查
5	表面平整	6	用2m长直尺和塞尺检查
6	水平灰缝平直	7	灰缝上口处用10m长的线拉直并用尺检查

表 6-39　粉煤灰砌块砌体允许偏差

项次	项　目			允许偏差/mm	检 验 方 法
1	轴线位置			10	用经纬仪、水平仪复查或检查施工记录
2	基础或楼面标高			±15	用经纬仪、水平仪复查或检查施工记录
3	垂直度	每楼层		5	用吊线法检查
		全高	10m 以下	10	用经纬仪或吊线尺量检查
			10m 以上	20	用经纬仪或吊线尺量检查
4	表面平整			10	用 2m 长直尺和塞尺检查
5	水平灰缝平直度	清水墙		7	灰缝上口处用 10m 长的线拉直并用尺检查
		混水墙		10	
6	水平灰缝厚度			+10、-5	与线杆比较，用尺检查
7	垂直缝宽度			+10、-5 >30 用细石混凝土	用尺检查
8	门窗洞口宽度(后塞框)			+10、-5	用尺检查
9	清水墙面游丁走缝			20	用吊线和尺检查

施工中质量问题产生的根源在管理，解决质量问题的关键在防不在治。施工中要求工程技术人员加强管理，严格按施工规范和规程要求进行施工，尽量把各类质量问题消灭在萌芽中。

二、砌体工程的安全技术措施

① 在施工操作前，必须检查操作环境是否符合安全要求，道路是否畅通，施工机具是否完好牢固，安全设施和防护用品是否齐全，符合要求后才能进行施工。

② 在操作地点临时堆放材料时，当放在地面时，要放在平整坚实的地面上，不得放在湿润积水或泥土松软崩裂的地方。当放在楼板面或桥道时，不得超出其设计荷载能力，并应分散堆置，不能过分集中。

③ 用于垂直运输的吊笼、滑车、绳索、刹车等，必须牢固无损，吊运材料时注意不能超载，并应经常检查，发现问题及时处理。

④ 起重机吊运砖要用砖笼，吊运砂浆时料斗不能装得过满，人体能在吊件回转范围内停留。

⑤ 水平运输车辆运砖、石、砂浆时应注意稳定，不得高速起步，前后车距不应少于 2m，下坡行车，两车距不应少于 10m。禁止超车。所载材料不许超出车厢之上。

⑥ 砌基础时，应检查和经常注意基坑土质变化情况，有无崩裂现象，堆放砖石材料应离开坑边 1m 以上。当深基坑装设挡板支撑时，操作人员应设梯子上下，不得攀跳。运料不得碰撞支撑，也不得踩踏砌体和支撑上下。

⑦ 砍砖时应面向内打，注意不要使碎砖打掉后伤人。

⑧ 脚手架高度应低于砌体高度。

⑨ 砌墙在一层以上或高度超过 3m 时，建筑物外边应搭设排栅平桥并设置安全网及护身栏。

⑩ 不准用不稳固的工具或物体在脚手板面垫高操作，更不准在未经加固的情况下，在一层脚手架上随意再叠加一层。

⑪ 不准站在墙上做划线、吊线、清扫墙面等工作，严禁踏上窗台出入平桥。

⑫ 脚手架上堆料量不得超过规定荷载，堆砖高度不得超过 3 皮侧砖，同一块脚手板上的操作人员不得超过 2 人。

⑬ 砌石操作时应戴厚布手套。

⑭ 用锤打石时，应先检查铁锤有无破裂，锤柄是否牢固，打锤要按照石纹走向落锤，锤口要平，落锤要准。落锤要选择方向，看清附近情况有无危险，然后落锤，以免伤人。

⑮ 石块不得往下抛掷。运石上下时，脚手板要钉装牢固，并钉防滑条及扶手栏杆。

⑯ 已砌好的山墙，应临时用联系杆放置各跨山墙上，使其联系稳定，或采取其他有效的加固措施。

⑰ 已经就位的砌块，必须立即进行竖缝灌浆，对稳定性较差的构件应加临时稳定支撑以保证其稳定性。

⑱ 大风、大雨、冻冰等气候之后，应对砌体进行检查，看是否有异常情况发生。

⑲ 台风季节应及时进行圈梁施工，加盖楼板，或采取其他稳定措施。

⑳ 冬季施工时，应先将脚手架上的霜雪等清理干净后，才能上架施工。

第七章　脚手架工程

脚手架是建筑工程施工重要的临时设施，是施工现场为安全防护、工艺操作以及解决楼层间少量垂直和水平运输而搭设的支架。在结构施工和设备管道的安装施工中，都需要按照操作要求搭设脚手架。

第一节　脚手架的基本要求

一、使用要求

（1）有足够的面积，能满足工人操作、材料堆置和运输的需要。

（2）具有稳定的结构和足够的承载能力，能保证施工期间在各种荷载和气候条件下，不变形、不倾斜、不摇晃。

（3）搭拆简单，搬移方便，能多次周转使用。

（4）应考虑多层作业、交叉流水作业和多工种作业要求，减少多次搭拆。

二、一般要求

（1）脚手架搭设前必须根据工程的特点按有关规定，制定施工方案和搭设的安全技术措施。

（2）脚手架搭设或拆除人员必须由符合劳动部颁发的《特种作业人员安全技术培训考核管理规定》经考核合格，领取《特种作业人员操作证》的专业架子工进行。

（3）操作人员应持证上岗。操作时必须配戴安全帽、系安全带、穿防滑鞋。

（4）脚手架与高压线路的水平距离和垂直距离必须按照表 7-1 的有关要求执行。

（5）大雾及雨、雪天气和 6 级以上大风时，不得进行脚手架上的高处作业。雨、雪天后作业，必须采取安全防滑措施。

表 7-1　在建工程（含脚手架具）的外侧边缘与外电架空线路的边线之间的最小安全操作距离

外电线路电压/kV	1 以下	1～10	35～110	154～220	330～500
最小安全距离/m	4	6	8	10	15

（6）脚手架搭设作业时，应按形成基本构架单元的要求逐排、逐跨和逐步地进行搭设，矩形周边脚手架宜从其中的一个角部开始向两个方向延伸搭设。确保已搭部分稳定。

门式脚手架以及其他纵向竖立面刚度较差的脚手架，在连墙点设置层宜加设纵向水平长横杆与连接件连接。

（7）搭设作业，应按以下要求做好自我保护和保护好作业现场人员的安全。

① 在架上作业人员应穿防滑鞋和佩挂好安全带。保证作业的安全，脚下应铺设必要数量的脚手板，并应铺设平稳，且不得有探头板。当暂时无法铺设落脚板时，用于落脚或抓握、把（夹）持的杆件均应为稳定的构架部分，着力点与构架节点的水平距离应不大于0.8m，垂直距离应不大于1.5m。位于立杆接头之上的自由立杆（尚未与水平杆联接者）不得用作把持杆。

② 架上作业人员应作好分工和配合，传递杆件应掌握好重心，平稳传递。不要用力较猛，以免引起人身或杆件失衡。对每完成的一道工序，要相互询问并确认后才能进行下一道工序。

③ 作业人员应佩带工具袋，工具用后装于袋中，不要放在架子上，以免掉落伤人。

④ 架设材料要随上随用，以免放置不当时掉落。

⑤ 每次收工以前，所有上架材料应全部搭设上，不要存留在架子上，而且一定要形成稳定的构架，不能形成稳定构架的部分应采取临时撑拉措施予以加固。

⑥ 在搭设作业进行中，地面上的配合人员应避开可能落物的区域。

（8）架上作业时的安全注意事项如下。

① 作业前应注意检查作业环境是否可靠，安全防护设施是否齐

全有效，确认无误后方可作业。

② 作业时应注意随时清理落在架面上的材料，保持架面上规整清洁，不要乱放材料、工具，以免影响作业的安全和发生掉物伤人。

③ 在进行撬、拉、推等操作时，要注意采取正确的姿势，站稳脚跟，或一手把持在稳固的结构或支持物上，以免用力过猛身体失去平衡或把东西甩出。在脚手架上拆除模板时，应采取必要的支托措施，以防拆下的模板材料掉落架外。

④ 当架面高度不够、需要垫高时，一定要采用稳定可靠的垫高办法，且垫高不要超过 500mm；超过 500mm 时，应按搭设规定升高铺板层。在升高作业面时，应相应加高防护设施。

⑤ 在架面上运送材料经过正在作业中的人员时，要及时发出“请注意”、“请让一让”的信号。材料要轻搁稳放，不许采用倾倒、猛磕或其他匆忙卸料方式。

⑥ 严禁在架面上打闹戏耍、退着行走和跨坐在外防护横杆上休息。不要在架面上抢行、跑跳，相互避让时应注意身体不要失去平衡。

(9) 在脚手架上进行电气焊作业时，要铺铁皮接着火星或移去易燃物，以防火星点着易燃物。并应有防火措施。一旦着火时，及时予以扑灭。

(10) 其他安全注意事项如下。

① 运送杆配件应尽量利用垂直运输设施或悬挂滑轮提升，并绑扎牢固。尽量避免或减少用人工层层传递。

② 除搭设过程中必要的 1～2 步架的上下外，作业人员不得攀缘脚手架上下，应走房屋楼梯或另设安全人梯。

③ 在搭设脚手架时，不得使用不合格的架设材料。

④ 作业人员要服从统一指挥，不得自行其是。

(11) 钢管脚手架的高度超过周围建筑物或在雷暴较多的地区施工时，应安设防雷装置。其接地电阻应不大于 4Ω。

(12) 架上作业应按设计规定的荷载使用，严禁超载。并应遵守如下要求。

① 作业面上的荷载，包括脚手板、人员、工具和材料. 当施工

组织设计无规定时，应按有关的规定值控制：即结构脚手架不超过 $3kN/m^2$；装修脚手架不超过 $2kN/m^2$；维护脚手架不超过 $1kN/m^2$。

② 脚手架的铺脚手板层和同时作业层的数量不得超过规定。

③ 垂直运输设施（如物料提升架等）与脚手架之间的转运平台的铺板层数和荷载控制应按施工组织设计的规定执行，不得任意增加铺板层的数量和在转运平台上超载堆放材料。

④ 架面荷载应力求均匀分布，避免荷载集中于一侧。

⑤ 过梁等墙体构件要随运随装，不得存放在脚手架上。

⑥ 较重的施工设备（如电焊机等）不得放置在脚手架上。严禁将模板支撑、缆风绳、泵送混凝土及砂浆的输送管等固定在脚手架上及任意悬挂起重设备。

(13) 架上作业时，不要随意拆除基本结构杆件和连墙件，因作业的需要必须拆除某些杆件和连墙点时，必须取得施工主管和技术人员的同意，并采取可靠的加固措施后方可拆除。

(14) 架上作业时，不要随意拆除安全防护设施，未有设置或设置不符合要求时，必须补设或改善后，才能上架进行作业。

(15) 脚手架拆除作业前，应制订详细的拆除施工方案和安全技术措施。并对参加作业全体人员进行技术安全交底，在统一指挥下，按照确定的方案进行拆除作业，注意事项如下。

① 一定要按照先上后下、先外后里、先架面材料后构架材料、先辅件后结构件和先结构件后附墙件的顺序、一件一件地松开联结、取出并随即吊下（或集中到毗邻的未拆的架面上，扎捆后吊下）。

② 拆卸脚手板、杆件、门架及其他较长、较重、有两端联结的部件时，必须要两人或多人一组进行。禁止单人进行拆卸作业，防止把持杆件不稳、失衡而发生事故。拆除水平杆件时，松开联结后，水平托持取下。拆除立杆时，在把稳上端后，再松开下端联结取下。

③ 多人或多组进行拆卸作业时，应加强指挥，并相互询问和协调作业步骤，严禁不按程序进行地任意拆卸。

④ 因拆除上部或一侧的附墙拉结而使架子不稳时，应加设临时撑拉措施，以防因架子晃动影响作业安全。

⑤ 拆卸现场应有可靠的安全围护，并设专人看管，严禁非作业

人员进入拆卸作业区内。

⑥ 严禁将拆卸下的杆部件和材料向地面抛掷。已吊至地面的架设材料应随时运出拆卸区域，保持现场文明。

三、技术要求

(1) 构架结构

在满足使用要求的构架尺寸的同时，应确保以下安全要求。

① 构架结构稳定。

a. 构架单元不缺基本的稳定构造杆部件。

b. 整体按规定设置斜杆、剪刀撑、连墙杆或撑、拉件。

c. 在通道、洞口以及其他需要加大尺寸（高度、跨度）或承受超规定荷载的部位，根据需要设置加强杆件或构造。

② 联结节点可靠。

a. 杆件相交位置符合节点构造规定。

b. 连接件的安装和紧固力符合要求。

(2) 基础（地）和拉撑承受结构

① 脚手架立杆的基础（地）应平整夯实，具有足够的承载力和稳定性。设于坑边或台上时，立杆距坑、台的上边缘不得小于 1m，且边坡的坡度不得大于土的自然安息角，否则，应作边坡的保护和加固处理。

脚手架立杆之下必须设置垫座和垫板，常用基底做法如图 7-1、图 7-2 所示。

② 脚手架的连墙点、撑拉点和悬空挂（吊）点必须设置在能可靠地承受撑拉荷载的结构部位，必要时应进行结构验算。

(3) 安全防护

① 搭设和拆除作业中的安全防护如下。

a. 作业现场应设安全围护和警示标志，禁止无关人员进入危险区域。

b. 对尚未形成或已失去稳定结构的脚手架部位加设临时支撑或拉结。

c. 在无可靠的安全带扣挂物时，应拉设安全网。

d. 设置材料提上或吊下的设施，禁止投掷。

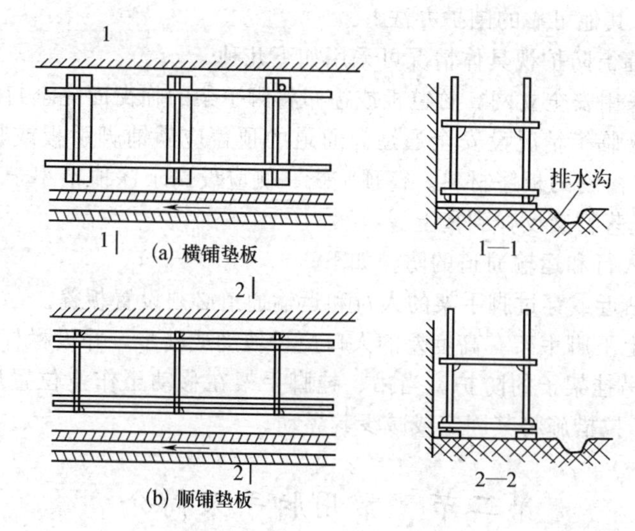

图 7-1　普通脚手架基底做法

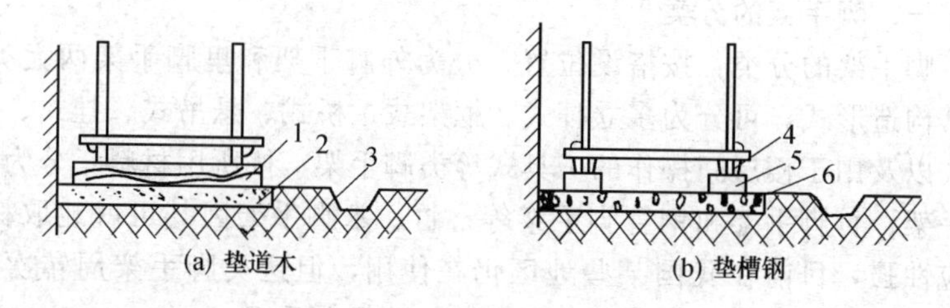

图 7-2　高层脚手架基底做法

1—道木；2—三七灰土；3—排水沟；
4—12～16 号槽钢；5—混凝土块；6—道砟

② 作业面的安全防护如下。

a. 脚手架的作业面的脚手板必须满铺，不得留有空隙和探头板。脚手板与墙面之间的距离一般不应大于 200mm。脚手板应与脚手架可靠栓结。

b. 作业面的外侧立面的防护设施视具体情况可采用如下几种。

（a）挡脚板加二道防护栏杆。

（b）二道防护栏杆绑挂高度不小于 1m 的竹笆。

（c）二道防护横杆满挂安全立网。

(d) 其他可靠的围护办法。

③ 临街防护视具体情况可采用如下几种。

a. 采用安全立网、竹笆板或篷布将脚手架的临街面完全封闭。

b. 视临街情况设安全通道。通道的顶盖应满铺脚手板或其他能可靠承接落物的板篷材料。篷顶临街一侧应设高于篷顶不小于 1m 的墙，以免落物又反弹到街上。

④ 人行和运输通道的防护如下。

a. 贴近或穿过脚手架的人行和运输通道必须设置板篷。

b. 上下脚手架有高度差的人口应设坡度或踏步，并设栏杆防护。

⑤ 吊挂架子的防护。当吊、挂脚手架在移动至作业位置后，应采取撑、拉措施将其固定或减少其晃动。

第二节 常用脚手架简介

一、脚手架的分类

脚手架的分类：按搭设位置，分为外脚手架和里脚手架两大类；按其构造形式，可分为多立杆式、框架式、桥式、悬吊式、挂式、挑梁式以及用于楼层间操作的工具式等类脚手架；按所用材料，分为木脚手架、竹脚手架和钢管脚手架等；竹、木脚手架因其可就地取材，适应性强，目前在我国某些地区仍在使用，但这类脚手架周转次数少，材料耗用量大，尤其是木脚手架，已很少采用。

二、各类脚手架简介

1. 外脚手架

外脚手架是搭设在外墙外面的脚手架。主要包括以下几种。

(1) 木脚手架

木脚手架所用材料一般为剥皮杉杆或其他坚韧顺直的硬木，不得使用杨木、柳木、桦木、椴木、油松和腐朽枯节等弯曲、易折木材。一般用 8 号镀锌铁丝绑扎搭设，当脚手架使用期在 3 个月以内时，也可用直径 10mm 的三股麻绳或棕绳绑扎。木脚手架见图 7-3。其技术要求见表 7-2。立杆、大横杆的搭接长度不应小于 1.5m，绑扎时小头应压在大头上，绑扎不少于 3 道（压顶立杆可大头朝上）。如三杆相交时，应先绑两根，再绑第3根，不得一扣绑三根。

表 7-2 木脚手架技术要求

杆件名称	规格/mm	构造要求
立杆	梢径≮70	纵向间距1.5～1.8m,横向间距1.5～1.8m,埋深≮0.5m
大横杆	梢径≮80	绑于立杆里面，第一步离地1.8m，以上各步间距1.2～1.5m
小横杆	梢径≮80	绑于大横杆上,间距0.8～1m,双排架端头离墙5～10cm,单排架插入墙内≮24cm,外侧伸出大横杆10cm
抛撑	梢径≮70	每隔7根立杆设一道,与地面夹角60°,可防止架子外倾
斜撑	梢径≮70	设在架子的转角处,做法如抛撑,与地面成45°角
剪刀撑	梢径≮70	三步以上架子,每隔7根立杆设一道,从底到顶,杆与地面夹角为45°～60°

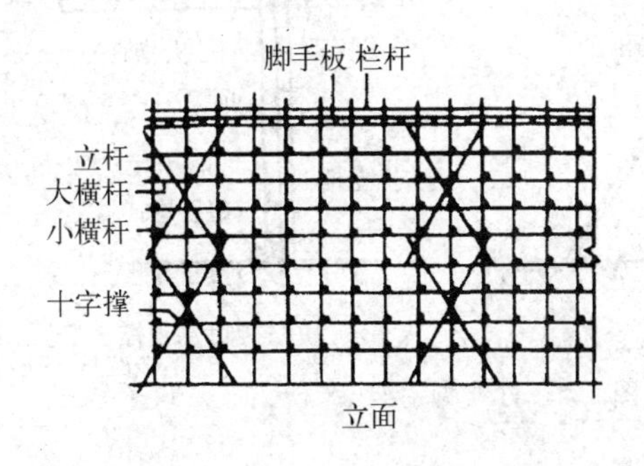

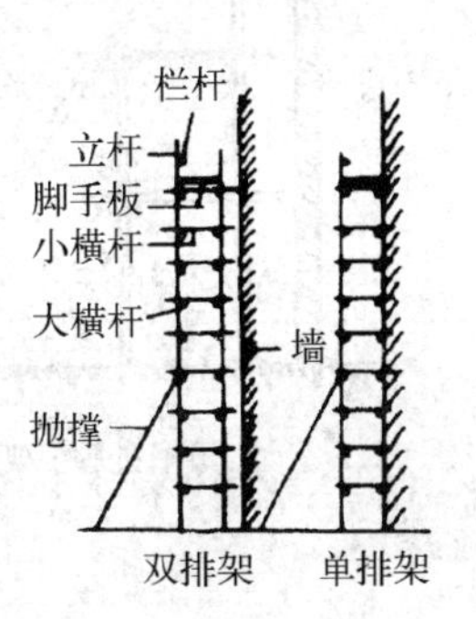

图 7-3 木外脚手架

(2) 竹脚手架

采用生长3年以上的毛竹为材料，并用竹篾（扎篾）绑扎搭设。青嫩、枯黄、黑斑、虫蛀、裂纹连通两节以上的毛竹均不能使用。竹篾用水竹或慈竹劈成，坚韧带青，厚约1mm宽不小于8mm，使用前一天应用水浸泡，使其柔韧。用作立杆、大横杆、抛撑、十字撑和顶撑的竹子，梢径不得小于75mm，小横杆梢径不得小于90mm。竹脚手架均搭成双排，见图7-4。立杆纵向间距不大于1.3m，外立杆离墙不大于1.8m，搭接长度不小于1.5m；大横杆间距一般为1.2～1.4m，搭接长度不小于2m；小横杆间距不得大于0.75m，如梢径介于60～90mm之间，可两根合并用或单根加密间距使用。抛撑每隔七根立杆设一道，与地面夹角为60°左右，高于六步不便设抛撑时，应设置连墙点，使架子与墙体连接而增加稳固程度；三步以上的脚手架，尽端及每隔七根立杆设一道十字撑，从底到顶，与地面成45°～60°角。顶撑沿立杆并紧，至少绑扎三道，顶住小横杆。大横杆要绑在立杆里侧；两杆的接头宜设在立杆处，小头压在大头上。立杆与横杆相交处，竹篾绑扎应绑相对角的两个扣；三杆相交时，不得同时绑三根，而应采用三箍绑扎法绑扎。所有杆件接头处，绑扎不少于三道。

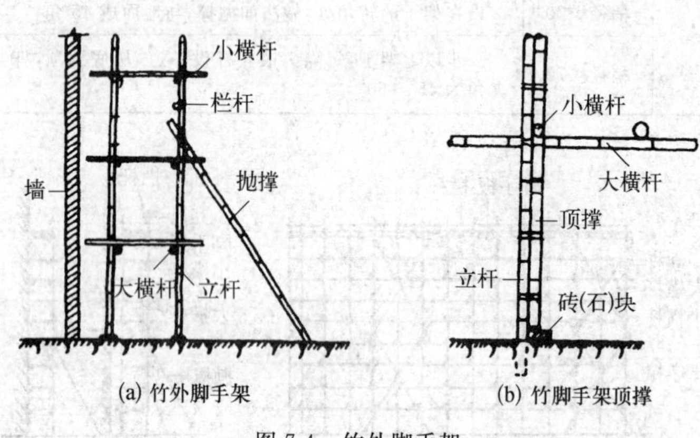

图7-4 竹外脚手架

(3) 扣件式钢管脚手架

扣件式钢管脚手架由钢管和扣件组成，一次性投资虽较大，但由于可周转次数多而摊销费用低；而且具有承载能力大、便于装拆、搭设高度大等优点，因而得到广泛使用。

扣件式钢管脚手架有双排和单排两种（见图7-5）。双排有里外两排立杆，自成稳定的空间桁架；单排只有一排立杆，横杆另一端要支承在墙体上，因而增加了脚手洞的修补工作，且影响墙体质量，稳定性也不如双排架。

扣件式脚手架杆件、零件的名称见表7-3，表中也列出了各地的习惯叫法（有的也沿用于其他类型的脚手架）。用于脚手架的钢管，一般采用外径为48mm，壁厚3.5mm的焊接钢管或壁厚为3～

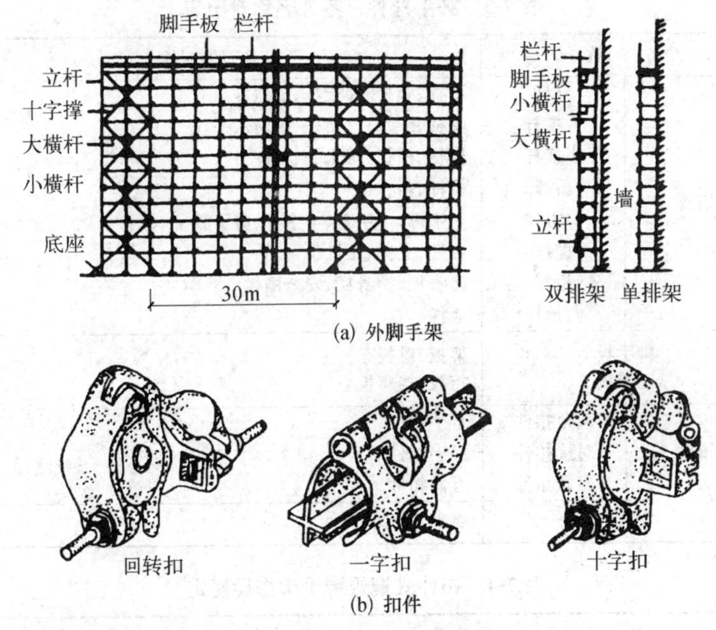

图 7-5 扣件式钢管外脚手架

3.5mm 的无缝钢管，不得使用严重锈蚀、弯曲、压扁、折裂的钢管。扣件一般用可锻铸铁铸造而成，也可用钢板压制。螺栓用 3 号钢制成，并作镀锌处理。钢管长度：立杆、大横杆、十字杆和抛撑为 4～6.5m，小横杆为 2.1～2.3m，连墙杆为 3.3～3.5m。

扣件式钢管脚手架的搭设规定见表 7-4。

脚手架立杆垂直度偏差不得大于$\frac{1}{200}$架高。大横杆纵向水平偏差不宜超过 60mm。

为保证脚手架的稳定与安全，七步以上的脚手架必须设十字撑（剪刀撑），一般设置在脚手架的转角、端头及沿纵向间距不大于 30m 处，每档十字撑占两个跨间，从底到顶连续布置，最下一对钢管与地面呈 45°～60°夹角，回转扣连接。三步以下的脚手架设抛撑。三步以上的脚手架无法设抛撑时，每隔三步、4～5 个跨间设置一道连墙杆（做法见图 7-6），不仅可防止脚手架外倾，而且可增强整体刚度。

表 7-3　脚手杆件、零件名称对照表

名　称		其他习惯叫法
钢管	立杆	站杆、竖杆、冲天杆、落地杆
	大横杆	牵杠、顺水杆、横杆、纵向水平杆
	小横杆	横楞、横担、楞木、六尺杆
	斜撑	拉杆、斜拉撑
	剪刀撑	十字撑、十字盖、十字杆、剪子股
	抛撑	撑杆、支撑、压栏子
	栏杆	防身栏、护身栏、安全围栏
	扫地杆	地杆
脚手板		架板、跳板
踢脚板		挡板、挡脚板
扣件	直角扣件	十字扣件
	对接扣件	一字扣件
	回转扣件	万向扣件
底座		底脚、支座

表 7-4　扣件式钢管脚手架搭设规定　m

项　　目	砌筑用		装饰用		满　堂　架
	单排	双排	单排	双排	
里皮立杆距墙面		0.5		0.5	0.5～0.6
立杆间距	2	2	2.2	2.2	
里外立杆距离	1.2～1.5	1.5	1.2～1.5	1.5	2
大横杆间距	1.2～1.4	1.2～1.4	1.6～1.8	1.6～1.8	1.6～1.8
小横杆间距	0.67	1	1.1	1.1	1
小横杆悬臂长度		0.4～0.45		0.35～0.45	0.35～0.45
剪刀撑间距	≯30	≯30	≯30	≯30	四边及中间每隔四根立杆设置
连墙杆设置高度	4	4	5	5	
连墙杆间距	10	10	11	11	

扣件式钢管脚手架除用于搭设外脚手架外，还可用于搭设里脚手架、满堂脚手架、挑脚手架、模板支撑架、井架、工作台和各种棚架等。扣件式钢管脚手架的钢管杆件长细比大，承压时受其稳定性能的限制；同时，除对接杆件为轴线一致外，所有交叉杆件连接均为非轴线相交，有 5.3～5.5mm 的偏心距，对承载能力有一定影响。扣件

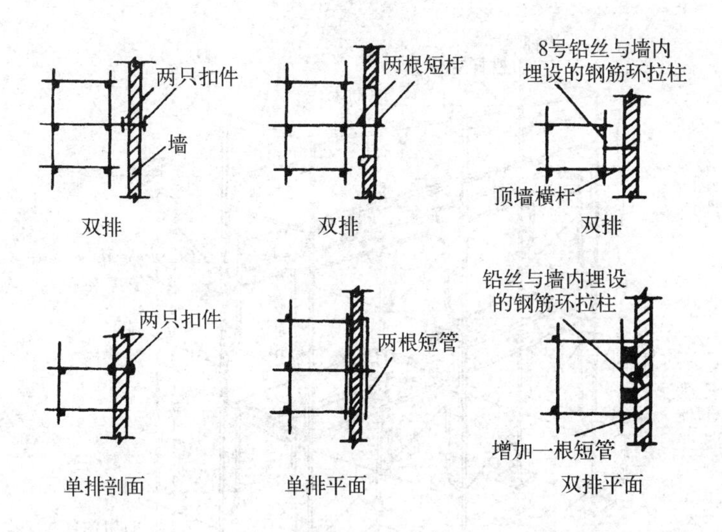

图 7-6　连墙杆的做法

式钢管脚手架的承载能力一般受整体稳定性控制，即取决于构架形式、尺寸、节点构造、扣件的拧紧程度、连墙点设置及其他约束、撑拉杆件设置情况等因素。单排脚手架限高 20m，双排限高 50m。架高超过 50m、重荷载、特殊形式的脚手架以及模板支撑架，均应进行施工设计和验算，以确保使用安全。

(4) 门式组合钢管脚手架

门式组合钢管脚手架由门架组合而成。门架为一小型的门式框架，本身具有较强的平面刚度，因此也可称之为框架组合式脚手架。见图 7-7。

门式组合钢管脚手架为横向竖平面结构的并联构架，在自下而上对接的单榀门架之间采用交叉支撑、水平框架和挂扣式钢脚手板连接成为整体。受力情况以垂直传递为主。垂直于门架平面方向的刚度较弱，必要时应设置纵向水平杆予以加强。当需要改变构架尺寸和增加其功能时，可使用相应的异型门架和配件，也可与扣件式钢管脚手架配合使用。门式组合钢管脚手架每跨允许均布荷载 4kN，跨中允许集中荷载 2kN；可用于搭设外脚手架（限高 45m）、里脚手架、满堂脚手架、模板支撑架和其他形式的架子。作模板支撑架时，其作用点

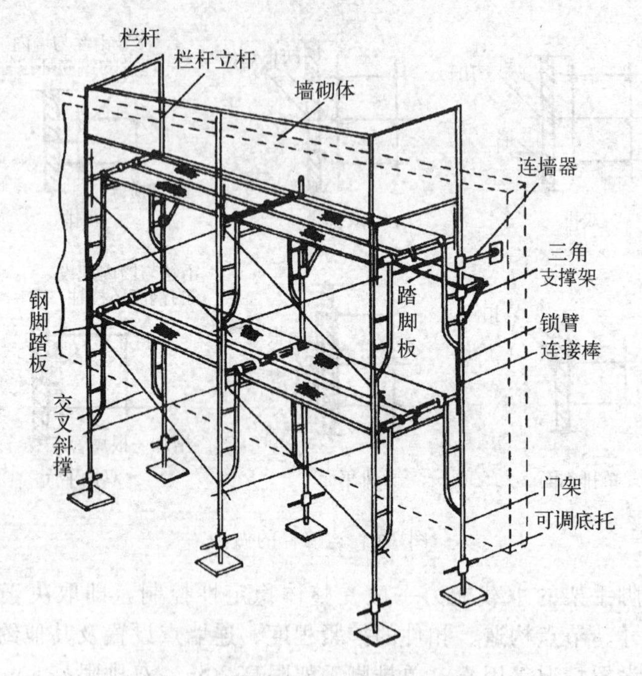

图 7-7 门式组合钢管脚手架

应尽量靠近门架立柱，避开横梁中部；必要时也可采用门架部分重叠的构架方式。

1）组成部件

① 门架（宽×高）：标准架 1219mm×1930mm；调节架 1219mm×1524mm、1219mm×1218mm。

② 配件：可调度座、交叉斜撑、连接棒、锁片、三角支撑、连墙器、栏杆、平行架、挂梯等。

③ 脚手板：双拼板 1830mm×500mm；单踏脚板 1830mm×280mm（长×宽）。

2）搭设要点

① 根据建筑物体型决定脚手架的排列方式；架子离墙面距离一般为 80～150mm。

② 沿墙纵向拉通线放出每个门架底座十字灰线。底座丝口满涂

黄油后再把底座摆在十字线上。有外挑阳台、雨篷的建筑物，采用调节门架。每立上两片门架，双面装上交叉斜撑，调准架身水平度和垂直度，扣上配套脚手板（卡扣合口）。靠墙面的交叉斜撑，可在砌筑时暂时拆下，完工后复原。当底层门架搭设完工，应拉通线校正水平，吊线调准，做到脚手板面平整划一。沿底座纵向，扣通长双面扫地杆，杆底垫砖块。如为外墙砌砖，则在每步架高 1.2m 处的门架立柱上装三角撑，扣上脚踏板。

③ 搭第二层门架时，操作者站在第一层门架脚手板上，将连接棒涂上黄油，插入门架顶端，立上第二层门架，双面装上交叉斜撑，再装锁片。

④ 垂直方向，每三层门架（约 6m），水平方向，每四档（约 8m），安装受拉、受压连墙器。连墙器一端扣紧在门架立杆上，另一端穿过墙体在其内侧面加挡板锚固，在墙体外侧面加垫板或卡具卡牢，以承受架身横向压力。

⑤ 门架转角，宜采取“L”形排列。侧丁门架应安装平行架，起固定作用。每层转角架，用直径 44mm 短钢管扣紧在两片门架的立柱或平行架上。

⑥ 十层门架以下，每三层用一道闭合式通长水平杆加固。在架身转角两侧，从底脚起分段分别按 45°设置包角杆到顶，杆件用扣件扣牢在各层门架的立杆上。

⑦ 脚手架外侧宜挂通长垂直安全网，随工人作业升降。每五层架高拉通长水平兜网。

(5) 碗扣式钢管脚手架

碗扣式钢管脚手架构架方式与扣件式钢管脚手架大致相同，不同之处在于扣件改为碗扣接头，使杆件能轴心相交，无偏心距，受力合理，可比扣件式钢管脚手架提高承载力 15%以上。

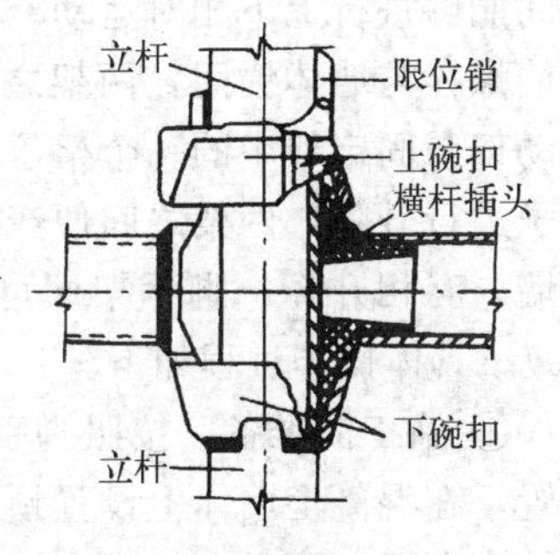

图 7-8　碗扣接头

碗扣接头见图 7-8。碗扣节点由焊于立杆上的下碗扣、焊于横杆端部的弧形插片（插于下碗扣的碗槽中）和设于立杆上、可滑动升降的上碗扣组成，属于盖固式承插接头，刚性好。碗扣式钢管脚手架可任意角度连接，可用于搭设弧形脚手架；设置斜杆可显著提高其承载力，应视需要框格总数的1/4～1/2设置斜杆；用于构造模板支撑架、各种重荷载支撑架和承重台架，碗扣式钢管脚手架优于其他脚手架系列。

（6）升降式脚手架

升降式脚手架是沿结构外表面满搭的脚手架，在结构和装修工程施工中应用较为方便，但费料耗工，一次性投资大，工期也长。因此，近年来在高层建筑及筒仓、竖井、桥墩等施工中发展了多种形式的外挂脚手架，其中应用较为广泛的是升降式脚手架，包括自升降式、互升降式、整体升降式三种类型。

升降式脚手架主要特点是：①脚手架不需满搭，只搭设满足施工操作及安全各项要求的高度；

②地面不需做支承脚手架的坚实地基，也不占施工场地；

③脚手架及其上承担的荷载传给与之相连的结构，对这部分结构的强度有一定要求；

④随施工进程，脚手架可随之沿外墙升降。结构施工时由下往上逐层提升，装修施工时由上往下逐层下降。

1）自升降式脚手架

自升降式脚手架的升降运动是通过手动或电动倒链交替对活动架和固定架进行升降来实现的。从升降架的构造来看，活动架和固定架之间能够进行上下相对运动。当脚手架工作时，活动架和固定架均用附墙螺栓与墙体锚固，两架之间无相对运动；当脚手架需要升降时，活动架与固定架中的一个架子仍然锚固在墙体上，使用倒链对另一个架子进行升降，两架之间便产生相对运动。通过活动架和固定架交替附墙，互相升降，脚手架即可沿着墙体上的预留孔逐层升降（见图7-9）。具体操作过程如下。

① 施工前准备。按照脚手架的平面布置图和升降架附墙支座的位置，在混凝土墙体上设置预留孔。预留孔尽可能与固定模板的螺栓孔结合布置，孔径一般为40～50mm。为使升降顺利进行，预留孔中

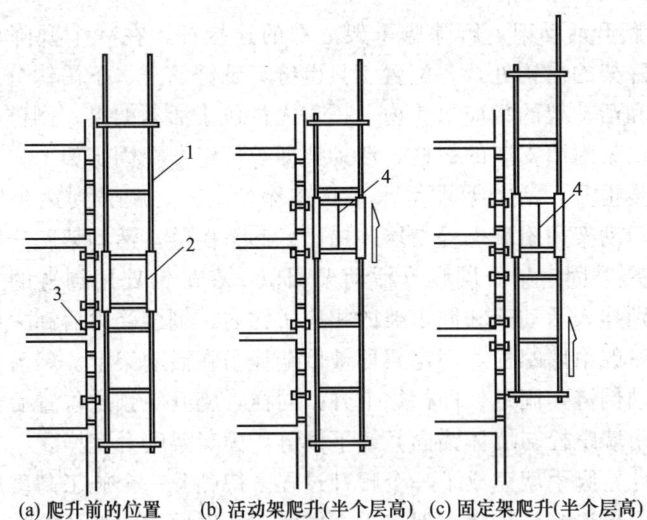

图 7-9　自升降式脚手架爬升过程

1—固定架；2—活动架；3—附墙螺栓；4—倒链

心必须在一直线上。脚手架爬升前，应检查墙上预留孔位置是否正确，如有偏差，应预先修正，墙面突出严重时，也应预先修平。

② 安装。该脚手架的安装在起重机配合下按脚手架平面图进行。先把上、下固定架用临时螺栓连接起来，组成一片，附墙安装。一般每 2 片为一组，每步架上用 4 根 $\phi48\times3.5$ 钢管作为大横杆，把 2 片升降架连接成一跨，组装成一个与邻跨没有牵连的独立升降单元体。附墙支座的附墙螺栓从墙外穿入，待架子校正后，在墙内紧固。对壁厚的筒仓或桥墩等，也可预埋螺母，然后用附墙螺栓将架子固定在螺母上。脚手架工作时，每个单元体共有 8 个附墙螺栓与墙体锚固。为了满足结构工程施工，脚手架应超过结构一层的安全作业需要。在升降脚手架上墙组装完毕后，用 $\phi48\times3.5$ 钢管和对接扣件在上固定架上面再接高一步。最后在各升降单元体的顶部扶手栏杆处设临时连接杆，使之成为整体，内侧立杆用钢管扣件与模板支撑系统拉结，以增强脚手架整体稳定。

③ 爬升。爬升可分段进行，视设备、劳动力和施工进度而定，每个爬升过程提升 1.5～2m，每个爬升过程分两步进行（见图 7-9）。

a. 爬升活动架。解除脚手架上部的连接杆，在一个升降单元体两端升降架的吊钩处，各配置 1 只倒链，倒链的上、下吊钩分别挂入固定架和活动架的相应吊钩内。操作人员位于活动架上，倒链受力后卸去活动架附墙支座的螺栓，活动架即被倒链挂在固定架上，然后在两端同步提升，活动架即呈水平状态徐徐上升。爬升到达预定位置后，将活动架用附墙螺栓与墙体锚固，卸下倒链，活动架爬升完毕。

b. 爬升固定架。同爬升活动架相似，在吊钩处用倒链的上、下吊钩分别挂入活动架和固定架的相应吊钩内，倒链受力后卸去固定架附墙支座的附墙螺栓，固定架即被倒链挂吊在活动架上。然后在两端同步抽动倒链，固定架即徐徐上升，同样，爬升至预定位置后，将固定架用附墙螺栓与墙体锚固，卸下倒链，固定架爬升完毕。

至此，脚手架完成了一个爬升过程。待爬升一个施工高度后，重新设置上部连接杆，脚手架进入工作状态，以后按此循环操作，脚手架即可不断爬升，直至结构到顶。

④ 下降。与爬升操作顺序相反，顺着爬升时用过的墙体预留孔倒行。脚手架即可逐层下降，同时把留在墙面上的预留孔修补完毕，最后脚手架返回地面。

⑤ 拆除。拆除时设置警戒区，有专人监护，统一指挥。先清理脚手架上的垃圾杂物，然后自上而下逐步拆除。拆除升降架可用起重机、卷扬机或倒链。升降机拆下后要及时清理整修和保养，以利重复使用，运输和堆放均应设置地楞，防止变形。

2）互升降式脚手架

互升降式脚手架将脚手架分为甲、乙两种单元，通过倒链交替对甲、乙两单元进行升降。当脚手架需要工作时，甲单元与乙单元均用附墙螺栓与墙体锚固，两架之间无相对运动；当脚手架需要升降时，一个单元仍然锚固在墙体上，使用倒链对相邻一个架子进行升降，两架之间便产生相对运动。通过甲、乙两单元交替附墙，相互升降，脚手架即可沿着墙体上的预留孔逐层升降。互升降式脚手架的性能特点是：结构简单，易于操作控制；架子搭设高度低，用料省；操作人员不在被升降的架体上，增加了操作人员的安全性；脚手架结构刚度较大，附墙的跨度大。它适用于框架剪力墙结构的高层建筑、水坝、筒体等施工。具体操作过程如下。

① 施工前的准备。施工前应根据工程设计和施工需要进行布架设计，绘制设计图编制施工组织设计，制定施工安全操作规定，在施工前，还应将互升降式脚手架所需要的辅助材料和施工机具准备好，并按照设计位置预留附墙螺栓孔或设置好预埋件。

② 安装。互升降式脚手架的组装可有两种方式：在地面组装好单元脚手架，再用塔吊吊装就位；或是在设计爬升位置搭设操作平台，在平台上逐层安装。爬架组装固定后的允许偏差应满足：沿架子纵向垂直偏差不超过 30mm；沿架子横向垂直偏差不超过 20mm；沿架子水平偏差不超过 30mm。

③ 爬升。脚手架爬升前应进行全面检查，检查的主要内容有：预留附墙连接点的位置是否符合要求，预埋件是否牢靠；架体上的横梁设置是否牢固；提升降单元的导向装置是否可靠；升降单元与周围的约束是否解除，升降有无障碍；架子上是否有杂物；所适用的提升设备是否符合要求等。

当确认以上各项都符合要求后方可进行爬升（见图 7-10），提升到位后，应及时将架子同结构固定，然后，用同样的方法对与之相邻的单元脚手架进行爬升操作，待相邻的单元脚手架升至预定位置后，将两单元脚手架连接起来，并在两单元操作层之间铺设脚手板。

④ 下降。与爬升操作顺序相反，利用固定在墙体上的架子对相邻的单元脚手架进行下降操作，同时把留在墙面上的预留孔修补完毕，最后脚手架返回地面。

⑤ 拆除。爬架拆除前应清理脚手架上的杂物。拆除爬架有两种

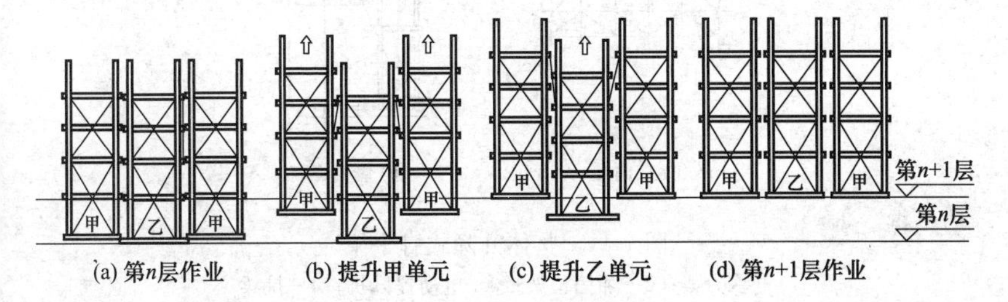

图 7-10　互升降式脚手架爬升过程

方式，一种是同常规脚手架拆除方式，采用自上而下的顺序，逐步拆除；另一种用起重设备将脚手架整体吊至地面拆除。

3）整体升降式脚手架

在超高层建筑的主体施工中，整体升降式脚手架有明显的优越性，它结构整体好、升降快捷方便、机械化程度高、经济效益显著，是一种很有推广使用价值的超高建（构）筑外脚手架，被建设部列为重点推广的10项新技术之一。

整体升降式外脚手架（见图7-11）以电动倒链为提升机，使整个外脚手架沿建筑物外墙或柱整体向上爬升。搭设高度依建筑物施工层的层高而定，一般取建筑物标准层4个层高加1步安全栏的高度为架体的总高度。脚手架为双排，宽以0.8～1m为宜，里排杆离建筑物净距0.4～0.6m。脚手架的横杆和立杆间距都不宜超过1.8m，可将1个标准层高分为2步架，以此步距为基数确定架体横、立杆的间距。

架体设计时，可将架子沿建筑物外围分成若干单元，每个单元的宽度参考建筑物的空间而定，一般在5～9m之间。具体操作如下。

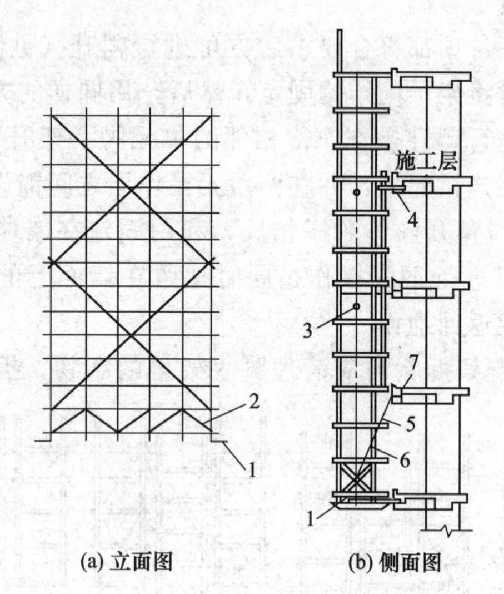

图7-11 整体升降式脚手架

1—承力架；2—加固桁架；3—电动提升机；4—挑梁；5—斜拉杆；6—调节螺栓；7—墙螺栓

① 施工前的准备。按平面图先确定承力架及电动倒链挑梁安装的位置和个数，在相应位置上的混凝土墙或梁内预埋螺栓或预留螺栓孔。各层的预留螺栓或预留孔位置要求上下相一致，误差不超过 10mm。

加工制作型钢承力架、挑梁、斜拉杆。准备电动倒链、钢丝绳、脚手管、扣件、安全网、木板等材料。

因整体升降式脚手架的高度一般为 4 个施工层层高，在建筑物施工时，由于建筑物的最下几层层高往往与标准层不一致，且平面形状也往往与标准层不同，所以，一般在建筑物主体施工到 3～5 层时开始安装整体脚手架。下面几层施工时，往往要先搭设落地外脚手架。

② 安装。先安装承力架，承力架内侧用 M25～M30 的螺栓与混凝土边梁固定，承力架外侧用斜拉杆与下层边梁拉结固定，用斜拉杆中部的花篮螺栓将承力架调平，再在承力架上面搭设架子，安装承力架上的立杆；然后搭设下面的承力桁架。再逐步搭设整个架体，随搭随设置拉结点，并设斜撑。在比承力架高 2 层的位置安装工字钢挑梁，挑梁与混凝土边梁的连接方法与承力架相同。电动倒链挂在挑梁下，并将电动倒链的吊钩挂在承力架的花篮挑梁上。在架体上每个层高满铺厚木板，架体外面挂安全网。

③ 爬升。短暂开动电动倒链，将电动倒链与承力架之间的吊链拉紧，使其处在初始受力状态，松开架体与建筑物的固定拉结点。松开承力架与建筑物相连的螺栓和斜拉杆，开动电动倒链开始爬升，爬升过程中，应随时观察架子的同步情况，如发现不同步应及时停机进行调核。爬升到位后，先安装承力架与混凝土边梁的紧固螺栓，并将承力架的斜拉杆与上层边梁固定。然后安装架体上部与建筑物的各拉结点。待检查符合安全要求后，脚手架可开始使用，进行上一层的主体施工。在新一层主体施工期间，将电动倒链及其挑梁摘下，用滑轮或手动倒链转至上一层重新安装，为下一层爬升做准备。

④ 下降。与爬升操作顺序相反，利用电动倒链顺着爬升用的墙体预留孔倒行，脚手架即可逐层下降，同时把留在墙面上的预留孔修补完毕，最后脚手架返回地面。

⑤ 拆除。爬架拆除前应清理脚手架上的杂物。拆除方式与互升式脚手架类似。

另有一种液压提升整体式的脚手架-模板组合体系（见图 7-12），它通过设在建（构）筑内部的支承立柱及立柱顶部的平台桁架，利用液压设备进行脚手架的升降，同时也可升降建筑的模板。

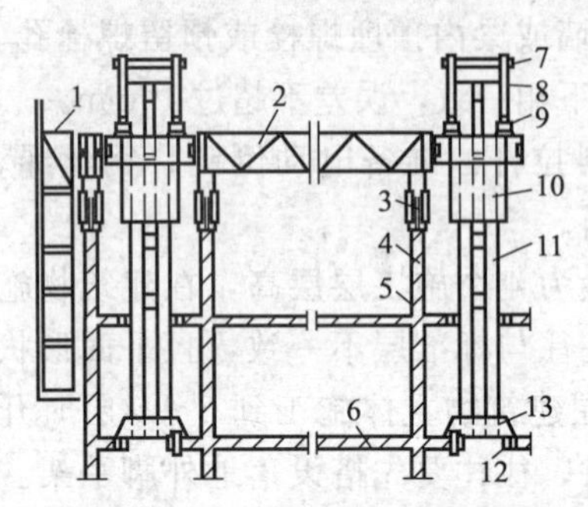

图 7-12 液压整体提升大模板
1—吊脚手；2—平台桁架；3—手拉倒链；4—墙板；5—大模板；6—楼板；7—支承挑架；8—提升支承杆；9—千斤顶；10—提升导向架；11—支承立柱；12—固定螺栓；13—底座

（7）悬挑式脚手架

悬挑式脚手架是指其垂直方向荷载通过底部型钢支承架传递到主体结构上的外脚手架，是建筑施工中应用十分广泛的一种脚手架形式。相对于落地式脚手架，它的优越性在于能获得良好的经济效益以及节约工期。

1）基本构造

按型钢支承架与主体结构的连接方式，常用悬挑式脚手架的形式可分为：搁置固定于主体结构层上的悬挑脚手架（见图 7-13）；与主体结构面上的预埋件焊接的悬挑脚手架（见图 7-14）。

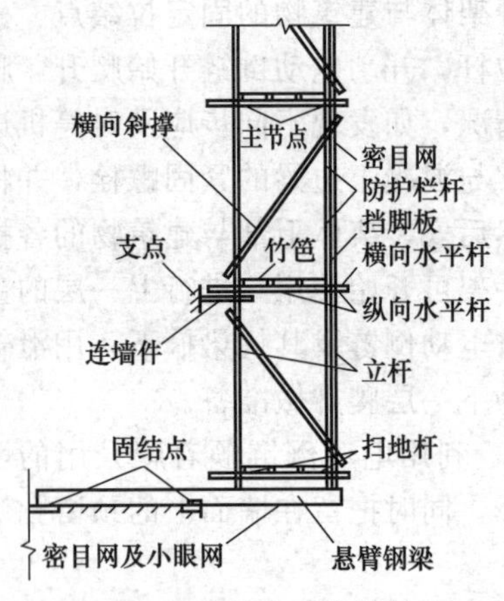

图 7-13 搁置固定于主体结构层的悬挑脚手架（悬臂钢梁式）

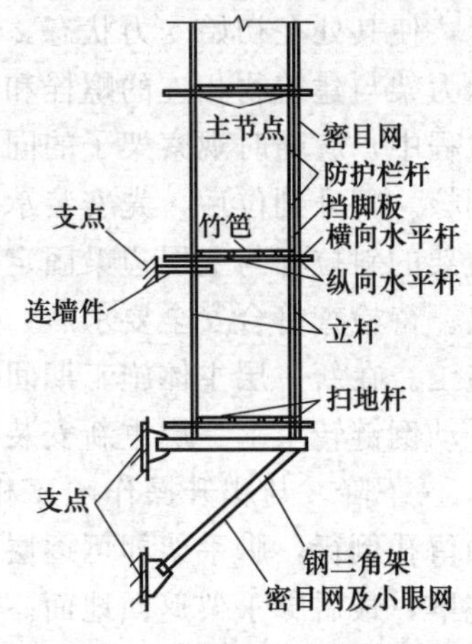

图 7-14 与主体结构面上的预埋件焊接的悬挑脚手架（附着钢三角架式）

2）搭设要求

① 立杆接头必须采用对接扣件连接。两根相邻立杆的接头不应设置在同步内，且错开距离不应小于500mm，各接头的中心距最近主节点的距离不应大于步距的1/3。

② 纵向水平杆设在横向水平杆之下，在立柱内侧，采用直角扣件与主立杆扣紧，纵向水平杆可采用对接扣件连接，也可采用搭接。对接应交错布置，接头应避免设在跨中，搭接长度不应小于1m，并应等距离设置三个旋转扣件固定。

③ 悬挑脚手架步距一般在1.8m左右，立杆横向间距一般在1.0m左右，立杆纵向间距需根据工程需要设计。

④ 剪刀撑应设在外架外侧，立面沿整个长度（每隔15m）和高度上连续设置，斜杆与地面呈45°～60°。剪刀撑钢管可用搭接联结，搭接长度不小于1m，要求用两个旋转扣件紧锁。

⑤ 连墙件竖向间距不大于2倍步距，水平间距不大于3倍纵距，每根连墙件覆盖面积不大于$27m^2$。

⑥ 脚手板一般应设置在三根横向水平杆上，并将脚手板两端进行可靠固定。脚手板宜平铺，亦可采用搭接铺设，但应铺设牢固。

⑦ 悬挑脚手架一般从第四、五层开始起挑，根据工程需要决定。挑梁一般采用工字钢等型钢，根据荷载大小设计选用工字钢等的型号规格。

⑧ 每道型钢支承架上部的脚手架高度不宜大于24m。对每道型钢支承架上部的脚手架高度大于24m的悬挑式脚手架，应对风荷载取值、架体及连墙件构造等方面进行专门研究后作出相应的加强设计。

（8）吊脚手架

吊脚手架是一种能自升的悬吊式脚手架，适用于外墙装修，工业厂房或框架结构的围护墙砌筑。

1）基本构造

吊脚手架（见图7-15）主要由悬挑部件、吊篮、操作平台、升降设备等组成，悬吊支承点设置在主体结构上。吊篮的升降有手扳葫芦升降、卷扬升降、爬升升降三种方式。

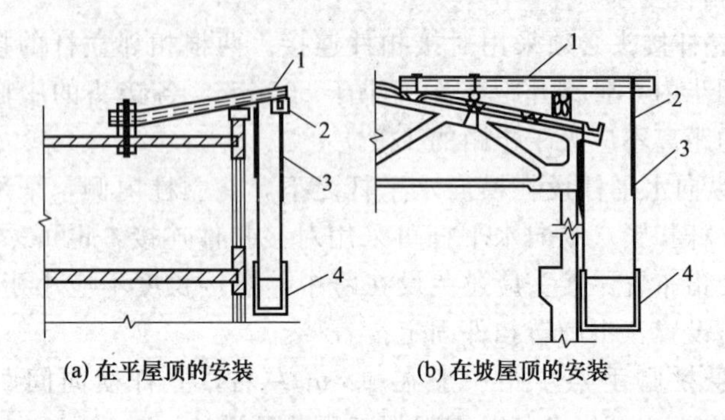

(a) 在平屋顶的安装　　(b) 在坡屋顶的安装

图 7-15　吊脚手架

1—挑梁；2—吊环；3—吊索；4—吊篮

2）搭设要求

在搭设吊脚手架时应注意以下几点。

① 吊架内侧距建筑物的距离不应大于 20cm。

② 悬挂吊篮的挑梁必须固定牢固，可用预埋锚固件与屋面结构固定，也可配重物压牢，配重必须由固定的容器，如砂袋、铁笼、箱子承装。

③ 吊架的外侧和端部设两道防护栏杆，高度不少于 1.5m，栏杆上满挂立网，以及设 18cm 高的挡脚板。

④ 吊架必须与建筑物连接牢固，不得摇晃。

⑤ 吊篮与挑梁必须用直径不小于 9.3mm 钢丝绳联结，缠绕挑梁不得少于三圈，必须用 3 个以上卡子固定，不得绑扣。

⑥ 每个吊篮必须系两根保险绳，每次升降时要将保险绳与吊篮固定牢固。

（9）外脚手架搭设注意事项

① 施工前应按建筑物体型、层高和悬挑（阳台、雨篷、檐沟等）情况，比较选定搭设方案。

② 建筑物四周应开沟排水，回填土应夯实整平，标高一致；如湿土回填，可掺入石渣夯实。木、竹脚手架一般在立杆下挖坑，埋入石块、砖块作垫。扣件式钢管脚手架立杆底应垫底座（图 7-16）；回

填土较深，还须设扫地杆（图 7-16）。

③ 双排架立杆应先立里排，后立外排，每排先立两头的，后立中间的，拉通线齐平。立杆接长，先接外排的，后接里排的。大横杆设置在立杆里侧。

④ 连墙杆进墙，下列部位不得留脚手眼：

a. 土筑墙、空心砖墙、空斗墙、1/2 砖墙和柱、砌块墙。

b. 砖过梁上与过梁成 60°角的三角形范围内。

c. 宽度小于 1m 的窗间墙。

d. 梁或梁垫下及其左右各 50cm 的范围内。

e. 门窗洞口两侧 3/4 砖和转角处 $1\frac{3}{4}$砖的范围内。

f. 设计规定不允许留脚手眼的部位。

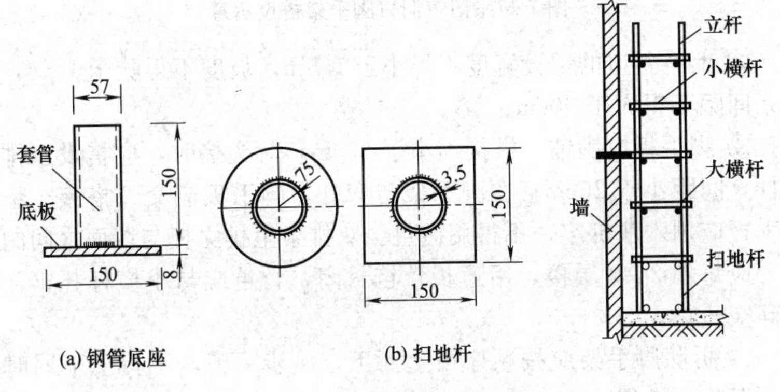

图 7-16　底座和扫地杆

⑤ 通过门窗洞口处，小横杆不能搁在门窗框上。当小横杆间距大于 1m 时，应绑吊杆；间距大于 2m 时应另加八字撑（图 7-17）。

⑥ 双排架相邻两立杆，双排架大横杆同一步里外及同一跨间内上下的接头应错开 50cm 以上。钢管脚手架的十字撑一根应扣在立杆上，另一根扣在小横杆的伸出端上。

⑦ 龙门架、井架出入口和接料平台处应设双立杆，横向加设十字撑；平台横向布置挡脚板，挂好安全网。平台撤除后，应立即补搭脚手架杆件。

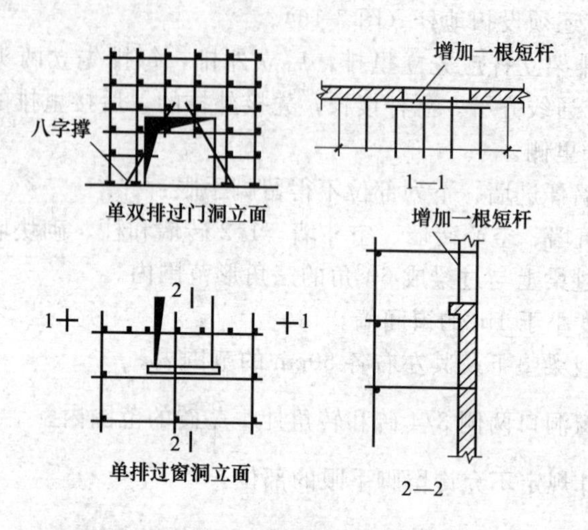

图 7-17 门窗洞口脚手架搭设示意

⑧ 上料斜道的铺设宽度不得小于 1.5m，坡度不得陡于 1∶3，防滑条间距不得大于 30cm。

⑨ 脚手板应满铺，搭接不小于 20cm，对头接时，应搭设双排小横杆，间距小于 20cm；在脚手架转弯处，脚手板应交叉搭接；垫平脚手板应用木块绑牢，不得用砖垫。双排架里排立杆与墙面之间的空隙，应每隔 2～3 层楼，用通长竹笆封闭，竹笆应与小横杆扎牢，以防高空坠物。

⑩ 拆除脚手架应按顺序由上而下，一步一清，不得上下同时作业。拆除大横杆、十字撑，应先拆中间扣，再拆两头扣，由中间操作者往下顺送杆件，禁止往下投扔。

⑪ 门式组合钢管脚手架，先拆踏脚板和三角支撑，再拆双拼脚手板，留一块移至下层门架上，依次拆下斜撑锁片、门架和连接棒，由上而下，逐层拆卸。拆卸的杆件，应分类堆放，零配件应分类装箱保管。

2. 里脚手架

里（内）脚手架用于楼层上砌墙和内粉刷，使用过程中不断随楼层升高上翻，装拆频繁，因此要求其轻便灵活、便于装拆。

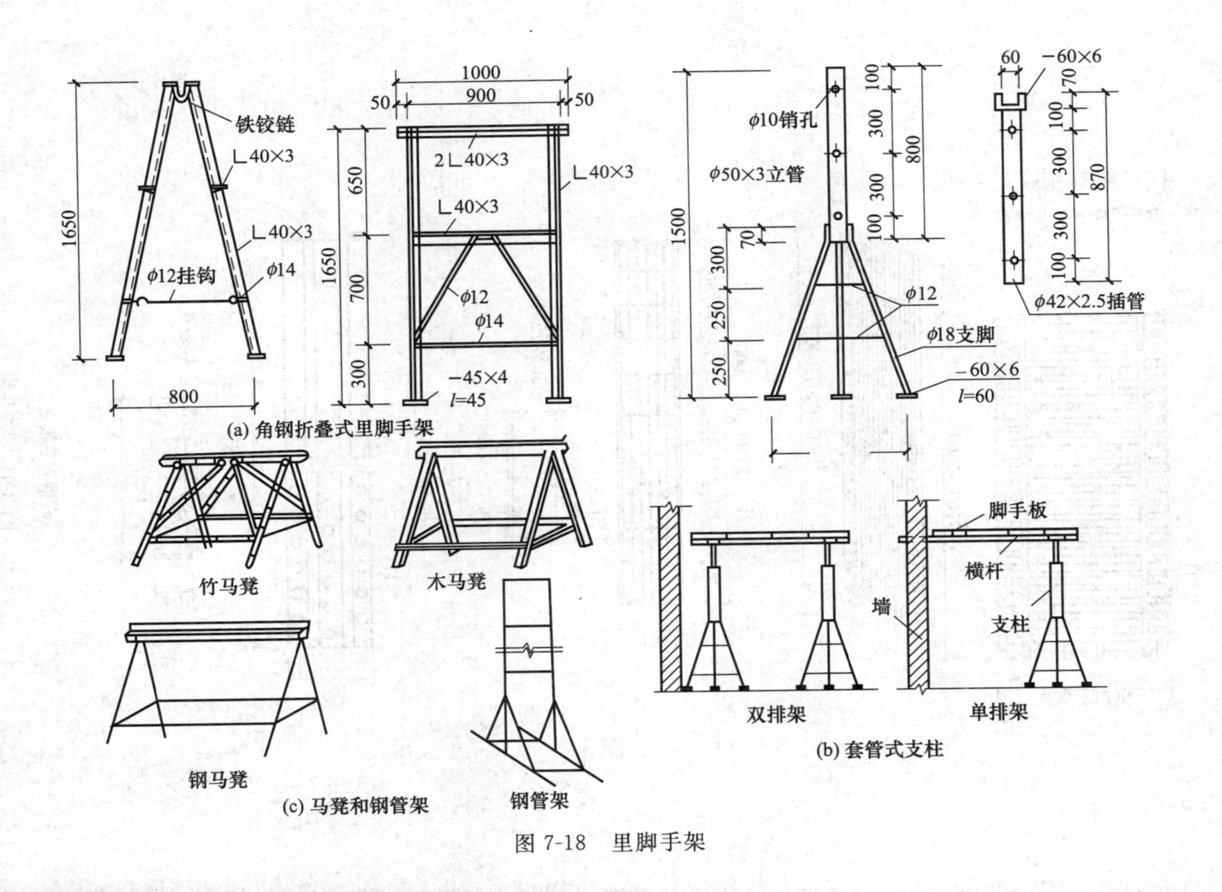

(a) 角钢折叠式里脚手架

(b) 套管式支柱

(c) 马凳和钢管架

图 7-18　里脚手架

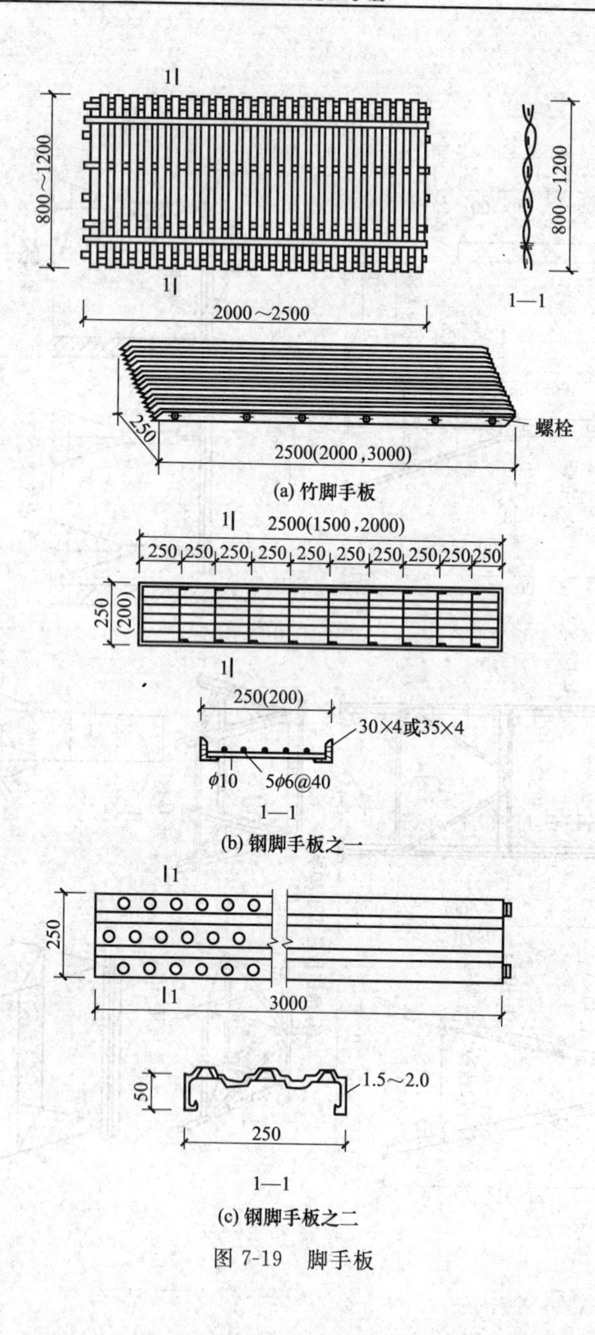
1
800～1200
2000～2500
800～1200
1—1
250
2500(2000,3000)
螺栓
(a) 竹脚手板
2500(1500,2000)
250 250 250 250 250 250 250 250 250 250
250
(200)
250(200)
30×4或35×4
ϕ10
5ϕ6@40
1—1
(b) 钢脚手板之一
250
3000
50
1.5～2.0
250
1—1
(c) 钢脚手板之二

图 7-19　脚手板

常用的里脚手架有：折叠式里脚手架、钢套管支柱式里脚手架和竹、木、钢制马凳等（图 7-18）。门式组合钢管脚手架也可用作里脚手架。

折叠式里脚手架可用角钢、钢管、钢筋等制成，其架设间距砌墙不超过 2m，内粉刷不超过 2.5m，可以搭设二步脚手，第 1 步高 1m，第 2 步高 1.65m。

钢套管支柱式里脚手架的钢套管支柱，高 1.5m，三角支脚，插管（ϕ42×2.5×870mm）插入主管（ϕ50×3×800mm）中，以 ϕ10 销孔间距调节高度。主管焊有三角铁脚（ϕ18×730mm），插管顶端⊔(60mm) 形支托，以搁置方木或钢管横杆。单排架支柱离墙不大于 1.5m，横杆搁入墙内不少于 24cm；双排架横向间距不大于 1.5m，二者纵向间距不大于 1.8m，架子可升高到 2.17m。

马凳高 1.2～1.4m，长 1.2～1.5m。竹制凳横杆及凳脚用直径 8～10cm 的毛竹，其余杆件直径 5～6cm。木制马凳的脚用 8～10cm 圆木或方木，凳面用厚 5～6cm 木板。钢制马凳用角钢（2L36×3）作凳面，凳脚用 ϕ18 钢筋或 ϕ25 钢管、角钢（L40×3）作成∧形。

钢管架用 ϕ42～ϕ48 钢管焊成 0.8～0.9m 宽、2.5～5.5m 高的门式架，中间加焊梯格以支承脚手板。

马凳和钢管架均为轻型支架，一般铺 2～3 块脚手板，使用时只允许单行侧摆 3 层砖。常用的竹脚手架和钢脚手板见图 7-19。

竹笆板长 2～2.5m，宽 0.8～1.2m；竹笆系用平竹片纵横编织，横竹片一正一反，边缘处纵横竹片交叉点用铅丝扎牢。用在斜道板时应将横竹片作纵筋、竹横向在上以防滑。

竹片板长 2、2.5、3m，宽 25cm，厚 5cm，用直径 8～10mm 螺栓将并列的竹片挤紧，螺栓间距 50～60cm，离板端 20～25cm。

钢脚手板长 1.5、2、2.5、3m，宽 20～25cm，刚度好，经久耐用。

木脚手板，长 3～6m，宽 20～35cm，厚 5cm，距板端 8cm 处，用 10 号铅丝箍绕 2～3 圈，并用钉子卡住或用铁皮钉牢。

第三节 脚手架的安全与维护

一、安全网

为了保证施工安全，高层建筑的外脚手架应设安全网。用内脚手架砌外墙，在墙外也应设安全网。

安全网是用直径9mm的麻绳、棕绳或尼龙绳编织的。一般规格为宽3m，长6m，网眼5cm左右。每块支好的安全网应能承受不小于160kg的冲击荷载。

安全网的挂设方法如下。

① 里脚手架砌外墙：外墙四周必须挂安全网（图7-20）。当墙上有窗口时，在上下两窗口处的里外侧墙面各绑一道夹墙横杆，从下窗口伸出斜杆，斜杆顶部绑一道大横杆，把安全网挂在上窗口横杆与大横杆之间，斜杆下部绑在下窗口横杆上，再在每根斜杆顶上拉1根麻绳把网绷起。当山墙无窗口时，可事先在墙上留洞或预埋钢筋环，以支撑斜杆。斜杆间距不大于4m。木杆、竹杆或钢管均可作斜杆用。安全网的里外口大绳要与大横杆和夹墙横杆绑牢，外口要比里口高约50cm。纵向网与网之间要相互搭接，用粗麻绳或棕绳联结牢固，转角处的网，搭接要拉紧。出入口处网内应加垫草垫。施工中严禁向安全网内扔物。安全网应随墙体操作层上升。

② 外脚手架砌墙，可利用外脚手架的立杆和上下大横杆挂设拦网和兜网，并随施工操作层上升。

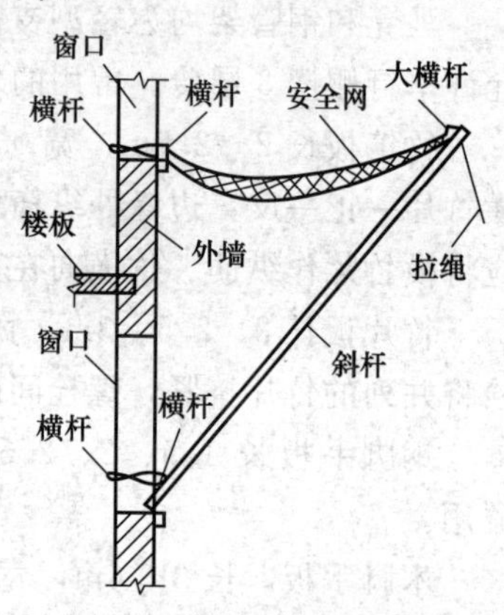

图7-20 安全网的架设

架设安全网时，其伸出宽度不少于2m，外口要高于里口，两网搭接应扎接牢固，每隔一定距离应用拉绳将斜杆与地面的锚桩拉牢。施工过程中要经常对安全网进行检查和维修，严禁向安全网内扔各种物料和垃圾。

安全网要随楼层施工进度逐步上升，高层建筑除逐步上升的安全网外，还应在下面间隔 3～4 层的部位加设一道安全网。

木、竹、钢管等杆件架设安全网的斜杆或横杆，用圆木时，梢径不宜小于 7cm，用竹竿时，梢径不宜小于 8cm，用钢管时，常为 $\phi48\times3.5$。凡腐朽和严重开裂的木材，虫蛀、枯脆、劈裂的竹竿均不得使用。斜杆的下端支在下层窗口窗台上，并与窗口墙外的横杆绑牢，窗口墙外横杆又与窗口墙内横杆绑牢。安全网的外侧通过外横杆与斜杆绑牢，安全网的内侧与上层窗口外的横杆绑扎，窗口外的横杆与窗口内横杆绑牢。支设安全网的斜杆间距应不大于 4m。在没有窗口的墙面上，可以在墙角设立杆来挂设安全网，也可在墙体内预埋钢筋环以支插斜杆，还可以用短钢管穿墙用回转扣件来支设斜杆。

用工具式的吊杆来架设安全网，比较轻巧方便。吊杆沿建筑物外墙面垂直设置，间距与房屋空间相适应，一般为 3～4m。吊杆可用 $\phi12$ 钢筋，长 1.56m，上端弯一直挂钩，以便挂在埋入墙体的销片上，在直挂钩的另侧焊一平挂钩，用以挂设安全网，下端焊有装设斜杆的活动铰座和靠墙支脚。另外，在平挂钩下面焊挂尼龙绳的环和靠墙板。斜杆长 2.8m，用 2 根∟25×4 角钢焊成方形，顶端焊 $\phi12$ 钢筋钩，用以张挂安全网。斜杆中部焊有挂尼龙绳的环，尼龙绳用卡钩挂在斜杆和吊杆的环上，用绳的长度调节斜杆的倾斜度。

高层建筑使用外脚手架施工时，在操作层的栏杆上要立挂安全网，栏杆高度应不低于 1.2m，网的下口要封严。

在拱形屋面或其他坡度较大的屋面上施工时，檐口四周可利用轻型金属挂架绑安全栏杆，设安全挡板或立挂安全网。

二、安全操作

严格禁止以下违章作业。

① 利用脚手架吊运重物。

② 作业人员攀登架子上下。

③ 推车在架子上跑动。

④ 在脚手架上拉结吊装缆绳。

⑤ 任意拆除脚手架部件和连墙杆件。

⑥ 在脚手架底部或近旁进行开挖沟槽等影响脚手架地基稳定的施工作业。

⑦ 起吊构件和器材时碰撞或扯动脚手架。

⑧ 立杆沉陷或悬空；连接松动；架子歪斜；杆件变形，脚手板上结冰等。在上述问题解决以前应暂停使用脚手架。

⑨ 六级以上大风、大雾、大雨和大雪天气下应暂停在脚手架上作业。雨雪后上架操作要有防滑措施。

三、防电措施

钢脚手架（包括钢井架、钢龙门架、钢独杆提升架等）不得搭设在距离35kV以上的高压线路4.5m以内的地区和距1～10kV高压线路3m以内的地区。钢脚手架在架设和使用期间，要严防与带电体接触。钢脚手架需要穿越或靠近380V以内的电力线路，距离在2m以内时，在架设和使用期间应断电或拆除电源。如不能拆除时，应采取可靠的绝缘措施，对电线和钢脚手架等进行包扎隔绝，并对钢脚手架采取接地处理。

在钢脚手架上施工的电焊机、混凝土振动器等，要放在干燥木板上。操作者要戴绝缘手套，穿绝缘鞋。经过钢脚手架的电线要严格检查并采取安全措施。电焊机、振动器外壳要采取保护性接地或接零措施。

夜间施工和深基操作的照明线通过钢脚手架时，应使用电压不超过12V的低压电源。

木、竹脚手架的搭设和使用也必须符合电力安全要求。

四、避雷

搭设在旷野、山坡上、雷击区的钢脚手架（包括钢井架、钢龙门架、钢独杆提升架等），在雷雨季节应设避雷装置。避雷装置包括接闪器、接地极、接地线。

接闪器即避雷针，可用直径25～32mm、壁厚不小于3mm的镀锌管或直径不小于12mm的镀锌钢筋制作，设在房屋四角的脚手架立杆上，高度不小于1m，并应将最上层所有的横杆连通，形成避雷网路。在垂直运输架上安装接闪器时，应将一侧的中间立杆接高出顶端不小于2m，在该立杆下端设置接地线，并将卷扬机外壳接地。

接地极应尽可能采用钢材。垂直接地极可用长1.5～2.5m、直径25～30mm、壁厚不小于2.5mm的钢管、直径不小于20mm的圆钢或L50×5 角钢。水平接地极可选用长度不小于 3m、直径 8～14mm 的圆钢或厚度不小于 4mm、宽 25～40mm 的扁钢。另外，也可以利用埋设在地下的金属管道（可燃或有爆炸介质的管道除外）、金属桩、钻管、吸水井管以及与大地有可靠连接的金属结构作为接地极。接地极按脚手架上的连续长度在 50m 之内设置一个，并应满足离接地极最远点内脚手架上的过渡电阻不超过 10Ω 的要求。接地电阻不得超过 20Ω。接地极埋入地下的最高点，应在地面下并不浅于 50cm，埋设时应将新填土夯实。蒸汽管道或烟囱风道附近经常受热的土层内，位于地下水位以上的砖石、焦砟或砂子内，以及特别干燥的土层内都不得埋设接地极。

接地线即引下线，可采用截面不小于 16mm^2 的铝导线或截面不小于 12mm^2 的铜导线。为了节约有色金属，可在连接可靠的前提下，采用直径不小于 8mm 的圆钢或厚度不小于 4mm 的扁钢。接地线的连接要绝对接触可靠，连接时应将接触表面的油漆及氧化层清除，露出金属光泽，并涂中性凡士林。接地线与接地极的连接，最好用焊接，焊接点的长度应为接地线直径的 6 倍以上或扁钢宽度的 2 倍以上。如用螺栓连接，接触面不得小于接地线截面积的 4 倍，拼接螺栓直径应不小于 9mm。

设置避雷装置时应注意以下几点。

接地装置在设置前要根据接地电阻限值、土的湿度和导电特性等进行设计，对接地方式和位置选择，接地极和接地线的布置、材料选用、连接方式、制作和安装要求等作出具体规定。装设完成后要用电阻表测定是否符合要求。

接地极的位置，应选择人们不易走到的地方，以避免和减少跨步电压的危害，防止接地线遭受机械损伤。接地极应该和其他金属或电缆之间保持 3m 及 3m 以上的距离。

接地装置的使用期在 6 个月以上时，不宜在地下利用裸铝导体作为接地极或接地线。在有强腐蚀性土壤中，应使用镀锌或镀铜的接地极。

施工期间遇有雷击或阴云密布将有雷雨时，钢脚手架上的操作人员应立即撤离。

五、脚手架的维护

脚手架大多在露天使用，搭拆频繁，耗损较大，必须加强维护和管理，及时做好回收、清理、保管、整修、防锈、防腐等工作，降低损耗率，提高周转次数，延长使用年限，降低工程成本。

用完的脚手架料和构件、零件要及时回收、分类整理、分类存放。堆放地点要平坦，排水良好。堆放时下面要设支垫。钢管、角钢、钢桁架和其他钢构件最好放在室内，如果放在露天，应用毡、席盖好。扣件、螺栓及其他小零件，应放在室内，并用木箱、钢筋笼、麻袋、草包等容器分类贮存。

弯曲的钢杆件要调直，损坏的构件要修复，损坏的扣件、零件要更换。

做好钢铁件的防锈和木制件的防腐处理。钢管外壁在相对湿度大于75%的地区，应每年涂刷防锈漆一次，其他地区每两年涂刷一次。钢管内壁可根据地区情况，每隔2～4年涂刷一次。角钢、桁架和其他铁件每年涂刷一次。扣件要涂油，螺栓宜镀锌防锈，使用3～5年保护层剥落后应再次镀锌。没有镀锌条件时，应在每次使用后用煤油洗涤并涂机油防锈。

搬运长钢管、长角钢时，应采取措施防止弯曲。桁架应拆成单片装运，装卸时不得抛丢，防止损坏。

第八章　垂直运输

第一节　垂直运输架

井架稳定性好，运输量大，搭设高度较大，是建筑施工常用的垂直运输架。除了常用的木井架、钢管井架、型钢井架外，所有多立杆式脚手架的杆件和框式脚手架的框架，都可以搭设不同形式和不同井孔（单孔、双孔）的井架。井架的使用也有了新的发展，除了设置内吊盘外，还在井架两侧增设一个或两个外吊盘，分别用两台或三台卷扬机提升，同时运行，增加了运输量。井架上还可以设置拔杆，起重量有 2～3t，回转半径 10m 以上。有的井架还将吊盘改为乘人吊笼。有的还可以在型钢井架顶部装设旋转体和臂杆构成固定式井架塔吊。这里介绍几种主要井架。

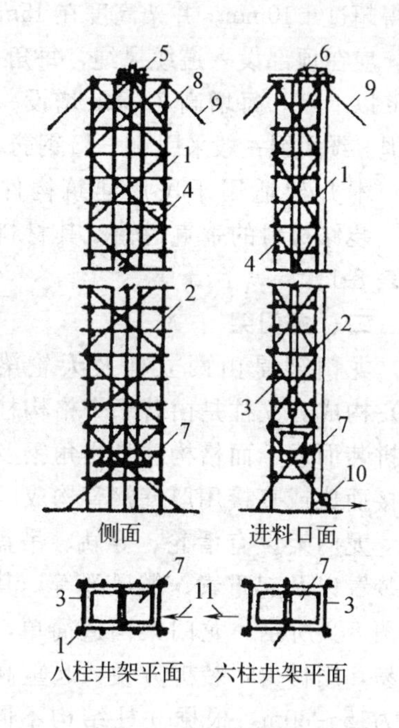

图 8-1　木井架构造

1—立杆；2—大横杆；3—小横杆；4—剪刀撑；5—天轮梁；6—天轮 7—吊盘；8—八字撑；9—缆风绳；10—地轮；11—进料口

一、木井架

常用的木井架有八柱和六柱两种。八柱木井架的立杆间距小于或等于 1.5m，六柱木井架的立杆间距小于或等于 1.8m。横杆间距都是 1.2～1.4m。井孔尺寸，八柱木井架的宽面为 3.6～4.2m，窄面 2.0～2.2m；六柱木井架宽面为 2.8～3.6m，窄面 1.6～

2.0m。无论是八柱木的井架，还是六柱木的井架，必须设剪刀撑，每3～4步设一道，上下连续。八柱木井架的起重量在1000kg之内，附设拔杆起重量在300kg之内，搭设高度一般为20～30m。六柱木井架的起重量在800kg之内，附设拔杆起重量在300kg之内，搭设高度一般为15～20m。木井架的构造见图8-1。

木井架的立杆应埋入土中，埋入深度不小于500mm，最底层的剪刀撑也必须落地。附设拔杆时，装拔杆的立杆必须绑双杆或采取其他措施。天轮梁支承处应用双横杆，加设八字撑杆，用双铅丝绑扎，顶部要铺设天轮加油用的脚手板，并绑扎牢固。整个井架的搭设要做到方正平直，导轨垂直度及间距尺寸的偏差，不得超过±10mm。井架高度在15m以下时，应在顶部设一道缆风绳，每角一根；15m以上者，每增高7～8m增设一道缆风绳。缆风绳一般采用ϕ6～ϕ8钢筋。

木井架适用于民用建筑构件及砌筑、装修材料的垂直运输。其材料用量见表8-1。

二、龙门架

龙门架是由两立柱及天轮梁（横梁）构成。立柱是由若干个格构柱用螺栓拼装而成，而格构柱是用角钢及钢管焊接而成或直接用厚壁钢管构成门架。

龙门架设有滑轮、导轨、吊盘、安全装置以及起重索、缆风绳等，其构造如图8-2所示。龙门架构造简单，制作容易，用材少，装拆方便，起重高度一起为15～30m，根据立柱结构不同，其起重量为5～12kN，适用于中小型工程。

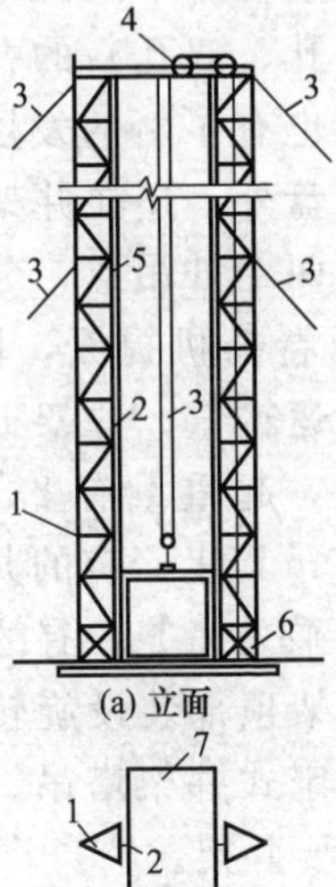

(a) 立面

(b) 平面

图8-2　龙门架的基本构造形式

1—立杆；2—导轨；3—缆风绳；4—天轮；5—吊盘停车安全装置；6—地轮；7—吊盘

三、扣件式钢管井架

扣件式钢管井架的主要杆件有底座、立杆、大横杆、小横杆、剪刀撑等。钢管井架的基本构造见图8-3，主要技术参数及材料用量见

表 8-2 和表 8-3。

表 8-1 木井架用料量参考表（座）

材料名称及规格	单位	用料量		备注
		八柱木井架	六柱木井架	
		搭设高度 20m	搭设高度 20m	
		井孔 4.2m×2.2m 横杆间距 1.3m	井孔 3.6m×2.0m 横杆间距 1.3m	
梢径 8cm，长 8m	根	24	18	表列指标不包括吊盘、天轮梁、导轨等附件用料
（杉木杆） 长 6.6m	根	24		
长 6.1m	根		24	
长 5.3m	根	8	8	
长 5m	根	32		
长 4.4m	根		32	
长 3m	根	36		
长 2.8m	根		36	
木材合计	m^3	6.69	5.54	
8 号铅丝	kg	48	39	

表 8-2 扣件式钢管井架技术参数

项目	八柱井架	六柱井架	四柱井架	搭设要点
平面示意图	2400 3×1400 进料口	2000 2×2000 进料口	1900 1900 进料口	(1) 杆件要做到方正平直，立杆垂直度偏差不得超过总高度的$\frac{1}{400}$ (2) 剪刀撑和斜撑应用整根钢管，不宜用短管，最底层的剪刀撑应落地 (3) 进料口和出料口的净空高度应不小于 1.7m，出料口处的小横杆
构造说明	横杆间距 1.2～1.4m 四面均设剪刀撑，每 3～4 步设一道，上下连续设置 天轮梁支承处设八字撑杆	同八柱井架	天轮梁对角设置或在支承处设八字撑杆 其余同八柱井架	
井孔尺寸	4.2m×2.4m	4m×2m	1.9m×1.9m	
吊盘尺寸	3.8m×1.7m	3.6m×1.3m	1.5m×1.2m	
起重量	1000kg	1000kg	500kg	

续表

项目	八柱井架	六柱井架	四柱井架	搭设要点
附设拨杆起重量	≤300kg	≤300kg	≤300kg	可拆下移到与出料口平台的横杆一致 (4) 导轨垂直度及间距尺寸的偏差,不得大于±10mm
搭设高度	常用 20～30m	常用 20～25m	常用 20～30m	
缆风设置	高度在 15m 以下时设一道,15m 以上每增高 10m 增设一道。缆风绳最好用 7～9mm 的钢丝绳(或 ϕ8 钢筋代用),与地面成 45°夹角			
适用范围	民用及工业建筑施工中预制构件及砌筑、装修材料的垂直运输			

表 8-3 扣件式钢管井架材料用量参考表

材料名称规格	单位	八柱井架	六柱井架	四柱井架	备注
		搭设高度:20m	搭设高度:20m	搭设高度:20m	
		井孔 4.2m×2.4m 横杆间距 1.3m	井孔 4m×2m 横杆间距 1.3m	井孔 1.9m×1.9m 横杆间距 1.3m	
钢管(ϕ48×3.5)	m	620	560	340	表列指标中不包括吊盘、天轮梁、导轨等附件用料
	kg	2381	2150	1306	
扣件	个	396	316	220	
其中:					
直角扣件	个	224	192	160	
回转扣件	个	140	100	44	
对接扣件	个	24	18	12	
底座	个	8	6	4	
扣件重量	kg	585	431	294	
钢材重量	kg	2966	2581	1600	

井架高度在 10～15m，要在顶部拉缆风绳一道，超过此高度应随高而增设。缆风绳下端固定在专用地锚上，并用花篮螺栓调节松紧。严禁将缆风绳随意捆绑在树木、电杆等处。缆风绳可用直径 6～8mm 的钢筋或直径不小于 9.5mm 的钢丝绳。缆风绳与输电线的安全距离应符合以下规定：电压＜1kV 时，安全距离＞1.5m；电压为 1～35kV 时，安全距离＞3m；电压为 35～110kV 时，安全距离＞5m。

井架应高出房屋 3～6m，以利于吊盘升出屋面处供料。井架如高

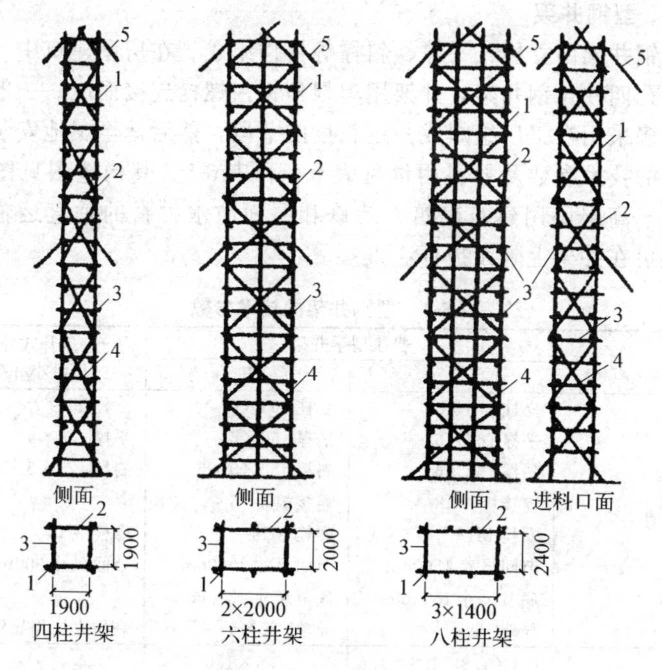

图 8-3　扣件式钢管井架构造

1—立杆；2—大横杆；3—小横杆；4—剪刀撑；5—缆风绳

出四周的避雷设施，必须安装避雷针设备。避雷针应高出井架最高点3m，接地电阻不得大于4Ω。

井架的搭设程序：平整夯实井字架场地→铺立杆垫板→按立杆位置安放立杆底座→竖立杆和大横杆→安装小横杆→四角绑剪刀撑→四角拉缆风绳→安装天梁和天滑轮→按料口层次铺设平台板→挖深吊盘底坑→安装吊盘的轨道→安装吊盘和穿钢丝绳→试吊、检查和修整→安装护身栏杆和挡脚板→检查验收。

安装天梁和天滑轮时，天梁应安设双根，并加顶桩管或绑八字撑。天梁必须水平，吊钩垂下来必须在吊盘的中心线上，吊绳与天梁要垂直。安装外侧天滑轮时，要超出大横杆 5cm 以上，使大横杆与钢丝绳不发生摩擦。地轮（导向滑轮）必须单独设锚固定，不得捆绑在脚手架上。

四、型钢井架

型钢井架由立柱、平撑、斜撑等杆件组成。在房屋建筑中一般都采用单孔四柱角钢井架，井架用单根角钢由螺栓连接而成。一般轻型小井架多采用在工厂组焊成一定长度的节段，然后运至工地安装。型钢井架的技术参数及材料用量见表 8-4 和表 8-5。其构造图见图 8-4。它适用于高层民用建筑砌筑、装修和屋面防水材料的垂直运输。另外，还可在井架上附设拔杆。

表 8-4　型钢井架的技术参数

项　　目	普通型钢井架		自升式外吊盘小井架
	Ⅰ	Ⅱ	
构造说明	立柱∟75×8 平撑∟63×6 斜撑∟63×6 连接板 δ=8 螺栓 M16 节间尺寸 1500mm 底节尺寸 1800mm 导轨匚5	立柱∟63×6 平撑∟50×5 斜撑∟50×5 连接板 δ=6 螺栓 M14 节间尺寸 1500mm 底节尺寸 1800mm 导轨∟50×5	立柱匚5 平撑∟30×4 斜撑∟25×3 螺栓 M12 节间尺寸 900mm 利用立柱作导轨
井孔尺寸/m	1.8×1.8　1.6×1.6 1.7×1.7　1.5×1.5	1.6×1.6 1.5×1.5	1.0×1.0
吊盘尺寸 宽×长/m	1.46×1.6　1.26×1.4 1.36×1.5　1.16×1.3	1.5×1.5 1.4×1.4	1.0×1.6(1.8)
起重量	1000～1500kg	800～1000kg	500～800kg
附设拔杆： 长度 回转半径 起重量	 7～10m 3.5～5m 800～1000kg	 5～6m 2.5～3m 500kg	附设拔杆为安装井架使用，起重量 150kg
搭设高度	常用 40m	常用 30m	18m
缆风设置	高度 15m 以下时设一道，15m 以上时，每增高 10m 增设一道，缆风绳宜用 9mm 的钢丝绳，与地面夹角 45°		附着于建筑物不可设缆风绳
搭设安装要点	单根杆件，螺栓连接，要求尺寸准确，结合牢固		
适用范围	(1) 适用于高层民用建筑砌筑和装修材料的垂直运输 (2) 除去拔杆可以装上 1～2 个外吊盘同时运行		

表 8-5　型钢井架材料用量参考表

材料名称规格	单位	普通型钢井架		自升式外吊盘小井架
		Ⅰ	Ⅱ	
		搭设高度:20m	搭设高度:20m	搭设高度:18m
		井孔 1.8m×1.8m 节间尺寸 1.5m (底节 1.8m)	井孔 1.5m×1.5m 节间尺寸 1.5m (底节 1.8m)	井孔 1.0m×1.0m 标准节 2.7m 底部节 4.5m
∟75×8	kg	751		
角 63×6	kg	1198	476	
∟50×5	kg		692	
∟30×4	kg			167
钢∟25×3	kg			128
槽钢⊏5	kg			435
钢板 $\delta=8$	kg	231		
$\delta=6$	kg		173	
钢材合计	kg			730
M16 螺栓	个	2180	1341	
M14 螺栓	个	512	512	
M12 螺栓	个			44

注：表列指标中不包括吊盘、天轮梁、导轨及附设拔杆等附件用料。

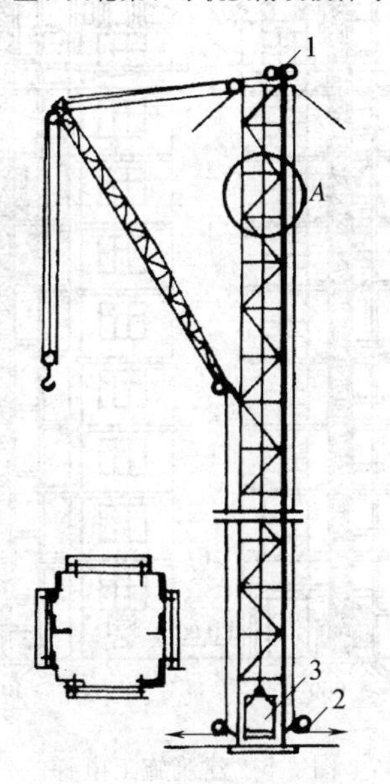

图 8-4　型钢井架构造

1—天轮；2—地轮；3—吊盘

第二节 垂直运输设备

一、建筑外用电梯

建筑施工外用电梯是高层建筑施工中主要的垂直运输设备。外用电梯附着在外墙或其他结构部位上，架设高度可达100m以上。外用电梯一般为人货两用梯，可载12～15人或1.0～1.2t货物。有单笼电梯和双笼电梯两种形式。主要由导轨架、底笼、梯笼、平衡重及动

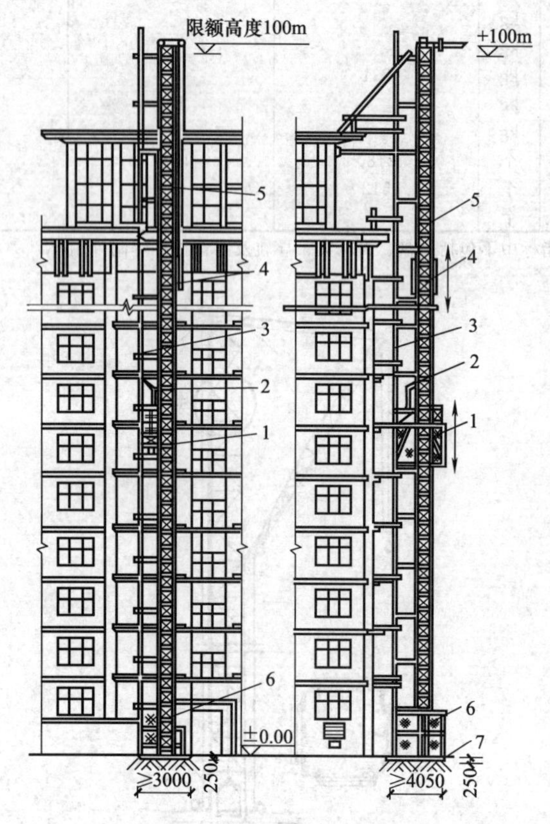

图 8-5 建筑施工电梯

1—吊笼；2—小吊杆；3—架设安装杆；4—平衡箱；5—导轨架；6—底笼；7—混凝土基础

力设备、传动装置、安全装置和附墙装置等几部分构成。近年来，随着超高层建筑施工的发展，我国自行研制和生产的外用电梯的性能得到了很大的改善，新型超高电梯能够满足超高层施工的需求。建筑施工电梯如图 8-5 所示。

二、常用起重设备

1. 起重机械索具设备及锚锭

索具设备主要应用于吊装工程中的构件绑扎、吊运。索具设备包括钢丝绳、吊索、卡环、横吊梁、卷扬机、锚碇等。

(1) 钢丝绳

钢丝绳是起重机械中用于悬吊、牵引或捆缚重物的挠性件。它是由许多根直径为 0.4～2mm、抗拉强度为 1200～2200MPa 的钢丝按一定规则捻制而成。按照捻制方法不同，分为单绕、双绕和三绕，建筑施工中常用的是双绕钢丝绳，它是由钢丝捻成股，再由多股围绕绳芯绕成绳。双绕钢丝绳按照捻制方向分为同向绕、交叉绕和混合绕三种，如图 8-6 所示。同向绕是钢丝捻成股的方向与股捻成绳的方向相同，这种绳的挠性好、表面光滑磨损小，但易松散和扭转，不宜用来悬吊重物。交叉绕是指钢丝捻成股的方向与股捻成绳的方向相反，这种绳不易松散和扭转，宜作起吊绳，但挠性差。混合绕指相邻两股的钢丝绕向相反，性能介于两者之间，制造复杂，用得较少。

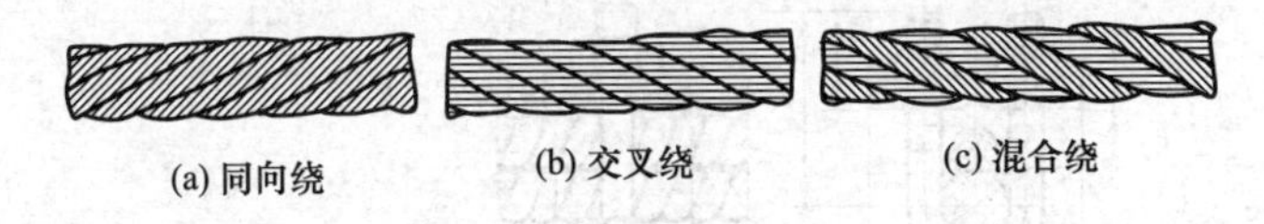

图 8-6　双绕钢丝绳的绕向

(2) 吊索

吊索是一种用钢丝绳（6×37 或 6×61 等）制成的吊装索具。吊索主要用于绑扎构件以便起吊。

吊索主要有两种类型：环状吊索（万能吊索/闭式吊索）和轻便吊索（8 股头吊索/开式吊索）。两种吊索如图 8-7 所示。

吊索是用钢丝绳制作而成的，钢丝绳吊索的接头方式包括编接和卡接两种。吊索的接头方式最好采用编接，即将钢丝绳分股拆散，并

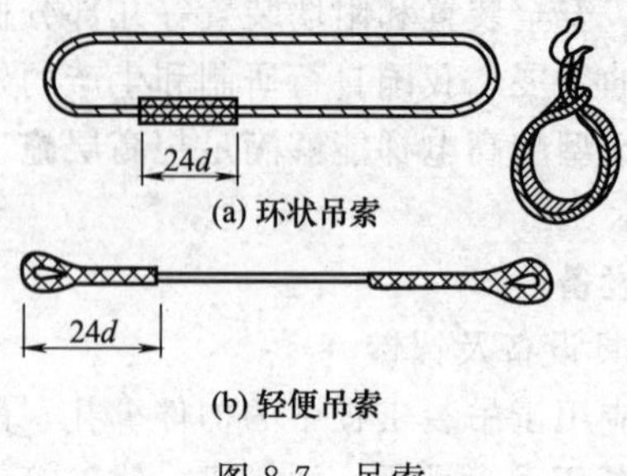

(a) 环状吊索

(b) 轻便吊索

图 8-7　吊索

按一定的方法编插在钢丝绳股内形成一个牢固的接头。当吊索采用钢丝绳夹头（钢丝绳卡）制作时常采用钢丝绳夹头来固定钢丝绳端，钢丝绳夹头主要有骑马式夹头、压板式夹头和拳握式夹头三种（图 8-8），其中骑马式是最常采用的。

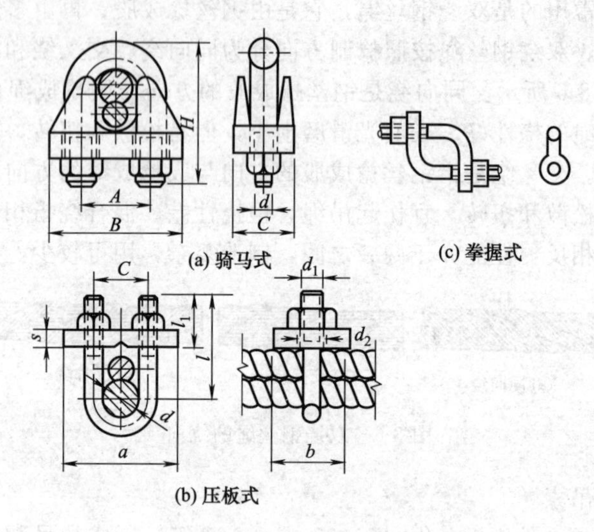

(a) 骑马式

(c) 拳握式

(b) 压板式

图 8-8　钢丝绳夹头

（3）卡环

卡环用于吊索之间或吊索与杆件之间的连接，固定和扣紧吊索。卡环由弯环和销子两部分组成。卡环可以分为直形卡环（螺栓式和活络式）和马蹄形卡环（螺栓式和活络式）两种类型，如图 8-9 所示。

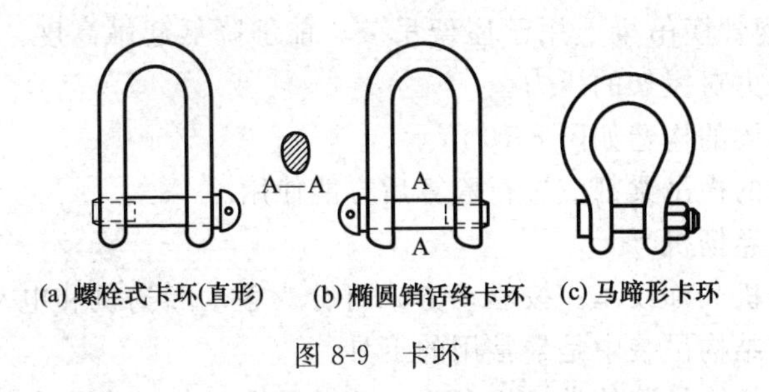

(a) 螺栓式卡环(直形)　(b) 椭圆销活络卡环　(c) 马蹄形卡环

图 8-9　卡环

(4) 横吊梁

横吊梁又称铁扁担，主要用于柱和屋架等的吊装。常用的横吊梁包括以下几种。

① 滑轮横吊梁　用于8t以下的柱子吊装，能够保证在起吊和直立柱子时，使吊索受力均匀，柱子易于垂直，便于就位。

② 钢板横吊梁　用于10t以下的柱子吊装。

③ 桁架横吊梁　用于双机抬吊安装柱子，能够使吊索受力均匀，柱子吊直后能够绕转轴旋转，便于就位。

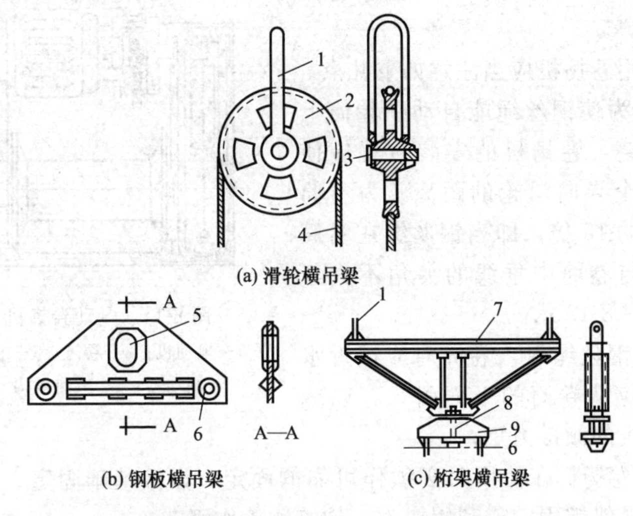

(a) 滑轮横吊梁

(b) 钢板横吊梁　(c) 桁架横吊梁

图 8-10　横吊梁（安装柱子用）

1—吊环；2—滑轮；3—轮轴；4—吊索；5—挂起重机吊钩的孔；
6—挂吊索的孔眼；7—桁架；8—转轴；9—横梁

④ 钢管横吊梁　用于屋架吊装，能够降低起吊高度，减少吊索的水平分力对屋架的压力。

横吊梁的构造如图 8-10 所示。

所有的横吊梁都应进行验算后方能使用。

(5) 卷扬机

卷扬机又称绞车。按驱动方式可分为手动卷扬机和电动卷扬机。卷扬机在结构吊装中是最常用的工具。

用于结构吊装的卷扬机多为电动卷扬机。电动卷扬机主要由电动机、卷筒、电磁制动器和减速机构等组成，如图 8-11 所示。卷扬机分快速和慢速两种。快速电动卷扬机主要用于垂直运输和打桩等作业；慢速电动卷扬机主要用于结构吊装、钢筋冷拉、预应力筋张拉等作业。

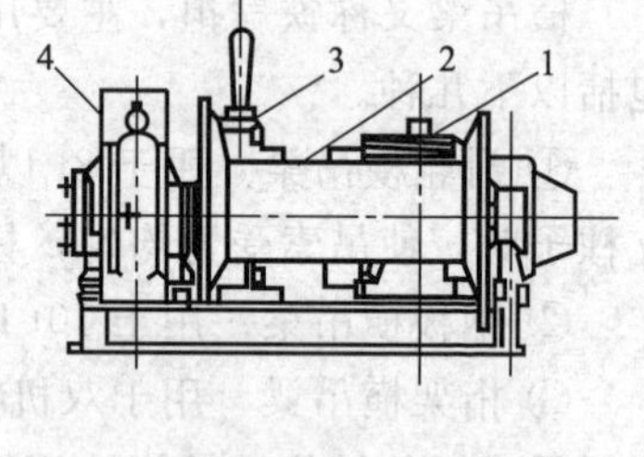

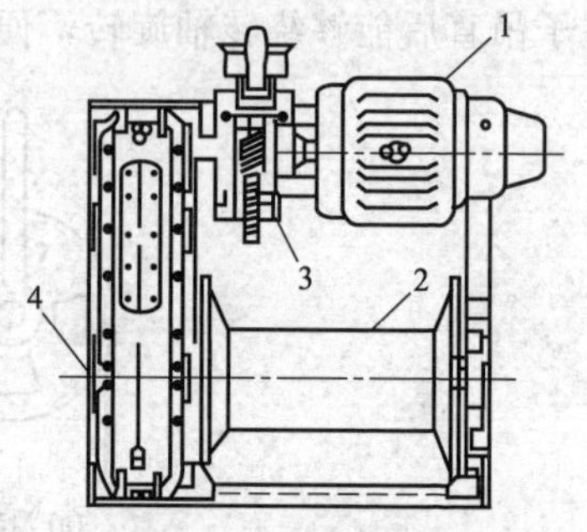

图 8-11　电动卷扬机
1—电动机；2—卷筒；3—电磁制动器；4—减速机构

选用卷扬机的主要技术参数是卷筒牵引力、钢丝绳的速度和卷筒容绳量。

使用卷扬机应当注意如下几点。

① 为使钢丝绳能自动在卷筒上往复缠绕，卷扬机的安装位置应使距第一个导向滑轮的距离 l 为卷筒长度 a 的 15 倍，即当钢丝绳在卷筒边时，与卷筒中垂线的夹角不大于 2°，如图 8-12 示。

② 钢丝绳引入卷筒时应接近水平，并应从卷筒的下面引入，以减少卷扬机的倾覆力矩；

③ 卷扬机在使用时必须作可靠的固定，如做基础固定、压重物固定、设锚锭固定或利用树木、构筑物等作固定。

(6) 锚碇

锚碇又叫地锚，是用来固定缆风绳和卷扬机的，它是保证把杆稳

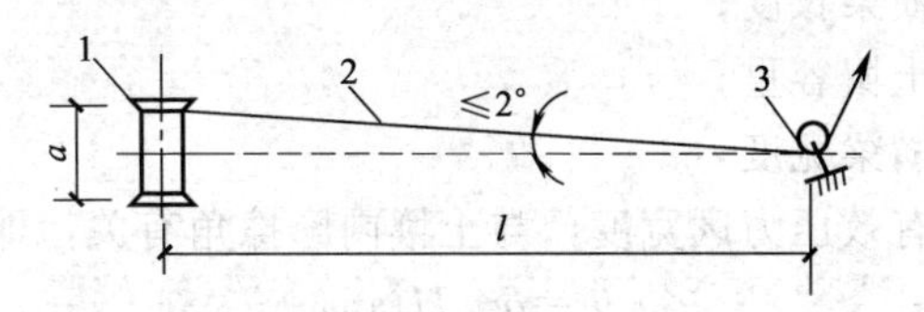

图 8-12　卷扬机与第一个导向滑轮的布置

1—卷筒；2—钢丝绳；3—第 1 个导向滑轮

定的重要组成部分，一般有桩式锚碇和水平锚碇两种。

桩式锚碇系用木桩或型钢打入土中而成。

水平锚碇可承受较大荷载，分无板栅水平锚碇和有板栅水平锚碇两种，见图 8-13。

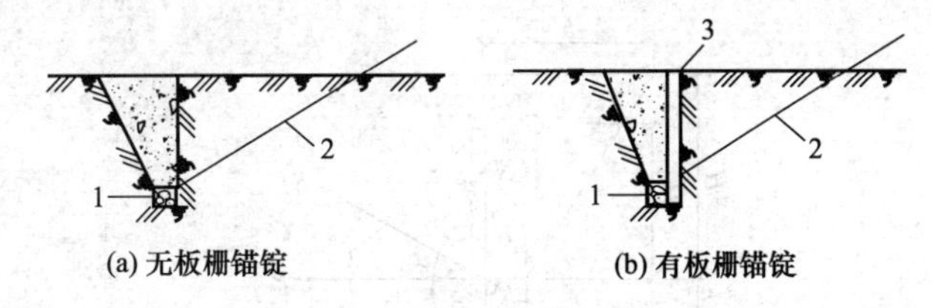

图 8-13　水平锚碇

1—横梁；2—钢丝绳（或拉杆）；3—板栅

水平锚碇的计算的内容：在垂直分力作用下锚碇的稳定性；在水平分力作用下侧向土壤的强度；锚碇横梁计算。

① 锚碇的稳定性计算

锚碇的稳定性（图 8-14），按下列公式计算：

$$\frac{G+T}{N} \geqslant K \tag{8-1}$$

式中　K——安全系数，一般取 2；

N——锚碇所受荷载的垂直分力：

$$N = S\sin\alpha$$

其中　S——锚碇荷重；

G——土壤重量：

$$G = \frac{b+b'}{2} Hlr \tag{8-2}$$

式中 l——横梁长度；

r——土壤容重；

b——横梁宽度；

b'——有效压力区宽度，与土壤内摩擦角有关，即

$$b'=b+H\tan\varphi_0 \tag{8-3}$$

式中 φ_0——土壤内摩擦角，松土取 15°～20°，一般土取 20°～30°，坚硬土取 30°～40°；

H——锚碇埋置深度；

T——摩擦力：$T=fP$。

其中 f——摩擦系数，对无板栅锚碇取 0.5，对有板栅锚碇取 0.4；

P——S 的水平分力：$P=S\cos\alpha$。

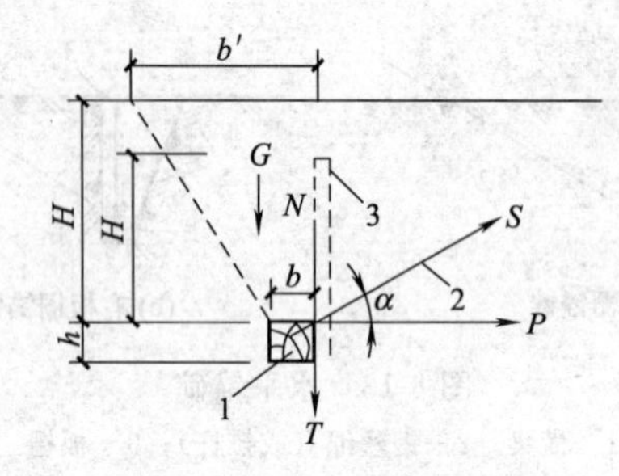

图 8-14 锚碇稳定性计算

1—横木；2—钢丝绳；3—桩

② 侧向土壤强度

对于无板栅锚碇

$$[\sigma]n \geqslant \frac{P}{hl} \tag{8-4}$$

对于有板栅锚碇

$$[\sigma]n \geqslant \frac{P}{(h+h_1)l} \tag{8-5}$$

式中 $[\sigma]$——深度 H 处的土壤容许压应力；

n——降低系数，可取 0.5～0.7。

③ 锚碇横梁计算

a. 使用一根吊索的横梁计算［图 8-15 (a)］横梁为圆形截面时，

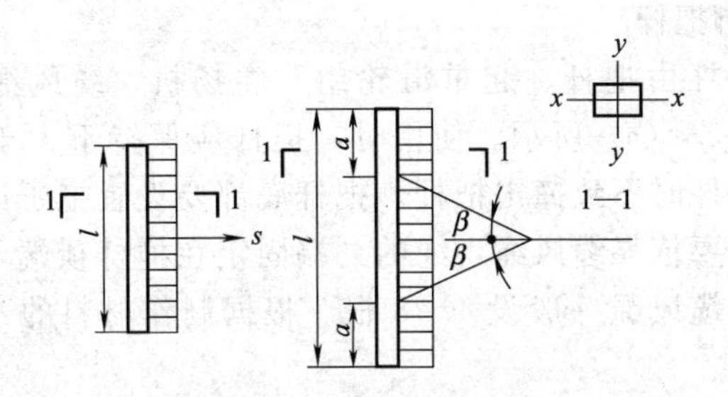

(a) 一根索的横梁计算图　(b) 两根索的横梁计算图

图 8-15　锚碇横梁计算

按单向弯曲的构件计算：

$$\sigma=\frac{N}{W_{n}}\leqslant f_{m} \tag{8-6}$$

横梁为矩形截面时，按双向弯曲构件计算：

$$\sigma=\frac{M_{x}}{W_{nx}}+\frac{M_{y}}{W_{ny}}\leqslant f_{m} \tag{8-7}$$

式中　M_x，M_y——对构件截面 x，y 轴的弯矩；

W_{nx}，W_{ny}——对 x，y 轴的净截面抵抗矩；

f_m——木材抗弯设计强度。

b. 使用两根吊索的横梁，按偏心双向受压构件计算［图 8-15（b）］：

$$\sigma=\frac{N_{0}}{A}+\frac{M_{x}}{W_{nx}}+\frac{M_{y}}{W_{ny}}\leqslant f_{m} \tag{8-8}$$

式中　N_0——横梁轴向力；

A——横梁截面积。

2. 常用起重机械

（1）桅杆式起重机

桅杆式起重机具有制作简单、装拆方便、起重量大（可达 1000kN 以上）、受地形限制小等特点。但它的灵活性较差，工作半径小，移动较困难，并需要拉设较多的缆风绳，故一般只适用于安装工程量比较集中的工程。

桅杆式起重机可分为：独脚把杆、人字把杆、悬臂把杆和牵缆式桅杆起重机。

1）独脚把杆

独脚把杆由把杆、起重滑轮组、卷扬机、缆风绳和锚碇等组成，如图 8-16（a）所示。使用时，把杆应保持不大于 10°的倾角，以便吊装构件时不致撞击把杆。把杆底部要设置拖子以便移动。把杆的稳定主要依靠缆风绳，绳的一端固定在桅杆顶端，另一端固定在锚碇上，缆风绳一般设 4～8 根。根据制作材料的不同，把杆类型有：

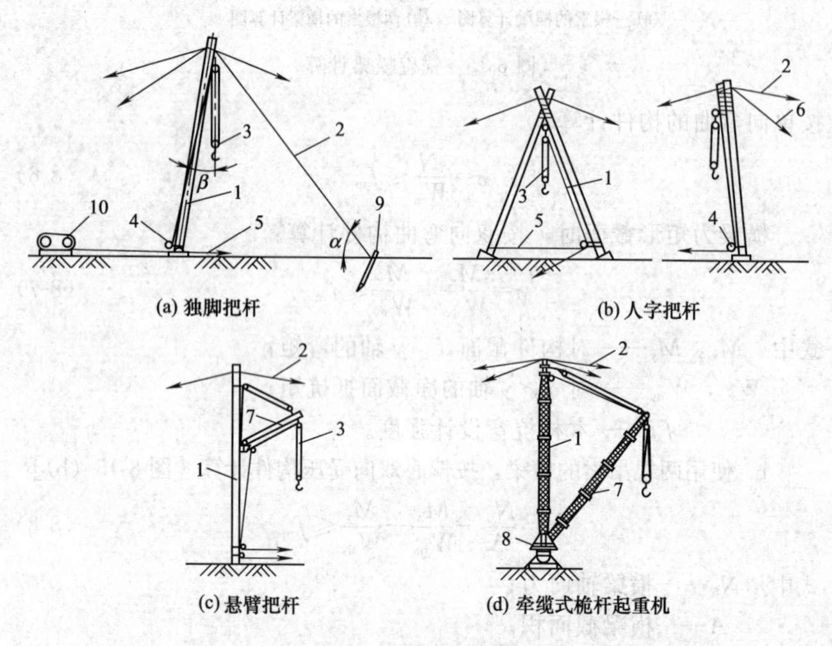

图 8-16　桅杆式起重机

1—把杆；2—缆风绳；3—起重滑轮组；4—导向装置；5—拉索；6—主缆风绳；7—起重臂；8—回转盘；9—锚碇；10—卷扬机

① 木独脚把杆　常用独根圆木做成，圆木梢径 20～32cm，起重高度一般为 8～15m，起重量为 30～100kN；

② 钢管独脚把杆　常用钢管直径 200～400mm，壁厚 8～12mm，起重高度可达 30m，起重量可达 450kN；

③ 金属格构式独脚把杆　起重高度可达 75m，起重量可达

1000kN 以上。格构式独脚把杆一般用四个角钢作主肢，并由横向和斜向缀条联系而成，截面多呈正方形，常用截面为 450mm×450mm～1200mm×1200mm 不等，整个把杆由多段拼成。

2）人字把杆

人字把杆是由两根圆木或两根钢管以钢丝绳绑扎或铁件铰接而成，如图 8-16（b）所示。两杆在顶部相交成 20°～30°角，底部设有拉杆或拉绳，以平衡把杆本身的水平推力。其中一根把杆的底部装有一导向滑轮组，起重索通过它连到卷扬机，另用一钢丝绳连接到锚碇，以保证在起重时底部稳固。人字把杆是前倾的，但倾斜度不宜超过 1/10，并在前、后面各用两根缆风绳拉结。

人字把杆的优点是侧向稳定性较好，缆风绳较少；缺点是起吊构件的活动范围小，故一般仅用于安装重型柱或其他重型构件。

3）悬臂把杆

在独脚把杆的中部或 2/3 高度处装上一根起重臂，即成悬臂把杆。起重杆可以回转和起伏变幅，如图 8-16（c）所示。

悬臂把杆的特点是能够获得较大的起重高度，起重杆能左右摆动 120°～270°，宜于吊装高度较大的构件。

4）牵缆式桅杆起重机

在独脚把杆的下端装上一根可以 360°回转和起伏的起重杆而成，如图 8-16（d）所示。它具有较大的起重半径，能把构件吊送到有效起重半径内的任何位置。格构式截面的桅杆起重机，起重量可达 600kN，起重高度可达 80m，其缺点是缆风绳较多。

（2）自行式起重机

自行式起重机可分为履带式起重机、汽车式起重机与轮胎式起重机。

1）履带式起重机

履带式起重机是一种具有履带行走装置的全回转起重机。它利用两条面积较大的履带着地行走，行走时对地面的压强一般不超过 0.2MPa，起重时不超过 0.4MPa，可以在较差的地面上行驶和工作，是结构安装工程常用的机械之一。如图 8-17 所示。

① 履带式起重机的常用型号及性能　常用的履带起重机有：国

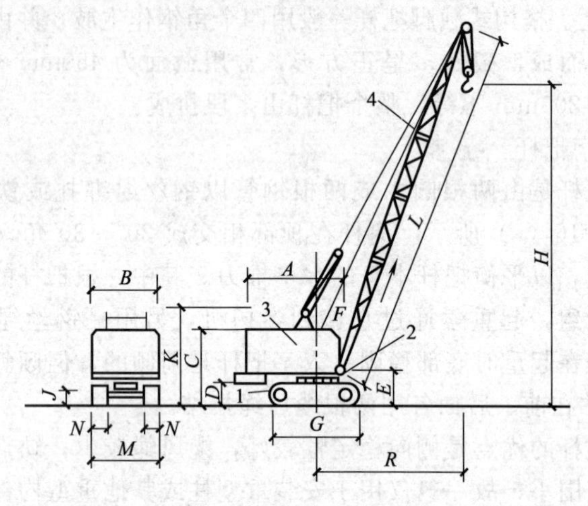

图 8-17　履带式起重机

1—行走装置；2—回转机构；3—机身；4—起重臂

产 W_1-50 型、W_1-100 型、W_1-200 型、QU_{20} 型、QU_{25} 型、W-4 型和一些进口机械等。

W_1-50 型起重机的最大起重量为 10t，起重臂可接长至 18m，适用于吊装跨度在 18m 以下，安装高度在 10m 左右的小型车间施工和其他辅助工作（如装卸构件）。

W_1-100 型起重机的最大起重量为 15t，有 13m 和 23m 等几种起重臂，适用于吊装跨度在 18～24m 的厂房的施工。

W_1-200 型起重机的最大起重量为 50t，有 15m、30m、40m 等几种长度的起重臂。适用于大型厂房的吊装施工。

常用履带式起重机的外形尺寸及技术性能见表 8-6、表 8-7、表 8-8、表 8-9 及表 8-10 所示。

② 履带式起重机的稳定性验算　履带式起重机需进行超负荷吊装或者需额外接长起重臂时，要对起重机的稳定性进行验算，以保证起重机在吊装中不会发生倾覆事故。

图 8-18 所示的情况下吊装构件，起重机的稳定性最差，即车身与行驶方向垂直时，以履带中心 A 点为倾覆中心，验算起重机的稳定性。

表 8-6　履带式起重机外形尺寸　mm

符号	名称	型号				
		W_1-50 (W-501、Э-505)	W_1-100 (W-1001、Э-1004)	W_1-200 (W-2001)	Э-1252	W-4
A	机棚尾部到回转中心距离	2900	3300	4500	3540	5250
B	机棚宽度	2700	3120	3200	3120	
C	机棚顶部距地面高度	3220	3675	4125	3675	
D	回转平台底面距地面高度	1000	1045	1190	1095	
E	起重臂枢轴中心距地面高度	1555	1700	2100	1700	2650
F	起重臂枢轴中心至回转中心的距离	1000	1300	1600	1300	2340
G	履带长度	3420	4005	4950	4005	
M	履带架宽度	2850	3200	4050	3200	
N	履带板宽度	550	675	800	675	
J	行走底架距地面高度	300	275	390		
K	双足支架顶部距地面高度	3480	4170	4300	4180	8580

表 8-7　履带式起重机性能表

参数		单位	型号														
			W_1-50			W_1-100		W_1-200			Э-1252			W-4			
起重臂长度		m	10	18	18带鸟嘴	13	23	15	30	40	12.5	20	25	21	27	33	45
最大起重半径		m	10.0	17.0	10.0	12.5	17.0	15.5	22.5	30.0	10.1	15.5	19.9	20.32	25.52	30.67	41.12
最小起重半径		m	3.7	4.5	6.0	4.23	6.5	4.5	8.0	10.0	4.0	5.65	6.5	6.54	7.79	9.03	11.51
起重量	最小起重半径时	t	10.0	7.5	2.0	15.0	8.0	50.0	20.0	8.0	20.0	9.0	7.0	63.4	56.8	45.7	32.0
	最大起重半径时	t	2.6	1.0	1.0	3.5	1.7	8.2	4.3	1.5	5.5	2.5	1.7	16.8	11.3	83.3	4.34
起升高度	最小起重半径时	m	9.2	17.2	17.2	11.0	19.0	12.0	26.8	36.0	10.7	17.9	22.8	20.5	26.5	32.5	45
	最大起重半径时	m	3.7	7.6	14.0	5.8	16.0	3.0	19.0	25.0	8.1	12.7	17.0	10.5	13.5	16.5	22.65

注：表中数据所对应的起重臂倾角为：$\alpha_{min}=30°$，$\alpha_{max}=77°$

表 8-8　W_1-50 型履带式起重机起重特性

臂长 10m			臂长 18m			臂长 10m(带鹅头)		
R/m	*Q*/t	*H*/m	*R*/m	*Q*/t	*H*/m	*R*/m	*Q*/t	*H*/m
3.7	10.0	9.2	4.5	7.5	17.2	6	2.0	17.2
4	8.7	9.0	5	6.2	17	8	1.5	16
5	6.2	8.6	7	4.1	16.4	10	1.0	14
6	5.0	8.1	9	3.0	15.5	—	—	—

续表

臂长 10m			臂长 18m			臂长 10m(带鹅头)		
R/m	Q/t	H/m	R/m	Q/t	H/m	R/m	Q/t	H/m
7	4.1	7.5	11	2.3	14.4	—	—	—
8	3.5	6.5	13	1.8	12.8	—	—	—
9	3.0	5.4	15	1.4	10.7	—	—	—
10	2.6	3.7	17	1.0	7.6	—	—	—

表 8-9　W_1-100 型履带式起重机起重特性

R/m	臂长 13m		臂长 23m		臂长 27m		臂长 30m	
	Q/t	H/m	Q/t	H/m	Q/t	H/m	Q/t	H/m
4.5	15.0	11	—	—	—	—	—	—
5	13.0	11	—	—	—	—	—	—
6	10.0	11	—	—	—	—	—	—
6.5	9.0	10.9	8.0	19	—	—	—	—
7	8.0	10.8	7.2	19	—	—	—	—
8	6.5	10.4	6.0	19	5.0	23	—	—
9	5.5	9.6	4.9	19	3.8	23	3.6	26
10	4.8	2.2	4.2	18.9	3.1	22.9	2.9	25.9
11	4.0	7.8	3.7	18.6	2.5	22.6	2.4	25.7
12	3.7	6.5	3.2	18.2	2.2	22.2	1.9	25.4
13	—	—	2.9	17.8	19	22	1.4	25
14	—	—	2.4	17.5	1.5	21.6	1.1	24.5
15	—	—	2.2	17	1.4	21	0.9	23.8
17	—	—	1.7	16	—	—	—	—

表 8-10　QU_{25}、W-4 型履带式起重机起重特性

项　目	QU_{25}型起重臂长/m						W-4 型起重臂长/m			
	13	16	20	23	27	30	21	27	33	45
最大起升高度/m	12	14	16	21	25	28	20.5	26.5	32.5	45
最小起重半径/m	4	4.5	6	6.5	7	8	6.54	7.79	9.03	11.51
最大起重量/t	25						63.4			
起升速度/(m/s)	0.85						6.633～13.25			

若只考虑吊装荷载，不考虑附加荷载，验算起重机的稳定性时，要求满足：

$$K=\frac{稳定力矩(M_{稳})}{倾覆力矩(M_{倾})}=\frac{G_1L_1+G_2L_2+G_0L_0-G_3L_3}{(Q+q)(R-L_2)}\geqslant 1.4 \quad (8\text{-}9)$$

式中　G_0——机身平衡重；

G_1——起重机机身可转动部分的重量；

G_2——起重机机身不转动部分的重量；

G_3——起重臂重量；

L_0，L_1，L_2，L_3——G_0、G_1、G_2、G_3 各部分重心至 A 点的距离；

R——起重半径；

Q——起重量（包括构件和索具重量）；

q——起重滑轮组的重量。

③ 起重臂接长计算　当起重机的起重高度或起重半径不足时，在起重臂的强度和稳定性能得到保证的前提下，可以将起重臂接长，接长后的起重量 Q' 按图 8-19 计算。

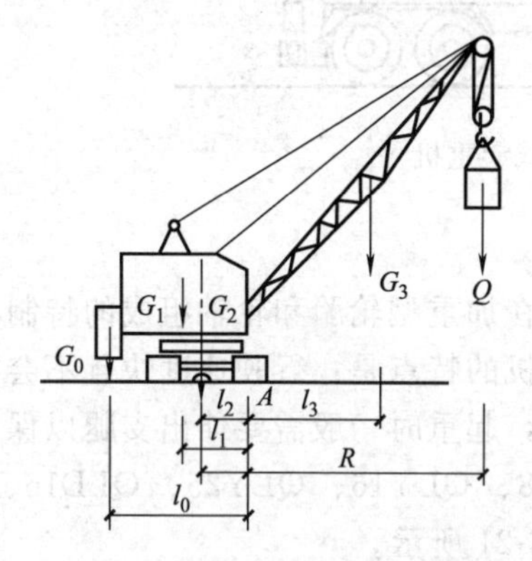

图 8-18　履带式起重机受力简图

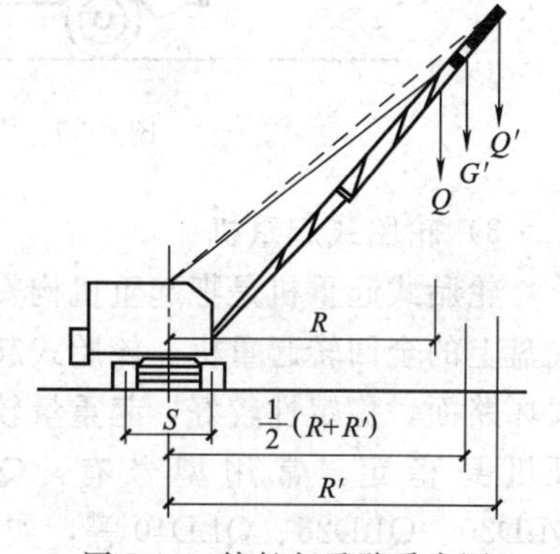

图 8-19　接长起重臂受力图

根据同一起重机起重力矩等量的原则得：

$$Q'\left(R'-\frac{S}{2}\right)+G'\left(\frac{R+R'}{2}-\frac{S}{2}\right)=Q\left(R-\frac{S}{2}\right)$$

整理后得：

$$Q'=\frac{1}{2R'-S}[Q(2R-S)-G'(R+R'-S)] \quad (8\text{-}10)$$

式中　R'——接长起重臂后的起重半径；

G'——起重杆接长部分的重量；

S——两条履带板中心线间的距离。

其他符号同前。若计算得出的 Q' 小于所吊构件的质量，则需采取相应的加强措施。

2）汽车式起重机

汽车式起重机是一种自行式全回转起重机，起重机构安装在汽车通用或专用底盘上，如图 8-20 所示。具有行驶速度快、机动性能好的优点，缺点是吊重物时必须伸出支腿以保证起重机的稳定性。汽车式起重机具有起重机的作业特性和载重汽车的行驶特性，但不能负荷行驶。常用的汽车式起重机有：QY5、QY8、QY12、QY16、QY40、QD100 等型号。

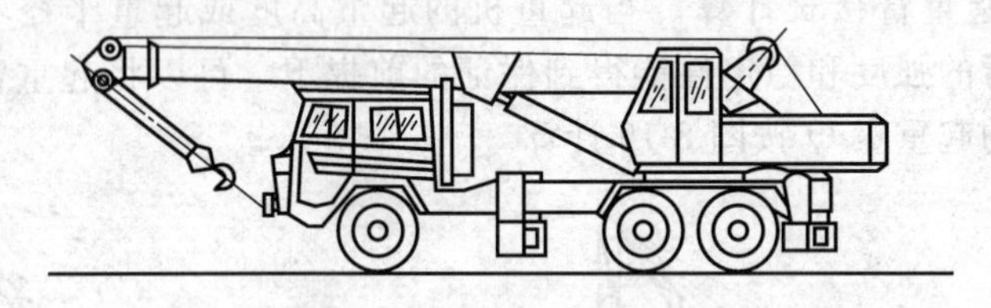

图 8-20 汽车式起重机

3）轮胎式起重机

轮胎式起重机是把起重机构安装在加重型轮胎和轮轴组成的特制底盘上的全回转起重机。轮胎式起重机的特点是：行驶速度快且不会损坏路面，稳定性较好，起重量较大，起重时一般需要伸出支腿以保证机身稳定。常用型号有：QLY8、QLY16、QLY25、QLD16、QLD20、QLD25、QLD40 等，如图 8-21 所示。

（3）塔式起重机

塔式起重机是一种具有竖直塔身的全回转臂式起重机。塔式起重机型号分类及表示方法如下：代号 QT 表示上回转式塔式起重机；QTZ 表示上回转自升式塔式起重机；QTA 表示下回转式塔式起重机；QTK 表示快速安装式塔式起重机；QTG 表示固定式塔式起重机；QTP 表示内爬式塔式起重机；QTL 表示轮胎式塔式起重机；QTQ 表示汽车式塔式起重机；QTU 表示履带式塔式起重机等。

1）一般式塔式起重机

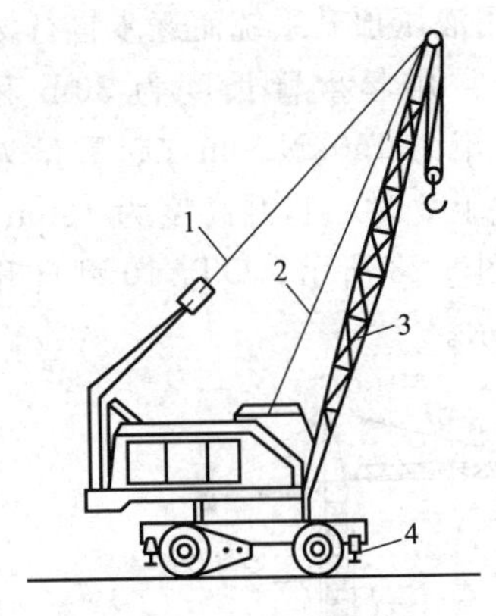

图 8-21 轮胎式起重机

1—起重杆；2—起重索；3—变幅索；4—支腿

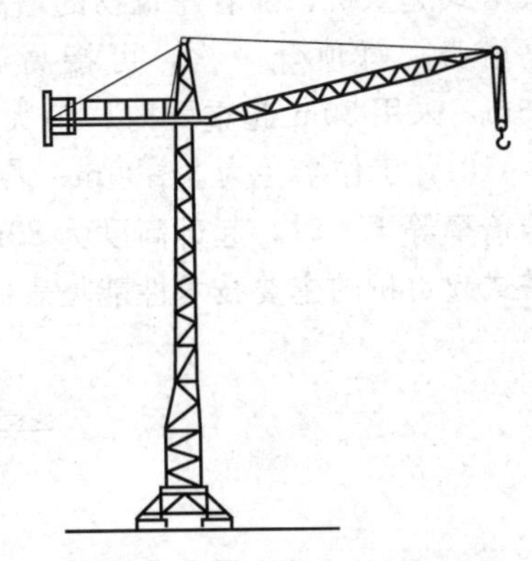

图 8-22 QT_1-6 型塔式起重机

按结构与性能特点塔吊分为一般式与自升式两种。一般式塔吊常用的型号有：QT_1-6 型、QT25、QT60、QT70、TQ-6、QT-60/80 型等。

QT_1-6 型塔式起重机是轨道式上旋转塔式起重机，起重量为2～6t，起重半径为 8.5～20m，适用于工业与民用建筑的吊装及材料仓库装卸工作，如图 8-22 所示。

TQ-6 型塔式起重机是轨道式下旋转塔式起重机，额定起重力矩为 600kN・m，适用于各种工业与民用建筑吊装；QT-15 型塔式起重机是轨道式上旋转塔式起重机，起重量为 5～15t，起重半径 8～25m，适用于工业与民用建筑结构吊装。

QT-60/80 型塔式起重机是轨道式上旋转塔式起重机，额定起重力矩为 600～800kN・m；QT-25 型塔式起重机是轨道式下旋转塔式起重机，最大起重力矩为 250kN・m，最大起重半径 20m，最小起重半径 10m。

2）自升式塔式起重机

自升式塔式起重机常用型号有：QT_4-10、QTZ50、QTZ60、QTZ80A、QTZ100、QTZ120 等。

QT_4-10 型多功能自升塔式起重机是一种上旋转、小车变幅自升式塔式起重机，随着建筑物的增高，利用液压顶升系统而逐步自行接高塔身。每顶升一次，可接高 2.5m。常用起重臂长度为 30m 和 35m，采用 30m 起重臂时，最大起重力矩为 160kN·m，起重量为 5～10t，工作半径为 3～30m；若倍率等于 2 时，起升高度为 160m；若倍率等于 4 时，起升高度为 80m；如图 8-23 所示。QT_4-10 型自升塔式起重机的主要技术性能见表 8-11 所示。

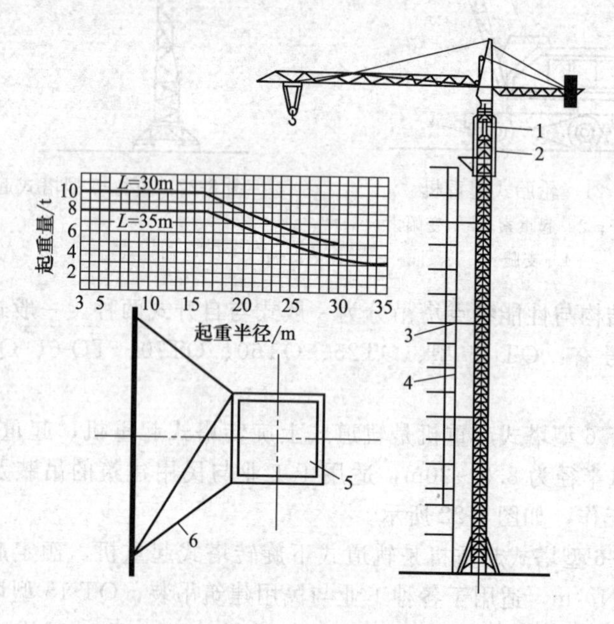

图 8-23 QT_4-10 型塔式起重机

1—液压千斤顶；2—顶升套架；3—锚固装置；4—建筑物；5—塔身；6—附着杆

该塔式起重机通过更换或增加一些部件及辅助装置，也可作为轨道式、固定式和内爬式起重机使用。

自升塔式起重机的液压顶升系统主要有：顶升套架、长行程液压千斤顶、支承座、顶升横梁、引渡小车、引渡轨道及定位销等。液压千斤顶的缸体装在塔吊上部结构的底端支承座上，活塞杆通过顶升横梁支承在塔身顶部，其顶升过程如图 8-24 所示。

附着式塔吊随施工进程向上顶升接高到限定的自由高度后，便需

表 8-11 QT_4-10 型附着式自升塔式起重机的主要技术性能表

项目		单位	数据					
起重臂长		m	30			35		
起重半径		m	3～16	20	30	3～16	25	35
起重量		t	10.0	8.0	5.0	8.0	5.0	3.0
起升速度	4 索	m/min	22.5					
	2 索	m/min	45					
小车变幅速度		m/min	18					
回转速度		r/min	0.47					
顶升速度		m/min	0.52					
轨距		m	6.5					
起重机行走速度		m/min	10.36					

通过锚固装置与建筑物拉结，其功能是使塔吊上部传来的不平衡力矩、水平力及扭矩通过锚固装置传递给建筑结构；减小塔身的长细比，改善塔身结构的受力情况。

塔身中心线至建筑物外墙表面的垂直距离称为附着距离，附着距离的长短要符合起重机生产厂家的规定。其第一道锚固装置设置在距基础表面 30～40m 处，向上每隔 16～20m 设一道。锚固装置的附着杆布置形式如图 8-25 所示。

3）爬升式塔式起重机

爬升式塔式起重机又称内爬式塔式起重机，通常装在建筑物的电梯井或特设的开间内，依靠爬升机构，随着建筑物的建高而升高，一般是建筑物每施工 1～2 层，起重机就爬升一次。塔身自身高度只有 20m 左右，但起升高度随建筑物高度而定，实际上是以建筑物的井筒结构充当了塔身。爬升式起重机的工作机构和金属结构与一般塔式起重机没有很大区别，只是增加了爬升机构。爬升式起重机的特点是：塔身短，起升高度大而且不占建筑物外围空间，但司机作业时看不到起吊过程，全靠信号指挥，施工完成以后拆塔工作处于高空作业

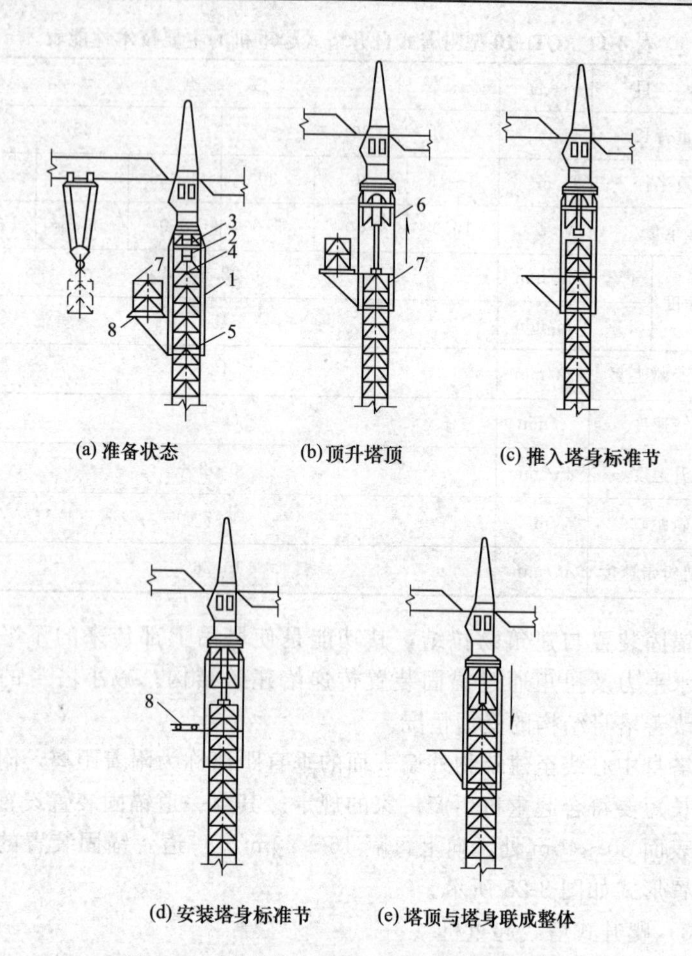

(a) 准备状态 (b) 顶升塔顶 (c) 推入塔身标准节

(d) 安装塔身标准节 (e) 塔顶与塔身联成整体

图 8-24 附着式自升塔式起重机的顶升过程

1—顶升套架；2—液压千斤顶；3—支承座；4—顶升横梁；5—定位销；6—过渡节；7—标准节；8—摆渡小车

等。图 8-26 为爬升式塔吊的爬升示意图。国产爬升式塔式起重机的型号有 QT_5-4/40、QT_3-4 等。

3. 起重机械使用安全技术

① 起重机的司机和指挥人员必须经过培训考核合格并取得市、地劳动安全监察部门发给的该工种的“特种作业人员操作证”后方能

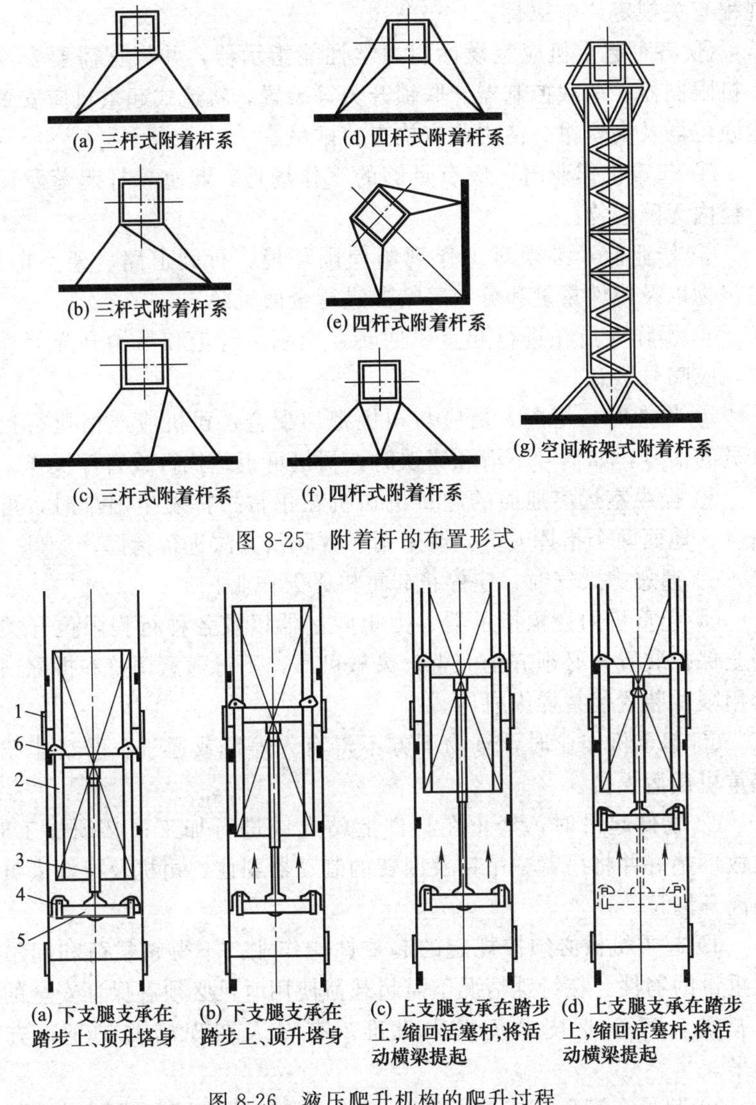

图 8-25　附着杆的布置形式

图 8-26　液压爬升机构的爬升过程

1—爬梯；2—塔身；3—液压缸；4，6—支腿；5—活动横梁

独立操作和担任指挥工作。

② 起重机的内燃机、电动机和液压装置部分，应按该部分安全

规程有关规定严格执行。

③ 各种起重机应装设标明力学性能指示器，并根据需要安设卷扬机限制器、荷载控制器、联锁开关等装置。轨道式起重机应安置行走限位器及夹轨钳。使用前应检查、试吊。

④ 起重机作业时，应有足够的工作场地，起重臂杆起落及回转半径内无障碍物。

⑤ 作业前，必须对工作现场周围环境、行驶道路、架空电线、建筑物以及构件重量和分布等情况进行全面了解。

⑥ 操作人员在进行起重机回转、变幅、行走和吊钩升降等动作前，应鸣号示意。

⑦ 作业时，指挥人员应与司机密切配合。司机应严格执行指挥人员的信号，如信号不清和错误时，司机可拒绝执行或暂停操作。

⑧ 操纵室远离地面的起重机司机在正常指挥发生困难时，可设高空、地面两个指挥人员，或采用有效联系方法进行指挥。

⑨ 遇恶劣天气时，应停止起重机露天作业。

⑩ 起重机的变幅指示器、力矩限制器以及各种行程限位开关等安全保护装置，必须齐全完整、灵敏可靠，不得随意调整和拆除。严禁用限位装置代替操纵机构。

⑪ 起重机作业时，重物下方不得有人停留或通过。严禁非载人起重机载运人员。

⑫ 物件起吊时，禁止在物件上站人或进行加工；必须加工时，应放下垫好并将吊臂、吊钩及回转的制动器刹住，司机及指挥人员不得离开岗位。

⑬ 起重机械必须按规定的起重性能作业，不得超载荷和起吊不明重量的物件。在特殊情况下需超载荷使用时，必须有保证安全的技术措施，经企业技术负责人批准，有专人在现场监护下，方可起吊。

⑭ 起吊在满负荷或接近满负荷时，严禁降落臂杆或同时进行两个动作。并应先将重物吊离地面 200～500mm 停止提升检查：起重机的稳定性、制动器的可靠性、重物的平稳性、绑扎的牢固性。确认无误后方可再行提升。对于可能晃动的重物，必须拴拉绳。

⑮ 严禁使用起重机进行斜拉、斜吊和吊地下埋设或凝结在地面上的重物。现场浇筑的混凝土构件或模板，必须全部松动后方可起吊。

⑯ 起吊重物时应绑扎平稳、牢固，不得在重物上堆放或悬挂零星物件。零星材料和物件，必须用吊笼或钢丝绳绑扎牢固后，方可起吊。标有绑扎位置或记号的物件，应按标明位置绑扎。绑扎钢丝绳与物件的夹角不得小于 30°。

⑰ 两机或多机抬吊时，必须有统一指挥，动作配合协调，吊重应分配合理，不得超过单机允许起重量的 80%。

⑱ 重物提升和降落速度要均匀。严禁忽快忽慢和突然制动。左右回转动作要平稳，应高出障碍物 500mm 以上，当回转未停稳前不得作反向动作。非重力下降式起重机，严禁带载自由下降，重物下落时应用手刹或脚刹控制缓慢下降。

⑲ 起重机在雨雪天气作业时，应先经过试吊，确认制动器灵敏可靠后方可进行作业。

⑳ 起重机不得靠近架空输电线路作业，如限于现场条件，必须在线路近旁作业时，应采取安全保护措施。

㉑ 起重机使用的钢丝绳，应有制造厂的技术证明文件作为依据。如无证件时应经过试验合格后方可使用。

㉒ 起重机使用的钢丝绳，其结构型式、规格、强度必须符合该起重机的要求。卷筒上的钢丝绳应连接牢固、排列整齐，放出钢丝绳时，卷筒上至少要保留三圈以上。收放钢丝绳时应防止钢丝绳打环、扭结、弯折和乱绳。不得使用扭结、变形的钢丝绳。

㉓ 每班作业前，应对钢丝绳所有可见部分以及钢丝绳的连接部位进行检查。钢丝绳表面磨损或腐蚀使原钢丝绳的平均直径减少 7% 时或在规定长度范围内断丝根数达到一般规定时应予更换。

㉔ 起重机的吊钩和吊环严禁补焊，有下列情况之一的即应更换。

a. 表面有裂纹。

b. 危险断面及钩颈有永久变形。

c. 挂绳处断面磨损超过高度 10%。

d. 吊钩衬套磨损超过原厚度 50%，心轴（销子）磨损超过其直径的 3%～5%。

㉕ 起重机制动器的制动鼓表面磨损达 1.5～2.0mm 时（大直径取大值，小直径取小值），或制动带磨损超过原厚度 50%时均应更换。

㉖ 起重机停止作业时，应将起吊物件放下，刹住制动器操纵杆放在空挡，并关门上锁。

第九章　钢筋混凝土工程

现在现浇钢筋混凝土结构施工中，已日益广泛地采用定型钢模板；钢筋接长用接触电渣焊、气压焊技术；混凝土浇筑用真空作业、泵送以及减水剂等一系列新材料、新工艺、新设备。近几年来，我国高层建筑的兴起使现浇钢筋混凝土结构得到进一步发展。

钢筋混凝土结构施工有预制装配式和现场浇筑两种方法。前者系工厂化生产，现场装配，可以提高建筑工业化水平，加快建设速度，改善工人的劳动条件，但要求机械化程度高。现场浇筑钢筋混凝土结构，劳动条件较差，工人劳动强度大，但结构的整体性好，抗震能力强，耗钢量少，所以应用很广泛。

钢筋混凝土工程由模板、钢筋、混凝土等工种工程组成，其施工工艺过程见图 9-1。施工中，只有三个工种之间紧密配合，加强管理，统筹安排，合理组织，才能保证工程质量，加快施工进度和降低造价。

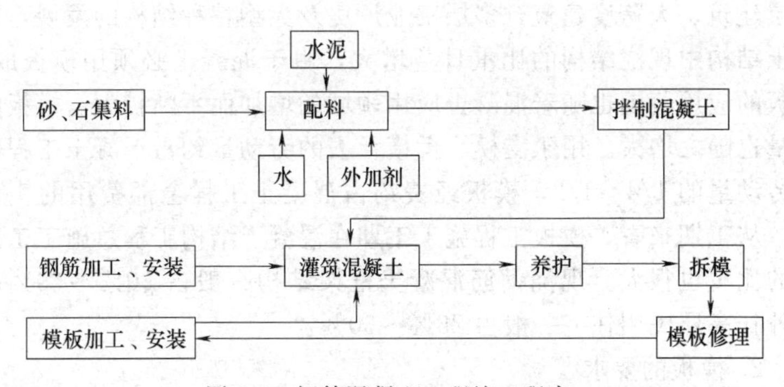

图 9-1　钢筋混凝土工程施工程序

第一节　模板工程

模板是新浇钢筋混凝土成型用的模型。模板系统包括模板和支架

（支撑及紧固件）。模板选材和构造的合理性、模板制作和安装的质量，直接影响到钢筋混凝土结构和构件的质量、成本（经济性）和施工进度。

一、模板的作用、要求及分类

1. 模板的作用

① 模板在混凝土工程中占着很重要的地位，是混凝土施工过程中的一个重要环节。

② 模板是使新拌制的混凝土满足设计要求的位置和几何形状，使之硬化成为钢筋混凝土结构或构件的模具。模板包括模板及其支架。模板亦称“模型板”，其形状与构件相适应。支承模板及作用在模板上荷载的结构，如支柱、桁架等均称为支架。

③ 模板是一种按设计要求制作，使混凝土结构、构件按规定的位置、几何尺寸成型，保持其正确位置，并承受模板及其作用在模板上的荷载的临时性结构。模板工程设计的目的，是保证混凝土工程质量，保证混凝土工程的施工安全，加快施工进度和降低工程成本。

④ 在现代建筑工程中，混凝土结构工程占主导地位。随着我国高层建筑、大跨度建筑，多层工业厂房及大型特种结构的发展，在混凝土结构中现浇结构的比重日益增大，由于混凝土必须用模板成型，模板的应用范围也随着混凝土应用领域的增加而不断扩大。模板的需用量也随之增大。用于支模、拆模耗去的劳动量约占混凝土工程中全部劳动量的1/4～1/2；模板经费约占混凝土工程全部费用的1/3以上。从工期来看，模板工程施工工期在混凝土结构工程总施工工期中占的比重也很大。现浇钢筋混凝土框架结构一般占50％～60％；内浇外挂高层民用住宅一般占25％～30％。

2. 模板的要求

模板及其支架必须满足下列要求。

① 保证工程结构和构件各部分形状尺寸和相互位置的正确性。现浇钢筋混凝土结构模板制作安装的允许偏差应符合表9-1的规定。固定在模板上的预埋件和预留孔洞均不得遗漏，安装必须牢固，位置准确，其允许偏差应符合表9-2的规定。

表 9-1　现浇结构模板安装的允许偏差与检验方法

项　目		允许偏差/mm	检验方法
轴线位置		5	钢尺检查
底模上表面标高		±5	水准仪或拉线、钢尺检查
截面内部尺寸	基础	±10	钢尺检查
	柱、墙、梁	+4，−5	钢尺检查
层高垂直度	不大于 5m	6	经纬仪或吊线、钢尺检查
	大于 5m	8	经纬仪或吊线、钢尺检查
相邻两板表面高低差		2	钢尺检查
表面平整度		5	2m 靠尺和塞尺检查

注：检查轴线位置时，应沿纵、横两个方向量测，并取其中的较大值。

表 9-2　预埋件和预留孔洞的允许偏差　mm

项　目		允许偏差
预埋钢板中心线位置		3
预埋管、预留孔中心线位置		3
预埋螺栓	中心线位置	2
	外露长度	+10 0
预留洞	中心线位置	10
	截面内部尺寸	+10 0

② 具有足够的承载能力、刚度和稳定性，能可靠地承受新浇筑混凝土的自重和侧压力，以及施工过程中所产生的各种荷载。当验算模板及其支架的刚度时，其最大变形值不得超过下列允许值。

a. 对结构表面外露的模板，为模板构件计算跨度的 1/400。

b. 对结构表面隐蔽的模板，为模板构件计算跨度的 1/250。

c. 支架的压缩变形值或弹性挠度，为相应的结构计算跨度的 1/1000。

③ 现浇钢筋混凝土梁、板，当跨度等于或大于 4m 时，模板应起拱；当设计无具体要求时，起拱高度宜为全跨长度的 1/1000～3/1000。起拱高度不包括设计起拱值，而只考虑到模板本身在荷载下的

挠度。根据模板情况，钢模板可取偏小值 1/1000～2/1000；木模板可取偏大值 1.5/1000～3/1000。

④ 构造简单，装拆方便，并便于钢筋的绑扎、安装和混凝土的浇筑、养护等要求。

⑤ 模板的接缝不应漏浆。

⑥ 模板与混凝土的接触面应涂隔离剂，以保持浇筑的钢筋混凝土构件平整、光滑，并便于脱模，减少模板损耗，提高生产率。隔离剂应满足下列要求。

a. 取材容易，配制简单，价格便宜。

b. 有一定的稳定性，不变质，不易产生沉淀。

c. 隔离效果好，不易脱落，不沾污钢筋、构件，不影响构件与抹灰的黏结，不与模板、钢筋发生化学反应。

d. 有较宽的温度适应范围，干燥快，不易被水冲洗掉。

e. 便于涂刷或喷洒，无异味，不刺激皮肤，对人体无害。

常用模板隔离剂见表 9-3。

表 9-3 常用模板隔离剂

材料及重量配合比	配制和使用方法	优缺点	适用范围
肥皂液（或洗衣粉：水＝1：15～25）	用肥皂切片泡水涂刷于模板表面 1～2 遍	使用方便，易脱模，价格便宜；冬季雨季不能使用	木模、混凝土模、土模
皂脚：水＝1：5～7 或皂脚：滑石粉：水＝1：1：4	用温水将皂脚稀释，搅拌均匀使用，涂刷 2 遍，每遍隔 0.5～1.0h，或加滑石粉调至糊状使用	涂刷方便，易脱模，价格低廉。冬季雨季不能使用	木模、混凝土模胎、台座、土模
石灰膏（或麻刀灰）、石灰水	将石灰膏配成适当稠度抹薄层，或加水拌成糊状，均匀涂刷 1～2 遍	取材容易，成本低，涂刷方便，较易脱落。冬季雨季不能使用	土模，水泥面台座，重叠生产构件
石灰膏：黄泥＝1：1	将石灰膏与黄泥加适量水拌和至糊状，均匀涂刷 1～2 遍	取材容易，成本低廉，涂刷方便。冬季雨季不能使用	土模、混凝土模胎、台座

续表

材料及重量配合比	配制和使用方法	优缺点	适用范围
废机油	稠的刷1遍，较稀的刷2遍。胎模表面加撒滑石粉1遍。底模不能积油	隔离较稳定，可利用废料。但钢筋和构件易沾油污染	各种模板及固定胎模。表面质量要求高的构件不能使用
废机油∶水泥（滑石粉）∶水＝1∶1.4∶0.2或废机油∶黏土膏∶水＝1∶1∶0.7	先将废机油与水泥（滑石粉、黏土膏）拌和均匀，再加水拌匀成乳胶状，刷1～2遍	易脱模，便于涂刷，表面光滑。但易沾污构件和钢筋表面	各种固定胎模。表面清洁要求高的不宜使用
废机油∶松香∶肥皂∶水＝1∶0.1∶0.1∶3.75或重柴油∶松香∶肥皂∶水＝1∶0.15∶0.15∶4.8	将三种材料混合煮沸变稠，约40min加水搅拌成灰白色乳液，即可使用，或加少量滑石粉一起涂刷	生产工艺简单，价格比纯废机油便宜2倍，不污染构件，隔离效果好	各种模板及固定胎模及表面质量要求一般的构件使用
市售乳化机油∶水＝1∶5	在容器中按配合比搅拌均匀后，即可涂刷	材料简单，使用方便，隔离效果较好	用于木模或混凝土胎模
废机油（重柴油）∶肥皂＝1∶1～2	将废机油（或重柴油）与肥皂水混合搅拌均匀使用	涂刷方便，构件清洁，颜色灰白	各种固定胎模
石蜡∶柴油∶滑石粉＝1∶4∶2	将1份石蜡与2份柴油混合用水浴加热溶化，加入剩余柴油拌均，最后加入粉料拌均，涂刷1～2遍	易脱模，板面光滑。但成本较高，蒸汽养护构件时不能使用	混凝土胎模、台座，钢模板
石蜡∶柴油＝1∶2	将石蜡与煤油熔化均匀后，涂刷于板面	易于脱模，板面光滑。但成本较高，蒸汽养护构件时不能使用	混凝土胎模，台座，钢模板
松香∶煤油＝1∶3	将松香与煤油溶解，搅拌均匀即可使用	操作方便，易脱模，板面较光滑	混凝土胎模，台座，钢模

续表

材料及重量配合比	配制和使用方法	优缺点	适用范围
松香：肥皂：柴油：水＝1：0.8：6.7：53	将松香、肥皂、柴油按比例加好后，冲入水搅拌均匀即可使用	便于操作，易脱模，板面光滑，涂刷干后遇雨仍可保持隔离效果	混凝土胎模，台座，钢模
107胶：滑石粉：水＝1：1：1	将107胶与水调匀，再加滑石粉调均匀，涂刷，1～2遍	材料来源广，便于操作，易脱模但粉刷受限制	钢胎模，钢模板
海藻酸钠：滑石粉：洗衣粉：水＝1：13.3～40：1：53.3	将固体海藻酸钠用水浸泡2～3天后再与其他材料混合调匀使用	喷刷较简单，易干，易于脱模。但须脱模一次喷刷一次，同时易锈蚀钢模	钢模板，钢胎模
有机硅共水解物：汽油＝1：10	将有机硅共水解物加汽油混合调匀后使用	易脱模，为长效脱模剂，可使用多次	钢胎模，钢模板

⑦ 现浇钢筋混凝土结构的模板及其支架拆除时的混凝土强度，应符合设计要求。当设计无具体要求时，应符合下列规定。

a. 侧模：混凝土强度能保证其表面及棱角不因拆除模板而受损坏，方可拆除。

b. 底模：在混凝土强度符合表9-4规定，方可拆除。

表9-4 现浇结构拆模时所需混凝土强度

结构类型	结构跨度/m	达到设计的混凝土立方体抗压强度标准值的百分率/%
板	≤2	≥50
	>2,≤8	≥75
	>8	≥100
梁、拱、壳	≤8	≥75
	>8	≥100
悬臂构件	—	≥100
	—	

混凝土强度增长情况可参考图9-2。

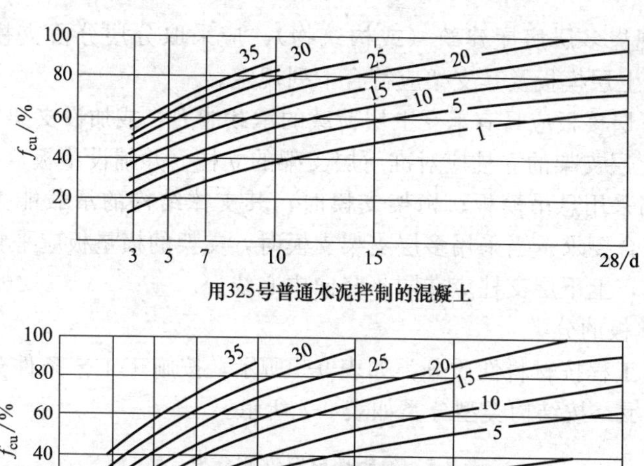

用325号普通水泥拌制的混凝土

用325号矿渣水泥拌制的混凝土

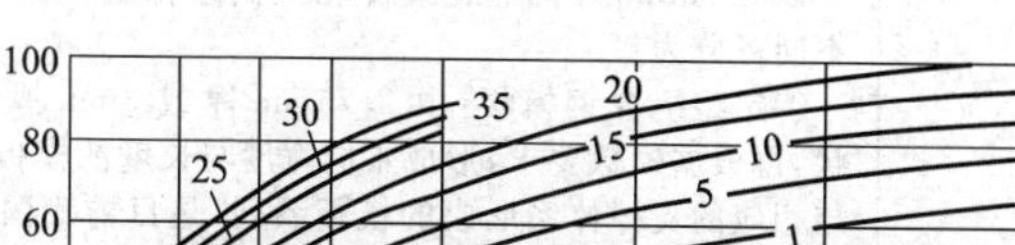

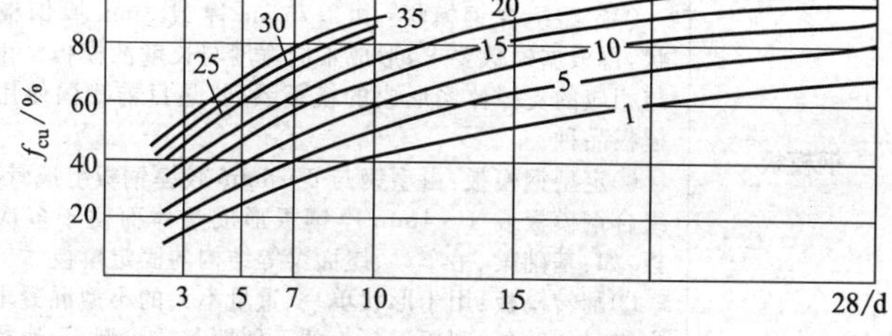

用425号普通水泥拌制的混凝土

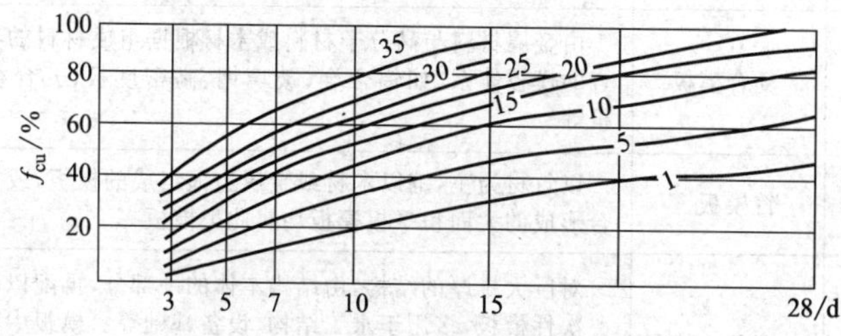

用425号矿渣水泥拌制的混凝土

图 9-2　混凝土强度增长情况

⑧ 现浇多层房屋建筑（或构筑物），应采取分层分段支模的方法，安装上层模板及其支架应符合下列规定。

a. 下层楼板应具有承受上层荷载的承载能力，或加设支架支撑。

b. 上层支架的立柱应对准下层支架的立柱，并铺设垫板。

c. 当采用悬吊模板、桁架支模时，其支撑结构的承载能力和刚度必须符合要求。当采用多层支架支模时，支架的横垫板应平整，支柱应垂直，上下层支柱应在同一竖向中心线上。

3. 模板的分类

模板工程按材料性质分类如表 9-5 所示，按施工工艺条件分类如表 9-6 所示，按结构类型分类如表 9-7 所示。

表 9-5 模板按材料性质分类

序号	项 目	内 容
1	木模板	以白松为主的木材组成，板厚在 20～30mm，可按模数要求形成标准系列。重复性低，便于加工
2	钢模板	以 2～3mm 厚的热轧或冷轧薄板经轧制形成，根据几何条件不同可分为： ①定型组合钢模板：由 2.75mm 厚或 3mm 厚钢板轧制成槽状，再根据模数要求，形成不同宽度与长度的模板。由标准扣件与相应的支撑体系形成的模板系列，是目前我国使用较广泛的模板品种 ②定型钢模板：由型钢与 6～8mm 较厚钢板组成骨架，再配合组合钢模板或 3～4mm 厚钢板形成整体而便于多次使用的模板，如：基础梁、吊车梁、屋面梁等结构的固定模板 ③翻转模板：用于形状单一、重量不大的小型混凝土构件连续生产时的胎具，利用混凝土的干硬性翻转成型，一块模板重复使用，随即成型
3	复合模板	由金属材料与高分子材料或木材根据组成材料的各自长处组合的模板体系，如铝合金、玻璃钢、高密度板、五合板组成的模板等
4	竹模板	以竹材为主，铺以木材或金属边框组成的模板，或以竹材经胶合形成的大面积平板模板均属此类模板
5	混凝土模板	对巨大雄厚的结构，由结构本体的一部分，再配以钢筋形成的一次性模板，多用于水工结构、设备基础等。模板中配置的钢筋可以和结构统一使用；也可用于楼板体系，以迭合的形式形成一次性混凝土模板。也是楼板结构的一部分

续表

序号	项 目	内 容
6	土模板	在地下水水位不高的硬塑黏性地层表面，经人工修挖，并抹以低强度等级水泥砂浆。形成的一次性凹性模板。多用于预制混凝土板、梁、柱构件。构件外表较粗糙，但经济效益较好
7	砖模板	由低强度等级砂浆与红砖砌成的一次性模板，多用于沉井刃脚，与形状单一的就地生产的柱、梁构件的边模及底模

表 9-6 模板按施工工艺条件分类

序号	项 目	内 容
1	现浇混凝土模板	根据混凝土结构形状不同就地形成的模板，多用于基础、梁、板、柱等现浇混凝土工程。模板支承系多通过支于地面或基坑侧壁以及对拉的螺栓承受混凝土的竖向和侧向压力。这种模板适应性强，但周转较慢
2	预组装模板	由定型模板分段预组成较大面积的模板及其支承体系，用起重设备吊运到混凝土浇筑位置。多用于大体积混凝土工程
3	大模板	由固定单元形成的固定标准系列的模板，多用于高层建筑的墙板体系。用于平面楼板的大模板又称为飞模
4	跃升模板	由二段以上固定形状的模板，通过埋设于混凝土中的固定件，形成模板支承条件承受混凝土施工荷载，当混凝土达到一定强度时，拆模上翻，形成新的模板体系。多用于变直径的双曲线冷却塔、水工结构以及设有滑升设备的高耸混凝土结构工程
5	水平滑动的隧道式模板	由短段标准模板组成的整体模板，通过滑道或轨道支于地面、沿结构纵向水平移动的模板体系，多用于地下直行结构，如隧道、地沟、封闭顶面的混凝土结构
6	垂直滑动的模板	由小段固定形状的模板与提升设备，以及操作平台组成的可沿混凝土成型方向垂直移动的模板体系，适用于高耸的框架、烟囱、圆形料仓等钢筋混凝土结构。根据提升设备的不同，又可分为液压滑模、螺旋丝滑模，以及手动起重机形成的拉力滑模等

表 9-7 模板按结构类型分类

序号	项 目	内 容
1	普通钢筋混凝土结构	此类结构多以现浇混凝土为主，如板、梁、柱、设备基础，大多为直线组成的可展曲面，能够大量应用标准模数的模板。在设备基础、高层建筑等钢筋混凝土结构中，预组装模板、大模板都能得到应用

续表

序号	项 目	内 容
2	预应力钢筋混凝土结构	大体上与普通钢筋混凝土结构的模板相似，惟先张法施工的结构模板应考虑预应力压力的作用
3	特种结构	这类结构多采用垂直滑动的模板或跃升模板，如烟囱、电视塔、圆形料仓、双曲线冷却塔等；而呈水平直线的结构，如大直径涵管、箱涵、地下通廊等，则多采用水平移动的滑动模板
4	水工结构	对采用跃升模板或钢筋混凝土模板，模板的支承部分，多由锚固在混凝土中的拉力装置承受
5	穹顶类结构	穹顶结构的模板除常采用移动式的整体模板外，尚可采用喷射混凝土形成的自承式模板或充气结构形成的大面积壳体结构的模板

二、常用模板简介

1. 木模板

虽然目前推广组合模板（定型组合钢模板和钢框竹胶板模板等），但一些地区还有相当数量的工程用木模板。为节约木材，模板和支架最好由加工厂或木工棚加工成基本元件（拼板），然后在现场进行拼装。

拼板由一些板条用拼条钉拼而成，板条厚度一般为 25～50mm，板条宽度不宜超过 200mm（工具式模板不超过 150mm），以保证干缩时缝隙均匀，浇水后易于密缝。但梁底板的板条宽度不限制，以免漏浆。拼板的拼条一般平放，但梁侧板的拼条则立放。拼条的间距取决于所浇混凝土的侧压力和板条的厚度，多为 400～500mm。

（1）基础模板

如土质良好，阶梯形基础模板的最下一级可不用模板而进行原槽浇筑。安装时，要保证上、下模板不发生相对位移（见图 9-3）。如有杯口还要在其中放入杯口模板。

（2）柱子模板

由两块相对的内拼板夹在两块外拼板之间拼成。亦可用短横板（门子板）代替外拼板钉在内拼板上。有些短横板可先不钉上，作为浇筑混凝土的浇筑孔，待浇至其下口时再钉上。

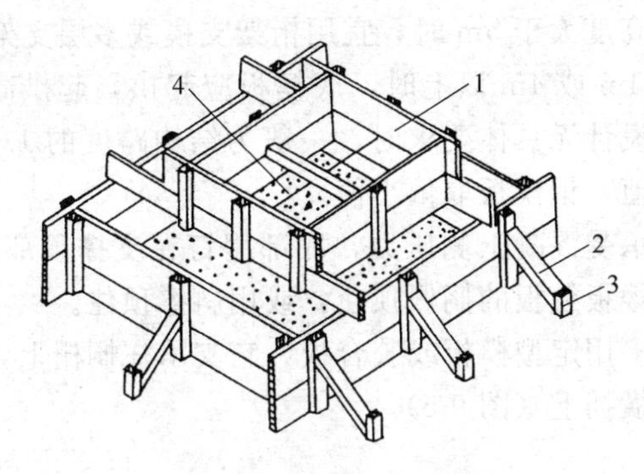

图 9-3　阶梯形基础模板

1—拼板；2—斜撑；3—木桩；4—铁丝

柱模板底部开有清理孔，沿高度每隔约 2m 开有浇筑孔。柱底一般有一钉在底部混凝土上的木框，用以固定柱模板的位置。为承受混凝土侧压力，拼板外要设柱箍，其间距与混凝土侧压力、拼板厚度有关，因而柱模板下部柱箍较密。模板顶部根据需要可开有与梁模板连接的缺口（图 9-4）。

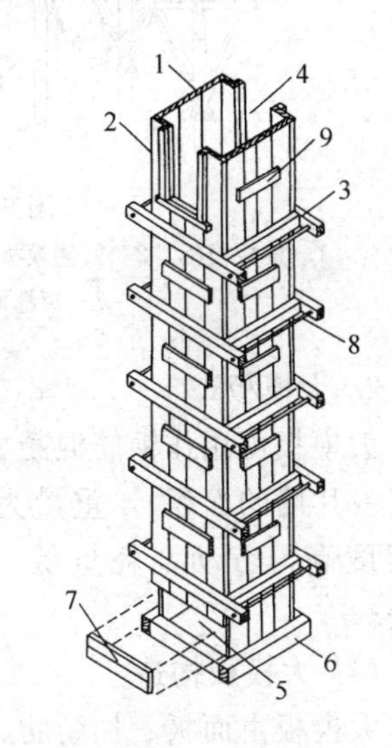

图 9-4　柱子模板

1—内拼板；2—外拼板；3—柱箍；4—梁缺口；5—清理孔；6—底部木框；7—盖板；8—拉紧螺栓；9—拼条

（3）梁、楼板模板

梁模板由底模板和侧模板组成。底模板承受垂直荷载，一般较厚，下面有支撑（或桁架）承托。支撑多为伸缩式，可调整高度，底部应支承在坚实地面或楼面上，下垫木楔。如地面松软，则底部应垫以木板，支撑的弹性挠度或压缩变形不得超过结构跨度的 1/1000。在多层建筑施工中，应使上、下层的支撑在同一条竖向直线上，否则要采取措施保证上层支撑的荷载能传到下层支撑上。支撑间应用水平和斜向拉杆拉牢，以增强整体稳定性。当层间高度大于 5m 时，宜用桁架支模或多层支架支模。

梁跨度在 4m 或 4m 以上时，底模板应起拱，起拱高度应按设计要求确定，当设计无具体要求时，一般为结构跨度的 1～3/1000，木模板可取偏大值，钢模板取偏小值。

梁侧模板承受混凝土侧压力，底部用钉在支撑顶部的夹条夹住，顶部可由支承楼板模板的搁栅顶住，或用斜撑顶住。

楼板模板多用定型模板或胶合板，它支承在搁栅上，搁栅支承在梁侧模板外的横挡上（图 9-5）。

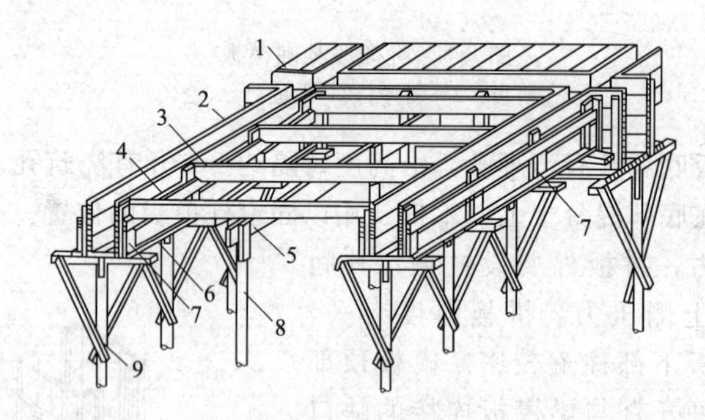

图 9-5 梁及楼板模板

1—楼板模板；2—梁侧模板；3—搁栅；4—横挡；5—牵杠；6—夹条；7—短撑木；8—牵杠撑；9—支撑

2. 大模板

大模板可用作钢筋混凝土墙体模板，其特点是板面尺寸大（一般等于一片墙的面积），重量为 1～2t，需用起重机进行装、拆，机械化程度高，劳动消耗量低，施工进度加快，但其通用性不如组合钢模。

(1) 大模板构造

大模板由面板、加劲肋、支撑桁架、调整螺旋等组成（图 9-6）。加劲肋的作用是用以固定面板，并将混凝土的侧压力传给竖楞。加劲肋分水平肋和垂直肋。面板按双向设计时，则设垂直肋和水平肋，面板按单向板设计时，仅设水平肋。加劲肋采用∟65 角钢或⊏65 槽钢制作，间距一般为 300～600mm。其计算简图为以竖楞为支承点的连续

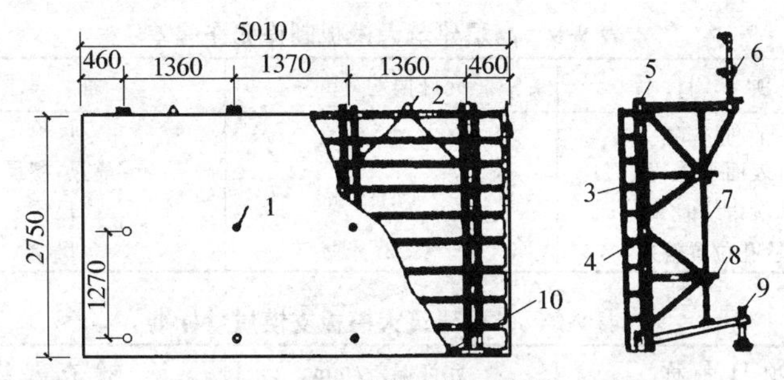

图 9-6　大模板构造示意图

1—穿墙螺栓孔；2—吊环；3—面板；4—横肋；5—竖肋；6—护身栏杆；7—支撑立杆；8—支撑撞杆；9—ϕ32 丝杠；10—丝杠

梁。竖楞是穿墙螺栓的固定支点，承受由模板传来的水平力和垂直力。竖楞常用 2⊏65 或 2⊏80 槽钢制作，间距为 1～1.2m，其计算简图为以穿墙螺栓为支点的连续梁。支撑桁架与竖楞连接，其作用是承受水平荷载。螺旋丝杠 10 用以调整模板的水平度。螺旋丝杠 9 在模板安装时用以调整模板的垂直度；在模板堆放时用以调整模板的倾斜度，以保持模板的稳定。

(2) 大模板施工

大模板的施工工艺为：抄平→弹线→绑扎→钢筋→固定门窗框→安装模板→浇筑混凝土→养护及拆模。为提高模板的周转率，使模板周转时不需中途吊至地面，以减少起重机的垂直运输工作量，减少模板在地面的堆场面积，大模板宜采用流水分段施工。

大模板的组装顺序是：先内墙，后外墙，先以一个房间的大模板组装成敞口的闭合结构，再逐步扩大，进行相邻房间模板的安装，以提高模板的稳定性，并使模板不易产生位移。内墙模板由支承在基础或楼面相对的两块大模板组成，沿模板高度用 2～3 道穿墙螺栓拉紧。外墙的外模板可借挑梁悬挂在内墙模板上或安装在附墙脚手架上，并用穿墙螺栓与内模拉紧。

大模板制作允许偏差见表 9-8，支模质量标准见表 9-9。

3. 定型组合模板

定型组合钢模板是一种工具式定型模板，由钢模板和配件组成，配件包括连接件和支承件。

表 9-8 高层建筑大模板制作允许偏差

项目	允许偏差/mm	备注
平面尺寸	−2	尺检
表面平整	2	2m 靠尺,楔尺检查
对角线差	3	尺检
螺栓孔位置偏差	2	尺检

表 9-9 多层建筑大模板支模质量标准

项目名称	允许偏差/mm	检查方法
垂直	3	用 2m 靠尺检查
位置	2	用尺检查
上口宽度	+2 0	用尺检查
标高	±10	用尺检查

钢模板通过各种连接件和支承件可组合成多种尺寸、结构和几何形状的模板，以适应各种类型建筑物的梁、柱、板、墙、基础和设备等施工的需要。也可用其拼装成大模板、滑模、隧道模和台模等。施工时可在现场直接组装，亦可预拼装成大块模板或构件模板用起重机吊运安装。

定型组合钢模板组装灵活，通用性强，拆装方便；每套钢模可重复使用 50～100 次；加工精度高，浇筑混凝土的质量好，成型后的混凝土尺寸准确，棱角整齐，表面光滑，可以节省装修用工。

(1) 钢模板

钢模板包括平面模板、阴角模板、阳角模板和连接角模。

钢模板采用模数制设计，宽度模数以 50mm 进级，长度为 150mm 进级，可以适应横竖拼装成以 50mm 进级的任何尺寸的模板。

① 平面模板。平面模板用于基础、墙体、梁、板、柱等各种结构的平面部位，它由面板和肋组成，肋上设有 U 形卡孔和插销孔，利用 U 形卡和 L 形插销等拼装成大块板，如图 9-7 (a) 所示。

② 阴角模板。阴角模板用于混凝土构件阴角，如内墙角、水池内角及梁板交接处阴角等，如图 9-7 (c) 所示。

③ 阳角模板。阳角模板主要用于混凝土构件阳角，如图 9-7 (b) 所示。

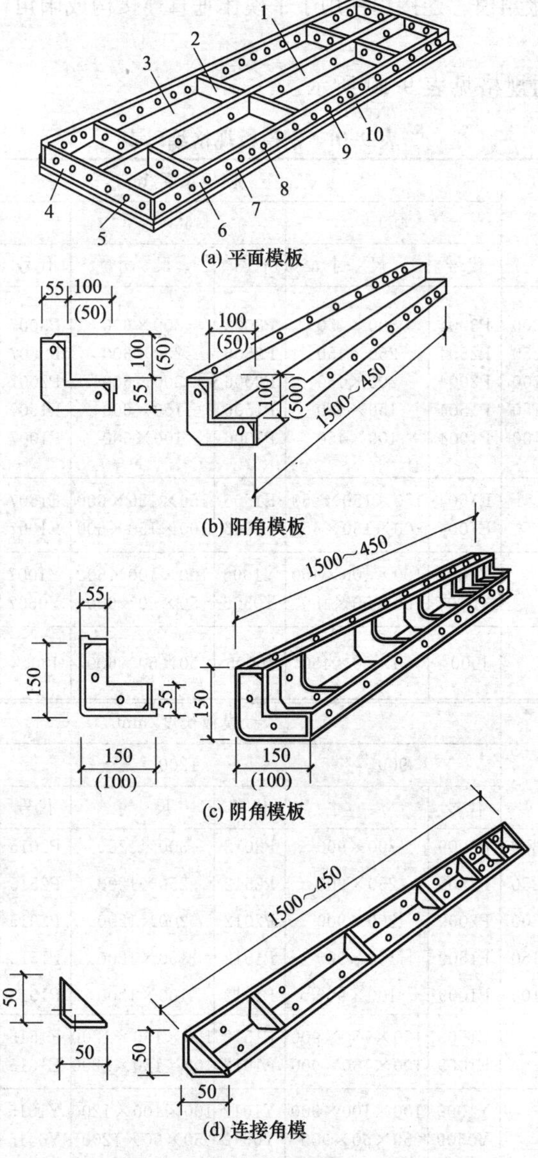

图 9-7 钢模板类型

1—中纵肋；2—中横肋；3—面板；4—横肋；5—插销孔；6—纵肋；7—凸棱；8—凸鼓；9—U 形卡孔；10—钉子孔

④ 连接角模。连接角模用于平模作垂直连接构成阳角，如图 9-7（d）所示。

模板的规格见表 9-10 所示。

表 9-10 钢模板规格编码表

模板名称			模板长度/mm					
			450		600		750	
			代号	尺寸	代号	尺寸	代号	尺寸
平面模板（代号P）	宽度/mm	300	P3004	300×450	P3006	300×600	P3007	300×750
		250	P2504	250×450	P2506	250×600	P2507	250×750
		200	P2004	200×450	P2006	200×600	P2007	200×750
		150	P1504	150×450	P1506	150×600	P1507	150×750
		100	P1004	100×450	P1006	100×600	P1007	100×750
阴角模板（代号 E）			E1504	150×150×450	E1506	150×150×600	E1507	150×150×750
			E1004	100×150×450	E1006	100×150×600	E1007	100×150×750
阳角模板（代号 Y）			Y1004	100×100×450	Y1006	100×100×600	Y1007	100×100×750
			Y0504	50×50×450	Y0506	50×50×600	Y0507	50×50×750
连接角模（代号 J）			J0004	50×50×450	J0006	50×50×600	J0007	50×50×750

模板名称			模板长度/mm					
			900		1200		1500	
			代号	尺寸	代号	尺寸	代号	尺寸
平面模板（代号P）	宽度/mm	300	P3009	300×900	P3012	300×1200	P3015	300×1500
		250	P2509	250×900	P2512	250×1200	P2515	250×1500
		200	P2009	200×900	P2012	200×1200	P2015	200×1500
		150	P1509	150×900	P1512	150×1200	P1515	150×1500
		100	P1009	100×900	P1012	100×1200	P1015	100×1500
阴角模板（代号 E）			E1509	150×150×900	E1512	150×150×1200	E1515	150×150×1500
			E1009	100×150×900	E1012	100×150×1200	E1015	100×150×1500
阳角模板（代号 Y）			Y1009	100×100×900	Y1012	100×100×1200	Y1015	100×100×1500
			Y0509	50×50×900	Y0512	50×50×1200	Y0515	50×50×1500
连接角模（代号 J）			J0009	50×50×900	J0012	50×50×1200	J0015	50×50×1500

(2) 连接件

定型组合钢模板的连接件包括：U 形卡、L 形插销、钩头螺栓、对拉螺栓、紧固螺栓和扣件等，如图 9-8 所示。

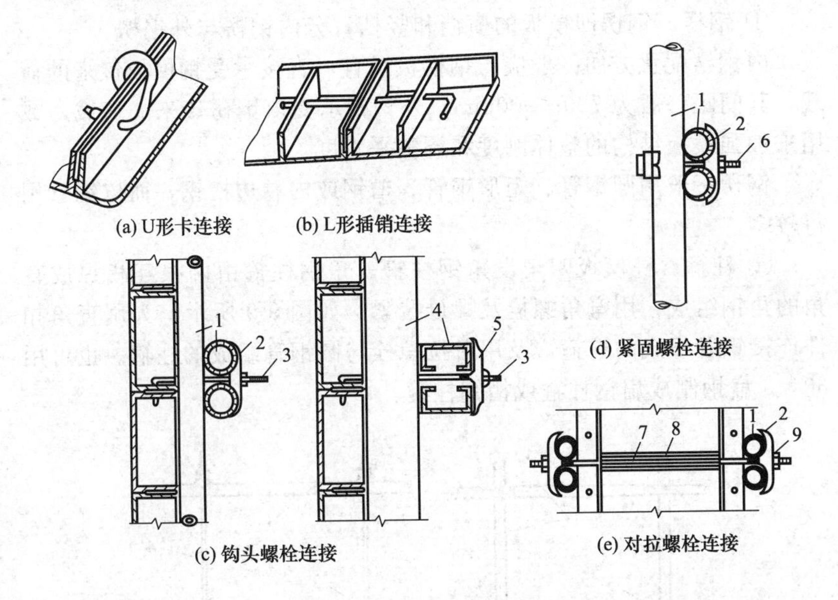

图 9-8　钢模板连接件

1—圆钢管钢楞；2—3 形扣件；3—钩头螺栓；4—内卷边槽钢钢楞；5—蝶形扣件；6—紧固螺栓；7—对拉螺栓；8—塑料套管；9—螺母

① U 形卡。U 形卡是模板的主要连接件，用于相邻模板的拼装。

② L 形插销。L 形插销用于插入两块模板纵向连接处的插销孔内，以增强模板纵向接头处的刚度。

③ 钩头螺栓。钩头螺栓是连接模板与支撑系统的连接件。

④ 紧固螺栓。紧固螺栓用于内、外钢楞之间的连接件。

⑤ 对拉螺栓。又称穿墙螺栓，用于连接墙壁两侧模板，保持墙壁厚度，承受混凝土侧压力及水平荷载，使模板不致变形。

⑥ 扣件。扣件用于钢楞之间或钢楞与模板之间的扣紧，按钢楞的不同形状，分别采用蝶形扣件和 3 形扣件。

（3）支承件

定型组合钢模板的支承件包括柱箍、钢楞、支架、斜撑及钢桁架等。

① 钢楞。钢楞即模板的横档和竖档，分内钢楞与外钢楞。

内钢楞配置方向一般应与钢模板垂直，直接承受钢模板传来的荷载，其间距一般为700～900mm。外钢楞承受内钢楞传来的荷载，或用来加强模板结构的整体刚度和调整平直度。

钢楞一般用圆钢管、矩形钢管、槽钢或内卷边槽钢，而以钢管用得较多。

② 柱箍。柱模板四角设角钢柱箍。角钢柱箍由两根互相焊成直角的角钢组成，用弯角螺栓及螺母拉紧。如图9-9所示，为用直角扣件连接钢管组成的柱箍，及用对拉螺栓与圆钢管组成的柱箍。也可用60×5扁钢制成扁钢柱箍或槽钢柱箍。

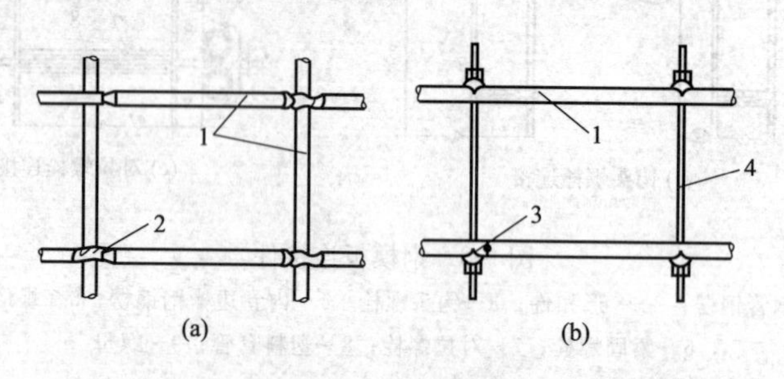

图9-9 圆钢管形柱箍

1—圆钢管；2—直角扣件；3—3形扣件；4—对拉螺栓

③ 钢支架。常用钢管支架如图9-10（a）所示。它由内外两节钢管制成，其高低调节距模数为100mm；支架底部除垫板外，均用木楔调整标高，以利于拆卸。另一种钢管支架本身装有调节螺杆，能调节一个孔距的高度，使用方便，但成本略高，如图9-10（b）所示。

当荷载较大、单根支架承载力不足时，可用组合钢支架或钢管井架，如图9-10（c）所示。还可用扣件式钢管脚手架、门型脚手架作支架，如图9-10（d）所示。

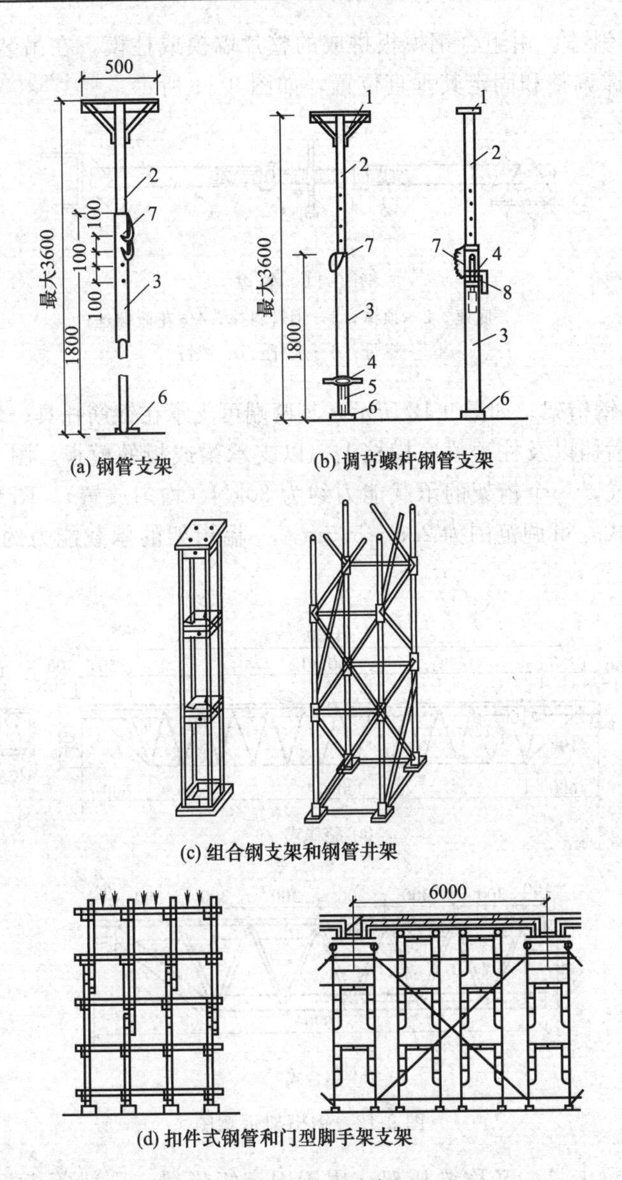

图 9-10　钢支架

1—顶板；2—插管；3—套管；4—转盘；5—螺杆；6—底板；7—插销；8—转动手柄

④ 斜撑。由组合钢模板拼成的整片墙模或柱模，在吊装就位后，应由斜撑调整和固定其垂直位置，如图 9-11 所示。

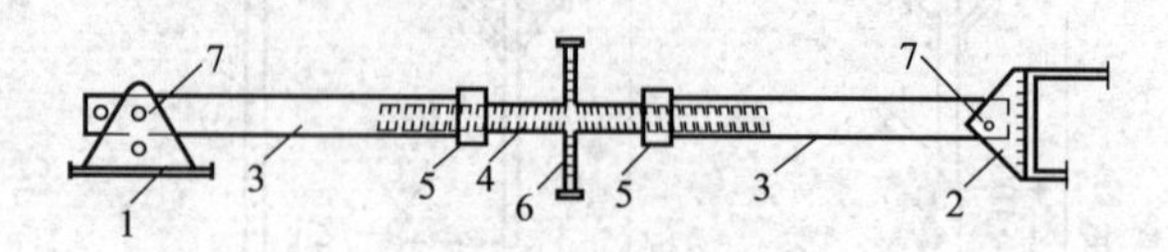

图 9-11 斜撑

1—底座；2—顶撑；3—钢管斜撑；4—花篮螺丝；5—螺母；6—旋杆；7—销钉

⑤ 钢桁架。如图 9-12 所示，其两端可支承在钢筋托具、墙、梁侧模板的横档以及柱顶梁底横档上，以支承梁或板的模板。图 9-12 (a) 为整榀式，一个桁架的承载能力约为 30kN（均匀放置）。图 9-12 (b) 为组合式，可调范围为 2.5～3.5m，一榀桁架的承载能力约为 20kN（均匀放置）。

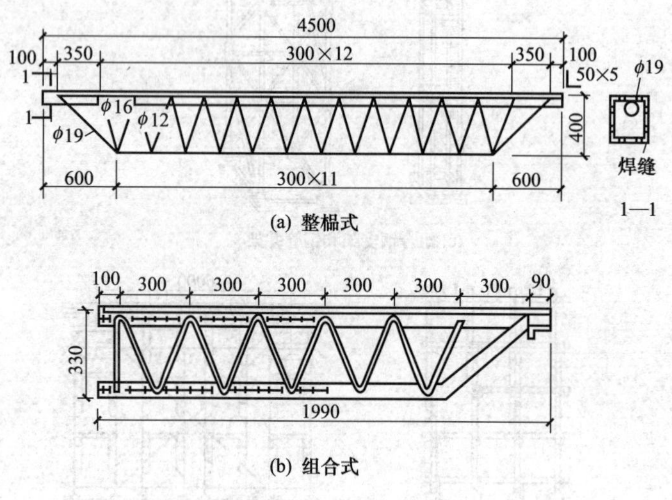

图 9-12 钢桁架示意图

⑥ 梁卡具。又称梁托架，用于固定矩形梁、圈梁等模板的侧模板，可节约斜撑等材料，也可用于侧模板上口的卡固定位，如图9-13所示。

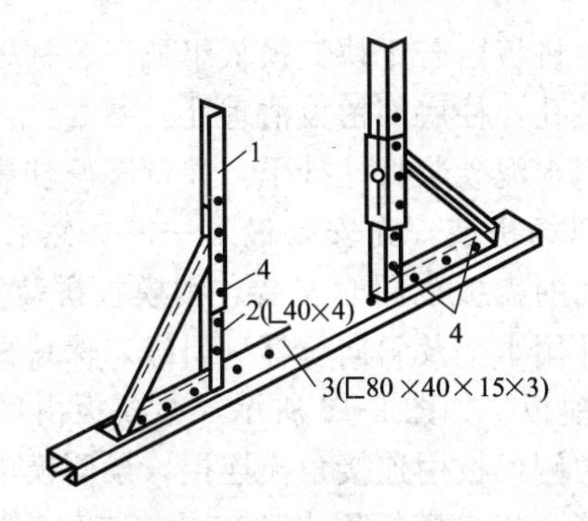

图 9-13　组合梁卡具

1—调节杆；2—三角架；3—底座；4—螺栓

(4) 定型组合钢模板的构造与安装

① 基础模板。图 9-14 所示为阶梯式基础模板，当阶梯高度不符合钢模板宽度的模数时，可加镶木板。基础模板多为现场拼装，其安装顺序为：先依照边线安装下层阶梯模板，用角钢三角撑或其他设备撑牢箍紧，然后在下层阶梯模板上安装上层阶梯钢模板，并在上层阶梯钢模板下方垫以混凝土垫块或钢筋支架作为附加支承点。

② 柱模板。如图 9-15 所示，柱模板由四块拼板围成，四角由连

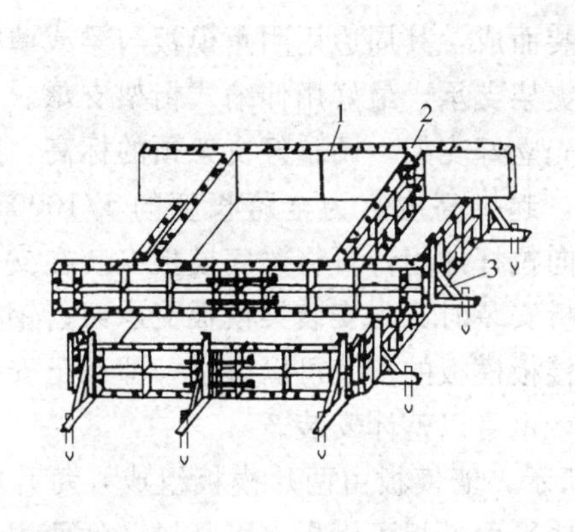

图 9-14　基础模板

1—扁钢连接件；2—T 形连接件；

3—角钢三角撑

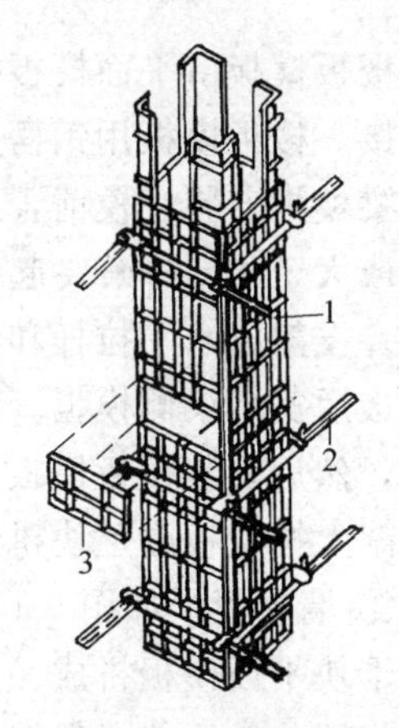

图 9-15　柱模板

1—平面钢模板；2—柱箍；

3—浇筑孔盖板

接角模连接。每块拼板由若干块钢模板组成，若柱较高，可根据需要在柱中部设置浇筑孔，柱底部留设清理孔。

安装时，先用水泥砂浆将柱抄平，并调整好柱模板安装底面的标高。柱模板一般现场拼装，先安装最下一圈，然后逐圈而上直至柱顶。混凝土浇筑孔的盖板也同时安装。钢模板拼装完经垂直校正后，便可装设柱箍，并用水平及斜向拉杆（斜撑）保持柱模板的稳定。

③ 梁、楼板模板。如图 9-16 所示，梁模板由底模板和两侧模板组成，底模板与两侧模板用连接角模连接，梁侧模板顶部则用阴角模板与楼板模板相接，整个模板用支架支承。支架应支设在钢垫板上，垫板厚 5mm，长度至少能支承三个支架。垫板下的地基必须坚实。

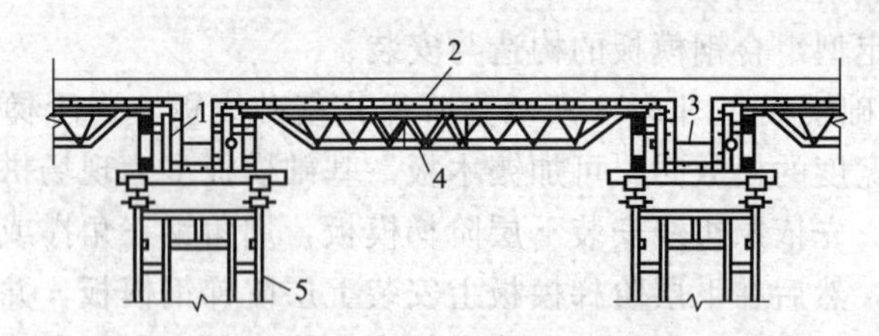

图 9-16 梁、楼板模板

1—梁模板；2—楼板模板；3—对拉螺栓；4—伸缩式桁架；5—门型支架

楼板模板由平面模板拼装而成，其周边用阴角模板与梁或墙模板相连接。楼板模板用钢楞及支架支承，最好用伸缩式桁架支承。

梁模板安装底模前，应先立好支架，调整好支架顶的标高，跨度等于或大于 4m 的梁要起拱，起拱高度宜为全跨长度的 1/1000～3/1000。支架以水平拉杆和斜向拉杆加固，再将梁底模板安装在支架顶上，最后安装梁侧模板。楼板安装时，先安装梁模板支承架、钢楞或桁架，然后安装楼板模板。楼板模板的安装可以散拼，即在已安装好的支架上按配板图逐块拼装，也可以整体安装。

④ 墙模板。如图 9-17 所示，墙模板由两片模板组成，每片模板由若干块平面模板拼成。这些平面模板可横拼也可竖拼，外面用竖横钢楞加固，并用斜撑保持稳定；用对拉螺栓（或称钢拉杆）锚固，以抵抗混凝土的侧压力和保持两片模板之间的间距（墙厚）。

安装时，先沿边线抹水泥砂浆作好安装墙模板的基底处理。钢模板可以散拼，即按配板图由一端向另一端，由下向上逐层拼装，也可以拼装成整片安装。

（5）定型组合钢模板的配板设计

钢模板有很多规格型号，对同一面积的模板可用不同规格型号的钢模板作多种方式的排列组合。配板方案是否合理，对支模效益、工程质量都有一定影响。因此，在组合模板安装时应尽量做到钢模板及支承件的合理配置，使模板的种类与块数最少，使拼补的木材用量最少，以期节约木材，方便施工，取得较好的经济效果。

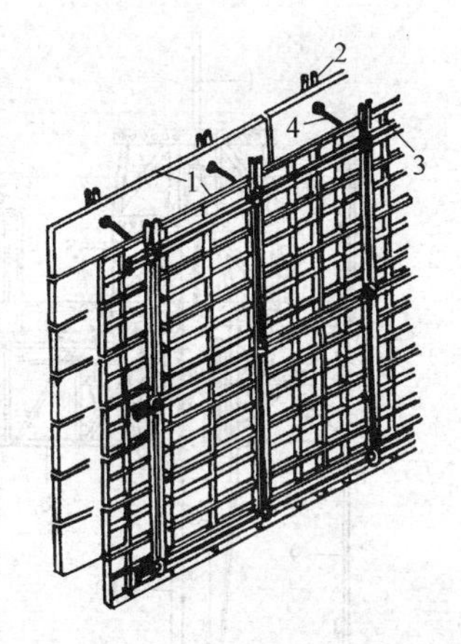

图 9-17　墙模板
1—墙模板；2—竖楞；3—横楞；4—对拉螺栓

模板的配板设计内容如下。

① 画出各构件的模板展开图。

② 绘制模板配板图。根据模板展开图，选用最适合的各种规格的钢模板布置在模板展开图上。应尽量选用大尺寸模板，以减少工作量。配板可采用横排，也可采用纵排；可以采用错缝拼接，也可以采用齐缝拼接；配板接头部分，应以木板镶拼面积最小为宜；钢模板连接对齐，以便使用 U 形卡；配板图上应注明预埋件、预留孔、对拉螺栓位置。

③ 确定支模方案，进行支撑工具布置。根据结构类型及空间位置、荷载大小等确定支模方案，根据配板图布置支撑。

④ 根据配板图的支撑件布置图，计算各种规格模板和配件的数量，列出清单进行备料。

4. 滑升模板

滑升模板是一种工具式模板，用于现场浇筑高耸的构筑物和建筑物等，如烟囱、筒仓、竖井、沉井、双曲线冷却塔和剪力墙体系的高层建筑等。

滑升模板施工的特点，是在构筑物或建筑物底部，沿其墙、柱、梁等构件的周边组装高 1.2m 左右的滑升模板，随着向模板内不断地

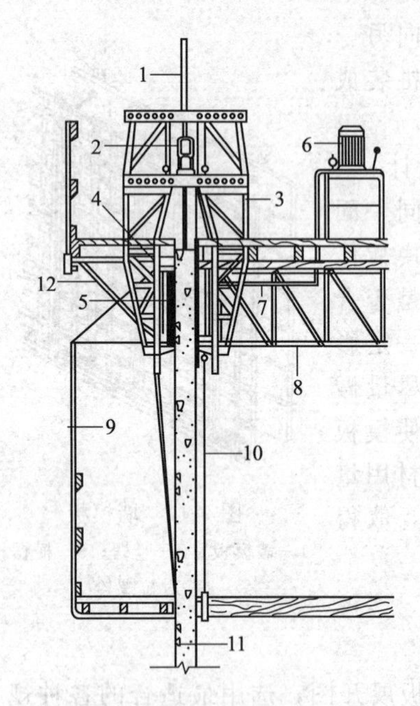

图 9-18　滑升模板

1—支承杆；2—液压千斤顶；3—提升架；4—围圈；5—模板；6—高压油泵；7—油管；8—操作平台桁架；9—外吊架；10—内吊架；11—混凝土墙体；12—外挑架

分层浇筑混凝土，用液压提升设备使模板不断地向上滑升，直到需要浇筑的高度为止。用滑升模板施工，可以节约模板和支撑材料、加快施工速度和保证结构的整体性。但模板一次性投资多、耗钢量大，对建筑的立面造型和构件断面变化有一定的限制。施工时宜连续作业，施工管理要求较严。

滑升模板（图 9-18）由模板系统、操作平台系统和液压系统三部分组成。模板系统包括模板、围圈和提升架等。模板用于成型混凝土，承受新浇混凝土的侧压力，多用钢模或钢木混合模板，其高度取决于滑升速度和混凝土达到出模强度（0.2～0.4N/mm^2）所需的时间，一般高 1.0～1.2m（采用“滑一浇一”工艺时，外墙的外模和部分内墙模板加长，以增加模板滑空时的稳定性），呈上口小下口大的锥形（单面锥度约 0.2%～0.5%H，H 为模板高度），以模板上口以下 2/3 模板高度处的净间距为结构断面的厚度。围圈（围檩）用于支承和固定模板，一般情况下模板上下各布置一道，它承受模板传来的水平侧压力（混凝土的侧压力和浇筑混凝土时的水平冲击力）和由摩阻力、模板与围圈自重（如操作平台支承在围圈上，还包括平台自重和施工荷载）等产生的竖向力。围圈近似于以提升架为支承的双向弯曲的多跨连续梁，考虑其最不利受力情况后计算确定其截面，多用角钢或槽钢。提升架又称千斤顶架，其作用是固定围圈，把模板系统和操作平台系统连成整体，承受整个模板系统和操作平台系统的全部荷载并将其传递给液压千斤顶。提升架分单横梁式与双横梁式两种，多用钢制作，其截面按框架计算确定。

操作平台系统包括操作平台、内外吊架和外挑架，是施工操作的场所，其承重构件（平台桁架、钢梁、铺板、吊杆等）根据其受力情况按一般的钢木结构进行计算。采用“滑一浇一”工艺时，平台的中间部分做成活动式，以便吊去浇筑楼板混凝土。

液压系统包括支承杆（千斤顶杆）、液压千斤顶和操纵装置等，是使滑升模板向上滑升的动力装置。支承杆既是液压千斤顶向上爬升的轨道，又是滑升模板的承重支柱，它承受施工过程中的全部荷载，其规格要与选用的千斤顶相适应，用钢珠作卡头的千斤顶，需用HPB235级圆钢筋，用楔块作卡头的千斤顶，HPB235、HRB335、HRB400钢筋皆可用，其承载能力按下式确定：

$$[P]=\alpha\frac{40EI}{K(l_0+95)^2} \tag{9-1}$$

式中　$[P]$——支承杆的承载能力，N；

α——工作条件系数（考虑群杆荷载不均匀、个别支承杆超载失稳后会给相邻者增加额外荷载）。对整体式刚性平台$\alpha=0.70$，分割式平台$\alpha=0.80$，带套管的工具式支承杆$\alpha=1.0$；

E——支承杆的弹性模量（$2.1\times10^5\text{N/mm}^2$）；

I——支承杆的截面惯性矩，mm^4；

K——安全系数$\geqslant2.0$；

l_0——支承杆的脱空长度，mm。

目前我国滑升模板施工所用之液压千斤顶，主要是以钢珠作卡头的GYD-35型和以楔块作卡头的QYD-35型等起重力为35kN的小型液压千斤顶，还有起重力为60kN和100kN的中型液压千斤顶YL50-10型等。GYD-35型目前应用较多，其工作原理如图9-19所示。施工时，将液压千斤顶安装在提升架横梁上与之联成一体，支承杆穿入千斤顶的中心孔内。当高压油液压入它的活塞与缸盖之间［图9-19（a）］，在高压油作用下，由于上卡头2（与活塞相联）内的小钢珠（在卡头上，环形排列，共7个，支承在斜孔内的弹簧上）与支承杆6产生自

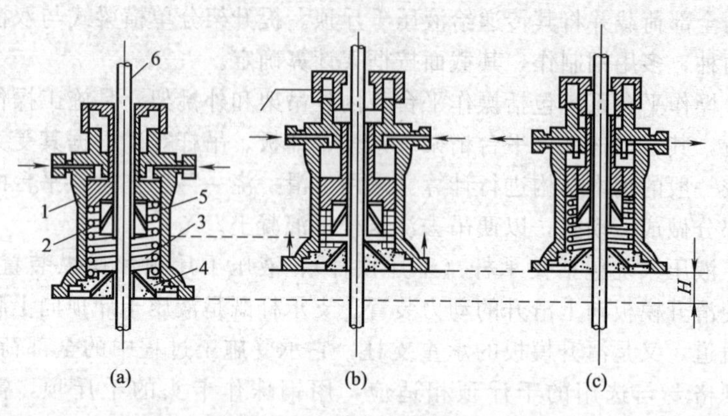

图 9-19 液压千斤顶工作原理

1—活塞；2—上卡头；3—排油弹簧；4—下卡头；5—缸体；6—支承杆

锁作用，使上卡头与支承杆锁紧，因而活塞 1 不能下行。于是就在油压作用下，迫使缸体连带底座和下卡头一起向上升起，由此带动提升架等整个滑模上升。当上升到下卡头紧碰着上卡头时，即完成一个工作行程［图 9-19 (b)］。此时排油弹簧处于压缩状态，上卡头承受滑升模板的全部荷载。当回油时，油压力消失，在排油弹簧的弹力作用下，把活塞与上卡头一起推向上，油即从进油口排出。在排油开始的瞬间，下卡头又由于其小钢珠与支承杆间的自锁作用，与支承杆锁紧，使缸筒和底座不能下降，接替上卡头所承受的荷载［图 9-19 (c)］。当活塞上升到极限后，排油工作完毕，千斤顶便完成一个上升的工作循环。一次上升的行程大于 20mm。排油时，千斤顶是不上升的，也不能下降。如此不断循环，千斤顶就沿着支承杆不断上升，模板也就被带着不断向上滑升。

采用钢珠式的上、下卡头，其优点是体积小，结构紧凑，动作灵活，但钢珠对支承杆的压痕较深，这样不仅不利于支承杆拔出重复使用，而且会出现千斤顶上升后的“回缩”下降现象，此外，钢珠还有可能被杂质卡死在斜孔内，导致卡头失效。因此，有的已改用楔块式卡头，这种卡头利用四瓣楔块锁固支承杆，具有加工简单、起重量大、卡头下滑量小、锁紧能力强、压痕小等优点，它不仅适用于光圆钢筋支承杆，亦可用于螺纹钢筋支承杆。

用滑升模板施工建筑物时，它只用来浇筑墙、柱等竖向承重结构，而楼盖则需用其他方法施工。

为将支承杆滑后拔出，可在提升架上设支承杆套管，使支承杆不与混凝土黏结，滑升后可逐节拔出支承杆。亦可将支承杆（多用钢管）放在混凝土体外支承在楼盖上使模板滑升，以节约支承杆。

近年还发展了“滑框倒模”工艺，只是将提升架等滑升，而模板用人工装拆后上翻，不会拉裂墙体，已在变截面的电视塔塔身施工中应用。

5. 爬升模板

爬升模板简称爬模，是一种施工剪力墙体系和筒体体系的混凝土结构高层建筑和高桥塔等构筑物的一种有效的模板体系。由于模板能自爬，不需起重运输机械吊运，减少了机械的吊运工作量，能避免大模板受大风影响。由于自爬的模板（或爬架）上悬挂有脚手，所以省去了结构施工阶段的外脚手，装修时脚手还可自上而下降下来，节约了大量脚手架材料。因此，能减少起重机械的数量，加快施工速度，经济效益较好。

爬模分有爬架爬模和无爬架爬模（图 9-20）两种。有爬架爬模由模板、爬架和爬升设备三部分组成（图 9-21）。

爬架是一格构式钢架，用来提升外爬模，由下部附墙架和上部支承架两部分组成，高度超过三个层高。支承架高度大于两层模板，落在附墙架上，附墙架用螺栓固定在下层外墙上。支承架上端有挑横梁，用以悬吊提升模板用的手拉葫芦；如用液压千斤顶作为爬升设备，则支承架上端的挑横梁上应悬吊爬杆，支承架中部还装有外爬架爬升用的液压千斤顶，使之沿爬杆向上爬升。

外模板的高度为层高加 50～100mm，利用长出部分与下层墙搭接，宽度根据需要确定，多与开间宽度相适应，对于山墙等可更宽。模板顶端装有提升外爬架用的手拉葫芦。如爬升设备为液压千斤顶，则模板顶的挑横梁上悬吊外爬架液压千斤顶爬升用的爬杆，在模板背面装有模板爬升用的液压千斤顶，使之沿悬吊在外爬架顶端的爬杆向上爬升。外模板的背面底部还可悬挂有外脚手架。

内模板的高度等于层高。

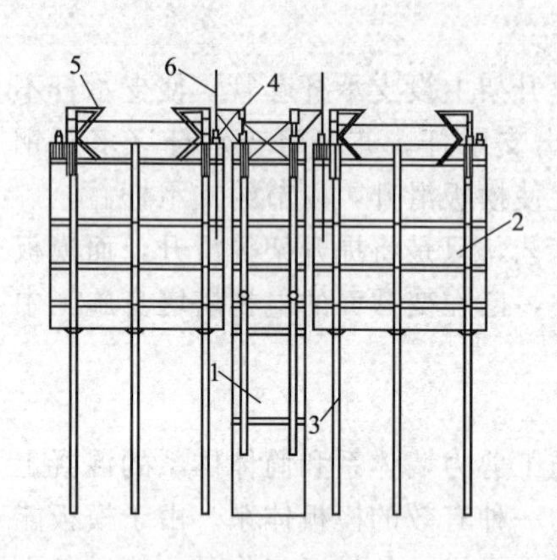

图 9-20 无爬架爬模的构造

1—甲型模板；2—乙型模板；3—背楞；4—液压千斤顶；5—三角爬架；6—爬杆

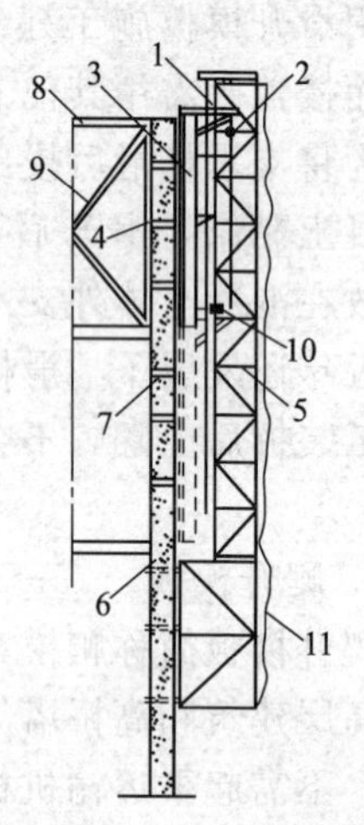

图 9-21 有爬架爬模的构造

1—提升外模板的葫芦；2—提升外爬架的葫芦；3—外爬升模板；4—预留孔；5—外爬架（包括支承架和附墙架）；6—螺栓；7—外墙；8—楼板模板；9—楼板模板支撑；10—模板校正器；11—安全网

爬升设备可为手拉葫芦、电动葫芦、电动千斤顶或液压千斤顶。手拉葫芦简单易行，由人工操纵。如用液压千斤顶，则爬架、爬升模板各用一台油泵供油。爬杆用 $\phi25$ 圆钢，用螺帽和垫板固定在模板或爬架的挑横梁上。

爬升时，模板与爬架互相支承。用爬升模板施工时，底层墙由于无法固定爬架仍需用一般支模方法进行浇筑。

无爬架爬模取消了爬架，模板由甲、乙两类模板组成，两类模板间隔布置，爬升时互为依托，通过提升设备使两类相邻模板交替爬升。

甲、乙两类模板中，甲型模板为窄板，高度大于两个提升高度；乙型模板为宽板，上面附有液压千斤顶，用来提升甲型模板。

6. 其他模板

近年来，随着各种建筑体系和施工机械化的发展，新型模板不断地出现，除上述者外，国内外目前常用的还有下述几种。

(1) 台模（飞模、桌模）

台模是一种大型工具式模板，主要用于浇筑平板式或带边梁的楼板，一般是一个房间一块台模，有时甚至更大。按台模的支承形式分为支腿式和无支腿式两类。前者又有伸缩式支腿和折叠式支腿之分，后者是悬架于墙上或柱顶，故也称悬架式。支腿式台模由面板（胶合板或钢板）、支撑框架、檩条等组成。支撑框架的支腿底部一般带有轮子，以便移动，有的台模没有轮子，在滚道上滚动。浇筑后待混凝土达到规定强度，落下台面，将台模推出墙面放在临时挑台上，再用起重机整体吊运至上层或其他施工段。亦可不用挑台，推出墙面后直接吊运。

目前我国使用的台模，除铝合金制作的正规台模外还利用由小块的组合钢模板和钢管支撑等拼装成的台模。利用台模施工楼面可省去模板的装拆时间，能降低劳动消耗和加速施工，但一次性投资较大（图 9-22）。

(2) 隧道模

隧道模是用于同时整体浇筑墙体和楼板的大型工具式模板，有钢制的亦有钢框胶合板的，能将各开间沿水平方向逐段逐间整体浇筑，故施工的建筑物整体性好、抗震性能好、施工速度快，但模板的一次性投资大，模板起吊和转运需较大的起重机（图 9-23）。

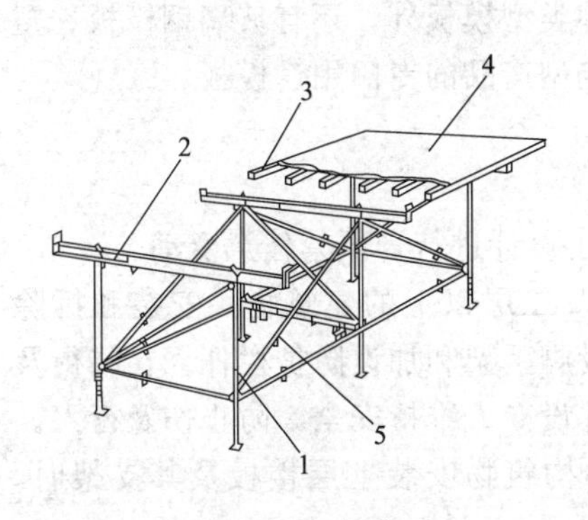

图 9-22　台模

1—支腿；2—可伸缩的横梁；3—檩条；4—面板；5—斜撑

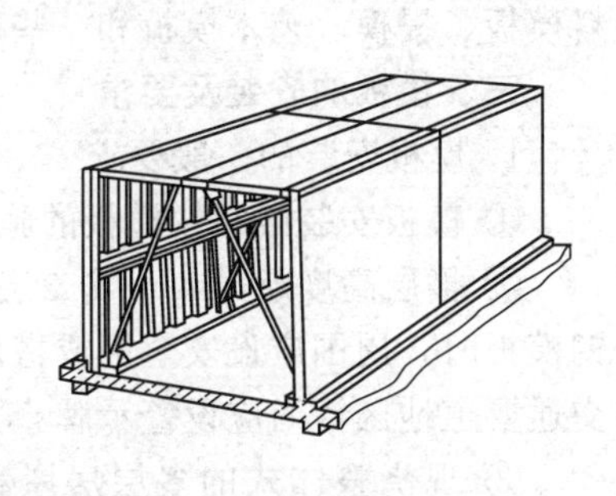

图 9-23　隧道模

隧道模有全隧道模（整体式隧道模）和双拼式隧道模两种。前者自重大，推移时多需铺设轨道，目前少用。后者由两个半隧道模对拼而成，两个半隧道模的宽度可以不同，再增加一块插板，即可组合成各种开间需要的宽度。

混凝土浇筑后强度达到 7N/mm^2，即可先拆除半边的隧道模，推出墙面放在临时挑台上，再用起重机转运至上层或其他施工段，楼板临时用竖撑加以支撑，再养护一段时间（视气温和养护条件而定），待混凝土强度约达到 20N/mm^2 以上时，再拆除另一半边的隧道模，但保留中间的竖撑，以减小施工期间楼板的弯矩。

（3）永久式模板

这是一些施工时起模板作用而浇筑混凝土后又是结构本身组成部分之一的预制板材，目前国内外常用的有异形（波形、密肋形等）金属模板（亦称压型钢板）、预应力混凝土薄板、玻璃纤维水泥模板、小梁填块（小梁为倒 T 形，填块放在梁底凸缘上，再浇混凝土）、钢桁架型混凝土板等。预应力混凝土薄板曾在我国一些高层建筑中应用，铺设后稍加支撑，然后在其上铺放钢筋浇筑混凝土形成楼板，施工简便。压型钢板在我国一些钢结构工程中应用较多，施工简便，施工速度快，但耗钢量较大。

模板是混凝土工程中的一个重要组成部分，国内外都十分重视，新型模板亦不断涌现，除上述各种类型模板外，还有玻璃钢模板、塑料模板、提模、艺术模板和一些定型产品的专门用途模板。

三、模板的安装及要求

1. 模板安装的一般要求

① 模板安装必须按模板的施工设计进行，严禁任意变动。

② 楼层高度超过 4m 或二层及二层以上的建筑物，安装和拆除钢模板时，周围应设安全网或搭设脚手架和加设防护栏杆。在临街及交通要道地区，尚应设警示牌，并设专人维持安全，防止伤及行人。

③ 现浇整体式的多层房屋和构筑物安装上层楼板及其支架时，应符合下列要求。

a. 下层楼板混凝土强度达到 1.2N/mm^2 以后，才能上料具。料具要分散堆放，不得过分集中。

b. 下层楼板结构的强度要达到能承受上层模板、支撑系统和新浇筑混凝土的重量时，方可进行。否则下层楼板结构的支撑系统不能拆除，同时上下层支柱应在同一垂直线上。

c. 如采用悬吊模板、桁架支模方法，其支撑结构必须要有足够的强度和刚度。

④ 当层间高度大于 5m 时，若采用多层支架支模，则在两层支架立柱间应铺设垫板，且应平整，上下层支柱要垂直，并应在同一垂直线上。

⑤ 模板及其支撑系统在安装过程中，必须设置临时固定设施，严防倾覆。

⑥ 模板的支柱纵横向水平、剪刀撑等均应按设计的规定布置，当设计无规定时，一般支柱的网距不宜大于 2m，纵横向水平的上下步距不宜大于 1.5m，纵横向的垂直剪刀撑间距不宜大于 6m。

当支柱高度小于 4m 时，应设上下两道水平撑和垂直剪刀撑。以后支柱每增高 2m 再增加一道水平撑，水平撑之间还需增加剪刀撑一道。

当楼层高度超过 10m 时，模板的支柱应选用长料，同一支柱的连接接头不宜超过 2 个。

⑦ 采用分节脱模时，底模的支点应按设计要求设置。

⑧ 承重焊接钢筋骨架和模板一起安装时，应符合下列要求。

a. 模板必须固定在承重焊接钢筋骨架的节点上。

b. 安装钢筋模板组合体时，吊索应按模板设计的吊点位置绑扎。

⑨ 预拼装组合钢模板采用整体吊装方法时，应注意以下要点。

a. 拼装完毕的大块模板或整体模板，吊装前应按设计规定的吊点位置，先进行试吊，确认无误后，方可正式吊运安装。

b. 使用吊装机械安装大块整体模板时，必须在模板就位并连接牢靠后，方可脱钩。并严格遵守吊装机械使用安全有关规定。

c. 安装整块柱模板时，不得将柱子钢筋代替临时支撑。

⑩ 在架空输电线路下面安装和拆除组合钢模板时，吊机起重臂、吊物、钢丝绳、外脚毛架和操作人员等与架空线路的最小安全距离应符合表 9-11 的要求。如不符合表 9-11 的要求时，要停电作业；不能停电时，应有隔离防护措施。

表 9-11　施工设施和操作人员与架空线路的最小安全距离

外电显露电压	1kV 以下	1～10kV	35～110kV	154～220kV	330～500kV
最小安全操作距离/m	4	6	8	10	15

2. 安装注意事项

① 单片柱模板吊装时，应采用卸扣（卡环）和柱模连接，严禁用钢筋钩代替，以避免柱模翻转时脱钩造成事故，待模板立稳后并拉好支撑，方可摘除吊钩。

② 支撑应按工序进行，模板没有固定前，不得进行下道工序。

③ 支设 4m 以上的立柱模板和梁模板时，应搭设工作台，不足 4m 的，可使用马凳操作，不准站在柱模板上和在梁底板上行走，更不允许利用拉杆、支撑攀登上下。

④ 墙模板在未装对拉螺栓前，板面要向内倾斜一定角度并撑牢，以防倒塌。安装过程要随时拆换支撑或增加支撑，以保持墙板处于稳定状态。模板未支撑稳固前不得松动吊钩。

⑤ 安装墙模板时，应从内、外角开始，向互相垂直的两个方向拼装，连接模板的 U 形卡要正反交替安装，同一道墙（梁）的两侧模板应同时组合，以便确保模板安装时的稳定。当模板采用分层支模时，第一层楼板拼装后。应立即将内、外钢楞、穿墙螺栓、斜撑等全部安设紧固稳定。当下层楼板不能独立安设支承件时，必须采取可靠的临时固定措施，否则禁止进行上一层楼板的安装。

⑥ 用钢管和扣件搭设双排立柱支架支承梁模时，扣件应拧紧，且应检查扣件螺栓的扭力矩是否符合规定，当扭力矩不能达到规定值时，可放两个扣件与原扣件挨紧。横杆步距按设计规定，严禁随意增大。

⑦ 平板模板安装就位时。要在支架搭设稳固，板下楞与支架连接牢固后进行。U 形卡要按设计规定安装，以增强整体性，确保模板结构安全。

3. 模板安装的质量要求

组合钢模板安装完毕后，应按照规范的有关规定，进行全面质量检查，合格验收后，方可进行下一道工序，检查的主要内容如下。

① 检查组合钢模板的布局和施工顺序是否符合施工设计要求。

② 检查各种连接件、支承件的规格、数量、质量是否符合施工设计要求，特别是紧固情况、支承情况是否牢固。

③ 各种预埋件、预留孔洞的规格、位置、数量、质量及其固定情况是否符合设计要求。

现浇结构模板安装的偏差应符合表 9-1 的规定。预制构件模板安装的偏差应符合表 9-12 的规定。

表 9-12　预制构件模板安装的允许偏差及检验方法

序号	项　目		允许偏差/mm	检验方法
1	长度	板、梁	±5	钢尺量两角边，取其中较大值
2		薄腹梁、桁架	±10	
3		柱	0，−10	
4		墙板	0，−5	
5	宽度	板、墙板	0，−5	钢尺量一端及中部，取其中较大值
6		梁、薄腹梁、桁架、柱	+2，−5	
7	高(厚)度	板	+2，−3	钢尺量一端及中部，取其中较大值
8		墙板	0，−5	
9		梁、薄腹梁、桁架、柱	+2，−5	
10	侧向弯曲	梁、板、柱	l/1000 且≤15	拉线、钢尺量最大弯曲处
11		墙板、薄腹梁、桁架	l/1500 且≤15	
12	板的表面平整度		3	2m 靠尺和塞尺检查
13	相邻两板表面高低差		1	钢尺检查
14	对角线差	板	7	钢尺量两个对角线
15		墙板	5	
16	翘曲	板、墙板	l/1500	调平尺在两端量测
17	设计起拱	薄腹梁、桁架、梁	±3	拉线、钢尺量跨中

注：l 为构件长度（mm）。

四、模板的拆除

1．模板拆除的一般要求

① 拆除时应严格遵守各类模板拆除作业的安全要求。

② 拆模板，应经施工技术人员按试块强度检查，确认混凝土已达到拆模强度时，方可拆除。

③ 高处、复杂结构模板的拆除，应有专人指挥和切实可靠的安全措施，并在下面标出作业区，严禁非操作人员进入作业区。操作人员应配挂好安全带，禁止站在模板的横拉杆上操作，拆下的模板应集中吊运，并多点捆牢，不准向下乱扔。

④ 工作前，应检查所使用的工具是否牢固。扳手等工具必须用绳链系挂在身上，工作时思想要集中，防止钉子扎脚和从空中滑落。

⑤ 拆除模板一般采用长撬杠，严禁操作人员站在正拆除的模板下。在拆除楼板模板时，要注意防止整块模板掉下，尤其是用定型模板做平台楼板时，更要注意，防止模板突然全部掉下伤人。

⑥ 拆模间歇时，应将已活动的模板、拉杆、支撑等固定牢固，严防突然掉落、倒塌伤人。

⑦ 已拆除的模板、拉杆、支撑等应及时运走或妥善堆放，严防操作人员因扶空、踏空坠落。

⑧ 在混凝土墙体、平板上有预留洞时，应在模板拆除后，随即在墙洞上做好安全护栏，或将板的洞盖严。

2. 模板拆除

模板拆除如表 9-13 所示。

表 9-13 模板拆除规定

序号	项 目	内 容
1	主控项目	(1)底模及其支架拆除时的混凝土强度应符合设计要求;当设计无具体要求时,混凝土强度应符合表 9-14 的规定 检查数量:全数检查 检验方法:检查同条件养护试件强度试验报告 (2)对后张法预应力混凝土结构构件,侧模宜在预应力张拉前拆除;底模支架的拆除应按施工技术方案执行,当无具体要求时,不应在结构构件建立预应力前拆除 检查数量:全数检查 检验方法:观察 (3)后浇带模板的拆除和支顶应按施工技术方案执行 检查数量:全数检查 检验方法:观察

续表

序号	项　目	内　　容
2	一般项目	侧模拆除时的混凝土强度应能保证其表面及棱角不受损伤 检查数量:全数检查 检验方法:观察 模板拆除时,不应对楼层形成冲击荷载。拆除的模板和支架宜分散堆放并及时清运 检查数量:全数检查 检验方法:观察

表 9-14　底模拆除时的混凝土强度要求

序号	构件类型	结构跨度/m	达到设计的混凝土立方体抗压强度标准值的百分率/%
1	板	≤2	≥50
2		>2,≤8	≥75
3		>8	≥100
4	梁、拱、壳	≤8	≥75
5		>8	≥100
6	悬壁构件	—	≥100

第二节　钢筋工程

钢筋混凝土结构中常用的钢材有钢筋、钢丝和钢绞线三类。

钢筋按其化学成分，分为低碳钢钢筋和普通低合金钢钢筋（在碳素钢成分中加入锰、钛、钒等合金元素以改善性能）。钢筋按其强度分为Ⅰ～Ⅴ级，其中Ⅰ～Ⅳ级为热轧钢筋，Ⅴ级为热处理钢筋，钢筋的强度和硬度逐级升高，但塑性则逐级降低。Ⅰ级钢筋的表面为光圆，Ⅱ、Ⅲ级钢筋表面为人字纹、月牙形纹或螺纹，Ⅳ级钢筋表面则有光圆与螺纹两种。为便于运输，$\phi6$～$\phi9$ 的钢筋常卷成圆盘，大于 $\phi12$ 的钢筋则轧成 6～12m 长一根。

常用的钢丝有刻痕钢丝、碳素钢丝和冷拔低碳钢丝三类，而冷拔低碳钢丝又分为甲级和乙级，一般皆卷成圆盘。

钢绞线一般由 7 根圆钢丝捻成，钢丝为高强度钢丝。

钢筋出厂应有出厂质量证明书或试验报告单。每捆（盘）钢筋均应有标牌。运至工地后应分别堆存，并按规定抽取试样对钢筋进行力学性能检验。对热轧钢筋的级别有怀疑时，除作力学性能试验外，尚需进行钢筋的化学成分分析。使用中如发生脆断、焊接性能不良和机械性能异常时，应进行化学成分检验或其他专项检验。对国外进口钢筋，应按建设部的有关规定办理，亦应注意力学性能和化学成分的检验。

钢筋一般在钢筋车间加工，然后运至施工现场安装或绑扎。钢筋加工过程取决于成品种类，一般的加工过程有冷拉、冷拔、调直、剪切、镦头、弯曲、焊接、绑扎等。本节着重介绍钢筋冷加工和钢筋连接。

一、钢筋冷加工

1. 钢筋冷拉

钢筋冷拉是在常温下对钢筋进行强力拉伸，拉应力超过钢筋的屈服强度，使钢筋产生塑性变形，以达到调直钢筋、提高强度节约钢材的目的，对焊接接长的钢筋亦考验了焊接接头的质量。冷拉Ⅰ级钢筋用于结构中的受拉钢筋，冷拉Ⅱ，Ⅲ，Ⅳ级钢筋用作预应力筋。

(1) 冷拉原理

钢筋冷拉原理如图 9-24 所示，图中 *abcde* 为钢筋的拉伸特性曲线。冷拉时，拉应力超过屈服点 *b* 达到 *c* 点，然后卸荷。由于钢筋已产生塑性变形，卸荷过程中应力应变沿 co_1 降至 o_1 点。如再立即重新拉伸，应力应变图将沿 o_1cde 变化，并在高于 *c* 点附近出现新的屈服点，该屈服点明显高于冷拉前的屈服点 *b*，这种现象称“变形硬化”。其原因是冷拉过程中，钢筋内部结晶面滑移，晶格变化，内部组织发生变化，因而屈服强度提高，塑性降低，弹性模量也降低。

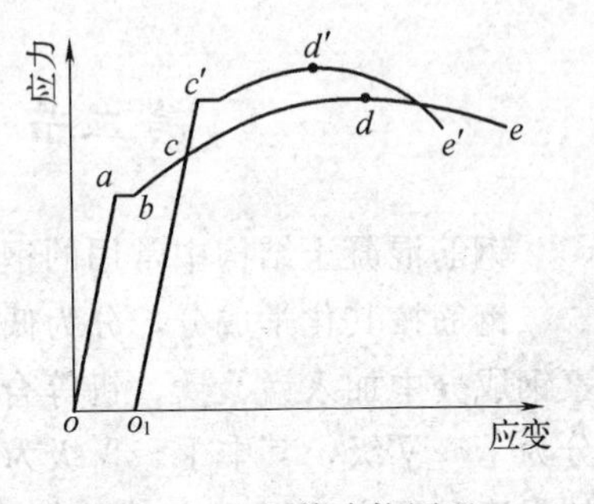

图 9-24 钢筋冷拉原理

钢筋冷拉后有内应力存在，内应力会促进钢筋内的晶体组织调整，经过调整，屈服强度又进一步提高。该晶体组织调整过程称为“时效”。钢筋经冷拉和时效后的拉伸特性曲线即改为 $o_1c'd'e'$。Ⅰ，Ⅱ级钢筋的时效过程在常温下需 15～20 天（称自然时效），但在 100℃温度下只需 2h 即完成，因而为加速时效可利用蒸汽、电热等手段进行人工时效。Ⅲ，Ⅳ级钢筋在自然条件下一般达不到时效的效果，更宜用人工时效，一般通电加热至 150～200℃，保持 20min 左右即可。

（2）冷拉控制

钢筋冷拉，可用冷拉应力或冷拉率进行控制。对不能分清炉批号的热轧钢筋，不应采取冷拉率控制。冷拉控制应力值如表 9-15 所示。抗拉强度较低的热轧钢筋，如拉到符合标准的冷拉强度，其冷拉率将超过限值，对结构使用非常不利，故规定最大冷拉率限值，冷拉后检查钢筋的冷拉率，如超过表中规定的数值时，则应进行力学性能试验。

表 9-15　钢筋冷拉的冷拉控制应力和最大冷拉率

<table>
<tr><th colspan="2">钢筋级别</th><th>冷拉控制应力/MPa</th><th>最大冷拉率/%</th></tr>
<tr><td colspan="2">Ⅰ级 $d\leqslant 12$</td><td>280</td><td>10.0</td></tr>
<tr><td rowspan="2">Ⅱ级</td><td>$d\leqslant 25$</td><td>450</td><td rowspan="2">5.5</td></tr>
<tr><td>$d=28\sim 40$</td><td>430</td></tr>
<tr><td colspan="2">Ⅲ级 $d=8\sim 40$</td><td>500</td><td>5.0</td></tr>
<tr><td colspan="2">Ⅳ级 $d=10\sim 28$</td><td>700</td><td>4.0</td></tr>
</table>

钢筋冷拉以冷拉率控制时，其控制值由试验确定。对同炉批钢筋，测定的试件不宜少于 4 个，每个试件都按表 9-16 规定的冷拉应力值在万能试验机上测定相应的冷拉率，取其平均值作为该炉批钢筋的实际冷拉率。如钢筋强度偏高，平均冷拉率低于 1%时，仍按 1%进行冷拉。

由于控制冷拉率为间接控制法，试验统计资料表明，同炉批钢筋按平均冷拉率冷拉后的抗拉强度的标准离差 σ 为 15～20MPa，为满足 95%的保证率，应按冷拉控制应力增加 1.645σ，约 30MPa。因此，用冷拉率控制方法冷拉钢筋时，钢筋的冷拉应力较高。

表 9-16　测定冷拉率时钢筋的冷拉应力

钢筋级别		冷拉应力/MPa
Ⅰ级 $d\leqslant 12$		310
Ⅱ级	$d\leqslant 25$	480
	$d=28\sim 40$	460
Ⅲ级 $d=8\sim 40$		530
Ⅳ级 $d=10\sim 28$		730

注：当钢筋平均冷拉率低于1%时，仍应按1%进行冷拉。

不同炉批的钢筋，不宜用控制冷拉率的方法进行钢筋冷拉。多根连接的钢筋，用控制应力的方法进行冷拉时，其控制应力和每根的冷拉率均应符合表 9-15 的规定；当用控制冷拉率的方法进行冷拉时，冷拉率可按总长计，但冷拉后每根钢筋的冷拉率不得超过表 9-15 的规定。钢筋的冷拉速度不宜过快。

冷拉钢筋的检查验收方法和质量要求应符合《混凝土结构工程施工及验收规范》GB 50204—1992 中有关的规定。

(3) 冷拉设备

钢筋冷拉工艺有两种：一种是采用卷扬机带动滑轮组作为冷拉动力的机械式冷拉工艺；另一种是采用长行程（1500mm 以上）的专用液压千斤顶（YPD-60S 型液压千斤顶）和高压油泵的液压冷拉工艺。目前我国仍以前者为主，但后者更有发展前途。

机械式冷拉工艺的冷拉设备，主要由拉力设备、承力结构、回程装置、测量设备和钢筋夹具组成。拉力设备为卷扬机和滑轮组，多用 3～5t 的慢速卷扬机，通过滑轮组增大牵引力。设备的冷拉能力要大于所需的最大拉力，所需的最大拉力等于进行冷拉的最大直径钢筋截面积乘以冷拉控制应力，同时还要考虑滑轮与地面的摩擦阻力及回程装置的阻力。设备的冷拉能力按下式计算：

$$Q=\frac{10S}{K'}-F$$

$$K'=\frac{f^{n-1}(f-1)}{f^{n-1}} \tag{9-2}$$

式中　Q——设备冷拉能力，kN；

S——卷扬机吨位，t；

F——设备阻力，kN，包括冷拉小车与地面的摩擦阻力和回程装置的阻力等，可实测确定；

K'——滑轮组的省力系数；

f——单个滑轮的阻力系数；对青铜轴套的滑轮，$f=1.04$；

n——滑轮组的工作线数。

承力结构可采用地锚，冷拉力大时宜采用钢筋混凝土冷拉槽（图9-25）。回程装置可用荷重架回程或卷扬机滑轮组回程。测力设备常用液压千斤顶或用装传感器和示力仪的电子测力计。

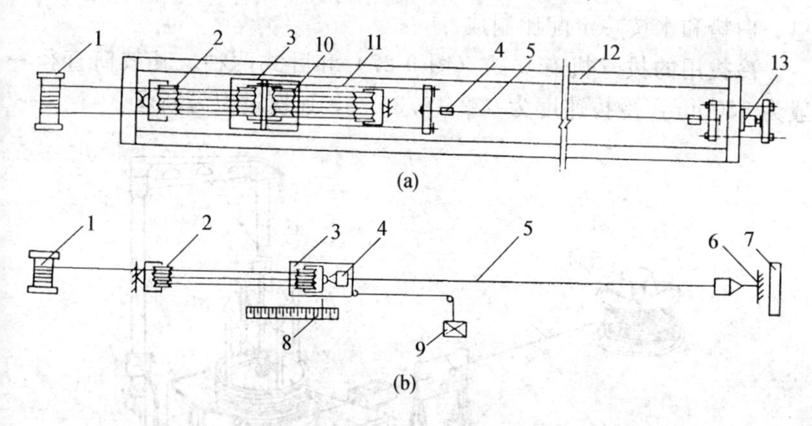

图 9-25　冷拉设备

1—卷扬机；2—滑轮组；3—冷拉小车；4—夹具；5—被冷拉的钢筋；6—地锚；7—防护壁；8—标尺；9—回程荷重架；10—回程滑轮组；11—传力架；12—冷拉槽；13—液压千斤顶

如在负温下进行冷拉，温度不宜低于－20℃。如用冷拉应力控制时，由于钢筋的屈服强度随温度降低而提高，冷拉控制应力应较常温时提高 30MPa。如用冷拉率控制则与常温相同。

2. 钢筋冷拔

冷拔是使 $\phi6\sim\phi9$ 的光圆钢筋通过钨合金的拔丝模（图 9-26）进行强力冷拔。钢筋通过拔丝模时，受到拉伸与压缩兼有的作用，使钢筋内部晶格变形而产生塑性变形，因而抗拉强度提高（可提高50%～90%），塑性降低，呈硬钢性质。光圆钢筋经冷拔后称“冷拔低碳钢丝”。

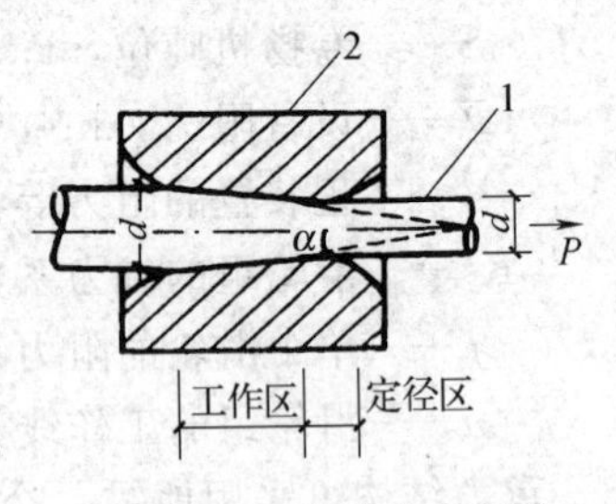

图 9-26 钢筋冷拔示意图
1—钢筋；2—拔丝模

钢筋冷拔的工艺过程是：轧头→剥壳→通过润滑剂进入拔丝模冷拔。如钢筋需连接则在冷拔前用对焊连接。

钢筋表面常有一硬渣层，易损坏拔丝模，并使钢筋表面产生沟纹，因而冷拔前要进行剥壳，方法是使钢筋通过3～6个上下排列的辊子以剥除渣壳。润滑剂常用石灰、动植物油、肥皂、白蜡和水按一定配比制成。

冷拔用的拔丝机有立式（图 9-27）和卧式两种。其鼓筒直径一般为500mm。冷拔速度为0.2～0.3m/s，速度过大易断丝。

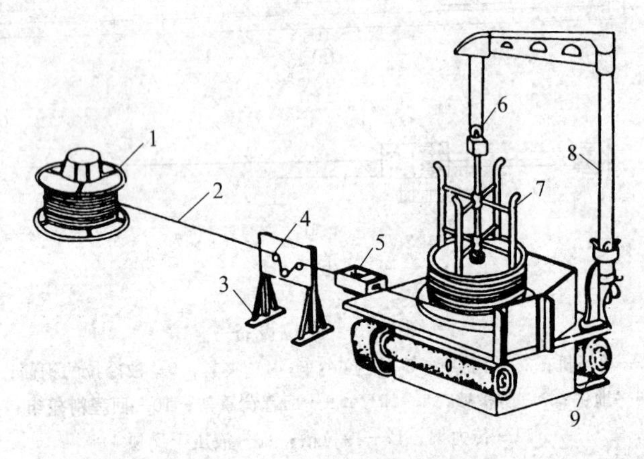

图 9-27 立式单鼓筒冷拔机
1—盘圆架；2—钢筋；3—剥壳装置；4—槽轮；5—拔丝模；6—滑轮；7—绕丝筒；8—支架；9—电动机

影响冷拔低碳钢丝质量的主要因素，是原材料的质量和冷拔总压缩率。

冷拔低碳钢丝都是用普通低碳热轧光圆钢筋拔制的，按国家标准《普通低碳钢热轧圆盘条》GB 701—65 的规定，光圆钢筋是用1～3号乙类钢轧制的，因而强度变化较大，直接影响冷拔低碳钢丝的质量。为此，应严格控制原材料。冷拔低碳钢丝分甲、乙两级。对主要用作预应力筋的甲级冷拔低碳钢丝，宜用符合Ⅰ级钢标准的3号钢圆盘条进行拔制。

冷拔总压缩率（β）是光圆钢筋拔成冷拔钢丝时的横截面缩减率。若原材料光圆钢筋直径为d_0，冷拔后成品钢丝直径为d，则总压缩率$\beta=\frac{d_0^2-d^2}{d_0^2}$。总压缩率越大，则抗拉强度提高越多，而塑性降低越多。总压缩率不宜过大，直径5mm的冷拔低碳钢丝，宜用直径8mm的圆盘条拔制；直径4mm和小于4mm者，宜用直径6.5mm的圆盘条拔制。

冷拔低碳钢丝有时是经多次冷拔而成，不一定是一次冷拔就达到总压缩率。每次冷拔的压缩率不宜太大，否则拔丝机的功率要大，拔丝模易损耗，且易断丝。一般前道钢丝和后道钢丝的直径之比以1∶0.87为宜。冷拔次数亦不宜过多，否则易使钢丝变脆。

冷拔低碳钢丝的质量应符合《混凝土结构工程施工及验收规范》GB 50204—1992中有关的规定。对用于预应力结构的甲级冷拔低碳钢丝，应加强检验，应逐盘取样检验。

冷拔低碳钢丝经调直机调直后，抗拉强度降低8%～10%，塑性有所改善，使用时应注意。

二、钢筋连接

钢筋连接有三种常用的连接方法：绑扎连接、焊接连接和机械连接（挤压连接和锥螺纹套管连接）。除个别情况（如不准出现明火）应尽量采用焊接连接，以保证质量、提高效率和节约钢材。钢筋焊接分为压焊和熔焊两种形式。压焊包括闪光对焊、电阻点焊和气压焊；熔焊包括电弧焊和电渣压力焊。此外，钢筋与预埋件T形接头的焊接应采用埋弧压力焊，也可用电弧焊或穿孔塞焊，但焊接电流不宜大，以防烧伤钢筋。

1. 钢筋焊接

根据规范规定轴心受拉和小偏心受拉杆件中的钢筋接头，均应焊接。普通混凝土中直径大于22mm的钢筋和轻骨料混凝土中直径大于20mm的Ⅰ级钢筋及直径大于25mm的Ⅱ，Ⅲ级钢筋的接头，均宜采用焊接。

钢筋的焊接质量与钢材的可焊性、焊接工艺有关。可焊性与钢筋含碳量、合金元素的数量有关，含碳、锰数量增加，则可焊性差；而含适量的钛可改善可焊性。焊接工艺（焊接参数与操作水平）亦影响焊接质量，即使可焊性差的钢材，若焊接工艺合宜，亦可获得良好的焊接质量。当环境温度低于－5℃，即为钢筋低温焊接，此时应调整焊接工艺参数，使焊缝和热影响区缓慢冷却。风力超过4级时，应有挡风措施。环境温度低于－20℃时不得进行焊接。

(1) 闪光对焊

闪光对焊广泛用于钢筋纵向连接及预应力钢筋与螺丝端杆的焊接。热轧钢筋的焊接宜优先用闪光对焊，不可能时才用电弧焊。

钢筋闪光对焊的原理（图9-28）是利用对焊机使两段钢筋接触，通过低电压的强电流，待钢筋被加热到一定温度变软后，进行轴向加压顶锻，形成对焊接头。

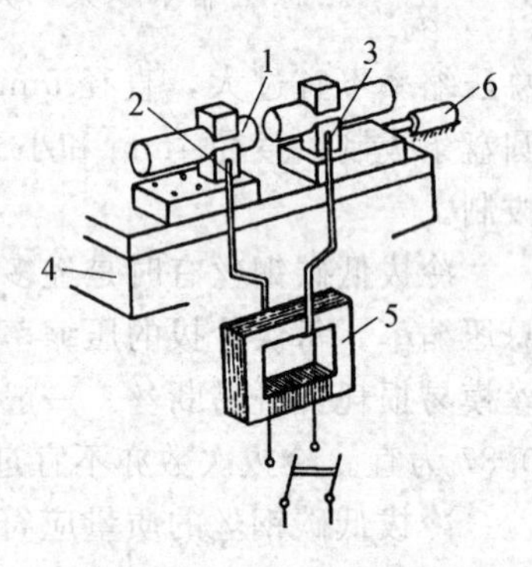

图9-28 钢筋闪光对焊原理
1—焊接的钢筋；2—固定电极；3—可动电极；4—机座；5—变压器；6—手动顶压机构

钢筋闪光对焊工艺常用的有连续闪光焊、预热闪光焊和闪光-预热-闪光焊（图9-29）。对Ⅳ级钢筋有时在焊接后还进行通电热处理。

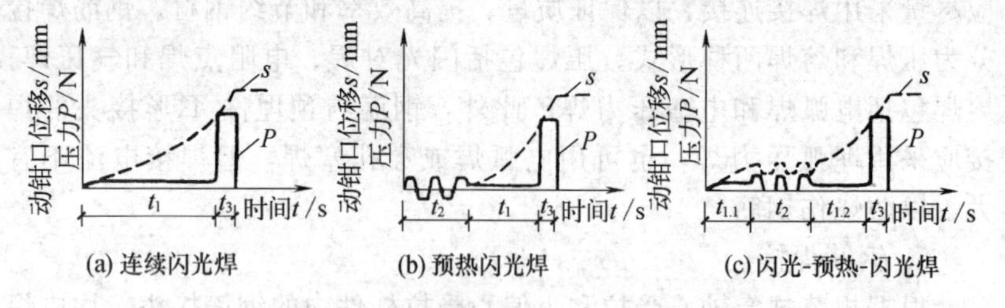

(a) 连续闪光焊 (b) 预热闪光焊 (c) 闪光-预热-闪光焊

图9-29 钢筋闪光对焊工艺过程图解
t_1—烧化时间；$t_{1.1}$—一次烧化时间；
$t_{1.2}$—二次烧化时间；t_2—预热时间；t_3—顶锻时间

① 连续闪光焊。这种焊接的工艺过程是待钢筋夹紧在电极钳口上后，闭合电源，使两钢筋端面轻微接触。由于钢筋端部不平，开始只有一点或数点接触，接触面小而电流密度和接触电阻很大，接触点很快熔化并产生金属蒸气飞溅，形成闪光现象。闪光一开始就徐徐移动钢筋，使形成连续闪光过程，同时接头也被加热。待接头烧平、闪去杂质和氧化膜、白热熔化时，随即施加轴向压力迅速进行顶锻，使两根钢筋焊牢。

连续闪光焊适宜于焊接直径25mm以内的Ⅰ～Ⅲ级钢筋。焊接直径较小的钢筋最适宜。

连续闪光焊的工艺参数为调伸长度、烧化留量、顶锻留量及变压器级数等（图9-30）。

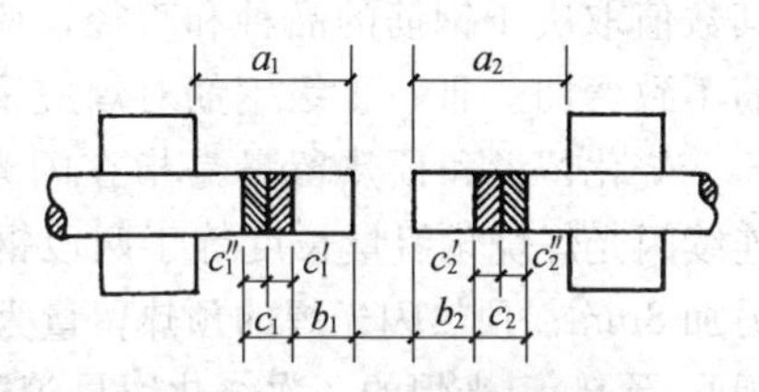

图9-30　调伸长度及留量

a_1，a_2——左、右钢筋的调伸长度；

b_1+b_2——烧化留量；

c_1+c_2——顶锻留量；

$c_1'+c_2'$——有电顶锻留量；

$c_1''+c_2''$——无电顶锻留量

② 预热闪光焊。钢筋直径较大，端面比较平整时宜用预热闪光焊。与连续闪光焊不同之处，在于前面增加一个预热时间，先使大直径钢筋预热后再连续闪光烧化进行加压顶锻。

③ 闪光预热闪光焊。端面不平整的大直径钢筋连接采用半自动或自动的150型对焊机，焊接大直径钢筋宜采用闪光-预热-闪光焊。这种焊接的工艺过程是进行连续闪光，使钢筋端部烧化平整；再使接头处作周期性闭合和断开，形成断续闪光使钢筋加热；接着再是连续闪光，最后进行加压顶锻。

闪光-预热-闪光焊的工艺参数为调伸长度、一次烧化留量、预热留量和预热时间、二次烧化留量、顶锻留量及变压器级数等。

对于Ⅳ级钢筋，因碳、锰、硅含量较高和钛、钒的存在，对氧化、淬火、过热比较敏感，易产生氧化缺陷和脆性组织。为此，应掌握焊接温度，并使热量扩散区加长，以防接头局部过热造成脆断。Ⅳ级钢筋中可焊性差的高强钢筋，宜用强电流进行焊接，焊后再进行通电热处理。通电热处理的目的，是对焊接接头进行一次退火或高温回火处理，以消除热影响区产生的脆性组织，改善接头的塑性。

通电热处理的方法，是焊毕稍冷却后松开电极，将电极钳口调至最大距离，重新夹住钢筋，待接头冷至暗黑色（焊后20～30s），进行脉冲式通电热处理（频率约2次/s，通电5～7s）。待钢筋表面呈橘红色并有微小氧化斑点出现时即可。

调伸长度（图9-30）是指焊接前钢筋从电极钳口伸出的长度。其数值取决于钢筋的品种和直径，应能使接头加热均匀，且顶锻时钢筋不致弯曲。Ⅲ，Ⅳ级钢筋对焊应采用较大的调伸长度。

烧化留量和预热留量是指在闪光和预热过程中烧化的钢筋长度。连续闪光焊烧化留量长度等于两段钢筋切断时刀口严重压伤部分之和另加8mm；预热闪光焊的预热留量为4～7mm，烧化留量为8～10mm；闪光-预热-闪光焊的一次烧化留量等于两段钢筋切断时刀口严重压伤部分之和，预热留量为2～7mm，二次烧化留量为8～10mm。

顶锻留量是指接头顶压挤出而消耗的钢筋长度。顶锻时，先在有电流作用下顶锻，使接头加热均匀、紧密结合，然后在断电情况下结束顶锻，所以分有电顶锻留量与无电顶锻留量两部分。顶锻留量随着钢筋直径的增大和钢筋级别的提高而增大，一般为4～6.5mm。其中，有电顶锻留量约占1/3，无电顶锻留量占2/3。顶锻应在一定压力下快速完成，使焊口闭合良好并产生适当的镦粗变形。过大的焊口会产生裂纹，过小则熔渣和氧化物有可能残留在焊口内。

变压器级数是用来调节焊接电流的大小，根据钢筋直径确定。

焊接不同直径的钢筋时，其截面比不宜超过1.5。焊接参数按大直径钢筋选择并减少大直径钢筋的调伸长度。焊接时先对大直径钢筋预热，以使两者加热均匀。

负温下焊接，冷却快，易产生淬硬现象，内应力也大。为此，负温下焊接应减小温度梯度和冷却速度。为使加热均匀，增大焊件受热区，可增大调伸长度10%～20%，变压器级数可降低一级或二级，应使加热缓慢而均匀，降低烧化速度，焊后见红区应比常温时长。

钢筋闪光对焊后，除对接头进行外观检查［无裂纹和烧伤、接头弯折不大于4°、接头轴线偏移不大于0.1d（d为钢筋直径），也不大于2mm］外，还应按《钢筋焊接及验收规程》JCJ 18—1984的规定进行抗拉试验和冷弯试验。

(2) 电弧焊

电弧焊是利用弧焊机使焊条与焊件之间产生高温电弧，使焊条和电弧燃烧范围内的焊件熔化，待其凝固便形成焊缝或接头，电弧焊广泛用于钢筋接头、钢筋骨架焊接、装配式结构接头的焊接、钢筋与钢板的焊接及各种钢结构焊接。

钢筋电弧焊的接头形式（图 9-31）有：搭接焊接头（单面焊缝或双面焊缝）、帮条焊接头（单面焊缝或双面焊缝）、剖口焊接头（平焊或立焊）和熔槽帮条焊接头（用于安装焊接 $d \geqslant 25$mm 的钢筋）。

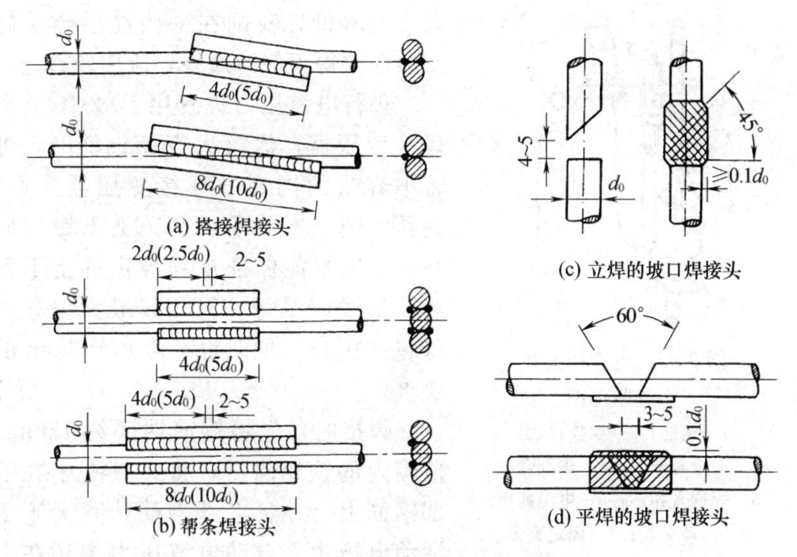

图 9-31　钢筋电弧焊的接头形式

弧焊机有直流与交流之分，常用的为交流弧焊机。

焊条的种类很多，如“结 42×”、“结 50×”等，钢筋焊接根据钢材等级和焊接接头形式选择焊条。焊条表面涂有药皮，它可保证电弧稳定、使焊缝免致氧化、并产生熔渣覆盖焊缝以减缓冷却速度。尾符号×表示没有规定药皮类型，酸性或碱性焊条均可。但对重要结构的钢筋接头，宜用低氢型碱性焊条进行焊接。

焊接电流和焊条直径根据钢筋级别、直径、接头形式和焊接位置进行选择。

搭接接头的长度、帮条的长度、焊缝的长度和高度等，规程都有具体的规定。搭接焊、帮条焊和坡口焊的焊接接头，除外观质量检查外，亦需抽样作拉伸试验。如对焊接质量有怀疑或发现异常情况，还可进行非破损检验（X射线、γ射线、超声波探伤等）。

（3）电渣压力焊

电渣压力焊在建筑施工中多用于现浇钢筋混凝土结构构件内竖向或斜向（倾斜度在4∶1的范围内）钢筋的焊接接长。有自动与手工电渣压力焊。与电弧焊比较，它工效高、成本低，我国在一些高层建筑施工中已取得很好的效果，应用较普遍。

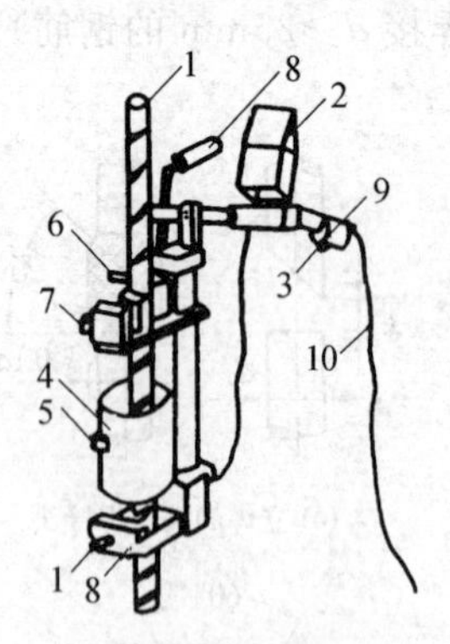

图 9-32　电渣压力焊构造原理图

1—钢筋；2—监控仪表；3—电源开关；4—焊剂盒；5—焊剂盒扣环；6—电缆插座；7—活动夹具；8—固定夹具；9—操作手柄；10—控制电缆

进行电渣压力焊宜用BX2-1000型焊接变压器，焊接大直径钢筋时，可将小容量的同型号焊接变压器并联。夹具（图9-32）需灵巧、上下钳口同心，否则不能保证规程规定的上下钢筋的轴线应尽量一致，其最大偏移不得超过$0.1d$，同时也不得大于2mm的要求。

焊接时，先将钢筋端部约120mm范围内的铁锈除尽，将夹具夹牢在下部钢筋上，并将上部钢筋扶直夹牢于活动电极中，自动电渣压力焊还在上下钢筋间放引弧用的钢丝圈等。再装上药盒（直径90～100mm）和装满焊药，接通电路，用手柄使电弧引燃（引弧）。然后稳定一定时间，使之形成渣池并使钢筋熔化（稳弧），随着钢筋的熔化，用手柄使上部钢筋缓缓下送。当稳弧达到规定时间后，在断电同时用手柄进行加压顶锻（顶锻），以排除夹渣和气泡，形成接头。待冷却一定时间后，即拆除药盒、回收焊药、拆除夹具和清除焊渣。引弧、稳弧、顶锻三个过程连续进行。

电渣压力焊的工艺参数为焊接电流、渣池电压和通电时间，根据钢筋直径选择，钢筋直径不同时，根据较小直径的钢筋选择参数。电渣压力焊的接头，亦应按规程规定的方法检查外观质量和进行试件拉伸试验。

(4) 电阻点焊

电阻点焊主要用于钢筋的交叉连接，如用来焊接钢筋网片、钢筋骨架等。它生产效率高、节约材料，应用广泛。

电阻点焊的工作原理是，当钢筋交叉点焊时，接触点只有一点，且接触电阻较大，在接触的瞬间，电流产生的全部热量都集中在一点上，因而使金属受热而熔化，同时在电极加压下使焊点金属得到焊合，原理如图 9-33 所示。

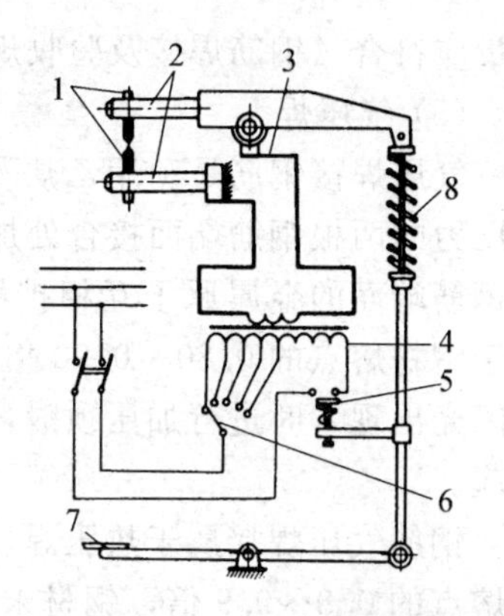

图 9-33　点焊机工作原理图

1—电极；2—电极臂；3—变压器的次级线圈；4—变压器的初级线圈；5—断路器；6—变压器的调节开关；7—踏板；8—压紧机构

常用的点焊机有单点点焊机、多头点焊机（一次可焊数点，用于焊接宽大的钢筋网）、悬挂式点焊机（可焊钢筋骨架或钢筋网）、手提式点焊机（用于施工现场）。

电阻点焊的主要工艺参数为：变压器级数、通电时间和电极压力。在焊接过程中应保持一定的预压和锻压时间。

通电时间根据钢筋直径和变压器级数而定。电极压力则根据钢筋级别和直径选择。

焊点应有一定的压入深度。点焊热轧钢筋时，压入深度为较小钢筋直径的 30%～45%；点焊冷拔低碳钢丝时，压入深度为较小钢丝直径的 30%～35%。

电阻点焊不同直径钢筋时，如较小钢筋的直径小于 10mm，大小钢筋直径之比不宜大于 3；如较小钢筋的直径为 12mm 或 14mm 时，大小钢筋直径之比则不宜大于 2。应根据较小直径的钢筋选择焊接工艺参数。

焊点应进行外观检查和强度试验。热轧钢筋的焊点应进行抗剪试验。冷加工钢筋的焊点除进行抗剪试验外，还应进行拉伸试验。焊接质量应符合《钢筋焊接及验收规程》JGJ 18—1984 中的有关规定。

(5) 气压焊

气压焊接钢筋是利用乙炔-氧混合气体燃烧的高温火焰对已有初始压力的两根钢筋端面接合处加热，使钢筋端部产生塑性变形，并促使钢筋端面的金属原子互相扩散，当钢筋加热到 1250～1350℃（相当于钢材熔点的 0.80～0.90 倍，此时钢筋加热部位呈橘黄色，有白亮闪光出现）时进行加压顶锻，使钢筋内的原子得以再结晶而焊接在一起。

钢筋气压焊接属于热压焊。在焊接加热过程中，加热温度只为钢材熔点的 0.8～0.9 倍，钢材未呈熔化液态，且加热时间较短，钢筋的热输入量较少，所以不会出现钢筋材质劣化倾向。另外，它设备轻巧、使用灵活、效率高、节省电能、焊接成本低，可进行全方位（竖向、水平和斜向）焊接，所以在我国逐步得到推广。

气压焊接设备（图 9-34）主要包括加热系统与加压系统两部分。

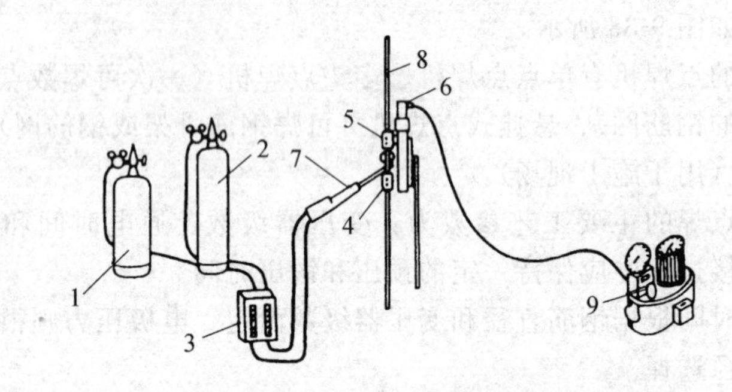

图 9-34　气压焊接设备示意图

1—乙炔；2—氧气；3—流量计；4—固定卡具；5—活动卡具；6—压接器；7—加热器与焊炬；8—被焊接的钢筋；9—电动油泵

加热系统中的加热能源是氧和乙炔。氧的纯度宜为 99.5%，工作压力为 0.6～0.7MPa；乙炔的纯度宜为 98.0%，工作压力为 0.06MPa。流量计用来控制氧和乙炔的输入量，焊接不同直径的钢筋要求不同的流量。加热器用来将氧和乙炔混合后，从喷火嘴喷出火焰加热钢筋，要求火焰能均匀加热钢筋，有足够的温度和功率并安全可靠。

加压系统中的压力源为电动油泵（亦有手揿油泵），使加压顶锻时压力平稳。压接器是气压焊的主要设备之一，要求它能准确、方便地将两根钢筋固定在同一轴线上，并将油泵产生的压力均匀地传递给钢筋达到焊接的目的。施工时压接器需反复装拆，要求它重量轻、构造简单和装拆方便。

气压焊接的钢筋要用砂轮切割机断料，不能用钢筋切断机切断，要求端面与钢筋轴线垂直。焊接前应打磨钢筋端面，清除氧化层和污物，使之现出金属光泽，并即喷涂一薄层焊接活化剂保护端面不再氧化。

钢筋加热前先对钢筋施加 30～40MPa 的初始压力，使钢筋端面贴合。当加热到缝隙密合后，上下摆动加热器适当增大钢筋加热范围，促使钢筋端面金属原子互相渗透也便于加压顶锻。加压顶锻时的压应力为 34～40MPa，使焊接部位产生塑性变形。直径小于 22mm 的钢筋可以一次顶锻成型，大直径钢筋可以进行二次顶锻。

2. 钢筋机械连接

钢筋机械连接包括挤压连接和锥螺纹套管连接，是近年来大直径钢筋现场连接的主要方法。

(1) 钢筋挤压连接

钢筋挤压连接亦称钢筋套筒冷压连接。它是将需连接的变形钢筋插入特制钢套筒内，利用液压驱动的挤压机进行径向或轴向挤压，使钢套筒产生塑性变形，使它紧紧咬住变形钢筋实现连接（图 9-35）。它适用于竖向、横向及其他方向的较大直径变形钢筋的连接。与焊接相比，它具有节省电能、不受钢筋可焊性好坏影响、不受气候影响、无明火、施工简便和接头可靠度高等特点。

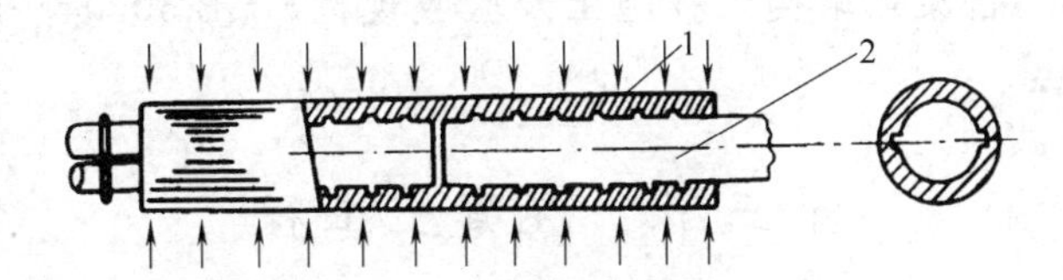

图 9-35　钢筋径向挤压连接原理图

1—钢套筒；2—被连接的钢筋

钢筋挤压连接的工艺参数，主要是压接顺序、压接力和压接道数。压接顺序应从中间逐道向两端压接。压接力要能保证套筒与钢筋紧密咬合，压接力和压接道数取决于钢筋直径、套筒型号和挤压机型号。

(2) 钢筋锥螺纹套管连接

用于这种连接的钢套管内壁，用专用机床加工有锥螺纹，钢筋的对接端头亦在套丝机上加工有与套管匹配的锥螺纹。连接时，经对螺纹检查无油污和损伤后，先用手旋入钢筋，然后用扭矩扳手紧固至规定的扭矩即完成连接（图 9-36）。它施工速度快、不受气候影响、质量稳定、对中性好，我国在一些大型工程中多有应用。

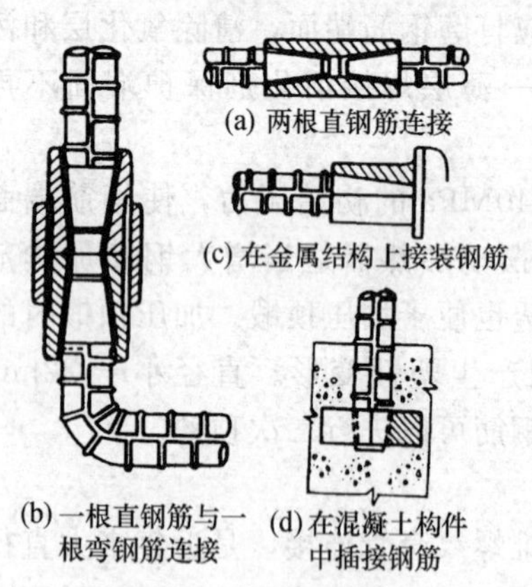

图 9-36 钢筋锥螺纹套管连接示意图

此外，绑扎目前仍为钢筋连接的主要手段之一。钢筋绑扎时，钢筋交叉点应采用铁丝扎牢；板和墙的钢筋网，除外围两行钢筋的相交点全部扎牢外，中间部分交叉点可相隔交错扎牢，保证受力钢筋位置不产生偏移；梁和柱的箍筋应与受力钢筋垂直设置，弯钩叠合处应沿受力钢筋方向错开设置。钢筋绑扎搭接长度的末端与钢筋弯曲处的距离，不得小于钢筋直径的 10 倍，且接头不宜在构件最大弯矩处。钢筋搭接处，应在中部和两端用铁丝扎牢。受拉钢筋和受压钢筋接头的搭接长度及接头位置要符合《混凝土结构工程施工及验收规范》GB 50204—1992 的规定。

第三节 混凝土工程

一、原材料

普通混凝土应采用水泥、砂、碎（卵）石和水配制而成。

水泥应采用硅酸盐水泥、普通硅酸盐水泥、矿渣硅酸盐水泥、火山灰质硅酸盐水泥或粉煤灰硅酸盐水泥。水泥的强度等级由设计确定，但不宜低于 32.5 级。

砂应采用天然砂，砂中含泥量、泥块含量限值应符合表 9-17 的规定；砂中有害物质限值应符合表 9-18 的规定。

表 9-17　砂中含泥量、泥块含量限值

混凝土强度等级	≥C30	<C30
含泥量(按重量计%)	≤3.0	≤5.0
泥块含量(按重量计%)	≤1.0	≤2.0

表 9-18　砂中有害物质限值

项　目	质量指标
云母含量(按重量计%)	≤2.0
轻物质含量(按重量计%)	≤1.0
硫化物及硫酸盐含量(折算成 SO_3,按重量计%)	≤1.0
有机物含量(用比色法试验)	颜色不应深于标准色,如深于标准色,则应按水泥胶砂强度试验方法,进行强度对比试验,按压强度比不应低于 0.95

碎石应由天然岩石或卵石经破碎、筛分而得的粒径大于 5mm 的岩石颗粒组成；卵石应由自然条件作用而形成的粒径大于 5mm 的岩石颗粒组成。碎石或卵石中针、片状颗粒含量应符合表 9-19 的规定。碎石或卵石中含泥量、泥块含量限值应符合表 9-20 的规定。碎石或卵石中有害物质含量限值应符合表 9-21 的规定。

表 9-19　石中针、片状颗粒含量

混凝土强度等级	≥C30	<C30
针、片状颗粒含量(按重量计%)	≤15	≤25

表 9-20　石中含泥量、泥块含量限值

混凝土强度等级	≥C30	<C30
含泥量(按重量计%)	≤1.0	≤2.0
泥块含量(按重量计%)	≤0.5	≤0.7

表 9-21 石中有害物质含量限值

项 目	质量指标
硫化物及硫酸盐含量(折算成 SO_3,按重量计,%)	≤1.0
卵石中有机质含量(用比色法试验)	颜色应不深于标准色,如深于标准色,则应配制成混凝土进行强度对比试验,抗压强度比应不低于 0.95

水应采用饮用水，地表水和地下水首次使用前，应按有关标准进行检验后方可使用。

外加剂可根据改变混凝土性能要求，选用普通减水剂、高效减水剂、缓凝高效减水剂、早强减水剂、缓凝减水剂、引气减水剂、早强剂、缓凝剂和引气剂。外加剂的品种及其掺量由设计确定。

二、混凝土配合比

混凝土配合比是指混凝土各组成材料之间用量的比例关系。一般按重量计，以水泥重量为 1，以水泥∶砂∶石子和水灰比来表示。

1. 混凝土配合比设计原则

应根据设计的混凝土强度等级以及混凝土施工和易性的要求确定，并应符合合理使用材料和经济的原则，对有抗渗、抗冻等要求的混凝土，尚应符合有关的专门规定。

2. 混凝土配合比的确定

混凝土配合比的确定是采用计算与试验相结合的方法。先根据经验，利用经验公式和图表（数据），考虑混凝土强度等级、耐久性要求、施工和易性要求和工地材料（水泥、粗细骨料）等情况，计算出“初步计算配合比”，再用施工所用材料进行试配、调整，得出基准配合比，最后通过强度检验（有抗冻、抗渗要求时还要作相应的检验），定出满足设计和施工要求、比较经济合理的混凝土配合比。可以图 9-37 的流程图来表示。

3. 混凝土配合比设计的步骤

(1) 确定混凝土的配制强度 $f_{cu,o}$

为了使设计混凝土强度等级标准值 $f_{cu,k}$ 具有较高的强度保证率，配制强度 $f_{cu,o}$ 一定要比设计标准强度值 $f_{cu,k}$ 为大。配制强度 $f_{cu,o}$ 的计

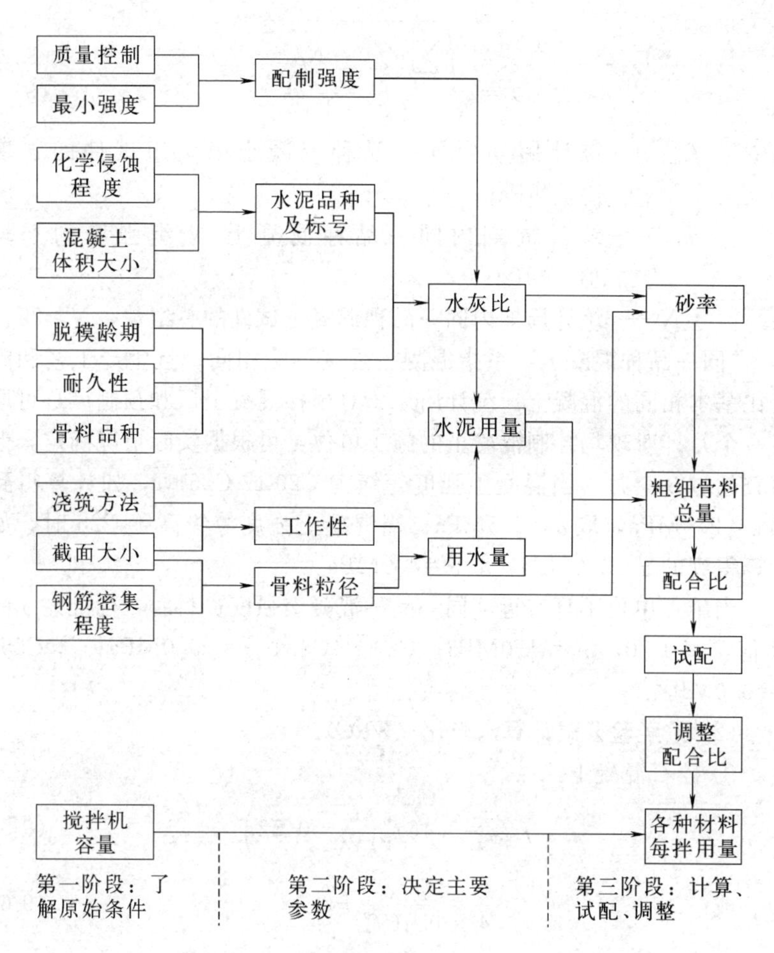

图 9-37 普通混凝土配合比设计流程图

算公式为：

$$f_{cu,o}=f_{cu,k}+1.645\sigma \tag{9-3}$$

式中 $f_{cu,o}$——混凝土施工配制强度，MPa；

$f_{cu,k}$——设计的混凝土强度标准值，MPa；

σ——施工单位的混凝土强度标准差，MPa。

施工单位的混凝土强度标准差 σ 按下式计算：

$$\sigma=\sqrt{\frac{\sum_{i=1}^{N}f_{cu,i}^{2}-N\mu_{f_{cu}}^{2}}{N-1}} \tag{9-4}$$

式中 $f_{cu,i}$——统计周期内同一品种混凝土第 i 组试件的强度值，MPa；

$\mu_{f_{cu}}$——统计周期内同一品种混凝土 N 组强度的平均值，MPa；

N——统计周期内同一品种混凝土试件的总组数，$N \geqslant 25$。

“同一品种混凝土”系指混凝土强度等级相同、且生产工艺和配合比基本相同的混凝土。统计周期：对预拌混凝土厂和预制厂，可取为一个月；对现场拌制混凝土的施工单位，可根据实际情况确定，但不宜超过3个月。当混凝土强度等级为C20或C25时，如计算得到的 $\sigma<2.5$MPa，取 $\sigma=2.5$MPa；当混凝土强度等级高于C25时，如计算得到的 $\sigma<3.0$MPa，取 $\sigma=3.0$MPa。

当施工单位不具有近期同一品种混凝土强度资料时，标准差 σ 的取值：≤C20，$\sigma=4.0$MPa；C20～C35，$\sigma=5.0$MPa；≥C35，$\sigma=6.0$MPa。

(2) 按经验公式计算水灰比（W/C）

① 碎石混凝土：

$$f_{cu,o}=0.46f_{c}^{o}\left(\frac{C}{W}-0.52\right) \tag{9-5}$$

或

$$\frac{C}{W}=\frac{f_{cu,o}}{0.46f_{c}^{o}}+0.52 \tag{9-6}$$

② 卵石混凝土：

$$f_{cu,o}=0.48f_{c}^{o}\left(\frac{C}{W}-0.61\right) \tag{9-7}$$

或

$$\frac{C}{W}=\frac{f_{cu,o}}{0.48f_{c}^{o}}+0.61 \tag{9-8}$$

式中 $f_{cu,o}$——混凝土配制强度，MPa；

f_{c}^{o}——水泥实际强度，MPa。如未测出，取 $f_{c}^{o}=(1.0\sim1.13)f_{ck}^{o}$。$f_{ck}^{o}$ 为水泥标准抗压强度，MPa；

$\frac{C}{W}$——灰水比，其倒数即为水灰比。

按强度要求计算出的水灰比还应满足表 9-22 中耐久性要求，如计算水灰比值大于表中规定的最大水灰比值时，则取表中规定的最大水灰比值。

表 9-22 混凝土最大水灰比和最小水泥用量

项次	混凝土所处的环境条件	最大水灰比	最小水泥用量/(kg/m³)			
			普通混凝土		轻骨料混凝土	
			配筋	无筋	配筋	无筋
1	不受雨雪影响的混凝土	不作规定	250	200	250	225
2	①受雨雪影响的露天混凝土 ②位于水中及水位升降范围内的混凝土 ③在潮湿环境中的混凝土	0.70	250	225	275	250
3	①寒冷地区水位升降范围内的混凝土 ②受水压作用的混凝土	0.65	275	250	300	275
	严寒地区水位升降范围内的混凝土	0.6	300	275	325	300

注：1. 本表所列水灰比，普通混凝土系指水与水泥（包括外掺混合材料）用量之比；轻骨料混凝土系指水与水泥的净水灰比（水：不包括轻骨料 1 小时吸水量；水泥不包括外掺和材料）。

2. 表中最小水泥用量（普通混凝土包括外掺混合材料；轻骨料混凝土不包括外掺混合材料）；当用人工捣实时应增加 25kg/m³；当掺用外加剂，且能有效地改善混凝土的和易性时，水泥用量可减少 25kg/m³。

3. 强度等级≤C10 的混凝土，其最大水灰比和最小水泥用量不受本表的限制。

4. 寒冷地区系指最冷月份的平均温度在－5～－15℃之间；严寒地区则指最冷月份的月平均温度低于－15℃。

5. 防水混凝土应符合现行国家标准《地下防水工程施工及验收规程》的有关规定。

6. 混凝土的最大水泥用量不宜大于 550kg/m³。

（3）确定用水量（W_0）

根据工程结构种类和施工条件先确定适宜的坍落度。再按骨料种类、规格及要求的坍落度值按表 9-23 定出每立方米混凝土的用水量 W_0。

表 9-23 混凝土用水量选用表 kg/m³

所需坍落度/mm	卵石最大粒径/mm			碎石最大粒径/mm		
	10	20	40	15	20	40
10～30	190	170	160	205	185	170
30～50	200	180	170	215	195	180
50～70	210	190	180	225	205	190
70～90	215	195	185	235	215	200

注：1. 本表用水量系采用中砂时的平均取值。如采用细砂，每立方米混凝土用水量可增加 5～10kg，采用粗砂则可减少 5～10kg。

2. 掺用各种掺和料或外加剂时，可相应增减用水量。

3. 混凝土的坍落度小于 1cm 时，用水量按各地现有经验或经试验取用。

4. 本表不适用于水灰比小于 0.4 或大于 0.8 的混凝土。

(4) 计算水泥用量

水泥用量可根据已确定的水灰比值和用水量按下式计算：

$$C_0=\frac{C}{W}\times W_0 \tag{9-9}$$

式中 C_0——每立方米混凝土中的水泥用量，kg；

W_0——每立方米混凝土中的用水量，kg；

$\frac{W}{C}$——水灰比。

为保证混凝土的耐久性，由上式计算所得的水泥用量应满足表 9-22 中规定的最小水泥用量的要求，如小于规定的最小水泥用量时，应采用规定的最小水泥用量值。

(5) 选定砂率（S_P）

砂率是指砂的重量占砂、石总重量的百分率。合理的砂率值应根据混凝土拌和物的坍落度、黏聚性及保水性等特性来确定。一般可根据本单位对所用材料的使用经验选用，如无使用经验数据，也可按骨料种类、规格及混凝土水灰比参照表 9-24 选用。

(6) 计算砂、石用量（S_0、G_0）

砂率值确定后，可用以下两种方法之一来计算砂和石子的用量。

① 体积法。其计算原理是假定一立方米混凝土各组成材料（水泥、砂、石、水、空气）的绝对体积之和等于 1000L 的混凝土体积。

表 9-24　混凝土砂率选用表　%

水灰比(W/C)	卵石最大粒径/mm			碎石最大粒径/mm		
	10	20	40	15	20	40
0.4	26～32	25～31	24～30	30～35	29～34	27～32
0.5	30～35	29～34	28～33	33～38	32～37	30～35
0.6	33～38	32～37	31～36	36～41	35～40	33～38
0.7	36～41	35～40	34～39	39～44	38～43	36～41

注：1. 本表适用坍落度为 1～6cm 的混凝土，坍落度大于 6cm 或小于 1cm 时，应相应地增加或减少砂率。

2. 表中数值系中砂的选用砂率，对细砂或粗砂可相应地减少或增加砂率。

3. 只用一个单粒级粗骨料配制混凝土时，砂率值应适当增加。

4. 掺有各种外加剂或掺和料时，其合理砂率值应经试验或参照其他有关规定选用。

则砂、石用量可由以下两个关系式计算：

$$\frac{C_0}{\gamma_0}+\frac{G_0}{\gamma_g}+\frac{S_0}{\gamma_s}+\frac{W_0}{\gamma_w}+10a=1000\text{L} \tag{9-10}$$

$$\frac{S_0}{S_0+G_0}\times100\%=S_P \tag{9-11}$$

式中　C_0——每立方米混凝土的水泥用量，kg/m³；

G_0——每立方米的石子用量，kg/m³；

S_0——每立方米混凝土的砂用量，kg/m³；

W_0——每立方米混凝土的水用量，kg/m³；

γ_0——水泥的密度，g/cm³，可取 $\gamma_c=2.9\sim3.1$；

γ_w——水的密度，g/cm³，可取 $\gamma_w=1$；

γ_s，γ_g——砂、石子的视密度，g/cm³，由试验测得；

S_P——砂率；

a——混凝土含气量百分数，%，当不使用引气型外加剂时，可取 $a=1$。

② 重量法。其计算原理是假定混凝土拌和物各组成材料在密实状态下的绝对密度为某一个数值 γ_h，则砂、石用量根据以下两个关系式计算：

$$C_0+G_0+S_0+W_0=\gamma_h \tag{9-12}$$

$$\frac{S_0}{S_0+G_0}\times100\%=S_P \tag{9-13}$$

可得砂石用量计算式为：

$$S_0+G_0=\gamma_h-C_0-W_0 \tag{9-14}$$

$$S_0=(S_0+G_0)\times S_P \tag{9-15}$$

$$G_0=(S_0+G_0)-S_0 \tag{9-16}$$

式中 γ_h——混凝土拌和物的假定绝对密度，可根据本单位累积的试验资料确定，当无资料时，可根据混凝土强度等级参考表 9-25 取用。

表 9-25 混凝土绝对密度与强度等级关系

混凝土强度等级	≤C10	C15～C20	C40～C60	＞C60
混凝土绝对密度/(kg/m³)	2360	2400	2450	2480

通过以上两种方法计算求得每立方米混凝土中各组成材料用量应该是基本一致的。

(7) 确定初步配合比

初步配合比表达形式有两种：

① 以 1 立方米混凝土中各种材料用量（kg）表示。

即 $$C_0:S_0:G_0:W_0$$

② 以混凝土中砂、石用量的比例（以水泥用量为 1 的重量比）和水灰比来表示。

即 $$C_0:S_0:G_0=1:\frac{S_0}{C_0}:\frac{G_0}{C_0}\text{及}\frac{W_0}{C_0}$$

(8) 试配与调整

混凝土初步配合比是借助于一些经验公式和数据计算出来的，还应取 15～30L 施工用原材料进行试拌，检验其和易性，测定其坍落度，观察黏聚性与保水性，进行强度复核，验证能否满足工程要求。当指标不合要求时，应作调整。

① 和易性调整。如坍落度不满足要求，或黏聚性和保水性不好时，则应在保持水灰比不变的条件下相应调整用水量或砂率。当坍落度过小，可保持水灰比不变，增加适量水泥浆，对普通混凝土每增加 1cm 坍落度，需增加 2%～5%的水泥浆。如坍落度太大，可在保持砂率不变条件下增加砂石用量。如出现含砂不足，黏聚性和保水性不

良时，可适当增大砂率；反之则应减小砂率。每次调整后再试拌直到符合要求为止。和易性调整时间一般不宜超过 20min，否则会因水泥水化作用而失去试验意义。

经过调整，应重新计算每立方米混凝土拌和物中水泥、砂、石、水的用量，由此得出的配合比称为“基准配合比”，以供检验混凝土强度用。

② 强度复核。检验混凝土强度时，通常至少应采用三个不同的配合比，其中一个为已得出的基准配合比，另外两个配合比的水灰比值为$\frac{W}{C}\pm 0.05$，其用水量取与基准配合比相同，但砂率值可适当调整。应调整到使三组不同水灰比的混凝土混合物均满足和易性要求，而后制作混凝土试块。每种配合比至少制作一组（三块）试件，标准养护 28d 试压，其中水泥用量少又能满足配制强度及耐久性要求的配合比，即为求得的试验室配合比，可提供现场使用。

③ 密度调整。采用重量法计算配合比，除同上法进行拌和物和易性的调整及强度复核外，还应根据实测的混凝土绝对密度进行调整，事先按下式计算调整系数 K 值：

$$K=\frac{\text{混凝土实测绝对密度}}{\text{混凝土计算绝对密度}}$$

而后将混凝土配合比中各项材料量均乘以 K 值，即得试验室配合比，若 K 值在$\pm 2\%$以内时，可不必调整。

(9) 施工配合比计算

试验室配合比是以干燥材料（干燥状态含水率：砂$<0.5\%$，石$<0.2\%$）为准计算出来的，而施工现场存放的砂、石材料都含有一定水分，且含水率是经常变化的，因此试验室配合比不能直接用于施工，在现场配料时应随时根据实测的砂、石含水率进行配合比修正，即对砂、石和水用量作相应的调整，将试验配合比换算为适合实际砂、石含水情况的施工配合比。

① 砂、石含水率的计算。砂、石含水率，一般以砂、石中所含水分的重量%表示，用下式计算：

$$w_0=\frac{G_1-G_2}{G_2}\times 100(\%) \tag{9-17}$$

式中 w_0——砂、石含水率，%；

G_1——砂、石未烘干前（天然状态）的重量，kg；

G_2——砂、石在烘干后（烘干状态）的重量，kg。

② 施工配合比的换算。若混凝土试验室配合比为：

水泥∶砂∶石子=C∶S∶G，并测得砂子的含水率为 $x\%$，石子的含水率为 $y\%$，则将试验室配合比换算为施工配合比，其材料称量应为：

$$C' = C \text{（kg）} \quad \text{无变化}$$

$$S' = S(1 + x\%) \text{（kg）}$$

$$G' = G(1 + y\%) \text{（kg）}$$

$$W' = W - Sx\% - Gy\% \text{（kg）}$$

4. 普通混凝土配合比设计实例

某工程为现浇钢筋混凝土梁、柱（不受雨雪影响），混凝土设计强度等级为 C20。采用现场机械拌和，振捣器振捣，要求坍落度30～50mm。施工使用原材料为：水泥为 425 号普通水泥（$\gamma_c = 3.1$，实际强度系数取 1.13）；砂为中砂（$\gamma_s = 2.62$）；石子为粒径 5～40mm 碎石（$\gamma_g = 2.65$）；水为自来水（$\gamma_w = 1$）。施工单位近期同一品种混凝土强度资料统计算得 $\sigma = 2.43$MPa（按规定本应取值 2.5MPa，此处仅作为示例仍用此值），试设计混凝土配合比。

解：① 计算混凝土配制强度 $f_{cu,o}$，由（9-3）式：

$$f_{cu,o} = f_{cu,k} + 1.645\sigma = 20 + 1.645 \times 2.43 = 24\text{MPa}$$

② 计算水灰比：根据 $f_{cu,o}$要求，按（9-5）式计算水灰比：

$$\frac{W}{C} = \frac{0.46 f_c^o}{f_{cu,o} + 0.239 f_c^o} = \frac{0.46 \times 1.13 \times 42.5}{24 + 0.239 \times 1.13 \times 42.5} = 0.62$$

取$\frac{W}{C} = 0.62$；则$\frac{C}{W} = 1.61$

对照表 9-22，因混凝土所处环境不受雨雪影响，最大水灰比不作规定，故$\frac{W}{C}$取 0.62，符合耐久性要求。

③ 确定用水量。坍落度选定为 30～50mm，用水量根据表 9-23 选定为 180kg。

④ 计算水泥用量。已知水灰比为 0.62，用水量为 180kg，则

$$水泥用量\ C_0=W_0\times\frac{C}{W}=180\times1.61=289.8\text{kg}$$

取 $C_0=290\text{kg}$

对照表 9-22，最小水泥用量为 225kg；290>225kg，故符合耐久性要求。

⑤ 确定砂率。根据已知水灰比、碎石最大粒径、使用中砂及施工要求的坍落度，查表 9-23 得砂率 $S_P=34\%$。

⑥ 计算砂、石用量。按（9-10）、（9-11）两式计算（体积法）：

$$\frac{C_0}{\gamma_c}+\frac{S_0}{\gamma_s}+\frac{G_0}{\gamma_g}+\frac{W_0}{\gamma_w}+10a=1000\text{L}$$

$$\frac{S_0}{S_0+G_0}\times100\%=S_P$$

将 C_0、γ_c、γ_s、γ_g、γ_w、W_0、$a=1$、S_P 值代入式中得：

$$\frac{290}{3.1}+\frac{S_0}{2.62}+\frac{G_0}{2.65}+\frac{180}{1}+10=1000$$

$$\frac{S_0}{S_0+G_0}=0.34$$

解之得：$S_0=644\text{kg}$，$G_0=1249\text{kg}$。

⑦ 确定初步配合比。每立方米混凝土的材料用量（kg）为：

水泥∶砂∶石子∶水=290∶644∶1249∶180

若以水泥重量为 1，则得重量比为：

水泥∶砂∶石子∶水灰比=1∶2.22∶4.31∶0.62

⑧ 试配与调整。按初步配合比计算出 15L 混凝土拌和物的材料用量：

$$水泥\quad 290\times\frac{15}{1000}=4.35\text{kg}$$

$$砂\quad 644\times\frac{15}{1000}=9.66\text{kg}$$

$$石子\quad 1249\times\frac{15}{1000}=18.74\text{kg}$$

$$水\quad 180\times\frac{15}{1000}=2.7\text{kg}$$

a. 和易性调整。称取上述材料拌和均匀后，进行坍落度试验，测得坍落度为2cm，小于设计3～5cm要求，应保持水灰比不变，增加4%的水泥浆，经调整后，水泥增加4.35×4%＝0.174kg；水增加2.70×4%＝0.11kg，经再次试拌测得坍落度为4cm，黏聚性和保水性良好，满足设计要求，此时各材料用量为：水泥4.35＋0.17＝4.52kg；砂9.66kg；石子18.74kg；水2.7＋0.11＝2.81kg。

b. 强度复核。用经过和易性调整的混凝土混合物制作检验抗压强度用的试块，以备进行强度复核。如强度不符合要求，应调整水灰比（如前节所述）。本例题假定强度符合要求，故不需调整。

⑨ 确定试验室配合比。经和易性调整后，水泥用量增加：0.174kg；水泥体积增加：0.174/3.1 ＝ 0.056L；水用量增加：0.11kg；水的体积增加：0.11L。

则拌制混凝土混合物总体积为：

$$15+0.056+0.11=15.166\text{L}$$

拌制15.166L混凝土拌和物需要水泥为4.52kg，则拌制1000L混凝土拌和物的水泥用量为：

$$C_0=\frac{4.52\times1000}{15.166}=298\text{kg}$$

同理

$$S_0=\frac{9.66\times1000}{15.166}=637\text{kg}$$

$$G_0=\frac{18.74\times1000}{15.166}=1236\text{kg}$$

$$W_0=\frac{2.81\times1000}{15.166}=185\text{kg}$$

即每立方米混凝土的材料用量（kg）为：

水泥∶砂∶石子∶水＝298∶637∶1236∶185

若以水泥重量为1，则得重量比为：

水泥∶砂∶石子∶水＝1∶2.14∶4.15∶0.62

⑩ 确定施工配合比。若经实测现场砂子含水率为4%，石子含水率为2%，则需求出湿砂、石的实际用量，并在加水量中扣除砂、石子的含水量。则每立方米混凝土用料数量为：

水泥　　　　298kg

砂　　637×(1＋0.04)＝662.5kg≈663kg

石子　　1236×(1＋0.02)＝1260.7kg≈1261kg

水　185－637×0.04－1236×0.02＝134.8kg≈135kg

则施工实际配合比为：

水泥：砂：石子：水＝298：663：1261：135

＝1：2.22：4.23：0.45

若以水泥100kg计算的试验室配合比为：

水泥：砂：石子：水＝100：214：415：62

以水泥100kg为基准的施工配合比为：

水泥　　100kg

砂　　214＋214×4％＝214＋8.56＝223kg

石子　　415＋415×2％＝415＋8.30＝423kg

水　　62－8.56－8.30＝45kg

如用重量法作混凝土配合比设计，则①～⑤项与上述计算相同，以下计算为：

⑥′计算砂、石用量：

按以下三个用量计算式计算：

$$S_0+G_0=\gamma_h-C_0-W_0 \tag{9-18}$$

$$S_0=(S_0+G_0)\times S_P \tag{9-19}$$

$$G_0=(S_0+G_0)-S_0 \tag{9-20}$$

根据混凝土强度等级、水泥用量及砂、石比重的大小情况，参考表9-25设混凝土绝对密度$\gamma_h=2400kg/m^3$，将已知$C_0=290kg$、$W_0=180kg$、$\gamma_h=2400kg/m^3$和$S_P=0.34$代入以上三式即可求得砂、石用量。

$$S_0+G_0=2400-290-180=1930kg$$

$$S_0=(S_0+G_0)\times S_P=1930\times0.34=656kg$$

$$G_0=(S_0+G_0)-S_0=1930-656=1274kg$$

⑦′确定初步配合比。每立方米混凝土的材料用量（kg）为：

水泥：砂：石子：水＝290：656：1274：180

以水泥重量为1，则重量配合比为：

水泥：砂：石子：水＝1：2.26：4.39：0.62

⑧′试配与调整。和易性、水灰比的调整与前述体积法相同。

绝对密度调整如下：实测混凝土绝对密度为2450kg/m³，则 $K=2450/2400=1.021$

则

$$C'=KC_0=1.021\times290=296\text{kg}$$
$$S'=KS_0=1.021\times656=670\text{kg}$$
$$G'=KG_0=1.021\times1274=1301\text{kg}$$
$$W'=KW_0=1.021\times180=184\text{kg}$$

⑨′ 确定试验室配合比：

水泥：砂：石子：水＝296：670：1301：184

水泥：砂：石子：水灰比＝1：2.26：4.40：0.62

与上述体积法计算结果稍有差别。

⑩′ 确定施工配合比。与上述体积法相同，不另述。

5. 掺用粉煤灰的混凝土配合比

(1) 粉煤灰的最大掺量（见表9-26）

表9-26 粉煤灰的最大掺量和取代水泥率

混凝土类别	掺量/%	取代水泥率/%
普通钢筋混凝土	35	20
轻骨料钢筋混凝土	30	15
无筋干硬性混凝土	适量	40

注：1. 掺量及取代水泥率均按基准混凝土水泥用量计。
2. 粉煤灰宜与外加剂复合使用，以改善混凝土工作性及耐久性。

(2) 粉煤灰取代水泥率

粉煤灰的取代水泥率应受混凝土强度等级的限制。见表9-27。

表9-27 混凝土强度的粉煤灰取代水泥率（*f*）

混凝土强度等级或类别	取代普通水泥/%	取代矿渣水泥/%	粉煤灰级别
≤C15	15～25	10～20	Ⅲ级
C20	10～15	10	Ⅰ～Ⅱ级
C25～C30	15～20	10～15	
预应力混凝土	＜15	＜10	Ⅰ级

注：1. 以425号水泥配制的混凝土取表中下限值，以525号水泥配制的混凝土取表中上限值。
2. 预应力混凝土只用于后张法或跨度小于6m的先张法预应力混凝土构件。
3. 粉煤灰取代水泥的超量系数。

粉煤灰取代水泥时可超量加入，其超量系数不大于表 9-28 的值。

表 9-28　粉煤灰超量系数

粉煤灰级别	超量系数/K	附　注
Ⅰ	1.0～1.4	混凝土强度为 C25 以下时取上限，为 C25 以上时取下限
Ⅱ	1.2～1.7	
Ⅲ	1.5～2.0	

(3) 掺粉煤灰混凝土配合比设计原则

① 以基准混凝土（即不掺粉煤灰的普通混凝土）配合比为基础。

② 等稠度（和易性）、等强度为标准。

③ 用超量取代法作调整。

(4) 掺粉煤灰混凝土配合比设计步骤

① 计算水泥用量：根据基准混凝土配合比，按表 9-26 选择粉煤灰取代率，并按下式计算出粉煤灰取代水泥后的水泥用量 C：

$$C=C_0(1-f) \tag{9-21}$$

式中　C_0——基准混凝土水泥用量，kg/m^3；

f——粉煤灰取代水泥率，%。

② 计算粉煤灰的掺入量：按表 9-28 确定超量系数，按下式算出粉煤灰的掺入量 F：

$$F=K(C_0-C) \tag{9-22}$$

式中　C，C_0 同式 (9-21)；

F——每立方米混凝土的粉煤灰掺入量，kg/m^3；

K——粉煤灰超量系数。

③ 计算粉煤灰超出水泥的体积：算出每立方米粉煤灰混凝土中水泥、粉煤灰的绝对体积，并按下式求出粉煤灰超出水泥的体积 V_s，此体积一般从砂中扣除：

$$V_s=\frac{F}{\gamma_F}-\frac{C_0-C}{\gamma_c} \tag{9-23}$$

式中　F、C、C_0 同式 (9-22)；

V_s——粉煤灰超出水泥的体积，m^3；

γ_F，γ_c——分别为粉煤灰、水泥的密度，kg/m^3。

④ 算出砂的实际用量：

$$S=S_0-V_s\gamma_s \tag{9-24}$$

式中 V_s——同（9-23）式；

S——粉煤灰混凝土中砂的实际用量，kg/m^3；

S_0——基准混凝土中砂的用量，kg/m^3；

γ_s——砂的密度，kg/m^3。

⑤ 水和石子的用量，维持基准混凝土的用量。

⑥ 求出掺粉煤灰混凝土的配合比为：

水∶水泥∶粉煤灰∶砂∶石子＝W∶C∶F∶S∶G

6. 各种强度等级的普通混凝土参考配合比及适用范围（表 9-29）

三、混凝土施工

1. 混凝土拌制

混凝土拌制应采用混凝土搅拌机进行。

混凝土搅拌的最短时间可按表 9-30 采用。

2. 混凝土运输

混凝土从搅拌机内卸料后，应以最少的转载次数和最短时间，从搅拌地点运到浇筑地点。

混凝土从搅拌机中卸出到浇筑完毕的延续时间不宜超过表 9-31 的规定。

采用泵送混凝土应符合下列规定。

① 混凝土泵与输送管连通后，应按所用混凝土泵使用说明书的规定进行全面检查，符合要求后方能开机进行空运转。

② 混凝土泵启动后，应先泵送适量水以湿润混凝土泵的料斗、活塞及输送管内壁等直接与混凝土接触部位。

③ 确认混凝土泵和输送管中无异物后，应采取下列方法之一润滑混凝土泵和输送管内壁。

a. 泵送水泥浆；

b. 泵送 1∶2 水泥砂浆；

c. 泵送与混凝土内除粗骨料外的其他成分相同配合比的水泥砂浆。

④ 开始泵送时，混凝土泵应处于慢速、匀速并随时可反泵的状态。泵送速度，应先慢后快，逐步加速。待各系统运转顺利后，方可以正常速度进行泵送。

表 9-29 各种标号的常用混凝土参考配合比及适用范围

混凝土强度等级	水泥标号	石子规格/mm	坍落度/cm	混凝土配合比				适用范围
				水泥	砂	石子	水	
C7.5	325	5～40	1～2	159/1.0	716/4.5	1315/8.3	175/1.1	垫层、地坪、基础
C10	325	5～40	2～4	223/1.0	668/2.99	1297/5.81	180/0.81	垫层、基础
C10	325	5～40	4～6	236/1.0	674/2.85	1250/5.30	191/0.81	垫层、基础
C15	325	5～40	2～4	300/1.0	626/2.09	1271/4.24	180/0.60	垫层、基础
C15	325	5～40	4～6	318/1.0	630/1.98	1223/3.85	191/0.60	梁、板、柱、扶梯
C15	425	5～40	2～4	247/1.0	622/2.52	1322/5.35	180/0.73	垫层、基础
C15	425	5～40	4～6	262/1.0	628/2.40	1274/4.86	191/0.73	梁、板、柱、扶梯
C20	325	5～40	2～4	375/1.0	586/1.56	1245/3.32	180/0.48	梁、板、柱、扶梯
C20	325	5～25	2～4	406/1.0	618/1.52	1147/2.82	195/0.48	现浇构件、小梁
C20	425	5～40	2～4	308/1.0	603/1.96	1282/4.16	182/0.59	基础、路面
C20	425	5～25	2～4	332/1.0	621/1.87	1206/3.63	196/0.59	现浇构件、小梁
C20	525	5～40	4～6	277/1.0	680/2.45	1190/4.29	191/0.69	梁、板、柱、扶梯
C20	525	5～25	2～4	283/1.0	637/2.25	1237/4.37	195/0.69	现浇构件、小梁
C25	425	5～40	2～4	353/1.0	574/1.63	1277/3.62	180/0.51	道路、基础
C25	425	5～40	4～6	360/1.0	599/1.66	1217/3.38	191/0.53	梁、板、柱
C25	425	5～25	2～4	373/1.0	593/1.59	1203/3.23	194/0.52	薄腹梁,小柱
C25	525	5～40	2～4	305/1.0	682/2.23	1212/3.97	180/0.59	道路、基础
C25	525	5～40	4～6	323/1.0	684/2.12	1183/3.66	191/0.59	梁、板、柱
C25	525	5～25	4～6	351/1.0	641/1.83	1140/3.25	207/0.59	薄腹梁、小柱
C30	425	5～40	4～6	416/1.0	586/1.41	1191/2.86	187/0.45	预制梁板、屋架
C30	425	5～25	4～6	441/1.0	582/1.32	1131/2.56	203/0.46	薄腹梁、板、柱、屋架
C30	525	5～40	2～4	352/1.0	627/1.78	1117/3.46	183/0.52	预制梁、板、柱、屋架
C30	525	5～40	4～6	366/1.0	635/1.73	1178/3.22	190/0.52	预制梁、板、柱、屋架
C30	525	5～25	2～4	377/1.0	572/1.52	1214/3.22	196/0.52	薄腹梁、板、柱、屋架
C30	525	5～25	4～6	392/1.0	579/1.47	1175/3.00	204/0.52	薄腹梁、板、柱、屋架
C40	425	5～40	1	420/1.0	523/1.20	1260/3.00	185/0.44	吊车梁、屋架
C40	525	5～40	2～4	457/1.0	540/1.18	1201/2.63	187/0.41	预制柱、屋架
C40	525	5～40	4～6	475/1.0	545/1.15	1159/2.44	195/0.41	预制柱、屋架
C40	525	5～25	2～4	488/1.0	470/0.96	1109/2.48	200/0.41	吊车梁、屋架
C40	525	5～25	4～6	508/1.0	476/0.94	1165/2.29	208/0.41	吊车梁、屋架
C40	525	5～15	2～4	507/1.0	443/0.87	1198/2.36	208/0.41	屋架、气楼、支架

注：1. 配合比中分母为混凝土的重量比；分子为每立方米混凝土材料用量（kg)；材料均以完全干燥计，使用时应根据砂、石含水量调整。

2. 砂用中砂，比重 2.6，砂率 32%～36%，如使用中细砂或粗砂，则砂率应减少或增加。

3. 高等级混凝土（C30 以上)，每增加 1cm 坍落度，可保持水灰比不变条件下，增加水泥用量 2%；低等级混凝土（C25 以下)，每增加 1cm 坍落度，增加水泥用量 3%。

表 9-30 混凝土搅拌最短时间 s

混凝土坍落度/mm	搅拌机类型	搅拌机出料量/L		
		<250	250～500	>500
≤30	强制式	60	90	120
	自落式	90	120	150
>30	强制式	60	60	90
	自落式	90	90	120

注：1. 混凝土搅拌的最短时间是指全部材料装入搅拌筒中起，到开始卸料止的时间。
2. 当掺有外加剂时，搅拌时间应适当延长。

表 9-31 混凝土从搅拌机中卸出到浇筑完毕的延续时间 min

混凝土强度等级	气温	
	不高于 25℃	高于 25℃
不高于 C30	120	90
高于 C30	90	60

⑤ 混凝土泵送应连续进行。如必须中断时，其中断时间不得超过混凝土从搅拌至浇筑完毕所允许的延续时间。

⑥ 泵送混凝土时，活塞应保持最大行程运转。

⑦ 泵送完毕时，应将混凝土泵和输送管清洗干净。

3. 混凝土浇筑

混凝土浇筑时的坍落度，宜按表 9-32 选用。

表 9-32 混凝土浇筑时的坍落度

结构种类	坍落度/mm
基础或地面等的垫层、无配筋的大体积或配筋稀疏的结构	10～30
板、梁和大型及中型截面的柱等	30～50
配筋密列的结构	50～70
配筋特密的结构	70～90

混凝土应分层浇筑。浇筑层厚度：当采用插入式振动器时为振动器作用部分长度的 1.25 倍；当用表面式振动器时为 200mm。

浇筑混凝土应连续进行。当必须间歇时，其间歇时间宜缩短，并应在前层混凝土初凝之前，将次层混凝土浇筑完毕。

混凝土运输、浇筑及间歇的全部时间不得超过表 9-33 的规定，如超过时应留置施工缝。

表 9-33　混凝土运输、浇筑和间歇的允许时间　min

混凝土强度等级	气温	
	不高于 25℃	高于 25℃
不高于 C30	210	180
高于 C30	180	150

当采用插入式振动器振捣混凝土时，其插点间距不宜大于振动器作用半径的 1.5 倍，振动棒插入下层混凝土内的深度应不小于 50mm。

当采用表面式振动器振捣混凝土时，其移动间距应保证振动器的平板能覆盖已振实部分的边缘。

在浇筑与柱和墙连成整体的梁和板时，应在柱和墙浇筑完毕后停歇 1～1.5h，再继续浇筑。

梁和板宜同时浇筑混凝土，高度大于 1m 的梁等结构，可单独浇筑混凝土。

施工缝的位置宜留置在结构受剪力较小且便于施工的部位，并符合下列规定。

① 柱施工缝。宜留置在基础顶面、梁的下面、柱帽下面。

② 单向板施工缝。可留置在平行板的短边的任何位置。

③ 有梁板施工缝。应留置在次梁跨度的中间 1/3 范围内（顺次梁方向浇筑）。

④ 墙施工缝。应留置在门洞口过梁跨中 1/3 范围内，也可留在纵横墙交接处。

在施工缝处继续浇筑混凝土时，已浇筑混凝土的抗压强度不应小于 1.2MPa；在已硬化的混凝土表面上应清除软弱混凝土层，并加以充分湿润和冲洗干净；在浇筑混凝土前，宜先在施工缝处铺一层水泥砂浆（与混凝土内成分相同）；混凝土应仔细捣实，使新旧混凝土紧密结合。

混凝土浇筑完毕后，宜采取自然养护，在混凝土表面铺上草帘、麻袋等定时浇水养护，或在混凝土表面覆盖塑料布进行保湿养护。

4. 混凝土冬季施工

混凝土冬季施工可选用蓄热法养护、蒸汽法养护、电加热法养护、暖棚法施工、负温养护法等。

蓄热法养护是混凝土浇筑后，利用原材料加热及水泥水化热的热量，通过适当保温，延缓混凝土冷却，使混凝土温度降到0℃（或设计规定温度）前达到预期要求强度的施工方法，适用于室外最低温度不低于－15℃时，地面以下工程，或表面系数M不大于$5m^{-1}$的结构。拌和水及骨料的加热最高温度不得超过80℃及60℃。混凝土浇筑后，应在裸露混凝土表面采用塑料布等防水材料覆盖并进行保温。对边、棱角部位的保温厚度应增大到面部位的2～3倍。

蒸汽法养护是利用蒸汽加热养护混凝土。可选用棚罩法、蒸汽套法、热模法、内部通气法。棚罩法是用帆布或其他罩子扣罩，内部通蒸汽养护混凝土，适用于预制梁、板、地下基础、沟道等。蒸汽套法是制作密封保温外套，分段送气养护混凝土，适用于现浇梁、板、框架结构、墙、柱等。热模法是在模板外侧配置蒸汽管，加热模板养护，适用于墙、柱及框架结构。内部通气法是在结构内部预留孔道，通蒸汽加热养护，适用于预制梁、柱、桁架，现浇梁、柱、框架单梁。蒸汽养护应使用低压饱和蒸汽。采用普通硅酸盐水泥时最高养护温度不超过80℃，采用矿渣硅酸盐水泥时可提高到85℃，但采用内部通气法时，最高加热温度不超过60℃。采用蒸汽养护整体浇筑的结构时，升温和降温速度不得超过表9-34的规定。蒸汽养护混凝土可掺入早强剂或无引气型减水剂。

表9-34 蒸汽加热养护混凝土升温和降温速度

结构表面系数/m^{-1}	升温速度/(℃/h)	降温速度/(℃/h)
≥6	15	10
＜6	10	5

电加热法是利用电能加热养护混凝土，包括电极加热、电热毯、工频涡流、线圈感应和红外线加热法。电极加热法是用钢筋做电极，利用电流通过混凝土所产生的热量来加热养护混凝土。电热毯法是在混凝土浇筑后，在混凝土表面或模板外面覆以柔性电热毯，通电加热养护混凝土。工频涡流法是利用安装在钢模板外侧的钢管，内穿导线，通以交流电后产生涡流电，加热钢模板对混凝土

进行加热养护。线圈感应加热法是利用缠绕在构件钢模板外侧的绝缘导线线圈，通以交流电后在钢模板和混凝土内的钢筋中产生电磁感应发热，对混凝土进行加热养护。红外线加热法是利用电热红外线对混凝土进行辐射加热养护。电加热法养护混凝土温度应符合表9-35的规定。

表9-35　电加热法养护混凝土的温度

水泥强度等级	结构表面系数/m^{-1}		
	<10	10～15	>15
32.5	70	50	45
42.5	40	40	35

注：采用红外线辐射加热时，其辐射表面温度可采用70～90℃。

暖棚法施工是将被养护的混凝土构件或结构置于搭设的棚中，内部设置散热器、排管、电热器或火炉等加热棚内空气，使混凝土处于正温环境下养护的方法。棚内温度不得低于5℃。

负温养护法是在混凝土中掺入防冻剂，浇筑后混凝土不加热也不做蓄热保温养护，使混凝土在负温条件下能不断硬化的施工方法。混凝土浇筑后的起始养护温度不应低于5℃，并应以浇筑后5d内的预计日最低气温来选用防冻剂。

四、混凝土质量

1. 混凝土的质量检查和评定

(1) 混凝土质量检查

混凝土在拌制和浇筑过程中应进行如下检查。

① 检查拌制混凝土所用原材料的品种、规格和用量，每一工作班至少两次。

② 检查混凝土在浇筑地点的坍落度，每一工作班至少两次。

③ 在每一工作班内，当混凝土配合比由于外界影响有变动时，应及时检查。

④ 混凝土的搅拌时间应随时检查。

当采用预拌混凝土时，预拌厂应提供下列资料：

水泥品种、标号及每立方米混凝土中的水泥用量；

骨料的种类和最大粒径；

外加剂、掺和料的品种及掺量；

混凝土强度等级和坍落度；

混凝土配合比和标准试件强度；

对轻骨料混凝土尚应提供其密度等级。

当采用预拌混凝土时，应在现场进行坍落度检查，实测的混凝土坍落度与要求坍落度之间的允许偏差应符合表9-36的要求。

表9-36 混凝土坍落度与要求坍落度之间的允许偏差 mm

要求坍落度	允许偏差
<50	±10
50～90	±20
>90	±30

检查混凝土质量应进行抗压强度试验。对有抗冻、抗渗要求的混凝土，尚应进行抗冻性、抗渗性等试验。混凝土试件应在混凝土的浇筑地点随机取样制作。试件的留置应符合下列规定：

每拌制100盘且不超过100m³的同配合比的混凝土，其取样不得少于一次；每工作班拌制的同配合比的混凝土不足100盘时，其取样不得少于一次；对现浇混凝土结构，其试件的留置尚应符合以下要求：

① 每一现浇楼层同配合比的混凝土，其取样不得少于一次；

② 同一单位工程每一验收项目中同配合比的混凝土，其取样不得少于一次。

每次取样应至少留置一组标准试件，同条件养护试件的留置组数，可根据实际需要确定。

(2) 冬施混凝土质量检查

冬施混凝土质量检查除应符合前述规定外，尚应符合如下要求。

① 检查外加剂的掺量；测量水和外加剂溶液以及骨料的加热温度和加入搅拌时的温度；测量混凝土自搅拌机中卸出时和浇筑时的温度。

每一工作班至少应测量检查四次。

② 混凝土养护温度的测量应符合下列规定：当采用蓄热法养护时，在养护期间至少每6h测量一次；对掺用防冻剂的混凝土，在强

度未达到 3.5MPa 以前每 2h 测定一次，以后每 6h 测量一次；当采用蒸汽法或电流加热法时，在升温、降温期间每 1h 测量一次，在恒温期间每 2h 测量一次。

室外气温及周围环境温度在每昼夜内至少应定时定点测量四次。

③ 混凝土养护温度的测量方法应符合下列规定：全部测温孔均应编号，并绘制测温孔布置图；测量混凝土温度时，测温表应采取措施与外界气温隔离；测温表留置在测温孔内的时间应不少于 3min；测温孔的设置，当采用蓄热法养护时，应在易于散热的部位设置；当采用加热养护时，应在离热源不同的位置分别设置；大体积结构应在表面及内部分别设置。

④ 混凝土试件的留置除应符合规范规定外，尚应增设不少于两组与结构同条件养护的试件，分别用于检验受冻前的混凝土强度和转入常温养护 28d 的混凝土强度。

⑤ 与结构构件同条件养护的受冻混凝土试件，解冻后方可试压。

⑥ 所有各项测量及检验结果，均应填写“混凝土工程施工记录”和“混凝土冬季施工日报”。

(3) 允许偏差

现浇混凝土结构的允许偏差，应符合表 9-37 的规定。

2. 混凝土质量缺陷与防治

混凝土的质量缺陷不得私自处理，应在监理、甲方代表及质量监督部门许可的情况下加以处理，必要时尚应会同设计确定处理方案。常见混凝土质量缺陷如下。

① 麻面。指构件表面上出现的无数小凹点，但没有钢筋暴露现象。多数是由于模板润湿不够，浇灌不严，振捣不足，或养护不好而造成。

② 蜂窝。指构件中形成蜂窝状的窟窿，骨料间有空隙存在。主要由于材料配合比不准确（浆少石多），搅拌不匀，浇灌方法不当，振捣不足以及模板严重漏浆等原因造成。

③ 孔洞。指混凝土结构内存在着孔隙，局部或全部没有混凝土。主要由于混凝土捣空，混凝土内有泥块杂物，混凝土受冻等原因产生。

表 9-37 现浇混凝土结构的允许偏差 mm

<table>
<tr><th colspan="3">项 目</th><th>允许偏差</th></tr>
<tr><td rowspan="4">轴线位置</td><td colspan="2">基础</td><td>15</td></tr>
<tr><td colspan="2">独立基础</td><td>10</td></tr>
<tr><td colspan="2">墙、柱、梁</td><td>8</td></tr>
<tr><td colspan="2">剪力墙</td><td>5</td></tr>
<tr><td rowspan="3">垂直度</td><td rowspan="2">层间</td><td>≤5m</td><td>8</td></tr>
<tr><td>>5m</td><td>10</td></tr>
<tr><td colspan="2">全高</td><td>$H/1000$ 且≤30</td></tr>
<tr><td rowspan="2">标高</td><td colspan="2">层高</td><td>±10</td></tr>
<tr><td colspan="2">全高</td><td>±30</td></tr>
<tr><td colspan="3">截面尺寸</td><td>+8
−5</td></tr>
<tr><td colspan="3">表面平整(2m 长度上)</td><td>8</td></tr>
<tr><td rowspan="3">预埋设施
中心线位置</td><td colspan="2">预埋件</td><td>10</td></tr>
<tr><td colspan="2">预埋螺栓</td><td>5</td></tr>
<tr><td colspan="2">预埋管</td><td>5</td></tr>
<tr><td colspan="3">预留洞中心线位置</td><td>15</td></tr>
<tr><td rowspan="2">电梯井</td><td colspan="2">井筒长、宽对定位中心线</td><td>+25
0</td></tr>
<tr><td colspan="2">井筒全高垂直度</td><td>$H/1000$ 且≤30</td></tr>
</table>

注：H 为结构全高。

④ 露筋。指钢筋暴露在混凝土外面。主要是浇灌时垫块位移，保护层的混凝土振捣不密实，或模板湿润不够，吸水过多而造成掉角露筋。

⑤ 裂缝。有温度裂缝、干缩裂缝和外力引起的裂缝。产生裂缝的主要原因是水泥在凝固过程中，模板有局部沉陷。此外还有对混凝土养护不好，表面水分蒸发过快等。

⑥ 缝隙及夹层。指将混凝土构件分隔成几个不相连的部分。主要是施工缝、温度缝和收缩缝处理不当，以及混凝土因外来杂物而造

成的夹层。

⑦ 混凝土强度不足。主要是由于混凝土配合比设计、搅拌、现场浇捣和养护四个方面的问题而造成的。

混凝土质量缺陷的处理可采取如下方式。

① 表面抹浆修补。对数量不多的小蜂窝、麻面、露筋的混凝土表面，采取措施保护钢筋和混凝土不受侵蚀，可以用1∶1.5～1∶2水泥砂浆抹面修补。抹砂浆前，应用钢丝刷或加压水清洗润湿，抹浆初凝后要加强养护工作。当表面裂缝较细，数量不多时，可将裂缝处冲洗抹补水泥浆。

② 细石混凝土填补。当蜂窝比较严重或露筋较深时，应去掉附近不密实的混凝土和突出的骨料颗粒，用清水洗刷干净，充分湿润后，用比原标号高一级的细石混凝土填补并仔细捣实。

③ 环氧树脂修补。当裂缝宽度在0.1mm以上时，可用环氧树脂灌浆修补，材料以环氧树脂为主要成分，加入增塑剂（邻苯二甲酸二丁酯）、稀释剂（二甲苯）和固化剂（乙二胺）等组成。修补时先用钢丝刷将混凝土表面的灰尘、浮渣及散层仔细清除，严重的用丙酮擦洗，使裂缝处保持干净。然后选择裂缝较宽处布设嘴子，嘴子的间距根据裂缝大小和结构形式而定，一般为30～60cm。嘴子用环氧树脂腻子封闭，待腻子干固后进行试漏检查以防止跑浆。最后对所有的钢嘴都灌满浆液。混凝土裂缝灌浆后，一般经7d后方可使用。

④ 压浆法补强。对于不易清理的较深蜂窝，应采用压浆法补强。压浆法主要是通过管子用压力灌浆。灌浆前，先将易于脱落的混凝土清除，用水或压缩空气冲洗缝隙，把粉屑石渣清理干净，并保持潮湿。灌浆用的管子用高于原设计标号一级的混凝土，或用1∶2.5水泥砂浆来固定，并养护3d。每一灌浆处埋管二根，管径为ϕ25mm，一根压浆，一根排气或排除积水，埋管的间距一般为50cm。在补填混凝土凝结的第二天，用砂浆输送泵压浆。水泥浆的水灰比为0.7～1.0，输送泵的压力为6～8个大气压。每一灌浆处压浆两次，第二次在第一次浆初凝后进行。压浆完毕2～3d后割除管子并用砂浆填补孔隙。

第十章 预应力混凝土工程

由于预应力混凝土结构的截面小、刚度大、抗裂性和耐久性好，在世界各地的建筑领域中得到广泛应用。近年来，随着高强度钢材及高强度等级混凝土的出现，促进了预应力混凝土结构的发展，也进一步推动了预应力混凝土施工工艺的成熟和完善。

第一节 概 述

一、预应力混凝土的特点

普通钢筋混凝土构件的抗拉极限应变只有 0.0001～0.00015。构件混凝土受拉不开裂时，构件中受拉钢筋的应力只有 20～30MPa；即使允许出现裂缝的构件，因受裂缝宽度限制，受拉钢筋的应力也仅达 150～200MPa。钢筋的抗拉强度未能充分发挥。

预应力混凝土是解决这一问题的有效方法，即在构件承受外荷载前，预先在构件的受拉区对混凝土施加预压应力。当构件在使用阶段的外荷载作用下产生的拉应力，首先要抵消预压应力，这就推迟了混凝土裂缝的出现并亦限制了裂缝的开展，从而提高了构件的抗裂度和刚度。

对混凝土构件受拉区施加预压应力的方法，是张拉受拉区中的预应力钢筋，通过预应力钢筋和混凝土间的黏结力或锚具，将预应力钢筋的弹性收缩力传递到混凝土构件上，并产生预压应力。

二、预应力筋的种类

为了获得较大的预应力，预应力筋常用高强度钢材，目前较常见的有以下六种。

1. 冷拔低碳钢丝

冷拔低碳钢丝是由直径 6～10mm 的Ⅰ级钢筋在常温下通过拔丝模冷拔而成，一般拔至直径 3～5mm。冷拔钢丝强度比原材料屈服强度显著提高，但塑性降低，是适用于小型构件的预应力筋。

2. 冷拉钢筋

冷拉钢筋是将Ⅱ～Ⅳ级热轧钢筋在常温下通过张拉到超过屈服点某一应力，使其产生一定的塑性变形后卸荷，再经时效处理而成。这样钢筋的塑性和弹性模量有所降低而屈服强度和硬度有所提高，可直接用做预应力筋。

3. 碳素钢丝

碳素钢丝是由高碳钢盘条经淬火、酸洗、拉拔制成。为了消除钢丝拉拔中产生的内应力，还需经过矫直回火处理。钢丝直径一般为3～8mm，最大为12mm，其中3～4mm直径钢丝主要用于先张法，5～8mm直径钢丝用于后张法。钢丝强度高，表面光滑，用作先张法预应力筋时，为了保证高强钢丝与混凝土具有可靠的黏结，钢丝的表面需经过刻痕处理，如图10-1所示。

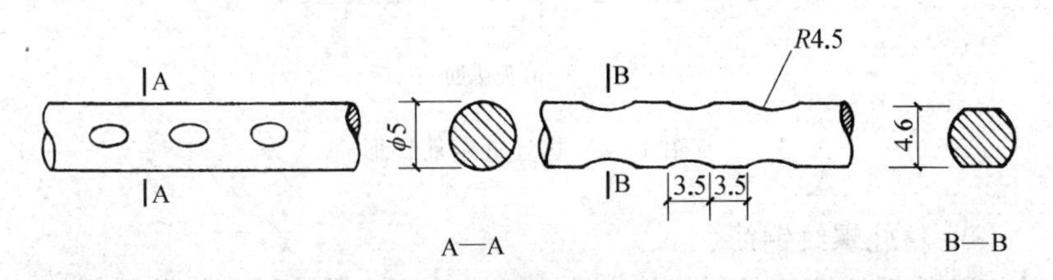

图10-1　刻痕钢丝的外形

4. 钢绞线

钢绞线一般是由6根碳素钢丝围绕一根中心钢丝在绞丝机上绞成螺旋状，再经低温回火制成。图10-2为预应力钢绞线截面图。钢绞线的直径较大，一般为9～15mm，比较柔软，施工方便，但价格比钢丝贵。

图10-2　预应力钢绞线的截面图

D—钢绞线直径；d_0—中心钢丝直径；d—外层钢丝直径

5．热处理钢筋

热处理钢筋是由普通热轧中碳合金钢筋经淬火和回火调质热处理制成。具有高强度、高韧性和高黏结力等优点，直径为6～10mm。成品钢筋为直径2m的弹性盘卷，开盘后自行伸直，每盘长度为100～120m。

热处理钢筋的螺纹外形，有带纵肋和无纵肋两种，如图10-3所示。

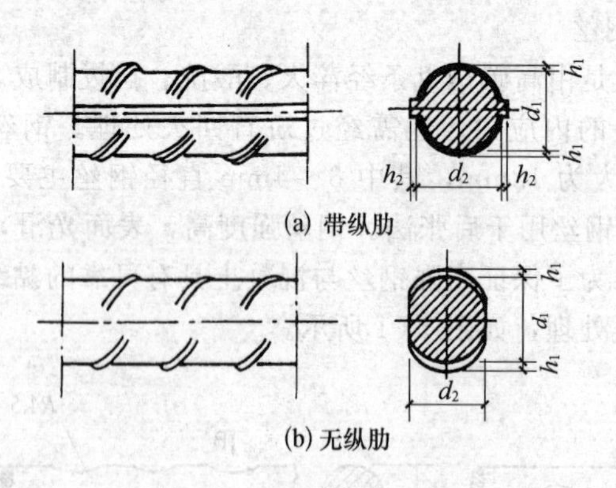

图10-3　热处理钢筋外形

6．精轧螺纹钢筋

精轧螺纹钢筋是用热轧方法在钢筋表面上轧出不带纵肋的螺纹外形，如图10-4所示。钢筋的接长用连接螺纹套筒，端头锚固用螺母。这种高强度钢筋具有锚固简单、施工方便、无需焊接等优点。目前国内生产的精轧螺纹钢筋品种有ϕ25和ϕ32，其屈服点为750MPa和900MPa两种。

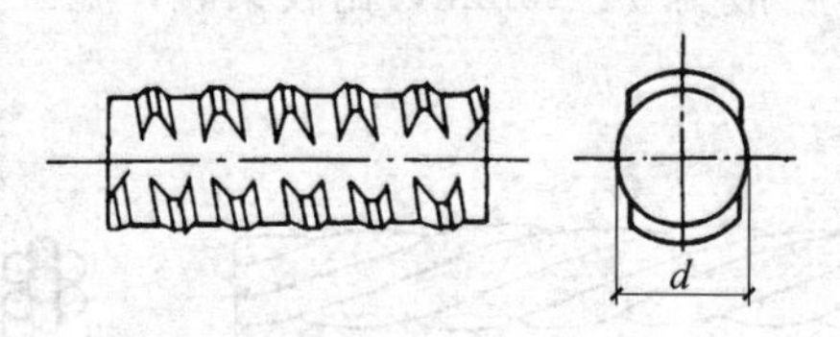

图10-4　精轧螺纹钢筋的外形

三、对混凝土的要求

在预应力混凝土结构中，一般要求混凝土的强度等级不低于

C30。当采用碳素钢丝、钢绞线、Ⅴ级钢筋（热处理）作预应力筋时，混凝土的强度等级不宜低于C40。目前，在一些重要的预应力混凝土结构中，已开始采用C50～C60的高强混凝土，并逐步向更高强度等级的混凝土发展。

在预应力混凝土构件生产中，不能掺用对钢筋有侵蚀作用的氯盐，如氯化钙、氯化钠等，否则会发生严重质量事故。

四、预应力的施加方法

预应力的施加方法，根据与构件制作相比较的先后顺序，分为先张法、后张法两大类。按钢筋的张拉方法又分为机械张拉和电热张拉。后张法中因施工工艺的不同，又分为一般后张法、后张自锚法、无黏结后张法、电热法等。

第二节　先　张　法

先张法既可用台座法生产，也可用机组流水法和传送带法生产。用台座法生产预应力构件时，预应力筋的张拉力由台座承受，用机组流水法和传送带法生产时，预应力筋的张拉力由钢模承受。本节重点介绍台座法生产预应力构件。

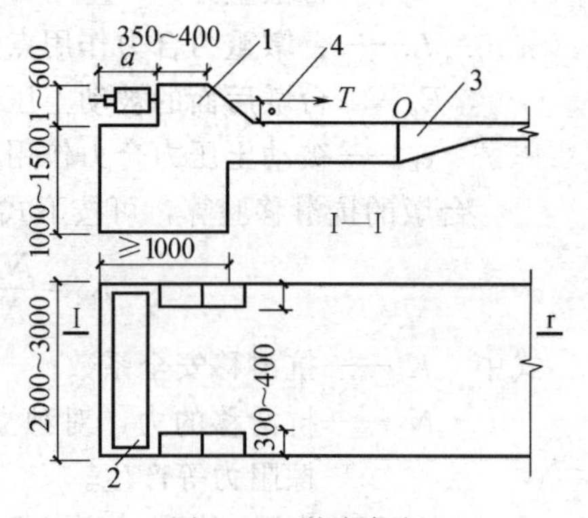

图10-5　墩式台座

1—传力墩；2—横梁；3—台面；4—预应力筋

一、先张法施工设备

1. 台座

台座是预应力张拉时的承力结构，它承受全部预应力筋的张拉力，因此必须具有足够的强度、刚度和稳定性。台座可分为墩式台座和槽式台座。

(1) 墩式台座

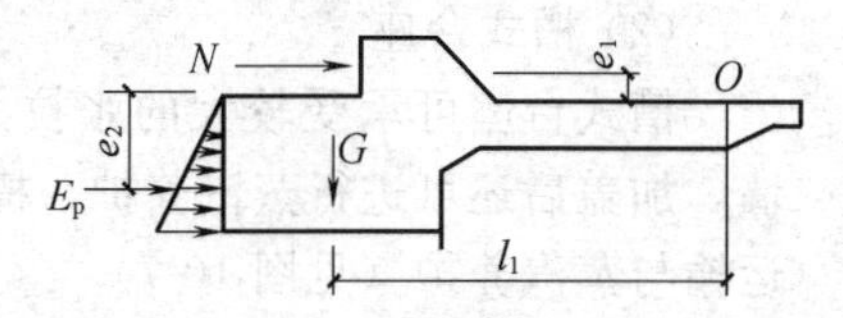

图10-6　墩式台座的抗倾覆验算简图

墩式台座由台墩、台面、横

梁等组成（图 10-5）。墩式台座的长度可达一百余米，张拉一次可生产多根构件，又可减少钢筋锚固端滑动或台座横梁变形引起的预应力损失，台座的宽度取决于构件的外形尺寸。

设计墩式台座时，应进行台墩的抗倾覆验算和抗滑移验算（图 10-6）：

台墩的抗倾覆验算可按下式进行（图 10-6）

$$K=\frac{M'}{M}=\frac{Gl_1+E_p e_2}{Ne_1}\geqslant 1.50 \tag{10-1}$$

式中 K——台座抗倾覆安全系数；

M——倾覆力矩；

M'——抗倾覆力矩，由台座自重和土压力等产生；

N——预应力筋的张拉力；

e_1——张拉力合力作用点至倾覆点的力臂；

G——台墩重力；

l_1——台墩重力合力作用点至倾覆点的力臂长度；

E_p——台墩后面的被动土压力合力；

e_2——被动土压力合力作用点至倾覆点的力臂。

台墩的抗滑移验算，可按下式进行：

$$K_c=\frac{N_1}{N}\geqslant 1.30 \tag{10-2}$$

式中 K_c——抗滑移安全系数；

N_1——抗滑移的力，对独立的台墩，由侧壁土压力和底部摩擦阻力等产生。

对与台面共同工作的台墩，可不做抗滑移验算，因为实际上台墩的水平推力几乎全部传给台面，不存在滑移问题，而应验算台面的承载力。

(2) 槽式台座

槽式台座可承受较大的张拉力和倾覆力矩，其上部两侧加砌砖墙，加盖后还可进行蒸汽养护，槽式台座多低于地面，以便于混凝土运输与蒸汽养护（见图 10-7）。

为便于拆迁，压杆可分段浇制，将台座设计成装配式。

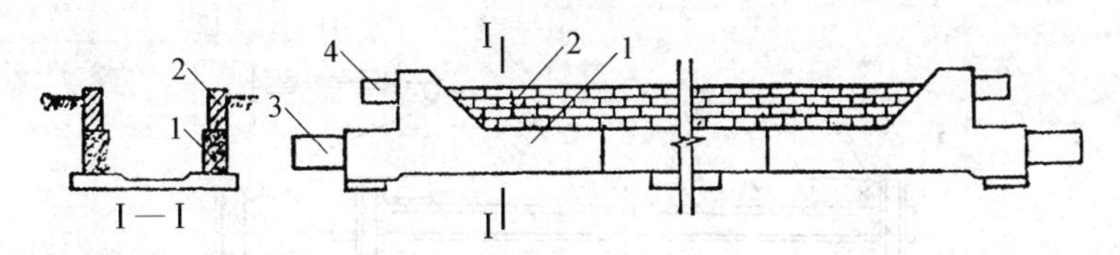

图 10-7　槽式台座

1—钢筋混凝土压杆；2—砖墙；3—下横梁；4—上横梁

设计槽式台座时，应进行抗倾覆验算和强度验算。

以图 10-8 为例计算对张拉端柱进行抗倾覆验算，倾覆力矩由上部预应力筋的合力 T_1 产生，而抗倾覆力矩则由下部预应力筋合力 T_2、端桩牛脚重 G_2、上下横梁的重量 G_3、G_4、砖重 q_1、传力柱重 q_2 对倾覆点 C 力矩之和。要求其抗倾覆安全系数不小于 1.50。

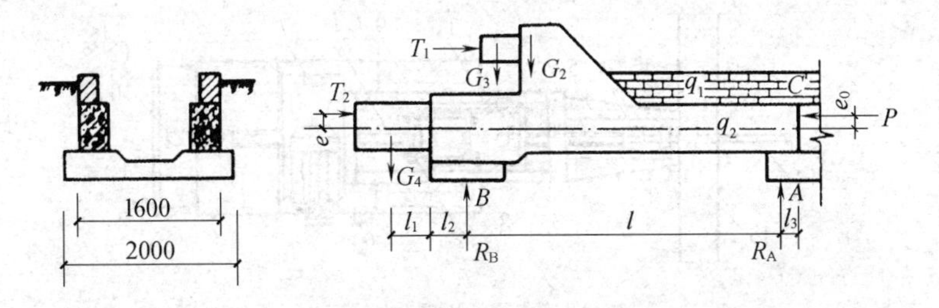

图 10-8　槽形台座的计算简图

2. 张拉机具

(1) 钢丝的张拉机具

钢丝可采用单根张拉和多根张拉两种方法。在台座上多采用单根张拉的方法，由于吨位小，行程长，多用小型卷扬机或电动螺杆张拉机，以弹簧、杠杆等简易设备测力，可在弹簧测力计上装有微动开关，达到规定的张拉力时，自动切断电源。图 10-9 为用卷扬机张拉预应力钢筋。图 10-10 为电动螺杆张拉机。

当在钢模上张拉钢丝时，由于行程小，可用油压千斤顶张拉，也可将几根钢丝以墩头锚固在一个锚固板上进行成组张拉，以提高工作效率（图 10-11）。

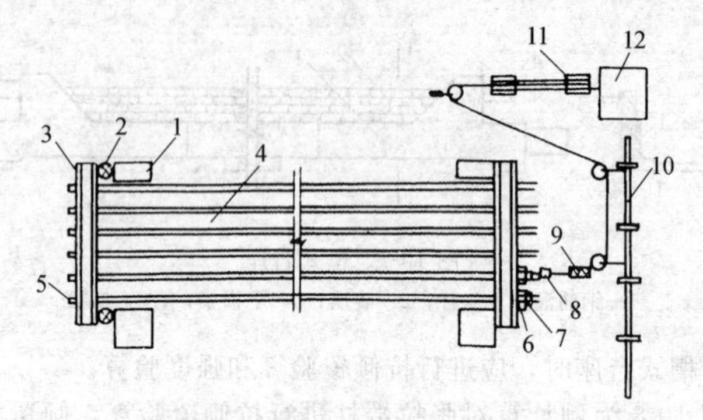

图 10-9　用卷扬机张拉的设备布置

1—台座；2—放松装置；3—横梁；4—钢筋；5—镦头；6—垫块；7—穿心式夹具；8—张拉夹具；9—弹簧测力计；10—固定梁；11—滑轮组；12—卷扬机

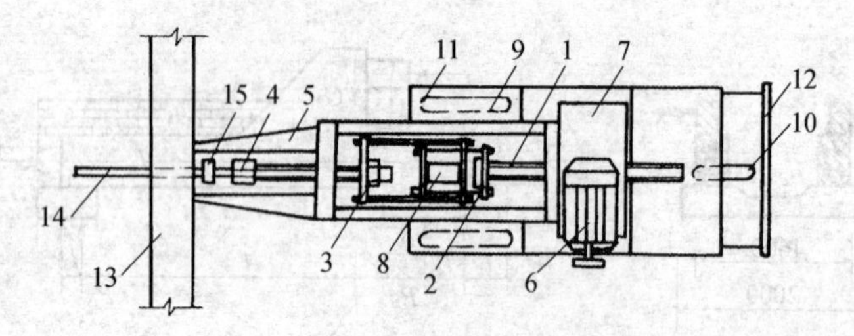

图 10-10　电动螺杆张拉机

1—螺杆；2—承力架；3—拉力架；4—张拉夹具；5—顶杆；6—电动机；7—齿轮减速箱；8—测力计；9,10—车轮；11—底盘；12—手把；13—横梁；14—钢筋；15—锚固夹具

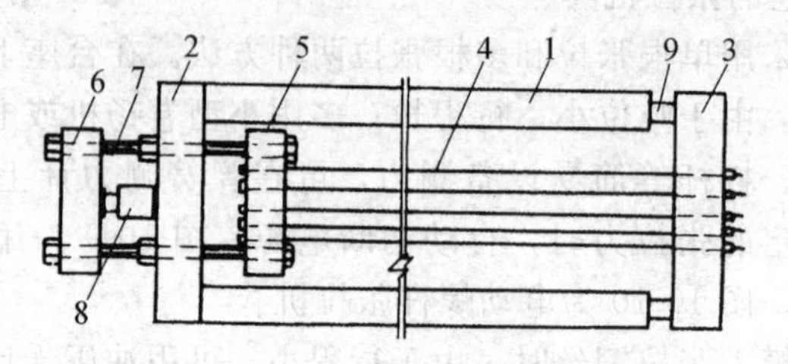

图 10-11　油压千斤顶成组张拉装置

1—台座；2—前横梁；3—后横梁；4—预应力筋；5,6—拉力架横梁；7—大螺丝杆；8—油压千斤顶；9—放张装置

(2) 钢筋的张拉机具

钢筋的张拉多采用穿心式千斤顶，如图10-12为YC-20型穿心式千斤顶，其工作过程如下：

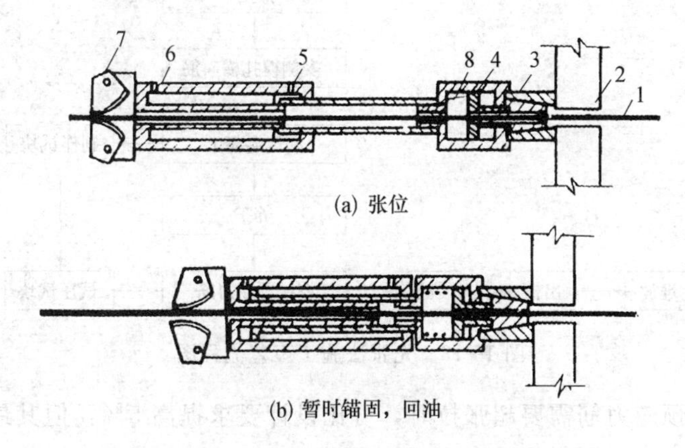

图10-12　YC-20型千斤顶张拉过程示意图

1—钢筋；2—台座；3—穿心式夹具；4—弹性顶压头；5,6—油嘴；7—偏心式夹具；8—弹簧

张拉时油嘴6进油，油嘴5回油，被偏心夹具夹紧的钢筋随油缸的伸出而被拉伸，如油缸已接近最大行程而钢筋还未达到控制应力，此时可使油嘴6回油，由于钢筋弹性回缩和弹性顶压头的共同作用，使夹具的夹片推入锚环而将钢筋夹紧，再向油嘴5供油，使油缸退回，此时偏心式夹具7也自动松开，这样便完成了一个张拉循环，如此连续下去，直到钢筋达到控制应力为止。

二、先张法施工工艺

先张法施工工艺流程见图10-13。

1. 施加预应力

(1) 控制应力

预应力筋张拉时的控制应力应符合设计要求，如果控制应力过高，会使构件出现裂缝的荷载与破坏荷载接近，破坏前无预兆，这是很危险的。而且施工中要进行超张拉，如果控制应力过高，再加上超张拉就可能使钢筋达到屈服强度。轻则失去弹性，重则出现断裂。当

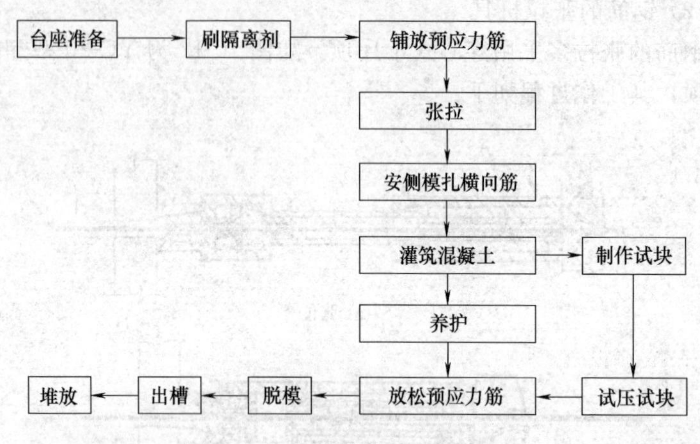

图 10-13　先张法施工工艺流程图

施工中预应力筋需要超张拉时，可比设计要求提高 5%，但其最大张拉控制应力，不得超过表 10-1 的规定。

表 10-1　最大张拉控制应力允许值

钢　　种	张拉方法	
	先张法	后张法
碳素钢丝、刻痕钢丝、钢绞线	$0.80f_{ptk}$	$0.75f_{ptk}$
热处理钢筋、冷拔低碳钢丝	$0.75f_{ptk}$	$0.70f_{ptk}$
冷拉钢筋	$0.95f_{pyk}$	$0.90f_{pyk}$

注：f_{ptk}——预应力筋极限抗拉强度标准值；
f_{pyk}——预应力筋屈服强度标准值。

(2) 张拉程序

预应力筋张拉程序有以下两种：

① $0 \rightarrow 105\%\sigma_{con} \xrightarrow{\text{持荷 2min}} \sigma_{con}$

② $0 \rightarrow 103\%\sigma_{con}$

以上两种张拉程序是等效的，施工中可根据构件设计标明的张拉力大小、预应力筋与锚具品种、施工速度等选用。

采用超张拉方法的目的是为了减少钢筋的松弛损失，松弛的数值与控制应力和延续时间有关，控制应力越高，松弛也越大。松弛损失在 1min 之内可完成损失总值的 50%左右，24h 内可完成 80%。第一种张拉程序，超张拉 5%σ_{con}，并持荷 2min，即可减小 50%以上的松弛损失。

(3) 张拉伸长值校核

当采用应力控制方法张拉时，应校核预应力筋的伸长值，如实际伸长值比计算伸长值大于 10%或小于 5%，应暂停张拉，在查明原因、采用措施予以调整后，方可继续张拉。

预应力筋的计算伸长值 Δl（mm）可按下式计算：

$$\Delta l=\frac{F_p l}{A_p E_s} \tag{10-3}$$

式中 F_p——预应力筋的平均张拉力，kN，直线筋取张拉端的拉力；两端张拉的曲线筋，取张拉端的拉力与跨中扣除孔道摩阻损失后拉力的平均值；

A_p——预应力筋的截面面积，mm^2；

l——预应力筋的长度，mm；

E_s——预应力筋的弹性模量，GPa。

预应力筋的实际伸长值，宜在初应力为张拉控制应力 10%左右时开始量测，但必须加上初应力以下的推算伸长值；对后张法，尚应扣除混凝土构件在张拉过程中的弹性压缩值。

(4) 张拉注意事项

当进行多根成组张拉时，应先调整各预应力筋的初应力，使其相互之间的应力一致，以保证张拉后各预应力筋的应力一致。

张拉过程中预应力钢材（钢丝、钢绞线或钢筋）断裂或滑脱的数量，对先张法构件，严禁超过结构同一截面预应力钢材总根数的 5%，且严禁相邻两根断裂或滑脱，如在浇筑混凝土前断裂或滑脱必须予以更换。

张拉后的预应力筋与设计位置的偏差不得大于 5mm，且不得大于构件截面最短边长的 4%。

预应力筋张拉锚固后实际应力值与工程设计规定检验值的相对允许偏差为±5%。预应力钢丝的应力可利用 2CN-1 型钢丝测力计（图

10-14）或半导体频率测力计测量。

2CN-1型测力计的工作原理如图10-15所示，在受张拉钢丝上设两支点A、B，A、B之间距离为l，在AB段中点加一横向力P，则钢丝的挠度f和其拉力N的关系式为

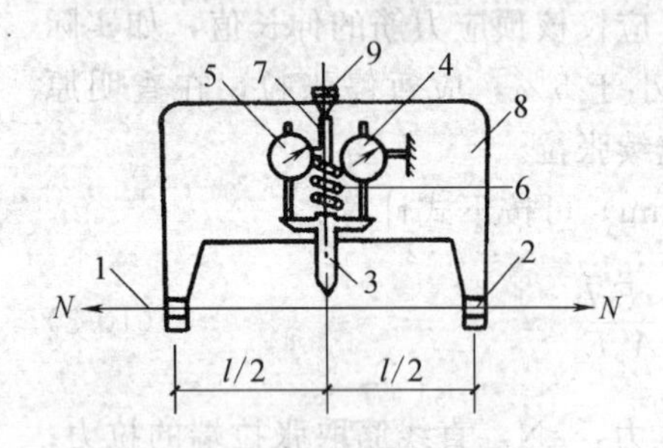

图10-14 2CN-1型钢丝测力计

1—钢丝；2—挂钩；3—测头；4—测挠度百分表；5—测力百分表；6—弹簧；7—推杆；8—表架；9—螺丝

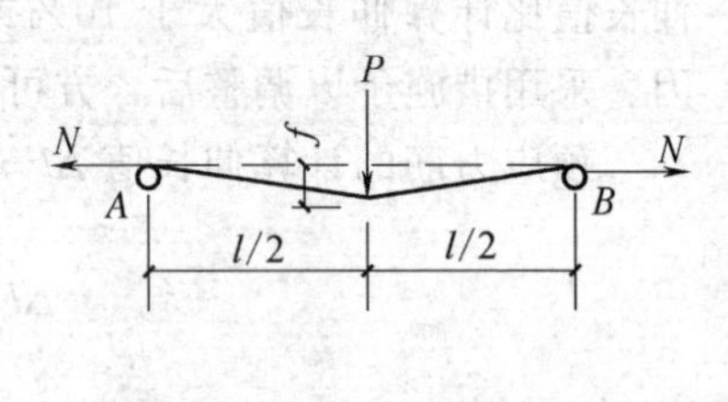

图10-15 钢丝测力计原理

$$N=\frac{Pl}{4f} \tag{10-4}$$

因l为定值，如f取常数，则N与P成正比例。那么根据横向力P的大小就可以测出N的值。

半导体频率测力计是根据钢丝应力σ与钢丝振动频率ω的关系制成的，σ与ω的关系式如下

$$\omega=\frac{1}{2l}\sqrt{\frac{\sigma}{\rho}} \tag{10-5}$$

式中 l——钢丝的自由振动长度；

ρ——钢丝的密度。

锚固阶段张拉端预应力筋的内缩量不宜大于表10-2的规定。

2．混凝土的浇筑与养护

在确定混凝土配合比时，应尽量采用低水灰比，控制水泥用量，选择良好的骨料级配，以减少混凝土的收缩和徐变。浇筑混凝土时，振捣必须密实，振动器不应碰撞钢丝，在混凝土达到足够的强度前，不许碰撞和踩动钢筋。

表 10-2　锚固阶段张拉端预应力筋的内缩量允许值　mm

锚具类别	内缩量允许值
支承式锚具(墩头锚、带有螺丝端杆的锚具等)	1
锥塞式锚具	5
夹片式锚具	5
每块后加的锚具垫板	1

注：1. 内缩量值系指预应力筋锚固过程中，由于锚具零件之间和锚具与预应力筋之间相对移动和局部塑性变形造成的回缩量。

2. 当设计对锚具内缩量允许值有专门规定时，可按设计规定确定。

当采用平卧、重叠法制作构件时，其下层构件混凝土的强度，需达到 5.0MPa 后，方可浇筑上层构件混凝土，并应有隔离措施。

在构件浇筑完毕后，应标注构件的型号和制作日期，对于上下难分辨的构件尚应注明“上”字，并应标在统一的位置。

当构件采用蒸汽养护时，应采取正确的养护制度以减少由于温差引起的预应力损失。如果混凝土在没有达到足够的强度前升温，预应力筋膨胀伸长，因而预应力减小，在高温下虽然加速了硬结，但造成的预应力损失却无法挽回了。因此对采用先张法施工的预应力混凝土构件，其最高允许温差（张拉钢筋时的温度与台座温度之差）经计算确定；对采用粗钢筋配筋的构件，当混凝土强度养护至 7.5MPa 以上时，对采用钢丝、钢绞线配筋的构件，当混凝土强度养护至 10.0MPa 以上时，可不受设计要求的温度限制，按一般构件的蒸汽养护规定进行。以机组流水法或传送带法用钢模制作的预应力构件，蒸汽养护时钢模与预应力筋同步伸缩，故不会引起温差预应力损失。

3. 预应力筋放张

预应力筋放张就是将预应力筋从夹具中松脱开，将张拉力传给混凝土，使其获得预压应力。放张的过程就是传递预应力的过程。

预应力筋的张拉力是通过构件端部一定长度范围内的混凝土黏结力传递的。放张时，预应力筋要回缩，黏结力马上阻止它回缩，使预应力筋的应力从构件端部处逐渐增加到定值，而混凝土的黏结力则逐渐下降直至消失，它们增长与消失的情况如图 10-16（b）、（a）所示。随着应力的变化，在传力区段内，预应力筋的直径也从粗到细成截锥形（图 10-16）。

放张时可通过实测钢丝的回缩值 a' 来判断混凝土的握裹力是否符合要求。预应力筋传递长度 l_{tr} 范围内有效预应力值的变化如图 10-17 所示。预应力筋的理论回缩值 a 可按下式计算：

$$a=\frac{1}{2}\times\frac{\sigma_{pe}}{E_s l_{tr}} \qquad (10\text{-}6)$$

式中 a——预应力钢丝的理论回缩值，mm；

σ_{pe}——预应力钢丝的有效预应力，MPa；

E_s——预应力钢丝的弹性模量，MPa；

l_{tr}——预应力筋的传递长度，mm，可按表 10-3 采用。

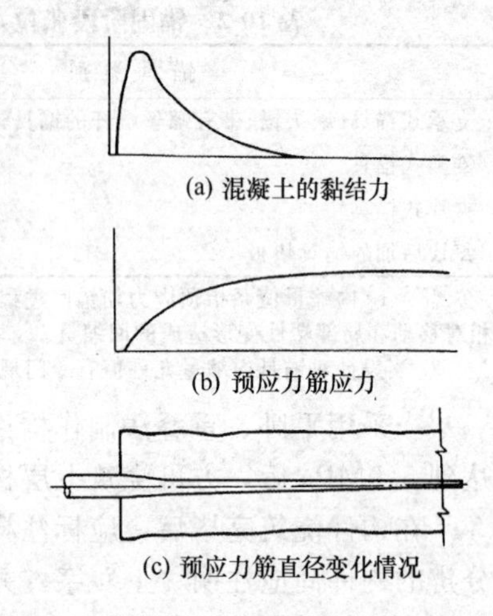

图 10-16 传力区段中混凝土黏结力和预应力筋应力消长情况

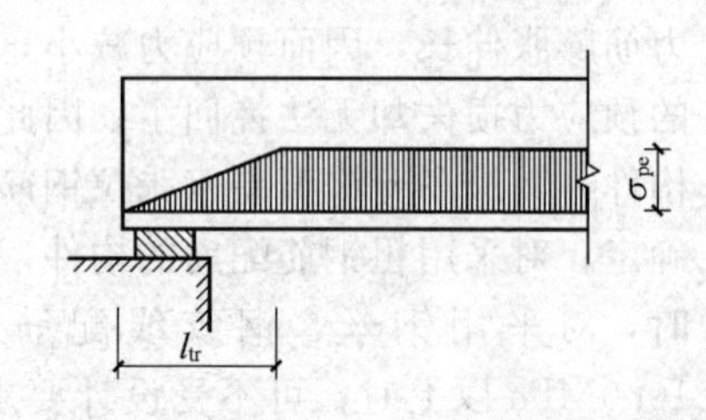

图 10-17 先张法构件预应力筋传递长度 l_{tr} 范围内有效预应力值的变化

若放张时实测的钢丝回缩值 a' 小于理论计算的回缩值 a，则认为预应力钢丝与混凝土黏结良好，可以进行放张。

放张预应力筋时，混凝土强度必须符合设计要求；当设计无专门要求时，不得低于设计的混凝土强度标准值的 75%。可采用预留试块的方式检测。

预应力筋的放张顺序亦应符合设计要求，否则会引起构件翘曲、开裂和预应力筋断裂现象。当设计无专门要求时，应符合下列规定。

① 对承受轴心预压力的构件（如压杆、桩等），所有预应力筋应同时放张。

② 对承受偏心预压力的构件，应先同时放张预压力较小区域的预应力筋，再同时放张预压力较大区域的预应力筋。

③ 当不能按上述规定放张时，应分阶段、对称、相互交错地放张。

表 10-3　预应力筋传递长度 l_{tr}　　mm

项次	钢筋种类	混凝土强度等级			
		C20	C30	C40	≥C50
1	刻痕钢丝直径 $d=5mm,\sigma_{pe}=1000MPa$	150d	100d	65d	50d
2	钢绞线直径 $d=9\sim15mm$	—	85d	70d	50d
3	冷拔低碳钢丝直径 $d=4\sim5mm$	110d	90d	80d	80d

注：1. 确定传递长度 l_{tr}时，表中混凝土强度等级应按传力锚固阶段混凝土立方体抗压强度确定。

2. 当刻痕钢丝的有效预应力值 σ_{pe}大于或小于 1000MPa 时，其传递长度应根据本表项次 1 的数值按比例增减。

3. 当采用骤然放张预应力钢筋的施工工艺时，l_{tr}起点应从离构件末端 $0.25l_{tr}$处开始计算。

4. 冷拉Ⅱ、Ⅲ级钢筋的传递长度 l_{tr}可不考虑。

放张后预应力筋的切断顺序宜由放张端开始，逐次切向另一端。对热处理钢筋及冷拉Ⅳ级钢筋，不得用电弧切割，宜用砂轮锯或切断机切断。

多根钢丝或钢筋的同时放张，可用油压千斤顶、砂箱（图 10-19）、楔块（图 10-18）等方法放张。

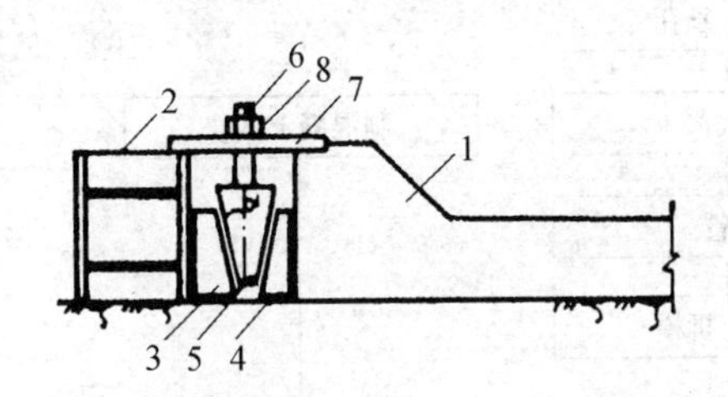

图 10-18　用楔块放松预应力筋示意图

1—台座；2—横梁；3,4—钢固定楔块；5—钢滑动楔块；6—螺杆；7—承力板；8—螺母

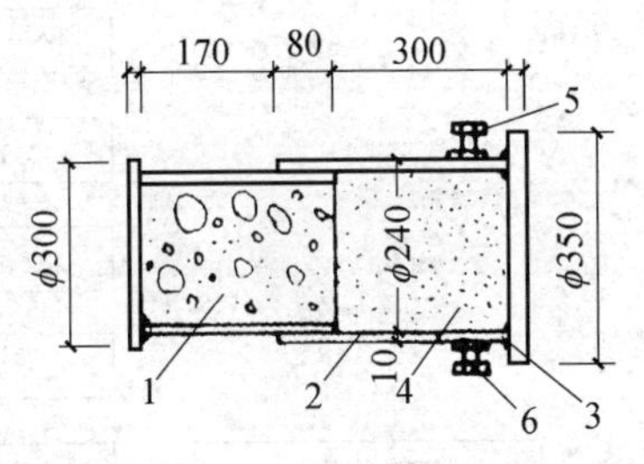

图 10-19　160t 砂箱构造图

1—活塞；2—套箱；3—套箱底板；4—砂；5—进砂口（ϕ25 螺丝）；6—出砂口（ϕ16 螺丝）

第三节　后　张　法

后张法是先制作构件（或块体），并在预应力筋的位置预留出相应的孔道，待混凝土强度达到设计规定的数值后，再穿入预应力筋，

用张拉机进行张拉，并用锚具把预应力筋锚固在构件的两端，张拉力即由锚具传给混凝土构件而使之产生预压应力。张拉完毕几小时后，就可在孔道内灌浆。

后张法适用于现场或预制厂生产用Ⅱ、Ⅲ、Ⅳ级粗钢筋及钢丝束作为预应力筋的较大型构件，如屋架、屋面梁、吊车梁、托架等。

后张法优点是不需台座设备，投资少；大型构件可分块制作，运到现场拼装，利用预应力筋连成整体，节约运输费；灵活性较大，现场、预制厂均可生产。缺点是在构件内预留孔道，需加大截面和加强配筋；同时浇筑混凝土较困难；传递应力必须使用锚具，增加优质钢用量及机械加工费，制作成本较高。

一、后张法工艺流程（图 10-20）

后张法的工艺流程如下。

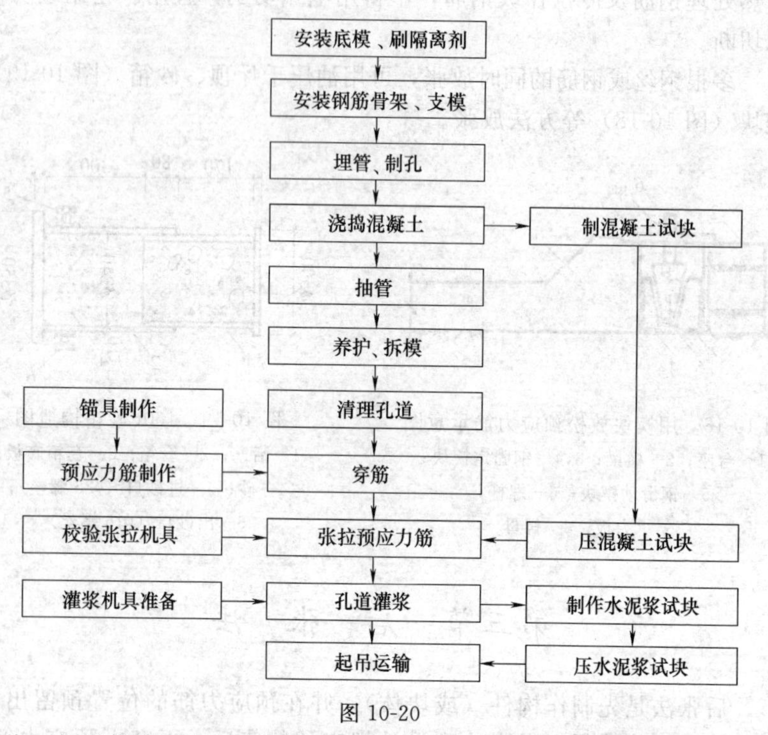

图 10-20

注：对于块体拼装构件，还应增加块体验收、拼装、立缝灌浆和连接板焊接等工序。

二、构件（块体）制作与预留孔道

1. 构件（块体）制作

后张法预应力构件分整体式和块体拼装式两种，制作与普通混凝土构件相同。整体式预应力构件，如 6～12m 吊车梁、托架、24m 以下的屋架、屋面梁，一般采取现场平卧重叠生产，重叠不宜超过四层（一般三层）。现场布置构件时应考虑混凝土浇捣、抽芯管、穿筋、张拉、吊装等工序操作的方便，留出必要的操作场地。块体拼装式构件，如 24m 以上的屋架多在预制厂生产，制作两个以上的块体，运到现场拼装。

预应力构件（块体）混凝土应一次浇筑，不留施工缝。屋架先浇上弦和腹杆，然后从下弦中间向两边浇筑或从下弦两端向中间合拢，使在水泥初凝时间内完成。在浇灌时，要注意保证端头预埋铁板位置以及预埋芯管位置的准确性，避免张拉时构件受力不均引起翘曲，或拼装时孔道不在一条直线上而无法穿入预应力筋。

2. 预留孔道

（1）预应力筋孔道布置

预应力筋的孔道形状有直线、曲线和折线三种。孔道的直径与布置，主要由设计确定。如设计无规定时，孔道直径：对于粗钢筋，应比预应力筋直径、钢筋对焊接头处外径或需穿过孔道的锚具或连接器外径大 10～15mm；对于钢丝或钢绞线，孔道的直径应比预应力钢丝束外径或锚具外径大 5～10mm，且孔道面积应大于预应力筋面积的两倍。一般单根粗钢筋可选用 ϕ45～50 孔径；8ϕ12 钢筋束选用 ϕ60～65 孔径；18～21ϕ5 钢丝束选用 ϕ50～60 孔径。

预应力筋孔道之间的净距不应小于 25mm；孔道至构件边缘的净距不应小于 25mm，且不宜小于孔道直径的一半。凡需要起拱的构件，预留孔道宜随构件同时起拱。

（2）孔道成型方法

预应力筋的孔道可采用钢管抽芯、胶管抽芯和预埋管等方法成型。对孔道成型的基本要求是：孔道的尺寸与位置应正确，孔道应平顺，接头不漏浆，端部预埋钢板应垂直于孔道中心线等。孔道成型的质量，对孔道摩阻损失的影响较大，应严格把关。

① 钢管抽芯。钢管抽芯用于直线孔道。钢管表面必须圆滑，预埋前应除锈、刷油。钢管在构件中用钢筋“井”字架固定位置。两根钢管接头处可用长30～40cm、0.5mm厚铁皮套管连接。钢管一端钻16mm小孔，以备插入钢筋棒，转动钢管。混凝土浇灌后每隔10～15min转动一次钢管，并在每次转管后进行混凝土表面压实抹光。抽管在混凝土初凝以后、始凝以前进行，以用手指按压混凝土表面不显印痕时为合适。抽管要先上后下，平整稳妥，边拉边转，防止构件裂缝。

② 帆布橡胶管充水（或充气）加压抽芯。橡胶管用5～7层帆布夹层、壁厚6～7mm的普通橡胶管，适用于直线、曲线或折线孔道。固定胶管位置用“井”字架。使用时，胶管一端密封。另一端接上阀门充水（或充气），加压到0.5～0.8MPa。浇捣混凝土时，振动棒不要碰胶管，并应经常检查水压表的压力是否正常，如有变化必须及时调整。抽管时先放水（或放气）降压，待胶管断面缩小与混凝土自行脱离即可抽管。抽管时间可比抽钢管略迟。在没有充气或充水设备的单位或地区，也可在胶皮管内塞满细钢筋（ϕ4～6）能收到同样效果。抽管时，先抽出1/3的钢筋，其余钢筋与胶管一同抽出。

预应力混凝土用钢丝橡胶管抽芯，可不用充水或充气加压。适用于直线、曲线或折线孔道。

③ 预埋管法。预埋管可采用黑铁皮管、薄钢管与镀锌双波纹金属软管等。镀锌双波纹金属软管（简称波纹管）是由镀锌薄钢带经压波后卷成，且有重量轻、刚度好、弯折方便、连接容易、与混凝土黏结良好等优点，可做成各种形状的孔道，并可省去抽管工序。因此，这种留孔方法具有较大的推广价值。波纹管在1kN径向力作用下不变形。使用前应做灌水试验，检查有无渗漏现象。连接采用大一号同型波纹管，接头管长为200mm，用密封胶带或塑料热塑管封口。

波纹管的安装，宜先在梁的侧模上弹线，以孔底为准。用钢筋卡子固定，用铁丝绑牢。卡子焊在箍筋上，间距不大于600mm。

(3) 灌浆孔与泌水孔

在构件两端及跨中应设置灌浆孔，其孔距不宜大于12m。为了保证立式制作时曲线孔道灌浆的密实性，在曲线孔道的顶部设置泌水管，使水泥浆下沉、水分上升到泌水管内排除。

预应力筋孔道采用钢管或胶管抽芯成型时，灌浆孔可用木塞抽芯成型。木塞的直径为20～25mm，木塞应抵紧钢管或胶管，并应固定，严防混凝土振捣时脱开，影响成孔质量。孔道抽芯完毕，拔出木塞，并检查孔洞通畅情况。

预应力筋孔道采用预埋波纹管成型时，灌浆孔的做法是：在波纹管上开口，用带嘴的塑料弧形压板与海绵垫片覆盖并用铁丝扎牢，再用塑料管（外径20mm、内径16mm）垂直向上延伸至顶面以上500mm。为了防止浇筑混凝土时将塑料管压扁，管内临时衬有钢筋。以后再拔掉。

钢质锥形锚具的锚塞、QM型锚具的垫板上均设置有灌浆孔，在构件两端不必另设灌浆孔。

孔道灌浆时，其两端应排气通顺，以保证孔道灌浆密实性，因此，在锚具上一般留有排气孔。但有些锚具，如KT-Z型锚具等无排气孔时，必须另留排气孔或排气槽，孔径或边长为3～5mm。

三、张拉工艺

1. 张拉前的准备工作

① 当构件系拼装块体时，应先用拼装架将构件稳住对齐，在两端及拼接处用垫木支承，相邻两块体的孔道用铁皮管连接。张拉前先焊接预拉部分的连接板（如屋架上弦），张拉后再焊接预压部分的连接板。拼缝处砂浆（或混凝土）强度达到块体设计强度的40%且不低于15MPa时，方可进行张拉。

② 张拉前应计算预应力筋的张拉力及相应的伸长值。预应力筋的实际伸长值应扣除混凝土构件在张拉过程中的弹性压缩值和锚具与垫板之间的压缩值。

③ 穿筋时，成束的预应力筋将一头打齐，顺序编号并套上穿束器，将穿束器的引线穿过孔道，然后在两端拉动，送入端应保持水平送向孔道直至两端均露出所需长度为止。穿入构件时要防止扭结和错向。

2. 张拉顺序

预应力筋的张拉顺序，应使混凝土不产生超应力、构件不扭转与侧弯、结构不变位等，因此，对称张拉是一项重要原则。同时，还应考虑到尽量减少张拉设备的移动次数。

采用分批张拉时，先批张拉的预应力筋张拉应力，应考虑后批预应力筋张拉时产生的混凝土弹性压缩的影响。在实际工作中，可采取三种办法解决。

① 采用同一张拉值，逐根复拉补足。

② 采用同一张拉值，在设计中扣除弹性压缩损失平均值。

③ 统一提高张拉力，即在张拉力中增加弹性压缩损失平均值。

对重要的预应力混凝土结构，为了使结构均匀受力并减少弹性压缩损失，可分二阶段建立预应力，即全部预应力筋先张拉50%之后，再第二次拉至100%。

3. 张拉程序

预应力筋的张拉程序，主要根据构件类型、张锚体系、松弛损失取值等因素确定，用超张拉方法减少预应力筋的松弛损失时，预应力筋的张拉程序宜为 $0 \longrightarrow 1.05\sigma_{con} \xrightarrow{\text{持荷 2min}} \sigma_{con}$

如果在设计中钢筋的应力松弛损失按一次张拉取值，则其张拉程序可取 $0 \rightarrow \sigma_{con}$

如果预应力筋的张拉吨位不大、根数很多，而设计中又要求采取超张拉以减少应力松弛损失，则其张拉程序可变通为 $0 \rightarrow 1.03\sigma_{con}$

4. 张拉方法

① 曲线预应力筋和长度大于24m的直线预应力筋，应在两端张拉，长度等于或小于24m的直线预应力筋，可在一端张拉，但张拉端宜分别设置在构件的两端。

② 张拉平卧重叠灌筑的构件时，宜先上后下逐层进行张拉。为了减少上下层构件间摩阻引起的预应力损失，可采用逐层加大张拉力，但底层张拉力不宜比顶层张拉力大5%（钢丝、钢绞线及热处理钢筋），或9%（冷拉Ⅱ、Ⅲ、Ⅳ级钢筋），如隔离层隔离效果好，也可采用同一张拉值。

③ 当两端张拉同一束预应力筋时，为了减少预应力损失，应先在一端锚固，再在另一端补足张拉力后锚固。

5. 张拉伸长值校核

预应力筋张拉时，通过伸长值的校核，可以综合反映张拉力是否足够，孔道摩阻损失是否偏大，以及预应力筋是否有异常现象等。

规范规定张拉伸长值的允许差值为－5％、＋10％，在施工中，如遇到张拉伸长值超过容许差值，则应暂停张拉，查明原因并采取措施予以调整后，方可继续张拉。

四、孔道灌浆

预应力筋张拉后，利用灰浆泵将水泥浆压灌到预应力孔道中去，其作用有二：一是保护预应力筋，以免锈蚀；二是使预应力筋与构件混凝土有效的黏结，以控制超载时裂缝的间距与宽度并减轻梁端锚具的负荷状况。

预应力筋张拉完毕后，应尽快进行灌浆，以防锈蚀。灌浆材料宜用标号不低于425号的普通水泥调制的水泥浆，水灰比为0.4～0.45，流动度为120～170mm。为了增加孔道灌浆密实性，在水泥浆中宜掺入水泥重量万分之一左右的铝粉（铝粉应经脱脂处理）或0.25％的木质素磺酸钙减水剂，但不得掺入氯化物或其他对预应力筋有腐蚀作用的外加剂。对不成束的预应力筋及孔隙较大孔道，水泥浆中可掺入适量的细砂（粒径不大于1.2～2mm，掺量不大于水泥重量的50％），以减少收缩。搅好的灰浆必须过滤，并在灌浆过程中不断搅拌，以防沉淀析水，灌浆压力为0.4～0.6MPa。灌浆应缓慢均匀地进行，不得中断，并应排气通顺，直至排气孔排出空气→水→稀浆→浓浆为止。在灌满孔道并封闭排气孔后，宜再加压到0.5～0.6MPa，稍后再用木塞将灌浆孔堵塞。不掺加外加剂的水泥浆，可采用二次灌浆法，以提高密实性。灌浆后需做三组灰浆试块，以便检查强度，当灰浆强度不小于15MPa时方可移动构件。

孔道灌浆时，操作人员应戴防护眼镜、穿雨鞋、戴手套。喷嘴插入孔道时，喷嘴要压紧在孔洞上，胶皮管与灰浆泵连接牢固，才能开启灰浆泵。

第四节　无黏结预应力

在后张法预应力混凝土中，可分为有黏结预应力和无黏结预应力两种。有黏结的预应力是常规做法，张拉后通过孔道灌浆使预应力筋与混凝土黏结。前述“先张法”及“后张法”都是指有黏结预应力。后张法无黏结预应力混凝土的做法是：在预应力筋外表面刷涂料，用油纸包裹，再套以塑料套管，与非预应力钢筋一样，按设计位置铺设在模板内，浇筑混凝土。待混凝土达到一定强度后，在张拉端以构件为支座张拉无黏结预应力筋，然后用锚具锚固。无黏结预应力的优点是不需预留孔道，施工简单，摩擦力小，预应力筋可采用曲线配筋，布置灵活。其缺点是预应力筋的强度不能充分发挥（一般要降低10％～20％），锚具的要求较高。目前主要用在双向连接平板和密肋板中。

一、无黏结预应力筋制作

无黏结预应力筋由预应力钢丝束（钢绞线）、涂料层和外包层以及锚具等组成。

1. 原材料选择

无黏结预应力筋的钢材，一般选用 7 根 ϕS5 高强钢丝组成钢丝束，也可选用 7ϕS4 或 7ϕS5 钢绞线。

涂料层的作用是使预应力筋与混凝土隔离，减少张拉时的摩擦损失，防止预应力筋腐蚀等。因此，对涂料要求有较好的化学稳定性、韧性；在－20～＋70℃温度范围内，不裂缝、不变脆、不流淌；并能更好地粘附在钢筋上，对钢筋和混凝土无腐蚀作用；不透水、不吸湿；润滑性好，摩擦阻力小。常用的涂料层有防腐沥青和防腐油脂。

无黏结用的外包层在－20～＋70℃温度范围内，不脆化，化学稳定性高；具有足够的韧性，抗磨性强；对周围材料无侵蚀作用，以保证预应力筋在运输、贮存、铺设和浇筑混凝土过程中不会发生不可修复的破坏。无黏结筋的外包层，可用塑料布或者高压聚乙烯塑料制作。

制作单根无黏结筋时，宜优先选用防腐油脂作涂料层，其塑料外包层应用塑料注塑机注塑成形。防腐油脂应充足饱满，外包层应松紧适度。成束无黏结筋可用防腐沥青或防腐油脂作涂料层，当使用防腐沥青时，应用密缠塑料带作外包层，塑料带各圈之间的搭接宽度应不小于带宽的 1/4，缠绕层数不应少于两层。防腐油脂涂料层无黏结筋的张拉摩擦系数不应大于 0.12，防腐沥青涂料层无黏结筋的张拉摩擦系数不应大于 0.25。

2. 锚具

无黏结预应力构件中，锚具是把预应力筋的张拉力传递给混凝土的工具。因此，无黏结预应力筋的锚具不仅受力比有黏结预应力筋的锚具大，而且承受的是重复荷载。因而对无黏结预应力筋的锚具有更高的要求。无黏结筋的锚具性能，应符合Ⅰ类锚具的规定。

我国主要采用高强钢丝和钢绞线作为无黏结预应力筋。高强钢丝预应力筋主要用镦头锚具；钢绞线作为无黏结预应力筋，则可采用 XM 型锚具。

3. 无黏结预应力筋的制作

无黏结预应力筋的制作，一般采用缠纸工艺和挤压涂层工艺两种。

① 缠纸工艺。无黏结预应力筋制作的缠纸工艺是在缠纸机上连续作业，完成编束、涂油、镦头、缠塑料布和切断等工序。缠纸机的工作示意图如图 10-21 所示。

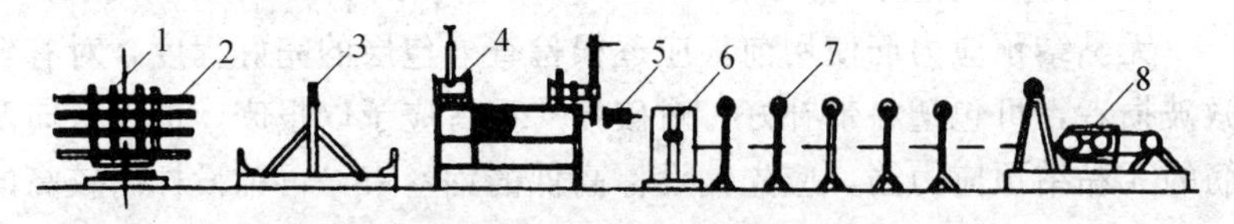

图 10-21　无黏结预应力筋缠纸工艺流程图

1—放线盘；2—盘圆钢丝；3—梳子板；4—油枪；5—塑料布卷；6—切断机；7—滚道台；8—牵引装置

制作时，钢丝放在放线盘上，穿过梳子板汇集成束，成束钢丝通过油枪均匀涂油，涂油钢丝穿入锚杯用冷镦机冷镦锚头，带有锚杯的成束钢丝用牵引机牵引向前，与此同时开动装有塑料布条的缠纸转盘，钢丝束边前进边缠绕塑料布条。塑料布条的宽度根据钢丝束直径大小而定，一般宽度为 50mm。当钢丝束达到需要长度后，进行切割，成为一完整的无黏结预应力筋。

② 挤压涂层工艺。挤压涂层工艺制作无黏结预应力筋的流水工艺如图 10-22 所示。挤压涂层工艺主要是钢丝通过涂油装置涂油，涂

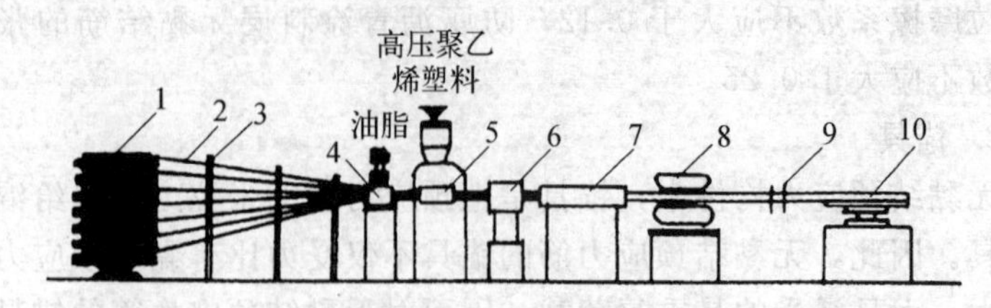

图 10-22 挤压涂层工艺流水线图

1—放线盘；2—钢丝；3—梳子板；4—给油装置；5—塑料挤压机机头；
6—风冷装置；7—水冷装置；8—牵引机；9—定位支架；10—收线盘

油钢丝束通过塑料挤压机涂刷塑料薄膜，再经冷却筒模成型塑料套管。这种无黏结筋挤压涂层工艺与电线、电缆包裹塑料套管的工艺相似。无黏结预应力筋挤压涂层工艺的特点是效率高，质量好，设备性能稳定。

二、无黏结预应力施工工艺

下面主要介绍无黏结预应力构件制作工艺中的几个主要问题，即无黏结预应力筋的铺设、张拉和锚头处理。

1. 无黏结预应力筋的铺设

无黏结预应力筋使用前，应逐根检查外包层的完好程度，对有轻微破损者，可包塑料带补好，对破损严重者应予以报废。铺设双向配筋的无黏结预应力筋，应先铺设标高低的钢丝束，再铺设标高较高的钢丝束，以避免两个方向的钢丝束相互穿插，钢丝束的曲率，可用铁马凳（或其他构造措施）控制。钢丝束就位后，标高及水平位置经调整、检查无误后，用铅丝与非预应力钢筋绑扎牢固，防止钢丝束在浇筑混凝土施工过程中位移。

2. 无黏结预应力筋的张拉

无黏结预应力筋的张拉与后张法带有螺丝端杆锚具的有黏结预应力钢丝束张拉相似。张拉程序一般采用 $0\rightarrow103\%\sigma_{con}$。由于无黏结预应力筋一般为曲线配筋，故应采用两端同时张拉。无黏结预应力筋的张拉顺序，应根据其铺设顺序，先铺设的先张拉，后铺设的后张拉。

无黏结预应力筋配置在预应力平板结构中往往很长，如何减少其摩阻损失值是一个重要的问题。影响摩阻损失值的主要因素是润滑介质、外包层和预应力筋截面形式。其中润滑介质和外包层的摩阻损失值，对一定的预应力束而言是个定值，相对较稳定。而截面形式则影响较大，不同截面形式其离散性是不同的，但如果能保证截面形状在全部长度内一致，则其摩阻损失值就能在一很小范围内波动。否则，因局部阻塞就有可能导致其损失值无法预测，故预应力筋的制作质量必须保证。摩阻损失值，可用标准测力计或传感器等测力装置进行测定。成束无黏结筋正式张拉前，宜先用千斤顶往复抽动1～2次，以降低张拉摩擦损失。

无黏结筋张拉过程中，当有个别钢丝发生滑脱或断裂时，可相应降低张拉力，但滑脱或断裂的根数，不应超过结构同一截面钢丝总根数的2%。对于多跨双向连续板，其同一截面应按每跨计算。

3. 锚头处理

无黏结预应力筋由于一般采用镦头锚具，锚头部位的外径比较大，因此，钢丝束两端应在构件上预留有一定长度的孔道，其直径略大于锚具的外径。钢丝束张拉锚固以后，其端部便留下空腔，并且该部分钢丝没有涂层，为此必须有严格的密封防护措施，严防水汽进入，锈蚀预应力筋。

在无黏结筋张拉完毕后，应立即用防腐油脂或环氧树脂水泥砂浆，通过锚具或其附近的灌注孔，将锚头部位张拉成形的空腔全部灌注密实。最后，用C30细石混凝土将端部封闭。

第五节　电　热　法

电热法张拉预应力钢筋是利用钢筋热胀冷缩的原理实现的，使低电压强电流（二次电压为30～60V、二次电流为1.5～4A/mm^2）通过预应力钢筋，由于钢筋电阻较大（0.11～0.15Ω·mm^2/m），致使预应力钢筋发热沿其轴线纵向伸长。待钢筋受热沿轴线纵向伸长到设计规定数值时，随即锚固钢筋，并切断电源，任其冷却回缩，对混凝土构件产生预压应力。

电热法施工有先张法和后张法两种方法。在后张法中，它既可采取预留孔道的方法，又可采用不留孔道的方法。不留孔道时，系在预应力筋表面浸涂一层热塑涂料（如沥青、硫黄砂浆等），当钢筋通电发热时，热塑涂料遇热熔化，钢筋即可自由伸长；当电热法张拉预应力筋完毕，热塑涂料又随钢筋温度的下降而硬化，使预应力筋与构件形成整体。

电热法的优点是：设备简单，操作方便，劳动强度低。电热法张拉预应力筋的同时对冷拉钢筋起到电热时效作用，使钢筋的强度有所提高。电热法施工预应力筋与构件孔道间摩擦应力损失为零，同时当预应力值建立起来后，第一批应力损失和电热工艺的特殊损失已经完成，所以电热法张拉预应力筋，可以获得较高的预应力值，提高了构件的抗裂度。电热法不仅适用于直线配筋构件，而且更适用于曲线配筋构件和高空作业、张拉框架结构。采用电热法张拉预应力筋工艺，预应力形成的过程较长，部分预应力损失已经完成，因而预应力筋出现的最大预应力值，必定小于控制应力，因而施工较为安全。

电热法适用于冷拉Ⅱ级、Ⅲ级、Ⅳ级钢筋配筋的构件。由于电热法是用预应力筋沿轴线的纵向伸长来控制预应力值，往往因钢筋材质不均而不易控制，因此电热法张拉的预应力筋，每批构件必须根据规定进行必要数量的机械校核，摸索出钢筋伸长与应力间的规律，作为电热法张拉预应力筋的依据。

一、电热法预应力钢筋伸长值的计算

电热法张拉预应力钢筋是以控制钢筋的伸长值来建立必需的预应力值，因此正确的计算电热张拉预应力钢筋的伸长值 ΔL 是电热法施工的关键。预应力钢筋电热时所需要的伸长值 ΔL，可按下式计算：

对于先张法施工

$$\Delta L=\frac{\sigma_{pol}}{E_s}l+\sum\lambda$$

对于后张法施工

$$\Delta L=\frac{\sigma_{pi}}{E_s}+\sum\lambda$$

式中 ΔL——电热法张拉预应力钢筋的伸长值，mm；

σ_{pol}——预应力钢筋在台座上建立的最大应力，$\sigma_{pol}=0.9f_{pyk}$；

σ_{pi}——预应力钢筋在构件上建立的最大应力，$\sigma_{pi}=0.8f_{pyk}$；

l——预应力钢筋的长度，mm；

E_s——钢筋的弹性模量，GPa；

$\sum\lambda$——电热张拉工艺附加伸长值，按表 10-4 采用。

表 10-4　电热张拉工艺附加伸长值　cm

引起预应力损失的因素		先张法	后张法
锚具变形值	螺帽锚具缝隙	0.1	
	每块先加垫板缝隙	0.1	
	绑条锚具	0.1	
	镦头锚具:光圆钢	0.1	
	螺纹钢	0.2	
	块体之间的缝隙	—	0.2
	锚具与混凝土直接接触	—	0.1
台座或混凝土弹性压缩		按实测	$\alpha_E\sigma_{Cl}=\frac{l}{E_s}$
钢筋不直和热塑变形		$0.00015l$ 或 $300l/E_s$	
曲线筋在孔道位置的附加损失		$0.0001l$	
钢筋长不等,挡板锚具倾斜等		视具体情况而定	
储液池的环向预应力筋的分批张拉损失		—	$0.5\alpha_E\mu\sigma_{Cl}=\frac{l}{E_s}$

注：α_E——钢筋弹性模量 E_s 与混凝土弹性模量 E_C 之比：$\alpha_E=E_s/E_C$；

σ_{Cl}——由预加应力使混凝土产生的正应力；

l——预应力钢筋的长度（cm），计算混凝土弹性压缩的附加伸长时，l 应取构件长度（cm）；

μ——预应力钢筋的含钢率。

若机械张拉改为电热张拉时，先张法施工 σ_{pol} 按 $\sigma_{con}-\sigma_{11}$ 取值，后张法施工 σ_{pi} 按 $\sigma_{con}-\sigma_{11}$ 取值。其中：σ_{con} 为机械张拉时预应力筋的张拉控制应力；σ_{11} 为第一批（混凝土预压前发生的）应力损失，即：

$$\sigma_{11}=\sigma_{13}+\sigma_{14}$$

式中　σ_{13}——由预应力筋与台座间温差 Δt（℃）引起的应力损失：$\sigma_{13}=20\Delta t$，MPa；

σ_{14}——预应力钢筋应力松弛引起的应力损失：先张法 $\sigma_{14}=0.05\sigma_{pol}$；后张法 $\sigma_{14}=0.05\sigma_{pi}$。

二、预应力钢筋电热时的温度计算

当预应力钢筋通电张拉达到计算伸长值 ΔL 时，预应力钢筋升高的温度为：

$$T=\frac{\Delta L}{\alpha l}$$

式中 T——预应力钢筋升高的温度，℃；

ΔL——预应力钢筋的伸长值，mm；

α——钢筋的线膨胀系数，取 $\alpha=0.000012$；

l——预应力钢筋的长度，mm。

预应力钢筋电热张拉后的温度为：

$$T'=T+T_0$$

式中 T'——预应力钢筋电热张拉后的温度，℃；

T_0——预应力钢筋电热张拉时的环境温度，℃。

冷拉钢筋电热张拉时电热温度 T' 不宜超过下列数值：冷拉Ⅱ级钢筋，T' 不超过 250℃；冷拉Ⅲ级钢筋，T' 不超过 300℃；冷拉Ⅳ级钢筋，T' 不超过 400℃。电热温度 T' 过高，会使构件混凝土强度降低。

三、电热设备的计算与选择

电热设备的选择，包括电热变压器（或弧焊机）、导线和夹具的选择。

1. 变压器的选择

变压器所需功率可按下列近似公式计算：

$$P=\frac{GCT}{380t}$$

式中 P——变压器的功率，kW；

G——预应力钢筋加热部分的重量，kg；

C——钢筋的热容量系数，取 $C=0.46$kJ/kg·℃；

t——预应力钢筋的通电加热时间，h。

计算所得的 P 值，应考虑铁耗和铜耗的损失，在确定变压器的设计容量时，一般将计算 P 值乘以 1.08～1.15 的系数。

预应力钢筋加热至所需温度的电能消耗，可近似按下列公式计算：

$$\overline{W}=\frac{GCT}{570}\ (\text{kW}\cdot\text{h})$$

根据以上计算结果，即可选择电热设备。电热设备可选用低压变压器或弧焊机等。选择变压器时，功率应大于45kW，一次电压为220～380V，二次电压为30～65V。预应力钢筋中的电流密度不得小于下列数值：

冷拉Ⅱ级钢筋，电流密度不小于120A/cm²；

冷拉Ⅲ级钢筋，电流密度不小于150A/cm²；

冷拉Ⅳ级钢筋，电流密度不小于200A/cm²。

图10-23为用变压器电热钢筋的接线图。若选用弧焊机时，往往二次电压能满足要求，若二次电流不能满足，此时可采用多台同型号的弧焊机并联使用。当数台弧焊机并联后，电压电流都能满足要求时，则可将钢筋串联［图10-23（b）］。若弧焊机数量有限或电流较小，为减小电阻，提高电流，缩短电热时间，可将钢筋并联［图10-23（c）］。

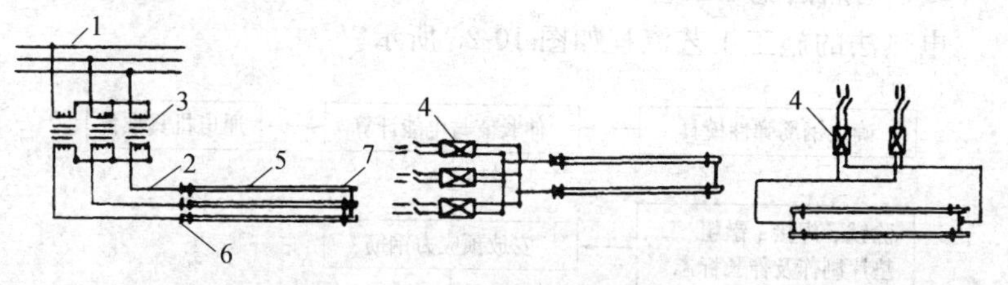

(a) 三相变压器星形接线　(b) 弧焊机并联、钢筋串联　(c) 弧焊机、钢筋均并联

图10-23　电热法接线图

1—一次导线；2—二次导线；3—三相变压器；4—弧焊机；5—预应力筋；6—接线夹具；7—锚具

2. 导线和夹具的选择

从电源接到变压器的一次导线，可采用普通绝缘硬铜线。变压器到预应力筋的二次导线，最好采用绝缘软铜丝绞线。二次导线应尽量缩短，以减少导线的电阻。二次导线的安全截面，可根据二次电流大小选用。采用铜线时，其电流密度不宜超过5A/mm²；采用铝线时，其电流密度不宜超过3A/mm²。

二次导线与预应力钢筋应用接线夹具连接（图10-24）。要求夹具导电性能好，接头处电阻小，接触良好，构造简单，便于装拆。夹

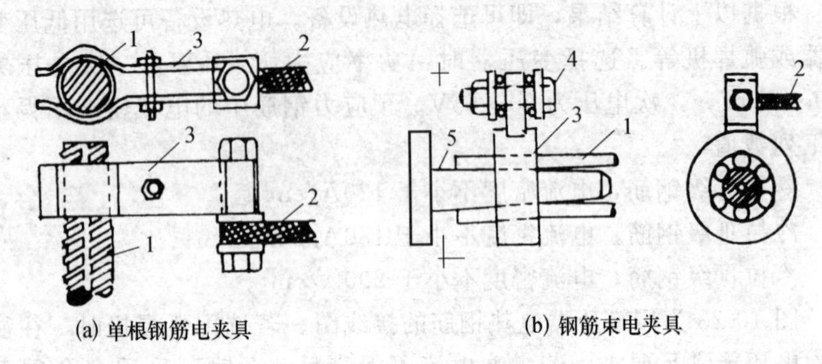

图 10-24 电夹具

1—钢筋；2—二次导线；3—铜电夹具；4—螺栓；5—钢楔

具宜用紫铜材料制作，要与钢筋夹紧并需除去铁锈，以减少电阻，加速电热过程。

四、电热法施工工艺

电热法的施工工艺流程如图 10-25 所示。

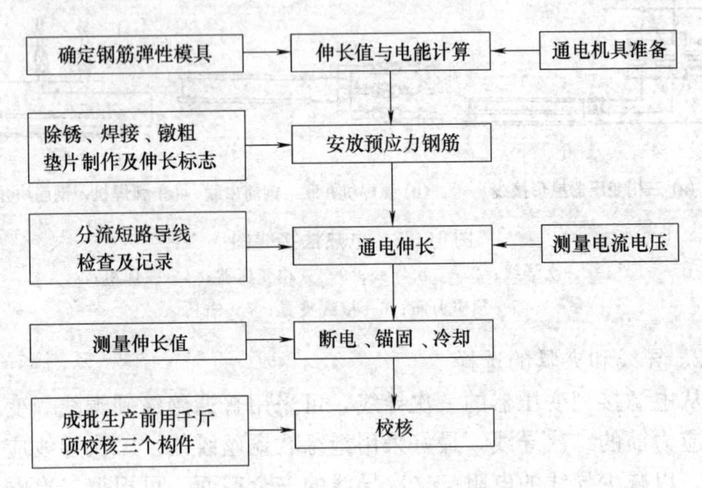

图 10-25 电热法施工工艺流程

电热法张拉的预应力钢筋锚具，一般采用螺丝端杆锚具、帮条锚具或镦头锚具，后两种应配有 U 形垫板。为保证端杆螺纹不损坏，在运输和穿筋过程中，应用胶布或油纸包住螺纹。

在通电张拉预应力钢筋前，应用绝缘纸垫在预应力钢筋端部垫板与构件端部预埋铁件之间，以防止通电时由于预应力钢筋与预埋铁件接触而产生分流和短路现象。分流现象表现为电流不能集中地通过预应力钢筋，而有部分电流通过非预应力钢筋；短路现象表现为电流不能通过预应力钢筋的全长。预应力钢筋产生分流或短路时，钢筋伸长缓慢，构件温度将升高，这时应停电采取措施后，再继续进行电热张拉。

穿入预应力钢筋接好导线后，应拧紧螺母，以消除垫板松动及钢筋不直的影响，并保证钢筋有相同的初应力。张拉时，应使钢筋能自由移动，在张拉端刻上标志，以便测量伸长值。在通电张拉过程中，应随着钢筋的伸长，随时拧紧螺母，或及时垫入不同厚度的U形垫板。钢筋伸长到需要长度后，立即断电，拧紧螺母或插入足够数量的U形垫板。然后将预应力钢筋、垫板、螺母及预埋铁件互相焊牢，以保证安全。待钢筋冷却后再灌筑混凝土或进行孔道灌浆。

预应力钢筋电热张拉过程中，要随时采用钳形电流表测定电流，用半导体点温计或变色测温笔测定预应力钢筋的表面温度。

电热张拉预应力钢筋，反复加热的次数不宜超过三次。因电热次数过多，会使钢筋失去冷强效应，降低钢筋强度。

电热张拉预应力钢筋，必要时还需用千斤顶来校核所建立的预应力值。校核应该在钢筋冷却后立即进行。当千斤顶将螺母刚拉离端部锚板的一瞬间记下压力表上的示数，此即建立的预应力值，将此值与计算值作对比，其偏差不得超过+10%或−5%。预应力钢筋应力校核标准（计算值），必须考虑相应阶段的预应力损失，按下列规定取值：电热张拉先张法构件，取值为$\sigma_{pol}-\sigma_{l4}$；电热张拉后张法构件，取值为$\sigma_{pi}-\sigma_{l4}$。

五、安全技术和注意事项

① 电热张拉时如发生碰火现象应立即停电，重新绝缘或夹紧接头后再通电。

② 在通电过程中，如发现钢筋伸长很慢，而构件混凝土温度升高很快，电热设备发生噪声、导线发热等现象，应停电检查原因。此时可能产生分流，可用摇表摸清分流部位进行处理。

③ 在电张中，应经常检查和测量一次、二次导线的电压、电流、钢筋和孔道的温度、通电时间等。如果通电时间较长，构件混凝土发热，钢筋伸长缓慢或不再伸长时，必须停电，待钢筋冷却后，加大电流进行。

④ 电张构件的两端必须设置安全防护措施。

⑤ 操作人员必须穿胶鞋，戴绝缘手套；操作时应站在构件的侧面。

第十一章　结构安装工程

结构安装工程就是用起重机械和设备将预制构件或结构物安装到设计位置上的整个工艺过程。在装配式结构施工中，结构安装工程是施工的主导过程，其施工特点如下。

① 预制构件的尺寸、埋设件位置是否正确，会直接影响安装速度与工程质量，因此在安装前要加强构件的检查工作。此外，构件的类型太多，也会不利于安装。

② 预制构件的受力情况一般是按其使用荷载设计的，但在构件运输与安装过程中，由于吊点或支承点关系，而使所受的力往往与使用荷载下的力不一样，有时甚至完全相反，因此要验算构件的运输与吊装应力并采取相应措施。

③ 构件的安装系用起重机械进行，因此构件的尺寸与重量取决于现有起重机械和设备的起重能力（除根据需要自行设计或改装的机械、设备外），构件的安装方法也随着所采用的机械、设备而异。

④ 构件的安装系在高空进行，而且工作地点狭小，容易发生工伤事故，因此要加强安全技术措施。

结构安装工程当前存在的主要问题是，起重机械无论在数量上和起重能力上都满足不了形势发展的需要。因此，如何根据自力更生、土洋结合和因地制宜原则合理选择、使用及改造原有起重机械，设计和制作简易起重机械并发展新型起重机械都是目前的重要课题。

第一节　单层工业厂房结构构件吊装

在工业建筑中，单层工业厂房占一定的比例。其主要承重结构由基础、柱、吊车梁、屋架、天窗架、屋面板等组成。一般中小型单层工业厂房的承重结构多数采用装配式钢筋混凝土结构，除基础在施工现浇就地灌注外，其他构件多采用钢筋混凝土预制构件，尺寸大且重的构件在施工现场就地预制，中小构件在构件厂预制，运至现场吊装。重型厂房多采用钢结构。因此结构吊装便成为单层工业厂房施工的重要环节。

一、构件吊装前的准备工作

单层工业厂房结构吊装前的准备工作，除清理好场地，压实道路，敷设水、电管线并安排好排水措施外，还要着重做好以下工作。

① 检查厂房的轴线和跨距，清除基础杯口里的垃圾。在基础杯口上面、内壁及底面弹出定位轴线和安装准线，并将杯底抄平。

② 在预制厂制作的构件，可以在吊装前运至现场，按施工组织设计规定的位置堆放，也可以按吊装进度计划随运随吊，并认真检查其质量。在现场就地制作的构件，要制定现场预制构件的平面布置图，严格按照规定的位置预制，以便于吊装。

③ 对所有预制构件都必须弹上几何中心线或安装准线。对于柱子，要在柱身三面（两个小面，一个大面）标出吊装中心线，在柱顶与牛腿面上还要标出屋架及吊车梁的安装中心线。对于屋架，要在上弦顶面标出几何中心线，并从跨度中央向两端分别标出天窗架、屋面板的安装中心线，屋架端头也要标出安装中心线。对于吊车梁及连系梁等构件要在两端头及顶面标出吊装中心线。

二、结构构件的吊装工艺

1. 柱子的吊装

(1) 绑扎

由于柱子在工作状态下为压弯构件，吊装阶段为受弯构件，绑扎点的位置选择应引起注意，一般承重柱绑扎在牛腿下方，抗风柱则应以起吊时在自重作用下的正负弯矩相等确定其绑扎点。柱子的绑扎常有以下两种方法。

① 斜吊绑扎法。斜吊绑扎法就是绑扎后，起重机能直接将柱子从平卧状态吊起，且吊起后呈倾斜状态的绑扎方法，如图 11-1 所示。这种方法吊钩可低于柱顶，适用于柱子的宽面抗弯能力满足受弯要求时的中小型柱以及起重杆长度不足时采用。斜吊绑扎时，可采用一点绑扎或两点绑扎。

为了减轻劳动强度，简化施工操作，避免高空作业，可采用如图

11-2 所示的专用吊具——柱销的绑扎法。

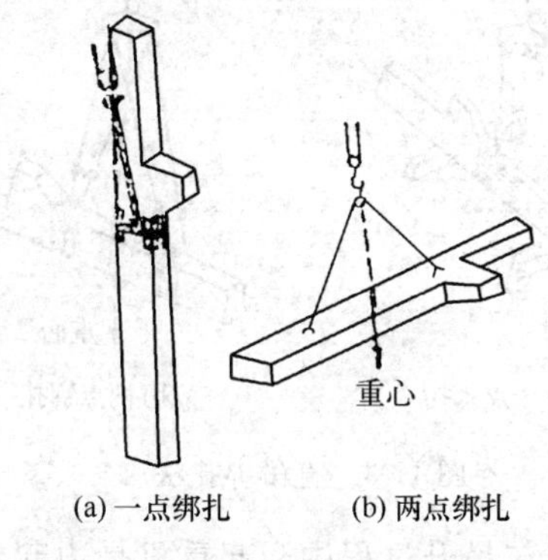

图 11-1 斜吊绑扎法

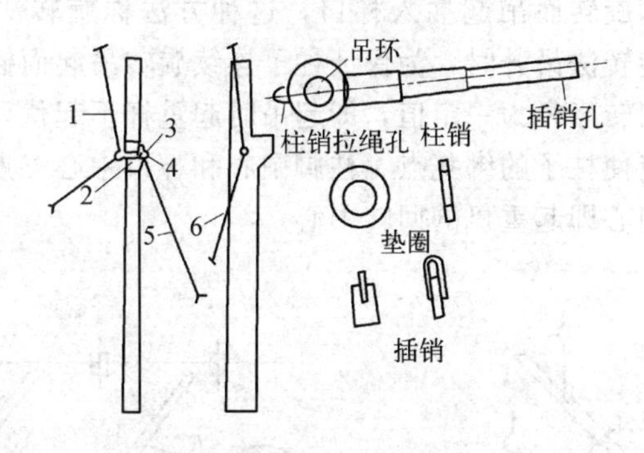

图 11-2 柱销

1—吊索；2—柱销；3—垫圈；4—插销；
5—插销拉绳；6—柱销拉绳

② 直吊绑扎法。直吊绑扎法就是先将平卧状态的柱子翻身，然后绑扎，柱子起吊后呈垂直状态插入杯口的绑扎方法，如图 11-3 所示。这种方法柱子易于插入杯口，但吊钩需高过柱顶，需要用铁扁担。适用于柱子宽面抗弯能力不足、起重机杆长较大时的中小型柱子的绑扎。直吊绑扎法可采用一点或两点绑扎。

(2) 吊升

柱子的吊升方法，应根据柱子的重量、长度、起重机性能及现场条件等因素而定。当采用单机吊升时，有以下两种方法。

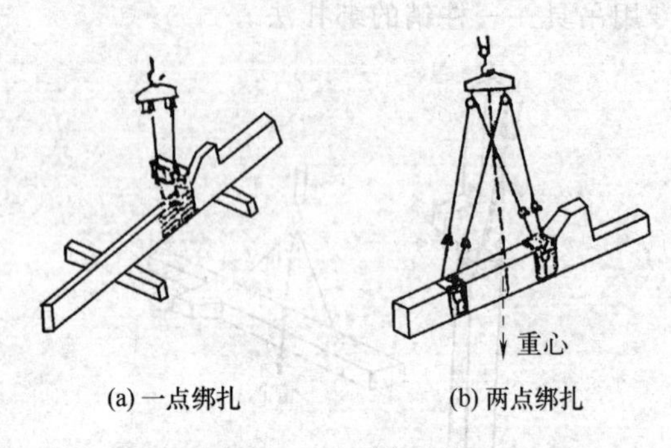

图 11-3 直吊绑扎法

① 旋转法。柱子在吊升过程中，起重机是边起钩边回转起重杆，使柱子绕柱脚旋转而吊起插入杯口，这种方法称旋转法，如图 11-4 所示。采用旋转法吊升时，为保证柱子连续旋转吊起而插入杯口，要求起重机的回转半径为一定值，即起吊时起重杆不起伏，故在预制布置柱子时，应使柱子的绑扎点、柱脚中心和杯口中心三点共弧，该三点所确定的圆心即起重机的回转中心。

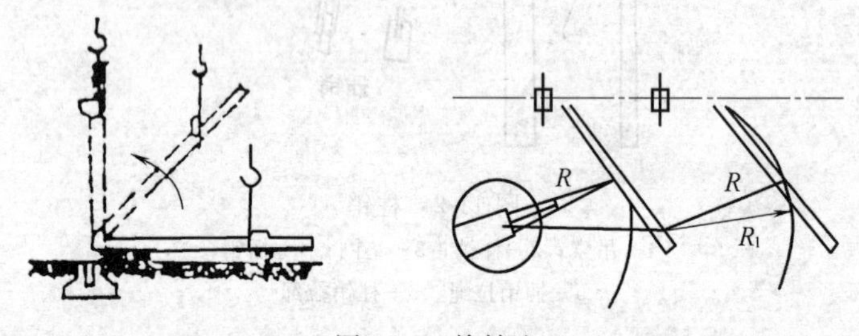

图 11-4 旋转法

如果柱子因条件的限制不能三点共弧时，也可以采用杯口与柱脚中心或绑扎点两点共弧，这种布置方法在吊升过程中，起重杆要不断地变幅，以保证柱吊升后靠近杯口而插入杯心，所以两点共弧起吊时工效低，且不够安全。

② 滑行法。即柱子在吊升时，起重机只升吊钩，起重杆不转动，使柱脚沿地面滑行逐渐直立而靠近杯口，然后插入杯中的方法，如图 11-5 所示。采用此法吊升时，柱子的绑扎点应靠近杯口，并与杯口

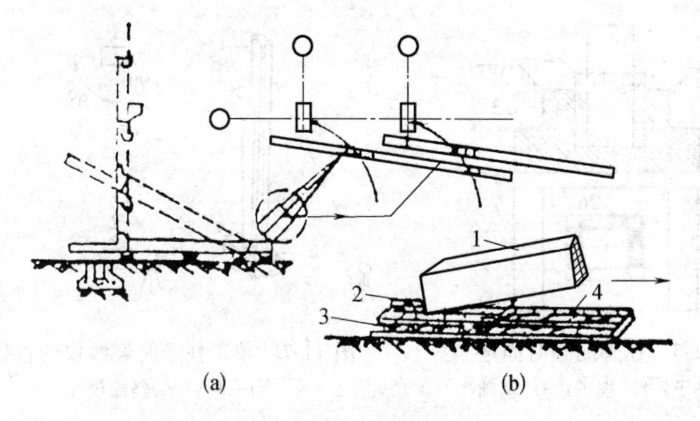

图 11-5　滑行法
1—柱子；2—托木；3—滚筒；4—滑行道

中心在起重机的回转半径上，以便于稍转起重杆即可将柱插入杯内。

在条件许可的前提下，通常采用旋转法。因旋转法在吊装过程中柱子所受震动较小，效率也高，只是对起重机的机动性要求较高，所以当采用自行式起重机时，柱子的吊装最好采用旋转法。而当柱子较重、较长或起重机在安全荷载下回转半径不够、现场狭窄无法按旋转法布置，以及只可能采用独脚拔杆、人字拔杆安装柱子时才采用滑行法。

（3）对位和临时固定

柱的对位是在柱脚插入杯口而距杯底 30～50mm 处开始的。其方法是用八只木楔或钢楔从柱的四边放入杯口，并用撬棍撬动柱脚，使柱子的安装中心线对准杯口上的安装中心线；保持柱子的垂直状态后略打楔块，即可落钩，柱在自重作用下落至杯底，再复查安装中心线，符合要求后，即完成了对位工作。在对位的同时，将楔块打紧使柱子临时固定，如图 11-6 所示。对于重型柱或细长柱子，除采用八只楔块临时固定外，还需增设缆风绳或斜撑等来保证其稳定。

（4）校正及最后固定

柱子的校正包括平面位置、标高和垂直度的校正。平面位置在对位和临时固定时已基本校正好，若有走动应及时采用敲打楔块的方法进行校正。标高的校正在杯底的抄平时已经完成。

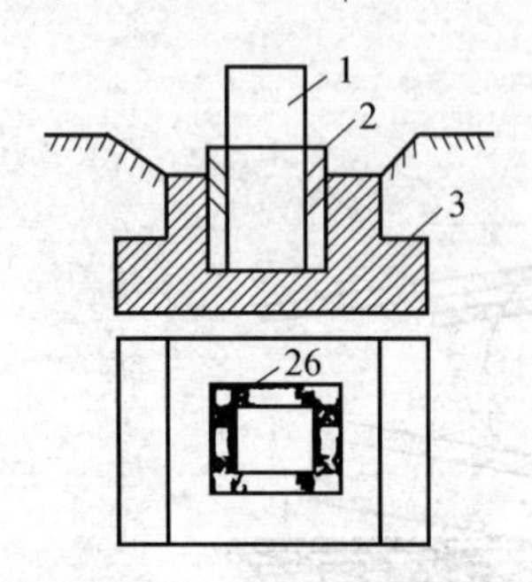

图 11-6 柱脚的临时固定

1—柱子；2—楔子；3—基础

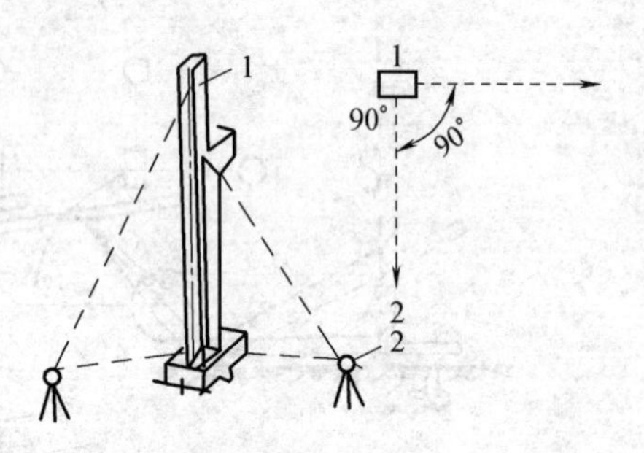

图 11-7 校正柱子时经纬仪的设置

1—柱；2—经纬仪

柱的垂直度偏差检测方法有经纬仪观测法和线锤检查法，如图 11-7、图 11-8 所示。

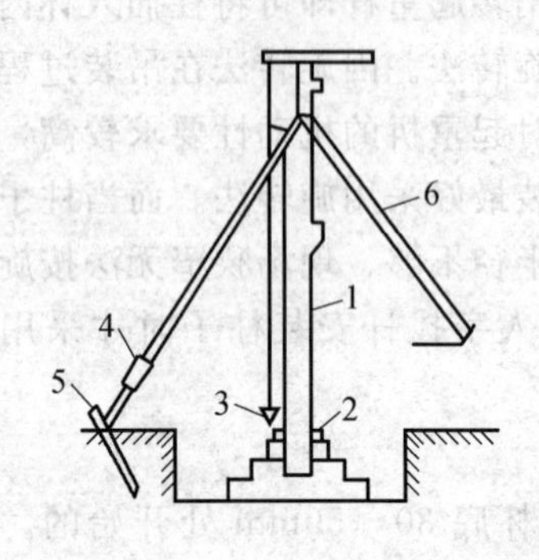

图 11-8 用大线锤检查柱子的垂直度

1—柱子；2—木楔；3—线锤；
4—花篮螺丝；5—木桩；6—缆风绳

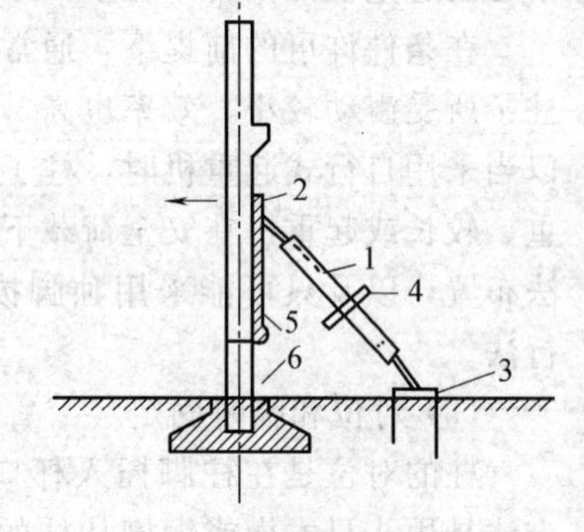

图 11-9 撑杆校正法

1—钢管；2—头部摩擦板；3—底板；
4—转动手柄；5—钢丝绳；6—楔块

柱的垂直度校正可采用撑杆校正法及千斤顶校正法，如图 11-9、图 11-10 所示。

柱子校正后应立即进行最后固定。最后固定是采用比柱子的强度等级高一级的细石混凝土灌填，分两次进行。第一次浇捣至楔块下端，当混凝土达到设计强度等级的 25%以后，即可拔去楔块，然后浇捣第二次混凝土直至杯口顶面。

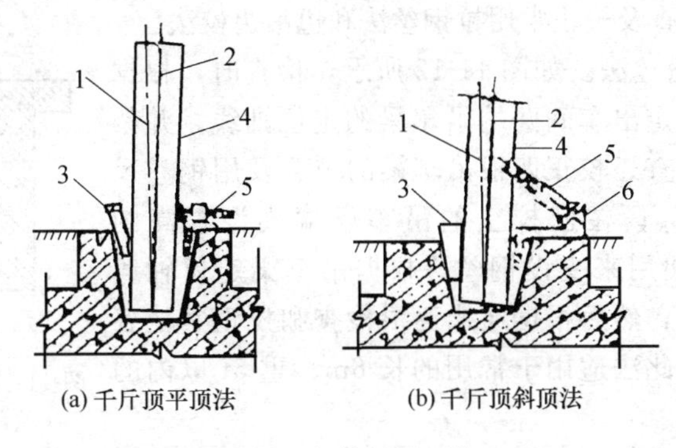

(a) 千斤顶平顶法　(b) 千斤顶斜顶法

图 11-10　螺旋千斤顶校正

1—铅垂线；2—柱中线；3—楔子；4—柱子；5—螺旋千斤顶；6—千斤顶支座

2．吊车梁的吊装

当柱子杯口二次浇灌的混凝土达到70%的设计强度后，方可进行吊车梁的安装。

（1）绑扎、起吊、对位

吊车梁一般采用两点绑扎，绑扎点对称设置于梁的两端，以便起吊后梁身保持水平。梁的两端应设置拉绳，避免悬空时碰撞柱子。

吊车梁应缓慢降钩对位，使吊车梁端与牛腿面的横轴线对准。对位时不宜用撬棍顺纵轴方向撬动吊车梁，以免柱产生偏移和弯曲。

吊车梁的稳定性较好，无需采取临时固定措施，一般情况下只需用垫铁垫平即可，但当梁的高宽比大于 4 时，要用钢丝将梁捆在柱上，以防倾倒。

（2）校正与最后固定

吊车梁的校正应在车间或一个伸缩缝区段内的全部结构构件安装完毕并经最后固定后进行。

吊车梁的校正包括标高、平面位置和垂直度。

标高的测定和调整已在做杯底的找平时基本完成，如仍有误差，可待安装吊车轨道时，用砂浆或垫铁调整即可。垂直度可用线锤靠尺检查（图 11-11）。若超过允许偏差，则应在平面位置校正的同时，用垫铁在梁两端支座上纠正，且每叠垫铁不得超过三片。

平面位置的校正包括轨距和纵轴线两项。轨距一般用钢卷尺测定；

纵轴线的检查及校正常用拉钢丝法和边吊边校法。

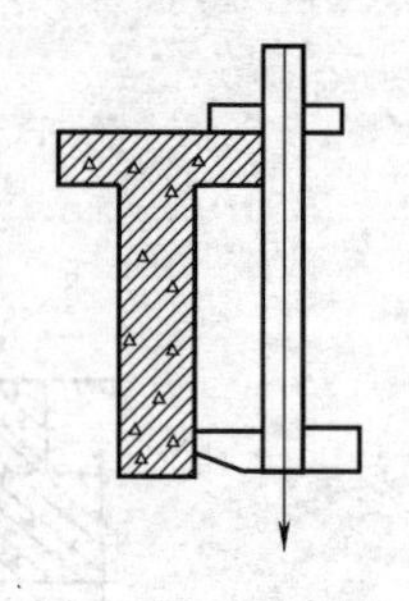

图 11-11　吊车梁

① 拉钢丝法。如图 11-12 所示，检查时，根据柱定位轴线定出车间两端吊车梁的定位轴线，并架设经纬仪检查、校正四根吊车梁的位置及用钢卷尺测定轨距 L_K；在已校正的吊车梁端头设置高约 20cm 的支架用来支设钢丝，根据吊车梁定位轴线拉钢丝通线，然后根据通线逐根检查和校正其他各根吊车梁。此法适用于常用的长 6m、重 5t 以内的吊车梁。

② 边吊边校法。当吊车梁较重，校正撬动困难，必须依靠起重机来移动调整时，只有采用边吊装边校正的方法。

如图 11-13 所示，校正时先用经纬仪在柱旁引一条与吊车梁纵轴线平行的视线，两线的间距为定值，在木尺上用 A、B 两点标出；安装时将木尺上的 A 点对准吊车梁顶面上的中心线，从经纬仪观察木尺上的 B 点，经移动调整吊车梁的位置，使 B 点与视线重合，这时所安装的吊车梁即已校正，然后再边吊边校下一根吊车梁。

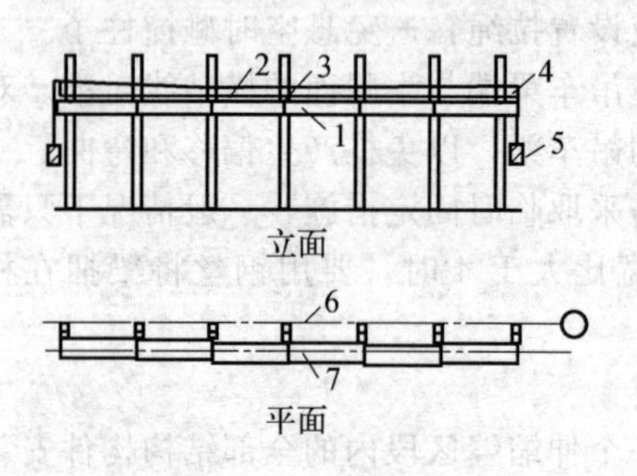

图 11-12　钢丝校正法

1—吊车梁；2—钢丝；3—圆钢；4—端头支撑；5—重物；6—柱子设计轴线；7—吊车梁设计轴线

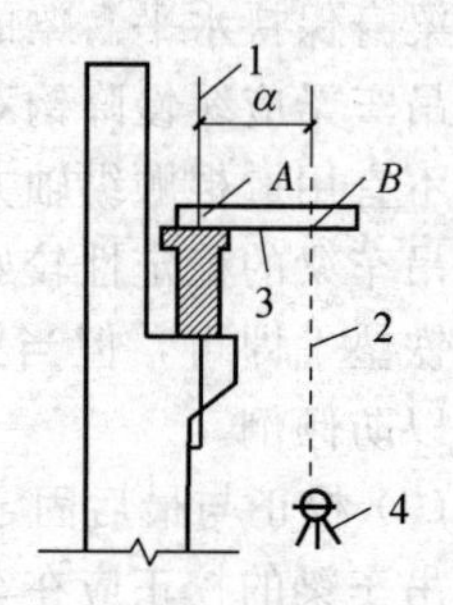

图 11-13　边吊边校法

1—吊车梁纵轴线；2—经纬仪视线；3—木尺；4—经纬仪

吊车梁校正后，应立即将梁与柱上的预埋件焊牢，并在接头处支模、浇筑细石混凝土。

3. 屋架的吊装

上一节已介绍了木屋架、钢屋盖系统的安装方法，这里将介绍单层厂房中常用的钢筋混凝土屋架，这种屋架一般在现场采用平卧重叠制作，然后经过扶直排放再进行吊装。

(1) 绑扎

屋架绑扎点应在屋架上弦节点处，对称于屋架重心，使屋架起吊后基本保持水平。绑扎时吊索的长度应保证与水平线的夹角不宜小于45°，以免屋架承受过大的横向压力而产生平面外弯曲，为了减少屋架吊索的高度及所受横向压力，可采用横吊梁。屋架两端应设拉绳，以防屋架在空中转动碰撞其他构件。

屋架绑扎的有关要求如图 11-14 所示。

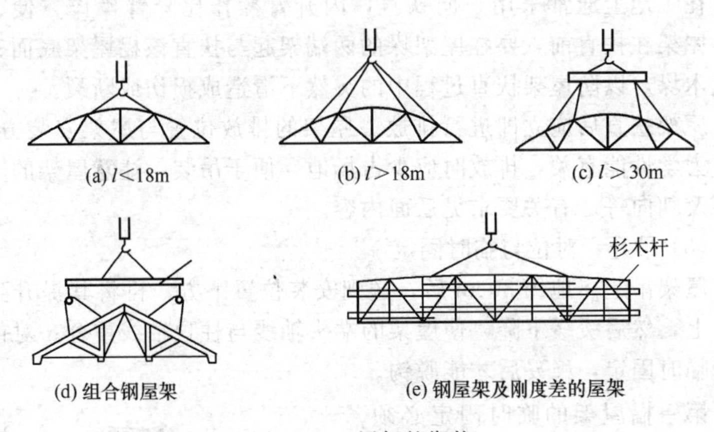

图 11-14　屋架的绑扎

(2) 扶直与排放

由于屋架重叠制作，吊装前需先翻身扶直，然后送到预定位置进行排放，以便于吊装。屋架的扶直按起重机与屋架的相对位置的不同，有两种扶直方法。

① 正向扶直。起重机位于屋架下弦一边，吊钩对准屋架中心，收紧吊钩，再略起臂，使上下榀屋架分开，接着升钩、起臂，使屋架以下弦为轴缓缓转为直立状态，如图 11-15 (a) 所示。

② 反向扶直。起重机位于屋架上弦一边，吊钩对准屋架中心，收紧吊钩，接着升钩，降臂，使屋架绕下弦转动而直立，如图 11-15

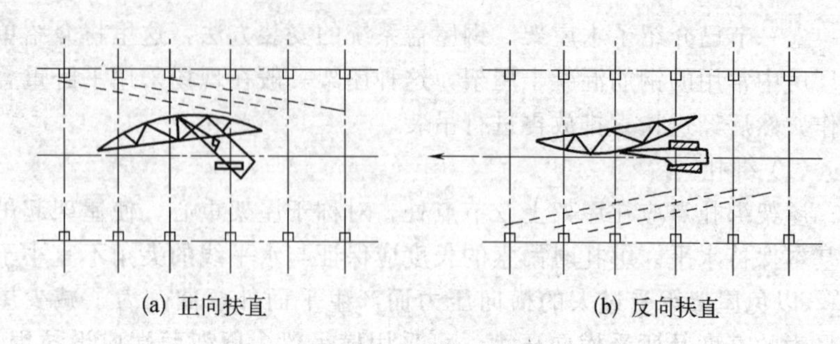

图 11-15　屋架的扶直

(b) 所示。

在工地上通常采用正向扶直，因升臂操作比降臂操作方便、安全。屋架在扶直前，要在屋架垛的两端架起与扶直该榀屋架底面齐平的枕木垛，以防屋架扶直过程中的突然下滑造成损伤或断裂。

屋架扶直后应立即进行排放。屋架的排放位置与屋架安装方法、起重力学性能有关，排放时应少占场地、便于吊装，注意屋架的安装顺序及朝向等。有关要求见后面内容。

(3) 吊升、对位与临时固定

屋架吊起离地约 30cm 后，送到安装位置下方，再将其提升到柱顶以上，然后缓缓下降，使屋架的端头轴线与柱顶轴线重合。对位后进行临时固定，稳妥后才能脱钩。

第一榀屋架的临时固定必须牢固可靠。因为屋架为单片结构，且第二榀屋架的临时固定又是以第一榀为支撑的。第一榀屋架的临时固定，一般是用四根缆风绳从两边把屋架拉紧，如图 11-16 所示。其他各榀屋架可用工具式支撑撑在前一榀屋架上，待屋架校正，最后固定并安装了若干屋面板后，将支撑取下。

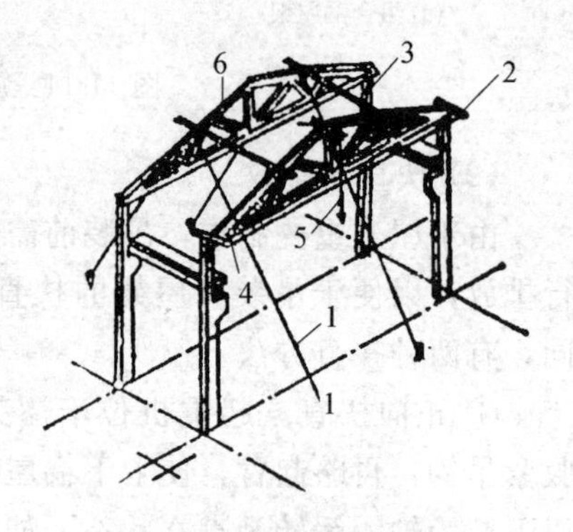

图 11-16　屋架的临时固定
1—缆风绳；2，4—挂线木尺；
3—屋架校正器；5—线锤；6—屋架

(4) 校正，最后固定

屋架经临时固定后，主要校正垂直度。施工验收规范要求：屋架上弦对通过两端支座中心的垂直度偏差不得大于 $h/250$（h 为屋架高度）。垂直度检查可用线锤或经纬仪。用线锤检查时，将线锤挂在木尺上，然后测量上、下弦与锤线的距离；若误差超过要求，则调整至规定值以内。用经纬仪检查时，将仪器架在被检查屋架的跨外，距柱横轴线 0.5～1m，然后观测屋架中间及两端木卡尺上的标记是否在同一垂直面上，如偏差超过规定值，则可旋转支撑上的螺栓予以纠正，并用垫铁垫稳。校正无误后，立即用电焊焊接牢固。

4. 屋面板

单层工业厂房一般采用大型屋面板。屋面板上一般有吊环，起吊时应使四根吊索拉力相等，屋面板保持水平。屋面板安装时，应自两边檐口开始对称地逐块铺向屋脊，避免屋架承受半边荷载。屋面板按定位轴线对位后，立即进行电焊固定。每块屋面板可焊三点，最后一块只能焊两点。

三、结构安装方法

单层工业厂房结构安装方法有分件安装法和综合安装法两种。

1. 分件安装法

起重机在车间内每开行一次仅安装一种或两种构件的方法称分件安装法。单层工业厂房起重机一般需三次开行即可安装完全部构件。

第一次开行，安装全部柱子，并对柱子进行校正和最后固定；

第二次开行，安装全部吊车梁、连系梁及柱间支撑，并进行屋架的扶直排放；

第三次开行，沿跨中分节间安装屋架、天窗架、屋面板及屋面支撑等屋盖构件。

分件安装法起重机每次开行，基本上是安装同类构件，不需经常更换索具，操作易于熟练，工作效率高；构件供应与现场平面布置比较简单，可为构件校正、接头焊接、灌筑混凝土及养护提供充分的时间，保证了安装的质量。因此，目前装配式单层工业厂房大多采用分件安装法。

2. 综合安装法

它是起重机在车间内的一次开行中，分节间安装完各种类型的构件的方法。具体的安装要求是：先安装 4～6 根柱子，并立即加以校正及最后固定，接着安装连系梁、吊车梁、屋架、天窗架、屋面板等构件。如图 11-17 所示。因此，起重机在每一个停机点都可以安装较多的构件，开行路线短；每一节间安装完毕后，可为后续工作提供工作面，使各工种能交叉平行流水作业，有利于加快施工速度，缩短工程工期；但构件平面布置复杂，构件校正和最后固定时间紧迫，且后安装的构件对先安装的构件的影响增大，工程质量难以保证；只有当结构构件必须采用综合安装法及移动困难的桅杆式起重机进行安装时，才采用此法。

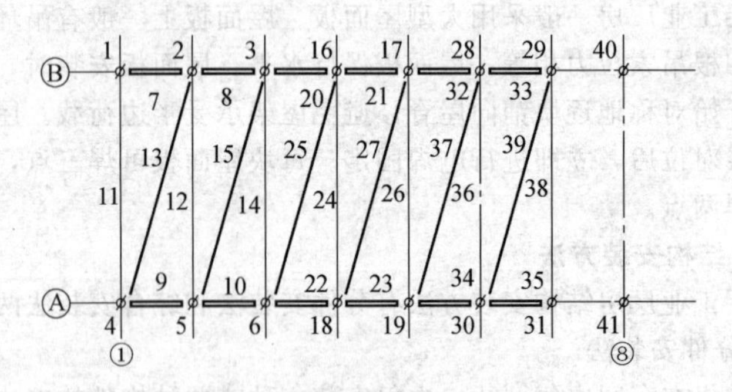

图 11-17 综合安装法构件吊装顺序

吊柱子 1～6 号、16～19 号、28～31 号、40～41 号

安吊车梁 7～10 号、20～23 号、32～35 号

安屋架 11～12 号、14 号、24 号、26 号、36 号、38 号

安屋面板 13 号、15 号、25 号、27 号、37 号、39 号

3. 构件的平面布置

构件的平面布置包括预制阶段的平面布置和安装阶段的平面布置。构件的布置应遵守以下原则：

① 每跨的构件宜布置在本跨内。

② 构件的布置，应便于支模及浇筑混凝土；预应力构件要留出抽管、穿筋的必要空地。

③ 要满足安装工艺的要求，尽可能布置在起重机的工作半径内，尽量减少负荷行驶的距离及起伏起重杆的次数。

④ 力求占地少，保证运输、起重机行驶的道路畅通，起重机回

转时不碰撞构件。

⑤ 要注意构件的朝向，特别是屋架，要避免安装时在空中调头。

⑥ 应布置在坚实的地基上。现场预制时要注意地基的均匀沉降，新填土要夯实并垫上通长木板。

构件的布置还应考虑起重机的性能，当起重机的起重能力大、构件较轻时，则优先考虑构件的布置方便；当构件重量大、起重机能力小时，则优先考虑便于吊装。

四、预制阶段的构件平面布置

预制阶段的构件平面布置是指在现场制作构件时的构件平面布置，如屋架、柱子等构件在现场预制，应确定其预制的位置。

1．柱的布置

柱子在吊升时有旋转法和滑行法。为了保证柱子按这两种方法吊升，柱子在预制时常有以下两种布置方式。

（1）斜向布置

柱子预制时与厂房纵轴线成一倾角。这种布置方式主要是为了配合旋转法，具有占用场地较少、起重机起吊方便等优点。斜向布置时，常采用三点共弧，其预制位置可采用作图法确定，作图步骤如下。

① 平行柱轴线作一平行线为起重机开行路线，起重机开行路线到柱基中心的距离为 L（见图 11-18），L 值与起重机吊装柱子的起重半径 R 有关，即：$L \leqslant R$。

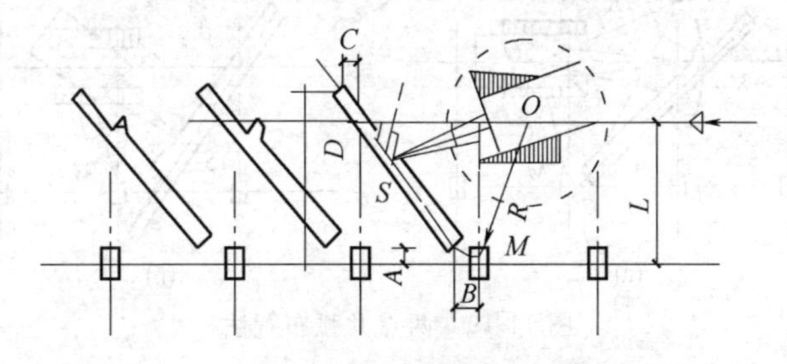

图 11-18　柱子的斜向布置

同时，开行路线应不在回填土地段，不要过分靠近构件，防止回转时碰撞构件。

② 确定起重机的停机点。起重机安装柱子时应位于所吊柱子的横轴线稍后的位置，以便于司机看清柱子的状态和对位情况。停机点的确定方法是，以要安装的柱基础杯口中心为圆心，以所选定的起重半径为半径，画弧交开行路线于 O 点，O 点即为所安装柱子的停机点。

③ 确定预制位置。以停机点 O 为圆心，以 OM（即起重半径 R）为半径画弧；在弧上靠近柱基的附近选一点 K（K 最好不在回填土上），作为柱脚中心；K 点的选择应使柱子布置不压在杯口上为好，以 K 点为圆心，柱脚至绑扎点的长度为半径画弧，交 OM 半径所画的弧于 S 点，连 KS，即为柱子的中心线；根据中心线确定柱子的模板位置图，量出柱顶、柱脚中心点到柱列纵横轴线的距离 A、B、C、D，作为支模定位的依据。

在确定柱子的模板位置时，要注意牛腿的朝向。当柱布置在跨内时，牛腿应面向起重机；布置在跨外时，牛腿则应背向起重机。

如果柱子布置难以做到三点共弧时，也可按两点共弧布置。如图 11-19（a）所示，采用柱脚、杯口中心两点共弧时，S 点的确定方法是以柱脚 K 为圆心，柱脚到绑扎点的距离为半径画弧，同时以 O 为圆心，起重机吊装柱子的安全起重半径为半径画弧，两弧的交点即吊点 S，连 KS 即柱中心线。如图 11-19（b）所示，是绑扎点、杯口中心两点共弧，S 点应靠近杯口，但上柱最好不在回填土上。

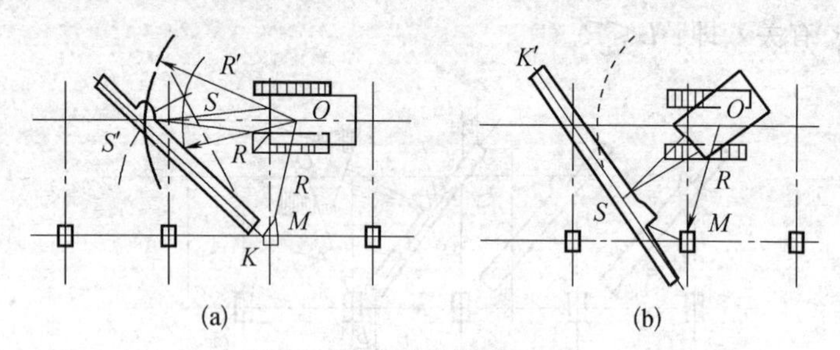

图 11-19 两点共弧布置法

（2）纵向布置

柱子的预制方向与厂房纵轴线平行排列，如图 11-20 所示。这种布置方式是因为场地狭窄，配合柱子的滑行法吊升时采用的。布置时可考虑起重机停于两柱之间，每一停机点吊装两根柱子。柱子绑扎点 S 应考虑布置在起重机吊装该柱的起重半径上。

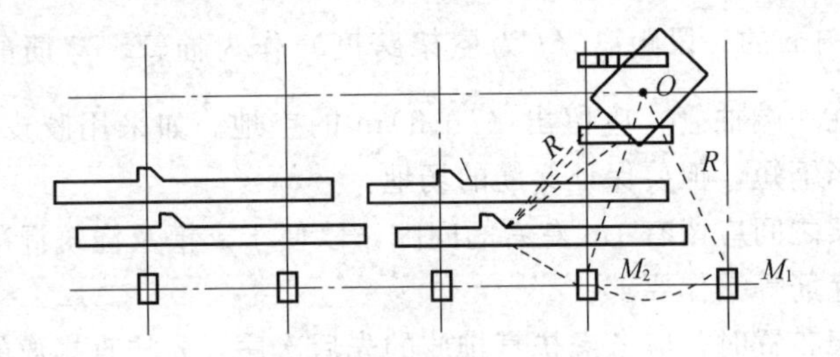

图 11-20　柱子的纵向布置

2. 屋架的布置

屋架一般安排在跨内平卧叠层预制，每垛 3～4 榀。布置的方式有正面斜向布置、正反斜向布置和正反顺轴线布置，如图 11-21 所示。通常以斜向布置较好，因为它便于起重机进行屋架的扶直和排放，只有场地受到限制时，才考虑其他布置方式。

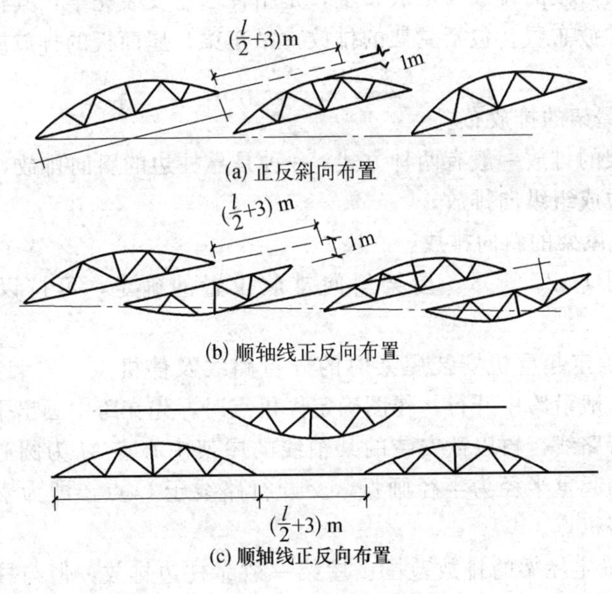

图 11-21　屋架的布置

屋架采用正面斜向布置时，下弦与厂房纵轴线的夹角 α 取 10°～20°；预应力混凝土屋架，预留孔洞采用钢管抽芯时，屋架两端应留出 $\left(\frac{l}{2+3}\right)$m 的一段距离（$l$ 为屋架跨度）作为抽管、穿筋的操作场地；如在一端抽管，应留出 $(l+3)$m 的空地。如采用胶皮管抽芯，则可适当缩短，但要保证穿筋的场地。

屋架之间应留有 1m 左右的间隙，以便于支模及浇筑混凝土，同时保证穿筋等操作要求。

屋架布置时，应考虑扶直排放的先后次序，先扶直排放的放在上层，同时应注意屋架的朝向及预埋铁件的位置。

3. 吊车梁的布置

当吊车梁在现场预制时，可靠近柱基顺纵向轴线或略有倾斜布置。也可插在柱子的空当中预制，但不要影响起重机吊装柱子的开行路线，如具有运输条件，也可以在场外集中预制。

五、安装阶段构件的排放与堆放布置

安装阶段的排放与堆放布置，是指柱子已安装完毕，其他构件的排放与堆放布置。包括屋架的排放，吊车梁、屋面板的排放或堆放布置等。

1. 屋架的排放布置

屋架的排放一般有两种方式：一种是靠柱边的斜向排放，另一种是靠柱边成组纵向排放。

(1) 屋架的斜向排放

如图 11-22 所示。屋架斜向排放位置的确定，可按以下步骤作图。

① 确定起重机安装屋架时的开行路线及停机点。安装屋架时，起重机一般沿跨中开行，作图确定停机点时，先在跨中画出平行于纵轴的开行路线，再以欲安装的某轴线的屋架中心点 M 为圆心，以安装屋架的起重半径为半径画弧，交开行路线于 O 点，即为安装该榀屋架的停机点。

② 确定屋架的排放范围。屋架一般靠柱边排放，但与柱的距离也不宜小于 20cm，并可利用柱子作为屋架的临时支撑。根据以上要

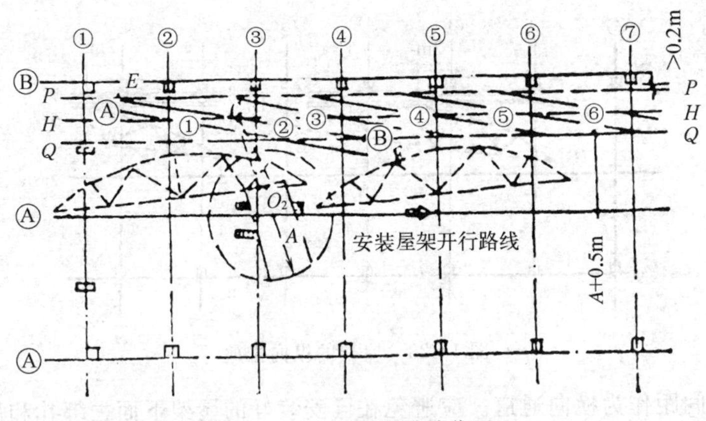

图 11-22　屋架的排放位置

求，作屋架排放的外边界线 PP。起重机安装屋架、屋面板时要避免机身尾部碰撞排放的屋架，故在开行路线（$A+0.5$)m 范围内（A 为起重机的几何参数)，也不宜排放屋架，从而由此确定屋架排放的内边界线 QQ，PP、QQ 线之间即为屋架的排放范围。

③ 确定屋架的排放位置。根据 PP、QQ 线确定中线 HH，屋架斜向排放后，其中点（屋脊）均应在 HH 线上。以安装该榀屋架的停机点 O 为圆心，起重半径 R 为半径画弧，交 HH 线于 G 点，G 点即是该榀屋架排放后的中点；再以 G 点为圆心，屋架的跨度一半为半径，画弧交 PP、HH 两线于 E、F 两点，连 E、F，即为所要确定的屋架排放位置（G 点应在 E、F 的连线上）。在确定屋架的排放位置时应注意屋架排放的次序和朝向，不要把先排放的屋架放在距离柱较远的位置，而后排放的屋架放靠近柱较近的位置，这样也不便于吊装和排放时的临时固定。其他各榀屋架排放均平行于前述屋架，端点相距 6m。最后一榀屋架排放时往往应靠近前一榀屋架。

(2) 屋架的成组纵向排放

屋架纵向排放时，一般以 4～5 榀为一组靠柱边顺轴线排放，如图 11-23 所示。

屋架纵向排放时，屋架与柱之间、屋架与屋架之间的净距不少于 20cm，相互之间用铅丝及支撑拉紧撑牢。每组屋架之间，应留 3m 左

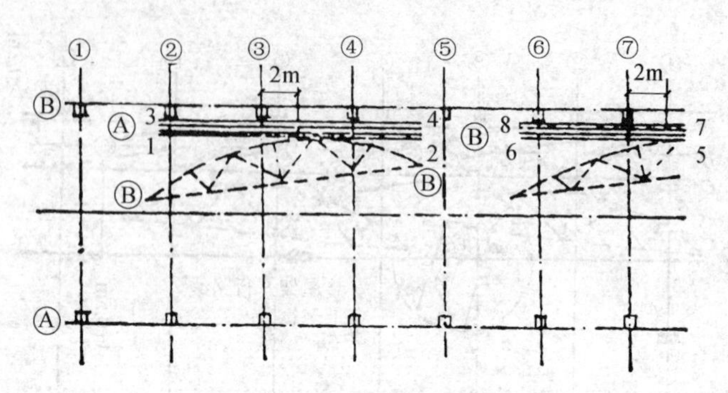

图 11-23 屋架的纵向排放

右的间距作为横向通道。应避免在已安装好的屋架下面去绑扎和吊装屋架。因此，每组屋架的排放中心线，可大致安排在该组屋架倒数第二榀安装轴线之后 2m 处。

2. 吊车梁、连系梁、屋面板的排放与堆放布置

构件运至现场后，应按平面布置要求的位置，按编号及构件安装顺序进行排放或堆放。

吊车梁、连系梁，一般在其吊装位置的柱列附近，跨内跨外均可。有时也可直接从运输车上吊装，不需排放。

屋面板的排放位置，根据吊装大型屋面板时的 R 值，可布置在跨内或跨外。跨内布置时，应后退 3～4 个节间开始排放，跨外布置时，应后退 1～2 个节间开始排放，以便于起重机在吊装屋面板时不改变起重半径。

第二节 多层房屋结构吊装

多层房屋是指多层工业厂房和多层民用建筑。在工业建筑中，由于工艺流程和设备管线布置的要求，一般多采用装配式钢筋混凝土框架结构；在民用住宅建筑中，以钢筋混凝土墙板为承重结构的多层装配式大型墙板结构房屋应用广泛。

装配式结构的构件全部在预制厂或现场预制，运到现场后用起重机吊装成整体，多层装配式结构房屋的施工特点是：房屋高度较大而

占地面积相对较小；构件类型多，数量大；各类构件接头处理复杂，技术要求较高。因此，在拟订结构吊装方案时应着重解决吊装机械的选择与布置；结构吊装方法与吊装顺序；构件的平面布置；构件吊装工艺等问题。

一、起重机械的选择与布置

1. 起重机械的选择

起重机械的选择应根据建筑物的结构形式、层数与总高、建筑物的平面形状和尺寸、结构构件的形状尺寸和重量以及它们的安装位置、现场实际条件和现有设备能力等因素来确定。

目前多层房屋结构常用的吊装机械有履带式起重机、汽车式起重机、轮胎式起重机及塔式起重机等。

五层以下的民用建筑及高度在18m以下的工业厂房或外形不规则的多层厂房，选用履带式、汽车式或轮胎式起重机较合适。

多层房屋总高度在25m以下，宽度在15m以内，构件质量在3t以下，一般可选用QT1-6型塔式起重机、TQ60/80型塔式起重机或具有相同性能的轻型塔式起重机。

10层以上的高层装配式结构，由于高度大，普通塔式起重机的安装高度不能满足要求，需采用爬升或附着式自升塔式起重机。

2. 起重机械的布置

塔式起重机的布置方案主要根据建筑物的平面形状、构件重量、起重机性能及施工现场地形条件确定。通常有单侧布置、双侧（或环形）布置、跨内单行布置和跨内环形布置四种，如图11-24所示。

跨外单侧布置适用于建筑物宽度较小（15m左右）、构件重量较轻（20kN左右）的情况，这时起重半径应满足$R \geqslant b+a$；

跨外双向布置或环形布置适用于建筑物宽度较大（$b>17$m）或构件较重，单侧布置时起重机不能满足最远构件的吊装要求的情况。双向布置时起重半径应满足$R \geqslant \frac{b}{2}+a$；

跨内单行布置适用于建筑场地狭窄，起重机不能布置在外侧或起重机布置在外侧不能满足构件吊装要求的情况；

跨内环形布置适用于构件较重，起重机在跨内单行布置不能满足

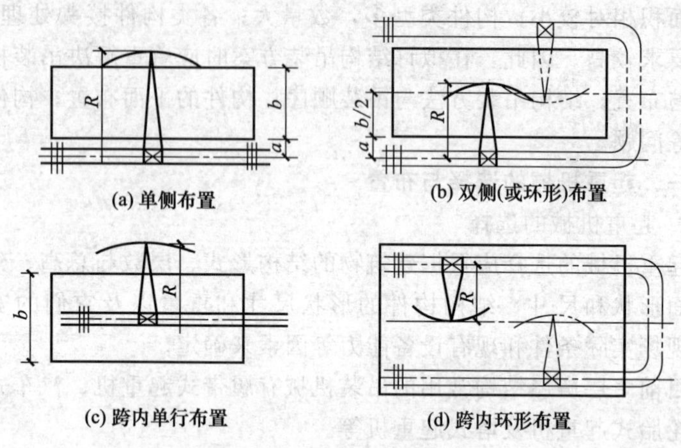

图 11-24　塔式起重机的布置

构件的吊装要求，同时起重机又不可能跨外环形布置的情况。

二、构件平面布置和堆放

多层厂房的预制构件除较重、较大的柱在现场就地预制外，其余构件大多在预制厂制作后运到工地安装。因此，构件平面布置应着重解决柱的现场预制布置和预制构件的堆放问题。

构件的平面布置与所选用的吊装方法、起重机的类型与性能、构件的重量、形状及制作方法有关。构件现场布置的原则如下。

① 预制构件尽可能布置在起重机工作幅度内，避免二次搬运。

② 重型构件尽可能靠近起重机布置，中小型构件可布置在重型构件外侧。对运人工地的小型构件，如直接堆放在起重机工作幅度内有困难时，可以分类集中布置在房屋附近，吊装时再用运输工具运到吊装地点。

③ 构件布置的地点与该构件吊装到建筑物上的位置应相配合，以便构件吊装时尽可能使起重机不需移动和变幅。

④ 构件现场重叠制作时，应满足构件由下至上的吊装顺序的要求，即安排需先吊装的下部构件放置在上层制作，后吊装的上部构件放置在下层浇制。

⑤ 同类构件应尽量集中堆放，同时，构件的堆放不能影响场内的通行。

柱是现场预制构件中最主要的构件，布置必须优先考虑。柱的布置方案有与塔式起重机轨道呈平行、倾斜及垂直三种，如图 11-25 所示。

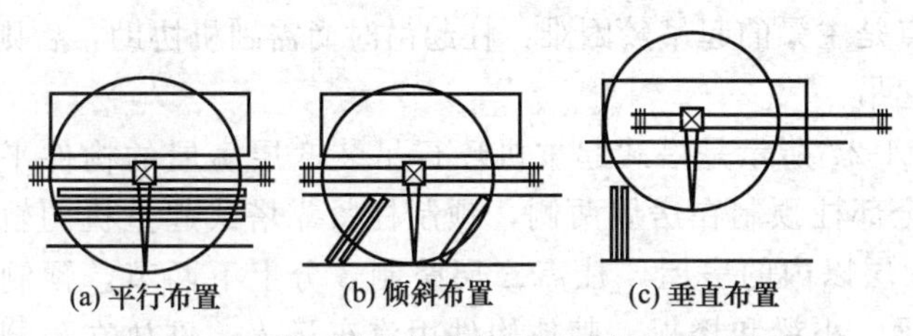

图 11-25　使用塔式起重机吊装时柱的布置方案

平行布置是常用的布置方案，其优点是可以将几层柱通长预制，能减少柱接头预制偏差。倾斜布置可用旋转起吊、适用于较长的柱。当塔式起重机在跨内开行时，为了使柱的吊点在起重机的工作幅度范围内，柱可与房屋垂直布置。

图 11-26 所示是塔式起重机跨内开行时吊装 5 层房屋的结构平面布置实例。柱预制在靠近塔式起重机的一侧，因受塔式起重机工作幅

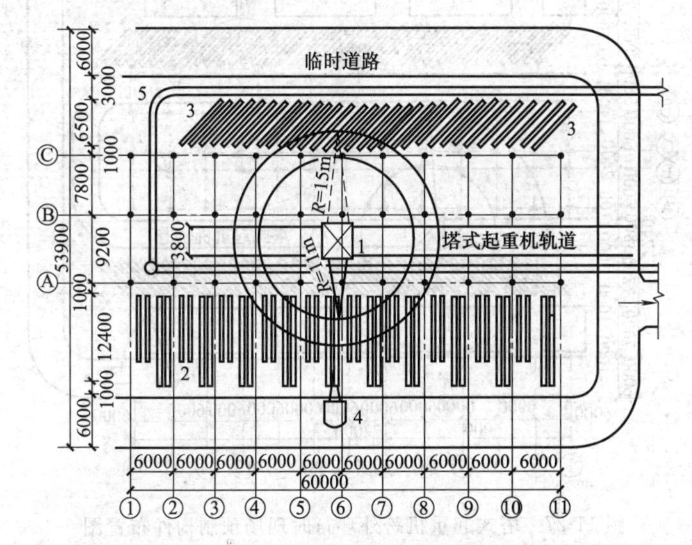

图 11-26　塔式起重机跨内开行时现场预制构件布置图

1—塔式起重机；2—现场预制柱；3—预制主梁；4—辅助起重机；5—轻便窄轨

度所限，故柱与房屋成垂直布置。主梁预制在房屋另一边，小梁和楼板等其他构件可在窄轨上用平台车运入，随吊随运。该方案的优点是房屋内部不布置构件，只有柱和主梁预制在房屋的两侧，场地布置简单。缺点是主梁的起吊较困难，柱起吊时尚需副机协助，否则就需用滑行法起吊。

图 11-27 所示是塔式起重机环行吊装 5 层房屋的构件平面布置实例。全部柱预制在房屋两侧，预制柱紧靠塔式起重机的轨道倾斜布置。5 层以内的房屋，柱需二层叠制，分上下两节。预制柱外侧布置主梁、小梁和楼板。其他构件用汽车运入，堆放在预制柱的外边，用一台汽车式起重机卸车并堆放。该方案的优点是重的构件布置在靠近起重机轨道，轻的构件布置在外边，能最大限度地发挥起重机的起重能力，并且柱起吊方便。但该方案要求房屋两侧有更多的场地。

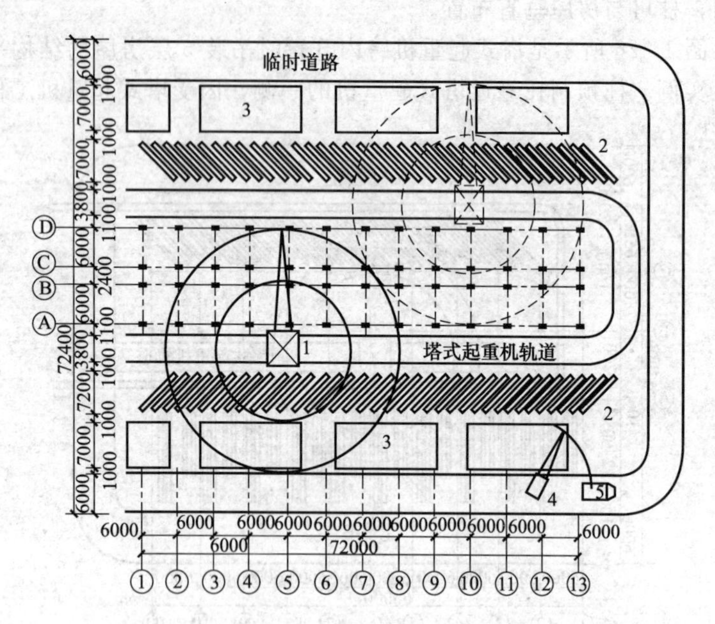

图 11-27 塔式起重机跨外环行时现场预制构件布置图

1—塔式起重机；2—预制柱场；3—梁板堆板；

4—汽车式起重机；5—载重汽车

图 11-28 是履带式起重机跨内开行吊装一幢二层三跨框架结构的构件平面布置实例。柱在跨中基础旁斜向布置，两层叠制。履带式起重机在两个跨内开行。梁板堆场布置在房屋两外侧，也是在起重机的有效工作范围之内。该方案适用于横向三跨而中间跨较宽的房屋。

图 11-29 是使用爬升式塔式起重机跨内吊装高层框架结构的构件平面布置实例。由于爬升式起重机布置在房屋中央，在起重机工作范

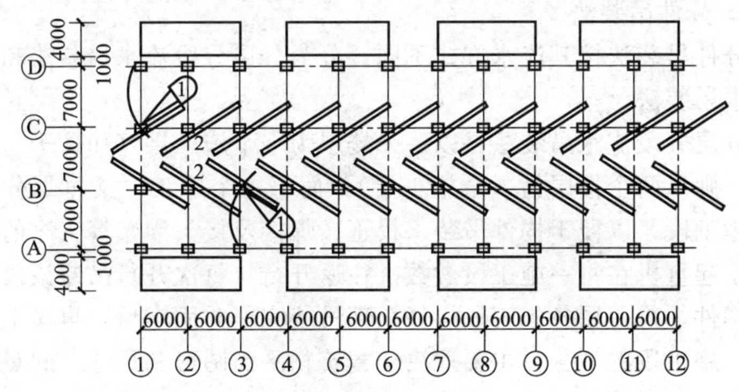

图 11-28　履带式起重机跨内开行构件布置图

1—履带式起重机；2—柱的预制场地

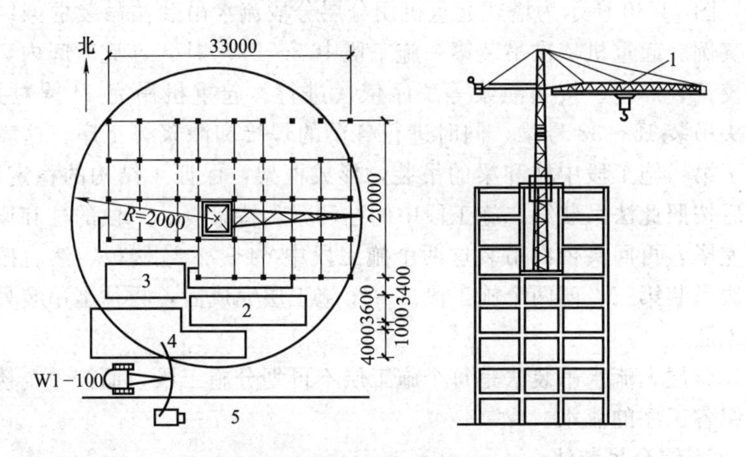

图 11-29　爬升式塔式起重机吊装框架结构的施工平面图

1—爬升式塔式起重机；2—墙板堆放区；3—楼板堆存区；

4—柱梁堆放区；5—运输道路

围内的堆放场地较小，因此，全部构件在工厂集中预制，然后运到工地吊装。除楼板和墙板直接运到现场存放外，其他构件均在现场附近另辟转运站，吊装时再转运一次，由一台履带式起重机在现场卸车。

三、结构吊装方法与吊装顺序

多层装配式框架结构的吊装方法，有分件吊装法和综合吊装法两种。

1. 分件吊装法

分件吊装法按其流水方式不同，分为分层分段流水吊装法和分层大流水吊装法。

分层分段流水吊装法是以一个楼层为一个施工层（如柱子是两层一节，则以两个楼层为一个施工层），而每一个施工层又再划分为若干个施工段，以便于构件吊装、校正、焊接及接头灌浆等工序的流水作业。起重机在每一施工段做数次往返开行，每次开行吊装该段内某一种构件，待一层各施工段构件全部吊装完毕并固定后，再吊上一层构件。施工段的划分，主要取决于建筑物平面图形和尺寸、起重机的性能及其开行路线、完成各个工序所需时间和临时固定设备的数量等。框架结构的施工段一般是4～8个节间。

图11-30所示为塔式起重机用分层分段流水吊装法吊装框架结构的实例。起重机依次吊装第一施工段中1～14号柱，在此时间内，柱的校正、焊接、接头灌浆等工序依次进行。起重机吊完14号柱后，回头吊装15～33号梁，同时进行各梁的焊接和灌浆等工序。这就完成了第一施工段中柱和梁的吊装，形成框架，保证了结构的稳定性。然后按照此法吊装第二施工段中的柱和梁。待第一、二段的柱和梁吊装完毕，再回头依次吊装这两个施工段中64～75号楼板，然后按照此法吊装第三、四两个施工段。一个施工层完成后，再往上吊装另一施工层。

分层大流水吊装法是每个施工层不再划分施工段，而按一个楼层组织各工序的流水。

2. 综合吊装法

综合吊装法是以一个节间或几个节间为一个施工段，以房屋的全高为一个施工层来组织各工序的流水。起重机把一个施工段的构件吊

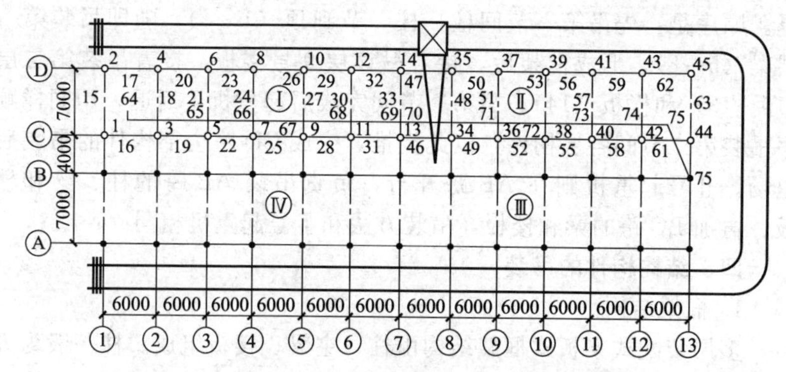

图 11-30　塔式起重机吊装框架结构分层分段流水法

Ⅰ～Ⅳ—施工段编号；1,2,3…—构件吊装顺序

至房屋的全高，然后转移到下一个施工段。

当采用自行杆式起重机吊装框架结构，或用塔式起重机在跨内开行时，要求采用综合吊装法。图 11-31 所示为采用履带式起重机跨内开行以综合吊装法吊装两层框架结构的实例。该工程采用两台履带式起重机，其中Ⅰ号起重机先吊装 CD 跨的柱、梁和楼板，纵向逐间后

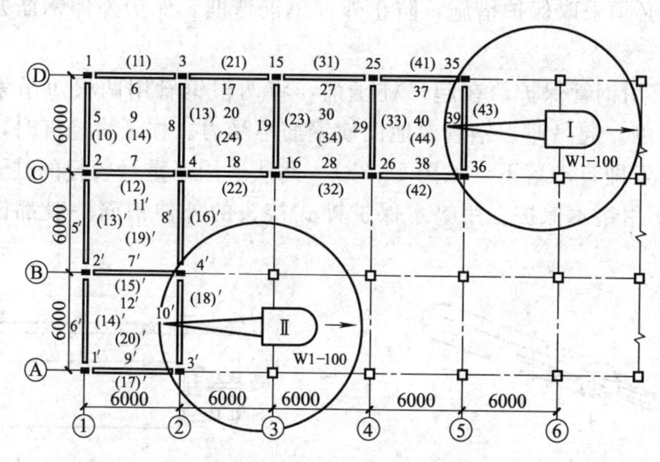

图 11-31　履带式起重机跨内开行用综合吊装法吊装梁板式结构（二层）的顺序图

1，2…—起重机Ⅰ的吊装顺序；1′,2′…—起重机Ⅱ的吊装顺序；

()—第二层梁板吊装顺序

退。顺序是：先吊第一节间柱，柱一节到顶（1～4），随即吊装第一层梁（5～8），形成框架后，接着吊该层9号楼板，接着吊装第二层（10～13）和楼板（14）。当第一节间完成后起重机Ⅰ后退，用同样顺序吊装第二节间各层构件，以此类推，完成CD跨全部构件的吊装后退场。Ⅱ号起重机则在AB跨开行，负责吊装AB跨的柱、梁和楼板，再加BC跨的梁和楼板，吊装方法和Ⅰ号起重机相同。

四、结构构件的吊装

1. 框架结构

多层装配式梁板式框架结构由柱、主梁、楼板组成。柱一般为方形或矩形截面，为便于预制和吊装，上下各层柱的截面一般保持不变，而采取改变柱内配筋或混凝土强度等级的方法来适应上下层柱承载力的变化。柱的长度有一层一节或二至三层一节，或做成梁柱整体式结构（H形或T形构件）。主要取决于现场的起重设备条件。

(1) 柱的吊装

多层混凝土结构的柱较长，一般都分成几节进行吊装，柱的吊装方法与单层工业厂房柱相同，多采用旋转法，上柱根部有外伸钢筋，吊装时必须采取保护措施，防止外伸钢筋弯曲。保护外伸钢筋办法有两种。

① 用钢管保护。在起吊柱子前，将两根钢管用两根短吊索套在柱子两侧。起吊时，钢管着地而使钢筋不受力。柱子将竖直时，钢管和短吊索即自动落下（见图11-32）。此法适用于重量较轻的柱子。

② 用垫木保护。用垫木保护榫式接头的外伸钢筋一般都比榫头

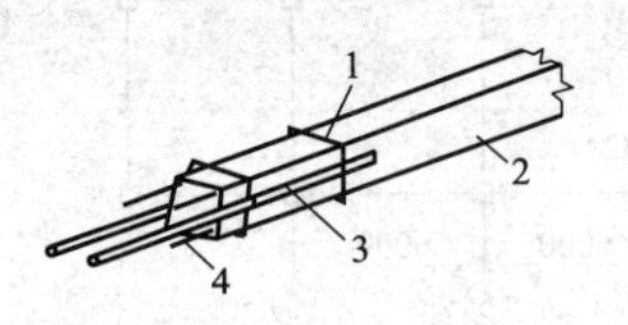

图11-32 用钢管保护柱脚外伸钢筋

1—钢丝绳；2—柱；3—钢管；4—外伸钢筋

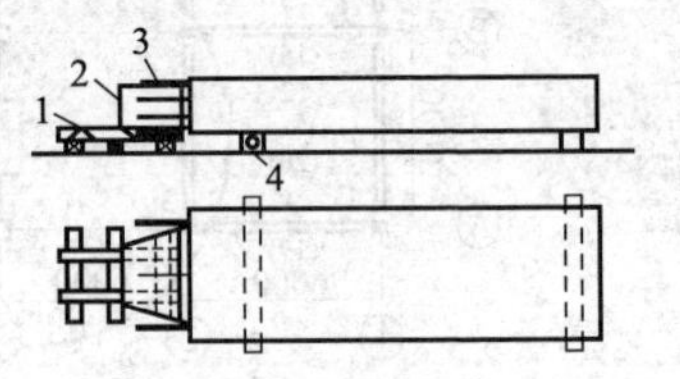

图11-33 用垫木保护柱脚外伸钢筋

1—保护钢筋的垫木；2—柱子榫头；3—外伸钢筋；4—原堆放柱子的垫木

短，在起吊柱子前，用垫木将榫头垫实（见图 11-33）。这样，柱子在起吊时将绕榫头的棱边转动，可使外伸钢筋不着地。

框架底层柱大多为插入基础杯口。上柱和下柱的对线方法，根据柱子是否统一长度预制而定。

如果各节柱采用统长预制，接头处一般都预留定位销孔（见图 11-34）。脱模前在上柱榫头和下柱柱顶间用红漆标出定位记号。就位时，只要插上定位销，对好定位记号即可。此时，上下柱截面和外伸钢筋都可对齐。

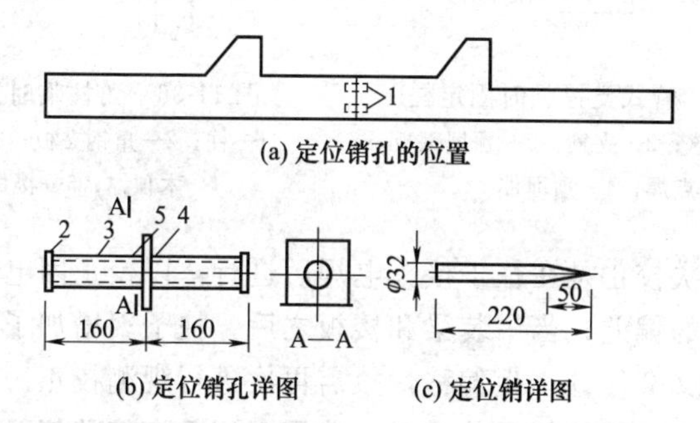

图 11-34　统长预制柱中的预留定位销孔

1—定位销孔；2—钢板（50×50×5）；3—钢管（ϕ42×3.5）；4—点焊；5—钢板

上柱与下柱间的对线工作应在起重机松钩前进行。对线做法是将上柱底部中线对准下柱顶部中线，同时测定上柱中心线的垂直度，下柱顶部中心线应与基础中线相符。若有偏差，应先校正下柱。

(2) 柱的临时固定与校正

下节柱的临时固定和校正方法与单层工业厂房的柱子相同。

重量较轻的上节柱，可采用方木和管式支撑进行临时固定和校正（见图 11-35 及图 11-36）。管式支撑为两端装有螺杆的钢管，上端与套在柱上的夹箍相连，下端与楼板的预埋件连接。

较重的上节柱应采用缆风绳进行临时固定与校正，用倒链或手扳葫芦拉紧，每根柱拉 4 根缆风绳。柱子校正后，每根缆风绳都要拉紧。

柱子的校正须分 2～3 次进行。首先在起重机脱钩后电焊前进行

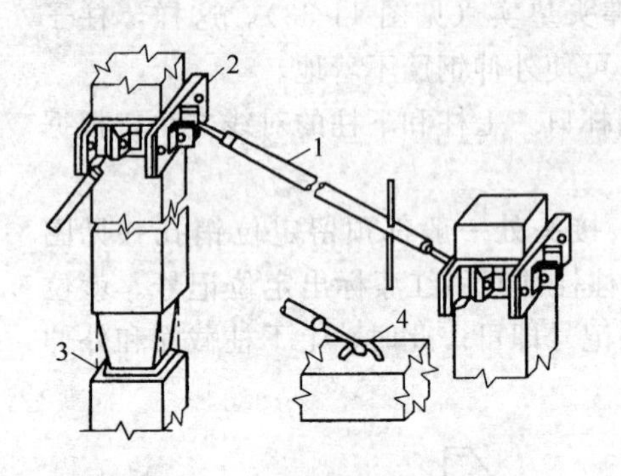

图 11-35 管式支撑临时固定柱

1—管式支撑；2—夹箍；3—预埋钢板及点焊；4—预埋件

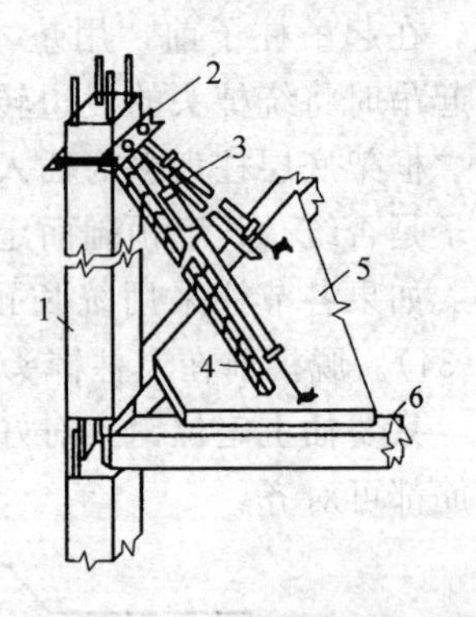

图 11-36 角柱临时固定示意图

1—柱；2—角钢夹板；3—钢管拉杆；4—木顶撑；5—楼板；6—梁

初校，第二次校正是在柱子接头电焊后进行，以校正因电焊钢筋收缩不均所产生的偏差；当吊装梁和楼板之后，柱子因增加了荷重以及梁柱间的电焊又会使柱产生偏移，故需再次进行观测校正。对于数层一节的长柱，在每层梁板吊装前后，均需观测垂直偏移值，将柱的最终垂直偏移值控制在允许值以内。

(3) 柱接头施工

柱子接头形式有榫式接头、插入式接头和浆锚式接头（见图 11-37）。

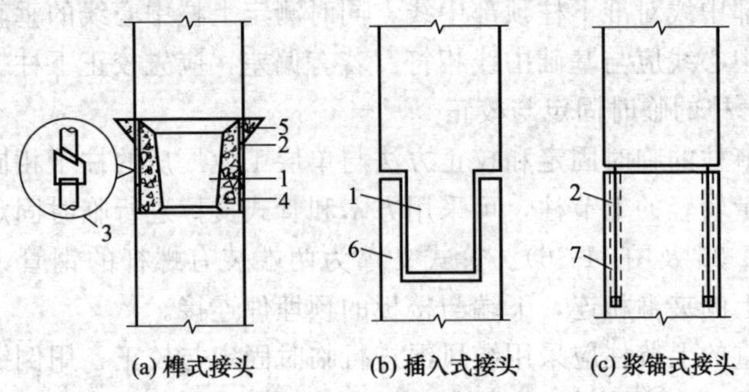

图 11-37 柱接头形式

1—榫头；2—上柱外伸钢筋；3—坡口焊；4—下柱外伸钢筋；5—后浇接头混凝土；6—下柱杯口；7—下柱预留孔

榫式接头是上柱带有榫头，承受施工阶段荷载。通过上柱和下柱外露的受力钢筋用坡口焊焊接，配置若干钢筋，最后浇灌接头混凝土以形成整体。

插入式接头是上下柱的连接不需焊接，而是将上柱做成榫头，下柱顶部做成杯口，上柱榫头插入杯口用压力灌浆填实杯口间隙形成整体。

浆锚式接头是将上柱受力钢筋插入下柱的预留孔洞中，然后用水泥砂浆灌缝锚固上柱钢筋形成整体。

(4) 梁与柱接头

装配式框架的梁与柱的接头常用的有明牛腿式刚性接头、齿槽式接头、浇筑整体式接头等。

明牛腿式梁柱刚性接头（见图 11-38）要求承受节点负弯矩，因此，梁与柱的钢筋要进行焊接，以保证梁的受力钢筋有足够锚固长度。这种接头节点刚度大，受力可靠，安装方便，适用于大荷载的重型框架以及具有振动的多层工业厂房中。

齿槽式接头（见图 11-39）的特点是取消了牛腿，利用柱与梁接头处设置的齿槽来传递梁端剪力。安装时要求提供临时支托，接缝混凝土需达到一定强度后才能承担上部荷载。

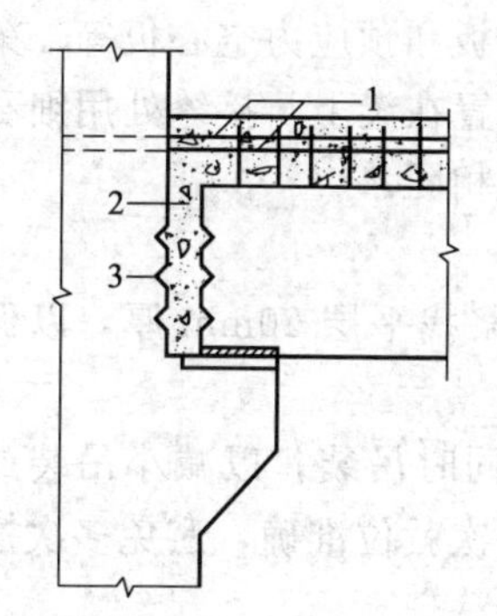

图 11-38　明牛腿式刚性接头

1—坡口焊；2—后浇细石混凝土；3—齿槽

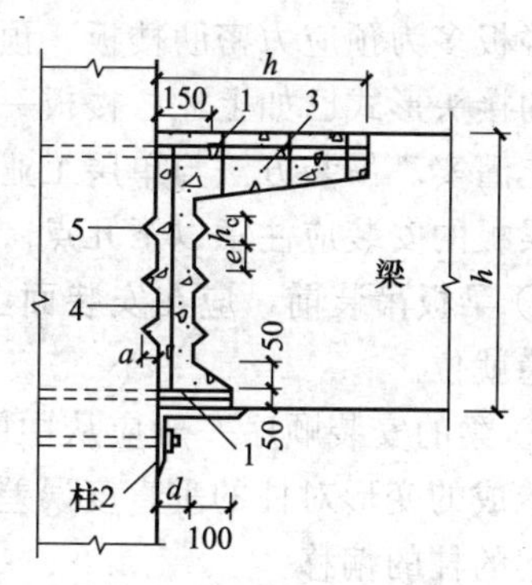

图 11-39　齿槽式梁柱接头

1—坡口焊；2—安装用临时钢牛腿（接头达到强度后拆去）；3—后浇细石混凝土；4—附加钢筋（直径≥8mm）；5—齿槽；a—齿深；e—齿距；h_c—齿高；d—接缝宽（8～10cm）；h—梁高

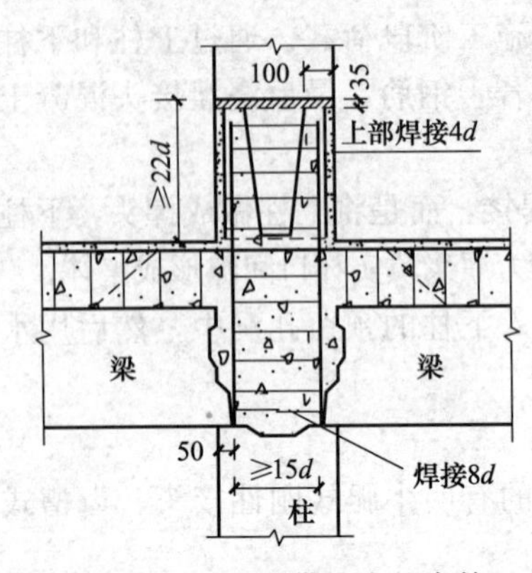

图 11-40　上柱带榫头的浇筑整体式梁柱节点

浇筑整体式梁柱接头实际上是把柱与柱、柱与梁浇筑在一起的节点。图 11-40 为上柱带榫头的浇筑整体式梁柱节点。柱子为每层一节，梁搁在柱上，梁底钢筋按锚固长度要求弯上或焊接。将节点核心区加上箍筋后即可浇筑混凝土到楼板面的高度，等待混凝土强度大于 10MPa 后，再安装上柱。上柱与榫式柱接头相似，也用小榫承受施工阶段荷载，但上、下柱的钢筋不用焊接而是靠搭接，搭接长度≥20d（d 为钢筋直径）。第二次浇筑混凝土到上柱的榫头上方，留下 35mm 左右的空隙，最后用细石混凝土捻缝，便形成刚性接头。

(5) 梁板的安装

框架结构的梁，分为一次预制成的普通梁和叠合梁两种。叠合梁上部留出 120～150mm 的现浇叠合层，以增强结构整体性。框架结构的楼板多为预应力密肋楼板、预应力槽形板和预应力空心板等。梁与柱的接头形式已如上述。楼板一般直接搁置在梁上，接缝处用细石混凝土灌实。吊装方法与单层工业厂房基本相同。

梁板的安装应注意以下几点。

① 梁板吊装前，应在安装面上铺垫砂浆找平层 20mm 厚，以保证平稳就位。

② 梁的安装顺序一般应从中间向两端同时吊装，以减小吊装或焊接造成的变形对柱的垂直度误差；梁要一次就位准确，避免多次撬动引起的柱的偏移。

③ 梁柱接头的焊接应从中部向两端推进，以免焊接应力引起柱的变位和偏斜。

2. 墙板结构

装配式墙板结构是指将墙板、楼板和楼梯等构件在工地或预制构件厂制作，在现场安装连接成整体的一种建筑结构形式。目前大型装配式钢筋混凝土结构房屋已广泛用于12层以下的民用居住建筑。该类结构连接节点的整体性、强度和延性较差，抗震性能较低，但施工进度快，不受季节影响。

(1) 墙板制作、运输和堆放

① 墙板的分类和制作。装配式墙板可分为单一材料墙板和复合材料墙板两大类。复合材料墙板由承重层、保温隔热层和防水层及面层组成，具有承重、保温隔热、防水和装饰多重功能，一般用于外墙，单一材料墙板多用普通混凝土或轻质集料混凝土制作，有实心和空心两种，多用于内墙，起承重和隔断作用。

墙板的制作工艺有成组立模法、钢平模流水法和现场塔下台座法重叠生产三种。

成组立模是在模腔内设置蒸气管道6～12片的钢立模，浇筑、成型、养护集中在立模内进行，并垂直起吊，减少翻身起吊的附加工序，适用于制作单一材料的内墙板和隔墙板。

钢平模流水法是将钢平模沿着清理模板、安装钢筋、浇筑混凝土、振捣压实直至养护出模的流水程序进行，多用于生产外墙板和大楼板。

现场塔下台座法重叠生产构件的方法是利用室内地坪，在建筑物一侧，起重机工作半径范围内，设置临时台座，重叠生产墙板构件，此法多用于民用建筑。

② 墙板运输和堆放。墙板运输一般采用备有特制支架的运输车，墙板侧立斜放在支架上，运输车分为载重量为160kN的外挂式墙板运输车和载重量为80kN的内插式墙板运输车。运输拖车采用相应吨位的汽车牵引。

墙板在现场堆放应按吊装顺序与分区编号，堆放方法有插放法和靠放法两种。插放法是把墙板按吊装顺序插放在插放架上，并用木楔加以固定；靠放法是把同型号墙板靠在靠放架上。堆放方法如图11-41及图11-42所示。

(2) 墙板吊装方法和吊装顺序

装配式墙板工程的安装方法主要有储运吊装法和直接吊装法两种。

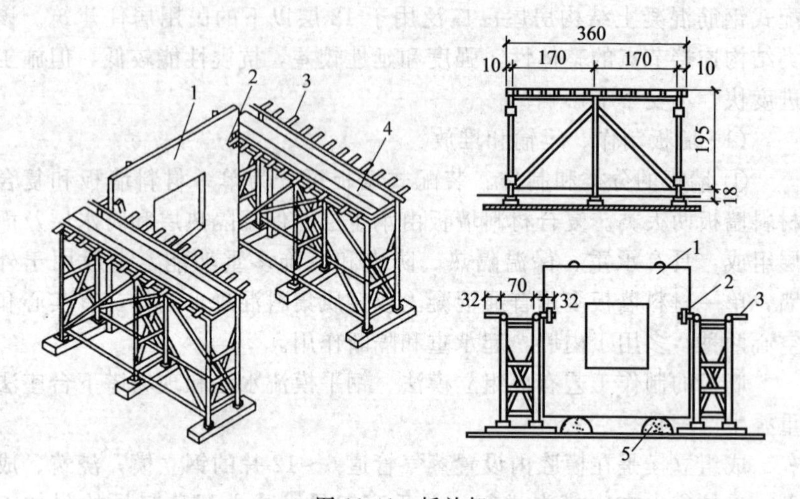

图 11-41 插放架

1—墙板；2—木楔；3—上横杆；4—走道板；5—砂埂

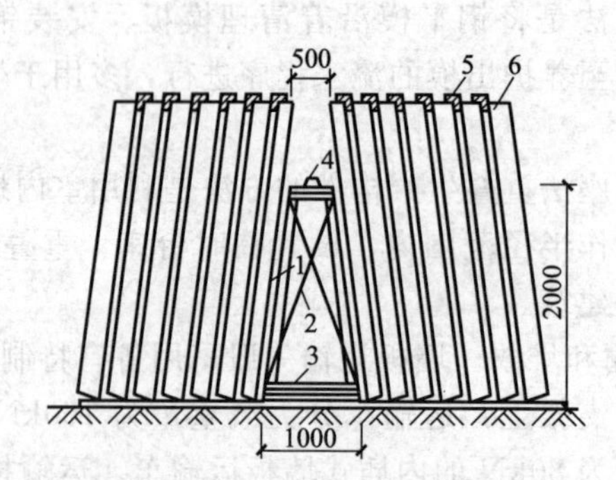

图 11-42 靠放架

1—斜撑（[8)；2—拉杆（ϕ18)；3—下挡（[8)；4—吊钩；5—隔木；6—墙板

储运吊装法，即将构件从生产场地按型号、数量配套，直接运往施工现场吊装机械起重半径范围内储存，然后进行安装。对于民用建筑，储存数量一般为 1～2 层的构配件。储运吊装法有充分时间做好安装前的施工准备工作，可以保证墙板安装连续进行，但占用场地较多。施工中常用此法。

直接吊装法是将墙板由生产场地按墙板安装顺序配套运往施工现

场，由运输工具直接向建筑物上安装。直接吊装法可以减少构件的堆放设施，少占用场地，但需用较多的墙板运输车，同时要求有严密的施工组织管理。

图 11-43 为某 6 层装配式大型墙板居住房屋吊装的施工现场平面布置图。构件全部由构件厂供应。房屋分 4 个标准单元，在每个标准单元纵长方向布置工具式堆放架插放相应标准单元的 4 组墙板，该部分墙板专供该标准单元使用。外侧堆放楼板及其他构件。楼板与墙板堆放区之间设环形道路运输墙板和构件。用塔式起重机卸车，在吊装阶段，白天吊装，晚上运输及堆放。

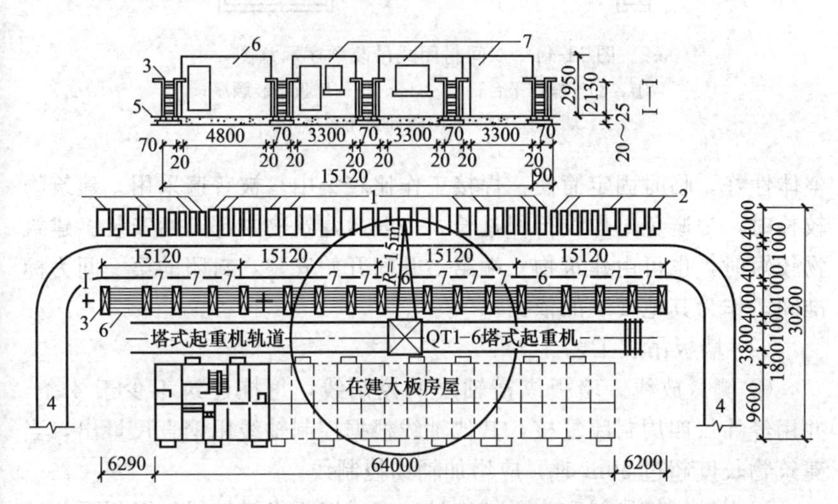

图 11-43　某 6 层装配式大型墙板居住房屋的堆放架布置实例

1—楼板堆放区；2—楼板及异形构件堆放区；3—工具式堆放架；4—环行道路；5—砂；6—横向墙板堆放区；7—纵向墙板堆放区

在选定吊装机械的前提下，单体工程的施工平面布置，要正确处理好墙板安装与墙板运输堆放的关系，充分发挥吊装机械的作用。墙板堆放区要根据吊装机械行驶路线来确定，一般布置在吊装机械起重半径范围内，避免吊装机械空驶和负荷行驶。

装配式墙板结构房屋的吊装，主要用逐间封闭式吊装法。有通长走廊的单身宿舍，一般用单间封闭；单元式居住建筑，一般采用双间封闭（见图 11-44）。由于逐间封闭，随安装随焊接，施工期间结构

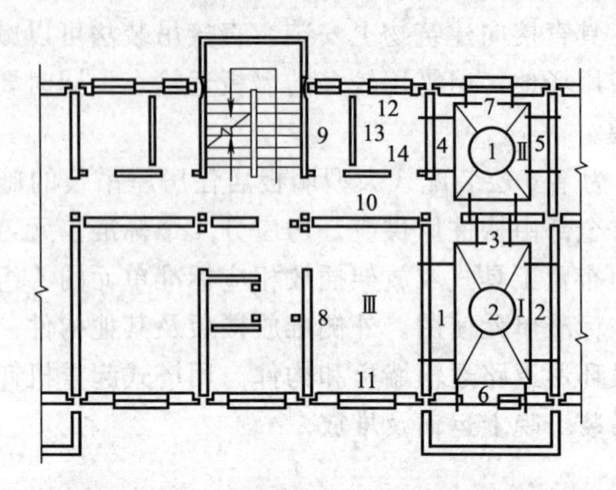

图 11-44　双间封闭式吊装顺序示意图

①、②—操作平台；1、2、3、…—墙板吊装顺序；

Ⅰ、Ⅱ、Ⅲ—逐间封闭顺序

整体性好。临时固定简便，焊接工作比较集中，被普遍采用。建筑物较长时，为避免电焊线行程过长，一般从建筑物中部开始安装。建筑物较短时，也可由建筑物一端第二开间开始安装，封闭的第一间为标准间，作为其他安装的依据。

(3) 墙板吊装工艺

① 测量放线。墙板纵横轴线的控制线，每栋建筑不少于 4 条，并用经纬仪四周封闭复核，其他轴线根据控制轴线用钢直尺量出，当建筑物长度超过 50m 时，应增加辅助控制线。

根据轴线控制线和水平控制桩，完成墙板纵横轴线、墙板两侧边线、门洞口位置线和节点线的找平放线，并用墨线标出注明。对第一层楼板、楼梯休息平台、墙板等标高找平，并在墙板上弹出水平标高线。二层以上墙板轴线及各层楼板等水平标高，不得由下层上引，须由经纬仪直接从基础轴线及水平线上引，轴线偏差不得超过 2mm。

② 摊浆找平。在墙板吊装前，用 1∶2.5 水泥砂浆灰饼铺在墙板两侧边线内，用以控制墙板底面标高。灰饼长约 150mm，宽比墙板厚度少 20mm，并根据标高找平。

墙板应随铺灰随吊装，铺灰前应将基层表面清除杂物、灰尘，并用水湿润，用 1∶2.5 水泥砂浆铺抹均匀，并使上下接缝密实。

③ 墙板吊装、就位及校正。墙板起吊应平稳、垂直，绳索与构件的水平夹角不应小于 60°，各吊点受力应均匀。墙板一般都设有吊孔或吊环。为防止墙板在起吊中损坏，可采用铁扁担吊装，或采用长的吊索吊装。

墙板吊装就位时应争取一次对准边线，重量较轻的墙板，可在卸钩后校正，若墙板较重可随吊随校正；墙板的垂直度可用靠尺测定。此外，还应注意使外端的边缘垂直和水平，缝厚度均匀。如有误差可用临时固定器校正。

④ 墙板的临时固定。墙板的临时固定一般多用操作平台，它不仅用于标准间，也可用于其他房间；楼梯间与不便于用操作平台处可用水平拉杆和转角固定器临时固定。

操作平台尺寸可按房间大小制作，在操作台栏杆扶手上附设固定器用以临时固定和校正墙板，工具式斜撑的底脚固定在楼板的预埋件上。当标准间墙板用操作台的墙板固定器固定后，可用水平拉杆固定其余开间的墙板，转角固定器用于纵横的临时固定，并可与水平拉杆配合使用。用操作平台临时固定墙板如图 11-45 及图11-46 所示。

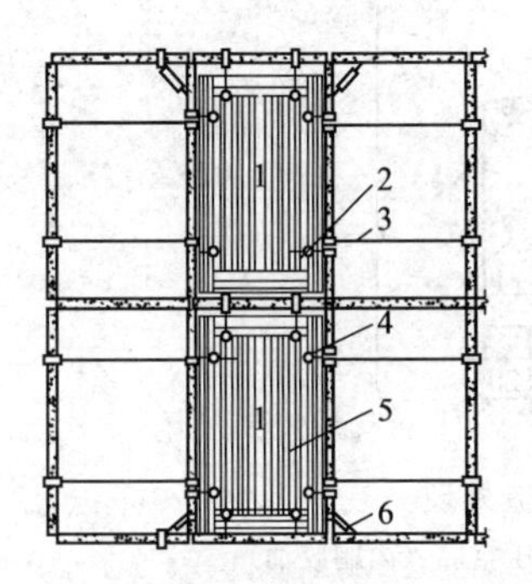

图 11-45　用操作平台进行墙板临时固定

1—操作平台；2—上下人孔；3—水平拉杆；4—墙板临时固定器；5—操作平台栏杆；6—转角固定器

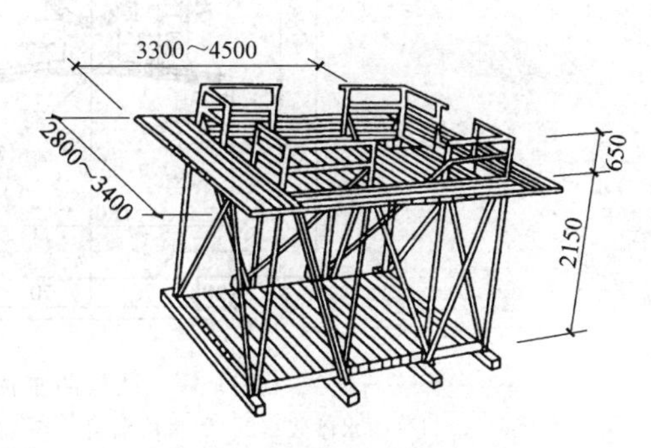

图 11-46　墙板吊装操作平台

墙板校正后即可焊接固定，然后拆除临时固定器，并随即用1：2.5水泥砂浆进行墙板下部塞缝。砂浆干硬后，退出校正用的铁楔。

(4) 墙缝处理

墙板板缝处理应满足传递剪力、隔热保温和密封防水的构造要求，特别是外墙板，要从墙板的构造和嵌缝材料上做好防水处理，并满足保温要求。

① 防水构造措施。在墙板四周应设置滴水或挡水台阶、凹槽等，放置挡雨板和挡风板，形成压力平衡空腔，利用垂直或水平减压空腔的作用和水的重力作用，切断板缝的细管通路达到防水效果。常见的防水构造如图11-47所示。

② 防水处理。利用密封材料防止雨水浸入满足防水要求，目前常用的嵌缝防水材料有建筑油、胶油、沥青油膏、聚氯乙烯胶泥等。

③ 板缝保温。寒冷地区要对板缝采取保温措施，以免因冷析作用产生结露现象，影响使用效果。一般可在接缝下附加一定厚度的轻质保温材料如泡沫聚苯乙烯等，以满足保温要求。

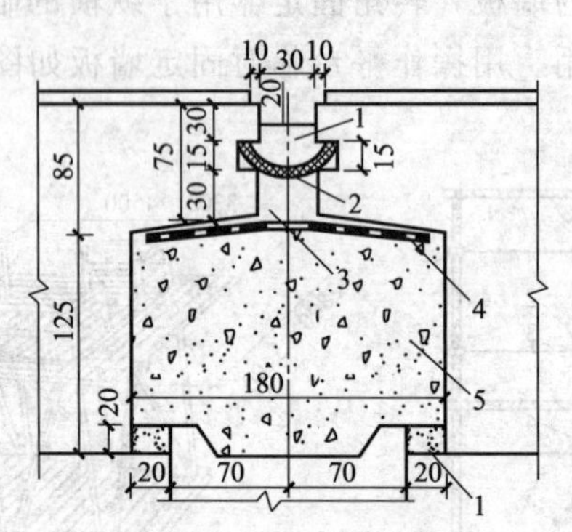

图11-47　墙板防水构造处理

1—防水砂浆；2—塑料挡水条；3—减压空腔（内刷胶油）；
4—油毡条；5—现浇混凝土

第三节　结构吊装工程的质量要求及安全措施

1. 混凝土结构吊装工程质量要求

① 预制构件应进行结构性能检验，结构性能检验不合格的预制构件不得用于混凝土结构。

预制构件应在明显部位标明生产单位、构件型号、生产日期和质量验收标志。构件上的预埋件、插筋和孔洞的规格、位置和数量应符合标准图或设计图要求。

预制构件的外观质量不应有严重缺陷，也不宜有一般缺陷。对已出现的严重缺陷和一般缺陷应按技术处理方案进行处理，并重新检查验收。

预制构件不应有影响结构性能和安装、使用功能的尺寸偏差，对超过尺寸允许偏差且影响结构性能和安装、使用功能的部位，应按技术处理方案进行处理，并重新检查验收。

② 在进行构件的运输或吊装前，必须对构件的制作质量进行复查验收。此前，制作单位须先自查，然后向运输或吊装单位提交构件出厂证明书（附混凝土试块强度报告），并在自查合格的构件上加盖“合格”印章。进入现场的预制构件，外观质量、尺寸偏差及结构性能应符合标准图或设计要求。预制构件尺寸的允许偏差及检验方法见表11-1。

③ 为保证构件在吊装中不断裂，吊装时构件的混凝土强度，预应力混凝土构件孔道灌浆的水泥砂浆强度以及下层结构承受内力的接头（接缝）的混凝土或砂浆强度，必须符合设计要求。设计无具体要求时，混凝土强度不应低于设计的混凝土立方体抗压强度标准值的75%，预应力混凝土构件孔道灌浆的强度不应低于15MPa。下层结构承受内力的接头（接缝）的混凝土或砂浆强度不应低于10MPa。

④ 保证构件的型号、位置和支点锚固质量符合设计要求，且无变形损坏现象。

⑤ 保证连接质量。混凝土构件之间的连接，一般有焊接和浇注混凝土接头两种。为保证焊接质量，焊工必须经培训并取得考试合格证；所焊焊缝的外观质量、尺寸偏差及内在质量都必须符合施工验收规范的要求。为保证混凝土接头质量，必须保证配制接头混凝土的各

种材料计量的准确，浇捣要密实并认真养护，其强度必须达到设计要求或施工验收规范规定。

表 11-1 预制构件尺寸的允许偏差及检验方法

项目		允许偏差/mm	检验方法
长度	板、梁	+10，−5	钢尺检查
	柱	+5，−10	
	墙板	±5	
	薄腹梁、桁架	+15，−10	
宽度、高(厚)度	板、梁、柱、墙板、薄腹梁、桁架	±5	钢尺量一端及中部，取其中较大值
侧向弯曲	梁、柱、板	l/750 且≤20	拉线、钢尺量最大侧各弯曲处
	墙板、薄腹梁、桁架	l/1000 且≤20	
预埋件	中心线位置	10	钢尺检查
	螺栓位置	5	
	螺栓外露长度	+10，5	
预留孔	中心线位置	5	钢尺检查
预留洞	中心线位置	15	钢尺检查
主筋保护层厚度	板	+5，−3	钢尺或保护层厚度测定仪量测
	梁、柱、墙板、薄腹板、桁架	+10，−5	
对角线差	板、墙板	10	钢尺量两个对角线
表面平整度	板、墙板、柱、梁	5	2m 靠尺和塞尺检查
预应力构件预留孔道位置	梁、墙板、薄腹梁、桁架	3	钢尺检查
		l/750	
翘曲	墙板	l/1000	调平尺在两端量测

注：1. l 为构件长度（mm）。
2. 检查中心线、螺栓和孔道位置时，应沿纵、横两个方向量测，并取其中的较大值。
3. 对形状复杂或有特殊要求构件，其尺寸偏差应符合标准图或设计的要求。

2. 混凝土构件安装的允许偏差和检查方法

混凝土构件安装的允许偏差和检测方法见表 11-2。

3. 结构安装工程的安全措施

（1）防止起重机倾翻措施

表 11-2 柱、梁、屋架等构件安装的允许偏差和检测方法

项次	项目			允许偏差/mm	检验方法
1	杯形基础	中心线对轴线位置偏移		10	尺量检查
		杯底安装标高		+0,−10	用水准仪检查
2	柱	中心线对定位轴线位置偏移		5	尺量检查
		上下柱接口中心线位置偏移		3	
		垂直度	≤5m	5	用经纬仪或吊线和尺量检查
			>5m	10	
			≥10m 多节柱	1/1000 柱高且不大于 20	
		牛腿上表面和柱顶标高	≤5m	+0,−5	用水准仪或尺量检查
			>5m	+0,−8	
3	染或吊车梁	中心线对定位轴线位置偏移		5	尺量检查
		梁上表面标高		+0,−5	用水准仪或尺量检查
4	屋架	下弦中心线对定位轴线位置偏移		5	有经纬仪或吊线和尺量检查
		垂直度	桁架拱形屋架	1/250 屋架高	
			薄腹梁	5	
5	天窗架	构件中心线对定位轴线位置偏移		5	尺量检查
		垂直度		1/300 天窗架高	有经纬仪或吊线和尺量检查
6	托架梁	底座中心线对定位轴线位置偏移		5	尺量检查
		垂直度		10	有经纬仪或吊线和尺量检查
7	板	相邻板下表面平整度	抹灰	5	用直尺和楔形塞尺检查
			不抹灰	3	
8	楼梯阳台	水平位置偏移		10	尺量检查
		标高		±5	用水准仪和尺量检查
9	工业厂房墙板	标高		±5	
		墙板两端高低差		±5	

① 起重机的行驶道路必须平整坚实，地下墓坑和松软土层要进行处理。起重机不得停置在斜坡上工作。

② 应尽量避免超载吊装。但在某些特殊情况下难以避免时，应

采取保护措施，如在起重机吊杆上拉缆风绳或在起重机尾部增加平衡重等。

③ 禁止斜吊。斜吊是指所要起吊的重物不在起重机起重臂顶的正下方，因而当捆绑重物的吊索挂上吊钩后，吊钩滑轮组不与地面垂直，而与水平线成一夹角。斜吊会造成超负荷及钢丝绳出槽，甚至造成拉断钢丝绳。斜吊还会使重物在离开地面后发生快速摆动，可能碰伤人或其他物体。

④ 应尽量避免满负荷行驶。

⑤ 双机抬吊时，要根据起重机的起重能力进行合理的负荷分配，并在操作时要统一指挥，互相密切配合。在整个抬吊过程中，两台起重机的吊钩滑轮组均应基本保持垂直状态。

⑥ 不吊重量不明的重大构件或设备。

⑦ 禁止在 6 级以上大风的情况下进行吊装作业。

⑧ 指挥人员应使用统一指挥信号。信号要鲜明、准确。起重机驾驶人员应听从指挥。

(2) 防止高处坠落措施

① 操作人员在进行高处作业时，必须正确使用安全带。安全带一般应高挂低用。即将安全带绳端的钩环挂于高处，而人在低处操作。

② 在高处使用撬杠时，人要站稳，如附近有脚手架或已安装好的构件，应一手扶着，一手操作。撬杠插进深度要适宜，应逐步撬动，不宜急于求成。

③ 雨天和雪天进行高处作业时，必须采取可靠的防滑、防寒和防冻措施。对进行高处作业的高耸建筑物，应事先设置避雷设施。

④ 登高梯子必须牢固。立梯工作角度 $70^\circ \pm 5^\circ$为宜，防止搭设挑头脚手板。

⑤ 安装有预留孔洞的楼板或屋面板时，应及时用木板盖严或及时设置防护栏杆、安全网等防坠落措施。电梯井口必须设防护栏杆或固定栅门；电梯井内应每隔两层并最多隔 10m 设一道安全网。

⑥ 屋架和梁类构件安装时，必须搭设牢固可靠的操作平台。需

在梁上行走时，应设置护栏横杆或绳索。

(3) 防止高处落物伤人措施

① 地面操作人员必须戴安全帽。地面操作人员，应尽量避免在高空作业的正下方停留或通过，也不得在起重机的起重臂或正在吊装的构件下停留或通过。

② 高空作业人员使用的工具、零配件等，应放在随身佩带的工具袋内，不可随意向下丢掷。

③ 在高处利用气割或电焊切割时，应采取措施，防止火花落下伤人。

④ 构件安装后，必须检查连接质量，只有确定了连接的安全可靠后，才能松钩或拆除临时固定工具。

⑤ 吊装现场应设置吊装禁区，禁止与吊装作业无关的人员入内。

(4) 防止触电及防火爆炸措施

① 起重机从电线下行驶时，起重臂最高处与电线之间的距离应符合表 11-3 的要求。

表 11-3　起重机与架空输电导线的安全距离　　m

输电导线电压	1kV 以下	1～15kV	20～40kV	60～110kV	220kV
允许沿输电导线垂直方向最近距离	1.5	3	4	5	6
允许沿输电导线水平方向最近距离	1	1.5	2	4	6

② 电焊机的电源线长度不宜超过 5m，并必须架高，电焊机手把线的正常电压，在用交流电工作时为 60～80V，手把线质量应良好，如有破皮情况，应及时用胶布严密包扎，电焊机的外壳应接地。电焊线如与钢丝绳交叉时应有绝缘隔离措施。

③ 使用塔式起重机或长起重臂的其他类型起重机时，应有避雷防触电措施。

④ 现场变电室，配电室必须保持干燥通风。各种可燃材料不准堆放在电闸箱、电焊机、变压器和电动工具周围，防止材料长时间蓄热后发生自燃。

⑤ 搬运氧气瓶时，必须采取防震措施，不可猛摔。氧气瓶严禁

曝晒，更不可接近火源。冬期不得用火熏烤冻结的阀门。防止机械油溅落到氧气瓶上。

⑥ 乙炔发生器应放置距火源 10m 以上的地方，严禁在附近吸烟。如高空有电焊作业时，乙炔发生器不应放在下风向。

⑦ 电石桶应存放在干燥的房间内，并在桶下加垫，以防桶底锈蚀腐烂，使水分进入电石桶而产生乙炔。打开电石桶时，应使用不会生火花的工具，如铜凿等。

第十二章　装饰装修工程

第一节　装修工程

一、门窗工程

1. 门窗工程简述

（1）门窗的作用

门窗可分为普通门窗和特种门窗。普通门窗是指没有特种要求的常用门和常用侧窗。本书除有特别指明外，讲述的均为普通门窗。特种门窗是指有特种作用要求的门窗，如保温、隔热、隔声、防火、防射线等特种作用要求。

门和窗是建筑物的重要组成部分，是房屋围护结构中的两个部件，门和窗的制作和安装通常合称为门窗工程。

① 门的作用。门的主要作用是分隔和交通，同时还兼具通风、采光之用。在不同的情况之下，又有保温、隔声、防风雨、防风沙、防水、防火以及防射线等作用。此外，门的造型、色彩、质地、构造等，在建筑的外观、立面处理以及室内装饰中，都起着重要的作用。

就门的主要作用分隔和交通而言，门是人和物体进出房间和室内外的通道口，因此门的开设数量和大小，一般应由交通疏散、防火和家具、设备大小等要求由设计者确定。

② 窗的作用。窗的主要作用是采光、通风、保温、隔热、隔声、眺望，防风雨及防风沙等。有特殊的作用要求时，窗还可以防火及防放射线等。窗的装饰作用除类同于门的装饰作用外，外墙面上的窗对建筑的整体效果影响更大。

（2）门窗的分类

1）门的分类

① 按门的开启方式分类：门的开启方式主要是由使用要求决定的，通常有如下几种不同方式。

a. 平开门。平开门，即水平开启的门。其铰链安在侧边，有单扇、双扇，有向内开、向外开之分。房间的门，一般应内开；安全疏散门一般应外开。在寒冷地区，还可以作成内、外开的双层门。平开门的构造简单，开启灵活，制作、安装和维修都比较方便，为一般建筑中使用最广泛的门，如图 12-1（a）所示。

b. 弹簧门。弹簧门形式同平开门，惟侧边用弹簧铰链或下面用地弹簧传动，开启后能自动关闭。多数为双扇玻璃门，能内、外弹动；少数为单扇或单向弹动的，如纱门。弹簧门的构造与安装比平开门稍复杂，都用于人流出入较频繁或有自动关闭要求的场所；幼儿园、托儿所等建筑中，不宜采用弹簧门。门上一般都安装玻璃，如图 12-1（b）所示。

c. 推拉门。推拉门，亦称扯门，悬吊于门洞口上部轨道或支承于下部轨道上左右推拉滑行。推拉门有单扇或双扇，可以藏在夹墙内或贴在墙面外，占用面积较少，如图 12-1（c）所示。推拉门扇刚度较大，不易变形，不占空间，但构造比较复杂，密闭不够严，一般用两个空间需扩大联系的门。在人流众多的地方，还可以采用光电管或触动式设施使推拉门自动起闭。

d. 折叠门。折叠门多为扇折叠，可拼合折叠推移到侧边，如图 12-1（d）所示。传动方式简单者可以同平开门一样，只在门的侧边装铰链；复杂者在门的上边或下边需要装轨道及转动五金配件。这种门少占使用空间，但是构造较复杂，适用于宽度较大的门洞或空间狭小处。

e. 转门。转门为三或四扇门连成风车形，在两个固定弧形门套内旋转的门，如图 12-1（e）所示。对防止内外空气的对流有一定的作用，可以作为公共建筑及有空气调节房屋的外门。一般在转门的两旁另设平开或弹簧门，以作为不需空气调节的季节或大量人流疏散之用。转门多用于公共建筑入口，但只能供少数人通过，不能作为疏散门使用，必须另有安全出口。转门构造较复杂，造价较高，适用于寒冷地区及有空调的建筑外门。

转门直径常为 1650～2250mm。门扇为三扇或四扇，可为固定式或为可折叠式。

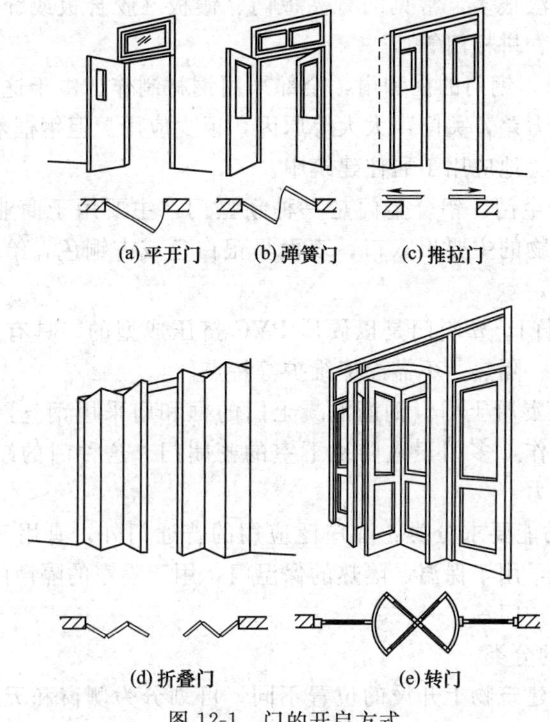

图 12-1　门的开启方式

f. 卷帘门。卷帘门是用铝合金轧制成形的条形页板连接而成。开启时，有门洞上部的转动轴旋转将页板卷起。卷帘门可为单樘门，也可为连樘门。连樘门间设可拆装的竖向导轨。帘板可为页板式或空格式。高大的卷帘门上如需开小门，在下部可做一般与小门等高的硬扇。

卷帘门启闭可手动，利用弹簧轴承平衡门扇自重；也可通过链条、摇杆人工启闭或利用电动机启闭。电动卷帘门的电动机装在门的上部，卷帘门通过导轨、导轮和卷筒相连。

卷帘门开关方便，但构造复杂、造价高，一般适用于仓库、汽车库、商场等建筑的大门。

② 按选用材料分类：

a. 木门。木门应用比较普遍，但质量较大，有时容易下沉。木门门扇的做法很多，常见的有夹板门、镶板（胶合板或纤维板）门、半截玻璃门、拼板门等。

b. 钢门。钢门的框和扇，全部采用钢材制作。由于这种门较重、保温隔声能力差，关门声太大等原因，很少应用。但钢框木门或钢木组合门则广泛地应用于居住建筑中。

c. 铝合金门。铝合金门是一种新型门，主要用于商业建筑和大型公共建筑物的主要出入口。表面呈银白色或古铜色，给人以轻松、舒适的感觉。

d. 塑料门。塑料门是以硬质 PVC 挤压成型的。具有造型美观、防腐、密封、隔热、不需涂漆维护等特点。

e. 钢筋混凝土门。钢筋混凝土门的框和扇采用钢丝网水泥或钢筋混凝土制作，多用于人防地下室的密闭门。这种门的缺点是自重大，开关费力。

③ 按功能要求分类：除广泛应用的普通门外，有用于通风、遮阳的百叶门，用于保温、隔热的保温门，用于隔声的隔声门以及防火门、射线防护门等。

2）窗的分类

按窗在建筑物上开设的位置不同，可划分为侧窗和天窗两大类。设置在内外墙上的称为侧窗。设置在屋顶上的称为天窗。

① 侧窗的类型：侧窗按所用材料和开启方式等的不同，可以分为各种类型，以适应不同的功能需要。

a. 窗按开启方式分有固定窗、平开窗、转窗（上悬窗、中悬窗、下悬窗、立转窗）和推拉窗等几种基本类型，如图 12-2 所示。

• 固定窗。固定窗是将玻璃直接镶嵌在窗框上，不能开启，只用于采光及眺望。这种窗构造简单，一般用于厂房的部分侧窗、民用建筑走道等处的间接聚光或大面积玻璃窗及外门的亮子等。

• 平开窗。平开窗是将窗扇边框用铰链与窗框相连，水平开启的窗。平开窗开关方便、灵活，采光，通风都较好，在民用及工业建筑中应用最为普通。平开窗有外开、内开、双层内开、双层内外开等不同形式。外开窗构造较简单，不占室内空间；内开窗利于保护窗扇和擦拭玻璃，但占室内空间，同时必须做好防止雨水进入室内的披水和

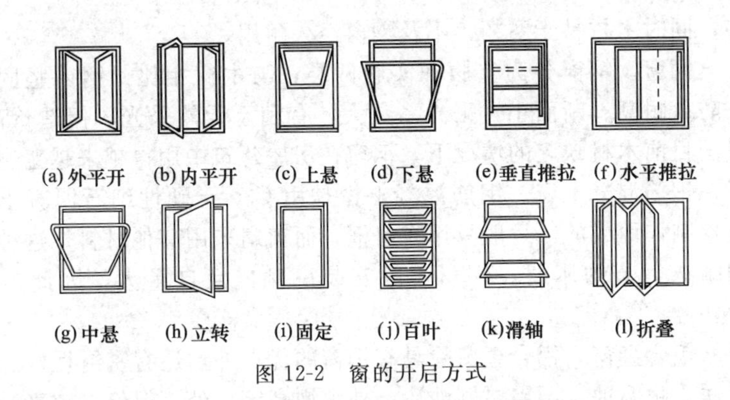

图 12-2　窗的开启方式

排水槽。

• 转窗。转窗是绕水平轴或垂直轴旋转开启的窗。转窗分上悬窗、下悬窗、中悬窗和立转窗。转窗一般用于大型公共建筑。在大量的建筑中，常用于楼梯间、走道间接采光窗及门亮子处。

上悬窗开关铰链装于窗扇上部，开启角度为30°左右。一般用风钩撑住，多用于门亮子。

中悬窗开关铰链装于窗扇两侧，开启时上部向内，下部向外。开启角度亦为30°左右，在窗框上钉有特制木板，以卡住开启后的窗扇。中悬窗多应用于大面积的工业厂房采光窗。

下悬窗开关铰链装于窗扇下部，开启角度亦为30°左右，一般采用瓜子链固定位置。这种窗关闭时采用飞机插销或一般插销就位，多用于门亮子。

立转窗可配合风向旋转到最有利的位置，以加强通风。为了遮阳、挡雨，立转窗上应设雨篷。

• 推拉窗：推拉窗分为左右推拉窗和上下推拉窗（又叫提拉窗）两种形式。其优点是开启后不占室内空间，一般常用于食堂售饭口及收发室，民用住宅等处。窗口宽度尺寸太小不适宜做推拉窗。

b. 窗按所用的材料不同来分有木窗、钢窗、钢筋混凝土窗、铝合金窗、塑料窗等类型。

• 木窗。木窗用不易变形的红松或其他相近的材质的木材做成，自重轻，加工制作较简单，维修方便，使用广泛。但制作木窗消耗木材多，同时木材易于腐朽，不及钢窗经久耐用。

• 钢窗。钢窗分为空腹和实腹两类，与木窗相比，钢窗坚固耐用，防火耐潮、断面小，采光系数大，有利于天然采光，但造价高。在我国目前木材缺乏的情况下，钢窗在房屋建筑中用得越来越普遍。

• 钢筋混凝土窗。钢筋混凝土窗是用 C30 干硬性细石混凝土及冷拔丝制作而成的，一般只用作窗框，而窗扇采用其他材料。这种窗坚固耐久，节约木材、钢材，但安装麻烦，且自重大，因此应用较少。

• 铝合金窗。铝合金窗除具有钢窗的优点外，还有密封性好、不易生锈、耐腐蚀、不需要刷油漆、外观漂亮等长处，但价格较高，一般用于标准较高的建筑中。

• 塑料窗。塑料窗的窗扇、窗框，可以用硬质 PVC 直接挤压成型，也可以用塑料包覆在木材或金属表面而制成。这种窗色彩美观，不需油漆，比较经久耐用，但价格贵，目前采用较少。随着塑料工业的发展，塑料窗将逐渐得以推广应用。

c. 窗按镶嵌材料的不同来分，有玻璃窗、纱窗、百叶窗、保温窗及防风纱窗等。

玻璃窗能满足采光功能要求；纱窗在保证通风的同时，可以阻止蚊蝇进入室内；百叶窗一般用于只需通风不需采光的房间，百叶窗分固定的百叶和活动的百叶两种，活动百叶窗可以加在玻璃窗外，起遮阳通风的作用。

当侧窗不能满足采光、通风要求时，可设天窗以增加采光和加强通风。

② 天窗的类型：按天窗构造方式的不同，可分为上凸式天窗、下沉式天窗、平天窗及锯齿形天窗四类。如图 12-3 所示。

a. 上凸式天窗。这类天窗设在屋架上面，高出屋面。其特点是构造简单，但它扩大了建筑空间，增加了建筑高度和荷载。上凸式天窗包括矩形天窗、M 形天窗、三角形天窗等。使用广泛的上凸式天窗多为矩形天窗，在天窗架两侧安装上悬钢窗扇或中悬钢、木窗扇。

矩形天窗有利于通风，采光比较均匀，玻璃不易积灰，排水方便，但其质量大，造价也较高；三角形天窗采光率高，窗扇多为固定

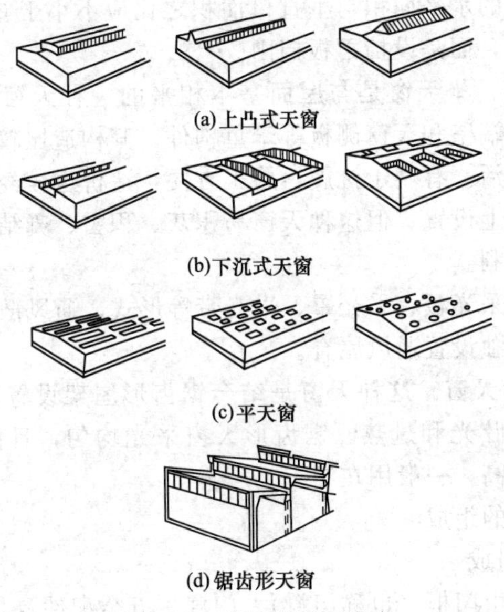

图 12-3　常见的天窗形式

式。纵向布置的三角形天窗，室内照度的均匀性较差；横向布置的三角形天窗，室内照度的均匀性较好；M 形天窗排气性较好，同时能有一定的反射光，但内排水较复杂。

b. 下沉式天窗。下沉式天窗是将铺在屋架上弦上的部分屋面板下沉到屋架下弦处铺设，利用屋架本身的高度组成凹嵌在屋架中间的一种天窗。这种天窗低于厂房屋面，与上凸式相比，可省去天窗架和挡风板，建筑高度低、荷载小。但屋面清扫不方便，构造也复杂，室内空间也有所降低。

下沉式天窗有纵向下沉、横向下沉和天井式三种形式。纵向下沉式可两侧下沉、中间下沉或为双凹形下沉。两侧下沉排水方便。纵向下沉式天窗主要用于通风排气。这种天窗使屋架部分外露；横向下沉式天窗布置灵活，采光、通风都较好。但这种天窗避风性能较差，窗扇规格较多，屋架上弦的刚度较差；井式天窗可任意布置，它有三面或四面窗口，所以采光、通风较好。布置在侧面的井式天窗，因外墙有挡风板的作用，故通风效果好，同时便于排水和清除积灰、积雪。

井式天窗井口的水平面积与垂直口面积之比应不小于0.9。井式天窗一般不设窗扇，而是设挡雨板挡雨。

c. 平天窗。平天窗是与屋面基本相平的一种天窗，平天窗没有天窗架、天窗端壁和天窗侧板等笨重构件。其构造比较简单，屋顶荷载小，布置灵活。有利于抗震，施工方便，造价也较经济，可以在各种类型的屋顶上设置。但这种天窗易积灰、积雪、凝结水等，天长日久，对采光不利。

平天窗有采光板、采光罩、采光带等形式。通风散热可由平天窗解决，也可单独设置通风屋脊。

d. 锯齿形天窗。这种天窗是结合锯齿形屋架设置。天窗一般朝北向，以避免眩光和过热。锯齿形天窗采光均匀，且因顶棚有反射光，采光效率高，一般用在纺织工厂。

(3) 门窗的组成

1) 门的组成

门一般是由门框（也称门樘）、门扇、五金配件及其他附件组成，如图12-4所示。

门框一般是由两根边框和上框组成。当门较高时，上部加门亮子，需增加一根中横框。门较宽时，还需要增加中竖框，有保温、防风、防水、防风沙和隔声要求的门还应设下槛。

门扇一般由上冒头、中冒头、下冒头、边梃，门芯板、玻璃、百叶等组成。

门的五金配件有铰链、插销、门锁、拉手、铁角、门碰头等，其规格比窗用五金配件大一些。

2) 窗的组成

窗是由窗框（或称窗樘）、窗扇及五金配件等部分组成，如图12-5所示。

窗框是由边框、上框、下框、中横框、中竖框等构成。

窗扇由上冒头、下冒头、扇梃、窗芯、玻璃等构成。

窗的五金配件有铰链（也称合叶）、风钩、插销及拉手等。

3) 门窗的其他附件

有的门窗还有其他附件，如：压缝条、窗台板、贴脸板、披水

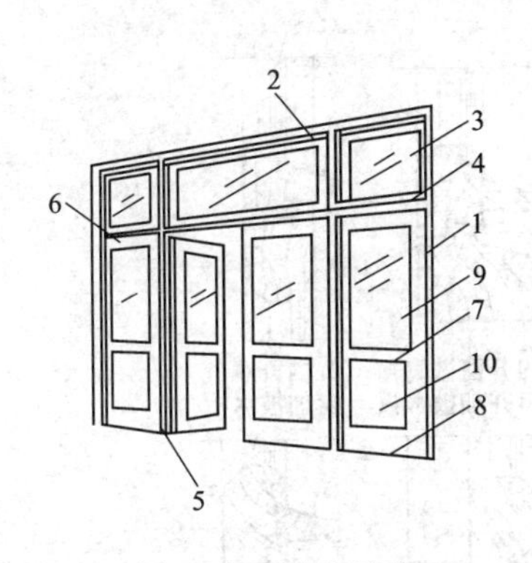

图 12-4　门的组成

1—边框；2—上框；3—亮子；4—中横框；5—中竖框；6—上冒头；7—中冒头；8—下冒头；9—边梃；10—门芯板

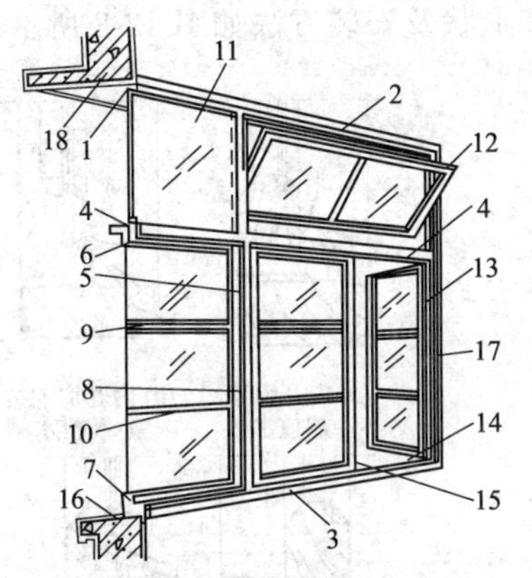

图 12-5　平开木窗的组成

1—边框；2—上框；3—下框；4—中横框；5—中竖框；6—上冒头；7—下冒头；8—扇梃；9—窗芯；10—窗棂子；11—固定亮子；12—中悬亮子；13—铰链；14—风钩；15—插销；16—窗台；17—贴脸板；18—梁

条、筒子板等。

① 压缝条。这是 10～15mm 见方的小木条，用于填补门窗框安于墙中产生的缝隙，以防止热量的损失，如图 12-6 所示。

② 贴脸板。这是用来遮挡靠里皮安装窗扇产生的缝隙，其形状及安装方法如图 12-7 所示。

③ 披水条。这是玻璃窗为了防止雨水流入室内而设置的挡水条，

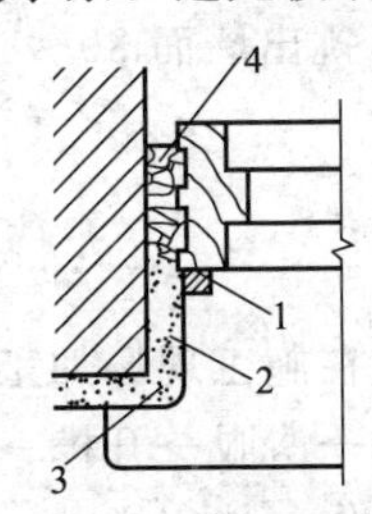

图 12-6　压缝条

1—压缝木条；2—抹灰；3—水泥抱角；4—沥青麻丝

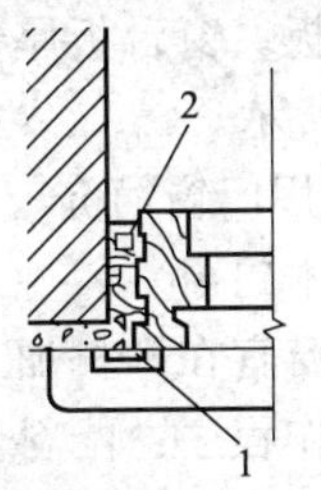

图 12-7　贴脸板

1—贴脸板；2—沥青麻丝

其形状及安装方法如图 12-8 所示。

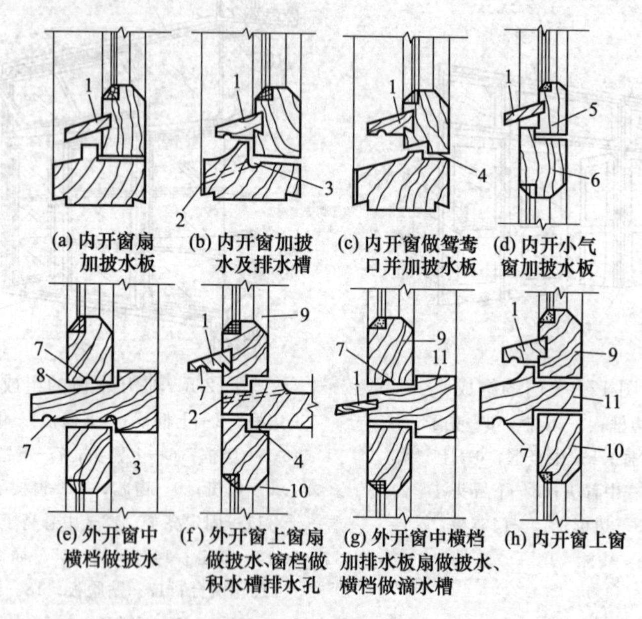

图 12-8 窗的披水构造

1—排水板；2—排水孔；3—积水槽；4—鸳鸯口；5—气窗；6—窗扇；7—滴水槽；8—中横档排水；9—上窗扇；10—下窗扇；11—中横档

④ 筒子板。在门窗洞口的两侧墙面及过梁底部，用木板包钉镶嵌。这种装饰叫筒子板，其形状如图 12-9 所示。

⑤ 窗台板。在窗下槛内侧设窗台板，其材料为木板、水磨石板或大理石板。窗台板厚一般为 30mm 左右，挑出墙面 30～40mm，如图 12-10 所示。

2. 常用门窗简介

(1) 木门窗

木门窗宜在木材加工厂定型制作，不宜在施工现场加工制作。门窗生产操作程序：配料→截料→刨料→画线→凿眼→开榫→裁口→整理线角→堆放→拼装。成批生产时，应先制作一樘实样。

安装前，检查门窗扇的型号、规格、质量是否符合要求，如发现问题应事先更换。量好门窗框的尺寸，在相应的扇边上画出尺寸线，

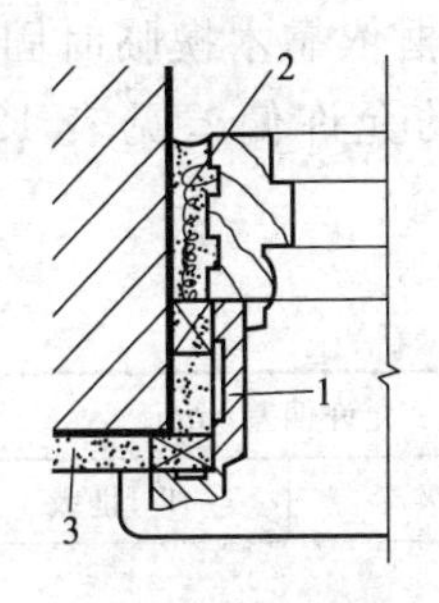

图 12-9　筒子板

1—筒子板；2—沥青麻丝；3—抹灰

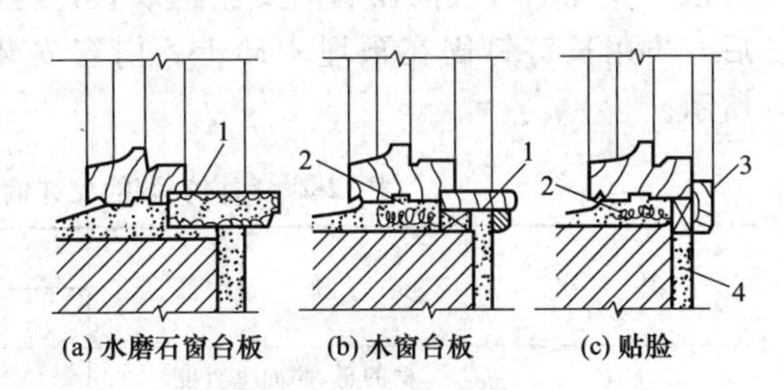

(a) 水磨石窗台板　(b) 木窗台板　(c) 贴脸

图 12-10　窗台板

1—窗台板；2—沥青麻丝；3—贴脸；4—抹砂浆

双扇门要打叠（自由门除外），先在中间缝处画出中线，再画出边线，上下冒头也要画线刨直。画好高低、宽窄线后，用粗刨刨去线外部分，再用细刨刨至光滑平直。将扇放入框中试装合格后，按扇高的1/8～1/10 在框上按铰链大小画线，并剔出铰链槽，槽深与铰链厚度相同。门窗扇安装的留缝宽度，应符合表 12-1 的规定。

表 12-1　门窗安装的留缝宽度

项　次	项　目		留缝宽度/mm
1	门窗扇对口缝、扇与框间立缝		1.5～2.5
2	工业厂房双扇大门对口缝		2～5
3	框与扇间上缝		1.0～1.5
4	窗扇与下坎间缝		2～3
5	门扇与地面间缝	外门	4～5
		内门	6～8
		卫生间门	10～12
		厂房大门	10～20

木门窗框安装有先立门窗框（立口）和后塞门窗框两种。随高层建筑结构变化，为避免工序交叉，现场一般采用后塞门窗框法，即在砌墙时预留出门窗洞口，以后把门窗框装进去。门窗洞口尺寸按图纸尺寸预留，并按高度方向每隔 500～700mm 预埋防腐处理木砖，每边不少于两处，木砖尺寸为 115mm×115mm×53mm。木砖应横纹朝

向框边放置，门窗框在洞内要立正放直，门窗框依靠木楔临时固定后，再用长钉钉固在预埋木砖上。门窗安装的允许偏差见表 12-2 所示。

表 12-2 门窗安装的允许偏差

项次	项目	允许偏差/mm	
		Ⅰ级	Ⅱ、Ⅲ级
1	框的正、侧面垂直度	3	
2	框对角线长度	2	3
3	框与扇接触面平整度	2	

门窗小五金安装要齐全，位置适宜，固定可靠。小五金全部用木螺丝固定，先用锤将木螺丝打入长度 1/3，然后改用螺丝刀将木螺丝拧紧，不得歪斜、倾倒；严禁全部打入，也不能用钉子代替。采用硬木时，应先钻 2/3 深度的孔，孔径为木螺丝的 0.9 倍，然后再将木螺丝由孔中拧入。

门窗拉手应位于门窗高度中点以下，窗拉手距地面 1.5～1.6m 高为宜，门拉手距地面以 0.9～1.05m 高为宜，门拉手里外一致。门锁不宜安装在中冒头与立梃的结合处，以防伤榫。门锁位置宜高出地面 900～950mm。上下插销要安在梃宽的中间。

（2） 钢门窗

钢门窗安装工序：弹控制线→立钢门窗→校正→门窗框固定→安装五金零件→安装纱门窗。

1） 弹控制线

门窗安装前应弹出离楼地面 500mm 高的水平控制线，按门窗安装标高、尺寸和开启方向，在墙体预留洞口四周弹出门窗就位线。

2） 立钢门窗、校正

钢门窗采用后塞框法施工，安装时先用木楔块临时固定，木楔块应塞在四角和中梃处；然后用水平尺、对角线尺、线锤校正其垂直与水平。框扇配合间隙在合页面不应大于 2mm，安装后要检查开关灵活、无阻滞和回弹现象。

3）门窗框固定

门窗位置确定后，将铁脚与预埋件焊接或埋入预留墙洞内，用1∶2水泥砂浆或细石混凝土将洞口缝隙填实；养护3d后取出木楔，用1∶2水泥砂浆嵌填框与墙之间缝隙。钢窗铁脚的形状如图12-11所示，每隔500～700mm设置一个，且每边不少于2个。

钢窗组合应按向左或向右顺序逐框进行，用螺栓紧密拼合，拼合处应嵌满油灰。两个组合构件的交接处必须用电焊焊牢。

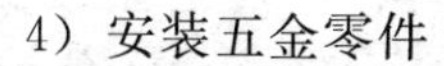

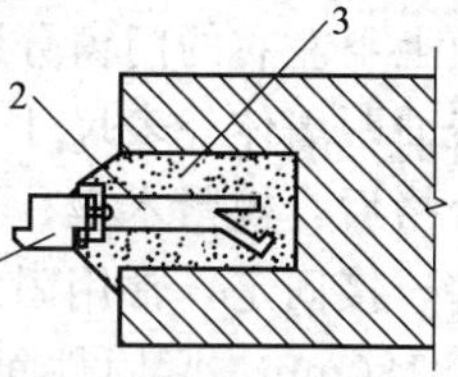

图12-11　钢窗预埋铁脚
1—窗框；2—铁脚；3—留洞60×60×100

4）安装五金零件

① 安装零附件宜在内外墙装饰结束后进行。

② 安装零附件前，应检查门窗在洞口内是否牢固，开启应灵活，关闭要严密。

③ 五金零件应按生产厂家提供的装配图试装合格后，方可进行全面安装。

④ 密封条应在钢门窗涂料干燥后按型号安装压实。

⑤ 各类五金零件的转动和滑动配合处应灵活，无卡阻现象。

⑥ 装配螺钉拧紧后不得松动，埋头螺钉不得高于零件表面。

⑦ 钢门窗上的渣土应及时清除干净。

5）安装纱门窗

高度或宽度大于1400mm的纱窗，装纱前应在纱扇中部用木条临时支撑。检查压纱条和扇配套后，将纱裁成比实际尺寸宽50mm的纱布，绷纱时先用螺丝拧入上下压纱条再装两侧压纱条，切除多余纱头。金属纱装完后集中刷油漆，交工前再将门窗扇安在钢门窗框上。

钢门窗安装的允许偏差见表12-3所示。

表12-3　钢门窗允许偏差

项　目	允许偏差/mm	检查方法
框的垂直度	3	吊1m线
框的对角线长度差	3	用尺量对角线

(3) 铝合金门窗

安装前，应检查铝合金门窗成品及构配件各部位；检查洞口标高线、几何形状、预埋件位置、间距是否符合要求，预埋件是否牢固。

铝合金门窗一般是先安装门窗框，后安装门窗扇。安装时，将门窗框安装到设计标高洞口正确位置，先用木楔临时定位后进行调整，使上下左右的门窗分别在同一竖直线、水平线上；框边四周间隙与框表面距墙体外表尺寸一致；仔细校正其正侧面垂直度、水平度及位置合格后，楔紧木楔；再校正；然后按设计规定将门窗框与墙体或预埋件连接固定，常用固定方法见图 12-12。紧固件至窗角的距离不应大于 180mm，紧固件间距应小于 600mm。

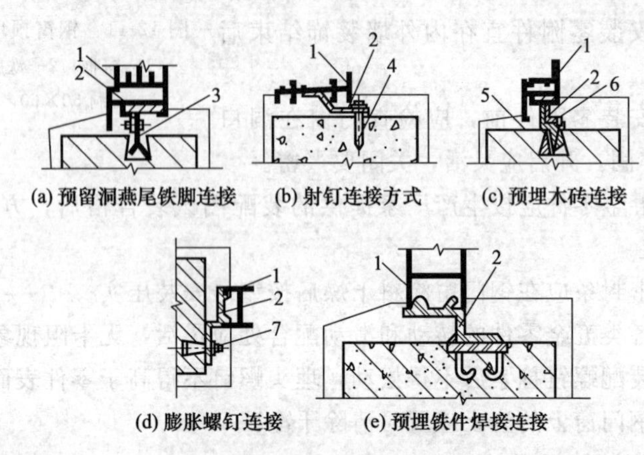

图 12-12　铝合金门窗框与墙体连接方式

1—门窗框；2—连接铁件；3—燕尾铁脚；4—射（钢）钉；5—木砖；6—木螺钉；7—膨胀螺钉

门窗框固定如下。当门窗洞口系预留铁件时，铝框上的镀锌铁脚可直接用电焊焊牢于预埋件上；当洞口墙体上已预留槽口时，可将铝合金框上的连接铁脚埋入槽口内，用 C25 细石混凝土或 1∶2 水泥砂浆浇灌密实；当洞口为混凝土墙体但未留预埋铁件或槽口时，可用射钉枪射入 ϕ4mm～ϕ5mm 射钉紧固，连接铁件应事先用镀锌螺钉铆固在铝合金框上；当洞口为砖砌体结构时，应用冲击电钻钻入不小于 ϕ10mm 的深孔，用膨胀螺栓紧固连接。

铝合金门框埋入地面以下为20～50mm。门窗框连接件采用射钉、膨胀螺栓、钢钉等紧固时，其紧固件离墙边缘不得小于50mm，且应错开墙体缝隙，以防紧固失效。

门窗框与洞口应弹性连接。框周缝隙宽度宜20mm以上；缝隙内应分层填入矿棉或玻璃棉毡条等软质填料。框边须留5～8mm深的槽口，待粉刷干燥后，清除浮灰、渣土，嵌填防水密封胶，见图12-13所示。

铝合金门窗框上如沾上水泥浆或其他污染物时，应立即用软布清洗干净。

(4) 塑料门窗

塑料门窗及其附件应符合国家标准，不得有开焊、断裂等损坏现象，应远离热源。

塑料门窗框子连接时，先把连接件与框子成45°的角度放入框子背面燕尾槽口内，然后顺时针方向把连接件扳成直角，最后旋进$\phi 4\times$15mm自攻螺钉固定，见图12-14所示，严禁锤击框子。

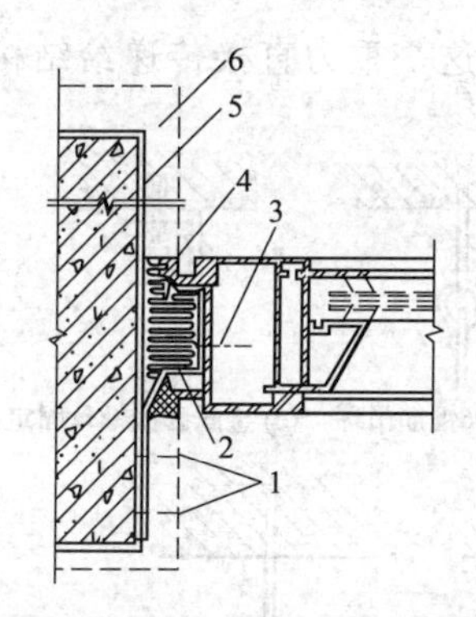

图12-13　铝合金门窗框填缝
1—膨胀螺栓；2—软质填充料；
3—自攻螺钉；4—密封膏；
5—第一遍粉刷；6—最后一遍装饰面层

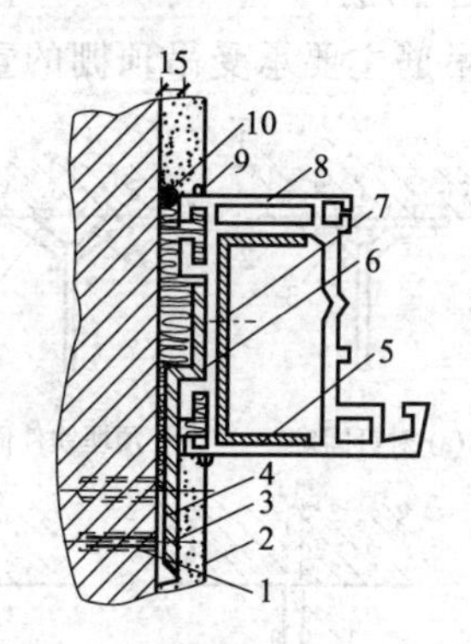

图12-14　塑料门窗框装连接件
1—膨胀螺栓；2—抹灰层；3—螺钉丝；
4—密封胶；5—加强筋；6—连接铁件；
7—自攻螺钉；8—硬PVC窗框；
9—密封膏；10—保温气密封材料

把门窗框放进洞口的安装线上，用木楔临时固定。校正正、侧面垂直度和对角线及水平度合格后用木楔固定牢靠。木楔应塞在边框、中竖框、中横框能受力部位，及时开启窗扇，检查开关灵活度。

门窗框和墙体连接采用膨胀螺栓固定连接件，一只连接件不少于2只螺钉。若洞口已预埋木砖，则用2只木螺钉将连接件紧固在木砖上。

门窗洞口粉刷前，除去木楔，在门窗周围缝隙内塞入轻质材料，形成柔性连接，以适应热胀冷缩。并从框底清除浮灰，嵌注密封膏，做到密实均匀。连接件与墙面之间的空隙内，也应注满密封膏，使胶液冒出连接件1～2mm。不得用水泥或麻刀灰填塞，以免框架变形。

塑料门窗安装五金件时，必须在杆件上钻孔，然后用自攻螺丝拧入，严禁在杆件上直接锤击钉入。

二、吊顶工程

吊顶是一种室内装修，具有保温、隔热、隔音和吸声作用，可以增加室内亮度和美观，是现代室内装饰的重要组成部分。

吊顶由吊筋、龙骨、面层三部分组成。

1. 吊筋

吊筋主要承受吊顶棚的重力，并将这一重力直接传递给结构层。

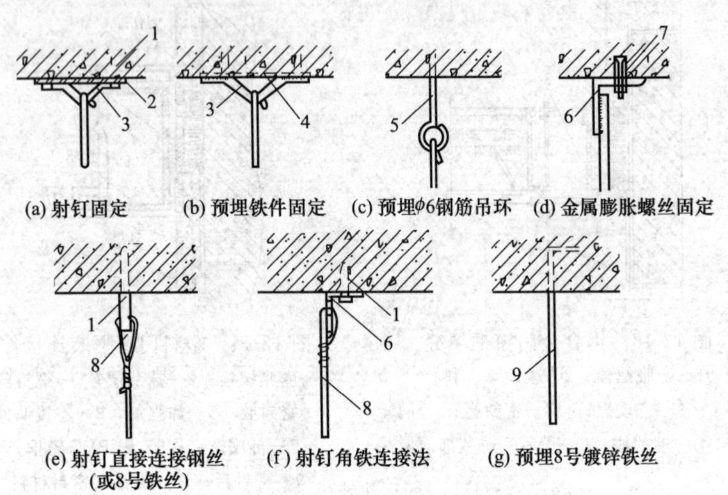

图12-15　吊筋固定方法

1—射钉；2—焊板；3—ϕ10钢筋吊环；4—预埋钢板；5—ϕ6钢筋；6—角钢；7—金属膨胀螺丝；8—铝合金丝（8号、12号、14号）；9—8号镀锌铁丝

同时还能用来调节吊顶的空间高度。

现浇钢筋混凝土楼板吊筋作法见图 12-15 所示。预制板缝中设吊筋见图 12-16 所示。

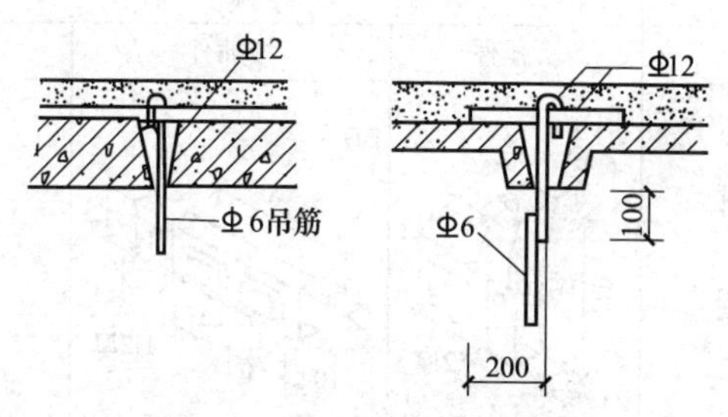

图 12-16　在预制板上设吊筋的方法

2. 龙骨安装

吊顶龙骨有木质龙骨、轻钢龙骨和铝合金龙骨。

(1) 木龙骨

木龙骨多用于板条抹灰和钢板网抹灰吊顶顶棚。主龙骨中距 1200～1500mm，矩形断面为 50mm×(60～80)mm；次龙骨中距 400～600mm，断面 40mm×40mm 或 50mm×50mm，主次龙骨间用 30mm×30mm 木方铁钉连接。

主龙骨沿房间短向布置，用事先预埋的钢筋圆钩穿上 8 号镀锌铁丝将龙骨拧紧，或用 $\phi6$ 或 $\phi8$ 螺栓与预埋钢筋焊牢，穿透主龙骨上紧螺母。吊顶的起拱一般为房间短向的 1/200。次龙骨安装时，按照墙上弹出的水平线，先钉四周小龙骨，然后按设计要求分档划线钉次龙骨，最后钉横撑龙骨（图 12-17）。

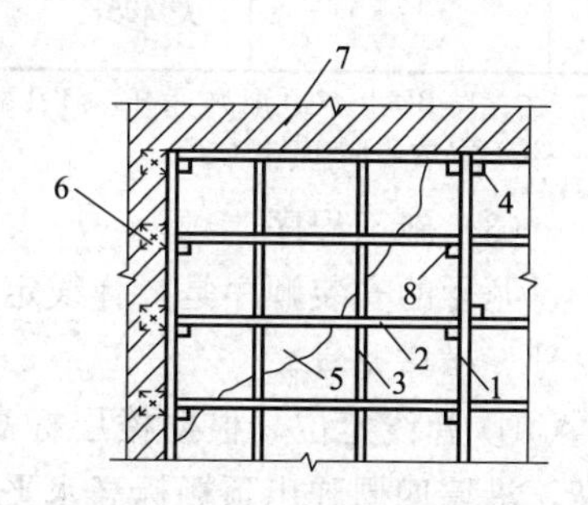

图 12-17　木质龙骨吊顶
1—大龙骨；2—小龙骨；3—横撑龙骨；4—吊筋；5—罩面板；6—木砖；7—砖墙；8—吊木

(2) 轻钢龙骨和铝合金龙骨

其断面形状有 U 型、T 型等，每根龙骨长 2～3m，在现场拼装。

U45 型系列吊顶轻钢龙骨的主件及配件见表 12-4。U 型龙骨吊顶安装示意图见图 12-18 所示。T 型铝合金龙骨安装示意图见图 12-19 所示。

表 12-4 U45 型系列（不上人）

名称	主件	配件		
	龙骨	吊挂件	接插件	挂插件
BD 大龙骨	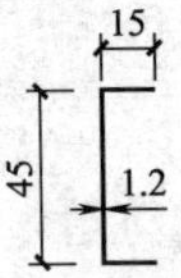 15 45 1.2	BD_1 20 19 11 ϕ7孔 9 62 110 ϕ5孔 2厚 22 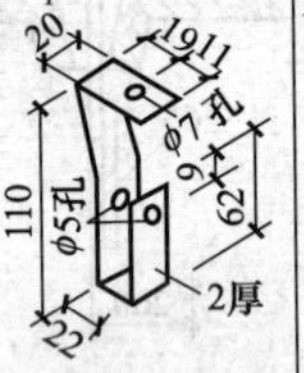	BD_2 120 9.75 42 22.5 9.75 14 2 44 10 44 10 1.2厚 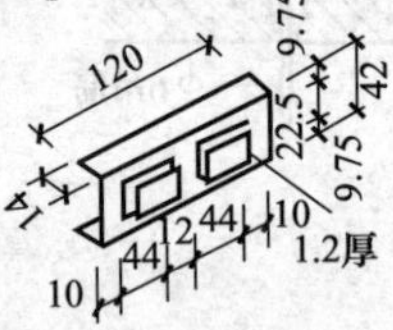	
UZ 中龙骨	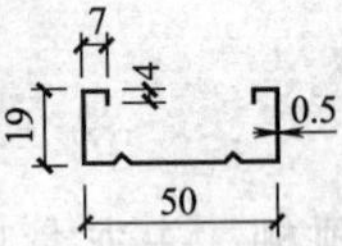 7 4 19 0.5 50	UZ_1 50 30 60 49 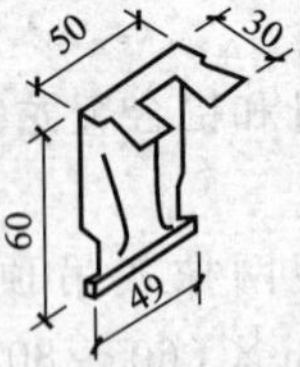	UZ_2 90 49 18 D 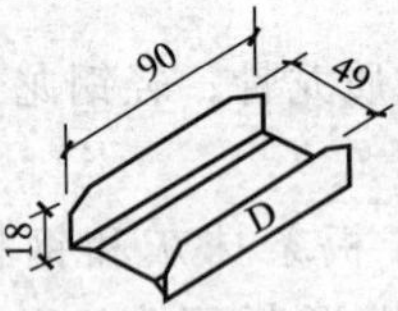	UZ_3 8 28 49 20 12 17.5 5 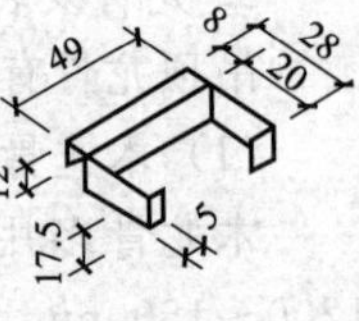
UX 小龙骨	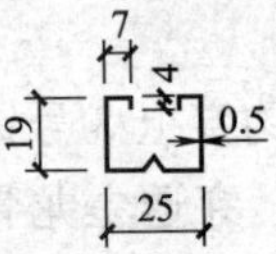 7 4 19 0.5 25	UX_1 28 30 60 24 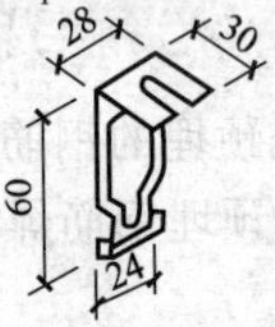	UX_2 90 24 18 D 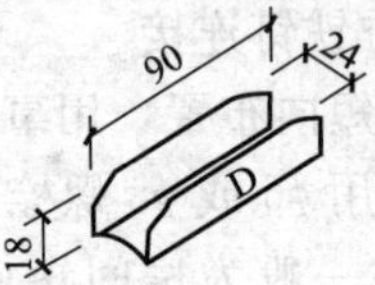	UX_3 23 8 28 20 12 17.5 5 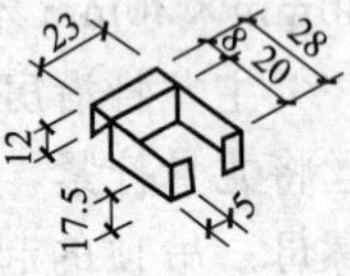

注：1. BD 上 ϕ7 孔配 ϕ6 吊杆，ϕ6 孔配 M4×25 螺栓。
2. 产品为北京灯具厂生产。

(3) 施工程序

龙骨的安装顺序是：弹线定位→固定吊杆→安装主龙骨→安装次龙骨→横撑龙骨。

① 弹线定位。根据楼层标高水平线，用尺竖向量至顶棚设计标高，沿墙四周弹出顶棚标高水平线（水平允许偏差±5mm），并沿顶棚标高水平线在墙上划好龙骨分档位置线。

② 固定吊杆。按照墙上弹出的标高线和龙骨位置线，找出吊点中心，将吊杆焊接在预埋件上。未设预埋件时，可在吊点中心用射钉

固定吊杆或铁丝，计算好吊杆的长度，确定吊杆下端的杆高。与吊挂件连接一端的套丝长度应留好余地，并配好螺母。同时，按设计要求是否上人，查标准图集选用。

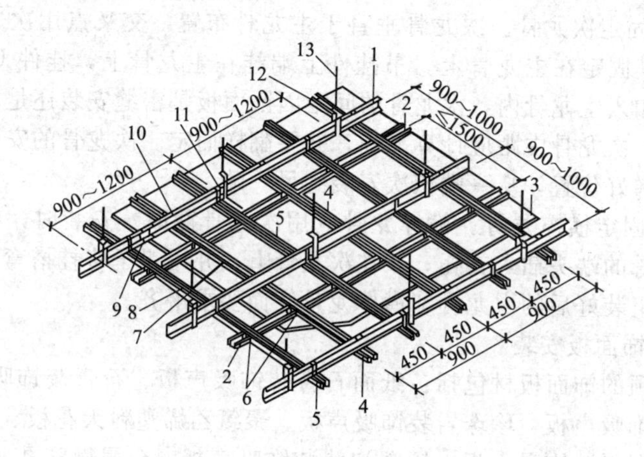

图 12-18　U 型龙骨吊顶示意图

1—BD 大龙骨；2—UZ 横撑龙骨；3—吊顶板；4—UZ 龙骨；5—UX 龙骨；6—UZ_3 支托连接；7—UZ_2 连接件；8—UX_2 连接件；9—BD_2 连接件；10—UZ_1 吊挂；11—UX_1 吊挂；12—BD_1 吊件；13—吊杆 $\phi8\sim\phi10$

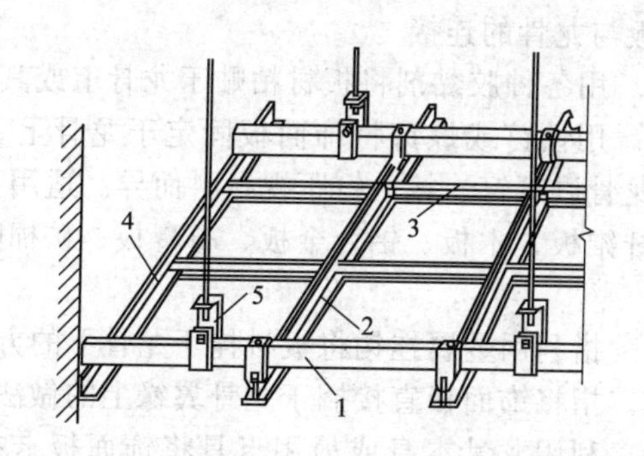

图 12-19　T 型铝合金吊顶

1—大龙骨；2—大 T；3—小 T；4—角条；5—大吊挂件

③ 安装主龙骨。吊杆安装在主龙骨上，根据龙骨的安装程序，因为主龙骨在上，所以吊件同主龙骨相连，再将次龙骨用连接件与主

龙骨固定。在主、次龙骨安装程序上，可先将主龙骨与吊杆安装完毕，再安次龙骨；也可主、次龙骨一齐安装。然后调平主龙骨，拧动吊杆螺栓，升降调平。

④ 固定次龙骨。次龙骨垂直于主龙骨布置，交叉点用次龙骨吊挂件将其固定在主龙骨上。吊挂件上端挂在主龙骨上，挂件U型腿用钳子扣入主龙骨内，次龙骨的间距因饰面板是密缝安装还是离缝安装而异。次龙骨中距应计算准确，并要翻样而定。次龙骨的安装程序是预先弹好位置，从一端依次安装到另一端。

⑤ 固定横撑龙骨。横撑龙骨应用次龙骨截取。安装时，将截取的次龙骨的端头插入支托，扣在次龙骨上，并用钳子将挂搭弯入次龙骨内。组装好后的次龙骨和横撑龙骨底面要求平齐。

3. 饰面板安装

吊顶的饰面板材包括：纸面石膏装饰吸声板、石膏装饰吸声板、矿棉装饰吸声板、珍珠岩装饰吸声板、聚氯乙烯塑料天花板、聚苯乙烯泡沫塑料装饰吸声板、钙塑泡沫装饰吸声板、金属微穿孔吸声板、穿孔吸声石棉水泥板、轻质硅酸钙吊顶板、硬质纤维装饰吸声板、玻璃棉装饰吸声板等。选材时要考虑材料的密度、保温、隔热、防火、吸音、施工装卸等性能，同时应考虑饰面的装饰效果。这里只介绍饰面板与龙骨连接的方法和板面的接缝处理。

(1) 饰面板与龙骨的连接

① 黏结法。用各种胶黏剂将板材粘贴于龙骨上或其他基板上。

② 钉接法。用铁钉或螺钉将饰面板固定于龙骨上。木龙骨以铁钉钉接，型钢龙骨以螺钉连接，钉距视材料而异。适用于钉接的饰面板有胶合板、纤维板、木板、铝合金板、石膏板、矿棉吸声板和石棉水泥板等。

③ 挂牢法。指利用金属挂钩将板材挂于龙骨下的方法。

④ 搁置法。指将饰面板直接搁于龙骨翼缘上的做法。

⑤ 卡牢法。利用龙骨本身或另用卡具将饰面板卡在龙骨上的做法。常用于以轻钢、型钢龙骨配以金属板材等。

(2) 板面的接缝处理

① 密缝法。指板之间在龙骨处对接，也叫对缝法。板与龙骨的连接多为粘接和钉接。接缝处易产生不平现象，需在板上不超过

200mm 间距用钉或用胶黏剂连接，并对不平处进行修整。

② 离缝法。

a. 凹缝。两板接缝处利用板面的形状和长短做出凹缝，有 V 型缝和矩型缝两种，缝的宽度不小于 10mm。由板的形状形成的凹缝可不必另加处理；利用板厚形成的凹缝中，可涂颜色，以强调吊顶线条的立体感。

b. 盖缝。板缝不直接暴露在外，而用次龙骨或压条盖住板缝，这样可避免缝隙宽窄不均，使饰面的线型更为强烈。

饰面板的边角处理，根据龙骨的具体形状和安装方法有直角、斜角、企口角等多种形式。

4. 吊顶工程质量要求及检验方法

吊顶龙骨安装工程质量要求及检验方法见表 12-5 所示。吊顶饰面板安装允许偏差和检验方法见表 12-6 所示。

表 12-5 吊顶龙骨安装工程质量要求及检验方法

项次	项 目	质量要求		检验方法
1	钢木龙骨的吊杆、主梁、搁栅（立筋、横撑）外观	合格 优良	有轻度弯曲，但不影响安装，木吊杆无劈裂顺直、无弯曲、无变形、木吊杆无劈裂	观察检查
2	吊顶内填充料	合格 优良	用料干燥、铺设厚度符合要求 用料干燥、铺设厚度符合要求，且均匀一致	观察、尺量、检查
3	轻钢龙骨、铝合金龙骨外观	合格 优良	角缝吻合、表面平整、无翘曲、无锤印 角缝吻合、表面平整、无翘曲、无锤印、接缝均匀一致，周围与墙面密合	观察检查

三、隔墙工程

将室内完全分隔开的叫隔墙。将室内局部分隔，而其上部或侧面仍然连通的叫隔断。

隔墙按用材可分为砖隔墙、骨架轻质隔墙、玻璃隔墙、混凝土预制板隔墙、木板隔墙等。

表 12-6 吊顶饰面板安装的允许偏差和检验方法

项次	项目	允许偏差/mm										检验方法
		石膏板			矿棉装饰吸声板	木质板		塑料板		纤维水泥加压板	金属装饰板	
		石膏装饰板	深浮雕嵌式装饰石膏板	纸面石膏板		胶合板	纤维板	钙塑装饰板	聚氯乙烯塑料天花板			
1	表面平整	3	3	3	2	2	3	3	2		2	用2m靠尺和楔形塞尺检查
2	接缝平直	3	3	3	3	3	3	4	3		<1.5	接线5m长或通线、尺量检查
3	压条平直	3	3	3	3	3	3	3	3	3	3	接线5m长或通线、尺量检查
4	接缝高低	1	1	1	1	0.5	0.5	1	1	1	1	用直尺和楔形塞尺检查
5	压条间距	2	2	2	2	2	2	2	2	2	2	尺量检查

1. 砌筑隔墙

砌筑隔墙一般采用半砖顺砌。砌筑底层时，应先做一个小基础；楼层砌筑时，必须砌在梁上，梁的配筋要经过计算。不得将隔墙砌在空心板上。隔墙用 M2.5 以上的砂浆砌筑，隔墙的接槎见图 12-20 所示。

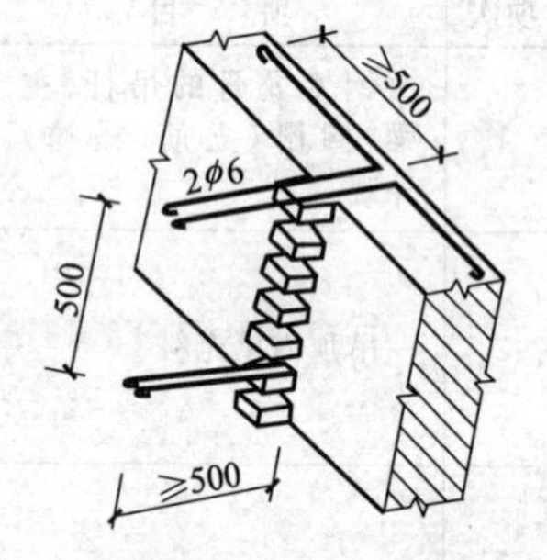

图 12-20 隔墙的接槎

半砖隔墙两面都要抹灰，但为了不使抹灰后墙身太厚，砌筑两面应较平整。隔墙长度超过 6m 时，中间要设砖柱；高度超过 4m 时，要设钢筋混凝土拉结带。隔墙到顶时，不可将最上面一皮砖紧顶楼板，应预留 30mm 的空隙，抹灰时将两面封住即可。

2. 骨架板材隔墙

(1) 双面钉贴板材隔墙

它是指在方木骨架或金属骨架上，双面镶贴胶合板、纤维板、石膏板、矿棉板、刨花板或木丝板等轻质材料的隔墙。其骨架的做法和板条墙相近，但间距要按照面层板材的大小而定。横撑必须水平，间距根据板材大小决定，如图 12-21 所示。板材应选择较好的面向外，露纹清漆的胶合板还应注意木纹的统一和美观，钉子间距一般为 150～200mm。

板材拼缝要留 3～5mm 间隙，并用压条压住。压料可用木条、铝合金条或硬塑料条。木压条上应没有裂纹、节疤、刨丝、歪扭等缺陷。压条接头用人字槎，不得用齐头槎。板材的周边较整齐时，也可不用压条，但缝隙要均匀。板材隔墙的表面一般刷油漆或涂料，也可贴墙纸。板材也可用黏结剂粘贴在骨架上，可不要压条，但不得翘边、开裂，且不适宜于潮湿地方。

（2）单层镶嵌板材隔墙

同上述方法相比，板材用量减半，但事先要在立筋和横撑上开口槽，然后将裁好的板材镶嵌进去，由下而上逐块安装，最上面一块用小木条压边。这种方法只适用于略能弯曲的胶合板、纤维板等，如用石膏板材，则需在四周加贴木条压边来固定。

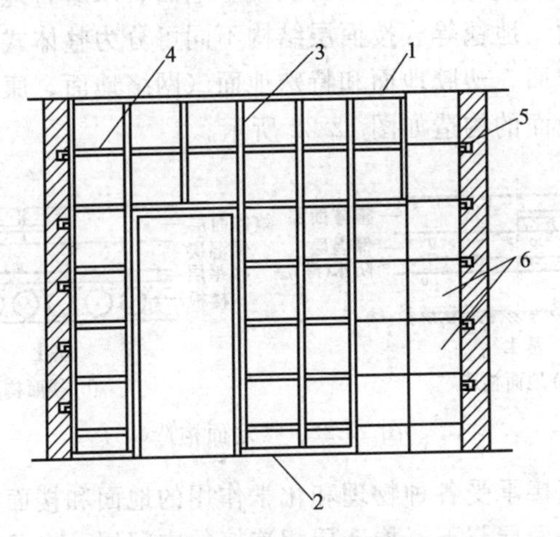

图 12-21　骨架板材隔墙

1—上槛；2—下槛；3—立筋；4—横撑；5—木砖；6—板材

（3）隔墙的质量要求

隔墙骨架与基本结构连接牢固，无松动现象。墙体表面应平整，接缝密实、光滑、无凸凹现象，无裂缝，安装牢固。隔墙饰面板工程质量允许偏差，应符合表 12-7 的规定。

表 12-7 隔断罩面板工程质量允许偏差

项次	项目	允许偏差/mm				检验方法
		石膏板	胶合板	纤维板	石膏条板	
1	表面平整	3	2	3	4	用 2m 直尺和楔形塞尺检查
2	立面垂直	3	3	4	5	用 2m 托线板检查
3	接缝平直		3	3		按 5m 线检查，不足 5m 拉通线检查
4	压条平直		3	3		
5	接缝高低	0.5	0.5	1		用直尺和楔形塞尺检查
6	压条间距		2	2		用尺检查

四、楼地面工程

1. 楼地面的组成及分类

楼地面是房屋建筑底层地坪与楼层地坪的总称。楼地面按面层材料不同分为水泥砂浆地面、细石混凝土地面、水磨石地面、大理石地面、木质地面、地毯等。按面层结构不同可分为整体式楼地面、板块地面、木质地面、塑胶地面和特殊地面（网络地面、康体工程场馆地面）等。楼地面的构造如图 12-22 所示。

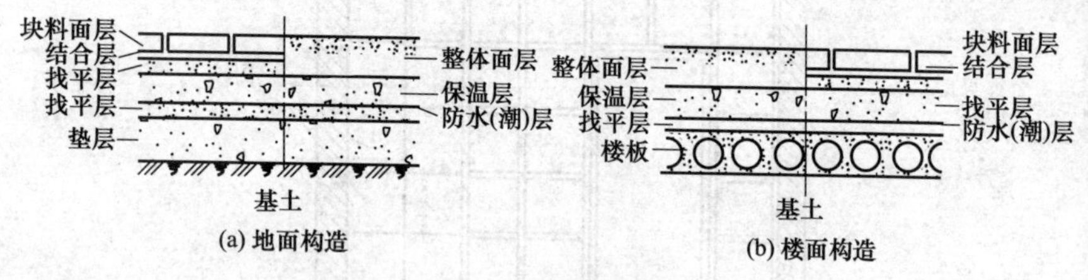

图 12-22 楼地面构造

面层是直接承受各种物理和化学作用的地面和楼面的表层。

结合层是面层与下一构造层相连接的中间层，也可作为面层的弹性基层。

找平层是在垫层上、楼板上或填充层（软质、松散的隔声、保温材料）上起整平、找坡或加强作用的构造层。

防水（潮）层是防止建筑地面上各种液体（水、油、非腐蚀性和腐蚀性液体）浸湿和渗漏，或防止地下水和潮气渗透地面作用的隔离层。仅为防止地下潮气透过地面的，可称作防潮层。

保温层是减少地面与楼面导热性的构造层。

2. 基层施工

① 抄平弹线统一标高。检查墙、地、楼板的标高，并在各房间内弹离楼地面高 500mm 的水平控制线，房间内一切装饰都以此为基准。

② 楼面的基层是楼板，对于预制板楼板，应做好板缝灌浆、堵塞和板面清理工作。

③ 地面基层为土质时，应是原土和夯实回填土。回填土夯实同基坑回填土夯实要求。

3. 垫层施工

(1) 碎砖垫层

碎砖料不得采用风化、酥松的砖，并不得夹有瓦片及有机杂质；碎砖粒径不大于 60mm，不得在已铺好的垫层上用锤击方法进行碎砖加工。

碎砖料应分层铺均匀，每层虚铺厚度不大于 200mm，适当洒水后进行夯实。碎砖料可用人工或机械方法夯实，夯止表面平整。

(2) 三合土垫层

三合土垫层是用石灰、砾石和砂的拌和料铺设而成，其厚度一般不小于 100mm。

石灰应用消石灰；拌和物中不得含有有机杂质；三合土的配合比(体积比)，一般采用 1∶2∶4 或 1∶3∶6（消石灰∶砂∶砾石）。

拌和均匀后，每层虚铺厚度不大于 150mm，铺平后夯实，夯实厚度一般为虚铺厚度的 3/4。三合土可用人工或机械夯实，夯打应密实，表面平整。最后一遍夯打时，宜浇浓石灰浆，待表面灰浆晾干后进行下一道工序施工。

(3) 混凝土垫层

混凝土垫层用厚度不小于 60mm，等级不低于 C10 的混凝土铺设而成。

混凝土的配合比由计算确定，坍落度宜为 10～30mm，要拌和均匀。混凝土采用表面振动器捣实，浇筑完后，应在12h内覆盖浇水养护不少于7昼夜。混凝土强度达到1.2MPa以后，才能进行下道工序施工。

4. 面层施工

(1) 整体面层施工

① 水泥砂浆地面。水泥砂浆地面面层的厚度为20mm，用不低于325号水泥和中粗砂拌和配制，配合比为1∶2或1∶2.5。

施工时，应清理基层，同时将垫层湿润，刷一道素水泥浆，用刮尺将满铺水泥砂浆按控制标高刮平，用木抹子拍实，待砂浆终凝前，用铁抹子原浆收光，不允许撒干灰赶时抹压。终凝后覆盖浇水养护，这是水泥砂浆面层不起砂的重要保证措施。

② 水磨石地面。水磨石面层做法是：1∶3水泥砂浆找平层，厚10～15mm；1∶1.5～1∶2水泥白石子浆，厚10～15mm。面层分格条按设计要求的图案施工。

水磨石地面的材料要求如下。

a. 水泥。不低于425号硅酸盐水泥、普通硅酸盐水泥或矿渣硅酸盐水泥。美术工艺水磨石采用白色水泥。

b. 石粒。采用坚硬可磨的岩石，如白云石、大理石等。石粒应洁净无杂质，粒径为4～12mm。

c. 颜料。选用耐碱、耐光的矿物颜料，掺入量不大于水泥用量的12%。

水磨石地面施工如下。

a. 固定分格条。在清理完毕2～3d，可做面层。按设计要求将分格线的位置弹到找平层上，宜从中间向两边分格，将非整块赶到边角部位，同时应考虑门、走道及吊顶分格，应统一协调。

固定分格条用素水泥浆。一个分格内，先用素水泥浆局部固定，然后通线检查，合格后全部抹成八字形的水泥浆。水泥浆的高度比分格条低3mm（见图12-23），使水泥石碴均匀地在分格条两侧。在分格条纵横交叉处各留出40～50mm不抹水泥浆，避免该处水泥石子较少现象。分格条固定后，注意保护，约3d左右便可进行下道工序。

b. 抹水泥石子浆面层。清理找平层，浇水湿润，刷一遍与面层颜色相同的水灰比为0.4～0.6的水泥浆结合层，随刷随铺水泥石子浆，将其抹平后用尺靠在分格条上检查平整与高度。面层抹灰宜比分格条高出1～2mm。要铺平整，用滚筒压密实，待表面出浆后，再用抹子抹平，次日开始养护。

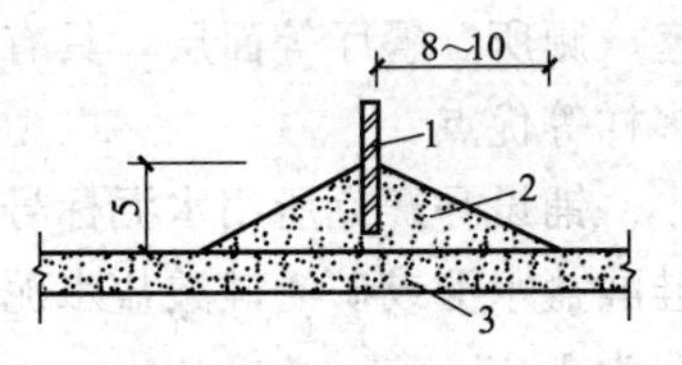

图12-23　粘贴分格条
1—分格条；2—索水泥浆；3—垫层

c. 磨光。磨光的目的是将面层的水泥浆磨掉，使表面石子磨平并显露出来，增加美观和达到设计要求。

开磨前，应先试磨，当表面石粒不松动时方可开磨。一般开磨时间见表12-8所示。

表12-8　水磨石面层平磨时间

序　号	平均温度/℃	开磨时间/d	
		机磨	人工磨
1	20～30	2～3	1～2
2	10～20	3～4	1.5～2.5
3	5～10	5～6	2～3

水磨石面层分三次磨光：第一遍用60～90号粗金刚石边磨边加水，粗磨至全部分格条外露和石子显露，表面平整；用水冲洗干净，有细小孔隙、凹痕时，用同色水泥浆涂抹，适当养护后再磨。第二遍用90～120号金刚石磨，要磨到表面光滑为止。第三遍用200号金刚石磨，磨至表面石子粒粒显露、平整光滑，无砂眼孔，用水冲洗。涂抹草酸溶液（热水：草酸＝1：0.35质量比）一遍。高级水磨石地面还应进行第四遍打磨，用240～300号油石磨。

d. 水磨石面打蜡。待磨光干燥后进行打蜡，打蜡工作在其他工序全部完成后进行。用川蜡500g、煤油2000g放入桶里熬到130℃，用松香水300g、鱼油50g调制；将蜡包在薄布内，在面层上薄薄涂一层，用力擦，稍干用布擦至表面光滑整洁，颜色一致。

（2）板块面层施工

① 地砖、马赛克施工。马赛克（陶瓷锦砖）常用于游泳池、浴

室、厕所、餐厅等面层，具有耐酸碱、耐磨、不渗水、易清洗、色泽多样等优点。

铺设马赛克所用水泥标号不低于 325 号，采用硅酸盐水泥、普通硅酸盐水泥或矿渣硅酸盐水泥；砂采用中粗砂；水泥砂浆铺设时配合比为 1∶2。

铺设前，将结合层按一般抹灰要求施工，清理找平层。铺设顺序是：单门、两连通房间从门口中间拉线，先铺一张后再往两边铺；有图案的从图案开始铺贴。

铺设时，在找平层上均匀刷水泥浆，马赛克背面抹水泥砂浆，直接铺在地面后，用木锤仔细拍打密实，使表面平整，用靠尺靠平找正；完成部分铺贴时，淋水湿润半小时后揭开护面纸，用刀拨缝均匀，边拨边拍实，用直尺复平，最后用 1∶1 水泥砂或素水泥浆扫缝嵌实打平，用棉纱擦洗干净。

地砖地面的施工同马赛克地面施工要求。铺贴时，应清理基层，浇水湿润，抄平放线；然后扫素水泥浆，用 1∶3 水泥砂浆打底找平；地砖应浸水 2～3h，取出阴干后使用。地砖铺贴从门口开始，出现非整块砖时进行切割。铺砌后用素水泥浆擦缝，并将砂浆清洗干净。养护时间 3～4d，养护期间不得上人。

② 木板面层施工。木板面层多用于室内高级装修地面。该地面具有弹性好，耐磨性好，不易老化等特点。木板面层有单层和双层两种。单层是在木搁栅上直接钉企口板；双层是在木搁栅上先钉一层毛地板，再钉一层企口板。木搁栅有空铺和实铺两种形式。

实铺式地面是将木搁栅铺于钢筋混凝土楼板上，木搁栅之间填以炉渣隔音材料。木地板拼缝用得较多是企口缝、截口缝、平头接缝等，其中以企口缝最为普遍，如图 12-24 所示。

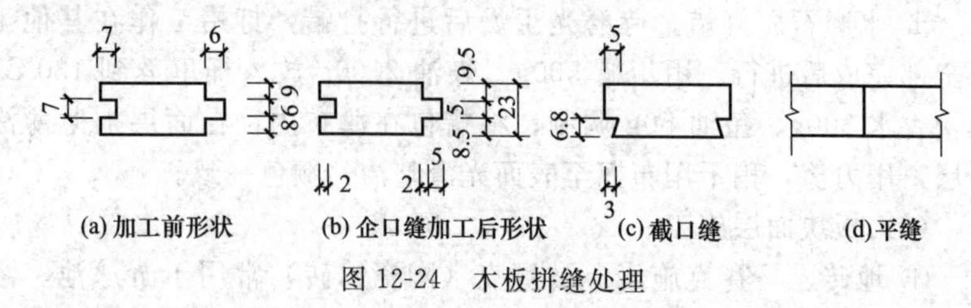

图 12-24　木板拼缝处理

a. 长条板地面施工。将木搁栅直接固定在基底上，然后用圆钉将面层钉在木搁栅上。

条形木地板的铺设方向应考虑铺钉方便，固定牢固和使用美观。走廊、过道等部位，宜顺着行走的方向铺设；房间内应顺着光线铺设，可以克服接缝处不平的缺陷。

用钉固定木板的方法有明钉和暗钉两种钉法。明钉是将钉帽砸扁，垂直钉入板面与搁栅，一般钉两只钉，钉的位置应在同一直线上，并将钉帽冲入板内 3～5mm。暗钉是将钉帽砸扁，从板边的凹角处，斜向钉入，但最后一块地板用明钉。

b. 拼花板地面施工。拼花板地面一般采用黏结固定的方法施工。

弹线：按设计图案及板的规格，结合房间的具体尺寸弹出垂直交叉的方格线。放线时，先弹房间纵横中心线，再从中心向四边划出方格；房间四周边框留 15～20mm 宽。方格是否方正是直接影响地板施工质量的主要因素。

黏结：一般用玻璃胶粘贴。粘贴前，对硬木拼板进行挑选，将色彩好的粘贴于房间明显或经常出入部位，稍差一点的木板粘贴在边框及门背后隐蔽处。粘贴时，从中心开始，然后依次排列；用胶时，基层和木板背面同时抹胶晾一会，便可将木板按在基底上。木条之间缝隙应严密，紧靠木板条用�头或垫木块敲打；用力要均匀，溢出板面的黏结剂要及时清理干净。

刨平，打磨：刨平时应注意木纹方向，一次不要刨的太深，每次刨削厚度不大于 0.5mm，并应无刨痕。刨平后用砂纸打磨，做清漆涂刷时应透出木纹，以增加装饰效果。

c. 木踢脚板。踢脚板规格为 150mm×(20～25mm)，背面开槽以防止翘曲。踢脚板背面应做防腐处理。踢脚板用钉子钉牢于墙内防腐木砖上，钉帽砸扁冲入板内。踢脚板接缝处应做企口或错口相接。踢脚板与木板面层转角处装钉木压条。要求踢脚板与墙紧贴，装钉牢固，上口平直。

5. 楼地面工程质量要求

楼地面各层的质量要求如下：

① 楼地面各层的厚度、坡度、标高、平整度等应符合设计规定；

② 楼地面上下层结合牢固；

③ 面层图案正确；

④ 各层表面对水平面或对设计坡度的允许偏差不应大于房间相应尺寸的0.2%，但最大偏差不应大于30mm；

⑤ 块料面层相邻两块料间的高差不大于表12-9的规定。

表12-9　各种块料层相邻两块料的高低允许差

序号	块料面层名称	允许偏差/mm
1	条石面层	2
2	普通黏土砖、缸砖和混凝土面层	1.5
3	普通水磨石板面层	1
4	陶瓷锦砖、水泥花砖、高级水磨石板、塑料、纤维板	0.5

⑥ 混凝土、水泥砂浆、水磨石、钢屑水泥、菱苦土等整体面层和铺在水泥砂浆或沥青玛瑞脂上的板块面层，以及铺贴在沥青胶结材料或黏结剂上的拼花木板、塑料板、硬质纤维板面层，与基层的结合应良好，应用敲击方法检查，不得空鼓。

⑦ 楼地面不得有裂纹、脱皮、麻面和起砂现象。踢脚板或踢脚条与墙面应紧密结合。

⑧ 面层中块料行列（长度在5m内）直线度的允许偏差不应大于表12-10的规定。

表12-10　各类面层块料行列直线度的允许偏差

序号	面层名称	允许偏差/mm
1	缸砖、陶瓷锦砖、水磨石板、塑料纤维板	3
2	大理石面层	2
3	其他块料面层	2

⑨ 楼地面表面平整度用2m长的直尺检查，斜面用水尺和样尺检查。各层表面对平面的偏差不应大于表12-11的规定。

表12-11　地面与楼面各层表面平整度的允许偏差

项次	层次	材料名称	允许偏差/mm
1	基土	土	15
2	垫层	砂、砂石、碎(卵)石、碎砖	15
		灰土、三合土、炉渣、混凝土	10

续表

项次	层次	材料名称		允许偏差/mm
2	垫层	毛地板	地漆布和拼花木板面层	3
			其他种类面层	5
		木搁栅		3
3	找平层	沥青玛琋脂做结合层铺设地漆布、拼花木板、板块、纤维板		3
		水泥砂浆结合层铺设块面层及设防水层		5
		用胶结剂做结合层铺拼花地板，塑料、纤维地面		2
4	面层	碎石、卵石		12
		块石、条石		10
		铺在砂上的普通黏土砖、灌石油沥青碎石		8
		铺在水泥砂浆结合层上的普通黏土砖		6
		混凝土、水泥砂浆、沥青砂浆、钢屑水泥、菱苦土等整体面层		4
		混凝土、砖		4
		整体、预制的普通水磨石，碎拼大硬石，水泥花砖和木面层		3
		整体、预制的高级水磨石面层		2
		陶瓷棉砖、拼花木板、塑料板、纤维板和地漆布		2
		大理石		1

第二节　装饰工程

装饰工程包括抹灰、饰面、刷浆、油漆、裱糊、花饰、铝合金和玻璃幕墙等工程，是建筑施工的最后一个施工过程。具体内容包括内外墙面和顶棚的抹灰；内外墙饰面和镶面；楼地面的饰面；内墙裱糊；花饰安装；门窗等木制品和金属品；油漆以及墙面刷浆等。其作用是保护墙面免受风雨、潮气等侵蚀，改善隔热、隔音、防潮功能，提高卫生条件以及增加建筑物美观和美化环境。

装饰工程施工工程量大、工期长、用工量多，它与装饰用材料和施工工艺密切有关。近年来我国在这方面有很大提高，但继续改革装饰材料和施工工艺，提高施工质量，仍然具有重要意义。

一、抹灰工程

1. 抹灰的分类和组成

抹灰工程按材料和装饰效果分为一般抹灰和装饰抹灰两大类。一般抹灰用石灰砂浆、水泥混合砂浆、水泥砂浆、聚合物水泥砂浆、膨胀珍珠岩水泥砂浆和麻刀石灰、纸筋石灰、石膏灰等材料。一般抹灰按质量要求和相应的主要工序分为普通抹灰和高级抹灰两种。普通抹灰表面应光滑、洁净、接槎平整，分格缝应清晰；高级抹灰表面应光滑、洁净、颜色均匀、无抹纹，分格缝和灰线应清晰美观。抹灰前基层表面的尘土、污垢、油渍等应清除干净，并应洒水润湿；抹灰工程应分层进行；当抹灰总厚度大于或等于35mm时，应采取加强措施；不同材料基体交接处表面的抹灰，应采取防止开裂的加强措施，当采用加强网时，加强网与各基体的搭接宽度不应小于100mm；抹灰层与基层之间及各抹灰层之间必须粘结牢固，抹灰层应无脱层、空鼓，面层应无爆灰和裂缝。

抹灰所以分层涂抹，是为了黏结牢固、控制平整度和保证质量。如一次涂抹太厚，由于内外收水快慢不同会产生裂缝、起鼓或脱落，亦易造成材料浪费。抹灰层一般分为底层、中层（或几遍中层）和面层（图12-25）。底层（又称头度糙或刮糙）的作用是与基体黏结牢固并初步找平；中层（又称二度糙）的作用是找平；面层（又称光面）是使表面光滑细致，起装饰作用。

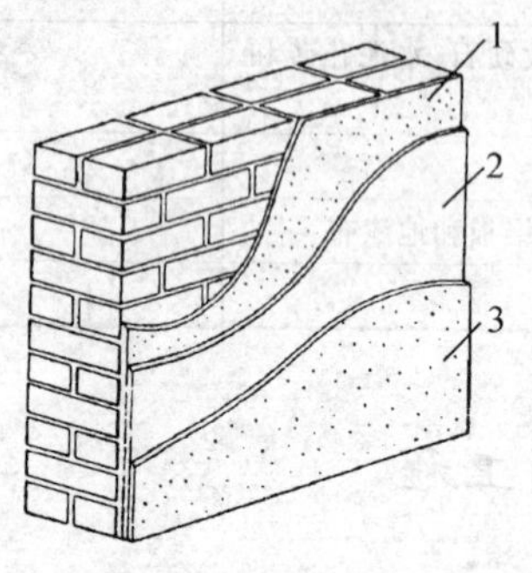

图12-25 抹灰层组成

1—底层；2—中层；3—面层

各抹灰层的厚度根据基体的材料、抹灰砂浆种类、墙体表面的平整度和抹灰质量要求以及各地气候情况而定。抹水泥砂浆每遍厚度宜为7～10mm；抹石灰砂浆和水泥混合砂浆每遍厚度宜为5～7mm；抹灰面层用麻刀灰、纸筋灰、石膏灰等罩面时，经赶平压实后，其厚度一般不大于3mm。因为罩面灰厚度太大，容易收缩产生裂缝，影响质量与美观。抹灰层的总厚度，应视具体部位及基体材料而定。顶棚为板条、空心砖、现浇混凝土时，总厚度不大于15mm；顶棚为预制混凝土板时，总厚度不大于18mm。内墙为普通抹灰时，总厚度不大于18mm；中级抹灰和高级抹灰总厚度分别不大于20mm和25mm。外墙抹灰总厚度不大于20mm；勒脚和突出部位的抹灰总厚度不大于25mm。

装配式混凝土大板和大模板建筑的内墙面和大楼板底面，如平整度较好，垂直偏差少，其表面可以不抹灰，用腻子分遍刮平，待各遍腻子黏结牢固后，进行表面刷浆即可，总厚度为2～3mm。

装饰抹灰种类很多，其底层多为1∶3水泥砂浆打底，面层可为水刷石、水磨石、斩假石、干黏石、假面砖、拉条灰、仿石、采用喷涂、滚涂、弹涂、彩色抹灰等。

2. 一般抹灰施工

(1) 施工顺序

在施工之前应安排好抹灰的施工顺序，目的是为了保护好成品。一般应遵循的施工顺序是先室外后室内、先上面后下面、先地面后顶墙。先室外后室内，是指先完成室外抹灰，拆除外脚手，堵上脚手眼再进行室内抹灰。先上面后下面，是指在屋面工程完成后室内外抹灰最好从上层往下层进行。高层建筑施工，当采取立体交叉流水作业时，也可以采取从下往上施工的方法，但必须采取相应的成品保护措施。先地面后顶墙，是指室内抹灰一般可采取先完成地面抹灰，再开始顶棚和墙面抹灰，但对于装饰要求较高的地面，为了保护成品亦应后做。一般应在屋面防水工程完工后进行室内抹灰，以防止漏水造成抹灰层损坏及污染。

(2) 基层处理

为了使抹灰砂浆与基体表面黏结牢固，防止抹灰层产生空鼓现象，抹灰前应对基层进行必要的处理。对凹凸不平的基层表面应剔平，或用1∶3水泥砂浆补平。对楼板洞、穿墙管道及墙面脚手架洞、门窗框与立墙交接缝隙处均应用1∶3水泥砂浆或水泥混合砂浆（加少量麻刀）分层嵌塞密实。对表面上的灰尘、污垢和油渍等事先均应清除干净，并洒水润湿。墙面太光的要凿毛，或用掺加10%107胶的1∶1水泥砂浆薄抹一层。不同材料相接处，如砖墙与木隔墙等，应铺设金属网（图12-26），搭接宽度从缝边起两侧均不小于100mm，以防抹灰层因基体温度变化胀缩不一而产生裂缝。在内墙面的阳角和门洞口侧壁的阳角、柱角等易于碰撞之处，宜用强度较高的1∶2水泥砂浆制作护角，其高度应不低于2m，每侧宽度不小于50mm，对砖砌体基体，应待砌体充分沉实后方抹底层灰，以防砌体沉陷拉裂灰层。

(3) 抹灰施工

抹灰施工，按部位分墙面抹灰和顶棚抹灰。

中、高级墙面抹灰。为控制抹灰层厚度和墙面平直度，用与抹灰层相同的砂浆先做出灰饼和标筋（图12-27），标筋稍干后以标筋为平整度的基准进行底层抹灰。如用水泥砂浆或混合砂浆，应待前一抹灰层凝结后再抹后一层。如用石灰砂浆，则应待前一层达到七八成干后，方可抹后一层。中层砂浆凝固前，亦可在层面上交叉划出斜痕，以增强与面层的黏结。

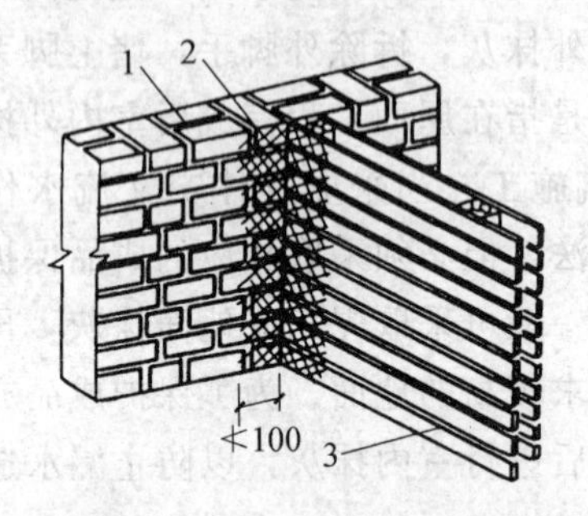

图12-26　砖木交接处基体处理

1—砖墙（基体）；2—钢丝网；3—板条墙

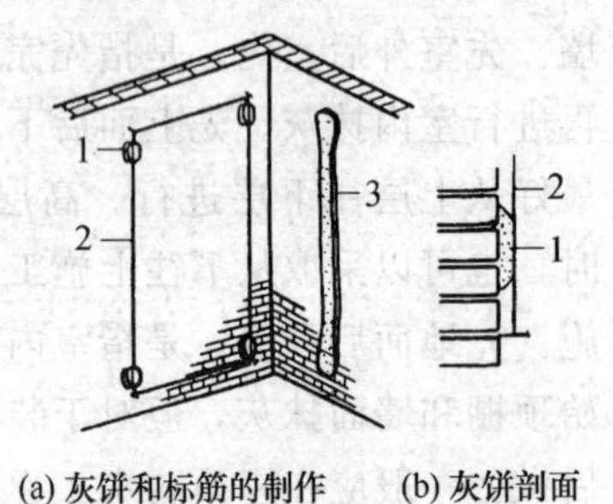

图12-27　灰饼和标筋

1—灰饼；2—引线；3—标筋

顶棚抹灰应先在墙顶四周弹出水平线，以控制抹灰层厚度，然后沿顶棚四周抹灰并找平。顶棚面要求表面平顺，无抹纹和接槎，与墙面交角应成一直线。如有线脚，宜先用准线拉出线脚，再抹顶棚大面，罩面应两遍压光。

抹灰质量要求如表12-12所列。

抹灰亦可用机械喷涂，把砂浆搅拌、运输和喷涂有机地衔接起来进行机械化施工。图12-28为一种喷涂机组，搅拌均匀的砂浆经过振动筛进入集料斗，再由灰浆泵吸入经输送管送至喷枪，然后经压缩空气加压砂浆由喷枪口喷出喷涂于墙面上，再经人工找平、搓实即完成底子灰的全部施工。喷枪的构造如图 12-29 所示。喷嘴直径有 10mm、12mm、14mm 三种。应正确掌握喷嘴距墙面或顶棚的距离和选用适当的压力，否则会使回弹过多或造成砂浆流淌。

表 12-12 一般抹灰质量的允许偏差

项次	项目	允许偏差/mm			检查方法
		普通抹灰	中级抹灰	高级抹灰	
1	表面平整	5	4	2	用 2m 直尺和楔形塞尺
2	阴、阳角垂直	—	4	2	检查
3	立面垂直	—	5	3	用 2m 托线板和尺检查
4	阴、阳角方正	—	4	2	用 200mm 方尺检查

注：1. 外墙一般抹灰，立面总高度垂直偏差应符合 GBJ 203—83，GBJ 204—83 和 J 79—1 的有关规定。

2. 中级抹灰，本表第 4 项阴角方正可不检查。

3. 顶棚抹灰，本表第 1 项可不检查，但应平顺。

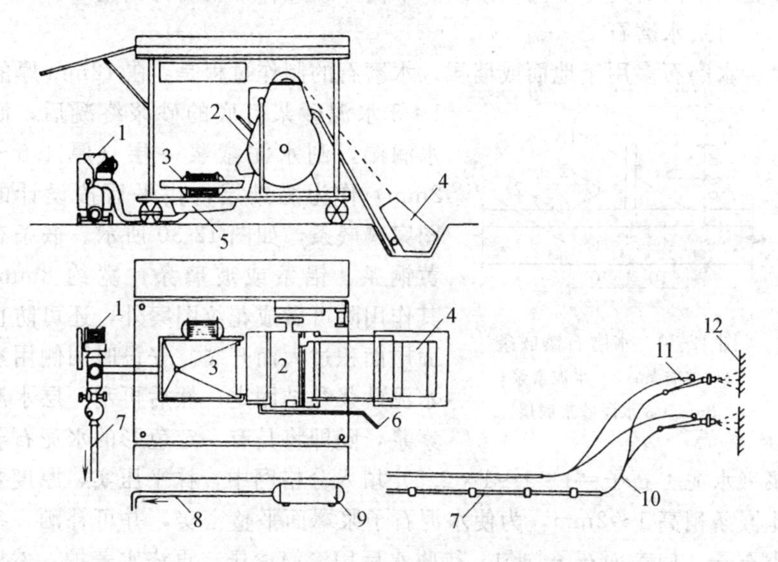

图 12-28 喷涂抹灰机组

1—灰浆泵；2—灰浆搅拌机；3—振动筛；4—上料斗；5—集料斗；6—进水管；7—灰浆输送管；8—压缩空气管；9—空气压缩机；10—分叉管；11—喷枪；12—基层

机械喷涂亦需设置灰饼和标筋。喷涂所用砂浆的稠度比手工抹灰为稀，故易干裂，为此应分层喷涂，以免干缩过大。喷涂目前只用于底层和中层，而找平、搓毛和罩面等仍需手工操作。

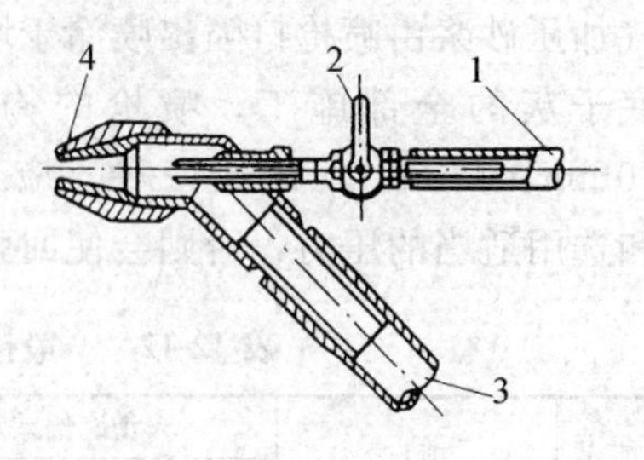

图 12-29 喷枪

1—压缩空气管；2—阀门；3—灰浆输送管；4—喷嘴

3. 装饰抹灰施工

装饰抹灰是采用装饰性强的材料，或用不同的处理方法以及加入各种颜料，使建筑物具备某种特定的色调和光泽。随着建筑工业生产的发展和人民生活水平的提高，这方面有很大发展，也出现不少新的工艺。

装饰抹灰的底层与一般抹灰要求相同，只是面层根据材料及施工方法的不同而具有不同的形式。下面介绍几种常用的饰面施工。

(1) 水磨石

水磨石多用于地面或墙裙。水磨石的制作过程是：在 12mm 厚的 1∶3 水泥砂浆打底的砂浆终凝后，洒水润湿，刮水泥素浆一层（厚 1.5～2mm）作为黏结层，找平后按设计的图案镶嵌条，如图 12-30 所示。嵌条有黄铜条、铝条或玻璃条，宽约 8mm，其作用除可做成花纹图案外，还可防止面层面积过大而开裂。安设时两侧用素水泥砂浆黏结固定。然后再刮一层水泥素浆，随即将具有一定色彩的水泥石子浆（水泥∶石子＝1∶1～1∶2.5）填入分格网中，抹平压实，厚度要比嵌条稍高 1～2mm，为使水泥石子浆罩面平整密实，并可补洒一些小石子，使表面石子均匀。待收水后用滚筒滚压，再浇水养护，然后应根据气温、水泥品种，2～5d 后可以开磨，以石子不松动、不脱落，表面不过硬为宜。水磨石要由粗磨、中磨和细磨三遍进行，采用磨石机洒水磨光。粗、中磨后用同色水泥浆擦一遍，以填补砂眼，并

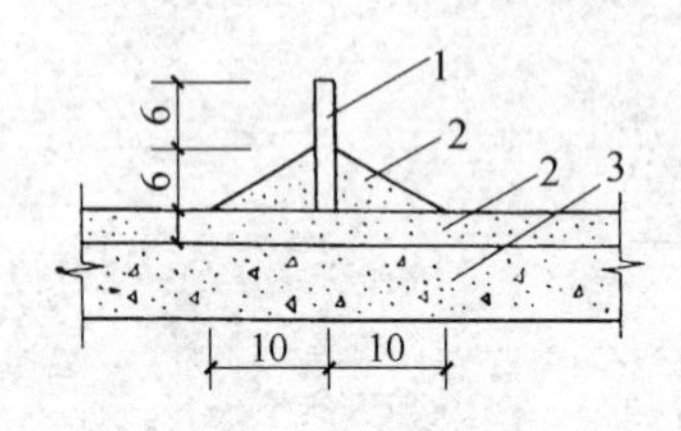

图 12-30 水磨石镶嵌条

1—玻璃条；2—水泥素浆；3—1∶3 水泥砂浆底层

养护 2 天。细磨后擦草酸一道，使石子表面残存的水泥浆全部分解，石子显露清晰。面层干燥后打蜡，使其光亮如镜。现浇水磨石面层的质量要求是表面平整光滑，石子显露均匀，不得有砂眼、磨纹和漏磨处，分格条的位置准确并全部磨出。

(2) 水刷石

水刷石多用于外墙面。它的制作过程是：在 12mm 厚的 1∶3 水泥砂浆打底的底层砂浆终凝后，在其上按设计的分格弹线，根据弹线安装 8mm×10mm 的梯形分格木条，用水泥浆在两侧黏结固定，以防大片面层收缩开裂。然后将底层浇水润湿后刮水泥浆（水灰比 0.37～0.40）一道，以增加与底层的黏结。随即抹上稠度为 5～7cm、厚 8～12mm 的水泥石子浆（水泥∶石子＝1∶1.25～1∶1.50）面层，拍平压实，使石子密实且分布均匀。待面层凝结前，即用棕刷蘸水自上而下刷掉面层水泥浆，使石子表面完全外露为止。为使表面洁净，可用喷雾器自上而下喷水冲洗。水刷石的质量要求是石粒清晰、分布均匀、色泽一致、平整密实，不得有掉粒和接槎的痕迹。

(3) 干黏石

在水泥砂浆上面直接干黏石子的做法，称为干黏石法。其法同样先在已经硬化的 12mm 厚的 1∶3 底层水泥砂浆层上按设计要求弹线分格，根据弹线镶嵌分格木条。将底层浇水润湿后，抹上一层 6mm 厚 1∶2～1∶2.5 的水泥砂浆层，随即紧跟着再抹一层 2mm 厚的 1∶0.5 水泥石灰膏浆黏结层，同时将配有不同颜色或同色的粒径为 4～6mm 的石子甩粘拍平压实。拍时不得把砂浆拍出来，以免影响美观，要使石子嵌入深度不小于石子粒径的 1/2，待有一定强度后洒水养护。上述为手工甩石子，亦可用喷枪将石子均匀有力地喷射于黏结层上，用铁抹子轻轻压一遍，使表面搓平。干黏石的质量要求是石粒黏结牢固、分布均匀、不掉石粒、不露浆、不漏粘、颜色一致。

(4) 斩假石与仿斩假石

斩假石又称剁斧石，属中高档外墙装修，装饰效果近于花岗石，但费工较多。

先抹 12mm 厚 1∶3 水泥砂浆底层，养护硬化后弹线分格并黏结 8mm×10mm 的梯形木条。洒水润湿后，刮素水泥浆一道，随即抹厚

11mm 1∶1.25（水泥∶石碴）内掺30%石屑的水泥石碴浆罩面层。罩面层应采取防晒措施，并养护2～3d，待强度达到设计强度的60%～70%时，用剁斧将面层斩毛。斩假石面层的剁纹应均匀，方向和深度一致，棱角和分格缝周边留15mm不剁。一般剁两遍，即可做出近似用石料砌成的墙面。

剁斧工作量很大，后来出现仿斩假石的新施工方法。其做法与斩假石基本相同，只是面层厚度减为8mm，不同处是表面纹路不是剁出，而是用钢篦子拉出。钢篦子用一段锯条夹以木柄制成。待面层收水后，钢篦子沿导向的长木引条轻轻划纹，随划随移动引条。待面层终凝后，仍按原纹路自上而下拉刮几次，即形成与斩假石相似效果的外表。仿斩假石做法如图12-31所示。

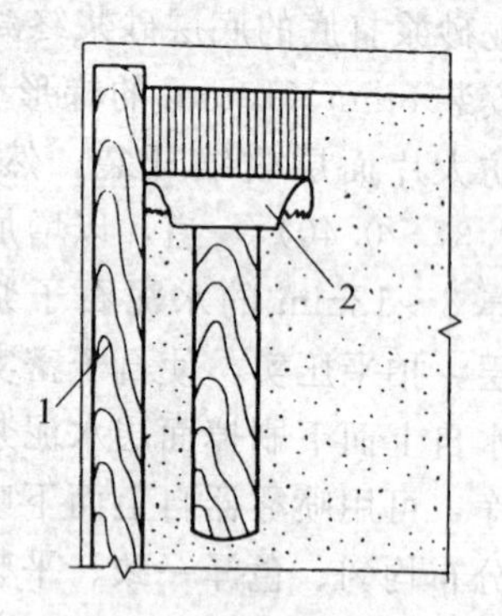

图12-31　仿斩假石做法

1—木引条；2—钢篦子

(5) 喷涂、滚涂与弹涂饰面

① 喷涂饰面　用挤压式灰浆泵或喷斗将聚合物水泥砂浆经喷枪均匀喷涂在墙面基层上。根据涂料的稠度和喷射压力的大小，以质感区分，可喷成砂浆饱满、呈波纹状的波面喷涂和表面布满点状颗粒的粒状喷涂。基层为厚10～13mm的1∶3水泥砂浆，喷涂前须喷或刷一道胶水溶液（107胶∶水=1∶3），使基层吸水率趋近于一致和喷涂层黏结牢固。喷涂层厚3～4mm，粒状喷涂应连续三遍完成，波面喷涂必须连续操作，喷至全部泛出水泥浆但又不致流淌为好。在大面喷涂后，按分格位置用铁皮刮子沿靠尺刮出分格缝。喷涂层凝固后再喷罩一层有机硅疏水剂。质量要求表面平整，颜色一致，花纹均匀，不显接槎。

② 滚涂饰面　在基层上先抹一层厚3mm的聚合物砂浆，随后用带花纹的橡胶或塑料滚子滚出花纹。滚子表面花纹不同即可滚出多种图案。最后喷罩有机硅疏水剂。

滚涂砂浆的配合比为水泥∶骨料（砂子、石屑或珍珠岩）=1∶0.5～1，再掺入占水泥20%量的107胶和0.3%的木钙减水剂。手工操作，滚涂分干滚、湿滚两种。干滚时滚子不蘸水、滚出的花纹较大，工效较高，湿滚时滚子反复蘸水，滚出花纹较小。滚涂工效比喷涂低，但便于小面积局部应用。滚涂是一次成活，多次滚涂易产生翻砂现象。

③ 弹涂饰面　在基层上喷刷一遍掺有107胶的聚合物水泥色浆涂层，然后用弹涂器分几遍将不同色彩的聚合物水泥浆弹在已涂刷的涂层上，形成1～3mm大小的扁圆花点。通过不同颜色的组合和浆点所形成的质感，相互交错、互相衬托，有近似于干黏石的装饰效果；也有做成单色光面、细麻面、小拉毛拍平等多种花色。

弹涂的做法是：在1∶3水泥砂浆打底的底层砂浆面上，洒水润湿，待干至60%～70%时进行弹涂。先喷刷底色浆一道，弹分格线，贴分格条，弹头道色点，待稍干后即弹两道色点，最后进行个别修弹，再进行喷射树脂罩面层。

弹涂器有手动和电动两种，后者工效高，适合大面积施工。

二、饰面工程

饰面工程就是将天然石饰面板、人造石饰面板和饰面砖安装或镶贴在基层上的装饰方法。常用的有天然大理石、预制水磨石，釉面瓷砖、陶瓷锦砖（马赛克）等。

随着建筑工业化的发展，一种在工厂生产、现场安装，即墙板制作与饰面结合并一次成型的装饰外墙板，也日益得到广泛运用，从而加速了装饰工程的进展。此外，还有大块安装的“玻璃围幕”等，更加丰富和扩大了装饰工程的内容。

1. 饰面工程对材料质量的要求

饰面工程的材料品种、规格、图案、线条、固定方法和砂浆种类，均应符合设计要求。

天然饰面材料要求表面平整、边缘整齐，表面不得有隐伤、风化等缺陷，棱角不得损坏。人造饰面材料要求表面平整，几何尺寸准确，面层石粒均匀、洁净、颜色一致，背面平整且粗糙。釉面瓷砖表面应光洁，质地坚固，尺寸、色泽一致，不得有暗痕和裂纹，吸水率不得大于10%。陶瓷锦砖应质地坚硬，边棱整齐，尺寸准确，脱纸时间不大于40min。安装饰面材料所用的铁制锚固件、连接件，应镀锌或经防锈处理。镜面和光面大理石、花岗石饰面板，应用铜或不锈钢制的连接件。

2. 饰面工程的施工

室内饰面工程应在抹灰工程完工后进行，室外勒脚饰面工程应待上一层饰面工程完工后进行。楼梯栏杆、楼梯斜梁和墙裙的饰面板应在踏步和地面施工前进行。

固定饰面材料的钢筋网，应与锚固件连接牢固。锚固体在结构施工时埋设。若连接件的直径或厚度大于饰面材料的接缝宽度，应凿槽埋置。

饰面材料安装前，应将其侧面和背面清理干净，并需修边打眼，每块板材上、下边打眼数量不得少于两个，并用防锈金属丝穿入孔内，以作系固之用。

饰面板的接缝宽度如设计无要求时，应符合表 12-13 的规定。

表 12-13 饰面板的接缝宽度

项次	名称		接缝宽度/mm
1	天然石	光面、镜面	1
2		粗磨面、麻面、条纹面	5
3		天然面	10
4	人造石	水磨石	2
5		水刷石	10
6		大理石、花岗石	1

(1) 大理石和水磨石

大理石和水磨石饰面板分为小规格板块（边长<400mm）和大规格板块（边长>400mm）两种。一般情况下，小规格板块多采用粘贴法安装；大规格板块或高度超过 1m 时，多采用安装法施工。

墙面与柱面粘贴或安装饰面板，应先抄平，分块弹线，并按弹线尺寸及花纹图案预拼和编号。安装时应找正吊直后采取临时固定措施，再校正尺寸，以防灌注砂浆时板位移动。

① 小板块的施工：小规格的大理石和水磨石板块施工时，首先采用 1∶3 的水泥砂浆做底层，厚度约 12mm，要求刮平，找出规矩，并将表面划毛。底层浆凝固后，将湿润的大理石或水磨石板块，抹上

厚度 2～3mm 的素水泥浆粘贴到底层上，随手用木槌轻敲、用水平尺找平找直。大理石或水磨石板块使用前应在清水中浸泡 2～3h 后阴干备用。整个大理石或水磨石饰面工程完工后，应用清水将表面冲洗干净。

② 大板块的施工：大规格的大理石和水磨石采用安装法施工（图 12-32）。施工时首先在基层的表面上绑扎 ϕ6 的钢筋骨架与结构中预埋件固定。安装前大理石或水磨石板块侧面和背面应清扫干净并修边打眼，每块板材上、下边打眼数量均不少于两个，然后穿上铜丝或铅丝把板块固定在钢筋骨架上，离墙保持 20mm 空隙，用托线板靠直靠平，要求板块交接处四角平整。水平缝中插入木楔控制厚度，上下口用石膏临时固定（较大的板块则要加临时支撑）。板块安装由最下一行的中间或一端开始，依次安装。每铺完一行后，用 1∶2.5 水泥砂浆分层灌浆，每层灌浆高度 150～200mm，并插捣密实，待其初凝后再灌上一层浆，至距上口 50～100mm 处停止。安装第二行板块前，应将上口临时固定的石膏剔掉并清理干净缝隙。

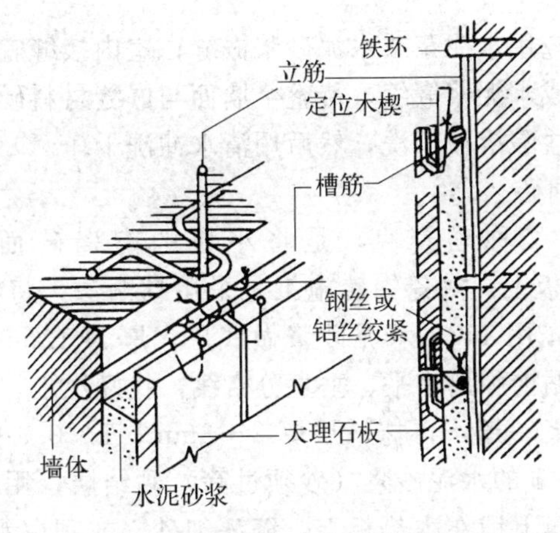

图 12-32　大理石安装法

采用浅色的大理石或水磨石饰面板时，灌浆须用白水泥和白石碴，以防变色，影响质量。完工后，表面应清洗干净，晾干后方可打蜡、擦亮。

(2) 釉面瓷砖

釉面瓷砖的施工采用镶贴方法，将瓷砖镶贴到基层上。镶贴前应经挑选、预排，使规格、颜色一致，灰缝均匀。基层应清扫干净，浇水湿润，用1∶3水泥砂浆打底，厚度6～10mm，找平划毛，打底后3～4d开始镶贴瓷砖。镶贴前找好规矩，按砖的实际尺寸弹出横竖控制线，定出水平标准和皮数。接缝宽度应符合设计要求，一般为1～1.5mm。然后用废瓷砖按黏结层厚度用混合砂浆贴灰饼，找出标准。灰饼间距一般为1.5～1.6mm。阳角处要两面挂直。镶贴时先湿润底层，根据弹线稳好水平尺板，作为第一皮瓷砖镶贴的依据，由下往上逐层粘贴。为确保黏结牢固，瓷砖的吸水率不得大于18%，且在镶贴前应浸水2h以上，取出晾干备用。采用聚合物水泥砂浆为黏结层时，可抹一行（或数行）贴一行（或数行）；采用厚6～10mm、1∶2的水泥砂浆（或掺入水泥重量的15%石灰膏）作黏结层时，则将砂浆均匀刮抹在瓷砖背面，放在水平尺板上口贴于墙面，并将挤出的砂浆随时擦净。镶贴后轻敲瓷砖，使其黏结牢固，并用靠尺靠平，修正缝隙。

室外接缝应用水泥浆或水泥砂浆嵌缝；室内接缝宜用与瓷砖相同颜色的石灰膏或水泥浆嵌缝。待整个墙面与嵌缝材料硬化后，用棉纱擦干净或用稀盐酸溶液刷洗，然后用清水冲洗干净。

(3) 陶瓷锦砖

陶瓷锦砖又称马赛克，是将小块的陶瓷砖面层贴在一张3000mm^{2}的纸板上。陶瓷锦砖施工是采用粘贴法，将锦砖镶贴到基层上。施工时先用1∶3水泥砂浆做底层，厚为12mm，找平划毛，洒水养护。镶贴前弹出水平、垂直分格线，找好规矩。然后在湿润的底层上刷水泥浆一道，再抹一层厚2～3mm、1∶0.3的水泥纸筋灰或厚3mm、1∶1的水泥砂浆（砂须过筛）黏结层，用靠尺刮平，同时将锦砖底面向上铺在木垫板上，缝灌细砂（或刮白水泥浆），并用软毛刷刷净底面浮砂，再在底面上薄涂一层黏结灰浆。然后逐张将陶瓷锦砖沿线由下往上、对齐接缝粘贴于墙上。粘贴时应仔细拍实，使其表面平整。待水泥初凝后，用软毛刷将护纸蘸水湿润，半小时后揭纸，并检查缝的平直大小，随手拨正。粘贴48h后，取出分格条，大缝用1∶1水泥砂浆嵌缝，其他小缝均用素水泥浆嵌平。待嵌缝材料硬化后，用稀盐酸溶液刷洗，随即再用清水冲洗干净。

若采用由上往下铺贴方式，应严格控制好时间和顺序，否则易出现锦砖下坠而造成缝隙不均或不平整。

饰面工程的表面不得有变色、起碱、污点、砂浆流痕和显著的光泽受损处，不得有歪斜、翘曲、空鼓、缺棱、掉角、裂缝等缺陷。

饰面工程的表面颜色应均匀一致，花纹线条应清晰、整齐、深浅一致，不显接槎，表面平整度的允许偏差小于4mm。

饰面工程质量的允许偏差见表12-14。

表12-14　饰面工程质量允许偏差

项目	允许偏差/mm											检验方法
	天然石						人造石		饰面砖			
	光面	镜面	粗磨面	麻面	条纹面	天然面	水磨石	水刷石	外墙面砖	釉面砖	陶瓷锦砖	
表面平整	1			3		—	2	4		2		用2m直尺和楔形塞尺检查
立面垂直	2			3		—	2	4		2		用2m托线板检查
阳角方正	2			4		—	2	—		2		用200mm方尺检查
接缝平直	2			4		5	3	4		32		5m接线检查，不足5m拉通线检查
墙裙上口平直	2			3		3	2	3		2		
接缝高低	0.3			3		—	0.5	3		室外1、室内0.5		用直尺和楔形塞尺检查
接缝宽度	0.5			1		2	0.5	2		—		用尺检查

三、油漆、刷浆和裱糊工程

油漆和刷浆是将液体涂料刷在木料、金属、抹灰层或混凝土等表面，干燥后形成一层与基层牢固黏结的薄膜（漆膜），以与外界空气、水汽、酸、碱隔绝，达到木材防潮、防腐和铁件、钢材防锈的作用，此外也满足建筑装饰的要求。近年来在宾馆及高级民用建筑中还广泛采用壁纸裱糊，随着新型壁纸材料的出现以及胶黏剂、裱糊工具的配套，已形成完整的施工工艺。

1. 油漆工程

油漆是一种胶体溶液，主要由胶黏剂、溶剂（稀释剂）及颜料和其他填充料或辅助材料（如催干剂、增塑剂、固化剂）等组成。胶黏剂常用桐油、梓油和亚麻仁油及树脂等，是硬化后生成漆膜的主要成分。颜料除使涂料具有色彩外，尚能起充填作用，能提高漆膜的密实度，减小收缩，改善漆膜的耐水性和稳定性。溶剂为稀释油漆涂料用，常用的有松香水、酒精及溶剂油（代松香水用），溶剂的掺量过多，会使油漆的光泽不耐久。如需加速油漆的干燥，可加入少量的催干剂，如燥漆，但如掺加太多会使漆膜变黄、发软或破裂。

为此，对于品种繁多的油漆涂料，按其性质和用途予以认真选择，并结合相应的施工工艺，就可以取得良好效果。选择涂料应注意配套使用，即底漆和腻子、腻子与面漆、面漆与罩光漆彼此之间的附着力不致有影响和咬起等。

建筑工程常用的油漆涂料有下列几种。

(1) 清油

多用于调制厚漆和红丹防锈漆，也可单独涂刷于金属、木材表面，但漆膜柔韧、易发黏。

(2) 厚漆（又称铅油）

有红、特级白、淡黄、深绿、灰、黑等色，漆膜较软。

(3) 调和漆

分油性和瓷性两类。油性调和漆的漆膜附着力强，耐大气作用好，不易粉化、龟裂，但干燥时间较长，漆膜较软，适用于室内外金属及木材、水泥表面层涂刷。瓷性调和漆则漆膜较硬，光亮平滑，耐水洗，但不耐气候，易失光、龟裂和粉化，故仅适宜于室内面层涂刷。有大红、奶油、白、绿、灰、黑等色。

(4) 红丹油性防锈漆和铁红油性防锈漆

用于各种金属表面防锈。

(5) 清漆

分油质清漆和挥发性清漆两类。油质清漆又称凡立水，常用的有酯胶清漆、酚醛清漆、醇酸清漆等。漆膜干燥快，光泽透明，适于木门窗、板壁及金属表面罩光。挥发性清漆又称泡立水，常用的有漆片，漆膜干燥快、坚硬光亮，但耐水、耐热、耐大气作用差，易失光，多用于室内木质面层打底和家具罩面。

（6）聚醋酸乙烯乳胶漆

它是一种性能良好的新型涂料和墙漆，以水作稀释剂，无毒安全，适用于高级建筑室内抹面、木材面和混凝土的面层涂刷，亦可用于室外抹灰面。其优点是漆膜坚硬平整，附着力强，干燥快，耐暴晒和水洗，墙面稍经干燥即可涂刷。

此外尚有硝基外用、内用清漆，硝基纤维素漆（即蜡克），丙烯酸瓷漆及耐腐蚀油漆等。

油漆施工包括基层准备、打底子、抹腻子和涂刷等工序。

① 基层准备　木材表面应清除钉子、油污等，除去松动节疤及脂囊，裂缝和凹陷处均应用腻子填补，用砂纸磨光。金属表面应清除一切鳞皮、锈斑和油渍等。基体如为混凝土和抹灰层，含水率均不得大于8%。新抹灰的灰泥表面应仔细除去粉质浮粒。为使灰泥表面硬化，尚可采用氟硅酸镁溶液进行多次涂刷处理。

② 打底子　目的是使基层表面有均匀吸收色料的能力，以保证整个油漆面的色泽均匀一致。

③ 抹腻子　腻子是由涂料、填料（石膏粉、大白粉）、水或松香水等拌制成的膏状物。抹腻子的目的是使表面平整。对于高级油漆需在基层上全面抹一层腻子，待其干后用砂纸打磨，然后再满抹腻子，再打磨，磨至表面平整光滑为止。有时还要和涂刷油漆交替进行。所用腻子，应按基层、底漆和面漆的性质配套选用。

④ 涂刷油漆　木料表面涂刷混色油漆，按操作工序和质量要求分为普通、中级、高级三级。金属面涂刷也分三级，但多采用普通或中级油漆，混凝土和抹灰表面涂刷只分为中级、高级二级。油漆涂刷方法有刷涂、喷涂、擦涂、揩涂及滚涂等。方法的选用与涂料有关，应根据涂料能适应的涂漆方式和现有设备来选定。

刷除法是用鬃刷蘸油漆涂刷在表面上。其设备简单、操作方便，但工效低，不适于快干和扩散性不良的油漆施工。

喷涂法是用喷雾器或喷浆机将油漆喷射在物体表面上。一次不能喷得过厚，要分几次喷涂，要求喷嘴移动均匀。喷涂法的优点是工效高，漆膜分散均匀，平整光滑，干燥快。缺点是油漆消耗大，需要喷枪和空气压缩机等设备，施工时还要有通风、防火、防爆等安全措施。

擦涂法是用棉花团外包纱布蘸油漆在物面上擦涂，待漆膜稍干后再连续转圈揩擦多遍，直到均匀擦亮为止。此法漆膜光亮、质量好，但效率低。

揩涂法仅用于生漆涂刷施工，是用布或丝团浸油漆在物体表面上来回左右滚动，反复搓揩达到漆膜均匀一致。

滚涂法是用羊皮、橡皮或其他吸附材料制成的滚筒滚上油漆后，再滚涂于物面上。适用于墙面滚花涂刷，可用较稠的油漆涂料，漆膜均匀。

在油漆时，后一遍油漆必须在前一遍油漆干燥后进行。每遍油漆都应涂刷均匀，各层必须结合牢固，干燥得当，以达到均匀而密实。如果干燥不当，会造成涂层起皱、发黏、麻点、针孔、失光、泛白等弊病。

一般油漆工程施工时的环境温度不宜低于10℃，相对湿度不宜大于60％。当遇有大风、雨、雾情况时，不可施工。

2. 刷浆工程

刷浆工程是将涂料涂刷在抹灰层或结构表面上。分为室内刷浆和室外刷浆，亦包括顶棚等涂料的涂刷。

建筑涂料是一种装饰材料，发展十分迅速，品种不断增多，质量日益提高，应用逐渐广泛。建筑涂料色彩丰富，质感强，装饰效果好，而且施工简便，效率高。

建筑涂料按其化学成分，分为有机高分子涂料和无机高分子涂料两大类。

(1) 有机高分子涂料

有机高分子涂料分为溶剂型涂料、水溶性涂料和乳胶涂料三类。

① 溶剂型涂料　它是以有机高分子合成树脂为主要成膜物质，有机溶剂为稀释剂，加入适量颜料、填料及辅助材料，经研磨而成。在20世纪60年代较流行，因当时无水溶性涂料。其生成的涂膜细而坚韧，有一定耐水性，可于低温下施工。其缺点是价贵，易热，挥发

物有损于人体健康，故施工时应加强通风，现已少用。

较常用者有过氯乙烯涂料，内、外墙皆可用。它是以过氯乙烯树脂为成膜物质，以轻溶剂为稀释剂；聚乙烯醇缩丁醋涂料，用作外墙涂料，是以聚乙烯醇缩丁醛树脂为成膜物质，醇类溶剂为稀释剂，有一定防水和耐酸碱性能。

② 水溶性涂料　它是以水溶性合成树脂为主要成膜物质，以水为稀释剂，再加入适量颜料、填料及辅助材料经研磨而成。

施工时应先清理墙面，用腻子填补孔洞。涂料使用前应充分搅拌，变稠时应加热后用原基料稀释，涂刷两遍成活。

较常用者有聚乙烯醇水玻璃内墙涂料（俗称 106 内墙涂料），是以聚乙烯醇树脂水溶液和钠水玻璃为基料，加入颜料、填料和少量表面活性剂经研磨而成。其价格较低，施工方便，表面光洁平滑，与基层有一定黏结力，但耐水性较差；聚乙烯醇缩甲醛内墙涂料（俗称 SJ-803 内墙涂料），是以聚乙烯醇缩甲醛为基料，加入颜料、填料、辅料经研磨而成。用以涂、喷均可，易于施工，具有一定耐擦洗性能。

③ 乳胶涂料　它是将合成树脂以 0.1～0.5μm 的极细微粒子分散于水中形成乳胶液，以此乳胶液为主要成膜物质，再加入适量颜料、填料、辅料经研磨而成。20 世纪 70 年代后发展迅速，在建筑涂料中占有重要地位。它价格便宜，不易燃，无毒无异味，有一定透气性。所有乳胶涂料都在一定温度下才能成膜，施工时应注意。

较常用的有氯醋丙高级内墙涂料，X0-81 聚醋酸乙烯内墙乳胶漆、RT-171 内墙涂料、乙丙乳胶漆、KS-82 型复合建筑涂料等。

(2) 无机高分子涂料

由于有机高分子涂料易老化，不耐热，且价格高，所以，从 1980 年以后，我国开始发展无机高分子涂料。

与有机高分子涂料相比，无机高分子涂料具有资源丰富、价格低、黏结力强、经久耐用、涂刷性能好、保色性能好等优点。

目前应用较多的无机高分子涂料，主要有碱金属硅酸盐系和胶态二氧化硅系。前者的代表性产品是 JH80-1 型涂料；后者的代表性产品是 JH802 型涂料。

JH80-1型无机涂料，是以碱金属硅酸钾为主要成膜物质，加入适量固化剂、填料、颜料及分散剂搅拌混合而成，属二组分涂料。它分为一般涂料和厚涂料两类，后者是在涂料中加入石英粉或云母粉等填料而成。无机高分子涂料施工时喷涂、刷涂、滚涂均可，惟厚涂料最宜喷涂。外墙饰面，对混凝土、砂浆抹面、砖墙、水泥石棉板等基层皆适用。使用前涂料要充分搅拌，使之均匀，使用过程中仍需不断搅拌。涂料所含水分已按比例调整，使用过程中不能任意加水稀释，如稠度过大，只能用硅酸盐稀释剂稍加稀释，掺量不得超过8%。施工最低温限为0℃，施工后12h内避免着雨，四级风以上也不得喷涂。

JH80-2型无机涂料，是以胶态氧化硅为主要成膜物质的单组分水溶性涂料，不需固化剂，另外，也需加入填料、颜料和其他助剂。主要用于外墙饰面，也可用于要求耐擦洗的内墙面。它耐水、耐酸、耐碱、不产生静电、耐污染。

3. 墙纸裱糊

室内裱糊工程常用的有普通墙纸、塑料墙纸等，用胶黏剂裱糊在室内基体或基层表面上。随着塑料墙纸的大量生产，不仅给室内装修施工带来极大的方便，而且墙纸美观耐用、易清洗、增加了装饰效果。塑料墙纸的品种繁多，按外观分：有印花、压花、浮雕、印花压花、低发泡、高发泡等塑料墙纸；按施工方法分：有现场刷胶裱贴的，有背面预涂压敏胶直接铺贴的。

塑料墙纸材料的底层有布基和纸基两种。布基最常用的是玻璃布、玻璃毡和无纺布，纸基有普通纸和石棉纸。

纸基塑料墙纸的裱糊工艺过程如下：基层处理→安排墙面分幅和划垂直线→裁纸→润湿→墙纸上墙→对缝→赶大面→整理纸缝→擦净纸面。

(1) 基层处理

要求基层基本干燥，混凝土和抹灰层的含水率不得大于8%，基体或基层表面应坚实、平滑、无毛刺、无砂粒。对于局部麻点须先批腻子找平，并满批腻子，砂纸磨平。腻子涂抹于基层上应坚实牢固，故常用聚醋酸乙烯乳胶腻子。然后，在表面上满刷一遍用水稀释的聚乙烯醇缩甲醛胶作为底胶，使基层吸水不致太快，以免引起胶黏剂脱水而影响墙纸与基层的黏结。待底胶干后，在墙面上弹垂直线，作为裱糊第一幅墙纸时的准线。

（2）裁纸

裱糊墙纸时纸幅必须垂直，才能使墙纸之间花纹、图案、纵横连贯一致。分幅拼花裁切时，要照顾主要墙面花纹的对称完整，对缝和搭缝按实际尺寸统筹规划裁纸，纸幅应编号，按顺序粘贴。

（3）墙纸润湿和刷浆

纸基塑料墙纸裱糊吸水后，在宽度方面能胀出约1%。准备上墙裱糊的塑料墙纸，应先浸水3min，再抖掉余水，静置20min待用。这样，刷浆后裱糊，可避免出现褶皱。在纸背和基层表面上刷胶要求薄而均匀。裱糊用的胶黏剂应按墙纸的品种选用，塑料墙纸的胶黏剂可选用聚乙烯醇缩甲醛胶（甲醛含量45%）∶羧甲基纤维素（2.5%溶液）∶水＝100∶30∶50（重量比）或聚乙烯醇缩甲醛胶∶水＝1∶1（重量比）。

（4）裱糊

墙纸纸面对褶上墙面，纸幅要垂直，先对花、对纹拼缝，由上而下赶平、压实。多余的胶黏剂挤出纸边，及时揩净以保持整洁。

以上先裁边后粘贴拼缝的施工工艺，其缺点是裁时不易平直，粘贴时拼缝费工且不易使缝合拢，易产生的通病是翘边和拼缝明显可见。经实践，可采取先粘贴后裁边的“搭接裁缝”法，即相邻两张墙纸粘贴时，纸边搭接重叠20mm，然后用裁切刀沿搭接的重叠部位中心裁切。再撕去重叠的多余纸边，经滚压平服而成的施工方法。其优点是接缝严密，可达到或超过施工规范的要求。

塑料墙纸裱糊的质量要求是：墙纸表面应色泽一致，无气泡、空鼓、翘边、褶皱和斑污，斜视无胶痕，拼接无露缝，距墙面1.5m处正视不显拼缝。如局部黏结不牢，可补刷聚乙烯醇缩甲醛胶黏结。裱糊过程和干燥时，应防止穿堂风的直接作用和温度的剧烈变化。施工温度不应低于5℃。

第十三章　防水工程

第一节　屋面防水施工

一、屋面卷材防水施工

1. 基本规定

(1) 基层处理

屋面的结构层为装配式混凝土板时，应采用细石混凝土灌缝；找平层表面应压实平整，排水坡度应符合设计要求；基层与突出屋面结构的转角处应做成半径不小于 50mm 的圆弧或钝角；铺设隔气层前，基层必须干净干燥；涂刷基层处理剂不得露底，待干燥后方可铺贴卷材。

(2) 细部做法

在大面积铺贴卷材防水层前应先做好细部构造的防水处理，这些部位有檐口、天沟、雨水口、屋面与立墙交接处、变形缝等，其处理措施见表 13-1。

卷材防水屋面细部防水构造应遵守规范规定：檐沟，见图 13-1；无组织排水檐口，见图 13-2；各种类型泛水收头，见图 13-3～图 13-5；

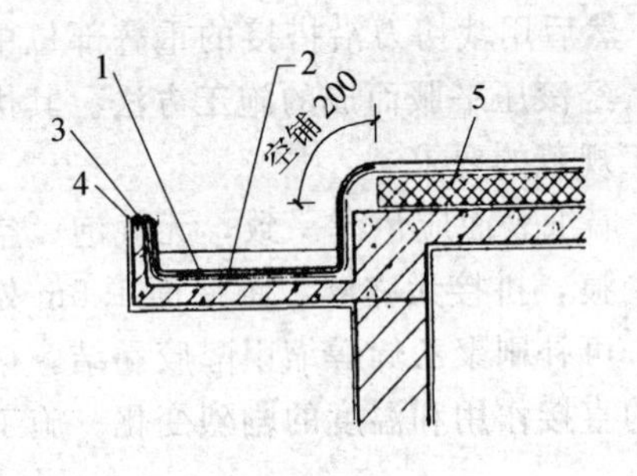

图 13-1　檐沟

1—防水层；2—附加层；3—水泥钉；4—密封材料；5—保温层

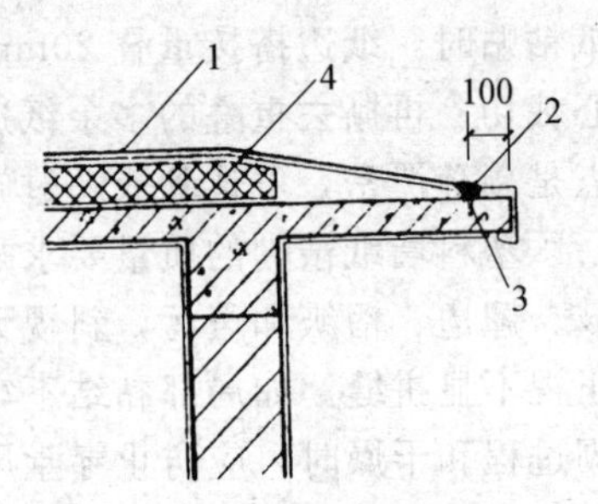

图 13-2　无组织排水檐口

1—防水层；2—密封材料；3—水泥钉；4—保温层

表 13-1　卷材防水屋面细部构造防水措施

构造部位	细部构造	防水措施说明
天沟、檐沟	天沟、檐沟	天沟、檐沟应增铺卷材附加层或采用防水涂膜增强层。屋面与天沟、檐沟交接处和双天沟上部的附加层宜采用空铺法，空铺宽度应为 200mm
	天沟、檐沟卷材收头	天沟、檐沟卷材收头应固定，并使用密封膏密封
檐口	无组织排水檐口	在檐口 800mm 范围内卷材应采用满黏法，卷材收头应固定密封
泛水收头	卷材泛水收头	墙体为砖墙时，卷材收头直接铺压在女儿墙压顶下，压顶做防水处理。泛水处铺贴的卷材应采用满黏法，并采取隔热防晒措施
	砖墙卷材泛水收头	卷材嵌入砖墙预留的凹槽内并固定密封。凹槽距屋面找平层不应小于 250mm
	混凝土墙卷材泛水收头	泛水收头采用金属压条钉压，并用密封材料封固
变形缝	变形缝	采用卷材封盖立墙顶部，并加扣混凝土或金属盖板
	高低跨变形缝	高低跨内排水天沟与立墙交接处应做足够适应变形的密封处理
落水口	直式、横式落水口	落水口处应增铺附加层，周围直径 500mm 范围内坡度不小于 5%；并用厚度不小于 2mm 的防水涂料或密封材料涂封。落水口杯与基层接触处应留宽、深各 20mm 的凹槽，嵌填密封材料
立墙	女儿墙、山墙	应做各种压顶和封顶防水处理
反梁	反梁过水孔	留置的过水孔高度不应小于 150mm、宽度不应小于 250mm，用防水涂料、密封材料防水；如采用预埋管，其管径不得小于 75mm，周围留槽用密封材料封严
管道	伸出屋面管道	管道周围的找平层应做成圆锥台，管道与找平层间应留凹槽，嵌填密封膏。防水层收头处应用金属箍箍紧、密封材料封严
出入口	屋面垂直出入口	防水层收头应压在混凝土压顶圈下
	屋面水平出入口	防水层收头应压在混凝土踏步下 防水层的泛水应设护墙
屋面设施基座	设备基座、拉线座	设施基座与结构层相连时，基座根部周围应用细石混凝土做成圆弧形，并与找平层一次完成。防水层宜包裹设施基座的上部，并在地脚螺栓周围做密封处理；在防水层上放置设施时，设施下部的防水层应做附加增强层，必要时应在其上浇筑细石混凝土，其厚度应大于 50mm

变形缝防水构造，见图 13-6；高低跨变形缝，见图 13-7；伸出屋面管道防水构造，见图 13-8；直式、横式水落口，见图 13-9、图 13-10；垂直、水平出入口防水构造，见图 13-11、图 13-12。

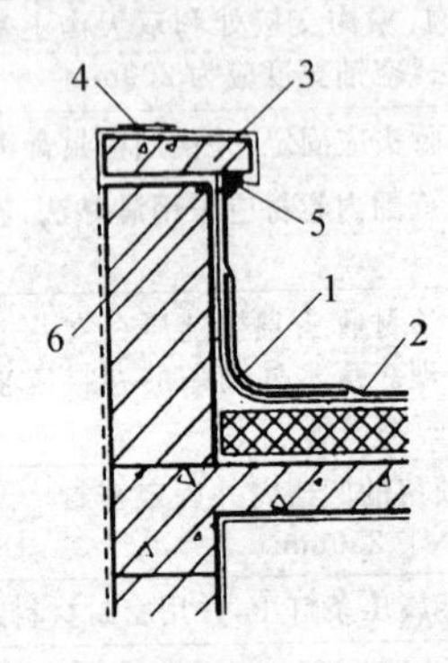

图 13-3　卷材泛水收头

1—附加层；2—防水层；3—压顶；4—防水处理；5—密封材料；6—金属压条钉子固定

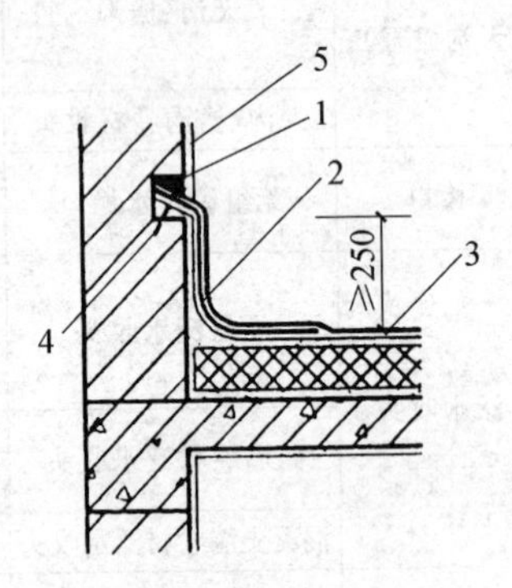

图 13-4　砖墙卷材泛水收头

1—密封材料；2—附加层；3—防水层；4—水泥钉；5—防水处理

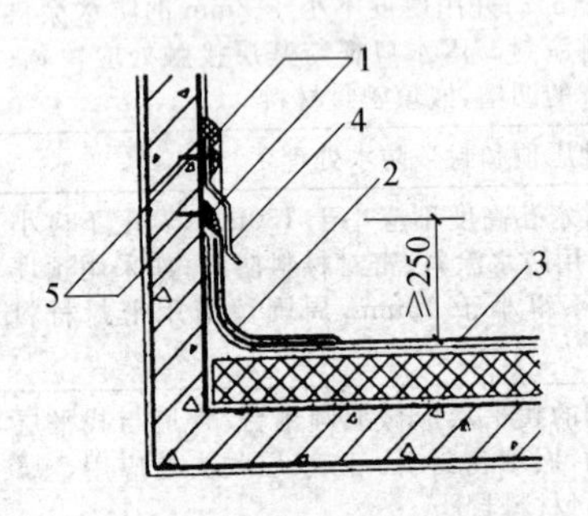

图 13-5　混凝土墙卷材泛水收头

1—密封材料；2—附加层；3—防水层；4—金属、合成高分子盖板；5—水泥钉

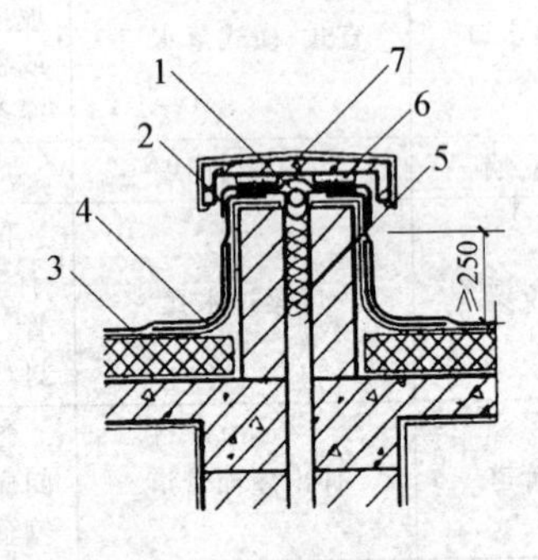

图 13-6　变形缝防水构造

1—衬垫材料；2—卷材封盖；3—防水层；4—附加层；5—泡沫塑料或沥青麻丝；6—水泥砂浆；7—混凝土盖板

(3) 铺贴方法

卷材的铺设方向按照屋面的坡度确定：当坡度小于 3%时，宜平行屋脊铺贴；坡度在 3%～15%之间时，可平行或垂直屋脊铺贴。坡

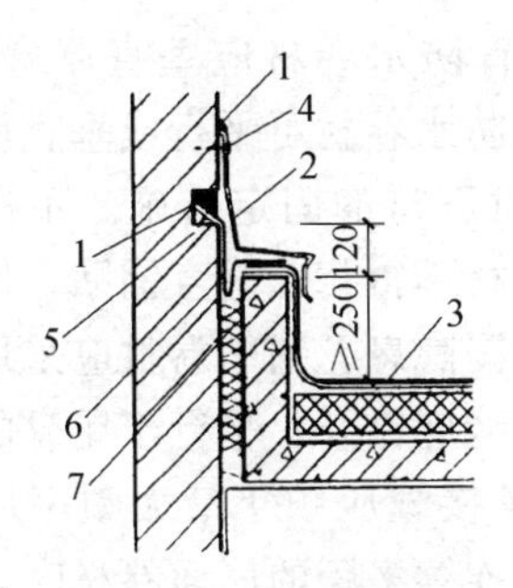

图 13-7　高低跨变形缝

1—密封材料；2—金属或高分子盖板；3—防水层；4—金属压条钉子固定；5—水泥钉；6—卷材封盖；7—泡沫塑料

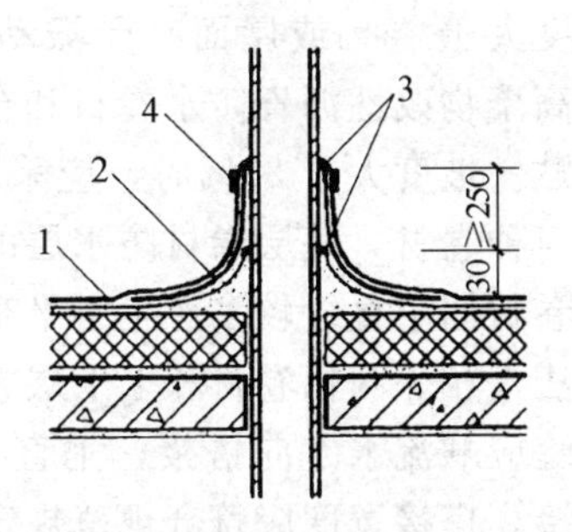

图 13-8　伸出屋面管道防水构造

1—防水层；2—附加层；3—密封材料；4—金属箍固定

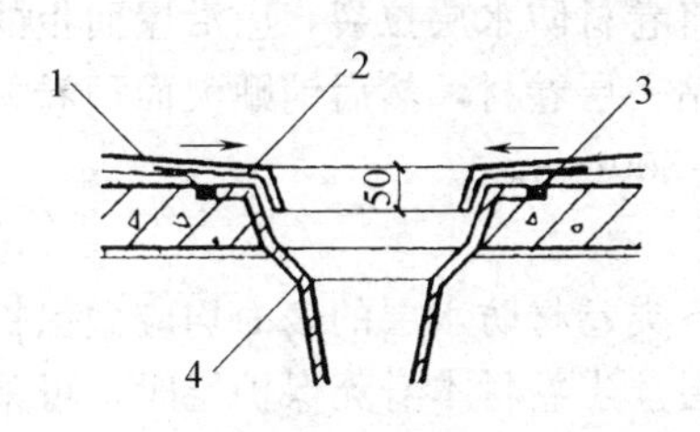

图 13-9　直式落水口

1—防水层；2—附加层；3—密封材料；4—落水口杯

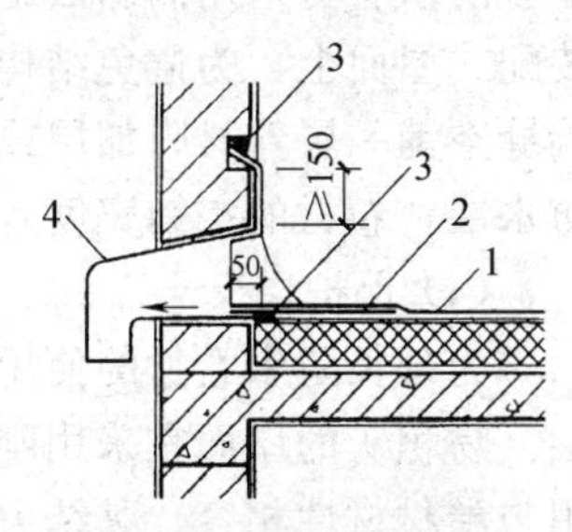

图 13-10　横式落水口

1—防水层；2—附加层；3—密封材料；4—落水口

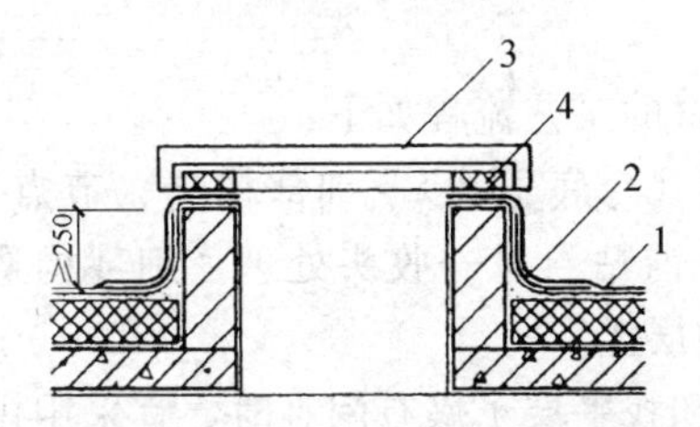

图 13-11　垂直出入口防水构造

1—防水层；2—附加层；3—入孔盖；4—混凝土压顶圈

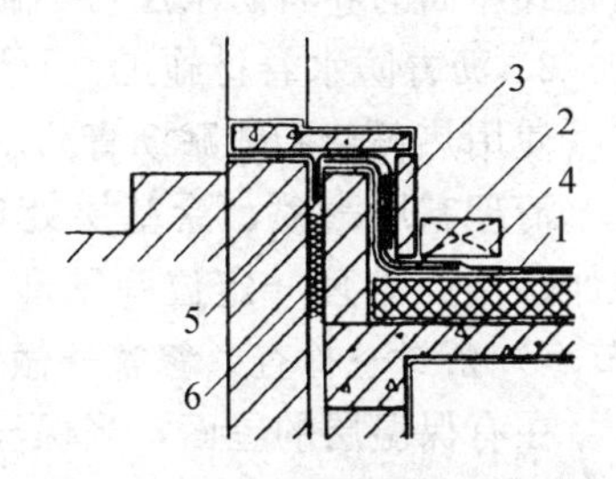

图 13-12　水平出入口防水构造

1—防水层；2—附加层；3—护墙；4—踏步；5—卷材封盖；6—泡沫塑料

度大于15%或屋面有受振动情况，沥青防水卷材应垂直屋脊铺贴；高聚物改性沥青防水卷材和合成高分子防水卷材可平行或垂直屋脊铺贴。坡度大于25%时，应采取防止卷材下滑的固定措施。不论采用何种卷材，叠层卷材防水层的上下层卷材不得相互垂直铺贴，以避免卷材间重叠缝较多产生不平整，造成渗漏隐患。铺贴卷材应采用搭接法，相邻两幅卷材和上下层卷材的搭接缝应错开。平行于屋脊的搭接缝应顺流水方向搭接；垂直于屋脊的搭接缝应顺年最大频率风向搭接。搭接宽度应符合规范规定。当铺贴连续多跨的屋面卷材时，应按先高跨后低跨，先远后近的次序。对同一坡面，则应先铺好水落漏斗、天沟、女儿墙、沉降缝部位，特别应先做好泛水，然后顺序铺设大屋面的防水层。

防水卷材采用满黏法施工时，找平层应做分格缝。在无保温层的装配式屋面上，为避免结构层变形将卷材防水层拉裂，应沿屋面板的端缝空铺一层卷材附加层或单边点粘一层卷材，然后铺贴大面积卷材防水层，卷材的空铺宽度宜为200～300mm。

(4) 保护层

为延长防水卷材的使用年限，各类卷材防水层的表面均应做保护层。易积灰的屋面宜采用刚性保护层。当卷材本身无保护层时，可采用与卷材材性相容、黏结力强和耐风化的浅色涂料涂刷或粘贴铝箔等作保护层。沥青防水卷材的保护层应采用绿豆砂或选用带有云母粉、页岩保护层的500号石油沥青油毡作防水层的面层。架空隔热屋面和倒置式屋面的卷材防水层可不做保护层。

2. 沥青防水卷材施工

使用热玛瑺脂铺贴沥青防水卷材的工艺流程如下：

清理基层→喷、涂基层处理剂（冷底子油）→细部构造（节点）附加层增强处理→定位弹基准线→铺贴卷材→收头处理、细部构造（节点）密封→检查、修整→做保护层。

在有保温层的屋面，当保温层和找平层干燥有困难时，宜采用排气屋面。在铺贴卷材防水层前，排气道应纵横贯通，不得堵塞；铺贴卷材时应避免玛瑺脂流入排气道。

3. 高聚物改性沥青防水卷材施工

根据高聚物改性沥青防水卷材的特性，其施工方法有热熔法、冷黏法和自黏法三种。目前，使用最多的是热熔法。

热熔法施工是采用火焰加热器熔化热熔型防水卷材底面的热熔胶进行黏结的施工方法。操作时，火焰喷嘴与卷材底面的距离应适中；幅宽内加热应均匀，以卷材底面沥青熔融至光亮黑色为度，不得过分加热或烧穿卷材；卷材底面热熔后应立即滚铺，并进行排气、辊压黏结、刮封接口等工序。采用条黏法施工，每幅卷材两边的粘贴宽度不应小于 150mm。

以使用热熔法施工为主的 SBS 和 APP 两种改性沥青防水卷材，由于其改性材料分子结构的不同，对施工要求有严格限制。SBS 改性沥青当被高温热熔、温度超过 250℃时，其弹性网状体结构就会遭到破坏，影响卷材特性，而喷灯熔化改性沥青的温度往往超过这一限值，因而必须选用具有足够厚度（4mm）的卷材。否则，宜使用材质相容的热玛瑞脂以热铺法粘贴。APP 改性沥青由于其热稳定性好，卷材使用热熔法铺贴不会因受短时间高温而造成损坏。

冷黏法（冷施工）是采用胶黏剂或冷玛瑞脂进行卷材与基层、卷材与卷材的黏结，而不需要加热施工的方法。采用冷黏法施工，根据胶黏剂的性能，应控制胶黏剂涂刷与卷材铺贴的间隔时间。铺贴卷材时，应排除卷材下面的空气，并辊压黏贴牢固。搭接部位的接缝应满涂胶黏剂，辊压黏结牢固，溢出的胶黏剂随即刮平封口；也可采用热熔法接缝。接缝口应用密封材料封严，宽度不应小于 10mm。

自黏法是采用带有自黏胶的防水卷材，不用热施工，也不需涂刷胶结材料而进行黏结的施工方法。采用自黏法施工，基层表面应均匀涂刷基层处理剂；铺贴卷材时，应将自黏胶底面隔离纸完全撕净；排除卷材下面的空气，并辊压黏结牢固。搭接部位宜采用热风焊枪加热，加热后随即粘贴牢固，并在接缝口用密封材料封严。铺贴立面、大坡面卷材时，应加热后粘贴牢固。

4. 合成高分子防水卷材施工

合成高分子防水卷材的铺贴方法有：冷黏法、自黏法和热风焊接法。目前国内采用最多的是冷黏法。

采用冷黏法施工，不同品种的卷材和不同的黏结部位，应使用与卷材材质配套的胶黏剂和接缝专用胶黏剂。铺贴卷材前，基层表面应涂刷基层处理剂；铺贴卷材时，胶黏剂可涂刷在基层或卷材的底面，并应根据胶黏剂的特性，控制涂层厚度及涂刷胶黏剂与铺贴卷材的间隔时间。铺贴卷材不得皱折，也不得用力拉伸卷材，并应排除卷材下面的空气，辊压黏结牢固。接缝口应采用密封材料封严。铺贴大坡面和立面卷材应采用满黏法，并宜减少短边搭接。立面卷材收头的端部应裁齐，并用压条或垫片钉压固定；最大钉距不应大于900mm；上口应用密封材料封固。

采用自黏法铺贴合成高分子防水卷材的施工方法，与铺贴高聚物改性沥青防水卷材的方法基本相同。

采用热风焊接法铺设合成高分子防水卷材，焊接前，卷材铺放应平整顺直，搭接尺寸准确。焊接缝的接合面应清扫干净。焊接顺序应先焊长边搭接缝，后焊短边搭接缝。

二、屋面涂膜防水施工

1. 基本规定

按规范规定，涂膜防水屋面主要适用于防水等级为Ⅲ级、Ⅳ级的屋面防水，也可用作Ⅰ级、Ⅱ级屋面多道防水设防中的一道防水层。

涂膜防水屋面施工的工艺流程如下：

表面基层清理、修理→喷涂基层处理剂→节点部位附加增强处理→涂布防水涂料及铺贴胎体增强材料→清理及检查修理→保护层施工。

涂膜防水屋面基层如为预制屋面板时，其端缝应进行柔性密封处理。非保温屋面的板缝应预留凹槽，嵌填密封材料，并应增设带有胎体增强材料的附加层。

涂膜防水屋面细部构造的防水措施见表13-2。

为避免基层变形导致涂膜防水层开裂，涂膜层应加铺胎体增强材料，如玻纤网布、化纤或聚酯无纺布等，与涂料形成一布两涂、两布三涂或多布多涂的防水层。

防水涂膜施工应分层分遍涂布。待先涂的涂层干燥成膜后，方可涂布后一遍涂料。铺设胎体增强材料，屋面坡度小于15％时可平行屋脊铺设；坡度大于15％时应垂直屋脊铺设，并由屋面最低处向上操作。胎体的搭接宽度，长边不得小于50mm；短边不得小于70mm。

表 13-2　涂膜防水屋面细部构造的防水措施

细部构造	防水措施说明
屋面易开裂、渗水部位	应留凹槽嵌填密封材料，并应增设一层或一层以上带有胎体增强材料的附加层
防水层的找平层	应设缝宽为 20mm 的分格缝，在缝内嵌填密封材料；并应沿分格缝增设带胎体增强材料的空铺附加层，其宽度宜为 200～300mm
天沟、檐沟	天沟、檐沟与屋面交接处的附加层宜空铺，空铺宽度宜为 200～300mm；檐口处涂膜防水层的收头，应用防水涂料多遍涂刷或用密封材料封严
泛水	泛水处的涂膜防水层应涂刷至女儿墙的压顶下；收头处理应用防水涂料多遍涂刷封严。压顶应做防水处理。铺设带有胎体增强材料的附加层，在屋面上的长度和立墙上的高度均应大于 250mm
变形缝	缝内应填充泡沫塑料或沥青麻丝，其上填放衬垫材料，并用卷材封盖；顶部加扣混凝土或金属盖板
水落口	水落口处的防水构造与卷材防水屋面的做法相同

采用两层或以上胎体增强材料时，上下层不得互相垂直铺设，搭接缝应错开，其间距不应小于幅宽的 1/3。涂膜防水层的收头应用防水涂料多遍涂刷或用密封材料封严。

涂膜防水屋面应做保护层。保护层采用水泥砂浆或块材时，应在涂膜层与保护层之间设置隔离层。

防水涂膜严禁在雨天、雪天施工；五级风及其以上时或预计涂膜固化前有雨时不得施工；气温低于 5℃或高于 35℃时不宜施工。

2. 合成高分子防水涂膜施工

合成高分子防水涂料是现有各类防水涂料中综合性能指标最好、质量较为可靠、值得提倡推广应用的一类防水涂料。

合成高分子防水涂膜的厚度不应小于 2mm，在Ⅲ级防水屋面上复合使用时，不宜小于 1mm。可采用刮涂或喷涂施工。当采用刮涂施工时，每遍刮涂的推进方向宜与前一遍相互垂直。多组分涂料应按配合比准确计量，搅拌均匀，及时使用。配料时可加入适量的缓凝剂或促凝剂调节固化时间，但不得混入已固化的涂料。

在涂层中夹铺胎体增强材料时，位于胎体下面的涂层厚度不宜小于 1mm；涂刮最上层的涂层不应少于两遍。

三、屋面刚性防水施工

刚性防水层主要是指在结构层上加一层适当厚度的普通细石混凝土、预应力混凝土、补偿收缩混凝土、块体刚性层做防水层等，依靠混凝土的密实性或憎水性达到防水目的。刚性防水屋面所用材料易得、价格便宜，耐久性好，维修方便，广泛用于一般工业与民用建筑。

由于刚性防水屋面所用材料密度大，抗拉强度低，易受混凝土或砂浆的干湿变形、温度变形及结构位移等影响而产生裂缝，因此刚性防水层主要适用于防水等级为Ⅲ级的屋面防水。对于屋面防水等级为Ⅱ级以上的重要建筑物，可用作多道防水设防中的一道防水层。但不适用于设有松散材料保温层的屋面以及受较大振动或冲击的建筑屋面。

1. 基本规定

刚性防水屋面的结构层宜为整体现浇钢筋混凝土。当采用预制混凝土屋面板时，应用细石混凝土灌缝，其强度等级不应小于 C20，并宜掺微膨胀剂。当屋面板板缝宽度大于 40mm 或上窄下宽时，板缝内应设置构造钢筋；板端缝应进行密封处理。

刚性防水层与山墙、女儿墙以及与突出屋面结构的交接处，均应做柔性密封处理。刚性防水屋面细部构造的防水措施，见表 13-3。

表 13-3 刚性防水屋面细部构造防水措施

细部构造	防水措施说明
防水层的分格缝	普通混凝土和补偿收缩混凝土防水层的分格缝分为平缝和双坡缝(高出防水层表面 50～70mm)两种，缝宽宜为 20～40mm；缝内应嵌填密封材料，上部铺贴防水卷材条封盖
天沟、檐沟	混凝土防水层应铺筑至天沟、檐沟一侧的顶部，并在交接处留凹槽，用密封材料封严
防水层与山墙、女儿墙交接处	刚性防水层离墙应留出宽度为 30mm 的缝隙，用密封材料嵌填；泛水部位应铺设卷材或涂膜附加层；收头做法宜将卷材或涂膜做至墙的压顶下，或将卷材嵌入墙的凹槽内并用密封材料封固
变形缝	刚性防水层与变形缝两侧墙体交接处应留出宽度为 30mm 的缝隙，用密封材料嵌填；泛水部位应铺设卷材或涂膜附加层。变形缝内填充泡沫塑料或沥青麻丝，其上填放衬垫材料，并用卷材封盖，顶部加扣混凝土或金属盖板
伸出屋面管道	伸出屋面管道与刚性防水层交接处应留设缝隙，用密封材料嵌填，并在四周铺设柔性防水附加层；收头处应固定密封

刚性防水屋面细部构造应遵守规范规定：分格缝构造，见图 13-13、图 13-14；檐沟，见图 13-15；泛水构造，见图 13-16；变形缝构造，见图 13-17；伸出屋面管道防水构造，见图 13-18。

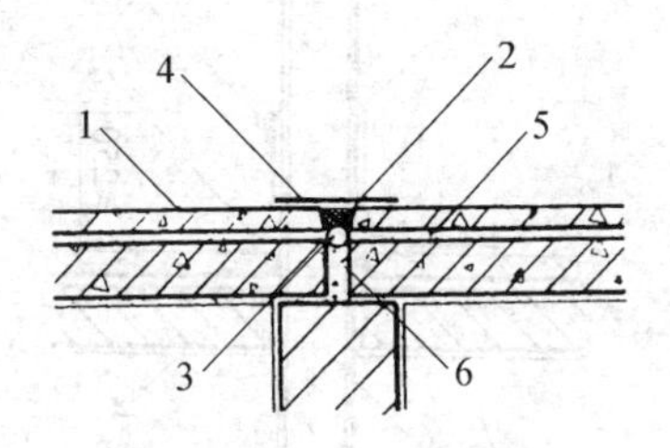

图 13-13　分格缝构造之一

1—刚性防水层；2—密封材料；3—背衬材料；4—防水卷材；5—隔离层；6—细石混凝土

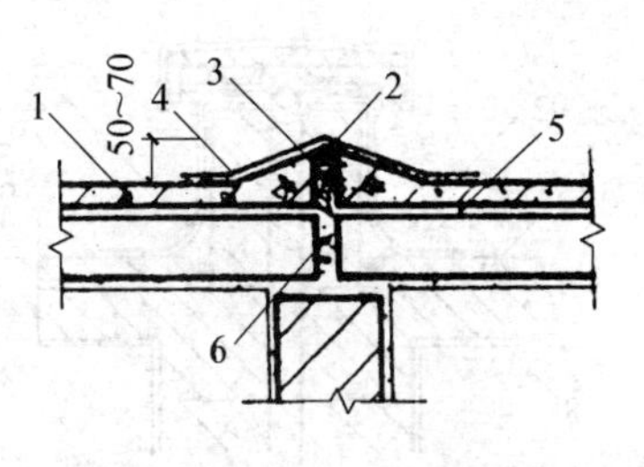

图 13-14　分格缝构造之二

1—刚性防水层；2—密封材料；3—背衬材料；4—防水卷材；5—隔离层；6—细石混凝土

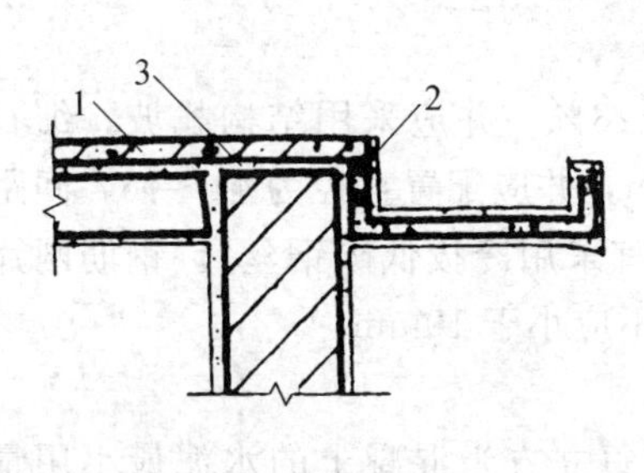

图 13-15　檐沟

1—刚性防水层；2—密封材料；3—隔离层

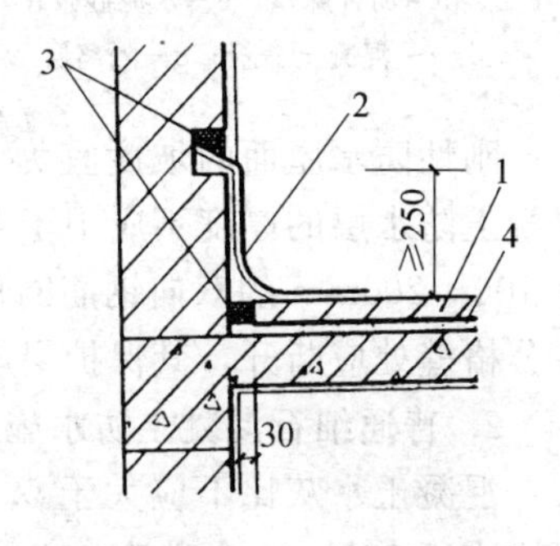

图 13-16　泛水构造

1—刚性防水层；2—防水卷材或涂膜；3—密封材料；4—隔离层

细石混凝土防水层与基层之间宜设置隔离层，隔离层可采用纸筋灰、麻刀灰、低强度等级砂浆、干铺卷材等。

防水层的细石混凝土宜用普通硅酸盐水泥或硅酸盐水泥；当采用矿渣硅酸盐水泥时应采取减小泌水性的措施；水泥强度等级不宜低于 32.5 级，并不得使用火山灰水泥。防水层的细石混凝土宜掺膨胀剂、减水剂、防水剂等外加剂，并应用机械搅拌，机械振捣。防水层内严禁埋设管线。

普通细石混凝土和补偿收缩混凝土防水层应设置分格缝，其纵横间距不宜大于6m，分格缝内应嵌填密封材料。

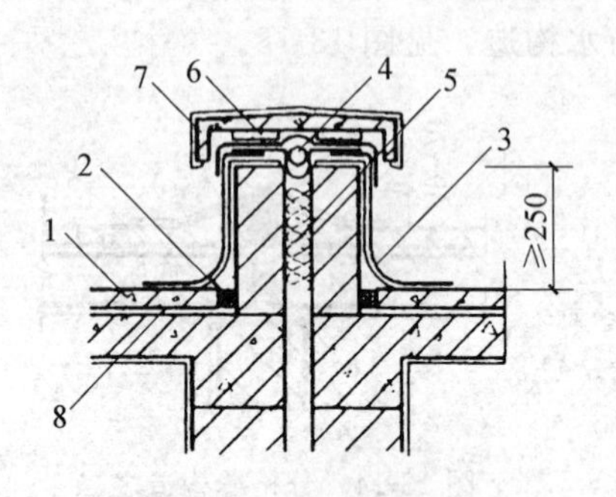

图13-17 变形缝构造

1—刚性防水层；2—密封材料；3—防水卷材或涂膜；4—衬垫材料；5—沥青麻丝；6—水泥砂浆；7—混凝土盖板；8—隔离层

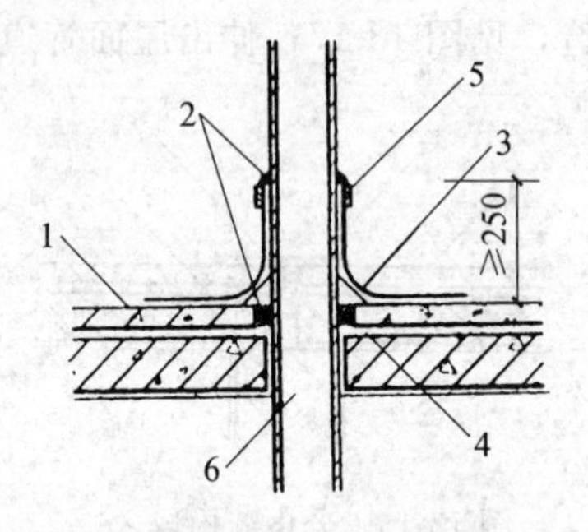

图13-18 伸出屋面管道防水构造

1—刚性防水层；2—密封材料；3—卷材（涂膜）防水层；4—隔离层；5—金属箍；6—管道

刚性防水屋面的坡度宜为2%～3%，并应采用结构找坡。细石混凝土防水层的厚度不应小于40mm，并应配置直径为ϕ4～ϕ6，间距为100～200mm的双向钢筋网片（宜采用冷拔低碳钢丝）。钢筋网片在分格缝处应断开，其保护层厚度不应小于10mm。

2. 普通细石混凝土防水施工

混凝土水灰比不应大于0.55；每立方米混凝土的水泥最小用量不应小于330kg；含砂率宜为35%～40%；灰砂比应为1∶2～1∶2.5，粗骨料的最大粒径不宜大于15mm。

防水层中的钢筋网片，施工时应放置在混凝土中的上部。分格缝截面宜做成上宽下窄，分格条在起条时不得损坏分格缝边缘处的混凝土。

混凝土中掺入减水剂或防水剂应准确计量，投料顺序得当，搅拌均匀；混凝土搅拌时间不应少于2min；混凝土运输过程中应防止漏浆和离析；每个分格板块的混凝土应一次浇筑完成，不得留施工缝；抹压时不得在表面洒水、加水泥浆或撒干水泥；混凝土收水后应进行二次压光；混凝土浇筑12～24h后应进行养护，养护时间不应少于14天，养护初期屋面不得上人。

3. 块体刚性防水施工

块体刚性防水层是由底层防水砂浆、块材和面层砂浆组成。水泥砂浆中防水剂的掺量应准确，并应用机械搅拌。

铺抹底层水泥砂浆防水层时应均匀连续，不得留施工缝。当块材为黏土砖时，铺砌前应浸水湿透；铺砌宜连续进行；缝内挤浆高度宜为块材厚度的1/3～1/2。当铺砌必须间断时，块材侧面的残浆应清除干净。铺砌黏土砖应直行平砌并与基层板缝垂直，不得采用人字形铺设。块材铺设后，在铺砌砂浆终凝前不得上人踩踏。

面层施工时，块材之间的缝隙应用水泥砂浆灌满填实；面层水泥砂浆应二次压光，抹平压实；面层施工完成后12～24h应进行养护，养护方法可采用覆盖砂、草袋洒水的方法，有条件的可采用蓄水养护，养护时间不少于7天。养护初期屋面不得上人。

四、保温隔热屋面防水

在我国，北方寒冷地区采用的保温屋面，按保温层设置的部位不同，分为传统式保温屋面和倒置式屋面两类；南方炎热地区采用的隔热屋面有：架空隔热屋面、蓄水屋面和种植屋面等。

保温隔热屋面细部构造应采取的主要防水措施，见表13-4。

表13-4　保温隔热屋面细部构造防水措施

细部构造	防水措施说明
天沟、檐沟	天沟、檐沟与屋面交接处，屋面保温层的铺设应延伸至墙内大于墙厚的1/2部位。没有排气道的屋面应在保温层一端部设置一定数量的排气孔
排气出口构造	排气出口除设在檐口部位外，在屋面上的排气出口应埋设排气管。排气管分直管(顶部带雨帽)和弯管(上部管半圆弧形下弯)两种，应设置在结构层上，穿过保温层的管壁四周应有排气孔
倒置式屋面保护层	保温层上可采用混凝土等板材、水泥砂浆或卵石做保护层。在做保护层前，应在保温层上先铺设隔离层(合成纤维织物、塑料薄膜、沥青油纸等)。板状保护层可干铺、砂浆铺砌或架空铺设
架空隔热屋面构造	架空隔热层的高度宜为100～300mm；架空板与女儿墙之间的距离宜大于250mm
蓄水屋面分仓缝构造	溢水口的设置高度应距分仓墙顶面100mm；过水孔应设在分仓墙底部；排水管应与水落管连通；分仓墙的缝内应嵌填沥青麻丝，上部用卷材封盖，并加扣混凝土盖板
种植屋面构造	在种植介质四周应设挡墙；挡墙下部应设泄水孔

1. 保温屋面

(1) 传统式保温屋面

传统式保温屋面的构造层次为：现浇或预制钢筋混凝土结构层、隔气层、保温层、找平层、防水层、保护层。这类屋面由于构造层次间存在制约因素较多，易发生屋面渗漏和保温层失效等问题。由于保温层大多采用松散保温材料或与水性胶结材料拌和铺设，并使用水泥砂浆找平层，从而使不能得到充分干燥的保温层和找平层内的剩余水分在隔气层和防水层的封闭下蒸发不出去，不但影响保温效果，并在防水层受到暴晒后就会导致其产生膨胀、鼓泡、开裂，最后出现渗漏。防水层一旦渗漏，又会导致保温层蓄水而丧失保温功能。因此，规范规定保温层的含水率：封闭式保温层的含水率应相当于该材料在当地自然风干状态下的平衡含水率；当采用有机胶结材料时，不得超过5%；当采用无机胶结材料时，不得超过20%。由于松散材料保温层和整体现浇保温层的吸湿性与吸水率都较高，以及施工不简便等原因，保温层宜采用吸水率低、憎水性好、表观密度和热导率较小，并有一定强度的板状保温材料。

(2) 倒置式屋面

倒置式屋面的构造层次依次为：结构层、找平层、防水层、保温层、隔离层、保护层。即在构造层次上将传统式保温屋面的防水层与保温层的设置部位互相倒置，故称倒置式屋面。

倒置式屋面目前在我国还较少应用，而在发达国家已有20～30年的应用历史，可以较好克服传统式保温屋面存在的诸多问题，其主要优点是：由于防水层置于保温层之下，可以保护防水层免受阳光紫外线的直接照射，大幅度降低防水层和结构层的热应力，避免防水层产生由温差变形引起的裂纹或裂缝，防止防水层早期破坏，从而有效地提高防水层的耐久性；有利于发挥屋面的绝热效能和节能效果。当然，从施工角度看，这类屋面做法对防水层的施工质量特别是细部构造防水的要求很高，必须确保不出现渗漏，否则维修较为困难。

倒置式屋面采用的保温材料必须具有良好的憎水性或高抗湿性，最常用的是发泡聚苯乙烯板。使用板状保温材料制品施工非常简便，可采用干铺，亦可采用与防水层材性相容的胶黏剂进行点粘。板材的厚度应通过热工计算决定，在寒冷地区使用，其厚度一般在50mm左右即可。

2．隔热屋面

屋面隔热是指在炎热地区防止夏季室外热量通过屋面传入室内的措施。为解决炎热季节室内温度过高问题，我国南方地区大多采用以架空屋面为主要形式的隔热屋面。鉴于这种屋面和其他隔热屋面，如蓄水屋面、种植屋面，在不同地区采用的隔热、防水方法有很大差别，因此这类屋面的设计与施工应根据地区条件和当地经验，以及规范规定进行。

第二节　地下防水工程

地下建筑埋置在土中，皆不同程度地受到地下水或土体中水分的作用。一方面地下水对地下建筑有着渗透作用，而且地下建筑埋置越深，渗透水压就越大；另一方面地下水中的化学成分复杂，有时会对地下建筑造成一定的腐蚀和破坏作用。因此地下建筑应选择合理有效的防水措施，以确保地下建筑的安全耐久和正常使用。

地下建筑防水工程中采用的防水方案有防水混凝土结构和表面防水层。

一、防水混凝土防水

防水混凝土防水是以调整混凝土的配合比或掺外加剂的方法来提高混凝土的密实度、抗渗性、抗蚀性，满足设计对地下建筑的抗渗要求，达到防水的目的。防水混凝土防水具有施工简便、工期短、造价低、耐久性好等优点，是目前地下建筑防水工程的一种主要方法。

1．普通防水混凝土

防水混凝土是通过控制材料选择、混凝土拌制、浇筑、振捣的施工质量，以减少混凝土内部的空隙和消除空隙间的连通，最后达到防水要求。

(1) 原材料

① 水泥。标号不宜低于425号，要求抗水性好、泌水小、水化热低，并具有一定的抗腐蚀性。

② 细骨料。要求颗粒均匀、圆滑、质地坚实，含泥量不大于3%的中粗砂。砂的粗细颗粒级配适宜，平均粒径 0.4mm 左右。

③ 粗骨料。要求组织密实、形状整齐，含泥量不大于1%。颗粒的自然级配适宜，粒径 5～30mm，最大不超过 40mm，且吸水率不大于 1.5%。

(2) 制备

① 水灰比。在保证振捣的密实前提下水灰比尽可能小，一般不大于 0.6。

② 坍落度。不宜大于 50mm。

③ 水泥用量。在一定水灰比范围内，每立方米混凝土水泥用量一般不小于 320kg，但亦不宜超过 400kg/m³。

④ 砂率。粗骨料选用卵石时砂率宜为 35%，粗骨料为碎石时砂率宜为 35%～40%。

⑤ 灰砂比。水泥与砂的比例宜取 1∶2～1∶2.5。

2. 外加剂防水混凝土

外加剂防水混凝土是在混凝土中掺入一定的有机或无机的外加剂，改善混凝土的性能和结构组成，提高混凝土的密实性和抗渗性，从而达到防水目的。由于外加剂种类较多，各自的性能、效果及适用条件不尽相同，故应根据地下建筑防水结构的要求和施工条件，选择合理、有效的防水外加剂。常用的外加剂防水混凝土有：

① 三乙醇胺防水混凝土；

② 加气剂防水混凝土；

③ 减水剂防水混凝土；

④ 氯化铁防水混凝土。

3. 防水混凝土的施工

(1) 施工

防水混凝土在施工中应注意：

① 保持施工环境干燥，避免带水施工；

② 模板支撑牢固、接缝严密；

③ 防水混凝土浇筑前无泌水、离析现象；

④ 防水混凝土浇筑时的自落高度不得大于 1.5m；

⑤ 防水混凝土应采用机械振捣，并保证振捣密实；

⑥ 防水混凝土应自然养护，养护时间不少于 14 天。

(2) 防水构造处理

① 施工缝处理。地下建筑施工时应尽可能不留或少留施工缝，尤其是不得留垂直施工缝。在墙体中一般留设水平施工缝，其常用的防水构造处理方法如图 13-19 所示。

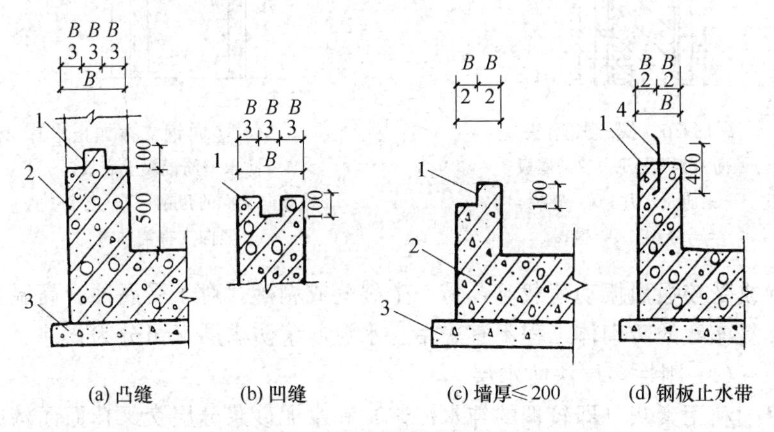

(a) 凸缝　(b) 凹缝　(c) 墙厚≤200　(d) 钢板止水带

图 13-19　防水混凝土的施工缝

1—施工缝；2—构筑物；3—垫层；4—防水钢板

② 贯穿铁件处理。地下建筑施工中墙体模板的穿墙螺栓，穿过底板的基坑围护结构等，均是贯穿防水混凝土的铁件。由于材质差异，地下水分较易沿铁件与混凝土的界面向地下建筑内渗透。为保证地下建筑的防水要求，可在铁件上加焊一道或数道止水铁片，延长渗水路径、减小渗水压力，达到防水目的，如图 13-20、图 13-21 所示。

二、表面防水层防水

表面防水层防水有刚性、柔性两种。

1. 水泥砂浆防水层

水泥砂浆防水层是一种刚性防水层，它是依靠提高砂浆层的密实性来达到防水要求的。这种防水层取材容易，施工方便，防水效果较好，成本较低，适用于地下砖石结构的防水层或防水混凝土结构的加强层。但水泥砂浆防水层抵抗变形的能力较差，当结构产生不均匀下

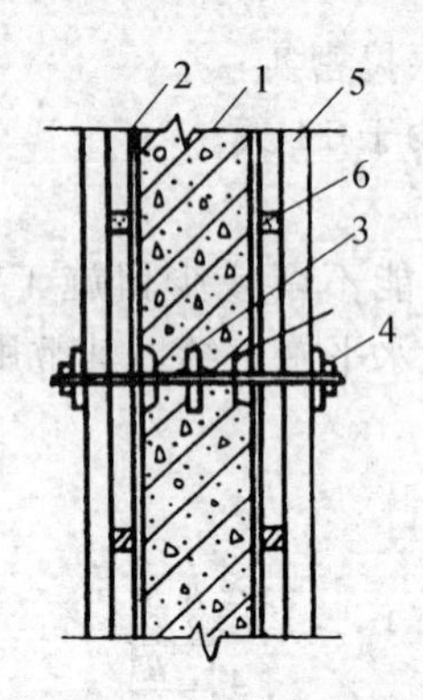

图 13-20 螺栓加堵头

1—防水混凝土墙；2—模板；3—钢质止水片；4—螺栓；5—竖楞；6—横楞

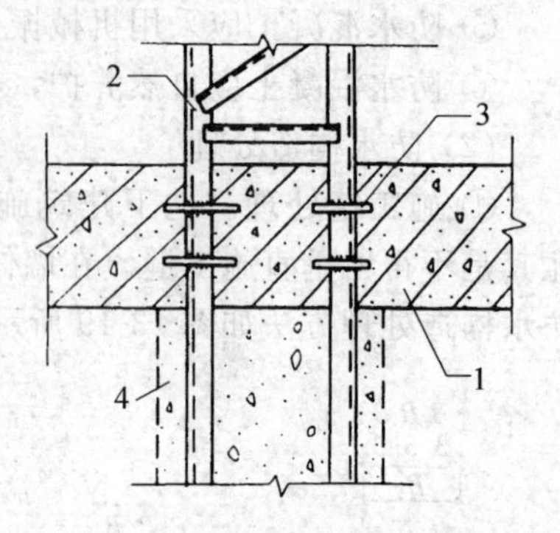

图 13-21 竖向钢支撑加止水片

1—防水钢筋混凝土底板；2—竖向支撑的角钢；3—止水片；4—竖向支撑灌注桩

沉或受较强烈振动荷载时，易产生裂缝或剥落。对于受腐蚀、高温及反复冻融的砖砌体工程不宜采用。水泥砂浆防水层又可分为：

(1) 刚性多层法防水层

利用素灰（即较稠的纯水泥浆）和水泥砂浆分层交叉抹面而构成的防水层，具有较高的抗渗能力，如图 13-22 所示。

(2) 刚性外加剂法防水层

在普通水泥砂浆中掺入防水剂，使水泥砂浆内的毛细孔填充、胀实、堵塞，获得较高的密实度，提高抗渗能力，如图 13-23 所示。常

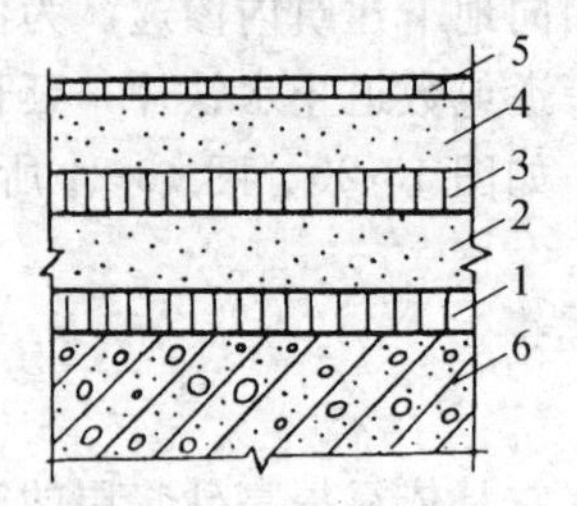

图 13-22 刚性多层法防水层

1,3—素灰层 2mm；2,4—砂浆层 4～5mm；5—水泥浆 1mm；6—结构基层

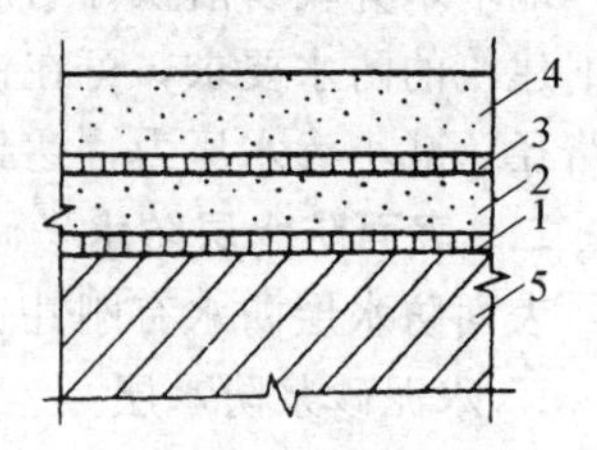

图 13-23 刚性外加剂法防水层

1,3—水泥浆一道；2—外加剂防水砂浆垫层；4—防水砂浆面层；5—结构基层

用的外加剂有氯化铁防水剂、铝粉膨胀剂、减水剂等。

2. 卷材防水层

卷材防水层是用沥青胶结材料粘贴油毡而成的一种防水层，属于柔性防水层。这种防水层具有良好的韧性和延伸性，可以适应一定的结构振动和微小变形，防水效果较好，目前仍作为地下工程的一种防水方案而被较广泛采用。其缺点是：沥青油毡吸水率大，耐久性差，机械强度低，直接影响防水层质量，而且材料成本高，施工工序多，操作条件差，工期较长，发生渗漏后修补困难。

卷材防水层施工的铺贴方法，按其与地下防水结构施工的先后顺序分为外贴法和内贴法两种。

(1) 外贴法

在地下建筑墙体做好后，直接将卷材防水层铺贴墙上，然后砌筑保护墙，见图 13-24。

(2) 内贴法

在地下建筑墙体施工前先砌筑保护墙，然后将卷材防水层铺贴在保护墙上，最后施工并浇筑地下建筑墙体（见图 13-25）。

三、止水带防水

为适应建筑结构沉降、温度伸缩等因素产生的变形，在地下建筑

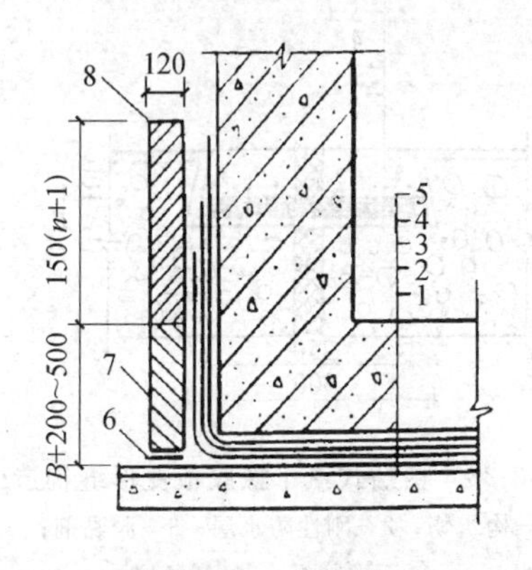

图 13-24　外贴法

1—垫层；2—找平层；3—卷材防水层；4—保护层；5—构筑物；6—油毡；7—永久保护墙；8—临时性保护墙

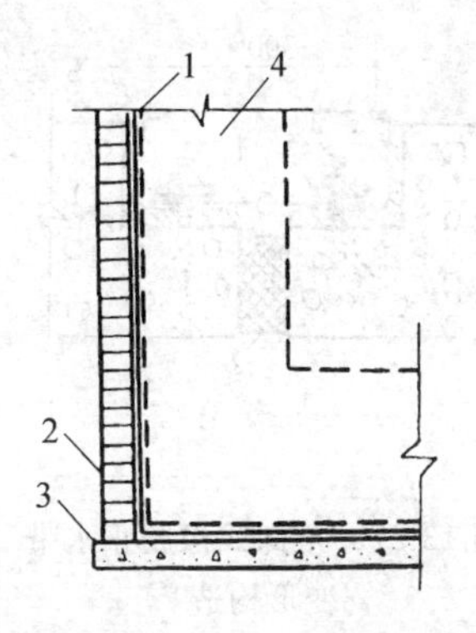

图 13-25　内贴法

1—卷材防水层；2—保护墙；3—垫层；4—尚未施工的构筑物

的变形缝（沉降缝或伸缩缝）、地下通道的连接口等处，两侧的基础结构之间留有 20～30mm 的空隙，两侧的基础是分别浇筑的，这是防水结构的薄弱环节，如果这些部位产生渗漏时，抗渗堵漏较难实施。为防止变形缝处的渗漏水现象，除在构造设计中考虑防水的能力外，通常还采用止水带防水。

目前，常见的止水带材料有：橡胶止水带、塑料止水带、氯丁橡胶板止水带和金属止水带等。其中橡胶及塑料止水带均为柔性材料，抗渗、适应变形能力强，是常用的止水带材料；氯丁橡胶止水板是一

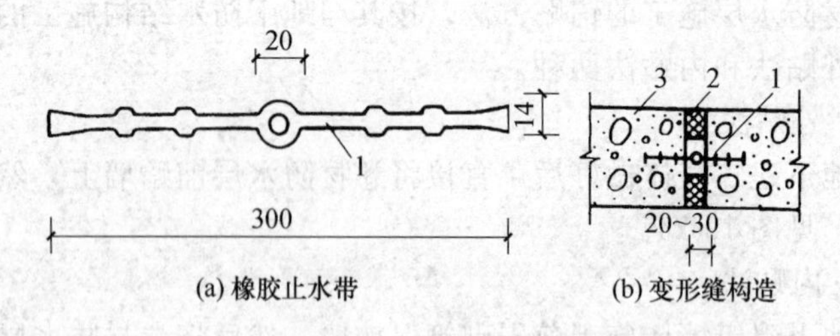

图 13-26　埋入式橡胶（或塑料）止水带的构造

1—止水带；2—沥青麻丝；3—构筑物

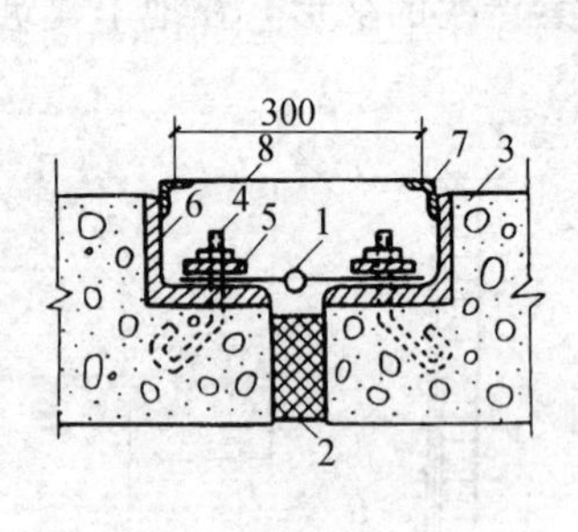

图 13-27　可卸式橡胶止水带变形构造

1—橡胶止水带；2—沥青麻丝；3—构筑物；4—螺栓；5—钢压条；6—角钢；7—支撑角钢；8—钢盖板

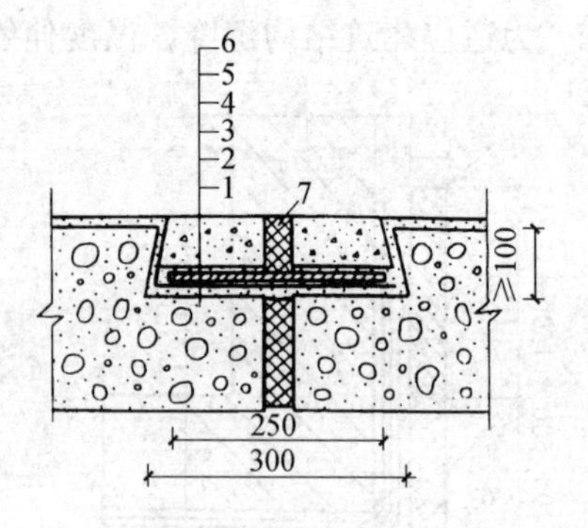

图 13-28　粘贴式氯丁橡胶板变形缝构造

1—构筑物；2—刚性防水层；3—胶黏剂；4—氯丁橡胶板；5—素灰层；6—细石混凝土覆盖层；7—沥青麻丝

种新的止水材料，具有施工简便、防水效果好、造价低且易修补的特点；金属止水带一般仅用于高温环境条件下，而无法采用橡胶止水带或塑料止水带时。

止水带构造形式有：粘贴式、可卸式、埋入式等。目前较多采用的是埋入式。根据防水设计的要求，有时在同一变形缝处，可采用数层、数种止水带的构造形式。图 13-26 是埋入式橡胶（或塑料）止水带的构造图，图 13-27、图 13-28 分别是可卸式止水带和粘贴式止水带构造图。

第十四章　防腐蚀工程

第一节　沥青类防腐蚀工程

一、材料质量要求

沥青等原材料的质量要求见表14-1～表14-4。

表14-1　道路、建筑和普通石油沥青的质量要求

项目	道路石油沥青		建筑石油沥青			普通石油沥青		
	60号甲	60号乙	30号甲	30号乙	10号	75号	65号	55号
针入度(25℃,100g,1/10mm)	15～80	41～80	21～40	21～40	5～20	75	65	55
延度(25℃,cm)	≥70	≥40	≥3	≥3	≥1	≥2	≥1.5	≥1
软化点(环球法,℃)	45～50	≥45	≥70	≥60	≥95	≥60	≥80	≥100

表14-2　粗、细骨料的质量要求

骨料类别	耐酸率/%	含泥量/%	浸酸安定性
粗骨料	≥95	≤1	合格
细骨料	≥95	≤1	

表14-3　细骨料颗粒级配

筛孔/mm	5.0	1.25	0.315	0.16
累计筛余量/%	0～10	35～65	80～95	90～100

表14-4　粉料和骨料混合物的颗粒级配

种类	混合物累计筛余量/%								
	25	15	5	2.5	1.25	0.63	0.315	0.16	0.08
沥青砂浆			0	20～38	33～57	45～71	55～80	63～86	70～90
细粒式沥青混凝土		0	22～37	37～60	47～70	55～78	65～88	70～88	75～90
中粒式沥青混凝土	0	10～20	30～50	43～67	52～75	60～82	68～87	72～92	77～92

二、沥青胶泥、砂浆及混凝土的配制

其见表14-5和表14-6。

表 14-5　沥青胶泥施工配合比及耐热性能

组别	沥青软化点/℃	配合比(重量计)			胶泥耐热性能/℃		推荐用途
		沥青	粗料(石英粉)	石棉	软化点	耐热稳定性	
1	75 90 110	100 100 100	30 30 30	5 5 5	75 90 110	40 50 60	隔离层用
2	75 90 110	100 100 100	80 80 80	5 5 5	95 110 115	40 50 6	灌缝用
3	75 90 110	100 100 100	100 100 100	5 10 5	95 120 120	40 60 70	铺砌平面块材用
4	65 75 90 110	100 100 100 100	150 150 150 150	5 5 10 5	105 110 125 135	40 50 60 70	铺贴立面块材用
5	65 75 90 110	100 100 100 100	200 200 200 200	5 5 10 5	120 145 ＞145 ＞145	40 50 60 70	灌缝法施工时，铺平面结合层用

表 14-6　沥青砂浆、沥青混凝土配合比

种类	粉料骨料混合物	沥青(重量计)/%
沥青砂浆	100	11～14
细粒式沥青混凝土	100	8～10
中粒式沥青混凝土	100	7～9

三、沥青防腐工程施工

1. 沥青隔离层施工要点

① 卷材隔离层，每层沥青胶泥或沥青的涂抹厚度不应大于2mm。

② 卷材隔离层施工，沥青或沥青胶泥的施工温度应不低于下列数值：

建筑石油沥青　190℃

建筑石油沥青与普通石油沥青混合　220℃

普通石油沥青　240℃

2. 沥青砂浆、沥青混凝土施工要点

① 沥青砂浆或沥青混凝土一般情况下铺摊温度为150～160℃，压实后成活温度为110℃。当环境温度在0℃以下时，铺摊温度为170～180℃，成活温度不低于100℃。

② 沥青砂浆和细粒式沥青混凝土每层压实厚度不宜超过30mm；中粒式沥青混凝土不应超过60mm。

③ 立面涂抹沥青砂浆时每层厚度不应大于7mm。

3. 沥青胶泥、沥青砂浆铺砌块材施工要点

① 沥青胶泥或沥青砂浆铺砌温度不低于下列数值：

建筑石油沥青 180℃

建筑和普通石油沥青混合胶泥 200℃

普通石油沥青胶泥 220℃

② 以沥青胶泥铺砌块材前，应将块材预热。当环境温度低于5℃时预热温度不应低于40℃。

③ 平面块材可用接缝法及灌浆法铺砌。以接缝法铺砌时，沥青胶泥浇铺厚度应比要求的结合层厚度增厚2～3mm。

4. 碎石灌沥青面层施工要点

① 铺设前应将基土表面清理干净，做好周围排水，保持基土干燥。如基土较软，应先在基土表面铺5cm厚的碎石并予夯实。

② 碎石铺设厚度一般为设计厚度的4/5，铺筑要均匀，厚薄要一致。并按面层坡向要求筑出坡度，经夯打结实或手推滚筒滚压密实后，再铺一层粒径5～15mm的石屑，厚度为面层设计厚度的1/5，经找平、拍实即可。

③ 铺设后，用150～170℃的热沥青（或沥青胶泥）浇灌，沥青浇灌要均匀，并使碎石颗粒表面浇黑沾满。

④ 如要求表面平整时，应在浇灌热沥青后，立即在表面上均匀撒铺一层粒径5～15mm的石屑，在沥青未冷固前整平拍实粘牢，或用平板振动器振捣密实即可。如作室外场地的地坪面层时，应在石屑层上再浇一层热沥青或沥青胶泥面层。

四、质量标准

其见表14-7～表14-9。

表 14-7　以沥青胶泥铺砌块材的结合层厚度和灰缝宽度

块材种类	结合层厚度/mm		灰缝宽度/mm	
	挤缝法 灌缝法	刮浆铺砌法、分段浇灌法	挤缝法、刮浆铺砌法、分段浇灌法	灌缝法
标形耐酸砖、缸砖、铸石板	3～5	5～7	3～5	6～8
平板形耐酸砖、耐酸陶板	3～5	5～7	2～3	5～7
花岗石及其他条石块材面层				8～15

注：当花岗石及其他条石块材的结合层采用沥青砂浆时，其厚度应为10～15mm，沥青用量可达25%。

表 14-8　沥青胶泥的质量要求

项　目	使用部位的最高温度/℃			
	≤30	31～40	41～50	51～60
耐热稳定性/℃	≥40	≥50	≥60	≥70
浸酸后质量变化率/%	≤1			

表 14-9　沥青混凝土的质量指标

项　目		指　标
抗压强度/MPa	20℃时不小于	3
	50℃时不小于	1
饱和吸水率(%)以体积计不大于		1.5
浸酸安定性		合格

第二节　水玻璃类防腐蚀工程

水玻璃类防腐蚀工程所用的材料包括水玻璃胶泥、水玻璃砂浆和水玻璃混凝土。这类材料是以水玻璃为胶结剂，氟硅酸钠为固化剂，加一定级配的耐酸粉料和粗细骨料配制而成（水玻璃胶泥中不加粗细骨料，水玻璃砂浆中不加粗骨料），其特点是耐酸性能好，机械强度高，资源丰富，价格较低；但抗渗和耐水性能较差，施工较复杂，养护期较长。其中水玻璃胶泥和水玻璃砂浆常用于铺砌各种耐酸砖板、块材和结构表面的整体涂抹面层；水玻璃混凝土常用于灌注地面整体面层、设备基础及池槽槽体等防腐蚀工程。耐腐性能见表 14-10。

表 14-10 水玻璃类材料的耐腐蚀性能

介质		浓度/%	耐蚀程度
酸类	硫酸	>90	耐
	硝酸	97	耐
	混酸	硫酸 92.5 硝酸 97 硝酸∶硫酸=93∶7	耐
	盐酸	31	耐
	磷酸	50	耐
	醋酸	50	耐
	铬酸	80	耐
	脂肪酸	100	耐
	氟硅酸	任意	不耐
	氢氟酸	任意	不耐
酸性气体	湿氯化氢	浓	耐
	二氧化硫	>7	耐
卤素	湿氯气	90	耐
	氯水	饱和	耐
盐溶液	硫酸铵	饱和液	耐
	硝酸铵	中性液	耐
	碳酸铵	50	耐
	重铬酸钾	40	耐
有机溶剂	二氯甲烷	100	耐
	三氯甲烷	(气)	耐
	苯	纯	耐
	乙醇	工业	耐
碱	氢氧化钠	任意	不耐

一、材料要求

水玻璃及骨料质量要求见表 14-11～表 14-14。

表 14-11 沥青胶泥的质量要求

项目	指标	项目	指标
密度(20℃)/(g/cm³)	1.44～1.47	二氧化硅/%	≥25.7
氧化钠/%	≥10.2	模数(M)	2.6～2.9

表 14-12　施工用水玻璃的密度指标

用　途	密度(20℃)/(g/cm^3)
配制胶泥	1.4～1.43
配制砂浆	1.4～1.42
配制混凝土	1.38～1.42

表 14-13　氟硅酸钠及粉料质量要求

原料	纯度/%	耐酸率/%	含水率/%	细度
氟硅酸钠	≥95	—	≤1	全部通过 0.15mm 筛
粉料	—	≥95	≤1	0.15mm 筛孔筛余量≤5%，0.09mm 筛孔筛余量为 10%～30%

表 14-14　粗细骨料质量标准

骨料类别	耐酸率/%	浸酸安定性	含泥量/%	含水率/%	吸水率/%
粗骨粉	≥95	合格	0	≤0.5	≤1.5
细骨料	≥95	—	≤1	≤1.0	—

注：1. 配制砂浆的细骨料粒径不应大于 1.2mm。

2. 配制混凝土的粗细骨料颗粒级配见表 14-16 及表 14-17。

二、水玻璃胶泥、砂浆和混凝土的配制

其见表 14-15～表 14-18。

表 14-15　水玻璃胶泥、砂浆及混凝土的施工配合比

<table>
<tr><th rowspan="3" colspan="2">材料名称</th><th colspan="6">配合比(质量比)</th></tr>
<tr><th rowspan="2">水玻璃</th><th rowspan="2">氟硅酸钠</th><th colspan="2">粉料</th><th colspan="2">骨料</th></tr>
<tr><th>铸石粉</th><th>铸石粉：石英粉＝1：1</th><th>细骨料</th><th>粗骨料</th></tr>
<tr><td rowspan="2">水玻璃胶泥</td><td>1</td><td rowspan="2">1.0</td><td rowspan="2">0.15～0.18</td><td>2.55～2.7</td><td></td><td></td><td></td></tr>
<tr><td>2</td><td></td><td>2.2～2.4</td><td></td><td></td></tr>
<tr><td rowspan="2">水玻璃砂浆</td><td>1</td><td rowspan="2">1.0</td><td rowspan="2">0.15～0.17</td><td>2.0～2.2</td><td></td><td>2.5～2.7</td><td></td></tr>
<tr><td>2</td><td></td><td>20～2.2</td><td>2.5～2.6</td><td></td></tr>
<tr><td rowspan="2">水玻璃混凝土</td><td>1</td><td rowspan="2">1.0</td><td rowspan="2">0.15～0.16</td><td>2.0～2.2</td><td></td><td>2.3</td><td>3.2</td></tr>
<tr><td>2</td><td></td><td>1.8～2.0</td><td>2.4～2.5</td><td>3.2～3.3</td></tr>
</table>

注：表中氟硅酸钠用量是按水玻璃中氧化钠含量的变动而调整的，氟硅酸钠纯度按 100%计。

表 14-16 混凝土细骨料的颗粒级配

筛孔/mm	5	1.25	0.315	0.16
累计筛余量/%	0～10	20～55	70～95	95～100

表 14-17 混凝土粗骨料的颗粒级配

筛孔/mm	最大粒径	1/2 最大粒径	5
累计筛余量/%	0～5	30～60	90～100

注：粗骨料最大粒径不得大于结构最小尺寸的 1/4。

表 14-18 改性水玻璃混凝土的施工配合比

配方编号	配合比(质量比)					
	水玻璃	氟硅酸钠	铸石粉	石英砂	石英石	外加剂
1	100	15	180	250	320	糠醇单体 3～5
2	100	15	180	260	330	多羟醚化三聚氰胺 8
3	100	15	210	230	320	木质素磺酸钙 2、水溶性环氧树脂 3

注：1. 水玻璃的密度（g/cm³）：配方 3 应为 1.42，其他配方应为 1.38～1.40。

2. 氟硅酸钠纯度以 100%计。

3. 糠醇单体应为淡黄色或微棕色液体，有苦辣气味，密度 1.13～1.14g/cm³，纯度不应小于 98%。

4. 多羟醚化三聚氰胺应为微黄色透明液体，固体含量约 40%，游离醛不得大于 2%，pH 值应为 7～8。

5. 环氧树脂水溶性应为黄色透明黏稠液体，固体含量不得小于 55%，水溶性（1∶10）呈透明。

6. 木质素磺酸钙应为黄棕色粉末，密度为 1.06g/cm³，碱木素含量应大于 55%，pH 值应为 4～6，水不溶物含量应小于 12%，还原物含量小于 12%。

三、水玻璃防腐工程施工

水玻璃材料的养护期、硬化时间等数据见表 14-19～表 14-21。

表 14-19 水玻璃类材料的养护期

养护温度/℃	养护时间/昼夜
10～20	≥12
21～30	≥6
31≥35	≥3

注：养护后应采用浓度 20%～25%的盐酸或浓度 30%～40%的硫酸作表面处理，至无白色结晶钠盐析出为止。

表 14-20 水玻璃混凝土的拆模时间

环境温度/℃	拆模时间/昼夜	环境温度/℃	拆模时间/昼夜
10～15	≥5	21～30	≥2
16～20	≥3	31～35	≥1

表 14-21 水玻璃类材料硬化时间和施工温度、拌和时间的关系

施工温度与硬化时间的大致关系（拌和时间约 2min）		拌和时间与硬化时间的大致关系（常温下拌和）	
施工温度/℃	硬化时间/min	拌和时间/min	硬化时间/min
10	41	1	29
15	34	2	22
20	24	3	18
25	21	4	15
30	14	5	12

四、质量标准

水玻璃胶泥、砂浆、混凝土及铺砌块材的质量要求见表 14-22～表 14-24。

表 14-22 水玻璃胶泥的质量标准

项　目	指标	项　目	指标
初凝时间/min	＞30	与耐酸砖黏结强度/MPa	≥1.0
终凝时间/h	＜8	煤油吸收率/%	＜16
抗拉强度/MPa	＞2.5		

表 14-23 水玻璃砂浆及混凝土的质量标准

性　能	指　标		
	砂浆	混凝土	改性混凝土
抗压强度/MPa	≥15	≥20	≥25
浸酸安定性	合格	合格	合格
抗渗性/MPa			≥1.2

表 14-24 以水玻璃胶泥或砂浆铺砌块材的结合层厚度和灰缝宽度

块材种类	结合层厚度/mm		灰缝宽度/mm	
	水玻璃胶泥	水玻璃砂浆	水玻璃胶泥	水玻璃砂浆
标形耐酸砖、缸砖、铸石板	5～7	6～8	3～5	4～6
平板形耐酸砖、耐酸陶板	5～7	6～8	2～3	4～6
花岗石及其他条石块材		10～15		8～12

第三节 硫黄类防腐蚀工程

一、材料要求

材料的质量要求见表 14-25～表 14-27。

表 14-25 硫黄的质量

项　　目	指　　标
水分/%	≥98.5
硫/%	≤1.0

表 14-26 改性剂聚硫橡胶的质量

项目	聚硫甲胶	聚硫乙胶	液态聚硫橡胶
柔软度(20℃)/s	10～70	5～50	
水分/%	<2.0	<1.0	<0.1
黏度(25℃)/(Pa・s)			50～120
pH 值	6～8	6～8	6～8

表 14-27 粉料及骨料的质量

材料类别	耐酸率/%	含水率/%	含泥量/%	浸酸安定性	细度
粉料	≥95	≤0.5	—	—	0.05mm 筛孔 筛余量为 10%～30%
细骨料	≥95		≤1	—	1mm 筛孔 筛余量≤5%
粗骨料	≥95		0	合格	20～40mm 颗粒≥85% 10～20mm 颗粒<15%

二、硫黄胶泥、砂浆及混凝土的配制

其见表 14-28。

三、硫黄类防腐工程的施工

1. 硫黄胶泥和砂浆施工要点

① 硫黄胶泥或砂浆热塑至 135～145℃时要立即进行浇注。因此，熬制地点距浇注点不宜过远。

② 施工环境温度不应低于－10℃；低于 5℃时，需铺砌的板块材应预热，预热温度为 40℃左右，浇注温度也应适当提高，浇注完后

应立即覆盖保温材料，防止温度骤变而发生裂纹。

表 14-28 硫黄类材料的施工配合比

<table>
<tr><th colspan="2" rowspan="3">材料名称</th><th colspan="5">配合比(质量比)</th></tr>
<tr><th rowspan="2">硫黄</th><th colspan="3">填料</th><th>改性剂</th></tr>
<tr><th>石英粉或铸石粉</th><th>石墨粉</th><th>细骨料</th><th>聚硫橡胶</th></tr>
<tr><td rowspan="2">硫黄胶泥</td><td>1</td><td>58～60</td><td>38～40</td><td></td><td></td><td>2</td></tr>
<tr><td>2</td><td>70～72</td><td></td><td>26～28</td><td></td><td>2</td></tr>
<tr><td colspan="2">硫黄砂浆</td><td>50</td><td>17</td><td></td><td>30</td><td>3</td></tr>
</table>

注：1. 石墨粉应用于耐氢氟酸工程。

2. 硫黄砂浆亦可加入不大于1%的6级石棉。

3. 硫黄混凝土是以硫黄胶泥或砂浆加粗骨配制而成，其中粗骨料的重量占50%～60%。

4. 熬制硫黄胶泥的温度为140～160℃，并应用砂浴加热和搅拌。

③ 耐酸板块材用硫黄胶泥、砂浆灌注法铺砌时，板块材应先用碎耐酸瓷块或水玻璃砂浆块，按规定的结合层厚度和灰缝宽度垫高摆好；浇注宜分段、分行进行，每次浇注面积不宜过大，铺好一段浇注一段，浇注点间距以0.6～1m为宜。浇注时，灰缝处的胶泥或砂浆宜高出块材表面5mm左右。段、行的边缘应用水玻璃粘贴水泥袋纸封严，防止胶泥或砂浆外流。如有坡度，浇注应由低往高进行，在适当位置用瓷管设置排气孔。

④ 块材尽可能并拼成较大的预制板，然后按上列方法铺砌。预制时，将块材反铺（正面向下）在平整的底板上（板面需涂一层薄矿物油），留好灰缝宽度，封闭好边缘。浇注的胶泥不要高出预制块间的灰缝表面。

⑤ 用硫黄胶泥或砂浆浇注耐酸板块的结合层厚度和灰缝宽度可参阅表14-29。

表 14-29 硫黄胶泥或砂浆浇注耐酸板块的结合层厚度和灰缝宽度

块材种类	结合层厚度/mm	灰缝宽度/mm
耐酸砖、板、铸石板	6～10	5～8
条石	10～15	8～15

⑥ 浇注垂直面时，一次不宜过高，以一皮砖或两皮砖为宜。侧面需封死，块材水平缝用垫块垫好，浇注时胶泥或砂浆不宜高出块材

表面。侧面需撑牢，以防止变形。

⑦ 块材间灰缝凸出或不平整时，可铲除或补浇，再烫平之，烫平温度为140～160℃。

2. 硫黄混凝土施工要点

① 硫黄混凝土是以硫黄胶泥或硫黄砂浆注入松铺的碎石层内而形成的。硫黄混凝土模板表面要涂一薄层矿物油（施工缝模板不要涂油）。

② 耐酸石子在施工前必须干燥，并应预热后再虚铺，使之在浇注时能保持40～60℃。每层厚度不宜大于40cm。浇注点间距一般为30～40cm。在浇注点，可以铺放骨料时预埋钢管作为浇注孔，边浇边抽出，也可埋入小段废瓷管（图14-1），浇注后不再抽出。

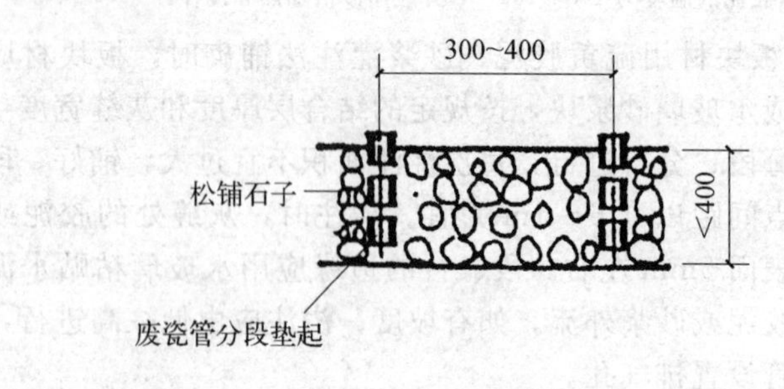

图14-1 硫黄混凝土浇注示意图

③ 浇注平面时，每一浇注区的面积以2～4m²为宜。在一个浇注区内，浇注应同时向各预留的浇注孔进行，直至全部浇满为止，中间不要中断。硫黄混凝土表面应露出石子，最后用硫黄胶泥或硫黄砂浆找平。如施工温度较低（如低于5℃时），应加覆盖物保温。一个浇注区浇完，宜待其冷固收缩后（一般为2h），再行浇注下一区。

④ 硫黄混凝土地面施工也可采用预制块的办法。预制块制作时，应先在模板底部浇一层3mm厚的硫黄胶泥或硫黄砂浆，作为将来的地面面层。然后铺设粗骨料，随之灌注硫黄胶泥或硫黄砂浆。

3. 质量标准

其见表14-30和表14-31。

表 14-30　硫黄胶泥、硫黄砂浆、硫黄混凝土的技术指标

项目		指标		
		硫黄胶泥	硫黄砂浆	硫黄混凝土
抗压强度/MPa 不小于		—	—	40
抗折强度/MPa 不小于		—	—	4
抗拉强度/MPa 不小于		4	3.5	—
急冷、急热残余抗拉强度/MPa 不小于		2	—	—
分层度		—	0.7～1.3	—
表观密度		2200～2300	—	2400～2500
浸酸后	抗拉强度降低率/%不大于	20	20	—
	重量变化率/%	±1	±1	—
与水泥砂浆黏结强度/MPa 不小于		1.5	—	—
与混凝土黏结强度/MPa 不小于		0.7	—	—
与铸石板黏结强度/MPa 不小于		1.8	—	—
与瓷板黏结强度/MPa 不小于		1.3	1.3	—

表 14-31　硫黄胶泥、砂浆浇注块材时的结合层厚度和灰缝宽度

块材种类	结合层厚度/mm	灰缝宽度/mm
耐酸砖、板、铸石板	6～10	5～8
条石	10～15	8～15

第四节　树脂类防腐蚀工程

一、原材料要求

各类树脂及其他配料的质量标准见表 14-32～表 14-38。

表 14-32　呋喃树脂的质量

项　　目	指标		
	糠酮型	糠醇糠醛型	糠酮糠醛型
树脂含量/%	＞94		
灰分/%	＜3		
含水率/%	＜1		
pH 值	7		
黏度(涂黏度计，25℃)/s		20～30	50～80

注：1. 呋喃树脂的贮存期，不宜超过 12 个月。

2. 糠酮型呋喃树脂主要用于配制环氧呋喃树脂。

表 14-33 E 型环氧树脂的质量

项　目	E-44	E-42
环氧值/(当量/100g)	0.41～0.47	0.38～0.45
软化点/℃	12～20	21～47

表 14-34 不饱和聚酯树脂的质量

项　目	指　标		
	双酚 A 型	二甲苯型	邻苯型
酸值/(氢氧化钾 mg/g)	12～23	<40	17～27
黏度(25℃)/(Pa·s)	0.25～0.85	0.25～0.55	0.25～0.75
固体含量/%	50～65	64～72	60～70
胶化时间(250℃)/min	8～30	60	10～30

注：不饱和聚酯树脂的贮存期 20℃时不应超过 6 个月；30℃时不应超过 3 个月。

表 14-35 酚醛树脂的质量

项　目	指标	项　目	指标
游离酚含量/%	<10	含水率/%	<12
游离醛含量/%	<2	黏度(落球黏度计,25℃)/s	45～65

注：1. 酚醛树脂常温下的贮存期，不应超过 1 个月。
2. 当采用冷藏法或加入 10%的苯甲醇时，贮存期不宜超过 3 个月。

表 14-36 煤焦油的质量

项　目	指　标	
	一级	二级
密度/(g/cm³)	≤1.12～1.20	≤1.13～1.22
含水率/%	≤4.0	≤4.0
灰分/%	≤0.15	≤0.15
游离碳/%	≤6.0	≤10.0
黏度(E80)	≤5.0	≤5.0

表 14-37 粉料及细骨料的质量

材料类别	耐酸率/%	含水率/%	保积安定性	粒径及细度
粉料	≥95	≤0.5	合格	0.15mm 筛孔筛余量≤5%
细骨料	≥95	≤0.5	合格	0.09mm 筛孔筛余量为 10%～30%≤2mm

注：当使用酸性固化剂时，粉料及细骨料的耐酸率应不小于 98%。

表 14-38　各种树脂的固化剂及稀释剂

树脂类别	固化剂	稀释剂
环氧树脂	低毒及乙二胺类	丙酮、乙醇、二甲苯、甲苯
不饱和聚酯树脂	引发剂加促进剂	苯乙烯
呋喃树脂	酸性固化剂	
酚醛树脂	苯磺酰氯、硫酸乙酯	无水乙醇

注：1. 常用的引发剂应为过氧化环己酮二丁酯糊、过氧化甲乙酮二丁酯糊、过氧化苯甲酰二丁酯糊；促进剂应为环烷酸钴苯乙烯液、二甲基苯胺苯乙烯液。

2. 硫酸乙酯中硫酸与无水乙醇的质量比宜为1∶2～1∶3，当硫酸乙酯与苯磺酰氯复合使用时，其质量比为1∶1。

二、树脂类防腐蚀材料的配制

① 环氧酚醛、环氧呋喃和环氧煤焦油树脂，应由环氧树脂与酚醛、呋喃树脂或煤焦油混合而成。其混合比例宜符合规定，见表14-39。

② 各类树脂玻璃钢胶料、胶泥和砂浆的配合比见表14-40～表14-42。

树脂玻璃钢胶料的配制方法和树脂玻璃钢胶泥的配制大致相同。配制玻璃钢打底料时，可在未加入固化剂前再加一些稀释剂，配制腻子时，则再加入填料（为树脂的2～2.5倍），配制面层料时则应少加或不加填料，或加一定量的无机颜料，以形成颜色面层。

树脂和固化剂的作用是放热反应，因而胶液料每次以配1kg树脂为宜，随配随用，并在30～45min内用完。固化剂要逐步加入，边加边搅拌，如胶液温度过高，可将配制筒放入冷水器皿中冷却，以防固化太快。固体固化剂应先粉碎，再与粉料混匀或用溶剂溶解备用，如有毒的乙二胺可与丙酮（1∶1）预先配成溶液，可减轻毒品的危害。

三、树脂类防腐蚀工程的施工

各种树脂胶料、胶泥及砂浆拌匀后至使用完毕的时间应遵循表14-44规定，而树脂类材料的养护天数则应符合表14-43的规定。

（1）树脂胶泥、砂浆铺砌块材、勾缝和涂抹

当采用酸性固化剂配制的胶泥、砂浆铺砌块材之前，应在水泥砂浆、混凝土和金属基层先涂一道环氧打底料，以免基层受酸性腐蚀，影响黏结。由于环氧打底料有增强黏结的作用，故采用非酸性固化剂配制的胶泥、砂浆施工前，最好也应在基层上涂一层环氧打底料，并在干后进行块材铺砌。

表 14-39　环氧类玻璃钢胶料、胶泥和砂浆的施工配合比

材料名称		配合比(质量比)								
		环氧树脂	环氧呋喃树脂	环氧酚醛树脂	环氧煤焦油树脂	稀释剂	乙二胺	矿物颜料	耐酸粉料	石英砂
玻璃钢胶料	打底料	100				40～60	6～8		0～20	
			100			10～15	4.2～5.6		0～15	
				100		40～60	4.2～5.6		0～20	
					100	10～15	3.5～4.0		0～15	
	腻子料	100				10～20	6～8		150～200	
			100			10～15	4.2～5.6		150～200	
				100		13～20	4.2～5.6		150～200	
					100	10～15	3.5～4.6		200～250	
	衬布胶料与面层胶料	100				10～20	6～8	0～2	0～20	
			100			10～15	4.2～5.6		0～15	
				100		13～25	4.2～5.6		0～20	
					100	10～15	3.5～4.0		0～15	
胶泥	砌筑或勾缝料	100				10～20	6～8		150～200	
			100			10～15	4.2～5.6		150～200	
				100		13～20	4.2～5.6		150～200	
					100	10～15	3.5～4.6		200～250	
	打底料	100				40～60	6～8		0～20	
					100	10～15	3.5～4.0		0～15	
砂浆	砂浆料	100					6～8			
			100			10～20	4.2～5.6	0～2	150～200	300～400
					100		3.5～4.0			
	面层胶料	同衬布胶料配方								

注：1. 环氧呋喃树脂的配方应为环氧树脂比呋喃树脂为 70∶30；环氧酚醛树脂的配方应为环氧树脂比酚醛树脂比 70∶30；环氧煤焦油树脂配方为环氧树脂比煤焦油为 50∶50。

2. 固化剂除乙二胺外，还可用其他各种胺类固化剂，应优先选用低毒固化剂，用量可按产品说明书或经试验确定。

3. 减少胶泥内粉料用量可配制灌缝用或稀胶泥整体面层用胶泥。

a. 环氧树脂与酚醛树脂之比为 70∶30。b. 环氧树脂与呋喃树脂之比为 70∶30。c. 环氧树脂与煤焦油之比 50∶50。

表 14-40 不饱和聚酯玻璃钢胶料、胶泥和砂浆的施工配合比

材料名称		配合比(重量比)									
		双酚A型、二甲苯型或邻苯型树脂	50%过氧化环己酮二丁酯糊、过氧化苯甲酰二丁酯糊和过氧化甲乙酮	环烷酸钴苯乙烯液、二甲基苯胺苯乙烯液	苯乙烯	矿物颜料	苯乙烯石蜡液(100∶5)	粉料		细骨料	
								耐酸粉	重晶石粉	石英砂	重晶石砂
玻璃钢胶料	打底料	100	2～4	0.5～4	0～15			0～15			
	腻子料				0～10			200～350	(400～500)		
	衬布胶料与面层胶料					0～2		0～15			
	封面料						3～5				
胶泥	砌筑或勾缝料	100	2～4	0.5～4	0～10			200～300	(250～350)		
砂浆	打底料	100	2～4	0.5～4	0～15			0～15			
	砂浆料				0～10	0～2		150～200	(350～400)	300～400	(600～750)
	封面料						3～5				

注：1. 表中括号内的数据应用于耐氢氟酸工程。

2. 二甲苯型不饱和聚酯树脂的引发剂应采用过氧化苯甲酰二丁酯糊，促进剂应采用二甲基苯胺苯乙烯液；双酚A型或邻苯型不饱和聚酯树脂当引发剂。采用过氧化环己酮二丁酯糊或过氧化甲乙酮时，促进剂应采用环烷酸钴苯乙烯液。当引发剂采用过氧化苯甲酰二丁酯糊时，促进剂应采用二甲基苯胺苯乙烯液。

3. 减少胶泥内粉料用量，可用作灌缝或稀胶泥整体面层。

表 14-41 酚醛玻璃钢胶料、胶泥的施工配合比

材料名称		配合比(重量比)			
		酚醛树脂	稀释剂	苯磺酰氯	耐酸粉料
玻璃钢胶料	打底料	同环氧类玻璃钢打底料			
	腻子料	100	0～510	8～10	120～180
	衬布胶料与面层胶料				0～15
胶泥	砌筑或勾缝料	100	0～15	8～10	150～200

表 14-42 呋喃树脂玻璃钢胶料、胶泥和砂浆的施工配合比

材料名称		配合比(质量比)							
		糠醇糠醛树脂	糠酮糠醛树脂	糠醇糠醛树脂玻璃钢粉	糠醇糠醛树脂胶泥粉	苯磺酸型固化剂	稀释剂	耐酸粉料	石英砂
玻璃钢胶料	打底料	同环氧类玻璃钢打底料							
	腻子料	100		40～50				100～150	
	衬布胶料与面层胶料	100		40～50					
胶泥	灌缝用	100			250～360				
	砌筑或勾缝料	100			250～400				
			100			15～18		200～400	
							0～10		
砂浆	打底料	同环氧类砂浆底料							
	砂浆料	100			250				250～300
			100			15～18		200	400

注：糠醇糠醛树脂玻璃钢粉料和胶泥粉内已混有酸性固化剂。

表 14-43 树脂类防腐蚀工程的养护天数

树脂类别	养护期天数	
	地面	储槽
环氧树脂	≥7	≥15
酚醛树脂	≥10	≥20
环氧酚醛树脂	≥10	≥20
环氧呋喃树脂	≥10	≥20
环氧煤焦油树脂	≥15	≥30
不饱和聚酯树脂	≥7	≥15
呋喃树脂	≥7	≥15

表 14-44 各类树脂胶泥、砂浆最长停放时间

类别	配好后至使用完的最长时间/min	类别	配好后至使用完的最长时间/min
环氧树脂胶	40	不饱和聚酯树脂	45
环氧酚醛胶	30	酚醛树脂胶	45
环氧呋喃胶		呋喃树脂胶	45
环氧煤焦油	60		

块材的铺砌应采用揉挤法。第一步打灰，基层上（或已砌好的前一层块材上）和待砌的块材上都应满刮胶泥；第二步铺砌，在揉挤中将块材找正放平，并用刮刀刮去缝内挤出的胶泥。

块材铺砌时可用木条预留缝隙，勾缝可在胶泥、砂浆养护干燥后进行。先在缝内涂环氧打底料，干燥后用刮刀将胶泥填满缝隙，并随即将灰缝表面压实压光，不得出现气泡空隙。块材铺砌结合层厚度、灰缝宽度等要求可见表 14-46。

涂抹用的材料一般为环氧类胶泥或砂浆。涂抹之前，也应在基层上涂一层环氧打底料。涂抹的方法与罩麻刀灰面层做法相同。抹前基层可用喷灯预热，并在涂抹时稍加压力使胶泥嵌入基层孔隙内，要求厚薄均匀，转角处做成圆角。涂抹胶泥面层厚 2～3mm，并一次压光，涂抹砂浆面层厚 5～7mm 待干燥至不发黏后，再在表面涂刷环氧面层料一遍即可。

(2) 玻璃钢手糊法施工

玻璃钢成型的施工方法有手糊法、喷射法、模压法等多种，但现

场施工一般采用手糊法。

施工前，首先应在基层上打底，即刷涂薄而均匀的一道环氧打底料，基层的凹陷不平处应用腻子修补填平，随即刷第二道环氧打底料，两道打底料间应保证有 24h 以上的固化时间。

玻璃布粘贴的顺序一般是先立面后平面，先局部（如沟道、孔洞处）后大面。立面铺粘由上而下，平面铺粘从低向高。玻璃布的搭接宽度不应少于 50mm，且各层的搭接应互相错开，阴角和阳角处可增粘 1～2 层玻璃布。具体的粘贴方法有连续法和间断法两种。

所谓连续法，即是用毛刷均匀涂刷一层衬布料，随即粘贴第一层玻璃布，贴实后再刷一层衬布料，使玻璃布浸透，随后再粘贴第二层玻璃布，如此连续铺贴直至规定的层数和厚度。施工中要注意用刮板或毛刷将玻璃布贴紧压实，或用辊子反复滚压，务必挤出其中的气泡和多余的胶料。玻璃布可采取鱼鳞式搭接法，即在铺完第一幅布后，第二幅布以一半幅宽搭在第一幅布上，第三幅同样以一半幅宽搭在第二幅布上，依此类推，即形成二层玻璃衬布。如每幅布与前一幅布的搭接宽度分别为幅宽的 2/3、3/4、4/5，则可一次连续粘贴三、四、五层。

间断法的施工仅是玻璃布的粘贴与连续法有所不同。间断法在粘贴完第一层玻璃布并涂刷衬布料后，须待其固化（约 24h）至不粘手时再粘贴第二层，依此类推。

面层料一般在最后一层玻璃布贴完后的第二天刷涂，面层料共刷二道，第二道须在第一道干燥后刷涂。

树脂玻璃钢施工后常温下的养护时间比较长，以地面为例，环氧玻璃钢为 7 天，酚醛玻璃钢为 10 天，呋喃、聚酯及环氧煤焦油玻璃钢为 15 天。如为储槽，养护时间还要延长 1 倍。

树脂类防腐蚀工程在施工中要有防火防毒措施，在配制和使用苯、乙醇、丙酮等易燃物的现场应严禁烟火。乙二胺、苯类、酸类都有程度不同的毒性和刺激性，操作人员应穿戴好防护用具，并在作业后冲洗和淋浴。

树脂类材料及铺砌块材的质量要求示于表 14-45、表 14-46。

表 14-45 树脂类材料制成品的质量

项目		环氧树脂 环氧酚醛树脂 环氧呋喃树脂	环氧煤焦油树脂	不饱和聚酯树脂		呋喃树脂	酚醛树脂
				双酚A型	邻苯型		
抗拉强度/MPa	胶泥	≥11	≥5	≥11	≥11	≥6	≥6
	砂浆	≥11	≥4	≥9	≥8	≥6	
	玻璃钢	≥100	≥60	≥100	≥90	≥80	≥60
黏结强度/MPa	小型砖	≥3～4	≥5.0	≥2.5	≥1.5	≥1.5	≥1
	标型砖	≥1.7	≥1.7	≥1.7		≥1.0	≥1.0

表 14-46 树脂结合层厚度、灰缝宽度和勾缝或灌缝的尺寸

块材种类	铺砌/mm		勾缝或灌缝/mm	
	结合层厚度	灰缝宽度	缝宽	缝深
标型耐酸砖、缸砖	4～6	2～4	6～8	15～20
平板形耐酸砖、耐酸陶板	4～6	2～3	6～8	10～12
铸石板	4～6	3～5	6～8	10～12
花岗石及其他条石块材	4～12	4～12	8～15	20～30

第五节 块材铺砌防腐蚀工程

一、材料质量要求

各类耐酸板块的质量要求见表 14-47 和表 14-48，耐酸胶泥、砂浆的质量要求见下述各类防腐工程的有关内容。

表 14-47 耐酸砖、缸砖、耐酸陶板、铸石板的质量要求

类别		耐酸率/%	吸水率/%
耐酸砖	一类	≥99.80	≤0.5
	二类	≥99.80	≤0.2
	三类	≥99.70	≤4.0
缸砖		≥94.00	≤7.0
耐酸陶板		≥97.00	≤7.0
铸石板		≥99.00	
花岗石板		≥95.00	≤1.0

表 14-48　聚合物浸渍混凝土及沥青浸渍砖的质量要求

类　别	质量要求			
	抗压强度/MPa	浸渍深度/mm	抗渗性/MPa	吸水率/%
聚合物浸渍混凝土块材沥青浸渍砖	≥70	≥20 ≥15	≥4	≤1

二、块材防腐施工要求

块材防腐表面应平整，相邻块材之高差不得大于 1.5～3mm。

三、施工要点

① 块材铺砌前应对基层或隔离层进行质量检查，合格后再行施工。

② 块材铺砌前应先试排。铺砌顺序应由低往高，先地沟、后地面再踢脚、墙裙。

③ 平面铺砌块材时，不宜出现十字通缝。立面铺砌块材时，可留置水平或垂直通缝（图 14-2）。

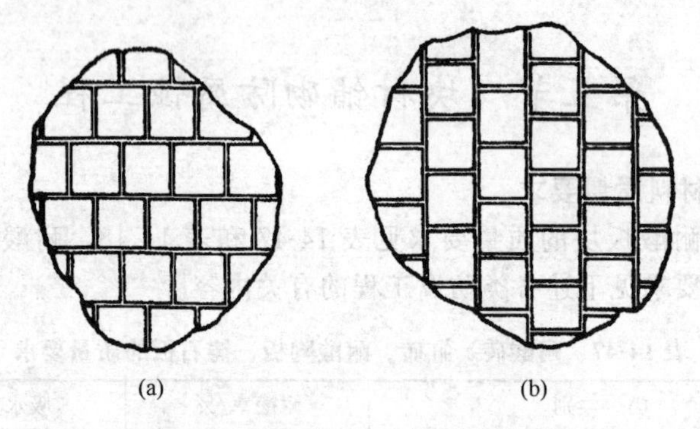

图 14-2　耐酸砖板立面错缝排列形式

④ 铺砌平面和立面的交角时，阴角处立面块材应压住平面块材；阳角处平面块材应压住立面块材。铺砌一层以上块材时，阴阳角的立面和平面块材应互相交错，不宜出现重叠缝（图 14-3）。

⑤ 块材铺砌时应拉线控制标高、坡度、平整度，并随时控制相邻块材的表面高差及灰缝偏差。

⑥ 块材防腐蚀工程根据其不同的胶结材料，可采用不同的方法

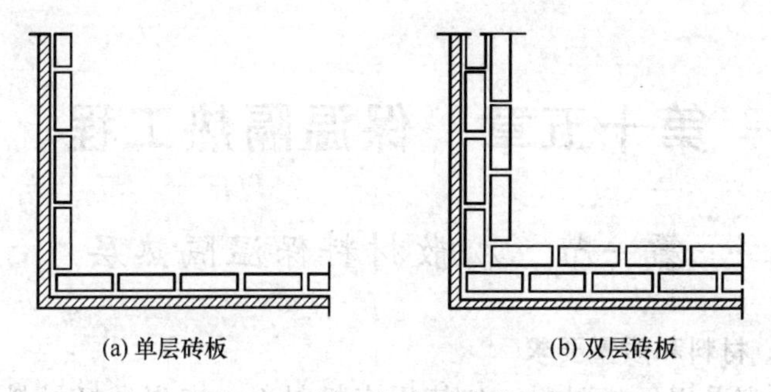

图 14-3　转角处砖板排列形式

进行施工。具体施工方法可参阅本章前面的有关各节。

⑦ 块材加工机械应有防护罩设备，操作人员应戴防护眼镜。

第十五章　保温隔热工程

第一节　松散材料保温隔热层

一、材料和质量要求

① 宜采用无机材料，如使用有机材料，应先做好材料的防腐处理。

② 材料在使用前必须检验其容重、含水率和热导率，使其符合设计要求。

③ 常用的松散保温隔热材料应符合下列要求：炉渣和水渣，粒径一般为5～40mm，其中不应含有有机杂物、石块、土块、重矿渣块和未燃尽的煤块；膨胀蛭石，粒径一般为3～15mm；矿棉，应尽量少含小珠，使用前应加工疏松；锯木屑，不得使用腐朽的锯木屑；稻壳，宜用隔年陈谷新轧的干燥稻壳，不得含有糠麸、尘土等杂物；膨胀珍珠岩粒径小于0.15mm的含量不应大于8%。

④ 材料在使用前必须过筛，含水率超过设计要求时，应予晾干或烘干。采用锯末屑或稻壳等有机材料时，应作防腐处理，常用的处理方法有：钙化法和防腐法两种。

a. 钙化法。对锯末屑的钙化方法和要求，参见表15-1。

表15-1　钙化锯末屑的配制方法与施工要求

类别	配合比(体积比)			主要性能			配制方法和施工要点
	锯末屑	生石灰粉	水泥	容重/(kg/m³)	热导率/[W/(m·K)]	抗压强度/MPa	
Ⅰ	50	4	3	490	0.11	0.42	先将锯末屑和生石灰粉按配合比干拌均匀，再适量加水拌和经钙化24h以上，使木质纤维软化。在使用前再按配合比加入定量水泥(不加水)拌和均匀即可使用。一般虚铺60mm压至40mm

续表

类别	配合比(体积比)			主要性能			配制方法和施工要点
	锯末屑	生石灰粉	水泥	容重/(kg/m³)	热导率/[W/(m·K)]	抗压强度/MPa	
Ⅱ	12 16	4 4	1.5 1.5	596 740	0.11 0.15	0.20 0.15	将锯末屑、生石灰粉和水泥按配合比干拌均匀，然后边加水边搅拌至潮湿均匀。入模加压8h，由80mm压至50mm，出模后自然阴干三昼夜，再在50℃的环境中干燥16h，即可使用

b. 防腐法。将干燥的锯末屑倒入2%浓度的铁矾水（100kg清水加入硫酸亚铁2kg，经搅拌溶化而成）内，浸泡2h（锯末应低于水面30～50mm）。然后将锯末捞起，晾干或烘干（要求彻底干燥、配制的铁矾水可以继续使用）后即可使用。其容重为300kg/m³，热导率为0.13 W/(m·K)，一般用于顶棚保温材料。

二、松散材料保温层施工

① 铺设保温隔热层的结构表面应干燥、洁净，无裂缝、蜂窝、空洞。接触隔热保温层的木结构应作防腐处理。如有隔气层屋面，应在隔气层施工完毕经检查合格后进行。

② 松散保温隔热材料应分层铺设，并适当压实，压实程度应事先根据设计容重通过试验确定。平面隔热保温层的每层虚铺厚度不宜大于150mm；立面隔热保温层的每层虚铺厚度不宜大于300mm。完工的保温层厚度允许偏差为+10%或-5%。

③ 平面铺设松散材料时，为了保证保温层铺设厚度的准确，可在每隔800～1000mm放置一根木方（保温层经压实检查后，取出木方再填补保温材料）、砌半砖矮隔断或抹水泥砂浆矮隔断（按设计要求确定高度）一条，以解决找平问题。垂直填充矿棉时，应设置横隔断，间距一般不大于800mm。填充锯末屑或稻壳等有机材料时，应设置换料口。铺设时可先用包装的隔热材料将出料口封好，然后再填装锯末屑或稻壳，在墙壁顶段处松散材料不易填入时，可加以包装后填入。

④ 保温层压实后，不得直接在其上行车或堆放重物，施工人员宜穿平底软鞋。

⑤ 松铺膨胀蛭石时，应尽量使膨胀蛭石的层理平面与热流垂直，以达到更好的保温效果。

⑥ 搬运和铺设矿物棉时，工人应穿戴头罩、口罩、手套、鞋盖和工作服，以防止矿物棉纤维刺伤皮肤和眼睛或吸入肺部。

⑦ 下雨或刮大风时一般不宜施工。

三、几种构造实例及施工要点

其见表 15-2。

表 15-2 构造实例与施工要点

类别	构造简图	施工要点
空心板隔热保温屋盖	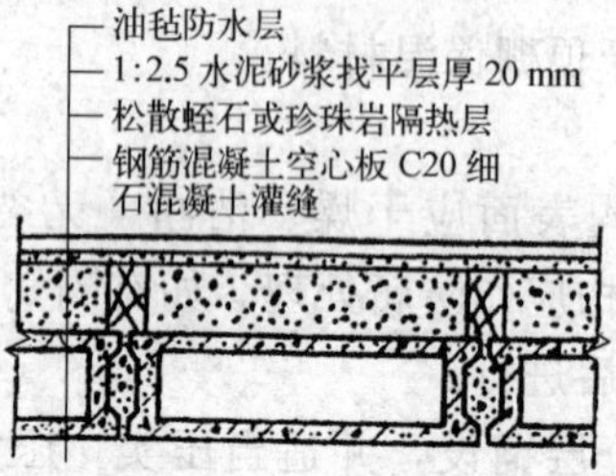 油毡防水层 1:2.5 水泥砂浆找平层厚 20 mm 松散蛭石或珍珠岩隔热层 钢筋混凝土空心板 C20 细石混凝土灌缝	1. 板缝用 C20 细石混凝土灌缝 2. 分格木龙骨要与板缝预埋铁丝绑牢 3. 隔热保温材料铺设后，要用竹筛或钉有木框的铅丝网覆盖，然后将找平层砂浆倒入筛内，摊平后，取出筛子，找平抹光即可。这样可以防止倾倒砂浆时挤走隔热保温材料，以保证工程质量
保温隔热屋盖	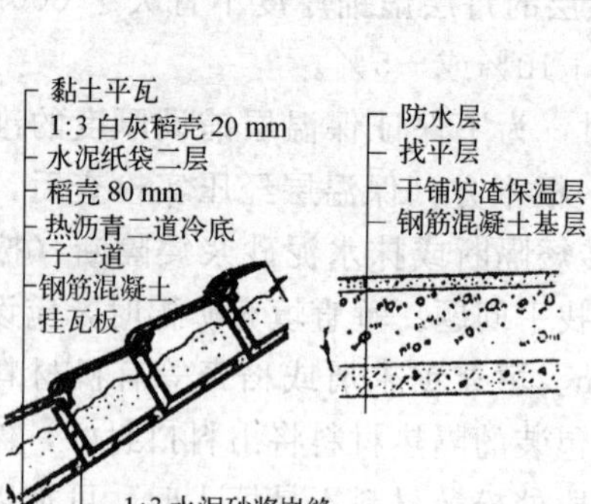 黏土平瓦 1:3 白灰稻壳 20 mm 水泥纸袋二层 稻壳 80 mm 热沥青二道冷底子一道 钢筋混凝土挂瓦板 1:3 水泥砂浆嵌缝 防水层 找平层 干铺炉渣保温层 钢筋混凝土基层	炉渣隔热保温层应分层铺设（每层不大于 150mm），边铺设边压实，压实后的表面用 2m 长靠尺检查，顺水方向误差不大于 15mm

续表

类别	构造简图	施工要点
隔热保温顶棚	预制纸盒装松散蛭石 木龙骨 钢板网粉刷 木檩条	用纸盒(需作防潮处理)或塑料袋装填隔热保温材料，依次平铺在顶棚内 袋装厚度要根据设计要求试验确定。铺设时，盒(袋)要靠紧，不得有空隙或漏铺
隔热保温墙面	外粉刷 外墙 油毡沥青隔 木龙骨中距小于800 mm 填松散蛭石或珍珠岩 内墙 内粉刷 外　内	1. 木龙骨应安装牢固并作防腐处理 2. 内墙和隔热保温材料采取随砌随填(压实)方法 3. 夹层内不得掉入砂浆和砖块。砌墙时，可用木板将隔热保温材料隔开，当砌至一定高度(如按木龙骨间距)需填铺隔热保温材料时，再取出木板。以此循环施工至设计高度

第二节　板状材料保温隔热层

一、材料和质量要求

① 板状保温隔热材料有泡沫混凝土板、加气混凝土板、水泥蛭石板、沥青蛭石板、水泥膨胀珍珠岩板、沥青膨胀珍珠岩板、聚苯乙烯泡沫塑料板、木丝板（万利板）、甘蔗板等。这些板制品在使用前，应检查其容重及强度是否符合设计要求。

② 板状材料应外形整齐，其厚度按设计要求确定，一般不小于3cm。当用沥青胶结材料粘贴时，厚度允许偏差为±2mm；在其他情况下为±4mm。

③ 板状保温隔热材料在运输、堆放过程中应精心操作，保证板形完整，无断裂。运入施工现场的材料，要采取措施防止受潮，有机材料板材要做好防腐、防虫、防火工作。

二、常用的板（块）材料

（1）沥青膨胀珍珠岩板（块）

① 使用材料和要求：

膨胀珍珠岩：以大颗粒为宜，容重为 100～120kg/m³，含水率 10%。

沥青：60 号石油沥青。

② 配合比。参见表 15-3。

表 15-3　沥青膨胀珍珠岩配合比

材料名称	配合比(重量比)	每立方米用料	
		单位	数量
膨胀珍珠岩	1	m³	1.84
沥青	0.7～0.8	kg	128

③ 制作方法：

a. 将膨胀珍珠岩散料倒在锅内加热不断翻动，预热至 100～120℃，然后倒入已熬化的沥青中拌和均匀。沥青的熬化温度不宜超过 200℃，拌和料的温度宜控制在 180℃以内。

b. 将拌和均匀的拌和物从锅内倒在铁板上，铺摊并不断翻动，使拌和物温度下降至成型温度（80～100℃）。如温度过高，脱模成品会自动爆裂，不爆裂的强度也会降低。

c. 将达到成型温度的拌和物装入钢模内，压料成型。钢模内事先要撒滑石粉或铺垫水泥纸袋作隔离层。拌和物入模后，先用 10mm 厚的木板，在模的四周插压一次，然后刮平压制。钢模可按设计要求确定，一般为 450mm×450mm×160mm。模压工具可采用小型油压榨油机改装即可。压缩比为 1.6。

d. 压制的成品经自然散热冷却后，堆放待用。

e. 成型后的板（块）状材料的热导率应为 0.084 W/(m·K)，抗压强度应为 0.17～0.21MPa，吸水率（雨淋三昼夜，增加的重量比）应为 7.2%。

膨胀珍珠岩的其他制品的品种及主要技术性能见表 15-4。

表 15-4　膨胀珍珠岩制品的品种和技术指标

品种	制成	密度/(kg/m³)	抗压强度/MPa	热导率/[W/(m·K)]	使用温度/℃	吸湿率(24h)/%	吸水率(24h)/%
水泥珍珠岩制品	以水泥为胶结剂,以珍珠岩粉为骨料加工而成。具有质轻、热导率低、抗压强度较高等特点	300～400	0.5～1.0	常温:0.058～0.087 低温:0.081～0.012	≤600	0.87～1.55	110～130
水玻璃珍珠岩制品	以水玻璃为胶结剂和珍珠岩粉按一定比例配合、成型、加工、焙烧而成	200～300	0.8～1.2	常温:0.056～0.065	≤650	相对湿度93%～100% 20d:17～23	96h重量吸水率:120～180
磷酸盐珍珠岩制品	以磷酸盐铝及少量硫酸铝、纸浆废液为胶结剂,以珍珠岩粉为骨料,经配料、搅拌、成型、焙烧而成。具有密度低、耐火度高等特点	200～250	0.6～1.0	常温:0.044～0.052	≤1000	—	—

注：各种珍珠岩制品的吸声系数，须于使用前具体测定。

(2) 沥青稻壳板（块）

① 使用材料和要求。稻壳：同上节松散材料。沥青：30号石油沥青。

② 配合比。稻壳∶沥青=1∶0.4（重量比）。

③ 制作方法。先将稻壳放在锅内适当加热，然后倒入200℃沥青中拌和均匀，再倒入钢模（或木模）内压制成型。压缩比为1.4。采用水泥纸袋作隔离层时，加压后六面包裹，连纸再压一次脱模备用。

沥青稻壳板常用规格为100mm×300mm×600mm或80mm×400mm×800mm。

(3) 聚苯乙烯泡沫塑料板

挤压聚苯乙烯泡沫塑料保温板（100mm）铺贴在防水层上，用作屋面保温隔热，性能很好，并克服了高寒地区卷材防水层长期存在的脆裂和渗漏的老大难问题。在南方地区，如采用30mm厚的聚苯乙烯泡沫塑料做隔热层（其热阻已满足当地热工要求），材料费不高，而且屋面荷载大大减轻，施工方便，综合效益较为可观。经某工程测试，当室外温度为34.3℃时，聚苯乙烯泡沫塑料隔热层的表面温度为53.7℃，而其下面防水层的温度仅为33.3℃。聚苯乙烯泡沫塑料的表观密度为30～130kg/m³，热导率为0.031～0.047 W/(m·K)，吸水率为2.5%左右。因而被认为是一种极有前途的“理想屋面”板材。

三、板状材料保温层施工

① 板状材料保温层有干铺、沥青胶结料粘贴、水泥砂浆粘贴三种铺设方法。干铺法可在负温下施工，沥青胶结料粘贴宜在气温－10℃以上时施工，水泥砂浆粘贴宜在气温5℃以上时施工。如气温低于上述温度，要采取保温措施。

② 板状保温材料板形应完整。因此，在搬运时要轻搬轻放，整顺堆码，堆放不宜过高，不允许随便抛掷，防止损伤、断裂、缺棱、掉角。

③ 铺设板状保温隔热层的基层表面应平整、干燥、洁净。

④ 板状保温材料铺贴时，应紧靠在需保温结构的表面上，铺平、垫稳，板缝应错开，保温层厚度大于60mm时，要分层铺设，分层厚度应基本均匀。用胶结材料粘贴时，板与基层间应满涂胶结料，以便相互黏结牢固，沥青胶结料的加热温度不应高于240℃，使用温度不宜低于190℃。沥青胶结材料的软化点，北方地区不低于30号沥青，南方地区不低于10号沥青。用水泥砂浆铺贴板状材料时，用1∶2（水泥∶砂，体积比）水泥砂浆粘贴。

⑤ 铺贴时，如板缝大于6mm，则应用同类保温材料嵌填，然后用保温灰浆勾缝。保温灰浆配合比一般为1∶1∶10（水泥∶石灰∶同类保温材料的碎粒，体积比）。

⑥ 干铺的板状保温隔热材料，应紧贴在需保温隔热结构的表面

上，铺平、垫稳。分层铺设时，上下接缝应互相错开，接缝应用同类型材料的碎屑填嵌饱满。

⑦ 运入施工现场的材料要注意防雨、防潮、防火和防止混杂。

四、几种构造实例和施工要点

其见表 15-5。

表 15-5　板状材料隔热层构造及施工要点

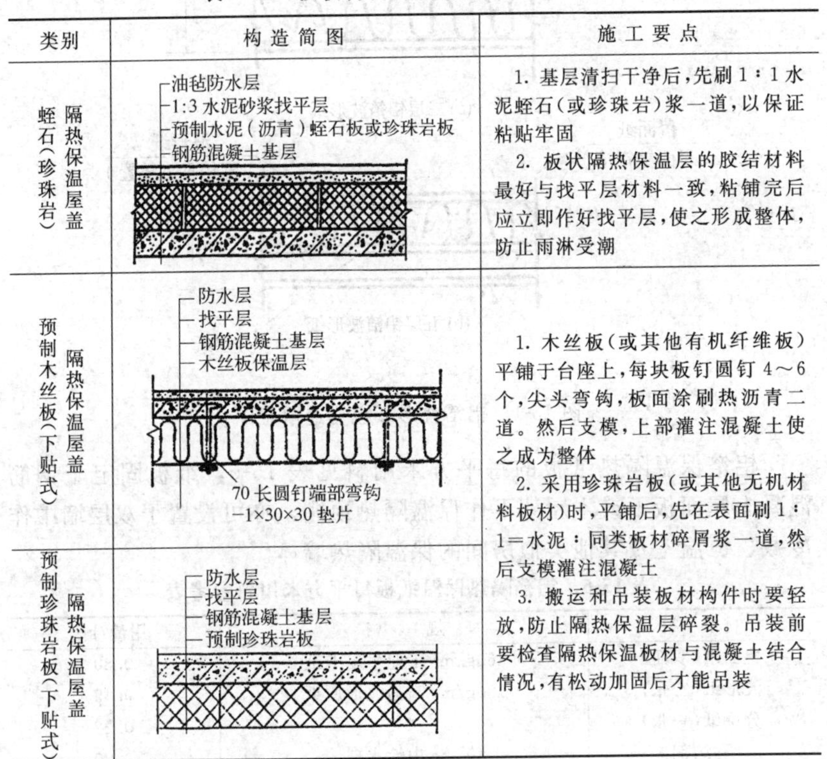

类别	构造简图	施 工 要 点
蛭石（珍珠岩）隔热保温屋盖	油毡防水层 1:3 水泥砂浆找平层 预制水泥（沥青）蛭石板或珍珠岩板 钢筋混凝土基层	1. 基层清扫干净后，先刷 1∶1 水泥蛭石（或珍珠岩）浆一道，以保证粘贴牢固 2. 板状隔热保温层的胶结材料最好与找平层材料一致，粘铺完后应立即作好找平层，使之形成整体，防止雨淋受潮
预制木丝板（下贴式）隔热保温屋盖	防水层 找平层 钢筋混凝土基层 木丝板保温层 70 长圆钉端部弯钩 −1×30×30 垫片	1. 木丝板（或其他有机纤维板）平铺于台座上，每块板钉圆钉 4～6 个，尖头弯钩，板面涂刷热沥青二道。然后支模，上部灌注混凝土使之成为整体 2. 采用珍珠岩板（或其他无机材料板材）时，平铺后，先在表面刷 1∶1＝水泥∶同类板材碎屑浆一道，然后支模灌注混凝土 3. 搬运和吊装板材构件时要轻放，防止隔热保温层碎裂。吊装前要检查隔热保温板材与混凝土结合情况，有松动加固后才能吊装
预制珍珠岩板（下贴式）隔热保温屋盖	防水层 找平层 钢筋混凝土基层 预制珍珠岩板	

第三节　反射型保温隔热层

一、铝箔波形纸板

以波形纸板为基层，铝箔做覆面层，贴在覆面纸上，经加工而成。常用的有三层铝箔波形纸板和五层铝箔波形纸板两种。前者系由两张覆面纸和一张波形纸组合而成，在覆面纸表面上裱以铝箔；后者系由三张覆面纸和两张波形纸组合而成，在上下覆面纸的表面上裱以铝箔，为了增强板的刚度，两层波形纸可以互相垂直放置（图 15-1）。

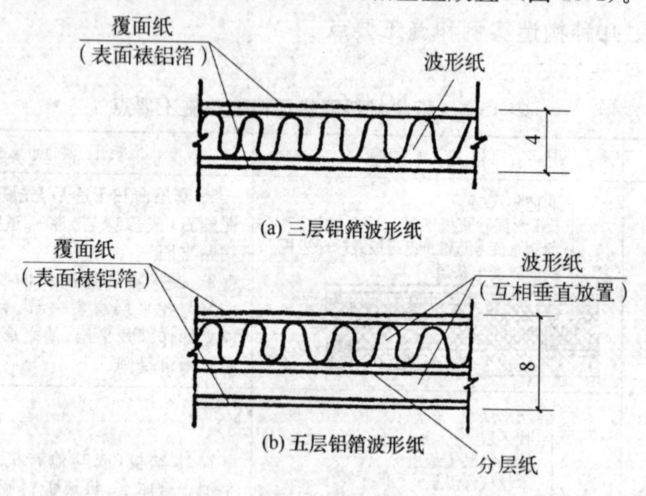

图 15-1　铝箔波形纸板构造示意图

铝箔保温隔热纸板的每平方米用料见表 15-6，纸板固定于钢筋混凝土屋面板下或木屋架下作保温隔热顶棚，亦可设置于双层墙中作冷藏、恒温室及其他类似房间的保温隔热墙体。

表 15-6　铝箔隔热保温纸板每平方米用料参考表

材　料	规　格	用量/kg
覆面纸(双面)	360g/m² 工业牛皮卡纸	0.80
波形纸(二张)	180g/m² 高强波形原纸	0.45
分层纸(一张)		0.22
黏结剂	40° Be 中性水玻璃	0.70
铝箔	厚 9μm	0.055

采用以 A_{00} 铝锭加工的软质铝箔（即退火铝箔），其宽度≤450mm，厚度视用途而定，用于封闭间层为 0.010mm，用于外露表面为 0.020mm 比较合适。铝箔的表面应洁净、光滑、平整、无皱折、无破损痕迹。

覆面纸用 360g/m² 工业牛皮卡纸，波形纸及分层夹芯纸用

180g/m² 高强波形原纸。为了提高纸材的防潮防蛀性能，可在纸板两面刷松香皂防潮剂和明矾防蛀剂。

采用沥青胶、牛皮胶或塑料黏结剂粘贴。用于一般正常温度的房屋，可采用冷底子油或大于 40°Be[1] 中性水玻璃胶结。

铝箔的加工制作方法与一般做纸箱工艺基本相同，现场裱贴时，注意将反光较好的一面向外。加工制作的规格尺寸可根据使用对象决定。其物理性能和用料可参见表 15-7。

表 15-7 铝箔及铝箔隔热保温纸板的性能

项次	项目			单位	铝箔	五层铝箔波形纸板	三层铝箔波形纸板
1	容重			t/m^3	2.7	1.5	
2	太阳辐射热吸收系数			%	0.26	0.26	
3	辐射系数			$W/(m^2 \cdot K^4)$	0.47	0.47	
4	热导率			$W/(m \cdot K)$	175 以上	0.063	
5	反光系数			%	85	85	
6	使用温度			℃	300	—	
7	厚度			mm		8	4
8	重量			kg/m^2		1.5	1.25
9	48h 吸湿率			%		3.12	1.78
10	折断试验	含湿状态	含水率	%		25.7	26.8
			折断荷重	N		22	15
		干燥状态	折断荷重	N		80	45
11	变形试验(自重下)(1.5m×1.5m，四边固定)		干燥状态			不变形	稍有变形
			受潮状态			不变形	稍有变形

铝箔保温隔热纸板应用牛皮纸包装，并用木板夹住，用铅丝或铁皮捆扎，避免纸板受潮变形。运输和保管堆放时不宜过高，防止受压变形，且宜堆放在干燥通风的环境，并用木板支垫。凡已受潮、变形、损坏和表面不洁净的铝箔保温隔热纸板，均需经过干燥、修补后才能使用。

安装应贴实、牢固，嵌缝应密实饱满，不得有漏钉、漏嵌、松动

[1] Be 为波美度。

现象。钉距不得大于300mm。预埋木块必须小面向外，采用膨胀螺栓连接时，应预先打孔。木压条应事先油漆。膨胀螺栓规格为：聚丙烯胀管外径 ϕ10，长 105mm，铁钉 ϕ4.5，长 105mm，胀管及铁钉钻入钢筋混凝土内不小于 20mm。单层和双层铝箔纸板的安装方法参见图 15-2，图中节点适用于北方地区，南方地区可取消聚苯乙烯泡沫塑料。

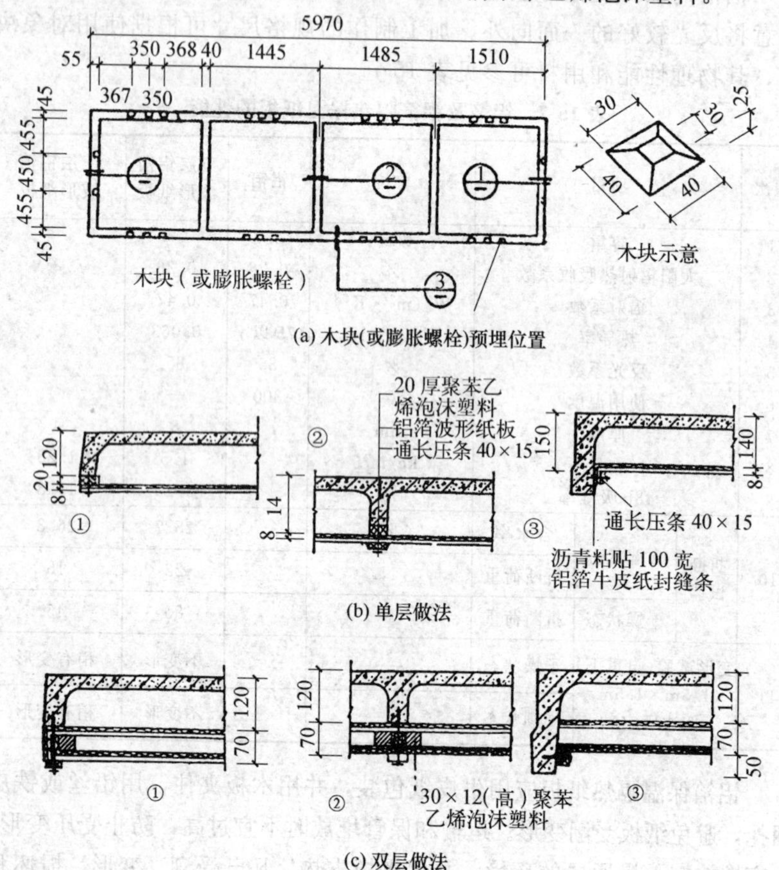

图 15-2　铝箔纸板安装示意图

二、反射型保温隔热卷材

又名反射型外护层保温卷材，是一种最新的、优良的保温隔热材料。它是以玻璃纤维布为基材，表面上经真空镀铝膜一层加工而成，是一种真空镀铝膜玻纤织物复合材料。该卷材镀铝层为400～1000Å（埃），即0.04～0.1μm，用量特少，只相当于铝箔用铝量的1/750～1/300。它具有下列特点。

① 表面具有与一般抛光铝板同样的银白色金属光泽，在某种情况下，可以代替铝皮、薄铝板使用，可以大量节约有色金属。

② 由于在真空镀铝膜与玻璃纤维布复合过程之中，经过特殊技术处理，镀铝层不易氧化，故可长时间保持较小的黑度，反射性能强，对辐射热及红外线有良好的屏蔽作用。对波长2～30μm的热辐射具有较大的反射率和较低的辐射率。另外根据铝膜层厚度的不同，对可见光波长为0.33～0.78μm者，则有一定的透过率。

③ 使用该卷材可以解决工矿企业“跑、冒、滴、漏”处最突出的散热损失问题。

④ 该卷材以玻璃纤维增强，强度高。为建筑工程的保温隔热创造了广泛使用的条件。

⑤ 该卷材用作设备及管道的保温隔热外裹层材料时，可按各种设备、管道的外形形状、尺寸大小、管径粗细及现场条件要求等，整张敷贴，或作矩形、圆形围绕以及螺旋形裹扎，任意而为，非常方便。接缝处可用胶黏剂粘接，也可用涤纶胶带或布质胶带粘接。在室内无水淋湿情况下，还可用纸质胶带粘接。管道施工包扎时，应由下而上，由低而高进行搭缝连接，检修时可以将卷材卸下，若维护得当，可以重复多次使用。

反射型保温隔热卷材有下列主要用途。

① 可广泛用作建筑工程的保温隔热材料，墙体、屋面（不论夹层面层）均可使用。

② 可代替覆面纸及铝箔两种材料，而且可以大大节约贴铝箔的人工费用。

③ 用作冷热设备及管网保温隔热的外层材料，单独或与其他保温材料复合，用于保温绝热工程。

④ 可用作锅炉炉墙外表层的反射材料及管道保温隔热外裹层材料。它可使这些物件的表面温度下降2.5～4℃，以用该卷材每$100m^2$计算，每年减少热量损失折合标准煤9～10t。

⑤ 还可广泛用于照明、太阳能、军事伪装、防盐雾工程、防潮湿外包装工程等。

第四节 整体保温隔热层

整体现浇保温层有水泥蛭石、水泥膨胀珍珠岩和乳化沥青膨胀珍珠岩铺设的保温层，以及近年来开发的发泡聚氨酯保温层。

一、现浇水泥蛭石保温隔热层

1. 材料和质量要求

现浇水泥蛭石保温隔热层，是以膨胀蛭石为集料，以水泥为胶凝材料，按一定配合比配制而成，一般用于屋面和夹壁之间。但不宜用于整体封闭式保温层，否则，应采取屋面排气措施。

(1) 水泥

水泥在水泥蛭石保温隔热层中起骨架作用，因此应选用不低于325号的普通硅酸盐水泥，以用425号普通硅酸盐水泥为好，或选用早期强度高的水泥。

(2) 膨胀蛭石

关于膨胀蛭石的技术性能及规格见表15-8，其颗粒可选用5～20mm的大颗粒级配，这样可使颗粒的总面积减少，以减少水泥用量，减轻容重增高强度，在低温环境中使用时，它的保温性能较好。存放要避风避雨，堆放高度不宜超过1m。

表15-8 膨胀蛭石技术性能及规格

项次	项目	技术性能指标
1	密度	800～200kg/m^3
2	吸声系数	0.53～0.63(频率为512 r/s)
3	隔声性能	当密度≤200kg/m^{3}时，$N=13.5\lg P+13$；当密度>200kg/m^{3}时，$N=23\lg P-P$
4	热导率	0.047～0.07 W/(m·K)
5	吸水性及吸湿率	膨胀蛭石的吸水性很大，与密度成反比。在相对湿度95%～100%环境下，其吸湿率(24h)为1.1%
6	耐冻耐热性	膨胀蛭石在-20～100℃温度下，本身质量不变
7	耐腐蚀性	膨胀蛭石耐碱，但不耐酸
8	抗菌性	膨胀蛭石是一种无机材料，故不受菌类侵蚀，不会腐烂变质，不易被虫蛀、鼠咬

续表

项 次	项目	技术性能指标
9	规格	一般按其叶片平面尺寸(也可称为粒径)大小的不同,分为4级;1级：粒径＞15mm;2级：粒径＝4～15mm;3级：粒径＝2～4mm;4级：粒径＜2mm。有的生产单位,仅供应“混合料”,并不分级

注：1. N为隔声能力（dB）；P为蛭石密度（kg/m^3）。

2. 蛭石粉使用时须进行级配，购买时，宜买分级品。

3. 使用温度100～1100℃。

2. 配合比及性能

① 水泥和膨胀蛭石的体积比，一般以1∶12为经济合理。常用配合比见表15-9。

② 水灰比。由于膨胀蛭石的吸水率高，吸水速度快，水灰比过大，会造成施工水分排出时间过长和强度不高等结果。水灰比过小，又会造成找平层表面龟裂、保温隔热层强度降低等缺点。一般以2.4～2.6为宜（体积比）。现场检查方法是：将拌好的水泥蛭石浆用手紧捏成团不散，并稍有水泥浆滴下时为合适。

3. 整体现浇保温层施工

① 拌和应采用人工拌和，机械搅拌时蛭石和膨胀珍珠岩颗粒破损严重，有的达50%，且极易粘于壁筒，影响保温性能和造成施工不便。采用人工拌和时有干拌和湿拌两种。

② 屋面铺设隔热保温层时，应采取“分仓”施工，每仓宽度为700～900mm。可采用木板分隔，亦可采用钢筋尺（图15-3）控制宽度和铺设厚度。

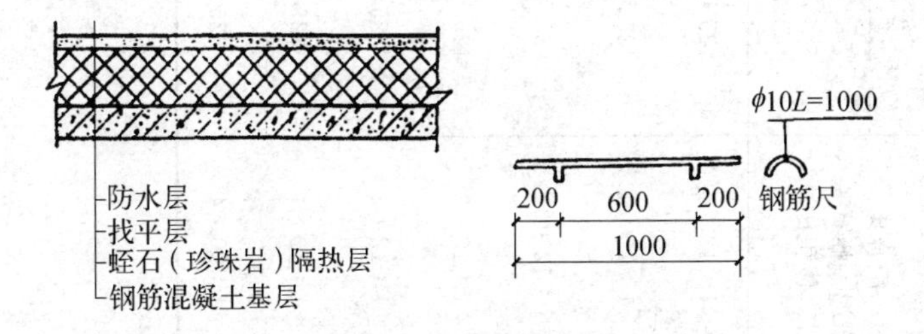

图15-3　现浇水泥蛭石隔热保温屋做法

表 15-9　现浇水泥蛭石隔热保温层的配合比及性能

配合比 水泥∶蛭石∶水（体积比）	每立方米水泥蛭石浆用料数量		压缩率/%	1∶3 水泥砂浆找平层厚度/mm	养护时间/d	容重/(kg/m³)	热导率/[W/(m·K)]	抗压强度/MPa
	水泥/kg	膨胀蛭石/m³						
1∶12∶4	425 号硅酸盐水泥:110	1.3	130	10	4	290	0.087	0.25
1∶10∶4	425 号硅酸盐水泥:130	1.3	130	10	4	320	0.093	0.30
1∶12∶3.3	425 号硅酸盐水泥:110	1.3	140	10	4	310	0.092	0.30
1∶10∶3	425 号硅酸盐水泥:130	1.3	140	10	4	330	0.099	0.35
1∶12∶3	325 号矿渣水泥:110	1.3	130	15	4	290	0.087	0.25
1∶12∶4	325 号矿渣水泥:110	1.3	130	5	4	290	0.087	0.25
1∶10∶4	325 号矿渣水泥:110	1.3	125	10	4	320	0.093	0.34

③ 隔热保温层的虚铺厚度一般为设计厚度的130%（不包括找平层），铺后用木拍板（木蟹）拍实抹平至设计厚度。铺设时应尽可能使膨胀蛭石颗粒的层理平面与铺设平面平行。

④ 水泥蛭石浆压实抹平后应立即抹找平层，两者不得分两个阶段施工。找平层砂浆配合比为 425 号水泥：粗砂：细砂=1：2：1，稠度为 7～8cm（成粥状）。

⑤ 由于膨胀蛭石吸水较快，施工时，最好把原材料运至铺设地点，随拌随铺，以确保水灰比准确和工程质量。

⑥ 找平层抹好后，一般情况下可不必洒水养护。

⑦ 整体保温层应有平整的表面。其平整度用 2m 直尺检查，直尺与保温层表面之间的空隙：当在保温层上直接设置防水层时，不应大于 5mm；如在保温层上做找平层时，不应大于 7mm，空隙只允许平缓变化。

⑧ 膨胀蛭石用量可按下式计算：

$$Q=150x$$

式中 Q——$100m^2$ 隔热保温层中膨胀蛭石的用量，m^3；

x——隔热保温层的设计厚度，m。

二、喷、抹膨胀蛭石灰浆

膨胀蛭石灰浆（简称蛭石灰浆）是以膨胀蛭石为主体，以水泥、石灰、石膏为胶凝材料，加水按一定配合比配制而成。它可以采用抹、喷涂和直接浇注等方法，作为一般建筑内墙、顶棚等粉刷工程的墙面材料，也可以用它作为一些建筑物的隔热保温层和吸音层。

1. 材料和质量要求

① 水泥。同“现浇水泥蛭石保温隔热层”。

② 石灰膏。

③ 膨胀蛭石。颗粒粒径应在 10mm 以下，并以 1.2～5mm 为主，1.2mm 占 15%左右，小于 1.2mm 的不得超过 10%。机械喷涂时所选用的粒径不宜太大，以 3～5mm 为宜。其他同“现浇水泥蛭石保温隔热层”。

其配合比及性能可参见表 15-10。

表 15-10 膨胀蛭石灰浆的配合比及性能

配合比及性能		灰浆类别		
		水泥蛭石浆	水泥石灰蛭石浆	石灰蛭石浆
体积配合比	水泥	1	1	—
	石灰膏	—	1	1
	膨胀蛭石	4～8	5～8	2.5～4
	水	1.4～2.6	2.33～3.75	0.962～1.8
主要技术性能指标	容重/(kg/m³)	638～509	749～636	497～405
	热导率/[W/(m·K)]	0.184～0.152	0.194～0.161	0.154～0.164
	抗压强度/MPa	1.17～0.36	2.13～1.22	0.18～0.16
	抗拉强度/MPa	0.75～0.20	0.95～0.59	0.21～0.19
	黏结强度/MPa	0.37～0.23	0.24～0.12	0.02～0.01
	吸湿率/%	4.00～2.54	1.01～0.78	1.56～1.54
	吸水率/%	88.4～137.0	62.0～87.0	114.0～133.5
	平衡含水率/%	0.41～0.60	0.37～0.45	0.57～1.27
	线收缩/%	0.397～0.311	0.398～0.318	1.427～0.981

2. 施工

① 被喷抹的基层表面应清洗干净，并须凿毛，然后涂抹一道底浆，底浆用料配合比及适用部位见表 15-11。

表 15-11 底浆用料配合比及适用部位

项次	名称	厚度/mm	适用部位
1	1∶1.5 水泥细砂浆	2～3	地下坑壁
2	1∶3 水泥细砂浆	2～3	墙面
3	水泥浆		顶棚

② 膨胀蛭石灰浆可采用人工粉刷或机械喷涂，不论采用哪种方法，均应分底层和面层两层施工，防止一次喷抹太厚，产生龟裂。底层完工后须经一昼夜方可再做面层，总厚度不宜超过 30mm。采用机喷方法喷涂水泥石灰蛭石浆的配合比，参见表 15-12。

表 15-12 水泥石灰蛭石浆配合比

项次	材料	底层配合比	面层配合比	适用部位
1	水泥∶石灰膏∶蛭石	1∶1∶5	1∶1∶6	墙面、地下坑壁
2	水泥∶石灰膏∶蛭石	1∶1∶12	1∶1∶10	墙面、顶棚

③ 采用人工抹蛭石灰浆的方法与抹普通水泥砂浆相同，抹时应用力适当。用力过大，易将水泥浆从蛭石缝中挤出，影响灰浆强度；用力过小，则与基层黏结不牢，且影响灰浆本身质量。

④ 采用机械喷涂，可用隔膜式灰浆泵或自行改装专制的喷浆机进行施工。喷嘴大小以 16～20mm 为宜，喷射压力可根据具体情况决定，可在 0.05～0.08MPa 范围内进行调整。喷涂墙面时，喷枪与墙面成垂直，喷涂顶棚时，喷枪与顶棚成 45°角为宜。喷嘴距基层表面 300mm 左右为好。喷涂后的面层可用抹子轻轻抹平。落地灰浆可回收再用。

⑤ 为了便于施工，机械喷涂的灰浆内可加入灰浆总量 3%的塑化剂稀释溶液（体积比）。塑化剂的配制方法如下：先用固体烧碱 15g 和 85g 水制成 100g 碱溶液，再加入 50g 松香，加热搅拌成浓缩塑化剂。喷涂时，把浓缩的塑化剂加水稀释成 20 倍溶液，即可使用。

⑥ 蛭石灰浆应随拌随用，一边使用一边搅拌，使浆液保持均匀。一般从搅拌到用完不宜超过 2h，否则因蛭石水化成粉末，影响隔热保温效果。

⑦ 室内过于潮湿及结露的基层，蛭石灰浆不易粘牢；过于干燥的环境，基层表面应先洒水润湿。喷抹蛭石灰浆应尽量避免在严冬和炎夏施工，否则应采取防寒或降温养护措施。

三、水泥膨胀珍珠岩保温隔热层

1. 材料和质量要求

水泥膨胀珍珠岩是以膨胀珍珠岩为集料，以水泥为胶凝材料，按一定比例配制而成，可用于墙面抹灰，亦可用于屋面或夹壁等处作现浇隔热保温层。

有关珍珠粉岩的性能及规格见表 15-13。

用于墙面粉刷的珍珠岩灰浆的配合比和性能参见表 15-14；用于屋面或夹壁现浇保温隔热层灰浆配合比见表 15-15。

2. 施工

水泥膨胀珍珠岩保温隔热层的施工方法有两种。

(1) 抹压法

① 将水泥和珍珠岩按一定配合比干拌均匀，然后加水拌和，水不宜过多，否则珍珠岩将由于体轻上浮，产生离析现象。灰浆稠度以外观松散，手握成团不散，挤不出水泥浆或只能挤出少量水泥浆为宜。

表 15-13 珍珠岩粉的性能指标及规格

热导率/[W/(m·K)]	吸声系数/Hz	吸水率/%	吸湿率/%	安全使用温度/℃	抗冻性(干燥状态)	电阻系数/(Ω·cm)
常温下<0.047 高温下0.058～0.170 低温下0.028～0.038	$\frac{0.12}{125}$、$\frac{0.13}{250}$、$\frac{0.67}{500}$、$\frac{0.68}{1000}$、$\frac{0.82}{2000}$、$\frac{0.92}{3000}$	重量吸水率:400; 体积吸水率:29～30	0.006～0.08	800	−20℃15次冻融无变化	$1.95\sim10^{6}\sim2.3\times10^{10}$

注：1. 耐酸碱性：耐酸较强，耐碱较弱。

2. 珍珠岩粉根据颗粒大小不同的密度分为一、二、三级；一般一级密度为40～80kg/m³；二级为80～150kg/m³；三级为150～200kg/m²。

表 15-14 墙面粉刷珍珠岩灰浆配合比及性能

项次	用料规格		用料体积比(水泥∶珍珠岩∶水)	容重/(kg/m³)	抗压强度/MPa	热导率/[W/(m·K)]
	膨胀珍珠岩	水泥				
1	容重:320～350(kg/m³)	325或425号普通硅酸盐水泥	1∶10∶1.55 1∶12∶1.6	480 430	1.1 0.8	0.081 0.074
2	容重:120～160(kg/m³)	325或425号普通硅酸盐水泥	1∶15∶1.7	335	0.9～1.0	0.065

表 15-15　现浇珍珠岩灰浆配合比及性能

项次	用料体积比		容重/(kg/m³)	抗压强度/MPa	热导率/[W/(m·K)]
	硅酸盐水泥(425号)	膨胀珍珠岩(容重：120～160kg/m³)			
1	1	6	548	1.7	0.121
2	1	8	510	2.0	0.085
3	1	10	380	1.2	0.080
4	1	12	360	1.1	0.074
5	1	14	351	1.0	0.071
6	1	16	315	0.9	0.064
7	1	18	300	0.7	0.059
8	1	20	296	0.7	0.055

注：一般采用1∶12左右。

② 基层表面事先应洒水湿润。

③ 墙面粉刷时用力要适当，用力过大，易影响隔热保温效果；用力过小，与基层黏结不牢，易产生脱落，一般掌握压缩比为130%左右即可。

④ 平面铺设时应分仓进行，铺设厚度一般为设计厚度的130%左右，经拍实（轻度）至设计厚度。拍实后的表面，不能直接铺贴油毡防水层，必须先抹1∶2.5～3的水泥砂浆找平层一层，厚度为7～10mm。抹后一周内浇水养护。

⑤ 整体保温层应有平整的表面，其平整度用2m直尺检查，直尺与保温层间的空隙：当在保温层上直接设置防水层时，不应大于5mm；如在保温层上做找平层时，不应大于7mm，空隙只允许平缓变化。

（2）喷涂法

① 喷涂设备包括混凝土喷射机一台（图15-4），它由进料室、储料室和传动部件组成。为了防止混合料堵塞，在储料室设搅拌翅。储料室的底部与喷射口同一水平上设配料盘，其上有12个缺口，转速为16 r/min，作用是使混合料经缺口均匀喷出，喷枪一支（图15-5），它是由喷嘴、串水圈及连结管三部分组成的，空气压缩机一台，压力

水罐一个以及输料、输水用压胶管等。

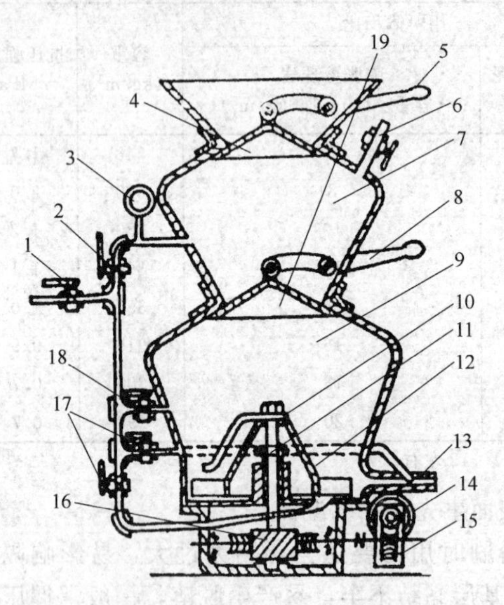

图 15-4　喷射机构造简图

1—总进风阀；2—进料室进风阀；3—压力表；4—进料室顶盖；5—顶盖扳手；6—排风阀；7—进料室；8—储料室顶盖扳手；9—储料室；10—搅拌翅；11—主轴；12—分配盘；13—喷射口；14—电机；15—涡轮变速箱；16—分配盘涡轮变速器；17—配料喷射口风阀；18—储料室风阀；19—储料室顶盖

② 喷涂法适用于砖墙和拱屋面。其工艺见图 15-5。

③ 喷前先将水泥和膨胀珍珠岩按一定比例干拌均匀，然后送入喷射机内进一步搅拌，在风压作用下经胶管送至喷枪，水与干物料在喷枪口混合后由喷嘴喷出。

④ 喷涂时要随时注意调整风量、水量，喷射角度：当喷墙面、屋面时，喷枪与基层表面垂直为宜；喷射顶棚时，以45°角为宜。一次喷涂可达 30mm，多次喷涂可达 80mm，喷涂墙面一般用 1∶12（水泥与膨胀珍珠岩体积比，下同），喷涂屋面一般用 1∶15。当采用水泥石灰膨胀珍珠岩灰浆时，宜分两遍喷涂，两遍喷涂时间相隔 24h，总厚度不宜超过 30mm，其配合比见表 15-16。

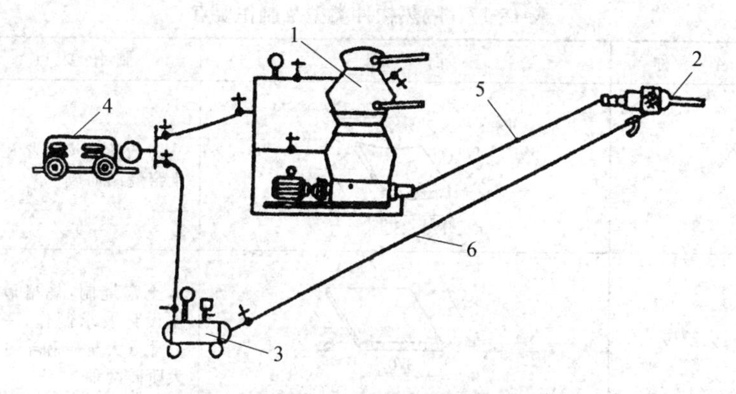

图 15-5 水泥膨胀珍珠岩喷涂法工艺示意图

1—喷射机；2—喷枪；3—压力水罐；4—空气压缩机；5—混合干料输送管；6—输水管

表 15-16 喷涂水泥石灰膨胀珍珠岩灰浆配比

项次	材料比	第一遍	第二遍	适用部位
1	水泥：石灰膏：珍珠岩	1：1：9	1：1：12	顶棚
2	水泥：石灰膏：珍珠岩	1：1：15	1：0.5：15	墙面

第五节 其他保温隔热结构层

一、架空通风隔热屋盖

架空隔热屋盖是利用通风空气间层散热快的特点，以提高建筑围护结构的隔热能力。它一般是由隔热构件（见表 15-17）、通风空气间层、支承构件和基层（结构层或加防水层）所组成，见图 15-6。屋面隔热层的架空高度按照屋面宽度和坡度大小而变化，如设计无要求，一般以 130～260mm 为宜，屋面宽度大于 10m 时，应设置通风屋脊。

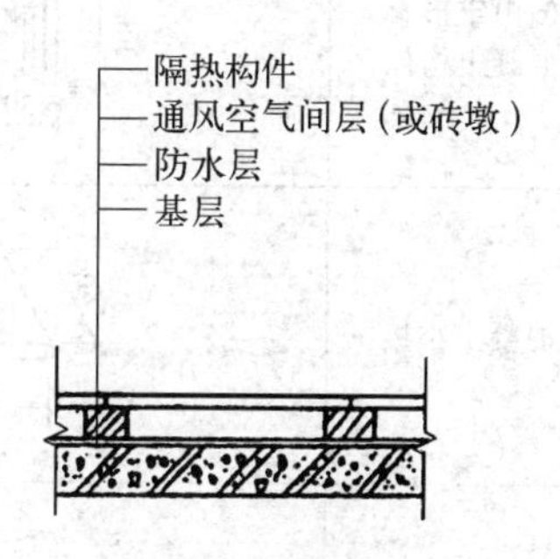

图 15-6 架空隔热屋盖构造示意图

表 15-17　隔热构件类型及制作要点

名　称	简　图	制作要点
土瓦	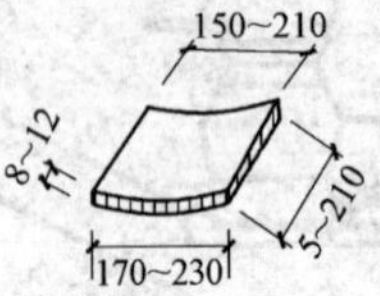 150~210；8~12；5~210；170~230	一般土瓦（小青瓦），土窑烧制而成
大阶砖	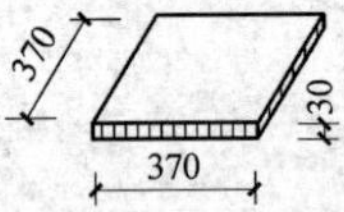 370；370；30	土窑烧制，规格可根据设计要求制作，一般分寸方大阶砖和半寸方大阶砖两种
$\frac{1}{4}$砖拱	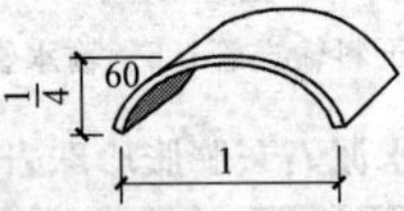 $\frac{1}{4}$；60；1	用 M2.5～M5 水泥砂浆砌筑，表面用 1∶2.5 水泥砂浆抹光
素混凝土半圆拱	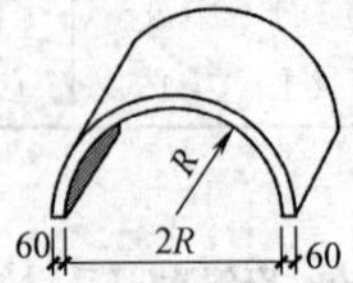 R；60；2R；60	用 C20 细石混凝土浇注而成，其直径和厚度根据设计要求决定
倒山字形素混凝土构件	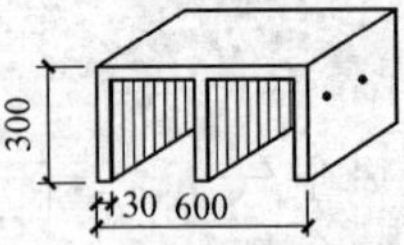 300；30；600	用 C20 细石混凝土浇注而成
混凝土小板	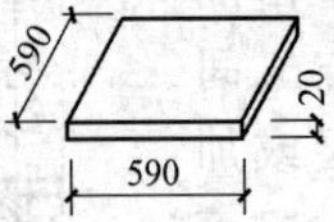 590；20；590	屋面不上人时可用 C20 细石混凝土浇制，上人时，板内放 ϕ4@200 冷拔丝网片
水泥大瓦	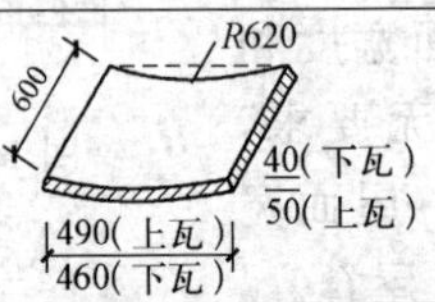 R620；600；40(下瓦)；50(上瓦)；490(上瓦)；460(下瓦)	用 C20 细石混凝土浇制，上表面抹压水泥浆

续表

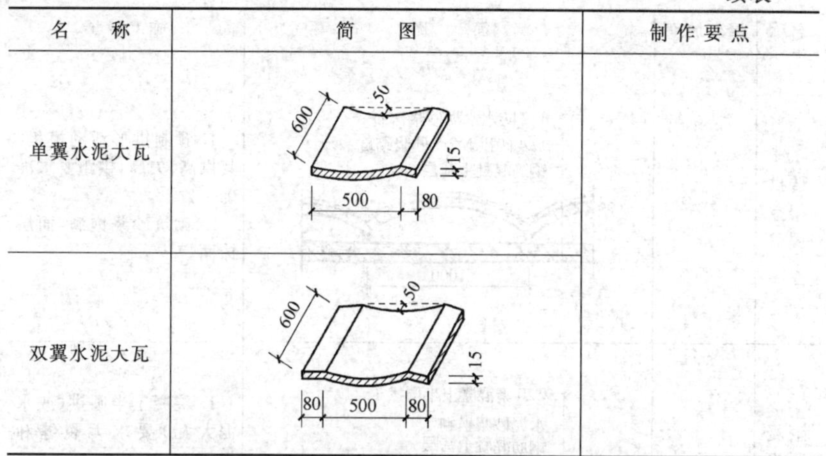

名　称	简　图	制作要点
单翼水泥大瓦	600, 50, 15, 500, 80	
双翼水泥大瓦	600, 50, 15, 80, 500, 80	

关于架空隔热屋盖的类型和施工要点见表15-18。

表15-18　架空隔热屋盖类型和施工要点

名称	屋面坡度	简　图	施工要点
双层土瓦屋面	1∶1.6	三七灰土坐脊加盖筒瓦 双层土瓦上层搭七留三下层搭二留八 170	1. 椽子间距要准确一致 2. 屋脊要设置排风口 3. 上层搭七留三，灰条盖缝，底层搭二留八，土瓦盖缝
大阶砖架空屋盖	≥3%	大阶砖水泥砂浆坐铺 1/4砖带架空 钢筋混凝土刚性（或柔性）尾面 120～180 370	1. 屋面要清扫干净，放出支承中线 2. 用M2.5水泥砂浆砌砖带支承，间距偏差不大于10mm 3. 用M2.5水泥砂浆铺砌大阶砖或混凝土小板 4. 用1∶2水泥砂浆或沥青砂浆嵌缝

续表

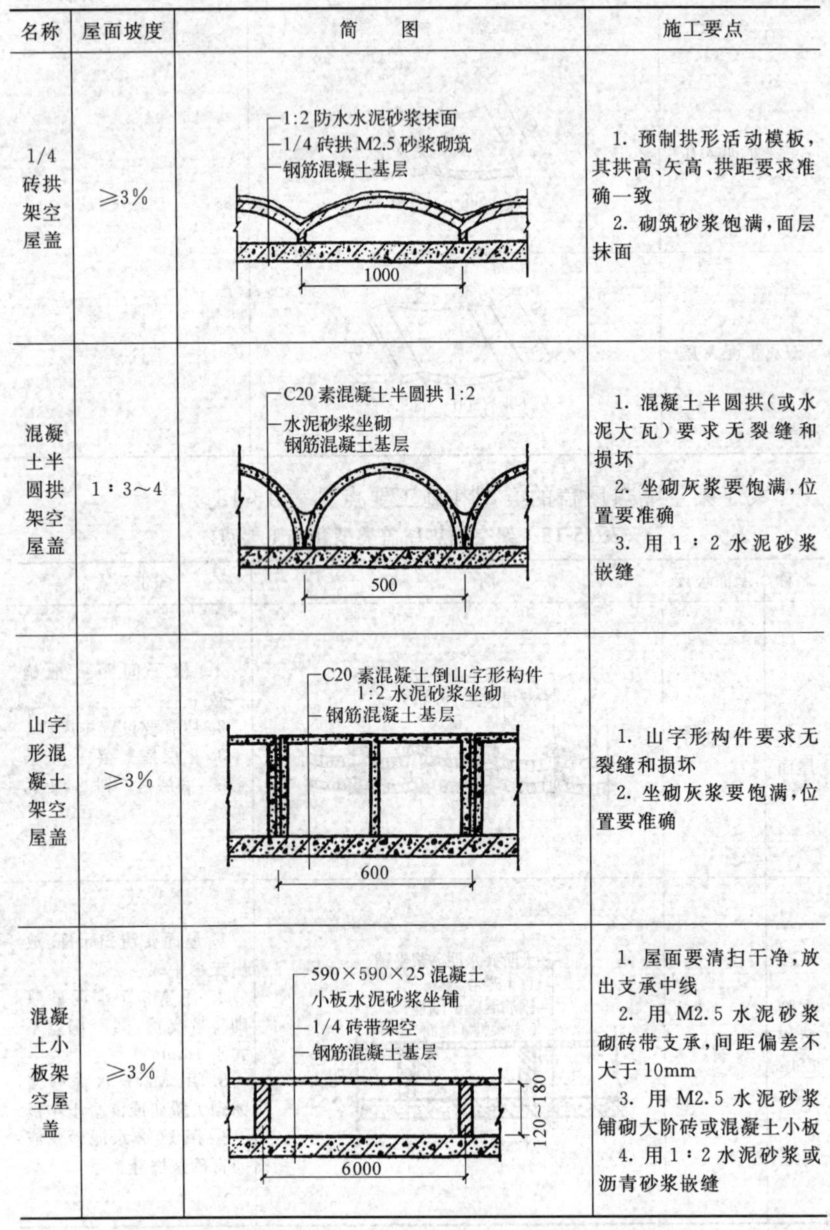

名称	屋面坡度	简　图	施工要点
1/4砖拱架空屋盖	≥3%	1:2防水水泥砂浆抹面 1/4砖拱M2.5砂浆砌筑 钢筋混凝土基层 1000	1. 预制拱形活动模板，其拱高、矢高、拱距要求准确一致 2. 砌筑砂浆饱满，面层抹面
混凝土半圆拱架空屋盖	1∶3～4	C20素混凝土半圆拱1:2 水泥砂浆坐砌 钢筋混凝土基层 500	1. 混凝土半圆拱（或水泥大瓦）要求无裂缝和损坏 2. 坐砌灰浆要饱满，位置要准确 3. 用1∶2水泥砂浆嵌缝
山字形混凝土架空屋盖	≥3%	C20素混凝土倒山字形构件 1:2水泥砂浆坐砌 钢筋混凝土基层 600	1. 山字形构件要求无裂缝和损坏 2. 坐砌灰浆要饱满，位置要准确
混凝土小板架空屋盖	≥3%	590×590×25混凝土 小板水泥砂浆坐铺 1/4砖带架空 钢筋混凝土基层 120～180 6000	1. 屋面要清扫干净，放出支承中线 2. 用M2.5水泥砂浆砌砖带支承，间距偏差不大于10mm 3. 用M2.5水泥砂浆铺砌大阶砖或混凝土小板 4. 用1∶2水泥砂浆或沥青砂浆嵌缝

续表

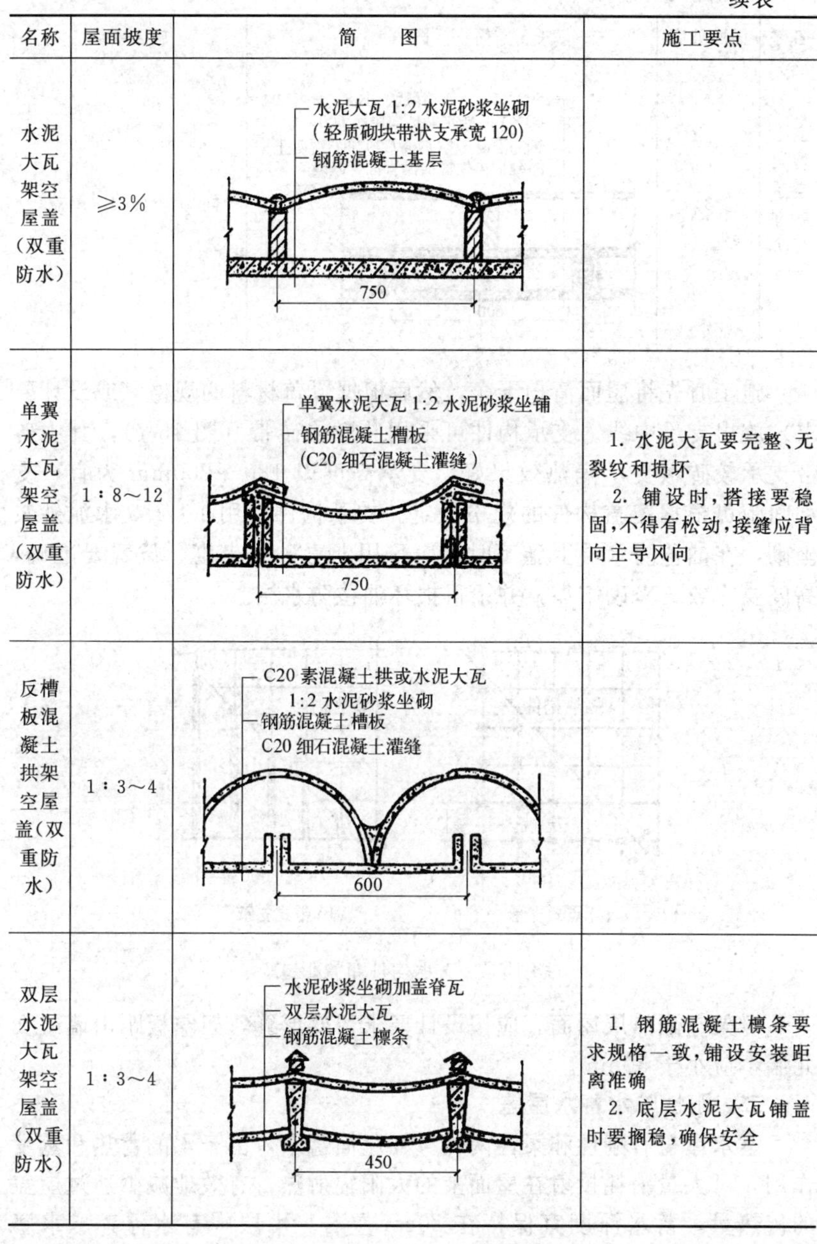

名称	屋面坡度	简　图	施工要点
水泥大瓦架空屋盖（双重防水）	≥3%	水泥大瓦 1:2 水泥砂浆坐砌 （轻质砌块带状支承宽 120） 钢筋混凝土基层 750	1. 水泥大瓦要完整、无裂纹和损坏 2. 铺设时，搭接要稳固，不得有松动，接缝应背向主导风向
单翼水泥大瓦架空屋盖（双重防水）	1∶8～12	单翼水泥大瓦 1:2 水泥砂浆坐铺 钢筋混凝土槽板 （C20 细石混凝土灌缝） 750	
反槽板混凝土拱架空屋盖（双重防水）	1∶3～4	C20 素混凝土拱或水泥大瓦 1:2 水泥砂浆坐砌 钢筋混凝土槽板 C20 细石混凝土灌缝 600	
双层水泥大瓦架空屋盖（双重防水）	1∶3～4	水泥砂浆坐砌加盖脊瓦 双层水泥大瓦 钢筋混凝土檩条 450	1. 钢筋混凝土檩条要求规格一致，铺设安装距离准确 2. 底层水泥大瓦铺盖时要搁稳，确保安全

续表

名称	屋面坡度	简　　图	施工要点
空心板架空屋盖（油膏防水）	≥3%	590×590×25 混凝土小板 60×120 砖带顺坡向中距 600 钢筋混凝土空心板 C20 细石混凝土灌缝后再生橡胶沥青油膏嵌缝 600	同“大阶砖架空屋盖”

施工时先将屋面清扫干净，然后根据覆盖材料的规格（或设计要求）放出支承中线。支承构件可采用砖墩或砖带（图 15-7），其中砖带支承较砖墩支承隔热效果好。支承高度以 180～200mm 为宜，支承间距可根据覆盖构件的规格决定。支承构件采用 1∶2.5 水泥砂浆坐砌，在油毡防水层上施工时，应采用沥青砂浆坐砌，位置要准确，高度要一致，坐砌牢靠，并不得损坏油毡防水层。

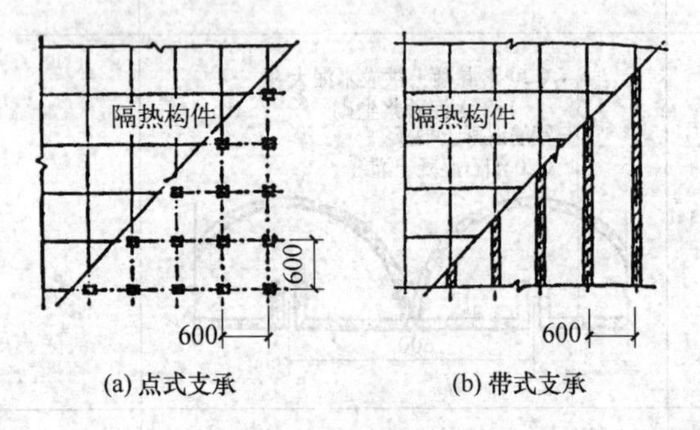

(a) 点式支承　　(b) 带式支承

图 15-7　支承构件布置形式

对架空隔热层屋面，应按设计要求留变形缝，架空板距山墙或女儿墙不应小于 50mm。

二、刚性防水蓄水屋盖

蓄水屋盖有刚性和柔性两种。在屋面蓄水，由于水的蓄热和蒸发作用，可大量消耗投射在屋面上的太阳辐射热，有效地减少通过屋盖的传热量。蓄水深度宜保持在 20cm 左右。水层中有水浮莲、水藤菜、水葫芦及白色漂浮物的遮阳蓄水屋盖，水深可小于20cm。

蓄水屋盖的构造见图15-8。

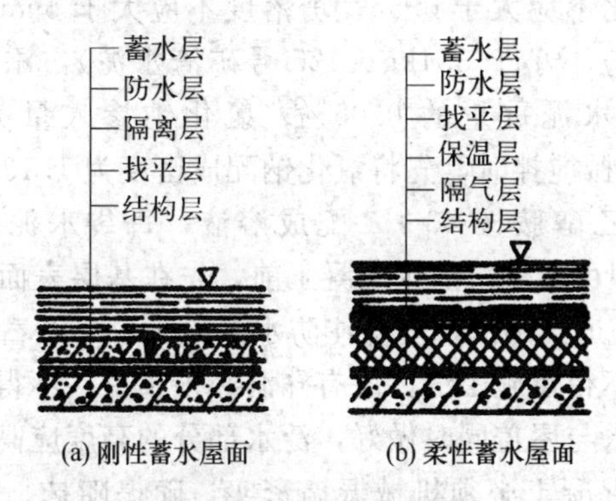

图15-8 蓄水隔热屋盖

蓄水屋盖采用刚性防水层。对刚性防水层使用的材料要求如下。

① 水泥。325号以上普通硅酸盐水泥或425号以上矿渣水泥，贮存期不超过三个月，受潮变质不得使用。

② 砂。中砂占85%，细砂占15%，含泥量小于3%。

③ 石。以卵石为佳，可以充分利用天然级配，碎石孔隙率较大，一般要求粒径5～15mm的30%，粒径15～25mm的70%，两级配，以达到最小孔隙率，含泥量不大于1%。

④ 三乙醇胺。pH值8～9，密度1.122～1.13。

⑤ 水。配料和养护防水混凝土的水，必须采用清洁的饮用水，不得采用工业污水。

根据屋盖面积及坡度划分为若干蓄水区，每区边长不宜大于10m，在变形缝两侧，可做成互不联通的蓄水系统。防水层的分格、分格缝应设置在装配式结构屋盖的支承端、屋盖转折处、防水层与突出屋盖结构的交接处，并应与板缝对齐，其纵横间距不宜大于6m。分格缝可用油膏嵌封。屋脊和平行于流水方向的分格缝，也可做成泛水，用盖瓦覆盖，盖瓦应单边坐灰固定。

施工时，对浇注防水混凝土的基层表面应清洗干净，浇水湿透。基层表面有油渍时，可用15%的碱水刷洗干净。防水混凝土的配合成分，应通过试验选定。试配时应考虑实际施工条件与试验室条件的差别，按设计要求的抗渗压力提高 0.2～0.4MPa 选定配合比。防水混凝土的水灰比不应大于 0.55，坍落度不应大于 5cm。每立方米混凝土水泥用量应不小于 334kg（425 号矿渣水泥），添加剂为三乙醇胺的掺入量为水泥重量的 0.05%；氯化钠掺入量为水泥重量的 0.5%。应用机械搅拌时，先将氯化钠配成密度为 1.13 的溶液，然后将氯化钠与三乙醇胺按 43：1 配成溶液，每袋水泥（50kg）加入 1.3kg 混合液即可。浇筑防水混凝土前，先在基层表面满涂水灰比为 0.4 的水泥浆一道，随涂刷随浇注防水混凝土。每个蓄水系统必须一次浇注完毕，不得留施工缝，所有孔洞必须预留，不得后凿。每一蓄水区内应将泛水与屋盖同时做好，泛水部分的高度应高出水面不小于 100mm。防水混凝土必须机械振捣密实，随捣随抹，初凝后覆盖养护，终凝后浇水养护不少于 14 天。所浇筑的防水混凝土的抗渗性能，应根据试块试验结果评定。试块应在浇筑地点制作，并在同条件下养护。试块的养护期不少于 28 天。蓄水屋盖完工后，应及时蓄水，防止混凝土干涸干裂。

三、植被屋盖

植被屋盖分有土植被与无土植被两种，属倒铺屋盖。有土植被屋盖的覆土层厚度宜采用 10cm，可种植草皮等植物。无土植被屋盖可采用锯木屑或膨胀蛭石等多孔轻质松散材料，覆盖层厚度宜采用 15～20cm，可种植花卉、蔬菜等浓荫作物。此外，在屋顶上设置花架，种植攀缘植物等，也是房屋围护结构一种很好的隔热措施。所以，植被屋盖层不仅对防水层和屋盖结构有很好的保护作用，而且有很好的保温隔热效能。

植被屋盖的基层和防水层的施工要点与蓄水屋盖的基层和防水层的做法一样。施工时应注意泄水管的安装，避免种植介质流失。完工后应按设计要求及时将屋面覆盖。

种植层可采用图 15-9 所示的一种钢筋混凝土“ㄇ”形预制分箱走道板分隔。在防水层施工完成后，按设计分箱要求组装在防水层上，然后铺设栽培基质，断面形式如图 15-10 所示。也可采用与檐墙结合的方式安放分箱走道板，并在檐墙上安放花盆或预制的钢筋混凝土花槽、盆栽或槽栽不同的花卉。

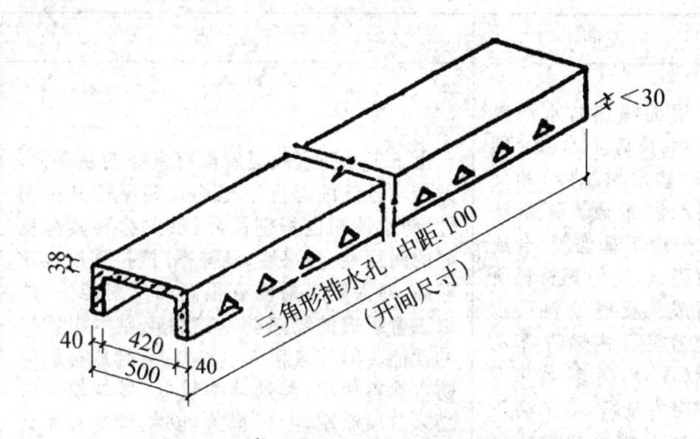

图 15-9 钢筋混凝土分箱走道板

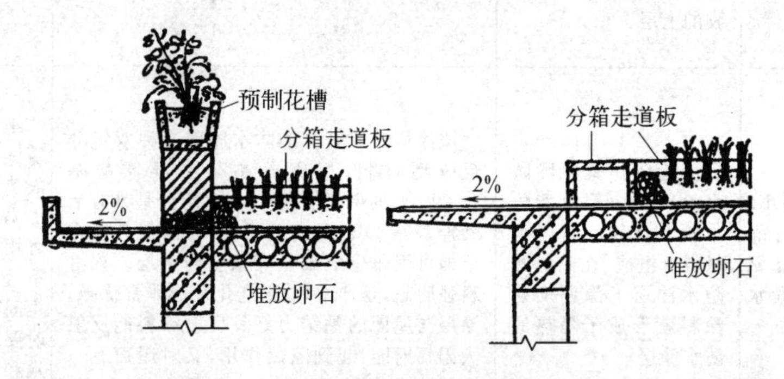

图 15-10 用分箱走道板组合的植被屋面形式

铺放无土植被层时，应先在排水孔附近堆放一些卵石或碎石，然后在屋面上铺一层 1～3cm 厚的废棉渣或经筛后的渣滓肥，以及一些干的猪牛的粪作底肥，接着再铺放无土植被层。覆土和无土种植屋面应有 1%～3%的坡度。

四、屋面隔热防水涂料

1. 屋面隔热防水涂料

其是由底层和面层组成。底层为防水涂料，表层为反射涂料，它以丙烯酸丁酯-丙烯腈-苯乙烯（AAS）等多元共聚乳液为基料，掺入反射率高的金红石型氧化钛和玻璃粉等填料制成，它兼有防水与隔热功能，其品种、特点和用途列于表 15-19。

表 15-19 屋面隔热防水涂料的名称、特点和适用范围

名称	说明	特 点	适用范围
AAS屋面隔热防水涂料 DJ-1屋面隔热丁基防水涂料	层面隔热防水涂料系由丁基防水胶(即881防水树脂胶)和反射涂料组成。丁基防水胶由丁基橡胶、合成树脂、软化剂等材料所组成。反射涂料系以丙烯酸酯-丙烯腈-苯乙烯(AAS)等多元共聚树脂为基料,添加高折射率的颜料和骨料配制而成,它涂刷在防水胶的上层	由于丁基防水胶对屋面有良好的黏着力,即使在较低的温度下也能长期保持其柔韧性,防水性能也特别优异;反射涂料具有良好的耐候性、耐水性、延伸率,抗拉强度也比较高,对太阳辐射能有很高的反射能力,所以二者组成的隔热防水涂料也显示出优异的性能。但该涂料成本较高,与合成橡胶类防水涂料相比,其延伸率较低,另外使用时必须分层涂刷,上下覆盖,以免产生直通针眼气孔	适用于新建的屋面隔热防水工程,也可用于老化渗漏的沥青油毡防水层的修复
DJ-2屋面隔热聚氨酯防水涂料	屋面隔热聚氨酯防水涂料系由聚氨酯防水胶和反射涂料两组材料所组成,在聚氨酯防水涂层上涂刷反射涂料就形成了隔热的防水涂层	该涂料中的聚氨酯防水胶系一种双组分反应型材料,甲组分是带有异氰酸基(—NCO)的聚氨酯预聚体,乙组分是带有活性羟基(—OH)的高分子材料,两组分混合后即可固化生成聚氨酯橡胶防水层。该材料强度高,延伸率大、耐老化性能非常优异,涂层与屋面的黏结力好。反射涂料能反射太阳辐射能,起到隔热作用,又对屋面有一定的装饰效果	用于建筑屋面的隔热防水工程,也可用于地下室、卫生间等同时要求防水和装饰的地方
DJ-3屋面隔热聚氨酯防水涂料	系由焦油聚氨酯防水胶和反射涂料两种材料组成	该涂料中的焦油聚氨酯防水胶防水层具有极好的防火、防腐和绝缘性能,还具黏结力高,延伸率大和耐老化性能好的特点,冷施工,操作方便,受基层潮湿影响小。但因焦油聚氨酯橡胶防水层对反射涂料有一定的污染作用,所以该涂料的隔热效果不如DJ-2	价格比DJ-2略低。适用于对隔热要求不高的屋面用隧道、地下室、卫生间等

续表

名称	说明	特　点	适用范围
彩色屋面防水隔热多功能涂料	系以丙烯酸乳液为基料，加入具有反射性能的填料和多种助剂配制而成	该涂料既可防水，又可隔热降温，还可用作黑色防水层的保护层，延长防水层使用寿命	用于屋面保温隔热，外墙隔热防潮用装饰
LJP-1型隔热装饰防水涂料	系以聚氯丁二烯等几种高档有机高分子经复合改性，再加入防老化剂、紫外光屏蔽剂、反光剂等材料加工而成，是一种水乳型彩色建筑防水涂料	① 成膜快，与水泥基层粘接牢固，强度高、延伸性好，适应基层变形能力强，防水性能好，高温85℃不流淌皱皮，低温－30℃不脆裂，还能抗盐碱腐蚀 ② 涂膜抗臭氧性能优异，并具有一定的抗紫外光能力，耐久性好 ③ 涂膜能反光隔热。炎夏可使屋面温度比水泥层面低15～23℃ ④ 涂料有多种颜色，可装饰美化屋面	用于刚性屋面的防水隔热装饰；一般屋面和高级建筑屋面的防水装饰

2. 防水隔热粉

防水隔热粉亦称隔热镇水粉、拒水粉、治水粉、避水粉等（以下简称防水粉），系以多种天然矿石为主要原料与高分子化合物经化学反应加工而成，是一种表现密度较小，热导率小于0.083W/(m·K)的憎水性极强的白色粉剂防水材料。用10mm厚松散粉末铺设的屋面，可不用隔热板，夏天室内温度仍可下降5℃，高温500℃，防水、隔热、保温性能不变，是一种集防水、隔热、保温功能于一体的新型材料。该材料化学性能稳定，无毒、无臭、无味、不燃，不污染环境，并能在潮湿基面上迅速施工。耐候性较好，高温可耐130℃，低温可耐－50℃。由于是粉末防水，其本身应力分散，所以抗震、抗裂性能好，且有很好的随遇应变性，遇有裂缝会自动填充、闭合。用建筑防水粉作防水层，施工时不需加热或用火，其防水层之上设有保护层，所以这样的防水屋面，既防水又防火。因而广泛用于屋面、仓库、地下室等防水、隔热、保温等工程。但缺点是只适用于平基面或坡度不大于10%的坡屋面，及女儿墙、立墙、压顶、檐口、天沟等部位，因为粉末易下滑，造成厚薄不均，还必须采用其他柔性材料配套使用。

国产各种牌号防水粉的技术性能见表15-20。

表 15-20 防水粉的技术性能指标

产品名称及牌号	表观密度/(kg/m³)	含水率/%	不透水性	热导率/[W/(m·K)]	耐老化性	耐碱性(在饱和 $Ca(OH)_2$ 溶液中浸泡)	耐热性	耐冻性
(鱼跃牌)建筑拒水粉	650～750	≤3	静水压 300～1000Pa,不透水	0.16	经紫外线连续照射 90d,不变质	不变质	800～100℃不变质	－40℃不变质
(北禹牌)隔热镇水粉	<650	≤2	5.88×10^{-5}MPa(600mm 静水压),7d 无渗漏	≤0.083	经 700W 紫外线灯连续照射 200h,无渗漏	7d 无渗漏	120±12℃ 24h 无渗漏	－30±2℃温度下冷冻 5h,无渗漏
(神珠牌)隔热镇水粉(四川崇庆县)	550～700	≤2	静水压 700Pa,7d 无变化		700W 紫外线灯,照射 250h,不变化,不结团	7 昼夜无变化	130±2℃,5h 无变化	－30℃,5h,无变化
YSW-0011 防水隔热粉			3000Pa 压力,7d 无渗漏	0.06～0.09			110℃无变化	
(吉庆牌)防水隔热粉	<650			0.055			109℃无变化	－70℃无变化

（鱼跃牌）建筑拒水粉（江苏海门县）	650～750	≤3	静水压300～1000Pa不透水	0.16	紫外光连续照射900d不变质	不变质	80～100℃不变质	－40℃不变质
（金鸡牌）防水隔热粉	450～650	<2.0	静水压8000Pa，7d不透水	0.10		15d无变化，不透水	80℃，5h无变化	
（宝塔牌）隔热避水粉	Ⅰ型 400～600 Ⅱ型 610～800 Ⅲ型 810～1000	≤3	水淹100d无渗漏	0.08～0.16		100d无渗漏	80±2℃，5h，无变化	－30℃，5h无变化
（家乐牌）隔热镇水粉	631	1.92	静水压6000Pa，17d无渗漏	0.0476	500W紫外线灯照射200h无变化	7d无渗漏	120±2℃，24h，无渗漏	－30℃，5h，无变化，不渗漏

续表

产品名称及牌号	表观密度/(kg/m³)	含水率/%	不透水性	热导率/[W/(m·K)]	耐老化性	耐碱性(在饱和$Ca(OH)_2$溶液中浸泡)	耐热性	耐冻性
(黄河牌)防水隔热镇水粉	550～700	≤2	静水压7000Pa，7d无变化			7d无变化	130±2℃，5h,无变化	−30℃,5h,无变化
(大禹牌)防水隔热粉	550	≤0.3	静水压0.04～0.13MPa不透水	0.0769	紫外线连续照射90d,无变化		80～100℃不变质	−40℃不变质
(铁松牌)高效治水粉	478	0.19	静水压13000Pa，7d不透水	0.088	500W紫外线灯照射200h，不透水	7d不透水	120℃,5h不透水	−30℃,冻5h不透水
(环角牌)防水隔热粉	503	0.99	静水压2000Pa，7d不透水	0.0736	700W紫外线灯照射250h，不变色,不结团	21d无变化	170℃,5h无变化	−30℃,冻5h,不透水
(吉星牌)防水隔热粉	563	1.6	静水压10000Pa，50h不透水	0.0617	700W紫外线灯照射250h，不变化,不结团	504h无变化	80±2℃，5h无变化,不透水	−40℃,5h无变化,不透水

施工时，先做找平层，通常用细石混凝土做成平整无裂隙的光洁表面，然后平铺 5～7mm 的防水隔热粉，继而在其上面铺一层隔离层，一般选用卷筒式包装纸，或者用旧报纸粘连卷成筒，铺好后即用物料压住，以防风吹掀。最后在其上浇水泥砂浆或小石子混凝土。也可在上面铺地砖或铺混凝土预制板块。

如系不上人的普通屋面，可选用煤渣的低标号混凝土，如果是上人屋面，则选用 40mm 厚的 C18 细石混凝土，当砂浆或混凝土卸料时，应避免有过大的冲击力，以防破坏纸质隔离层或防水粉层位移，待浇筑层抹平后用滚筒压实，并撒上少许干水泥用铁板打光，终凝后及时洒水养护。

为防止砂浆或混凝土保护层因屋面基层的变形及温差变化而产生裂缝，必须设置分仓缝，每仓面积一般为 20～25m^2。

铺贴式保护层，用水泥砂浆作粘贴层，然后在上面铺上砖或混凝土小板。如系上人屋面，可先浇一层 15～20mm 厚的 1∶3 水泥砂浆作基层，再铺砖（或混凝土板），并用水泥砂浆勾缝。

第十六章　施工管理

第一节　现场施工管理

一、施工作业计划

编制施工作业计划的目的是要组织连续均衡生产，以取得较好的经济效果。但是，由于建筑生产具有施工现场分散流动，高空露天作业，气候影响等特点。同时，建筑业目前尚处于建筑工业化的初期，存在专业化程度不高，技术和物资供应不正常，施工周期长，施工过程变化大等因素，因此编制施工作业计划必须从实际出发，充分考虑施工特点和各种影响因素。

施工作业计划属于短期计划的范畴，一般指月或旬计划；某一工序或专业工程流水计划也属于作业计划的范畴。施工作业计划的编制主要是根据年或季度的施工计划、施工组织设计，结合施工现场的具体情况编制的，它是为了确保较长时间的施工计划规定的各项任务得以实现，而拟定的具体化的实施计划。因作业计划的计划期较短，计划准确性较高，所以它的主要作用在于提出明确的目标、责任和要求，调动积极性，把施工任务层层落实，有计划地指导劳动力的使用和材料、机具、设备的供应，并及时解决施工中出现的问题，保证各工序、各部门、各单位协调工作，组织均衡生产。作业计划还是各项业务核算的依据，它促进各业务部门更有效地为施工服务，改进管理，提高经济效益。

施工作业计划，可分为月作业计划和旬作业计划。月作业计划的内容要能体现月度应完成的施工任务，即分部分项实物工作量，实物形象进度，开始和完成日期，劳动力需求平衡计划，材料、预制品、构件及混凝土的需要计划，大型机械和运输平衡计划及技术措施计划等。旬计划的内容基本与月计划相同，只是更加具体，应排出日施工进度计划，班组施工进度计划，还要编出机械运输设备需用计划，混凝土及预制构件进场计划，材料需用量进场计划及劳动力需要计划等。有关月作业计划的内容和表格形式见表 16-1～表 16-9。

表 16-1　　年　月份施工作业计划表

编报单位：　　　　　　　　　　　工程名称：

工程项目（工作部位）	单位	数量	产量定额	计划工日		单价	合价	上旬	中旬	下旬	执行队组	备　注
												1. 表中工作量单价、合价应按设计预算直接费填报； 2. 计划工日根据计划定额计算

表 16-2　　年　月份生产形象进度计划表

编制单位：

工程名称	结构	层数	面积/m^2	工作量/万元	预计上月末到达部位	计划本月末到达部位	备　注

表 16-3　　月份材料需用计划

申请单位：

物资名称	规格	质量	单位	合计数量					备　注

单位主管：　　　　审核：　　　　制表：

表 16-4　公司　月份构件需用计划

年　月　日

施工队	工程名称	结构	层数	合同编号	上月平均层数	本月计划达到层数	工程地点	备　注

制表人：　　　　电话：

表 16-5　劳动力需用量计划

序号	工种名称	平均人数	高峰人数	20　年				20　年				现有人数	多余或不足	备　注
				一季度	二季度	三季度	四季度	一季度	二季度	三季度	四季度			

表 16-6　年　月份大型机械计划

编制单位：

工程名称	地点	计划使用机械名称、型号、数量	计划进场时间	工作内容与主要工程量	联系人	电话	备　注

表 16-7　年　月份开工、竣工项目计划表

编制单位：

开工项目				竣工项目				备注
序号	工程名称	面积/m^2	备注	序号	工程名称	面积/m^2	备注	
合计				合计				

表 16-8　年　月份实物工程量汇总

编制单位：

序号	名称	单位	合计					备注
1	挖土	m^3						1."合计"后的空格按单位工程分列；2. 第四项抹灰栏填写抹灰总量，"其中"栏可根据具体情况按室内抹灰、室外抹灰或水泥面、水刷石面、白灰面、干黏石面等分列
	其中机械挖土	m^3						
2	填土	m^3						
	其中机械填土	m^3						
3	砌砖	m^3						
4	抹灰	m^3						
5	其中	m^3						

表 16-9　　年　月份生产计划指标汇总表

编制单位：

序号	计划指标名称	单位	合计					备　注
1	在施面积	m^2						1. 表中“合计”栏后面的空格为公司所属各单位用； 2. 指标：1 项＝2 项＋3 项；5 项＝1 项－4 项；8 项＝6 项/7 项
2	月初在施面积	m^2						
3	开复工面积	m^2						
4	竣工面积	m^2						
5	月末在施面积	m^2						
6	自行完成工作量	万元						
7	全员平均人数	人						
8	全员产值	元						

编制施工作业计划的主要作用如下。

① 把施工任务层层落实。具体地分配给车间、班组和各个业务部门，使全体职工在日常施工中有明确的奋斗目标，组织有节奏地、均衡地施工，以保证全面完成年度、季度各项技术经济指标。

② 及时地、有计划地指导进行劳动力、材料和机具设备的准备和供应。

③ 其是开展劳动竞赛和实行物质奖励的依据。

④ 指导调度部门，据以监督、检查和进行调度工作。

月度施工作业计划的编制，以分公司为主，施工队参加。计划编制一般要经过指标下达、计划编制和平衡审批三个阶段，都应在执行月度前完成。在计划月前 15 天施工队将各类计划报各供应单位和分公司，并于计划月前 5d 召开平衡会，将平衡结果汇总，报公司领导审批下达。

二、施工任务书

施工任务书（单）是施工企业中施工队向生产班组下达施工任务的一种工具。它是向班组下达作业计划的有效形式，也是企业实行定额管理、贯彻按劳分配、实行班组经济核算的主要依据。通过施工任务书，可以把企业生产、技术、质量、安全、降低成本等各项技术经济指标分解为小组指标落实到班组和个人，使企业各项指标的完成同班组和个人的日常工作和物质利益紧密地连在一起，达到多快好省和按劳分配的目的。

施工任务书的一般内容包括如下。

任务书——是班组进行施工的主要依据，内容有工程项目、工程数量、劳动定额、计划用工数、开完工日期、质量及安全要求等。

班组记工单——是班组的考勤记录，也是班组分配计件工资或奖金的依据。

限额领料单——是班组完成一定的施工任务所必需的材料限额，是班组领退材料和节约材料的凭证。

施工任务书一般由施工队长或主管工长会同定额人员根据施工作业计划的工程数量和定额进行签发。为了使施工任务书（单）起到计划、下达任务、指导施工、进行结算、业务核算、按劳分配的作用，施工任务书（单）的签发和回收应遵循一套合理的流程，各有关人员必须按时、按要求完成所承担的流水性业务工作。这种责任制形式，已为生产实践证明是有效的。在施工任务书的签发和流通中，应掌握下列要求。

① 施工任务书必须以施工作业计划为依据，按分部分项工程进行签发，任务书一经签发，不宜中途变更，签发时间一般要在施工前2～3d，以便班组进行施工准备。

② 任务书的计划人工和材料数量必须根据现行全国统一劳动定额和企业规定的材料消耗定额计算。

③ 向班组下达任务书时要做好交底工作，要交任务、交操作规程、交施工方法、交定额、交质量与安全，做到任务明确，责任到人。

④ 施工任务书又是核算文件，所以要求数字准确，包括工程量、套用定额、估工、考勤、统计取量与结算用工、用料和成本，都要准确无误。

⑤ 任务书在执行过程中，各业务部门必须为班组创造正常施工条件，帮助工人达到和超额完成定额。

⑥ 施工任务书可以按工人班组签发，也可以按承包专业队签发(大任务书)，目前各企业正在推行单位工程，分部分项工程承包及包工、包料、包清工等不同类型的多种经济承包责任制。

⑦ 一份施工任务书的工期以半个月至一个月为宜，太长则易与计划脱节，与施工实际脱节，太短则又增加工作量。

⑧ 班组完成任务后应进行自检，工长与定额员在班组自检的基础上，及时验收工程质量、数量和实际做工日数，计算定额完成数字。

劳动部门将经过验收的任务书回收登记，汇总核实完成任务的工时，同时记载有关质量、安全、材料节约等情况，作为结算和核发奖金的依据。

三、现场调度

由于施工的可变因素多，计划也不可能十分准确和一成不变，原订计划的平衡状态在施工中总会出现不协调和新的不平衡。为解决新出现的不协调和不平衡而进行的及时调整、平衡、解决矛盾、排除障碍，使之保持正常的施工秩序的工作，就是现场调度工作。

1. 现场施工调度的任务

① 监督、检查计划和工程合同的执行情况，掌握和控制施工进度，及时进行人力、物力平衡，调配人力，督促物资、设备的供应，促进施工的正常进行。

② 及时解决施工现场上出现的矛盾，协调各单位及各部门之间的协作配合。

③ 监督工程质量和安全施工。

④ 检查后续工序的准备情况，布置工序之间的交接。

⑤ 定期组织施工现场调度会，落实调度会的决定。

⑥ 及时公布天气预报，做好预防准备。

2. 现场施工调度的要求

① 调度工作的依据要正确，这些依据有施工过程中检查和发现出来的问题，计划文件、设计文件、施工组织设计、有关技术组织措施、上级的指示文件等。

② 调度工作要做到“三性”，即及时性（指反映情况及时、调度处理及时）、准确性（指依据准确、了解情况准确、分析问题原因准确、处理问题的措施准确）、预防性（即对工程中可能出现的问题，在调度上要提出防范措施和对策）。

③ 采用科学的调度方法，即逐步采用新的现代调度方法和手段，广泛应用电子计算机技术。

④ 建立施工调度机构网，由各级主管生产的负责人兼调度机构的负责人。

⑤ 为了加强施工的统一指挥，必须给调度部门和调度人员应有的权力。

⑥ 调度部门无权改变施工作业计划的内容，但在遇到特殊情况无法执行原计划时，可通过一定的批准手续，经技术部门同意，按下列原则进行调度。

a. 一般工程服从于重点工程和竣工工程。

b. 交用期限迟的工程，服从于交用期限早的工程。

c. 小型或结构简单的工程，服从于大型或结构复杂的工程。

四、现场平面管理

施工现场平面管理应抓好以下几方面的工作。

① 建立统一的平面管理制度，以施工总平面规划为依据，进行经常性的管理工作，若有总包，则应根据工程进度情况，由总包单位负责施工总平面图的调整、补充修改工作，以满足各分包单位不同时间的需要。进入现场的各单位应尊重总包单位的意见，服从总包单位的指挥。

② 施工总平面的统一管理和区域管理密切地结合起来。在施工现场施工总平面管理部门统一领导下，划分各专业施工单位或单位工程区域管理范围，确定各个区域内部有关道路、动力管线、排水沟渠及其他临时工程的维修养护责任。

③ 做好现场平面管理的经常性工作，如：审批各单位需用场地的申请，根据不同时间和不同需要，结合实际情况，合理调整场地；做好土石方的平衡工作，规定各单位取弃土石方的地点、数量和运输路线；审批各单位在规定期限内，对清除障碍物，挖掘道路，断绝交通，断绝水电动力线路等的申请报告；对运输大宗材料的车辆，做出妥善安排，避免拥挤堵塞交通；大型施工现场在施工管理部门内，应设专职组，负责平面管理工作，一般现场也应指派专人掌握此项工作。

五、现场场容管理

施工现场场容管理，实际上是根据施工组织设计的施工总平面图，对施工现场进行的管理。它是施工管理的内容之一。搞好施工现场场容管理，不但可以清洁城市，还可以为建设者创造良好的劳动环境、工作环境和生活环境，振奋职工精神，从而保证工程质量，提高劳动生产率。

1. 施工现场场容管理的内容

(1) 施工现场用地

施工现场用地应以城市规划管理部门批准的工程建设用地的范围为准，也就是通常所说的建筑红线以内。如果建筑红线以内场地过于狭小，无法满足施工需要，需在批准的范围以外临时占地时，应会同建设单位按规定分别向规划、公安交通管理部门另行报批。一旦经批准后，应在批准的时间期限和占地范围内使用，不得超时间、超面积占用。如果临时占地范围内有绿地、树木，应采取妥善措施加以保护，必要时应与园林绿化部门取得联系；如果临时占地范围内有铺装步道或其他正式路面的，应与当地市政管理部门联系；因施工需要临时停水、停电和断路，必须申报主管部门批准；因停水、停电、断路，影响附近单位、居民正常工作、生活的，要事先通告受影响单位和所在地居民委员会，在断路的周围要设置明显的标志；因施工或断路影响垃圾、粪便清运的，要事先报告当地市容环境卫生管理部门，并采取妥善措施后再行施工。

（2）围挡与标牌

原则上所有施工现场均应设围挡，禁止行人穿行及无关人员进入。根据工程性质和所在地区的不同情况，可采用不同标准的围挡措施，但均应封闭严密、完整、牢固、美观，上口要平，外立面要直，高度不得低于1.8m。

施工现场必须设置明显的标牌，标明工程项目名称、建设单位、设计单位、施工单位、项目经理和施工现场总代表人的姓名、开工和竣工日期、施工许可证批准文号等。标牌字体应书写正确规范、工整美观，并经常保持整洁完好。标牌面积不得小于0.7m×0.5m，下沿距自然地坪不得低于1.2m。

施工现场大门内还应有施工总平面布置图、消防平面布置图，以及安全生产管理制度板、消防保卫管理制度板、场容卫生环保制度板。平面图要布置合理并与现场实际相符；制度板要求内容详细，字迹工整、规范、清晰。

（3）现场整洁

施工现场要加强管理，文明施工。整个施工现场和门前及围墙附近应保持整洁，不得有垃圾、废弃物及痰迹。工人操作工作面上要做到活完、料净、脚下清。施工中产生的垃圾废料要及时清除。砂浆、混凝土在搅拌、运输、使用过程中要做到不撒、不漏、不剩、不倒。撒漏的要及时清理、避免剔凿。砂浆、混凝土倒运时，应用容器或铺垫板。浇筑混凝土时，应采取防撒落措施。对已产生的施工垃圾要及时清理集中，及时运出。对施工垃圾应进行分拣，回收可利用的材料及废旧金属等。经过分拣以后不能利用的垃圾要及时运走，卸到指定地点，其中单块的长、宽、高均不得超过30cm。超标的大块要先行破碎才准卸倒。

(4) 道路与场地

施工现场的道路与场地是施工生产的基本条件之一。开工前现场应具备三通一平（水通、电通、路通、场地平整）的基本条件。一般基础及地下室的工程完成后，应进行二次场地平整，包括沟槽回填、余土清运、场地和道路的修整，经检查验收合格后，方准进入结构施工。位于主要街道两侧现场的主要出入口应设专人指挥车辆，防止发生交通事故。

对道路的基本要求是现场应有循环道路，并做到平整、坚实、畅通，为了保证任何时候都能通过消防车辆，道路上不准堆放物料，宽度不得小于3.5m。现场道路可用焦渣、砂石做路面。道路应起拱，有排水措施。浮土较多的路段应洒水，避免尘土飞扬。

因爆破作业需临时变更或断绝交通的，由爆破单位报市公安交通管理部门批准。

对场地的基本要求是平整坚实，有排水措施，不得有坑洼积水。场地内应清洁，无杂草、石头、砖头、烂纸、木屑等杂物。

(5) 临设工程

现场的临时设施应根据施工组织设计进行搭设。各种临时设施均应做到安全、实用、整齐。不得采用荆笆、苇席作外墙。现场临时设施尽量采用非易燃材料支搭。由于条件限制需在现场搭建易燃设施时，应符合消防部门的有关规定。卷扬机棚应保证视线良好；搅拌机棚前后台应整洁，前台有排水措施，在冬季施工期间应封闭严密；各种库房应防雨、防潮，门窗加锁；办公室、更衣室应门窗整齐，不得墙皮脱离，破烂不齐。

施工现场的临设工程是直接为工程施工服务的设施，不得改变用途，移做他用（如家属住宿、开办商业、服务业网点或转租转售给其他单位和个人）。施工现场的各种临设工程应根据工程进展逐步拆除；遇有市政工程或其他正式工程施工时，必须及时拆除；全部工程竣工交付使用后，即将其拆除干净，最迟不得超过一个半月。

施工单位也不得占用本单位承建的任何正式工程，更不得以任何借口用正式工程安排职工或他人居住。工期较长的多栋号工程或小区工程的施工现场，需临时占用少量正式工程房屋作为临设工程用的，要征得建设单位同意和施工单位的上级机关批准，并签订限期使用协议。施工单位在使用期间要加强管理，到期必须退还建设单位。

(6) 成品保护

施工现场应有严格的成品保护措施和制度。凡成型后不再抹灰的预制楼梯板在安装以后即应采取护角措施。建筑物内使用手推车运输材料的，木门口应进行保护。各种大理石、水磨石及木制台板、踏步等在安装后要进行保护，避免磕碰。不准在各种成品地面上抹灰。铝合金门窗要及时粘贴保护膜，避免砂浆污染，并严防受到外力而变形。要教育全体施工人员爱护成品和半成品，禁止在建筑物上涂抹。每一道工序都要为下一道工序以至最终产品创造质量优良的条件。已竣工待交付建筑中的厕所、卫生间等一律不得使用。无法清除的物品严禁塞入垃圾道。

(7) 环境保护

施工中要注意环境保护，避免污染。注意控制和减少噪声扰民。多层高层建筑的垃圾、渣土应尽量使用临时垃圾筒漏下，或用灰斗、小车吊下，严禁自楼上向下抛撒，以免尘土飞扬，熬制沥青应采用无烟沥青锅，各种锅炉应有消烟除尘设备。含有水泥等污物的废水不得直接排出场外或直接排入市政污水管道，应在现场内设沉淀池，经沉淀后的废水方准排出。运输水泥、白灰等散体材料以及清运渣土、垃圾时，必须采取严密遮盖、围护措施，不得到处遗撒、飞扬。进行土方机械作业的现场应注意装车不可过满，必要时应派专人将车上表面的浮土拍实。车辆出门前的道路应设置一段焦渣路面或铺上草袋，有条件的要用水冲刷车轮，防止车轮将泥砂带出场外。施工现场生活区要保持环境卫生，不乱扔乱倒废弃物，不随地吐痰，不随地大小便，不乱泼、乱倒脏水。

(8) 保护绿地与树木

城镇中的绿地和树木花草是维护生态平衡，美化生活环境，隔离、消除噪声和大气污染的必不可少的城市建设设施，是国家和人民的宝贵财富，一定要加以爱护，不得任意破坏、砍伐。当因建设需要占用绿地和砍伐、移植、更新，影响和改变环境面貌时，必须经城市园林部门和城市规划管理部门同意并报市政府批准。现有城市公共绿地和城市总体规划中确定的城市绿地，未经过批准的不得改做他用。凡城市道路一侧或两侧并行栽有两行以及两行以上树木或有花坛、草坪及圈有绿篱地带者，不得擅自占用。如因特殊原因需要占用时，须经市园林和公安部门共同批准。

树龄在百年以上的大树，稀有、名贵树种和具有历史价值、纪念意义的树木。必须严加保护，禁止在树干上乱刻乱划和乱钉或缠绕绳索、铁丝等；禁止用古树名木作施工的支撑物；在树冠周围边缘以外地面 3m 范围内禁止堆物堆料、挖坑取土、倾倒有害于树木的污水、污物；禁止兴建永久性或临时性建筑；建设工程中凡涉及古树名木保护管理的，建设单位或总承包单位应提出保护或处理方案报园林、林业部门批准。

(9) 保护文物

我国是一个具有几千年历史的文明古国，地上、地下、水下保存着大量具有历史、艺术、科学价值的文物。这些文物都是受国家保护的。埋藏在地下、水域中的一切文物，都属于国家所有，在施工时，必须注意对文物进行保护。对建筑施工来说，文物保护主要涉及两方面的内容。

① 文物保护单位。对于全国重点文物保护单位、省（市）级文物保护单位和区（县）级文物保护单位，必须根据规定，在文物保护单位的保护范围内，不得改变文物原状，不得损毁、改建、拆除文物建筑及其附属物，不得进行其他建设工程，不得在建筑物内及附近存放易燃、易爆及其他危及文物安全的物品。因建设工程特别需要而必须对文物保护单位进行迁移或者拆除的，应当依照《文物保护法》履行报批手续。未经政府批准，不准在文物保护单位的保护范围内进行施工或建设。

② 地下埋藏文物。进行大型基本建设工程或者在文物较密集地区内进行建设工程，建设工程单位或总承包单位应事先与省、市文物

局联系，在工程范围内有可能埋藏文物的地方进行文物调查或者勘探工作，若发现文物，应共同商定处理办法。在开挖基坑、管沟或其他挖掘中，如果发现古墓葬、古遗址和其他文物，应立即停止作业，保护好现场，并立即报告当地政府文物管理机关。发现出土文物，不论是单位或者个人，皆不得隐匿不报，据为己有。必须根据政府的规定，上缴文物管理机关。

③ 坟墓处理。在被征用的建设用地范围内的坟墓，应由用地单位报请当地政府，并在省、市报纸上公告坟主在15d内迁移，还要按政府房地产管理机关的规定发给迁坟费。无主坟墓和逾期未迁的坟墓，由用地单位就地深埋。坟内有价值的殓物，必须交当地区、县政府的财政、文物主管部门处理。对烈士墓和外侨墓，应与政府主管部门联系，按有关规定处理。

2. 推行施工现场场容管理的责任制

(1) 落实领导责任制

施工现场场容管理是一项涉及面广、工作难度大、综合性很强的工作，由哪一个业务部门单独负责都无法达到预期的效果，必须由各级领导负责，组织和协调各部门共同加强施工现场场容管理。公司、工区和施工队都应明确一位主要领导负责场容管理工作，形成一个领导负责的体系。

(2) 实行区域责任制

施工现场场容管理实行区域责任制，即将施工现场划分为若干区域，将每个区域的场容责任落实到有关班组，分片包干。在划分区域时，应在平面图上标明界限，并不得遗漏，使整个施工现场区域划分责任明确，而任何一个角落都有人负责。

(3) 分口负责，共同管理

施工现场场容管理涉及生产、技术、材料、机械、安全、消防、行政、卫生等各部门，可由生产部门牵头，进行场容管理的各项组织工作，但并不是由生产部门替代其他各个业务部门。各个业务系统都有各自系统的要求，只有在各个系统加强管理的基础上，场容管理才能全面加强。

(4) 做到制度化、标准化、经常化

加强现场场容管理就必须加强日常的管理工作，从每一个部门、每一个班组、每一个人做起，抓好每一道工序、每一个环节。因为场容管理的任务并不仅限于搞搞卫生，而要深入到管理工作的各个方面。其目的在于创造一个良好的施工环境，使得生产安排科学合理，职工心情舒畅，从而有利于提高劳动生产率，减少浪费，降低成本，实现文明施工，更好地完成施工生产任务。因此必须建立健全合理的规章制度，做到场容管理的制度化、标准化和经常化。

(5) 落实奖罚责任制

有奖有罚，奖罚分明，言必行，行必果。

六、施工日志

施工日志是施工过程的真实记录，也是技术资料档案的主要组成部分。它能有效地发挥记录工作、总结工作、分析工作效果的作用。

施工日志的内容应包括任务安排、组织落实、工程进度、人力调动、材料及构配件供应、技术与质量情况、安全消防情况、文明施工情况、发生的经济增减以及事务性工作记录，既要记成功的经验，也要记失败的教训，以便及时总结，逐步提高认识，提高管理水平。切忌把施工日志记成流水账。

施工日志主要应记录如下几点。

① 工程的准备工作，包括现场准备，熟悉施工组织设计，各级技术交底要求，研究图纸中的重要问题、关键部位和应抓好的措施，向班组交底的日期、人员和主要内容，有关计划安排等。

② 进入施工以后，对班组自检活动的开展情况及效果，组织互检的交接检和情况及效果，施工组织设计和技术交底的执行情况及效果的记录和分析。

③ 项目的开竣工日期以及主要分部分项工程的施工起讫日期，技术资料供应情况。

④ 临时变动的设计，含设计单位在现场解决的设计问题和对施工图修改的记录，或在紧急情况下采取的特殊措施和施工方法。

⑤ 质量、安全事故的记录，包括原因调查分析、责任者、研究情况、处理结论等。对人、财、物损失均需记录清楚，重要工程的特殊质量要求和施工方法。

⑥ 分项工程质量评定，隐蔽工程验收、预检及上级组织的检查活动等技术性活动的日期、结果、存在问题及处理情况的记录。

⑦ 原材料检验结果、施工检验结果的记录，包括日期、内容、达到效果及未达到要求问题的处理情况及结论。

⑧ 气候、气温、地质以及其他特殊情况（如停电、停水、停工待料）的记录等。

⑨ 有关新工艺、新材料的推广使用情况，以及小改、小革、小窍门活动的记录，包括项目、数量、效果及有功人员。

⑩ 有关领导或部门对工程所做的生产、技术方面的决定或建议。

⑪ 有关归档技术资料的转交时间、对象及主要内容的记录。

⑫ 施工过程中组织的有关会议、参观学习、主要收获、推广效果。

第二节　施工机具管理

一、施工机具管理的意义

施工机具是建筑生产力的重要组成因素，现代建筑企业是运用机器和机械体系进行工程施工的，施工机具是建筑企业进行生产活动的技术装备。加强施工机具的管理，使其处于良好的技术状态，是减轻工人劳动强度、提高劳动生产率、保证建筑施工安全快速进行、提高企业经济效益的重要环节。

施工机具管理就是按照建筑生产的特点和机械运转的规律，对机械设备的选择评价、有效使用、维护修理、改造更新的报废处理等管理工作的总称。

二、施工机具的分类及装备的原则

建筑企业施工机具包括的范围较为广泛，有施工和生产用的建筑机械和其他各类机械设备以及非生产机械设备，统称为施工机具。

建筑机械包括：挖掘机械、起重机械、铲土运输机械、压实机械、路面机械、打桩机械、混凝土机械、钢筋和预应力机械、装修机械、交通运输设备、加工和维修设备、动力设备、木工机械、测试仪器、科学试验设备等其他各类机械设备。

非生产性机械设备有：印刷、医疗、生活、文教、宣传等专用设备。

建筑企业合理装备施工机具的目的是既能保证满足施工生产的需要，又能使每台机械设备发挥最高效率，以达到最佳经济效益，总的原则是：技术上先进、经济上合理、生产上适用。

三、施工机具的选择、使用、保养和维修

1. 施工机具的选择

对于建筑工程而言，施工机具的来源有购置、制造、租赁和利用企业原有设备四种方式，正确选择施工机具是降低工程成本的一个重要环节。

(1) 购置

购置新施工机具（包括从国外引进新装备）是较常采用的方式，其特点是需要较高的初始投资，但选择余地大，质量可靠，其维修费用小，使用效率较稳定、故障率低。企业购置施工机具，应当由企业设备管理机构或设备管理人员提出有关设备的可靠性和有利于设备维修等要求。进口设备应当备有设备维修技术资料和必要的维修配件。进口的设备到达后，应认真验收，及时安装、调试和投入使用，发现问题应当在索赔期内提出索赔。

(2) 制造

企业自制设备，应当组织设备管理、维修、使用方面的人员参加设计方案的研究和审查工作，并严格按照设计方案做好设备的制造工作。设备制成后，应当有完整的技术资料。自制的特点是需要一定的投资，可利用企业已有的技术条件，但因缺乏制造经验、协作不便、质量不稳定、通用性差，对一些大型设备、通用性强的设备，一般不采用此法。

(3) 租赁

根据工程需要，向租赁公司或有关单位租用施工机具。其特点是不必马上花大量的资金，先用后还，钱少也能办事；时间上比较灵活，租赁期可长可短。当企业资金缺乏时，还可以长期租赁形式获得急需的施工机具，只要按照规定分期偿还租赁费和名义货价后，就可取得设备的所有权。这种方式对加速建筑业的技术改造好处极大，因此，当前发达的资本主义国家的建筑企业有三分之二左右的设备靠租赁，这也是我们的方向。

(4) 利用

利用企业原有的施工机具，实际就是租赁的方式。在实行项目管理以后，项目就是一个核算单位。项目部向公司租赁施工机具，并向公司支付一定的租金，这在我国目前应用得比较普遍，以后将逐渐走向租赁方式。

根据以上 4 种方式分别计算施工机具的等值年成本，从中挑选等值年成本最低的方式作为选择的对象，总的选择原则为：技术安全可靠、费用最低。

① 购置、制造和利用企业原有设备。

等值年成本=(施工机具原值－残值)×资金回收系数＋残值利息＋施工机具年使用费＋其他费用 (16-1)

$$资金回收系数=i(1+i)^n/[(1+i)^n-1] \tag{16-2}$$

式中 i——利率；

n——资金回收年限（折旧年限）。

② 租赁。

等值年成本=租赁费＋年使用费＋其他费用 (16-3)

2. 施工机具的使用

使用是施工机具管理中的一个重要环节。正确、合理地使用施工机具可以减轻磨损，保持良好的工作性能和应有的精度。在节省费用的条件下，充分发挥施工机具的生产效率，延长其使用寿命。

为把施工机具用好、管好，企业应当建立健全设备的操作、使用、维修规程和岗位责任制。设备的操作和维修人员必须严格遵守设备操作、使用的维修规程。

(1) 定人定机定岗位

机械设备使用的好坏，关键取决于直接掌握使用的驾驶、操作人员；而他们的责任心和技术素质又决定着设备的使用状况。

定人定机定岗位、机长负责制的目的，是把人机关系相对固定，把使用、维修、保管的责任落实到人。其具体形式如下。

① 多人操作或多班作业的设备，在定人的基础上，任命一位机长全面负责。

② 一人使用保管一台设备或一人管理多台设备者，即为机长，对所管设备负责。

③ 掌握有中、小型机械设备的班组，不便于定人定机时，应任命机组长对所管设备负责。

操作人员的主要职责如下。

① 四懂三会。对操作技术要精益求精，要求懂得设备的构造、原理、性能和操作规程；会正确操作、维修保养和排除故障。

② 遵守制度。要严守操作规程，执行保养制度和岗位责任制度等各项规章制度，并杜绝违章作业确保安全生产；认真执行交接班制度，及时准确地填写设备的各项原始记录和统计报表。

③ 谨慎操作、完成任务。要服从指挥搞好协作，优质、高效、低耗地完成作业任务。

④ 保管好原机的零部件、附属设备、随机工具，做到完整齐全，不无故损坏。

⑤ 机长、机组长除以上职责外，还要负责组织、指导和监督对设备的安全使用、保养和维修；负责审查、汇总原始记录资料和统计报表以及组织技术学习、经验交流等。

(2) 合理使用施工机具

合理使用，就是要正确处理好管、用、养、修四者的关系，遵守机械运转的自然规律，科学地使用施工机具。

① 新购、新制、经改造更新或大修后的机械设备，必须按技术标准进行检查、保养和试运转等技术鉴定，确认合格后，方可使用。

② 对选用机械设备的性能、技术状况和使用要求等应作技术交底。要求严格按照使用说明书的具体规定正确操作，严禁超载、超速等拼设备的野蛮作业。

③ 任何机械都要按规定执行检查保养。机械设备的安全装置、指示仪表，要确保完好有效，若有故障应立即排除，不得带病运转。

④ 机械设备停用时，应放置在安全位置。设备上的零部件、附件不得任意拆卸，并保证完整配套。

(3) 建立安全生产与事故处理制度

为确保施工机具在施工作业中安全生产，首先，要认真执行定人定机定岗位、机长负责制。机械操作人员均须经过技术培训、安全技术教育，考试合格并持有操作证后，方可上岗操作。

其次，要按使用说明书上各项规定和要求，认真执行试运转（或走合要求）、安全装置试验等工作，方可正式使用。同时，要严格执行安全技术操作规程，严禁违章作业。

再者，在设备大检查和保养修理中，要重点检查各种安全、保护和指示装置的灵敏可靠性。对于自制、改造更新或大修后的机械设备要保证质量，检验合格后方准使用。

机械设备事故是指设备运转发生异常或发生人为事故而导致设备损坏或停机、停产等后果。设备事故分为一般事故、重大事故和特大事故三类。

事故发生后，应立即停机并保持现场，事故情况要逐级上报，主管人员应立即深入现场调查分析事故原因，进行技术鉴定和处理；同时要制定出防止类似事故再发生的措施，并按事故性质严肃处理和如实上报。

(4) 建立健全施工机具的技术档案

施工机具的技术档案是从出厂到使用报废全过程的技术性历史记录。它对掌握机械的变化规律、合理使用、适时维修、做好配件准备等工作提供可靠的技术依据。因此，对主要的机械设备必须逐台建立技术档案。它包括：使用（保修）说明书、附属装置及工具明细表、出厂检验合格证、易损件图册及有关制作图等原始资料；机械技术试验验收记录和交接清单；机械运行、消耗等汇总记录；历次主要修理和改装记录以及机械事故记录等。

3. 施工机具的保养及维修

根据建筑施工的特点，建筑机械的磨损较为突出，因此做好保养和修理，使其经常处于良好的技术状态，极为重要。而保养与修理是相互配合、相互促进的，我国实行定期保养、计划检修、养修并重、预防为主的方针。

(1) 施工机具的检查

检查是施工机具维护、修理的基础和首要环节，它是指对机械设备的运行情况、工作精度、磨损程度进行检查和校验。通过检查可全面地掌握实况、查明隐患、发现问题，以便改进维修工作、提高修理质量和缩短修理时间。

按检查时间间隔可分为：

① 日常检查。主要由操作工人对机械设备进行每天检查，并与例行保养结合。若发现不正常情况，应及时排除或上报；

② 定期检查。在操作人员参与下，按检查计划由专职维修人员定期执行。要求全面、准确地掌握设备性能及实际磨损程度，以便确定修理的时间和种类。

按检查的技术性能可分为：

① 机能检查。对设备的各项机能进行检查和测定，如漏油、漏水、漏气、防尘密封等，以及零件耐高温、高速、高压的性能等；

② 精度检查。对设备的精度指数进行检查和测定，为设备的验收、修理和更新提供较为科学的依据。

精度指数即设备精度的实测值与允许值之比。其公式为：

$$\text{精度指数}=\sqrt{\frac{\sum(\text{精度实测值}/\text{精度允许值})^2}{\text{测定项目数}}} \tag{16-4a}$$

$$\text{或 } T=\sqrt{\frac{\sum(T_P/T_S)^2}{n}} \tag{16-4b}$$

精度指数越小，表示的精度越高。各种机械设备均可按一定精度指数要求来进行新设备验收、大修后验收，确定调整、修理或更新。

(2) 施工机具的保养

保养是预防性的措施，其目的是使机械保持良好的技术状况，提高其运转的可靠性和安全性，减少零部件的磨损以延长使用寿命、降低消耗，提高机械施工的经济效益。

① 例行保养（日常保养）。由操作人员每日按规定项目和要求进行保养，主要内容是清洁、润滑、紧固、调整、防腐及更换个别零件。

② 强制保养（定期保养）。每台设备运转到规定的期限，不管其技术状态如何，都必须按规定进行检查保养。一般分为一、二、三级保养；个别大型机械可实行四级保养。

一级保养。操作工为主，维修工为辅。不仅要普遍地进行紧固、清洁、润滑，还要部分地进行调整。

二级保养。维修工为主，主要是进行内部清洁、润滑、局部解体检查和调整。

三级保养。要对设备的主体部分进行解体检查和调整工作，并更换达到磨损极限的零件，还要对主要零部件的磨损情况作检测，记录数据，以此作为修理计划的依据。

四级保养。对大型设备要进行四级保养，修复和更换磨损的零件。

(3) 施工机具的修理

设备的修理是修复因各种因素而造成的设备损坏，通过修理和更换已磨损或腐蚀的零部件，使其技术性能得到恢复。

① 小修。以维修工人为主，对设备进行全面清洗、部分解体检查和局部修理。

② 中修。要更换与修复设备的主要零件和数量较多的其他磨损零件，并校正设备的基准，以恢复和达到规定的精度、功率和其他技术要求。

③ 大修。对设备进行全面解体，并修复和更换全部磨损零部件，恢复设备原有的精度、性能和效率，其费用由大修基金支付。

第三节 计划管理

一、施工进度计划

计划是各项管理工作的核心。施工进度计划应包括从施工现场的准备、进入土建和专业施工操作、设备安装直到工程竣工验收、交付使用为止的全部施工工程的计划。如工程项目系群体型或特大型工程，它既有主体工程项目，又有配套工程项目；既要有施工总进度计划和单位工程施工进度计划及年度、季度中长期计划和月旬作业计划，又要对重要分部分项编制形象进度计划；同时，还要根据施工进度计划编制土建实物量与专业及设备安装工程综合进度计划；甚至还要包括市政设施、庭院绿化等项施工计划；还要有劳动力需求平衡计划；材料、预制构件制品及混凝土需要量计划；机械设备和运输平衡计划；以及劳动工资计划、技术组织措施计划、成本计划、财务计划等。并通过调度管理来组织施工，以保证建立正常工作秩序和确保计划按期实现。

计划必须既是先进的，又是切实可行的。这就要求确定计划指标时，必须做好调查研究工作，全面掌握和分析企业的内部条件和外部条件，人的因素和物的因素，以及企业的财经状况，哪些是有利因素，哪些是不利因素，并进行切实可靠的计算，确定既先进又实际并适当留有余地的计划指标。此外，在编制计划时，要积极设法变不利因素为有利因素，只有这样才能促进企业经济效益的提高。

建筑企业根据各项生产经营活动的不同要求，编制的各种计划，构成了一个计划体系，把企业的全部生产经营活动纳入企业统一的计划，建立起企业的计划管理秩序。建筑企业的计划按时间划分由长期计划、年度计划、季度计划和月（旬、周、日）作业计划等构成。

作为施工进度计划的编制与实施的计划管理方法，通常有：条形进度计划表；网络进度计划表。

① 条形进度计划表，是用粗的横道线表示工程各项目的开工与竣工日期，延续时间。由于这种进度计划表简单易画，明了易懂，无论过去和现在均为一种运用最广泛的表述进度计划的方法，即使普及了网络计划，而最终的工作进度表或编制轮廓性进度计划时，仍然是要采用条形进度计划表的形式。然而，由于条形图不能表述一项工作开始之前必须完成的一切工作，用条形图表示的施工进度计划，可能是在认真和巧妙的规划基础上制定出来的，也可能是在草率和拙劣的规划基础上制定出来的。

② 网络进度计划表，是用一个网络图来模拟一项工程施工进度中，各工作项目的相互联系和相互制约的逻辑关系，并通过计算，找出关键线路，通过网络计划的调整，选择最优方案，在执行过程中，又不断根据主客观条件的变化信息，进行有效控制和监督，使计划任务能在最合理地使用资源条件下，更好地完成。

编制计划仅仅是计划工作的开始，更重要的是贯彻执行和实现计划。贯彻执行计划有两个基本要求：一是保证全面地完成计划，不仅在数量和进度方面，而且在质量方面，在提高劳动生产率、节约原材料、降低成本、增加利润等各个方面都完成计划，不可偏废；二是均衡地完成计划，以保证施工的稳步发展，有利于建立正常的施工秩序。贯彻执行计划，必须保持计划的严肃性，充分发动群众，层层交底，使计划为广大群众所掌握，成为全体职工的奋斗目标。贯彻执行计划的主要工作是：加强各项技术组织措施，加强调度工作，组织劳动竞赛，实行经济考核，实行按劳分配。

二、计划管理的任务、特点

1. 计划管理的任务

主要是在总工期的约束下，在经常地综合平衡基础上，确定各阶段、各工序之间的施工进度，协调各方面的关系，充分挖掘企业内部潜力，合理利用资源，为合理组织生产活动指明方向，组织好连续施工和均衡施工，从而保证全面完成国家计划，保证工程项目能符合计划要求和质量标准，保证各项工程能成套地、按期地交付生产使用。其具体任务如下。

① 按照国家法令和有关政策，经过市场预测和可行性研究，使工程项目目标符合国民经济发展总目标，并能获得良好的经济效益、社会效益和环境效益。

② 在广泛收集资料的基础上，运用科学的预测方法，通过计划的编制，使工程项目实施计划的各项工作得以统筹安排、综合平衡、优化组合；拟定合理有效的措施，在计划统一指导下协调、有节奏地进行，以充分挖掘和发挥人力、物力、财力的潜力，实现预期目标。

③ 通过计划实施过程中的检查、控制、调节的手段和统计分析，揭露矛盾、解决问题、总结经验教训、反馈信息，达到改进管理提高效率的目的。

2. 计划管理的特点

① 计划的被动性。由于建筑工程施工是按照投资者合同和工程设计要求进行建造，这就使施工计划具有被动性，而不像工业生产那样具有较大的自主性。因此，必须尽可能地满足合同和设计要求。

② 计划的多变性。因建筑工程形式多样，结构复杂多变，受自然条件影响较大，如露天作业、高空作业，交叉作业，这就不能不受

到天气、季节、水文、环境、材料、原料以及现场情况、生活条件等影响，其不可预见因素多，相对稳定性小。因此，施工计划具有复杂的多变性。

③ 计划的不均衡性。由于建筑工程施工受工程开工、竣工时间和季节性施工以及施工过程中各阶段工作面大小不一的影响，施工工期又较长，所以使年度、季度、月度计划之间较难做到均衡性。

④ 计划的周期长。建筑产品的工程量大，生产周期长，它需要长时间占用和消耗人力、物力、财力，一直到生产性消费的终了之日，才是出产品之时。工期拖得越长，积压的资金越多。因此，在计划管理上要长计划，短安排，统筹兼顾，并要搞好计划的衔接，及时把握、控制和对计划进行调整与综合平衡，注意量力而行，用集中力量打歼灭战的办法，千方百计缩短工期，降低成本。

3. 计划管理应注意的事项

① 编制计划下手要早。从工程施工项目管理班子一建立，即要根据合同的规定、施工项目总体进度计划和阶段性目标，组织制定各项计划。

② 施工计划力求全面配套。要把施工项目实施的全过程、全部工作和全体人员及各种计划严密衔接起来，纳入统一的计划控制系统。如施工计划既考虑满足按期竣工的要求，又应该同费用控制结合起来统筹考虑，求得综合经济效益的最佳工期。

③ 计划的编制及实施，既积极可靠，又留有余地，既强调实事求是，判断准确，又要保证计划的先进指标。例如，材料供应计划，既要准确计算品种、规格的需要量，又要准确地安排供货时间，按进度计划的需要及时供应到施工现场。

④ 从总体进度计划到具体作业计划的工作内容要分解并逐级展开，逐一对每一个单项工程都确定相互衔接的逻辑关系，明确最早、最迟开工、竣工时间、工程量以及需要投入的资源量和用工量，把一项复杂工程分解为相互衔接的单项工程。既便于计算工期和资源需要量，也为具体作业计划做编制提供指导依据。同时要做到长计划、短安排，前后衔接，环环扣紧，避免计划脱节。

⑤ 施工过程中的需要与可能往往发生矛盾，应根据可能支配的人

力、机械设备、物资供应、技术条件等诸方面条件，做好综合平衡，确保施工的连续性和均衡性。使计划建立在可靠的技术和物质基础上。注意施工项目计划管理的整体性，促使工程施工按期竣工交付使用。

三、施工进度的检查

为了完成和超额完成计划，不仅要做好贯彻执行计划的组织工作，同时还必须经常地对计划执行情况进行检查与考核，以便及时发现问题和解决问题。

检查计划应实行专业检查和群众性的自检、互检相结合。检查的方法一般采用对比法，即实际进度与计划进度进行对比，从而发现偏差，以便调整或修改计划。

1. 条形计划检查

在图 16-1 中，细线表示计划进度，而上面的粗线表示实际进度。图中显示，工序 G 提前 0.5 天完成，而整个计划拖后 0.5 天完成。

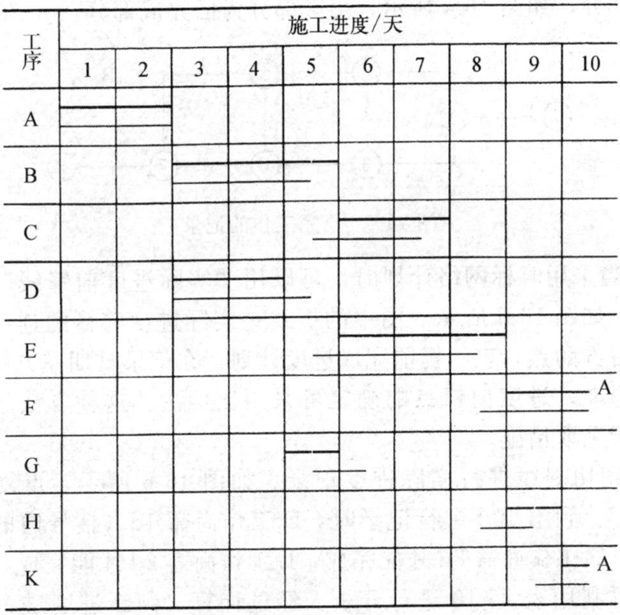

工序	施工进度/天										
	1	2	3	4	5	6	7	8	9	10	
A											
B											
C											
D											
E											
F											A
G											
H											
K											A

图 16-1　利用横道计划记录施工进度

2. 利用网络计划检查

① 记录实际作业时间。例如某项工作计划为 8d，实际进度为 7d，如图 16-2 所示，将实际进度记录于括号中，显示进度提前 1d。

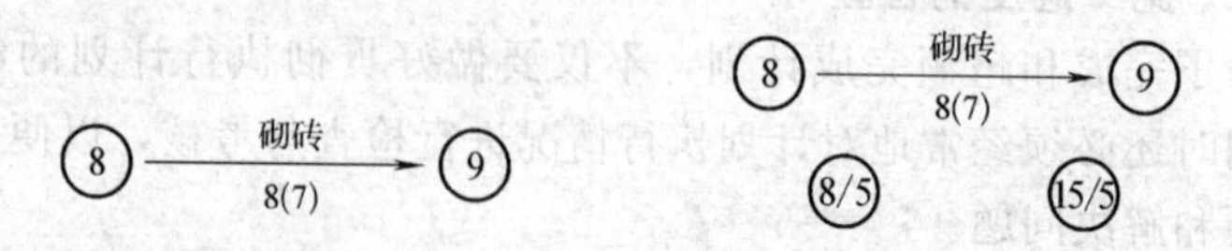

图 16-2　实际作业时间记录

图 16-3　工作实际开始和结束日期记录

② 记录工作的开始日期和结束日期进行检查。例如图 16-3 所示某项工作计划为 8d，实际进度为 7d，如图中标法记录，亦表示实际进度提前 1d。

③ 标注已完工作。可以在网络图上用特殊的符号、颜色记录其已完成部分，如图 16-4 所示，阴影部分为已完成部分。

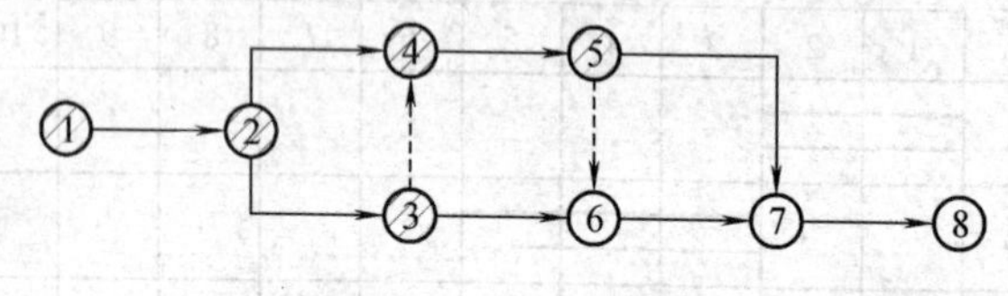

图 16-4　已完工作的记录

④ 当采用时标网络计划时，可以用“实际进度前锋线”记录实际进度，如图 16-5 所示。图中的折线是实际进度前锋的连线，在记录日期右方的点，表示提前完成进度计划，在记录日期左方的点，表示进度拖期。进度前锋点的确定可采用比例法。这种方法形象、直观，便于采取措施。

⑤ 用切割线进行实际进度记录。如图 16-6 所示，点划线称为“切割线”。到第 10d 进行记录时，D 工作尚需 1d（括号内的数）才能完成，G 工作尚需 8d 才能完成，L 工作尚需 2d 才能完成。这种检查方法可利用表 16-10 进行分析。经过计算，判断进度进行情况是 D、L 工作正常，G 拖期 1d。由于 G 工作是关键工作，所以它的拖期很有可能影响整个计划导致拖期，故应调整计划，追回损失的时间。

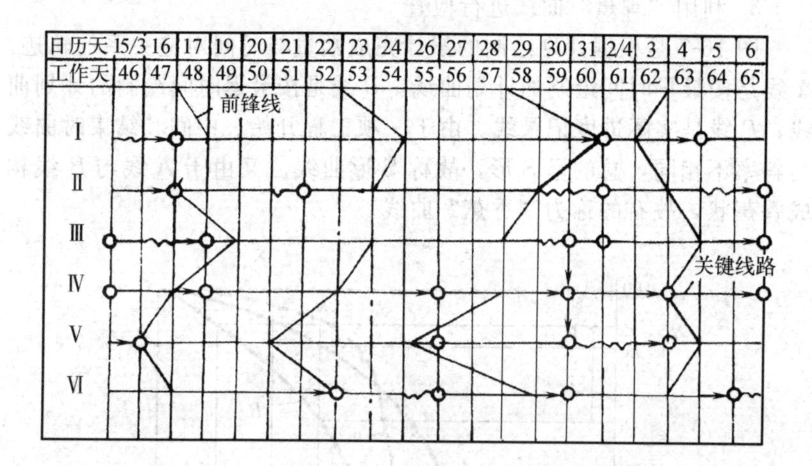

图 16-5　用“实际进度前锋线”记录实际进度

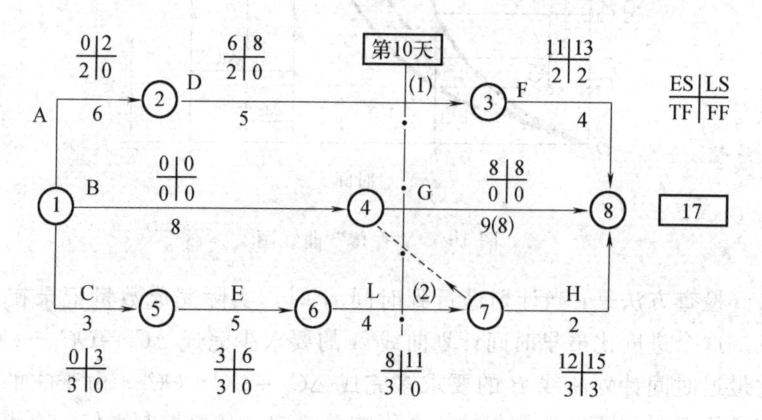

图 16-6　用切割线记录实际进度

表 16-10　网络计划进行到第 10 天的检查结果

工作编号	工作代号	检查时尚需时间	到计划最迟完成前尚有时间	原有总时差	尚有时差	情况判断
2～3	D	1	13－10＝3	2	3－1＝2	正常
4～8	G	8	17－10＝7	0	7－8＝－1	拖期 1 天
6～7	L	2	15－10＝5	3	5－2＝3	正常

3. 利用“香蕉”曲线进行检查

图 16-7 是根据计划绘制的累计完成数量与时间对应关系的轨迹。A 线是按最早时间绘制的计划曲线，B 线是按最迟时间绘制的计划曲线，P 线是实际进度记录线。由于一项工程开始、中间和结束时曲线的斜率不相同，总的呈 S 形，故称 S 形曲线。又由于 A 线与 B 线构成香蕉状，故有的称为“香蕉”曲线。

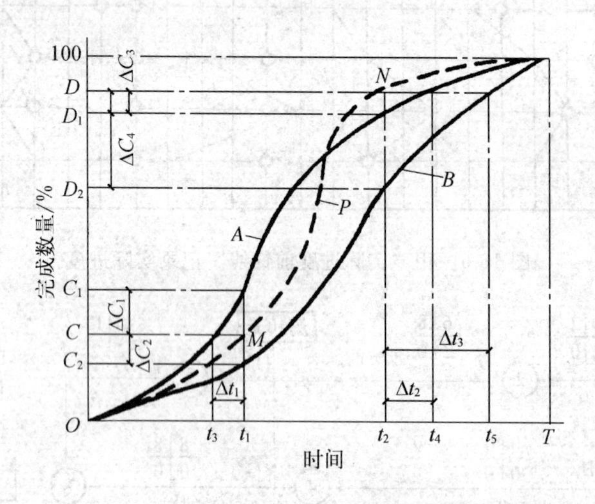

图 16-7 “香蕉”曲线图

检查方法是：当计划进行到时间 t_1 时，实际完成数量记录在 M 点。这个进度比最早时间计划曲线 A 的要求少完成 $\Delta C_1 = OC_1 - OC$，比最迟时间计划曲线 B 的要求多完成 $\Delta C_2 = OC - OC_2$。由于它的进度比最迟时间要求提前，故不会影响总工期，只要控制得好，有可能提前 $\Delta t_1 = Ot_1 - Ot_3$ 完成全部计划。同理可分析 t_2 时间的进度状况。

四、利用网络计划调整进度

利用网络计划对进度进行调整，一种较为有效的方法是采用“工期—成本”优化原理，就是当进度拖期以后，进行赶工时，要逐次缩短那些有压缩可能，且费用最低的关键工作。

现以图 16-8 进行说明。

图 16-8 中；箭线上数字为缩短一天需增加的费用（元/天）；箭

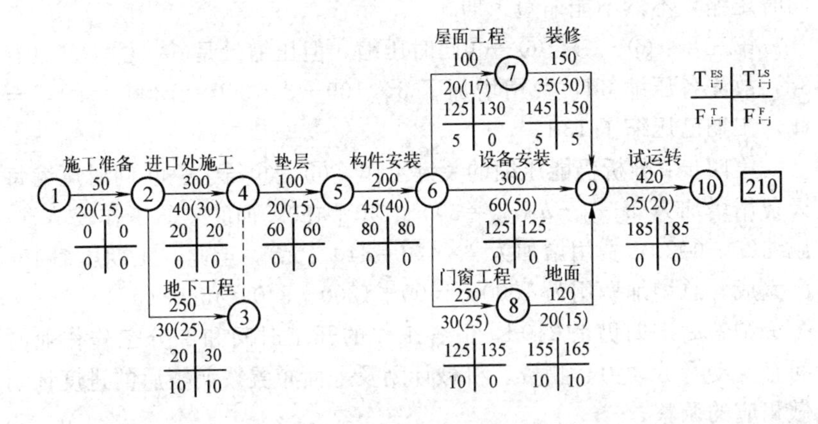

图 16-8　单项工程网络进度计划

线下括号外数字为工作正常施工时间；箭线下括号内数字为工作最快施工时间。

原计划工期是 210d。假设在第 95 天进行检查，工作④—⑤（垫层）前已全部完成，工作⑤—⑥（构件安装）刚开工，即拖后了 15d 开工。因为工作⑤—⑥是关键工作，它拖后 15d，将可能导致总工期延长 15d。于是便应当进行计划调整，使其按原计划完成。办法就是缩短工作⑤—⑥以后的计划工作时间。根据上述调整原理，按以下步骤进行调整。

第一步：先压缩关键工作中费用增加率最小的工作，压缩量不能超过实际可能压缩值。从图 16-8 中可以看出，三个关键工作⑤—⑥、⑥—⑨、⑨—⑩中，赶工费最低的是 $a_{⑤-⑥}=200$，可压缩量＝45－40＝5（天），因此先压缩工作⑤—⑥ 5d。于是需支出压缩费 5×200＝1000（元）。至此，工期缩短了 5d，但⑤—⑥不能再压缩了。

第二步：删去已压缩的工作，按上述方法，压缩未经调整的各关键工作中费用增加率最省者。比较⑥—⑨和⑨—⑩两个关键工作，$a_{⑥-⑨}=300$元为最小，所以压缩⑥—⑨。但压缩⑥—⑨工作必须考虑与其平行的作业工作，它们最小时差为 5d，所以只能先压缩 5d，增加费用 5×300＝1500（元），至此工期已压缩 10d。此时⑥—⑦与⑦—⑨也变成关键工作。如⑥—⑨再加压缩还需考虑⑥—⑦或⑦—⑨

同时压缩，不然不能缩短工期。

第三步：⑥—⑦与⑥—⑨同时压缩，但压缩量是⑥—⑦小，只有3d，故先各压缩 3d，费用增加了 3×100＋3×300＝1200（元），至此，工期已压缩了 13d。

第四步：分析仍能压缩的关键工作，⑥—⑨与⑦—⑨同时压缩每天费用增加为 $a_{⑥-⑨}+a_{⑦-⑨}$＝300＋150＝450，而⑨—⑩工作较节省，压缩⑨—⑩2d，费用增加为 2×420＝840（元），至此，工期压缩 15d 已完成。总增加费用为 1000＋1500＋1200＋840＝4540（元）。

调整后工期仍是 210d，但各工作的开工时间和部分工作作业时间有变动。劳动力、物资、机械计划及平面布置按调整后的进度计划做相应的调整。

第四节　施工材料管理

一、施工材料管理的意义和任务

1. 施工材料管理的意义

施工材料管理是指项目部对施工和生产过程中所需各种材料，进行有计划地组织采购、供应、保管、使用等一系列管理工作的总称。

建筑材料以及构件、半成品等构成建筑产品的实体。材料费占工程成本达 70％左右，用于材料的流动资金占企业流动资金 50％～60％。因此，施工材料管理是企业生产经营管理的一个重要环节。

搞好材料管理的重要意义如下。

① 是保证施工生产正常进行的先决条件。

② 是提高工程质量的重要保障。

③ 是降低工程成本、提高企业的经济效益的重要环节。

④ 可以加速资金周转，减少流动资金占用。

⑤ 有助于提高劳动生产率。

2. 施工材料管理的任务

施工材料管理的任务主要表现在保证供应和降低费用两个方面。

(1) 保证供应

就是要适时、适地、按质、按量、成套齐备地供应材料。适时，是指按规定时间供应材料；适地，是指将材料供应到指定的地点；按质，是指供应的材料必须符合规定的质量标准；按量，是指按规定数量供应材料；成套齐备，是指供应的材料，其品种规格要配套，并要符合工程需要。

(2) 降低费用

就是要在保证供应的前提下，努力节约材料费用。通过材料计划、采购、保管和使用的管理，建立和健全材料的采购和运输制度，现场和仓库的保管制度，材料验收、领发以及回收等制度，合理使用和节约材料，科学地确定合理的仓库贮存量，加速材料周转，减少损耗，提高材料利用率，降低材料成本。

二、材料的分类

根据材料在建筑工程中所起的作用、自然属性和管理方法的不同，可按以下三种方式划分。

1. 按其在建筑工程中所起的作用分类

① 主要材料。指直接用于建筑物上能构成工程实体的各项材料。如钢材、水泥、木材、砖瓦、石灰、砂石、油漆、五金、水管、电线等。

② 结构件。指事先对建筑材料进行加工，经安装后能够构成工程实体一部分的各种构件。如屋架、钢门窗、木门窗、柱、梁、板等。

③ 周转材料。指在施工中能反复多次周转使用，而又基本上保持其原有形态的材料。如模板、脚手架等。

④ 机械配件。指修理机械设备需用的各种零件、配件。如曲轴、活塞等。

⑤ 其他材料。指虽不构成工程实体，但间接地有助于施工生产进行和产品形成的各种材料。如燃料、油料、润滑油料等。

⑥ 低值易耗品。指单位价值不到规定限额（200 元、500 元、800 元），或使用期限不到一年的劳动资料。如小工具、防护用品等。

这种划分便于制定材料消耗定额，从而进行成本控制。

2. 按材料的自然属性分类

① 金属材料。指黑色金属材料，如钢筋、型钢、钢脚手架管、

铸铁管等和有色金属材料，如铜、铝、铅、锌及其半成品等。

② 非金属材料。指木材、橡胶、塑料和陶瓷制品等。

这种分类方法便于根据材料的物理、化学性能进行采购、运输和保管。

3. 按材料的价值在工程中所占比重分类

建筑工程需要的材料种类繁多，资金占用差异极大。有的材料品种数量小，但用量大，资金占用量也大；有的材料品种很多，但占用资金的比重不大；另一种介于这两种之间，ABC分类，即根据企业材料一般占用资金的大小把材料分为三类，见表16-11。

表16-11 ABC分类法示意表

物资分类	占全部品种百分比/%	占用资金百分比/%
A类	10～15	80
B类	20～30	15
C类	60～65	5
合计	100	100

从表16-11看，C类材料虽然品种繁多，但资金占用却较少，而A类、B类品种虽少，但用量大，占用资金多，因此把A类及B类材料购买及库存控制好，对资金节约将起关键性的作用。所以材料库存决策和管理应侧重于A类和B类两类物资上。

三、材料的采购、存储、收发和使用

1. 材料订购采购

(1) 订购采购的原则

材料订购采购是实现材料供应的首要环节。项目的材料主管部门必须根据工程项目计划的要求，将材料供应计划按品种、规格、型号、数量、质量和时间逐项落实，这一工作习惯称为组织货源。正确地选择货源，对保证工程项目的材料供应，提高项目的经济效益具有重要的意义。

在材料订购采购中应做到货比三家，“三比一算”即：同样的材料比质量；同样的质量比价格；同样的价格比运距；最后核算成本。

对于临时性购买或一次性的购买来说，主要应考虑供货单位的质量、价格、运费、交货时间和供应方式等方面是否对企业最为有利，对于大宗材料，应尽量采用就近供货的原则，直达订货，尽量减少中转环节。

供货单位落实以后，应签订材料供需合同，以明确双方经济责任。合同的内容应符合合同法规定，一般应包括：材料名称品种、规格、数量、质量、计量单位、单价及总价、交货时间、交货地点、供货方式、运输方法、检验方法、付款方式和违约责任等条款。

(2) 材料订货通常有两种方式

① 定期订货。它是按事先确定好的订货时间组织订货，每次订货数量等于下次到货并投入使用前所需材料数量，减去现有库存量。计算公式如下：

每期订货数量＝(订货或供货间隔天数＋保险储备天数)×平均日消耗量－实际库存量－已订在途量　(16-5)

② 定量订货。它是在材料的库存量，由最高储备降到最低储备之前的某一储备量水平时，提出订货的一种订货方式。订货的数量是一定的，一般是批量供给，是一种不定期的订货方式。

订货点储备量的确定有 2 种情况。

a. 在材料消耗和采购期固定不变时，计算公式如下：

订货点储备量＝材料采购期×材料平均消耗量＋保险储备量　(16-6)

采购期是指材料备运时间，包括订货到使用前加工准备的时间。

b. 在材料消耗和采购期有变化时，计算公式如下：

订货点储备量＝平均备运时间×材料平均日消耗量＋保险储备＋考虑变动因素增加的储备　(16-7)

③ 材料经济订货量的确定。所谓材料的经济订货量，是指用料企业从自己的经济效果出发，确定材料的最佳订货批量，以使材料的存储费达到最低。

材料存储总费用主要包括 2 项费用。

a. 订购费。主要是指与材料申请、订货和采购有关的差旅费、管理费等费用。它与材料的订购次数有关，而与订购数量无关。

b. 保管费。主要包括被材料占用资金应付的利息、仓库和运输工具的维修折旧费、物资存储损耗等费用。它主要与订购批量有关，而与订购次数无关。从节约订购费出发，应减少订购次数增加订购批量；从降低保管费出发则应减少订购批量，增加订购次数，因此，应确定一个最佳的订货批量，使得存储总费用最小。计算公式如下：

$$经济订购批量=\sqrt{\frac{2\times 每次的订购费用\times 年需要量}{单位材料的年保管费用}} \tag{16-8}$$

式中　单位材料年保管费用＝材料单价×单位材料年保管费率。

例如：某建筑企业对某种物资的年需用量为 80t，订购费每次为 5 元，单位物资的年保管费为 0.5 元，则

$$经济订购批量=\sqrt{\frac{2\times 5\times 80}{0.5}}=40\text{t}$$

采用经济批量法确定材料订购量，要求企业能自行确定采购量和采购时间，订购批量与费用的关系如图 16-9 所示。

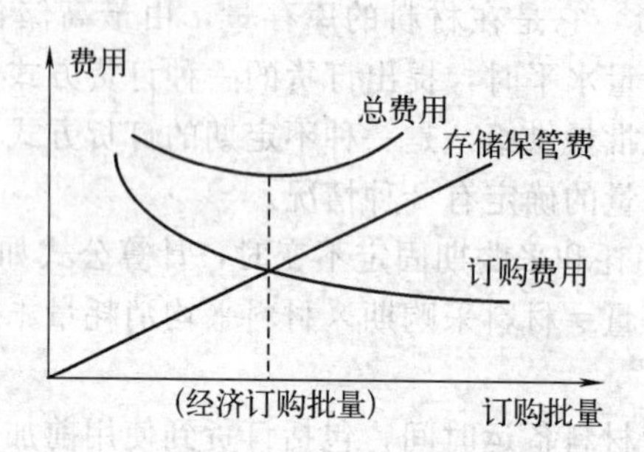

图 16-9　订购批量与费用的关系

2. 材料的储备及管理

(1) 材料储备

建筑材料在施工过程中是逐渐消耗的，而各种材料又是间断的、分批进场的，为保证施工的连续性，施工现场必须有一定合理的材料储备量，这个合理储备量就是材料中的储备定额。

材料储备应考虑经常储备、保险储备和季节性储备等。

① 经常储备，是指在正常的情况下，为保证施工生产正常进行所需要的合理储备量，这种储备是不断变化的。

② 保险储备，是指企业为预防材料未能按正常的进料时间到达或进料不符合要求等情况下，为保证施工生产顺利进行而必须储备的材料数量。这种储备在正常情况下是不动用的，它固定地占用一笔流动资金。

③ 季节性储备，是指某种材料受自然条件的影响，使材料供应具有季节性限制而必须储备的数量。如地方材料等，对于这类材料储备，必须在供应发生困难前及早准备好，以便在供应中断季节内仍能保证施工生产的正常需要。

材料的储备由于受到施工现场场地的限制、流动资金的限制、市场供应的限制、自然条件的限制和材质本身的要求等诸多不确定的因素影响，很难精确计算材料的储备量。总而言之，要求能够适时、适地、按质、按量、经济地配套供应施工材料。

(2) 仓库管理

对仓库管理工作的基本要求是：保管好材料，面向生产第一线，主动配合完成施工任务，积极处理和利用库存闲置材料和废旧材料。

仓库管理的基本内容包括如下。

① 按合同规定的品种、数量、质量要求验收材料。

② 按材料的性能和特点，合理存放，妥善保管，防止材料变质和损耗。

③ 组织材料发放和供应。

④ 组织材料回收和修旧利废。

⑤ 定期清仓，做到账、卡、物三相符。做好各种材料的收、发、存记录，掌握材料使用动态和库存动态。

(3) 现场材料管理

现场材料管理是对工程施工期间及其前后的全部料具管理。包括施工前的料具准备，施工过程中的组织供应，现场堆放管理和耗用监督，竣工后组织清理、回收、盘点、核算等内容。

现场材料管理的具体内容如下。

① 施工准备阶段的现场管理工作。

a. 编好工料预算，提出材料的需用计划及构件加工计划。

b. 安排好材料堆场和临时仓库设施。

c. 组织材料分批进场。

d. 做好材料的加工准备工作。

② 施工过程中的现场材料管理工作。

a. 严格按限额领料单发料。

b. 坚持中间分析和检查。

c. 组织余料回收，修旧利废。

d. 经常组织现场清理。

③ 工程竣工阶段的材料管理工作。

a. 清理现场，回收、整理余料，做到工完场清。

b. 在工料分析的基础上，按单位工程核算材料消耗，总结经验。

第五节 质量管理

一、质量管理的基本概念

1. 质量的概念

什么叫“质量”？简言之，“好坏就是质量”，这是人们习惯的理解，但不完善。目前，国内外有一个共同的理解：产品的质量，就是产品满足人们需要所应具备的特性。随着科学技术的不断发展，人们对产品需要的特性要求也越来越丰富。最早，人们对质量的要求仅是性能，进一步发展到使用寿命，再进一步要求有安全性，后来又要求有可靠性，进而还要求有经济性。这就发展到今天对产品质量的“五性”要求，即：性能、寿命、安全、可靠、经济。通俗一点讲，包含一定质量的产品，应对他人、对社会有用，而且有人花费一定的代价去购买。

建筑工程（产品）质量亦具有特性，具体表现在以下几个方面。

① 结构性能方面。工程结构布置合理，轴线、标高准确，基础施工缝处理符合规范要求，钢筋、型钢骨架用材恰当，几何尺寸能保持设计规定不变，强度、刚度、整体性好，抗震性能和结构的安全度，均能满足设计要求。

② 外观方面。造型新颖、整洁、比例协调、美观、大方，给人以艺术享受。

③ 材质方面。材料的物理性能、化学成分、砂石级配和清洁度，成品、半成品的外观几何尺寸，以及耐酸、耐碱、耐火、隔热、隔声、抗冻、耐腐蚀性能都符合设计、规程、标准、规范的要求。

④ 时间方面。建筑物、构筑物的使用寿命、返修（大修）年限符合设计要求。

⑤ 使用功能方面。布局合理，居住舒适，门窗逗榫紧密，框扇缝适宜，五金配件良好，开关灵活；屋面、楼面不漏水，外墙灰缝不浸水，上下水管不滴漏，烟囱不漏烟；阳台、厕所地面找坡正确，流水畅通；内、外装饰材料不脱落，操作方便，管线安装正确，安全可靠等。

⑥ 经济使用方面。质量好、造价低、维修费用省、生产效率高，使用过程中消耗少、节约能源、使用寿命延长等。

2. 工作质量的概念

什么是工作质量？工作质量就是企业、部门和职工个人的工作，对工程（产品）达到和超过质量标准、减少不合格品、满足用户需要起到保证的作用。企业工作质量等于企业各个岗位上的所有人员工作效能的总和。

工作质量和产品（工程）质量是两个不同的概念，但是两者又有密切关系。产品（工程）质量取决于企业各方面的工作质量，它是各方面、各环节工作质量的综合反映。工作质量是产品（工程）质量的保证，产品（工程）质量是工作质量好坏的体现。要保证产品（工程）质量，绝不是就产品（工程）质量抓质量所能解决的，而是要求各部门、各个环节、每个人都要提供优等的工作质量。为此，在质量管理中，要以相当大的一部分精力放在工作质量上。

3. 质量检验的概念

质量检验（在施工企业也称质量检查）是由特定检查手段，将产品的作业状况实测结果，与要求的质量标准进行对比，然后判定其是否达到优良或合格，是否符合设计和下道工序的要求。也可以说，建筑安装工程的整个质量检查过程，就是人们常说的质量检查评定工作。工程质量检验评定，是决定每道工序是否符合质量要求，能否交付下一道工序继续施工，或者整个工程是否符合质量要求，能否交工等的技术业务活动。

质量检验评定的基本环节如图 16-10 所示。

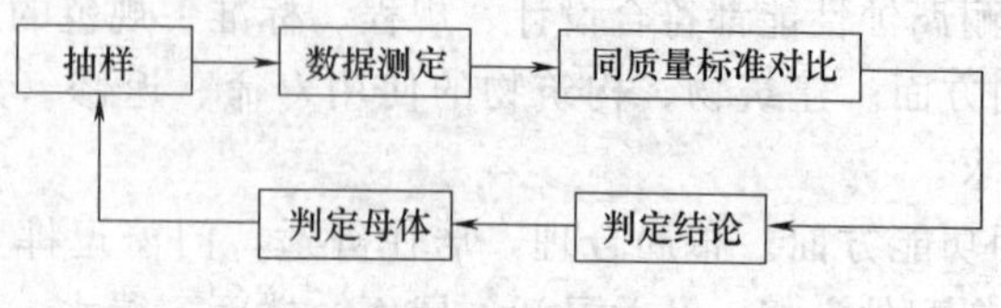

图 16-10 质量检验评定基本环节示意图

4. 质量管理的概念

施工企业质量管理的目的，就是为了建成经济、合理、适用、美观的工程。而建筑安装工程的施工质量，又与勘察设计质量、辅助过程质量、检查质量和使用质量四个方面的质量紧密相关。这五个方面能否统一，统一到什么程度，就看分担这些工作的有关部门、环节的职工的工作能否协调以及协调一致的程度。因此，质量管理就是用科学的方法把工程质量在形成过程中的各种矛盾统一起来，各种工作协调一致。

施工企业的质量管理就是以我为主，尽量做好各自的工作。充分发挥企业中的技术工作、管理工作、组织工作、后勤工作、政治工作等各方面的作用，采取各种有效的保证质量措施，把可能造成产品（工程）质量的因素、环节和部位，在整体工作中全面加以控制和消除，以达到按质、按量、按期完成计划，建造出用户满意的工程（产品）。

二、质量管理发展简史

国外质量管理发展的过程，大致是由质量检验阶段，进入统计质量管理，再进一步发展为全面质量管理，经历了三个阶段。

1. 质量检验阶段（1920～1940 年）

20 世纪 20 年代初期，美国的泰罗总结了工业革命的经验，提出了生产要获得较大的成果，在企业内部必须把计划和执行这两个环节分开，为保证计划的如期执行，在两者之间必须设一个检查的环节，按照标准的规定，对产品进行检验，区分合格品和废品。从此产生了检验质量管理。这一管理方法的变革，为当时工业生产提供了合理化管理的思想，产品的质量有了基本的保证，对生产的发展起了推动作用。但是，这种质量检验管理方法纯属“事后检验”，其最大缺点是只能发现和剔除一些废品，而难以预防废品的产生。所以说，这种质量的管理办法，是一种功能很差的“事后验尸”的管理方法。

2. 统计质量管理阶段（1940～1950年）

1920年前后，美国和英国开始将概率论和数量统计学应用于工业生产，出现了质量控制图与抽检法等统计质量管理方法，奠定了生产质量管理的科学基础。不过这一方法直到第二次世界大战，即20世纪40年代才得到广泛的应用。首先在美国运用数理统计方法来控制军用生产，做到事先发现和预防不良品的产生。这一阶段，除了注重检查外，还强调采用数理统计方法。质量管理便从单纯的“事后检验”发展到“预防为主”，预防与检验相结合的阶段。

3. 全面质量管理阶段（从20世纪60年代起到现在）

生产的迅速发展和科学技术的日新月异，对很多大型产品以及复杂系统的质量要求，特别是对安全、可靠性的要求更高了。人们发现，要达到产品的质量要求，单纯靠统计方法控制生产过程是很不够的，还需要有一个系统的组织管理工作。认识到管理落后与人对质量的影响是个关键问题。这就出现了全企业、全员、全过程实施质量管理，即全面质量管理。

三、质量管理的基础工作

由于建筑安装工程具有单件性的特点，质量管理工作内容繁多，涉及面广，如设计、施工、建材、建机四个专业大口，以及围绕建筑安装工程服务的其他辅助行业，都有各自不同的质量管理特性，但完成工程建设任务的目标却是一致的。为此，必须团结一致，共同努力，认真打好质量管理工作的基础。质量管理基础工作包括：质量教育工作、标准化工作、计量工作、质量情报工作和质量责任制等。基础工作做得扎实与否，关系到建筑工程产品质量的好坏，也关系到企业的兴衰。

1. 质量教育工作

质量教育工作主要包括：质量管理知识的宣传与教育、技术教育与培训两个方面。

(1) 质量管理知识的宣传与教育

质量问题是企、事业生产管理的综合反映，涉及各级行政领导、技术领导、生产班组和许多部门。质量工作不仅是质量管理部门和技术人员的事，也是企业领导、科室管理人员、生产班组大家的事，特别是领导带头，头头抓，抓头头。质量管理是企业管理工作的中心环节。必须对照设计、施工、建材、建机四个专业大口的特点和各部门、各环节管理工作实际，加以分析，把“质量第一”“为用户服务”，由空喊口号转变为实际行动。质量是由用户来评定的。质量保证最基本的思想：第一是为了消费者、面向消费者；第二就是质量第一，必须从长远的观点来坚持质量第一。实质上企业的经济效益的核心就是质量。要把“质量第一”这个精神贯穿到所有活动之中，不搞形式主义。

(2) 技术教育与培训

新中国成立以来，我国建筑技术工作积累了一套极为丰富的经验，建立了许多行之有效的法规、规程、规范、规则和各项规章制度，必须结合生产实际，组织生产技术和质量管理技术的培训，采取不拘一格、因人施教、长（期）短（期）结合、分期分批进行轮训。此外，还可以采用岗位练兵，操作表演，劳动竞赛和举办讲座的形式有计划、分层次开展教育培训工作，不断提高全体职工的技术水平、业务水平和管理水平，以适应规模更大的工程建设发展的需要。

2. 标准化工作

标准是衡量产品质量和各项工作质量的尺度，又是企业进行技术活动和各项经营管理工作的依据。标准化同质量管理关系密切。标准化是质量管理的基础，质量管理是执行标准化的保证。企业标准，主要分为技术标准和管理标准两大类。企业标准化，指的是根据企业生产技术活动和经营管理工作的要求，实现规格化、统一化、制度化而制定的一系列规格、规范、规则、规程、条例等。

标准除有国际标准外，还有我国国家标准、行业标准、地方标准、企业标准等。企业标准的质量标准，应高于国家标准和行业标准。

3. 计量理化工作

计量理化工作（包括测试、化验、分析等工作）是保证计量的量值准确和统一，确保技术标准的贯彻执行，保证零部件、构件互换和工程质量的重要手段和方法；如果没有这项基础工作，则会造成不堪设想的质量事故和重大安全事故。比如在一幢以钢筋混凝土为主体结构的建筑物施工过程中，由于钢筋没有出厂证明书，也未补作理化测试，便盲目地误把一级钢作为二级钢使用，因而造成了重大的质量事故。又如一批混凝土构件的试块强度，由于测试方法或仪器误差太大，误将没有达到技术标准的试块列为合格品。这样不仅没有保证工程（产品）质量，而且也保证不了质量的稳定性。搞好计量理化工作，要把施工生产中所需要的量具、设备、仪器配齐配全，并注意维修保养，使用灵活，保证仪表随时处于优良的状态。

4. 质量情报工作

质量情报是指建筑工程（产品）在设计、施工过程中，各个环节有关工程质量和工作质量的信息。包括设计方案的合理性，施工准备和施工组织工作的周密性，原材料质量的稳定性、施工操作认真程度等，所收集的基本数据、原始记录和工程竣工交付使用后反映出来的各种质量情报。这些情报资料对及时反映影响工程（产品）质量的因素和企业的生产技术状态，掌握国内外同行、同类工程（产品）发展动向，本企业技术水平、质量水平的高低起着重要作用。

5. 质量责任制

工程（产品）质量是建筑安装企业经营管理的核心，是企业各项管理工作的综合反映。建立健全质量责任制，是质量管理的一项重要基础工作，具体落实到企业每个部门、每个人员身上，形成一个完整的质量保证体系，才能保证稳步提高工程（产品）质量。

企业的各级行政领导（包括技术领导）、职能机构、生产班组和个人都应在岗位责任制的基础上，建立和健全质量责任制，做到质量工作事事有人管，人人有专责，办事有标准，工作有检查，职责明确，功过分明，把本职工作与经济责任制挂起钩来，把同工程（产品）质量有关的成千上万项工作和广大职工的积极性结合起来，使全企业形成一个严密的、高效的责任管理系统。

四、全面质量管理简介

全面质量管理，是企业为了保证和提高产品质量而形成和运用的一套完整的质量管理活动体系、手段和方法。具体地说，它就是根据提高产品（工程）质量的要求，充分发动全体职工，综合运用现代科学和管理技术的成果，把积极改善组织管理、研究革新专业技术和应用数理统计等科学方法结合起来，实现对生产（施工）全过程各因素的控制，多快好省地研制和生产（施工）出用户满意的优质产品（工程）的一套科学管理方法。

全面质量管理的基本思想，是通过一定的组织措施和科学手段，来保证企业经营管理全过程的工作质量，以工作质量来保证产品（工程）质量，提高企业的经济效益和社会效益。

1. 全面质量管理的基本观点

全面质量管理继承了质量检验和统计质量控制的理论和方法，并在深度和广度方面都将其向前发展一步，归纳起来它具有以下基本观点。

(1) 质量第一的观点

“质量第一”是建筑工程推行全面质量管理的思想基础。建筑工程质量的好坏，不仅关系到国民经济的发展及人民生命财产的安全，而且直接关系到施工企业的信誉、经济效益及生存和发展，因此，施工企业的全体职工必须牢固树立“百年大计，质量第一”的观点。

(2) 用户至上的观点

“用户至上”是建筑工程推行全面质量管理的精髓。国内外多数企业把用户摆在至高无上的地位，把用户称为“上帝”“神仙”，把企业同用户的关系，比作鱼和水、作物和土壤。我国的建筑企业是社会主义企业，其用户就是人民、国家和社会各个部门，坚持用户至上的观点，企业就会蓬勃发展，背离了这个观点，企业就会失去存在的必要。

现代企业质量管理“用户至上”的观点是广义的，它包括两个含义：一是直接或间接使用建筑工程的单位或个人；二是企业内部，在施工过程中上一道工序应对下一道工序负责，下一道工序则为上一道工序的用户。

(3) 预防为主的观点

工程质量是设计、制造出来的，而不是检验出来的。检验只能发现工程质量是否符合质量标准，但不能保证工程质量。在工程施工过程中，每个工序，每个分部、分项工程的质量，都会随时受到许多因素的影响，只要有一个因素发生变化，质量就会产生波动，不同程度地出现质量问题，全面质量管理强调将事后检验把关变为工序控制，从管质量结果变为管质量因素，防检结合，防患于未然。也就是在施工全过程中将影响质量的因素控制起来，发现质量波动就分析原因、制定对策，这就是“预防为主”的观点。

(4) 全面管理的观点

全面质量管理突出的是一个“全”字，即实行全员、全过程、全企业的管理。全员管理就是施工企业的全体人员，包括各级领导、管理人员、技术人员、政工人员、生产工人、后勤人员等都要参加到质量管理中来，人人都要学习运用全面质量管理的理论和方法，明确自己在全面质量管理中的义务和责任，使工程质量管理有扎实的群众基础。全过程管理就是把工程质量管理贯穿于工程的规划、设计、施工、使用的全过程，尤其在施工过程中要贯穿于每个单位工程、分部工程、分项工程、各施工工序。全企业管理就是施工企业的各个部门都要参加质量管理，都要履行自己的职能。工程质量的优劣，涉及施工企业的各有关部门，施工企业的计划、生产、材料、设备、劳资、财务等各项的管理，与质量管理紧密相连，只有充分发挥自身的质量管理职能，全企业共同管理，才能保证工程的质量。

(5) 一切用数据说话的观点

数据是实行科学管理的依据，没有数据或数据不准确，质量就无从谈起。全面质量管理强调“一切用数据说话”，是因为它是以数理统计方法为基本手段，而数据是应用数理统计方法的基础，这是区别于传统管理方法的重要一点。它依靠实际的数据资料，运用数理统计的方法作出正确的判断，采取有力措施进行质量管理。

(6) 通过实践，不断完善提高的观点

重视实践，坚持按照计划、实施、检查、处理的循环过程办事，经过一个循环后，对事物内在的客观规律就有进一步的认识，从而制定出新的质量管理计划与措施，使质量管理工作及工程质量不断提高。

2. 工程质量保证体系

为保证工程质量，我国在工程建设中逐步建立了比较系统的质量管理的三个体系，即设计、施工单位的全面质量管理的保证体系，建设监理单位的质量检查体系和政府部门的质量监督体系。

（1）设计、施工单位的全面质量管理保证体系

① 质量保证的概念。质量保证是指企业对用户在工程质量方面作出的担保，即企业向用户保证其承建的工程在规定的期限内能满足的设计和使用功能。它充分体现了企业和用户之间的关系，即保证满足用户的质量要求，对工程的使用质量负责到底。

由此可见，要保证工程质量，必须从加强工程的规划设计开始，并确保从施工到竣工使用全过程的质量管理。因此，质量保证是质量管理的引申和发展，它不仅包括施工企业内部各个环节、各个部门对工程质量的全面管理，从而保证最终建筑产品的质量，而且还包括规划设计和工程交工后的服务等质量管理活动。质量管理是质量保证的基础，质量保证是质量管理的目的。

② 质量保证的作用。质量保证的作用，表现在对工程建设和施工企业内部两个方面。

对工程建设，通过质量保证体系的正常运行，在确保工程建设质量和使用后服务质量的同时，为该工程设计、施工的全过程提供建设阶段有关专业系统的质量职能正常履行及质量效果评价的全部证据，并向建设单位表明，工程是遵循合同规定的质量保证计划完成的，质量是完全满足合同规定的要求的。

对建筑企业内部，通过质量保证活动，可有效地保证工程质量，或及时发现工程质量事故征兆，防止质量事故的发生，使施工工序处于正常状态之中，进而达到降低因质量问题产生的损失，提高企业的经济效益。

③ 质量保证的内容。质量保证的内容，贯穿于工程建设的全过程，按照建筑工程形成的过程分类，主要包括：规划设计阶段质量保证，采购和施工准备阶段质量保证，施工阶段质量保证，使用阶段质

量保证。按照专业系统不同分类，主要包括：设计质量保证，施工组织管理质量保证，物资、器材供应质量保证，建筑安装质量保证，计量及检验质量保证，质量情报工作质量保证等。

④ 质量保证的途径。质量保证的途径包括：在工程建设中的以检查为手段的质量保证，以工序管理为手段的质量保证和以开发新技术、新工艺、新工程、新产品（以下简称“四新”）为手段的质量保证。

a. 以检查为手段的质量保证，实质上是对照国家有关工程施工验收规范，对工程质量效果是否合格作出最终评价，也就是事后把关，但不能通过它对质量加以控制。因此，它不能从根本上保证工程质量，只不过是质量保证的一般措施和工作内容之一。

b. 以工序管理为手段的质量保证，实质上是通过对工序能力的研究，充分管理设计、施工工序，使之每个环节均处于严格的控制之中，以此保证最终的质量效果，但它仅是对设计、施工中的工序进行控制，并没有对规划和使用阶段实行有关的质量控制。

c. 以“四新”为手段的质量保证，是对工程从规划、设计、施工和使用的全过程实行的全面质量保证。这种质量保证克服了以上两种质量保证手段的不足，可以从根本上确保工程质量，这也是目前最高级的质量保证手段。

⑤ 全面质量保证体系。全面质量保证体系是以保证和提高工程质量为目标，运用系统的概念和方法，把企业各部门、各环节的质量管理职能和活动合理地组织起来，形成一个既有明确任务、职责权限，又互相协调、互相促进的管理网络和有机整体，使质量管理制度化、标准化，从而生产出高质量的建筑产品。

工程实践证明，只有建立全面质量保证体系，并使其正常实施和运行，才能使建设单位、设计单位和施工单位，在风险、成本和利润三个方面达到最佳状态，我国的工程质量保证体系一般由思想保证、组织保证和工作保证三个子体系组成。

a. 思想保证子体系就是参加工程建设的规划、勘测、设计和施工人员要有浓厚的质量意识，牢固树立“质量第一，用户第一”的思想，并全面掌握全面质量管理的基本思想、基本观点和基本方法，这是建立质量保证体系的前提和基础。

b. 组织保证子体系就是工程建设质量管理的组织系统和工程形成过程中有关的组织机构系统。这个子体系要求管理系统各层次中的专业技术管理部门，都要有专职负责的职能机构和人员。在施工现场，施工企业要设置兼职或专职的质量检验与控制人员，担负起相应的质量保证职责，以形成质量管理网络；在施工过程中，建设单位委托建设监理单位进行工程质量的监督、检查和指导，以确保组织的落实和正常活动的开展。

c. 工作保证子体系就是参与工程建设规划、设计、施工的各部门、各环节、各质量形成过程的工作质量的综合。这个子体系若以工程产品形成过程来划分，可分为勘测设计过程质量保证子体系、施工过程质量保证子体系、辅助生产过程质量保证子体系、使用过程质量保证子体系等。

勘测设计过程质量保证子体系是工作保证子体系的重要组成部分，它和施工过程质量保证子体系一样，直接影响着工程形成的质量。这两者相比，施工过程质量保证子体系又是其核心和基础，是构成工作保证子体系的主要子体系，它又由“质量把关——质量检验”和“质量预防——工序管理”两个方面组成。

(2) 建设监理单位的质量检查体系

工程项目实行建设监理制度，这是我国在建设领域管理体制改革中推行的一项科学管理制度。建设监理单位受业主的委托，在监理合同授权范围内，依据国家的法律、规范、标准和工程建设合同文件，对工程建设进行监督和管理。

在工程项目建设的实施阶段，监理工程师既要参加施工招标、投标，又要对工程建设进行监督和检查，但主要的是对工程施工阶段的监理工作。在施工阶段，监理人员不仅要进行合同管理、信息管理、进度控制和投资控制，而且对施工全过程中各道工序进行严格的质量控制。国家明文规定，凡进入施工现场的机械设备和原材料，必须经过监理人员检验合格后才可使用，每道施工工序都必须按批准的程序和工艺施工，必须经施工企业的“三检”（初检、复检、终检），并经监理人员检查论证合格，方可进入下道工序。工程的其他部位或关键工序，施工企业必须在监理人员到场的情况下才能施工，所有的单位工程、分部工程、分项工程，必须由监理人员参加验收。

由以上可以看出，监理人员在工程建设中，将工程施工全过程的各工作环节的质量都严格地置于监理人员的控制之下，现场监理工程师拥有“质量否决权”。经过多年的监理实践，监理人员对工程质量的检查认证，已有一套完整的组织机构、工作制度、工作程序和工作方法，构成了工程项目建设的质量检查体系，对保证工程质量起到了关键性的作用。

(3) 政府部门的工程质量监督体系

1984年，我国部分省、自治区、直辖市和国务院有关部门，各自相继制定了质量监督条款，建立了质量监督机构，开展了质量监督工作。国务院［1984］123号文件《关于改革建筑业和地区建设管理体制若干问题的暂行规定》中明确指出：工程质量监督机构是各级政府的职能部门，代表其政府部门行使工程质量监督权，按照“监督、促进、帮助”的原则，积极支持、指导建设、设计、施工单位的质量管理工作，但不能代替各单位原有的质量管理职能。

各级工程质量监督体系，主要由各级工程质量监督站代表政府行使职能，对工程建设实施第三方的强制性监督，其工作具有一定的强制性。其基本工作内容有：对施工队伍资质审查、施工中控制结构的质量、竣工后核验工程质量等级、参与处理工程事故、协助政府进行优质工程审查等。

3. 全面质量管理基本工作方法

(1) 质量管理的四个阶段

全面质量管理的一个重要概念，就是要注意抓工作质量。任何工作除了做好协调一致工作外，还必须有一个应该遵循的工作程序和方法，要分阶段、分步骤地做到层次分明，有条不紊的科学管理，才能使工作更切合客观实际，避免盲目性，不断提高工作质量和工作效率。要按照图16-11 PDCA循环示意图计划、实施、检查、处理的四个阶段不断循环。

这个循环简称PDCA循环，又称“戴明环”，循环示意见图16-12。

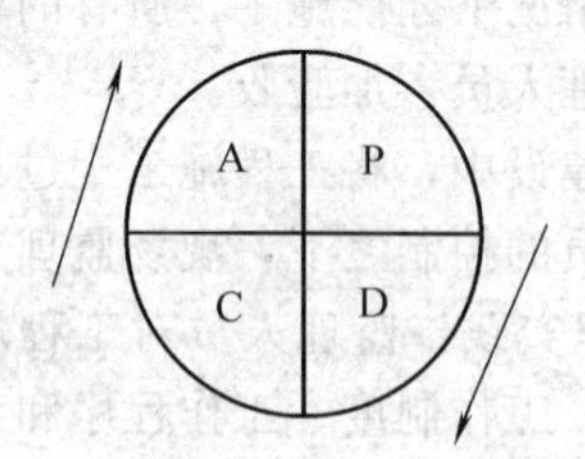

图 16-11 PDCA 循环

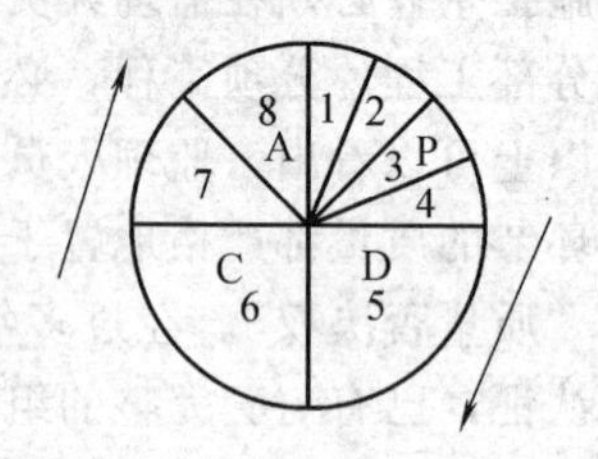

图 16-12 四个阶段与八个步骤循环关系示意图

第一阶段是计划（也叫 P 阶段），包括制定企业质量方针、目标、活动计划和实施管理要点等。

第二个阶段是实施（也叫 D 阶段），即按计划的要求去做。

第三个阶段是检查（也叫 C 阶段），即计划实施之后要进行检查，看看实施效果，做对的要巩固，错的要进一步找出问题。

第四个阶段是处理（也叫 A 阶段），把成功的经验加以肯定，形成标准，以后再干就按标准进行，没有解决的问题，反映到下期计划。

(2) 解决和改进问题的八个步骤

为了解决和改进质量问题，通常把 PDCA 循环进一步具体化为八个步骤。

① 分析现状，找出存在的质量问题。

② 分析产生质量问题的各种原因或影响因素。

③ 找出影响质量的主要因素。

④ 针对影响质量的主要因素，制定措施，提出行动计划，并预计效果。

⑤ 执行措施或计划。

⑥ 检查采取措施后的效果，并找出问题。

⑦ 总结经验，制定相应的标准或制度。

⑧ 提出尚未解决的问题。

以上①②③④个步骤在计划（P）阶段，⑤是实施阶段，⑥是检查阶段，⑦⑧两个步骤就是处理阶段。这八个步骤中，需要利用大量的数据和资料，作出科学的分析和判断，对症下药，才能真正解决问题。

(3) 质量管理的统计方法

在全面质量管理过程中，一个过程、四个阶段、八个步骤，是一个循序渐进的工作环，是一个逐步充实、逐步完善、逐步深入细致的科学管理方法。在整个过程中，每一个步骤都要用数据来说话，都要经过对数据进行整理、分析、判断来表达工程质量的真实状态，从而使质量管理工作更加系统化、图表化。目前常用的统计方法有：排列图法、因果分析图法、分层法、频数直方图（简称直方图）法、控制图（又称管理图）法、散布图（又称相关图）法和调查表（又称统计调查分析法）法等。施工质量管理应用较多的是排列图、因果分析图、直方图、管理图等。

五、建筑工程质量检查、控制、验收、评定及不合格工程的处理

建筑工程的质量检查、控制、验收与评定是质量管理工作中的监督环节，以此来衡量与确定施工工程质量的优劣，并通过这一环节进一步改善和提高工程质量。

1. 工程质量检查

质量检查是依据质量标准和设计要求，采用一定的测试手段，对施工过程及施工成果进行检查，使不合格的工程交不了工，这是起到把关的作用。因为建筑产品（建筑物、构筑物）是通过一道道工序不同工种的交叉作业逐渐形成分项、分部工程，直至最后完成的，只是操作者和操作地点在工程上不停地变动。对工程施工中的质量及时进行检查，发现问题立刻纠正，才能达到改善、提高质量的目的。

2. 建筑工程质量控制

① 建筑工程采用的主要材料、半成品、成品、建筑构配件、器具和设备应进行现场验收。凡涉及安全、功能的有关产品，应按各专业工程质量验收规范规定进行复验，并应经监理工程师（建设单位技术负责人）检查认可。

② 各工序应按施工技术标准进行质量控制，每道工序完成后，应进行检查。

③ 相关各专业工种之间，应进行交接检验，并形成记录。经监

理工程师（建设单位技术负责人）检查认可。

3. 建筑工程施工质量应按下列要求进行验收

① 建筑工程质量应符合本标准和相关专业验收规范的规定。

② 建筑工程施工应符合工程勘察、设计文件的要求。

③ 参加工程施工质量验收的各方人员应具备规定的资格。

④ 工程质量的验收均应在施工单位自行检查评定的基础上进行。

⑤ 隐蔽工程在隐蔽前应由施工单位通知有关单位进行验收，并应形成验收文件。

⑥ 涉及结构安全的试块、试件以及有关材料，应按规定进行见证取样检测。

⑦ 检验批的质量应按主控项目和一般项目验收。

⑧ 对涉及结构安全和使用功能的重要分部工程应进行抽样检测。

⑨ 承担见证取样检测及有关结构安全检测的单位应具有相应资质。

⑩ 工程的感官质量应由验收人员通过现场检查，并应共同确认。

4. 建筑工程质量评定

《建筑工程施工质量验收统一标准》（GB 50300—2001）中指出，本标准的编制是将有关建筑工程的施工及验收规范和其工程质量检验评定标准合并，组成新的工程质量验收规范体系，实际上是重新建立一个技术标准体系，以统一建筑工程质量的验收方法、程序和质量指标。编制中坚持了“验评分离、强化验收、完善手段、过程控制”的指导思想。建筑工程质量等级划分为合格与不合格。合格的给以验收，不合格的不予验收。参加验收的单位有建设单位、勘测单位、设计单位、监理单位、施工单位和质量监督部门，前五家单位参与质量合格与否的评定，后者只对评定的程序、方法的合法性与否作评价，但有建议和保留意见的权利。

5. 当建筑工程质量不符合要求时的处理规定

① 经返工重做或更换器具、设备的检验批，应重新进行验收。

② 经有资质的检测单位检测鉴定能够达到设计要求的检验批，应予以验收。

③ 经有资质的检测单位检测鉴定达不到设计要求，但经原设计

单位核算认可能够满足结构安全和使用功能的检验批，可予以验收。

④ 经返修或加固处理的分项、分部工程，虽然改变外形尺寸但仍能满足安全使用要求，可按技术处理方案和协商文件进行验收。

⑤ 通过返修或加固处理仍不能满足安全使用要求的分部工程、单位（子单位）工程，严禁验收。

第六节 财务管理

建筑企业的财务管理是利用价值形式对企业的生产经营活动所进行的综合性管理。形成建筑产品所发生的各种生产费用的货币表现是建筑产品的成本，通过价款的收入，扣除所垫支的成本资金，形成企业的利税，因此，资金、成本和利税是建筑企业财务管理的三大环节。

一、建筑产品的成本

建筑产品的价值与其他物质产品价值一样，包括三个部分：一是在生产过程中已消耗的生产资料的转移价值 C；二是劳动者的必要劳动所创造的价值 V；三是劳动者的剩余劳动所创造的价值 M（盈利）。前两部分的货币形式即构成工程成本。它是建筑企业为完成建筑产品，在生产过程中实际消耗的各项生产费用的总和。它包括施工中耗费的各种材料的费用，机械设备等固定资产的折旧费，支付给生产工人、工程技术人员和管理人员的工资，企业为进行生产活动所开支的各项管理费用等。在工程成本中，不包括劳动者为社会所创造的价值 M，即税金和计划利润。建筑产品的利润，按现行规定，就是从工程价款中扣除成本后的盈利。

按生产费用计入成本的方法，工程成本可分为直接成本（直接费用）和间接成本（间接费用）。所谓直接成本是指直接耗用于并能直接计入工程对象的费用；间接成本是指不直接用于也无法直接计入工程对象，但为进行施工所必须发生的费用。

按生产费用与工程量的关系，工程成本可分为固定成本（固定费用）和变动成本（变动费用）。固定成本是指在一定时期内与工程量增减无关的费用，如管理人员的工资、办公费、固定资产折旧费等。

这些费用是为保持一定的生产经营条件而发生的，所谓固定是就它的总额而言，至于分摊到单位工程量上的固定费用却是变动的。当工程量增加时，单位工程量的固定费用会相应减少。变动成本是指与工程量增减有直接联系的费用，它随企业完成的工程量的增减而按一定的比例增加或减少。如直接用于工程的材料费，实行计件的人工费。所谓变动也是就其总额而言，至于分摊到单位工程量上的变动费用，一般是固定的。将生产成本划分为固定成本和变动成本，有助于企业进行成本预测和控制，寻求降低成本的途径。

根据成本水平和管理的要求，工程成本可划分为工程预算成本、计划成本和实际成本。预算成本反映社会平均的成本水平，它是以施工图确定的工程量和国家规定的预算定额及有关收费标准为依据求得的，它是确定工程造价的基础，也是编制成本计划，衡量实际成本节、超的依据。目前建筑企业采用承包方式，大多数工程造价是按概（预）算确定的，因此，预算成本也称承包成本。计划成本是根据工程量具体情况，考虑如果实现各项技术组织措施的经济效果，所应达到的预期成本，也是企业考虑降低成本措施后的成本计划。它是对工程用工、供料和成本费用进行控制的目标，故又称目标成本。实际成本是工程施工中实际发生的各项生产费用的总和，它与计划成本比较，所得到的费用的节约或超支，可用来考核企业的经营效果、施工技术水平及技术组织措施的贯彻执行情况，它与预算成本比较可以反映工程的盈亏情况。

工程预算成本是对每个分项工程或每道工序的各种费用进行分析和汇总，它是依据已经确定的施工方法、进度和资源计划来做的。为了使预算成本和实际成本能够进行直接的比较对照，以便实现管理和控制，必须按照同样的分类方式进行整理。譬如，可将全部工程划分成：办公大楼、第一厂房、第二厂房、宿舍区等主要建筑物，然后再按开挖工程、基础工程、混凝土工程、砌砖工程等工程项目的类别分开，再进一步按各种成本要素如：人工费、材料费、机械台班费、动力供应费、工程转包费等加以细分，并将其费用的总额分摊到各个项目上去。

二、目标成本管理

实施目标成本管理，是有效降低成本的途径。目标成本管理是指企业根据社会市场环境，企业潜力和发展规划，进行综合测算确定目标利润后，以目标利润约束成本支出的管理方法。它具有全面、综合的特征，也改变了以往侧重于成本的事后管理为强化成本的超前管理。因此，目标成本管理的实质就是对成本支出进行量化、目标化和责任化。

成本管理在现代企业管理中占有重要位置，产品成本是反映企业生产经营管理工作质量的一个综合性指标。任何企业的生产经营活动都必须十分注意它的成本。

成本管理的基本任务，是保证降低成本，实现利润，为国家提供更多的税收，为企业获得更大的经济效益。

为了实现成本管理的任务，有两方面的工作，一是成本管理的基础工作，做好所需的定额、记录，并健全成本管理责任制和其他基本制度；二是做好成本计划工作，加强预算管理。做好“两算”（施工图预算和施工预算）对比，并在施工中进行成本的核算和分析，保证一切支出控制在预算成本之内，而实行成本控制。

1. 成本管理的一般方法

成本管理大体可分为三个阶段：计划成本的编制阶段；计划成本的实施阶段；计划成本的调整阶段，如图 16-13 所示。

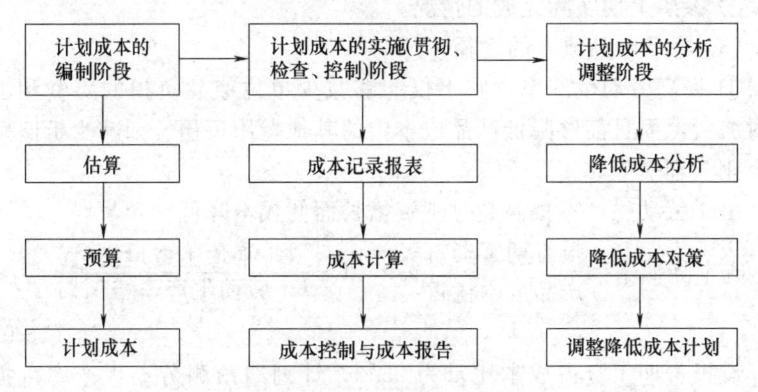

图 16-13　成本管理的系列阶段

(1) 成本管理工作及其管理范围

成本管理的基本工作如下。

① 收集和整理有关资料，正确地按工程预算项目编好工程成本计划。

② 及时而准确地掌握施工阶段的工程完成量、费用、支出等工程成本情况。

③ 与计划成本相比较，作出细致的成本分析。

④ 在总结原因的基础上采取降低成本的积极对策。

成本管理的范围：随着开工和工程的进展，由于各种原因，工程的实际成本与预算成本发生差异，因此在成本管理中必须对工程成本的构成加以分析。在成本构成中，有的成本费用项目与工程量有关（如直接费），有的与工程持续的时间有关（如间接费），成本管理工作应在工程成本可能变动的范围，也就是可控制范围内去进行。

(2) 成本计划编制的准则

① 制定合理的降低成本目标。既要积极，又要可靠。

② 以挖掘企业内部潜力来降低成本。不得偷工减料，降低质量，也不能不顾机械的维修和忽视必需的劳动保护与安全工作。

③ 针对工程任务，采取先进可行的技术组织措施和定额达到降低成本的目的。

④ 从改善经营管理着手，降低各项管理费用。

⑤ 参照上期实际完成的情况。

(3) 降低产品成本的途径

① 提高劳动生产率。它不仅能够减少单位产品负担的工资和工资附加费，而且能够降低产品成本中的其他费用负担。如减少折旧费和企业管理费等。

由于劳动生产率提高超过工资增长而使成本降低。

$$\text{成本降低率}=\frac{\text{报告期工资占}}{\text{产品成本比重}}\%\times\left(1-\frac{1+\text{平均工资增长}\%}{1+\text{劳动生产率增长}\%}\right) \tag{16-9}$$

设报告期工资占成本比重为25%，计划期预测劳动生产率可提高12%，平均工资增长8%，则

$$成本降低率=25\%\times\left(1-\frac{1+8\%}{1+12\%}\right)\approx1\%$$

② 节约原材料、燃料和动力的消耗。在不影响产品质量，满足产品功能要求的前提下，节约各种物资消耗对降低产品成本作用很大。

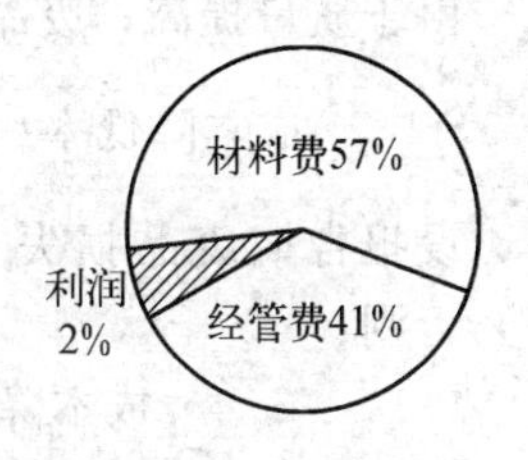

图 16-14　某公司 1963 年成本构成

如图 16-14 所示，假定降低材料费 5%，使利润由 2% 增加到 4.85%，若得到同样的结果，必须提高营业额 2.4 倍或削减经费 7%，通过提高营业额获得相同利润的工作量大，降低材料的消耗对降低成本的效益最突出。

$$成本降低率=\frac{报告期材料占}{产品成本比重\%}\times\frac{计划期材料}{消耗降低率\%}\tag{16-10}$$

设报告期主要材料占成本比重为 45%，计划期主要材料消耗定额可下降 8%，则

$$成本降低率=45\%\times8\%=3.6\%$$

③ 合理利用机械设备，提高设备利用率，减少折旧和大修理费用负担。这还会引起其他有关费用的减少，如设备的保养费用等。盲目追求超前的机械化和自动化，也会造成损失或提高成本。

由于技术发展规划的要求增减折旧费而使成本降低或提高。

$$\begin{matrix}成本降低\\或提高率\end{matrix}=\frac{报告期折旧费}{占产品成本比重\%}\times\left(1-\frac{1+折旧增加或减少\%}{1+产量增长\%}\right)\tag{16-11}$$

设报告期折旧费占成本比重为 4%，计划期产量增长 40%，折旧费增加 45%，则：

$$成本提高率=4\%\times\left(1-\frac{1+45\%}{1+40\%}\right)=-0.14\%$$

④ 提高产品质量，减少和消灭废品损失。废品是没有使用价值的产品。生产废品，消耗了原材料的使用价值，但又不创造新的使用价值。因此，生产废品不仅是对追加到原材料上去的活劳动的浪费，也是对已经凝结在原材料中的物化劳动的浪费，使已经形成价值的有

效劳动重新转化为无效劳动。在生产中出现废品，分摊到新产品上的原材料消耗量也就增大，就会使产品成本增加。

由于质量提高，废品损失降低而使成本降低。

$$成本降低率=\frac{报告期废品损失}{占产品成本比重\%}\times\frac{计划期废品}{损失降低\%} \tag{16-12}$$

设报告期废品损失占成本比重为10%，计划期废品率可降低15%，则：

$$成本降低率=10\%\times15\%=1.5\%$$

⑤ 工程任务饱满，增加产品产量。由于产量增加，使固定费用相对节约而使成本降低。

$$成本降低率=\frac{报告期固定费用}{占产品成本比重}\times\left(1-\frac{1}{1+产品增长\%}\right) \tag{16-13}$$

设报告期固定费用占成本比重为10%，计划期产量增长40%，则

$$成本降低率=10\%\times\left(1-\frac{1}{1+40\%}\right)=2.9\%$$

⑥ 节约管理费用。首先是精简机构，节约管理人员，提高管理工作效果，采取现代化管理方法，另外就是降低管理费（如差旅费、利息支出、损失性费用、水电费支出），其他如降低物资采购价格和费用、运输费用、房屋设备的中小修建费用及修旧利废、回收废旧物资等，都能导致产品成本的降低。

综合以上各种费用的计算，可得出总的成本降低或提高率。如：

$$总的成本降低率=\frac{(1+3.6+1.5+2.9)-0.14}{100}=8.86\%$$

试算出来的总的成本降低率（8.86%），如果达不到目标成本降低率，则需进一步挖掘潜力，采取新的降低成本的措施。

2. 成本控制

成本控制就是在工程形成的整个过程中，对工程成本形成可能发生的偏差进行经常的预防、监督和及时的纠正，使工程成本费用被限制在成本计划范围内，以实现降低成本的目标。

(1) 分级、分口控制

分级控制是从纵的方面把成本计划指标按所属范围逐级分解到

处、队、栋号、班组，班组再把指标分解到个人。

分口控制是从横的方面把成本计划指标按性质分解到各职能科室，每个科室又将指标分解到职能人员。

分级分口控制可形成成本控制网。

(2) 成本预测预控

其是指企业在一定的生产经营条件下，运用成本预测预控方法进行科学计算，挖掘企业潜力，实现成本最优化方面，做出正确的判断和选择。

成本的预测预控是以上一年度的实际成本资料作为测算的主要依据，根据客观存在的成本与产量之间的依存关系，找出成本升降的规律。

开展成本预测预控，要把成本按其与产量的关系，分为固定成本与变动成本两大类：固定成本是在短期内与产量的变动无直接关系，相对稳定的成本，它是为保持企业一定经营条件而发生的；变动成本是随着产量的增减成正比例地变动。正确划分固定成本与变动成本是预测预控的前提条件。

(3) 成本报表

成本报表及其分析是成本控制最为重要的环节，应系统地建立较完整的工作制度。它包括成本记录报表、成本分报表、成本报告（成本完成情况报告）。按日、周、月和完工工程组成报告系统。

三、财务分析

财务计划就是资金收支的进度计划。为了做出支出费用计划，必须给出网络进度上每个工序所耗资源的种类、数量和单价。譬如所需资源的种类为人工、材料、施工机械等，把同一时段上施工的工序，按同一种资源的数量累加起来，就得到了某种资源计划的柱状图。将该图的数字乘以该种资源的单价，就可转换成该种资源的费用柱状图（见图 16-15)。柱状图上的纵坐标都是费用强度，即每月要支付的费用。某些工序的外包费用和不直接用于某个工序或工程上的间接费用（包括管理费），也要分别做出其费用计划的柱状图。把每个柱状图分别地逐月累加起来，就得到各种费用的累计曲线，再将它们按相同的时间坐标叠加，就可得到总的计划支出累计曲线（计划成本累计曲线)，见图 16-16。

施工企业的资金收入计划，取决于承包合同中规定的支付条件。一般投资者是根据完成的工程量分阶段向施工企业拨款，所以，依据合同条件，参照进度计划和成本估价，也可做出收入资金的累计曲线(见图 16-16)。通常工程投资要在完成分阶段工程量以后才予付款，而各种成本费总是在分阶段工程开始或进行过程中就要支付，所以收入累计曲线往往滞后支出累计曲线一个时段。直到最后阶段，经过全面验收才把剩余的保留金额全部结算付清。当然，我国也常常是先拿钱，后干活，只是在最后阶段才截留部分保留金，最后结算交付。

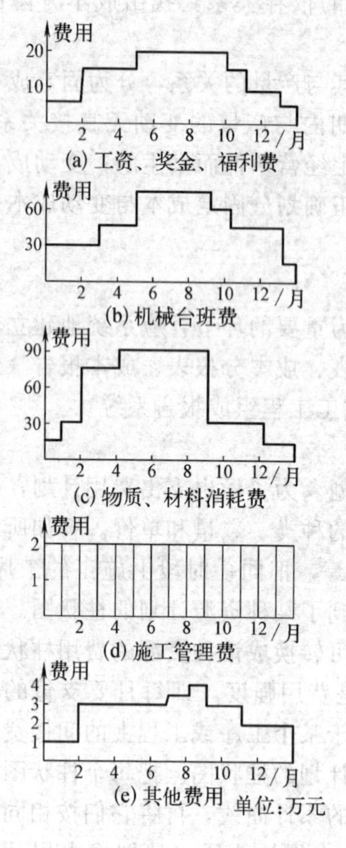

图 16-15　柱状图

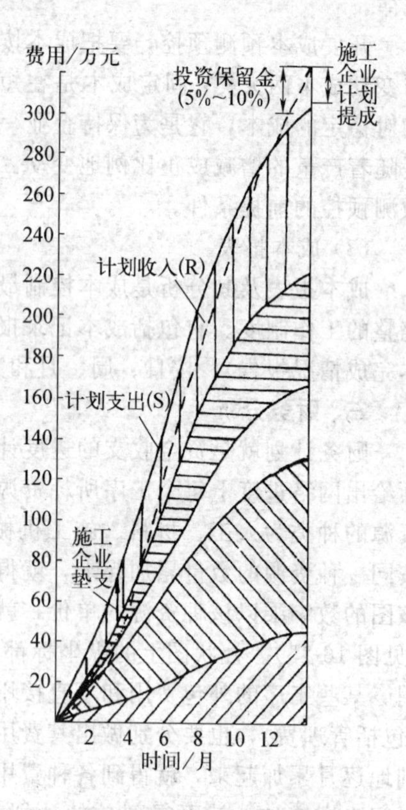

图 16-16　计划成本曲线

从支出累计曲线可以看出，它通常是呈S形。即工程刚开工和结尾工作进度均较慢，施工的高峰都在中期（见图 16-17）。如果中期的斜率很缓，则变成“胡子工程”。把收入和支出两条累计曲线画在一起比较，可以看出施工企业的垫支需要多少，计划提成多少，投资保留金多少？施工企业所拥有的流动资金必须大于所垫支的金额。投资部门必须拥有足够的资金，按时付款，以保证工程的顺利进行。

图 16-17 中实线表示计划支出累计曲线，也就是计划完成固定资产曲线。若是完全按计划执行，竣工时工程造价全部转化为工程的固定资产。在该图上再画实际完成固定资产曲线，以虚线表示。虚线在实线以下，说明进度已拖延，反之说明进度提前了。

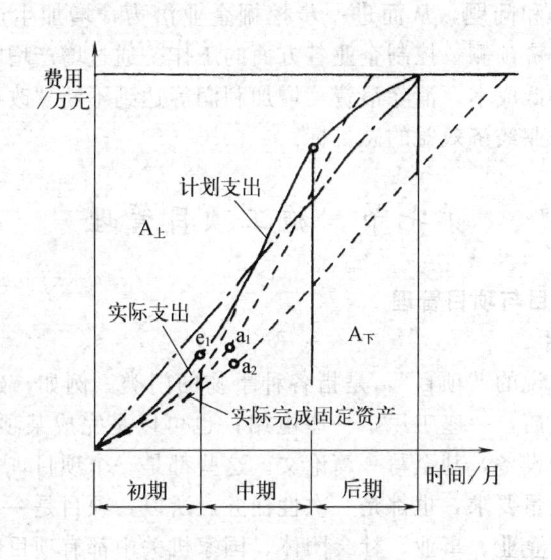

图 16-17　支出累计曲线

在图 16-17 中还可做出实际支出曲线（用点线表示）。必须指出：过去常把“实际支出”当做“完成投资”，这是有害的误解。结果花钱越多，反误认为完成的工作量越多（导致年终突击花钱），使成本失去控制，结果投资一再追加，造成严重浪费。把实际支出曲线和实际完成固定资产曲线加以比较，可以了解工程实际成本总的情况。若点线（曲线）在虚线上面，说明实际成本超过了预算成本。反之，实际成本低于预算成本。若两者出现明显差异，则要进行具体分析研究，并在控制成本的同时，对施工采取相应措施。成本控制贵在准确和及时，我们从资金累计曲线上，可得到许多有用指标和信息。

财务管理通过经济核算来反映、监督、促进和改善企业的经营管理。所谓"反映"是通过记账、算账，记录企业人、财、物的来源及其运用情况，核查经济活动的过程和结果，为搞好企业经营管理提供可靠的数据资料；所谓"监督"是通过经营过程中的数据资料，监督、检查企业在经济活动中贯彻国家制度，执行经济合同，遵守财经纪律，保证企业经营合法，经济运转合理；所谓"促进"是通过经济核算进行分析、比较，从中总结正反两方面的经验，揭示经营管理中存在的矛盾和问题，从而进一步挖掘企业潜力，增加生产，厉行节约，搞好经济预测，控制企业各方面的工作。通过增产增收，节约各项费用，降低成本，消除浪费，增加利润等达到不断"改善"经营管理，提高企业经济效益的总目标。

第七节　施工项目管理

一、项目与项目管理

1. 项目

人们常说的"项目"，是指各种事物的门类。例如，建造一栋大楼，一座饭店，一座工厂，一座电站；也可以是完成某项科研课题，或研制一台设备，甚至写一篇论文。这些都是一个项目，它都有一定的时间、质量要求，也都是一次性任务。所以，项目是一个外延很大的概念，在企业、事业、社会团体、国家机关中都有项目的问题，而工程建设是典型的项目问题。

项目是指那些作为管理对象，按限定时间、预算和质量标准完成的一次性任务。其特征如下。

① 项目的一次性。项目的一次性是项目的最主要特征，也可称为单件性。指的是没有与此完全相同的另一项任务，其不同点表现在任务本身与最终成果上。只有认识项目的一次性，才能有针对性地根据项目的特殊情况和要求进行管理。

② 项目目标的明确性。项目的目标有成果性目标和约束性目标。成果性目标是指项目的功能性要求，如一座钢厂的炼钢能力及其技术经济指标。约束性目标是指限制条件，期限、预算、质量都是限制条件。

③ 项目作为管理对象的整体性。一个项目，是一个整体管理对象，在按其需要配置生产要素时，必须以总体效益的提高为标准，做到数量、质量、结构的总体优化。由于内外环境是变化的，所以管理和生产要素的配置是动态的。

每个项目都必须具备上述三个特征，缺一不可。重复的、大批量的生产活动及其成果，不能称作“项目”。项目的种类按其最终成果划分，有建设项目、科研开发项目、航天项目及维修项目等。

2. 建设项目

建设项目是项目中最重要的一类。一个建设项目就是一项固定资产投资项目。既有基本建设项目（新建、扩建等扩大生产能力的建设项目），又有技术改造项目（以节约、增加产品品种、提高质量、治理“三废”、劳动安全为主要目的的项目）。建设项目是指需要一定量的投资，经过决策和实施（设计、施工等）的一系列程序，在一定的约束条件下形成固定资产为明确目标的一次性事业。建设项目有以下基本特征。

① 在一个总体设计或初步设计范围内，由一个或若干个互相有内在联系的单项工程所组成的、建设中实行统一核算、统一管理的建设单位。

② 在一定的约束条件下，以形成固定资产为特定目标。约束条件一是时间约束，即一个建设项目有合理的建设工期目标；二是资源约束，即一个建设项目有一定的投资总量目标；三是质量约束，即一个建设项目都有预期的生产能力、技术水平或使用效益目标。

③ 需要遵循必要的建设程序和经过特定的建设过程。即一个建设项目从提出建设的设想、建议、方案选择、评估、决策、勘测、设计、施工一直到竣工、投产或投入使用，有一个有序的全过程。

④ 按照特定的任务，具有一次性特点的组织形式。表现为投资的一次性投入，建设地点的一次性固定，设计单一，施工单件。

⑤ 具有投资限额标准。只有达到一定限额投资的才作为建设项目，不满限额标准的称为零星固定资产购置。随着改革开放，这一限额将逐步提高，如投资50万元以上称建设项目。

3. 施工项目

施工项目是建筑施工企业对一个建筑产品的施工过程及成果，也就是建筑施工企业的生产对象。它可能是一个建设项目的施工，也可能是其中的一个单项工程或单位工程的施工。因此，施工项目具有三个特征。

① 它是建设项目或其中的单项工程或单位工程的施工任务。

② 它作为一个管理整体，是以建筑施工企业为管理主体的。

③ 该任务的范围是由工程承包合同界定的。但只有单位工程、单项工程和建设项目的施工才谈得上是项目，因为单位工程才是建筑施工企业的产品。分部、分项工程不是完整的产品，因此也不能称作“项目”。

二、项目管理与施工项目管理

1. 项目管理

项目管理是为使项目取得成功（实现所要求的质量、所规定的时限、所批准的费用预算）所进行的全过程、全方位的规划、组织、控制与协调。因此，项目管理的对象是项目。项目管理的职能同所有管理的职能均是相同的。需要特别指出的是，项目的一次性，要求项目管理的程序性和全面性，也需要有科学性，主要是用系统工程的观念、理论和方法进行管理。项目管理的目标就是项目的目标。该目标界定了项目管理的主要内容，那就是“三控制、二管理、一协调”，即进度控制、质量控制、费用控制、合同管理、信息管理和组织协调。

2. 建设项目管理

建设项目管理是项目管理的一类，其管理对象是建设项目。它可以定义为：在建设项目的生命周期内，用系统工程的理论、观点和方法，进行有效的规划、决策、组织、协调、控制等系统性的、科学的管理活动，从而按项目既定的质量要求、动用时间、投资总额、资源限制和环境条件，圆满地实现建设项目目标。

建设项目的管理者应当是建设活动的参与各方组织，包括业主单位、设计单位和施工单位。一般由业主单位进行工程项目的总管理，即全过程的管理；该管理包括从编制项目建议书至项目竣工验收交付使用的全过程。由设计单位进行的建设项目管理一般限于设计阶段，称设计项目管理。由施工单位进行的项目管理一般为建设项目的施工阶段，称施工项目管理。由业主单位进行的建设项目管理如果委托给社会监理单位进行监督管理，则称为工程项目建设监理。所以，工程项目建设监理是建设监理单位受业主单位委托，按合同为业主单位进行的项目管理。一般由监理单位进行实施阶段的项目管理。

3. 施工项目管理

施工项目管理是由建筑施工企业对施工项目进行的管理。它主要有以下特点。

① 施工项目的管理者是建筑施工企业。建设单位和设计单位都不进行施工项目管理。一般地，建筑施工企业也不委托咨询公司进行施工项目管理。由业主单位或监理单位进行的工程项目管理中涉及的施工阶段管理仍属建设项目管理，不能算作施工项目管理。监理单位把施工单位作为监督对象，虽与施工项目管理有关，但不能算作施工项目管理。

② 施工项目管理的对象是施工项目。施工项目管理的周期也就是施工项目的生命周期，包括工程投标、签订工程项目承包合同、施工准备、现场施工以及交工验收等。施工项目的特点给施工项目管理带来了特殊性。施工项目的特点是多样性、固定性及庞大性，施工项目管理的主要特殊性是生产活动与市场交易活动同时进行；先有交易活动，后有“生产成品”（工程项目）；买卖双方都投入生产管理，生产活动和交易活动很难分开。所以施工项目管理是对特殊的商品、特殊的生产活动，在特殊的市场上，进行的特殊的交易活动的管理，其复杂性和艰难性都是其他生产管理所不能比拟的。

③ 施工项目管理的内容是在一个较长时间进行的有序过程之中，按阶段变化的。每个工程项目都按建设程序进行，也按施工程序进行，从开始到结束，要经过几年乃至十几年的时间。进行施工项目管理时间的推移带来了施工内容的变化，因而也要求管理内容随着发生

变化。准备阶段、基础施工阶段、结构施工阶段、装修施工阶段、安装施工阶段、验收交工阶段，管理的内容差异很大。因此，管理者必须做出设计、签订合同、提出措施、进行有针对性的动态管理，并使资源优化组合，以提高施工效率。

④ 施工项目管理要求强化组织协调工作，由于施工项目的生产活动的单件性，对产生的问题难以补救或虽可补救但后果严重；由于参与项目施工人员不断在流动，需要采取特殊的流水方式，组织工作量很大；由于施工在露天进行，工期长，需要的资源多；还由于施工活动涉及复杂的经济关系、技术关系、法律关系、行政关系和人际关系等，故施工项目管理中的组织协调工作最为艰难、复杂、多变，必须通过强化组织协调的办法才能保证施工顺利进行。主要强化方法是优选项目经理，建立调度机构，配备称职的调度人员，努力使调度工作科学化、信息化，建立起动态的控制体系。

三、“项目法”施工

“项目法”施工（亦称“项目法”管理），是以工程项目为对象，以项目经理负责制为基础，以实现项目目标为目的，以构成工程项目要素的市场为条件，以与此相适应的一整套施工组织制度和管理制度作保证，对工程项目建设全过程进行控制和管理的工程项目系统管理的方法体系。

从原理上说，应包括以下四个方面的含义。

一是“项目法”施工是一种生产方式，它包括生产关系和生产力两个方面，“项目法”施工是解决企业生产关系与生产力相适应的问题，生产关系包括管理体制、劳动组织形式和分配方式。

二是“项目法”施工是按照工程项目的内在规律来组织施工生产的，有一套与此相适应的法则，探索“项目法”施工，目的是寻求工程项目施工的共性规律。例如，由于工程的单件性、固定性造成施工生产的流动性，工程项目的结构造成的工程施工的立体层次性，投入产出的经济性，组织施工的社会性等。

三是项目管理是系统工程，要有一整套制度保障体系，各项制度之间配套交圈，互相制约，在实践上寻求这些制度的完善。

四是“项目法”施工的“法”字，有方法的意思，即施工企业传统管理方法、现代管理方法、体现新技术与管理相结合的新方法等。

也就是说，“项目法”施工包涵生产方法、运行法则、管理制度和施工方法四个方面的意思。根据上述原理，“项目法”施工应具有以下特征。

① 实现了项目经理负责制，并有一个精干高效的项目管理班子及其组织保证体系。

② 优化劳动组合，实现了管理层与劳务层的分离，双方以总分包合同联结，明确了各自的责、权、利，建立了严格的经济责任制和按劳分配制度体系。

③ 优化施工方案。项目施工组织设计采用了先进适用的施工技术与方法，有能保证合同工期的先进科学的进度控制计划。

④ 建立了生产要素市场，工程所需的材料、周转工具、施工机械等生产资料，按供销合同和租赁合同严格执行。

⑤ 建立了以工程项目为成本中心、实行独立核算的核算体制，重视投入产出，加强成本控制。

⑥ 科学组织施工。实行了目标管理，运用了全面质量管理、网络法、价值工程等先进的管理方法，建立了完整的质量保证体系。

四、施工项目经理

一个施工项目是一项一次性的整体任务，在完成这个任务过程中必须有一个最高的责任者和组织者，这就是我们通常所说的施工项目经理。

项目经理是企业法人在工程项目管理中的全权代表，是项目的决策者。因此，项目经理在项目管理中处于中心地位。确立项目经理的地位是搞好施工项目管理的关键。

① 施工项目经理是建筑施工企业法人代表在项目上的全权委托代理人。从企业内部看，施工项目经理是施工项目全过程所有工作的总负责人，是项目承包责任者，是项目动态管理的体现者，是项目生产要素合理投入和优化组合的组织者。从对外方面看，作为企业法人代表的企业经理，不直接对每个建设单位负责，而是由施工项目经理在授权范围内对建设单位直接负责。由此可见，施工项目经理是项目目标的全面实现者，既要对建设单位的成果性目标负责，又要对企业

效率性目标负责。

② 施工项目经理是协调各方面关系，使之相互紧密协作、配合的桥梁和纽带。他对项目管理目标的实现承担着全部责任，即承担合同责任、履行合同义务、执行合同条款、处理合同纠纷，受法律的约束和保护。

③ 施工项目经理对项目实施进行控制，是各种信息的集散中心。自下、自外而来的信息，通过各种渠道汇集到项目经理的手中；项目经理又通过指令、计划和“办法”，对下、对外发布信息，通过信息的集散达到控制的目的，使项目管理取得成功。

④ 施工项目经理是施工项目责、权、利的主体。这是因为，施工项目经理是项目总体的组织管理者，即他是项目中人、财、物、技术、信息和管理等所有生产要素的组织管理人。他不同于技术、财务等专业的总负责人。项目经理必须把组织管理职责放在首位。

1. 项目经理的任务

根据参加项目建设的机构和任务区分，项目经理原则上有建设全过程项目经理、建设单位项目经理和施工单位项目经理之分。各种项目经理的共同任务如下。

① 确定项目管理组织机构的构成并配备人员，制定规章制度，明确有关人员的职责，组织项目经理班子开展工作。

② 确定管理总目标和阶段目标，进行目标分解，制定总体控制计划，并实施控制，确保项目建设成功。

③ 及时、适当地做出项目管理决策，包括前期工作决策、投标报价决策、人事任免决策、重大技术措施决策、财务工作决策、资源调配决策、进度决策、合同签订及变更决策，严格管理合同执行。

④ 协调本组织机构与各协作单位之间的协作配合及经济、技术关系，代表企业法人进行有关签证，并进行相互监督、检查，确保质量、工期及投资的控制和节约。

⑤ 建立完善的内部及对外信息管理系统。项目经理既作为指令信息的发布者，又作为外源信息及基层信息的集中点，同时要确保组织内部横向信息联系、纵向信息联系、本单位与外部信息联系畅通无阻，从而保证工作高效率地展开。

2. 项目经理的职责

① 项目经理要向有关人员解释和说明项目合同、项目设计、项目进度计划及配套计划、协调程序等文件。

② 落实建设条件，做好实施准备，包括组织项目班子、落实征地、拆迁、三通一平、资金、设计、队伍等建设条件，在总体计划落实的基础上，进一步落实具体计划，形成切实可行的实施计划系统。

③ 落实设备、材料的供应渠道。

④ 协调项目建设中甲乙方之间、部门之间、阶段与阶段之间、地上与地下之间、子项目与子项目之间、土建与安装之间、安装与调试之间等关系，减少扯皮和梗阻。同时要通过职责划分把项目结构和组织结构对应起来，尽量理顺关系，以提高管理效率。

⑤ 建立高效率的通信指挥系统。即理顺指挥调度渠道，配备现代化通信手段，强化调度指挥系统，提高信息流转速度，提高管理效率。

⑥ 预见问题，处理矛盾。项目建设中发生矛盾也是有规律可循的，是可以预见的，但要求项目经理有丰富的经验。预见到矛盾以后，要事先采取措施防患于未然。有了矛盾，解决时也应抓住关键，项目经理切不可充当“消防员”角色。

⑦ 监督检查工期、质量、成本、技术、管理、执法等，发现问题，要及时通报业主或建设单位，防止施工中出现重大反复。

⑧ 组织好会议。

⑨ 注意在工作中开发人才，培养下属。

⑩ 及时做好有关总结，促进管理的 PDCA 循环（即计划、实施、检查、总结的循环过程）正常运转。

3. 项目经理的权力

为了确保项目经理完成他所担负的任务，必须授予应有的权力。授权既是项目经理履行职责的前提，又是项目取得成功的基本保证。因此，项目经理应当有以下权力。

① 用人决策权。项目经理应有权决定项目管理机构班子的设置，选择、聘任有关人员，领导班子内的成员的任职情况进行考核监督，决定奖惩，乃至辞退。当然，项目经理的用人权应该以不违背人事制

度为前提。

② 财务决策权。在财务制度允许的范围内，项目经理应有权根据工程需要和计划的安排，做出投资动用、流动资金周转、固定资产购置、使用、大修和计提折旧的决策，对项目管理班子内的计酬方式、分配办法、分配方案等做出决策。

③ 进度计划控制权。项目经理应有权根据项目进度总目标和阶段性目标的要求，对项目建设的进度进行检查、调整，并在资源上进行调配，从而对进度计划进行有效的控制。

④ 技术质量决策权。项目经理应有权批准重大技术方案和重大技术措施，必要时，召开学术方案论证会，把好技术决策关和质量关，防止技术上决策失误，主持处理重大质量事故。

⑤ 设备、物资采购决策权。项目经理应有对采购方案、目标、到货要求，乃至对供货单位的选择、项目库存策略进行决策及对由此而引起的重大支付问题做出决策。

为了使项目经理获得以上权力。必须由该项目经理的委派者对项目经理授权，做出文字认定并由授权方和项目经理协商一致后进行签证，也可以结合项目经理的承包问题签订授权合同。

4. 施工项目经理承包责任制体系

承包责任制体现了施工企业生产方式与建筑市场招标承包制的统一，有利于企业经营机制的转换，其作用的最大限度发挥取决于是否建立起以项目管理为核心的承包网络体系。做到承包纵向到底、横向到边、纵横交错、不留死角。许多企业在推行施工项目管理过程中积极探索，创造了不少好的承包模式和方法。这里重点介绍一条原则、两个坚持、三种承包类型、四种分配制度的四全二多（全员、全额、全过程、全方位，多层次、多形式）的承包责任制系统。

(1) 一条原则，两个坚持

即本着“宏观控制，微观搞好”的原则；坚持推行以项目管理为核心，业务系统管理为基础，思想政治工作为保证的全员承包制；坚持运用法律手段建立企业内部全员合同制。

(2) 三种承包类型

① 以施工项目为对象的三个层次承包。施工项目管理的好坏不

仅关系到经理部的命运，而且直接关系到企业的根本利益。所以，项目、栋号、班组这三个层次之间发包与承包必须首先体现企业和国家的利益，本着“包死基数、确保上缴、超额分成、歉收自补”和“指标突出、责任明确、利益直接、考核严格、个人负责、全员承包、民主管理”的原则。

a. 企业对项目经理部是以工程项目的施工图预算为依据，扣除上缴企业有关费用后为承包基数（一般为施工图预算的82%左右）。项目经理承包的总费用基数，无特殊情况，一般中途不做调整。为使各经理承包的基数水平接近，防止苦乐不均，企业无论是对新开或是原在施工程都要统一按国家预算定额标准计算承包基数。经理部自行与设计、建设单位办理洽商签证，经有关鉴证机关认可后，可追加其承包基数。目前，不少企业实行的是“一包”（包施工图预算）、“二保”（保证利润上缴和竣工面积）、“五挂”（工资总额核定与质量、工期、成本、安全、文明施工挂钩）和“超额按比例分成”的承包经营责任制。

b. 施工项目经理部与栋号作业承包队的承包制。经理部对栋号（作业）承包队的发包与承包，是局限于施工项目承包制范围内的又一个层次的承包。通常情况下，是以单位工程为对象，施工预算为依据，质量管理为中心，成本票据管理为手段，通过签订栋号承包合同，实行“一包，两奖，四挂，五保”经济责任制。“一包”是承包队按施工预算的有关费用一次包死；“二奖”是实行优质工程奖和材料节约奖；“四挂”是工资总额的核定与质量、工期（形象进度）、成本、文明施工四项指标挂钩；“五保”是项目经理部发包时要保证任务安排连续性、料具按时供应、技术指导及时、劳动力和技术工种配套、政策稳定合同兑现。栋号承包队队长与项目经理签订一次性承包合同，并交纳风险抵押金，竣工验收审计考核后一次奖罚兑现。

c. 栋号（作业）承包队对班组实行“三定一全四嘉奖”承包制。“三定”是定质量等级、定形象进度、定安全标准，“一全”是全额计件承包，“四嘉奖”是材料节约奖、工具包干及模板架具维护奖和四小活动奖（小发明、小建设、小革新、小创造）。

② 第二种类型是指以施工项目分包单位为对象的承包。

a. 项目经理部与水电承包队之间的总分包制。经理部被授权代表公司向建设单位总包后，将水电安装工程按设计预算总费用做必要的调整后（一般以企业规定为准），划块分包给从事水电设备安装施工的专业承包队。水电设备安装施工中的项目质量目标、安全文明现场管理、形象进度等，必须服从项目经理部的总体要求，并接受其监督管理。

b. 项目经理与土方运输专业队之间的承发包制。项目经理部与土方运输专业承包队之间，是一种总分包关系。土方工程产值由项目经理部统计上报，双方按实际土方量、运距和地方统一规定的预算单价标准计算费用，并签订承发包合同。

c. 项目经理部同外包工队伍之间的承包制。随着施工企业用工制度的改革，许多企业用外包工队参与项目工程的施工。但因这些施工队人员的技术素质、安全生产意识、管理水平差异很大，在参加工程项目施工中又多属于包工不包料，这样给项目管理带来很多问题。最突出的就是安全事故多、质量不稳定、材料浪费大。如何搞好这一层次的承包制落实，是目前施工项目管理中不可忽略的一项重要工作。

③ 第三种类型是指以公司机关职能部门与各项目经理部之间的包保责任制。机关部室承包责任制的目的，是为项目管理创造和提供服务、指导、协调、控制、监督保证的条件和环境。因此，为了使部室业务考核及分配趋向基本合理，应把部室工作分为三个部分，实行业务管理责任承包。一是对企业管理负责的职能性工作，包括制定规章制度、研究改进工作、指导基层管理、监督检查执行情况、沟通对外联系渠道、提供决策方案等。二是对企业效益负责的职权性工作，包括严格掌管财与物，为现场提供业务服务，帮助现场解决问题等。比如生活部、门诊部、幼儿园实行“以部养部”“以园养园”为主要内容的统分结合、相对独立、定额补贴、指标包干、经营自主、自负盈亏的承包责任制。对项目而言，部室管理部门与后勤部门如保证不力就会影响工程的进展。三是按照软指标硬化的原则，对部室实行“五费”包干，即包工资，增人不增资，减人不减资；包办公费、招待费、交通费、差旅费，做到超额自负，节约按比例提取奖励。

项目硬指标的规定，有动力，也有压力；部室没有硬指标的考核，缺少压力，也没有动力。企业是个联动机，项目是企业的主要经济来源，要使项目这个轮子正常运转，部室也必须同步转动，而同步运转的关键是要抓好部室承包责任制的落实和考核。从一些企业的经验看，部室的考核必须与施工项目挂钩，通过经济杠杆把部室与项目联成一个整体。

(3) 四种工资制度

① 一线工人实行全额累进计件工资制。

② 二、三线工人实行结构浮动效益工资制。

③ 干部实行岗位效益工资制。

④ 对于无法用以上三种方式计酬的部分职工，则视不同情况，分别实行档案工资和内部待业、待岗工资制。

(4) 施工项目经理承包责任制中各类人员的岗位责任制

施工项目管理承包网络体系中的个人岗位责任制，是项目经理部集体承包、个人负责制的延伸。项目经理之所以能对工程项目负责，就是因为有自上而下的全员岗位责任制作“后盾”。

① 项目经理与企业经理（法人代表）之间的承包责任制。一是项目经理产生后，与企业经理就工程项目全过程管理签订目标合同书。其内容是对工程项目从开工到竣工交付使用全过程及项目经理部建立、解体和善后处理期间重大问题的办理而事先形成的具有企业法规性的文件。

二是在《项目承包合同书》的总体指标内，按企业当年综合计划，与企业经理签订《年度项目经理承包经营责任状》。因为有些经理部承担的施工任务跨年度，甚至好几年，如果只有《项目承包合同书》而无近期年度责任状，就很难保证工程项目的最终目标实现。

② 项目经理与本部其他人员之间的责任制。项目经理在实行个人负责制的过程中，还必须按“管理的幅度”和“能位匹配”等原则，将“一人负责”转变为“人人尽职尽责”，在内部建立以项目经理为中心的群体责任制。

一是按“双向选择、择优聘用”的原则，配备合格的管理班子。

二是确定每一业务岗位的工作职责。按业务系统管理方法，在系统基层业务人员的工作职责基础上，进一步将每一业务岗位工作职责具体化、规范化，尤其是各业务人员之间的分工协作关系，一定要用《业务协作合同书》的形式规定清楚。

五、施工项目目标管理

1. 目标管理的概念

一个建设项目的分解体系如图 16-18 所示。施工项目是由整体系统和大小子系统构成。因此，施工项目管理也是一个系统。在进行管理时必须首先界定其工程系统，再针对工程系统确定施工项目管理目标，从而实施项目管理。

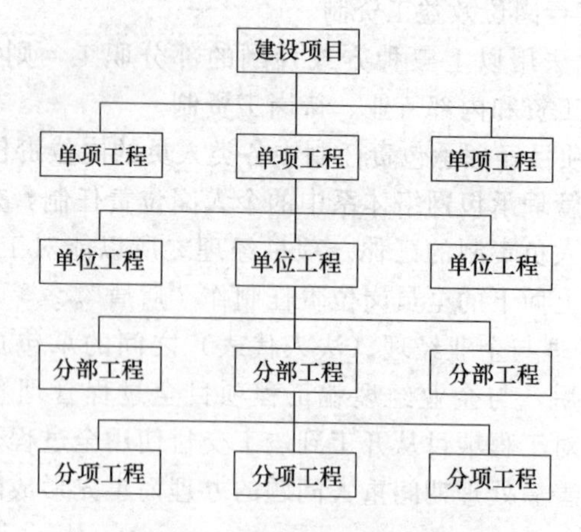

图 16-18 工程项目分解体系

目标是一定时期集体活动预期达到的成果或结果。目标应尽量用数量表示，以便使标准明确、检查和考核方便。施工项目管理应用目标管理方法，可大致划分为以下几个阶段。

① 确定施工项目组织内各层次、各部门的任务分工，既对完成施工任务提出要求，又对工作效率提出要求。

② 把项目组织的任务转换为具体的目标。该目标有两类：一类是产品成果性目标，如工程质量、进度等；一类是管理效率性目标，如工程成本、劳动生产率等。

③ 落实制定的目标。落实目标，一是要落实目标的责任主体，

即谁对目标的实现负责；二是明确目标主体的责、权、利；三是要落实对目标责任主体进行检查、监督的上一级责任人及手段；四是要落实目标实现的保证条件。

④ 对目标的执行过程进行调控。即监督目标的执行过程，进行定期检查，发现偏差，分析产生偏差的原因，及时进行协调和控制。对目标执行好的主体进行适当的奖励。

⑤ 对目标完成的结果进行评价。即把目标执行结果与计划目标进行对比，评价目标管理的好坏。

2. 施工项目的目标管理体系

施工项目的总目标是企业目标的一部分。企业的目标体系应以施工项目为中心，形成纵横结合的目标体系结构，如图 16-19 所示。表 16-12 是职能部门的目标展开图表，可供进行目标管理参考。

表 16-12　职能部门目标展开表

目标项目			管理点	对策	相关单位 ○关联 △强相关				实施进度				责任者
									一季度	二季度	三季度	四季度	
类别	目标	量值			×部门	×部门	×部门	×部门	计划	计划	计划	计划	
									实际	实际	实际	实际	
主管目标													
自控目标													
相关目标													

从分析图 16-19 可以了解，企业的总目标是一级目标，其经营层和管理层的目标是二级目标，项目管理层（作业管理层）的目标是三级目标。对项目而言，需要制定成果性目标；对职能部门而言，需要制定效率性目标。不同的时间周期，要求有不同的目标，故目标有年、季、月度目标。指标是目标的数量表现。不同的管理主体、不同的时期、不同的管理对象，目标值（指标）不同。

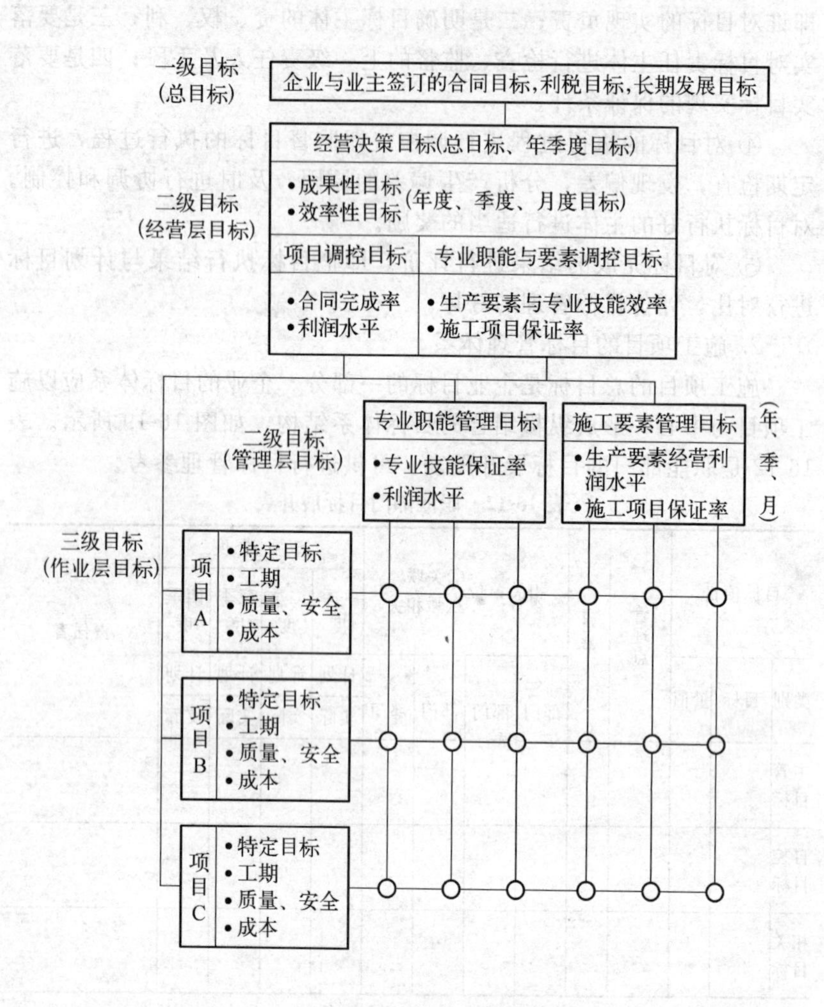

图 16-19 目标管理体系一般模式

企业总目标制定后，目标应自上而下地展开。目标分解与展开从三方面进行：一是纵向展开，把目标落实到各层次；二是横向展开，把目标落实到各层次内的各部门，明确主次关联责任；三是时序展开，把年度目标分解为季度、月度目标。如此，可把目标分解到最小的可控制单位或个人，以利于目标的执行、控制与实现。

第八节　安全生产管理

一、安全生产的基本概念

安全生产就是在工程施工中不出现伤亡事故、重大的职业病和中毒现象。就是说在工程施工中不仅要杜绝伤亡事故的发生，还要预防职业病和中毒事件的发生。

我国历来重视安全生产，从立法上就有《中华人民共和国劳动保护法》《中华人民共和国建筑法》《中华人民共和国安全生产法》《中华人民共和国职业病防治法》等，2003 年 11 月又出台了《建设工程安全生产管理条例》。

二、建设工程安全生产管理，坚持安全第一、预防为主的方针

建设单位、勘察单位、设计单位、施工单位、工程监理单位及其他与建设工程安全生产有关的单位，必须遵守安全生产法律、法规的规定，保证建设工程安全生产，依法承担建设工程安全生产责任。

三、安全责任

① 从事建设工程的新建、扩建、改建和拆除等活动，应当具备国家规定的注册资本、专业技术人员、技术装备和安全生产等条件，依法取得相应等级的资质证书，并在其资质等级许可的范围内承揽工程。

② 主要负责人依法对本单位的安全生产工作全面负责。应当建立健全安全生产责任制度和安全生产教育培训制度，制定安全生产规章制度和操作规程，保证本单位安全生产条件所需资金的投入，对所承担的建设工程进行定期和专项安全检查，并做好安全检查记录。

③ 对列入建设工程概算的安全作业环境及安全施工措施所需费用，应当用于施工安全防护用具及设施的采购和更新、安全施工措施的落实、安全生产条件的改善，不得挪作他用。

④ 应当设立安全生产管理机构，配备专职安全生产管理人员。

⑤ 建设工程实行施工总承包的，由总承包单位对施工现场的安全生产负总责。

⑥ 垂直运输机械作业人员、安装拆卸工、爆破作业人员、起重

信号工、登高架设作业人员等特种作业人员，必须按照国家有关规定经过专门的安全作业培训，并取得特种作业操作资格证书后，方可上岗作业。

⑦ 应当在施工组织设计中编制安全技术措施和施工现场临时用电方案，对下列达到一定规模的危险性较大的分部分项工程编制专项施工方案，并附有安全验算结果，经施工单位技术负责人、总监理工程师签字后实施，由专职安全生产管理人员进行现场监督。

a. 基坑支护与降水工程。

b. 土方开挖工程。

c. 模板工程。

d. 起重吊装工程。

e. 脚手架工程。

f. 拆除、爆破工程。

g. 国务院建设行政主管部门或者其他有关部门规定的其他危险性较大的工程。

对所列工程中涉及深基坑、地下暗挖工程、高大模板工程的专项施工方案，应当组织专家进行论证、审查。

⑧ 建设工程施工前，负责项目管理的技术人员应当对有关安全施工的技术要求向施工作业班组、作业人员作出详细说明，并由双方签字确认。

⑨ 应当在施工现场入口处、施工起重机械、临时用电设施、脚手架、出入通道口、楼梯口、电梯井口、孔洞口、桥梁口、隧道口、基坑边沿、爆破物及有害危险气体和液体存放处等危险部位，设置明显的安全警示标志。安全警示标志必须符合国家标准。

⑩ 应当将施工现场的办公、生活区与作业区分开设置，并保持安全距离；办公、生活区的选址应当符合安全性要求。职工的膳食、饮水、休息场所等应当符合卫生标准。不得在尚未竣工的建筑物内设置员工集体宿舍。

⑪ 对因建设工程施工可能造成损害的毗邻建筑物、构筑物和地下管线等，应当采取专项保护措施。

⑫ 应当在施工现场建立消防安全责任制度，确定消防安全责任

人，制定用火、用电、使用易燃易爆材料等各项消防安全管理制度和操作规程，设置消防通道、消防水源，配备消防设施和灭火器材，并在施工现场入口处设置明显标志。

⑬ 应当向作业人员提供安全防护用具和安全防护服装，并书面告知危险岗位的操作规程和违章操作的危害。

⑭ 作业人员应当遵守安全施工的强制性标准、规章制度和操作规程，正确使用安全防护用具、机械设备等。

⑮ 采购、租赁的安全防护用具、机械设备、施工机具及配件，应当具有生产（制造）许可证、产品合格证，并在进入施工现场前进行查验。

⑯ 在使用施工起重机械和整体提升脚手架、模板等自升式架设设施前后，都应当组织有关单位进行验收，也可以委托具有相应资质的检验检测机构进行验收；使用承租的机械设备和施工机具及配件的，由施工总承包单位、分包单位、出租单位和安装单位共同进行验收，验收合格的方可使用。

⑰ 施工单位的主要负责人、项目负责人、专职安全生产管理人员应当经建设行政主管部门或者其他有关部门考核合格后方可任职。

⑱ 作业人员进入新的岗位或者新的施工现场前，应当接受安全生产教育培训。未经教育培训或者教育培训考核不合格的人员，不得上岗作业。

⑲ 应当为施工现场从事危险作业的人员办理意外伤害保险。

四、生产安全事故的应急救援和调查处理

① 县级以上地方人民政府建设行政主管部门应当根据本级人民政府的要求，制定本行政区域内建设工程特大生产安全事故应急救援预案。

② 应当制定本单位生产安全事故应急救援预案，建立应急救援组织或者配备应急救援人员，配备必要的应急救援器材、设备，并定期组织演练。

③ 应当根据建设工程施工的特点、范围，对施工现场易发生重大事故的部位、环节进行监控，制定施工现场生产安全事故应急救援预案。实行施工总承包的，由总承包单位统一组织编制建设工程生产

安全事故应急救援预案，工程总承包单位和分包单位按照应急救援预案，各自建立应急救援组织或者配备应急救援人员，配备救援器材、设备，并定期组织演练。

④ 发生生产安全事故，应当按照国家有关伤亡事故报告和调查处理的规定，及时、如实地向负责安全生产监督管理的部门、建设行政主管部门或者其他有关部门报告；特种设备发生事故的，还应当同时向特种设备安全监督管理部门报告。接到报告的部门应当按照国家有关规定，如实上报。

实行施工总承包的建设工程，由总承包单位负责上报事故。

⑤ 发生生产安全事故后，应当采取措施防止事故扩大，保护事故现场。需要移动现场物品时，应当做出标记和书面记录，妥善保管有关证物。

⑥ 建设工程生产安全事故的调查、对事故责任单位和责任人的处罚与处理，按照有关法律、法规的规定执行。

第十七章　工程建设监理

第一节　建设监理的概念

一、监理

何谓监理？监理就是有关执行者根据一定的行为准则，对某些或某种行为进行监督和管理、约束和协调，使这些行为符合准则的要求，并协助行为主体实现其行为目的。

构成监理需要具有一定的基本条件，即应当有“执行者”，也就是必须有监理的组织；应当有“准则”，它是实施监理的依据；应当有明确的被监理“行为”，也就是监理的具体内容；应当有明确的“行为主体”，它是监理的对象；应当有明确的监理目的，它是行为主体和监理执行者共同实现的最终追求；应当有监理的思想、方法和手段，没有它监理就无法组织实施，就将一事无成。

实际上，监理在各个领域均可实施，监理的思想、理论对于有秩序、规范化地进行各项工作都具有一定的意义。

二、建设监理

建设监理是指针对一个具体的工程项目，政府有关机构根据工程项目建设的方针、政策、法律、法规对参与工程项目建设的各方进行监督和管理，使他们的工程建设行为能够符合公众利益和国家利益；并通过社会化、专业化的工程建设监理单位为业主提供工程服务，使他们的工程项目能够在预定的投资、进度和质量目标内得以实现。

在工程建设领域，建设监理的实施旨在形成一项根本制度，从而就工程项目建设行为准则、规程和管理体制做出规定，并对它应当如何进行提供一个完整的组织和运行模式。

这项制度包括：针对什么，根据什么，采用何种体制，建立何种运行机制，由谁来推行和实施等诸方面。从思想、组织到方法和手段形成一个完整的一体化的可实施系统。

建设监理制度由以下内容构成：工程项目，它是建设监理制度实施对象；工程项目建设管理体制，它是就工程项目管理组织提出的基本框架；建设监理运行体系，它是实施建设监理的组织体系；建设监理法规体系，它是工程建设和监理的依据。

作为一项制度，所有参加工程建设和监理的人们必须严格遵守。

首先，工程建设管理部门应当严格按照建设监理制度办事，这是推行和实施建设监理制度的关键。其次，参加工程项目建设的各方要严格按制度的要求规范自己的行为，接受监理。也就是，一切工程项目都必须接受政府监理，设计、施工和材料设备厂家在实施建设监理的工程项目中还必须接受工程监理单位的监督和管理。

实施建设监理制与传统的体制相比发生了根本变化。

首先，表现在两个“加强”上。一是加强了政府对工程建设的宏观监督和管理，改变过去既要抓工程建设的宏观监督又要抓工程项目的微观管理的不切实际的做法，而将微观监督和管理的工作交给社会化、专业化的社会监理单位，形成一个专门行业。从而使政府部门集中精力去做好立法和执法工作，归位于“规划、监督、协调、服务”上来。这种政府职能的调整，对工程项目建设无疑将产生良好影响。二是加强了工程项目的微观监督和管理，使得工程项目建设的全过程在工程咨询和工程监理的参与下得以科学有效地管理和监督，为提高工程建设水平和投资效益，为实现项目的目标提供基本保证。

其次，参加工程建设的三方通过三种关系紧密地联系起来，形成一个既相互协调又相互约束的有效机制，为实现工程项目总目标奠定基础。这三种关系指工程承发包关系、工程委托服务关系和监理与被监理关系。工程承发包关系是通过工程承包合同把工程业主与工程承建方联系起来，在合同的约束下双方共同实现工程项目；工程委托服务关系是通过工程监理合同和咨询服务合同把业主与工程监理单位联系起来，在监理合同和咨询服务合同的约束下使监理工程师可以为业主提供工程服务，实现业主的有效监督和管理，同时也保证了业主的工程建设行为规范化；监理与被监理关系是通过建设监理制建立起来的，并通过工程承包合同和监理合同加以明确的。社会监理单位与工程承建单位借助这种关系联系起来，作为独立、公正的第三方的社会监理单位以总协调人身份使业主和工程承包单位能够各自履行合同义务，从而为顺利实现工程项目奠定基础。

再者，新型的工程建设管理体制将政府监理部门摆在居高临下的位置对工程业主、工程承包和社会监理单位实施强制性监督和管理，可以使它们的建设和监理行为更加规范化。这种由政府监理与社会监理构成的一个纵横交叉的宏观与微观并行的监理框架，对于工程项目的建设所起的作用是巨大的。

建设监理是一个完整体系，不仅是指它有自己的组织、自己的工作依据、自己的专业队伍、自己的工作方法和手段。政府监理机构和社会化、专业化的工程监理公司是它的组织；建设监理法规是它的监理基本依据；监理工程师是它的基本队伍；规划、控制、协调是它的基本监理方法。而且还因为它是一个新兴（指我国）的独立行业。这个行业与我国工程建设领域其他行业的不同在于：服务对象仅对工程业主；监理人员的主体是专门从事监理业务的、具有综合知识结构的监理工程师；从事的工作只能是监理或工程咨询业务；从它的出现之日起，就从建设市场上取得监理业务；它的工作方法是从组织和管理方面采取各种措施对工程项目目标进行控制；它们的经济来源是脑力劳动的报酬；它在工程项目建设中作为“独立、公正的第三方”出现。

三、建设监理的范围

建设监理是把单个建设工程项目看做一个系统，作为自己工作的对象，也就是说，无论是政府监理还是社会监理，都是对单个工程项目实施的监理。有项目，监理才存在，没有项目，也就没有监理。因此，建设监理是针对工程项目而展开的，其范围含以下两个方面。

① 建设监理覆盖我国所有的工程项目。一切建设工程必须接受政府监理。无论是内资项目，还是外资项目，或是一般工业与民用项目，一旦这个项目成立，政府有关部门即按照目前的职责分工，从不同的阶段和不同的方面，对它进行强制性监理。所有建设工程均允许委托监理单位实施监理（政府有规定的秘密工程除外）。根据建设监理制度的发展步骤，我国现阶段应委托社会监理的工程项目是：国家投资的新建、扩建、改建的大型技改工程项目。鼓励集体、个人投资

兴建的工程也实行监理。国家机密工程和工程规模较小、业主又有相应的工程建设管理能力的，可不委托监理。

② 建设监理贯穿于工程建设全过程。所有工程项目的建设过程都可分为建设前期阶段和工程实施阶段。政府以贯彻国家投资计划、提高投资效益和维护公众利益为目的，从工程项目的可行性研究开始，到设计施工，直至竣工验收，把建设全过程都纳入监督的控制之下，实施强制性监理。按照我国当前的部门分工，大体上是建设前期阶段由计划部门以及规划、土地管理、环保、消防、公安等部门负责；工程建设实施阶段由建设主管部门负责。社会监理工作也涉及工程建设全过程。任何工程项目，建设单位都可以将可行性研究、勘测、设计、施工直至竣工验收的全过程委托给社会监理。当然，社会监理是自愿委托性质的，建设单位根据需要和工程特点，可以将全过程委托给一个社会监理单位，也可以将工程的不同建设阶段分别委托给若干个监理单位，可以全过程委托监理，也可以某一阶段或某几个阶段委托监理。

四、建设监理的依据

按照我国建设监理的有关规定，建设监理的依据是国家有关工程建设和建设监理的方针、政策、法规、规范及有关工程建设文件，从依法签定的监理委托合同到工程建设承包合同。

① 政策，主要是指我国经济发展战略，产业发展规划，固定资产投资计划等。

② 法律，主要是指与工程建设活动有关的法律。如《土地管理法》《城市规划法》《环境保护法》以及《经济合同法》等。

③ 法规，主要包括：国务院制定的行政法规，如《中华人民共和国经济合同仲裁条例》等；省级人大及常委会、省所在市人大及常委会，国务院批准的较大的市人大及常委会制定的地方性法规。

④ 政府批准的建设计划、规划、设计文件，这既是政府有关部门对工程建设进行审查、控制的结果，也是一种许可，又是工程实施的依据。

⑤ 依法签定的工程承包合同，是社会监理工作具体控制工程投资、质量、进度的主要依据。监理人员以此为尺度严格监理，并使之

成为工程实施的依据。监理单位必须依据监理委托合同中的授权行事。

五、我国实行建设监理的意义

1. 有利于发展生产力

新中国成立后至改革以前的30年，在计划经济的体制下，我国建设投资由中央和地方财政统一分配，建设项目管理是由建设单位组织临时筹建机构或由政府出面组织指挥部承担的，主要是用行政手段组织指挥工程建设。于是便形成了行政领导按隶属关系管工程，靠的是行政权力，致使政企不分；管理人员缺乏项目管理经验，由于管理机构是一次性的，也难以积累经验；管理机构只对建设期负责，对经营期不负责；对投资控制责任不明确，亦无还贷压力。这样一来，临时筹建机构或指挥部的方式就不能适应生产力发展的需要，必须加以改革。

改革开放以来，我国的经济体制一步一步地向市场经济转换，建设领域也发生很大变化。投资由国家单一化向多元化转变，任务分配由纯计划性向竞争性转变，投资规模不断扩大，技术要求越来越复杂，管理要求越来越高，建筑市场逐步形成。生产力的发展证明，原来的管理体制如果再不改变，便会阻碍生产力的发展。事实上，改革的实践使原来的体制逐渐被打破。在建设前期，实行了投资包干和可行性研究，国家和建设单位的关系有了改变，建设单位的投资责任加重了。在实施阶段，实行了总承包制度，使建设单位可以利用经济杠杆的作用从繁琐的事务中解脱出来。过去的条块封锁状况被打破了，合同关系代替了行政隶属关系。

但是，建设单位的工作如何才能得到加强的问题仍然突出地摆在人们的面前。以下的几个问题反映了这个迫切的改革需要；一是，以什么方式解决临时筹建班子和指挥部存在的问题？二是用什么方式使建设单位的工作能够适应现代化生产和管理对知识和经验的需求？三是用什么方式来代替传统的行政管理手段？四是以什么方式解决新形势下产生的建设随意性和纠纷的大量产生？等。要解决这些问题，必须参照国际惯例，实行建设监理。

实行建设监理制度，可以用专业化、社会化的监理队伍代替小生产管理方式，可以加强建设的组织协调，强化合同管理监督，公正地调解权益纠纷，控制工程质量、工期和造价，提高投资效益。监理单位可以以第三者的身份改变政府单纯用行政命令管理建设的方式，加强立法和对工程合同的监督。可以充分发挥法律、经济和行政与技术手段的协调约束作用，抑制建设的随意性，抑制纠纷的增多。还可以与国际通行的监理体制相沟通。总之，这样就无疑会增强改革效果，建立新的生产关系和上层建筑，促进生产力的发展。

2. 有利于提高经济效益

几十年来，我国的建筑业虽然得到了很大的发展，完成的总产值和提供的固定资产逐年增加，然而经济效益总是不高，甚至下降，投资、质量和工期失控。大量的统计资料说明了这个问题。在投资方面，浪费严重，形成的固定资产占投资的比例低，项目超投资十分严重，致使投资失控，资金难以到位，拖欠工程款越来越多，至 1989 年累计竟达到 80 亿元。在质量方面失控的现象也很严重，1985 年建设部对 56000 个项目进行质量调查，有隐患影响使用效率的竟达 2918 项；1980 年至 1985 年 10 月，共发生房屋倒塌事故 518 起，砸死 627 人，重伤致残 1063 人。在工程进度方面，虽然历来很受重视，然而从 20 世纪 50 年代起至 80 年代初，建设周期始终呈现逐渐延长的趋势，极大地影响了投资效益的发挥。

实行建设监理制度，使监理组织承担起投资控制、质量控制和进度控制的责任，是监理组织分内之事，也是他们的专业特长，解决了建设单位自行管理不能在控制上奏效的问题。实践证明，实行建设监理的工程，在投资控制、质量控制和进度控制方面可以收到良好的效果，也就是说，综合效益均能得到提高。几十年来不能得到解决的建设经济效益低下的老大难问题，由于实行监理制度，找到了一条理想的解决途径。

3. 有利于对外开放与加强国际合作

实行改革开放以来，我国大量引进外资进行建设。三资工程一般都按国际惯例实行建设监理制度。我们也大力发展对外工程承包事业，在国外承包工程，也要实行监理制度。我们如果不实行监理制度，便不能适应吸收外资的要求，造成经济上受损；我们如果不熟悉监理制度，便不能适应国际承包的需要，同样会蒙受损失。因此，我国实行建设监理制度，不但是必需的，而且是紧迫的，是我国置身国际工程承包市场之中的一项不可缺少的举措。推行建设监理制度以来，我们已经变被动为主动，改善了投资环境，提高了投资效益，增强了我国的国际竞争能力，壮大了我国的建设事业。

总之，实行建设监理制度的意义是巨大的，它可以提高我国的建设水平，适应社会主义市场经济发展的需要，大大促进生产力的发展，提高投资效益，提高综合竞争能力，更多地吸收国外资金，更有力地打入国际市场，增强我国的经济实力和国际竞争力。

第二节　建设监理组织机构

为了有效地开展监理工作，对于大中型项目的监理，都需要组建一个精干高效的监理组织机构。这是搞好监理工作的组织保证。

一、监理组织的设计原则

组织设计是监理总工程师为完成不同阶段监理任务所设计出来的“组织机构”。设计的原则如下。

① 建立职权与责任结合的指挥系统；建立集权、分权、控制幅度等人与人之间互相影响的制约机制、激励机制和开拓机制。

② 探索和建立最有效的协调手段。

③ 工作职务要专业化、层次要简化、直线指挥与职能参谋相结合。

二、监理组织机构的设立

1. 设立监理组织机构应考虑的主要因素

(1) 必须反映目标和计划

因为一切管理活动正是从目标和计划推导出来的。监理单位在接受委托后要根据监理委托合同中规定的监理范围和内容，监理的深度和广度确定监理预期目标和计划，设立相应规模的监理组织机构，视其工程规模大小、监理范围、人员多少，可称监理处、站、所或监理小组。其组织结构要与工程项目合同结构相适应，以便对口管理，还要考虑其承发包方式和监理内容，不同的承发包方式和不同的监理内容，直接影响监理组织结构和人员的多少。

（2）必须反映领导者可运用的职权

一定组织的职权也就是由行政上级和委托单位决定的处理问题的权限，它是随着授权范围不同而变化的。我国建设监理试行规定中指出："监理单位应根据承担的监理任务，设立由总监理工程师、监理工程师和其他监理工作人员组成的项目工作小组。""总监理工程师是监理单位履行监理委托合同的全权负责人，行使合同授予的权限，并领导监理工程师的工作，监理工程师具体履行监理职责，及时向总监理工程师报告现场监理情况，并领导其他监理工作人员的工作。"即明确规定了设立的监理组织机构要实行总监理工程师负责制。

（3）必须反映它的环境条件

组织机构必须有序的、高效的运行，并使集体中的每个成员能作出力所能及的贡献，从而有助于人们在不断变动的环境中有效的实现目标。从这个意义上讲，切实可行的组织机构就决不可以是机械的或固定不变的。由于工程进展是动态的活动过程，其内在的、外界的环境条件也是不断变化的，因此监理组织机构内的结构、专业、成员数量，也应该是变化的。

（4）必须反映精干、高效的配备原则

组织机构内规定的业务工作分类、分工和职权，必须考虑到人员的限度和能力，不能因人设事，而要层次少、人员少、一专多能、精干高效。

2. 设立监理组织机构的原则

（1）目的性原则

设置监理组织机构的根本目的，在于确保监理目标的实现。离开监理目标，就会如无源之水，无本之木，使组织机构的探讨失去方向。从"一切为了确保监理目标的实现"这一根本目的出发，要因目标而设事，因事而设人、设机构、分层次，因事而定岗定责，因责而授权，这一设置逻辑流程关系如图 17-1 所示。如果离开监理目标或颠倒了这种逻辑因果关系，组织机构就会走偏方向。比如，因人设"事"势必导致机构臃肿，职责不清，相互扯皮，效率低下。

（2）管理跨度原则

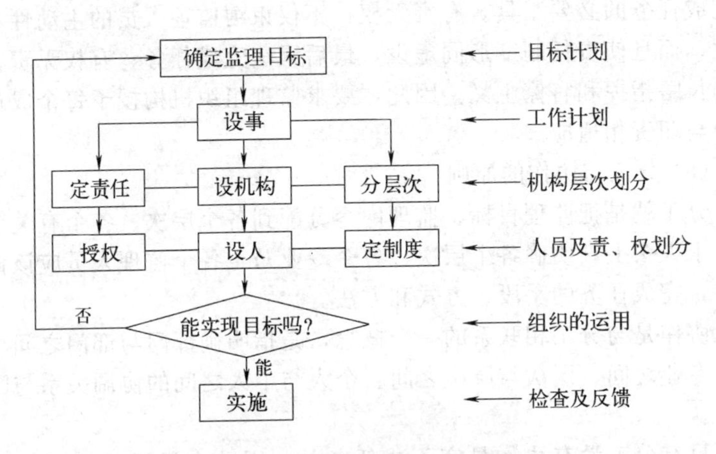

图 17-1 监理组织机构设置流程图

现代组织理论十分强调管理跨度的科学性。适当的管理跨度，加上适当的层次划分是建立高效组织机构的基础。

管理跨度是指一个领导者直接管辖的下级人数。

管理跨度与层次划分的多少成反比的关系。管理跨度大则层次少，但并不是说跨度越大越好，因为跨度大，上级主管需要协调的工作量就大。而每个人的知识、能力和精力也是有限的，也决定了管理跨度不能无限增加。现实情况是：当监理人员能力强、精力充沛、经验丰富时，管理跨度可大些，反之要小些；当上下级之间沟通程度强，有关指示、命令、请示能及时传达疏通时，其管理跨度可大些，反之要小些；主要视其监理项目的大小、复杂程度、监理人员的能力，这一切都应以满足目标需要而定。

(3) 统一指挥原则

建设部明确规定在监理组织机构中实行总监理工程师负责制，这样可以避免多头指挥。但在今天组织结构比较复杂的情况下，完全听从一个人的指挥是不现实的，这就要求下达指令之前，领导人之间要互相沟通，统一意见。做到执行者只能接受到同一的命令。

(4) 责权一致的原则

在委以责任的同时，必须委以自主完成任务所必需的权力。权力是完成任务的必要工具。有责无权，不仅束缚监理人员的主动性和积极性，而且使责任制度形同虚设，最后无法完成任务；有权无责，必然助长瞎指挥和官僚主义。因此，要求监理组织机构授予每个成员的权力与职责相适应。

(5) 分工与协作的原则

分工就是把监理目标、监理内容分配到各个层次、各个有关专业以及个人头上，明确各个层次、各个专业乃至各个监理人员应该做的工作，完成任务的手段、方式和方法。

协作是与分工相联系的一个概念，是指明确部门与部门之间、专业与专业之间、层次与层次之间、个人与个人之间的协调关系与配合方法。

只有分工没有协作是完不成任务的，因此在设置监理组织机构时，层次间、专业间的分工和协作都是不可忽视的。

(6) 精干的原则

要以较少的人员，较少的层次完成监理目标，是设置监理组织机构的期望目标。层次过多，则人员多，会造成人浮于事，办事迟缓，并使管理费用增加；层次过少，必然加大管理跨度，使领导工作不深入、不具体，指挥无力。为此监理机构一定要层次适当，人员精干，做到统一、高效。

3. 常用的监理组织机构形式

根据近几年的监理工作试点来看，目前比较成功的，普遍采用的监理机构组织形式有“直线制”“职能制”“直线-职能制”，以及“矩阵制”几种。现分述如下。

(1) 直线制（线性结构）

这种组织形式是一种传统的组织结构形式。在这种组织结构中，其权力系统自上而下或负责系统是自下而上按直线系统，如直线排列，因此而得名。其特点是：一个下级只接受一个上级领导者的指令，一级对一级负责，指挥管理统一，责任和权限明确。如图 17-2 所示。它比较适合施工现场的管理，也是目前现场施工管理常见的组织形式。如水电系统鲁布革水电站引水系统工程监理结构就是采用直线制组织形式。

(2) 职能制（多线制）

它实际上是直线制的一种演变，随着科学技术的进步和生产力的发展，工程建设规模和结构趋向大型化和复杂化，需要组织上的细致分工和专业化管理，而直线制已不能适应这种要求。职能制的特点是领导者放权，其优点如下。

① 把相应的管理职责和权力授给各职能部门或专业负责人，有利于领导集中精力。

② 后者在其职权范围内，直接指挥下级单位，有利于各级负责人工作积极性的发挥。

③ 它有利于发挥各职能机构的专业管理作用，提高工作效率。

此外，由于吸收了各方面专家参加管理，从而减轻了直接领导人员的工作负担，使他们有可能集中精力履行自己的职责。如图 17-3 是职能制示意图。煤炭系统永城矿区陈四楼矿井建设监理组织机构就是采用职能制组织形式。

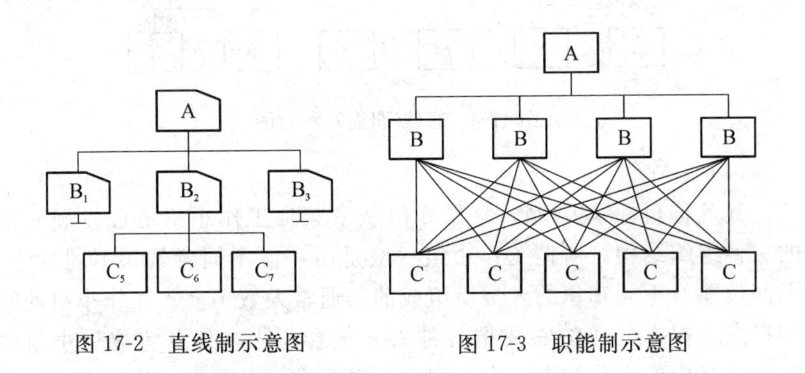

图 17-2　直线制示意图　　图 17-3　职能制示意图

(3) 直线-职能制（直线参谋制）

它实际上是上面两种体制的结合，并吸收了两者的优点。这种形式的特点，一是按企业机能和管理职能来划分部门和设置机构，实行专业分工管理；二是把管理机构和人员分成两类：一类是直线指挥机构和人员（S），他们只接受一个上级主管的指令，在自己的职责范围内有对其下属指挥和命令的权力，并对自己部门的工作负责。另一类是职能机构及其人员（M），即职能制的职能机构和参谋人员，是直接指挥（主管）的业务助手，提出建设或被主管咨询，他们不接受同层次主管的直接命令和指挥，因而在自己的专业职能范围内有较大的主动性，但又无权向下一级主管人员直接发布命令和进行指挥。这种形式综合了直线制和职能制的优点，既能保持指挥统一，命令一致，又能发挥专业分工的一定作用，管理组织结构比较完整，隶属关系分明，因而能够对本部门的生产、技术、经济监理活动进行有效的组织和指挥。如图 17-4 直线-职能制所示，交通系统京津塘高速公路天津段监理组织机构就是采用直线-职能制组织形式。

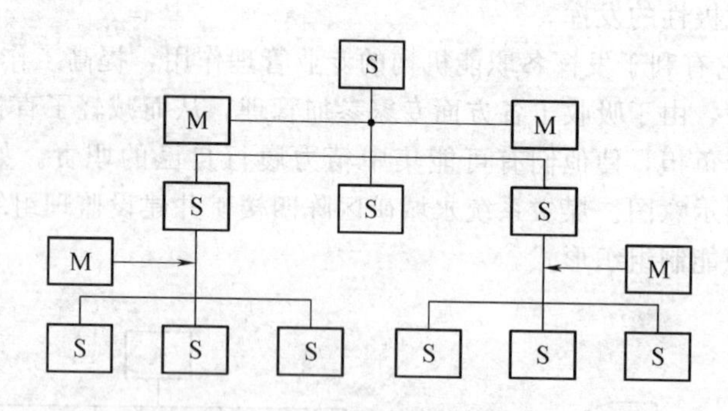

图 17-4　直线-职能制示意图

（4）矩阵制

其又称目标-规划制，是从专门从事某项工作小组形成发展而来的一种组织结构。所谓工作小组一般是由一群不同背景、不同专业、不同技能、不同知识的人员所组成的，通常人数不多。工作小组的结构特点是根据任务的需要把各种人才集合起来，任务完成后小组解散。小组内的专业和人员也不固定，需要谁，谁就来，任务完成后就离开。其优点是适应性强，不窝工，机动灵活，效率高；缺点是成员有临时观点，缺乏稳定性。这种工作小组组织结构适用建设监理需要不同时期、不同专业的人在一起完成监理工作，这种工作小组的形式长期存在，就成为建设监理中的矩阵制组织形式。永夏矿区车集矿井建设监理就采用矩阵制组织形式，如图 17-5 矩阵制所示。

4. 监理组织机构的人员组成及职责分工

一个建设监理机构的大小，需要配备的人员多少，专业的类别，

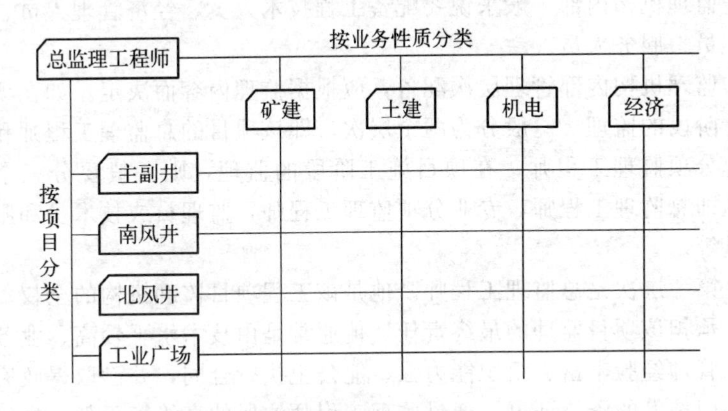

图 17-5　矩阵制示意图

目前没有统一的规定和标准，而是根据受委托的工程项目类型，工程的复杂程度，工期长短，监理的内容，监理的广度和深度，以及监理人员的素质而定，由于从事的行业不同其差别也甚大。据有关资料介绍，水利系统小型项目（年度投资额 1000 万元以下）4 人左右，中型项目（年度投资额 1000 万至 8000 万元）10 人左右，大型项目，如广州抽水蓄能工程，监理人员 54 人，漫湾水电站工程配监理人员 60 人。

交通系统在《公路工程施工监理暂行办法》中规定，一般道路工程的监理人员配备密度为 0.8～1.0 人/千米，京津塘高速公路的监理人员配备密度为 1.3～1.5 人/千米，相当于年投资每 100 万元人民币 0.7 个监理人员。

煤炭系统规定，只负责施工阶段监理的大中型项目控制在年平均 15～20 人，小型项目 8～12 人；对总承包工程监理，大中型项目控制在年平均 8～12 人，小型项目 5～8 人。而北京市城建系统的监理人员配备标准平均投资额每 100 万元人民币配备 1 个监理人员。

据资料介绍，在国外中小型项目每 100 万美元左右需配 1 个监理人员，大型项目每 150 万美元配 1 个监理人员。除了工程投资规模以外，工程类型、行业特点也是决定监理人数的重要因素。

(1) 监理机构的层次划分

监理机构内部一般来说要配备工程技术人员、经济管理人员、财会人员、服务人员。

监理机构内部管理层次配备，应根据监理内容而决定。如在项目设计阶段的监理，一般分为两个层次，即该项目的总监理工程师和各专业分项监理工程师；在项目施工阶段的监理，则一般要分三个层次，即总监理工程师，专业分项监理工程师，监理员或技术员和服务人员等。

第一层次是总监理工程师。他是该工程项目监理机构的全权负责人，承担该项目监理的最终责任。他通常是由技术水平较高、业务熟练、管理经验丰富、组织能力强、能公正执行合同，并已取得政府主管部门核发的资格证书，通过监理工程师注册的高级工程师、高级经济师担任。

第二层次是各专业、分项监理工程师，他们是派驻现场的监理执行人，他们按照总监理工程师的授权和指令，监理委托合同中规定的监理范围内的各类工程，负责处理现场的本专业、本分部分项工程的技术、经济事务，并对总监理工程师负责。分项监理工程师一般是由通过专门培训、考试、考核并取得政府主管部门核发的资格证书，经过监理工程师注册的各专业的具有高级或中级技术职称的工程师和经济师担任。

第三层次是监理员、技术员、统计员、档案员、电算员以及服务人员等。他们由各专业、工种人员组成，通过监理培训，在各专业分项监理工程师领导下，进行具体监理工作和服务工作。

各层次、各专业人员数量要随工程项目的进展而调整，其目的是精干、高效。所以监理的组织机构和结构也是动态的、可变的。

监理组织内各类人员的职责分工，要根据建设单位的委托和监理合同规定的内容决定。现列举在施工阶段的建设监理，三个层次的组织结构职责分工如下。

(2) 总监理工程师的职责

① 根据监理合同，确定监理组织机构和人员，并对所属人员明确分工，做到责任落实到人。

② 根据监理合同，编制项目监理规划或方案，确定监理目标以

及实施计划和措施，上报建设单位，并向内部贯彻执行。

③ 负责对外关系，作为对外关系的总代表，要密切联系建设、施工、设计等外协单位，交换意见，互通情报，并及时了解各方面的要求和意向，为平衡、协调做好各项准备工作。

④ 监督、检查合同双方履行工程承发包合同或协议的情况，调解双方之间的合同争议与纠纷，审查索赔要求，并提出监理意见。

⑤ 参加建设单位召集的工程平衡例会和各类工程会议，协调各方关系，帮助解决施工中的各类制约和干扰问题。

⑥ 确认承包单位选择的分包单位及其资质审查结果。

⑦ 组织并主持重大单位工程的设计交底，审查设计概算和重要工程施工图纸。

⑧ 组织、主持审查施工单位提报的施工组织设计，施工进度计划和各种组织措施、施工措施、安全措施、质量措施、进度措施，以及设备、材料、人员进场计划等。

⑨ 负责签署工程变更、设计修改、材料代用、隐蔽工程记录和新技术应用等有关书面文件，签署拟发的监理通知书和各类监理报表。

⑩ 参与工程验收，确认工程数量和质量，审查工程结算，签署工程付款凭证。

⑪ 监督检查并帮助施工单位完成进度计划，敦促各施工单位的质保体系运行正常，确保工程质量符合规程、规范的标准和合同要求。

⑫ 负责填写监理日记和撰写监理工作总结，按规定每月向建设单位提交上月的监理工作报告和各类报表。

⑬ 负责制定监理组织内部的规章制度，审批内部的财务支出，以及确定监理人员的任免、调动、奖罚等事宜。

⑭ 督促、检查合同文件和监理文件、监理记录以及各类信息资料的整理、存储、鉴别、归档等工作。

⑮ 负责组织监理人员的学习和业务培训工作，业务考核工作，并对监理人员转正、定级以及职称晋升提供鉴定意见。

(3) 专业分项监理工程师的职责

① 接受总监理工程师的指令和授权，在授权的范围内行使监理

职责和权力，实施监理规划。

② 负责制订为实现本专业或本分部分项监理目标的监理实施计划和措施，编制单位工程监理程序。

③ 审查设计文件、概算以及施工图纸，包括设计修改、工程变更、材料代用等具体实施意见，并提出监理意见。

④ 审查施工单位提交的施工组织设计、施工进度计划和施工措施，并提出监理意见。

⑤ 参加施工单位工程协调会，应经常的深入工地了解施工动态和进程，帮助施工单位解决施工中的困难干扰和各类矛盾，促使完成进度目标和质量目标。

⑥ 负责处理施工过程中的设计修改、工程变更、隐蔽工程和新工艺、新材料、新技术应用等事宜，并提出监理意见交总监理工程师审定。

⑦ 监督、检查施工单位的质量保证体系运行情况，敦促施工单位严格按规范标准和合同要求施工，确保工程质量。支持和帮助施工单位为提高工程质量和优良品率的各项合理化建议和措施的推行和落实工作。

⑧ 审查主要建筑材料、主要设备的订货。核定其性能标准，查验其合格证，必要时复核其试验或化验报告，对不符合合同要求的材料设备一律不准进厂和使用。

⑨ 参加定期的工程月末验收和竣工验收，核实、确认工程数量和质量，并签署工程验收凭证。

⑩ 审查施工单位提交的施工月报表和工程结算报表，保证进度与支付同步。掌握好工程预付款的起扣点，预审索赔文件，协同经济师做好单位工程的投资控制。

⑪ 监督、检查施工单位的安全防护措施，提出监理意见。协助施工单位消除安全隐患，确保施工安全。

⑫ 负责填写本分项或本专业监理日记，每月月初向总监理工程师提交上月监理工作报告。

⑬ 负责指导和安排本分项或本专业监理员的工作，并帮助本专业的监理人员不断提高业务水平和监理工作水平。

(4) 专业分项监理员的职责

① 接受专业分项监理工程师的指令，执行监理任务。当好专业监理工程师的助手。

② 熟悉合同文件和施工图纸，根据专业监理工程师的指令，对重点项目或重要工序进行跟踪检查和旁站监理。

③ 经常深入工地了解施工动态，发现问题及时向专业监理工程师汇报，帮助解决施工中的有关问题。

④ 督促、检查施工单位完成进度计划，严格执行施工规范和合同要求，严把各道工序的工程质量关。

⑤ 检查工程变更、隐蔽工程、材料代用、新技术应用的执行情况，检查监理通知书执行情况，做好现场实况记录，并汇总给专业监理工程师。

⑥ 负责验证工程材料取样试验、化验。检验主要材料和设备的出厂合格证和报告单，对不符合设计要求标准的各类情况即时上报。

⑦ 负责操作使用监理检查测试工具，取得完整的、系统的数据，并做好检测详细记录，汇报给专业监理工程师。

⑧ 参加工程验收，实测、实量完成数量和质量，取得第一手数据，为专业分项监理工程师签署工程验收凭证提供真实可靠的数据。

⑨ 参加质量评定和质量事故分析会议，提出监理意见。

⑩ 详细记录施工单位的施工进度、质量和施工操作安全情况，掌握施工动态，并即时填入监理日志。

第三节　建设监理工程师

建设监理工程师是指经过全国统一考试合格并经注册取得《监理工程师岗位证书》的工程建设监理人员。这是一种岗位职务。

一、现场监理组织的层次

监理工程师在施工现场，并非仅仅是指作为自然人的某个工程师，更重要的还是指由项目总监理工程师及其助手们组成的现场工作机构，在合同法律用语中，也常常是这么理解的。由于监理工程师是接受业主的委托，对项目建设的实施进行监督管理，为了更好地完成任务，而非应付了事，他们在施工现场必须要有一个合理的组织机构，而且这个组织机构要做到有效运转，才能充分协调参与建设项目和全体成员的活动。使工程项目从施工到竣工直至交付使用的全过程处于优化管理之中，从而达到高效率、高效益建设的目的。从这个意义上讲，监理工程师施工现场组织的设置，是监理工程师完成业主委托任务的重要前提。

一般的现场监理组织由三个层次的不同专业的人员构成，在监理工作中由于各自所处的层次不同，权力和责任也是不一样的。

1. 总监理工程师

总监理工程师是监理单位派往项目执行组织机构的全权负责人。在国外，有的监理委托合同是以总监理工程师个人的名义与业主签订的。可见，总监理工程师在项目监理过程中，扮演着一个很重要的角色，承担着工程监理的最终责任。总监理工程师在项目建设中所处的位置，要求他是一个技术水平高、管理经验丰富、能公正执行合同，并已取得政府主管部门核发的资格证书和注册证书的监理工程师。在整个施工阶段，总监理工程师人选不宜更换，以利监理工作的顺利开展。

目前，我国基建工程建设监理模式和监理机构设置情况视不同工程而不同。现场监理组织机构负责人，有的命名为总监理工程师和副总监理工程师，有的命名为监理工程师总代表、副总代表和监理总工程师、监理副总工程师。虽然名称有所不同，但其职责和工作性质所要求的素质等并无本质区别。

(1) 知识结构和素质特征

① 专业技术知识。总监理工程师必须是精通建筑专业知识的内行专家，其专业特长应和项目专业技术相“对口”。尤其是大、中型工程项目，其工艺、技术、设备专业性很强，非一朝一夕能吃透。作为总监理工程师如果不懂建筑专业技术，就很难对重大技术方案、施工方案勇于决断，更难以按照工程项目的工艺逻辑、施工逻辑开展监理工作和鉴别工程施工技术方案、工程设计和设备选型等的优劣。

当然，不能要求总监理工程师对所有技术都很精通，但必须熟悉主要技术，再借助于技术专家和各专业工程师的帮助，就可以应付自如胜任职责。

② 管理知识。施工监理工作具有专业交叉渗透、覆盖面宽等特点。因此，总监理工程师不仅需要一定深度的专业知识，更需要具备管理知识和才能。只精通技术、不熟悉管理的人不宜做总监理工程师。这正如第一流的教授可能是个不称职的校长、出色的总工程师未必是个好厂长一样。总监理工程师必须在管理理论和管理技术上训练有素，并且能灵活地加以运用。

纵向，总监理工程师应对决策理论、项目管理、系统工程、网络技术、全面质量管理有较深训练；横向，总监理工程师应对行为科学、管理心理学、合同法、经济法、工程概预算、计算机等实用管理技术和管理知识有较全面的一般了解。

③ 领导艺术和组织协调能力。总监理工程师要带领监理人员圆满实现项目目标，要与上上下下的人合作共事，要与不同地位和知识背景的人打交道，要把各方面的关系协调好。这一切都离不开高超的领导艺术和良好的组织协调能力。

a. 总监理工程师的理论修养。现代化行为科学和管理心理学应作为总监理工程师研究和应用的理论武器。其中的组织理论、需求理论、授权理论、激励理论，应作为项目经理潜心研究的理论方法；结合工程项目组织设计，选择下属人员及其使用、奖惩、培训、考核等，提高自身理论修养水平。

b. 总监理工程师的榜样作用。作为监理班子的带头人，总监理工程师榜样作用的本身就是无形的命令，具有很大的号召力。这种榜样作用往往是靠领导者的作风和行动体现的。总监理工程师的实干精神、开拓进取精神、合作精神、团结精神、牺牲精神、不耻下问的精神和雷厉风行的作风，对下属有巨大感召力，容易形成班子内部的合作气氛和奋斗进取的作风。

总监理工程师尤其应该认识到，良好的群众意识会产生巨大的向心力，温暖的集体本身对成员就是一种激励；适度的竞争气氛与和谐的共事气氛互相补充，才易于保持良好的人际关系和人们心理的平衡。

c. 总监理工程师的个人素质及能力特征。总监理工程师作为监理班子的领导指挥者，要在苛刻的条件下圆满完成任务，离不开良好的组织才能和优秀的个人素质。这种才能和素质具体表现如下。

第一，决策应变能力。建筑工程施工中的水文、地质、设计、施工条件和施工设备等情况多变。及时决断，灵活应变才能抓住战机避免失误。例如在重大施工方案选择、合同谈判、纠纷处理等重大问题处理上，总监理工程师的决策应变水平显得特别重要。

第二，组织指挥能力。监理工程师在项目建设中责任大、任务繁重，作为监理人员的最高领导人必须能指挥若定。因而良好的组织指挥才能就成了总监理工程师的必备素质。总监理工程师要避免组织指挥失误，特别需要统筹全局，防止陷入事务圈子或把精力过分集中于某一专门性问题，许多工程师和技术专家出任总监理工程师也是容易犯这种毛病的。所以，良好的组织指挥才能的产生需要阅历的积累和实践的磨炼，而且这种才能的发挥需要以充分的授权为前提。

第三，协调控制能力。总监理工程师要力求把参加工程建设各方的活动组织成一个整体，要处理各种矛盾、纠纷，就要求具备良好的协调能力和控制能力。为了确保工程目标的实现，总监理工程师应该认识到：协调是手段，控制是目的，两者缺一不可，互相促进。所以，总监理工程师必须对工程的进度、质量、投资和所有重大工程活动进行严格监督，科学控制。

第四，其他能力。总监理工程师在工程建设中经常扮演多重角色，处理各种人际关系。因而还必须具备交际沟通能力、谈判能力、说服他人的能力、必要的妥协能力等。这些能力的取得主要靠在实践中磨炼，而不是在课堂上灌输。

d. 开会艺术。会议是总监理工程师沟通情况、协调矛盾、反馈信息、制定决策和下达指令的主要方式，也是总监理工程师对工程进行监督控制和对内部人员进行有效管理的重要工具。如何高效率地召开会议、掌握会议组织与控制的技巧，是总监理工程师的基本功之一。

建设项目推行招投标和建设监理的实践告诉我们，工程建设过程中必然会举行众多类型的会议。有的会议需要总监理工程师主持召开，例如设计交底会议、施工方案审查会议、工程阶段验收会议、索赔谈判协调会议以及监理机构内部的人员组织、工作研讨、管理工作等会议；有的会议需要总监理工程师参加或主持，如招标前会议、评议标会议、设备采购会议、年度工程计划会议、工程各方工作协调管理例会、竣工验收会议、机组启动试运转会议等。这些众多类型的会议有着不同目的、不同参加人员和专门议题。总监理工程师要提高会议效率，防止陷入会海之中，就必须掌握会议组织和控制艺术，学会利用会议解决矛盾，推动工作顺利进行。

(2) 岗位职责

在工程施工阶段，总监理工程师的主要职责如下。

① 保持与委托单位的密切联系，弄清其要求和愿望。

② 确定工程监理组织机构和主要人员的职责。

③ 与各承包商负责人联系，确定工作中相互配合的问题及有关需要提供的资料。

④ 协助业主审核承包商编写的开工报告，发布开工令。

⑤ 确认承包商选择的分包商。

⑥ 审查承包商提出的施工组织设计、施工技术方案和施工进度计划，提出改进意见。

⑦ 审查承包商提出的材料和设备清单及其所列的规格与质量。

⑧ 督促、检查承包商严格执行工程承包合同的工程技术标准。

⑨ 调解业主（建设）单位与承包商之间的争议。

⑩ 检查工程使用的材料、构件和设备的质量是否符合合同要求，检查安全防护设施。

⑪ 检查工程进度和施工质量，验收分部分项工程，签署工程付款凭证。

⑫ 督促整理合同文件和技术档案资料。

⑬ 向业主提供所有索赔和争议的事实分析资料，提出监理方的决定性意见。

⑭ 组织设计单位和施工承包商进行工程竣工初步验收，向有关部门提出竣工验收申请报告。

⑮ 审查工程结算，查明各项合同完成工作的最终价值。

⑯ 按时向委托单位——业主报告上述事项。

(3) 应注意的问题

在工程建设中，监理委托合同一旦签定，总监理工程师的“法定”地位便被确认，在施工承包合同中，业主将明确阐述总监理工程师的权力，以便使承包商更好地接受指导和监督。从国外情况看，总监理工程师经常是执行两套职能。首先是运用自己的专业技能为业主做好工程设计、组织施工招标并草拟施工合同（有的连投资机会分析、项目可行性研究也是委托一个总监理工程师负责）。在这个阶段的工作中，他与业主的交流很频繁，总监理工程师经常要就工程的性质和范围向业主提出建议、征询意见，尽可能做到使业主满意。他是应用才智和经验为业主服务——提供合理的设计方案，估（测）算各种不同设计所需的投资，提出能实现业主投资愿望的各种施工方案。所有这些，对项目建设来说，仅仅是建议，采纳的决定权在业主一方。一旦业主与承包商签订了承包合同，总监理工程师就将执行一项新的职责。他必须在业主和承包商之间公正地执行工程承包合同条款。施工合同中已经规定了他能够行使的权限。根据工程承包合同，承包人必须按照设计方案、有关说明书要求和总监理工程师的详细指导建造该工程，业主则应同意支付那些总监理工程师依据合同条款表明应当支付给承包商的款项，以建设该工程。在工程建设的许多问题上，总监理工程师的决定是最终决定，业主和承包商均须遵守这个决定，如有争议可诉诸仲裁人。这是一项国际惯例。

作为总监理工程师应当注意，由于自己与承包商之间没有任何合同关系，因此，总监理工程师无权接受或拒绝承包商的报价，这项权力是业主的。在施工阶段，有时总监理工程师必须就某些材料或安装、装饰工程要求有关承包商向他报价或投标。正确的做法是，在接受了这些投标和报价之后，总监理工程师及时向业主转交并提出建议，以取得业主接受投标的认准。如果是由总监理工程师来负责通知中标的材料供应商或安装、装饰分包商时，他只能表明自己是被授权“代表业主”。在整个合同的执行过程中，总监理工程师没有得到业主的准许之前，不得在合同上附加任何东西。即便是不可预见费的发生、工程的变更、索赔的成立和支付等，都须经过业主的同意。有时，为了工作的方便，总监理工程师为自己配备一个助理或代表，协助自己工作。一般来说，总监理工程师的这位助手，必须是由取得监理工程师资格、具有一定的工作能力和经验的人来担任。

2. 项目监理工程师和专业监理工程师

项目监理工程师（区域工程师）和各种专业监理工程师，必须由取得监理工程师资格的人员担任。他们应常驻工程施工现场。在工程建设现场，他们是总监理工程师工作的具体的执行者，他们的主要工作是分别从各自的专业方面，察看工程是否按设计意图进行，是否按合同要求施工，并检查承包商是否履行了合同规定的各项职责。

监理工程师应当掌握与工程项目有关的各方面的专业技术知识并达到能够解决和处理工程问题的程度。他们需要把建筑、结构、施工、材料、设备、工艺等方面的知识融于监理之中，去发现问题，提出方案，做出决策，确定细则，贯彻实施。

监理工程师应当具有足够的管理知识和技能。其中，最直接的管理知识是工程项目管理。诸如，风险分析与管理、目标分解与综合、动态控制、信息管理、合同管理、协调管理、组织设计、安全管理等。监理工程师所进行的管理工作贯穿于整个项目的始终。

监理工程师还应当具备足够的经济方面的知识。因为，从整体讲，工程项目的实现是一项投资的实现。从项目的提出到项目的建成乃至它的整个寿命期，资金的筹集、使用、控制和偿还都是极为重要的工作。在项目实施过程中监理工程师需要做好各项经济方面的监理工作，他们要收集、加工、整理经济信息，确定项目目标或对目标进行论证；他们要对计划进行资源、经济、财务方面的可行性分析；对各种工程变更方案进行技术经济分析；以及概预算审核、编制资金使用计划、价值分析、工程结算等。

监理工程师应当对工程建设的法律、法规不但熟悉而且能掌握，尤其要通晓建设监理法规体系。建设监理是基于一个法制环境下的制度，建设监理法规是他们开展监理工作的依据，没有法律、法规作为监理的后盾，建设监理将一事无成。特别是每一位监理工程师不论他从事何类监理工作，其实都是在实施工程合同和监督管理工程合同。合同的重要性对监理工程师来说是不言而喻的，所以，法律和法规方面的知识以及工程合同知识对监理工程师是必不可少的。

以上所归纳的监理工程师应当具备的专业知识是他们开展工作所必需的。对于监理工程师而言，他们应当做到“一专多能”。某位监理工程师，他可能是技术方面的专家，同时他又懂得管理、经济和法律方面的监理所需要的基本知识；他是管理方面的专家，同时应当懂技术、经济和法律方面的监理所需知识：他是经济方面的专家，同时又应当懂得技术、管理和法律方面监理所需要的基本知识；他是合同管理方面的专家，他又应当懂得技术、管理和经济方面的基本知识，以及还要掌握一些公关知识和社会心理学知识等。建设监理需要的是“通才”，知识结构应当具备综合性的特点，同时还应当具有“专长”，应当对工程建设的某些方面具有特殊能力，只有如此，才符合建设监理对于人才的需要。

对监理工程师的这种知识结构的要求来自工程项目监督和管理的特殊性。在监理过程中，每解决一项工程问题往往要打破各个专业的界线，综合地应用各项有关的专业知识。例如，负责进度控制的监理工程师，他需要制定一个可行而又优化的进度计划，然后再实施这项计划。制订计划时需要进行技术可行性分析，经济可行性分析，需要对计划中的工作具体确定实施方案，同时还需要理解工程承包合同的要求等。这里就包括了技术、经济、合同方面的基本知识和技能。在实施过程中要不断地发现问题、提出解决问题的方案、确定实施方案、制定具体实施措施，并在执行过程中进行检查。所有这些都属于管理的范畴。可见，监理是一项综合性的工作，需要具有综合的知识结构和专业特长的人来承担才能胜任。

各有关专业知识的取得是与监理工程师的学历密不可分的，同时综合性的知识结构又与他们的继续教育程度有关。

从工作关系看，驻地监理工程师只对总监理工程师负责。由于监理工程师常驻工地，与工程的接触紧密，能够根据所掌握的工程情况做出自己的评判并向总监理工程师报告。因此，总监理工程师总是根据他们的报告来做出决断。作为一名驻地工程师应该清楚地认识到，自己的工作对总监理工程师的职责将会有相当的影响。从一定意义来说，驻地监理工程师具有承上启下的作用。上，他对总监理工程师负责，作为其助手，经常要报告工程的进展情况下，他又领导着检查员、监理员的工作。所以监理工程师这个层次，在施工现场的监理工作中起着至关重要的作用。

在总监理工程师的委托或要求下，驻地监理工程师可能承担以下的全部或部分的职责。

① 协调各承包商的工作，核准详细的施工计划，核实总监理工程师是否已给予承包商所有必要的指示并获得认可。

② 核实所有工程所需材料的采购情况，检查进场材料是否符合要求。

③ 注意施工中出现有缺陷的工艺或材料，发出补救这些缺陷的指示。

④ 核对建筑物在定线、标高和布局等方面是否符合设计图纸和合同的要求。

⑤ 必要时，发布进一步的指示澄清以上工作的一些细节。

⑥ 为了付款和计算款额，计量已完成的工作量。

⑦ 保存所有测量和试验的记录并使计划与实际进行的施工相一致。

⑧ 提供所有索赔和争议的联系渠道并提供有关的事实情况。

⑨ 检查已完成的工程是否符合要求，经过试验能否达到正常的功能。

⑩ 查明各分项合同完成工作的最终价值。

⑪ 按时向总监理工程师报告上述事项。

以上的工作，不一定包括了驻地监理工程师的全部工作，因为工程建设情况千变万化，监理工程师的工作也难以一一列出。我国建设监理有关规定提到："总监理工程师应及时将其授予监理工程师的有关权限以书面形式通知承建单位。"这样做的目的主要是为了使承包商完全了解驻地监理工程师的全部权限和有关要求，不致发生误会。对承包商来说，这份函件是很重要的，如果没有它，承包商对项目监理工程师或专业监理工程师所发布的指示是否有效，就没有判断的标准和依据。这样，承包商可以拒绝这些指示，也可以完全照办。

驻地监理工程师在工程建设中的地位是很特殊的，一方面他们在现场监理中担负着重要职责，另一方面他们的法定地位却很不显要，他们只是总监理工程师的助手或“代理人”，总监理工程师是监理的全权负责人。驻地监理工程师无权指令追加工程，无权指责承包商违背合同施工，无权对支付给承包商的任何款项签证，所有这一切都是以总监理工程师的名义进行的。然而，并不能由此而认为驻地监理工程师就是微不足道的。他们往往以自己强有力的判断，熟练的工程技能，有效的协调及组织能力，成为工程建设顺利进行的关键人物。作为一个监理工程师，从其个人的素质来看，他必须具备较强的创造力，明快的思维和判断能力，运筹帷幄的组织协调能力和与人友善相处的技巧等。

3. 其他监理工作人员

其他监理工作人员是指驻地监理工程师手下的工作人员，包括监理员等。他们的主要职责，就是不断地掌握工程全面进展的信息并及时报告驻地监理工程师，以使监理工程师能熟悉工程的所有各个部分。检查员或监理员的工作是经常不间断地巡查工程，并记录下工程进展的详细情况和与工程有关的情况。一般来说担任这一工作的人员是有一定技术专长的，一些现场经验丰富的老工人担任此项工作是合适的。优秀的检查员或监理员，对搞好工程现场监理起着极为重要的作用。他可以及时发现并纠正承包商的错误，能够减轻驻地监理工程师的工作。监理工程师应特别注意支持他们的工作，在承包商面前维护好他们的威信。当然，个人品性不好或能力差的监理员、检查员，对驻地监理工程师来说，则是一件很棘手的事情。有时往往因为有这么几个监理员或检查员的存在，就可能把监理工程师与承包商之间的关系搞坏。如果遇到这种情况，监理工程师就要考虑采取措施来解决问题，他甚至可以采取换人的办法，将不称职的监理员或检查员调离工作岗位。

二、监理工程师的职业道德

监理工程师在国际上是一种受人尊重的职业，一是因为在工程项目建设中建设监理制赋予他很大的组织管理的权力，处于核心地位；二是从事这种工作的监理工程师具有良好的职业道德；三是建设监理是造福社会和人类的崇高职业。

监理工程师应当具有良好的职业道德是建设监理的工作性质和承

担的任务所决定的。监理工程师应当具有哪些基本职业道德呢？虽然各国以及各咨询行业组织都有它们各自的标准，但一些大的方面基本相同。我国政府建设监理部门正在着手制定我们自己的监理工程师职业道德标准，它将成为监理工程师工作行为的重要规范。

监理工程师职业道德准则一般包括如下方面。

① 维护监理行业的声誉，竭诚为客户服务。国际咨询工程师联合会在它的章程以及有关合同条件中明确指出："应当认识到保持中立的咨询工程师是一种名誉职业，要努力用正当手段为客户谋求最大利益"，"必须履行为实施本协议书所需要的合理的技能、谨慎与勤奋，必须按照公认的职业准则完成他的职责"。新加坡建筑师学会等工程咨询管理机构要求其所属的监理工程师应当"有尊严，坚持立场，讲求信誉"，"忠实履行职责，对委托人负责"。我国也严格要求承担社会监理的监理工程师首先能够为客户做好服务，用正当手段为客户谋求最大利益，以维护这一行业的名誉。这是基本要求。

② 保持独立，当好公正的第三方。监理工程师应当"脱离建筑施工业、制造业和销售业，保持中立"，"不得担任商业性公司董事或其代理人"；应当"在所有专业事务中作为业主的一位忠诚顾问，如果他的有些职责可自行决定，则他应公正地居于业主与第三方之间"。

③ 只能收取正当合理费用。监理工程师在开展监理业务过程中"只能接受客户支付的正当业务报酬"，"不得接受对技术判断有影响的任何收益，或造成对客户失职行为的任何收益"；根据协议"向业主收取的报酬，是监理工程师关于本协议书的唯一报酬。无论他以及他下属人员均不得接受与本协议书有关的或与他承担的义务有关的任何商业佣金、回扣、津贴、除非直接支付，或出于其他考虑的费用"。这些准则都反映了对监理工程师在收取费用方面的严格规定。

④ 不得超越职权范围，不得涉足其他专业。监理工程师有明确的职权范围和专业规定。如果超出他的职权范围条例的严格限制而涉足其专业以外的领域，就使他自己不必要地为其过失承担难以防范的责任，或许还有合同责任；监理工程师"不应试图对其不具备资格的事项提出咨询意见，这样做对业主和监理工程师都有好处"；监理工程师"不得接受本专业以外的业务和自己无把握的业务"，"不得对本

专业以外的事项有所表示”。对于业主提出的超出协议规定的服务，监理工程师可事先取得业主书面同意，安排这类服务或进行专家咨询。

⑤ 严格保守客户的秘密。监理工程师由于工作关系会得知业主的一些秘密，他“不得将业主的事业情况向外泄漏”。如果发生这类事件，监理工程师的名誉将受极大影响。在市场经济条件下，业主方的很多内部事项属于商务秘密，监理工程师如果得知应当为客户严格保守。

⑥ 同行之间应当友好相处，互不干扰。这是监理行业的一项很严格的规定。“遵守公共关系准则，与同行友好合作”，“不得损害同行的声誉，不得妨碍他们的工作”，“不得干预或故意取代他人已委托的项目”，“不得通过游说或付佣金方式承揽项目”等，都是保持本行业安定并能共同发展监理行业必不可少的行规。

⑦ 遵守项目所在国、地区的法律和习惯。

⑧ 不得刊登自我炫耀的广告宣传。

⑨ 应当正直、公正，对事应当持客观态度，坚持正确立场，不屈从个别领导人的错误决定。

三、监理工程师资格考试

1. 监理工程师资格考试管理机构

我国确立的监理工程师资格考试管理机构为两级机构，最高机构是“全国监理工程师考试委员会”，并设立“地方监理工程师考试委会员”和“部门监理工程师考试委员会”。它们都是非常设计机构。监理工程师考试委员会在监理工程师注册管理机关的领导下开展工作。

监理工程师考试和注册管理机构的组织结构如图 17-6 所示。

① 全国监理工程师资格考试委员会。全国监理工程师资格考试委员会由国务院建设行政主管部门和国务院有关部门的工程建设、人事行政管理专家组成，设主任委员一人和副主任委员若干人。它的主要任务是：确定统一考试大纲和有关要求；确定考试命题及考试合格标准；监督地方和部门考试工作，审查、确认考试是否有效；向全国监理工程师注册管理机关报告监理工程师资格考试情况。

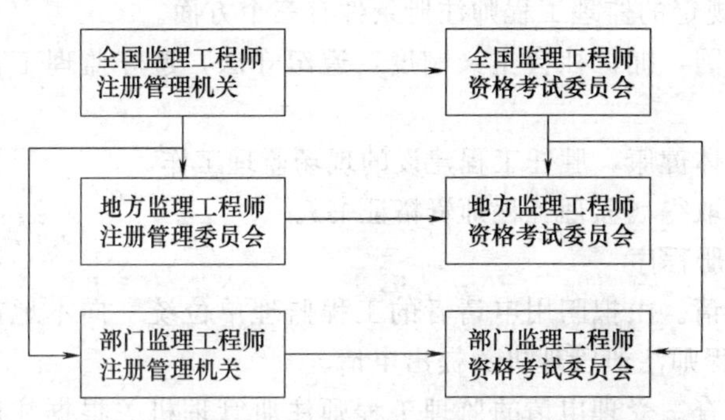

图 17-6 监理工程师资格考试和注册管理组织机构

② 地方和部门监理工程师资格考试委员会。地方（省、自治区、直辖市）和部门（国务院工业、交通等有关各部）监理工程师资格考试委员会的主要任务是：根据监理工程师资格考试大纲和有关要求，发布本地区、本部门监理工程师资格考试公告；受理考试申请，审查参考者资格；组织考试，阅卷评分和确认考试合格者（考试试点工作办法中，将阅卷和确定考试合格者交由全国考委会负责）；向本地区或本部门监理工程师注册管理机关书面报告考试情况；向全国监理工程师资格考试委员会报告工作。

2. 监理工程师资格考试条件

根据我国目前的国情制定的监理工程师资格考试条件主要有两条：一是关于专业技术职称的要求，即具有高级专业技术职称或取得中级专业技术职称后具有三年以上工程设计或施工管理实践经验者；二是经过监理正规培训，即经全国监理工程师注册管理机关认定的培训单位的监理业务培训，并取得培训结业证书者。

凡参加监理工程师资格考试者，应由本人或他所在单位向本地区或本部门监理工程师资格考试委员会提出书面申请，经批准后方可参加考试。

经过上述考试并合格者，由监理工程师注册管理机关核发《监理工程师资格证书》。持此证书应在五年内注册，否则其证书失效。

四、监理工程师注册

1. 注册条件

我国规定的监理工程师注册条件有三个方面。

① 爱国，拥护社会主义制度，遵纪守法，遵守监理工程师职业道德。

② 身体健康，胜任工程建设的现场监理工作。

③ 已取得《监理工程师资格证书》。

2. 注册程序

① 申请。由拟聘用申请者的工程监理单位统一向本地区或本部门监理工程师注册管理机关提出申请。

② 审查。受理申请的监理工程师注册管理机关根据注册条件进行审查，确定条件合格者。

③ 择优注册。经注册条件审查合格后，再根据全国监理工程师注册管理机关批准的注册计划择优注册，并颁发《监理工程师岗位证书》。

被颁发《监理工程师岗位证书》者，即为监理工程师。监理工程师应在全国监理工程师注册管理机关备案。

3. 注册管理

① 从事工程监理业务方面。未经监理工程师注册的工程监理人员不得以监理工程师的名义从事工程监理业务；监理工程师不得以个人名义私自承揽工程监理业务。

② 注册条件复查。监理工程师注册管理机关定期对《监理工程师岗位证书》持有者，即监理工程师进行注册条件的复查，对不符合条件的，取消注册并收回《监理工程师岗位证书》。

③ 监理工程师离岗与复岗。凡退出、调出所在工程监理单位的，或被解聘的监理工程师应向原注册机关交回《监理工程师岗位证书》并核销注册。核销注册后不满五年者，如再从事工程监理工作，须由拟聘任的工程监理单位向本地区或本部门监理工程师注册管理机关重新申请注册。

④ 处罚：

a. 处罚方式。凡违反注册有关规定的，可视情节分别给予停止执行监理业务、收缴《监理工程师资格证书》、收缴《监理工程师岗位证书》、限期四年不准参加考试或注册等行政处罚，并可以罚款；

触犯法律，构成犯罪的，由司法机关依法追究刑事责任。

b. 对处罚不服的处理。如果当事人对行政处罚不服，可以在规定期限内（十五日）向做出处罚决定的机关的上级机关申请复议，对复议决定仍不服的，可以向法院起诉或直接向法院起诉。对不履行处罚决定又不提出复议或起诉的，由做出处罚决定的机关向法院申请强制执行。

根据国际惯例，从事各类关系到公众利益的专业工作的人必须取得专业资格方可开展业务。对更为重要或影响更大的行业或职业则有更严格的要求。这些工作往往涉及国计民生，影响社会和民众的基本利益。建设监理就是这样一类职业，所以不能当做一般的工程技术和管理工作对待，而要采取更严格的规定才能保证这种职业所带来的社会和经济效益。监理工程师考试与注册制度正是从这一原则出发制定的。它对于建设监理制的实施，对于提高建设监理人员的业务水平都有着重要意义。

从我国目前实行的监理工程师资格考试和注册办法看，在考试和注册条件上以及管理机构等方面与国际普遍做法既有相同的地方又有不同的地方，总的模式是力求与国际惯例看齐，但是在很多细节方面是从当前的实际情况出发而采取的适应性办法。所以，有的规定比较特殊，有些规定也与多数国家做法不完全相同。

首先，从注册管理机关看，国际上监理工程师注册和管理机关多数是学会组织或专门机构，我国则是政府建设行政管理部门。采用这样一种方式是符合我国国情和推行建设监理制的要求的。因为像推行建设监理制这样的重大改革措施，没有一个具有权威性的执行机构是不可能实施的。尤其是对于长期处于计划经济体制下的我国更是如此。而监理工程师是建设监理体系中的重要组成部分，他们的素质和结构直接影响着建设监理的水平，甚至在建设监理推行的阶段，他们直接影响着人们对建设监理制的肯定还是否定。所以，既然建设监理制由政府所提出又由政府所推行，那么由政府承担监理工程师考试和注册管理也就是责无旁贷的了。按照这种方式对监理工程师进行监督管理的也有一些国家，例如日本。我国台湾省也是按这种方式对监理工程师实施监督管理的。

其次，监理工程师的资格条件。国际惯例是按学历和工程经验来确定，我国则基本按专业技术职称来衡量。这是根据我国国情出发的又一措施。我国的教育体系长期以来一直处于封闭或半封闭状态，一方面表现出它的水平不高，另一方面反映出它没有与国际惯例沟通。所以在一些做法上极具特殊性。达到监理工程师的素质要求，需要经过一个严格的学习过程和较长的经验积累以及培养能力的过程，即所谓学历和工程经验的要求。由于长期以来我国具有高等学历的人数占比例较小，尤其在工程建设领域更甚。这样就产生了一个矛盾，经验丰富者，往往学历不够，而学历达标的，又表现为经验尚不足。而这个矛盾可以通过专业技术职称加以调和。专业技术职称反映了学历（又不唯学历）和经验，它可以在现阶段代替学历要求，当然，学历要求更具科学的严密性。随着教育事业的发展，改革的不断深入，学历要求将会成为监理工程师资格的基本条件。

再者，我国规定监理工程师不能以个人名义承揽工程监理业务。这点与国际惯例更有所不同。

第四节 监理人员的素质及职业道德

一、对建设监理人员的要求

建设监理是一种知识密集型的高智能行业。按照国际惯例，监理工程师都必须具备相当的学历，并有长期从事工程建设的实践经验，精通技术管理、通晓经济和法律，经权威机构考核合格并经政府主管部门登记注册，发给证书才能取得公认的合法资格。我国有关建设监理文件也明确规定：“担任建设监理工程师的人员，必须是建设领域某一方面素质较高的专家，只有具备了建筑、工程或经济专业的高级、中级专业技术职称资格的人员，经过培训、考试、考核合格取得《监理工程师资格证书》才能成为监理工程师，还要经过监理工程师注册机关的批准取得《监理工程师岗位证书》后，才能上岗执行建设监理职责。就是说一个合格的工程师、建筑师或经济师，并不一定能当监理工程师，因为监理工程师除了具备本专业的技术知识和实践经验外，还应具备适应建设监理工作特点的能力和素质。”

二、建设监理人员的个体素质

1. 要有坚实的专业知识和丰富的施工经验

一个建设项目特别是大中型项目，从立项、可行性研究、勘察设计、建筑安装施工、竣工交付到投产保修是一个庞大的系统工程，涉及多学科、多专业的经济技术活动，尤其是煤矿建设项目更是如此。比如一个矿井的建设，要牵扯到地质、水文、矿建、土建、机电安装、计划经济和管理等专业。特别是矿井建设又具有投资大、工期长、施工条件复杂多变并受地下水、火、瓦斯、地热等条件的制约；受空间、时间限制的特点，这就决定了煤矿建设监理工作的艰巨性和复杂性。此外，建设监理还要有广泛的适应性，因为它是根据建设单位委托的范围和内容开展监理工作的。建设单位可以整体委托，也可以分项委托；可以按专业委托，也可以分阶段委托。这就是说，建设单位委托什么，你就干什么。比如，永城矿区的陈四楼矿井就是分阶段委托河南煤炭开发咨询公司进行监理的。开始是委托编制“矿井施工组织设计”和编制招标文件，参与施工招标投标工作，这是一项多专业配合，技术性、政策性很强的工作，要求监理工程师要掌握和了解国内外凿井新技术和各类先进指标，并具体结合陈四楼矿井的工程特点，凭借多年施工矿井的经验编制出技术上先进、经济上合理、措施上可行、安全上可靠的施工方案。又如，在矿井施工招投标中，要求监理工程师熟悉国内外工程招投标的有关文件、规划和程序，根据自己参加招标投标的实践，结合国内矿井施工招投标经验，编制出“招标文件”，起草承包合同文本，协助建设单位通过评标议标优选施工队伍。

随后建设单位又委托该公司承担矿井施工准备工作和第一阶段工程的施工管理，由于施工单位的努力，建设单位的支持和监理工程师们卓有成效的工作，达到了预期监理目标，也赢得了双方的相互信任。随后又委托他们承担矿井的二、三期工程、洗选厂和集中小区的建设监理任务。在长达六年左右的矿井建设施工过程中，监理工程师要承担审查施工图纸和概预算，组织技术交底、审查施工单位的施工方案和计划，检验工程质量、处理隐蔽工程、设计变更、材料代用、参与工程验收、确认工程计量、签证工程价款、处理合同索赔和工程结算以及竣工保修等一系列经济技术和管理工作，在这些工作中，每个监理工程师都必须遵循合同条款，运用自己的专业知识和实践经验去处理和解决施工中的各类问题和矛盾。可以毫不夸张地说，一座现代化的矿井所包罗的科学技术门类领域，既有高度分化，又有高度综合，其本身就是一个立体网络和有机整体。因此，要求每一个担任监理工程师的人员要能适应煤矿建设的特点，不仅要有坚实的专业知识，丰富的施工经验，还要有掌握信息、更新知识和应变的能力。

2. 要长于组织管理，又善于协调

实行建设监理制，就是要确立监理工程师在项目施工管理过程中的中心地位，监理工程师受建设单位的委托，以第三方身份依据双方签订的工程承包合同和有关法规进行工程建设管理和监督。由于一个建设项目施工要涉及许多行业、许多工艺、许多工种，以及众多的配套工程，因此在建设期间往往是由许多个施工单位和辅助单位同在一个场地，同一时间进行分部分项的平行交叉作业。为了保证整体施工计划的完成，就需要统筹规划，统一步骤，统一指挥，达到分工明确，井然有序，忙而不乱。由于各施工单位之间都是经济合同关系，经济利益关系，为使工程有秩序的进行，需要大量的组织和协调工作，这就要求监理工程师长于组织管理，还要善于协调。为了协调各施工单位的关系，除了定期召开工程协调会议和发出监理通知书外，必须明确强调按计划、按合同进行现场管理。这就是所谓的“现场施工三分技术七分管理”。这种管理和协调除了凭借建设单位授予的职权和承发包合同的约束外，主要是靠监理工程师本人的才能和智慧。作为合格胜任的监理工程师不但要有施工现场管理经验，还要有善于调查分析和办事果断的作风，更重要的是处事公正、热情服务，并能和各施工单位保持良好的关系。

强调协调和热情服务是我国建设监理的一大特点，因为建设单位，施工单位和监理单位都是国家主人，有着共同目标，对工程负责，对国家负责是我们共同的宗旨，只是在共同完成一项建设工程的活动中分工不同、责任不同，任何一方失误，都是国家的损失。所以，我们监理人员要多协调，少扯皮，既监理，又服务，寓服务于监理之中。

对于总监理工程师来讲，还有一个内部协调问题，因为一个建设项目的监理都要配备一定数量的相应专业的监理工程师、监理员和必要的服务人员，少则几个人多则数十人组成监理组织机构。为此如何调动内部积极性和协调好各专业监理工程师之间的相互配合，做到各专业的协作监理不重不漏，团结合作成为一个战斗的集体，就要有成为总监理工程师应有的素质。

每一个监理工程师都应学会《项目管理法》和《施工企业管理与计划》，因为从总体上讲建设监理就是按照项目管理的思想、组织和方法进行工程项目科学管理的。

3. 要通晓法律，懂得经济

现代社会是法治社会，人们的一切生产活动和生活方式都必须受法律的约束，这样才能保证生产和生活的正常进行。建设工程也一样要受到国家和地方的有关法律和法规制约和控制。建设监理就是依据国家有关建设的政策、法律、法规；国家批准的建设计划，设计文件，规范标准和依法签定的工程承包合同进行工作的。依法商签的工程承包合同，一经签署就具有法律效力，因此从这种意义上讲建设监理工作本身也是一种执法的行为。

监理工程师，特别是总监理工程师必须了解国家或主管部门对建设项目或项目所在地区的规划、计划和政策。还要了解项目所在地的有关建设方面的行政和技术性的法规，更必须通晓国家正式颁布的与工程建设有关的法律。比如在矿井前期准备工作中与征地有关的“土地管理法”；与签订工程承包合同有关的《经济合同法》；与施工中“三废”处理工业粉尘、噪声等有关的《环境保护法》；与土石方工程、基础开挖有关的《文物保护法》等。另外还必须通晓上级有关部门颁发的“条例”“规范”“标准”“办法”等，因为这些都是代表国家宏观调控和政府监理的重要组成部分，是社会监理工作必须遵循的准则，否则就可能延误工作或给工程造成损失，甚至触犯法律。

一个建设项目的实施过程，就是一系列的经济技术活动的过程，控制投资是监理工程师的主要职责之一，具体讲就是控制合同总价不突破、工程进度与支付同步、不超付、不早付、控制不合理的费用支出。因此监理工程师不懂经济是不行的。监理工程师的业务工作在经济管理方面包括要负责审查工程概算，编制招标标底；还要进行总包价的分解、工程价款的结算；进行工程经济活动分析等；这些工作的开展都必须具备经济学知识。一个监理工程师起码应该熟悉工程概算的构成，工程成本内容、定额的查找和费率的选取，这些都是工程概预算的常识，还应熟悉主管部门下达的关于工程建设经济方面的文件，这样才能做到心中有数。此外监理工程师还要通晓计划、统计、工程与财务报表以及支付程序，因为一切工程行为都必须反映在经济报表上。总监理工程师还有一项重要的职责是签署工程支付和工程索赔，更要求在经济管理上有较深的造诣。只懂技术的工程师只是一条腿的技术专家，而完不成需要两条腿走路的监理工程师的任务。

4. 要具备严格的标准意识和合同观念

建设监理工作的一个显著特点是以合同和有关的建设法规及技术标准为依据的、依法成立的“工程承包合同”“监理委托合同”“设计委托合同”“设备供应合同”等一经签署就具有法律效力，就成为建设过程的行为规范，必须严格遵守，否则就要受到约定的索赔或处罚。

要搞好监理必须要有一个好的工程承发包合同文本，现在建设监理所称的合同是双方根据有关法规在公平合理、平等互利的基础上，协商签订的契约，其内容详细地、明确地规定了承包项目的投资，工期和质量标准；规定了承包方式和施工方法；规定了双方的责权利以及违约、奖罚和仲裁等条款。合同规定得越完整、越详尽、越明确、越具体、越定量越好。这样在执行中扯皮的事就越少，监理工作就越顺利，工程效率就越高。国际上通用的“菲迪克”条款，就属于这类合同。

5. 要有坚持原则的精神，灵活的工作方法和依靠群众的工作作风

严格监理和热情服务是每一个监理工程师的宗旨，严格监理就是坚持按合同办事；坚持按规范标准办事，坚持按程序办事。热情服务就是主动监理上门服务，帮助施工单位解决施工中的矛盾和困难，使工程顺利进行达到合同规定的目标。但在履行合同的过程中，还会发生各种各样的矛盾，违约的事情也经常出现，如资金不到位，施工图

供应不及时，出现设计变更，隐蔽工程，设备供应滞后，材料代用意见不统一，工程发生质量问题，还有工程支付标准和索赔数额分歧等。这些问题都是日常施工中经常遇到的，但也是双方利益矛盾所在。为此监理工程师要一方面坚持按合同办事、按程序办事，另一方面要采取措施和协调手段，以一种灵活的态度充分听取双方意见，防止矛盾的激化和问题的扩大，并随时准备接受能够解决问题和矛盾的合理方案。我国建设监理有关规定指出："建设单位与施工单位在执行工程承包合同过程中，发生的任何争议均须提交总监理工程师处理调解。"这样就把监理工程师推上了一个特殊的位置，就要求监理工程师处理问题要坚持原则又要方法灵活。

在现代工程建设活动中搞好部门关系、单位关系和人际关系是搞好监理和协调的一个重要环节，监理工程师在日常监理活动中要经常与建设、施工、设计、建行、质监站等单位领导、项目经理，以及各类技术、业务干部和工人打交道，为此妥善地处理好同他们的关系是搞好现场监理工作的基础。

6. 要有高尚的职业道德

我国建设监理有关规定明确指出："监理工程师必须严格履行监理合同条款，尽职尽责，正确地执行国家建设法规，守法、公正、诚信、科学地维护国家利益。"还明确规定："监理工程师不得在政府机关和受监理的单位中任职；也不得与施工单位和设备制造、材料供应单位发生经营关系，更不能受其控制和影响。"

建设监理工作是一种执法行为，又是一种服务性工作，就要求有其独立性、公正性和服务性。虽然是受建设单位委托并拿了监理酬金，但并不从属于建设单位，而是独立的法人与建设单位是经济合同关系，完全是按照约定的监理合同中规定的范围和权限工作的，监理工程师是建设单位的忠实顾问而不是全权代表或职业甲方。监理工程师除了向委托方负责外还要向国家负责，还要维护施工单位的合法权益。这一特点就决定了我国的建设监理是双向服务的，在为建设单位提供忠实服务的同时，也要热情地为施工单位出谋划策，提供技术咨询和管理服务。

监理工程师在工作中必须保持公正的立场，特别是在处理违约、索赔和合同纠纷时，决不可以偏袒一方，而应实事求是，秉公处理。只有公正才能树立监理工程师的信誉和威望，取得甲、乙双方的信任。监理工程师个人品质上要求忠诚服务，恪尽职守，公正廉洁、不谋私利、秉公办事、坚决抵制不正之风，决不允许接受任何可能损害委托方利益的权益，也不得接受承包人或分包人送的礼物或免费服务或减价物品，不得泄漏或盗用由于业务关系得知委托方的秘密。因为这样是违背职业道德的，会破坏监理工程师的公正形象。

随着我国对外开放政策的扩大，国外投资增多，"三资"工程的增加，在外资和合资工程项目中承担建设监理工作的监理工程师还要精通外语。

三、建设监理人员的群体素质

一个建设项目监理的成败和其效果好坏，除了监理人员个人素质外，更重要的是监理组织的群体素质。也就是人员数量、层次、专业、年龄、智能的搭配结构如何。系统的整体功能不等于各要素功能的加和，而要取决于各要素的结合方式——结构。当系统中各要素结合得好时，则整体功能大于各要素功能之和，十分明显系统结构合理，各要素之间相辅相成、搭配合理、相互作用，就会产生新的功能——结合能，并获得一种附加值，否则，各要素间，互相牵制、制约、抵消则结合能呈现负值。因此组织配备建设监理班子时有必要考虑群体素质，整体协调。

1. 少而精、专而兼、高效精干

人员的数量和层次：其原则是少而精、专而兼，既满足工程需要又高效精干。

2. 专业结构合理配置互补性强

专业监理的配置是根据监理的行业对象而定，作为矿井建设监理，从专业上讲应以矿井建设、经营、管理的内行专家占较大的比例。既要有精通生产技术的专家，也要有懂管理会经营的专家。一个矿井的建设过程概括的可分矿建、土建、机电安装三大专业，针对不同时期不同阶段所需专业和人员数量也不尽相同，但一些专业是贯彻于建井自始至终的全过程的如矿建、地质、机电、土建、经济、计划、统计、财会、供应等，但由于目前专业划分较细，如土建分为结构、建筑、暖通、公路桥梁等；机电划分为供电、输配电、电气化、机械安装、电气安装等，一些专业只在工程进展到某一特定的阶段才能发挥作用，因此，一些专业人员的结构应是具有动态性的，根据工程进展的需要加以机动的配置，否则将造成人浮于事、机构臃肿、人才浪费，因此专业应是覆盖面的扇形结构。

3. 智能结构相辅相成

智能是指人们认识理解客观事物，并运用知识和经验解决实际问题的能力。因此，作为监理群体结构，应是思维能力、组织能力、实干能力的有机结合。不仅有类型的区别，而且也有水平的高低，作为一个建设监理群体应自高、中、初三级配置，即高级监理人员由具有较深的理论知识和丰富的施工经验、熟悉和精通监理程序、合同条款，负责全面管理和重大问题决策的高级工程师或经济师组成，约占监理人员的10%。中级管理人员由具有丰富的现场施工经验能发现和解决施工难题和熟悉合同管理，又有实干精神，具有高、中级专业技术职称的人组成，他们负责施工现场各专业监理约占监理人员60%。初级监理人员是由具有一定的文化知识，受过专业教育、年富力强，责任心强的技术员或工长组成，他们负责施工现场旁站监理或工序跟踪监理，是各专业监理工程师的助手，约占监理人员20%、管段勤杂人员占10%。

4. 年龄结构的老、中、青三结合

人的年龄不仅是一个与生命共存只增不减的变量，而且是一个有职业要求极限的变量。矿井建设监理工作是一项要求有充沛精力和健康体魄的艰苦劳动，不能不对年龄有行业上的要求。

当然，年龄不仅标志人的生理功能，更多的是代表着一个人的知识和经验。有人认为监理工作既然是高智能的劳动，似乎越老越好，就返聘很多离退休的老工程师。但是，监理工作不仅需要有丰富的知识和经验，还需要有能经常深入施工现场、深入井下第一线的体能，才能适应监理工作要求。一般讲，老年人阅历丰富，经验多，通过几对、十几对矿井建设的实践善于综合分析，能很快抓住主要矛盾，找出解决问题的办法。青年人虽然阅历浅、经验少，但最大的特点是年富力强，精力充沛，对艰苦工作有较大的适应能力，他们渴望学习，勇于探索，勇于创新，对新鲜事物敏感，接受能力快，是监理工作的未来。而中年人则兼有两者之长。因此从矿井建设监理内容和要求看，一个监理组织必须老、中、青兼容，各自发挥自身优势。根据矿井建设监理的特点，应以中年为主，其比例应是：老年占20%～30%，中年占40%～50%，青年占20%～30%为宜。从矿建特点看35～55岁应占多数。

其次，监理人员的年龄层次越多越好，层次差以小于5岁为宜，如果大于10岁，则会出现不稳定和同步老化现象，以致形成当前人才结构上的断层。

这种呈立体菱形的年岁结构，有利于监理知识上、经验上、体质上的取长补短，有利于监理队伍的稳定。

此外，工程建设监理组织实质也是一个工程技术、经济咨询单位，除了设计监理，施工监理外，还要承担项目的可行性研究和项目的评估。还要承担设计监理和施工监理的技术供应，后勤供应工作。因此，一个监理组织还应有充足的二线后备力量，负责制定、预测所承担项目的实施监理过程中可能发生的工程技术问题、工程经济问题、合同管理问题、信息管理问题的应急措施和方案，才能保障监理任务完成。

四、建设监理人员守则实例

根据监理工作性质、工作要求、职业道德标准，众多监理组织都订有监理人员守则，现将永城矿区监理人员守则列举如下。

① 坚持四项基本原则，坚持改革开放，严格遵守法律，认真执行国家有关工程建设监理的政策法规。

② 必须履行监理委托合同中规定的职责和义务，完成所承诺的全部服务和承担应负的责任。

③ 严格按程序按国家规范标准按合同要求开展监理工作，对工作要严肃认真，实事求是，一丝不苟。

④ 坚持原则，秉公办事，尊重客观事实，准确反映建设监理情况，坚持监理工作的科学性、公正性和服务性。

⑤ 不得接受除监理酬金外的回扣、津贴、收益和免费服务，自觉抵制不正之风。

⑥ 不得泄漏监理项目的商务秘密，保护委托方利益，接受委托方的监督。

⑦ 不得与施工单位、设备制造和材料供应单位有经营性、隶属性关系，也不得在政府机关、施工单位、设备制造、材料供应单位任职。

⑧ 虚心听取受监理单位的意见，接受监理主管部门指导，及时总结经验教训，提高监理工作水平。

⑨ 坚决执行“严格监理，热情服务”的宗旨。寓建设监理于热诚服务之中。